環境経済・政策学 事典

環境経済・政策学会
［編］

丸善出版

典の基本的な編集方針，取り上げるべき項目の選定などの議論・検討を積み重ね，本事典の編集作業に取り組んできました．その結果，全体を 11 章構成によって組み立てることにし，各章毎に 2〜3 名の担当編集委員を置き，編集委員会で全体の調整を図る，という形としました．具体的な編集体制は以下の通りです．

第 1 章：環境経済・政策学の基礎
　　　　[担当編集委員：赤尾健一・髙村ゆかり・青柳みどり]
第 2 章：公害・環境に関わる事件と問題の歴史
　　　　[担当編集委員：寺西俊一・大島堅一]
第 3 章：気候変動と地球温暖化
　　　　[担当編集委員：亀山康子・髙村ゆかり]
第 4 章：生態系保全と生物多様性
　　　　[担当編集委員：大沼あゆみ・大森正之]
第 5 章：環境問題と資源利用・資源管理
　　　　[担当編集委員：栗山浩一・赤尾健一・松本 茂]
第 6 章：環境問題とエネルギー政策
　　　　[担当編集委員：大島堅一・一方井誠治]
第 7 章：環境評価・環境経営・環境技術・環境マネジメント
　　　　[担当編集委員：竹内憲司・栗山浩一・有村俊秀]
第 8 章：環境政策と環境ガバナンス
　　　　[担当編集委員：一方井誠治・大沼あゆみ]
第 9 章：国際環境条約と環境外交
　　　　[担当編集委員：髙村ゆかり・亀山康子]
第 10 章：経済理論と実証研究のフロンティア
　　　　[担当編集委員：赤尾健一・竹内憲司・馬奈木俊介]
第 11 章：公害・環境問題の経済思想・経済理論
　　　　[担当編集委員：大森正之・寺西俊一]

　なお，読者への各章案内としてそれぞれの章の冒頭には編集方針や編集意図などを付けてあります．

　当初予定よりは遅れたものの，なんとか，ここに刊行の運びとなったことは，非常に嬉しい限りです．この間，ご尽力をいただいた各章担当編集委員の各位，および，多忙のなかで各項目の執筆依頼を快諾いただき，また編集委員会からの内容・形式・字数などを含む細かな調整や注文にも誠実に対応してくださった執筆者各位に対し，改めて御礼を申し述べさせていただきます．特に学会員以外で執筆協力をいただいた方々には特別の感謝を申し上げます．さらに，何よりも，昨今の厳しい出版事情のなかで，このような大部な本格的事典の出版企画の申し

刊行にあたって

　「環境経済・政策学」は，まだ比較的に新しい学問分野です．また，優れて学際的な広がりをもつ学問分野としての特徴をもっています．本書『環境経済・政策学事典』は，この学問分野において必要とされる基礎的知識，専門用語や重要概念などはもとより，この間に着実に進展している国内外における，やや高度な理論研究，実証研究，政策研究などの最新動向も含めて，幅広い諸項目を網羅的に取り上げ，それぞれにふさわしい第一線の執筆陣による体系的で詳しい解説を盛り込んだ，日本で最初の本格的な事典です．類似の出版物としては，『環境経済・政策学の基礎知識』（有斐閣，2006 年）がありますが，本事典は，その後，10 年余の新たな事態や研究動向もふまえ，格段に拡充された内容と水準のものになっています．

　この編集の母体となっている環境経済・政策学会は，「経済学，政策学および関連諸科学を総合し，環境と経済・政策の関わりについて理論的・実証的な研究活動，ならびに国際的な研究交流を促進」することを目的に掲げ，1995 年 12 月に発足シンポジウムを行い，翌 1996 年度から正式な学会としてのスタートを切りました．この間，毎年 1 回の年次大会を重ね，2015 年 9 月には，同学会の「設立 20 周年」を記念する年次大会（於・京都大学農学部）が開催されました．その直前の 2015 年 5 月，誠に光栄なことに，丸善出版から本事典の出版企画についての申し出があり，当時，会長職にあった寺西が，まず副会長の一方井誠治教授に相談し，その後，同学会の常務理事会および理事会での審議を経て，上記の「20 周年記念」の年次大会における会員総会において，本事典の企画・編集に学会の総力を挙げて取り組むことを提案し，承認を得ることができました．なお，同学会の発足以降における具体的な歩み，および，当該学問分野における多彩な諸研究の発展動向に関しては，『環境経済・政策学会年報 第 10 号』（東洋経済新報社，2005 年）に掲載の拙稿「環境論壇：これからの環境経済・政策研究に期待したいこと─学会発足 10 年を振り返って」や『環境経済・政策学会年報 第 11号』（同上，2006 年）での特集「環境経済・政策研究の動向と展望」などを参照していただければ幸いです．

　さて，本書の編集にあたっては同学会の常務理事会メンバーを中心にした編集委員会（一部，常務理事会メンバー以外にも編集委員を依頼）を発足させ，本事

出を賜った丸善出版の小林秀一郎氏，そして，実際の編集実務では多大なご苦労をおかけしてきた柳瀬ひな氏と大江明氏にも，ここに記して深謝の意を表しておきたいと思います．

　本事典が，初学者から学生・大学院生，研究者，企業・行政・各種調査研究機関・NPO/NGO などで活躍されている方々，そして，公害・環境問題に関心をもつ一般の市民にいたるまで，幅広い皆さんによっておおいに活用され，役立つことを心から期待する次第です．

2018 年 4 月吉日

環境経済・政策学事典編集委員会を代表して

編集委員長　寺 西 俊 一

■編集委員一覧 (五十音順)

編集委員長

寺　西　俊　一　　一橋大学大学院経済学研究科 特任教授

編集委員

青　柳　みどり　　国立環境研究所 社会環境システム研究センター 上席研究員
赤　尾　健　一　　早稲田大学社会科学総合学術院 教授
有　村　俊　秀　　早稲田大学政治経済学術院 教授
一　方　井　誠　治　　武蔵野大学大学院環境学研究科 教授
大　島　堅　一　　龍谷大学政策学部 教授
大　沼　あゆみ　　慶應義塾大学経済学部 教授
大　森　正　之　　明治大学政治経済学部 教授
亀　山　康　子　　国立環境研究所 社会環境システム研究センター 副センター長
栗　山　浩　一　　京都大学大学院農学研究科 教授
髙　村　ゆかり　　名古屋大学大学院環境学研究科 教授
竹　内　憲　司　　神戸大学大学院経済学研究科 教授
松　本　　　茂　　青山学院大学経済学部 教授
馬　奈　木　俊　介　　九州大学都市研究センター 主幹教授・都市研究センター長

執筆者一覧 （五十音順）

相 川 高 信	自然エネルギー財団
青 木 一 益	富山大学
青 木 節 子	慶應義塾大学大学院
青 柳 みどり	国立環境研究所社会環境システム研究センター
赤 尾 健 一	早稲田大学社会科学総合学術院
朝 山 慎一郎	早稲田大学政治経済学術院日本学術振興会特定研究員
明日香 壽 川	東北大学東北アジア研究センター
阿 部 新	山口大学
阿 部 治	立教大学
有 村 俊 秀	早稲田大学政治経済学術院
飯 田 健 志	福井大学
石 井 敦	東北大学東北アジア研究センター
石 川 雅 紀	神戸大学大学院
李 秀 澈	名城大学
磯 崎 博 司	元上智大学教授
一ノ瀬 大 輔	立教大学
一方井 誠 治	武蔵野大学大学院
伊 藤 伸 幸	京都大学学際融合教育研究推進センター特定准教授
井 上 恵美子	京都大学
岩 田 和 之	松山大学
上 園 昌 武	島根大学
上 原 拓 郎	立命館大学
宇佐美 誠	京都大学大学院
碓 井 健 寛	創価大学
歌 川 学	産業技術総合研究所エネルギー・環境領域

梅 津 千恵子	京都大学大学院
江 守 正 多	国立環境研究所地球環境研究センター
大久保 規 子	大阪大学大学院
大 熊 一 寛	環境省
大 島 堅 一	龍谷大学
太 田 宏	早稲田大学国際学術院
大 塚 健 司	日本貿易振興機構アジア経済研究所
大 塚 直	早稲田大学
大 床 太 郎	獨協大学
大 沼 あゆみ	慶應義塾大学
大 野 智 彦	金沢大学
大 森 恵 子	環境省
大 森 信	東京海洋大学名誉教授
大 森 正 之	明治大学
岡 敏 弘	福井県立大学
沖 村 理 史	島根県立大学
尾 崎 寛 直	東京経済大学
加 河 茂 美	九州大学
加 藤 尚 武	京都大学名誉教授
蟹 江 憲 史	慶應義塾大学大学院
金 子 慎 治	広島大学
亀 山 康 子	国立環境研究所社会環境システム研究センター
河 口 真理子	大和総研
川 瀬 剛 志	上智大学
河 田 幸 視	近畿大学
喜多川 進	山梨大学
金 基 成	山梨大学

木 村 啓 二	自然エネルギー財団	
木 村 ひとみ	大妻女子大学	
久 保 はるか	甲南大学	
熊 崎 実	筑波大学名誉教授	
庫 川 幸 秀	早稲田大学理工学術院	
倉 阪 秀 史	千葉大学大学院	
栗 山 浩 一	京都大学大学院	
桑 田 学	福山市立大学	
香 坂 玲	東北大学大学院	
神 山 智 美	富山大学	
國 部 克 彦	神戸大学大学院	
小 島 道 一	日本貿易振興機構アジア経済研究所	
小 西 祥 文	筑波大学	
小 林 光	慶応義塾大学大学院特任教授	
小 林 正 典	笹川平和財団	
児矢野 マ リ	北海道大学大学院	
兒 山 真 也	兵庫県立大学	
近 藤 康 之	早稲田大学政治経済学術院	
齊 藤 修	国際連合大学サステイナビリティ高等研究所	
阪 口 功	学習院大学	
阪 本 浩 章	千葉大学	
笹 尾 俊 明	岩手大学	
佐 藤 克 春	大月短期大学	
佐 藤 正 弘	東北大学大学院	
佐 藤 真 行	神戸大学大学院	
澤 田 英 司	九州産業大学講師	
敷 田 麻 実	北陸先端科学技術大学院大学	
芝 池 博 幸	農業・食品産業技術総合研究機構農業環境変動研究センター	
柴 田 明 穂	神戸大学大学院	
島 谷 幸 宏	九州大学工学研究院	

島 村 健	神戸大学大学院	
島 本 美保子	法政大学	
庄 子 康	北海道大学大学院	
新 熊 隆 嘉	関西大学	
杉 野 誠	山形大学	
杉 山 昌 広	東京大学政策ビジョン研究センター	
鈴 木 克 徳	金沢大学国際基幹教育院	
諏 訪 竜 夫	山口大学	
瀬 川 恵 子	環境省	
関 耕 平	島根大学	
関 良 基	拓殖大学	
関 礼 子	立教大学	
薗 巳 晴	三菱 UFJ リサーチ＆コンサルティング	
高 橋 潔	国立環境研究所社会環境システム研究センター	
高 橋 卓 也	滋賀県立大学	
高 橋 洋	都留文科大学	
高 村 ゆかり	名古屋大学大学院	
寳 多 康 弘	南山大学	
竹 内 憲 司	神戸大学大学院	
武 田 史 郎	京都産業大学	
田 崎 智 宏	国立環境研究所資源循環・廃棄物研究センター	
多 田 満	国立環境研究所生物・生態系環境研究センター	
田 中 勝 也	滋賀大学	
田 中 健 太	武蔵大学	
田 中 俊 徳	東京大学大学院	
谷 洋 一	NPO 法人水俣病協働センター	
田 原 聖 隆	産業技術総合研究所エネルギー・環境領域	
田 村 堅太郎	地球環境戦略研究機関気候変動とエネルギー領域	

執筆者一覧

櫻井　　礼　ハワイ大学マノア校

柘植　隆宏　甲南大学

鶴田　　順　明治学院大学

鶴見　哲也　南山大学

寺西　俊一　一橋大学大学院特任教授

十市　　勉　日本エネルギー経済研究所参与

東條　純士　環境省

藤間　　剛　森林研究・整備機構森林総合研究所

戸田　　清　長崎大学大学院

永井　　進　法政大学名誉教授

中嶋　一憲　兵庫県立大学

中田　　実　名古屋大学大学院

中野　牧子　名古屋大学大学院

中山　智香子　東京外国語大学大学院

南斉　規介　国立環境研究所資源循環・廃棄物研究センター

新澤　秀則　兵庫県立大学

西岡　秀三　地球環境戦略研究機関参与

西澤　栄一郎　法政大学

西谷　公孝　神戸大学経済経営研究所

西林　勝吾　立教大学助教

西村　智朗　立命館大学

沼田　大輔　福島大学

野田　浩二　東京経済大学

野村　　康　名古屋大学大学院

萩原　なつ子　立教大学

朴　　勝俊　関西学院大学

橋本　　禅　東京大学大学院

畑　　明郎　元大阪市立大学大学院教授

服部　　崇　国連大学サステイナビリティ高等研究所客員リサーチ・フェロー

花岡　達也　国立環境研究所社会環境システム研究センター

花木　啓祐　東洋大学

花田　昌宣　熊本学園大学水俣学研究センター

花松　泰倫　九州国際大学

林　　公則　明治学院大学

林　　大祐　立命館大学

早水　輝好　環境省

原田　一宏　名古屋大学大学院

伴　　金美　大阪大学名誉教授

東田　啓作　関西学院大学

肱岡　靖明　国立環境研究所社会環境システム研究センター

日引　　聡　東北大学大学院

福嶋　　崇　亜細亜大学

藤井　秀道　九州大学経済学研究院

藤川　清史　名古屋大学アジア共創教育研究機構

藤倉　　良　法政大学

二見　絵里子　早稲田大学大学院研究生

傅　　　喆　一橋大学大学院非常勤研究員

古田　尚也　大正大学地域構想研究所；IUCN 日本リエゾンオフィス

星野　匡郎　東京理科大学専任講師

細田　衛士　慶應義塾大学

堀川　三郎　法政大学

前田　　章　東京大学大学院

牧野　光琢　水産研究・教育機構中央水産研究所

政野　淳子　ジャーナリスト

増井　利彦　国立環境研究所社会環境システム研究センター

増沢　陽子　名古屋大学大学院

松川　　勇　武蔵大学

執筆者一覧

松 下 和 夫	京都大学名誉教授；地球環境戦略研究機関シニア・フェロー	山 口 臨太郎	国立環境研究所社会環境システム研究センター
松 本 健 一	長崎大学大学院	山 下 英 俊	一橋大学大学院
松 本 茂	青山学院大学	山 野 博 哉	国立環境研究所生物・生態系環境研究センター
松 本 光 朗	近畿大学	山 本 雅 資	富山大学研究推進機構極東地域研究センター
馬奈木 俊 介	九州大学都市研究センター		
水 口 剛	高崎経済大学	除 本 理 史	大阪市立大学大学院
溝 渕 健 一	松山大学	横 尾 英 史	国立環境研究所資源循環・廃棄物研究センター
三 谷 羊 平	京都大学大学院	與 語 靖 洋	農業・食品産業技術総合研究機構農業環境変動研究センター
三 俣 学	兵庫県立大学		
宮 入 興 一	愛知大学名誉教授	吉 田 謙太郎	九州大学
宮 崎 正 浩	跡見学園女子大学	吉 田 文 和	愛知学院大学
宮 下 直	東京大学大学院	吉 田 正 人	筑波大学大学院
宮 脇 勝	名古屋大学大学院	吉 積 巳 貴	京都大学学際融合センター
村 上 佳 世	カリフォルニア大学客員研究員	吉 野 まどか	地球環境戦略研究機関フェロー
村 山 武 彦	東京工業大学環境・社会理工学院	吉 村 良 一	立命館大学法科大学院特任教授
室 田 武	同志社大学名誉教授	李 志 東	長岡技術科学大学大学院
毛 利 勝 彦	国際基督教大学	若 林 雅 代	電力中央研究所社会経済研究所
毛 利 聡 子	明星大学		
茂 木 愛一郎	立命館アジア太平洋大学非常勤講師	渡 邉 理 絵	青山学院大学
森 晶 寿	京都大学大学院	和 田 喜 彦	同志社大学
森 口 祐 一	東京大学大学院		
森 俊 介	東京理科大学		
森 田 香菜子	森林研究・整備機構森林総合研究所		
森 田 玉 雪	山梨県立大学		
森 田 稔	高崎経済大学		
諸 富 徹	京都大学大学院		
安 田 陽	京都大学大学院特任教授		
山 川 俊 和	下関市立大学		
山 川 肇	京都府立大学大学院		

目　　次

（見出し語五十音索引は目次の後にあります）

第1章　環境経済・政策学の基礎

［担当編集委員：赤尾健一・高村ゆかり・青柳みどり］

環境経済学：概説 ——————— 2
環境法学：概説 ——————— 6
環境政治学：概説 ——————— 10
環境社会学：概説 ——————— 14
効率性と市場の失敗 ——————— 18
衡平—経済学の視点から ——————— 22
衡平—法哲学の視点から ——————— 26
不確実性と効用理論 ——————— 28
厚生経済学の基礎事項 ——————— 30
社会的費用便益分析 ——————— 34
予防原則 ——————— 38
汚染者負担原則 ——————— 42
持続可能な発展 ——————— 44
環境経済統合勘定 ——————— 46
グリーンGDPと包括的富 ——————— 48
持続可能性の指標 ——————— 50
エコノミック・モデリング ——————— 52

経済成長と環境 ——————— 54
貧困・人口増加・環境劣化の悪循環 — 58
ガバナンス／環境ガバナンス ——————— 60
実効性 ——————— 62
環境政策手段 ——————— 64
ピグー税／ピグー補助金 ——————— 68
汚染許可証 ——————— 70
炭素税および環境税制改革に関する
　世界的動向 ——————— 74
自然資源の所有権 ——————— 76
産業連関分析の環境問題への応用 – 78
貿易と環境の経済学 ——————— 82
「貿易と環境」をめぐる
　国際政治と法 ——————— 86
ゲーム理論の環境問題への応用 ——————— 88
環境問題における法と経済学 ——————— 90

第2章　公害・環境に関わる事件と問題の歴史

［担当編集委員：寺西俊一・大島堅一］

戦前日本における四大鉱山公害事件 — 94
有機水銀汚染による熊本水俣病事件 98
有機水銀汚染による新潟水俣病事件 – 102
カドミウム汚染による
　イタイイタイ病事件 ——————— 104

大気汚染公害裁判 ——————— 106
市街地土壌汚染 ——————— 110
職業病・労働災害と公害問題 ——————— 112
アスベスト問題 ——————— 114
産業廃棄物不法投棄事件 ——————— 116

xii　　　　　目　次

東京ゴミ戦争 ——————— 120
モータリゼーションと自動車公害 — 122
公共事業による環境破壊 ——————— 124
軍事（基地）による環境破壊 ——— 126
公害輸出による環境破壊 ——————— 128
インド・ボパール事件 ——————— 130
有害廃棄物の越境移動 ——————— 132
貿易を通じた資源収奪と
　　環境破壊 ——————————— 134
「地球環境問題」の顕在化と
　　国際社会の対応 —————— 136

東アジアに広がる公害・環境問題 — 140
中国で深刻化する大気汚染 ——— 142
中国で深刻化する水汚染問題 ——— 144
チェルノブイリと福島の原子力事故と
　　放射能汚染 —————————— 146
エクソン・バルディーズ号油濁事
　　故とその影響 ———————— 148
農薬汚染とバイオハザード ——— 150
多発する自然災害と環境問題 ——— 152
都市化と環境問題 ——————— 154

第3章　気候変動と地球温暖化 ［担当編集委員：亀山康子・髙村ゆかり］

地球温暖化現象のメカニズム ——— 158
地球温暖化による影響 ——————— 160
適応策 ——————————————— 162
長期目標としての2度 ——————— 164
気候変動に関する政府間パネル
　　（IPCC） ——————————— 166
国連気候変動枠組条約 ——————— 168
京都議定書 ——————————— 170
森林吸収源と土地利用 ——————— 172
京都メカニズム ——————————— 174
パリ協定 ——————————————— 176
気候資金 ——————————————— 178
森林減少・劣化からの排出の削減
　　および森林保全，持続可能な
　　森林経営，森林炭素蓄積の
　　増強（REDD＋）の役割 ——— 180
途上国の開発と気候変動 ——————— 182

炭素税 ——————————————— 184
排出量取引制度 ——————————— 186
カーボンリーケージ ——————— 188
気候工学（ジオエンジニアリング） - 190
炭素回収・貯留（CCS） ——————— 192
統合評価モデルとシナリオ ——— 194
温暖化対策費用 ——————————— 196
国際海運・国際航空からの
　　排出規制 —————————— 198
内包炭素 ——————————————— 200
アメリカ合衆国の温暖化対策 ——— 202
EUの温暖化対策 —————————— 204
日本の温暖化対策 ——————— 206
中国の温暖化対策 ——————— 208
東アジアの低炭素戦略 ——————— 210
気候変動とオゾン層保護 ——————— 212
気候変動と生物多様性の保全 —— 214

第4章　生態系保全と生物多様性 ［担当編集委員：大沼あゆみ・大森正之］

生物多様性とその現状 ——————— 218
生態系サービスへの支払い（PES） - 220
レジリエンスとレジームシフト —— 222

レッドリスト ——————————— 224
外来種 ——————————————— 226
ワシントン条約 ——————————— 228

目　次　　xiii

生物多様性条約 ——————— 230
ラムサール条約 ——————— 232
日本の生物多様性の保全に関わる
　法的枠組み ——————— 234
保護地域制度と自然環境の保全 — 238
生物多様性
　オフセット・バンキング ——— 240
対外債務と自然資源 ————— 242
コモンズと自然資源管理 ———— 244
生物多様性及び生態系サービスに
　関する政府間プラットフォーム
　（IPBES） ——————— 246
アンダーユース ——————— 248
愛知目標 ————————— 250

遺伝資源とABS，名古屋議定書 — 252
伝統的知識と医薬品開発 ———— 254
保全休耕プログラム（CRP）—— 256
生物多様性と環境認証 ———— 258
エコツーリズム ——————— 260
里地・里山 ———————— 262
海洋生物資源の保護 ————— 264
熱帯林の消失と保全 ————— 266
さんご礁の劣化と保全 ———— 268
生物多様性関連分野における
　政策枠組み ——————— 270
グリーンインフラ —————— 272
遺伝子組換え農業 —————— 274

第5章　環境問題と資源利用・資源管理
［担当編集委員：栗山浩一・赤尾健一・松本 茂］

資源問題と経済学 —————— 278
再生可能資源の利用と保全 ——— 280
森林資源の経済学 —————— 282
木材貿易と環境問題 ————— 284
環境保全型農業と環境支払 ——— 286
水資源の経済学 ——————— 288
水質保全の経済学 —————— 290
漁業資源の経済学 —————— 292
漁業資源と環境政策 ————— 294
野生動物管理と環境政策 ———— 296
レクリエーションの経済学 ——— 298
バイオマス資源 ——————— 300
非再生資源の利用と保全 ———— 302
資源の呪い ———————— 304
廃棄物問題と循環型社会 ———— 306

グッズとバッズ ——————— 308
廃棄物と法制度 ——————— 310
リサイクルの経済理論 ———— 312
リサイクルの経済学 ————— 314
デポジット制度 ——————— 316
ごみ有料化と廃棄物削減効果 —— 318
廃棄物処理施設の社会的影響 —— 320
拡大生産者責任の経済学 ———— 322
環境配慮設計 ———————— 324
廃棄物産業連関分析 ————— 326
マテリアルフロー —————— 328
廃棄物の越境移動の管理 ———— 330
不法投棄の管理 ——————— 332
放射性廃棄物問題 —————— 334
鉱業の環境問題と環境政策 ——— 336

第6章　環境問題とエネルギー政策 ［担当編集委員：大島堅一・一方井誠治］

世界と日本のエネルギー利用 —— 340
エネルギー政策史 —————— 342

途上国のエネルギー問題と支援 —— 344
エネルギー政策と
　環境政策の統合 —————— 346
エネルギーとエントロピー —— 348
エネルギー資源（非再生資源，再
　生可能資源）の利用問題 ——— 350
シェール革命とその影響 ———— 352
エネルギー関連の国際機関 ——— 354
エネルギー経済モデルの政策利用 — 356
エネルギー利用と大気汚染防止政策 — 358
エネルギー転換部門の
　地球温暖化対策 —————— 360
産業部門の現状と
　省エネルギーの可能性 ———— 362
運輸部門の
　省エネルギー・環境対策 ——— 364
民生家庭部門の
　省エネルギー・環境対策 ——— 366
民生業務部門の
　省エネルギー・環境対策 ——— 368
地域における
　エネルギー・温暖化対策 ——— 370

市場自由化の理論 ————— 372
エネルギー市場の
　自由化と環境政策 ————— 376
デマンドレスポンスの理論 ——— 378
デマンドレスポンスの
　実証・実践 ——————— 380
再生可能エネルギー技術 ———— 382
バイオマス利用と環境 ———— 384
再生可能エネルギー普及政策の理論 — 386
再生可能エネルギー普及政策の
　実証・実践 ——————— 388
VREと系統連系問題 ———— 390
VREと電力市場 —————— 392
再生可能エネルギー技術の
　イノベーション ————— 394
発電コストと社会的費用 ———— 396
原子力発電所事故と
　「ふるさとの喪失」被害 ——— 398
原子力損害賠償制度と費用負担 — 400
原子力発電と地域社会 ———— 402
原子力に関する国際規制 ———— 404

第7章　環境評価・環境経営・環境技術・環境マネジメント

［担当編集委員：竹内憲司・栗山浩一・有村俊秀］

環境の経済評価 —————— 408
顕示選好アプローチ：
　ヘドニック法 —————— 410
顕示選好アプローチ：
　トラベルコスト法 ————— 412
表明選好アプローチ：
　仮想評価法 ——————— 414
表明選好アプローチ：
　コンジョイント分析 ———— 416
実験経済学と環境問題：
　ラボ実験 ——————— 418

実験経済学と環境問題：
　フィールド実験 ————— 420
生態系保全の経済評価 ———— 422
統計的生命の価値 ————— 424
環境経営 ———————— 426
環境会計 ———————— 428
ライフサイクルアセスメント
　（LCA） ——————— 430
企業経営と環境効率 ————— 432
企業の社会的責任（CSR） —— 434
社会的責任投資（SRI） ——— 436

環境マネジメントシステム
　（EMS）————— 438
イノベーションと環境政策 ——— 440
ポーター仮説 ———————— 442
生産性指数 ————————— 444

リバウンド効果 ——————— 446
環境技術の移転 ——————— 448
内生的技術変化 ——————— 450
エコロジカルフットプリント — 452
持続可能な消費 ——————— 454

第8章　環境政策と環境ガバナンス
[担当編集委員：一方井誠治・大沼あゆみ]

環境政策の目的・対象 ————— 458
環境政策の歴史 ——————— 460
公害対策基本法から
　環境基本法へ ——————— 462
環境政策の分野別目標 ———— 464
環境政策の原則と指針 ———— 466
環境対策の主体と
　その原則・責務 —————— 468
環境政策の予算と組織 ———— 470
各国の環境政策の組織と特徴 — 474
政策調整手段としての計画 —— 478
規制的手法と遵守・履行 ——— 480
経済的手法 ————————— 484
情報的手法 ————————— 486
合意・協定による手法 ———— 488
支援的手法 ————————— 490
環境政策手法の選択・政策統合 — 492
公害防止分野における
　政策枠組み ——————— 494

化学物質管理分野における
　政策枠組み ——————— 496
自然環境保全分野における
　政策枠組み ——————— 498
環境影響評価分野における
　政策枠組み ——————— 500
持続可能な発展に関する
　政策枠組み ——————— 502
地方公共団体による
　環境政策の役割 —————— 504
都市環境ガバナンス ————— 506
流域ガバナンス ——————— 508
環境損害に対する責任 ———— 510
国内政策の形成過程における
　ステークホルダー ———— 512
メディアとフレーミング ——— 514

第9章　国際環境条約と環境外交 [担当編集委員：髙村ゆかり・亀山康子]

環境安全保障 ———————— 518
環境外交 ————————— 520
環境保全に関わる国際組織 —— 522
持続可能な開発目標（SDGs）— 524
国連グローバル・コンパクト — 526
持続可能な開発のための教育(ESD) — 528

環境と人権 ————————— 530
世界銀行と環境社会配慮 ——— 532
日本の開発援助と環境社会配慮 — 534
国際環境条約の遵守 ————— 536
国際制度決定過程における
　ステークホルダー ———— 538

国際環境NGO ——— 540	森林保全に関する国際規制 ——— 556
自治体の環境協力 ——— 542	世界遺産の保全と世界遺産条約 — 558
越境大気汚染に関する国際規制 — 544	景観の保全に関する国際規制 ——— 560
オゾン層保護に関する国際規制 — 546	土壌劣化・砂漠化に関する
海洋汚染防止に関する国際規制 — 548	国際規制 ——— 562
南極・北極の環境保全 ——— 550	化学物質に関する国際規制 ——— 564
宇宙環境の保全 ——— 552	水銀に関する国際規制 ——— 566
水の保全に関する国際規制 ——— 554	市民参加の保障とオーフス条約 — 568

第10章　経済理論と実証研究のフロンティア

［担当編集委員：赤尾健一・竹内憲司・馬奈木俊介］

世代間衡平の公理的アプローチ — 572	エネルギー需要分析 ——— 596
低下する割引率 ——— 574	グリーン・パラドックス ——— 598
不可逆性と準オプション価値 — 576	排出権許可証市場の実証分析 — 600
非凸性と履歴効果 ——— 578	ピグー税／ピグー補助金の
リスクと認知バイアス ——— 580	実証分析 ——— 602
共有地の悲劇と	二重の配当 ——— 604
ダイナミックゲーム ——— 582	非対称情報下での環境政策 ——— 606
ランダム効用理論と	ボランタリーアプローチ ——— 608
離散選択モデル ——— 584	エコラベル（環境ラベル） ——— 610
多様性関数 ——— 586	環境政策の評価（手法と結果）— 612
汚染逃避地仮説の実証分析 ——— 588	サプライチェーン・ネットワークと
時系列分析と効率性分析 ——— 590	排出責任 ——— 614
方向付けられた技術進歩と環境 — 592	環境汚染事故の経済学 ——— 616
エネルギー(効率)パラドックス — 594	交通と環境の経済学 ——— 618

第11章　公害・環境問題の経済思想・経済理論

［担当編集委員：大森正之・寺西俊一］

古典派経済学以前のグラントと	マルクスにおける
ペティにみる公害論 ——— 622	公害・環境破壊の原因 ——— 630
リカードとマルサスの	ジェヴォンズにおける
土地・人口・地代・貿易 ——— 624	石炭の枯渇と負効用の発見 ——— 632
ミルのコモンズ保存と定常状態 — 626	マーシャルにおける
ラスキンの固有価値論と	都市環境政策 ——— 634
「生活の質」——— 628	

目　次　　　xvii

ピグーにおける環境問題への
　　処方箋―――――― 636
レイチェル・カーソンの
　　環境思想――――――― 638
ガルブレイスの
　　社会的アンバランス論――――― 640
カップの社会的費用論と
　　社会的最低限―――――― 642
コースにおける環境問題と
　　政府・市場・企業――――――― 644
クネーゼの水質管理論――――――― 646
ミシャンの倫理に基礎を置く客観主義
　　の厚生経済学――――――― 648
制度学派の環境経済学の
　　形成と発展――――――― 650
ジョージェスク=レーゲンの
　　エントロピーと経済発展――― 652

デイリーのエコロジー経済学と
　　経済発展――――――― 654
オストロムのコモンズ管理論――― 656
エコロジー的近代化の思想――― 658
環境正義――――――― 660
ジェンダーの環境思想――――― 662
日本の環境思想Ⅰ：
　　熊沢蕃山と安藤昌益――――― 664
日本の環境思想Ⅱ：
　　田中正造と南方熊楠――――― 666
玉野井芳郎の生命系の経済学――― 668
公害の政治経済学：
　　都留重人と宮本憲一――――― 670
社会的共通資本の考え方：
　　宇沢弘文――――――― 672

見出語五十音索引――――――――――――――――――――― xix
和文引用文献――――――――――――――――――――――― 675
欧文引用文献――――――――――――――――――――――― 696
事項索引―――――――――――――――――――――――――― 729
人名索引―――――――――――――――――――――――――― 779

凡　　例

・「アメリカ」はアメリカ合衆国（米国）を指す.
・「イギリス」はイングランド，ウェールズ，スコットランド，北アイルランドを含む全域（英国）を指す.
・公文書，白書，ガイドライン，新聞記事などの引用は，巻末の引用文献一覧には掲載せず本文中に明示した.
・条約名，法律名などについては，原則初出のみに正式名称を表記し，以降は通称・略称を表記しているが，長いものに関しては体裁の都合上，通称のみで表記している．ただし，巻末索引では正式名称を示している.

見出し語五十音索引

■A〜Z

CCS，炭素回収・貯留 192

CRP，保全休耕プログラム 256

CSR，企業の社会的責任 434

ESD，持続可能な開発のための教育 528

EUの温暖化対策 204

IPBES，生物多様性及び生態系サービスに
　関する政府間プラットフォーム 246

IPCC，気候変動に関する政府間パネル 166

LCA，ライフサイクルアセスメント 450

REDD+，森林減少・劣化からの排出の削減
　および森林保全，持続可能な森林経営，
　森林炭素蓄積の増強の役割 180

PES，生態系サービスへの支払い 220

SDGs，持続可能な開発目標 524

SRI，社会的責任投資 436

VREと系統連系問題 390

VREと電力市場 392

■あ

愛知目標 250

アスベスト問題 114

アメリカ合衆国の温暖化対策 202

アンダーユース 248

安藤昌益，
　日本の環境思想Ⅰ：熊沢蕃山と 664

イタイイタイ病事件，
　カドミウム汚染による 104

遺伝子組み換え農業 274

遺伝資源とABS，名古屋議定書 252

イノベーション，
　再生可能エネルギー技術の 394

イノベーションと環境政策 440

医薬品開発，伝統的知識と 254

インド・ボパール事件 130

宇沢弘文，社会的共通資本の考え方： 672

宇宙環境の保全 552

運輸部門の省エネルギー・環境対策 364

エクソン・バルディーズ号油濁事故と
　その影響 148

エコツーリズム 260

エコノミック・モデリング 52

エコラベル（環境ラベル） 610

エコロジカル・フットプリント 452

エコロジー経済学と経済発展，
　デイリーの 654

エコロジー的近代化の思想 658

越境大気汚染に関する国際規制 544

越境移動，有害廃棄物の 132

エネルギー・温暖化対策，
　地域における 370

エネルギー関連の国際機関 354

エネルギー経済モデルの政策利用 356

エネルギー（効率）パラドックス 594

エネルギー資源（枯渇性資源，再生可能資源）
　の利用問題 350

エネルギー市場の自由化と環境政策 376

エネルギー需要分析 596

エネルギー政策と環境政策の統合 346

エネルギー政策史 342

エネルギー転換部門の地球温暖化対策 360

エネルギーとエントロピー 348

エネルギー利用，世界と日本の 340

エネルギー利用と大気汚染防止政策 358

エントロピー，エネルギーと 348

エントロピーと経済発展，
　　ジョージェスク＝レーゲンの　652

オストロムのコモンズ管理論　656
汚染許可証　70
汚染者負担原則　42
汚染逃避地仮説の実証分析　588
オゾン層保護，気候変動と　212
オゾン層保護に関する国際規制　546
オーフス条約，市民参加の保障と　568
温暖化対策，EU の　204
温暖化対策，中国の　208
温暖化対策，日本の　206
温暖化対策費用　196

■か

海洋汚染防止に関する国際規制　548
海洋生物資源の保護　264
外来種　226
化学物質管理分野における政策枠組み　496
化学物質に関する国際規制　564
拡大生産者責任の経済学　322
仮想評価法，表明選好アプローチ：　414
各国の環境政策の組織と特徴　474
カップの社会的費用論と社会的最低限　642
カドミウム汚染による
　　イタイイタイ病事件　104
ガバナンス／環境ガバナンス　60
ガバナンス，都市環境　506
ガバナンス，流域　508
カーボンリーケージ　188
ガルブレイスの社会的アンバランス論　640
環境安全保障　518
環境影響評価分野における政策枠組み　500
経済学，環境汚染事故の　616
環境汚染事故の経済学　616
環境外交　520
環境ガバナンス　60
環境会計　428
環境技術の移転　448

環境基本法へ，公害対策基本法から　462
環境協力，自治体の　542
環境経営　426
環境経済学：概説　2
環境経済学の形成と発展，制度学派の　650
環境，経済成長と　54
環境経済統合勘定　46
環境効率，企業経営と　432
環境思想，ジェンダーの　662
環境思想，レイチェル・カーソンの　638
環境支払，環境保全型農業と　286
環境社会学：概説　14
環境社会配慮，世界銀行と　532
環境社会配慮，日本の開発援助と　534
環境正義　660
環境政策，非対称情報下での　606
環境政策，イノベーションと　440
環境政策，エネルギー市場の自由化と　376
環境政策，漁業資源と　294
環境政策，鉱業の環境問題と　336
環境政策手段　64
環境政策手法の選択・政策統合　492
環境政策の原則と指針　466
環境政策の統合，エネルギー政策と　346
環境政策の評価（手法と結果）　612
環境政策の分野別目標　464
環境政策の目的・対象　458
環境政策の役割，地方公共団体による　504
環境政策の予算と組織　470
環境政策の歴史　460
環境政策，野生動物管理と　296
環境政治学：概説　10
環境税制改革に関する世界的動向，
　　炭素税および　74
環境損害に対する責任　510
環境対策の主体とその原則・責務　468
環境と人権　530
環境認証，生物多様性と　258
環境の経済評価　408
環境配慮設計　324
環境破壊，軍事（基地）による　126

環境破壊, 貿易を通じた資源収奪と　134
環境破壊, 公害輸出による　128
環境破壊, 公共事業による　124
環境破壊, 貿易を通じた資源収奪と　134
環境法学：概説　6
環境保全型農業と環境支払　286
環境保全に関わる国際組織　522
環境マネジメントシステム　438
環境問題, 木材貿易と　284
環境問題, 多発する自然災害と　152
環境問題, 都市化と　154
環境問題における法と経済学　90
環境問題への応用, ゲーム理論の　88
環境問題への応用, 産業連関分析の　78

企業経営と環境効率　432
企業の社会的責任（CSR）　434
気候工学（ジオエンジニアリング）　190
気候資金　178
気候変動, 途上国の開発と　182
気候変動とオゾン層保護　212
気候変動と生物多様性の保全　214
気候変動に関する政府間パネル（IPCC）　166
規制的手法と遵守・履行　480
京都議定書　170
京都メカニズム　174
共有地の悲劇とダイナミックゲーム　582
漁業資源と環境政策　294
漁業資源の経済学　292

グッズとバッズ　308
クネーゼの水質管理論　646
熊沢蕃山と安藤昌益, 日本の環境思想Ⅰ　664
熊本水俣病事件, 有機水銀汚染による　98
グラントとペティにみる公害論,
　古典派経済学以前の　622
グリーンGDPと包括的富　48
グリーンインフラ　272
グリーン・パラドックス　598
軍事（基地）による環境破壊　126

景観の保全に関する国際規制　560
経済学, 拡大生産者責任の　322
経済学, 環境問題における法と　90
経済学, 漁業資源の　292
経済学, 交通と環境の　618
経済学, 資源問題と　278
経済学, 森林資源の　282
経済学, 水質保全の　290
経済学, 貿易と環境の　82
経済学, 水資源の　288
経済学, リサイクルの　314
経済学, レクリエーションの　298
経済成長と環境　54
経済的手法　484
経済評価, 環境の　408
経済評価, 生態系保全の　422
系統連系問題, VREと　390
ゲーム理論の環境問題への応用　88
顕示選好アプローチ：トラベルコスト法　412
顕示選好アプローチ：ヘドニック法　410
原子力損害賠償制度と費用負担　400
原子力に関する国際規制　404
原子力発電所事故と
　「ふるさとの喪失」被害　398
原子力発電と地域社会　402

合意・協定による手法　488
公害・環境破壊の原因, マルクスにおける　630
公害・環境問題, 東アジアに広がる　140
公害対策基本法から環境基本法へ　462
公害の政治経済学,
　都留重人と宮本憲一　670
公害防止分野における政策枠組み　494
公害問題, 職業病・労働災害と　112
公害輸出による環境破壊　128
公共事業による環境破壊　124
鉱業の環境問題と環境政策　336
厚生経済学の基礎事項　30
厚生経済学, ミシャンの倫理に基礎を
　置く客観主義の　648
交通と環境の経済学　618

衡平—経済学の視点から　22
衡平—法哲学の視点から　26
効用理論，不確実性と　28
効率性と市場の失敗　18
効率性分析，時系列分析と　590
枯渇性資源の利用と保全　302
国際海運・国際航空からの排出規制　198
国際環境 NGO　540
国際環境条約の遵守　536
国際規制，オゾン層保護に関する　546
国際規制，越境大気汚染に関する　544
国際規制，海洋汚染防止に関する　548
国際規制，化学物質に関する　564
国際規制，景観の保全に関する　560
国際規制，原子力に関する　404
国際規制，森林保全に関する　556
国際規制，土壌劣化・砂漠化に関する　562
国際規制，水銀に関する　566
国際規制，水の保全に関する　554
国際社会の対応，「地球環境問題」の
　　顕在化と　136
国際政治と法，「貿易と環境」をめぐる　86
国際制度決定過程における
　　ステークホルダー　538
国際組織，環境保全に関わる　522
国内政策の形成過程における
　　ステークホルダー　512
国連気候変動枠組条約　168
国連グローバル・コンパクト　526
コースにおける環境問題と
　　政府・市場・企業　644
古典派経済学以前のグラントとペティにみる
　　公害論　622
ごみ有料化と廃棄物削減効果　318
コモンズ管理論，オストロムの　656
コモンズと自然資源管理　244
コモンズ保存と定常状態，ミルの　626
固有価値論と「生活の質」，ラスキンの　628
コンジョイント分析，
　　表明選好アプローチ　416

■さ

再生可能エネルギー技術　382
再生可能エネルギー技術のイノベーション　394
再生可能エネルギー普及政策の
　　実証・実践　388
再生可能エネルギー普及政策の理論　386
再生可能資源の利用と保全　280
里地・里山　262
サプライチェーンネットワークと
　　排出責任　614
産業廃棄物不法投棄事件　116
産業部門の現状と省エネルギーの可能性　362
産業連関分析の環境問題への応用　78
さんご礁の劣化と保全　268

ジェヴォンズにおける石炭の枯渇と負効用の
　　発見　632
シェール革命とその影響　352
ジェンダーの環境思想　662
支援的手法　490
ジオエンジニアリング，気候工学　190
市街地土壌汚染　110
時系列分析と効率性分析　590
資源の呪い　304
資源問題と経済学　278
市場自由化の理論　372
市場の失敗，効率性と　18
自然環境の保全，保護地域制度と　238
自然環境保全分野における政策枠組み　498
自然資源，対外債務と　242
自然資源管理，コモンズと　244
自然資源の所有権　76
持続可能性の指標　50
持続可能な開発のための教育（ESD）　528
持続可能な開発目標（SDGs）　524
持続可能な消費　454
持続可能な発展　44
持続可能な発展に関する政策枠組み　502
自治体の環境協力　542
実験経済学と環境問題：フィールド実験　420

見出し語五十音索引　xxiii

実験経済学と環境問題：ラボ実験　418
実効性　62
実証・実践，再生可能エネルギー
　普及政策の　388
実証・実践，デマンドレスポンスの　380
自動車公害，モータリゼーションと　122
市民参加の保障とオーフス条約　568
社会的共通資本の考え方：宇沢弘文　672
社会的責任投資（SRI）　436
社会的費用，発電コストと　396
社会的費用便益分析　34
社会的費用論と社会的最低限，
　カップの　642
手法，経済的　484
手法，支援的　490
手法，合意・協定による　488
手法，情報的　486
準オプション価値，不可逆性と　576
循環型社会，廃棄物問題と　306
遵守，国際環境条約の　536
遵守・履行，規制的手法と　480
省エネルギー・環境対策，運輸部門の　364
省エネルギー・環境対策，
　民生家庭部門の　366
省エネルギー・環境対策，
　民生業務部門の　368
省エネルギーの可能性，
　産業部門の現状と　362
情報的手法　486
職業病・労働災害と公害問題　112
ジョージェスク＝レーゲンのエントロピーと
　経済発展　652
所有権，自然資源の　76
人権，環境と　530
森林吸収源と土地利用　172
森林減少・劣化からの排出の削減および森林
　保全，持続可能な森林経営，森林炭素蓄積
　の増強（REDD+）の役割　180
森林資源の経済学　282
森林保全に関する国際規制　556

水銀に関する国際規制　566
水質管理論，クネーゼの　646
水質保全の経済学　290
ステークホルダー，国際制度決定過程に
　おける　538
ステークホルダー，国内政策の形成過程に
　おける　512

政策調整手段としての計画　478
生産性指数　444
生態系サービスへの支払い（PES）　220
生態系保全の経済評価　422
制度学派の環境経済学の形成と発展　650
生物多様性オフセット・バンキング　240
生物多様性及び生態系サービスに関する
　政府間プラットフォーム（IPBES）　246
生物多様性関連分野における
　政策枠組み　270
生物多様性条約　230
生物多様性と環境認証　258
生物多様性と現状　218
生物多様性の保全，気候変動と　214
生命系の経済学，玉野井芳郎の　668
世界遺産の保全と世界遺産条約　558
世界銀行と環境社会配慮　532
世界と日本のエネルギー利用　340
責任，環境損害に対する　510
世代間衡平の公理的アプローチ　572
戦前日本における四大鉱山公害事件　94

■た

対外債務と自然資源　242
大気汚染，中国で深刻化する　142
大気汚染公害裁判　106
大気汚染防止政策，エネルギー利用と　358
ダイナミックゲーム，共有地の悲劇と　582
田中正造と南方熊楠，日本の環境思想Ⅱ　666
多発する自然災害と環境問題　152
玉野井芳郎の生命系の経済学　668
多様性関数　586
炭素回収・貯留（CCS）　192

炭素税　184
炭素税および環境税制改革に関する
　世界的動向　74

地域におけるエネルギー・温暖化対策　370
地域社会，原子力発電と　402
チェルノブイリと福島の原子力事故と
　放射能汚染　146
地球温暖化現象のメカニズム　158
地球温暖化対策，エネルギー転換部門の　360
地球温暖化による影響　160
「地球環境問題」の顕在化と国際社会の
　対応　136
地方公共団体による環境政策の役割　504
中国で深刻化する大気汚染　142
中国で深刻化する水汚染問題　144
中国の温暖化対策　208
長期目標としての2度　164

都留重人と宮本憲一，公害の政治経済学　670

低下する割引率　574
定常状態，ミルのコモンズ保存と　626
低炭素戦略，東アジアの　210
デイリーのエコロジー経済学と経済発展　654
適応策　162
デポジット制度　316
デマンドレスポンスの実証・実践　380
デマンドレスポンスの理論　378
伝統的知識と医薬品開発　254
電力市場，VREと　392

東京ゴミ戦争　120
統計的生命の価値　424
統合評価モデルとシナリオ　194
都市化と環境問題　154
都市環境ガバナンス　506
都市環境政策，マーシャルにおける　634
土壌汚染，市街地　110
途上国のエネルギー問題と支援　344
途上国の開発と気候変動　182

土壌劣化・砂漠化に関する国際規制　562
土地利用，森林吸収源と　172
トラベルコスト法，顕示選好アプローチ　412

■な

内生的技術変化　450
内包炭素　200
名古屋議定書，遺伝資源とABS　252
南極・北極の環境保全　550

新潟水俣病事件，有機水銀汚染による　102
二重の配当　604
日本の温暖化対策　206
日本の開発援助と環境社会配慮　534
日本の環境思想Ⅱ：田中正造と南方熊楠　666
日本の環境思想Ⅰ：熊沢蕃山と安藤昌益　664
日本の生物多様性の保全に関わる
　法的枠組み　234
認知バイアス，リスクと　580

熱帯林の消失と保全　266

農薬汚染とバイオハザード　150

■は

バイオハザード，農薬汚染と　150
バイオマス資源　300
バイオマス利用と環境　384
廃棄物削減効果，ごみ有料化と　318
廃棄物産業連関分析　326
廃棄物処理施設の社会的影響　320
廃棄物と法制度　310
廃棄物の越境移動の管理　330
廃棄物問題と循環型社会　306
排出規制，国際海運・国際航空からの　198
排出許可証市場の実証分析　600
排出責任，
　サプライチェーンネットワークと　614
排出量取引制度　186
バッズ，グッズと　308

発電コストと社会的費用　396
パリ協定　176

東アジアに広がる公害・環境問題　140
東アジアの低炭素戦略　210
ピグー税／ピグー補助金の実証分析　602
ピグー税／ピグー補助金　68
ピグーにおける環境問題への処方箋　636
非対称情報下での環境政策　606
非凸性と履歴効果　578
表明選好アプローチ：仮想評価法　414
表明選好アプローチ：
　　コンジョイント分析　416
評価（手法と結果），環境政策の　612
費用負担，原子力損害賠償制度と　400
貧困・人口増加・環境劣化の悪循環　58

フィールド実験，実験経済学と環境問題　420
不可逆性と準オプション価値　576
不確実性と効用理論　28
福島の原子力事故と放射能汚染，
　　チェルノブイリと　146
不法投棄の管理　332
「ふるさとの喪失」被害，
　　原子力発電所事故と　398
フレーミング，メディアと　514

ヘドニック法，顕示選好アプローチ　410

貿易と環境の経済学　82
「貿易と環境」をめぐる国際政治と法　86
貿易を通じた資源収奪と環境破壊　134
包括的富，グリーンGDPと　48
方向付けられた技術進歩と環境　592
放射性廃棄物問題　334
放射能汚染，チェルノブイリと
　　福島の原子力事故と　146
法と経済学，環境問題における　90
法，「貿易と環境」をめぐる国際政治と　86
保護地域制度と自然環境の保全　238
保全，宇宙環境の　552

保全，気候変動と生物多様性の　214
保全，枯渇性資源の利用と　302
保全，再生可能資源の利用と　280
保全，さんご礁の劣化と　268
保全，熱帯林の消失と　266
保全，保護地域制度と自然環境の　238
保全休耕プログラム（CRP）　256
ポーター仮説　442
ボランタリーアプローチ　608

■ま

マーシャルにおける都市環境政策　634
マテリアルフロー　328
マルクスにおける公害・環境破壊の原因　630
マルサスの土地・人口・地代・貿易，
　　リカードと　624

ミシャンの倫理に基礎を置く客観主義の
　　厚生経済学　648
水汚染問題，中国で深刻化する　144
水資源の経済学　288
水の保全に関する国際規制　554
南方熊楠，日本の環境思想II：
　　田中正造と　666
宮本憲一，公害の政治経済学：
　　都留重人と　670
ミルのコモンズ保存と定常状態　626
民生家庭部門の省エネルギー・環境対策　366
民生業務部門の省エネルギー・環境対策　368

メディアとフレーミング　514

木材貿易と環境問題　284
モータリゼーションと自動車公害　122

■や

有害廃棄物の越境移動　132
有機水銀汚染による熊本水俣病事件　98

予算と組織，環境政策の　470

予防原則　38

■ら

ライフサイクルアセスメント（LCA）　430
ラスキンの固有価値論と「生活の質」　628
ラボ実験，実験経済学と環境問題　418
ラムサール条約　232
ランダム効用理論と離散選択モデル　584

リカードとマルサスの土地・人口・地代・
　貿易　624
リサイクルの経済学　314
リサイクルの経済理論　312

離散選択モデル，ランダム効用理論と　584
リスクと認知バイアス　580
リバウンド効果　446
流域ガバナンス　508
履歴効果，非凸性と　578

レイチェル・カーソンの環境思想　638
歴史，環境政策の　460
レクリエーションの経済学　298
レジームシフト，レジリエンスと　222
レジリエンスとレジームシフト　222
レッドリスト　224

■わ

ワシントン条約　228

第1章
環境経済・政策学の基礎

　環境経済・政策学は，環境と経済の関係を分析することによって，環境問題の発現メカニズムを解明し，問題解決のための制度，政策手段を検討する．それは単一の学問分野を基礎とするものではなく，経済学を中心に，法学，政治学，社会学など社会科学から工学にまでまたがる学際科学である．それゆえ，その背景とする学問分野の違いから，同じ対象に対して，異なる問題認識や問題解決のアプローチが示されることがしばしばある．この多様性は，環境問題の解決を実践的課題とする環境経済・政策学の政策科学としての実践力を高める一方，1つの研究分野としての環境経済・政策学の理解を複雑にする．このため，本章では，問題対象ごとに構成された2章以下に先立ち，環境経済・政策学の基礎となる社会科学諸分野の概説と基本的知識を提供する．基本的知識には，衡平性，汚染者負担原則といった，政策科学の規範的議論を基礎づける価値判断に関する事項が含まれる．また，貿易と環境，環境経済統合勘定といった各章に横断的に関わる事項や，税や取引可能な排出許可証など政策手段に関する事項が含まれる．

[赤尾健一]

[担当編集委員：赤尾健一・髙村ゆかり・青柳みどり]

環境経済学：概説

　現代の環境経済学は，A. C. ピグー（Pigou）による外部不経済論，R. H. コース（Coase）に代表される制度学派論，H. ホテリング（Hotelling）による非再生資源の経済理論，またマルクス経済学やエコロジー経済学など起源は様々であり，多様性に満ちた学問形成となっている．

●**外部不経済論**　ある経済主体の行動が，市場を経由しないで他の経済主体に影響を与える効果を外部効果という．特に，人々に不効用が与えられたり生産に負の影響がもたらされたりする場合，外部不経済があるという．また，それが費用として金銭的に表されるとき，外部費用という．ピグー（Pigou, 1932 / 初版1920）は，汽車の煙害問題を考察することで，外部不経済論を構築した．外部不経済が存在すると，私的純便益を最大化する資源配分が社会的純便益を最大化する配分と異なることを示し，その解決手段として外部不経済を内部化する税（ピグー税）を提唱した．これは現在の環境税の基礎となっている．外部費用が私的費用と同様に生産者の費用の中にカウントされることで，生産者の純便益を最大化する資源配分は社会的純便益を最大化する配分と一致するようになる．また，汚染の限界純利益が経済主体間で一致することになるため，汚染の経済主体間配分の効率性も実現する．

　W. J. ボーモルと W. E. オーツ（Baumol & Oates, 1988）は，一般均衡体系で環境要素を含んだ経済の社会的最適問題を定式化し，ピグー税の妥当性を標準的枠組みの中で示した．ピグー税は資源の社会的最適配分の実現を図るものだが，結果として過剰な外部費用を抑制する役割を果たしている．

　経済的動機付けを用いたもう1つの内部化の手段がいわゆる排出権（排出許可証）取引である．この嚆矢的研究は J. H. デイルズ（Dales, 1968）によるもので，水の汚染問題を考察する中で排出権取引の有効性が理論的に示された．排出権取引では，汚染総量があらかじめ定められ，その量が汚染排出者に排出権として初期配分される．一方で，排出権市場が創設され，排出権を市場で取引することが認められる．初期配分がどのようなものであっても，排出権市場での均衡価格と各汚染者の均衡排出量は影響を受けない．また，総汚染量が最適汚染量と等しい場合，社会的純便益の最大化が実現される．この厳密な定式化は W. D. モンゴメリー（Montgomery, 1972）によってなされている．

　ピグー税では価格体系を人為的に修正することによって，また，排出権取引では数量体系を人為的に修正することによって，社会的最適が実現する．完全競争のもとでは，両者の汚染配分は一致し，ピグー税と排出権価格の水準は同一とな

る．ピグーの内部化理論は，経済協力開発機構（OECD）の原則である汚染者支払原則（PPP）の基礎となった．実際には，社会的最適値の計算は難しいので，ピグー税が適用される機会は少ない．

現実の世界で外部不経済を内部化し PPP を実現するのに使われるのが環境税である．環境税の場合，発生した税収をどう使うかが問題となる．この税収を用いて，所得税率を下げ実質賃金を上げることで経済のゆがみが是正できる．すなわち，環境改善と経済的非効率性の是正の２つが同時に実現される．このことを環境税の二重の配当という．ただし，課税により財価格が上昇し実質賃金が下落する効果が生じれば，一般には二重配当効果は減退する．

●費用便益分析と環境評価方法　公共政策の評価として採用されてきた費用便益分析に，社会的費用として自然環境破壊や公害などの環境費用を計算に入れる動きが現れた．環境要素を考慮に入れた上で便益／費用比率が１を超えるような政策は採用されるべきということになる．こうした動きは，水，大気，土壌，自然生態系，景観，アメニティなどの環境評価の発展を促すことにもなった．

貨幣単位での環境評価の方法としてはいくつかある．例えば，旅行支出をもとにリクリエーションの価値を測定するトラベルコスト法，不動産価格をもとに景観などの価値を測定するヘドニック法などがそれで，何らかの形で顕示された環境価値を測定する方法（顕示選好法）である．一方，実際の経済行動には現れない価値の評価については，仮想評価法やコンジョイント法などの表明選好法がある．表明選好法は，統計的生命価値の測定を通じて，環境改善の価値を健康リスクの観点から評価するという面でも用いられている．

長期間に効果と費用が及ぶ環境問題の費用便益分析では，割引率の大きさの設定の問題が生じる．特に超長期の問題では，割引率の水準が遠い将来に発生する費用に大きく影響するため，割引率と世代間衡平性の問題として議論の対象となってきた．気候変動問題に関するスターンレビュー（Stern, 2007）では割引率が0.1％に設定されたように，十分に低い割引率を適用する試みもある．しかし，これは現世代に過大な負担を強いるおそれがあり，批判も多い．もう１つの方法は，時間を通じて低下する割引率を用いるもので，政策的な適用も始まっている．

●権利や制度の観点からの分析　ピグーにより発展した外部不経済を権利の配分問題として考えるのが制度学派である．潜在的汚染主体に外部不経済を発生させる権利があるのか，それを回避する権利が受ける主体にあるのかを考える．前者の場合は受領主体が発生主体に，後者の場合は発生主体が受領主体に補償をすることによって，外部不経済が内部化できることに着目したのがコース（Coase, 1960）である．所得効果と取引費用がないなどの条件下では，どちらに権利があるとしても交渉によって決定される外部不経済の大きさは同一で，しかも社会的に最適になる（コースの定理）．実際には取引費用を無視できないことが多いため，コースの定理の結論どおりにはならない．だが，権利の配分の観点から環境

問題を捉える視点は重要で，例えば，発展途上国に発展・成長の権利があるとすれば，発展途上国由来の公害を被害者である先進国が補償して公害を抑制するという，いわば被害者支払原則（VPP）という考え方も可能となる．

コースの定理は，環境問題に政府の介入を求めるピグー税的な解決方法に対して，政府の介入なしに当事者同士の交渉による解決策を示し，小さな政府論者にも受け入れられた．

●**再生可能資源利用とコモンズの悲劇**　環境経済学で外部性と並ぶもう1つの大きな柱が，自然資源の管理である．再生可能資源は自然の状態の中で増殖するため，適切に管理すれば持続的な利用が可能となる資源である．H. S. ゴードン（Gordon, 1954）やM. B. シェーファー（Schaefer, 1957）から発展した漁場管理の理論においては，どのストック水準で資源管理を行うべきか，資源が枯渇する状況はどのようなものか，などの分析が行われた．例えば，生物学的増殖量が最大化するストック量は，経済学的な観点からは過小であり，より高い水準のストック維持が最適とされる．

一方，公害が激しくなりつつあった1960年代，公害を共有資源（共有地）の利用問題として捉えたのがG. ハーディン（Hardin, 1968）である．共有の牧草地では皆が勝手に放牧するため過大な放牧につながり，牧草が枯渇してしまう「共有地の悲劇」という帰結を示した．しかし，この主張には批判が浴びせられた．実際，共有資源の中にはローカル・ルールのもとで適切な管理が行われ，持続的に利用されてきたものも多い．近世初期の日本の入会地はその例である．E. オストロム他（Ostrom et al., 1994）は，世界の事例をもとに共有地管理が成功する条件を提示した（☞「自然資源の所有権」「オストロムのコモンズ管理論」）．

この観点から，現在では「共有地の悲劇」は，誰もがアクセス可能な資源すなわちオープン・アクセス資源に起こる問題として解釈する研究者もいる．オープン・アクセス資源にはルールなき資源採取が起こるため，資源枯渇の可能性がより高くなる．こうした視点は，コースが指摘した所有権のあり方が，適切な資源管理にとって本質的であることを示している．

●**自然資源の利用問題，持続可能な発展の経路**　非再生資源については，ホテリング（Hotelling, 1931）は，L. C. グレイ（Gray, 1913）らが示した資源の異時点間利用の効率性の問題を発展させ，採掘費用が資源ストック水準に依存しない経済ではホテリング・ルールと呼ばれるルールが成立することを理論的に示した．このルールは，完全予見のもと，競争市場においては資源1単位を採掘することのレント（利潤）の上昇率は常に市場利子率に等しくなるというものである．さらに，この条件は資源利用の社会的最適条件とも合致する．

ホテリング・ルールは，人工資本と自然資本が代替可能である場合に，どのように消費・投資・資源利用のパターンを定めれば，将来世代の消費を維持する持続可能な経路が実現できるかの研究においても重要な役割を果たすことで，弱い

持続可能性の経済理論の確立に貢献した．とりわけ，一連の理論の中でJ. M. ハートウィック（Hartwick, 1977）が示したハートウィック・ルールは等消費経路を実現する投資ルールを示したものだが，その後，90年代に始まり世界銀行などによって発展した持続可能性の実証分析に大きく貢献した．

●政治経済学的アプローチとエコロジー経済学的アプローチ　以上は環境問題に対する主流派的なアプローチだが，これとは異なったアプローチもある．マルクス経済学に基づいたものやエコロジー経済学に基づいたものが代表的な例である．

　マルクスは環境破壊を資本主義経済体制の必然的結果とみたが，来るべき社会主義経済体制では科学的進歩によって克服できると楽観していた．

　近代経済学派といわれた主流派経済学が公害を目の当たりにして何もなしえなかったのに対して，マルクス経済学派は1960～70年代の公害を批判的に分析・検討した．さらに，公害被害者救済についても一定の貢献を果たした．例えば，日本では，公害の発生原因者に対して，その加害責任と応分の費用負担を求め，公害被害者の補償・救済を実現した「公害健康被害補償法」（1973）の成立などに寄与した．

　しかし，資本主義経済体制だけではなく，社会主義経済体制にも公害が起こっていることがやがて明らかになる．宮本憲一（1989）は環境破壊という素材・事実から出発して体制にまでいたる分析手法を提案した．資本主義体制であろうと社会主義体制であろうと，資本蓄積の構造・地域構造・交通形態・生活様式・国家の公共的介入の様態などのいわゆる中間領域のあり方によって公害や環境破壊が規定されるとする独自の理論（中間システム論）を展開した．

　また，K. W. カップの社会的費用論を拡張した貢献も政治経済学的伝統の上に展開され，制度の失敗の観点から環境被害を論じる立場もある．実際，福島第一原発被害など通常の外部不経済論で分析できないような局面にも応用されている．

　ローマクラブが発表した『成長の限界』（1972）は人口爆発，天然資源枯渇や公害によってそれまでの資本主義経済は先行きが持たないことをシステムダイナミックスを利用して提示，その後のコンピューターモデルを用いた解析やシミュレーションの先駆けとなった．実際1973年に第1次石油ショックが起きるとこの予見は真実味を帯びた．だが，実際第2次石油ショック以後天然資源の価格は下落し，世界での危機感は薄れた．

　一方，H. E. デイリー（Daly, 1991）などをはじめとするエコロジー経済学は，生態系の経済系に対する役割を重要視し，新古典派経済学にはない定常経済論を展開した．デイリーの3原則，すなわち，①「再生可能な資源」の持続可能な利用速度は，その資源の再生速度を超えてはならない，②「再生不可能な資源」の持続可能な利用速度は，再生可能な資源を持続可能なペースで利用することで代用できる速度を超えてはならない，③「汚染物質」の持続可能な排出速度は，環境がそうした汚染物質を循環し，吸収し，無害化できる速度を上回ってはならない，は持続可能性の基本原理として捉えられている．　　［細田衛士・大沼あゆみ］

環境法学：概説

　人間活動が環境に与える負荷は，かつては，自然の受容力・復元力によって回復された．しかし，産業革命以降，特に20世紀に入って以後は，人間生活の向上と発展のため，その活動に基づく負荷が環境容量を超えることによって，良好な環境に悪影響を与え，ひいては人類の存続の基盤を脅かすにいたった．そのため，人間活動に対して何らかの制御が必要となってきた．換言すれば，従来自由に使用し，負荷を与えることができた環境について，その利用に一定の制限が必要となったのである．このような環境への負荷の防止・低減，環境回復など，環境保全を目的とする法（法令，条例，条約など）の総体を環境法という．環境負荷・公害の背景としては，このように近代以降の人間活動の規模が拡大する中で，一方，企業活動の企業外に及ぼすマイナス面，すなわち「外部不経済」が考慮されないことがあげられる．これは環境経済学の議論のうち最も重要な点の1つであり，環境法学においても十分に認識されるべき事柄である．環境法学の対象は，当初は公害および自然保護であったが，1990年代頃から，地球温暖化や化学物質の一部，遺伝子組換え生物などの様々なリスク，人類の生存基盤としての生物多様性，廃棄物の処理および（生産過程を含む）3R（リデュース，リユース，リサイクル）に関する循環管理をも対象に加えることになった．

●**環境法の特色**　環境法は，その対象である「環境」の性質により，①法領域の多様性（国内環境法をとってみても，公法〈刑事法を含む〉，私法の領域にまたがっており，また地方自治体の環境関連の条例が存在する．国際環境法の発展も目覚ましい），②法政策（立法事実といってもよい）に関わる部分が他の法学分野よりも大きな位置を占めていること，③計画法的性質・地域的性質，④保護されるべき利益が多くの場合公共的な性格をもち，また，行為や活動と健康・財産に対する被害との因果関係が科学的不確実性を有している一方，いったん被害が発生すると回復不可能である（被害の不可逆性）という性質をもっていることなどの特色を有している．

●**環境法学の独自性**　今日，環境法学を独立した学問分野として捉えることが必要である理由としては3点あげられる．第1に，環境法の理念・原則として，一般の行政法などにはみられない独自のものがあり，しかも，それらが行政法以外の分野を淵源とするものと考えられることである．環境法の主要な理念・原則としては，「持続可能な発展（☞「持続可能な発展」）」「環境権」，費用負担に関する「汚染者負担原則（☞「汚染者負担原則」）」（原因者負担原則）があげられるが，それぞれの淵源をみると，「持続可能な発展」の概念は国際法から生じているし，

環境権については，少なくとも日本では，元来，私権として検討されてきたし，「汚染者負担原則」も，元来は経済学から出てきたものであるが，日本においては，民事法の無過失責任と密接な関連を有するものとして発展してきた．第2に，熱帯林の消失，自然海岸の消失，種の絶滅の加速度的増大などの問題が生じ，人類の存続の基盤としての生態系が侵されつつある今日，既存の行政が行ってきた諸利益の総合衡量では十分対処しえなくなっていることである．むしろ，環境容量の有限性に鑑み，環境という側面を独立に捉え，それについて一定の配慮を必ず行うことが求められているのである．環境は人類の存続の基盤であり，人類の活動がもはやその容量を超えつつあること，しかも環境への影響はある程度時間がたってから不可逆的に生ずるものが多いことから，このような見方をすることが特に必要であり，この点は，環境法を通常の行政法とは区別する理由となろう．第3に，上述の「持続可能な発展」や環境容量への配慮を重視するときは，環境の側面から一定の目標を立て，それに向けて社会全体が移行していくことが必要となるが，そのためには環境に関連する法制度を総合的に理解することがきわめて重要になる．環境法学は，上述したように，環境容量の有限性に鑑み，環境という側面を独自に捉え，それについて一定の配慮を必ず行うこと，すなわち，人の行為の管理が必要となってきたことを重視する．このように，環境法学は，関連法制度を，各法学領域の外側にある環境という視点から総合的に理解する点に意義を有する．

●**環境法学の中核としての環境法の理念・原則**　環境法学の中核にあるのは，上述した環境法の理念・原則である．日本の「環境基本法」は，①健全で恵み豊かな環境の恵沢の享受と継承，②環境負荷の少ない持続的発展が可能な社会の構築，③国際的協調による地球環境保全の積極的推進という3つをあげている．このうち，③は国際環境問題に対する政府の姿勢を示したものにすぎず，今日日本では，ヨーロッパ環境法を参照しつつ，環境法の基本理念・原則として，（ⅰ）「持続可能な発展」，（ⅱ）「未然防止原則・予防原則（☞「予防原則」）」，（ⅲ）「環境権」，（ⅳ）「汚染者負担原則（汚染者支払原則）」ないし「原因者負担原則（原因者負担優先原則）」の4つを取り上げることが多い．（ⅰ）は社会全体の取組みについての目標として，（ⅱ）は環境政策・対策の実施に関する原則として，（ⅳ）は環境汚染防止などの費用負担の原則として，その内容が今日きわめて重要性を帯びていると考えられるからである．また，（ⅲ）は環境保護を主体（イニシアティブをもつ者）の観点から捉えた権利であるとともに，基本理念・原則としても位置付けられるものである．これらのうち，特に予防原則，環境権，原因者負担原則は，環境法学上きわめて重要な位置付けが与えられている．中でも，予防原則は，内分泌かく乱物質，ナノ物質などを含む一定の化学物質，遺伝子組換え生物から気候変動まで幅広い分野にわたって問題とされており，「リオ宣言」第15原則のもと，比例原則にも配慮しつつ実現されるべきものとして，しばしば立法や

行政上問題となる.

●**手法（ポリシーミックス）**　環境政策としては，種々の手法を適切に組み合わせて用いることが必要とされている（ポリシーミックス）．環境政策の手法を，①計画や環境影響評価のような「総合的手法」，②事業規制，土地利用規制，単体規制，製品の製造・使用規制のような「規制的手法」，③カーボンプライシングのような「経済的手法」，④化学物質排出移動量届出制度（PRTR 制度），地球温暖化対策としての算定報告公表制度，環境ラベリング，環境報告書のような「情報的手法」，⑤公害防止協定や，政府と業界の協定のような「合意的手法」，⑥損害賠償のような「事後的措置」に分けられる．このほか，第 3 次，第 4 次環境基本計画は，⑦事業者などが自らの行動に一定の努力目標を設けて対策を実施する取組みによって政策目的を達成しようとする手法である「自主的取組み手法」，⑧各主体の意思決定過程に，環境配慮のための判断を行う手続きと環境配慮に際しての判断基準を組み込んでいく手法である「手続的手法」をあげるが，⑦は④，⑧は①および④に含まれうる．環境法学は，元来は規制的手法と親和性が高かったが，法令に基づく環境政策を実現する以上，これらのすべての手法を対象に含むものであり，環境政策の実現のため，環境容量に関する目標のもと，効率性，公平性，実効性，制度の受容性などを含めたポリシーミックス（規範的ポリシーミックス）を行うことが必要である（大塚，2014）.

●**遵守と履行確保**　環境法の代表的手法である規制的手法においては，排出基準や許可制にみられるように，遵守を義務付けし，その違反に対して罰則による制裁を加えることによって，義務者の履行を確保する．その際，基準などの違反によってただちに罰則が科される直罰方式と，改善命令のような行政命令をいったん発出し，その違反に対して罰則を科する命令前置方式がみられる．また，許可条件に違反した場合には，許可の取消しや許可の効力の一時停止が行われる．さらに，環境犯罪によって得た利益を剥奪するために課徴金制度を導入すべきことがかねて指摘されてきたが，「組織犯罪処罰法」における（廃棄物の不法投棄による）不法収益の没収の規定は課徴金に類似した効果を有する．なお，遵守が指示され，さらに制裁が加えられてもなお義務者がそれに従わない場合や，義務者の所在が不明の場合には，法の目的を達成するため，遵守を指示した行政自体がこれを実行するか，第三者に実行させる「行政代執行」が行われる．規制の遵守状況を把握（モニタリング）するため，日頃から行政に常時監視義務，事業者自身に測定記録保存義務を課することが重要であり，後者の義務違反に罰則を科すことについては，「大気汚染防止法」と「水質汚濁防止法」の 2010 年改正で注目された.

　なお，行政の規制権限を適正に行使し事業者の規制遵守を監視するためには，①行政の立入り検査などの活動や事業者の操業記録についての情報公開請求・閲覧請求，②行政の規制に対する義務付け訴訟や事業者の規制遵守違反に対する義務履行請求訴訟が有効であるが，②については原告適格の制約があり十分な効果

は期待できない状態にある．①の事業者の操業記録の閲覧請求制度としては，「廃棄物処理法」に処理施設の維持管理情報の記録の義務付けと閲覧請求に関する規定がある（第8条の4，第15条の2の4）．

　他方，いわゆる自主的取組み，行政指導，情報的手法の場合には遵守を義務付ける手続きは存在しておらず，執行が脆弱である．行政指導に従わなかった事実の公表は，「行政手続法」第32条2項の問題となり，少なくとも何らかの法的根拠が必要であると解されている．また，経済的手法としての税の場合には，税務当局のチェックによる履行確保が期待されることになる．

●現代的課題　環境法学には様々な現代的課題がある．いくつかあげておきたい．第1は，2011年の福島第一原発事故を契機に，原子力関連法が環境法学の対象となったことである．同時に，放射性物質を含んだ廃棄物や土壌の処理・除染が新たな問題として浮上し，これも環境法学の対象となった．原発を含むエネルギーの問題について，気候変動の問題との関係も考慮しつつ，一定の方向性を示すことも環境法学の課題となっている．第2は，「気候変動に関する政府間パネル（IPCC）第5次評価報告書」や「パリ協定」を経て，2度目標を前提とした場合の温室効果ガスの累積排出許容量が，国際的にみて現在の排出量を継続するときは30年程度しか残されていないことが示されるなか，気候変動問題が，ほかの環境問題以上に喫緊の課題として浮上し，環境法学においてもきわめて重要な課題となったことである．環境法学と環境経済学が手を携えて，カーボンプライシングなどの手法の導入の検討に貢献しなければならない．第3に，他方で，国内では人口減少，少子高齢化が進展するなか，特に地方の疲弊が目立っており，環境政策を用いて経済浮揚を図り，現在日本が抱える課題との同時解決を図ることが必要となったことである（中央環境審議会地球部会「長期低炭素ビジョン」(2017)で示された）．地方の再生可能エネルギー導入による雇用の回復はその一例であるし，カーボンプライシングも上記の「ほかの課題との同時解決」のために導入することが検討されている．第4に，第3点と同時に，化学物質などのリスクの問題に対する厳しい姿勢はなお堅持する必要があることである．（建物解体時の）アスベストによる大気汚染を含むアスベスト問題や海洋のマイクロプラスチック問題はその例である．第5に，行政の適正な規制権限の行使，事業者の規制の遵守などを図るため，欧米や一部のアジアにみられるように，原告適格の制約をはずした市民訴訟や団体訴訟を導入することが検討されるべきである．この点については「オーフス条約」に定められており，同条約の内容が参照されるべきである．

［大塚　直］

📖 参考文献
・大塚 直（2016）『環境法 BASIC（第2版）』有斐閣.
・大塚 直（2014）「環境法における実現手法」『岩波講座現代法の動態2　法の実現手法』岩波書店.
・北村喜宣（2016）『環境法（第4版）』弘文堂.

環境政治学：概説

●**環境問題の政治性**　政治とは「社会に対する諸価値の権威的配分」（Easton, 1971：chap. 5）であり，多様でしばしば相反する，あるいは希少な価値を「多くの人々の間で正当なものとして受け入れられる方法」で配分して，衝突を避けることである（Crick & Crick, 1987：chaps. 1, 2）.

　このように考えると，環境問題はその特徴からきわめて政治的な問題だといえる．まず，環境問題は経済的・社会的・文化的なものなど多様な価値が絡み合うため，「諸価値の配分」が決定的に重要である．また，原因と結果（被害）が国境や世代を越えることから，利害関係が複雑で意見の衝突が起きやすい．さらに，科学的に不確実な部分が大きいため，誰もが「正当なものとして受け入れられる」解決策を見出すことが難しく，権力によって科学知が左右されやすい.

　例えば，気候変動は環境問題としてだけでなくエネルギー・経済開発問題としての側面をもち，一方の価値を追求すると他方が損なわれるというトレードオフの関係にある．そして，温室効果ガスを多く出す国（企業・個人）や今の世代が必ずしも大きな被害をこうむるとは限らないことから，利害の対立が生まれやすい．また，地球レベルの自然環境と人間社会の関係を総合的に考えなければならないため，科学的に正確な予測や解決策を皆が納得する形で提示することも困難である.

　価値観の多様性は，自然環境問題においていっそう顕著に現れる．例えば，森林は環境面・経済面だけではなく文化的な価値も大きく，ある動植物がもつ意味は，その社会ごとに異なる．クジラを資源とみるか，特別な動物とみるかといった価値観の違いが対立を生むことは，周知のとおりである.

　地球環境問題はもとより，局所的に被害をもたらす環境問題においても，科学は権力に左右され，問題の解決が阻害される．水俣病（☞「有機水銀汚染による熊本水俣病事件」「有機水銀汚染による新潟水俣病事件」）の原因物質を特定する過程や，被害（者の範囲）を同定する過程は，それを例示している.

●**欧米の文脈・日本の文脈**　このように，環境問題は「諸価値の権威的な配分」が高度に要求される，すぐれて政治的な課題であり，その理解には政治学が重要な役割を果たす．ある教科書は，「政治学は環境学の中心に位置する」とまで述べている（Doyle & McEachern, 1998：15）.

　欧米では，実際に環境政治学が盛んである．英語圏を例にとると，例えば，*Environmental Politics* や *Global Environmental Politics* などの専門学術誌や，N. カーターによるもの（Carter, 2007）などの数多くの教科書が出版されている.

また，環境政治学の学位を提供する大学院があったり，例えば，イギリス政治学会のように，学会が環境政治分野の研究グループを設けていたりするなど教育・研究活動も活発である．

しかし，日本においては，法学（☞「環境法学：概説」）や社会学（☞「環境社会学：概説」），経済学（☞「環境経済学：概説」）などが公害期から積極的に環境問題を扱ってきたのとは対照的に，政治学者の動きは活発だったとはいいがたい（石田，1995：第5章；賀来，1997：11-23）．むしろ，異分野の研究者やジャーナリストが環境問題の政治的側面を考察してきた．宇井純による『公害の政治学』（1968）はその代表的なものである．

日本においても，1980年代以降，政治学者が徐々に環境問題に取り組むようになってきたが，欧米に比すると全体として低調である．その重要性に鑑みると，今後，日本でも環境政治学に関する教育・研究の拡充が望まれる．

●環境政治学とは　環境政治学は政治学の一領域であるが，その他の政策諸分野とは異なり，政治学の中でも固有性・独立性をもつ「サブディシプリン」として認識されている．すなわち，環境分野には固有の思想・イデオロギーやそれに基づく運動が存在し，政治過程を形作っているため，既存の政治学理論だけでは理解することが難しい．M. ジェイコブス（Jacobs, 1997）の言葉を借りれば，環境分野における environmentalism のような形で，例えば，教育分野に「educationalism」が存在しないように，他とは異なる特徴を環境分野は有している．

したがって，この固有の思想やそれを背景としたアクティビズムを理解することが環境政治学では必須であり，それらはこの学問領域の理論的中心でもある．

カーター（Carter, 2007：3）は環境政治学の3要素として，①環境政治思想，②環境運動や政党，③環境政策過程の理解をあげているが，これらはこうした環境政治学の特徴を反映している．すなわち，アクティビズムのもととなる思想を考え，その結果として生まれた／影響を受けた様々な主体，例えば，非政府組織（NGO），政党（緑の党など），環境関連省庁などを理解し，それらの活動が形づくる政策過程を捉えることが環境政治学の要点になる．

ところで，理論的な体系としては，一般の政治学において比較政治学と国際政治学を分けて考えることが多いことから，環境政治学においても上記の②と③をそれぞれ国内と国際に分けることもできよう．そこで，以下では野村（2010：1-18）にならい，環境政治学を「環境政治思想」「比較環境政治」「国際環境政治」の3分野に分けて内容を概観したい（各分野の研究例については同書を参照）．

●環境政治思想　環境政治思想には，「環境思想の政治的側面」と「政治思想の環境的側面」という両面が存在する．

環境思想（環境倫理）の違いは政治的な衝突や対立構造をつくり出すことから，その特徴や相違を把握することは環境政治過程の理解に不可欠である．自然をそ

のままの形で「保存」すべきという考えと，利用しつつ適切に管理して「保全」すべきという考えが，アメリカの国立公園・森林政策過程において生み出した対立は古典的な例であるし，経済成長やライフスタイルなどの人間活動全体を批判的に捉え直すエコロジー思想の登場は，1960〜70年代にかけて，欧米のNGOや政党に大きな影響を与えた．さらには，ディープ・エコロジーや動物解放論などのラディカルな思想を活動原理とする団体も，70年代後半からみられるようになる．このように，環境思想は主体の活動を方向付け，政治過程を形づくるため，その理解は必須である．

ところで，思想の役割が大きいこともあり，環境政治においては「言説」がしばしば注目される．J. S. ドライゼクによる環境政治学の教科書（Dryzek, 2005）が環境問題に関わる諸言説を中心にまとめられているのはその好例である．

さて，一般的な政治思想も，例えば，A. ドブソンとR. エッカースレイ（Dobson & Eckersley, 2006）のように環境問題の観点から問い直されている．イデオロギーとしては，自由主義，社会主義，保守主義，フェミニズムなどと環境との関係について考察が進められるとともに，80年代からは，例えばドブソン（Dobson, 1995）のように，環境が政治活動を規定するべきという環境中心主義的な政治規範として「エコロジズム」を唱える動きも出てきた．

民主政（デモクラシー）や正義，シチズンシップなどの政治概念も，環境面から再検討されている．中でも，90年代以降，冷戦の終了と民主化の広がりを受けて，民主政と環境の関係が注目を集めるようになり，民主政は環境保護に適した政体なのか，どのような民主政が環境にやさしいのか，などの議論が行われている．

●比較環境政治　比較政治学は，各国・地域の政治制度や主体，政治／政策過程を分析する分野である．（なお，必ずしも複数の国・地域を直接比較する必要はなく，1国内の事例研究も含まれるため，国内の事象を扱う分野としてかまわない．）

この分野の研究は，1960年代後半〜70年代にかけての，欧米におけるエコロジー運動の発展を契機に増えていった．上述のように，多くの国ではこの時期に環境問題に取り組む新しい主体（省庁，NGO，政党など）が誕生し，関連する政策も急増したため，各国の環境政治過程が大きく変容を遂げたからである．

特にNGOは行政単位にしばられず，経済的利益と一線を画して環境保護を第一義的に考えて行動し，特定の思想・言説を推進して環境政治を形づくることから，初期の段階から主要な研究対象となっている．また，政党については，欧州における緑の党が多くの研究者の注目を集めており，日本においても，ドイツの事例に関する研究成果が80年代からみられる．

環境政治過程については，複数国の比較研究（日本に関するものとしては，M. A. シュラーズ〈Schreurs, 2002〉など）や，例えば，久保（1997）のような政

策過程理論（政策ネットワークなど）を使った環境政策過程の分析などが数多くみられる．また，1980年代後半から90年代にかけて東欧や途上国で進んだ，民主化や分権化といった政治過程と環境の関係についても，多くの比較研究が行われている．

　思想と行動が密接に結びつき，高い科学的不確実性を伴う環境政治過程においては，言説分析を用いた研究も多く，欧州の政策過程を考察したM.ハイヤー（Hajer, 1995）は，言説分析の好例として環境政治以外の研究者にも知られている．

●国際環境政治　国際社会は国内とは異なり，共通の統治システムがない「無政府状態」にある．また，国内よりも主体が多様で権力差が大きく（例えば，先進国の大企業と途上国の農民など），様々な国内事情や利害関係を抱えた国々が存在する．

　そうした中で，地球環境という「コモンズ」を協働で管理するには，非常に高度な政治プロセスが求められる．そのため，どのように／なぜ協力関係が生まれるのか（生まれないのか），という点は，国際環境政治の主要な課題となる．具体的には，国家の活動を規定しうる「国際環境条約」や「国際環境レジーム」の形成・実施過程，ある国の外交政策に焦点をあてた「環境外交」（☞「環境外交」），ある主体の国際的な活動（NGO，企業，国際機関など）が，主な研究テーマである．

　同時に，環境問題を生み出す，国際的な政治経済構造について考えることも主要な課題である．例えば，途上国の環境問題の多くは，経済のグローバル化と深く関係しており，前者は後者の理解なくしては解決することができない．

　国際環境政治の研究は国連人間環境会議（1972）以降，地球環境問題の出現や国連環境開発会議（UNCED）（1992）を経て盛んになり，G.ポーターとJ.W.ブラウンによるもの（Porter & Brown, 1996）などのポピュラーな教科書も1990年代末までには多く出版されるようになった．

　なお，一般的な国際政治学に比べて国際環境政治学においては，リアリズム的なパワー・ポリティクスよりも，利益と協調，さらには考え方や認識・規範を重視する傾向にあり，それを推進する主体としてNGO（☞「国際環境NGO」）や専門家，多国籍企業に注目することも多い．例えば，専門家の越境的ネットワーク（認識共同体）が国家間の協力関係をつくり出すという研究（Haas, 1990）は，主流の国際政治学にもインパクトを与えている．

　また，冷戦後にあっては，リアリズム的アプローチが主流の安全保障研究においても，環境問題を地域の不安定要素として考慮する「環境安全保障」（気候変動に焦点をあてる場合は「気候安全保障」）の視点が求められるようになり，環境政治学の意義や射程が拡大してきている（☞「環境安全保障」）．　　　［野村　康］

環境社会学：概説

　環境社会学は，主に環境と社会の相互関係を研究する，現代社会学の中の1領域である．私たち人間は，日々の生活を通して環境を形成したり改変すると同時に，その環境によって形成されてもいる．環境の悪化が社会にどのような変化を与え，その社会の変化が環境をどのように変化させていくのかを理論的・実証的に研究するのが，環境社会学という学問領域である．

●**社会学の主題と問い方**　鳥越皓之（1999）は，社会学について「社会を構成しているのは1人ひとりの人間である．したがって，1人ひとりの人間から出発して，そこに止まることなく，社会のカラクリを分析する必要が生じる．社会学は人間が複数集まったときに構成される『社会』というものの分析を得意としてきた学問である」と述べている．つまり，複数の人間が集まったとき，「社会秩序はいかにして可能か」「どういう関係が成り立てば，秩序が生まれるのか」が社会学の主題である．「今，ここにある秩序」が，必ずしも社会を構成するすべての人にとって望ましい秩序とは限らない．社会学は，望ましい秩序・世界の構想を立てうる基礎研究としての役割を担っている．雑多にみえる社会学であるが，それを統合するのはこのような主題と問い方（方法）である．

●**環境社会学という枠組み**　日本における環境社会学のパイオニアの1人である飯島伸子（1998：1-42）は「環境社会学は，対象領域としては，人間社会が物理的生物的化学的環境（以下，自然的環境と略）に与える諸作用と，その結果としてそれらの環境が人間社会に対して放つ反作用が人間社会に及ぼす諸影響などの，自然的環境と人間社会の相互関係を，その社会的側面に注目して，実証的かつ理論的に研究する社会学分野である」（飯島，1998：1-42）と定義する．

　この定義の特徴は，人間が形づくってきた建造環境や文化的側面をも含み込んだ広い環境定義であること，しかし環境のすべてを扱うのではなく，「自然的環境と人間社会の相互関係を，その社会的側面に注目」していることの2点であろう．水俣病を例にとれば，水俣湾に放出された有機水銀がいかなる機序で水俣病を引き起こしたのかを解明するのが自然科学であるのに対し，水俣病の発生が社会のどのような文脈で，いかなる社会的なメカニズムで引き起こされたのか，その結果どのように地域の社会関係の崩壊が起きたのか，地域再生の努力が誰によってどのようになされてきたのかを問うのが環境社会学である，ということになる（堀川，1999；友澤，2014）．

●**公害から環境へ──環境社会学の成立史**　近代化に伴って日本は激しい公害問題を経験してきた．戦前には，足尾銅山の問題などすでに甚大な鉱山被害が報告

されている．戦後は四大公害病をはじめ様々な経済成長のひずみともいえる公害問題が起きてきた．社会学者の一部には，公害問題を対象に研究しようとした者がいたが，そのときにはまだ「環境社会学」という枠組みは存在せず，各人が既存領域（例えば，地域社会学や住民運動研究）の概念を借用・応用しながらの研究であった．それぞれがばらばらに行っていたが，やがて，調査の中から「公害」という用語のもとに調査・研究が展開され始め，「公害問題の社会学」へと結実していったのは1960年代であった．

　1970年代以降，環境政策の中心的問題が，産業公害から徐々に生活公害や地球環境問題へと変化していくなか，「公害」という用語では捉えきれない現実が頻出してくる．事実，社会学文献のタイトルにおいて使用頻度が高かった「公害」は，1970年代中盤以降，「環境」に取って代わられていく（堀川，1999）．1980年代終盤になると，日本社会学会大会においても「環境問題（環境と社会）」「環境問題と環境政策」といったセッションがもたれるにいたり，公害ではなく「環境問題の社会学」という呼称が一般化した．アメリカにおいても，同時期に「環境社会学」（Catton & Dunlap, 1978；Dunlap & Catton, 1979）というパラダイム転換の声が高まった．1990年には日本で「環境社会学研究会」が設立され，1992年には学会へと発展するにいたった（古川，2004）．

●2つの潮流　環境社会学には，2つの潮流がある．1つは「公害・環境問題の社会学」であり，もう1つは「環境共存の社会学」である．先に述べたように，日本の環境社会学的研究の1つの潮流は，公害問題に取り組む中から形成されてきた．既存の社会学理論や諸概念を応用して，自然科学とは異なる分析方法をもって自らの存在を確立しようとしてきた歴史であるといえる．

　「公害・環境問題の社会学」とは，環境問題の構造を描くことに力点がおかれたアプローチである．環境問題がつくり出される社会的仕組み（加害構造）や，問題によって被害を受ける人々の階層的・地域的特徴，様々な被害の内的関連性（被害構造），被害を克服するための努力，加害や被害を増幅するような社会的仕組み，制度や組織の問題対応，科学や技術・メディアなどの対応，その影響や効果などを研究する（飯島，2001：1-28）．1960～70年代の「公害問題の社会学」が，この第1の潮流の中心をなしており，主な理論的立場としては，被害構造論，受益圏・受苦圏論，社会的ジレンマ論，環境的公正論（または環境正義論；原義はenvironmental justice）などがある．上記の議論では，どちらかというとパラダイム転換を志向する傾向が強い．被害の総体は，法的規定や経済的補償よりもはるかに大きくかつ深刻であることを明らかにし，被害を十全に救済しえない既存の社会制度や構造の問題点を提示して全面的見直しを求めるベクトルをもつからである（堀川，2012）．

　他方の「環境共存の社会学」は，環境との調和やその智恵を解読し，環境問題解決へのヒントとしていくことに力点がおかれたアプローチである．自然環境と

調和して共存してきた社会の特徴を、様々な時代や文化、地域に関して検討するとともに、環境破壊が進む地域社会の環境復元・環境再生、省資源型の「町づくり」や「村おこし」、よりグローバルなレベルにおける環境との共存の可能性などのテーマ群を含み、特に重要性を増している分野である（飯島，2001：1-28）。主な理論的立場には、生活環境主義、コモンズ論、社会的リンク論、歴史的環境論、景観の社会学などがあげられる。第1の潮流とは対照的に、パラダイム転換というよりは、どちらかといえば歴史的・文化的な観点や、日常の生活の営みから智恵や教訓を抽出し、現在の環境問題解決へとつなげていこうとする傾向をもつ。地域社会固有の文化や祭祀などが、環境との折り合いをつけて生きる智恵をいかに育んだり、継承するのを助けているかを明らかにし、それを現代の環境問題に応用しようというベクトルであるといってもよい。

この2つの潮流に、社会学的研究の重要概念である「行為」と「意識」をかけ合わせると、諸研究を包括的に位置付けることができる。図1は飯島（1998）の議論を図化したものである。例えば、公害被害者運動の研究はACに、自然環境を枯渇させぬような資源利用をしてきた地域社会の知恵を探究する研究はBDに、それぞれ位置付けて理解することが可能である（図1）。もちろん、これは概観するための1つの整理の枠組みである。日本においては上述の2つの潮流が学会設立の中心となったとはいえ、公害病の原点である四大公害病のうち、3つは農山漁村地域でのできごとであり、環境共存の社会学と公害・環境問題の社会学とには、一定程度の重複部分もある。それでも、全体像を理解するための1つの道標として、役に立つ。

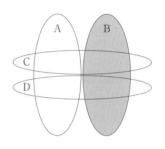

A: 公害・環境問題の社会学
B: 環境共存の社会学
C: 環境行動の社会学
D: 環境意識・環境文化の社会学
図1　環境社会学の主要研究領域

●近年の展開　阪神淡路大震災、東日本大震災を経て、震災（復興）の社会学や科学と社会の関係を考える立場、地域復興（地域再生、コミュニティ）の社会学などの目覚ましい展開が、日本の環境社会学の近年の特徴である。また、福島第一原発事故のインパクトは大きく、原発事故問題と気候変動問題、再生可能エネルギーなどエネルギーの社会学も活発に研究が行われている。

日本以外に目を向けると、欧州を中心にエコロジー的近代化論、消費の社会学、リスクの社会学、「まなざし」の社会学、産業メタボリズム論といった新たな潮流がみられる。これらは、日本国内においては環境社会学よりむしろ近縁の他分野で取り組まれる状況にある。

さらに、従来の環境社会学が、社会運動論や地域社会学の枠組みから発展したように、社会学のほかの分野で発展した理論枠組みを援用して議論するケースも

ある．特に最近は，アクター・ネットワーク理論，ローカル・ナレッジ論など科学社会学，知識社会学との垣根が低くなる傾向にある．また，社会関係資本の概念など社会学，政治学を超えて，経済学さらには公衆衛生など多くの分野で利用されているものもある．

●社会学的分析と隣接諸科学　環境社会学が生み出してきた諸概念は，環境－社会関係に照準するため，隣接諸科学にはない特徴がある．さらに，社会学の垣根を超えて政治学，経済学などでも用いられる共通概念もあるのも特徴である．その一例として社会関係資本（もしくは社会資本）があげられる．この概念は世界銀行をはじめ，多くの国際機関の政策に大きな影響を与えたものとして特筆すべきものである．アメリカの政治学者である R. パットナム（Putnam）がこの概念の中心的な提唱者とされるが，実際には社会学の多くの研究者の関連研究が1つの流れとなったとみるべきであろう．その大きな先達の1人がシカゴ大学のJ. コールマン（Coleman, 1990）である．彼の定義は「機能」を中心にしたもので，「社会関係資本が存在することによって，人々のある特定の活動を促進するもので，社会の構造をなすもの」である．また，ほぼ同じ頃，フランスの P. ブルデュー（Bourdieu）もまた社会関係資本の存在を論じていたといわれている．現在の社会関係資本の議論に最も大きな影響を与えたのは，先のパットナムの定義である．彼はイタリア国内における地域ごとの民主主義制度の機能の仕方の違いに着想を得たといわれている．彼は社会関係資本を公共物として捉え，市民参加のネットワーク，信頼，互酬性の規範と定義した（Putnam, 1993）．パットナムの議論からは，社会関係資本の特徴とされるボンディング（類似の規範をもつ人々のつながり），ブリッジング（異なる規範をもつ人々のつながり），リンキング（異なる社会的地位にまたがる人々のつながり）の概念が生まれてきていて，注目されている．

　さらに，隣接する分野としてマスメディア論，コミュニケーション論があげられる．社会学においても，J. ハーバーマス（Habermas）によるコミュニケーション的行為論などがあるが，環境社会学においても他者との関係性から環境問題の解決の糸口を探る研究も多い．また，直接にマスメディアの影響を論じるものもあり，Boykoff & Boykoff（2007）は，ジャーナリストの規範について気候変動に関わるアメリカのマスメディア報道を元に議論した．また Sampei et al.,（2009）は公衆の社会問題認知がマスメディアの報道量に大きく影響されていることを日本のデータをもって示した．　　　　　　　　　　　　　　　　[堀川三郎・青柳みどり]

📖 参考文献
・飯島伸子（2003）『環境社会学のすすめ』丸善出版.
・舩橋晴俊編（2011）『環境社会学』弘文堂.
・鳥越皓之・帯谷博明編（2017）『よくわかる環境社会学（第2版）』やわらかアカデミズム・〈わかる〉シリーズ，ミネルヴァ書房.

効率性と市場の失敗

　環境問題が議論されるとき，また環境政策の是非が論じられるとき，明示的であれ暗黙であれ，それは何らかの価値基準（社会の望ましさ，価値判断の基準）に基づいている．議論の根底にある価値基準を明らかにしておくことは，問題解決の前提である問題の認識と共有にとって不可欠である．環境経済・政策学がよって立つ経済学には，2つの重要な価値基準がある．それは，効率性と衡平性（☞衡平—経済学の視点から」「衡平—法哲学の視点から」）である．この項では効率性を解説する．また，「効率性の問題としての」環境問題に密接に関係する市場の失敗を解説する．

●**効率性**　社会の誰をも不幸にすることなく誰かをより幸せにできるならば，それは社会にとって望ましい——これが効率性の価値基準である．それは，この基準を生んだ V. パレート（Pareto）の名を冠してパレート基準と呼ばれる．また，このような変化を生み出す政策は社会をパレート改善するといわれる．経済学が考える社会のゴールの1つは，パレート改善しつくされた社会，もはや誰かを不幸にすることなしには誰をもより幸せにすることはできない状態にいたった社会である．この状態は効率的あるいはパレート最適と呼ばれる．

●**効率的汚染水準**　効率性の具体例として，効率的汚染水準（最適汚染水準と表現されることもある）を取り上げる．経済活動は汚染を生み出す．反対にいえば，汚染は富を生み出す．そこで，汚染の追加的1単位の増加（限界的増加と表現される）が経済にどれだけの生産物を生み出すかを考えよう．

　図1（a）に引かれた線は，汚染が様々な産業に及ぼす影響（一般均衡効果と呼ばれる）を考慮して，汚染の限界的増加による経済全体での生産物（貨幣単位で国内総生産〈GDP〉の変化として計られる）の増加を表現したものである．それは汚染の限界的増加に対して経済が支払ってもよい限界支払意思額（$MWTP$）であり，汚染に対する需要曲線と解釈できる．$MWTP$ の積分値は支払意思額である．例えば，図に示された0からPまでの網掛け部分は，汚染によってその面積に相当する富が生み出されること，したがって，Pまでの汚染が許されるならば経済にはそれだけの支払意思があることを表している．

　図1（b）に引かれた線は，汚染の限界的増加がもたらす被害（効用の低下）を貨幣単位で表現したものである．それは汚染の増加にもかかわらず以前と同じ効用水準を保つために必要とされる補償額を示しており，汚染に対する限界受入意思額（$MWTA$）と呼ばれる．それは社会にとっての汚染の限界費用であり，汚染の供給曲線と解釈される．汚染の $MWTA$ の積分値（網かけの面積）は，汚

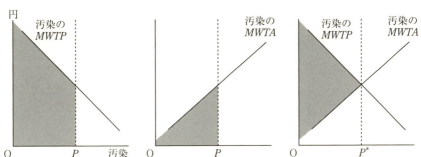

図1 汚染に対する限界支払意思額，限界補償受容額，効率的汚染水準

染の受入意思額を示す．なお，汚染の増加は経済活動の活性化を意味し，したがって人々の所得の増加を伴う．一般に，所得が変化すると，同じ汚染状況でも $MWTA$ は異なる．図に示された汚染の $MWTA$ は，このような所得の変化を通じた影響（一般均衡効果）も考慮している．

図1 (c) は，汚染の $MWTP$ と $MWTA$ を重ね合わせたものである．両者の交点 P^* が効率的汚染水準となる．もし汚染水準 P が P^* より低ければ，汚染の限界的増加は，被害者の効用を維持するための補償を支払って余りある富（$MWTP - MWTA > 0$）を経済にもたらす．その富を人々に再分配すれば，誰も不幸にすることなく人々をより幸せにすることができる．つまり，汚染の限界的増加は社会をパレート改善する．逆に，汚染水準 P が P^* より高い場合，汚染の限界的削減によって，経済は $MWTP$ だけの富をあきらめることになる一方で，$MWTA$ だけの補償が免除される．$P > P^*$ ならば，$MWTA - MWTP > 0$ なので，被害者の効用を一定に保ちつつ汚染を限界的に減少させることで正の富が経済に生まれる．これを再分配すれば，誰も不幸にならず誰かはより幸せになる．つまり，汚染の限界的削減は社会をパレート改善する．

最後に，汚染水準が P^* と一致するとき，汚染の限界的増加も限界的削減も社会をパレート改善できない．それは社会をパレート改善しつくした状態である．すなわち，P^* は効率的汚染水準である．

以上の説明は，経済学のテキストで標準的に解説される余剰分析と同じものと理解してよい．図1 (c) の網かけ部分はいわゆる経済余剰を表しており，効率的汚染水準 P^* はそれを最大化している．ただし，余剰分析は通常，注目している財の市場のみを考慮し，当該市場外への波及的影響を「他の条件が一定ならば」というただし書きをつけて無視する．このような分析は部分均衡分析と呼ばれる．それに対して，ここでの説明は一般均衡分析に基づくものであり，その汚染の需要曲線や供給曲線は諸産業への影響や所得の変化を通じた一般均衡効果を考慮し

ている．その詳細はコープランドとテイラー（Copeland & Taylor, 2003）を参照されたい．

●**費用有効性**　効率的汚染水準を知るには，汚染の需給曲線を正確に知る必要がある．現実世界では，それは必ずしも容易なことではない．そこで，具体的な環境政策の場では，しばしば費用有効性が実用的な価値基準として採用される．それは，与えられた目標をより安い費用で実現することは望ましいとする価値基準である．費用有効性は効率性の必要条件である．したがって，その実現は効率性の追求のためにも重要である．

●**限界費用均等化原理**　費用有効性は汚染削減の限界費用の均等化によって実現される．環境規制の典型的なケースとして，複数の汚染企業が排出している汚染物質があり，その総量が規制されている状況を考えよう．ここでの問題は，規制を最小費用で実現すること，すなわち，各企業に費用有効性の意味で最適な汚染排出量を割り当てることである．企業が限界汚染削減によって負担する費用と諦めなければならない利潤の合計を，汚染の限界削減費用（MAC）という．2つの企業 i, j があって，それぞれの限界削減費用が $MAC_i > MAC_j$ と異なっていたとする．このとき，企業 i が汚染を限界的に増加させ，企業 j が汚染を限界的に削減するとすれば，企業 j は MAC_j の費用を負担する一方，企業 i は MAC_i の費用が節約できる．社会全体でみると，このとき汚染総量を一定に保ちながら $MAC_i - MAC_j > 0$ の費用が節約できる．つまり，汚染企業の限界削減費用が異なっているならば，汚染削減の費用は社会的に最小化されていなかったこと，費用有効性を実現していなかったことになる．対偶をとれば次のことがいえる．費用有効性の実現には汚染の限界削減費用が汚染者間で一致している必要がある．この命題が限界費用均等化原理である．

●**市場の失敗**　環境問題はしばしば市場の失敗とみなされる．それは，市場の機能が損なわれることによって生じる効率性の問題としての環境問題である．以下，市場がいかなる機能を果たすかを説明する．それは，この意味での環境問題がなぜ生じるのか，また，いかに解決可能かを理解するための基礎となる．以下の詳細は奥野・鈴村（1988）を参照されたい．

　消費者の喜びを数値化したものを効用と呼ぶ．効用に直接間接に影響を与えるものは財と呼ばれる．ここで間接的に影響を与える財とは，例えば，生産プロセスに投入される財である．すべての財が価格付けられ，その価格を所与として，生産者は利潤を，消費者は効用を最大化しようとする経済を競争経済という．競争経済における定常状態，すなわち，ある価格（競争均衡価格と呼ばれる）のもとで需要と供給が一致し，経済主体は効用や利潤を最大化している状態を競争均衡と呼ぶ．競争均衡は効率的である．この結果は厚生経済学の第1基本定理として知られる．

　市場は価格調整を通じて需要と供給が一致する場であり，そこでの売買の動機

は利潤や効用の最大化である．したがって，競争経済においては，諸財の市場を通じて自発的分権的に競争均衡が実現されることが期待される．政府サービスの民営化や独占企業の分割を支持する議論は，効率性を価値基準として，このような市場メカニズムが現実にも働くことを期待している．

ところで，競争経済が競争均衡という効率的な状態を実現するのは，すべての財が市場で取引されていることによる．その結果，すべての生産物はすべて価格付けられた投入物によって生産される．このとき，生産者が実際に負担する費用（私的費用）は社会が負担する費用（社会的費用）と一致している．その結果，私的利益の追求は社会的利益の追求と一致し，競争均衡は効率性を実現する．

以上の経済理論上の結果に対して，現実社会では市場を経由しない財が存在し，その結果，社会的費用と私的費用の乖離が生じている．環境に関わる財（以下，環境財）はその典型である．清浄な大気や水は，その対価が求められることなく家計の効用を高めるとともに，企業の生産性の向上や費用の節約をもたらしている．反対に，汚染された大気や水によって効用や利潤が低下しても，汚染者がその対価を支払う市場は存在しない．その結果，経済主体の利潤最大化や効用最大化は社会的利益の追求と乖離し，効率性の問題としての環境問題が引き起こされる．

財が市場を経由しないことを，市場の外を通るという意味で外部性が存在するという．市場の失敗とは，外部性の存在やその結果としての社会的費用と私的費用の乖離によって非効率が生じることをいう．

●**所有権と公共財**　市場の失敗の主たる原因として，財の所有権のあいまいさと財の公共財的性質がしばしば指摘される．ともに市場取引を困難にするものであり，いずれも環境財で典型的に現れる．公共財とは次の性質のいずれかをもつ財である．

> 非競合性：いったん供給されるとすべての人がそれを享受できて，その享受量は享受者の多寡に影響されない．
> 非排除性：特定の享受者を排除することは莫大な費用を要す．

なお，これら両方の性質をもつ財を純粋公共財という．反対に，両方の性質をもたない財は私的財と呼ばれる．

環境財の中には，地球大気や景観のように物理的に所有権の設定が困難であり，また非排除性を有するものがある．それらは所有されていないので売ることもできず，また対価を払うことなく入手できるため買い手も現れない．遺伝子資源から得られる知識は非競合的だが，特許制度によって一定の非排除性を有している．しかし，非競合性をもつ財は，広く社会の人々に享受されるべきであり，支払う者だけに利用者を限定する市場に任せておくことは不適切である．

環境政策の代表的政策手段は，直接規制（コマンド・アンド・コントロール），税・補助金，取引可能な許可証である．これらがいかに効率性の問題としての環境問題を解決するかについては，それぞれの項を参照されたい．　　　［赤尾健一］

衡平—経済学の視点から

●広義の衡平　「衡平（equity）」という言葉の定義は，使う人によって大きく異なる．狭義には，それは「分配の公平性（fairness）」と同じ意味に使われる（Pazner & Schmeidler, 1974；Baumol, 1986）．「正義（justice）」も「公平性」とほぼ同じ意味で使われることが多い．「衡平」を最も広義に使った例は E. J. ミシャン（Mishan）に見られる．ミシャン（1967：1971）は，環境外部性問題で，所有権（property right）—私有財産を使って私益を追求する権利—優位の現状を，環境権（amenity right）優位の法状態に転換すべきだという主張の根拠として，まず効率性—この場合は環境権優位の法状態の方が取引費用が小さいと期待されるので，パレート最適状態への自発的移行が生じやすいということ—を挙げたあとで，次の事柄を挙げた．第 1 に，所有権を自由に行使することは，良い環境を享受するという他人の自由を減ずるのに対して，良い環境を享受すること自体は，他人のどのような自由も減らさないという意味で，2 つの権利は対称的ではない．第 2 に，貧者は環境の被害を自力で回避することが難しいから，所有権優位の法状態は貧者の福祉を低下させる傾向がある．第 3 に，所有権優位だと，被害者からの金銭的補償がない限り，所有権の自由な行使が制限されないことから，逆に補償を期待して故意に環境外部性を大きくする誘引が働く．第 4 に，環境悪化の被害は，現在当事者になりえない将来世代に及ぶ．第 5 に，急速な技術革新の長期的影響が十分には知られていない．これらをミシャンは「衡平」の観点としている．このうち第 2 のものだけが分配の公平性に関わる．すなわち，ミシャンは，効率性ですくい取れない諸価値をすべて衡平に含めているのである．

このことは，英国法の分野での衡平法（equity）とコモン・ローとの関係を思い起こさせる．衡平法は，コモン・ローでは救済されないが，正義と衡平の観点から救済されるべきケースが，コモン・ローとは別の裁判所で扱われ，次第にコモン・ローから独立した法体系として発達したものである．それと同じように，効率性ではすくい取れない，福祉に寄与する価値を「衡平」の下にくくったのである．

●分配と効率の分離とパラドックス　しかし，このような広義の用法は一般的ではない．多くの場合，衡平は分配の公平性の意味で使われる．厚生経済学の中で，効率と分配は，別々の，時に相対立する福祉要素と見なされてきた．しかし，A. C. ピグー（Pigou, 1920）の厚生経済学では，両者は分離されていなかった．ピグーの体系では，経済的福祉は人々の効用の総和で測られる．経済的福祉に影響する原因は，国民分配分（国民所得と同義）を通じて作用するとされ，国民分配分が大きければ大きいほど（他の事情が等しければ）経済的福祉は大きいが，

国民分配分の大きさが同じならその分配が平等であればあるほど経済的福祉は大きいとピグーは述べた．効用逓減の法則が仮定され，同じ総所得であれば，それをできるだけ平等に分配する方が効用の総和が大きくなるからである．つまり，効率も分配も，効用の総和という単一の福祉指標に取り込まれる形になっている．

　しかし，ピグーの枠組は，効用の総和という概念が成立すること，すなわち，諸個人の効用が互いに比較できて足し合わせられること，そのために個人の効用が数量的に計測できることを必要とする．その点の根拠のなさに対する L. ロビンズ（Robins, 1932）の批判に答える形で N. カルドア（Kaldor, 1939）と J. R. ヒックス（Hicks, 1939）が考え出したのが補償原理である．彼らの枠組みでは，効用を測る必要はない．個人にとってある状態 X と別の状態 Y のどちらが好ましいか，あるいは同等かがはっきりしてさえいればよい．X よりも Y が好ましければ，X のもたらす効用よりも Y のもたらす効用が高いと言ってもよいが，その効用の大きさは測れなくてよい．このような効用概念は「序数的効用」と呼ばれる（それに対して，測れる効用は「基数的効用」と呼ばれる）．測れないから当然個人間で比較も足し合わせもできない．しかし，X から Y への変化が，個人 A により高い効用をもたらし，個人 B にもより高い効用をもたらすのであれば，X から Y への変化は社会的に望ましいと言ってよいだろう．このように，誰の効用も高める変化は「パレート改善」を生むと言われる．問題は，X から Y への変化が，A の効用を高めるが，B の効用を下げる場合である．これについて，カルドアとヒックスは，効用の上がる A が効用の下がる B に補償して余りがあれば，X から Y への変化が望ましいと言ってよいだろうと考えた．現実にそのような補償が行われれば，A も B も効用を高めうるが，彼らの考えは，現実には補償が行われないとしても，仮に補償が行われればパレート改善が起こるということをもって，効率的な変化と見なしてよいというものである．このような変化は「潜在的パレート改善」を生むと言う．

　こうして，潜在的パレート改善の概念に基づく効率性基準が成立した．この基準による判定では，状態の変化によって個人の効用が上がるか下がるかしか必要とされず，効用が測れることも個人間で比較できることも必要ない．補償は仮説的であり現実に行われることが必要とされていないから，この基準に基づいて効率的とされる変化によって現に誰かの効用が低下することは排除されないし，貧者がますます貧しくなることも許容される．つまり，分配は考慮外に放逐されて，純粋に効率性を判定する基準が成立したのである．

　効率性が純化されたので，分配を独立に考えることも可能になった．ところが，分配を詳細に見ると，効率性が実は分配から完全に独立ではないことが明らかになった．状態 X から状態 Y への変化が，潜在的パレート改善を生む—これをカルドア＝ヒックス・テスト（K-H テスト）を満たすという—が，状態 Y から出発すると，今度は状態 X への変化もまた K-H テストを満たす場合がありうる

(Scitovsky, 1941). これを「シトフスキー・パラドックス」と言う. 逆に, XからYへの移行が K-H テストを満たさず, かつ, YからXへの移行も K-H テストを満たさない場合もある. これを「逆パラドックス」と言う. これらのパラドックスに直面して, I. M. D. リトル (Little, 1957) は, 分配が良くなるとか悪くなるとかについての何らかの判断なしに, 経済状態の良し悪しについて何も言うことはできないと考えた. リトルは, 効率的かつ分配を良くする変化は是, 非効率かつ分配を悪くする変化は否という基準を立て, 補償が現実になされない場合となされる場合とに分けて, K-H テスト, 逆変化の K-H テスト, 分配の3つの基準を組み合わせて, 変化の是非を判定した. その後ミシャン (1973) は, 補償が現実にはなされない場合に, シトフスキー・パラドックスまたは逆パラドックスが起こっているとき, いやしくも分配が考慮されるとすれば, 分配基準だけで良い変化か悪い変化かの判定ができ, 効率性基準が不要になることを明らかにした.

●分配と効率の統合　しかし, 問題は, 補償が現実には行われず, シトフスキー・パラドックスも逆パラドックスも起こっておらず, 効率性基準は整合的な結果を出しており, それが分配基準と対立する場合の判定である. リトルはその場合の判定を明確にしていない. これこそが, 効率と分配が対立するよくあるケースである. その対立を取り込んで一挙に判定できる枠組みを作ろうという試みがいくつかある. 1つは社会厚生関数の提案である. A. バーグソン (Bergson, 1938) は, 諸個人が何をどれだけ消費 (あるいは提供) するかの全データを入力変数として社会の福祉を算出する関数を考え, その値を最大にする条件を求めた. P. サミュエルソン (Samuelson, 1947) は個人の効用を入力変数として社会の福祉を算出する形の関数を考え, その最大化条件を導いた. しかし, 彼らは, そうした関数が実際どんな形をしているかは, 経済学の関心事ではないとした. 社会厚生関数は, 社会の状態を変数として実数値で福祉を算出する関数であるが, 社会のすべての状態について順序が定まりさえすれば, その状態に実数値を与えることができる. この社会的順序を与える社会的選好を, 個人の選好から構成できるかという問題を追究したのが K. J. アロー (Arrow, 1951) である. 彼は, ①個人のどんな選好からでも社会的選好が構成できる, ②すべての人が上位に位置付ける状態は社会的にも上位に位置付けられる, ③社会的選好は諸個人の選好だけで決まる, ④独裁者が存在しないという, 社会的選好を構成するルールとして穏当と思われる条件を満たすルールが存在しないこと——一般不可能性定理と呼ばれる——を証明した.

　もう1つの試みは, 費用便益分析への分配配慮重みの導入である. 経済的変化へのある人の支払意思額を便益とし, 受入補償額を費用として, 集計された便益から集計された費用を差し引いたものが正であれば, つまり純便益が正であれば, 変化によって得する人が損する人に補償して余りあるから, K-H テストが満たされる. したがって, 個別の経済的変化の効率性を判定する実際的な道具は費用便

益分析である．しかし，当然そこでは分配は問われないから，分配が悪化することは排除されない．そこで，貧者の便益・費用を重く，富者のそれを軽く重み付けして集計することがしばしば提案されてきた（Dasgupta & Pearce, 1972）．重みをどう決めるかについて決め手はないが，現実の所得税の累進構造から決めることなどが提案されてきた．ミシャン（1982）は，この費用便益分析への分配重みの導入に強く反対した．その理由は，重みが政治的にしか決められず，効率性基準の経済的基準としての独立性を掘り崩すこと，いくら分配に配慮した重みを導入しても，現に分配が悪化することを防げないこと，効率性基準から潜在的パレート改善という明確な意味が失われ何を測っているかわからなくなることである．

●個人主義的公平基準および世代間分配　分配基準は，効率性基準ほど明確な概念ではない．より平等な分配が望ましいといった常識的であいまいな基準が想定されることが多い．そうした基準は社会の状態を上から見る立場に立つもので，個人主義的なものではない．個人主義を徹底した分配の公平性の概念がある．無羨望分配がそれである．H. バリアン（Varian, 1974）や E. A. パズナーと D. シュマイドラー（Pazner & Schmeidler, 1974）や W. J. ボーモル（Baumol, 1986）が提唱した無羨望分配とは，どの個人も，他人がもっている財の組を自分がもっている財の組よりも好ましいと思わないような分配である．この概念を用いれば，完全に平等な諸財の分配から出発して自由に交換を行えば，無羨望という意味で公平でかつパレート最適な状態に到達しうるという命題が証明される．しかし，この概念を用いて言えることはここから先へはなかなか進まない．例えば，初めに不平等な分配から出発したとして，どの方向への変化がより公平なのかといった切実な現実の問題には答えは出せないのである．

　異時点間の資源配分について，効率性基準は，将来の便益・費用を，時間選好率に等しい割引率で割り引いて現在価値にして集計することを求める．それだけが，潜在的パレート改善が生まれるかどうかを判定するという目的と整合的な方法だからである．しかし，割引率が大きければ大きいほど，将来の便益・費用は小さく評価される．これは，現在に近いところで大きい便益が生じ，現在から遠い将来に大きい費用が生じる変化を有利にする．これは将来世代の利益を損ねる．そこで，世代間分配に配慮して割引率を調整しようという提案がなされてきた．それは，分配に配慮した重み付けと同じ発想による，効率性基準の修正である．ミシャン（1988）は，費用便益分析が補償原理に基づいているという出発点に立ち返ってこのやり方を批判した．遠い将来の世代が，現在世代との重なりをまったくもたない場合，仮にでも補償を考えることはできない．補償不可能な問題に，補償原理を適用することはできない．だから，そもそも効率性基準は適用できず，それへの修正もまた無意味であるというのがミシャンの主張であった．超長期の問題は，純粋に世代間分配問題として衡平の範疇の中で考えるべきだというわけである．

［岡　敏弘］

衡平─法哲学の視点から

　衡平は古来，正義と密接に連関した概念として理解されてきた．例えば，アリストテレスは『ニコマコス倫理学』（内山他，訳 2014）の中で，普遍的な法的基準を個別事例に適用すると，かえって望ましくない結論が生じる場合に，これを補正するのが衡平だとして，衡平とは正義の一種だと述べた．法哲学・政治哲学においては，衡平よりも正義が盛んに論じられてきた．そこで，本項では正義について概説し，それが環境問題・環境政策に関わる論点に言及する．その内容は，経済学で分析されてきた分配の公平（fairness）や衡平（equity）にも関連している．

●**正義の古典的思想と環境**　正義の思想・理論は伝統的に，同一時点に存在する諸個人の関係や，その諸個人が共有する社会制度について正義を論じてきた．これを世代内正義と呼ぶことができる．世代内正義の古典的思想の中で特に重要なのは，アリストテレスである．彼は正義を均等として捉えたうえで，匡正的正義（矯正的正義）と配分的正義を区別した．匡正的正義は，犯罪や取引によって個人間の均等が損なわれた場合に，返還や損害賠償を通じた回復を要求する．例えば，個人 A が個人 B から 100 万円を盗んだ場合，匡正的正義は，A に B への100 万円の返還を命じる．他方，配分的正義は，財などを分配する際，各人の功罪と取り分がつり合うことを目指す．個人 C と個人 D が協力して荒れ地を耕作地に変えたと仮定する．C の貢献が 60%，D の貢献が 40% だったならば，C が収穫量の 60% を，D が 40% を手に入れることが，配分的正義によって求められる．

　今日の環境政策に目を移すと，匡正的正義にやや類似した政策原理として，汚染者負担原則がある（☞「汚染者負担原則」）．また，環境政策が対象集団に与える便益（例えば，補助金）や費用（例えば，課徴金）について，分配問題が必ず生じるため，個人・組織の功罪に基づいた配分的正義の適用の是非が問われる．

●**正義の現代的理論**　正義の現代的理論では，分配の正義をめぐって 2 つの主要な論点がある．1 つは分配尺度である．J. ロールズ（Rawls, 1999）は，社会制度の正義について功利主義を批判し，価値観・人生計画を問わず誰もが欲するだろう基本財の分配問題として正義問題を提示した．これを契機として，分配尺度をめぐり 3 つの陣営に分かれた．第 1 は，効用を用いる厚生主義であり，功利主義はその代表例である．効用は，かつては快苦として把握され（快楽説），今日ではしばしば選好として理解される（選好説）．第 2 は，ロールズを嚆矢とし，私的財を尺度とする資源主義である（Dworkin, 2000）．第 3 は，個人が価値あることをなし，価値ある状態にいる機会に着目する潜在能力アプローチである（Sen,

1992）．

　もう１つの論点は分配目標である．平等主義は，効用・資源・潜在能力のいずれかについて，万人が等しく保有する状態が理想的だと考える．理論上の初期設定状態は平等保有であり，そこから逸脱する場合には特別な正当化が必要になると考える論者は少なくない．だが，これに異を唱える陣営が２つある．その一方は，各人が保有する絶対量に着目したうえで，より少なくもつ個人に利益を与えることがより重要だと論じる優先主義である．他方は，万人の保有量が一定の閾値に達することを要求するが，閾値を超えた領域での再分配を否定する十分主義である．

●気候正義　環境政策の中でも気候変動政策に関して，正義の研究が近年著しく発展している．これは気候正義と呼ばれる．その主要な論点の１つは，温室効果ガス排出権の分配である．気候変動の悪影響を一定限度内にとどめるためには，人間活動起源の温室効果ガス排出の抑制が求められる．そこで，地球全体で許容可能な排出量を国家間でどのように分配するかが問われる．主な見解は３つある．第１は，近い過去の特定時点の排出量を基準とした排出権分配を唱える過去基準説である．現行の国際的気候変動政策では，各国の特定時点の排出量を基準として削減目標を設定し合うから，過去基準説と同種の発想に立つ（☞「京都議定書」「パリ協定」）．第２は，地球上のあらゆる個人が等量の排出権をもつと論じる平等排出説である．この主張は，分配目標に関する平等主義と同型である．第３は，あらゆる個人が基底的ニーズの充足に必要な限りで排出権をもつと述べる基底的ニーズ説である．これは十分主義に類似している．

●世代間正義　気候変動のほか，熱帯林減少・土壌汚染・海洋汚染・生物多様性縮減など，多くの環境問題は超長期的な悪影響を及ぼすと予想される．再生不可能資源の枯渇や放射性廃棄物についても，超長期的影響が見出される．そのため，現在世代が将来世代を配慮する義務の根拠や内容について，数多くの研究が過去数十年間に蓄積されてきた．この研究主題は今日，経済学では世代間衡平と呼ばれ，法哲学・政治哲学では世代間正義と呼ばれる．世代間正義を考える際には，世代内正義にみられない論点を考慮に入れる必要がある．最も知られているのは，現在世代の行動を含めて未来の個人の誕生以前に生じた出来事がその個人の同一性を左右するという非同一性問題である（Parfit, 1984）．また，将来世代の属性の不可知性や影響の不確実性も重要である．配慮義務の根拠については，将来世代の権利が広く支持されてきたほか，ロールズの正義理論を応用する見解，超世代的共同体を想定する立場なども唱えられ，論争が続いている．　　　　［宇佐美　誠］

📖 参考文献
・宇佐美誠編（近刊）『地球温暖化に立ち向かう規範理論』（仮題）勁草書房.
・鈴村興太郎編（2006）『世代間衡平性の論理と倫理』東洋経済新報社.
・瀧川裕英他（2014）『法哲学』有斐閣.

不確実性と効用理論

　ある選択の結果として起こりうる帰結が複数考えられるとき，それぞれの帰結の生じる確率が客観的に与えられている状況をリスク（あるいは危険と訳される）と呼び，そのような確率が与えられていない状況を不確実性（あるいはあいまいさ）と呼ぶ．つまり，何が起こるか確実にはわからないが，それぞれの相対的な起こりやすさがわかっている状況がリスクであり，それがどれくらい起こりやすいかすら把握できていない状況が不確実性である．リスクと不確実性とを厳密に分けずに，両者を合わせて（広い意味での）不確実性と呼ぶこともある．

●リスクのもとでの意思決定　リスクのもとでの意思決定モデルとして最もよく用いられるのは 期待効用理論 である．意思決定モデルとは，選択肢の集合上に定義される好ましさの順序について，一定の公理を課すことによって特定のクラスの効用関数を対応させるものである．その中でも，$p(x)$ を帰結 $x \in X$ の生じる確率として，対応する効用関数が，

$$\sum_{x \in X} U(x)p(x) \tag{1}$$

のように，帰結の集合 X 上に定義される関数 U の期待値によって与えられるものを期待効用理論と呼ぶ．これは J. フォン・ノイマンと O. モルゲンシュテルン（von Neumann & Morgenstern, 1953）によって理論的に定式化されたもので，不確実性下の意思決定に関する基礎理論として広く受け入れられている．期待効用理論は，数学的な取扱いも比較的容易で，関数 U の特定化を通してリスクに対する意思決定者の態度を柔軟に表現することができる．例えば，(1) 式の U に凹関数を用いることで，リスクの存在を嫌うような選好（リスク回避的 な選好と呼ばれる）を表現することが可能 である．

　動学モデル（例えば $X = R^2$ とした2期間モデル）では，関数 U を

$$\sum_{(x_1, x_2) \in X} \{u(x_1) + \beta u(x_2)\} p(x_1, x_2) \tag{2}$$

のように特定化することが多い．しかし，一般には，動学モデルにおける期待効用は

$$\sum_{x_1 \in R_+} f\left(g^{-1}\left(g(v(x_1)) + \beta g\left(f^{-1}\left(\sum_{x_2 \in R_+} f(v(x_2))p(x_2|x_1)\right)\right)\right)\right)p(x_1) \tag{3}$$

のような形で与えられる（Traeger, 2014）．ここで，f は消費のリスクに関する選

好を，g は消費の時点に関する選好を捉えるものである．なお，(2) 式は (3) 式の特殊ケースで，$f = g$ である場合（つまり，リスクに関する選好と時点に関する選好とが完全に対応する場合）に相当する．

●**不確実性のもとでの意思決定**　確率が客観的に与えられていない場合にも，しばしば (1) 式のような効用関数が用いられる．この場合，(1) 式の $p(x)$ は帰結 $x \in X$ の起こりやすさに関する意思決定者の主観的な信念を捉えたものと解釈され，人々の行動から間接的に観察されるものである．このような意思決定のモデルは主観的期待効用理論と呼ばれ，L. サベイジ（Savage, 1972）および F. J. アンスコンブと R. J. オウマン（Anscombe & Aumann, 1963）によって理論的な基礎が与えられた．

　ただ，現実に観察される意思決定の中には，主観的期待効用理論では説明できないケースが存在することが知られている．D. エルスバーグ（Ellsberg）の逆理と呼ばれるものがその例で，一般的な傾向として，客観的な確率が与えられている状況の方が確率がわからない状況よりも好まれる．しかし，主観的期待効用理論ではこの事実を説明することができない．そのため，特に 1980 年代の後半になって，不確実性下の意思決定に関する代替的なモデルが提案されるようになった．主要なモデルの 1 つは D. シュマイドラー（Schmeidler, 1989）によるショケ期待効用の理論で，その基本的なアイディアは，人々の主観的な信念を加法的確率測度に限定せず，非加法的確率測度であることを許容するというものである．別のアイディアとして，人々の信念が一意であることを要求せずに，複数の潜在的な信念の中から個別のケースに応じて最悪のシナリオを想定するというモデルもあり（Gilboa & Schmeidler, 1989），これはマキシミン期待効用の理論と呼ばれる．また，2000 年代に入ってからは，確率がわからないという状況を 2 階の確率（確率分布の集合上の確率分布）によって表現するモデルなども提案されている（Klibanoff et al., 2005）．いずれのモデルも，エルスバーグの逆理にみられるような不確実性を嫌う選好（あいまいさ回避的な選好と呼ばれる）を表現することが可能である．

　リスクや不確実性は多くの環境問題に共通する特徴であり，環境政策をデザインする上できわめて重要な役割を果たす．環境経済学におけるモデル分析は，古典的な期待効用理論に基づくものが大半であるが，近年ではより発展的な理論を用いる研究もみられるようになっている．特に，気候変動に代表される長期的な環境問題を考えるにあたっては，本節で解説したような比較的新しい理論的枠組みを積極的に応用することが求められる．環境問題への応用を念頭に置いた不確実性と効用理論の解説については，トレイガーによるサーベイ論文（Traeger, 2009）を参照されたい．　　　　　　　　　　　　　　　　　　　　　　[阪本浩章]

📖 **参考文献**

・キルボア，I. 著，川越敏司訳（2014）『不確実性下の意思決定理論』勁草書房．

厚生経済学の基礎事項

　環境政策は社会経済政策の1つである．特定の社会経済政策を導入する場合，その政策を導入することで以前よりも社会全体の効用が改善することを示さなければならない．その評価は，具体的には社会的費用便益分析によって行われる．本項では，費用便益分析の背後にある厚生経済学の基礎的事項をまとめる．

●パレート基準　政策の実施によりすべての人の効用が増加できる場合，その政策はパレート基準を満たすという．パレート基準は経済学の最も弱い評価基準であり，政策の良し悪しは，まずはパレート基準に照らし合わせて判断されることとなる．パレート基準を満たす政策は社会をパレート改善するという．なお，パレート基準は効率性の価値基準であり，衡平性は考慮されない．

●補償基準　ある人の効用を増加する一方で他の人の効用を低下させてしまう政策についてはパレート基準によっては良し悪しを判断できないが，そのような政策についても再分配を考慮することで政策の良し悪しを判断することが可能な場合があり，そのために補償基準が利用される．政策が実施された後で利益を受ける人が不利益をこうむる人に補償を行うことで，不利益をこうむる人の効用を政策実施前より低下させないことが潜在的に可能な場合，その政策はN. カルドア（Kaldor）の補償基準を満たすという．一方，政策の実施によって不利益をこうむる人が，政策の実施を見合わせてもらうため，政策の実施によって利益を得る人に事前に補償を行おうとしても十分な補償をすることができない場合，その政策はJ. R. ヒックス（Hicks）の補償基準を満たすという．

　補償基準は政策実施後または実施前の再分配を実際に行うかを問わない．しかし，再分配が行われなければパレート基準は満たされない．このことから，補償基準を満たす政策は社会を潜在的にパレート改善するという．注意として，パレート改善のためには再分配が必要な状況で，それにも関わらずそれが行われないと，価値基準としての妥当性が失われるだけでなく，以下の諸パラドックスが示すように，社会における選択の首尾一貫性が失われることになる．

●効用可能性フロンティアによる補償基準の例示　図1は横軸と縦軸に個人1と個人2の効用水準U_1とU_2をとった図であり，点Aに政策実施前と点Bに政策実施後の効用水準が示されている．また，点Aと点Bを通過する右下がりの曲線は2人の間で再分配を行うことで実現することのできる効用水準の組合せを示しているが，こうした曲線を効用可能性フロンティアと呼ぶ．さて，この図で考慮されている点Aから点Bに移動する政策では，点Bにおける効用可能性フロンティアが点Aよりも左側に出現してしまうので，たとえ政策実施後の点Bに

おいて再分配を実施しても，個人2は個人1に政策実施前の点Aにおいて得ていた効用水準を補償することができない．したがって，カルドアの補償基準を満たす政策ではない．一方，政策を実施せず再分配を行っても，個人1は個人2に政策実施後の点Bの水準より高い効用水準を個人2に補償できないので，この政策はヒックスの補償基準を満たす政策である．

●**補償基準のパラドックス** ところで，カルドアあるいはヒックスの補償基準を用いて2つの社会経済状態AとBの比較を行うと，状態Aより状態Bが望ましい，かつ，状態Bより状態Aが望ましいと判断されるという矛盾が生ずることがある（図1のA, Bはまさにそのような状況にある）．これをシトフスキー・パラドックスと呼ぶ．このパラドックスを回避するため，カルドアとヒックスの補償基準をともに満たす政策のみを実施するというT. シトフスキー（Scitowsky）の二重基準が提案されたが，この二重基準についても推移性が満たされないことが知られている．例えば，状態Aよりも状態Bが望ましく，かつ，状態Bよりも状態Cが望ましいにもかかわらず，状態Aよりも状態Cは望ましくないという結果が得られてしまう．これをゴーマン・パラドックスと呼ぶ．

●**社会厚生関数** 効用可能性フロンティア上の点はすべてパレート最適な点であり，その良し悪しを議論するためには，個人間の効用に重み付けをする必要がでてくる．人々の間でどのような分配をすべきかということについては，社会選択論と呼ばれる分野で非常に多くの議論がなされてきたが，社会厚生水準が個人の効用水準から決定されるという社会厚生関数の概念を利用

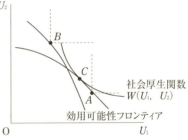

図1　社会経済政策の判断基準

して考えることもできる．個人間の効用が完全に代替することができると考える場合は，社会厚生関数は$W(U_1, U_2) = U_1 + U_2$で与えられ，その無差別曲線（等高線）は，右下がりの直線で表される．一方，まったく代替できないと考える場合は，社会厚生関数は$W(U_1, U_2) = \min\{U_1, U_2\}$で与えられ，無差別曲線はL字型になる．前者をベンサム型，後者をロールズ型の社会厚生関数と呼ぶ．図1には，中間的な社会厚生関数$W(U_1, U_2)$の無差別曲線が示されており，政策実施前の段階では点Cを選択するのが社会的に最も望ましいということが示されている．

社会厚生関数は次の4つの性質をもつことが要件とされる．①厚生主義：社会厚生は効用にのみ依存する．②パレート基準：効用が増加すると社会厚生も増加する．③衡平性：効用の分布がより平等になるように効用が増加することは，より社会厚生を増加させる．④匿名性：効用が誰の効用であるかは社会厚生に影響しない．関数$W(U_1, U_2) = (U_1^\rho, U_2^\rho)^{1/\rho}$はこれらの要件を満たす．$\rho \leq 1$は衡

性の強度を表すパラメータで，その値が小さいほど衡平性が尊重され，$\rho \to 1$ のときベンサム型，$\rho \to -\infty$ のときロールズ型と一致する．

●**厚生経済学と新厚生経済学** 厚生経済学は社会構成員の効用から社会全体の経済状態の良し悪しを判断する基準を見出そうとしてきた．しかし，そうした基準を設けるためには，個人間の効用比較が必要となる．個人間の効用比較を回避したうえで，経済状態の良し悪しを判断するため，新厚生経済学と呼ばれる分野が発展してきた．

上で示した価値基準のうち，パレート基準は個人間の効用比較可能性を必要としないが，社会厚生関数による判断基準は効用比較可能性を前提としている．この論理的弱点と引換えに，効率性（パレート基準）だけでなく衡平性も考慮した価値判断が可能となる．なお，効用比較可能性を必要としない衡平性の価値基準は羨望に基づくものがあるが，政策の判断に利用することは困難である（詳しくは☞「社会的費用便益分析」を参照のこと）．

●**支払意思額と受入意思額** 新厚生経済学は社会経済政策の影響を金銭的に評価しようと試みる．これは，貨幣尺度を利用すると，種々の社会経済政策の影響が比較できるようになるからである．効用増加に対して人々が最大限支払ってもよいと考える金額を支払意思額，効用低下を受け入れるため，人々が最低限必要と考える金額を受入意思額と呼ぶ．支払意思額や受入意思額を推計するため 2 種類の評価指標が提案されているが，1 つは変化後の効用水準を基準とした等価変分と呼ばれる指標であり，もう 1 つは変化前の効用水準を基準とした補償変分と呼ばれる指標である．

●**消費者余剰と支払意思額** 図 2(a)では横軸に財 x の消費量が，縦軸に財 x 以外の財に対する支出額がとられている．この図で初めに財 x の価格は p_0 で，消費者は太線で示された予算制約のもとで，点 A において効用最大化を実現し，効用水準 U_0 を達成している．さて，財 x の価格が p_1 に低下すると，消費者は y_0 を中心に反時計まわりにローテーションした新たな予算制約のもとで，点 B において効用最大化を実現し，効用水準 U_1 を達成することとなる．この価格低下を

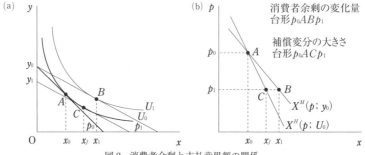

図 2 消費者余剰と支払意思額の関係

通して，財 x の消費量は x_0 から x_1 まで増加する．

　図 2b では縦軸に財 x の価格を取り，価格が p_0 から p_1 に低下したときに財 x の消費量が x_0 から x_1 まで増加することが示されているが，このように価格と消費量の関係を描いた曲線 $X^M(p;y_0)$ を A. マーシャル（Marshall）の需要関数と呼ぶ．マーシャルの需要関数は，所得を維持した状態で価格が変化したときに財の需要がどのように変化するかを示している．このマーシャルの需要関数を利用して財の価格低下の便益を評価したものが消費者余剰と呼ばれる評価指標で，図 2(b)における消費者余剰の大きさは台形 p_0ABp_1 となる．

　次に，この消費者が財 x を価格 p_1 で購入するために最大限どれだけのお金を支払うのかを図 2(a)を利用して考える．ここでは，価格変化前の効用水準 U_0 を基準とした評価基準である補償変分を利用し，価格低下の便益を受けるための消費者の支払意思額を考える．この問題を考えるため，傾き p_1 の y_0B を通過する予算制約線を無差別曲線 U_0 と接するところまで平行移動してみる．点 C において，消費者は価格変化前の効用水準 U_0 を達成しているが，財 x を価格 p_1 で購入するために y_0-y_1 を支出している．この y_0-y_1 が消費者の価格低下に対する最大支払意思額となる．同様にして，効用水準 U_1 を基準として最大支払意思額や最小受入意思額を求めることができ，その金額は等価変分を表すことになる．

　図 2(a)の点 A から点 C への動きを調べると，効用水準を U_0 に維持した状態で，価格を p_0 から p_1 に低下させた場合には，財 x の消費量が x_0 から x_f まで増加することがわかる．点 A から点 C への動きを図 2(b)に示したものが曲線 $X^H(p;U_0)$ だが，このように効用を維持した状態で価格が変化したときに財の需要がどのように変化するかを示したものをヒックスの需要関数と呼ぶ．このヒックスの需要関数を利用した場合，支払意思額は台形 p_0ACp_1 となる．

　環境評価の分野では消費者余剰と支払意思額がケースバイケースで利用されているが，図の ΔABC で示されているように，消費者余剰と支払意思額の大きさは，限界的変化や所得の限界効用が一定の場合を除いて一致しない．理論的には補償変分や等価変分（補償消費者余剰と総称される）は効用変化に対して符号保存的（効用変化が正〈負〉であれば対応する貨幣尺度も必ず正〈負〉となること）だが，通常の消費者余剰はそうではない．このため，政策が社会をパレート改善するかを調べるには，補償消費者余剰を利用することが望ましく，通常の消費者余剰はあくまでもその代用物と位置付けられる．詳細については，P.-O. ヨハンソン著『環境評価の経済学』を参考にされたい．　　　　　　　　　　［松本 茂］

📖 参考文献

・ヨハンソン，P.-O. 著，嘉田良平監訳，赤尾健一他訳（1994）『環境評価の経済学』多賀出版．
・岡 敏弘（1997）『厚生経済学と環境政策』岩波書店．
・ボードマン，A.E. 他著，岸本光永監訳（2004）『費用・便益分析―公共プロジェクトの評価手法の理論と実践』ピアソン・エデュケーション．

社会的費用便益分析

　費用便益分析とは，事業の費用と便益を比較し，その事業の可否を判断するものである．それは民間企業の事業計画や評価にも用いられるが，ここでは政府の公共事業や政策のための「社会的」費用便益分析（SCBA）を解説する．なお，本項は「厚生経済学の基礎事項」（p.30）の内容を前提としている．

　現在時点を$t=0$とし，検討されている事業の費用や便益の発生する最終年（無限大でもよい）を$t=T$，各時点tでの費用と便益をそれぞれC_t，B_tとする．年割引率をr_tとすると，t年後の費用便益を現在価値に換算する割引因子δ_tが，$\delta_t=1/[(1+r_1)\times(1+r_2)\times\cdots\times(1+r_t)]$で与えられる．SCBAは，便益と費用の現在価値総和$B=B_0+\delta_1 B_1+\cdots+\delta_T B_T$，$C=C_0+\delta_1 C_1+\cdots+\delta_T C_T$の差$\Delta=B-C$が正であれば，その事業の実施は社会的に望ましいと判断する．Δは純便益あるいは純現在価値と呼ばれる．

●**費用便益の概念**　日常用語では，費用便益という言葉は実際の費用と収益を指す．しかし，SCBAにおいては，それらは効用変化の貨幣尺度を意味する．すなわち，費用C_tとはt時点での効用低下に対する受入意思額の社会集計値であり，便益B_tとはt時点での効用増加に対する支払意思額の社会集計値である．このように定義された費用便益から算出した事業の純便益が正であることは，その実施が社会を潜在的にパレート改善するという意味で社会的に望ましい．このことは次のように説明される．なお，以下では表記の簡潔さを優先して時間要素を捨象している．

　社会を構成する個人を$i=1,2,\cdots,H$で表し，各人の間接効用関数を$V^i(p_j,q^i_j,I^i_j)$とする．ここで，$j=0,1$は社会の状態を示す添え字（事業を実施しない状態が0，実施する状態が1），pは諸財の価格ベクトル，qは消費量が固定された財ベクトル（環境サービスなど），Iは所得である．この間接効用関数の詳細はJohansson（1987：Ch.5）を参照されたい．

　効用変化の貨幣尺度として補償変分（CV）を用いる場合，事業実施の個人iの補償変分$CV^i_{0\to1}$は$V^i(p_0,q^i_0,I^i_0)=V^i(p_1,q^i_1,I^i_1-CV^i_{0\to1})$で定義される．事業実施で効用が増加する人はCVが正値となり$CV^i_{0\to1}>0$であり，それが事業の便益として計上される．一方，効用が低下する人はCVが負値となり$CV^i_{0\to1}<0$が費用に計上される．

　SCBAによって事業実施が望ましいと判断されるのは$\Delta=\sum_{i=1}^{H}CV^i_{0\to1}>0$のときである．この不等式が成立するとき，事業実施とともに，R_iをiへの徴収額（負値のときは補償額）として，$R_i<CV^i_{0\to1}$，$\sum_{i=1}^{H}R_i=0$を満たす所得再分配政策が

可能である．そして，事業実施と分配政策を同時に行うとき，すべての i について $V^i(p_0, q^i_0, I^i_0) = V^i(p_1, q^i_1, I^i_1 - CV^i_{0 \to 1}) < V^i(p_1, q^i_1, I^i_1 - R_i)$ が成立し，効用が増加する．つまり，実施前の状態と比較して社会はパレート改善される．したがって，$\Delta > 0$ は事業実施が社会を潜在的にパレート改善することを意味する．

等価変分（EV）を用いる場合も上と同様である．個人 i の EV は $V^i(p_0, q^i_0, I^i_0 + EV^i_{1 \to 0}) = V^i(p_1, q^i_1, I^i_1)$ で定義される．EV では事業断念の費用便益を評価することになり，$\Delta = \sum_{i=1}^{H} EV^i_{1 \to 0} > 0$ は，事業断念の代わりにいかなる所得再分配を行っても，すべての人を事業実施後の効用水準以上にすることはできないことを意味する．

このように，SCBA は効用変化の貨幣尺度を費用便益と呼んで，それを比較することで事業や政策の潜在的パレート改善の可否を見る．注意として，SCBA の費用便益の概念は日常用語の費用便益を含んでいる．事業によって所得のみが変化する場合，効用変化の貨幣尺度は所得の変化と一致する．すなわち，正値は収益の増加を意味し，負値は実際費用の負担を意味する．ただし，一般には，事業は所得変化だけでなく，環境の改善や破壊（q の変化）を引き起こす．したがって，費用便益には事業の収益や実際費用だけではなく，環境のように価格のないものが人々の効用に及ぼす影響も含まれる．そうした費用便益を評価するには，例えば，環境評価で用いられるような価値評価手法が必要となる．

● CV と EV の選択問題　CV を用いる SCBA は，事業実施で効用が増加する人の支払意思額（事業実施に対する最大支払額）を事業の便益とする．一方，EV を用いる場合は事業断念で効用が低下する人の受入意思額（事業断念受入の最小補償額）を事業の便益とする．明らかに，両者の金額が一致する保証はない．そのため，CV と EV のいずれを用いるかで社会的費用便益分析の結果が異なる場合が生じうる．この問題は支払意思額と受入意思額の乖離（かいり）として知られている（Hanemann, 1991）．

CV と EV の選択については，次のような留意点がある．第 1 に，事業が社会をパレート改善できるかが重要であり，潜在的パレート改善だけでは社会の望ましさの根拠とはならない．したがって，SCBA による判断は，上で述べた所得再分配政策をともなって初めて妥当となる場合がある．しかし，所得再分配はそれ自身費用を発生するものの，SCBA はそれを考慮していない．よって，厳密には SCBA による判断の信頼性は，その結果が所得再分配をともなわない場合に限られる．それは，CV を用いる場合では事業断念が支持される場合であり，EV では事業実施が支持される場合である．

第 2 の留意点として，複数の事業から 1 つを選択する場合，EV は常に正しい選択を行うが CV はそうではない場合がある．ここで，正しい選択とは，他の事業を行う状態よりも，選ばれた事業の方が社会を潜在的にパレート改善するという意味である．証明は Johansson（1993：Ch.3）を参照されたい．

第3に，その選択がSCBAが考慮していない価値によって，つまり効率性以外の価値基準によって示唆される場合もある．これは，CVとEVの選択が事業実施前と実施後のいずれの効用水準を基準にするかという選択であるためである．例えば，人々が良好な環境を享受すべきとすれば，環境破壊を伴う開発事業に対し事業前の効用水準が尊重されCVが用いられるかもしれない．一方，社会の不平等を是正する政策は，是正された状態が尊重されEVが用いられるかもしれない．

●**一般均衡効果**　大規模な公共事業や政策は，市場価格を変化させ，人々の効用に影響を及ぼす．また，諸産業の収益性に影響し，所得変化を引き起こすことによっても人々の効用に影響する．こうした市場を通じた事業の間接的な影響は，一般均衡効果と呼ばれる．一般均衡効果を評価するには，応用一般均衡分析が有用である．一方，多くの実践において，SCBAは，一般均衡効果を考慮しない．ただし，事業による諸変化が十分に小さく，市場が競争的であれば，一般均衡効果を無視してもSCBAの結果は変わらないことが理論的に知られている．さらに，市場が競争的でない場合の修正方法も研究されている（Johansson, 1993, Ch.5）．

●**B/C比と内部収益率**　SCBAの実践では，しばしば純便益とともに，便益の費用に対する比であるB/C比，および事業の投資利回りである内部収益率（IRR）が計算される．IRRとは次の式を満たす割引率ρのことである．

$$B_0 + B_1/(1+\rho) + \cdots + B_T/(1+\rho)^T = C_0 + C_1/(1+\rho) + \cdots + C_T/(1+\rho)^T$$

　明らかに，B/C比が1を超える事業は純便益が正であり，社会を潜在的にパレート改善する．IRRについても，IRRが割引率を上回ることは正の純便益を意味する．注意として，実践の場では，複数の事業を比較する場合に，B/C比やIRRの値の高い事業を選択することがあるが，そうした選択には理論的根拠はなく，判断を誤るおそれがある（Johansson, 1993：Ch.5；EU, 2008）．

●**割引率**　本項冒頭で見たように，将来の費用便益は割引計算によって現在価値に換算する必要がある．適切な割引率は，理論上，効率的な競争均衡経路で成立する市場利子率r_tである．このことを理解するために，C_0の費用を支払うことでT年後にB_Tの便益が得られる事業を考えよう．もし事業の代わりにその資金を経済に投資するならば，T年後には$[(1+r_1)\times(1+r_2)\times\cdots\times(1+r_T)]C_0$の便益が得られる．したがって，$[(1+r_1)\times(1+r_2)\times\cdots\times(1+r_T)]^{-1}B_T - C_0 > 0$ならば，事業実施は社会をパレート改善する．なお，費用便益の評価が名目価格で行われている場合，市場利子率も名目利子率が用いられ，実質値ならば実質利子率が用いられる．

　以上の理論的な世界とは異なり，現実の市場は歪んでいる．このため，現実の利子率をそのまま割引率として用いることは適切ではない．特に環境問題のある世界では，現実の利子率よりも割引率は小さくなると考えられている（Weitzman, 1994）．ただし，適切な割引率の水準を決めることはきわめて困難であり，実際

には社会的に合意された何らかの数値が使われている．日本の公共事業では4%が割引率として用いられている（国土交通省，2009）．その値は国によって異なり，中には事業期間 T が長くなると，より小さな割引率を採用する国もある（☞「低下する割引率」）．

●**不確実性**　将来は不確実なので，将来の費用便益は確率的に変動する．一方，SCBA の式に現れる費用便益 C_t, B_t は確定的な値，期待値である．このことは，リスク（分散）が SCBA には反映されないことを意味する．ただし，小規模かつその結果が広く薄く人々に拡散される事業の場合，そのことはほとんど問題にならないとする理論的結果が知られている（Arrow & Lind, 1970）．

　一方で，将来は不確実なので，現時点での期待値に基づく判断は事業が不可逆な場合などは，将来望ましくないと見直される可能性があり（時間非整合性），取り返しのつかない誤りをもたらす可能性もある．この問題については（☞「不可逆性と準オプション価値」）を参照されたい．

　不確実を明示的に考慮した貨幣尺度として，オプション価格（OP）と D. A. グラハム（Graham, 1981）のフェアベットの期待値（FB）がある．ここでは，これらを将来の状態が W, D の2つの場合について定式化する．各状態が生じる確率を $\pi_D, \pi_W (= 1 - \pi_D)$ とする．間接効用関数を $V(I^j; s), s = W, D$ で表す（ここでは，簡潔さを優先して所得以外の変数と個人を示す添え字を省略している．j は以前同様，事業実施の有無を示す）．CV 尺度を使うとして（EV 尺度の場合も同様に定式化できる），事業を実施しない場合（$j = 0$）とする場合（$j = 1$）の期待効用を一致させる状態ごとの支払額を γ_W, γ_D で表す：$\pi_W V(I^0; W) + \pi_D V(I^0; D) = \pi_W V(I^1 - \gamma_W; W) + \pi_D V(I^1 - \gamma_D; D)$．この等式を満たす γ_W, γ_D の組み合わせは無数にある．それらのうち，OP は，$OP = \gamma_W = \gamma_D$ で与えられる．OP は状態にかかわらず同額の貨幣尺度であり，このことはそれが不確実性が解消される前の事前（ex ante）貨幣尺度であることを意味している．一方，FB は，$FB = \max \pi_W \gamma_W + \pi_D \gamma_D$ で与えられる．それは状態間のリスクを完全にヘッジできる場合の事後的（ex post）貨幣尺度である．なお，これら以外の貨幣尺度として期待消費者余剰（ECS）があるが，ECS は効用変化に対する符号保存性を満たさないという問題がある（Johannson, 1988）．

●**利他意識**　他者の幸せが自身の効用を高めるならば，その人は利他意識をもっている．例えば，地球温暖化問題に対する緩和政策は成果が次世代以降に現れるものであり，その実施は明らかに利他意識に動機付けられている．SCBA において利他意識をどう扱うかは解決されていない問題である．1つの立場は，他者の効用変化はその他者の費用便益に反映されており，それを自らの費用便益に加えることは二重計算となるため，それを控除するべきと考える．もう1つの考え方は，利他意識は自らの効用の一部であり，他者の喜びに対する支払意思が事実存在するため，それを控除すべきではないというものである．[赤尾健一・松本 茂]

予防原則

近年の人間活動の規模の拡大，技術の開発と革新は，私たちの生命や健康，環境に対する様々なリスクを生み出している．リスクの中には，現段階では想定される結果が生じる蓋然性や想定される結果の科学的証拠に不確実さが存在し，十分な確実性をもって科学的に評価することが難しい場合も少なくない．他方，科学的に確実となってからでは，こうしたリスクに効果的に対応できない場合がありうる．科学的不確実性を伴う潜在的リスクに対し，政策決定者がとるべき行動の指針として登場したのが「予防原則」である．予防原則を広く国際社会に知らしめた1992年の「環境と開発に関するリオ宣言」原則15は，「深刻なまたは回復不可能な損害のおそれがある場合には，科学的な確実性が十分にないことをもって，環境の悪化を未然に防止するための費用対効果の高い措置を延期する理由としてはならない」と定める．予防原則の定式化は法令・文書により様々だが，①一定の水準以上の環境への損害や悪影響の恐れがある場合には，②科学的確実性が十分になくとも，③環境悪化を未然に防止するための措置を取る，というのがその共通要素である．すなわち，科学的不確実性を伴う潜在的リスクに対して，将来において当該リスクが顕在化し環境悪化が生じるのを防止するために，政策決定者（国際レベルでは国家）が何らかの行動を取るべきことを示す原則である．

予防原則は，元来，規制権限を有する行政機関は危険の可能性を予期し，できる限りそれを防止することで，環境リスクを最小にするべきであるという1970年代の西ドイツの「Vorsorgeprinzip」の考え方に基づくものであったとされる．1980年代，西ドイツ政府は，世論の支持を基礎に，酸性雨や北海の汚染の問題などに対処するための厳格な政策を正当化するためこの原則を援用してきた．その結果，欧州諸国をはじめその他の先進国においても，科学的不確実性が存在しても損害を未然に防止するための予防措置が取られるようになった．国際的には，予防原則は，80年代末以降採択されたほとんどの環境条約で規定され，オゾン層保護，地球温暖化から海洋環境の保護まで様々な分野の条約に共通してみられる．こうした条約の実施を介して，日本を含む各国の国内法政策においても予防原則が採用されている．

一般的に，国の行動を規律する一般原則として予防「原則」と呼ぶか，事案に応じてとるべき行動について国に裁量を与える予防的「アプローチ」と呼ぶかについて，その法的地位をめぐり議論があるが，これまでの法令や文書では「原則」か「アプローチ」かによってその法的効果は必ずしも厳密に区別されていない．

●予防原則の国際法上の地位　予防原則をめぐる争点の1つは，予防原則が個別

の条約を離れて，すべての国家を拘束する慣習法の原則かどうかである．学説の
みならず，国家間でもなお大きな意見の対立があり，予防原則が個別の条約の規
定に基づかず，一般的に適用できる慣習法上の原則と考えるのはいまだ難しい．
国際裁判所も予防原則の慣習法性の認定に消極的態度を取っているが，2011年
の深海底活動保証国責任事件で，国際海洋法裁判所は，予防的アプローチは多数
の国際条約などに組み込まれ，慣習国際法の一部となりつつあると判断している．
●予防原則の適用による立証責任の転換　予防原則の適用による立証責任の転換
とは，すなわち，潜在的リスクを生じさせる活動を行う者に対して環境への損害
または悪影響が生じないことを立証する義務を負わせることをいう．予防原則の
適用が立証責任の転換という法的効果を伴うものかどうかは予防原則をめぐる最
大の争点の1つである．

　活動を行う者が大概においてリスクに関する情報をもっており，リスクに関し
て適切に判断するのに必要な情報を最も容易に提示できる立場にあることから，
立証責任の転換という効果を伴うことへの支持がある一方，立証責任を転換した
場合，科学的不確実性が伴う中で，ゼロリスクの証明を要求することにもなりか
ねず，社会的利益を生み出す活動であってもその実施を困難にし，新たな技術開
発や研究へのインセンティブをそいでしまうという懸念もある．

　現時点では，予防原則が立証責任の転換という法的効果を一般的に伴うことに
ついて国家間の合意はなく，国際裁判所もこれを認めていない．予防原則を定め
る環境条約にも立証責任の転換を定める明文の規定はみられないが，「海洋投棄
に関する1972年ロンドン条約1996年議定書」のように，環境影響がないと認め
られるものをあらかじめリストにし，それ以外のものを海洋投棄する場合には悪
影響のリスクがないことを投棄者が証明することを求めるリバースリスト方式を
採用するものがある．条約のもとで事実上立証責任の転換を図ったものといえる．
●予防原則と自由貿易レジーム　十分な科学的証拠がないリスクを未然に防止す
る目的で国家が予防的に取った国内措置が貿易制限的効果をもつとして，他国か
らその措置のWTO法との適合性が問題とされ争われる事案が登場している．こ
うした国内措置が外国産品に国内産品よりも不利な待遇を与える結果になるとす
れば，WTO法との適合性が問題となる．欧州連合（EU）が行った成長ホルモン
剤を使用した牛肉産品の輸入禁止措置のWTO法との適合性をアメリカ，カナダ
が争った欧州共同体（EC）成長ホルモン事件（「1997年小委員会報告」「1998年
上級委員会報告」）や，バイオテクノロジーにより遺伝子を改変した産品に関す
るEUの承認手続きといくつかのEU加盟国による輸入禁止措置のWTO法との
適合性をアメリカ，カナダ，アルゼンチンが争ったECバイテク産品事件（「2006
年小委員会報告」）がその一例である．ECバイテク産品事件では，遺伝子改変
生物の輸入禁止措置について，「EUはバイオセイフティーに関するカルタヘナ
議定書」を正当化の1つの根拠としたが，議定書の非締約国であるアメリカ，カ

ナダ，アルゼンチンから「WTO 協定」違反として争われた．

WTO 加盟国は，WTO 法の条件を満たせば，自国内の人，動植物の健康や安全に適切な，国際的基準よりも高い保護水準を自ら決定し，措置を取ることができる．しかし，予防原則の適用によって，WTO 法の適用が免除されることはない．これらの条件が，不確実性を伴うリスクに予防的に対処しようと措置を取る国に対して厳しすぎるのではないかとの懸念も強い．

WTO 法は，主権国家が環境保護のために効果的な措置を取りうることを確認しており，環境保護に効果的な措置を取ることができないのは WTO 協定の目的にも合致しない．しかし，確実な科学的証拠が基本的前提として組み立てられ，各国の環境保護措置の撤回を強制できるほどの強力な紛争処理制度を有する自由貿易レジームが，科学的不確実性を伴うリスクへの対処として取られる措置を不当に阻害することがないか留意を要する．

●潜在的リスクの管理と意思決定　予防原則は，環境リスクが不確実性を伴う場合であっても，損害防止の観点から何らかの行動が取られるべきか，いかなる行動が取られるべきかを慎重に検討すべきことを国家に要請している．国家が取るべき行動に一義的な規則はないが，少なくともこうした環境リスクに対する国家の注意義務の程度はより高いものが求められるようになったといえる．問題によってリスクや不確実性の態様，社会が許容できるリスクの水準も異なるため，個別に潜在的リスクに対処する枠組み，国家の行動規範の構築が有効であろう．

不確実性を伴うリスクの管理という課題は，科学的証拠が十分でないが損害を生じさせるおそれのあるリスクを，私たちの社会が短期的・長期的にどの程度甘受し，どのような措置により対応するのかを決定することを要請する．それゆえリスクが顕在化し損害を被るおそれがあり，他方で，リスク管理措置の費用を負担する市民が，そのリスクの内容と程度について十分に知らされたうえで，その意見が十分に反映されるような意思決定の仕組みが構築されることが求められる．

●予防原則の経済学　2003 年のイラク戦争は，イラクによる大量破壊兵器保有の可能性に基づく予防原則の適用例である．その判断と帰結からわかるように，予防原則の妥当性は複雑な問題である．C. R. サンスティーン（Sunstein, 2007）は，数々の事例を検討している．慎重な考察の末に彼が導いた結論は，予防原則を採用するかどうかよりも，科学的知見に基づく費用便益分析（CBA ☞「社会的費用便益分析」）を信頼すべきということであった．

しかし，CBA も完璧ではない．そこで問題は，どのような状況で CBA は予防原則に則って修正されるべきかである．議論に具体性をもたせるため，次の仮想的な状況を考える．すなわち，温暖化緩和政策 A が提案されているが，A の実施から得られる期待便益はその期待費用を下回っている．よって，伝統的な CBA は A の実施を薦めない．以下，この CBA の結果が修正される可能性を示す．

まず第 1 に指摘すべきこととして，このような費用便益の期待値による判断が

妥当とされるのは，政策決定者が危険中立的であるときに限られることである．危険中立の仮定は，その便益と費用が人々に広く薄く分散できる場合に正当化される（Arrow & Lind, 1970）．しかし，温暖化被害はこの想定に沿わない．その場合，個々人の危険回避性向に基づく温暖化被害に対するリスクプレミアムが，Aの期待便益に加えられる必要がある．それによって期待便益が期待費用を上回るならば，伝統的なCBAは予防原則によって修正される．

　第2に，問題の不確実性がリスクではなく真の不確実性（☞「不確実性と効用理論」）である場合，すなわち一意的に確率分布が定められない場合，そして人々がI. ギルボアとG. シュマイドラー（Gilboa & Schmeidler, 1989）の不確実性回避性向を有する場合，CBAは大きく修正される．すなわち，想定される確率分布のうち，期待純便益を最小にするという意味で最悪の期待純便益を，Aの実施の有無について比較することになる．この期待値に対するmax-minルールは予防的決定を支持する．ただし，不確実性回避は意思決定を極端に予防的にするとする懸念もある（Gollier, 2001）．

　なお，伝統的CBAでは，複数の確率分布に対してそれぞれが真の確率分布である確率を与えて，その複合確率に対して期待値計算を行うことになる．M. L. ワイツマン（Weitzman, 2009）は，複合確率を用いることで期待純便益の分散が限りなく大きくなる可能性を指摘している．その場合，第1に指摘したリスクプレミアムも莫大となり，やはり予防原則に沿った結果が得られる可能性がある．

　第3に，政策Aの提案に対して，本来考えるべきことは実施のタイミングである．しかし，CBAは現時点での実施の可否のみを判断する．タイミングを考える場合でも，通常，CBAでは決定を遅らせることで新たな情報が得られる可能性を無視する．結果として，伝統的なCBAは判断を誤る可能性がある．その結果，Aの実施を誤って先送りするならば，予防原則による修正が妥当となる．

　この可能性を，特に取り返しのつかない結果をもたらす場合について検討するのが準オプション価値の議論である（☞「不可逆性と準オプション価値」）．ただし，予防原則に沿った結果が常に得られるとは限らない（Salanié & Treich, 2009）．一方，ゴリア（Gollier et al., 2000）は，研究調査などで将来有用な情報が得られることがわかっている場合に，常に予防的な選択が選好される条件を明らかにしている．残念ながらその条件は制約的で，赤尾（2010：209-255）が指摘するように，マクロ経済の持続可能性条件にも反する．以上の結果は，予防原則の妥当性が状況に依存することを理論的に確認するものである．

[髙村ゆかり，赤尾健一]

📖 参考文献

・大塚 直（2010）『環境法（第3版）』有斐閣.

汚染者負担原則

　環境汚染の防止，原状回復，環境の保全などの費用の負担については，汚染者（原因者）負担か公共負担かが問題とされることが多いが，欧米および日本では汚染者負担を優先させることを原則とする考え方が一般である．

●汚染者負担原則の定義——OECD の汚染者負担（支払い）原則と日本の汚染者負担原則　経済協力開発機構（OECD）の汚染者負担原則（PPP）とは，受容可能な状態に環境を保持するための汚染支払い費用は，汚染者が負うべきであるとする原則である．これは 1972 年に採択された OECD による「環境政策の国際経済面に関するガイディング・プリンシプルの理事会勧告」に示された原則である．この原則の目的は次の 2 点にある．第 1 は，環境汚染という外部不経済にともなう社会的費用を財やサービスのコストに反映させて内部化し，希少な環境資源を効率的に配分することであり，第 2 は，国際貿易，投資においてゆがみを生じさせないため，汚染防止費用についての政府の補助金の支払いを禁止することである（Smets, 1994：131-147）．

　OECD の汚染者負担原則は 2 つの制約を有していた．第 1 は，これは汚染防止費用に対する原則にすぎず，原状回復のような環境復元費用や損害賠償のような被害救済費用を含まない点である．第 2 は，この原則が最適汚染水準（汚染による損害と汚染防止費用との合計が最小になる汚染水準）までしか汚染を防除しないことを前提としている点である．

　これに対して，日本では，公害問題とそれへの対策の経験から，独特の汚染者負担原則が生まれた．それは，①環境復元費用や被害救済費用についても適用され，②効率性の原則というよりもむしろ公害対策の正義と公平の原則としてとらえられたのである．この考え方は 1976 年の「中央公害対策審議会費用負担部会答申」に示されており，「公害防止事業費事業者負担法」などもこれを具体化した立法といえる．このように日本の汚染者負担原則は法学上の原則としての意味を色濃く有していることから，これを OECD の汚染者負担原則とは区別し，「原因者負担原則（原因者負担優先原則）」と呼ぶことが提案されている（大塚, 2014）．

●今日の欧州，国際法における汚染者負担原則　汚染者負担原則は，欧米諸国では環境法の基本原則ないし基本的な考え方として受け入れられている（「EU 運営条約」第 191 条，「フランス環境憲章」第 4 条，同「環境法典」第 110-1 条，「ドイツ環境法典草案」など）．また EU では，2004 年の「環境損害責任指令」採択により，①と類似する考え方を導入した．過去の汚染に対する損害の回復・補償が将来の予防のインセンティブにもなるという立場である（de Sadeleer, 2002）．

他方，国際的には，「リオ宣言」第16原則，「油濁事故対策協力条約（OPRC）」「ストックホルム条約」などにPPPが定められているが，欧州では確固たる原則とされているものの，国際慣習法上の原則とみるか否かについては論争があり，いまだそのような原則としては確立していない．また，PPPは各国の国内で実現される原則であり，国際レベルでの国家間における援用は想定されてこなかった．例えば，「国連気候変動枠組条約」の起草過程で途上国からPPPを定める要請はあったが，導入されなかった（「衡平原則」や「共通だが差異ある責任（CBDR原則）」に反映されたと理解することは可能ではある）．

●汚染者負担原則の汚染者，汚染者負担原則が適用されない場合　この原則の「汚染者」については，1974年のOECD勧告で，環境に対する直接的・間接的な負荷や環境や健康に対する損害を意味することが明記された（奥，2008：105）．

　また，同原則における「汚染者」に「汚染の発生に決定的な役割を担う経済主体」を含めることは1992年のOECD勧告に示され，この立場は，その後，廃棄物・リサイクルに関する拡大生産者責任（EPR）の考え方につながった．日本でも，1990年代から，①「廃棄物処理法」における措置命令の対象に一定の場合の排出事業者を含め，②ごみ処理料金を有料化し，③一定のリサイクルにおける費用負担においてEPRを導入したように，汚染者負担の拡大・強化が行われてきた．もっとも，OECD勧告でも，①例外的な状況において政府の支援が正当化される重大な社会経済的問題が発生しうる場合，②特定の社会経済的目標の達成のための措置がたまたま汚染防止目的に資する支援となる場合などにおいてPPPの例外を認めている．

●原因者負担原則（原因者負担優先原則）の実質的根拠　原因者負担原則の実質的な根拠は，①経済学的・目的合理性（効率性），②環境政策的合理性（環境保全の実効性），③規範的・法的合理性（公平性）の3点とされる（Kloepfer, 2004：237-；大塚，2016：54）．①に関しては，汚染防止費用の負担については，原因者負担が最も効率的である（OECD勧告のPPP）．②についても原因者負担が最も実効性がある．さらに③については，原因者負担は公平の観点からも適切であるとの考えが有力であるが，他方で，分配の公正についての社会福祉国家的理解から，原因者の経済的能力についての配慮が必要であると指摘されており，原因者負担が公平性の唯一のあり方を示したものではないことにも注意を要する．

●日本の環境法における原因者負担　「環境基本法」は，原因者負担について，第8条1項，第21条，第22条2項，第37条に定めている（そのほか，受益者負担，公共負担に関する規定を含め，日本の環境法の状況について，大塚，2016）．「第4次環境基本計画」も「汚染者負担の原則」を取り上げている．

●関連する研究の動向　汚染者負担原則に関しては，気候変動の緩和・適応，拡大生産者責任（倉阪，2000：753）に対する適用可能性，その適用手法としてのカーボンプライシングなど，様々な場面で研究が続けられている．　　　［大塚　直］

持続可能な発展

　持続可能な発展の定義として最も知られているのは，1987年に，国連環境と開発に関する世界委員会（WCED，委員長の名を取りブルントラント委員会とも呼ばれる）が公表した最終報告書「地球の未来を守るために」の「将来世代のニーズを損なうことなく現在の世代のニーズを満たすこと」である．その後，数多くの定義が示されてきたが，総括すると，①現在世代と将来世代との間の衡平性，②世代内の衡平性（先進国と途上国間の格差など），③経済発展と環境保全の両立，の3側面での同時達成を目指した概念といえる．

●**概念の普及**　この概念が発展してきた背景には，1950～60年代以降，急速な工業化による高度経済成長とそれに付随した公害問題を経験した先進国と，そのような経済発展から取り残された途上国との格差，いわゆる南北問題がある．1970年代，ローマクラブによる『成長の限界』（Meadows et al., 1972）に代表されるように，先進国からは地球規模での環境汚染や資源枯渇への懸念の声が上がったが，途上国は貧困からの脱出が優先と主張した．経済成長と環境保全が二者択一で捉えられていたことになる．

　経済成長と環境保全が対立概念ではなく，相互に補完し合う関係であることを強調するために，1980年代以降用いられた概念が持続可能な発展である．環境破壊は人々の健康を損ない，資源枯渇はモノの生産を停止させるのだから，経済発展は環境が健全な状態を維持していることが前提条件となっている．逆に，環境を健全な状態で維持しようとするならば，人々には最低限の生活が保証され，環境の重要性を認識するだけの経済的なゆとりがなくてはならない．いうなれば，経済発展と環境保全は車の両輪のようなもので，どちらか一方が損なわれてもうまくいかないという考え方である．

　1990年以降，持続可能な発展概念の定義に関する議論は一段落したものの，抽象的な概念であるため，それを具体的に実践しようとする試みの中で，持続可能な発展を満たす条件や，そこに至るために必要な方策，個別分野ごとの取組み方法，決定のための手続き，進捗管理など，多様な観点で検討の幅が拡大した．

　1992年にブラジルのリオ・デ・ジャネイロで開催された国連環境開発会議（通称地球サミット）以降，10年ごとに定期的に国際会議が開催され，持続可能な発展の実現に向けた話合いが続いているが，20年以上経過した現在でも持続可能な発展に向かって国際社会がどれだけ前進できているのかという点に関して，明快な回答はない．

●**研究動向**　持続可能な発展の定義や満たす条件などについては，経済学分野で

も数多くの研究が実施されてきた．1980年代，D. W. ピアス（Pearce）を中心として，特に経済成長の観点から持続可能な状態を実現する条件が検討され，「持続可能な成長」は「1人あたり国民総生産（GNP）が時間とともに増加しつつあることに加えて，公害などの生物物理学的影響や，貧困問題などの社会的影響からのフィードバックによって増加が脅かされていないこと」と規定された（Pearce et al., 1989）．その後，H. H. デイリー（Daly）は，持続可能性三原則として①人間活動から生じる廃物は環境容量の範囲内にて排出する，②再生可能資源は再生可能な範囲内で利用する，③非再生資源は減少した分の機能を再生可能な資源で補うことができる範囲内で利用する，の3つをあげた（Daly. 1990）．これらの原則は，天然資源や環境の浄化機能などのいわゆる自然資本が人工資本では完全には代替できないことを前提としており，強い持続可能性と呼ばれる．これに対して，非再生資源（自然資本）によって供給されていた機能をすべて人工資本による機能で代替することにより，将来世代も現世代と同水準の効用が保てている状態は，弱い持続可能性と呼ばれる（Mäler, 1991）．

　究極的には強い持続可能性を目指すべきだろうが，現実には難しく，その中で人間の効用の維持に必要な資本の観点から議論を進めたP. ダスグプタ（Dasgupta）は，生産的基盤である資本として人工資本，人的資本，自然資本の3種類に着目し，これらを全体としてみた包括的富が持続可能な状態となることが重要であるとした（Dasgupta, 2004）．

●持続可能な開発（発展）目標　　一方で理論的検討が進みつつも，他方では実際の国際社会の持続可能性が危うくなっており，実施に向けた提言が今後より重要性を増す．2015年9月に合意された「持続可能な開発目標（SDGs）」をはじめとする一連の目標設定→指標選定→計測の手続きは，実施に向けた重要な活動の1つである．また，国連中心の議論はどうしても国際レベルの話題，あるいは途上国での課題が中心的に扱われ，個人の日常生活からはかけ離れた話となってしまいがちであることから，自治体あるいは組織レベルでの持続可能な発展のあり方や，持続可能な○○（○○に「漁業」「ライフスタイル」などが入る）といった形での検討が具現化に必要とされる．

　なお，「発展」は英語の developmentの邦訳だが，公訳では「開発」が充てられる．「開発」の方が途上国の経済活動により重きをおいたニュアンスをもつため，環境保全により重きをおいた議論の中では「発展」が多く用いられる．

[亀山康子]

📖 参考文献
・亀山康子・森 晶寿編（2015）『グローバル社会は持続可能か』岩波書店．
・環境と開発に関する世界委員会編，大来佐武郎監修（1987）『地球の未来を守るために』福武書店．

環境経済統合勘定

　各国の経済活動を比較可能にするための取組みとして国際連合が統一基準を決めている国民経済計算（SNA）がある．一国の経済状況について，生産・消費・投資といったフロー，および資産・負債といったストックの両面から体系的に記録を行うものであり，国内総生産（GDP）の計算のもとになる．この SNA に関連して，経済だけでなく環境に関しても，統一基準で記録をしていくことを目的として環境経済統合勘定（SEEA）と呼ばれる基準の整備が進められている（氏川, 2014）．ここではその基準取りまとめの取組みを概観する．

● SEEA93　SNA の最新の基準は 1993 年に国連によって採択された「93SNA」であるが，国連は同じ 1993 年に経済だけでなく環境についても統一基準で記録をしていくことを目的に *Handbook of National Accounting : Integrated Environment and Economic Accounting : Interim version*（通称「SEEA93」: United Nations, 1993）を公表した．「SEEA93」では経済活動を対象とする SNA を以下の 4 つの項目を含め整理・拡張した．(A) は従来の SNA 体系から環境関連の諸費用や保護的支出部分を抽出したものである．(B) は従来の SNA から環境と経済の相互関係についての物的データを抽出したものであり，自然資源勘定や物質・エネルギー収支などを抽出したものである．(C) は環境の経済的利用の追加的な評価部分であり，従来評価されてきていない自然資産の価値を評価するものである．すなわち，従来からの SNA の非金融資産勘定の概念に基づく「市場評価法」に加え，自然資産の水準を維持するために必要な費用を推計する「維持費用評価法」，そして自然環境の消費的サービスの価値を推計する「仮想評価法」により評価を拡張するものである．最後の (D) に関しては，生産概念をより広範な概念へ拡張するものであり，家計活動，自然環境の機能，そして環境保護活動などを生産の面から評価するものである．

● SEEA2003　2003 年には国連・欧州委員会・国際通貨基金・経済協力開発機構・世界銀行が共同で *Handbook of National Accounting: Integrated Environmental and Economic Accounting 2003 (Final Draft)*（通称「SEEA2003」: U N et al., 2003）を公表している（United Nations, 2003）．そこには 4 つのカテゴリーが含まれている（E〜H とする）．(E) は物的・ハイブリッドフロー勘定であり，SNA に基づいて物量・エネルギーフローを評価するもので SEEA93 の B に該当する．具体的には生産物，自然資源，生態系投入（植物および動物が必要とする水，燃焼のために必要な酸素，その他の自然投入），廃物といった物量データと国民会計行列を用いて物量・貨幣単位でのハイブリッドフロー勘定を作成している．(F)

は経済勘定および環境関連取引勘定であり，従来の SNA から主として環境保護支出勘定や環境政策の経済的手段の個別的勘定といった環境関連取引に関わる部分を抽出したものであり，SEEA93 の (A) に該当する．(G) は物量・貨幣単位での資産勘定であり，上述の E, F のフロー勘定を変動要因として，ストック勘定との関係を評価するものである．具体的には自然資産を自然資源，土地・地表水，生態系という 3 つの資産分類に大別し，細分化された項目別にそれぞれの物量単位で測定し評価に用いているものであり，SEEA93 の (D) に該当する．(H) は減耗・防衛的支出および劣化の説明のための SNA 集計値の拡張勘定であり，SEEA93 の (C) に該当する．手法としては以下の 2 つの手法を用いる．1 つ目は費用ベース評価法であり，回避費用（構造的調整費用，削減費用）および復元費用の 2 つからなり，維持費用評価法が主たる手法として用いられる．2 つ目は被害・便益ベース評価法であり，SEEA93 において主として用いられた仮想評価法に加えて，各種の顕示選好法（代替法，ヘドニック法，トラベルコスト法）や表明選好法（仮想評価法に加えてコンジョイント分析）が手法として用いられている（日本総合研究所，2004）．

●**日本版 SEEA**　日本では SEEA93 公表に前後して「維持費用評価法」に基づく環境経済統合勘定の試算が行われ始めた．そこでは当初貨幣的勘定の作成が試みられたが，環境の貨幣的評価の困難さが明らかになるにつれて，貨幣的勘定に加えて物的勘定についても勘定に加えるハイブリッド型勘定が整備されていった（佐藤・杉田，2005）．ここでのハイブリッド型勘定は，主としてオランダで発展した環境勘定を含む国民会計行列（NAMEA）と呼ばれるものがもととなっている．内閣府によって 1990 年および 1995 年に「日本版 NAMEA」の暫定試算表が公表されているが，「オランダ版 NAMEA」と比較してより多くの項目を含む包括的なものとなっている．後に「ハイブリッド型統合勘定」と称されることになったこの「日本版 SEEA」は，SNA に比べて以下の修正点を加えたものといえる．①最終消費項目への政府消費の追加，②非金融資産勘定を設け，社会資本ストック勘定，環境保護関連資本ストック勘定を追加，③自然資産勘定項目にオランダ版での原油・天然ガスに加え石炭を追加，④ SEEA2003 で対象とされた森林・水・漁業資源を追加，⑤土地利用勘定の導入，⑥隠れたマテリアルフロー勘定の導入，⑦環境問題の勘定に期首・期末ストックの導入，⑧環境への蓄積勘定に輸入による海外資源の変化を追加，以上の 8 点である．

　以上の SEEA は産業連関表にも影響を与えるものであり，SNA により整備がなされている産業連関表に環境分野を拡張する際に議論のよりどころとなるものといえる．　　　　　　　　　　　　　　　　　　　　　　　　　　　　　　　［鶴見哲也］

📖 **参考文献**

・氏川恵次（2014）『環境・経済統合勘定の新展開』青山社．

グリーン GDP と包括的富

　政策が国民の福祉の向上を目指すものであるとすると，国民の福祉水準をいかにして測るかは重要な問題となる．従来，その役割を担ってきたのが国内総生産（GDP）である．GDP は経済規模の指標として明快な意味をもち，経済成長すなわち GDP を増加させることは各国の共通の目標とされてきた．しかし，近年 GDP がはたして国民福祉を的確に表現しているかについて疑問が抱かれるようになった．GDP で考慮されていない要素や，将来的な持続可能性がその主たる論点である．

● **GDP のグリーン化**　GDP が 1 国の本当の豊かさを表していないことは 40 年以上前から指摘されていた．1972 年にノードハウスとトビン（Nordhaus & Tobin）によって，GDP で勘定されていない要素を補足することを目指した経済厚生尺度（MEW）が提案されたのは，経済学における初期の貢献である．その GDP で勘定されていない要素として環境汚染や資源枯渇に着目し，国民経済計算に「環境」や「資源」に関する項目を追加してグリーン化（環境・資源の状態を考慮）したものを，一般にグリーン GDP と呼ぶ．環境劣化や資源減耗などは，本来費用として計上されるべきであり，社会全体からみた真の経済活動水準を測定するためには，これらの費用は GDP から控除される必要があると考えるものである．

　初期的な研究である R. レペト他（Repetto et al., 1989）は，石油および森林減少，土壌劣化といった自然資源の枯渇や質の低下を考慮してインドネシアの GDP を調整した．その際には，資源の市場価値額から生産・採取費用を差し引いたレントを GDP から控除するという方法が採用されている．彼らの推計結果によると，インドネシアは 1971～84 年までの GDP の年平均成長率が 7.1% であったのに対し，資源減耗で修正した GDP は 4% にとどまっているとされる．

　このように，環境汚染や資源枯渇など GDP に現れない成長のコストを考慮すると，GDP 成長率ほど国民福祉は改善されていないことがわかる．このことは，国民福祉の向上には環境への配慮が重要であることを意味し，1992 年の地球サミット（国連環境開発会議，UNCED）における議論を受けて，1993 年に世界銀行と国連統計局を中心に環境経済統合勘定（SEEA, ☞「環境経済統合勘定」）が開発された．さらに，2012 年には，生態系を考慮した実験的生態系勘定（SEEA-EEA）が提案された．

● **グリーン NNP と持続可能な発展**　国民純生産（NNP）は国民総生産から固定資本減耗を差し引いたものとして定義される．これは GNP が 1 国経済における

正味の年間生産物を表すようにするための調整であり，従来の最適成長モデルの基礎的概念であった．M. L. ワイツマン（Weitzman, 1976）は，ある年のNNPが，それ以降の最適消費経路を目的関数で測った価値の利子として表されることを示した．この事実は，それ以降NNPに関する「ワイツマン基礎」と呼ばれ，NNPを1国経済の厚生測度として用いる理論的根拠となった．

　一方で，1972年に，ローマクラブの『成長の限界』によって環境・資源制約による経済成長の終焉が予測されてから，経済成長論で精力的に環境を考慮する研究が進められた．その結果，メイラー（Mäler, 1991）やJ. M. ハートウィック（Hartwick, 1990）らによって，ワイツマン基礎は，NNPの2つの要素である消費と純投資を，それぞれ各時点での社会厚生と天然資源の減耗や環境劣化を考慮した広い意味での純投資と解釈すると，グリーンNNPにもあてはまることが示された．このことは，持続可能な発展と直接的に結びつく重要な発見であった．

●包括的富とジェニュイン・セイビング　グリーンGDPやNNPは，アウトプットに注目したフロー指標である．それに対して，インプットに基づくストック指標として包括的富がある．これは，D. W. ピアスとアトキンソン（Pearce & Atkinson, 1993）によって提唱された，持続可能な発展に対する資本アプローチの帰結として導かれる概念である．資本アプローチでは，財の生産要素として従来考えられてきた人工資本だけでなく，人的資本，自然資本，およびその他の人間福祉に貢献しうるあらゆる資本を包含する．P. ダスグプタ（Dasgupta）はこれら包括的な資本を総じて福祉の生産基盤と呼び，国連大学と国連環境計画を中心として，「包括的富」として世界の動向を計測するプロジェクトが進んでいる．ここでは，人工資本，人的資本，自然資本についてそれぞれのシャドウプライスで重み付けした総和として計上される．理論的には，各資本のシャドウプライスはそれぞれの限界的1単位の増加がもたらす社会的価値として定義される．

　包括的富は福祉を生み出すためのインプットであることから，包括的富が減少しないことは将来永続的に福祉水準が維持できることを意味するため，持続可能性指標としてみなされている．ただし，異なる資本の総和をとるプロセスでそれぞれの代替可能性を暗黙に仮定しているため，「弱い」持続可能性指標といえる．

　包括的富が減少していないことが重要であることから，その時間変化に着目した「包括的富指数」が注目される．これは従来，世界銀行が提供してきた「ジェニュイン・セイビング」とほぼ同等の概念である．ジェニュイン・セイビングと包括的富指数は，想定する経済（完全経済か不完全経済か）や，シャドウプライスの推定方法，二酸化炭素蓄積の評価方法など，異なる点もある．　　　［佐藤真行］

📖 参考文献
・大沼あゆみ（2002）「グリーン国民純生産の再考察」細江守紀・藤田敏之編著『環境経済学のフロンティア』勁草書房，287-298頁．
・国連大学・国連環境計画編，植田和弘・山口臨太郎訳，武内和彦監修（2014）『包括的「富」報告書—自然資本・人工資本人的資本の国際比較』明石書店．

持続可能性の指標

　1970年代の石油危機とローマクラブ報告書『成長の限界』を背景として，それまでの経済成長の持続性が問われるようになった．そして，1987年のブルントラント委員会（環境と開発に関する世界委員会；WCED）の報告書にみられる持続可能な発展の定義，すなわち「将来世代が自らのニーズを満たす能力を損なうことなく，現在世代のニーズを満たすような発展」は，これからの世界が目指すべき目標として掲げられるようになり，2015年の国連サミットにおける「持続可能な開発目標（SDGs）」などの形で取りまとめられている．これと共に，持続可能性指標は，人類社会が持続可能な発展の経路をたどっているのかについてチェックする役割が期待されており，1992年の国連環境開発会議（リオサミット）において指標開発の必要性が強調されてから今日にいたるまで，爆発的に新しい指標が増加した．ここでは，そうした指標について解説する．

●**持続可能性指標の性質**　今日では，持続可能な発展はトリプルボトムライン，すなわち経済，環境，社会を総合的に考慮して議論される．したがって，持続可能性指標は，経済指標のみならず，環境，資源，生態系を表す指標や，人的資本，社会関係資本，分配，制度などに関わる指標からも構成される．

　ブルントラント委員会の定義にみられるように，持続可能な発展は経済的要因以外の概念を持続する対象として含めていること，また現在世代が享受している水準と少なくとも同等のニーズを将来世代についても維持していくことを要請するものである．したがって，この定義にふさわしい持続可能な発展の測度としての指標は，①非経済的要素を考慮すること，②通時的持続性を考慮すること，の2つの性質を備えるものでなければならない．

●**非経済要素と Beyond GDP**　経済的指標である国内総生産（GDP）には限界があり，GDPでは捉えきれない社会的・環境的側面を計測していくというのがBeyond GDP論の基本的な考え方であり，実際に次々と新しい指標が提案されている．しかし，かつて森田・川島（1993）が指摘したように，現状の達成度を測るべき計測論のほとんどは，環境や自然資源の制約条件を経済指標に反映させて，経済活動を修正させることを目的としており，世代間公平や社会文化的な価値など，より高次の観点からの評価が非常に少ないという問題があった．これに対して，近年の幸福度研究の高まりや，主観的福祉・生活の質に関する評価に積極的に取り組む動きがみられるようになっていることは，この問題の解決に向けた歩みであるといえる．近年の代表例として，N.サルコジ（Sarközy）元フランス大統領の指示を受けて作成された報告書 *Mis-Measuring Our Lives*（Stiglitz et al.,

2010）や，OECD（2013）の *How's Life?* なども，GDPでは測れていない要因を測定したとして注目を集めた主要な取組みの1つと位置付けることができる．

●**強い持続可能性指標と弱い持続可能性指標**　強い持続可能性は，自然環境の劣化は他の要素で代替できないとする立場であり，自然環境水準そのものに着目する．その代表的指標としてエコロジカル・フットプリントがある．これはW. E.リースとM. ワケナゲル（Rees & Wackernagel, 1994）によって提唱され，現在の経済活動を含めた人間の活動を支えるのに必要な土地面積について世界的平均生産性を有する仮想的な土地面積で評価するものである．この面積が，地球が供給可能な土地（バイオ・キャパシティと呼ばれる）を超過するエコロジカル・フットプリントは生態学的負債と呼ばれ，持続可能な発展を逸脱していることになる．

　弱い持続可能性は，自然環境の劣化は，経済・社会の発展によって代替される立場である．極端にいえば，自然資本の劣化分を人工資本その他の増加分が上回る限りにおいて，その発展形態は持続可能であると考える．この意味で，自然資本とその他資本が代替可能であるという考えに基づく．GDPに環境負荷を調整するグリーンGDPなども，経済要素と環境要素を加減していることから代替可能性を想定しているといえる．

●**福祉水準の通時的保証を測る指標**　持続可能性指標にとって重要なことは，非経済的要因を含めた福祉水準を測るということだけでなく，毎期測られる福祉水準が通時的に保証されているのか測ることが求められるということである．これまで「持続可能性そのものを計測する指標」はほとんどなく，「持続可能性を達成する上で重要なものにかかる指標」もしくは「持続可能性を損なう可能性があるものにかかる指標」が大多数を占めていた（国立環境研究所，2009）．

　これに対して，現時点の福祉水準の通時的保証可能性に着目した指標が包括的富指数である．これは，アウトプットとしてのGDPを調整したフロー指標ではなく，非経済要素を含めた人間の福祉を生み出すために必要なインプットに用いられるストックをあまねく計上し，その時間変化を指標とするものである．インプットの総量が減少していない限りにおいて，人間福祉を生産する能力は損なわれないため，現状水準は持続可能である．なお，インプットとしての資本を包括的にたし合わせていることからもわかるとおり，資本間の代替可能性を認める弱い持続可能性指標の1つである．こうしたストックに着目した指標構築は，持続可能な発展に対する資本アプローチと呼ばれ，世界銀行や国連機関によって継続的に測定されており，今後も注目を集める持続可能性指標の1つと考えられる．

［佐藤真行］

📖 **参考文献**

・佐藤真行（2014）「『持続可能な発展』に関する経済学的指標の現状と課題」『環境経済・政策研究』第7巻第1号，23-32頁．

エコノミック・モデリング

　環境政策の策定にあたり，経済活動に与える影響を事前に評価することが求められるが，その場合に役立つのが経済モデルである．例えば，二酸化炭素排出量削減目標を策定する場合，それが経済にどのような影響を与えるかを事前に評価する必要がある．気候変動に関する政府間パネル（IPCC, 2014）の「第5次評価報告書第三作業部会報告書附属文書 Annex II Metrics & Methodology」（Krey et al., 2014：1281-1328）では，二酸化炭素を含めた温室効果ガス排出削減シナリオが国内総生産（GDP）にどのような影響を与えるかを30の経済モデルで評価している．引用されている経済モデルを区分すれば，技術選択モデルのみの部分均衡モデル9，技術選択モデルと経済モデルが統合された一般均衡モデル19，計量経済／シミュレーションモデル2である．一方，動学メカニズムで区分すれば，異時点間の動学的最適化行動に基づくモデル15，逐次的動学モデル15である．経済モデルは地球環境と経済の相互関係を方程式体系で表現したものであるが，分析結果はモデルによって異なり，複数のモデルで分析するゆえんである．モデル分析の利点は，試算結果の違いについて第三者が事後的に追試できることにある．

●**政策変更に対して頑健なモデル**　経済モデルでは，市場を構成する供給関数や需要関数が重要な役割を果たしているが，温暖化ガス排出削減のような長期にわたって経済に大きな影響を与える政策評価の場合，供給関数や需要関数のもととなる技術構造や嗜好も変化する可能性が高く，それらを明示的に取り入れてモデルを開発する必要がある．政策変更に対して頑健なモデルでは，政策変更によって生じる技術構造・嗜好を捉えることが求められる．それには，技術構造や嗜好の変化を扱うことのできる生産関数・効用関数とモデルを構成する供給関数・需要関数の形状とパラメータが，1対1に対応することが必要となる．

●**技術構造**　技術構造を経済モデルでどのように表現するかは重要である．特にエネルギー技術モデルで，詳細な技術をもれなく扱うボトムアップ型技術選択モデルが参考となる．そこではエネルギー需要量が費用最小で供給され，同時にエネルギー価格も決まる．ボトムアップ型技術選択モデルとしては，部分均衡モデルの範疇に入る AIM/Enduse モデル（Hibino et al., 2003：247-398）や MARKAL/TIMES モデル（Zonooz et al., 2009）などがある．一方，MERGE モデル（Manne et al, 1995）のように，ボトムアップ型技術選択モデルで決められたエネルギー価格をトップダウン型経済モデルに取り入れ，2つのモデルをフィードバックさせる統合型一般均衡モデルがある．最近では，C. ベーリンガーと T. F. ラザフォード（Böhringer & Rutherford, 2008）にみられるように，ボトムアップ型技術

選択モデルとトップダウン型経済モデルを統合したハイブリッド型一般均衡モデルが一般化し，計算可能な一般均衡モデル（CGE）として知られている．

● **CGE モデルと混合相補問題**　CGE モデルでは，複数の経済主体が財・サービスを取引する多くの市場が存在する．各市場には需要者と供給者が存在し，需給が均衡すれば非負の均衡価格が成り立ち，資源配分がパレート最適となることが知られている．CGE モデルは，経済モデルを3つの条件，すなわちゼロ利潤条件・市場均衡条件・所得収支条件を混合相補問題（MCP）としてモデルを定式化したものである．

ゼロ利潤条件によれば，財・サービスの市場価格が供給価格を下回れば，赤字が生じることから供給されず，供給されるのは市場価格と供給価格が一致したときに限られる．市場均衡条件は，財・サービスの需要量は供給量を上回ることができないという厳然とした事実に基づくものであるが，供給量が需要量を上回れば財・サービスの市場価格はゼロとなる．すなわち，市場価格がプラスとなるのは，需要量と供給量が一致する場合に限られる．最後に，所得収支条件とは，所得は生産要素の持ち主に帰属するというものである．

需要量が供給量を下回れば財・サービスの市場価格がゼロとなるというのはMCP モデルとして定式化できるが，温室効果ガス排出削減の強化が経済に与える影響を評価するうえで重要な役割を果たしている．例えば，温室効果ガス排出量に制約がなければタダで排出できるが，排出量に制約が加わると排出量に価格がつくことになる．すなわち，CGE モデルでは，排出量制約の強化が非ゼロの排出価格を生み出して経済に影響する移行過程を描写することができる．

● **動学的モデルにおける貯蓄と投資**　動学的モデルで重要な役割を果たすのは，貯蓄・投資である．一般均衡モデルでは貯蓄と投資は一致することから，貯蓄をどのようにして決めるかが重要となる．CGE モデルの1つは貯蓄を将来に備えるための財とみなし，効用関数の枠組みで決定する逐次動学モデルである．貯蓄率が一定となる関数が用いられることが多く，Backward Looking 型モデルとして知られている．それに対して，貯蓄・投資の決定を家計の動学的最適化行動から導出するモデルがある．このモデルでは，投資することで得られる将来の資本収益率の割引現在価値が現時点での投資財価格を下回れば投資はされず，両者が一致するときに投資されることになる．動学的最適化モデルにおける貯蓄・投資の決定メカニズムは Forward Looking 型モデルとして知られている．その特徴として，将来実現を求められる削減政策目標が，現在の経済活動に影響するプロセスを明示的に分析できる．　　　　　　　　　　　　　　　　　［伴 金美］

📖 **参考文献**

・細江宣裕他（2015）『テキストブック 応用一般均衡モデリング 第2版―プログラムからシミュレーションまで』東京大学出版会．

経済成長と環境

●**成長の限界** 経済成長とは，1国もしくは1地域の経済規模が長期にわたって拡大することを指し，国内総生産（GDP）の増加分によって表すことができる．生産を行うには，機械設備などの資本や労働力だけでなく，資源やエネルギーなどを投入することが不可欠であり，その中には石油・石炭など化石燃料が含まれる．エネルギーや鉱物資源などは非再生資源と呼ばれ埋蔵量が有限であることから，経済成長には資源の有限性という制約が存在することになる．また，化石燃料には硫黄や炭素など不純物が含まれており，エネルギー源として燃焼する際，硫黄酸化物（SOx）や二酸化炭素（CO_2）が生成され，対策をしなければこうした物質も排出される．生産された財は消費された後，廃棄物として処理される．生産が増加すれば，排出ガスによる汚染や廃棄物も増加する．地球が汚染や廃棄物を受け入れることができる能力は無限であるとは考えにくく，環境がもつ汚染および廃棄物受入能力にも制約があることが考えられる．

高度経済成長期の日本では，急速な経済成長と同時に大気汚染や，水質汚染などが深刻化した．一方，急速な経済成長は，大量の化石燃料消費によって支えられたが，1970年代に入ると石油危機が発生，石油の入手が困難になり，エネルギー資源制約問題が顕在化した．こうした状況下において，このまま経済成長や人口増加が続くと，資源の枯渇により工業生産ができなくなり，食料減少と汚染

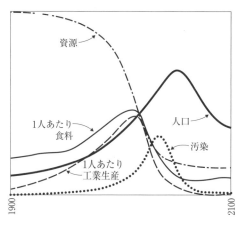

図1　成長の限界
[Meadows et al., 1972 より改変]

による死亡率増加によって人口増加は停止し，経済は破綻するという「成長の限界」仮説（図1）が提唱された（Meadows et al., 1972）.
●環境クズネッツ曲線　成長の限界仮説は，非再生資源の有限性をクローズアップするという意味では有効であったかもしれないが，約半世紀後の現在，必ずしも上記のような状況が顕在化しているとはいえない．その後も，経済活動と環境・資源保全との関係について，様々な経済学的分析が行われてきたが，そうしたなか，汚染水準と所得水準との間には，逆U字型の関係があるという「環境クズネッツ曲線」（もしくは「逆U字型曲線」）仮説（図2）が提唱された（Grossman & Krueger, 1995）.

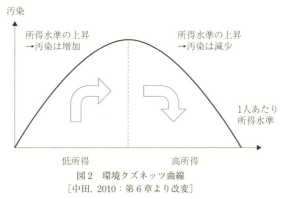

図2　環境クズネッツ曲線
[中田, 2010：第6章より改変]

　まず，経済発展の初期段階において，平均所得が低いときは汚染水準も低いが，生産が増加し，所得水準が上昇するにつれ汚染排出が増加し，環境は悪化していく．しかし，ある一定の所得水準に達するとこの関係は変化，今度は所得水準が上昇するにつれて，環境は改善するようになる．その結果，所得と汚染水準との関係が，逆U字の関係になるという仮説である．本仮説に関しては，膨大な実証研究がなされてきたが，多くの研究結果に共通するのは，SOxによる大気汚染など影響が地域に限定され，人々に直接に認識されやすいような汚染物質の場合，あてはまりやすい傾向にあるが，例えば，温室効果ガスによる気候変動問題など，影響が広範囲に及び人々に直接変化が認識されにくい問題の場合，あてはまりにくい傾向にある.
●環境クズネッツ曲線の要因　上記のような関係が，ある汚染物質に関して検証できたとして，こうした関係が発生する要因としてどのようなことが考えられるだろうか．メカニズムを説明する背景理論として，いくつかの説がある（Dinda, 2004）．第1に，経済成長に伴って，生産方法や場所において変化が訪れる可能性があげられる．まず，規模，構造変化，技術効果と3つのルートで経済成長が環境に与える影響が変化する，という見方である（Copeland & Taylor, 2003）.

成長に伴う生産規模の拡大は環境に負の影響を与える．しかし，経済が成長する間に，構造変化を通じて汚染集約型産業から技術集約型産業に変化したり，研究開発の進展でよりクリーンな技術が普及したりして，経済成長から生じる環境への負の影響が軽減されていく可能性がある．続いて，貿易の効果である．国際貿易を通じて，各国がお互いに得意な産業に特化することで，汚染負荷が減少することがあるかもしれない．しかし，ある国で生じた汚染の減少分の一部は，別の国への汚染産業の移転によって生じた可能性もあるため，全体で汚染が削減されたかどうか検討することは重要である．

第2に，需要面や政策面における変化である．所得が少ないときは，消費が環境保全と比較して高く評価されるが，ある一定の所得水準に達すると，稀少性が高まるため環境保全が消費と比較して高く評価されるようになり，環境改善が進む，という考え方がある．関連して政策の効果である．所得の上昇によって環境保全に対する評価が高まったとしても，現実には政府や自治体の政策的対応なしに環境が改善することは容易ではないかもしれない．所得上昇によって生じる国民の環境意識の高まりが政府や自治体を動かし，政策的対応が促されることで，環境が改善される可能性もある．

●環境悪化と貧困の罠　汚染の発生は，多くの場合産業の勃興を前提としており，上記のような逆U字型の関係は，経済がある程度成長して初めて発生する問題といえる．世界銀行では，各国経済1人あたり国民所得によって，低所得国，中所得国，高所得国の3つに分類しているが，産業化が興る前の，いわゆる低所得国で発生しうる経済と環境の問題としては，どのようなことが考えられるだろうか．

1人あたりの平均国民所得が約1000ドル以下という低所得国では，農業・漁業・林業など第1次産業が中心となっており，森林資源や魚資源などのいわゆる再生可能資源に多くを依存する経済構造となりがちである．こうした自然資源は，所有権の設定があいまいで誰もが利用できる状態になっている場合があり，資源利用が過大になり，再生が可能にもかかわらず適切な水準以上に利用される，オープン・アクセス資源が問題となる可能性がある．

例えば，農業を中心とした経済の場合，生産規模が小さく十分な収入を得ることができない農民は，副業を営んだり別の賃金収入を得ようと努力したりするかもしれない．しかし，余剰な労働力を吸収する農業以外の産業が存在しない場合，農業拡張に過剰な労働力が投入される可能性がある．所有権の設定があいまいな森林資源で，森林伐採に余剰労働力が投入された結果，過剰な伐採が進むかもしれない．このような場合，土壌流出などによって農業の生産性が低下し，それがさらなる森林資源の劣化を呼ぶという，いわゆる貧困の罠に陥る可能性もある（Barbier, 2010）．

それでは，所得水準と森林資源との間には，逆U字型の関係は見出せないの

であろうか. M. バータレイと M. ハミング（Bhattarai & Hammig, 2001）は，所得水準の上昇とともに森林資源は減少するが，ある一定の所得水準に達すると今度は増加に転じることを示し，森林資源についても環境クズネッツ曲線仮説があてはまる可能性を示唆している．一方，低・中所得国における様々な問題も存在し，森林問題には，政治的権利や言論の自由など制度的な側面や，識字率などが改善の要因に，政府や政治の腐敗，所得格差の拡大などは悪化の要因になりうる可能性が指摘されている．

●経済成長と環境保全との両立可能性　前述の環境クズネッツ曲線仮説が成立するとすると，経済活動の拡大とともに生じる環境問題の悪化は，ある一定の所得水準に達した後，改善することになるかもしれない．しかし，中所得国では，環境や資源の保全に，直感的には生産を減らすか，もしくはより高コストな省資源・汚染削減技術を導入することが必要と考えて，経済成長率が低下することを恐れ対策を躊躇する政策担当者は少なくない．環境や資源を保全しつつ持続的な経済成長を達成することは不可能なのだろうか（中田，2000）．

　これまでの経済理論では，建物や生産設備など，物的な資本形成を成長のエンジンと考えており，環境保全を行うと資本蓄積が滞るため経済成長率は鈍化し，結果成長率ゼロの状態になってしまうことが示唆されている（Stokey, 1998）．

　一方，最近ますます技術集約型になりつつある経済の場合はどうであろうか．P. アギオンと P. ハウィット（Aghion & Howitt, 1998）は，経済成長のエンジンを，汚染集約型産業からより汚染の少ない技術集約的な産業へとシフトさせることができれば，環境制約下においても持続的な経済成長が可能であることを示している．アセモグル（Acemoglu et al., 2012）は，生産技術の中に汚染集約的な技術とクリーンな技術が存在するが，現時点では汚染集約的な技術の方が生産性が高い場合，汚染集約的な技術とクリーンな技術との間の生産性の違いに相当する環境税を，汚染集約的な生産に課すことで，技術進歩の方向性がクリーンな方向に転換され，持続的な成長が可能となることを示唆している．また，環境政策の導入によって，最終的な生産水準は短期的に低下するかもしれないが，効率の悪い設備が減って利潤率が改善するとともに，資本や労働など生産に必要な資源が研究開発活動へシフトしたり，税収を研究開発（R&D）への補助金に利用すれば，長期的には経済成長にプラスの影響を与える可能性もあることが示されている（Nakada, 2004）．　　　　　　　　　　　　　　　　　　　　　　　　　　　［中田　実］

📖 参考文献
・ヒール，G. 著，細田衛士他訳（2005）『はじめての環境経済学』東洋経済新報社.
・中田　実（2010）「環境経済学（1）環境と経済成長」竹内恒夫他編『社会環境学の世界』第6章，日本評論社，105-120 頁.

貧困・人口増加・環境劣化の悪循環

☞「都市環境ガバナンス」
p.506「流域ガバナン
ス」p.508

本項では，環境経済学と開発経済学の研究に依拠しながら，途上国の農村部に
おける貧困・人口増加・環境劣化の悪循環の可能性について述べる．

●**外部性**　外部性とは，市場の外部で発生し市場価格に反映されないという意味
で用いられることも多いが，より一般には，ある人々が決めたことが，その意思
決定に関わらなかった人にまで及ぶ効果と定義できる（Dasgupta, 2007）．例えば，
ある企業（活動の意思決定者）が生産量を決める際，近隣住民（意思決定の外部
の存在）への汚染の影響を考慮しないために生産量が過剰になるケースは，環境
の外部性の古典的な例である．このとき，企業にとっての私的費用は，汚染の影
響を含む社会的費用より小さい．両者がかい離すると，競争の結果実現する均衡
も非効率になる．以下では，人口・環境・貧困・栄養失調のそれぞれの外部性を
指摘しつつ，相互の悪循環の可能性を考察する．

●**社会的均衡としての人口**　まず人口から考える．夫婦が何人の子どもをもちた
いかは，社会の平均的な子どもの数に影響される．逆に，各家庭の子どもの数に
関する意思決定は他の家庭にも影響を与えるという点で，外部性が存在する．こ
のように，各家庭と社会とは互いに影響し合い，安定的な均衡に到達すると，何
らかの外生的ショックがないと，1人の女性が生涯に生む子どもの数（合計特殊
出生率）は変化しづらくなる．それだけでなく，例えば，サブサハラ・アフリカ
では，父系制，一夫多妻制，子どもを近隣が共同で育てる里子制，家系による土
地所有制，女性を学校に通わせないといった制度が，人口が増加しやすい環境を
つくり出している．里子制では，子どもを育てる私的費用が社会的費用よりも小
さくなり，やはり外部性がある．なお，先進国で少子化対策とされる社会全体の
子育て支援も，子育ての私的費用をできるだけ軽減し，むしろ社会的費用からか
い離させる取組みとして理解できる．

●**人口増加と環境劣化の悪循環**　農村部で人口が増加すると環境資源が劣化する
ことはわかりやすい．農村部では，経済が漁場，湿地，サンゴ礁，池，マングローブ，
放牧地，林地などの再生可能資源に基づいており，自然資本と生活が切っても切れ
ない関係にあるからである．共同体のメンバーが他者への影響を考えずに資源を利
用すると（外部性），資源の再生率と比べて利用が過剰な場合，コモンズの悲劇を招
く可能性がある（☞「自然資源の所有権」）．逆に，環境資源が劣化したときに人口
に与える影響は明白ではないものの，家計が子どもの数を決定するモデルでは，資
源が劣化すると人口が増える一方で，所得が減る可能性すらある（Dasgupta, 2003）．

●**貧困と環境劣化の悪循環**　貧困が環境劣化を招くという因果は，貧しい農村で

は，一見ただで使える環境資源が生活の糧になり，皆が他者への影響を考えずに資源を利用するとコモンズの悲劇を招き，人々はますます困窮することをイメージするとわかりやすい．より厳密な議論として，例えば，E．バービア（Barbier, 2010）は，貧困と環境劣化の家計内労働配分モデルを示している．コモンズなど環境資源の劣化によって，環境資源を用いる自営業労働の生産性が落ちると，家計は外部での賃金労働を増やすことになる．ところが，皆が他者への影響を考えずに外部での賃金労働を増やすと（外部性），農村部での労働供給が過剰になり，賃金に下げ圧力が働く．場合によっては賃金が大きく下がり，最低限の生存のための所得を得ることさえ困難になりうる．こうして，環境劣化と貧困との悪循環が生まれる可能性がある．

●**栄養失調と貧困の罠**　貧しい人はお金がないため十分に栄養がとれないので，病気がちで教育水準が低く，また，労働生産性が低いために良い仕事に就けず，仕事を得ても賃金も上がらず，ますます貧困から抜け出せなくなる，という仮説は直観的に理解しやすい．特に，栄養状態を横軸，所得を縦軸にして，両者の関係を描いたグラフがS字型をしていると，栄養状態が一定の水準を上回らない限り，きわめて低い所得が安定的な均衡となってしまう．これを貧困の罠という．もちろん，これはあくまで理論的な可能性にすぎない．では，実際に貧しい人々は，人が生きるのに最低限必要なカロリーや微量栄養素さえとれない餓死寸前の人々なのだろうか．最近の研究では，食料の値段が下がったり収入が増えたりしても，貧しい人々が食料消費を増やすとは限らない，複雑な状況が観察されている（Banerjee & Duflo, 2011）．

　一方で，胎児や5歳未満児の栄養状態が，成人になってからの認知機能や生産性を大きく左右することも近年明らかになっている（Almond & Currie, 2011）．胎児や乳幼児の行動には，自分で食べるものを決められないという意味で，外部性が存在する．つまり，貧しい人々は自分自身もさることながら，むしろ子どもの栄養状態を悪化させ，子どもが成人した後の人的資本の生産性を下げるという，世代間の貧困の罠が存在する可能性がある．

●**まとめと今後の課題**　以上より，人口増加，環境劣化，労働供給，世代間のそれぞれに外部性が存在し，しかもこれらが互いにリンクしつつ栄養失調と相まって貧困を強化していく可能性があるといえる．今後は，このそれぞれのリンクの理論的メカニズムが実際にみられる可能性や，外部性を軽減し悪循環を断ち切るための方策について，開発経済学で主流となりつつある行動経済学やランダム化試行実験の手法も用いながら研究を深める必要がある．　　　　　[山口臨太郎]

📖 **参考文献**

・バナジー，A., デュフロ，E. 著，山形浩生訳（2012）『貧乏人の経済学―もういちど貧困問題を根っこから考える』みすず書房．
・ダスグプタ，P. 著，植田和弘他訳（2008）『経済学　1冊でわかる』岩波書店．

ガバナンス／環境ガバナンス

☞「都市環境ガバナンス」
p.506「流域ガバナン
ス」p.508

1990年代以降，コーポレート・ガバナンス，グローバル・ガバナンスなど，社会の様々な領域において統治のあり方を問い直す議論がガバナンスという新たな概念のもとで行われてきた．もっとも，ガバナンスという言葉自体が新しいわけではない．*Oxford English Dictionary* によれば，ガバナンスという言葉の語源はギリシャ語で「舵取り」を意味する kybernan にさかのぼることができる．

●ガバナンス論の背景にあるもの　ガバナンスへの注目が高まってきた背景には，既存の統治体系の機能不全がある．社会の複雑化により，政府など既存の統治主体が社会問題に十分対処できなくなり，既存の統治主体への信頼低下が生じてきた（Crozier et al., 1975）．こうした状況の中で，どのようなガバナンスのあり方が望ましいのか，それを問う社会的要請のもとで議論が展開されてきた．

その1つの典型例ともいえるのが，環境問題である．環境問題の発生に対して，中央・地方政府はそれぞれ新たな環境政策により対処してきた．他方で，環境劣化に対する適切な対処がなされなかったり，公共事業による環境破壊がなされたり，既存の統治体系が環境問題を発生・拡大させてきた側面もある（植田，2007）．また，環境NGO・NPOなど政府以外の諸主体が，環境問題の解決にあたって重要な役割を果たすようになってきた．

ガバナンスという言葉こそ使われていないものの，環境問題を考えるうえで既存の統治のあり方を再検討する必要性は，環境政策論の創成期から指摘されてきた．華山謙は，日本において先駆的に環境政策を論じたその著書（華山，1978）の終章で，環境問題をめぐる意思決定のあり方について，今日の環境ガバナンス論にも示唆的な議論を展開している．

●ガバナンスの多様な広がりと一般的定義　このような背景から様々な分野で新たな統治のあり方を模索すべくガバナンスが論じられてきたが，その多分野での展開ゆえに異なる文脈で用いられることがあり，混乱を生んでいる．多様に広がるガバナンス論は，企業や大学といった特定の組織に焦点を当てたものと，広く政府と社会の関係に焦点を当てたものに整理できる（三俣他，2006）．環境問題は特定の組織にとどまる問題ではないため，ここでは後者を念頭に解説する．

ガバナンスについて包括的に編まれた事典における記述は，分野にとらわれない最大公約数的なガバナンスの定義として参考になる．例えば，Ansell & Torfing（2016）では，「集合行為を通じ，共通目標に従った経済・社会の舵取り（steering）のプロセス」という Torfing et al.（2012）の定義を採用している．Bevir（2011）では，「社会的調整とあらゆる類型のルールの性質に関する理論と

課題」と定義している.

　これら定義を参考にすると，環境ガバナンスとは持続可能な社会の構築に向けた，集合行為を通じた経済・社会の舵取りのプロセスであり，そのプロセスにおける社会的調整や様々なルールが環境ガバナンス論の主要な分析対象となる.

●規範的側面と分析・記述的側面　ガバナンスをめぐる議論の混乱は，分析・記述的側面と規範的側面が混在していることにも起因する.　政府の役割が変化し，様々な主体の関与がみられるようになってきた現実を記述・分析するためにガバナンスという概念が使われる場合もあるし，政府の役割を変化させ，様々な主体を関与させるべきなどの規範性を帯びた主張をする際にガバナンスという概念が用いられることもある.　前者の側面を強調したものとして，先に紹介したガバナンス事典での諸定義がある.　後者の側面を強調したものとして，開発援助の分野におけるグッド・ガバナンス論がある.　これは，援助受入国の政府に対して透明性やアカウンタビリティの確保を「良き」ガバナンスとして求めるものである.

●政府中心アプローチと社会中心アプローチ　ガバナンスをめぐる議論においては政府の役割について異なる見解が混在しており，これも議論の混乱の一因となっている.　既存の政府のあり方を問い直すという点では一致がみられるが，社会中心と政府中心の2つのアプローチが存在する.　社会中心アプローチでは，政府以外の企業や市民セクターも含めた水平的なネットワークによる協調や自治に着目している.　政府中心アプローチでは，政府の役割が変容しつつあるものの縮小しているわけではないとの立場から，政府がいかにして社会を舵取りするのかという点に注目している.　ただし，これらは相互排他的なものではなく，両アプローチの相互補完的な進展が望まれる.

●環境ガバナンスに関する議論の整理　環境ガバナンスに関する議論は，地球環境問題を対象としたグローバルなレベルでの議論に始まり，その後多様な広がりをみせている（松下・大野，2007）.　対象に着目してみると，森林・水・流域・生物多様性・エネルギー・気候変動など，様々な対象について，そのガバナンスのあり方が議論されている.　ガバナンスの様式に着目してみると，①主体の多様性や多元性に着目した議論として協治や順応的ガバナンスに関する議論，②環境問題の空間的な連続性や断絶に着目した議論として重層的環境ガバナンスに関する議論，③自然資源の自治に着目したコモンプール資源の自治的なガバナンスに関する議論などが展開されてきた.

●環境ガバナンスの理論と実証の架け橋　ガバナンス論は，複雑化する社会においてどのようなガバナンスの形式が望ましいのかを明らかにするという社会的要請が議論の出発点となっている.　この問いに答えるべく，どのようなタイプのガバナンスのもとでどのような帰結がもたらされるのか，実証的な研究と得られた知見の体系化が求められる.

[大野智彦]

実効性

　地球環境問題の解決を目指した条約などの国際制度における実効性について，定まった定義はないが，主に2段階の観点からの問題提起がある．

●2つの課題　まず，環境分野に限定せず国際法全般において問われるのは，国内法と比しての国際法の特殊性である．国内法と異なり，国際法はその履行を期待される主体（国であることが多い）に対して，履行を強制する力や手段をもたない．多くの場合，条約に書かれている内容に不満があれば国はその条約を批准しなくても非難される以上の罰則があるわけではないし，条約批准後であっても規定に違反したところで厳しい罰則が伴うことはない．この意味で，実効性とは，国あるいはその他の参加主体が，国際制度に規定されている事項を適正に国内実施する度合い，といえる．

　特に環境関連の国際制度に関しては，安全保障関連や経済関連のものと比べるとなおさらこの観点での実効性の確保が難しい．環境問題はできるだけ幅広い関係者を一堂に会し，皆で協力して取り組んでいくという包摂性を重視するため，不遵守時に厳しい罰則が設けられることは珍しい．そこで，罰則なくとも主体が国際制度を実施する工夫が国際環境条約の実効性を高めるための課題となる．

　次に，環境分野の国際制度においては，国際制度が存在することによる環境問題の改善度合いという観点で実効性が検討されることがある．つまり，たとえすべての加盟国が制度の内容を着実に実施したとしても，その制度が目的としている環境問題の改善が確認されなければ，そもそもその制度自体に問題があった，環境改善のための実効性がなかったと判断される．

　環境関連の国際制度の，前者の意味での実効性（国内実施面に関する実効性）と，後者の意味での実効性（環境改善に関する実効性）の間は，無関係ではない．後者の意味での実効性を担保するためにできるだけ多くの国の参加を求めようとすると，すべての国の賛同が得られる国際制度は必然的にすべての国にとって実施可能な内容とならざるを得ない．その結果，すべての国が履行しても環境はさほど改善しないということになってしまう．2016年現在，1248の多国間環境条約，1598の2国間環境条約があるといわれる（2002-2016 International Environmental Agreement Database Project より）が，一般には，参加国の数が増えるほど実効性は担保されづらくなるといえる．

●研究動向　地球環境保全を目的とした国際制度の実効性担保を目指して，今までにも数多くの研究がなされてきた．特に前者の意味での実効性に関しては，国際法学の中で扱われてきた．地球環境を含め新たな国際問題を対象とした条約の

遵守の問題にいち早く取り組んだチェース他（Chayes & Chayes, 1993）は，従来の「罰則型」の遵守措置から「管理型」措置への移行を重視し，継続的に対話を積み重ねることで国の遵守を担保する手続きを主張した．P. サンズ（Sands, 1992）は，当時存在した124もの国際環境条約をレビューし，国の実施を高める工夫として，特に途上国に対する資金的・技術的支援，国からの定期的報告の要請および情報の公開などをあげた．他方，後者の意味の実効性に関しては，主に国際関係論の分野で扱われてきた．E. B. ワイズと H. K. ジャコブソン（Weiss & Jacobson, 1998）は，地球環境条約の実効性評価にあたり，条約の目的条項の達成度合い，および，条約策定に至った背景に存在した問題への対処，の2段階での評価を提示した．また，ウンダーダル（Underdal, 2002）は，アウトプット（条約採択など），アウトカム（国内実施など），インパクト（環境問題の改善がみられるかなど）の3段階に分けて実効性を確認する必要があると主張した．

●**新たな課題**　上記の，いわば2000年代初頭までの研究の大半は，国際条約の有用性を前提としたものだったが，その後，主だった地球環境問題に対してほぼ網羅的に国際条約が整備されると，新たな課題が提示されるようになった．例えば，1つの要素に対して複数の異なる目的の条約が重複し，互いに矛盾する方向に作用する場合がある．オゾン層保護を目的とした「モントリオール議定書」により代替フロンへの転用を促進させた結果，代替フロンだが強力な温室効果ガスであるハイドロフルオロカーボン（HFC）の排出量が急増しているのは1例である．あるいは，マグロなどの魚類は，漁業資源と捉えるか，それとも生態系保全の中で考えるかによって，許容される漁獲量が変わってくる．このような状況で，自国に利する国際制度の方で影響力を及ぼそうとする国の動きはフォーラム・ショッピングと呼ばれるが，1つの国際条約の中でみれば他の条約との不整合はその条約の実効性を弱める方向に働く．

　また，例えば，気候変動分野で1997年に「京都議定書」が採択されてから次の「パリ協定」が2015年に採択されるまで実に18年かかるなど，合意達成に時間と手間がかかるようになっている分野では，条約に依存するアプローチそのものに対する疑義も芽生えている．「マルチレベル・ガバナンス」あるいは「地球環境ガバナンス」などの概念は，地球環境保全に取り組む主体が国（政府）だけではなく，民間企業や自治体，市民などによる，自らの役割を意識した行動に注目している．国際制度の実効性を高めるにあたり，単に国（政府）による遵守だけでなく，国内の多様な主体の自律的な参加を求めつつ，最終的にはそれらの多様な取り組みが再度国際制度の実効性の向上につながるといった複雑なプロセスの検討が近年取り組むべき課題といえる．　　　　　　　　　　　　　　［亀山康子］

📖 **参考文献**

・ポーター，G.・ブラウン，J. W. 著，細田衛士監訳，村上朝子他訳（1998）『入門 地球環境政治』有斐閣．

環境政策手段

　環境政策は経済的インセンティブをどの程度利用するかによって分類することができる（図1）．そのうち，経済的インセンティブ利用度が特に高い排出税，排出削減補助金，排出権取引は経済的手段と呼ばれる．排出税は排出される汚染物質1単位あたり一定の税を課すのに対して，排出削減補助金は削減される汚染物質1単位あたり一定の補助金を支給する仕組みである．一方，排出権取引では，汚染者は保有する排出権量に応じた排出が認められる．排出権は政策当局によって発行され，それは排出権市場で取引されるため，排出権には価格が付く．以上の3つの政策は歴史的にみて比較的新しい環境政策であるため，非伝統的環境政策とも呼ばれる．

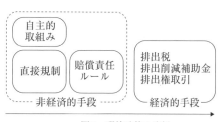

図1　環境政策の分類

　一方，伝統的環境政策の中心は直接規制である．これは，環境基準を設けるなどして汚染排出量に上限を設定するのが一般的である．事業所ごとに排出量の上限を設定する場合や，場合によっては煙突1つひとつに上限値が設定されることもある．
　非経済的手段の1つである賠償責任ルールは，環境汚染被害に対する賠償責任を汚染者に負わせる仕組みである．決定論的に排出量に依存して汚染レベルが確定する大気汚染のような環境汚染と異なり，汚染が確率的で，定期点検などの汚染防止努力によってある程度防ぐことができるような土壌汚染や，タンカーからのオイル流出事故による海洋汚染のようなタイプの環境問題に対しては，賠償責任ルールが有効な政策手段である．というのは，この場合，事故防止の注意水準を最適なレベルに誘導することが求められるが，注意などの事故防止努力に対して直接課税することも補助金を支給することもできないからである．汚染者は汚染防止努力による賠償額削減の便益と汚染防止努力費用を勘案して努力水準を決定するので，賠償責任ルールは市場メカニズムこそ用いていないが経済的インセンティブを利用した政策手段であるということができる．
　日本の公害防止協定や自主行動計画のような自主的な排出削減は形式的には自

主的行動ではあるが，後述するようにこれを政策としてみることもできる．実際，日本ではほとんどの環境政策は審議会でその原案が策定されるが，そこに排出者をはじめとするステークホルダーを審議会委員として招き，彼らと対話・交渉し，自主的な排出削減行動を促していることが多い．

●**社会的に最適な環境政策**　図2において，排出の限界便益（汚染者の限界利潤）MBと限界外部費用MECが等しくなる排出量q^*が社会的に最適な排出量である．環境経済学の標準的なテキストによれば，社会的に最適な状態は，排出税，排出削減補助金，排出権取引制度，直接規制のどれによっても達成可能である．最適税率t^*と最適補助金率s^*はともに$t^*=s^*=MB=MEC$である．排出権取引の場合は，例えば，q^*だけの排出権を発行し，排出権市場で売買させると，排出権の均衡価格p^*は$t^*=s^*$と等しくなる．直接規制の場合は，排出者にq^*の排出量を直接命ずればよい．あるいは，汚染被害額を全額汚染者に負担させるという賠償責任ルール（このタイプの賠償責任ルールは厳格責任ルールと呼ばれる）によっても，同様に汚染排出者に社会的に最適な排出量を選択させることが可能である．汚染者は，粗利潤から外部費用（環境被害賠償額）をひいた純利潤を最大にする排出量としてq^*を選択する．

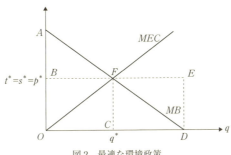

図2　最適な環境政策

●**環境政策と所得分配**　上でみたように，排出税・排出削減補助金・排出権取引・直接規制，賠償責任ルール（厳格責任ルール）によっても，ファーストベスト（社会的に最適な状態）は達成可能である．このように，効率性の観点からはどの政策も同じであるが，公平性の観点からみるとそれらはまったく異なる結果をもたらす．つまり，どの政策を用いるかによって所得分配が違ったものになる．このことを，政策間で汚染者の利潤を比較することによって確認しよう．排出税の場合，汚染者の利潤は△ABFであるが，直接規制ではそれは四角形$AOCF$となる．排出削減補助金では，汚染者の利潤はさらに大きくなり，それは四角形$AOCF$に補助金支給額四角形$FCDE$を加えたものになる．また，賠償責任ルール（厳格責任ルール）での汚染者の利潤は，粗利潤四角形$AOCF$から外部費用△OCFを差し引いた△AOFとなる．一方，排出権取引では，汚染者の利潤は汚

染者に無償で割り当てられる排出権量に依存する．例えば，無償割当てが一切なされない場合には，利潤は排出税と同じ$\triangle ABF$となるが，q^*の無償割当てがなされた場合は，利潤は直接規制と同じ四角形$AOCF$となる．また，排出削減補助金のもとで実現する利潤も排出権取引で複製が可能である．それは，線分ODの排出権を汚染者に無償割当てすることで実現する．ただし，この場合，汚染者は排出権の一部（q^*）を自分で行使し，残りを排出権市場で売却する．その際，排出権の需要者は汚染の被害者である．

　ここで，日本の公害防止協定や自主行動計画のような自主的な排出削減について若干の補足をしておこう．日本では，伝統的に政策当局が審議会などを通して汚染者と直接対話・交渉し，自主的な排出削減行動を促すことが多い．排出者が自主的な削減に応じるのは，その方が大きな利潤が期待できるからである．今，汚染者負担の原則に従って，最近ではあまり用いられなくなった排出削減補助金と土壌汚染や海洋汚染など特殊なケースに適用される賠償責任ルールを選択肢からはずして考えよう．また，排出権取引制度において，近年は汚染者への排出権の無償割当ては減少傾向にあることも考慮しよう．すると，汚染者の利潤は，排出削減補助金と賠償責任ルールを除くと，課税・排出権取引・直接規制の順に高くなる．そのため，汚染企業は自主的に排出量を社会的に最適な排出量であるq^*まで減らすことで課税や排出権取引を回避することができる．政府にとっても，（モニタリング費用など）取引費用の大きい直接規制よりも自主的削減を促す方が望ましい．このようにして，両者の交渉の結果として，両者の利害が一致する自主的削減が政策として選択されることがある（Arimura et al., 2016）．

　一方，市場の存在がインセンティブとなって，企業が自主的に取り組むケースもある．国際標準化機構（ISO）のISO14001はその代表例であり，こうした取組みを支援することも環境政策の1つといえる．ISO14001をはじめとする企業の自主的な取組みが企業の環境パフォーマンスに与える効果については，近年多くの実証研究がなされている（有村他編著，2017）．

●**法令遵守・資産制約・情報の非対称性と環境政策**　以上の議論は，企業は常に法令を遵守し，いかに大きな罰金であっても支払いに応じることができるほどの資力をもち，政府は汚染排出者の情報を保有していることが前提である．しかし，現実はこうした仮定を満たさないことが多い．まず，法令不遵守の可能性がある場合に，前述した伝統的な環境政策のほかに，どのような政策が有効だろうか．ここでは2つ紹介しておきたい．1つは，自己申告を用いた政策で，A. サンドモ（Sandmo, 2002）によって提唱された．排出量を自己申告させ，自己申告量に応じて排出税を支払い，過少申告が発覚した場合は，企業は過少申告量の非線形関数で与えられる罰金を支払わなければならない．このような政策のもとでは，過少申告は発生するものの，実際の排出量は社会的に最適なレベルが必ず選択されることが示されている．

もう 1 つの政策は，デポジット／リファンドシステムである．この制度を使え
ば，直接課税ないしは罰金を科すことができない不法行為に対して，実質的にそ
れらを科し，不法行為を抑制することができる．例えば，新品購入時にデポジッ
トを徴収しておき，使用後にそれを所定の場所にもっていく人に対してリファン
ドを支払うとしよう．この場合，ごみを不法投棄する人はリファンドの払戻しを
受けないので，実質的に罰金を支払うことと同じである．不法投棄する人に対し
て直接課税したり罰金を科したりすることができないのはいうまでもない．

一方，汚染に対する賠償責任ルールにおいてしばしば問題となるのが，汚染企
業の財政資力の問題である．特に，汚染の確率は防止努力で下げることができる
が，ひとたび起こってしまうと甚大な被害がもたらされるような環境汚染の場合
には，汚染企業の資産制約は大きな問題となる．十分な資産を保有しない企業に
とっては，汚染防止の努力を怠って汚染事故が生じた場合は破産することが合理
的となり，社会的に最適な汚染防止努力は払われない（Judgment-proof
problem）．この問題を緩和する政策として，アメリカの「スーパーファンド法」
にみられるように汚染の賠償責任を（銀行のような）汚染企業と取引のある第三
者にまで拡張（Extended liability）することも検討されている．あるいは，汚染
者に対して環境保険に加入することを義務付けることも可能である．

次に，情報の非対称性が存在する場合を考えよう．例えば，政府は排出の限界
便益を知りえないことが多い．この場合，環境政策手段の同値性はもはや成り立
たず，そのどれもが社会的に最適な排出量を達成することができない．この点を
最初に明らかにしたのが，M. L. ワイツマン（Weitzman, 1974）である．その後，
情報の非対称性がもたらす歪みを是正する政策が数多く提言された（☞「非対称
情報下での環境政策」）．

政府と企業の間だけではなく，企業と消費者の間にも情報の非対称性は存在す
る．一部の消費者は環境意識が高く，彼らは環境にやさしい財に対して高い支払
意思をもっている．しかし，消費者はどの財が環境にやさしいかが判別できない
ことが多い．そうした問題を緩和する政策として，環境ラベリングがある．この
政策は，どの財が環境にやさしいかを消費者にとって識別可能にすることによっ
て，環境にやさしい財の生産・購買を促進する一方で，環境にやさしくない財の
生産を抑えることを目的としている．しかし，この政策が常に成功するとは限ら
ない．ラベリング前において，環境にやさしい財に潜在的超過需要が発生してい
る場合，ラベリングによって環境にやさしい財にプレミアム価格が付く．そして，
この場合に限り，環境ラベリングは環境負荷の小さい財の普及促進に成功する
（Mattoo & Singh, 1994）．　　　　　　　　　　　　　　　　　　　［新熊隆嘉］

📖 参考文献
・有村俊秀他編著（2017）『環境経済学のフロンティア』日本評論社.

ピグー税／ピグー補助金

　ある経済主体に対して，ほかの経済主体が市場を介することなく影響を及ぼすことを技術的外部性（以下，外部性）と呼ぶ．良い影響を及ぼす外部性を外部経済と呼び，悪い影響を及ぼす外部性を外部不経済という．環境汚染は典型的な外部不経済の例であるが，外部（不）経済の存在する経済では厚生経済の第1定理（＝完全競争均衡はパレート最適である）が成り立たないことが知られている．いわゆる市場の失敗である．市場が失敗する場合，何らかの政策による市場への介入が正当化される．その1つが20世紀前半のイギリスの経済学者であるA. C. ピグー（Pigou）が提案したピグー税（ピグー補助金）である．
●**ピグー税とピグー補助金の同等性**　川上で操業している工場を例に考える．この工場の生産プロセスにおいて生産量に比例して汚染水が発生するが，工場は法令による環境規制がない場合には，最もコストのかからない方法としてその汚染水をそのまま川に流すものとする．これは下流で漁業を営むものの生産性に影響する（外部不経済）．

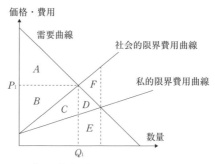

図1　ピグー税［山本，2012：135-153 をもとに作成］

　環境規制がなく，汚染水による第三者への影響を考える必要がない場合のこの企業の限界費用曲線を私的限界費用曲線という．限界費用曲線は供給曲線にほかならないので，市場メカニズムの帰結は需要曲線と私的限界費用曲線の交点となる．このときの社会的余剰は，図1において，$W_1 = A + B + C + D + E - (D + E + F)$ $= A + B + C - F$ である．
　この企業が生産を拡大するたびに一定量の汚染水が川を汚し，下流の漁民に影響を与えている．私的限界費用に加えて，この汚染の限界費用を含んだものが社会的限界費用曲線である．この社会的限界費用曲線のもとでの社会的余剰は，$W_2 = A + B + C$ である．これは W_1 より大きいだけでなく社会的余剰が最大となっ

ているので，市場均衡では過大な生産（＝過大な汚染）が生じていることがわかる．W_2 が達成されるような生産量（Q_1）は，社会的限界費用と私的限界費用の差，すなわち，限界汚染被害の大きさに等しい税を課すことで市場メカニズムの中で達成できる．このような政策をピグー税による外部不経済の内部化という．また，1 単位の汚染削減に対して，ピグー税と同じように限界汚染被害の大きさに等しい補助金を与えると，ピグー税の場合と同様の生産量（Q_1）を達成することができ，税収部分は企業の収入となるためその帰属は変わるものの，社会全体の余剰をピグー税の場合と同じように最大化できることがわかる．このような補助金をピグー補助金という．ピグー税とピグー補助金は適切に設計されれば，同等の望ましい政策手段である．ただし，いずれの政策も限界汚染被害の大きさを正確に把握することには困難がともなう．

●**相違点**　しかし，長期的な視点に立つと必ずしもこの 2 つの政策ツールは常に同等であるとは限らないことがわかる．経済学でいう長期とは参入や退出が自由にできることを意味する．よって，長期均衡では市場価格と平均費用が等しくなっている必要がある．仮に価格が平均費用を上回れば利潤が生じるため企業の新規参入が起こり，逆であれば退出が進むからである．各企業が排出する汚染水準は適切なピグー税あるいはピグー補助金が課されれば，各企業の私的限界費用曲線がシフトするので，望ましい水準に減少する．その一方，平均費用曲線への影響を考えると，ピグー税の場合には，税を支払う必要があるため，何の政策も実行されない場合に比べて，平均費用は高くなるが，ピグー補助金では補助金の受け取りがあるため，平均費用が低下する．平均費用が低下するということは，市場均衡において利潤が発生するということであり，この利潤を求めて参入が進むと想定される．その結果，1 社あたりの汚染量はピグー税と同様に減少するにもかかわらず，（参入している企業の合計である）産業全体としての汚染量は増加してしまう可能性があるのである（詳細は参考文献を参照されたい）．

　図 1 の例では，川上の 1 社だけが外部不経済の源である場合を想定した．仮に下流にもう 1 社工場がある場合はどうだろうか．上述の議論に従えば，限界被害の大きさに等しい税を課すことで社会的余剰を最大化できる．下流の工場による汚染は自身より上流の漁業には影響しないので，限界被害の合計は上流の工場の合計とは異なる．そのため，汚染削減費用を最小化する税の水準は企業間で一致せず，企業数が増加するにつれて膨大な情報が必要になるという課題が残る（詳細は Perman et al.〈2003〉第 7 章などを参照されたい）．　　　　　　［山本雅資］

📖 **参考文献**
・山本雅資（2012）「第 6 章 環境税」細田衛士編著『環境経済学』ミネルヴァ書房，135-153 頁．
・鎌苅宏司，村田安雄（2005）『最適課税と環境税の経済分析』中央経済社．

汚染許可証

　汚染許可証（pollution permits）とは，汚染物排出に対する譲渡可能な許可証を指す．譲渡可能であることを明示して「取引可能汚染許可証」と呼ぶこともある．また，汚染は何らかの原因物質の排出を伴うため，言葉を変えて「取引可能排出許可証」と呼ぶこともある．これらをまとめて，たんに「取引可能許可証（tradable permits）」といわれることも多い．そのほかの用語としては，tradableに替えて transferable, marketable といった言葉，permit に替えて allowance, license, quota といった言葉が使われることもある．また，後述するように，背景には財産権という経済学上の概念があり，そのために，排出権を証券化したものと理解されることもある．さらに，その取引の制度は「排出権（あるいは排出枠，排出量）取引制度」と呼ばれることもある．

　このような許可証の考え方には2つのポイントがある．1つは，排出規制を許可という形態に置き換えるという点，もう1つは，それを譲渡可能な形にして自由な取引に任せる市場主義の考え方が反映されているという点である．

●**許可証による規制**　工場からの排気や排水，車の排ガスなど有害物の排出を一般的に「排出」と呼ぼう．これらを規制する政策としていちばん簡単な考え方は，排出の量に上限枠を設けてしまうことである．工場などの排出の主体が規制当局によって設定された上限枠を超えて排出することは許されないものとする．この上限枠が守られている限りは，汚染物の排出量は規制内に収まることになる．

　こうした規制の方針自体は大変良いように思えるが，規制の実務を考えると少し巧妙な方法を考える必要がある．汚染物排出の主体にこのような上限枠をきちんと守らせるには，彼らを規制当局が四六時中監視し，管理しなければならない．これは制度として簡単ではないだろう．そこで，規制が課せられた主体には，規制を順守していることを規制当局に事後報告させる．規制当局は，報告に虚偽がないかどうか監査することによって順守を確認するといった手順にする．

　事後的に順守を確認する方式をもう一歩進めると，事前に許可証を入手可能にしておき，順守報告の時点で，その許可証と実際の排出記録をペアで規制当局に提出する，という方式も考えられる．これは，イメージとしては，粗大ゴミを出すにあたって，ステッカーを事前に入手し，それを貼ってからでないと出せない，という形式と同じである．こうした粗大ゴミ廃棄の方式は多くの地方自治体で実際に利用されており，排出許可証の一種と考えられる．

●**排出削減活動**　企業などの排出主体が排出規制を順守するにあたっては，排出削減活動を行う必要がある．これについて考えてみよう．排出をするということ

は企業にとって生産活動と表裏一体である．したがって，それを抑えることは得べかりし利益の消失につながる．これを「排出削減コスト」と呼ぶことにしよう．排出削減コストは，排出削減をまったくしなければゼロである．この排出削減の努力をまったくしないで，自由に排出している場合の排出量をBAU（Business-as-Usual）排出量と呼ぼう．排出物の物理的単位をt（トン）としておく．

いま，企業AがBAUから排出を1t削減する場合を考え，これにかかるコストを1ドルと仮定する．次に，BAU−1tの状態から，さらにもう1t削減するとき，この追加の1t削減にかかるコストを2ドルと仮定しよう．一般的に，Xt削減状態からX+1t削減状態にするとき，この追加の1tに対してX+1ドルかかると仮定する．この追加1tにかかるコストを「限界削減コスト」と呼ぶ．排出削減のトータルのコストは，限界削減コストの累積となる．例えば，4tの削減には1+2+3+4＝10ドルかかることになる．

この企業AがBAUで60tを排出していたとする．これに対して排出規制がかかり，50tまでしか排出が許可されないとする．これは規制当局が「1t排出してもよい」という「許可証」を作り，それを50枚，企業Aに付与するものである．この規制のもとでは企業Aは60tから50tへと排出量を10t削減することになる．これには，1+2+…+10＝55ドルかかることになる．

●規制対象の設定　問題をもう少し複雑にするために，2つの企業があり，これらに対して規制当局が排出規制を行うという状況を考える．上記企業Aに加えて，企業Bがあるとし，この企業はBAUで70t排出しているとする．70tからの排出削減にかかるコストの構造は，企業Aとまったく同じであるとする．

今，規制対象地域にはこの2つの企業しかないとして，規制当局は域内での排出量を100tに抑える，という規制目標を設定したとする．これには許可証を100枚作り，企業Aと企業Bに付与する形式を取る．

そこで，1つの論点は100枚の許可証を企業Aと企業Bにどう配分するかであるが，さしあたって，2つの企業の立場は同等として，50対50で配分するとしよう．その結果，企業Aは60tから50tまで10tの排出削減を，企業Bは70tから50tまで20tの排出削減をそれぞれしなければならないことになる．この場合，企業Aは先ほど計算したとおり，55ドルのコストを負担する．これに対して，企業Bは1+2+…+20＝210ドルの排出削減コストを負担することになる．規制地域全体（2社の合計）で見てみると，55+210＝265ドルである．

●取引のメリット　今，この許可証を企業間で自由に取引してもよいと規制当局が通知したとしよう．これにより，企業Aと企業Bは1tあたり15.5ドルで，合計5t分（許可証5枚）を売買することに合意したとする．企業Aはこの値段でこの量を企業Bに売り，企業Bはこれを買い入れる．取引の結果，企業Aは45枚の許可証を保有し，企業Bは55枚の許可証を保有することとなる．これによる損得勘定を見てみよう．

まず，企業Aは60−45＝15 tの削減をしなければならない．そのためには，1＋2＋…＋15＝120ドルの排出削減コストがかかることになる．これは明らかに10 t削減の場合よりも大きなコストである．一方で，5 t分の許可証を1 tあたり15.5ドルで売ったので，5トン×15.5ドル＝77.5ドルの収入がある．結局，120−77.5＝42.5ドルの損失というのが収支である．つまり，取引をしない場合は55ドルのコスト負担である一方，取引をすれば正味で42.5ドルのマイナスで済むことになる．

企業Bについてはどうか．取引をすれば70−55＝15 tの削減をすればよいことになり，少し負担は軽くなる．一方で，許可証を買い取っており，それに77.5ドル支払うことになる．合計で120＋77.5＝197.5ドルの負担となる．しかし，これは取引をしない場合の210ドル負担より安い．こうして，この取引はどちらの企業にも必ずメリットをもたらすことになる．また，取引の合意は規制当局に強制されることがなくても自発的に起こるといえる．

●**社会的意義**　規制地域全体（2社の合計）で見てみると，排出削減コスト総計は120−77.5＋120＋77.5＝120＋120＝240ドルとなる．取引がなければ55＋210＝265ドルであった．どちらにしても社会全体（2社の合計）の排出量は100 tである．すなわち，取引を許すというたったそれだけのことで，すべての企業が得をし，地域という範囲が定められた「社会」全体で見ても得をするのである．これこそが，許可証を「取引可能」とすることの意義である．

社会全体での排出削減コストは2社合計で30 t削減するのにかかるコストである．削減の負担の様々なパターンを試してみればわかるとおり，15 tずつ負担する状態が2社の合計のコストを最小にするパターンである．そうした意味で，取引は社会的コストの最小化を実現するといえる．これを経済学用語で，「費用効率的」あるいは「経済効率的」と呼ぶ．

●**初期配分の論点**　上記で100枚の許可証を企業Aと企業Bにどう配分するかについて，論点として保留した．実は，この配分をどのようにしようとも1 tあたり15.5ドルでの取引が自発的に起こり，社会全体として費用効率的な状態が達成されることが容易に確かめられる．許可証の初期配分は結果に影響を及ぼさない．こうしたことを財産権という概念のもとで議論したのがR. H. コース（Coase, 1960）であり，この帰結は「コースの定理」とも呼ばれている．

そうはいっても，個々の排出主体にとって初期配分は損益の大きさを左右する．そのため，実際の制度設計としては上記のような純粋な経済理論を超えた政治経済学的な要素を含んでいる．現状維持として，現状の排出量に応じた配分は「グランドファザリング（無償割当）」と呼ばれている．また，無償での初期配布に替えて，オークションにかける方法もある．

●**歴史**　取引可能排出許可証の考え方は1960年代のアメリカにさかのぼる．他の先進国と同じく，当時は工場の排気による大気汚染が大きな社会問題となって

いた．特に，二酸化硫黄は物理的に大気を汚すだけでなく，上空で水分を含むと酸性雨となって降ってくる．同様の問題は欧州でも起こっていた．アメリカではこうした大気汚染の問題を「1970年連邦大気浄化法」により規制しようとした．この規制政策法はその後何度も改正される中で，徐々に経済的な手法が取り入れられるようになる．「1990年改正大気浄化法」第4編（酸性雨対策）の一部として，二酸化硫黄排出許可証取引制度が規定され，1995年から開始された．州レベルでも大気浄化政策が進められ，特にカリフォルニア州南部のいくつかの郡では窒素酸化物と硫黄酸化物を対象として，地域大気浄化インセンティブ市場が形成された．ほかにも，加鉛ガソリン規制の加鉛許可証制度，州レベルでの水質保全のための許可証取引制度などが実施されている．

　こうした許可証取引制度の理論は，経済理論研究として60年代から数多くの研究により基礎が固められた．J. H. デイルズ（Dales, 1968）とT. D. クロッカー（Crocker, 1966）の研究が始まりとされ，W. D. モンゴメリー（Montgomery, 1972）の論文が古典とされる．

●**気候変動政策**　学術的研究と二酸化硫黄をはじめとする規制政策の実践に裏打ちされて，同じことを温室効果ガスにも適用するよう「国連気候変動枠組条約」第3回締約国会議（COP 3）で提案された．これが1997年「京都議定書」に規定される「京都メカニズム」となる．これを契機にして欧州連合などで国境を越えた二酸化炭素の排出枠取引制度が検討され，2005年1月より，EU域内排出量取引制度（EU ETS）が稼働することとなった．この制度は，評価について賛否両論あるが，ともかくは世界最大の取引可能排出許可証制度の実例として，2017年現在でも続いている．

●**環境税との関係**　取引可能排出許可証の第一歩は，排出量に規制をかけることである．その排出の枠を許可証として定義し取引可能とすることにより，排出量ないしは削減量に取引価格がつくことになる．この順番を逆にして，取引価格を「環境税」として規制当局が決定し，自発的な排出削減へと誘導することも考えられる．この考え方は1920年にA. C. ピグー（Pigou）によって提案され，一般に「ピグー税」と呼ばれている．

　許可証と税の差異および組合せ政策の議論はM. L. ワイツマン（Weitzman, 1974）やM. J. ロバーツとM. スペンス（Roberts & Spence, 1976）などで提起され，最近では許可証価格変動抑制のために上限価格を設ける考え方（セーフティバルブ）へと発展している（Jacoby & Ellerman, 2004；Maeda, 2012）．

［前田　章］

📖 **参考文献**
・前田　章（2009）『排出権制度の経済理論』岩波書店.
・前田　章（2010）『ゼミナール環境経済学入門』日本経済新聞出版社.
・マンキュー, N. G. 著，足立英之他訳（2013）第10章外部性『マンキュー経済学I　ミクロ編（第3版）』東洋経済新報社.

炭素税および環境税制改革に関する
世界的動向

●炭素税および環境税制改革　2015年末の「パリ協定」の採択によって，中国やインドをはじめとする主要な発展途上国も先進国と同様に温室効果ガス排出削減目標を提示することとなった．しかし，いかなる削減目標が定められようとも，実効性のある排出規制措置が導入されない限り排出量を減らすことは難しい．温室効果ガスの大部分を占める二酸化炭素（CO_2）は，大規模な工場や発電所だけでなく，おびただしい数の小規模の事業所や家庭，自家用車などから，化石燃料（石炭，石油，天然ガス）の消費量に応じて排出される．したがって，その排出量を減らすには，化石燃料に課税してその価格を引き上げる政策が効果的である．炭素税は排出枠取引制度や直接規制と異なり，一つひとつの排出源の実際の排出量を確認する必要がなく行政費用が小さいため，低開発国でも導入しやすい．

　実際，CO_2の排出量を大幅に減らすためには，化石燃料に対してかなりの税率での課税がなされる必要があるため，その税収は巨額になりうる．これを，環境政策目的のみに使うことは賢明ではない．税収は一般財源化すべきであり，場合によってはほかの税を軽減・廃止するなどして民間経済にその税収を還元して，財政的負担を中立化することも必要となる．このような政策は「環境税制改革」と呼ばれ，経済全体にプラスの効果をもたらしうることが指摘されている（環境税制改革の二重の配当）．

●国際炭素税　地球規模の国際炭素税は，1992年の地球サミット（国連環境開発会議，UNCED）を準備する国連の事務局が，地球環境保全に要する資金の調達策として前年に提案したことがあった．1992年には当時のEC委員会が加盟国（当時は15カ国）に対する共通炭素税の指令案を提出した．しかし，これらには強い抵抗を示す国々があり，成立をみなかった．その結果，1990年代において，炭素税は北欧諸国をはじめとする一部の国々で導入されたのみである．「京都議定書」（1997）によって排出削減義務を引き受けた先進諸国でも，実効性ある炭素税を導入した例は多くない．2005年には，欧州連合（EU）の全加盟国（当時は25カ国）をカバーするEU域内排出量取引制度（EU ETS）が実施にこぎ着けた．だが，EU ETSにおいては排出枠価格の低迷などの課題が浮き彫りになった．また，京都議定書からパリ協定に至る国際交渉の結果，国と国との間で金銭のやりとりを伴う国際的キャップ＆トレードを立ち上げるという構想は，実現可能性に疑問符がついている．この状況に鑑みれば，炭素税は各国が自国内の排出削減策として導入することが可能であり，そのための国際交渉は特に必要ない．パリ協定に参加した国々は，自国の削減目標を作成・提出し，その目標を達成す

表 1　各国の炭素税の導入状況

年次別・炭素税導入国	炭素税率* ドル /t CO$_2$	参考：排出枠取引制度の動向
1990　フィンランド	64（交通用燃料）	
ポーランド	<1	
1991　スウェーデン	130	
ノルウェー	52（最高税率）	
1992　デンマーク	25	
1995　ラトビア	4	
1996　スロベニア	19	
1999　ドイツ（環境税制改革）		2005　EU ETS
2000　エストニア	2	2007　カナダ・アルバータ州
2008　スイス	62	2008　スイス
カナダ・BC 州**	23	ニュージーランド
	22	2009　アメリカ・RGGI***
2010　アイルランド	8	2010　日本・東京（および埼玉県）
アイスランド	2	
2012　日本		2012　オーストラリア****
オーストラリア****		アメリカ・カリフォルニア
ベトナム（環境税制改革）		
2013　イギリス*****	16	2013　カザフスタン
2014　フランス	3（最高税率）	カナダ・ケベック州
メキシコ	6	中国・主要都市
2015　ポルトガル		2015　韓国

＊名目税率（上限値）の 2015 年 8 月 1 日時点のドル換算値．各国とも税率は対象燃料や対象セクターによって異なりうる．＊＊ブリティッシュコロンビア州．＊＊＊地域温室効果ガス削減イニシアティブ．＊＊＊＊オーストラリアの炭素価格メカニズム（CPM）は 2014 年廃止．＊＊＊＊＊英国炭素価格フロア．
［Kossoy et al.（2015）；Withana et al.（2013）；Rodi et al.（2012）をもとに作成］

るための国内措置を実施しなければならないが，それらの政策措置の 1 つとして炭素税を導入すればよいだけである．

●炭素税の広がり　気候変動防止のための環境税は，1990 年代初頭から北欧諸国で導入され，2000 年代後半にはカナダの一部の州やスイスで，2010 年以降はアイルランドやアイスランド，フランスやポルトガルなどで導入されている．1999 年に開始されたドイツの環境税制改革は，石炭がほぼ非課税となるなど，炭素税とはいえないものであるが，エネルギーに対する課税強化を行い，二重の配当の実現を意図して税収を年金負担金の軽減にあてる形で導入されたものである．日本でも，2012 年から地球温暖化対策税が導入されたが，税率は非常に低い．最近では，南アフリカや中国など発展途上国でも炭素税の導入を進める国が増えつつある．　　　　　　　　　　　　　　　　　　　　　　　　　　　　［朴　勝俊］

自然資源の所有権

　経済社会では，生産要素である資本と土地の所有は，私有か公有で分けられる．所有の境界は明確であり，その侵害には法的に処罰される．これに対して，自然資源の所有権は複雑であり，単純に私有か公有かによって類別されるものではない．この自然資源の所有権を見事に整理したのがE. シュラッガーとE. オストロム（Schlager & Ostrom., 1992）である．彼らは，所有権を「権利の強度」と「法的保証性」の2つの次元から捉えた．

●**権利の強度**　権利の強度は，自然資源利用のレベルを定める5つの権利により構成され，さらにオペレーショナル・レベルの所有権と集合的選択レベルの所有権に分けられる．

①オペレーショナル・レベルの所有権：第1と第2の権利による2つの権利で構成される．第1の権利は「アクセス権」である．これは，森や川などの自然資源に立ち入る権利であり，最も弱い権利である．第2の権利は「採取権」である．これが自然資源を実際に採取・利用できる権利であり，自然資源の所有権の中で最も中心的なものである．

②集合的選択レベルの所有権：第3〜第5までの3つの権利により構成される．これらは上述のオペレーショナル・レベルの所有権を賦与する範囲と程度を決定する権利である．まず，第3の権利は「管理権」であり，これは採取権をもつ人の採取の水準などの利用ルールを決める権利である．管理権があれば，自然資源の状況を考慮したうえでどのような利用水準が望ましいかを決定することができる．第4の権利は「排除権」である．これは，アクセス権や採取権を誰に与え，誰に与えないかを決定する権利である．管理権と排除権があって初めて，自然資源の状況を適切に制御することができる．最後の第5の権利は，「譲渡処分権」であり，上記の管理権と排除権を他者に譲渡・売却する権利である．管理・排除・譲渡処分権は，「集合的選択レベルの所有権」と呼ばれる．

　シュラッガーとオストロムによれば，自然資源の所有者とはすべての権利をもつものに限定される．一方，自然資源の所有形態は様々で，5つすべてを保有しない状況もきわめて多くみられる．まず，アクセス権と採取権のみをもつ個人や組織を「認定利用者」と定義した．オープンアクセスの状態とは，誰しも管理権・排除権をもたず，すべての人が望めば認定利用者になることができる状態と考えることができる．さらに，これらの権利に加えて管理権までをもつ者を「要求者」，そして排除権までもつものを「専有者」と呼んだ．要求者は，自然資源を利用したいという者を拒むことはできないが，利用に関するルールを決定し，

利用者にルールに沿った利用を求めることができる．一方，専有者は，利用者を限定し，その範囲内で独占的に自然資源の利用を行うことができる．再生可能資源の経済学における利潤最大化均衡とオープンアクセス均衡の比較分析の背後には，このような所有権の差異が存在している．

●**法的な保証性**　もう1つの次元の整理が，所有権が法的に保証されている（デジュール）か，あるいは法に明文化されていないが事実上そうである（デファクト）か，の区別である．前者を「デジュール所有権」，後者を「デファクト所有権」という．日本での漁業権は法的に保証された採取権であり，漁業権所有者はデジュール認定利用者であるが，ほかの利用者を事実上排除できることから，デファクトでは専有者とみることができる．

　法律上は国家に所有権があり，採取を禁止している区域でも，発展途上国では，実質的にはオープンアクセス状態である場合も少なくない．このように，デジュールとデファクトの所有権の概念によって，表面的な所有権と実質的な所有権の乖離をみることができる．

　自然資源の持続的な管理には，持続的利用を実現する意味で，上記の管理権と排除権の賦与は本質的である．また，譲渡処分権については，資源の資産価値を高めるような資源への投資行動が起こり，資源の質を向上させる可能性がある．一方，譲渡処分権があることで，自然資源の市場価値が十分高くなった場合に，一挙に採取してしまい，非持続的管理になってしまうという可能性もある．

●**所有権を賦与することの重要性**　自然資源の所有権を確立し賦与することは，様々な効果をもつ．理論的にこの点を示したのがコースの定理である．コースの定理は，所有権を明確にすることで，政府の介入がなくとも，自発的交渉により外部性に起因する非効率性が解消される可能性を示している．

　所有権賦与の実際上の利点は，管理の問題にある．自然資源は，市場価値が十分あれば不法に採取されやすい．この不法採取を制御できるかが，自然資源の管理が成功するかどうかの重要な要素であるが，資源の所有権が政府にある場合は管理のための予算は不十分な場合が多い．資源のデファクトの専有者所有権を地域住民に賦与することで，住民は自発的に不法採取の監視を行うことが可能になる．有名なジンバブエの共有区域での在来資源管理プログラム（CAMPFIRE）は，野生動物の実質的な所有権を地域共同体に委譲することで，アフリカゾウなどの密猟が大きく減少したことで知られている．地域共同体は，アフリカゾウをスポーツハンティングのために提供する動物として利用し，狩猟客から大きな収入を得られることになったからである．

　このように，自然資源の所有権は資源の利用と管理に影響を与える重要な要素であり，自然資源の管理政策ではその配分を考慮する必要がある．［大沼あゆみ］

📖 **参考文献**
・大沼あゆみ（2014）『生物多様性保全の経済学』有斐閣．

産業連関分析の環境問題への応用

　産業連関表は1国（1地域）の財・サービスの産業間取引を俯瞰したものである．表1は2011年（平成23年）の日本の産業連関表である．表の各行は，各産業の生産した財が「どこへ」「どれだけ」「どういう目的で」需要されたかを示す．需要先は，原材料（中間需要）と最終需要に分けて表記される．表のR1C1 (1.5)は農林水産業から同産業に投入された中間需要，R1C2 (7.9) は農林水産業から鉱工業建設に投入された中間需要を表している．R1C4 (10.7) は中間需要の合計である．R1C5 (3.9) とR1C6 (0.1) には国内最終需要と輸出が示されている．ただ，これらの需要には国産財だけでなく輸入財も含まれているので，国内生産額を得るために輸入財部分をR1C8 (−2.6) で一括して控除する．最終需要計 (C7) から輸入 (C8) を控除したものを「最終需要部門」(C9) と呼ぶことがある．産業連関表の行方向の関係は，農林水産業を例にとれば，中間需要計 (10.7) と最終需要部門 (1.4) の合計が国内生産額 (12.0) となることを表している．

　表の各列は，各産業の生産活動のために中間財が「どこから」「どれだけ」投入されたかを示す．表のR1C1 の 1.5 は農林水産業から農林水産業に投入された原材料である（既述）．R2C1 の 2.7 は鉱工業建設から農林水産業に投入された原材料を表している．R4C1 (6.2) は中間投入の合計である．表の最下列 (R6) の国内生産額は，最終列 (C10) の国内生産額と同じである．一般には，国内生産額は中間投入合計よりも大きく，その差額を付加価値と呼ぶ．付加価値は，雇用者所得，営業余剰，固定資本減耗，純間接税に分けられる．産業連関表の列方向の関係は，農林水産業を例にとれば，中間投入計 (6.2) と付加価値計 (5.8) の合計が国内生産額 (12.0) となることを表している．

　産業連関表は国民経済計算上の重要な情報を提供している．各産業の付加価値の合計は国内総生産（GDP）といわれ，表1では 476.9（＝5.8 + 106.6 + 364.4）となる．この額は当然ながら各付加価値項目（雇用者所得・営業余剰など）の合計とも等しい．そして各産業の最終需要部門の合計（国内総支出）である 476.9（＝1.4 + 115.7 + 359.8）とも等しくなる．これを国民経済計算の三面等価という．

●産業連関分析　産業連関表を基礎にした多部門経済分析の手法を「産業連関分析」という．産業連関分析には，均衡生産量決定モデルと均衡価格決定モデルの2種類があるが，紙面の関係上ここでは主に前者を扱う．詳しくは，宮沢 (2002) を参照されたい．均衡生産量決定モデルは，最終需要が与えられたとき，それに供給するために必要な生産量を計算するモデルであり，産業連関表の行方向の関係を用いる．産業連関分析では，第 j 産業1単位の生産のために必要な第 i 産業

さんぎょうれんかんぶんせきのかんきょうもんだいへのおうよう 79

表1 2011年産業連関表（生産者価格表） （単位：兆円）

		C1	C2	C3	C4	C5	C6	C7	C8	C9	C10
		農林水産業	鉱工業建設	サービス	中間需要計	国内最終需要	輸出	最終需要計	輸入	最終需要部門	国内生産額
R1	農林水産業	1.5	7.9	1.4	10.7	3.9	0.1	3.9	−2.6	1.4	12.0
R2	鉱工業建設	2.7	161.9	62.8	227.5	131.4	56.0	187.4	−71.7	115.7	343.2
R3	サービス	2.0	66.8	155.8	224.6	352.3	16.4	368.7	−8.9	359.8	584.5
R4	中間投入計	6.2	236.6	220.0	462.8	487.6	72.5	560.1	−83.2	476.9	939.7
R5	付加価値計	5.8	106.6	364.4	476.9						
R6	国内生産額	12.0	343.2	584.5	939.7						

［総務省『平成23年産業連関表』をもとに作成］

からの投入量 $a_{ij}=x_{ij}/x_j$ を投入係数と呼び，それらを固定的なパラメータと仮定する．簡単化のために輸入がないとすれば，投入係数を用いて財の需給均衡を次の式で表すことができる．ただし，f_i は第 i 産業財に対する最終需要，x_i は第 i 産業の国内生産である．

$$\begin{bmatrix} a_{11} & a_{12} & a_{13} \\ a_{21} & a_{22} & a_{23} \\ a_{31} & a_{32} & a_{33} \end{bmatrix}\begin{bmatrix} x_1 \\ x_2 \\ x_3 \end{bmatrix} + \begin{bmatrix} f_1 \\ f_2 \\ f_3 \end{bmatrix} = \begin{bmatrix} x_1 \\ x_2 \\ x_3 \end{bmatrix} \quad \text{行列形式では，} \quad \mathbf{Ax}+\mathbf{f}=\mathbf{x} \tag{1}$$

ここで，$\mathbf{A}$ は投入係数行列であり，$\mathbf{x}, \mathbf{f}$ はそれぞれ生産量と最終需要を表す列ベクトルである．これを生産量 $\mathbf{x}$ について解くと，最終需要量 $\mathbf{f}$ が与えられたときの均衡生産量が得られる．

$$\mathbf{x}=[\mathbf{I}-\mathbf{A}]^{-1}\mathbf{f} \tag{2}$$

右辺第1項は最終需要量と生産量の関係を表す重要な行列であり，発案者にちなんで「レオンチェフ逆行列」と呼ばれる．表2に投入係数行列，表3にレオンチェフ逆行列を示す．

表2 投入係数行列

	農林水産業	鉱工業建設	サービス
農林水産業	0.121	0.023	0.002
鉱工業建設	0.226	0.472	0.108
サービス	0.168	0.195	0.267

表3 レオンチェフ逆行列

	農林水産業	鉱工業建設	サービス
農林水産業	1.154	0.054	0.012
鉱工業建設	0.578	2.028	0.299
サービス	0.418	0.551	1.446

［総務省『平成23年産業連関表』をもとに作成］

●均衡生産量決定モデルの環境問題への応用　均衡生産量決定モデルを環境問題分析に応用した例として，本項では「内包環境負荷物質量」「廃棄物産業連関分析」の2つを紹介する．

二酸化炭素（CO_2）を例にとると，直接に CO_2 を排出している産業は，電力・鉄鋼・セメントなどのエネルギー・素材産業であるが，他産業もそれらを中間財

として投入しているので間接的にはCO_2を排出していると見なすことができる. 財の製造過程全体の環境負荷を知るには, 中間需要も考慮に入れた直接・間接の環境負荷物質の排出量を計算する必要がある. これを内包環境負荷物質量という.

環境負荷物質の産業ごとの直接の排出原単位を表すベクトルを$\mathbf{e}$とすると, これと生産量の積で各産業の環境負荷物質の直接排出量$\mathbf{q}_d$が求められる.

$$\mathbf{q}_d = \mathbf{e}\hat{\mathbf{x}} \tag{3}$$

ただし, これでは中間財の環境負荷を考慮していないことになる. 中間需要の環境負荷も考慮した直接・間接の環境負荷物質の排出量(内包環境負荷物質量)q_eは次の式で表される. また, 最終需要1単位あたりで計算した場合は「環境負荷物質集約度」と呼ぶ.

$$\mathbf{q}_e = \mathbf{e}[\mathbf{I} - \mathbf{A}]^{-1}\hat{\mathbf{f}} \tag{4}$$

この考え方を応用すれば, 海外からの輸入財の内包CO_2排出が計算され, それを輸入国が輸出国に肩代わりさせているCO_2排出とみなすこともできる. 詳しくは藤川(1999)を参照されたい. 国立環境研究所はCO_2, メタン(CH_4)などの温室効果ガスの原単位を産業連関表と同じ産業分類で公表している(国立環境研究所3EID産業関連表による環境負荷原価単位データブック).

●廃棄物産業連関表　財の生産・販売のいわゆる動脈産業部分を描いたものが通常の産業連関表であるが, 産業連関表に廃棄物のフロー(静脈産業部分)を中間投入として拡張したものが廃棄物産業連関表(WIOT, 表4)である. 廃棄物産業連関表を基礎にして行われる分析を廃棄物産業連関分析という. WIOTでは, ある部門で発生した廃棄物は処理部門にまわされるか, 再生資源化される. ここでは, 再資源化は産業に含まれ, $\mathbf{W}_o$の要素がマイナスの値をとることで表される.

表4　廃棄物産業連関表の一般型

	通常部門	廃棄物処理	最終需要	行和
通常部門	$\mathbf{X}_o$	$\mathbf{X}_o$	$\mathbf{x}_z$	$\mathbf{x}$
廃棄物	$\mathbf{W}_o$	$\mathbf{W}_z$	$\mathbf{w}_f$	$\mathbf{w}$

[中村, 2000をもとに作成]

ただし, この産業連関表では, 廃棄物の種類と廃棄物処理の種類とは同数ではないので, この産業連関表の中間投入部分は正方形ではない. そこで, 廃棄物を廃棄物処理に対応させる配分行列$\mathbf{S}$を用いて, 正方形にしたものが表5である. ここで, $\mathbf{z} = \mathbf{S}\mathbf{w}$である.

通常部門からの投入係数行列を$\mathbf{A}$, 廃棄物係数行列を$\mathbf{G}$で表すと, 生産物と廃棄物処理についての需給均衡式を次のように表すことができる.

表5 廃棄物産業連関表（正方表）

	通常部門	廃棄物処理	最終需要	行和
通常部門	$\mathbf{X_o}$	$\mathbf{X_o}$	$\mathbf{x_z}$	$\mathbf{x}$
廃棄物処理	$\mathbf{SW_o}$	$\mathbf{SW_z}$	$\mathbf{Sw_f}$	$\mathbf{z}$

［中村，2000をもとに作成］

$$\begin{bmatrix} \mathbf{x} \\ \mathbf{z} \end{bmatrix} = \begin{bmatrix} \mathbf{I} - \begin{bmatrix} \mathbf{A_o} & \mathbf{A_z} \\ \mathbf{SG_o} & \mathbf{SG_z} \end{bmatrix} \end{bmatrix}^{-1} \begin{bmatrix} \mathbf{x_f} \\ \mathbf{Sw_f} \end{bmatrix} \tag{5}$$

　廃棄物処理の配分行列を変化させると，廃棄物処理の量と通常部門の生産量が変化することがわかる．また，それによって環境負荷物質の排出量も変化する．

　さて，廃棄物産業連関分析のポイントは，長方形であった産業連関表を廃棄物処理の配分行列を用いることで正方形の産業連関表に変換することであった．これと類似の考え方として，「シナリオ産業連関分析」がある．基本分類の産業連関表では行数と列数が異なっている．その理由の1つは，電力のように複数の生産方法（列部門）で1種類の生産物（行部門）を生産している場合があることである．シナリオ産業連関分析では，電力の生産方法について，原子力，火力，水力などの配分比率をシナリオとして与えることで，異なる電源配分比率（生産方法の違い）による環境負荷の違いが計算できる．詳しくは吉岡・菅（1997）を参照されたい．

●**均衡価格決定モデル**　最後に，均衡価格決定モデルについてもふれておく．均衡価格決定モデルは，付加価値率が与えたれたときに，それを維持するのに必要な供給価格を計算するモデルであり，産業連関表の列方向の関係を用いる．モデル式は次のように与えられる．ただし，$\mathbf{p}$と$\mathbf{v}$はそれぞれ単位あたりの価格と単位あたりの付加価値額（付加価値率）を表す行ベクトルである．

$$\mathbf{p} = \mathbf{v}[\mathbf{I} - \mathbf{A}]^{-1} \tag{6}$$

　炭素税（温暖化対策税）や燃料税（揮発油税・軽油引取税など）の間接税は付加価値の一部を構成する．均衡価格決定モデルを用いることで，これらの税の税率の変更が各財の価格にどのような影響をもたらすかが分析できる．また，家計の消費支出は所得階層や地域によって異なるので，こうした税の賦課が所得階層別や地域別にどの程度の家計負担になっているかが計算できる．　　　　［藤川清史］

📖 **参考文献**
・宍戸駿太郎監修・環太平洋産業連関分析学会編（2010）『産業連関分析ハンドブック』東洋経済新報社．
・藤川清史（2005）『産業連関分析入門』日本評論社．
・早稲田大学中村慎一郎教授webサイト「廃棄物の産業関連表」

貿易と環境の経済学

　貿易（政策）と環境（政策）は双方向に関連する．貿易が生産パターンの変化などを通じて環境に与える影響と，逆に環境が比較優位構造の変化などを通じて貿易に与える影響がある．世界貿易機関（WTO）協定や地域貿易協定で規定される貿易ルールと，各国・地域独自の環境政策の間で摩擦が生じることもある．貿易に関わる環境外部性の内部化の問題は多岐にわたるが，最善の政策は外部性に起因するゆがみに直接作用する政策で，貿易政策による問題対処は別のゆがみを生み出しかねない．貿易と環境に関する研究は1990年代以降に急増している．貿易障壁と汚染排出の2つのゆがみがあるとき，環境政策が適切に実施されていないと，貿易自由化による排出量の変化次第では，貿易自由化は経済厚生を高めないかもしれず（次善の理論），詳細な分析が求められる．近年では，企業の生産性などの異質性を考慮に入れた貿易と環境に関する研究などが注目され，貿易自由化による外国企業との競争が，市場選択効果（低生産性企業の生産縮小と高生産性企業の生産拡大）を通じて産業レベルの汚染排出に与える影響などが考察されている（Cherniwchan et al., 2017）．

●**貿易と環境の経済分析**　産業間の相互作用などが考慮できる一般均衡分析の基本モデルを説明する．汚染物質には様々なタイプがあるが，ここでは汚染物質は財の生産から排出され，消費者に不効用を与えるとする．財は2種類で両財とも生産されて自由に貿易され，生産要素は労働のみ，市場は完全競争と仮定する．財1は汚染を相対的に多く排出する汚染集約的な財（汚染財），財2は非汚染財とする．汚染は副産物ではなく投入要素のように扱い，各財の生産は労働と汚染について1次同次の関数とする（Copeland & Taylor, 2003）．この設定により，汚染削減活動が考慮でき，伝統的な貿易モデルと同様に分析できる．労働は財の生産活動と汚染削減活動の両方に使われ，排出を減らすには生産に従事する労働を汚染削減活動に振り向ける必要がある．逆に，排出削減をしなければ生産に用いる労働投入を多くして生産を増やすことができるが，それには限度があって，1単位の財を生産するために投入しなければならない最小の労働投入量と最大の排出量の組合せ $(\bar{a}_i, \bar{e}_i)$ が存在する（財の種類 $i=1,2$）．図1のように，1単位生産するときの等量曲線は原点に対して凸となる．

　政府は国全体の総汚染排出量 Z を $\bar{Z}$ と定め，排出枠は企業にオークション方式で割り当て，排出枠は国内の企業間で自由に取引できるとする．この国は市場規模の小さな国で，貿易を行っても財の世界価格 p_i^W に影響を与えることはないとする（小国の仮定）．労働賦存量を $\bar{L}$，排出枠価格を r，労働賃金を w とする

と，財 i の1単位の生産費用を表す単位費用関数 $c_i(r, w)$ と世界価格 p_i^W の間には，財1と財2に関して $c_1(r, w) = p_1^W$ と $c_2(r, w) = p_2^W$ の利潤ゼロ条件が成立し，1単位生産するための労働と汚染の投入係数を $a_i(r, w)$ と $e_i(r, w)$ とすると，完全雇用条件（失業はなく汚染は制限いっぱいまで排出）は $a_1(r, w)X_1 + a_2(r, w)X_2 = \bar{L}$ と $e_1(r, w)X_1 + e_2(r, w)X_2 = \bar{Z}$ となり，全部で4本の式でモデルが記述される．4本の式から $p_1^W, p_2^W, \bar{L}, \bar{Z}$ が所与のもとで4つの内生変数 r, w, X_1, X_2 が決まる（図1の点 E）．財1は汚染集約的で $e_1/a_1 > e_2/a_2$ が成立する．

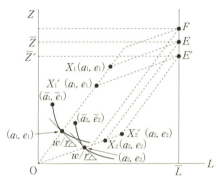

図1　開放経済下での環境規制
[Copeland & Taylor, 2003 をもとに作成]

●**環境政策の効果**　この一般均衡分析を用いて，2つの基本的な環境規制について解説する．まず，政府が国全体の総排出量を $\bar{Z}'(<\bar{Z})$ に減らす場合を考える．この影響は図1の点 E' で表され，規制強化で生産が難しくなった汚染財の生産量は X_1' に減少する一方，非汚染財の生産量は X_2' に増加する（国際貿易論のリプチンスキー定理に相当）．上述の4本の式からわかるように，財の世界価格 p_i^W が一定のままなので労働と汚染の価格 w と r は変化せず，生産量 X_i の変化だけで総排出量が新たな規制 $\bar{Z}'$ に一致するように調整される．

次に，汚染排出に対する課税を扱う．閉鎖経済下において排出税と排出枠の設定は同一の均衡を達成することができるのに対して，開放経済下では，排出枠価格と同じ排出税を課したとしても，排出量取引のときと各財の生産量が同じとは限らず，よって総排出量も同じになるかはわからない（Ishikawa & Kiyono, 2006）．自由貿易下では間接規制の排出税は生産量が決められないからである．より正確には，上述の4本の式において排出税 r が与えられると，4つの内生変数 w, X_1, X_2, Z のうち，労働賃金 w は決まるが他の3つは決まらないからである．総排出量が増える場合は，例えば，図1の点 F で表される．

●**貿易と環境の相互関連**　まず，貿易自由化が環境に与える影響について説明する．2国の間で輸入関税が撤廃されて貿易が自由化されると，安価な輸入品と競合する財の国内生産は減少するのに対して，貿易相手国の市場で安価で競争力の

ある自国の輸出品については国内生産が伸びる．この生産パターンの変化は，貿易利益の源泉であるが，副次的に汚染の排出量に影響を与え，次の3つの効果に分解される（Grossman & Krueger, 1993：13-56）．財の生産量の増加に伴って汚染排出量も単純に増える「規模効果」がある．また，汚染財を輸出する国は汚染財産業の割合が高い産業構造になるので排出量が増加する一方，汚染財の輸入国（非汚染財の輸出国）では汚染財産業の縮小によって排出量が減少する「構造効果」が生じる．さらに，貿易自由化によって，自国企業が外国のクリーンな生産技術などにアクセスできる機会が増えるなどして，生産方法や汚染削減対策が改善されて汚染排出量が減少する「技術効果」が生じる．

　これら3つのプラスとマイナスの効果の大小関係は，どのくらい環境政策が適切に実施されているか，汚染物質が越境するかしないかなどによって影響を受ける．汚染物質が越境しない場合，自国が適切に環境規制を課しているならば，規模効果や構造効果による汚染排出の負の外部性は内部化されるので，貿易自由化は経済厚生を高める．しかし，汚染物質が越境してほかの国にも悪影響を与える場合，自国が厳しい環境規制を課して国内汚染排出の負の外部性を内部化しても，相手国がゆるい環境規制を課していると越境汚染による被害が大きくなり，貿易によって経済厚生が低下する可能性がある．

　次に，環境から貿易への関連について説明する．例えば，森林資源が保護され豊富な国は木材の生産コストが低く木材の輸出国になる傾向があるように，どの国が何を輸出入するかという貿易パターンは，各国の環境水準・規制の影響を受ける．当初，自国と外国が環境規制を課していないとして，生産技術や要素賦存の関係から，クリーンな生産技術をもつ自国が主に汚染財を輸出して，環境に負荷の大きな生産技術しかもっていない外国が主に非汚染財を輸出する場合を考えよう．ここで自国だけが環境規制を導入すると，特に汚染度合いの強い汚染財は，自国内で生産すると汚染削減コストが高く採算が合わないので，環境規制のない外国で生産されるようになる．その汚染財は環境技術の劣った外国で生産されるようになるので，世界全体の総排出量が以前より増える（カーボンリーケージ）可能性がある．

　貿易の環境への影響，環境規制の相対的にゆるい国に汚染財の生産が移転しているという仮説（汚染逃避地仮説（Karp, 2011））については，上述の3つの効果などを考慮に入れて分析される（Copeland, 2011：423-496；McAusland, 2010：31-53）．貿易が直接的に環境に負荷を与える例として，国際輸送にともなう温室効果ガスの排出（Takarada et al., 2015：207-222）や外来生物の侵入，船舶のバラスト水問題などが懸念されている．国際輸送に対する環境規制の強化が望まれるが，それは貿易や企業立地に影響を与える可能性がある．また，WTOなどで検討されている環境関連物品などの貿易自由化は，貿易による技術効果を高めると考えられる．

●**環境規制と産業競争力**　環境規制を強化することは，自国企業に環境対策のコスト負担を強いて，特に汚染削減が困難な産業においてその影響は顕著に現れ，世界市場において産業競争力を失いかねないと懸念されている．産業の競争条件の不均衡を是正する方法として，環境規制国と同等の汚染削減義務を負っていない国からの輸入品に対して，国境炭素税の賦課などの国境調整措置が考えられる．国境調整措置によって，環境規制国の国内産品が規制のない国からの安価な輸入品に代替されて生じるカーボンリーケージの防止，環境規制に消極的な国に対して環境規制の導入のインセンティブを付与，といった効果も期待される．ただし，国境調整措置の導入に向けた動きはあったが，WTO 協定との整合性（同種の産品の扱いなど）からこれまで実行されたことはない（有村他，2012）．

●**地域貿易協定と環境規制**　貿易相手国が環境規制を守らない場合，自国産業が競争上不利にならないように環境規制の国際的な引下競争が生じる可能性がある．工場などの産業用途のエネルギー集約財の環境規制は，ほかの商業用途などの場合に比べてゆるい傾向にあることが現実に観察されており，この用途による規制の差は汚染の外部費用を考慮しても説明が難しいといわれている（OECD，2013）．公正な競争の確保のために，環境条項は多くの地域貿易協定や投資協定などに含まれており，環境規制の引下競争を抑制することができる．

　WTO 協定では，「貿易の技術的障害に関する協定（TBT 協定）」と「衛生植物検疫措置の適用に関する協定（SPS 協定）」に基づいて，貿易の不必要な障害とならないならば，生命・健康の保護や環境保全などの目的のために，安全，衛生や環境などについて各国独自の強制規格などの基準を定めること（基準認証制度）が認められている．一方，基準の調和や相互承認，国際標準化機構（ISO）などの国際機関が策定した国際基準の採用を加盟国に促して，基準認証制度の国際的な整合化を推進している．地域貿易協定によって域内国の間で基準認証制度が調和され，域内独自の基準が構築されている．域内産品と域外産品のいずれも域内基準を満たさない限り域内市場での販売は禁止され，両者は同じ扱いを受ける（内国民待遇の原則）ので，貿易制限的な効果はもちそうにない．ところが，域内基準は域内国の諸事情に依拠して設定されたもので域内国企業に有利に働く傾向があり，域内国が先進国の場合は域内基準が高くなって（例えば，欧州連合〈EU〉の「特定有害物質使用制限〈RoHS〉指令」など），域外国企業（特に途上国企業）は対応が困難で域内市場での販売ができなくなるかもしれない．域内国企業を保護するために，環境規制を戦略的に引き上げる可能性がある（偽装された保護主義政策）．この場合は先進国から途上国への環境技術移転をどう進めるかが重要となる．　　　　　　　　　　　　　　　　　　　　　　　　　　　［寳多康弘］

📖 **参考文献**
・阿部顕三（2015）『貿易自由化の理念と現実』NTT 出版．
・清野一治・新保一成編著（2007）『地球環境保護への制度設計』東京大学出版会．

「貿易と環境」をめぐる国際政治と法

　「貿易と環境」問題は，貿易や対外直接投資が生む環境負荷を理由に，持続可能な開発の視点から，無差別・自由な国際貿易・投資を目的とする国際協定の正統性を問う論争である．例えば，貿易・投資に伴う生産・消費の拡大が環境破壊を生む（例：工場排出，開発に伴う自然破壊），貿易が環境有害物質を拡散する（例：有害廃棄物，外来種），貿易による販路開拓が環境価値財の濫用を生む（例：野生動植物の乱獲），生産拠点が環境基準の低い国へ移動し「底辺への競争」が起こる，国際協定による貿易制限禁止が環境保護を促す貿易制裁を制限する（例：後述のアメリカ・マグロ輸入制限事件）などの議論である．

● GATT／WTO　論争の嚆矢は関税及び貿易に関する一般協定（GATT）のアメリカ・マグロ輸入制限事件（メキシコ，1991; 欧州経済共同体〈ECC，現 EU〉，1994）であり，アメリカのイルカ保護目的のマグロ漁規制を GATT 不適合とした紛争解決小委員会（パネル）の判断が，環境コミュニティーの強い批判にさらされた．本件の争点は GATT20 条 b（人・動植物の生命・健康保護），および g（有限天然資源保存）の例外規定の解釈だが，世界貿易機関（WTO）発足後のアメリカ・調整ガソリン事件（1996）以後，WTO 上級委員会は環境保護措置の正当化をより柔軟に認める同条の解釈を積み重ねてきた．また，WTO 協定は前文で持続可能な発展および環境保護に言及する．ウミガメ保護に関するアメリカ・エビ輸入制限事件（1998）では，上級委員会はこの一節を環境保護に配慮した協定解釈の根拠とした．また，貿易の技術的障壁に関する協定（TBT 協定）は環境性能要件やラベリング，衛生植物検疫措置の適用に関する協定（SPS 協定）は生態系を侵害する害虫などの侵入防止措置について，貿易阻害性と環境保護のバランスを規定する．さらに，サービス貿易についても，GATT20 条類似の例外規定がサービスの貿易に関する一般協定（GATS）14 条に規定された．

　機構面では，早くも 1971 年には，国連人間環境ストックホルム会議に合わせて「環境措置と国際貿易」作業部会（EMIT）が設置されたが，ほとんど活動実績を残していない．しかし，「貿易と環境」論争の高まりを受けて，WTO 協定署名時に採択された「貿易と環境に関する決定」（1994）によって，WTO 発足時に貿易と環境委員会（CTE）が設立され，EMIT の機能を継承した．

　2001 年開始のドーハラウンドにおいては，WTO 協定と多国間環境協定（MEA）の関係などが交渉課題とされた（「ドーハ閣僚宣言」パラグラフ 31）．また，漁業資源の枯渇や海洋生態系破壊につながる漁業補助金の規制も交渉課題とされた（同パラグラフ 28）．しかし，頓挫によりいずれも成果に結実していない．なお，ドーハラウンドまでの「貿易と環境」問題は，WTO（2004）を参照．

　その後，有志 WTO 加盟国は環境関連物品（例えば，太陽電池，排気浄化装置

など）の実行関税率低減を目指し，2014年に環境物品協定（EGA）交渉を開始した.

●**地域貿易協定**　他方，1990年代半ば以降，「貿易と環境」問題は自由貿易協定（FTA），経済連携協定（EPA）の文脈で議論されてきた. 地域貿易協定における環境条項の比較の詳細は，Bartels（2015）を参照. その嚆矢となる1993年の北米自由貿易協定（NAFTA）では，米墨国境の深刻な環境汚染を背景に，副協定として北米環境協力協定（NAAEC）を締結した. NAAECは高水準の環境保護達成および国内環境法の実効的実施などを義務付け，環境法実施懈怠の市民社会による通報制度や紛争解決手続により実施面も強化した. NAFTA本体もGATT20条の準用（2101条）および環境条約の優越（104条）を規定する. さらに，同協定投資章の環境規制に対する中立性および投資誘致目的の環境規制緩和に対する制限も規定した（1114条）. 以後，アメリカはこれに準じた環境保護規律を自らのFTAに挿入する（例えば，アメリカ・オマーン，アメリカ・シンガポール）.

　さらに，アメリカは2007年の議会超党派合意により，以後のFTAには，MEAの実施確保，貿易・投資に影響する環境規制緩和の禁止，紛争解決手続による実施などを含める旨を申し合わせた. この結果，例えば，米韓FTAはワシントン条約（CITES）など7条約の遵守義務を規定する（20.2条）. より包括的な「環太平洋パートナーシップ（TPP）協定」環境章（20章）は，自国締結のMEAの遵守，海洋環境や野生動植物の保護などを義務付け，WTOに先駆けて漁業補助金も規制する. これらは紛争解決手続により実施される. それ以外にも，GATT20条・GATS14条の準用規定をおき（29.1条），投資章でも投資保護・自由化規律が環境保護措置の妨げとならない旨を明記した（9.9条3（d），9.15条，附属書9Bパラグラフ3（b）). なお，TPPと環境の詳細はSchott（2016）を参照. ただしアメリカの離脱でTPP協定は発効せず，「包括的及び先進的なTPP（CPTPP）」協定（TPP11）がこれらの規定を受け継いだ. EUもアメリカFTAに準じた環境規律を2008年以後のFTAで採用し，これらは高水準の環境保護達成，MEAの実効的実施，森林資源保護，漁業資源保存などの規定を含む（例えば，EU・中米8章，EU・韓国13章，EU・コロンビア＝ペルー9章). 他方，実施手続はNAFTA・NAAECに比して充実していない. また，カナダもNAFTA準拠の環境協力副協定を含むFTAを締結している（例えば，カナダ・チリ，カナダ・ホンジュラス，カナダ・パナマ). ただし，カナダ・韓国FTAは本体でのみ高水準の環境保護達成，MEAの実効的実施などを定めるが，紛争解決手続の対象からは外れている（17章）.

　日本のFTAの環境条項は，GATT20条・GATS14条準用・準拠例外（例えば，日本・タイ10条），投資誘致目的の環境規制緩和の規制（例えば，日本・スイス101条）などの簡素な規定に留まる. ただし最近のFTAには，環境物品・サービスの貿易奨励，適切な環境保護水準の確保や自国法令の執行などに関する規定もみられる（例えば，日本・スイス9条，日本・インド8条）.　　　　　［川瀬剛志］

ゲーム理論の環境問題への応用

　ゲーム理論は，その意思決定が互いに影響を与えるような複数主体の行動とその社会的帰結に関わる学問である．経済主体による戦略的なかけひきの帰結を予測・説明し，それが望ましくない場合に有効な制度・政策変更についての示唆をもたらすことに応用される．

●**応用例**　複数の経済主体が共同利用する自然資源（森林地や漁業資源など）の利用・保全に関する分析，排出量取引におけるオークション・取引市場の設計，寡占企業が環境規制にどのように反応して汚染排出・技術水準などを選択するか，環境規制のもとでの企業の遵守・違反行動の分析など，数多くの応用例がある（Hårstad & Liski, 2013 など）．近年では，環境・資源利用に関する制度・政策評価のために，ゲーム理論を応用した実験経済学研究も数多く行われている（Sherstyuk et al., 2016）．

●**ゲームの構成要素**　ゲーム理論モデルの構成要素には，①意思決定主体（ゲームの「プレーヤー」），②各プレーヤーが選択しうる行動の範囲の特定（「戦略」の集合），③各プレーヤーが自他の戦略に応じて得る損得の大きさ（「利得」），④プレーヤーが戦略決定時に有する知識・情報の特定（「情報構造」）が含まれる．

●**ゲームの分類**　「協力ゲーム」では，プレーヤーの結託（何人，そして誰が結託に属するか）に応じて各人の利得がどう決まるか，誰も離反しないような全員の結託は持続しうるかに着目する．以下で紹介する「非協力ゲーム」は，各プレーヤーが自己利得を追求する場合にどのような戦略の組合せが均衡として維持されるかを分析する．対象となる経済課題に応じて，各プレーヤーが同時にかつ一度だけ行動を選択する場合（静学的ゲーム），または各プレーヤーの選択の順番が異なったり，時間を通じた複数回の行動選択がある場合（動学的ゲーム）が想定される．同様に，プレーヤー間で互いの利得に関して不確実性がない場合（完備情報）とある場合（不完備情報）の分析も可能となっている（以下，一部樽井〈2012：123-140〉に依拠）．

●**静学的ゲームの例**　今，2つの国が越境汚染物質を排出していると仮定する．図1は各国（プレーヤー）が2つの戦略（排出抑制に協調する・しない）をもつ場合の利得表である．協調して排出抑制を行えば各国は4単位の利得を得るが，協調せずに過剰排出がなされる場合には両者は各自2の利得を得る．他国が協調して自国が協調しない場合には，自国は5の利得を得られるが他国の利得は1にとどまる．静学的ゲームでは，他のプレーヤーの戦略を与件としたときに各プレーヤーが自己利得を最大化するような戦略の組合せ（ナッシュ均衡）を分析する

のが一般である．この例では，互いに「協調しない」場合がナッシュ均衡となる．協調して排出抑制を行えば各国は4単位の利得を得て（パレート）効率的であるが，協調しないで過剰排出をすることが均衡となる「囚人のジレンマ」が発現する．

		プレーヤー2	
		協調する	協調しない
プレーヤー1	協調する	4, 4	1, 5
	協調しない	5, 1	2, 2

（各ます内の数字は順番にプレーヤー1，2の利得を示す．）

図1　越境汚染排出ゲーム

●**動学的ゲームの例**　静学的ゲームが描く状況とは異なり，自然資源利用や気候変動の緩和のように長期にわたり選択が繰り返される環境問題は数多く存在する．そのような「繰り返しゲーム」では，プレーヤーが囚人のジレンマを免れて協調を持続する均衡の可能性が考慮できる．今，図1のゲームが将来にわたって無期限に繰り返されるとする．国際協定として「各国は排出抑制（協調）を選択し，ある国が過剰排出（非協調）を選択したら，各国は次期以降「過剰排出」を選択する」という戦略を想定する．自国が協調を続ける限り他国も協調し，高い利得を得ることができる．ただし，自国が過剰排出を選ぶと他国も過剰排出になり，将来得られる利得がより低くなる．各国が将来得られる利得を十分に重視する場合には，制裁による将来利得の損失の可能性が各国の過剰排出を抑制することにつながる．つまり，ある条件のもとでは，繰り返しゲームでは協調の持続が均衡となるというフォーク定理の帰結が得られる．この帰結は，囚人のジレンマを免れ比較的効率的な自然資源管理が観察される複数の事例を説明する（☞「再生可能資源の利用と再生」「オストロムのコモンズ管理論」）．厳密には，気候変動や再生可能資源管理のような動学的な課題は温室効果ガスの大気濃度や資源ストック量の変化のために単なる繰り返しゲームではなくなる．そのような毎期のゲームの内生的な変化や不確実性を考慮した動学的ゲームも，国際協定や共有資源の分析で広く適用されている（Tarui et al., 2008; Mason et al., 2017）．

●**さらなる応用の展望**　国際的な政策課題としては温暖化に関する国際交渉，どの国にも単独管理されない公海での漁業資源管理，また国内的には電力事業再編に伴う規制当局・既存事業者・新規参入事業者の戦略的かけひきと効率的な変革策，将来における温室効果ガス排出量取引市場の設計など，多くの研究の余地がある．　　　　　　　　　　　　　　　　　　　　　　　　　　　　　［樽井 礼］

📖 **参考文献**

・栗山浩一（2015）『やさしい経済学―人間心理から考える』日本経済新聞．
・鷲田豊明（2010）『環境ゲーム論―対立と協力，交渉の環境学』ぎょうせい．
・ギボンズ，R. 著，福岡正夫・須田伸一訳（1995）『経済学のためのゲーム理論入門』創文社．

環境問題における法と経済学

「法と経済学（Law and Economics）」は，ミクロ経済学の手法を用いて法制度や権利義務規定の作用を解明しようとする，確立された固有の学問領域である．1960～70年代にかけて，エール大学やシカゴ大学の法学者・経済学者により，嚆矢となる主要業績が示された．このときの彼らは，正義・衡平の実現を旨に個別事件の解決を図る伝統的法律学には，解釈論や立法論を国民経済的観点から導くための体系化された視座がみられない点を問題視していた．創設者の1人であり，連邦控訴審判事でもあったR.ポズナー（Posner, 1973）は，「富の最大化」といった経済効率性を判断指標とした判決などにより，学術研究のみならず，法・裁判実務にも多大なる影響を与えた．

●**外部不経済とコースの定理**　法と経済学創設の起点には，R. H. コース（Coase, 1960）による「社会的費用の問題」が位置する．その論考で，コースは汚染・公害といった外部不経済は，外部費用負担に関する法制度・権利義務規定のいかんにかかわらず，汚染行為者と被害者との自主的な交渉・取引によって内部化されうるとした．後に，G.カラブレイジ（Calabreisi, 1970）によって「コースの定理」として定式化されるこの指摘は，ピグー税（☞「ピグー税／ピグー補助金」）の考え方による汚染行為者に対する課徴金や，汚染被害者の不法行為法上の損害賠償請求権といった，従来の公害対策論議に大きな一石を投じるものとなった．コースの定理とは，すなわち，パレート効率性の観点から法制度を評価した場合，社会的に求められるのは，何らかの私的所有権の具体的確定と，当事者の合理的判断による合意（つまりは，契約）の強制履行を図ることのみとなり，それ以外の法制度は一切不要となることを含意するからである．Coase（1960）はまた，課徴金（ピグー税率）の最適水準の算定が，禁止的に膨大な情報収集のもと，政府において中央集権的に行われることの不可能性を批判する．この点からも，コースの定理は基本的に分権的な問題解決を志向するものといえよう．

●**取引費用からみた法制度**　しかし，コースの定理が現に成立するには，厳しい制約条件が満たされる必要がある．それは，契約締結のため当事者同士が交渉し取り決めた内容を履行する際のコスト（取引費用）が，ゼロか無視できるほどに小さいことである．したがって，法と経済学の実際上の問題関心は，むしろ，より現実的に一定程度以上の取引費用の存在を前提としたうえで，その低減の可否という観点から法制度のあり方を分析する点に置かれる．この捉え方のもとでは，先述とは逆に，法制度や権利義務規定のいかんによってパレート最適な資源配分の可否が左右されることになる．ここからは，例えば，工場の事業活動に伴う有

害物質により人の生命・身体を害した場合，無過失による損害賠償義務（民法上の不法行為責任に関する過失主義の例外規定）を事業者に課す「水質汚濁防止法」（第 19 条 1 項）や「大気汚染防止法」（第 25 条 1 項）に関しては，それが汚染を最も安価に回避する手段を有する者（最安価費用回避者）に費用を課す点に正当化事由が見出される．また，ここでいう最安価費用回避者の特定が困難な場合は，誰が最安価費用回避者なのかを最小の取引費用で発見しうる者に費用を課すことが社会的により望ましい，となる（Calabreisi, 1970）．

●規制手法の法と経済学　公害問題への対応策として各国で採用される直接的規制（または，コマンド・アンド・コントロール規制）とは，事業者に対して汚染排出基準の遵守を法的に義務付け，罰則の適用によりこれを強制する手法である．法と経済学は，ピグー税の提案企図と同様，排出削減の限界費用水準を均等化できないこの手法では効率性が達成されない点を問題視する．また，直接的規制は，遵守態様・手段が詳細にルール化される場合，ルール逸脱行為に対する法執行・罰則適用を警戒する事業者の裁量的判断を萎縮させ，より革新的な汚染削減技術を開発・導入するためのインセンティブを阻害する．このことは，ひいては，各々の技術水準に鑑みた事業者が，規制目的を達成する際の限界費用を圧縮することを困難にし，遵守費用の不必要な増大を招くことで，規制の不効率性を助長する（Kagan, 2001）．1980 年代以降のアメリカでは，この点への批判を契機に，排出権取引（☞「汚染許可証」）といった経済的規制の有効性が論じられた．

　一方，法と経済学では，気候変動のような交渉当事者が多数に上る環境問題においては，取引費用が膨大となることから，コースの定理がうたう私的自治に依る契約的解決策には，そもそもの限界があるとする．ただし，この点については，税制（炭素税）や排出権取引の採用により，取引費用の低減を図りつつ，排出削減目標の最小費用での達成や市場参加資格の拡大による分権的資源配分は可能だ，との指摘がある（常木・浜田，2003：第 3 章）．しかし，日本では，国レベルの気候変動対策としては，二酸化炭素（CO_2）削減効果に優れた本格的な炭素税および排出権取引の法制化には依然いたっていない．

　なお，近年では，公共財たる環境を保全するための規制のあり方を，不完全情報下での国民と政府との委任契約（本人・代理人モデル）の問題として捉え，取引費用の多寡や両者間の利益相反の度合いなどから導かれる最適な委任の程度および形態の観点から，採用する規制手法（例えば，行為禁止，情報開示，デフォルト・ルール，税制，補助金）の可否や優劣を分析する新たな視座も提示されている．「委任としての規制」と称されるここでの論議展開については，Bar-Gill & Sunstein（2015）を参照されたい．　　　　　　　　　　　　　　［青木一益］

📖 参考文献
・小林秀之・神田秀樹（1996）『「法と経済学」入門』弘文堂.
・クーター，R. D.，ユーレン，T. S. 著，太田勝造訳（1990）『法と経済学』商事法務.

第2章
公害・環境に関わる事件と問題の歴史

　環境・経済政策研究は，公害・環境に関わる事件や問題の歴史を踏まえたものでなければならない．本章では，国内外での重要事件や諸問題を取り上げ，基本的な解説を行っている．日本については，戦前の四大鉱山公害事件，戦後の水俣病事件，イタイイタイ病事件，四日市をはじめとした重化学コンビナートによる大気汚染裁判，モータリゼーションの進展に伴う自動車公害，さらに1970年代以降次々と顕在化し深刻になってきた都市ごみ，有害廃棄物，市街地土壌汚染をめぐる問題などを取り上げ，また，職業病や労働災害，アスベスト問題も扱っている．1980年代以降は，ボパール事件，チェルノブイリ原発事故，バルディーズ号油濁事故など，国際的にみて大きな衝撃をもたらした事件や事故を含め，その後における地球環境問題の顕在化，自然災害や都市化に伴う問題にも視野を広げている．また，特に近年では，中国を筆頭としたアジア地域で深刻化しつつある公害・環境問題を取り上げている．　　　　　　　　　　　　　　　［寺西俊一］

［担当編集委員：寺西俊一・大島堅一］

戦前日本における四大鉱山公害事件

　明治維新後の1880年代後半から第2次世界大戦前の1930年代後半にいたる約50年間に，日本の「四大銅山」と称された足尾銅山，別子銅山，小坂鉱山，および日立鉱山の操業にともなって発生した鉱毒・煙害事件を「四大鉱山公害事件」という．当時，「銅は国家なり」と豪語するほど，生糸と並び主要な輸出産業であった銅鉱業は，「富国強兵・殖産興業」による日本の近代化に大きな役割を果たし，足尾銅山は古河，別子銅山は住友，小坂鉱山は藤田組，日立鉱山は日立・日産などの財閥形成の拠点事業所となった．

　しかし，銅生産量の増加に伴って，銅山排水中に含まれる硫酸銅や重金属による鉱毒被害や，製錬排煙中に含まれる硫黄酸化物や重金属を含む浮遊粉じんによる煙害が，銅山周辺の山林や農地で広範囲に発生した．そして，被害農民と銅山経営者の激しい対立と抗争を招き，地方行政や中央政府も巻き込む重大かつ深刻な社会・政治問題となった．

●足尾銅山鉱毒事件　足尾銅山鉱毒事件は「近代公害の原点」として有名な公害事件である．栃木県日光付近にある足尾銅山は，江戸時代から幕府直轄鉱山として操業しており，日光東照宮や江戸城などの銅葺き屋根の銅を供給した．明治維新後の1877年に古河市兵衛に払い下げられ，近代的な鉱山技術を西欧から導入して，日本最大の銅山となった（写真1）．

　しかし，製錬排煙により銅山周辺の1万ha以上の国有林が荒廃し，下流の渡良瀬川洪水を招いた．また，硫酸銅や重金属を含んだ鉱毒水が，下流の渡良瀬川流域の数万haに及ぶ農地に流入して，農作物の不作や人体被害を招いた．被害地域選出の国会議員の田中正造を中心として，大規模な鉱毒反対運動が盛り上がり，大きな社会・政治問題となった．

写真1　足尾銅山製錬所跡［1996］

これに対して，政府は鉱毒調査会を設置し，1897年に古河市兵衛に対して「鉱業条例」第59条に基づく第3回「鉱毒予防工事命令」を発し，古河市兵衛は社運をかけて日本初の排煙脱硫塔やコットレル電気集じん機を海外から導入して鉱毒防止工事を実施したが，鉱毒被害の改善はみられなかった．そこで，政府は約3000 ha もの谷中村遊水池建設を主とする渡良瀬川改修工事，日本最大の足尾砂防ダムの建設，ヘリコプターなどによる航空実播工などの治山治水工事を国費で実施してきたが，100年後の現在でも足尾周辺の山林の緑は半分程度しか回復していない．1971年には，渡良瀬川下流の桐生市と太田市で銅とカドミウムによる農用地土壌汚染地域が378 ha 指定され，その土壌汚染対策工事費の約半分を古河鉱業が負担した．1973年に足尾銅山は閉山し，その後は観光地となっている．

●別子銅山煙害事件　愛媛県の別子山中の天領にあった別子銅山は，江戸時代の元禄4（1691）年の開坑以降，住友家が幕府御用商人として経営にあたり，幕府天領の長崎からの銅輸出を支えた．明治以降の住友財閥形成の拠点事業所となった鉱山である．江戸時代には，吉野川下流の阿波藩や国領川下流の西条藩の農用地で鉱毒問題を起こし，幕府と両藩が対応に乗り出した経緯がある．

明治以降，山中にあった製錬所の煙害で荒廃した山林を買収して植林事業を興した．この植林事業が現在，国土の1 / 1000に当たる約4万 ha の山林を所有する住友林業になった．その後，山中にあった製錬所を平野部の新居浜に移すとともに，生産量を増やし続けたために，製錬所周辺の農用地に深刻な煙害を発生させた．被害を受けた農民らは，製錬の中止と製錬所の移転を強く求めた．その結果，1898年に政府は鉱業条例第59条に基づき，住友に瀬戸内海の無人島である四阪島への製錬所移転を命令した．

四阪島へ製錬所を移転したが，煙害は新居浜のみならず愛媛県東部の農用地や山林に拡大した．そして，1910年に農商務大臣の仲介により，被害農民らと住友の間に煙害賠償契約が締結された．その契約書では，損害賠償金の支払い，生産量の制限，季節的な操業制限などが課された．住友は，多額の損害賠償金の支払いと生産量の制限に耐えかねて，本格的な公害防止対策を実施した．

1925年のコットレル電気集じん機の導入，1929年の日本初のペテルゼン式硫酸製造装置の導入，1938年のアンモニア中和工場の建設などによって，煙害問題を根本的に解決することに成功した．これらの装置により排煙から硫酸を回収し，硫安（硫酸アンモニウム）肥料を製造する住友肥料が，現在の住友化学に発展した．つまり，公害防止事業が住友林業と住友化学という新しい企業を生んだのである．

その後，1973年に別子銅山は閉山した．山麓に別子鉱山記念館があり，現在は「東洋のマチュピチュ」ともいわれる産業遺跡が「マイントピア別子」として観光地となっている（写真2）．

●小坂鉱山煙害事件　小坂鉱山は幕末に発見され，明治以降，官営後の1884年

写真2　別子銅山東平貯鉱場跡 [1997]

に藤田組（後の同和鉱業）に払い下げられた頃は，日本一の銀生産量であった．1902年には，当時世界一大きい大溶鉱炉を建設し，日本初の黒鉱自溶製錬法による銅生産に転換して，足尾・別子銅山と並ぶ大銅山となった．

しかし，銅生産量の増加とともに，小坂鉱山周辺の農用地や山林で煙害が発生した．農作物や植物はほとんど壊滅状態となり，良質な建築材として知られる秋田杉の被害は甚大であり，国有林の被害面積は，約1万5000haに及んだ．牛馬や人体の被害も報告されて，足尾銅山と同様に政府鉱毒調査会の被害調査が実施された．

藤田組は，煙害が発生した早い時期に被害を認めて，1906年に田畑の損害賠償協定を締結したが，損害賠償は3～5年分の前払い方式であり，賠償金額もきわめて低額であった．1915年に地元出身の京都帝国大学教授の内藤湖南と国会議員の仲裁により，賠償金の増額が図られた．

1939年にコットレル電気集じん機を有価金属回収のために導入した．煙害賠償の打切りは，戦後の1967年，フィンランドのオートクンプ式自溶炉の導入と硫酸工場の建設後の1969年であった．1971年には，小坂町でカドミウム汚染米

写真3　小坂鉱山製錬所 [2003]

写真4　日立鉱山製錬所と倒壊した大煙突［1995］

が発見され，土壌汚染とカドミウム腎症状の存在が明らかとなり，1998年に小坂鉱山は閉山した．現在は，「小坂製錬」として産業廃棄物から各種金属を回収するリサイクル工場となっている（写真3）．

●日立鉱山煙害事件　江戸時代に紀伊國屋文左衛門が赤沢銅山を開発したが，鉱毒水のために失敗した．1905年に小坂鉱山の久原房之助が赤沢銅山を買収して，日立鉱山と改名し，小坂鉱山の技術陣を移籍して開発した．国内では2番目に小坂鉱山と同じオートクンプ式自溶炉を導入して銅製錬を行い，1912年には足尾・別子・日立と並ぶ銅山となった．

しかし，銅生産量の飛躍的増加は，激しい煙害問題を起こし，そばやたばこをはじめとする農作物被害や山林の樹木被害が発生した．久原鉱業（後の日鉱金属）は，小坂鉱山の煙害経験を生かして損害賠償を行うとともに，煙害防止対策を検討した．例えば，延長1.6kmの百足煙道や，政府の排煙ガス濃度制限命令を受けたダルマ煙突の失敗を経験したあと，1915年に当時世界一高い156mの高煙突を建設した．そして，高層気象観測，気象条件の悪いときの生産量制限，煙害の農事試験，耐煙樹木の植林なども併用して煙害問題を解決した．

根本的な公害防止は，1936年のコットレル電気集じん機の導入，1939年の硫酸製造開始，1972年のオートクンプ式自溶炉と硫酸工場の建設であった．1981年に日立鉱山は閉山し，高煙突も1993年に下部1/3を残して倒壊したものの，現在も電線などから銅を回収するリサイクル工場として操業している（写真4）．また，鉱山跡に「日鉱記念館」が建設されている．日鉱金属は，世界最大級の大分県佐賀関製錬所を有する日本最大の銅製錬メーカーとなった．なお，日立製作所や日産自動車は，日立鉱山が発祥である．

［畑　明郎］

📖 参考文献
・畑　明郎（1997）『金属産業の技術と公害』アグネ技術センター．

有機水銀汚染による熊本水俣病事件

　水俣病事件は，チッソ（社名は，新日本窒素，チッソ，JNCと変更されているが，チッソと表記）が，有機水銀を含む有害物質を不知火海に未処理のまま大量に排出して海洋を汚染し，魚介類に取り込まれ食物連鎖を経て，住民が多量に摂食して起きた食中毒による公害病である．重篤で大規模な人体被害をもたらし，被害は，水俣湾から対岸の島々，不知火海沿岸全体，さらには魚の流通ルートを通じて山間部にも広がった．

●水俣病の症状　水俣病は，環境汚染を通した間接中毒であり，工場などにおける直接中毒とは発生機序が異なり，水俣病という名称が公式に用いられる．主たる症状は，感覚障害，視野狭窄，運動失調，聴力障害，構音障害など，いわゆるハンターラッセル症候群を典型症状とするといわれてきた．しかし，近年の研究では，症状の多様性が確認される全身性疾患であり，高次脳機能障害も重要視されている．津田敏秀教授ら医学者は，疫学的要件（有機水銀暴露歴）と感覚障害などの中枢神経性の症状が確認されれば水俣病と診断できるとしている．なお，この医学的診断と補償制度による認定基準との乖離は大きく，今なお係争課題である．

●水俣病発生の公式確認　1956年5月1日，新日窒付属病院の細川一院長が，「原因不明の疾患発生」を水俣保健所に届出た．これが水俣病発生の公式確認とされている．これと前後して，中枢神経系の水俣病患者が多発し，以降患者数が増えていった．当初は，伝染病が疑われたが，患者発生状況から伝染病でないことはすぐに判明し，会社の工場排水が疑われた．同年11月には熊本大学医学部研究班が「ある種の重金属が魚介類を通して人体に影響を及ぼしたもの」とする中間報告を出した．ところが，発生当初より，漁業の自粛が求められただけで，国や熊本県による漁獲禁止措置，摂食禁止措置，排水停止措置もとられず，漁民や沿岸住民たちは魚を捕り続け，被害が拡大していった．

　一方，伊藤蓮雄水俣保健所長は，57年4月，水俣湾の魚介類をネコに投与し水俣病の発症を確認していた．熊本県は食品衛生法第4条の適用を決め，9月に厚生省に可否を照会した．厚生省は「水俣湾の魚介類のすべてが有毒化しているとの明らかな根拠はないので適用できない」と回答し，熊本県は適用を断念した．

●水俣病の原因究明　1959年7月，熊本大学研究班は，水俣湾の魚介類の摂食による神経性疾患であり，毒物としては水銀が注目されるという有機水銀説を発表した．チッソは，アミン説，日本軍の投下した爆薬原因説などを動員するとともに，自社で用いているのは無機水銀であると反論した．ところが，社内で行われていたネコ実験で，同年10月には工場廃水による水俣病を発症したこと（ネ

コ 400 号）が確認されていた．また，メチル水銀は，アセトアルデヒド製造工程の副生物であり，無機水銀が自然界で有機化したものではない．同年 11 月，厚生省食品衛生調査会水俣食中毒部会は「水俣湾及びその周辺に棲息する魚介類を多量に摂食することによって起こる，主として中枢神経系統の障害される中毒疾患であり，その主因をなすものはある種の有機水銀化合物である」と報告したが，その直後に部会は解散され，排水停止措置や漁獲禁止措置はとられなかった．

●**排水路変更とサイクレーター**　1958 年 9 月，チッソは排水口を百間から水俣川河口に変更した．その結果，汚染は不知火海一帯に広がり，津奈木，芦北方面から対岸の島々，さらには鹿児島県にまで広がった．1959 年 10 月，通産省の指導もありチッソは百間排水口に戻した．また，チッソは廃水浄化設備として，同年 12 月，循環式凝集沈澱方式によるサイクレーターを完成させた．しかし，これは pH 調整と固形物除去を目的としたものでメチル水銀除去の効果はなかった．

●**見舞金契約**　1959 年 12 月，県知事らの斡旋により「見舞金契約」が結ばれた．この見舞金は「労働者の賃金，他の災害補償例などと比較しても極端に低額」（第 1 次訴訟判決）だっただけでなく，同契約には「患者側は将来水俣病が甲の工場排水に起因することが決定した場合においても新たな補償金の要求は一切行わないものとする」という条項が含まれていた．この点は，のちの熊本水俣病 1 次訴訟判決（1973）で，患者らの無知と経済的困窮状態に乗じて極端に低額の見舞金を支払い，その代わりに，損害賠償請求権を一切放棄させたものとして，公序良俗違反により無効とされた．

●**胎児性水俣病の公式確認**　他方，1950 年代後半から，脳性麻痺の子どもが多数いることが確認されていた．患者家族は，この子どもたちも水俣病であると考えていたが，当時は毒物が胎盤を通るとは考えられていなかった．その後，原田正純医師らの調査で胎盤経由による先天性水俣病であることが証明され，熊本大学医学部病理学教室による子どもの死亡解剖例から武内忠男教授によって先天性の水俣病であると結論づけられた．62 年 11 月，16 例が水俣病患者診査会において胎児性水俣病と認定された．原田医師らの調査により胎児性水俣病患者は約 70 例が確認されているが，なお潜在しているのではないかといわれている．

●**厚生省の公式見解，第 1 次訴訟と直接交渉，補償協定締結**　1968 年 9 月，ようやく政府は公式見解を発表し，水俣病をチッソの排水を原因とする公害病と認めた．水俣病患者家族は，69 年 6 月にチッソを相手に損害賠償請求訴訟を起こした．また，69 年に公布された「公害に係る健康被害の救済に関する特別措置法」によって 71 年に認定された川本輝夫氏らは，チッソを相手に直接交渉を開始した．

　73 年 3 月に熊本地裁で判決が下され，チッソの不法行為と賠償責任が認容され，チッソは控訴せず判決が確定した．その後の患者団体とチッソとの交渉により同年 7 月に補償協定が締結され，認定される患者に対してはこの補償協定に則り，一時金（1600 万〜1800 万円），年金（物価スライド制），医療費のほか介護

費などの手当が支給されることとなった.

なお, 1988 年 2 月, チッソ元社長, 元工場長の業務上過失致死傷害罪が最高裁で確定し, チッソは民事ばかりではなく刑事裁判においても断罪されている.

●未認定問題と不作為　1974 年,「公害健康被害補償法」が施行され, 同法に基づく被害者の認定ならびに補償が行われるようになった. 水俣病においては, 認定されると同法に基づく補償を選ばず, チッソと補償協定を結び, 生涯の補償を受ける. この頃から認定申請をする患者が急増するとともに, 未認定患者の運動が起こった. 1970 年代半ばには認定審査は滞り, 10 年近く審査結果を待つのが常態化し, 患者たちは熊本県を相手取って不作為の違法確認訴訟を起こし, 76 年, 2 年を超える認定審査業務の遅れは違法との判決が下された.

●認定基準, 1977 年判断条件, 1995 年政治解決　1977 年, 環境庁は従来の次官通知に示された認定基準を改め, 複数症状の組合わせを必要とする認定基準 (後天性水俣病の判断条件) を定めた. これにより, 認定申請を棄却される者が急増した. 未認定患者たちは, 行政交渉や訴訟を起こし補償・救済を求め続けた. 第 2 次訴訟 (73 年提訴, 85 年福岡高裁判決, 確定), 第 3 次訴訟 (80 年提訴), 水俣病関西訴訟 (82 年 10 月) も起こされた. その後, 長期化する争いの解決を目指すとして, 95 年, 訴訟上の和解と 3 党 (自民, 社会, さきがけ) 合意による政治解決が図られた. これにより, 水俣病とは認められないものの水俣病にみられる四肢末梢優位の感覚障害を有するなど一定の要件を満たす者に対して一時金が支払われるとともに, 医療手帳を交付し, 医療費, 療養手当などが支給されることになった. ただし, この救済を受ける者は訴訟などの紛争を終結させること (および認定申請を取り下げること) とされた.

●関西訴訟, 最高裁判決　他方, 関西地区に移住した患者たちが 1982 年に国・熊本県・チッソを相手取って提訴した水俣病関西訴訟では, 95 年の政治解決に応じず訴訟が継続した. 2004 年に最高裁判決が下され, 被害拡大に関する国・熊本県の責任が初めて認められるとともに, 未認定であった原告たちが水俣病と認められた. さらに, 認定申請を棄却された水俣の溝口氏, 大阪の F 氏が求めていた認定義務付けの訴訟も 13 年 4 月に最高裁で判決が下され, 水俣病であることが確定した. この判決では, 従来の判断基準 (77 年判断条件) よりも幅広く疫学的条件を満たし, 感覚障害があれば水俣病と認定されることとなった.

●県債発行によるチッソ救済策, 水俣病特措法　国は 1978 年,「水俣病対策について」という閣議了解を定め, 被害者救済の促進, 被害補償の完遂, 地域振興の促進という 3 つの柱が確認された. 一方, 実質的に倒産状態にあったチッソに対する財政支援策が検討され, 78 年より熊本県債発行によるチッソへの患者補償金貸付けが開始され, チッソ存続策が始まった.

その一方で, 水俣病関西訴訟の最高裁判決以降, 認定申請者が急増し一挙に3000 人を超えた. この事態に, 国は四肢の感覚障害が認められる者には医療費

の自己負担分を支払うという医療救済（新保健手帳方式）を実施した．しかし保健手帳の給付は，認定申請をしない，あるいは取り下げることが条件とされた．

さらに患者団体は，ノーモア水俣病訴訟や第2世代訴訟とよばれる国・県・チッソを被告とした損害賠償請求訴訟を起こし，新たに問題が再燃することとなった．こうした事態を受けて，2009年7月，「水俣病特措法」が国会で成立した．この特措法は，一方で被害者救済を進めるとともに，チッソの分社化（事業会社の設立と持ち株会社化，やがて持株を売却し加害企業としてのチッソが消滅する），ならびに被害者救済の終焉を定めたものであった．

●水俣湾のヘドロ処理　水俣湾には，チッソが排出したヘドロに大量の水銀が含まれており，環境復元事業（公害防止事業）として1977年より水俣湾の25 ppmを超えるヘドロの浚渫と埋立て工事が行われ，90年に終了した．総額485億円，埋立て面積58.2 ha，浚渫されたヘドロは151万 m^3 といわれ，これが現在の水俣の埋立地，エコパークである．これは人工的な造成地で，かつての自然環境が戻ったわけではなく，「水銀に関する水俣条約」の観点からは将来的には無害化処理も検討される必要がある．特に底土には他地域に比べて高い水銀値が検出される．この事業に伴い，74年に設置された水俣湾に棲息する水銀に汚染された魚介類が湾外へ流出するのを防ぐための仕切網が97年に撤去され，熊本県知事による水俣湾の魚介類の安全宣言がなされた．

●水俣市における取組みともやい直し　水俣市では，1990年から「環境創造みなまた推進事業」が始まった．94年には水俣病犠牲者慰霊式で吉井正澄市長が行政の長として初めて陳謝の意を表明し，「水俣病が引き起こした人と人の亀裂の修復を図るもやい直し」を訴えた．その後，「もやい直し」という言葉が用いられるようになり，96年からは「水俣市環境基本計画」が策定され，「みなまた環境モデル都市づくり事業」も展開されるようになった．なお，もやい直し事業は水俣病がもたらした住民間の亀裂や分断を修復するという取組みであったが，不知火海沿岸の水俣病発生自治体にまで広がっているわけではない．

●水俣病の研究動向　水俣病事件に関する著作は多いが学術的研究は多くない．原因究明期においては医学的な研究が中心で，医学者原田正純の一連の研究と著作は水俣病を社会に訴える役割を果たした．1970年代に入ってからは宮本憲一らの社会科学的な研究が進み，その後，熊本学園大学水俣学研究センターが2005年に設置され地域に根ざし被害者に学ぶ総合的研究を進めている．　　［花田昌宣］

📖 参考文献
・原田正純（1972）『水俣病』岩波書店．
・花田昌宣・久保田好生編（2017）『いま何が問われているか—水俣病の歴史と現在』くんぷる．

有機水銀汚染による新潟水俣病事件

　新潟水俣病とは，昭和電工鹿瀬工場のアセトアルデヒド生産工程からの排水が原因で，高濃度の有機水銀（メチル水銀化合物）に汚染されたニゴイ，ウグイなどの川魚を多食することで発症した第2の水俣病である．水俣病発生の公式確認から9年後の1965年6月12日に公式発表された．1967年に厚生省特別研究班によって原因が確定された後，昭和電工を被告とする新潟水俣病訴訟（第1次訴訟，1967〜71）が3家族13名によって提訴された。訴訟の勝訴後，新潟水俣病被災者の会と新潟水俣病共闘会議（共闘会議）は，認定患者に対する一時補償金や物価スライド制の年金支給，公害の再発防止などを定めた補償協定を，1973年に昭和電工と締結した．

　同年に問題となった有明海沿岸での第三の水俣病の発生が1974年に否定されると，公害巻き返しの動きが進み，認定申請しても棄却される未認定患者の問題が発生した．国と昭和電工を相手取り提訴した新潟水俣病第2次訴訟（1982〜96）は，第2の水俣病を発生させた国の責任を問い，被害を放置してきた認定基準の問題を指摘し，原告らを水俣病と認めるよう訴えた．長引く裁判の早期解決のため第1陣を分離して審理された1992年の第1陣判決は，国の責任を否定したものの，裁判提訴後に認定された3名を除く91名中88人を水俣病と認めた．裁判は控訴されたが，1995年の政治解決により，新潟水俣病被害者の会と共闘会議が昭和電工と解決協定を結び，1996年に裁判は和解した．

　解決協定で，昭和電工は新潟県に地域再生・振興を目的とした寄付をすることになり，これを原資に，2001年，新潟県立環境と人間のふれあい館（2003年から「新潟県立環境と人間のふれあい館——新潟水俣病資料館」）が開館した．

　2005年，泉田裕彦新潟県知事（2004〜16）は「ふるさとの環境づくり宣言〜新潟水俣病40年にあたって〜」で，新潟水俣病の教訓を生かした施策を進めることを表明した．2007年には「新潟水俣病問題に係る懇談会」を設置し，最終提言（新潟水俣病問題に係る懇談会，2008）をふまえて「新潟水俣病地域福祉推進条例」（2008年制定，2009年施行）を制定した．条例は，認定か否かを問わず，「メチル水銀が蓄積した阿賀野川の魚介類を摂取したことにより通常のレベルを超えるメチル水銀にばく露した者であって水俣病の症状を有する者」を「新潟水俣病患者」と定義し，新潟水俣病福祉手当を支給する県独自策や，地域社会の再生・融和，そのための教育・啓発の推進を定めた．2015年には，新潟水俣病公式確認50年式典が開催され，「ふるさとの環境づくり宣言2015〜新潟水俣病公式確認50年にあたって〜」が公表された．

他方で，新潟水俣病はまだ終わっていない．2007年に国・県・昭和電工を被告とする新潟水俣病第3次訴訟（2015年地裁判決,2017年現在東京高裁で係争中），2009年に国・昭和電工を被告とするノーモア・ミナマタ新潟全被害者救済訴訟（2011年和解），2013年にノーモア・ミナマタ第2次新潟全被害者救済訴訟（2017年現在係争中）などが提訴された．被害者は2015年12月現在の認定患者は704人，2010年4月現在の水俣病総合対策医療事業（受付は1992年6月〜95年3月末，1996年1月22日〜7月1日）対象者は1059人である．

●公害の社会問題化の原点　第2の水俣病は，終わったことになっていた熊本の水俣病被害を全国に知らしめた．新潟県・市・新潟大学医学部が原因究明，被害状況の把握，被害拡大防止に奔走する一方，患者支援団体の新潟県民主団体水俣病対策会議（後に共闘会議に発展的継承）が組織され，その支援のもと，阿賀野川有機水銀中毒被災者の会（後に新潟水俣病被災者の会）が結成された（1965）．新潟水俣病訴訟は戦後初の本格的な公害裁判であり，水俣病やイタイイタイ病の被害者らと交流しながら，四大公害訴訟をけん引した（坂東，2000）．新潟水俣病は「公害の原点」となる水俣病を社会問題化した原点だった（関，2009）．

●被害の顕在化と差別・偏見　新潟で実施された2度の流域住民の一斉検診（1965〜67，1970〜72）と中流での船頭検診（1973）は，水俣病被害者の顕在化に重要な役割を果たした（関，2003）．水俣病になると結婚や就職ができないといった差別・偏見があり，本人申請主義に則って被害者が認定申請に踏み切るのが難しかったからである．にもかかわらず，一斉検診の受診を拒むなどの結果，認定申請が遅れ，認定基準の厳格化で申請を棄却された被害者が新潟水俣病第2次訴訟を提訴した．補償金目当てのニセ患者という差別・偏見もあって，運動から距離をおいた被害者は，水俣病総合対策医療事業や「水俣病被害者の救済及び水俣病問題の解決に関する特別措置法（水俣病特措法）」の給付申請（受付は2010年5月1日〜12年7月31日）で顕在化した．そこでも声を出せなかった被害者は，ノーモアミナマタ第2次新潟全被害者救済訴訟の原告となった．

●地域社会の再生・融和　熊本水俣病関西訴訟最高裁判決（2004）の年に知事になった泉田裕彦県政下で，新潟水俣病被害者を地域で支えるため，地域社会の再生・融和の施策が始まった（関，2012：67-87）．水俣病の被害の母集団は食生活を同じくしていた地域社会であり，同様の症状を抱えながら，認定患者と未認定患者，被害を訴える被害者と被害を黙する被害者に分かれていく中で，地域社会の絆が分断され地域社会の中で差別が生成・強化された．こうした認識のもと，新潟県はわが国唯一の被害者支援のための新潟県条例を策定し，被害者が名乗り出ることができるような地域社会の再生・融和の取組みを進めている．[関 礼子]

📖 参考文献
・坂東克彦（2000）『新潟水俣病の三十年—ある弁護士の回想』日本放送出版協会．
・飯島伸子・舩橋晴俊編著（2006〈＝1999〉）『新潟水俣病問題—加害と被害の社会学（新版）』東信堂．

カドミウム汚染によるイタイイタイ病事件

●**イタイイタイ病事件** イタイイタイ病は，岐阜県にある三井金属鉱業の神岡鉱山から排出されたカドミウムが神通川を流下し，灌漑用水を経て富山平野の農地土壌を汚染し，汚染農地から産出されたカドミウム汚染米を長期間摂取することにより発病した．日本の公害病第1号であり，約1000人が発病したと推定される．発病のメカニズムは，カドミウムの摂取により腎臓の尿細管障害を起こすカドミウム腎症が生じ，尿からカルシウムやリンなどが流出するため，骨粗しょう症を伴う骨軟化症を生じて骨折し，激痛を伴う．患者が「痛い，痛い」と骨折の痛みを訴えるので，「イタイイタイ病」と名付けられた病気である．

●**三井金属鉱業神岡鉱山** 神岡鉱山は，戦国時代から銀山として開発され，明治以降は三井組が経営した日本最大の鉛・亜鉛鉱山であり，三井財閥の主力金属鉱山であった．江戸時代から鉱毒水による鉱害問題を起こしたが，明治以降は鉛製錬の排煙による煙害も激化した．1905年からの亜鉛鉱石の採掘，1911年の日本初の浮遊選鉱法の導入，1913年からの亜鉛製錬などにより，亜鉛鉱石に含まれるカドミウムが流出し，1911年頃からイタイイタイ病患者が発生した．

1930年代以降の日中戦争から第2次世界大戦にかけて，軍需物資として鉛・亜鉛の生産量が飛躍的に増加したため，神通川下流の鉱毒被害は拡大した．戦時中の1943年に亜鉛電解工場が建設され，1944年のカドミウムの生産開始は，戦中・戦後のカドミウム汚染を激化させた．戦後も朝鮮戦争や高度経済成長により，生産量が戦前以上に増加したが，公害防止対策がきわめて不十分だったため，カドミウム汚染の拡大とイタイイタイ病患者が多発した．

●**イタイイタイ病裁判** 富山県神通川左岸にある萩野病院の萩野茂次郎医師は，1935年頃からこの奇病に注目し，鉱毒が原因ではないかともらしていた．1946年に中国から復員し，家業を継いで診察を始めた息子の萩野昇医師は，外来患者の7〜8割が神経痛様の患者だったことに驚いた．萩野医師は，患者の発生地点が神通川流域の一定地域に集中することに注目して疫学的研究を進めた，1957年に富山医学会で「イタイイタイ病は神通川の水中に含まれている亜鉛・鉛などの重金属によって引き起こされる」というイタイイタイ病鉱毒説を初めて発表し，1961年に日本整形外科学会でイタイイタイ病カドミウム等説を発表した．

イタイイタイ病患者と遺族らは，1968年に三井金属鉱業を相手に損害賠償請求の提訴に踏み切った．提訴直後に厚生省は「イタイイタイ病の本態は，カドミウムの慢性中毒により腎臓障害を生じ，次いで骨軟化症をきたし，これに妊娠，授乳，内分泌の変調，老化および栄養としてのカルシウムなどの不足などが誘因と

なってイタイイタイ病という疾患を形成したものである。カドミウムは，自然界に由来するもののほかは，神通川上流の三井金属鉱業神岡鉱業所の事業活動に伴って排出されたもの以外にはみあたらない」（厚生省，1968）とした。イタイイタイ病裁判は，四大公害裁判の先頭を切って1971年に富山地裁で患者・遺族の勝訴判決が下された。三井金属鉱業は判決を不服として名古屋高裁金沢支部に控訴したが，1972年に名古屋高裁金沢支部は控訴を棄却し，原告側の勝訴が確定した。

●**裁判後の被害救済と環境再生**　控訴審判決翌日の三井金属鉱業本社交渉で，被害住民の要求を全面的に盛り込んだ「イタイイタイ病の賠償に関する誓約書」，「土壌汚染問題に関する誓約書」，および「公害防止協定」の3つの文書が締結された。

　イタイイタイ病の賠償に関する誓約書に基づき，1973年に「医療補償協定」が締結され，患者の要求に沿った医療救済がなされ，人体被害補償金は1971〜97年累計で約78億円に達した。2016年末までに，200（生存5）名の患者が認定され，407（生存4）名の要観察者が判定された。

　土壌汚染問題に関する誓約書に基づき，1973年に「作付停止田に対する損害賠償に関する協定書」，1974年に「過去の農業被害補償に関する覚書」を締結し，農業被害補償金は1971〜96年の累計で約170億円に達した。

　「農用地土壌汚染防止法」に基づき地域指定された約1500 haに及ぶ汚染農地の土壌復元は，「公害防止事業費事業者負担法」に基づき，富山県が1979年から2011年まで33年間かかって863 ha完了した。復元農地外は宅地などに転用された。事業費407億円のうち汚染原因企業負担率は約39%であり，自然汚染分や三井進出以前の不存在企業分の約61%が，国・県・市町の公費負担とされた。

　公害防止協定に基づき，1972年から毎年被害住民，科学者，および弁護士による神岡鉱山の全体立入調査が実施され，2016年で45回を数えるにいたった。科学者は，被害住民や弁護団とともに専門立入調査を年数回行ってきた。立入調査に基づく科学者の提言により，三井金属鉱業が投資した公害防止投資額は，1970〜2016年度累計で約257億円に達した。その結果，神岡鉱山のカドミウム排出量は，1972年の約60 kg/月から2016年の約4 kgと10分の1以下に減少し，神通川水質のカドミウム濃度も1969年の1 ppbレベルから2016年の0.07 ppbへと10分の1以下に減少し，非汚染の自然河川レベルに改善された。

●**全面解決へ**　イタイイタイ病患者の補償，汚染農地の復元事業の完了，神岡鉱山の公害防止対策の強化，富山県立イタイイタイ病資料館の2012年オープンなどを受けて，救済されていなかったカドミウム腎症患者に一時金60万円を三井金属鉱業が給付することで，2013年に被害者団体と合意し，「全面解決」したが，公害防止協定に基づく神岡鉱山への立入調査は継続される。　　　　　　［畑 明郎］

📖 **参考文献**
・畑 明郎（1994）『イタイイタイ病―発生源対策22年の歩み』実教出版.
・畑 明郎・向井嘉之（2014）『イタイイタイ病とフクシマ―これまでの100年これからの100年』梧洞書院.

大気汚染公害裁判

　大気汚染公害裁判とは，工場の排煙や自動車排ガスに含まれる汚染物質によってぜんそくなどの呼吸器系疾患に罹患した住民らが，工場を操業する企業や道路を管理する国などを相手に，損害賠償や差止めを求めて争う裁判である．1967年に石油化学コンビナートの企業群を相手に損害賠償を求めて提訴された四日市公害裁判を嚆矢とし，1970年代後半〜80年代に提訴された西淀川や川崎での訴訟（ここでは，工場を操業する企業群と道路管理者が被告になっており，差止めも請求されている），さらに，1996年に提訴された，ディーゼル車を製造販売する自動車メーカーをも被告とした東京大気汚染公害裁判などがある．

●四日市公害裁判　大気汚染による被害は，戦前から大都市部を中心に深刻であったが，戦後復興期から高度成長期に適切な規制も対策もとられなかったことから，全国的に深刻な大気汚染が発生した．特に，エネルギーが石炭から石油に転換され，重化学工業が太平洋ベルト地帯に集中・集積するようになり，その地域にぜんそくなどの呼吸器系疾患を中心とする公害病を発生させた．

　このような中，1967年，鈴鹿川をはさんで四日市コンビナートの対岸にあたる磯津地区の住民でぜんそくなどの疾患に罹患した9名が，コンビナートに工場などを有する6社を被告とする損害賠償訴訟を提起した（損害賠償に加えて，公害の差止めを求めることや，国・県の責任をも問うことが検討されたが，企業の損害賠償責任を認めさせるためには大きな困難が予想されることや，早期の決着が必要なことから見送られたとされる）．

　裁判の争点の第1は，被告企業に過失があったかどうかだが，判決（津地裁四日市支判昭和47年7月24日判例時報672号30頁）は，「ばい煙の付近住民に対する影響の有無を調査研究し，右ばい煙によって住民の生命・身体が侵害されることのないように操業すべき注意義務」と並んで，「コンビナート群として相前後して集団的に立地しようとするときは，事前に排出物質の性質と量，排出施設と居住地域との位置・距離関係，風向，風速等の気象条件等を総合的に調査研究し，付近住民の生命・身体に危害を及ぼすことのないように立地すべき注意義務がある」として，過失を認めた．「立地上の過失」を認めたことは，四日市コンビナートが国や県の政策により誘致されたものであることから，それらの問題性を厳しく指摘するものでもあった．

　第2の争点は，因果関係である．これには2つの問題が含まれる．原告の呼吸器系疾患が大気汚染によるものかどうかと，その汚染が被告工場からのものであるかどうかである．前者について判決は，「公害事件においては，その事件の持

つ特殊な性格から疫学的見地からする病因の追究が重要な役割をになっている」としたうえで、「疫学調査の結果や人体影響の機序の研究によれば、四日市市、とくに、磯津地区において、昭和36年ころから閉そく性肺疾患の患者が激増したことは紛れもない事実であり……磯津地区における右疾患の激増は、いおう酸化物を主にして、これとばいじんなどとの共存による相乗効果をもつ大気汚染であると認められる」とした。

後者については、被告企業が複数であり、その煙が入り交じって被害者らの居住地域を汚染しているので、個々の企業の操業と被害の個別的な因果関係を明らかにすることは不可能である。そこで、被告企業らを「共同不法行為」者として一体的に捉えられるかどうかが問題となる。この点につき、判決は、「結果の発生に対して社会通念上全体として一個の行為と認められる程度の一体性」があれば「共同不法行為」と考えることができ、この「共同不法行為」により結果が発生したことを立証すれば、加害各人の行為と結果発生の間の因果関係は法律上推定され、被告の間により緊密な一体性が認められる場合には、たとえ、当該工場のばい煙が少量で、それ自体としては結果の発生との間に因果関係が存在しない場合においても、結果に対して責任を免れないことがあるとした。そして、被告らは隣接し合って操業し、かつ、コンビナート関連工場として操業しているのであるから共同性を認めることができ、また、被告6社中3社については、「一貫した生産技術体系の各部門を分担し」ているのであるから「強い関連共同性」を認めることができるとし、被告6社に損害賠償を命じた。

本判決が国の政策に与えた影響は大きく、判決後、環境庁長官は談話を発表し、その中で、①公害対策に全力をあげて取り組むこと、②被害者救済制度の検討を進めること、③事前チェックのための制度の必要性の3点を指摘している。これらの点は、③の事前チェックの制度化（「環境影響評価法（環境アセスメント法）」の制定）が大きく遅れたことを除けば、1970年代前半における環境基準の改定や排出規制の強化、「公害健康被害補償法」（大気汚染によってぜんそくなどの疾患が多発している地域を指定し、そこに一定期間居住または在勤し汚染にばく露され公害病に罹患し、認定を受けた人に補償が給付される。補償給付費用は、大気汚染の原因となる物質を排出している事業者からの賦課金と、大気汚染の原因として自動車の寄与が考えられるために自動車重量税からの負担による）の制定などにより実現していく。

●公害・環境政策の後退と新たな大気汚染公害裁判　1970年代半ば以降、この時期までに成立した公害法制による対策の進展の結果、四大公害事件のような、激甚な被害は目立たなくなり、それに代わって汚染源の種類や汚染の形態が多様化していく。大気汚染の場合、自動車排ガスによる大気汚染が深刻な問題となった。自動車排ガスの場合、自動車メーカーの排ガス対策や国の交通政策と並んで、車に依存した市民生活のあり方も問題となる。

このような問題状況の変化は，当然のことながら，従来の対策や法制だけでは十分には対応できないという事態をもたらす．その場合，本来とるべき道は，それまでの到達点をふまえたうえで，新たな問題への対応を図ることであったはずである．しかし，残念ながら，日本の環境政策や法の展開は，そのような方向ではなく，1970年代半ば以降，停滞ないし後退を示すことになる．この時期，日本と世界の先進工業国の経済は，オイル・ショックを契機に，高度成長期から低成長時代に入るが，その中で，公害規制が厳しすぎては低成長時代を乗り切れないという経済界の主張も強まり，国の政策は，公害・環境対策よりも経済の成長・安定化を重視する方向に変化し，「公害は終わった」として，それまでの到達点を過去のものとみる動きが出てくる．

　大気汚染についていえば，重大なことは，二酸化窒素の環境基準が1978年に大幅に緩和されたことであり，公害健康被害補償法の地域指定が1988年に全面解除されたことである．この制度では，指定地域において汚染にさらされ指定疾病に罹患したことが補償を受ける要件となっているので，指定地域が解除されたということは，今後，新たな大気汚染公害患者は認定しないことを意味した（すでに認定されている患者への補償は継続）．

　このような「後退」に抗して，1970年代後半以降，大規模な大気汚染公害裁判が，各地で相次いで起こされた．千葉（1975年提訴），西淀川（1978年提訴），川崎（1982年提訴），倉敷（1983年提訴）などである．このうち，西淀川訴訟では，大阪市西淀川区およびそれに隣接する地域で操業する被告企業10社と，同地域にある国道の管理者としての国，および高速道路管理者としての阪神高速道路公団に対し，損害賠償と差止めが求められたが，この地域は，戦前から大小様々な工場が立地し，大阪市内で最も深刻な大気汚染地域であり，大気汚染による呼吸器系疾病に苦しむ患者数も多かった．しかし，汚染源の企業はコンビナートを形成する企業群のような密接な関連をもって操業しているわけではない．被告以外の中小の汚染源も多く，幹線道路を走行する自動車排ガスの影響も顕著である．したがって，これらの（四日市判決とは異なる）汚染源をどのような基準で「共同不法行為」として捉えることができるのかが争点となったのである．

　1991年に大阪地裁は，第1次訴訟につき，窒素酸化物と健康被害の因果関係を否定したが，二酸化硫黄と浮遊粉じんと疾病の因果関係を認めたうえで，被告企業の共同不法行為責任を肯定した（大阪地判平成3年3月29日判例時報1383号22頁）．また，西淀川第2〜4次訴訟では，自動車排ガスと健康被害の因果関係を認め，国・公団の責任が認められている（大阪地判平成7年7月5日判例時報1544号19頁）．なお，西淀川訴訟においては，1995年に企業との間で，1998年に国・公団との間で和解が成立し，被告企業と被害者の和解により企業が拠出した和解金を基礎に財団（「あおぞら財団」）がつくられ，地域再生や公害環境問題の改善解決のための取組みが進められている．

●自動車排ガスと大気汚染公害裁判　自動車排ガスによる大気汚染は現在進行中の公害であるため，過去の被害の救済に加えて，差止めが重要な課題となる．この点で注目すべき判断を示したのが，尼崎公害訴訟判決（神戸地判平成12年1月31日判例時報1726号20頁）と名古屋南部訴訟判決（名古屋地判平成12年11月27日判例時報1746号3頁）である．この2つの判決は，ディーゼルエンジンから排出される極微粒子とぜんそくの因果関係を肯定し，一定以上の粒子の進入を禁止する判断を示したのである．道路公害の場合，道路の公共性が被告から差止めに対する反論として主張されるが，判決は，損害の内容が生命，身体に関わる回復困難なものであることから，侵害行為の公共性を重視しなければならないとしても，なお差止請求は認容されるべきとしている．

　自動車排ガス公害については，自動車メーカーの責任が追及された東京大気汚染公害裁判も注目に値する．この訴訟は，東京都23区に居住する住民が，道路を通行する自動車排ガスが原因でぜんそくなどの呼吸器疾患に罹患したとして，道路管理者としての国，首都高速道路公団，大気汚染の原因となっている自動車を製造販売する自動車メーカー7社を被告として，損害賠償および差止めを求めて1996年に提訴したものである．メーカーを被告にしたのは，東京地域という広域の汚染を問題とし，原告も広範囲に居住しているため，特定の工場や道路に汚染源を求めることは困難であるが，他方において，本件地域において大量に走行し排ガスにより大気汚染を発生させている自動車は，メーカーが製造販売し，そのことにより利益を得ていること，しかも，メーカーは排ガスの排出抑制により汚染に影響を与えうる立場にあると考えられたことによる．

　2002年に，東京地裁は幹線沿道から50m以内に住む7人について自動車排ガスと健康被害の因果関係を認め，道路の設置管理者としての国・都・首都高速道路公団には賠償責任を認めるが，メーカーの責任は否定し，差止請求も認めないという判決をいい渡した（東京高判平成14年10月29日判例時報1885号23頁）．メーカーの責任についていえば，判決は，法的責任こそ認めなかったものの，「被告メーカーらには，それぞれ，大量に製造，販売する自動車から排出される自動車排ガス中の有害物質について，最大限かつ不断の企業努力を尽くして，できる限り早期に，これを低減するための技術開発を行い，かつ，開発された新技術を取り入れた自動車を製造，販売すべき社会的責務がある」とした．その後，2007年の夏に和解が成立し，自動車メーカーも拠出する医療費補助制度がつくられた．　　　　　　　　　　　　　　　　　　　　　　　　　　　　　　　[吉村良一]

📖 **参考文献**
・大村敦志（2011）『不法行為判例に学ぶ』第5章，有斐閣.
・宮本憲一（2014）『戦後日本公害史論』第4章第4節，第9章第3節，岩波書店.
・吉村良一他編（2013）『環境法入門（第4版）』第Ⅱ部第1章，法律文化社.

市街地土壌汚染

　市街地土壌汚染とは，市街地における土壌汚染である．土壌汚染とは，重金属・揮発性有機化合物（VOC），ダイオキシン類，放射性物質などが，人体や生態系に害を及ぼす状態で，土壌・地層に存在していることである．

●**市街地土壌汚染に至る背景**　土壌汚染はストック汚染であり，日本の公害問題の中でも古い歴史をもつ．近代には，金属鉱山由来の農用地汚染が深刻化した．足尾銅山鉱毒事件やイタイイタイ病はその代表例である．イタイイタイ病の発覚を契機として，1970年には農用地土壌汚染防止法が制定された．全国の農用地汚染に対して，国や都道府県による調査と対策が行われるようになった．

　これに対して，市街地の工場などから排出される有害物質については，1970年の廃棄物処理法で，排出者による適正処理が明記された．しかし，本法は工場敷地外へ運び出される産業廃棄物に焦点が当てられており，工場敷地内での有害物質の投棄・漏洩，つまり土壌汚染の防止については実効性がなかった．1980年代になると，全国の半導体などのハイテク工場におけるVOCによる地下水汚染が発覚する．1989年には「水質汚濁防止法」が改正され，有害物質を含む汚染水が地下浸透するのを未然防止するための改善措置を，都道府県知事が命令できるようになった．また，1996年の水質汚濁防止法改正では，汚染された地下水の浄化措置が定められた．しかし，措置命令の数はきわめて少ない．浄化措置命令は，飲用に使用される地下水の汚染があった場合に限られるためである．

　日本における市街地土壌汚染の最初のケースは，1974年に発覚した六価クロム事件である．1900年代初頭から，日本化学工業が東京都江戸川区でクロム塩類を製造してきた．そこで発生した六価クロムの鉱さいを，江戸川区・江東区の広範囲にわたって投棄してきた．これらが市街地再開発を機に発覚した．市街地土壌汚染の法制度がないなか，東京都は日本化学工業と交渉し，一定の汚染者負担のもと，汚染土の封じ込めなどの処理を行った．

●**市街地土壌汚染の諸対策**　その後，神奈川県秦野市や東京都など，自治体レベルでの市街地土壌汚染処理のルールづくりが一定程度進んだが，国レベルでの法制度は，2002年に成立した「土壌汚染対策法（土対法）」に始まる．日本では1980年代後半から大手製造工場の海外移転が進んだ．1990年代には，都市部で工場用地からマンションやオフィスビルなどへの用途転換が進んだ．その際に多くの土壌汚染が発覚したことが立法の契機となった．

　土対法は，有害物質使用特定施設の使用廃止時（土対法第3条）での土壌調査を土地所有者に義務づけている．重金属やVOCなどを使用した工場用地が，住

宅など他用途に転用される際の調査である．2009年の改正では，3000㎡以上の
土地の形質変更時の調査が加えられた（土対法第4条）．処理義務については，
「人の健康に係る被害」の有無がポイントとなる．土壌汚染が存在する土地への
人の立ち入りがある場合，もしくは飲用地下水の汚染がある場合に，土壌汚染の
何らかの処理を義務づけている（土対法第6・11条，および土対法施行令第5条）．
　土対法の対象物質は主に重金属とVOCである．その他に，ダイオキシン類に
よる土壌汚染の処理を定めた「ダイオキシン類対策特別措置法」（1999），福島第
一原発事故によって放出された放射性物質の処理（除染）を定めた「放射性物質
汚染対処特措法」（2011）が存在する．

●**市街地土壌汚染の処理水準と費用負担**　市街地土壌汚染の処理に際して，ポイ
ントとなるのが処理水準と費用負担である．土壌汚染の処理方法は多岐にわたる．
汚染現場の地中に有害物質を封じ込める方法や，汚染土壌をそっくり他所へ持っ
ていく掘削除去まで様々である．その処理費用はけた違いに異なる．つまり，ど
の処理方法を採用し，どの処理水準を選択するのかという問題である．
　また，それは処理費用を誰がどのように支出・負担するのかという問題にもつ
ながる．土壌汚染は工場の長年にわたる操業の後に発覚することが多く，すでに
汚染者が存在しない，資力がない，不明といったケースがありうる．また，汚染
者が不明といった場合もありうる．汚染者負担が適用できない場合に，土地所有
者や行政，そして汚染に何らかの関与をした幅広い主体（有害物質の製造者，輸
送者，汚染者への融資者など）が，どのように処理費用を負担するのかが問われ
ている．

●**環境リスクとリスクコミュニケーション**　土壌汚染の処理水準を考察する際に
キーワードとなるのが，環境リスクである．市街地土壌汚染の人体へのリスクを
定量化し，その大きさに応じた処理方法を選択するという発想である．現在，都
市部の市街地土壌汚染の現場のほとんどで，掘削除去が採用されている．日本の
不動産市場においては，高額な処理費用を支出するゼロリスクが選択されている．
これに対して，土壌汚染のリスクに関しては過剰な対策であるという見解もある
（中央環境審議会，2017）．また，市街地土壌汚染は人々が行き交う市街地での汚
染であるがゆえに，汚染の影響を受けるであろう人々が存在する．これら利害関
係者の関与のもと，どのような手続きで処理水準を決定するのか，つまりリスク
コミュニケーションを含むリスク受容・拒否の手続きが，近年重要性を帯びてい
る．福島県での「どこまで除染するのか」という問い，東京都江東区豊洲の土壌
汚染地における再三にわたる調査・処理をめぐる動きはその現れである．

[佐藤克春]

📖 **参考文献**
・佐藤克春（2015）『市街地土壌汚染問題の政治経済学』旬報社
・中央環境審議会（2017）「今後の土壌汚染対策の在り方について（第一次答申案）」.

職業病・労働災害と公害問題

　保健社会学を修め日本の環境社会学の提唱者の1人であった飯島伸子は，環境問題の全体を見通したとき，往々にして「公害問題の前段階」として，工場の塀あるいは企業秘密の壁の内側で起こる労働環境問題が存在すると指摘している．

●顕在化しにくい「公害問題の前段階」としての労働環境問題　労働環境問題としては，労働者が業務に関連して負傷したり疾病に罹りうる（時には死亡もありうる）労働災害・職業病がある．これらの問題が発生した場合，現在日本では「労働安全衛生法」（1972）に基づき，事態の早期把握や予防などの措置が求められるほか（ただし，遅発性の職業病やその仕事の退職後の発症は報告の対象とならず），被害が発生した場合の補償に対処するため，主に民間労働者の場合，「労働者災害補償保険法」（1947）に基づき使用者（事業主）の全額負担によって，「労災保険」に加入することが義務付けられている．そして，被害者が労災保険給付を請求した場合，労働基準監督署長が業務に起因する疾病や死傷などであるかどうかを勘案し，支給・不支給などの行政処分を行う流れになっている．

　このように法は徐々に整備されたものの，長い間，労働者の健康を損傷するような労働災害は自己責任の範疇の問題として，被害とは見なされなかった．労働の現場では「怪我と弁当は手前持ち」という合言葉があったように，労働災害の責任を企業に問い正すよりは熟練度の問題として片付けたり，労働者自身が泣き寝入りしたりして問題化しづらい状況があった．もちろん，労働災害が表に出れば，企業の看板に傷がつき採用にも支障を来すだけでなく，労災保険給付により，その後の労災保険料率の上昇にも影響することから，企業自身が表沙汰にしたがらない事情も存在したであろう．また，国の医療保険制度も，まずは労働災害が起こりやすい工場や鉱山などの労働者を対象とした健康保険から始まったため，労働現場で発生しうる病気や怪我は，これらを使って自前で対処するというような風潮を下支えした面があったと思われる．その意味では，労働災害や職業病として顕在化しているのは氷山の一角にすぎないともいえる．

　公害問題は，民間企業の経済活動（無論，公営事業の場合もありうる）によって有害物質などが環境中に放出され，地域住民に被害を及ぼす問題ということができるが，その前段階として労働環境問題がある場合には，至近距離で有害物質などにさらされる労働者層への悪影響はより深刻になりうる．こうした問題の根は深い．戦後の労働者保護の施策が打ち出されるはるか以前，少なくとも江戸時代から鉱山における職業病の被害は発生している．劣悪な作業環境のもとで働きつめた鉱夫たちがヨロケ（じん肺）にかかり，若くして命を落とすという話は珍

しいことではなかった. また, 富国強兵策による産業保護のもと, 足尾銅山など
の代表的な鉱山ではその下流域で鉱毒流出による汚染被害をもたらしているが,
その前段として労働者の職業病はもとより, 苛烈な煙害によって鉱山の山元の村
そのものが廃村に追い込まれる事態さえ招いている. 戦後, 公害の原点といわれ
た水俣病を引き起こしたチッソも, 内部では水俣病発生以前から労働災害が頻発
していた企業であった.

●典型としてのアスベスト被害と原発における被ばく労働　近年の事例でいえば,
アスベスト（石綿）による健康被害や原発事故に伴う放射能汚染は職業病と公害
問題がつながる問題の典型であろう. 2005年6月に始まったいわゆる「クボタ
ショック」は, アスベストの被害が職業病であるだけでなく公害問題でもありう
ることを世間に突きつけた. 尼崎のクボタ神崎工場（当時）周辺の住民に, 労働
現場で日常的にアスベストばく露を受けた労働者と同じように中皮腫などの特異
的な疾病が発生していることが確認されて以降, 職業病と公害問題の間には垣根
はなく, 労働環境における汚染が容易に地域の環境汚染へと広がりうることが明
らかになった. 言い換えれば, アスベストの有害性に関する最新の知見や実態調
査をもとに労働安全衛生対策を徹底していれば, 公害問題は防ぐことができたわ
けである. にもかかわらず, 国の規制も不十分で, 経済効率が最優先され, 労働
者だけでなく地域住民の健康や生命をも犠牲にしてしまった.

　同様の構造が原発問題でも垣間見える. 2011年の福島第一原発事故はきわめ
て広範囲に放射性物質を拡散し, 多くの人々に今なお被ばくによる健康不安を与
えているが, 原発内においては, 事故以前から原発労働の現場に従事する作業員
（特に下請け会社の労働者）の被ばくによる健康被害が存在していた. これまで
日本では十数例が放射線作業に関連する業務上疾病として労災認定されているが,
あくまで氷山の一角にすぎない. 放射線被ばくによる晩発性疾患は, 10年以上
経過してから発症することもあるため, 被ばくと疾病との因果関係を自覚しづら
く, 各地の原発を渡り歩くこともある作業員の被ばく線量の記録が保管されてい
なければ, 労災認定の条件もそろわない. 実際, 被ばく労働に従事する作業員の
健康の長期的観察体制はなく, 多重下請け構造のもとで集められる作業員の健康
被害は潜在化しやすい状況にある. こうした構造の上に成り立っていた原発の
「安全神話」が, 甚大な放射能汚染の公害をもたらした福島第一原発事故を引き
起こす温床となったことは周知のとおりである.

　以上のように,「公害問題の前段階」としての労働環境問題を見逃さないこと
が深刻な公害問題を予防するうえでも重要なのである.　　　　　　［尾崎寛直］

📖 参考文献
・飯島伸子（1977）『公害・労災・職業病年表』公害対策技術同友会.
・飯島伸子（1984）『環境問題と被害者運動』学文社.

アスベスト問題

　アスベスト（石綿）は戦後の高度成長期に消費量が急速に増加し，これまでに約1000万 t が使用され，その多くが現存する建築物の材料の中に今なお残されている．日本国内の使用は2004年に原則禁止となり，新たに消費される状況はなくなったが，アスベストによって生じる疾病の潜伏期間は数十年にわたるため，被害は年々増加傾向にある．2005年6月末にクボタが旧工場周辺に中皮腫の患者が確認されたという報告をして以来，アスベストによる環境汚染をめぐる問題が大きくクローズアップされた．このことは，アスベスト汚染を労働環境だけに限らず，公害・環境問題として捉えることにきわめて重い現実性を与えた．また，2014年10月には，大阪・泉南地域に集中していた中小の紡績工場で働き肺ガンや中皮腫などを患った元労働者や遺族による集団訴訟で，最高裁は国の責任を一部認める判決を下した．その後，同様の訴訟を含めて和解する動きが出ているが，今後予想される被害の全体像のごく一部にようやく光が当てられたにすぎない．

●**すでに飛散したアスベストによる被害と国の対応**　国が発表している中皮腫による死亡者数は増加の傾向にあり，2016年の死亡者数は1550人に上っている（厚生労働省『2017年度人口動態統計』より）．1995年に国が統計を取り始めてから，2016年までに2万2075人に上る人々がこの病気で死亡している．アスベスト問題は2005年のいわゆるクボタショックを契機として大きな社会問題となったことから，国は「隙間のない救済」をスローガンに掲げ，2006年には「石綿による健康被害の救済に関する法律（石綿健康被害救済法）」を制定した．救済法による認定者数は2015年5月末までに1万人を超えているが，申請者数は減少しており，中皮腫の死亡者数が増加傾向にあるのとは逆の傾向にある．さらに，肺ガンの認定患者数は中皮腫に比べてかなり低く，年間100名ほどにとどまっている．また，現在の救済制度は主に医療費などの助成を対象としており，慰謝料や逸失利益の補塡，生活保障といった要素は含まれていない．

●**被害特定のための方向性**　これまでに認定を受けた人々がアスベストにばく露した状況をていねいに探っていくことは，想定される原因を分類するのに適している一方で，クボタショックの際の工場周辺の患者の発見や，最近の運搬用麻袋の使用にともなうばく露の事例にみられるように，アスベスト関連疾患の患者と接する機会をもち，これまでに考えられていなかったばく露の可能性も含めて，原因を探っていく作業が必要になる．そのため，現場や地域と密に接する立場にある人々との有機的な連携や仕組みづくりは，今後ますます重要になってくると考えられる．このことは，広い意味での予防原則の具体的な対応策として位置付

けることができる．すなわち，アスベスト汚染による影響に関するこれまでの経験や研究成果がすべて明らかにされていないことを前提にすれば，あらゆる可能性を想定して問題に取り組む必要がある．国や自治体などの行政は規定された枠組みの中で対応を進めることに大きく重点をおいており，探索的な原因の究明を期待することは難しい．各地域の労働安全や環境問題を扱う市民団体が中心となって，こうした体制を組んでいくことができれば，他の国にはみられない取組みとして意義は大きい（村山，2015）．

●**建築物に残されているアスベストの問題を含めた課題**　今後，高度成長期に建てられた建築物が解体時期を迎えるため，アスベストが含まれている建材の状態を適切に管理するとともに，解体時に新たな飛散が発生しないよう，十分な注意が必要になる．2012 年に設立された石綿問題総合対策研究会では，医学関連，調査・分析，管理・除去対策，廃棄・リサイクル，歴史，政策・社会などの各分野の専門家に加えて，行政関係者や非営利組織（NPO）などの交流を通じて，総合的石綿対策の理解，石綿の健康リスクの削減，震災時対策，そのほかの課題などについて扱っている．特に，解体時の飛散防止対策については改正された「大気汚染防止法」が 2014 年 6 月に施行されており，工事実施の届出義務者を発注者や自主施工者に変更，工事前の事前調査の結果の説明，都道府県知事等による報告や検査の範囲の拡大などが盛り込まれた．しかし，実際の運用は自治体に任されており，具体的な対応策は必ずしも統一されていないのが現状である．今後，各地域での経験を交流させ，実現性の高い対応策を検討していく必要がある．

●**アジア地域への問題の広がり**　欧米の先進国が使用禁止を実施しつつある一方，発展途上にある地域では，逆に使用量が増加する傾向にある．特に，インド，タイといった国々では，アスベストの輸入量の増加が著しい．中でも，中国は自国にアスベストを産出する鉱山を有しており，2014 年の消費量は 50 万 t を超えている（USGS, *Minerals Yearbook 2015*, Asbestos）．また，日本から韓国を経由してインドネシアにアスベスト関連工場が移動した事例が確認されており，いわゆる公害輸出の典型といえる．こうした状況の中で，発展途上地域で作業に従事する人々が，アスベストの危険性をほとんど知らされず，先進国ではおよそ考えられないような劣悪な労働環境で作業している可能性は否定できない．同じような問題が海外の途上国へ移っているとすれば，アスベスト問題が本当に解決されたとはいえない．

[村山武彦]

📖 **参考文献**

・中皮腫・じん肺アスベストセンター編（2009）『アスベスト禍はなぜ広がったのか』日本評論社.
・村山武彦他（2010）「人類は教訓を生かせるのか—世界からアジアに集中するアスベスト」『アジア環境白書 2010/11』東洋経済新報社.
・田口直樹編（2016）『アスベスト公害の技術論』ミネルヴァ書房.

産業廃棄物不法投棄事件

　日本における産業廃棄物の不法投棄事件は，豊島事件や青森・岩手県境事件などの大規模事件が一般によく知られている．大規模事件になる背景には，当然ながら大量廃棄，使い捨て社会の浸透があるわけだが，早期に対処されず，問題が先送りにされたことも影響している．つまり，早期に対処しなかったために，長期間にわたって廃棄物が蓄積し，大規模事件になったということである．問題が先送りになった理由としては，行政側の立入りなどの取締りの不備があるが，法の網をくぐる行為が巧妙化し，制度がそれに追いつかない状況が続いたということもある．不法投棄の多くが費用削減という経済的動機にあり，全国各地で多発している．そのような中で，住民や自治体などの地道な努力により早期に対処され，結果的に大規模事件に発展しなかった不法投棄事件も数多く存在する．

　産業廃棄物という用語が新聞や雑誌記事に登場するのは1960年代後半からである．当時の「清掃法」は家庭ごみを対象としており，工場などから発生する廃棄物の処理については事業者へ命じることができるとしていたものの，基本的には規定外のものとして各事業者の恣意に委ねられていた．ただし，実態としては規定外のごみに制約はなく，家庭ごみと同様に引き取っていたところもあった．大阪市ではこのような規定外のごみの発生量が1960年代初頭から急増するなかで，処分地の確保に奔走するとともに公共の場での不法投棄の対応に苦慮したとある（黒田，1996）．そのような中，同市では1967年に産業廃棄物の実態調査の報告書を出しその対応を協議した．そこで産業廃棄物という用語が初めて使われたとされている．これを発端に中央省庁において産業廃棄物に関する議論が広がり，厚生省（現厚生労働省），科学技術庁（現文部科学省）がそれぞれ1969年に調査報告書を出し，ともに法改正の必要性を指摘した．それらが後の「廃棄物の処理及び清掃に関する法律（廃棄物処理法）」の制定に大きく関わっている．

●**排出者責任と処理委託**　1970年12月，それまでの清掃法を全面的に改正する形で廃棄物処理法が成立し，翌年に施行された．同法は産業廃棄物の処理についても規定し，その排出（事業）者の処理責任を明記した．産業廃棄物の処理の実態においては，当初より排出者自らが処理することは少なく，処理業者に委託するという下請構造があった．この委託を受けた処理業者が不法投棄をし，これが長らく産業廃棄物の不法投棄対策を難しくさせた．この時期の『警察白書』（昭和50年版）によると，不法投棄量の4.1％が排出者によるもので，大多数は委託を受けた処理業者によるものとしている．

　原因者責任の考えからすると，不法投棄をする者が処理責任を負うのは当然で

ある．廃棄物処理法でもこの考え方は盛り込まれており，1970年の制定当初より排出者自らが不法投棄をする場合は排出者，処理業者が不法投棄する場合は処理業者の処理責任を規定しており，無許可の処理業者に対しても罰則が設けられていた．しかし，制定当初は委託基準がなく，無許可業者への処理委託が横行したとされる．つまり，排出者が委託先を無許可業者と知っていたとしても，罰則などがないことから低料金で処理を請け負う無許可業者が選ばれていた．いわゆる廃棄物処理市場における「悪貨が良貨を駆逐する」状況が起きていたのである．

1970年代半ばに東京都の六価クロム事件が社会問題になり，これを契機に廃棄物処理法を見直す議論が強まった．1976年，同法が改正され，このタイミングで委託基準が設けられた．これにより無許可業者への委託はある程度抑制されたと考えられるが，産業廃棄物の不法投棄自体はなくならなかった．この改正が行われた同時期に，後述する豊島事件が動き始めたように，1970年代後半から1980年代にかけて不法投棄のさらなる巧妙化が進んだ．都市近郊でも千葉県などで「産廃銀座」と呼ばれる産業廃棄物の山が生まれ，住民とのトラブルが絶えなかった．

●**豊島事件**　豊島は香川県の小豆島に近接する瀬戸内海にある島である．この島で，日本の産業廃棄物不法投棄事件の代表例である豊島事件が起きた．1975年，豊島総合観光開発が有害廃棄物の処分場建設の許可を求め，香川県に申請したのが豊島事件の発端である．大川（2001）によると，この時点で住民は建設差止めの裁判を起こし，建設反対の意思表示をしていたが，1978年，同社はミミズ養殖のための木くずなどの処理事業に事業内容を変更し，事業許可を取得したという．同時に住民とも，有害廃棄物を取り扱わないなどで裁判上の和解をした．

その後，同社はすぐに有害産業廃棄物を搬入するようになり，1983年にはミミズの養殖は行われなくなった．関西圏を中心とした都市部からシュレッダーダスト（自動車などの破砕くず）や廃油などが大量に持ち込まれ，野焼きが連日なされた．許可業者が許可された範囲外の廃棄物を不法投棄したということである．前述のとおり，1976年の法改正で無許可業者への委託基準を設けたが，許可業者への委託が増えたとしても不法投棄がなくなるわけではなかった．許可業者が基準外の廃棄物を受け入れ，不法投棄をするという事象が出てきたのである．

このような動きに，豊島の住民は傍観していたわけではなかった．1984年，許可外の廃棄物の搬入および野焼きについて，県に対して公開質問状を提出している．しかし県は同社が持ち込んでいる有害廃棄物を金属回収のための原材料だとし，法の対象にならないという解釈をした．これが事件をさらに長期化させた．

廃棄物処理法では，法の対象となる廃棄物は総合的に判断されるということになっているが，一般に，現場では有償で売却できないものを廃棄物とし，それ以外は有価物として法の対象外としてきた．豊島事件ではその考え方が巧みに利用され，廃棄物を有価物と見せかけて取引し，廃棄物処理法上の規制を免れた．そ

のからくりは輸送費である．事実上，廃棄物の処理料金を受け取っているにもかかわらず，輸送費を高めに請求することで，廃棄物を有償で買い取っているように見せかけたのである．香川県はその法解釈を変えることなく，不法投棄，野焼きは続き，近隣住民の度重なる抗議があったとしても，その流れは止めることはできなかった．1990年の兵庫県警の強制捜査を受けるまで長らく不法投棄は続き，健康被害のほか，漁業や農業への風評被害を生じさせてしまった．

廃棄物処理法の大きな改正は，1976年のあとは1991年とされており，その後1997年，2000年と立て続けに改正されている．1990年代の改正は豊島事件の影響があったとされ，罰則などの厳格化，排出者責任の強化などがなされた．また，同事件において自動車のシュレッダーダストへの社会的関心が高まり，使用済み自動車の処理のあり方においても影響を与えた重大な事件とされている．

●都市から地方への広域移動　1980年代は，豊島事件のみならず全国各地で産業廃棄物の不法投棄は起きている．この時期の『警察白書』（昭和56年版）をみると，不法投棄事犯のうち80.4%が排出者によるものとされ，種別では建設資材が79.0%であると記されている．処理委託が多いとされる中で，建設業における排出者が問題であるという点は2000年以降も同じである．その背景には建設業界における重層的な下請け構造があり，誰が排出者なのかがわかりにくいという問題がある．これについては，1980年代の段階ですでに当時の厚生省も指摘している．

産業廃棄物の不法投棄事件は，都市から地方への広域移動によって引き起こされることがある．前述のとおり，豊島事件は関西圏などから瀬戸内海の島に廃棄物が広域移動した事件である．都市の拡大とともに産業廃棄物の処分場が不足し，都市部では住民とのトラブルなどから新たな処分場の建設が難しくなった．千葉県など都市郊外で廃棄物の山が次々と現れるが，それらの容量も限界があり，最終処分地をさらに地方に拡大し，広域移動することとなった．

このような構造は，青森・岩手県境の不法投棄事件が象徴的な事例とされている．この事件は，1999年に強制捜査が行われ，当時，豊島事件の投棄量を越えるものとして新聞などで大きく報道されたが，現場自体は1989年，千葉市からの廃棄物の搬入が発覚した事件として広く知られていた．場所は青森県田子町と岩手県二戸市の県境をまたぐ敷地にある．当時はこの現場以外でも福島県いわき市で廃油等が不法投棄された事件など首都圏からの廃棄物が次々と東北各県に流入し，「東北ゴミ戦争」という名で社会問題になった．1980年代に廃棄物の広域移動が進んだとみることができる．

青森・岩手県境事件では，豊島事件と同様に法の網をくぐる悪質行為がなされた．具体的には，燃え殻，汚泥などを樹皮と混合し，堆肥原料として販売することとしたが，実際は販売せず，単に現場に野積みしたにすぎなかった．また，埼玉県の中間処理業者から，木くず，廃プラスチックなどを圧縮した固形化産業廃

棄物も搬入していた．そのほか廃油入りのドラム缶なども多数見つかった．

　また，青森・岩手県境事件は排出者責任を厳しく追及した事件としても重要である．津軽石・千葉（2003）によると，青森・岩手両県は残された伝票や投棄物などから委託した排出者を特定する地道な作業を行った．それにより首都圏を中心とした1万社以上の排出者を割り出し，法的責任が認められた事業者に対して原状回復のための措置命令を出した．これには大企業も含まれており，企業の社会的責任が問われる風潮と相まって，廃棄物の処理委託が企業にとって重大なリスクとなった．大企業を中心に排出後のトレーサビリティ（追尾可能性）の確保が課題の1つとなった．

●**日本の経験**　青森・岩手県境事件の社会的影響が広まりつつあった2000年代初頭，福井県敦賀市，滋賀県栗東市や，三重県四日市市など大規模な廃棄物不法投棄の現場が次々と明るみになった．豊島事件を含めこれらの現場では，原因者の資力などの問題から国民負担により原状回復事業を行わざるを得ず，そのための特措法が制定された．このような経験により，日本は廃棄物処理法の改正とともに，自治体においては不法投棄に対するモニタリングが強化された．

　一方，1999年，ニッソー事件が起きた．これは，国内で不法投棄に関わっていた処理業者が有害廃棄物をフィリピンへ輸出したという事件である．1980〜90年代にかけて国内で広域化していた廃棄物の移動が海外へさらに拡大したともいえる．2000年代には，中国など新興国・途上国へ使用済み製品が大量に輸出されるようになり，輸入地で不適正な分別が報じられた．価値のある再生資源という意味でニッソー事件とは異なるが，処理費用の安いところに流れるという構造が根本にあることは変わらない．経済的な動機により，今後も国内外で不法投棄は起こりうる．日本では不法投棄の巧妙化と制度の後追いといういたちごっこにより多くの大規模事件を発生させてしまったが，日本の経験は新興国・途上国の今後にも生かされる必要がある．

●**研究動向**　産業廃棄物の不法投棄は経済的動機により引き起こされるため，その市場構造を変えることが重要である．この問題について，社会科学では法学の立場からの研究がリードしていた（北村，1998）．関係者の処理責任をどのように強化すれば適正な委託がなされるかを議論するものである．経済学においても同様の関心はあったが，主に処理委託における取引当事者間の情報の非対称性に起因する問題として捉えられていた（細田，1999；阿部，2004）．また，廃棄物全般の関心に関係するが，処理費用を前払いするなどのインセンティブ政策の議論もあり，そこには拡大生産者責任といった動脈市場を絡めた議論も含まれていた．一方で，産業廃棄物の不法投棄の大多数を占める建設廃棄物のように，複雑な取引関係により動脈市場と静脈市場が依然として分断しているものもある．このような実態は経済学が想定するような状況にはいまだなっておらず，理論と実際の溝を埋めるさらなる研究が求められる．　　　　　　[阿部　新，山下英俊]

東京ゴミ戦争

　1971 年 9 月 28 日，東京都の美濃部亮吉知事（当時）は，東京都議会で「迫り来たるごみの危機は，都民の生活を脅かすものであります．したがってその対策はいまや最も急がなければなりません．今日，一日おくれることは，将来取り返しのつかない結果を招くでありましょう．私は，いま，ごみ戦争を宣言し，徹底的にごみ対策を進めたいと考えております」（東京都議会昭和 46 年定例会議事録）と「ゴミ戦争宣言」（都の資料では「ゴミ戦争」とカナを用いている）を行った．
●経緯　「ゴミ戦争宣言」の直接の契機となったのは，前日 9 月 27 日に江東区議会が，長年ごみ埋立てを受け入れてきた同区へのごみ搬入に反対する決議をし，「自区内処理」と「迷惑の公平負担」を訴えて，都と他の 22 区に対する公開質問状を採択したことであった．その背景には，同年 8 月 15 日，東京都が江東区に対し，当時埋立て処分に用いていた新夢の島（15 号地）での埋立て処分を 1975 年まで延長する旨の申入れを行ったことがあった．
　一方，杉並区では，1966 年 11 月に東京都が杉並区高井戸東 3 丁目地区を清掃工場建設予定地とすると発表したことに対し，地元住民による反対期成同盟を中心とした反対運動や，土地所有者による都市計画事業決定取消請求訴訟が行われていた．都は，1968 年 8 月に「土地収用法」に基づく手続きを開始し，1971 年 5 月には都の収用委員会の審理が結審し，収用裁決が可能な状況となっていた．
　1971 年 12 月に反対期成同盟が都と都議会に強制収用反対の請願を提出したことを受け，都は収用委員会に裁決延期を申請した．その後，都と杉並区による都区懇談会が設置され，1972 年 10 月以降，候補地選定に向けた議論が行われた．
　同年 12 月，年末年始のごみ対策として，都内 8 か所に臨時のごみ積替場の建設を計画したものの，杉並区和田堀公園の予定地が地元反対住民による妨害のため建設できず，12 月 22 日に江東区が杉並区内からのごみ搬入を実力阻止した．
　1973 年 5 月，候補地選定作業を実施する都区懇談会が反対派住民の妨害で開催できなかったため，5 月 22 日，江東区が杉並区からのごみ搬入の実力阻止を実施した．23 日，都区懇談会は高井戸地区を候補地に選定，都知事が 9 月末までに杉並清掃工場建設問題解決のめどをつけることを約束し，搬入阻止が中止された．しかし，反対期成同盟との話し合いは平行線をたどり，江東区から実力阻止の再開の通告を受ける中で，11 月以降，収用手続きが再開された．1974 年に入り，収用委員会，東京地裁双方で和解に向けた斡旋作業が始まり，同年 11 月，和解が成立した．これを受け，12 月都議会で都知事が杉並清掃工場建設問題の平和的解決を報告した（清水，1999；東京都清掃局総務部総務課編，2000）．

●背景　東京23区から出るごみは1960年には年間101万tだったが，1970年には304万tと，10年間で3倍にも増加した．同時期に23区の人口は831万人から884万人に（6％増），昼間人口も897万人から1045万人（16％増）しか増えていない．一方，経済活動の水準は，実質都内総支出でみると，10兆8081億円から27兆9094億円へと2.6倍の増加となっており，1960年代には人口増や経済成長のスピードを上回る勢いで東京のごみが増えていた．組成的には，60年代後半に紙類が2倍以上増え，プラスチックも1割近くを占めるようになった．また，石井（2006）によれば，都市化の進展に伴う単身世帯増加，借家の狭隘化，木造住宅の除却増，自家処理の減少などの要因が，ごみ量の増加をもたらしたという．23区の特徴として事業系ごみの多さもあげられ，ゴミ戦争宣言当時には，家庭系ごみに匹敵する量の事業系ごみが排出されていたと推計している．

　一方，東京都は1961年度からの10か年計画において，1970年に可燃ごみを全量焼却する目標を設定したものの，焼却施設の建設は遅々として進まず，全量焼却の目標年次は先延ばしされ続けた．結果として，ごみ処分の海面埋立てへの依存が強まり，1965年には夢の島で大量のハエが発生し，南風に乗って江東区内に飛来したため，自衛隊までが出動して夢の島のごみを焼却する事態となった．ゴミ戦争当時，23区から排出されるごみの約7割が1日5000台以上のごみ収集車によって，江東区の市街地を通り新夢の島へ運ばれていた．江東区は1964年の新夢の島建設に際し，1970年までの埋立て終了を都の公約とすることを条件としていたが，守られず，2度にわたり埋立て延長を要請されたことで，冒頭の区議会決議にいたった（清水，1999；東京都清掃局総務部総務課編，2000）．

●教訓　「ゴミ戦争」宣言時，東京都企画調整局長（後に都公害研究所所長）として陣頭に立った柴田徳衛は，後年，同宣言の提起した問題とその解決策を論じている（柴田，1976；1980）．第1は，意思決定への市民参加を通じた民主主義の保障であり，「住民の地域エゴを守りつつ，それを都市全体の視野へと止揚させ，真の民主主義のあり方を求めてゆかねばならない．そのために自区内処理の原則が出された」（柴田，1976）としている．第2は，資源リサイクルを通じた，より環境負荷の小さい生産の実現であり，経済活動を「都市環境で排出ゴミが収集・処理しうる範囲でその商品の生産・販売が許される，安全に処理しうるよう製品の規格・内容がきめられる段階」（同上）に転換することを訴えている．前者は，参加原則として1992年の国連環境開発会議（UNCED，地球サミット）において「リオ宣言」の第10原則に位置付けられ，1998年には参加原則を保障する「オーフス条約」が採択された．さらに，2010年には，国連環境計画が「バリガイドライン」を採択するなど，国際的展開が進んでいる．後者は，1970年代以降の市民レベル・自治体レベルのリサイクル運動によって育まれ，1990年代以降，経済協力開発機構（OECD）の提唱した拡大生産者責任の概念とともに一連のリサイクル法制として政策化されることになる．　　　　　　　　［山下英俊］

モータリゼーションと自動車公害

　1908 年にアメリカで T 型フォードが発売され，自動車の大量生産時代が始まった．20 世紀はモータリゼーションの世紀ともいえるが，自動車公害の世紀でもあった．代表的な自動車公害は大気汚染と騒音・振動であるが，自動車は道路交通事故，温室効果ガスの排出，道路混雑，都市景観・自然景観，および生物多様性の毀損といった面でも外部不経済をもたらしてきた．また，生活様式，文化，都市構造も，自動車を前提としたものに変化し，アメニティの低下や，生活習慣病リスクの上昇や子どもの体力低下といった健康上の課題も生じている．

●世界的なモータリゼーションと大気汚染　全世界の自動車（四輪車）保有台数は 2015 年末で 12 億 6139 万台となった．国別で第 1 位のアメリカは 2 億 7217 万台，日本は第 3 位の 7740 万台である．今や先進国だけでなく新興国・途上国でもモータリゼーションは急速に進行し，世界第 2 位は 1 億 5831 万台の中国である（日本自動車工業会「世界各国の四輪車保有台数（2015 年末現在）」より）．

　大気汚染の健康影響を定量的に証明することは容易ではないが，疫学研究により推計されてきた．世界保健機関（WHO, 2016）によれば，2012 年に世界で 298 万人が大気汚染により死亡している．もっとも，自動車の寄与は近年は必ずしも大きくない可能性がある．レリーベルドら（Lelieveld et al., 2015）によれば，アメリカとドイツでは 2010 年に自動車の寄与が 36% であるが全世界では 5% である．

●日本における自動車公害対策の展開　自動車公害対策で最も主要なものは，排出ガス規制など発生源対策である．日本の自動車排出ガス規制は 1966 年に行政指導で一酸化炭素（CO）を規制したことに始まり，1968 年には「大気汚染防止法」に基づく規制となった．その後，規制対象物質として炭化水素（HC），窒素酸化物（NOx），ディーゼル黒鉛が加えられた（大阪自動車環境対策推進会議, 2015）．

　初期の自動車排出ガス規制のなかで特筆すべき成果として，乗用車から排出される NOx に対する「1978 年度規制（日本版マスキー法）」があげられる．NOx を 90% 削減するという厳しい排出ガス規制を実行したことが，燃費改善などの技術開発の契機となり，日本の自動車産業が世界市場において優位に立つにいたったのである．いわゆるポーター仮説（☞「ポーター仮説」）の好例であるとされる．

　一方，1978 年には二酸化窒素（NO₂）の環境基準が緩和された．また，1988 年には「公害健康被害補償法」に基づく第 1 種地域（大気汚染）の地域指定打切りなど，大気環境行政の後退もみられた．大気中の NO₂ 濃度も 1985 年頃まで改善傾向をみせたが，1980 年代後半には悪化に転じた．

　1992 年には「自動車 NOx 法」が公布され，首都圏や大阪・兵庫圏の特定地域

では，車種規制（排出基準に適合しない自動車は一定の猶予期間後に車検に合格できなくなる）などが実施された．この時期は NOx が最大のターゲットであった．ディーゼル重量車に対する粒子状物質（PM）の排出規制が始まったのは 1994 年である．2001 年には自動車 NOx 法が改正され「自動車 NOx・PM 法」が成立した．首都圏や近畿圏では条例を制定し，より厳しい流入規制などが実施された．

大気汚染被害をめぐっては裁判でも争われた．1978 年に始まった西淀川大気汚染公害訴訟（第 1〜4 次）では国，阪神高速道路公団，企業が被告となり，1991年（第 1 次）と 1995 年（第 2〜4 次）の判決では大気汚染による健康被害が認定された．ほかに，国道 43 号線公害訴訟，川崎大気汚染公害訴訟，尼崎大気汚染公害訴訟，名古屋南部大気汚染公害訴訟，東京大気汚染公害訴訟があげられる．

1999 年には，東京都で知事に就任して間もない石原慎太郎氏が，矢継ぎ早に自動車公害に関する問題を提起した．そして，「TDM 東京行動プラン」「ディーゼル車 NO 作戦」「自動車使用に関する東京ルール」が，東京都が取組む 3 本の柱とされた．ディーゼル車 NO 作戦は，PM 規制の立ち遅れなど，国の政策を厳しく批判するものであった．

ディーゼル重量車の PM 排出規制値は，2009 年規制では 1994 年規制値の1/100 レベルまで強化されている．NO_2 と浮遊粒子状物質は環境基準達成率が100％近くとなった．しかし，2009 年に環境基準が設定された $PM_{2.5}$（微小粒子状物質）の環境基準達成率は低く，光化学オキシダントの達成率は 2015 年度は0％である．

●モータリゼーションと自動車公害に関する研究　　自動車公害の適切な解決につながる研究が必要である．政策評価やそれをふまえた政策提言は重要な領域である．政策評価の前提として，モータリゼーションおよび自動車公害の現状把握や，自然体ケースにおいて将来どうなるかを見通すことも必要である．先進国では自動車離れの兆候がみられる．高齢化，購買力低下，交通から通信への代替といった要因に加え，今後は自動車のシェアリングなどサービサイジングも広がりうる．次世代自動車の普及や自動運転機能の標準装備とともに自動車価格が上昇すれば，自動車を所有しない傾向はさらに強まるかもしれない．

政策評価については，様々な政策手段の効果に関する研究，政策の費用および便益の金銭的評価に関する研究，被害補償や費用負担に関する研究などがある．自動車に依存しない交通体系の形成，自動車関係税制のあり方，ロジスティクスの環境負荷軽減，新興国・途上国の自動車公害，検査時の不正の可能性も考慮した排出ガス規制といった課題解決への貢献も求められよう．　　　　　[兒山真也]

📖 参考文献
・宇沢弘文（1974）『自動車の社会的費用』岩波書店．
・兒山真也他（2013）「日本の交通・環境政策総合」森 晶寿編著『環境政策総合』第 9 章，187-208 頁，ミネルヴァ書房．

公共事業による環境破壊

　日本では，1960年代から高度経済成長を支える法整備が先行する一方，生活環境，自然環境，地域社会や文化を含めた環境（その全てをここでは環境に含める）を守るための法整備は，内閣および国会により積極的に遅延させられてきた．
●**背景と課題**　道路，空港，ダム，港湾，漁港などの公共事業は，1960年代に，「道路整備緊急措置法」「治山治水緊急措置法」などにより，5～7年の長期計画と予算額が確保され，特定の事業実施主体である特殊法人や特別会計などが設けられた．「国土総合開発法」に基づく「全国総合開発計画」などもそれらを下支えした．
　1990年代以降は，公共事業のニーズや需要予測は変化または低下し，「ムダな公共事業」や「環境破壊」への批判が高まった．批判対象は，不要不急の公共事業に限られた税金が投じられるメカニズム全体，すなわち，密室で事業や政策決定を行う審議会，特殊法人，長期計画，特別会計，そして未整備の環境法制などであった．この背景として，1992年に開催された国連環境開発会議（UNCED）をきっかけに先進諸国と比べて環境法制の不備が認識されたこと，1993年に自民党単独政権が戦後初めて崩れたこと，1995年に長良川河口堰の運用が開始されたことなどがあげられる．国会に公共事業をチェックする議員連盟が誕生し，いわゆる「鉄のトライアングル」（政官財の癒着体制）に小さな風穴が開いた．
　1992年には「種の保存法」ができたが，公共事業による環境破壊の歯止めにはならなかった．1975年に発効した「ワシントン条約」の国内制度として整備され，希少野生生物種の流通規制の性格が強く，生息域の保全に効力をもつアメリカの「種の保存法」とは異なる．環境省の「日本の絶滅のおそれのある野生生物の種のリスト（IUCNレッドリスト）」に掲載された3634種のうち，208種だけが種の保存法で捕獲や譲渡規制をかける種として指定されている（2017年現在）．指定種の生息地を保全するには，環境大臣が生息地等保護区や管理地区に指定する必要があるが，公共事業は特例で適用を除外されている．
　1997年には「環境影響評価法」ができたが，適用される公共事業の種数や規模は限定的であった．高度経済成長期にできた計画には遡及せず，新たに計画がつくられる13種類の公共事業や発電所のみに適用される．広範な環境に関する意見反映が行われたり，経済や財産より環境の価値を優先させたりする制度にはなっていない．こうした点は2011年の法改正でも改善されていない．
　1999年に住民参加の前提となる「情報公開法」ができ，同年に審議会の整理合理化，2001年に特殊法人改革，2003年に複数の「○○緊急措置法」を「社会資

本整備重点計画法」に一本化するなど改革が始まった．2005 年に国土総合開発法を「国土形成計画法」に改名，2007 年には複数の特別会計が社会資本整備事業特別会計に一本化されたが，「看板の書き換え」との批判がある．一方で，2013 年に別途「国土強靱化基本法」が制定され，政治的な開発圧は高いままである．

●**具体的事例**　その結果，環境省のレッドリストに掲載された生物種が公共事業用地にあっても保全は困難である．愛知県の豊川上流にはネコギギやナガレホトケドジョウといった「絶滅危惧種 IB 類」が生息するが，国土交通省は設楽ダム計画を進める．県の負担金支出を違法とする住民訴訟は提訴されたが，住民は敗訴した．国が 240 個体のネコギギを捕獲し他地域へ放流したが，3 個体しか生き残らず，原告はそのような保全措置には「実現可能性がない」と主張した．しかし，2013 年に名古屋高裁は「実現可能性がないと断ずることはできない」とした（まさの，2015）．国の裁量権が強く，生物多様性を公共事業から守るには，現在の環境法制では限界があることを示した．

　人間の生活環境と公共事業の関係はどうか．大阪空港公害訴訟では，1981 年の最高裁が，空港の公共性を認め，差止めはしないが，生活の静穏を求める住民の人格権の侵害に損害賠償を認める判決を下した．公共事業といえども人権侵害は認められないという原則が確立し，福岡空港，厚木基地，小松基地，横田基地，嘉手納基地などの空港訴訟，国道 48 号線などの道路裁判で踏襲された（宮本，1997）．

　1990 年後半以降，千歳川放水路や細川内ダム，吉野川第十堰や川辺川ダムのように世論形成により政治的に中止された河川事業が限定的にある一方，同様に各地で反対運動が起きている地域社会に影響する道路事業は，中止される事例はほとんどない．

●**今後の研究と対策**　今後はレッドリスト種の保全を義務とする種の保存法改正のほか，関心の高い住民が，公共事業のニーズや可否を決定する場に参加し，意見が反映されるための担保措置として，環境破壊を司法で統制する改革も不可欠である．そのためには，「環境に関する情報，意思決定，司法へのアクセスを確保するオーフス条約」など，日本が未参加の国際条約の研究を後押しする必要がある．

　2010 年の生物多様性条約第 10 回締約国会議（COP 10）で採択された「愛知目標」には，「生物多様性に有害な補助金を含む奨励措置が廃止，又は改革され，正の奨励措置が策定・適用される」など，今後の公共事業改革に役立つ知恵も盛り込まれている．　　　　　　　　　　　　　　　　　　　　　　　　　　　　　　［政野淳子］

📖 **参考文献**

・公共事業チェック機構を実現する議員の会編（1996）『アメリカはなぜダム開発をやめたのか』築地書館．
・宮本憲一（1997）「総合社会影響事前評価制度の樹立を」『週刊金曜日』編集部編『環境を破壊する公共事業』緑風出版．
・まさのあつこ（2015）「環境政策に参加はなぜ必要か」関良基他著『社会的共通資本としての水』花伝社．

軍事（基地）による環境破壊

　軍事による環境問題が深刻化したのは，二つの世界大戦を通じてである．各国の総力戦体制の中から化学兵器や原子爆弾といった，きわめて環境破壊的な兵器が開発・使用され，大戦後も深刻な環境破壊を引き起こし続けている．

　軍事（基地）による環境破壊（軍事環境問題と呼ばれることもある）は，軍事基地建設，軍事基地での活動，戦争準備（軍事訓練・軍事演習），実戦の4つの局面で生じる．軍事環境問題では，国家による環境破壊であること，情報が隠されやすいこと，被害や対策において差別性が現れやすいこと，そして，ほかの環境問題に比べて被害が深刻になりやすいことといった特殊性が考慮される必要がある．

●軍事環境問題の背景　世界的にみて軍事環境問題に注目が集まるようになったきっかけは，1989年の冷戦終結である．冷戦終結に伴って東西の緊張が緩和し，軍事環境問題の深刻さが認識されるようになると，まずアメリカ国内で対策が徐々にとられるようになった．また，冷戦終結によって米国内外の基地が閉鎖・再編されることになった．基地の民生転換において問題になったのが土壌・地下水汚染で，長期にわたって何ら規制も受けずに米軍によって使用されてきた各種の有害物質によって深刻な汚染が生じていた．米軍は，国内基地については国防汚染除去プログラムを策定し問題に取組んでいるが，国外基地については受入国との協定や予算不足などを理由に，ほとんどの場合，汚染を放置してきた．その結果，例えばフィリピンの元米軍基地の跡地で，その土地が汚染されているとは知らずに，ピナツボ火山の爆発で避難・移住した人々の間に深刻な健康被害が生じるという事態が起こっている（大島他，2003：27-35）．

●日本における軍事環境問題の具体的事例　日本では，冷戦終結前の1975年に小松基地で自衛隊機による騒音被害に対する訴訟が初めて起こされた．翌年には，横田基地で米軍機による騒音被害に対する訴訟が起こされた．これらの軍用機騒音訴訟は基地反対闘争の延長として提起されたが，公共事業の公共性を争った大阪国際空港訴訟の成果を受け騒音被害者救済を主目的としていた点で，それまでの基地反対裁判闘争とは一線を画していた．その後，厚木基地，嘉手納基地，普天間基地，岩国基地でも軍用機騒音訴訟が提起され，現在にいたっている．各訴訟で多少の違いはあるが，騒音被害に対する損害賠償は認められるものの，根本対策である飛行差止めは国家安全保障上の理由などから認められていない．

　自衛隊の施設でも土壌・水質汚染が報告されているが，日本で問題になっているのは主に在日米軍基地である．「日米地位協定」によって米軍は在日米軍基地

の排他的使用権を付与されているため，長い間，在日米軍基地内ではいっさいの環境規制が行われてこなかった．米軍は1991年から海外基地での有害物質・廃棄物の適切な処理に取組むようになり，日本では1995年に初めて「日本環境管理基準」が作成された．しかし，日本環境管理基準は，基準値が妥当なのか，規制が有効に実行されるかなどといった点で問題があるとされているうえ，過去に生じた土壌・地下水汚染の除去には適用されない．これは，日米地位協定において米軍には土地の原状回復義務がないとされているからである．そのため，米軍から基地が返還され，その土地で汚染が見つかった場合には，日本政府が汚染除去費用をすべて負担することになっている．米軍は米国内基地と米国外基地とで異なった対策を採用しており，ダブル・スタンダードが問題視されている．

　軍事環境問題が日本で最も激しく現れているのは，米軍の専用施設の約75%が集中している沖縄においてである．名護市辺野古においては，新基地の建設をめぐって20年以上にわたって対立が続いている．辺野古基地建設にあたっては環境影響評価（☞「環境影響評価分野における政策枠組み」）が実施されたが，「環境影響評価法」の精神を踏みにじるような行為が多数みられたと指摘されている．また，東村高江では新型機オスプレイの配備と関連して新たにヘリパッドが建設され，ここでも激しい対立が起きた．この中で日本政府が住民を訴えるという事態が生じたが，この訴訟は反対運動の弾圧，威嚇を目的としたスラップ訴訟であったという指摘がある．

●軍事環境問題に関する研究　軍用機騒音訴訟における争点の1つに公共性があり，より高次の公共性という意味で「軍事公共性」論を国側が展開したが，訴訟では軍事がほかの公共政策よりも必ずしも公共性が高いとはいえないとされた．環境基準のダブル・スタンダード問題から軍事環境問題を公害輸出（☞「公害輸出による環境破壊」）の一種だとする見方がある（宮本，2014：583-587）．社会学の分野では，軍用機騒音問題を受苦圏・受益圏論の枠組みから捉えたものや（朝井，2009），辺野古への基地移設問題を迷惑施設論の枠組みから捉えたものがある（熊本，2010）．数は少ないものの，上記のように軍事環境問題を分析した研究も散見され，それぞれの研究によって軍事環境問題に含まれる差別性などが明らかにされてきた．また，軍事環境問題を「生の破壊」という観点から捉えた研究もある（林，2011：7-8）．この分野での研究のさらなる進展が期待される．

［林　公則］

📖 参考文献
・日本環境会議沖縄大会実行委員会編（2017）『沖縄の環境・平和・自治・人権』七つ森書館．
・宮本憲一・川瀬光義編（2010）『沖縄論—平和・環境・自治の島へ』岩波書店．
・林　公則（2011）『軍事環境問題の政治経済学』日本経済評論社．

公害輸出による環境破壊

　特に1970年代以降,「公害輸出」(これを受け入れる側からみれば「公害輸入」になる)と呼ばれる事象が問題になり始めた.日本では,「公害輸出」という言葉が頻繁に使われるようになったのは1970年代初頭からである.ここで公害輸出とは,衛生・安全・環境に関わる規制基準が実質的に緩やかな国または地域に,各種の危険物ないし有害物を含む汚染物質を移転させる事態またはその行為のことを指す.そこには,汚染物質を含む有害な製品,あるいは汚染物質の塊ともいえる有害物質や危険物質の対外輸出(域外移出)のみではなく,有害物質や危険物質を取り扱うプロセス(工程)や施設(例えば,有害廃棄物の処理・処分場やその途中段階の中間処理施設など)の対外(域外)移転なども含まれる.

●**公害輸出の背景**　上記のような公害輸出をめぐる問題は,1970年代以降,衛生基準や安全基準などを含む各種の環境規制が相対的に厳しくなってきた欧米や日本などの先進諸国(ないし先進地域)から,それらの規制が依然としてルーズな途上諸国(ないし途上地域)への企業進出や直接投資(政府レベルでの開発援助による投資を含む)が増加してきたことを背景としている.そこには,2つの次元での原理的ないし構造的な問題が横たわっている.第1には,前述したように,今日の先進諸国(先進地域)と途上諸国(途上地域)の間に安全・衛生・環境に関わる各種の規制基準に実質的格差(いわゆる「ダブル・スタンダード」問題)が存在していること,第2に,そのような実質的格差が何らかの形で悪用され,公私を含む体外的な社会経済活動における安全・衛生・環境上の配慮が差別的に軽視されるという構造が存在していることである.

●**公害輸出の具体的事例**　こうした公害輸出が重要な問題となった具体的ケースは,かつての植民地時代以来,数多くの事例が知られている.1985年にロンドンで出版された *THE EXPORT OF HAZARD* という文献では,1930年代に有害なアスベストを取り扱う工場がイギリスから南アフリカに移転していった事例が取り上げられている(Ives,1985).本国では,1930年代に労働党の政権が誕生し,労働者保護法が強化されて労働現場でアスベスト粉じんに曝露される許容基準が以前より厳しく規制されるようになったという背景的事情があった.あるいは,1970年代以降では,アメリカで有害な農薬に関する規制が強化され,国内では製造禁止や販売禁止となったものが,インドをはじめとする途上諸国に大量に輸出・販売されたり,あるいは製造工場そのものが移転された.その結果,1984年に発生したのが,「世界最悪の産業公害事件」といわれるインドのボパール事件(☞「インド・ボパール事件」)であった.同じようなことが,日系企業のア

表1　公害輸出として問題になったいくつかの事件

事件名	事件の概要
ボパール事件	アメリカの多国籍企業・ユニオンカーバイド社がインドのボパールで操業していた農薬工場が1984年12月2日〜12月3日の深夜に爆発事故を起こし，イソシアン酸メチル（MIC）の猛毒ガスによってボパール市民に多数の死者と深刻な健康被害がもたらされた．
ココ投棄事件	イタリアの業者が欧州各国で処理コストがかさむ有害廃棄物を引き取り，ナイジェリアのココ港に持ち込んで周辺に不法投棄していたことが1988年に発覚した．この事件を契機に，翌1989年に「有害廃棄物の国境を越える移動等の規制に関する条約（バーゼル条約)」が採択されることになった．
ARE事件	マレーシア・ペラ州のイポー郊外にあるブキメラ村で，1979年から1980年代にかけてモナザイトからレアアース（希土類）を抽出する工程より排出される放射性廃棄物（水酸化トリウム）の不適切な管理によって，周辺に住む子どもたちに白血病などの健康障害が多発した．
ニッソー事件	1999年，栃木県小山市の産業廃棄物処理業者（ニッソー）が医療廃棄物を「再生用古紙」と偽って，フィリピンに不法輸出していたことが発覚．同年12月，バーゼル条約違反として，フィリピン政府から日本政府による処理・回収が求められた．

［綿貫，1985；後藤，1990；小島，1989；臼杵，2001などをもとに筆者作成］

ジア諸国への進出の中でも少なからず引き起こされてきた．例えば，深刻な汚染被害をもたらしていた川崎製鉄の千葉工場が，地元住民による激しい公害反対運動の高まりを受けて，硫黄酸化物（SOx）や窒素酸化物（NOx）を大量に発生させる鉄鉱石の焼結工程をフィリピンのミンダナオ島に移転させたという事例がある．あるいは，1980年代後半にマレーシアで公害裁判にまで発展した事例として，三菱化成の現地合弁会社エーシアン・レアアース社（ARE）が引き起こした放射性廃棄物の不適正な管理による汚染被害事件（ARE事件）などがあげられる．さらには，1980年代後半以降に次々と発覚した有害廃棄物の越境移動（☞「有害廃棄物の越境移動」）をめぐる問題も，ここでいう公害輸出という事態の深刻なケースだといえる（表1）．

●**公害輸出に関する研究**　こうした公害輸出に関する研究はそれほど多くはない．特に総合的な実態調査や体系的な研究はほとんどない．関連するものとしては，経済学の分野では汚染退避仮説（☞「汚染退避仮説の実証分析」）に関する理論的・実証的な研究，法学の分野では，「有害廃棄物の国境を越える移動及びその処分の規制に関するバーゼル条約」に関する研究，社会学の分野では環境面での差別と公正（環境公正ないし環境正義）をめぐる研究などが注目される．

［寺西俊一］

📖 **参考文献**
・寺西俊一（1992）「『公害輸出』による環境破壊－問われる先進国の環境責任」『地球環境問題の政治経済学』東洋経済新報社，第2章．
・寺西俊一（1999）「『公害輸出』の政治経済学」慶應義塾大学経済学部環境プロジェクト編『ゼミナール地球環境』慶應義塾大学出版会．

インド・ボパール事件

　1984年12月2日深夜，アメリカ資本のユニオン・カーバイト社（現ダウケミカル社）ボパール農薬工場から漏れた猛毒のイソチアン酸メチル（MIC）ガスがボパールの町を襲い，約2500人の生命を奪い30万人近い人々が被災する化学工場史上最悪の惨事となった．

　ボパールはインド中部に位置するマドヤプラデッシュ州の州都で，人口90万人（当時，2015年現在240万人），駅やバスターミナル，商店などが多い旧市街と高級な住宅地，官庁や大学などがある新市街に分かれ，上湖，下湖の人工の湖のある落ち着いた雰囲気の町である．ユニオン・カーバイト社の農薬工場は旧市街の北側に位置し，1969年に操業を開始した．主に殺虫剤を生産する工場で，1979年からは綿花の消毒薬をつくるため事故の原因となったMICの製造が開始された．

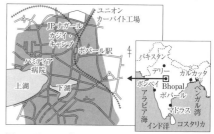

図1　ボパール市におけるガスの影響を受けた地域
〔原田（1989）をもとに作成〕

●世界最悪となった化学工場事故の概要　12月2日夜，40tのMIC貯蔵タンクに洗浄用の水が大量に混入，猛烈な化学反応が起きてタンク内の温度が上昇，高い圧力によって午後11時30分猛毒ガスの漏洩が始まり，翌3日の午前1時30分までの約2時間わたって付近に流れ出た．事故を防ぐための安全装置は故障などでことごとく作動せず，ガスは無防備な町へと流れ出たのである．

　工場の周辺はJPナガールと呼ばれるスラム住宅地域で，眠りについていた住民はチリ（唐辛子）を焼いたような刺激臭を感じたという．元気なものは逃げ延びることができたが，老人や子どもを中心に4000人の住民のうち1000人近くが死亡するという惨事になった．北から風に乗って流されていく毒ガスの流れに沿ってパニックは市の中心へと広がり，さらに駅や住宅地へと広がっていった．深夜のボパールは逃げまどう人々で大混乱となった．

●責任追及と賠償問題　この大事故のあと，数か月は政府・民間を問わずインド各地から様々な支援や調査が取組まれるが，1985年3月，インド政府は「ボパールガス漏出災害条例」を制定し，被害者の唯一の代表者としてインド政府を指名し，ユニオン・カーバイト社に対する訴訟を提起する．1989年1月，最高裁は4億7000万ドル（約600億円）の補償支払いとユニオン・カーバイト社の訴追免除を与える和解案を出す．この和解案に被害者側は激しく抵抗，1991年最高裁は

補償額を是認したものの，訴追免除は取り消された．その後，1993年より被害者への補償支払いが開始され，死者で約9万ルピー（約30万円），生存者で平均2万5000ルピー（約8万円）の補償金支払いが約57万人（遺族約1万5000人を含む）になされることとなった．しかし，医療記録のない人など45万人以上が請求を棄却されている（ボパールガス事故被災者救援復興局WEBサイトより）．

●被害の実態調査　一方，インド医学研究評議会（ICMR）などインド政府による災害の影響に関する調査研究は，1994年に打ち切られた．それに対し，被害者団体や世界各地の支援組織は11か国，14人の疫学や臨床などの医学や法律専門家からなる「ボパールに関する国際医学委員会」を組織し，1994年1月現地で疫学，臨床，健康管理，医薬品の使用，法的側面などの調査を実施し，1996年12月その最終報告書（1996年報告書）を発表している．それによれば，10万人の子どもを含む約50万人がMICとその他の既知および未知のガスに被ばくし，最初の1週間で約3500人の人々と数千頭の動物が死亡した．長期的な影響についての数字は様々であるが，妥当なところでは4000人が重篤な障害を受け，5万人が働けなくなり，その後少なくとも4000人が死亡したというものである．また，この大事故以来，住民の46%が被害登録を受けた地域を離れている．環境汚染も深刻で，地表，住宅，井戸水などが有害な化学物質によって汚染されていることが判明し，子どもをはじめ今後の健康に及ぼす影響も憂慮されている（The Bhopal Medical AppealのWEBサイトより）．

●被害者の闘い　被害者団体や各地の支援組織が協力して，1996年9月，サンバブナ（ヒンズー語で「可能性」の意味）・トラストボパール民衆診療所が設立され，地道な診療活動とともに長期にわたる被害者の実態調査などの取組みが行われている．また，女性を中心にして当初から4つの被害者団体が組織され，政府とユニオン・カーバイト社への抗議活動を続けている．いずれの被害者団体も，責任者の処罰，被害者への適切な賠償，生活支援，医療の確保，汚染の除去などを求め闘い続けている（The International Campaign for justice in BhopalのWEBサイトより）．

●加害企業の責任と課題　加害企業であるユニオン・カーバイト社は2001年ダウケミカル社に吸収・合併された．ダウ側はボパール事件の責任は継承しないとしているが，被害者団体は，ダウケミカル社に対して工場跡地の毒物除去，被害者補償の完遂などを要求する活動を行っている．ボパール事件は，サリンやダイオキシンなど農薬や化学物質の恐ろしさがあらためて問われている中にあって，多国籍企業の犯罪として決して忘れてはならない事件である．　　　　［谷　洋一］

📖 参考文献
・ラピエール，D.，モロ，J. 著，永谷泰訳（2002）『ボーパール午前零時五分』上・下，河出書房新社．
・ボパール事件を監視する会編（1986）『ボパール死の都市—史上最大の化学ジェノサイド』技術と人間．

有害廃棄物の越境移動

　有害廃棄物の越境移動が国際的に注目されるようになったのは 1980 年代である．1970 年頃から先進国において大気汚染規制・水質汚濁規制の本格的な執行が進み，産業廃棄物が大量に発生するようになった．さらに，産業廃棄物に関する規制も始まり，有害廃棄物の適正処理費用が上昇した．そのため，規制のゆるい国へ有害廃棄物が投棄目的で輸出されるようになった．

●バーゼル条約成立前の有害廃棄物の越境移動事件　1976 年にイタリア・セベソの農薬工場が爆発し，有害物質により周辺地域の土壌などが汚染された．除染作業などで回収された有害廃棄物の行方が，1982 年にわからなくなり，1983 年にフランスで発見された．また，1986 年 9 月から 1988 年 11 月にかけて，フィラデルフィアの一般廃棄物の焼却灰を積んだキアン・シー号が，投棄先をみつけようとカリブ海をさまよう事件があった．プエルトリコ，ハイチ，ホンジュラスに寄港したあと，ハイチで一部の焼却灰が陸揚され投棄された．残りは，大西洋やインド洋で投棄された．1987 年には，ナイジェリアの港町ココに，イタリアの企業がポリ塩化ビフェニル（PCB）などの入った 4000 t 近い有害廃棄物を持ち込んだ．その後，毒物が流出し，汚染された米を食べた人が死亡したと報道されている．1988 年 8 月には，ココで投棄された有害廃棄物は撤去され，カリン B 号で欧州に向かったが，各地で入港を拒否される事件も発生している．

　上記のケースは，処分目的での有害廃棄物の越境移動であるが，輸出された有害廃棄物のリサイクルの過程で環境汚染を引き起こした事例もある．1990 年には，アメリカや日本などから輸入された廃鉛蓄電池をリサイクルしていた台湾の工場が環境汚染を引き起こし，工場近くの幼稚園児の知能指数が低下する問題が発生している．台湾が廃鉛蓄電池の輸入を禁止したことから，日本から輸出されていた廃鉛蓄電池はインドネシアに輸出されるようになり，インドネシアで不適切にリサイクルされたことが報告されている（植田，1992）．

●バーゼル条約制定後の有害廃棄物越境移動事件　これらの事件を背景に，1989 年には，「有害廃棄物の国境を越える移動及びその処分の規制に関するバーゼル条約」が提案され，1992 年に発効した．しかし，バーゼル条約は発効したものの，その後も，有害廃棄物の越境移動が摘発される事件が起きている．1998 年には，台湾からカンボジアに水銀含有廃棄物が輸出され，投棄されるという事件が発生した．また，1999 年には，日本から古紙名目で輸出された廃棄物がフィリピンの港で摘発された（ニッソー事件）．当初，医療廃棄物を含有していると考えられ，日本政府が代執行で引き取った．有害物質はごくわずかしかみつからなかっ

たが，輸出者は産業廃棄物を不法に輸出したとして有罪判決を受けた（鶴田，2005：207-232）．

2002年，アメリカのバーゼル・アクション・ネットワークなどのNGOは，アメリカなどから中国などの途上国に廃電気・電子製品（e-waste）が輸出され，リサイクルの過程で環境汚染が生じていると発表した．アフリカなどでも，欧米からナイジェリアやガーナなど西アフリカ諸国にe-wasteが輸出され，不適切に処理されていることが報告されている．中古品名目で再使用されないe-wasteが発展途上国に輸出されることがあるため，バーゼル条約の枠組みの中で，2015年の締約国会議で中古電気製品と廃電気製品を区別するためのガイドラインが作成された．2005〜2006年にかけて，中古品として使用済み鉛蓄電池が大量にベトナムや香港に輸出された．ベトナム政府も香港政府も，中古鉛蓄電池の需要はないとして，貿易規制の執行を強化した．2004年には，日本からリサイクル目的で輸出された廃プラスチックにリサイクルできないものが混ざっているとして，中国・青島で摘発される事件があった．中国は，日本からの廃プラスチックの輸入を約1年半にわたって禁止した．

●バーゼル条約の対象外となっている有害廃棄物の越境移動事件　2006年には，船舶で発生した有害廃棄物がコートジボワールのラゴスの複数の場所で投棄され，死者が出る事件も発生している（Amnesty International & Greenpeace Netherlands, 2012）．船舶発生の有害廃棄物については，「1973年の船舶による汚染の防止のための国際条約に関する1978年の議定書（MARPOL条約，MARPOL 73/78）」で規制されている．また，船舶解体に伴う環境汚染も注目されてきた．特に，バングラデシュのチッタゴンなど南アジアの遠浅の海岸で，満潮時に船を乗り上げさせ，干潮時に船をバーナーなどで解体していくビーチングという方法が，環境汚染を招くとして批判されている．油による海の汚染，防火用に使われているアスベストによる環境汚染・健康被害，不十分な安全対策による労働災害などが指摘されている．船舶解体については，通常の輸出・輸入と異なる形で国際取引されていることから，バーゼル条約とは別に「2009年の船舶の安全かつ環境上適正な再生利用のための香港国際条約」が採択されており，各国の批准手続きが徐々に進み，発効に近づいてきている．

有害廃棄物の越境移動に伴う問題を解決するには，バーゼル条約をはじめとする国際条約の各国での実施能力を高めるとともに，各国が有害廃棄物処理・処分の能力を高める必要がある．　　　　　　　　　　　　　　　　　[小島道一]

📖 **参考文献**
・小島道一編（2005）『アジアにおける循環資源貿易』アジア経済研究所．
・小島道一編（2010）『国際リサイクルをめぐる制度変容—アジアを中心に』アジア経済研究所．
・モイヤーズ，B. 編，粥川準二・山口剛共訳（1995）『有害ゴミの国際ビジネス』技術と人間．

貿易を通じた資源収奪と環境破壊

　貿易を通じた資源収奪と環境破壊とは，貿易を通じて自然資源の収奪的な採取・利用が進み，自然資源供給の基盤である自然環境まで破壊してしまう現象を指す．この発生メカニズムを明らかにし，対応のあり方を考えることは，グローバル化のもとでの公害・環境問題研究における重要な課題である．

●南北問題としての貿易を通じた資源収奪と環境破壊　村井吉敬による『エビと日本人』(1988) は，エビという生活に身近な商品を事例に，先進国向け食料生産が東南アジアにおける生産地周辺のマングローブ林などの自然資源を過剰に収奪する要因となっていることを指摘した．同じ頃，エビのほかにも木材やバナナなど，一次産品貿易を通じた資源収奪と環境破壊の事例が様々に報告された．こうした現地報告から，自然資源の収奪を通じた環境破壊，発展途上国における分配の悪化，伝統社会の資本主義化といった諸問題が，世界システムにおける中心と周辺（先進国と途上国）の関係性の中で「構造的」に発生したことがみえてくる．さて，1980年代以降の一次産品をめぐる基本的な動向で注目すべき諸点をまとめると，①価格低迷による輸出国（途上国サイド）での収入の減少と不安定化の進行，②対消費国・輸入国（先進国サイド）との間の交易条件の悪化による途上国サイドでの経常収支の悪化，③以上に伴う途上国サイドでの累積債務の増大，があげられる．ここでの議論に関連して，S. ジョージ (George) は，デット・サービス・レシオ（1国の公的対外債務の年間返済額を総輸出額で割った比率）を用いて，一次産品輸出から発展途上国が得た利益が債務返済に充当されてしまうこと，そして，貿易が生活の改善につながらず，結果として環境に配慮しない木材生産が拡大する構造（債務 - 森林破壊コネクション）を指摘している（ジョージ，1995）．

　このように，一次産品輸出に依存した経済（モノカルチャー経済）は，自然資源収奪への圧力がかかりやすい．しかし，問題が主として発展途上国で生じたからといって，「貧しければ資源を収奪し，豊かになれば資源収奪は減少する」（貧困と資源収奪の悪循環的進行）という認識は一般化できないだろう．なぜなら，多くの発展途上国において，自然資源は収奪的に利用されるどころか，持続可能な管理の対象となってきた．つまり，議論の本質は，その国が貧しいか貧しくないかではない．むしろ，自然資源の持続可能な利用に向けた継続的な投資が行われているか否かに注目すべきである．こうした観点からすると，20世紀の国際経済秩序に発展途上国が参加していくプロセスは，持続可能な資源利用を促すような経済ではなく，「環境切捨て型経済」ともいうべき状況をもたらしたといえ

よう．要するに，自然環境の再生能力の範囲内で自然資源を利用するという，持続可能な発展のための基本原則が守られなかったのである．

●**グローバルな生産と消費による環境負荷**　市場経済のグローバル化により世界的な生産と消費の連結が強化された．そして，温室効果ガス，水資源，窒素循環などをめぐる，より普遍的な貿易を通じた自然資源収奪と環境破壊が可視化され始めた．

　それでは，バーチャルウォーターの考え方を参考に，グローバルな生産と消費による環境負荷を捉えてみよう．さて，食料を輸入している国が，自国で食料を生産するとしたら，どの程度の水が必要だろうか．例をあげると，肉類の可食部1kgを得るのに，鶏肉は2〜3kg，豚肉だと7kg，牛肉だと11kgの飼料用穀物が必要であり，1kgのトウモロコシを生産するには，灌漑用水として1,800ℓの水が必要だといわれる．なお，バーチャルウォーターの国際収支をみると，日本は世界最大のバーチャルウォーター純輸入国で，国内で供給可能な水の10倍以上を国外に依存しており，先進国の中でも群を抜いている（佐藤，2015）．つまり，日本の低い食料自給率とは，相当量の食料を輸入に依存しているだけでなく，実質的には水資源の大量輸入も意味している．日本の農業規模が小さくなることで，農山村の荒廃などが生じれば，エコロジカルな価値の喪失も危惧される．これまでみてきたように，グローバルな自然環境のうえに各国の経済活動が成立していることは明白であり，自然資源利用と貿易のあり方を，持続可能性の観点から検討する必要性が高まっている．

●**貿易の理論とガバナンス**　理論的には，ある国において現時点で自然資源が相対的に安価であれば，その国は自然資源集約産業に比較優位をもつことになる．しかし，その自然資源の価格に，どのような費用が反映されているかによって，貿易パターンとそのあるべき姿は変わってくる．つまり，貿易を通じた資源収奪と環境破壊の問題は，狭義の「生産費用」を思考の基礎にすえる伝統的な貿易理論に対して，自然資源利用の費用をどう考えるかというテーマを新たに提起している．また，現実の取組みとしても，エコラベルやフェアトレードなど新しい生産と消費のパートナーシップ，GATT/WTO体制における環境配慮など，様々なガバナンスのあり方が模索されている．こうした動向が，総体として環境保全型国際経済秩序の形成につながっていくかが注目される（山川，2008）．

［山川俊和］

📖 **参考文献**

・寺西俊一（1992）「国際分業を通じた資源と環境の収奪—その構造とメカニズム」『地球環境問題の政治経済学』東洋経済新報社．
・山川俊和（2011）「自然資源経済と国際貿易—理論と政策に関する諸論点」寺西俊一・石田信隆編著『自然資源経済論入門〈2〉』中央経済社．

「地球環境問題」の顕在化と国際社会の対応

　もとより自然環境には国境がない．人間活動が盛んになるにつれ，そのもたらす悪影響が及ぶ範囲は広がっていき，一国の地理的範囲を越えて環境が破壊されるにいたった．「地球環境問題」とは，狭い意味では，このような越境汚染の外延が地球全体を蔽うような大規模な環境破壊をいう．典型的には，フロン（CFCs）などによるオゾン層の破壊，二酸化炭素（CO_2）などの温室効果ガス（GHG）による気候の変化（いわゆる地球温暖化），硫黄酸化物（SOx）やCO_2の溶け込みによる海洋全体の酸性化，大気循環や海流による化学物質などの地球規模の拡散などがそれである．なお，地球環境問題といわれる事象には，地球の各地に広く共通的にみられる環境問題や，国際貿易などの国境を越えた人間活動に起因する問題（貴重な野生生物の輸出による絶滅など），さらには，国際社会が人類共通の資産として保護に努めている環境要素（例えば南極など）の毀損が含まれる場合がある．

●**地球環境問題の顕在化と科学**　国境を越えるような汚染問題は，海洋の油濁事故（例えば，トリー・キャニオン号事件〈1967〉），そして欧州の酸性雨問題（1968年頃には指摘）などのように，戦後の高度経済成長の過程で実際の被害が生じて，認識されるようになった（表1）．しかし，地球全体にも及ぶような環境の変化については事情は異なり，深刻な悪影響に直面する以前に行動が始まった．すなわち，1957年に始まった国際地球観測年などの地球を科学的に観測する取組みが積み重ねられ，成果が実を結んできた結果であり，また，科学者による先験的な洞察・仮説の発展をふまえてのことであった．例えば，アメリカがハワイでCO_2濃度の精密な連続測定を始めたのは1958年，日本の南極越冬隊が成層圏オゾンの量の観測を始めたのは1966年である．これらの結果，1970年代後半にはCO_2濃度の経年的な上昇傾向が認められるにいたり，世界気象機関（WMO）による国際社会を巻き込んだいっそう濃密な研究が開始された．また，オゾン層については，折から計画されていた超音速旅客機の成層圏運航に伴う環境影響の予測作業の中でCFCsによるオゾン破壊仮説が提唱（1974）され，（破壊のメカニズムはこの仮説とは異なったものの）1982年には南極でオゾン濃度の急激な低下（後に「オゾンホール」と呼称）が観測された．こうして，地球全体の自然のシステムや生態系が人類の活動により破壊されてしまうおそれが徐々に認識されるところとなった．

●**地球環境問題の国際政治課題化と取組みの進展**　油濁などの海洋汚染については，古くから，船舶の構造や行動の規制そして事故時の措置などが発展してきた

が，地球大気を管理する問題については援用できる国際枠組みはなく，この領域が，いわば発火点となって，地球環境管理の政策体系全体が整えられてきた（表2）．地球大気管理の分野では，科学的知見の充実がただちに政策決定につながったのではなく，新たな政策枠組みの形成を必要としたのであった．

表1 出来事や科学面での進展	
1964	トリー・キャニオン号座礁，油流出
1960 年代末	北欧で酸性雨被害が広がる
1974	アメリカのローランド博士，フロンによるオゾン層破壊の学説を発表
1985	イギリス，ネイチャー誌上で南極オゾンホール発生を報告
1988	気候変動に関する政府間パネル（IPCC）設立
1989	エクソン・バルディーズ号による原油流出事故
1990	IPCC が第 1 回目の報告書を公表

表2 国際的な政策の進展	
1972	ストックホルムで国連人間環境会議開催
1972	海洋汚染防止のためのロンドンダンピング条約採択
1979	欧州長距離越境大気汚染条約の締結
1985	オゾン層保護のためのウィーン条約採択
1987	フロン規制のためのモントリオール議定書採択
1992	気候変動枠組条約採択
1992	ブラジル，リオ・デ・ジャネイロで「地球サミット」開催
1997	京都議定書採択
2005	京都議定書発効
2015	パリ協定採択

　1つの雛型は，被害に直面していた酸性雨への取組みの発展である．1969 年には被害国の北欧諸国のアピールにより経済協力開発機構（OECD）を舞台に国際的な議論が始まり，1972 年には欧州各国による酸性雨の統一的な観測が始められた．さらに，同年には，スウェーデンのストックホルムで大規模な国連会議（国連人間環境会議）が開催され，国際社会が取り組むべき各種の環境課題があることが認識された．1979 年には「長距離越境大気汚染条約」が結ばれた．これは，国際的に統一された研究を行い，その結果，対策が必要とされればそのための国際約束を発展させていく，といった枠組みのみを定めるものであった．しかし，その後の測定結果の蓄積やシミュレーション技術の進展によって，発生源での対策の必要性が明らかとなり，SOx の国際排出規制を定める「ヘルシンキ議定書」(1985)，窒素酸化物（NOx）の排出を規制する「ソフィア議定書」(1988) などに結実し，国境を越えて環境規制を行う仕組みへと自律的に発展していった．北アメリカでも酸性雨の問題は生じていたが，1989 年以降，当時のブッシュ・アメリカ大統領のイニシアチブで，急速にアメリカ・カナダの国際合意のもとで排出規制の法的仕組みが整備された．

　このようなステップバイステップの対策強化の仕組みは，オゾン層の管理にも適用された．1977 年から「国連環境計画（UNEP）」は，オゾン層破壊の未然防止の観点から科学知見の整理などを始めていたが，そのイニシアチブのもと，1985 年に「オゾン層保護に関するウィーン条約」が結ばれた．同年末には前掲した南極のオゾンホール発生が発表され，全世界に衝撃を与え，2 年後の 1987

年には，フロン製造量の半減などを内容とした実体規制を定める「モントリオール議定書」が結ばれた．その後，その内容は逐次強化され，今日では，途上国からの排出を含めた包括的な国際規制がなされている．

　地球温暖化を焦点とする気候変化の恐れに関する科学的知見については，1980年代後半には相当程度に積み上がり，国際的な対策の必要性が論じられるようになった．1988年には，WMOとUNEPが共催する国際組織として「気候変動に関する政府間パネル（IPCC）」が設けられた．IPCCは，地球温暖化などの原因・影響，そして対策のあり方に関する日進月歩の膨大な知見を整理・集約し，定期的に国際社会に提供する役割を担った．翌89年にはUNEPのもとで条約交渉が開始され，1992年には「国連気候変動枠組条約（UNFCCC）」が採択された．この条約は「越境大気汚染条約」や「ウィーン条約」にならい，気候変動対策を進めるにあたっての諸原則，GHGの排出に関する知見の充実などを定める，文字どおりの枠組条約であったが，地上気温の上昇や異常降雨などを背景に実体規制の開始を求める国際世論の高まりを受け，同条約発効（1995）後，ただちに先進国に関する排出抑制などの措置に関する外交交渉が始められることとなった．この交渉は，1997年，「京都議定書」として結実した（小林・森田2014：212-220）．

　同議定書は，先進国のみを拘束する（先進国のうち，肝心のアメリカは加入しなかった）ものであって，その削減幅も2012年までに先進国全体で5％程度のGHG削減を求めるという微温的なものであったものの，各国に課された排出上限量に比較した超過削減量の国際取引などの規定（京都メカニズム）を導入するなど，対策の経済的な効率性を高めるための新政策手段を導入している点で，国際的な環境経済政策に革新をもたらした．

●国際政治上のリーダーシップとモメンタムとしての「地球サミット」など
地球環境問題に取り組む政策は，すぐれて国際的な政策である．1国のみで地球を守ることはできない．他方，国際貿易において既得権を奪われたり，対策をしないことが利益を生んだりする可能性もあるため，単に科学からする説得の強化，政策手段上の工夫，政策立案などを助ける国際機関の強化などだけでは，地球環境施策を進展させていくには不十分である．国際社会における政治的な意思の発揮が求められる．

　1980年代後半から90年代にかけて地球環境政策が多くの分野で進展をみせた背景には，1989年のマルタ会議（ゴルバチョフ・ソビエト連邦最高会議議長とブッシュ・アメリカ大統領の首脳会議）にいたる東西冷戦の緩和，終結があった．国際社会は，人類共通の課題に取り組む余力がもてたのである．地球気候の変化への取組みでは，1992年のUNFCCCの採択にあたって，アメリカのブッシュ大統領とドイツのコール首相が交渉したり，1997年の京都議定書採択にあたっては，アル・ゴア米副大統領が世界各国を回り，途上国も恩恵を受けることができるクリーン・ディベロップメント・メカニズム（CDM；京都メカニズムの1つ，途

上国での GHG 削減プロジェクトに資金参加した先進国が削減量を獲得できる）のアイディアを世に出したり，途上国の理解を促したり，といった政治家の活動があった．

　個々の政治家による，国益と地球益との矛盾解消の取組みに加え重要なものには，多くの政治家が一堂に会する大規模な国際会議がある．その典型が，1972年の国連人間環境会議であり，1992年のリオ・デ・ジャネイロで開かれた国連環境開発会議（UNCED，地球サミット）である．後者では，「環境と開発に関するリオ宣言」が発せられ，国際社会が協力して持続可能な開発に取り組むうえで原則とされるべき事項をまとめることに成功した．そうした原則には，例えば，先進国と途上国が地球環境を守るうえで「共通だが差異ある責任（CBDR 原則）」を有することをうたったものなどがある．リオの地球サミットには 100 人を超える首脳級参加者があったが，国連は，その後も引き続き 10 年ごとにこうした世界各国がこぞって参加する環境のための国連会議を主催している．そのつど，新しい政治的活力を得て，国際社会の意思統一や政策のステップアップが図られている．2015 年には国連が，今後の持続可能な開発を具体化するうえで各国が目標とすべき 17 の目標項目，169 のターゲットからなる「持続可能な開発目標（SDGs）」を総会で決定した．国際目標の設定はきわめて重要な取組みであり，SDGs は政治的な意思の力強い発露として記憶されるべきものである．

●パリ協定──世界各国に地球を守る責務を果たさせるに至った気候政策の進展
気候変動枠組条約の「パリ協定」では，長年にわたる困難な交渉の後，2015 年12 月の第 21 回締約国会議（COP 21）において採択された．1997 年の京都議定書では先進国の取るべき具体的な措置のみしか決められなかったが，このパリ協定では，途上国も，自ら定めた目標のもとで対策を取り，その進行経過を国際的に透明な方法で明らかにしていくことなどを定めた．このような実質的な意味のある協定が，テロとの世界的な闘いの最中に結ばれた背景には，交渉にあたった各国関係者の強い意志があったことは想像に難くない．また，科学的な知見の進歩も大きく貢献した．気候変動枠組条約第 3 回締約国会議（COP 3）の際には，産業革命後の全地球平均気温の上昇幅を 3℃ 程度に抑えることが，明示的ではないにせよ意識されていたが，最近急速に進む気候の変化が GHG の増加によりもたらされていることがいよいよ確からしくなってきたことをふまえ，国際社会は危機感を強め，上昇幅を 2℃ またはそれ以下としようという動きとなり，途上国も傍観者ではいられないルールづくりを可能にしたともいえよう．

　トランプ政権下のアメリカの不参加といった問題もあるが，よい国際ルールが各国の取組みを円滑にし，そして，国際ルールをさらに充実させるといった好循環が今後進んでいくことが期待される．　　　　　　　　　　　　　　　［小林　光］

📖 参考文献
・亀山康子（2010）『新・地球環境政策』昭和堂．

東アジアに広がる公害・環境問題

　東アジア諸国は，1980年代後半以降，「東アジアの奇跡」と称されるほど急速な経済成長を遂げてきた．急速な経済成長を可能にしたのは，外資導入による輸出主導型工業化戦略への経済発展戦略の転換と，日本をはじめとする先進国からの直接投資であった．東アジア諸国は，外資誘致を目的として，優遇税制や規制緩和を行うだけでなく，工業団地開発や経済インフラ整備を押し進めてきた．この結果，欧米で100年，日本で50年かけて成し遂げた工業化・都市化のプロセスをさらに圧縮して実現しようとしてきた．

●**東アジアの環境問題の諸相**　こうした圧縮型工業化・都市化は，その反面，複合的な環境汚染を同時多発的にもたらした．急速な工業化は，鉱山・精錬，発電，製造業などで著しい産業公害を引き起こした．その過程でエネルギー消費，特に石炭・褐炭の消費を増加させたことが深刻な大気汚染の原因となり，1990年代中葉には，世界の最も大気汚染の著しい都市の上位10位に東アジアの都市が7つランクされた．また，急速な都市化は，自動車交通の増加に伴う大気汚染や，未処理排水の排出による水質汚濁，大量の廃棄物の排出による処理・処分地の不足や環境汚染などの問題を発生させている．

　工業化・都市化の進展は，同時に，食料需要の増大や農作物の商品作物化を促し，農地の外延的拡大と森林・沼地・入会地の商業利用をもたらしてきた．その結果，これらの自然資源は再生速度を超えて過剰に利用されるようになった．また，これらの土地は従来伝統的な権限に基づいてコミュニティが使用してきたことが多く，その土地や空間の利用をめぐって，政府や外来者との間で紛争が頻発するようになった．紛争に敗れた住民は，環境的に脆弱な地域への非自発的移住を余儀なくされ，かつ生業を失うため生計維持が困難となる．結果，環境を過剰利用せざるを得ない状況に追い込まれ，貧困と環境破壊の悪循環の一因となっている．

　エネルギー消費の増加と森林破壊は，越境酸性雨や煙害，気候変動，生物多様性の喪失などの地域・地球規模の環境問題の原因にもなっている．1人あたりエネルギー消費量は，1985年には世界平均の60％であったのが，2014年には110％となった．世界全体に占める二酸化炭素（CO_2）排出量も，1990年の約20％から2013年には約40％と上昇した．特に中国のエネルギー消費量とCO_2排出量の増加は著しく，2006年には中国は世界最大の温室効果ガス排出国となり，2013年には世界全体の28.6％を排出している．また，インドネシアでは熱帯雨林や泥炭地を焼き払って油ヤシ農園を急速に拡大しており，このことが周辺諸国

への煙害と温室効果ガスの大量排出をもたらしている（World Bank, *World Development Indicators Databank*, 2017 より）.

●**環境政策が進まない要因**　環境政策の後発性の利益説や，環境クズネッツ仮説のトンネルカット説によれば，途上国は，先進国の経験の中で明らかになった環境汚染の因果関係に関する知見を活用して環境政策や土地利用政策を実施し，先進国で用いられた費用効率性の高い環境保全型技術が導入できるため，所得水準が低い国でも環境悪化を未然に防止できるため，経済発展は必ずしも環境破壊をもたらすわけではないと主張する.

　ところが，現実には，東アジア諸国は先進国と同等かそれ以上に深刻な環境汚染に直面してきた．これは，圧縮型工業化・都市化を推進することにより，環境汚染を経済発展のより早い段階で発生させたものの，環境問題への対応に必要な能力や，それを後押しする高い環境意識は同じ速度では向上させなかったためである．しかも，東アジアの多くの国は権威主義体制を採用し，その体制を維持・正当化するために，国家や民族の利害を最優先させた．そして工業化を通じた経済成長による国力の強化を実現するために，物的人的資源の集中的動員と管理を行ってきた．権威主義体制から民主主義体制へと移行した国であっても，政府は経済成長を優先して環境保全や対策を後回しにし，国民も民主主義的な制度を活用して政府に環境政策の強化を求めることは容易ではなかった．しかも，経済発展やグローバル化の進展とともに所得や地域，宗教，支持政党などによる社会の分断が顕著になっており，国民が一致団結して政府に環境政策や環境権の強化・履行を求めることはよりいっそう困難になっている.

　政府が当事者として環境対策に真剣に取組むようになったのは，国民から体制を揺るがしかねないほどの大きな抗議活動を頻繁に受けるようになり，あるいは国際社会から支援と引換えに多国間環境条約や協定の履行が迫られ，環境政策の進展が自らないし自らの支持者に便益をもたらすことを明確に認識した後のことであった.

●**東アジアの環境問題・環境政策に関する研究**　2000 年代までは日本環境会議「アジア環境白書」編集委員会による『アジア環境白書』シリーズが，このテーマの研究の成果を網羅してきた．近年では，中国が急速に環境・エネルギー・気候変動政策を進展させていることから，その効果に関する研究が蓄積されつつある．また，中国は輸出入銀行やシルクロード基金などを活用して，自国企業の国外での資源開発や食料生産，インフラ整備事業を支援しており，その環境・社会影響に関する研究も注目されている.　　　　　　　　　　　　　　　［森　晶寿］

📖 **参考文献**
・森 晶寿編著（2012）『東アジアの環境政策』昭和堂.
・オコンナー，D. 著，寺西俊一他訳（1997）『東アジアの環境問題—「奇跡」の裏側』東洋経済新報社.
・加納啓良（2014）『図説「資源大国」東南アジア—世界経済を支える「光と陰」の歴史』洋泉社.

中国で深刻化する大気汚染

　経済成長が続く中国では，大気汚染がきわめて深刻な問題となっており，多くの対策が講じられてきたが，改善の兆しがみえない状態が続いている．

●中国の大気汚染の推移と現状　中国の大気汚染は，改革開放政策（1979）による高度経済成長に伴って現れた 1980 年代以降の問題として認識されることが多い．しかし，中華人民共和国建国（1949）直後の 1950 年代に大気汚染問題はすでに存在していた．建国直後，中国政府は石炭に依存する工業化を進めていた．同時に，建国により社会が安定し，人口の増加とともに，家庭での調理や冬の暖房に使われる石炭や練炭も多く消費された．そのために，石炭・練炭の燃焼に起因する大気汚染問題がすでに現れていた．

　1980 年代後半からは，ばいじん，二酸化硫黄（SO_2），窒素酸化物（NOx），浮遊粒子状物質（PM）などによる大気汚染が，北京，上海，広州などの大都市において急速に深刻化し，1990 年代には中小都市や農村まで蔓延した．

　2012 年までは，PM_{10} を汚染物質として観測の対象としていたものの，粒子直径が 2.5 μm 以下の $PM_{2.5}$ は観測の対象としていなかった．2011 年 11 月に，アメリカ北京大使館が $PM_{2.5}$ の観測結果を公表したことにより，2012 年から中国も $PM_{2.5}$ を観測対象にするようになった．ちょうどその時期から，北京，上海，広州，瀋陽などの大都市だけでなく，中小都市や農村まで $PM_{2.5}$ による大気汚染（霧霾〈wù mái〉）が広がった．2015 年 12 月には，北京市では初めて「大気重度汚染赤色警報」を発している．これまでに例のない深刻な大気汚染に直面して，中国国民は空気清浄機の購入や汚染の少ない地方への脱出を図った．

　大きな社会問題に発展してしまった $PM_{2.5}$ による大気汚染問題に対して，中国政府は都市部での自動車走行の制限や工場操業の停止など多くの措置を講じた．2017 年現在，北京，上海，広州などの大都市での $PM_{2.5}$ による深刻な大気汚染の出現頻度は若干減少するようになった．しかし，今，新たな問題として浮上しているのは，オゾン（O_3）による大気汚染である．

●中国の大気汚染の主な要因　中国で大気汚染が深刻化している主な要因として，次の 2 つがある．第 1 は，国民経済と生活の中での石炭への過剰依存と石炭燃焼による大気汚染である．中国国家環境保護部などの統計によると，1 次エネルギーとしてかつて使われていたのはほぼ 100％石炭であったが，近年，新しいエネルギーへの移行が進められるようになった．しかし，依然として石炭への依存は高く，2014 年では 1 次エネルギーのほぼ 70％を占めている．しかも，使用されている石炭の多くが高濃度の SO_2，NOx などを排出するものである．経済が発

展するほど石炭消費量も石炭燃焼による汚染物質排出も増大し，大気汚染を引き起こす構造が常態化している．第2は，自動車の急速な普及による自動車排ガス汚染である．特に，北京，上海，広州などの大都市ではこの傾向がいっそう強い．改革開放以後，中国の自動車製造，販売，保有の増加は目覚しい．特に，1992年に自動車産業は中国の「基幹産業」の1つとして位置付けられ，国から最も重点的に支援された．その結果，2009年には，アメリカを抜いて世界最大の自動車生産・販売国となった．しかし，ほとんどの自動車はガソリンを燃料としており，しかも中国でのガソリンの品質が低いために，自動車の大量増加はより多くの排ガスを意味し，直接大気汚染を引き起こしている．

中国の大気汚染の特徴は，固定発生源による大気汚染と移動発生源による大気汚染の複合型の様相をみせ，一気に全国レベルでの問題になったことである．

●**中国の大気汚染への主な対策**　大気汚染を改善するために，政府はこれまで多くの対策を実施している．まず，産業・エネルギー構造を調整し，石炭非使用産業を奨励し，石炭多用産業を制限している．目標として，2017年末までに1次エネルギーに占める石炭比率を65%以下に抑えるために，原子力・風力・水力発電，天然ガスなどの新しいエネルギーの開発，使用を進めている．また，石炭燃焼の排出基準を厳しくし，脱硫などの技術開発と導入を進め，硫黄含有量が少ない高品質の石炭使用を奨励している．次に，自動車については，1983年から導入し強化してきた排ガス規制に加え，2000年代に入ってから燃費規制も実施し，燃料品質の改善も図るようになっている．北京，上海などの都市部では，自動車の走行制限や自動二輪車の走行を禁止している．最後に，2013年に策定した「大気汚染防治行動計画」の中で目標を示し，2017年末までに2012年と比べて，全国でPM_{10}の濃度を10%下げ，首都圏（北京，天津，河北），長江デルタ，珠江デルタでは$PM_{2.5}$の濃度をそれぞれ25%，20%，15%下げる，としている．

2016年に，中国工程院は「大気汚染防治行動計画」の中間評価を行った．その結論は，全国の大気質は全体的には改善されたものの，状況は依然として厳しく，特に冬期は重度汚染が目立つ，と評価した．また，O_3による汚染が新たに現れているという（「大気汚染防治行動計画」実施状況中期評価報告2016より）．オゾン問題は，中国国内のみならずアジア地域に広がる新たな大気汚染問題として注目されている．

●**研究動向**　中国の大気汚染に関する研究は多い．中国国内に焦点をあてた研究としては，中国全体の汚染動向に関する研究，特定地域の大気汚染分析，特定の大気汚染物質に焦点をあてた研究，大気汚染と健康に関わる研究がみられる．日本あるいはアジア地域全体からみた研究としては，越境汚染に焦点をあてた研究や国際環境協力に関わる研究がみられる． ［傅　喆］

📖 **参考文献**
・畠山史郎（2014）『越境する大気汚染—中国の$PM_{2.5}$ショック』PHP研究所．

中国で深刻化する水汚染問題

　中国では1970年代から無秩序な経済開発により全国各地で環境汚染が顕在化しており，水汚染については北京の官庁ダムで採れた魚が異臭を発したり，松花江に水銀を含む工場排水が毎日垂れ流されて，川魚を食していた漁民に水俣病に似た症状が現れたりしていた．また，水汚染の激化により汚染工場と被害農民の間で衝突が起こり，排水口をふさいだ農民らが逮捕される事件も発生していた．こうした問題に対して，政府は，資本主義対社会主義という国内外の激しいイデオロギー対立による政治社会の混乱のもとで有効な対策をとることができなかった．

　水汚染を含む環境汚染への対策が本格的に進められたのは，1970年代末に共産党中央による国家建設の目標が急進的な社会主義路線から改革開放路線へ転換されて以降，環境保護法，水汚染防治法をはじめとする各種法制度や環境行政組織が整備されるようになってからである．また，1980年代以降，法制度と行政組織の整備に伴い，地方レベルでの環境政策の実施において「法によらず，規定に従わず，法の執行が厳しくなく，違法を追及せず，権力で法に代える」という状況が顕在化し，1990年代から中央の行政・立法・報道機関の協調による地方政府・企業の環境政策実施状況に対する監督検査活動が展開されるようになった．その中で国内外に注目されるようになったのが，淮河流域の水汚染問題であった（大塚，2002）．以降，流域水汚染対策が強化されるようになった．

●**中国の水汚染問題に関する具体的事例**　ここでは，2000年代に比較的大きな社会的インパクトを与えた3つの事件を取り上げる（図1）．淮河流域では，干ばつと洪水に加えて1970年代から水汚染が深刻化し，流域の広範囲に被害をもたらす水汚染事故が頻発していた．国は監督検査活動で深刻な事態が明るみになった同流域を水汚染の重点対策水域に指定し，工場排水対策を強化してきた．しかし，2000年代に入っても汚染事故が絶えず，10年にわたる国の水汚染対策の実効性が厳しく問われるなか，ガンをは

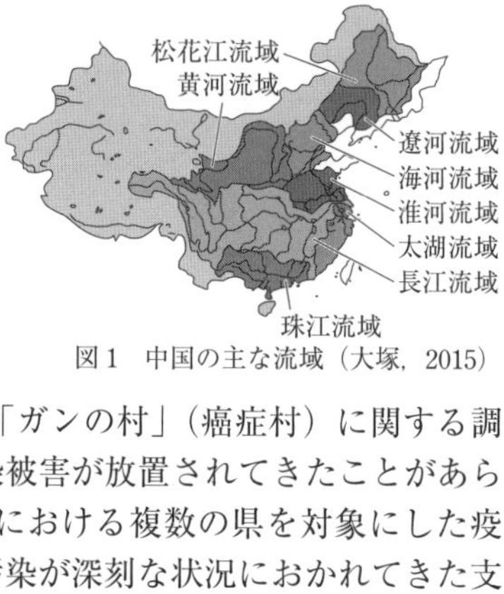

図1　中国の主な流域（大塚，2015）

じめとする様々な疾病が流行する，いわゆる「ガンの村」（癌症村）に関する調査報道を通して，長期にわたって深刻な水汚染被害が放置されてきたことがあらためて明るみになった．2005年に国は同流域における複数の県を対象にした疫学調査を実施し，その結果，長期にわたり水汚染が深刻な状況におかれてきた支流域を中心に，水汚染と消化器系ガンの間に相関関係があることが確認された．

しかし，その事実が報道されたのは，調査から5年以上たってからであった（大塚，2015）.

また，2005年に松花江流域で発生した水汚染事故は重大な政治問題を招いた事件として特記される．この汚染事故では，上流のベンゼン工場の爆発によってベンゼン類が河川に漏出したことが約10日間公表されず，この河川を飲用水源としていたハルビン市では，市民らが噂をもとに水を買い集めたり都市を脱出したりするなどの一時パニックに陥った．この事故対応の責任を問われて，当時の国家環境保護総局長が引責辞任を迫られた（相川，2006）.

太湖流域では，2007年に湖面で例年より早い初夏にアオコが大発生し，その腐敗したアオコのために，太湖を水源としていた無錫市では水道水が異臭を発するようになり，市民がボトルウォーターを買い占めるなど一時パニックに陥った．これに対して，中央・地方政府は一連の緊急措置をとり事態の収拾を図った．さらに，この事件を契機に水環境政策の新たな取組みが中央・地方各レベルで進められ，国は工業・生活汚染源対策に加えて農業・農村汚染源対策や生態系修復を含めた総合的な水環境保全計画を新たに策定した（大塚編，2010）.

●中国の水汚染問題に関する研究　中国の水汚染問題の状況および対策を俯瞰したものとしては大塚（2010）がある．事例研究としては，淮河流域については大塚（2015）において，水汚染被害地域で水汚染問題の解決に取り組む環境NGOによる実践と，政府主導の政策の間の相互作用について報道機関の役割も踏まえて考察を行い，被害問題の解決が進まない構造的要因を分析している．2005年に松花江流域で発生した水汚染事故については相川（2006）がある．ここでは，事故対応の経過のほか，その背景にある当該地域の政治経済構造に接近を試みている．また，2007年にアオコが大発生し水危機に陥った太湖流域では，それ以降工業・生活・農業各種汚染源規制が強化された．太湖流域の事例研究については，農村地域での面源汚染対策の実施状況を村レベルでフィールド調査をもとに明らかにした山田（2012）が注目される．

●中国の水汚染問題に関する政策研究の課題　中国の水汚染問題に関する政策研究の課題としては，工場排水を利用した灌漑慣行（汚水灌漑）の環境・健康影響，土壌・地下水汚染の実態と対策などがあげられる．水汚染問題に限らず，環境汚染問題全般に関係する課題（エコノミー，2005）として複数の行政部門にまたがる複雑な政策決定過程や多様な関係主体の相互作用からなるガバナンスの分析，環境訴訟，環境NGOの活動，人々による抗議運動などの実態と政策への影響，被害の救済と防止，環境再生と費用負担等が重要である．　　　　　　［大塚健司］

📖 参考文献
・大塚健司編（2010）『中国の水環境保全とガバナンス―太湖流域における制度構築に向けて』アジア経済研究所.

チェルノブイリと福島の
原子力事故と放射能汚染

　原子力発電は燃料に放射性物質を大量に使用するため，いったん事故が起これば施設外に放射性物質が漏えいし周辺環境が放射能で汚染され，様々な被害が生じる．世界では，原子力発電開発初期の1950年代から事故が発生してきた．このうち大きな影響を及ぼしたのが，1986年4月26日に旧ソ連（現ウクライナ）で起こったチェルノブイリ原発事故と2011年3月11日に日本で発生した東京電力福島第一原子力発電所事故（以下，福島原発事故）である．

●**原発事故による放射能汚染**　放射性物質の放出量や環境影響などから原発事故の深刻度を測る簡便な指標として，国際原子力・放射線事象評価尺度（INES）がある．INESはレベル0～7までの8段階あり，レベル7が過酷事故とされる．レベル7は，ヨウ素131を数十ペタベクレル（PBq，ペタ〈P〉は10^5）以上放出し，環境や健康への影響の懸念がある場合をいう（IAEA, *The International Nuclear and Radiological Event Scale, User's Manual 2008 Edition* より）．チェルノブイリ原発事故と福島原発事故はレベル7に相当する．

●**事故による放射性物質の放出**　チェルノブイリ原発事故は，原子炉の設計上の欠陥と極端な運転条件によって，原子炉出力が急上昇して原子炉と建屋が大破し，また火災が10日間続いたこともあって，大量の放射性物質が放出された．一方，福島原発事故では運転していた原子炉は地震直後にすべて停止したものの，6号機を除き，地震と津波により外部電源・非常用電源を喪失した．このうち，1～3号機では冷却水がなくなり，核燃料が溶融して原子炉圧力容器を貫通したことが事故を引き起こした．1，3号機は，原子炉内の圧力を下げるためのベントが行われ，その際に原子炉内に含まれていた放射性物質が放出された．他方，2号機は原子炉を損傷した．福島原発事故による放射性物質の放出は，これが主要因であると考えられている．

●**環境中への放射性物質の放出**　チェルノブイリフォーラムによれば，チェルノブイリ原発事故による放射性物質の大気への放出は総量1万4000 PBq，そのうちヨウ素131は1800 PBq，セシウム137は85 PBq，ストロンチウム90は10 PBq，プルトニウムは3 PBqなどとされている（IAEA, 2006）．福島原発事故の場合，原子放射線の影響に関する国連科学委員会（UNSCER）によれば，ヨウ素131は100～500 PBq，セシウム137は6～20 PBqである．ヨウ素131とセシウム137でみた場合，福島原発事故の放出量はチェルノブイリ原発事故の10～20％と推定されている．福島原発事故の場合は高温の溶融炉心から発生した揮発性の高いヨウ素131やセシウム134，137といったものが中心で，揮発性の低い

ストロンチウム 90 やプルトニウム 239 などの放出量はチェルノブイリ原発事故に比べてきわめて少なかった（UN, 2014）.

福島原発事故は，海洋に放射性物質が直接放出されたという点でチェルノブイリ原発事故と異なっている．福島原発事故での海洋への直接放出は，高濃度汚染水の漏えい，低濃度汚染水の投棄によるもので，セシウム 137 は 3〜6 PBq，ヨウ素 131 は 10〜20 PBq 放出された．また，大気中に放出されたヨウ素 131，セシウム 137 の 50〜60％が海洋に沈着した（UN, 2014）.

●汚染被害　大気に放出された放射能は，風や降雨などの気象条件に左右されつつ，居住地，農地，森林，表層水，地下水，海水などを広範囲に汚染する．土地の汚染面積でみると，チェルノブイリ原発事故の場合，3 万 7000 Bq/m² 以上の地域は 1 万 4500 km²，55 万 5000 Bq/m² 以上は 1 万 300 km² と推計されている．これに対し，福島原発事故の場合は，それぞれ 8424 km²，768 km² で，チェルノブイリ原発事故に比べて，それぞれ 5.8％，7.5％である．これは，福島第一原発の東側が海で，偏西風により放射能が海洋へと流されたことも要因の 1 つである（今中，2016）.

原発事故による直接的被害は，作業員および地域住民の被ばくである．チェルノブイリ原発事故では，作業員が事故収束作業直後に死亡したり，長期間経過後にガンを発症したりした．また，最も汚染された地域に住んでいた当時 18 歳未満の人のうち約 5000 人が 2002 年までに甲状腺ガンに罹患した．生涯でみると，ベラルーシのゴメリ地区だけで，事故当時 0〜4 歳の人のうち 5 万人が，全年齢では 10 万人が甲状腺ガンになる可能性がある（IPPNW, 2012）．汚染を避けるために，ベラルーシ，ロシア連邦，ウクライナを中心に 20 万人以上が移住した（IAEA, 2006）．一方，福島原発事故でも，事故直後から各種の避難区域が設定され，11 万人以上が避難した．UNSCER によれば，福島県の避難区域地区および避難区域外における成人の平均実効線量は約 1〜10 ミリシーベルトとされる．この被ばくによってガンのリスクの上昇が識別できるほどにはならないものの，特定の集団（特に胎児期，乳幼児期，小児期に被ばくした集団）における特定のガンのリスクは集団全体よりも高くなる可能性があると考えられている．このほかに，原発事故が起こった地域では，生活の場が放射能で汚染されたり避難を余儀なくされたりしたことによる精神的被害や経済的被害，さらにはコミュニティを喪失（☞「原子力発電所事故と「ふるさと喪失」被害」）するなどの大規模な社会的被害が生じた．事故炉の廃止や除染，損害賠償，人々の生活再建には莫大な費用と長期間の取組みを要する．　　　　　　　　　　　　　　　　［大島堅一］

📖 参考文献
・IAEA 編，日本学術会議訳（2006）『チェルノブイリ原発事故による環境への影響とその修復—20 年の経験』.

エクソン・バルディーズ号
油濁事故とその影響

　1989 年 3 月 24 日，アメリカ・アラスカ州プリンス・ウィリアム湾においてアメリカのエクソン社のタンカー「バルディーズ号」が座礁し，大量の原油が流出した．その量は 25 万バレル以上であり，2010 年にメキシコ湾でイギリスの BP 社の石油掘削施設「ディープウォーター・ホライズン」が 490 万バレルの原油流出事故を起こすまでは，アメリカ国内で発生した原油流出事故として最大の規模であった．バルディーズ号事故で流出した原油によって，アラスカ州の海岸線は汚染され，10 万〜25 万羽の野鳥，2800 頭のラッコ，300 頭のアザラシ，数え切れないほどのサケやニシンが死んだ．エクソン・バルディーズ号油濁事故は，新造される大型タンカーに対する二重船殻構造の義務付けや，企業の社会的責任に関する「セリーズ原則」発表のきっかけとなったほか，仮想評価法（アンケートを用いて公共財に対する支払い意志額を推計する方法：☞「表明選好アプローチ：仮想評価法」）による受動的利用価値の評価に関する論争へとつながるなど，様々な社会的影響をもたらした．

●セリーズ原則　セリーズ（CERES）はアメリカ・ボストンに拠点をおく非営利団体であり，投資家や企業のリーダーに環境に配慮した行動を促すことを目的としている．セリーズはバルディーズ号事件をきっかけとして組織され，環境に配慮した企業行動を定めた「バルディーズ原則」（後に「セリーズ原則」と改名された）を発表した．セリーズ原則が定めている 10 の行動とは，①生物圏の保護，②自然資源の持続的利用，③廃棄物の減量，④エネルギーの保全，⑤健康・安全・環境に関するリスクの低減，⑥安全な製品とサービスの提供，⑦劣化した環境の回復，⑧健康・安全・環境に関する情報の提供，⑨経営陣が環境問題に対して責任をもって関わること，⑩以上の原則について定期的に監査し報告することである．セリーズ原則の特徴として，単に環境に対して配慮や責任をもって行動するだけでなく，自らの行動を評価し，社会に対して定期的に報告することを求めている点があげられる．こうした考え方は，環境・社会・持続可能性に関する企業情報開示のための代表的な指針である GRI（Global Reporting Initiative）ガイドラインの作成へとつながった．

●自然資源損害評価　アメリカでは「水質浄化法」「スーパーファンド法」「油濁法」といった法律が，自然資源に関する責任条項を含んでいる．それらの条項は，指定された官庁が，州政府やアメリカ先住民とともに，国民から自然資源の管理を託された管財人として，環境汚染によって自然資源に対する損害が発生した場合，これを回復するために活動する権利と責任をもつことを定めている．自然資

源損害評価とは，こうした活動の一環として，環境汚染によって自然資源に生じた損害額を評価するプロセスのことを指す．自然資源の価値概念には，資源採取やレクリエーションなどの直接的な利用に伴って発生する利用価値と，生態系の保全など直接的な利用を伴わない受動的利用価値（非利用価値とも呼ばれる）が存在する．後者の受動的利用価値については，仮想評価法などの表明選好アプローチに基づく環境評価手法を用いる以外に，評価の方法がほとんど存在しない．実際に，アラスカ州政府をはじめとするプリンス・ウィリアム湾の管財人は，エクソン社を相手とした損害賠償請求訴訟を準備するうえで，仮想評価法を用いた損害評価を行った（Carson et al., 2003）．これをきっかけとして，仮想評価法がもつ方法論的な課題，それを自然資源損害評価に用いることの妥当性や，受動的利用価値を損害評価に含めることの正当性について大きな議論が起こった．アメリカ海洋大気庁（NOAA）はノーベル経済学賞受賞者の K.J. アロー（Arrow）と R.M. ソロー（Solow）を座長とする委員会（NOAA パネル）を組織し，自然資源損害評価に仮想評価法を用いる際に考慮すべきガイドラインを公表した（Arrow et al., 1993）．この議論以降，多数の理論的・実証的研究が蓄積され，実験経済学や行動経済学の成果も取り入れながら表明選好法の研究分野は深まり，発展している（Kling et al., 2012）．

●**仮想評価法による受動的利用価値評価**　R.T. カーソンら（Carson et al., 2003）は，エクソン・バルディーズ号油濁事故によって発生した損害の評価を行った．彼らは 2 段階 2 肢選択型の仮想評価法を用いて，全米から無作為抽出された市民に対して訪問面接によるアンケート調査を行い，バルディーズ号と同じような事故が今後 10 年間にわたって起きないようにするための護衛船プログラムを実施するために，いくら支払ってもよいかを尋ねた．本調査では提示額の異なる 4 パターンの調査票が用いられ，無作為に回答者へ割り振られた．ワイブル分布を仮定した統計分析の結果，支払意額は中央値が 30 ドル，平均値が 97 ドルと推定された．このうち保守的な推定値として中央値を選び，英語を話す世帯数を乗じると（調査票は英語版しか用意されていなかった），支払意思額の総計は 28 億ドルとなる．仮想評価法を用いた受動的利用価値の損失額はアラスカ州とエクソン社の交渉において使われ，最終的に，エクソン社は自然資源損害に対する賠償金額として 10 億ドルを支払った．この金額以外に，エクソン社は漁業被害や私有地に関する損害を対象とした懲罰的賠償として 25 億ドルの支払いを命じられているほか，油で汚染された地域の浄化費用として 20 億ドルを支払っている．

［竹内憲司］

📖 **参考文献**
・栗山浩一（1997）『公共事業と環境の価値— CVM ガイドブック』築地書館.

農薬汚染とバイオハザード

　危害要因（ハザード）には，物理的，化学的，生物的なものがある．実際のリスク（影響の大きさ）は，このハザードの大きさと，ヒトや環境がそれらにばく露される質的・量的状況で決定される．そのばく露には意図的なものと非意図的なものがあるが，その多くが後者である．また，農薬に代表される化学物質と病原微生物などの生物によるハザードでは，前者がばく露当初から減衰するのに対して，後者は条件によって増加することに違いがある．また，前者は拡散によって薄まるものの，食物連鎖による生物濃縮も起こりうるのに対して，後者は条件がそろえば，拡散とともに増加する危険性がある．これらハザードの規制に関しては，様々な条約や国際法が存在するが，日本ではそれらに準じた国内法によって，意図的・非意図的リスクの両面から規制している．

●**農薬**　農薬は，農薬取締法において定義されており，農作物を害する病害虫や雑草などの防除を目的とした殺菌剤，殺虫剤，除草剤などと，農作物などの生理機能の増進や抑制を目的とした成長促進剤や発芽抑制剤などがある．農薬には，化学的なもの（有機化学合成品など）と，生物的なもの（天敵など）があるが，本稿では有機化学合成農薬（以下農薬とする）について述べる（日本農業学会「農薬について知ろう」HP）．

　R.L. カーソン（Carson）が『沈黙の春』（1962）で警鐘を鳴らした農薬は，「ストックホルム条約」に則って，国際的に残留性有機汚染物質に指定され，特別な場合を除き，製造から使用まで禁止されている．T. コルボーン（Colborn）が『奪われし未来』（1997）で警鐘を鳴らした外因性内分泌攪乱物質（通称，環境ホルモン）は，環境ホルモン戦略計画 SPEED '98 において，農薬がリストアップされた．一方，現在日本において，農薬は「農薬取締法」や「食品衛生法」以外にも様々な法令によって製造から使用まで厳しく規制されている．しかし，食品衛生法におけるポジティブリスト制度導入（2006）に伴い，農薬の後作物への残留やインポートトレランス（輸入食品における農薬などの残留基準）に関する課題が顕在化している．

　農薬の動態については，農薬分析技術の進歩とともに，検出感度や分析精度が格段に向上し，解明研究が深化しており，最近では，農薬の環境中挙動推定モデルの開発が目覚ましい．また，水生生物への影響を中心に，メソコスム試験を含む生態毒性研究や，種の感受性分布と地理情報システムを活用した残留分布を組合わせたリスク評価研究や，農薬の解毒代謝（無害化）については，毒性評価の観点から実験動物とヒトの違いに関する研究が進められている．

リスク評価やリスク管理については，現行の法的規制では基準値のような決定論的対応をしているため，今後確率論をいかにして導入するかが課題となる．また農薬は，植物保護の道具として，安全な農作物の安定的供給に大きな役割を果たしている．そのため，リスクとベネフィットの両面から意思決定するレギュラトリーサイエンス（予測・評価・判断の科学）導入が肝要である．さらに，動物愛護の観点から，実験動物を利用した毒性試験への批判が高まっていることから，バイオインフォマティクス（生物情報科学）を活用した生物体内の異物代謝やトキシコゲノミクス（毒性学とゲノム科学の融合分野）の研究が望まれる．

●バイオハザード　バイオハザードは，生物由来の毒素から人為的な遺伝子組換え生物まで幅広く，外来種を含めることもある．狭義には天然由来の毒素または微生物がヒトや家畜などに対して被害を及ぼすことを示し，院内感染症，牛海綿状脳症（BSE），鳥インフルエンザなどが有名である．これらはすべて非意図的であるが，意図的なものとして生物兵器がある．

世界保健機関（WHO）において，狭義のバイオハザードは4段階のリスクグループに分けられており，それに対応したバイオセーフティーレベルで取り扱うことが義務付けられている．日本では，病原体などは「感染症の予防及び感染症の患者に対する医療に関する法律（感染症法）」「家畜伝染病予防法」「廃棄物の処理及び清掃に関する法律（廃棄物処理法）」など，遺伝子組換え生物は国内カルタヘナ法や栽培実験指針など，外来種は「特定外来生物による生態系等に係る被害の防止に関する法律（特定外来生物被害防止法）」や「植物防疫法」などによって，使用や運搬などが規制されている．生物兵器については，国際的な禁止条約がある．一方，ゲノム編集や合成生物学など，遺伝子を組換える新たな技術が急速に発展しており，国内外で法的整備が求められている（バイオセーフティークリアリングハウス〈J-BCH〉HP）．

これらバイオハザードについては，全般に予防原則に基づくリスク評価手法の開発や各種対策が肝要であるものの，開放系では，物理的封じ込めが困難な場合が多く，生物的，時間的，空間的な隔離に関する研究が求められる．一方，外来種や遺伝子組換え生物などを意図的に導入して利用しているものもあり，農薬と同様にリスクとベネフィットの両面から意思決定するレギュラトリーサイエンスが求められる．

現在病院内では，注射針の消毒や空気感染予防など，食品では，食中毒を起こす有害微生物に対する「つけない」「増やさない」「やっつける」の3つの予防原則に基づく取組み，外来生物では，防除による根絶や不妊化などの対策があげられる．遺伝子組換え生物については，生物多様性影響評価およびリスク管理について，国内カルタヘナ法に基づいて幅広い生物種を対象に研究が進められている．

[與語靖洋]

多発する自然災害と環境問題

　東日本大震災は，日本列島の特異性をあらためて示した．日本は「災害列島日本」といわれるように，その自然条件から地震，台風，豪雨，火山噴火などによる自然災害が発生しやすい．しかも，近年の大災害の多発は，日本が天地動乱の時代に入ったことを示唆しているようにみえる．だが，なぜ近年大規模な災害が多発するようになったのか．もちろん，大規模な地震や台風などが災害の素因である．しかし，地震や台風が人間の力では止められない以上，むしろ重要なのは，災害の社会経済的要因の増大や災害環境の悪化であろう．

　では「災害」とは何か．災害には，大地震や台風などの自然現象を最初の契機とする「自然的災害」と，大火事や爆発，交通などの大事故を契機とする「人為的災害」とがある．以下，多発する「自然災害」を主な対象に考察を進めていく．

　台風や地震などはもちろん自然現象である．しかし，それが人間社会を襲い，個人や社会の防災力を破って被害が発生したときに初めて「自然災害」となる．従って，いかに巨大な地震や台風が起きても，そこに人間や人間社会が存在しなければ，災害は発生しない．また，災害の自然的素因は同じでも，その社会が日常的に災害に備えてどのような地域社会を形成し，生活・生産様式を整え，防災対策を講じているかによって，結果としての災害は，その規模も様相もきわめて異なったものとなりうる．その意味で，自然災害は単なる自然現象ではなくむしろ社会現象であって，社会のあり方によって変貌し，進化し，人災化する．

●多発する自然災害と環境の悪化　自然災害を多発させる災害環境の悪化の第1は，都市化・大都市化の急激な進展である．主要都市が立地する国土の約1割の沖積平野に日本の人口の半分，資産の約3/4が集中し，一度災害が起きると巨大災害になりやすい国土・都市構造が形成されてきた．大規模災害の危険性が高い重点密集市街地は，約6割が東京都と大阪府に集中する．都心部では，超高層ビルや地下街などが急速に拡大した．一方，郊外部では，大規模な宅地や事業用地の開発が自然環境を破壊し，急傾斜地や盛土造成地では大雨による崩落，埋立地では津波，洪水，高潮，液状化などによる危険性を高めた．こうして，大都市では環境悪化と巨大災害リスクとが構造的に絡み合っている（河田，1995）．

　第2に，都市とは裏腹に，地方では過疎化と高齢化が顕著に進行した．農林水産業の衰退は，人口の域外流出と少子高齢化を加速し，耕作放棄地や森林荒廃を拡大させて風水害の誘因となった．また，過疎化や高齢化は，環境保全の困難やコミュニティ機能の劣化を招き，地域における防災力の弱体化を生んでいる．

　第3に，災害環境の悪化は，災害の階級性・階層性と深く結びついている．今

日の災害の重大な特徴の1つは，被害が社会的・経済的・身体的弱者に集中しやすいことである．都市部では，若年層が都心部から流出し，インナーシティ問題を抱えた下町に経済力や体力の弱い高齢者が取り残され，低質で危険な環境下での居住を余儀なくされている．格差社会とグローバル化が進むと，多数の低所得者層や外国人労働者が，低家賃で環境が悪く，安全性に乏しい地域に集住する．災害時には，彼らが災害弱者として最大の犠牲者となりやすい（宮入，2012）．

第4に，社会的インフラの災害に対する脆弱性の深まりである．都市化に伴う幹線道路，街路，ごみ処理などの社会的インフラの拡大は，環境を悪化させ，災害時にはその損壊が，住民の生活・生産の基盤を一挙に破壊し，被災者の生活困難を誘発する．現在では，都市的生活様式が農村部にまで広がっているので，農村部でも同様の被害が発生・拡大するリスクが高まっている．

このように，都市でも農村でも，災害環境の悪化が自然災害の発生・拡大の誘因となり，逆に災害の増大が環境悪化を促進し，両者の悪循環を生み出している．

●環境問題の深まりと自然災害研究の動向　1990年代以降，地球規模での環境問題と新自由主義経済の拡大は，被災者・被災地の脆弱性を増し，国際的に自然災害の多発と巨大化を生んでいる（Wisner et al.，2004）．日本でも，東京一極集中を背景として，被害ゼロの防災は非現実的とされ，被害軽減を図る「減災」が災害対策の主流として浮上してきた（永松，2008）．減災が重視されるにつれ，事後の災害復旧から「事前復興」が優位性を増している．事前復興には2つの側面がある．1つは，災害が不可避である限り，事後対策よりも事前に可能な限り災害環境の改善を目指して減災まちづくりなどの予防対策を講じておくこと，2つ目は，災害による被害を予測し，環境再生とアメニティを重視した復興まちづくり計画やプロセスを事前に準備しておくことである．この2つの側面は相互規定的である．減災のための予防対策は事後の被害を軽減させる．他方，事前の復興まちづくり計画は減災予防対策の効果を向上させるからである．さらに，東日本大震災での原発災害は，最悪の公害として未曽有の環境破壊を生み，自然災害と社会的災害が絡み合った複合災害の解明を，喫緊の課題として迫っている．

●多発する自然災害と維持可能な社会への模索　大震災など多発する自然災害は，戦後日本の強い経済成長・開発志向のゆがみと矛盾の上に，大地震や台風などの自然の加害力が付加されて生じている．根本的な「減災」のためには，自然環境，社会的インフラ，制度資本などの社会的共通資本の拡充と共に，東京一極集中に象徴される日本の国土構造のゆがみや都市・農村問題，公害・環境問題などの地域問題を是正し，それを地方分権・住民自治・住民参加によって支える維持可能な社会へと転換するシステム改革が不可欠となっている（宮本，2014）．　［宮入興一］

📖 **参考文献**
・宮本憲一（2007）『環境経済学』新版，岩波書店．

都市化と環境問題

　国家の発展過程でしばしば生じる製造業由来の環境問題に加えて，人間が居住すること自体，さらには工業化社会の人間活動は，先進国でも途上国でも環境負荷をもたらす．人口が集中する都市においては，大気汚染や水質汚濁で代表されるローカルな環境問題の影響が顕著に現れ，一方で人口の大きさゆえに，地球規模の環境問題に対しても大きな負荷が生じる．問題の対処に当たっては，環境の側面のみを独立して取り上げるのではなく，社会，経済，健康など人間生活に関わる諸要因と合わせて考えることが必要で，持続可能な開発目標の達成の文脈で環境問題を捉えることが必要である．

●**途上国と先進国の都市環境問題**　多くの途上国の都市においては，急速に都市人口が増加している．例えば，デリー（インド）の人口は2010年には約2200万人であったのが，2030年には64％増である約3600万人になると予想されている（UN, 2014）．この人口増加および生活の変化を原因として物資とエネルギーの消費が増加し，結果として，廃棄物，水質汚濁，大気汚染に加えて，二酸化炭素（CO_2）の排出増加が重大な問題となっている．急速な人口増加と自動車の普及に対して，立ち遅れている自動車排出ガス対策と不十分な道路施設によって生じる大気汚染，人口の増加と市街地の拡大に対する下水道整備の遅れによる生活排水由来の水質汚濁，収集・処理・処分の体制整備の遅れと排出者の意識の欠如によって生じる廃棄物問題などが典型的な問題である．インフラとしての下水道の整備や，低排出ガス自動車への更新，廃棄物の管理体制の整備のいずれもが，人口増加の速度に追いつかないことが根本的な原因である．

　一方，日本のような先進国では，人口は安定または減少傾向にあり，また従来型の公害はかなりの程度解決されている．しかし，現状の人間活動の負荷は地球規模での資源消費やCO_2排出の観点からは過大である．経済活動と生活の質を維持しながら環境負荷を大幅に低減することが都市の持続性にとって重要であり，これは社会の変革を伴う大きな課題である．

●**ヒートアイランド**　都市が形成され人口が増加する過程では，スプロールと呼ばれる，密度が低く無秩序な居住地の拡大がしばしば生じる．都市域の拡大により都市内外の農地や自然地は侵食される．都市的土地利用の拡大と都市活動の増加によりヒートアイランド現象が生じ，夏季に不快な熱環境をもたらす．図1にその形成要因を示す．都市では様々な用途にエネルギーが消費されるが，最終的にはそのほとんどは人工排熱として自動車や建物から排出される．樹木や緑地，あるいは土壌は水分を蒸発散させることによる冷却効果を持っているが，それが

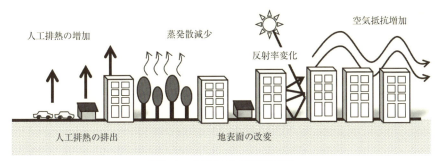

図1 ヒートアイランドの形成要因

コンクリートなどの人工的な表面被覆に変更されるとその機能が失われる．地表付近に到達する太陽光の反射率が建物の存在により変化し，熱が逃げにくくなる．建物群による空気抵抗の増加により風速が低下し，熱がこもりやすくなる．これらの要因によって形成される人工的な熱環境の緩和策としては，エネルギー消費削減による人工排熱減少，建築物の立地の配慮による通風の確保，都市内の緑地の増大などがある．緑地や樹木の増加は，都市住民に自然環境を提供し生活の質を向上する効果もあり，また量的に大きくはないがCO_2吸収効果もある．

●**都市構造** 都市域の拡大による土地利用の変化，人口と人間活動の増加に伴う環境負荷の増加に対しては，従来の公害対策技術のような対症療法的対策には限界がある．都市の構造を再考し，生活と業務のスタイルを変革する，いわば体質改善が根本的に必要である．都市構造に関しては，国内外でコンパクトシティの議論が活発になされており，経済協力開発機構（OECD）が政策面を中心とした報告書をまとめている（OECD, 2013）．コンパクトシティは，密度が高い地区を中心として，集約型の都市を形成することによって，CO_2の排出量が小さい公共交通機関が旅客輸送中にで担う比率を高め，また居住者に対する種々のサービスの利便性を高めるものであり，都市の基本的な計画として考えられる．日本の三大都市圏のように，すでに高密度で形成され，公共交通機関が発達した都市よりは，中規模の都市に対してこの考えを適用することが有効である．既成都市をコンパクトシティに変えていくにあたっては都市のマスタープランとしての長期的な取組みが必要である．日本では，「都市の低炭素化の促進に関する法律（エコまち法）」に加えて，「都市再生特別措置法」に基づく「立地適正化計画制度」が2014年に発足し，自治体において計画が作成されている．この計画では，従来から市街化を進める地域として広い範囲で定められていた市街化区域の中に，都市機能を誘導し集約する都市機能誘導区域と，都市の人口が減少しても生活サービスやコミュニティが持続的に確保されるように居住を誘導する居住誘導区域が新たに定められ，メリハリのついた都市の形成を誘導する施策が取られる．

[花木啓祐]

第3章
気候変動と地球温暖化

　地球温暖化とそれによる気候変動は，数ある環境問題の中でもおそらく最も深刻で，私たち人類の生命や生活に多大な影響を及ぼしうる問題である．問題解決のためにとるべき行動も，エネルギー利用と密接に関連するため，私たちの生活の根本的変革が求められる．1980年代から国際社会で取り上げられるようになり，40年近くたった現在でも，対策は不十分で，未だに改善方向に向かっていない．この困難な問題をさまざまな側面から多面的に捉えるのが本章である．まず，地球温暖化現象など，自然科学的な観点から同問題のメカニズムについて理解を深める．また，同問題への対処のために今まで構築されてきた国際制度や国内政策を概説する．対策は国ごとに特徴を有するため，主要国の温暖化対策に焦点を当てる．温暖化あるいは温暖化対策は，生物多様性保全などの他の環境問題とも関連することから，複数の環境問題の関連性についてもいくつかの例を紹介する．

[亀山康子]

[担当編集委員：亀山康子・髙村ゆかり]

地球温暖化現象のメカニズム

●**地球の放射バランスと温室効果** 宇宙からみると，地球は太陽から入射するエネルギーを受け取ると同時に，宇宙空間にエネルギーを放出している．太陽からくるのは主に可視光線の放射エネルギーであり，地球はその約3割を反射し7割を吸収する．一方，地球から宇宙に放出するのは赤外線の放射エネルギーである．

一般に，物体は温度が高いほど単位時間に多くのエネルギーを放出する（絶対温度の4乗に比例する：ステファン・ボルツマンの法則）．地球が吸収する太陽のエネルギーを所与とすると，定常状態ではこれとつり合うだけのエネルギーを宇宙に放出するという条件から，地球の温度が決まっていることになる．もしも地球に温室効果がなければ，こうして決まる地球の温度は約-19℃である（図1(a)）．

実際には，地球の大気には赤外線を吸収・放出する温室効果ガスが含まれている．温室効果ガスの主なものは，水蒸気，二酸化炭素（CO_2），メタン（CH_4）などである．太陽からの可視光線は温室効果ガスをほぼ素通りするが，地表からの赤外線の一部は温室効果ガスに吸収され，同時に温室効果ガスから赤外線が放出される．地表は太陽からの可視光線に加え，大気中の温室効果ガスから放出された赤外線を受け取り，それとつり合うだけの赤外線を放出する．この条件から，平均地表気温は温室効果がない場合と比べてずっと高い約14℃に保たれる（図1(b)）．

(a) 温室効果がなかったら…　(b) 温室効果があるので…　(c) 温室効果が強まると…

図1　地球温暖化の原理

以上に基づけば，地球温暖化は，人間活動により大気中の温室効果ガス濃度が増加することで，地表から放出される赤外線がより多く大気中の温室効果ガスに吸収され，同時に温室効果ガスから放出される赤外線がより多く地表に戻ってくるため，平均地表気温が上昇する現象（図1(c)）と理解することができる．

●**気温上昇のフィードバックメカニズムと気候感度** 温室効果ガスの増加により平均地表気温が上昇する大きさは，気候システム内部で生じる種々のフィードバックの影響を受ける．主なフィードバックには以下があげられる．

①水蒸気フィードバック：気温上昇により大気中の水蒸気が増加し，水蒸気の温室効果により気温上昇が増幅される．

②雪氷アルベドフィードバック：気温上昇により雪氷が減少し，地表面のアルベ

ド（日射の反射率）が減少することで日射の吸収が増加し，気温上昇が増幅される．

③気温減率フィードバック：気温上昇に伴い，対流圏の気温の鉛直勾配（気温減率）が小さくなることにより，地表付近の気温上昇は対流圏平均に比べ抑制される．

④雲フィードバック：気温上昇に伴う雲の変化により，気温上昇が抑制または増幅される．雲は日射をさえぎり地表を冷却する効果と赤外線に対する温室効果の両方をもつため，雲フィードバックが地球全体で抑制と増幅のどちらに働くかは，変化する雲の高さ，厚さ，地理分布などに依存する複雑な問題となる．

　これらのフィードバックの合計により，温室効果ガスの増加を所与としたときの気温上昇量の大きさが決まる．このうち，現在の科学的理解においては，特に雲フィードバックにいまだ大きな不確実性があり，気温上昇量の見積もりに不確実性をもたらす主な原因となっている．

　大気中の CO_2 濃度を倍増させて十分に時間が経過したときの平均地表気温の上昇量を気候感度（正確には CO_2 倍増平衡気候感度）と呼ぶ．気候変動に関する政府間パネル（IPCC）の「第5次評価報告書」（IPCC, 2013：1535）によれば，この値は1.5～4.5℃の間である可能性が高い（66%以上）．また，実際の気温上昇は，海洋の熱吸収の効果により，数十年程度の時間遅れをもって発現する．

　そのほかに，温室効果ガスの大気中濃度増加を所与とせずに人為起源の排出量を出発点として考える場合，CO_2 の濃度が増加する過程にも次のフィードバックが存在する．

⑤気候─炭素循環フィードバック：気温上昇による土壌有機物の分解や植物の呼吸の促進などの効果により，大気中 CO_2 濃度の増加が増幅される．

●いくつかの誤解　地球温暖化現象のメカニズムをめぐっては，いくつかの誤解が見受けられる．

①「水蒸気を無視している」：重要な温室効果ガスである水蒸気が地球温暖化のメカニズムにおいて考慮されていないという指摘がある．しかし，実際には，水蒸気は上述したフィードバックなどの形で考慮されている．水蒸気の大気中濃度は主として気温で決まり，人為排出量にほとんどよらないため，水蒸気は人為起源温室効果ガスに含まれない点に注意を要する．

②「気温変動が原因で CO_2 増加が結果である」：数年規模の自然変動においては，大気中 CO_2 濃度の変動が気温の変動に追随する様子が観察されるため，地球温暖化メカニズムの説明は因果関係が逆であり間違っているという指摘がある．しかし実際には，数年規模の変動は上述した気候─炭素循環フィードバックにより生じており，長期的に温室効果ガス濃度の増加が原因で気温が上昇するという説明と矛盾なく両立する現象である．　　　　　　　　　　　　　［江守正多］

地球温暖化による影響

　気候変動の影響は世界各地で顕在化しつつあり，ここ数十年，すべての大陸と海洋においてその影響が自然や人間社会において生じていると報告されている．顕在化している具体的な気候変動による影響の例を分野別に記す．

●**自然への影響**　①淡水資源：（世界）多くの地域で氷河が縮小し，河川流量の変化や水資源に影響を与えている（IPCC, 2014）．（日本）降水量の少ない年と多い年の差が拡大し，渇水と洪水の発生リスクが増加しつつある（環境省，2012）．②陸域および淡水生態系：（世界）多くの動植物の生息域，個体数，季節性行動がここ数十年，気候変動に応答して変化してきている（IPCC, 2014）．（日本）気温上昇に伴うサクラの開花日の早まりやカエデの紅葉日の遅れは全国的に報告されており，ナガサキアゲハの分布域の北上，積雪域変化によるニホンジカやイノシシの分布域拡大なども確認されている（文部科学省・気象庁・環境省，2012）．③海のシステム：（世界）気候変動による海水温の変化や酸性化によって，海洋生物の多くが生息範囲を極方向やより深く冷たい海域へ移動している（IPCC, 2014）．（日本）海水温の上昇により，北方系の種が減少し，南方系の種の増加・分布拡大が進んでいる（環境省，2012）．また，藻場の消失・北上やサンゴの白化なども報告されている（文部科学省・気象庁・環境省，2012）．

●**人間社会への影響**　①食料安全保障・食料生産システム：（世界）高緯度地域の作物収量増加，熱帯地域や温帯地域の収量減少が報告されている（IPCC, 2014）．（日本）コメの品質低下，ウンシュウミカンの浮皮，トマトの着花や着果不良，ブドウの着色不良など，高温による障害が発生している（環境省，2012）．②都市域：（世界）気候変動による暑い日や暑い期間の増加はヒートアイランド現象を悪化させ，干ばつによる水不足や，水力発電による電気や食料供給不足，汚染された水を利用することによる疾病などの影響も現れている（IPCC, 2014）．③人間の健康：（世界）気温上昇により熱関連死亡や疾病のリスクが増加している．気温と降雨の局所的変化により水や生物媒介の病気の分布が変化している（IPCC, 2014）．（日本）暑熱による熱中症搬送者数や死亡者数の増加やデング熱を媒介するヒトスジシマカの分布域北上が報告されている（環境省，2012）．④主要な経済部門およびサービス：気候変動により財やサービスの需要と供給に影響を及ぼしている．また，住宅や店舗などの暖房のエネルギー需要の削減や冷房のエネルギー需要の増加に寄与している（IPCC, 2014）．⑤人間の安全保障：（世界）気候変動は，暴力的な紛争のリスクを増加させるいくつかの要因に影響を及ぼしている（IPCC, 2014）．

⑥生計および貧困：（世界）気候変動に関連する物理的な影響は，作物収穫量の減少，家屋の損失，食料不足，食料価格の上昇など，特に貧困層の生活に負の影響を与えている（IPCC, 2014）.

　次に，将来の地球温暖化による影響の概略を記す.

●自然への影響　①淡水資源：（世界）リスクは気候変動の進行に伴い著しく増大するが，その影響は地域によって大きく異なる（IPCC, 2014）.

②陸域および淡水生態系：（世界）気候変動の進行速度が種の移動速度より速い場合には，絶滅リスクがより高くなると予測される（IPCC, 2014）.（日本）自然植生の一部は潜在生息域がなくなる可能性がある（S-8温暖化影響・適応研究プロジェクトチーム，2014）.

③海のシステム：（世界）海洋生物の生息域変化により，漁獲量の減少に伴う食料の安定供給の低下や，漁業海域の変化による国家安全保障への影響も懸念される（IPCC, 2014）.（日本）サンゴ礁は，気候変動の進行度合いによっては消失する可能性がある（文部科学省・気象庁・環境省，2012）.

●人間社会への影響　①食料安全保障および食料生産システム：（世界）将来の人口増加に伴う食料需要の高まりと作物収量の減少が相まって，食料安全保障にとって大きなリスクが懸念されている（IPCC, 2014）.（日本）全国的にはコメの収量変化は少ないが品質低下が懸念され，地域的には収量が増加する地域と減少する地域の差がきわめて大きくなると予測される（S-8温暖化影響・適応研究プロジェクトチーム，2014）.

②都市域：（世界）人口や資産の集中と豪雨や高潮による氾濫や洪水のリスク増加が相まって，家屋や公共施設の浸水・破壊，水源の汚染，生計やビジネスの喪失，水媒介感染症などの増加が懸念されている（IPCC, 2014）.

③人間の健康：（世界）多くの地域，特に開発途上国において被害が増大すると予測されている（IPCC, 2014）.（日本）気候変動の進行に伴い，全国で熱ストレスによる死亡が増加し，ヒトスジシマカの分布域が拡大および北上すると予測されている（S-8温暖化影響・適応研究プロジェクトチーム，2014）.

④主要な経済部門およびサービス：経済への影響が懸念されるが，人口や生活様式などの他の要因による影響も大きく，いまだ不明な点が多い（IPCC, 2014）.

⑤人間の安全保障：（世界）気候変動は貧困や経済的打撃といった紛争の要因を増幅させ，暴力的紛争のリスクを間接的に増大させる可能性がある（IPCC, 2014）.

⑥生計および貧困：（世界）気候変動の進行に伴い，社会の不平等が拡大している国においては，さらなる貧困を生み出す可能性がある（IPCC, 2014）.

　今世紀末に産業革命以降の気温上昇を2℃程度に安定させることができたとしても被害増加は避けられず，緩和策と適応策の両方に取り組むことが急務である.

［肱岡靖明］

適応策

　今日，検討・実施されている温暖化対策は，緩和策と適応策に大別できる．緩和策は温室効果ガスの排出抑制や土壌・植生などによる吸収・固定促進を通じて，大気中の温室効果ガス濃度の増加を抑制し，気候変化の規模・速度を軽減する対策である．一方で，緩和策を実施しても温暖化とその影響をすべては回避できないため，その影響に対して，自然や人間社会のあり方を調整して被害軽減を図るのが，適応策である．具体例としては，高温条件下でも収量・品質を維持できる作物品種の開発・利用，海面上昇に伴う高潮リスクの増加に備えた堤防のかさ上げ，熱中症などの健康被害を回避するための空調の活用などがあげられる．

●**背景と現状**　温暖化とその影響が顕在化する中で，適応策への注目が高まっている．また，その促進・阻害因子，効能の限界，副作用・波及効果，実施効果の評価・検証など，実施の判断に関わる具体的検討へのニーズが増している．

　国際的には，特に途上国において，適応は開発に関わる政策課題と絡めて論じられる場合が多い．災害・低栄養などのリスクへの脆弱性が大きい現状をふまえ，国際社会からの支援も活用しつつ，社会インフラの強化，技術普及による生産性向上，教育機会の改善，政情の安定化などを通じて，社会全体でも，あるいは家庭・個人レベルでも脆弱性の軽減に努めることで，安全・安心の向上や生活の改善を求めうる．また，これは同時に温暖化影響への適応能力の強化ともみなせることから，適応を開発政策と分けて考えるのではなく，開発政策に組み入れて実施していくこと（適応の開発政策へのメインストリーム化）が重視される．逆に，気候変化とその影響の顕在化を受け，温暖化影響（例えば，気象災害の増加）が開発目標の達成を阻害しうるとの懸念もあり，その観点からも適応と開発の同時考慮は重要である．

　一方，日本では，「適応計画」の閣議決定（2015）を受け，その具体化に向け，自治体レベルでの影響リスク分析・適応策評価や地域適応計画策定の取組みが加速している．ここでは，自治体各部局が所掌する既存の施策・計画を，温暖化影響・適応の観点から広く見直すことが求められるが，財政・人的資源に制約のある中で，優先対応すべき課題の見極めが必要になる．地域ごとに風土・文化や産業構造に違いがあり，懸念される影響リスクも様々であることから，適応策の優先順位は当然異なるものになるし，あるいはその検討手順・枠組みについても一律のものを準備・適用するのは難しい．しかし，各自治体がまったく手本のない状態から独自に影響リスク分析・適応策評価を実施し，適応政策を決定していくこともまた困難であり，自治体間での優良事例共有などのためのネットワーク構

築が求められている.

●関連した研究レビュー　適応策に関する調査・研究は，学術論文として公表されるものもあるが，政府，自治体，国際機関，NPOなどの調査資料として作成・公表されるものも多い．例えば，2014年公表の気候変動に関する政府間パネル（IPCC）「第5次評価報告書」（IPCC, 2014）では，専門家判断に基づき地域別に重要度の高い気候リスクを抽出して緩和・適応によるリスク軽減の可能性や課題を評価するとともに，政府調査資料なども対象に含めた評価として，適応は場所・状況に特有で万能なリスク低減手法は存在しないこと，将来の気候変動への適応に向けた第1歩は現在気候への脆弱性・ばく露の低減にあること，多様な利害・状況・社会文化背景などの認識が適応策の計画立案・実施に係る意思決定過程を改善すること，官民資金協力や補助金などの経済的手段がインセンティブとなり適応を促進しうることなどを結論として示している．一方で，不十分な計画立案，短期成果の過度な強調，不十分な帰結の予見などにより，適応の失敗が生じうることにも注意喚起している．

　日本に目を向けると，中央環境審議会による環境大臣への意見具申「日本における気候変動による影響の評価に関する報告と今後の課題について」（中央環境審議会, 2015）では，各種影響について，重大性（影響の大きさ・生起可能性），緊急性（影響の発現時期や適応への着手が必要な時期），確信度（情報の確からしさ）の科学的評価が行われ，適応計画にも反映された．また，自治体などによる適応の検討・実施のための研究知見の取りまとめとしては，適応策検討に必要な科学技術情報を俯瞰するためのガイダンスとして，シナリオ分析や地域気候予測などの技術的側面も含む書籍『気候変動適応策のデザイン』（三村他, 2015）が大勢の研究者らによりまとめられた．

●今後の課題とそれに資する研究ニーズ　途上国における開発の文脈での適応の検討でも，日本における自治体・企業・各家庭での適応のあり方の検討でも，極端現象を含む気候・気象条件の現状把握ならびに将来予測の高度化は依然として重要課題である．一方，気候リスクの大小は気候・気象条件によってのみ決まるものではなく，社会・経済・技術などの脆弱性・ばく露に関わる諸条件にも強く依存することから，将来の社会・経済変化について現実的な想定を置いたうえで，気候リスクさらにはそれを軽減するための適応策のあり方について提示することが求められている．また，適応策実施にあたっては，その制約・限界や波及効果に関する理解を深めることが求められている．なお，途上国での適応に関連した事項として，国際交渉の現場では「損失と被害」（ロス＆ダメージ；適応できる範囲を超えて発生する気候変動影響）にどう対処するかが，長く先進国・途上国間の争点になっている．損失と被害については，その定義も含めてまだ不明確な点が多いが，同争点の解決に向けても，適応策の効果・費用・制約・限界などに関する理解の深化が重要課題と言える．　　　　　　　　　　　　［髙橋　潔］

長期目標としての２度

「２度目標」とは，人為的な温室効果ガス（GHG）排出による全地球平均気温上昇を，産業革命前（つまり温暖化が起きる前）と比べて2℃未満に抑えるという目標のことである．温暖化の危険なレベルやリスクをどう認識するかによって，今後の温室効果ガス排出削減のあり方が大きく変わるため，その目標の検討は非常に重要な意味をもつ．地球温暖化問題に対処する国際的な取組みとして1992年に締結された「国連気候変動枠組条約」は，「人類活動から排出される温室効果ガスの大気中濃度を，気候システムに危険な影響をもたらさない水準で安定化させること」をその究極目的としている．しかし，条文の中には危険な影響が何を意味するかについての具体的な記述や明確な数値はない．そのため，数多くの国際交渉を経て，ようやく2010年の気候変動枠組条約第16回締約国会議（COP 16）で採択された「カンクン合意」に２度目標が盛り込まれた．そして，2015年のCOP 21で採択された「パリ協定」では，2℃よりもはるかに低い（well below）レベルで抑制することが目標として設定され，1.5℃に抑える努力を追求することにも言及された．

●２度目標設定までの道のり　２度目標は予防原則という考え方に基づいた政治的・政策的な判断である．予防原則とは，「深刻な，あるいは不可逆的な被害の恐れがある場合，完全な科学的確実性の欠如が費用対効果の大きな対策を延期する理由として使われてはならない」というものであり，その被害の大きさが不確実性も伴う状況において，費用のかかるリスク削減対策に関する意思決定をする場合に用いられる．

「温暖化の危険なレベル」に関する議論をリードしてきたのは欧州連合（EU）であり，温暖化対策の費用便益分析を行った様々な研究も大きな影響を与えている（例えば，世界銀行のエコノミストであるN. スターン（Stern）によるスターンレビュー〈Stern, 2006〉）．しかし，将来世代にまたがって経済的な分析を行う場合，割引率の設定や人工物で簡単に代替できない生態系のようなものの評価などが常に問題になる．これらは価値観の問題であって，単純な経済学の問題ではない．

いずれにしろ，科学的知見には不確実性が残り，経済的な分析にも価値観が入る．だからこそ，２度目標に関する議論のけん引役を果たしたEUでは，政策立案者，科学者，利害関係者，そして一般市民が参加する政治と科学の対話プロセスが構築され，多くの議論が重ねられてきた．

●1.5度目標　COP 15以降の国際交渉では，気候変動に対して脆弱な小島嶼国連合やアフリカ諸国は，2℃よりも厳しい1℃や1.5℃を目標とすることを求めた．

しかし，先進国は実現可能性が低いと難色を示し，議論は並行線をたどっていた．そのため，2010年の「カンクン合意」では，2度目標を不十分とする国々への配慮として，2度目標の十分性・妥当性について定期的なレビューを行い，1.5℃上昇に抑制する場合の影響についても考慮しつつ，長期目標の強化を検討する必要性についてふれられた．2011年のCOP 17での「ダーバン合意」は，2度目標達成に必要な排出量と現状の「顕著なギャップ（エミッション・ギャップ）に対する重大な懸念」に言及した．そして，前述のように，パリ協定では「1.5℃に抑える努力を追求する」という言葉が盛り込まれた．

●カーボンバジェット　カーボンバジェットとは，気温上昇を2℃などの一定レベルまでに抑えようとする場合，温室効果ガスの累積排出量（過去排出量＋これからの排出量）の上限が自動的に決まるということを意味する．気候変動に関する政府間パネル（IPCC）「第5次評価報告書」によれば，二酸化炭素（CO_2）以外の効果も考慮すると，例えば，50%の確率で2度目標を達成するためには，840ギガトン炭素（GtC）の累積排出量が上限となる．2011年までに，人類はおよそ530 GtCを排出しているので，2012年以降排出できる量は310 GtCということになる．また，国連環境計画（UNEP, 2015）によると，66%以上の確率で2℃以内に抑えるためには，2030年までに排出を42ギガトン（CO_2換算）に抑える必要がある．しかし，パリ協定に各国が提出した削減目標を合計しても，この目標には12 Gt（CO_2換算）足らない状況にある（ギガトン・ギャップ）．

●研究の展望　温度目標とカーボンバジェットが決まると，各国の温室効果ガス排出削減目標の設定は，残されたカーボンバジェットをどのように公平に割り当てるかという配分問題として考えられるようになる（クライメート・ジャスティス）．例えば，デュポン他（du Pont et al., 2015）によると，2度目標達成を念頭においた2015年G7サミット目標「2050年までに世界全体でGHG排出量を2010年比で40〜70%の幅の上方に減らす」のもと，各国の排出削減量をIPCC「第5次評価報告書」などで議論された公平な努力分担方法で計算すると，日本は2030年に2010年比で52〜94%削減する必要がある（日本の削減目標は2030年に2010年比で35%削減）．同様に，温度目標とカーボンバジェットが決まると，石炭，石油，天然ガスなど化石燃料の燃焼可能量も決まる．これは，燃焼可能ではない化石燃料は価値が大きく毀損する資産（座礁資産）となることを意味する．このように，目標がより具体化するにつれて，各国および各セクターが取り組むべき必要な対策，目標，そして責任を具体的な数値を伴って明らかにするような研究や提言が増えていくことが期待される．しかし，それは脱炭素社会への移行を確実に加速させるものの，温暖化対策によってマイナス影響を受ける国や企業の抵抗がより強くなることも予想させる．　　　　　　［明日香壽川］

📖 参考文献
・明日香壽川（2015）『クライメート・ジャスティス—温暖化問題の国際交渉の政治・経済・哲学』日本評論社．

気候変動に関する政府間パネル (IPCC)

気候変動に関する政府間パネル（IPCC）は1988年に国連環境計画（UNEP）と世界気象機関（WMO）が設立した気候変動に関する科学的知見を評価する国際会合である．最新の科学的基礎，気候変動影響と将来リスク，適応と緩和策に関する評価を定期的に行い，「国連気候変動枠組条約」（☞「国連気候変動枠組条約」）に交渉のベースとなる知見を提供するなど，世界の気候政策決定者などに広く伝えている．

●**成立** 1957年地球観測年以来の気候研究における指摘や下降気味の地球大気温度が1975年から反転上昇し始めたなどの懸念から，UNEP，WMO，国際科学会議は，1985～86年フィラハ，ベラジオで気候科学者や国際機関関係者会合を開催した．「21世紀半ばには人類未経験の規模で気温が上昇する」との認識から対策の必要性とそれを裏づける科学的知見の集約が不可欠として1988年にIPCCが設立された．

●**構造** 参加国政府による最高意思決定機関である総会（現在195か国）で議長・副議長数名を選出する．事務局がジュネーブにおかれ，議長を補佐し，広報なども行う．議長のもと，第1作業部会は気候変動の自然科学的根拠，第2作業部会は影響・適応策と脆弱性，第3作業部会は緩和策を取り扱い，タスクフォース（TFI）は国別温室効果ガス排出・吸収量把握目録の計算・報告方法の開発を行う．各部会には先進・途上国各1名の共同議長と数名の副議長が総会で選出され，先進国部会議長のもとに技術支援事務局が設置される．これらを主体として合計46名のビューローが形成されIPCCを運営する．

●**成果物** IPCCは自ら研究はしない．研究者グループが世界の最新研究結果を読み解き評価して，それらが全体でどのような知見を示しているかをまとめる．評価作業参加研究者（第5次では約830名）は各国から推薦され，先進国・途上国のバランスなども考慮しビューローなどでの審査を経て選ばれる．各部会は課題選定のスコーピング会合で目次案をつくり，章ごとに専門研究者による10名ほどの執筆担当者，部分的貢献者や査読編集者を加えたチームが，章主導執筆者のもとで2年ほど作業を行い，最終的に1章20ページ程度の報告にまとめる．対象論文は，内容が科学的に保証された学会査読付き論文，あるいは科学的裏付けが立証できる各国言語での報告や国際機関などの調査である．章ごとの引用研究論文は500～1000にのぼる．

各部会報告原案は世界の研究者に公開され科学的レビューを受け，修正後各国政策担当者・研究者のレビューを経る．各部会議長のもとで30ページ程度の「政

策決定者用要約（SPM）」が編集され，政府関係者を含む部会全体会合で承認される．SPM は政策に大きな影響を及ぼすため，1 行ごとの検討を受ける．各作業部会報告を受けて IPCC 全体でのメッセージをまとめた「統合報告書」が編集され，全体会合で承認される．

評価報告書はこれまで，第 1 次 1990 年，第 2 次 1995 年．第 3 次 2001 年（TAR），第 4 次 2007 年（AR4），第 5 次 2014 年（AR5）と出されている（IPCC ホームページ参照）．第 1 次では「温度上昇が人為起源であることの確認には 10 年かかる」としていたが，第 4 次は「人為的影響が観測されている温度上昇の原因である可能性が非常に高い」，第 5 次報告は「それがほとんど確実」として，2015 年パリ協定の基盤となった．当初は科学的知見に重きがおかれたが，徐々に政策対応に向けての影響リスク評価や対応策の重要性が増してきている．

「第 2 次第 3 部会報告」（IPCC 第 3 作業部会，1997）は「気候変動の経済社会側面」評価であり，意思決定枠組み，公平性基準，費用便益分析，社会的費用算定，対応オプションとその経済的評価，統合モデルによる世代間評価など，温暖化経済・政策科学の教科書的報告である．

● IPCC への評価　IPCC は，2007 年「人為起源気候変化についての進んだ知識を確立・普及させるとともに，必要な対応策基盤を築く努力」に対してノーベル平和賞を受賞した．IPCC なしでは，いまだに科学界は異論多発で何が真実かを社会は判断できず，惰性のまま温室効果ガス排出増加を続けていたと考えられ，その必要性には異論はなかろう．しかし，科学的知見がただちに国際政治につながるため様々に評価される．

IPCC は，地球環境科学の方法に大きな革新をもたらした．気候安定化という目標に向けて，人間の知恵を学問分野横断的に世界的に集約する作業が必要であることを示し，その後エネルギーや生物多様性の分野でも同様な作業が開始された．IPCC 報告は学術界をよりシステム的な取組みに向かせ，世界各国協力して取り組むべき課題を明確にし，関係研究の活発化につながっている．

科学と政策をつなぐ活動への微妙な駆引きのもとで，社会における科学と科学者の役目に関しての論考が深まった．多くの懐疑論からの指摘が評価内容になされ，執筆者に対する個人的攻撃などもあり，科学の高潔さの必要性が確認された（憂慮する科学者同盟，2016）．IPCC の「政策に関係することを取り扱うが，どうすべきかには言及しない：Policy-relevant, but not policy- prescriptive」という作業原則は立場の違う各国からの政治的圧力に左右されることなく科学的知見を評価するための規範である．

その一方で，現実に温暖化がここまで進み，やや手遅れ感があることをみると，科学者コミュニティの社会への発信が十分になされてきたかに関しては問われるところがある．

[西岡秀三]

国連気候変動枠組条約

　「国連気候変動枠組条約（UNFCCC）」は，国際社会が気候変動問題（地球温暖化問題）に対応するうえで中心となる国際制度である．UNFCCC は 1992 年 5 月の採択後，同年 6 月に開催された国連環境開発会議で署名開放され 1994 年 3 月に発効した．2017 年 12 月時点で，UNFCCC は 196 か国と EU が締約国で，気候変動問題に関するグローバル・ガバナンス・システムの基礎となっている．UNFCCC 第 7 条に基づき締約国会議（Conference of the Parties; COP）が毎年開催され気候変動問題に対する国際社会の取組みを検討しており，UNFCCC のもとで「京都議定書」「パリ協定」の 2 つの国際的な法的文書が採択されている．

● UNFCCC の概要　UNFCCC の目的は，第 2 条前段で「気候系に対して危険な人為的干渉を及ぼすこととならない水準において大気中の温室効果ガスの濃度を安定化させることを究極的な目的とする」と定められた．さらに，第 2 条後段では「そのような水準は，生態系が気候変動に自然に適応し，食糧の生産が脅かされず，かつ，経済開発が持続可能な態様で進行することができるような期間内に達成されるべきである」とされ，持続可能な発展に配慮した規定となっている．また，UNFCCC の特徴は，締約国を先進国と途上国に分けた点である．具体的には，「附属書Ⅰ」に記載された 1992 年当時の先進国，東欧諸国，ロシア，ウクライナ，ベラルーシ（附属書Ⅰ国）と，附属書Ⅰに記載されていない国々（非附属書Ⅰ国）との間で条約上の義務を分けている．そのうえで，UNFCCC の温室効果ガスの排出削減対策は，附属書Ⅰ国に対しては，2000 年末に 1990 年レベルで排出量の安定化を努力目標として定めたが，非附属書Ⅰ国は排出抑制に向けた一般義務しか課さなかった．しかし，UNFCCC は，究極の目的と原則を定め，毎年開催される締約国会議を通じて議定書を含む法的文書を採択したり，締約国会議決定を積み重ねることで，国際制度を発展させている（高村，2015）．国際制度の発展にあたり，UNFCCC の最高意思決定機関である締約国会議は多数決ではなく全会一致により意思決定を行っている．そのため，意思決定には全締約国の合意が必要となり，時間と手間がかかるプロセスを経るが，決定は全世界にわたる締約国を様々な形で拘束するため，気候変動問題に関するグローバル・ガバナンス・システムとして漸進的に進化している．

● UNFCCC の成立の経緯　1980 年代前半に科学者が問題として取り上げていた気候変動問題が，国際政治の場で注目されるようになったのは，冷戦が終結した 1980 年代後半のことであった．1988 年のトロント G7 サミットで設立が奨励された気候変動に関する政府間パネル（IPCC）は，同年に世界気象機関と国連

環境計画によって設立され，1990年8月に「第1次評価報告書」をまとめた．これを受けて，同年10月に各国政府が参加して開催された第2回世界気候会議で，IPCC第1次評価報告書が追認され，その後開かれた国連総会で条約策定に向けた政府間交渉会議の設置が決議された．1991年2月から開催された政府間交渉会議は，15か月という短い時間にもかかわらず，実質6回にわたる会合を重ね，1992年5月に開催された第5回政府間交渉会議再開会合で，全会一致でUNFCCCを採択した．

● **UNFCCC発効後**　UNFCCCの第4条2項（d）に基づき，締約国は1995年の第1回締約国会議（COP 1）で附属書I国の約束の規定の妥当性を検討し，2000年以降の温室効果ガス排出削減対策を策定することを目指し交渉を開始するとした「ベルリン・マンデート」を採択した．これが1997年に採択された京都議定書へとつながった．京都議定書発効後は，2013年以降の国際体制の整備が課題となり，京都議定書を改正し第2約束期間を定めるという提案や，京都議定書に代わる新議定書を作成するという提案もなされた．2007年のCOP 13では，UNFCCCのもとに作業部会を設置し，2009年のCOP 15で合意を目指すこととされた．しかし，作業部会での合意がまとまらず，COP 15に参加した首脳が急遽政治的解決策として提示したのが「コペンハーゲン合意」である．ところが，ラテンアメリカ諸国の一部などが採択に反対したため，正式に合意されず，世界から首脳級が集まって開催されたCOP 15は期待されていた成果が得られなかった．この手痛い教訓を踏まえ，2010年のCOP 16で，コペンハーゲン合意を手直しして正式に合意されたのが「カンクン合意」である．その後，2011年のCOP 17で合意されたダーバン・プラットホームでは，新たに作業部会を設け，2015年のCOP 21までに新たな国際体制を定めることとした．この作業部会での国際交渉を経てCOP 21で成立したのがパリ協定である．

● **研究の展望**　UNFCCCの解釈は丹念なコメンタリー（Bodansky, 1993）が，UNFCCCの交渉過程は当事者がまとめた文献（赤尾，1993）が，それぞれ参考になる．また，UNFCCCと京都議定書の形成過程を国際政治学の観点から分析した論文（沖村，2000）や，京都議定書の後継体制を多数の研究者が複数の学問分野，論点から多面的に解説した文献（亀山・髙村，2011）は，それぞれの時代の国際交渉を学術的に分析したものである．

　今後の研究の展望としては，1992年の時点で南北を線引きした附属書Iが現在の国際情勢に適合していないなか，どのように共通だが差異ある責任に基づく国際協定を進化させるか，また，温室効果ガス排出削減対策のみならず，途上国の森林減少・劣化による排出の削減および森林保全，持続可能な森林経営，森林炭素蓄積の増強の役割（REDD＋）や，適応，損失と損害といった多様なテーマにどのように取り組むか，といったより実効性と包括性が高い国際制度への進展という，現時点でのUNFCCCの課題に対応した研究が望まれる．　　　　［沖村理史］

京都議定書

　京都議定書は，気候変動に対処するための中心的な国際条約である「国連気候変動枠組条約」のもとに位置付けられ，先進国に対して排出削減目標を定めた議定書である．1997年に京都で開催された同条約第3回締約国会議（COP3）で採択され，2005年に発効した．

　国連気候変動枠組条約には，各国の温室効果ガス排出量に関して具体的な数値目標が設定されていなかったことから，特に先進国の排出量に対する削減義務を記載した議定書を策定することを目指して交渉を開始することがCOP1で決まった．この決議を「ベルリン・マンデート」という．以降，2年半の国際交渉では，先進国の2010年近辺の排出削減目標の設定方法が主要な議題となった．

●京都議定書の概要　最終的に合意された京都議定書の主要な観点は次のとおり．

・先進国は，2008〜2012年までの5年間（第1約束期間），それぞれ決められた排出量以下に抑えることが義務付けられた．削減率は国ごとに異なり，例えば，日本は6%，アメリカは7%，欧州連合（EU）は8%，それぞれ1990年の水準から削減することになった．対象ガスは二酸化炭素（CO_2）など6種類，また植林などによる吸収量も含めてよいことになった．

・上記排出量目標を達成するために，排出量取引制度やクリーン開発メカニズムなどの炭素市場（京都メカニズム）を活用することが認められた．

・途上国に対して，新たな義務は設定されなかったが，2013年以降の目標を議論する際には対象国を交渉し直すことが期待された．

・議定書の発効要件として，55か国の批准に加えて，先進国の排出量合計値の55%以上に相当する排出量に見合う国が批准することが定められた．

●京都議定書発効に至るまでの道のり　当時世界最大の排出国だったアメリカは，議会や産業界の反対により，2001年，京都議定書から離脱した．また，2000年代に入ると中国の温室効果ガス排出量が急増し，先進国にのみ排出削減義務を規定した京都議定書の実効性が問われるようになった．先進国の中には，京都議定書は失敗だったとして，これに代わる新たな枠組みを求める国も出てきた．他方で，途上国諸国は，京都議定書が発効しなければ先進国がその過去の責任を果たさないまま排出し続けるだけだと，先進国を批判した．最終的には，EUの主導によりロシアの批准を得て2005年2月に発効した．

●京都議定書発効後　2005年に第1回締約国会合（CMP1）を開催し第1約束期間には間に合ったものの，2013年以降のいわゆる第2約束期間での排出削減目標の議論は，上記に述べた意見の相違によりほとんど進展しなかった．EUは

表1　京都議定書に関する年表

年	項　目
1995	COP 1　ベルリン・マンデートにて議定書交渉開始.
1997	COP 3 京都議定書採択. 先進国 2008〜12 年（第 1 約束期間）排出量目標設定.
2001	アメリカ，京都議定書からの離脱を表明 COP 7 マラケシュ合意にて，京都議定書の細則が決定.
2002	日本や EU などが京都議定書を批准.
2004	ロシアが京都議定書を批准.
2005	京都議定書発効 COP 11 と同時開催の CMP 1（京都議定書締約国会合）にて，第 2 約束期間の排出量目標に関する交渉プロセス（AWG-KP）開始.
2009	COP 15/CMP 5 にて，コペンハーゲン・アコード了承.
2010	COP 16　カンクン合意にて 2020 年までのプロセス決定. 京都議定書第 2 約束期間に関する交渉が続くなか，日本は第 2 約束期間への不参加を表明.
2011	COP 17 にて，2020 年以降の取組みに関する新たな交渉プロセスの開始が合意されるなか，カナダは京都議定書からの離脱を表明.
2012	COP 18/CMP 8 にて，第 2 約束期間に関する交渉がまとまり AWP-KP 終了. 日本，ロシア，ニュージーランド第 2 約束期間に不参加.
2015	COP 21　パリ協定採択. 京都議定書の 2020 年以降の取扱いについては未定.

自ら 2013〜2020 年までの第 2 約束期間を設定したが，日本やカナダ，ロシアなどは，アメリカ・中国が参加しない京都議定書では実効性が伴わないとし，第 2 約束期間への不参加を決めた. 他方で，京都議定書とは別にすべての国が参加する枠組みの必要性を主張する声が強まり，新たな交渉が 2007 年の COP 13 以降始まった.

　2015 年，COP 21 にて「パリ協定」が採択された（表 1）. 京都議定書の役割はほぼなくなり，執筆時点（2016 年）では京都議定書の今後は未定である. なお，日本は第 1 約束期間の 6％の削減目標を，吸収源による吸収などで達成している.

●研究の展望　京都議定書の交渉過程自体が 1 つの研究テーマとなった（Grubb et al., 1999）が，そのほかにも，先進国の排出削減目標設定における公平性の議論（Groenenberg et al., 2003），排出量取引制度をはじめとする京都メカニズムの実施に関する研究（新澤，2011：86-108）などが蓄積された. 京都議定書そのものはその役割を終えたかもしれないが，これに関連した研究は，今でも気候変動に関する国際的取組みの基礎をなしているといえる.　　　　　［亀山康子］

📖 参考文献
・新澤秀則（2011）「炭素市場の構築」亀山康子・高村ゆかり編『気候変動と国際協調—京都議定書と多国間協調の行方』慈学社出版，86-108 頁.

森林吸収源と土地利用

　森林吸収源とは，森林による温室効果ガス（GHG）の吸収（大気中からの除去）を意味する．吸収源は，「国連気候変動枠組条約（UNFCCC）」第1条8項で「温室効果ガス，エーロゾル，または温室効果ガスの前駆物質を大気中から除去する作用，活動または仕組みをいう」と定義されている．植林や適切な森林管理により森林による二酸化炭素（CO_2）吸収を増やすことで森林は吸収源となる．森林による炭素吸収を増大させる管理手法はすでに確立しており，工業的な炭素固定技術よりも安価に実施可能である．また，よく発達した森林の炭素蓄積量は他の生態系よりも大きく，炭素貯蔵庫としての役割を果たしている．そのため，若い森林には長期的に大量の炭素を吸収蓄積することが期待される．その一方，土地利用・土地利用変化による森林減少は GHG の排出となる．GHG の吸収および排出量の算定手法を定めた「IPCC 温室効果ガスインベントリガイドライン」の1996年版は土地利用・土地利用変化および林業部門（LULUCF）が対象で農業を含んでいなかった．それに対し 2006年版のガイドラインは，農業活動がメタン（CH_4），亜酸化窒素（N_2O）を大量に排出しているため，農業，林業，その他の土地利用（AFOLU）を一体として取り扱っている．気候変動に関する政府間パネル（IPCC）「第5次評価報告書」（2014）によると，2010年現在，世界全体の AFOLUからの排出は全排出の 24％を占めている（佐藤，2015；文科省他，2017）．

●**京都議定書における森林吸収源**　「京都議定書」では，先進国が削減目標を達成する際に，国内森林の炭素吸収量と，途上国におけるクリーン開発メカニズム（CDM）植林事業による炭素吸収量を，森林吸収源として算定に繰り入れることを認めている．日本は，京都議定書第1約束期間の削減目標 1990年比 6％のうち3.8％（1300万炭素 t／年）を森林吸収源により達成した．京都議定書第3条3項では，1990年以降に実施された新規植林，再植林および森林減少を対象としたGHG 吸収量を，付属書Ⅰ国（先進国）の削減目標に繰り入れることを認めている．また，第3条4項において，農業土壌，土地利用変化および林業分野におけるGHG の排出および除去の変化に関連する追加的人為活動について検討するとした．そして，京都議定書の運営ルールを定めた「マラケシュ合意」（2001）により，吸収源の定義や吸収量の算定方法とともに，京都議定書第3条4項の対象となる活動に，森林経営，農地管理，牧草地管理，植生回復を含めることが決定された（小林，2015）．

●**パリ協定における森林吸収源**　2015年に締結され 2016年に発効した「パリ協定」において，森林は GHG の吸収源・貯蔵庫として保全および強化の対象とな

った（天野，2016；塚田，2016）．また，途上国における森林減少・劣化からの排出の削減および森林保全，持続可能な森林経営，森林炭素蓄積の増強の役割（REDD＋）が法的拘束力のある文書上に位置付けられた．パリ協定は，世界の平均気温の上昇を産業革命以前と比較して2℃より十分下回る水準に抑制し，1.5℃以内に抑えるよう努力することを定めている．この目標を達成するには，21世紀後半に人間活動によるGHGの排出と吸収を均衡させることが必要で，排出削減に加え大規模植林などによるGHG吸収の強化が求められている．パリ協定は第5条において，各国は森林を含む吸収源・貯蔵庫を保全し，適当な場合には強化するための行動をとるべきである（第5条1項），REDD＋など途上国における森林保全対策を実施し支援するための行動を奨励する（第5条2項），として森林に言及している．ここでの「森林を含む吸収源・貯蔵庫」という表現は，農業活動からの排出削減への言及が，食料安全保障や農産物貿易に対する脅威になることを危惧する途上国側の主張をふまえたものである（塚田，2016）．なお，パリ協定締約国におけるGHG吸収・排出量算定手法は，パリ協定のための特別作業部会において既存の方法や指針を考慮した検討がなされ，2018年のパリ協定締約国会合（CMA1-3）で決定される予定である．

● **INDCとLULUCF**　2013年のCOP 19において，各国は2020年以降の削減目標について自国が決定する貢献案（INDC）をCOP 21に先立って作成しUNFCCC事務局に提出することになった．また，各国が作成したINDCは，それぞれの国のパリ協定締結後は自国が決定する貢献（NDC）となる（外務省，2016）．2016年7月までに登録された189か国のINDCのうち，157か国のものはLULUCF活動を緩和策に含んでおり，農業およびLULUCFは最も多くの国が言及する緩和策活動である（FAO, 2016）．また，多くの発展途上国はそれぞれのINDCにおいて，農業分野を気候変動対策と経済発展への両面で重視するとともに，気候変動に対する同分野の脆弱性を指摘している（FAO, 2016）．

● **研究の展望**　パリ協定締約国のGHG吸・排出量算定手法がどのように決定されるのか，各国の主張とその背景および交渉プロセスの追跡と解析は，政策研究の対象である．AFOLUによる吸・排出量の測定技術，吸収量増大および排出量削減など，既存技術の改良に関する課題がある．また，削減量に対する支払いのように，吸収源活動に対するインセンティブ付与のあり方や炭素クレジットの取扱いなどは，環境経済学の課題である．さらに，吸収源活動としての大規模植林が地域住民の暮らしや生物多様性に，予期せぬ悪影響をもたらさないよう社会科学的および自然科学的な研究が求められている．　　　　　　　　　　　　［藤間　剛］

📖 **参考文献**

・天野正博（2011）「国際的取り組みにおける森林の取り扱いと今後の方向性」亀山康子・高村ゆかり編『気候変動と国際協調―京都議定書と多国間協調の行方』慈学社，137-162頁．
・天野正博（2016）「パリ協定におけるREDDプラスを中心とした森林の扱い」『環境研究』181, 50-56頁．
・塚田直子（2016）「パリ協定と森林―2020年以降の気候変動政策における森林の取扱い」『森林技術』892, 24-27頁．

京都メカニズム

　「京都議定書」では，アメリカの提案によって，他国の削減の費用を支払って自国の削減とみなす（自国の排出量目標を増やす），3 種類の仕組みが採用された．それら京都議定書の第 6 条の共同実施，第 12 条のクリーン開発メカニズム（CDM），そして第 17 条の排出量取引を，総称して京都メカニズムと呼ぶ．京都メカニズムの目的は，安価な削減を優先的に行うことによって，排出削減費用を軽減することにある．共同実施と排出量取引は，排出量目標を約束した先進国間の排出権（ERUs, AAUs）の取引である．CDM は排出量目標を約束していない途上国におけるプロジェクトによる排出削減量分の排出権（CERs）を取引する．排出削減プロジェクトを行わない場合の排出量を推計し，それとプロジェクト実施後の排出量の差を，削減量として CERs を発行する．CDM は，ルールをつくりながら研究を蓄積しながらの運用になった．特に，排出削減プロジェクトを行わない場合の排出量を過大に推計し，排出削減量を過大に推計し，CERs を過大に発行してしまう危険性が当初より認識され，それを防ぐための手続きが整えられた（新澤，2010；2011）．

●**売り手国**　2016 年 7 月 31 日時点で，7731（295）の CDM プロジェクト（かっこ内は活動プログラム）が登録され，そのうち 49（11）％が中国，21（7）％がインドで実施される排出削減プロジェクトである．また，同時点で 17 億 496 万 t の CERs が発行され，そのうち 58％が中国，13％がインド，9％が韓国における削減であった（UNFCCC, CDM Insights より）．

　共同実施と排出量取引の主な売り手国は，何ら排出削減を行わない排出量より多い排出量目標を獲得した，つまり，割当量単位（AAUs）が余っている市場経済移行国である．共同実施の排出権（ERUs）は，2008 年から 2015 年までに，8 億7189 万 t 発行され，そのうちウクライナで 5 億 1737 万 t，ロシアで 2 億 6621 万 t，ポーランドで 2005 万 t 発行された．次いで，ドイツで 1358 万 t 発行された（UNFCCC, Emission Reduction Units〈ERUs〉issued より）．

●**買い手国**　欧州連合（EU）加盟国では，政府による買取りと，域内で実施している排出権取引（EU ETS）対象事業者による買取りがあった．京都議定書の第 1 約束期間（2008〜12 年）において政府の買取り量が多かったのは，スペイン（1 億 4500 万 t），オーストリア（8000 万 t），オランダ（4490 万 t）である（EC, 2014）．CERs を目標達成のために多く使った国は，ドイツ（2 億 2600 万 t），日本（1 億 4200 万 t），スペイン，イタリアなどである．ERUs を目標達成のために多く使った国は，ドイツが突出していて 1 億 9500 万 t，スペインが 6500 万 t，

イタリアが4700万t，日本がイギリスと同程度で約2200万tである．AAUsについては，日本が2億2700万t輸入しているのが目立つ（UNFCCC, 2016）．

排出量目標（初期AAUs量）が達成できそうにないとき，まず初期AAUsを使い果たして，そのうえで，不足する分の排出権を海外から買うというのが自然に思われる．実際，日本がそうした．しかし，スペインとイタリアは，排出量目標より排出量が多いのに，初期AAUsを使い果たしていない．また，ドイツ，オランダ，イギリスは，排出量が目標排出量を下回っているのに，CERsやERUsを目標達成に使っている．その理由として考えられるのは，第1に，景気が悪くなって排出量が減ることが想定されていなかったからであろう．第2に，次に述べるEU ETSの影響がある．

●買い手国としての日本　日本は排出権の買い手国であった．最大の買い手は地震などによって原発が止まって排出量が増えた電力会社で，2億7500万tを購入した（日本経済団体連合会, 2014）．日本の企業は，排出量目標を課されていたわけではないが，自主行動目標を設定していた．電力会社は，それだけ排出権を購入しても自主行動目標を達成できなかった．また，政府が5年間で1億t購入する計画を立てて，そのとおり購入した．CERsを2300万t，AAUsをチェコから4000万t，ウクライナから3000万t，ラトビアから150万t，ポーランドから400万t購入した（環境省, 2016）．日本の年間目標排出量は11億8534万tであった．

● EU ETSとの連携　EU ETSは，一定の制限量内で，CERsとERUsを購入し，目標達成に使うことを認めた．2008年から2012年の間に，EU ETS対象事業者は10億5870万tのCERsとERUsを利用した（EC, 2013）．その間の排出量の10.8％に及ぶ．これは，十分排出量が減らなかったというより，価格の安くなったCERsやERUsを使って目標を達成し，EU ETSの排出権であるアロワンスを2013年以降に残しておくという行動があったためである．

●京都メカニズムの評価　一般に，排出権取引は排出権の発行量を段階的に減らし，排出量を減らす．本来，取引自体は売り手と買い手の合計で，排出量を増やしも減らしもしない．しかし，CDMにおいてCERsが過大に発行されることが懸念され，共同実施や排出量取引では余っている排出権が売られた．また，国際的に取引が行われても，日本がそうであるように，国内では必ずしも炭素価格が形成されているわけではない（Cramton et al., 2015）．CDMは，排出削減に対する補助制度であって，財やサービスの需要には影響しない．さらに，プロジェクト単位であるために，社会経済構造や制度の変更には結びつかない（Stern, 2007：571-573）．京都議定書の後継合意である「パリ協定」では，これらの経験をふまえた新しいメカニズムの構築が期待されている．　　　　　　　　　［新澤秀則］

パリ協定

「パリ協定」は，2015 年 12 月，気候変動枠組条約第 21 回締約国会議（COP 21）において採択された気候変動（地球温暖化）問題への対処を目的とする国際条約である．1997 年に採択された「京都議定書」と同様に，「国連気候変動枠組条約」の締約国によって採択された条約である．パリ協定は 29 条からなり，排出削減策と並んで，気候変動の悪影響への適応策，資金，技術開発・移転，能力構築，行動と支援の透明性といった事項も定める．

●パリ協定の法制度　パリ協定は，まず，気候変動問題に対処する国際社会が目指す長期的な目標・ビジョンを定めている．協定は，気候変動の脅威に対する世界全体での対応の強化を目指し，そのために，工業化前と比較して世界の平均気温の上昇を 2 度高い水準を十分に下回る水準に抑え，1.5 度高い水準までに制限するよう努力すると定める（第 2 条 1 項）．この「2 度目標」「1.5 度の努力目標」の達成のために，協定は，「今世紀後半に温室効果ガスの人為的な発生源による排出量と吸収源による除去量の均衡を達成する」こと＝今世紀後半の排出実質ゼロを目指して削減に取り組むことを目的とする（第 4 条 1 項）（Carbon Tracker & Grantham Institute, 2013）．

パリ協定は，自国の削減目標（NDC）を作成・通報・維持すること，その目標達成のために国内措置を実施することをすべての国に義務付ける（4 条 2）．京都議定書が目標の「達成」を先進国に義務付けていたのに対して，パリ協定は「達成」は義務付けていない．ただし，国が目標を作成・通報しない場合や国内措置を実施しない場合には，パリ協定の義務の不履行とみなされうる．

各国はパリ協定の目的と長期目標達成に向けた進捗評価（第 14 条，global stocktake）の結果を指針に，5 年ごとに NDC を提出する義務がある（第 4 条 9 項）．次の目標はその国の現在の目標を超える前進を示すものでなければならず，各国のできる限り高い野心を反映するものでなければならないという後戻り禁止の原則を定める（第 4 条 3 項，No backsliding; Progression）．パリ協定は，このように全体の進捗評価をふまえ目標を 5 年ごとに見直し，引き上げる継続的なプロセス・仕組みを設置・運用し長期目標の実現を目指す．各国は，目標の明確さ，透明性，理解に必要な情報を提出すること（第 4 条 8 項），目標について十分な説明を行い，パリ協定の締約国会合の決定に従って削減の二重勘定（ダブルカウンティング）の回避を確保することが義務付けられている（第 4 条 13 項）．

パリ協定のもとで，市場メカニズムについて大別して 2 つのルール群が設けられている．第 1 に，二重勘定の回避など一定の国際ルールに適合することを条件

に，締約国間で排出枠の国際的移転を行うことが可能となる（第6条2項）．日本が推進する二国間メカニズム（JCM）や国内・地域の排出量取引制度の連結もこの条項の対象となりうる．第2に，京都議定書のクリーン開発メカニズム（CDM）のように，パリ協定の締約国会合が指定する機関が監督するメカニズムを設置する（第6条4項）．二重勘定の防止（第6条5項）とともに，一部の利益を温暖化の影響を受けやすいぜい弱国の適応費用支援に充てることが定められている（第6条6項）．

適応策については，気候変動への適応能力の向上と，強靱性の強化およびぜい弱性の減少という世界全体の適応目標を定める（第7条1項）．適応計画プロセスと適応行動の実施をすべての国の共通の義務とする（第7条9項）が，その義務の履行は国に裁量が与えられている．

パリ協定のもと，先進国は途上国を支援し資金を供与する義務を負う（第9条1項）が，気候変動枠組条約のもとでの現状の義務の継続を確認するにとどまる．他の締約国（＝途上国）は自発的に支援を提供できる（第9条2項）．パリ協定は，2020年以降の資金の数値目標を盛り込まなかったが，2025年までに，パリ協定のもとで，2020年の資金動員目標である年1000億ドルを下限とする2025年以降の世界目標を設定することをCOP 21で決定している．

各国の排出削減策，適応策，支援策の進捗を検証するため，先進国と途上国の区別なく適用される透明性の高い枠組みが設置される（第13条1項）．ただし，途上国には能力に応じてその実施に柔軟性が与えられる（第13条2項）．提出された情報は専門家による検討を受け，進捗に関する多数国間の検討に参加することがすべての締約国の義務となる（第13条11項）．他の環境条約と同様，パリ協定もまた，協定の義務の遵守が問題となる事案について，実施・遵守促進のメカニズムを設置することを定める（第15条）．

●**評価と課題**　パリ協定は，先進国，途上国の区別なく，すべての国が削減目標を提出しその実施を国際的に約束することで，先進国が先導しつつ，すべての国が温暖化対策に取り組む国際的基盤を構築した．気候変動枠組条約と京都議定書は，共通だが差異ある責任（CBDR原則）に基づき，先進国の国名を附属書に記載することで，先進国と途上国に国を二分して義務の差異を設けた．それに対しパリ協定は，将来的な一つの枠組みを指向しつつ，排出削減策，適応策などの問題の性質に応じ細やかな義務の差異化を行う（髙村，2016）．先進国のみに削減義務を課した京都議定書から大きく制度が転換（レジームシフト）した．

各国の目標と長期目標の達成に必要な削減水準の間に乖離があるように，各国が自ら目標を設定するパリ協定の仕組みは，自動的には気候変動問題の解決を保証しない．その能力と責任に対応した目標を設定しない国（フリーライダー）を生じさせるおそれもある．各国の対策の進展を支え，目標の実施を促進するような国際ルール構築が課題となる．

［髙村ゆかり］

気候資金

　気候資金とは，広義には，今世紀後半に温室効果ガス排出量を正味ゼロにすることに向けて，社会・経済構造のあり方を転換するために必要な資金や，気候変動の悪影響に対する社会・経済あるいは生態系の耐性や適応力を向上させるために必要な資金の総称を意味する．この意味においては，資金の出所が先進国か途上国かや，公的資金なのか民間資金なのかといった問題は関係ないことになる．

　国際交渉の文脈において使われる意味として，途上国が「国連気候変動枠組条約」（以下，UNFCCC）あるいは「パリ協定」のもとでの約束を実施することを支援する資金を指すものがある．「共通だが差異ある責任（CBDR 原則）」に基づき，UNFCCC では「附属書 II」に掲げられている先進国（附属書 II 国）が資金提供義務を負っている．パリ協定では，先進国の資金提供義務があらためて規定される一方，その他の国に対しても提供を奨励する表現となった．

●**気候資金の現状**　UNFCCC の資金メカニズムの運営主体は地球環境ファシリティ（GEF）が担ってきており，GEF 信託基金，特別気候変動基金（SCCF），後発発展途上国基金（LDCF）を管理している．また，「京都議定書」のもとには，適応基金が設置されている．さらに，「カンクン合意」で緑の気候基金（GCF）の設立が決定され，UNFCCC の資金メカニズムの運営主体となった．GCF と GEF はパリ協定の資金メカニズムを担うことにもなっている（表 1）．

　UNFCCC などの国連の多国間枠組みとは別に，世界銀行などの多国間開発銀行や 2 国間支援もまた，気候変動分野における資金の流れを考えるうえで重要な役割を果たしている．先進国による気候変動支援をみると，資金の使途や配分について自らの意向が反映できる 2 国間支援を通した資金供与は，UNFCCC などの資金メカニズムへの資金拠出を大きく凌駕している．

●**これまでの経緯**　気候資金をめぐる国際交渉上の大きな対立軸は，資金を誰がどれだけ，どこから提供するかであった．途上国は，先進国の気候変動問題への歴史的責任を強調し，先進国が国連の多国間枠組みを通して公的資金を提供すべきであり，さらには資金提供の数値目標を設定することを求めた．他方，先進国は，変化する世界経済構造を念頭に，提供能力に応じて各国が提供すべきであり，具体的な数値目標や資金源の特定には反対しつつ，民間資金の活用を主張した．

　UNFCCC のもとでは，先進国が自らの裁量で資金メカニズムへの拠出金額を決めていたが，第 15 回締約国会議（COP 15）で議論された「コペンハーゲン合意」には，2010〜2012 年の間に先進国全体で 300 億ドルを供与すること，2020 年までに先進国全体で，公的資金と民間資金合わせて，年間 1000 億ドルを動員す

表1 気候資金に関する年表

1992	UNFCCC 採択. GEF が資金メカニズムの運営主体となることが暫定決定される.
1998	GEF が資金メカニズムの恒久的な運営主体となることが正式決定される.
2001	マラケシュ合意（COP 6）により，UNFCCC の下に SCCF，LDCF，京都議定書の下に適応基金が設置される.
2010	カンクン合意（COP 16）に資金目標が含まれる. GCF の設置も決定され，UNFCCC のもとでの資金メカニズムの運営主体となる.
2015	パリ協定採択（COP 21），GCF と GEF がパリ協定の資金メカニズムの運営主体となる.

ることが盛り込まれた. 同合意は正式には採択されなかったが，それを踏襲する形でカンクン合意が翌年採択された. 気候資金の数値目標が合意された背景には，先進国のみならず途上国も排出削減・抑制行動をとることになったことがある.

COP 21 でも資金目標は論点となった. 最終的に，パリ協定には具体的な数値目標は含まれず，COP 決定で年間 1000 億ドル動員目標を 2025 年まで継続し，2025 年までに年間 1000 億ドル以上の新たな全体目標を設定することが規定された.

また，COP 21 に先立ち，GCF の 2015～2018 年の活動に対して 36 か国が総額 102 億ドルの拠出を表明した. GEF の第 6 次増資（2014～2018 年）での気候変動分野への拠出表明額（12 億 6000 万ドル）と比べると，その規模の大きさがわかる. しかし，規模以上に注目されるのが，GCF への拠出表明を行った 36 か国に，UNFCCC のもとで資金供与の義務を負わない途上国（8 か国）および市場移行国（5 か国）が含まれていたことである. こうした動きもあり，パリ協定では，資金提供の義務を先進国に残しつつ，他の国に対しては提供を奨励することとなった.

さらに，パリ協定は，低排出で気候耐性のある発展と整合性をもった資金フローを確立することをその目的の 1 つに掲げた. これは，交渉事としての資金問題から，投資を含めた金の流れを高炭素なエネルギー源や生産設備などから低炭素なものへと振り替えることを意味する. 世界の金融・投資機関の間では，気候政策強化により資産価値を失う「座礁資産」になりうる化石燃料関連資産からの投資を引き上げ，再生可能エネルギーへの投資に振り替える動きが始まりつつある.

●研究の展望　年間 1000 億ドル動員目標をどのように達成するか，その際，資金（特に民間資金）をどのように把握し，計上するかの研究は，政策ニーズのある分野といえる（清水他，2013；田村，2013）. また，世界の資金の流れ全体を低炭素のものへと振り替える動きをどのように支え，加速させていくかや，座礁資産についてもさらなる研究が求められる.

今後さらに気候変動による悪影響が顕在化することが見込まれるなか，適応策や「損失と損害」に対する資金の流れをどのようにつくり出していくかも重要な研究課題となる.　　　　　　　　　　　　　　　　　　　　　　　　　　　　[田村堅太郎]

森林減少・劣化からの排出の削減および森林保全，持続可能な森林経営，森林炭素蓄積の増強（REDD＋）の役割

　REDD＋とは，途上国の森林保全活動を通し，温室効果ガスの排出削減・吸収増加を進める気候変動緩和活動の１つである．その名称は「途上国の森林減少・劣化からの排出の削減」の英語表記の頭文字である「REDD」と，その後の交渉を経て加えられた活動「森林保全，持続可能な森林経営，森林炭素蓄積の増強」を指す「＋」の組合せによる．

　REDD＋の特徴は，森林減少・劣化の抑制や保全などの活動により，温室効果ガス排出を削減あるいは吸収量を増加できれば，経済的なインセンティブ（報償）が得られる仕組み，つまり結果支払いによるポジティブ・インセンティブという点にある．さらに，REDD＋活動がもたらす，生物多様性の保全や地域環境・地域住民への貢献といったコベネフィット（副次利益）も期待されている．

　REDD＋は「国連気候変動枠組条約（UNFCCC）」において枠組みや技術の議論と合意が重ねられて，2015年締約国会議（COP 21）の「パリ協定」にREDD＋の実施と支援を推奨することが記され，本格的な実施段階に入った．

●**背景と経緯**　熱帯林における森林減少は，地球環境問題の１つとして早くから対策の必要性が叫ばれていた．熱帯林は資源や生物多様性，地域環境の側面から注目されていたが，気候変動問題が大きくなるにつれ炭素の貯蔵庫および温室効果ガスの排出源として注目されるようになった．その中で，気候変動に関する政府間パネル（IPCC）は「第４次評価報告書」において，途上国における森林減少による温室効果ガスの排出量が，1990年代では全排出量の約２割を占めており，削減ポテンシャルの半数は森林減少からの排出の削減にあるとした．

　このような議論を背景に，UNFCCCでは2005年COP 11において「森林減少の回避」が提案された．これがREDD＋の始まりである．その後，2007年COP 13において，REDDとして森林減少・劣化の削減の必要性が強調されるとともに，＋にあたる活動が加わりREDD＋と呼ばれるようになった．2010年COP 16の「カンクン合意」にREDD＋の概要が示され，2013年COP 19での「REDD＋のためのワルシャワ枠組み」での技術面の合意を経て，2015年COP 21のパリ協定によるREDD＋の実施と支援の推奨にいたった．

　現在，途上国ではREDD＋実施のための体制整備が進められている．すでに，ブラジルを筆頭する先導国は，体制整備とともに森林参照（排出）レベルの報告と技術評価が進み，活動の実施段階に入った．

●**REDD＋の全体像**　REDD＋はカンクン合意を基礎に複数の合意やCOP決定から形づくられており，全体像は以下のようにまとめられる．

活動の定義：森林減少からの排出の削減，森林劣化からの排出の削減，森林炭素蓄積の保全，持続可能な森林経営，森林炭素蓄積の強化の5つ．

途上国への要請：途上国は国家戦略あるいは行動計画，森林参照（排出）レベル，国家森林モニタリングシステム，セーフガードのための情報システムなどの策定・作成が求められる．原因，土地所有，森林ガバナンス，ジェンダー，セーフガード，先住民・地域コミュニティ等の参加などの対処も求められる．

国家森林モニタリングシステム：国・準国レベルでの森林からの温室効果ガス吸排出量を観測するためのシステムであり，リモートセンシングと地上調査の組合せから吸排出量が推定される．IPCCの最新のガイダンスの考慮，透明性，期間を通した一貫性などが求められる．

森林参照（排出）レベル：歴史的データと国情を考慮した調整により定める吸排出量のベンチマークで，森林参照（排出）レベルと実際の排出量の差が活動による排出削減量となる．提出された森林参照（排出）レベルは技術評価を受ける．

セーフガード：REDD＋の活動が社会や環境など別の側面でもたらす恐れがある負の影響を予防するための措置．森林ガバナンス，先住民などの知識・権利の尊重，天然林や生物多様性の保全との整合など7項目が提示されている．その概要は活動実施開始後に「REDD＋のためのリマ情報ハブ」へ提出・掲載される．

MRV（観測・報告・検証）：途上国による適切な緩和行動のMRVガイダンスとの一致，データの透明性および一貫性，森林参照（排出）レベルとの方法の一致などが求められる．その報告は技術分析を受ける．

資金：活動結果に基づく資金を受けるには，カンクン合意の要素をすべて満たし，活動を完全に観測・報告・検証し，最新のセーフガード情報を事前に提出する必要がある．

● UNFCCC外での取組み　COP 13の後，UNFCCC外での取組みが先駆けて進んでいる．代表的なものが世界銀行による森林炭素パートナーシップ基金，国連を基盤とするUN-REDD，ノルウェーを中心とする多国間基金であるアマゾン基金，ノルウェーとインドネシアの二国間協定に基づく取組みなどである．

　並行して民間でも自主的な取組みが進んでいる．その代表であるVCSはREDD＋を含む認証スキームを世界で先駆けて構築し，多くのプロジェクトで用いられている．日本では，二国間クレジット制度（JCM）の中で，REDD＋を取り扱うための準備が進められている．

●今後の課題　未だ多くの途上国ではREDD＋実施のための体制整備へ支援が必要である．また，REDD＋の資金の重要性がさらに高まっており，緑の気候資金（GCF）でのREDD＋の資金支払いに関わる議論が進んでいる．　　　［松本光朗］

📖 **参考文献**
・REDD研究開発センター（2011）「REDD-plus COOKBOOK」森林総合研究所．

途上国の開発と気候変動

　2015 年 12 月に「国連気候変動枠組条約（UNFCCC）」のもとで 2020 年以降の気候変動対策に関する国際枠組みである「パリ協定」が採択された．パリ協定の中では，先進国だけでなく，途上国も気候変動の緩和策と適応策を実施することが求められている．途上国は先進国に比べて緩和策と適応策を実施するうえで資金や技術が不足しており，パリ協定の中でも，途上国の緩和策と適応策を実施するために，先進国が資金，技術，能力開発の支援をすることを求めている．

　途上国の国内では，「ミレニアム開発目標」（貧困削減に主眼を置いた 2000〜15 年までの開発分野の国際社会共通目標）の達成を目指すなど，これまで開発に焦点がおかれてきた．しかし，2015 年 9 月に気候変動を含む環境面を重視した 2015〜30 年までの「持続可能な開発目標」が国連総会で採択され，途上国の開発計画などに気候変動対策を組み込む，気候変動対策の主流化の重要性が高まっている．

　途上国の開発と気候変動問題に関する主要な研究分野として，次の 3 つがあげられる．①途上国の気候変動対策を推進する資金・技術支援枠組みに関する研究，②途上国の開発計画などへの気候変動対策の主流化に関する研究，③途上国各国の事例研究と緩和・適応の個別対策の効果の研究である．これらの研究は，主に政治学，経済学，開発学を含む社会科学の理論や途上国の事例研究を用いて実施されている．

●途上国の気候変動対策を推進する資金・技術支援枠組みに関する研究
UNFCCC のもとでは，途上国の緩和策と適応策を支援する枠組みとして，両対策の資金支援を目的として設立された緑の気候基金や，途上国における両対策に関する技術開発や，途上国への技術移転を促進するために構築された技術メカニズムがある．途上国の緩和策支援に焦点をおいた枠組みには，途上国の森林減少・劣化からの温室効果ガス排出削減等（REDD＋），「京都議定書」下のクリーン開発メカニズムがある．適応策支援に焦点をおいた枠組みとしては，後発開発途上国基金，特別気候変動基金，京都議定書下の適応基金による支援があげられる．

　UNFCCC の外においても公的資金（地球環境ファシリティ，世界銀行，国連開発計画などの多国間援助，日本やアメリカなどの二国間援助），民間資金などによる途上国への気候変動対策支援が進められている．

　国際エネルギー機関は，パリ協定採択前に各国が提出した排出削減目標案を達成する場合，2015〜30 年までに世界でエネルギー効率化や低炭素技術に対して，今後 13 兆 5000 億ドルの投資が必要になってくると試算している（OECD/IEA,

2015). 一方，UNFCCC下では，2020年までに先進国が公的・民間などの資金から年間1000億ドルを動員するという国際的な資金目標があり，2015年12月には2025年までその資金動員を継続することが合意されているが，途上国の資金ニーズを満たすには資金が不足している．そのため，多様な資金源からの資金調達だけでなく，効果的・効率的な資金供給方法も検討する必要がある．

　既存研究としては，途上国の緩和策および適応策の資金ニーズやそれに対する既存の資金や技術支援体制の課題についての研究（Kameyama et al., 2016ほか）がある．また，気候変動対策に対する資金・投資の流れは複雑化しており，その資金の流れの分析として，気候資金アップデートのデータベースや，気候政策イニシアティブの気候資金のグローバルランドスケープの報告書（CPI, 2015）などがあげられる．

●**途上国の開発計画などへの気候変動対策の主流化に関する研究**　資金・技術的支援に加え，重要となるのが途上国の各分野の開発計画などへの気候変動対策の「主流化」である．主流化の概念については，2002年にヨハネスブルクで開催された持続可能な開発に関する世界首脳会議から頻繁に使われるようになった．

　気候変動の分野では，特に気候変動の影響に対して脆弱な途上国の効果的・効率的な適応策の実施を目指し，途上国の開発計画などへの適応策の主流化について多くの研究が行われてきた．適応策の主流化は，「開発計画や進行中の各分野の意思決定に気候変動に対処する政策や措置を統合させることで，投資の長期的な持続性を確保し，現在と将来の気候に対する開発活動の感度を軽減すること」（Klein et al., 2007）を目指している．気候変動対策の主流化は，実務レベルでも議論が高まっており，国連開発計画やドイツ国際協力公社などの国際機関や援助機関の開発支援，バングラデシュなどの途上国の政策に導入されている．

●**途上国各国の事例研究と緩和・適応の個別対策の効果の研究**　環境・地理的条件や経済的条件など途上国各国で国内事情は異なり，各国で優先順位の高い緩和策や適応策の分野（例：エネルギー，農業分野）も異なる．そのため，途上国の事例研究や分野別の対策の効果などの研究も多く実施されている．例えば，小島開発途上国に関しては，国特有の適応策実施における制度や資源の課題についての事例分析だけでなく（Betzold, 2015），気候変動の影響に対して特に脆弱な海岸域分野に求められる適応技術の研究も実施されている（Hay, 2013）．途上国各国の事例研究や分野別の対策の効果についての研究は，環境・地理的条件や経済的条件などの同じ国々において，対策実施の課題や教訓を生かすことができる．

　途上国の開発と気候変動問題に関する研究の今後の課題は，緩和策と適応策の統合，さらには気候変動対策と生物多様性分野などほかの分野の対策との統合により，対策の効果を高めることができる条件を明らかにすることである．それにより，限られた資源の中で，より効果的・効率的に途上国で気候変動対策を含む環境対策を実施することができるようになる．　　　　　　　　　　　　［森田香菜子］

炭素税

炭素税は環境税の一種であり，炭素排出を課税ベースとし，適切な税率で課税することで，二酸化炭素（CO_2）の排出抑制を目指す租税を指す．環境税はA. C. ピグー（Pigou）がその主著『厚生経済学』（1920）において提唱したが，その後，約半世紀間は具体化されなかった．だが，先進国の経済発展がもたらす深刻な環境汚染問題を解決するため，1960年代末より水質保全の領域を皮切りに，大気汚染，農薬・肥料，地球温暖化問題へと，その適用領域は広がっていった．

1990年代に入ると，地球温暖化対策の手段として北欧諸国が炭素・エネルギー税を導入した．続いて，2000年前後にはイギリス，ドイツ，イタリアなど欧州の主要国が炭素・エネルギー税を導入・強化し，近年ではアイルランドやアイスランド（2010），日本（2012），フランスやメキシコ（2014）が導入を果たし，さらには南アフリカ（2016），チリ（2018）もその導入を計画している．

炭素税が導入されると，温室効果ガスを排出する経済活動の費用が高くつくようになるため，企業としては，CO_2 の排出を，自らの排出削減費用と税負担の合計が最小化される水準まで削減することが合理的になる．このように，環境税はそれまでは無料であった炭素排出に対し，適切な価格付けを行うことで，企業に排出削減を促す効果をもつ．経済学的には，それは CO_2 排出による外部不経済を内部化し，経済厚生を最大化するための政策手段（ピグー税），あるいは，ボーモル＝オーツの基準価格アプローチに基づけば，温室効果ガスの排出削減目標を最小費用で達成するための政策手段と位置付けられる．

●日本における炭素税（温暖化対策税）の導入　日本で導入された炭素税は，現行の石油石炭税に，新しく CO_2 排出量に比例した化石燃料課税を上乗せするという形をとっている．石油石炭税は化石燃料の輸入段階で石炭，石油，天然ガスなどあらゆる化石燃料に対してかけられ，その税収はいったん一般会計に入る．そのうえで，必要に応じて経済産業省が所管する「石油及びエネルギー需給構造高度化対策特別会計」に繰り入れられ，温暖化対策に用いられる．

表1は，日本の既存エネルギー関連税を整理して一覧表にまとめたものである．その最大の特徴は，それが化石燃料の輸入段階（表1では「上流」と表現）で，非常に幅広く化石燃料を捉えて課される税だということである．これに対して，エネルギーの消費段階（表1では「下流」と表現）では，原油を精製したあとの石油製品ごとに課税されている．もっとも，石炭，灯油，重油，天然ガスなど，課税ベースが設定されていない石油製品もある．電気は下流で電源開発促進税（以下，電促税）によって課税されている．

表1 既存エネルギー関連税の課税ベース

		課税対象								
上流	課税標準	天然ガス	石油・石油製品						石炭	電力
	税目	石油石炭税								
下流	課税標準	天然ガス	ガソリン	軽油	LPG	灯油	重油	ジェット燃料	石炭	電力
	税目		ガソリン税*	軽油引取税	石油ガス税			航空機燃料税		電源開発促進税

は現行税制のもとで課税されている課税対象を示す.
＊ガソリン税とは，揮発油（＝ガソリン）に課税ベースをおく揮発油税と地方道路税の総称.

　既存の化石燃料課税を利用して炭素比例課税を実施するには，表1の上流で石油石炭税を用いる場合と，下流でガソリン税その他を用いる場合が考えられるが，以上のような特徴から，すべての化石燃料に公平に炭素比例課税を実施するには，石油石炭税の活用が最も望ましいことがわかる.

　次に問題となるのは，税率設定の考え方である．炭素税は，石油石炭税に上乗せという形をとるが，その税率設定は炭素比例となるので，現行の石油石炭税とは異なっている．一般に，石炭，石油，天然ガスなどの化石燃料をそれぞれ1t燃焼させたときの発熱量あたりのCO_2排出量でみると，石炭：石油：天然ガス＝10：8：6となる．したがって，炭素比例課税を行うためには，石炭に重課し，逆に天然ガスに対しては軽課しなければならない.

　石油石炭税の現行税率は，原油・輸入石油製品は1kℓにつき2040円，天然ガス，石油ガスなどは1tにつき1,080円，石炭1tにつき700円となっている．これは，現状では，CO_2 1tあたりでみると，石油が重課される一方で，より炭素含有量の大きい石炭が軽課される状況である.

　これに対して，炭素税はこれら現行税率に対し，CO_2 1tあたり289円の税率を上乗せすると，温暖化対策の観点からみれば「ゆがんで」いた価格体系を是正する効果を発揮することになる.

　最後に，既存エネルギー関連税以外の既存税と相殺することで環境税を導入するケースを検討しよう．これは，欧州で環境税が導入される場合に普遍的に用いられる方法である．1990年初頭に環境税を導入した北欧諸国は所得税と相殺し，イギリスやドイツは，社会保険料と環境税を相殺する「環境税制改革」を実施している．社会保険料との相殺を図るのは，それによって企業の労働コストを引き下げ，環境税がもたらす雇用に対する負の効果を緩和するためである（諸富，2000）．環境税制改革のメリットは，税収中立なので経済に大きな負の影響を与えることなく，環境税を高税率で導入することが可能になる点にある．[諸富　徹]

排出量取引制度

☞「カーボンリーケージ」p.188

　排出量取引は市場メカニズムを活用した環境政策の手段である．大きく2つの類型に分けられる．キャップ・アンド・トレード型では，政府（規制主体）は対象とする経済全体の排出目標を設定する．汚染者は排出する権利，あるいは，排出枠をもたないと汚染物質の排出ができない．従って，排出の総量規制が達成できる．排出枠が余った汚染者は市場で売却すればよいし，不足する場合は購入すればよい．つまり，（限界）削減費用の大きい汚染者は必要な排出枠を市場で購入すればよい．逆に，（限界）削減費用の小さい汚染者は排出を削減し余剰枠を売却すればよい．取引により排出枠に価格がつくので，環境税同様に価格シグナルを用いた環境政策手段となっている．排出枠価格を通じてすべての汚染者の限界削減費用が均等化される．従って，社会全体で削減目標を最小費用で達成できるのである（日引・有村，2002）．

　もう1つの方法は，ベースライン・クレジット型である．排出のベースラインを決め，それより削減した場合に，削減クレジットが得られる仕組みである．この場合は，総量規制はできないが，削減の費用の低いところで環境対策が促進できる．「京都議定書」におけるクリーン開発メカニズムや，日本政府が現在進めている2国間クレジット制度もこの制度である（有村，2015）．

●**背景と現状**　排出量取引制度はコースの定理の考えを応用したものと考えられる．R.H. コース（Coase）は，環境問題の原因は，環境の所有権が明確になっていないことであるとした．もし環境の所有権が明確になれば，被害者と加害者の間で環境権をめぐる交渉が起こり，社会的に最適な汚染量が達成されるとした．しかも，誰が所有権をもっているかにかかわらず，最適な汚染量が達成されるとした．ただ，彼自身が指摘したように，実際の社会では取引費用の発生などの問題が生じるので，交渉によって最適な汚染量が達成できるとは限らない．そもそも交渉が発生しない場合も多い．コースの定理の考え方を制度化したのが排出量取引制度である．同制度が初めて大規模な政策として成功したのは，アメリカの二酸化硫黄（SO_2）の排出量取引制度である．同制度はアメリカの酸性雨対策として 1995 年度から実施された．その結果，SO_2 排出量は大幅に削減され，削減費用も節約されたといわれている．

　この成功を受けて，温暖化対策として排出量取引が導入されることとなった．京都議定書では国家間の排出量取引が認められた．また，国レベルでも欧州がEU 域内排出量取引制度（EU ETS）を導入した．

　その後，各国で効率的な温室効果ガス排出削減策として排出量取引が導入され

た．アメリカでは，北東部の州で発電部門を対象とした地域温室効果ガスイニシアチブが導入された．また，カリフォルニア州でも 2013 年から導入された．カナダでもケベック州で導入されている．アジアをみると，日本でも東京都と埼玉県が排出量取引を導入した．さらに，2015 年には韓国でも導入された．今や世界最大の温室効果ガス排出国である中国でも，2013 年より 7 都市・省で試行されており，いずれ全国展開されることになっている．

　このように世界的に普及しているが，日本やアメリカでは国全体を対象とする排出量取引は導入にいたっていない（☞「アメリカ合衆国の温暖化対策」）．その原因の 1 つが，国際競争力問題ならびにカーボンリーケージ問題である．先進国だけが排出量取引を導入すれば，その国の産業が非規制地域の企業に対して，国際競争力を失うという懸念である（有村他，2012）．また，先進国が規制を導入した結果，先進国企業の生産が減少し，効率の悪い途上国企業の生産が増加すれば，かえって排出量が増えるというカーボンリーケージを懸念する声もある．

　また，排出量取引制度は制度設計において考慮すべき点が多い．第 1 に，どの部門を対象とするかである．電力部門だけにするのか，製造業だけを対象にするのか，小規模事業所も含めるかなどが論点となる．第 2 に，削減目標をどの水準にするのかも決めなければならない．第 3 に，排出枠を無償配分（グランドファザリング）にするか，オークションなどによる有償配分にするかなどである．第 4 に，価格変動を制御するために価格の上限（安全弁）を設けるか，あるいは，下限を設けるかなども大きな論点である．第 5 に，費用緩和措置としてオフセット制度を導入するのかも検討しなければならない．

● **関連研究**　既往研究では，応用一般均衡分析などの経済モデルを用いた制度設計の事前研究が主流であった．例えば，国際競争力問題やカーボンリーケージ問題には排出枠の配分方法で対応しようという研究である（有村他，2012）．

　今後は，実際に制度が導入された結果どのような影響があったのか，計量分析を行うような研究が必要である．EU ETS が導入され 10 年以上を経て，事後検証も徐々に出てきた．EU ETS に関してはベンマンス（Venmans, 2012）が事前・事後的な研究を包括的にレビューしている．国際競争力問題についてもチャン他（Chan et al., 2013）が EU ETS の影響を検証している．

● **今後の課題**　温暖化対策の排出量取引の場合，社会の低炭素化という同様の目的をもつ政策とどういう関係にあるかを整理することが必要である．例えば，欧州では EU ETS と同時に，炭素税を導入している国もある．ドイツやスペインでは再生可能エネルギー普及のための固定価格買取制度も導入されている．複数の政策がお互いにどのように影響したかを検証する必要もあるだろう．

　また，国際的な競争力やカーボンリーケージ（☞「カーボンリーケージ」）の事後的な検証も必要である．排出量取引がイノベーションにつながるかを検証する研究もあるが，今後，よりいっそうの実証研究が求められるだろう．［有村俊秀］

カーボンリーケージ

　カーボンリーケージとは，ある地域において二酸化炭素（CO_2）排出量を削減することで，別の地域で CO_2 排出量が増加してしまう現象である．カーボンリーケージの大きさを表す指標としてカーボンリーケージ率が用いられる．ある国で X t の CO_2 を削減することで，海外において Y t だけ CO_2 が増加した場合，「リーケージ率 $= Y/X \times 100$」と定義される．仮にリーケージ率が 100% であれば，当該国での削減が海外での増加によってちょうど相殺され，世界全体の排出量が変わらないということになる．

●カーボンリーケージの要因　ベーリンガー他（Böhringer et al., 2012）はカーボンリーケージが生じる要因として「競争力チャンネル」「化石燃料価格チャンネル」の 2 つをあげている．ある地域が排出規制（☞「排出量取引制度」）を導入すると，その地域では企業の負担する費用が上昇する．費用の上昇は製品価格の上昇につながるため，企業は国内市場で非排出規制国からの安価な輸入品に対する競争力を失うと同時に，輸出市場においても非規制国製品に対する競争力を失うことになる．この国際競争力の変化によって，規制国の国内生産が減少する一方，海外における生産が増加し，その結果，海外における CO_2 排出量が増加することになる．これが競争力チャンネルを通じたカーボンリーケージである．

　また，ある地域による排出規制はその地域の化石燃料需要を減少させる．化石燃料は国際的に取引されている財であるので，需要量の減少は化石燃料の国際価格を低下させる効果をもつ．国際価格が低下すれば，非排出規制国において化石燃料の需要量が増加し，CO_2 排出量が増加することになる．これが化石燃料価格チャンネルのカーボンリーケージである．

　温暖化対策では世界全体での CO_2 排出量を削減する必要がある．したがって，ある地域で削減を行っても，カーボンリーケージにより別の地域の CO_2 排出量が増加してしまうのなら，削減の実質的な効果は小さくなってしまう．これがカーボンリーケージという現象が温暖化対策において問題視される理由である．

●カーボンリーケージの大きさ　カーボンリーケージ問題では，その大きさが重要な意味をもつ．仮にカーボンリーケージが大きいのなら，ある国の一方的な排出規制は温暖化対策として意味がないということになるからである．カーボンリーケージの大きさは，規制国の状況，規制のタイプ，規制の強さなどによって変わるため理論的に予測できるものではない．したがって，個々の排出規制に応じた分析が必要になる．分析手法としては大きく分けて，シミュレーションによる事前的な分析と計量経済学的手法による事後的な分析がある．

前者は将来行われると考えられる排出規制がどの程度のカーボンリーケージを
もたらすかをシミュレーションにより明らかにするもので，応用一般均衡（CGE）
分析を中心として多数の研究が行われている．例えば，ベーリンガー他
（Böhringer et al., 2012）では多数の CGE モデルから計算されたカーボンリーケ
ージ率を比較し，気候変動枠組条約附属書 I 地域（主に先進国）による削減が 5
〜19%のカーボンリーケージをもたらすという結果を示している．日本の排出規
制に伴うカーボンリーケージについても，例えば，武田他（2012：第 3 章）で分
析されている．モデルやシナリオの設定などにより分析結果は大きく変わるが，
競争力チャンネルよりも化石燃料価格チャンネルのカーボンリーケージの方が大
きいという結果が観察されることが多い．

　EU 域内排出量取引制度（EU ETS）をはじめとして，各国で本格的な CO_2 排出
規制が導入されるようになってある程度の時間が経過したこともあり，それらの
規制に伴い実際にカーボンリーケージがどの程度生じたのかを事後的に分析する
研究も増えてきた（例えば，Venmans, 2012；Chan et al., 2013）．これまでのとこ
ろ，排出規制によるカーボンリーケージは大きくはないという結果を導く研究が
多い．ただし，これはカーボンリーケージ自体が小さいのではなく，これまでの
排出規制がそれほど厳しいものではないことを原因としている可能性もある．

●カーボンリーケージへの対策　カーボンリーケージの主な要因は地域間で排出
規制の強さが異なることである．したがって，その最も直接的，かつ根本的な対
策は，世界全体でどの国も同じように排出規制を導入するということである．しか
し，国によって発展段階に大きな差もあることから，このような一律の規制の導入
は難しい．そこで，次善的に考案された対策の 1 つが国境調整措置である．国境
調整措置とは，規制国の企業が国際競争上不利にならないよう輸出や輸入に調整
を加える政策であり，具体的には，その財の生産過程において排出された CO_2 の
量に応じて輸入品に関税を課すと同時に，輸出品については国内で課税された環
境税を還付するという政策である．また，直接的にカーボンリーケージ防止を目
指した政策ではないが，カーボンリーケージの要因になりやすいエネルギー集約
的貿易財産業に排出規制上の優遇措置（例えば，排出権の無償配分措置）をとる
ことでカーボンリーケージ抑制を目指す場合もある．以上のような対策がリーケー
ジ防止に対してどの程度有効かを調べる研究も数多く行われている．ただし，こ
の種の対策は競争力チャンネルを通じたリーケージを是正できるが，化石燃料価
格チャンネルのリーケージを防止する効果はないことに注意する必要がある．

●課題　カーボンリーケージの大きさは今後の排出規制導入においても重要な論
点の 1 つとなる．今後も，事前的・事後的なカーボンリーケージの大きさ，カー
ボンリーケージ防止策の研究は重要なテーマであるが，特に排出規制の効果を示
すデータが蓄積されていくと考えられるので，現在のところまだ少ない事後的な
分析が求められている．　　　　　　　　　　　　　　　　　　　[武田史郎]

気候工学 (ジオエンジニアリング)

　気候工学またはジオエンジニアリングとは，地球温暖化対策のための大規模・意図的な気候システムへの人為的介入である．長年タブー視されてきたが，ノーベル化学賞受賞者で環境科学者のP. J. クルッツェン（Crutzen, 2006）の論考以降，国際的な温暖化対策の進みの遅さを受けて関心が高まってきている．最近では，英国王立協会（Royal Society, 2009），気候変動に関する政府間パネル（IPCC, 2014），全米科学アカデミー（NRC, 2015a ; 2015b）が報告書をまとめている．

　気候工学の手法は主に2つある．1つは大気から温室効果ガス（GHG），特に二酸化炭素（CO_2）を除去する手法（CO_2除去 ; CDR）である．もう1つは放射収支，特に太陽からの入射放射に介入する手法（太陽放射管理 ; SRM）である．

　2015年12月の「パリ協定」のために気候工学の重要性はいっそう増したといえる．パリ協定では全球平均気温上昇を2℃または1.5℃に抑えることがうたわれているが，多くの緩和シナリオ研究では，2℃または1.5℃のシナリオでは大規模なCDRの導入（年間10Gt-CO_2のオーダー）が前提とされている．気候工学には様々な副作用があり，この規模でCDRが実施できなければ，SRMを利用しない限り温度上昇を抑えることはできなくなる可能性がある．

●**技術の原理と現状**　具体的な気候工学の例を概観する（表1）．SRMの代表例は成層圏エアロゾル注入である．大規模火山噴火後の気候冷却をまねて，例えば飛行機で成層圏に硫酸エアロゾルを注入する．エアロゾルは太陽光を散乱し，地表への入射エネルギーを減らし気温が低下する．モデリングでもその効果は確かめられているが，副作用も明らかになってきている．降雨の地域分布を変化させたり，突然実施を停止したりした場合は，急激な温度上昇を引き起こす（終端問題）．

　CDRでよく知られている手法には，炭素回収・貯留（CCS）から派生したものと，自然の吸収源（シンク）を加速するものがある．前者はバイオマス・エネルギーを燃焼したり化学工学的にCO_2を直接回収したりして，その後は通常のCCSと同様にCO_2を回収・貯留する．自然のシンクを加速するものとしては，大規模植林，鉱物の粉砕・散布による（地質学的タイムスケールのCO_2吸収メカニズムの）化学風化の加速，また海洋の肥沃化による光合成促進がある．バイオマスエネルギーCCSや大規模植林は広大な土地を必要とし，食料との競合や生態系破壊の可能性がある．直接空気回収はコストが高いとみられている．また，鉄散布による海洋肥沃化は生態系への影響が大きいとされている．

　気候工学には自然科学的な問題に加え，気候工学が知られてしまうと緩和策へ

表1　ジオエンジニアリングの分類と代表的な技術

大分類	小分類	技術の例
放射管理 （RM）	太陽放射管理（SRM）	成層圏エアロゾル注入（SAI）
	長波への介入	大気上層の巻雲の温室効果を弱める
温室効果ガス除去 （GGR）	CO_2 除去（CDR，CCS を用いる技術）	CCS 付きバイオマス（BECCS） CO_2 直接空気回収（DAC）
	CO_2 除去（CDR） （自然のシンクの加速）	鉄散布による海洋肥沃化 鉱物の化学風化の促進
	そのほかの GHG の除去	メタン回収

の取組みが弱くなってしまうという懸念（モラル・ハザード），成層圏エアロゾル注入（SAI）のような安価な技術が単独国家により実施されてしまうという国際政治的課題，また人類が気候に介入してよいかという倫理的な問題がある（なお，ガバナンスの問題は個別技術によって大きく異なる点には注意されたい）．

●上流での関与と研究ガバナンス　様々な問題があるため，気候工学は論争が絶えない技術である．現在最も重要な議論は研究開発に関するものである．というのも，（要素技術はあるものの）システムとしては未成熟な技術ばかりであるため，気候工学の推進を主張する研究者も基本的には実施を支持しないからである．特に研究ガバナンスについて，厳しい議論が交わされている．

　例えば，国連で研究開発をすれば広範な理解が得られるが進展は遅くなるだろう．一方，先進国主導で進めれば途上国の理解は得がたいと想像される．また，多くの国がモラトリアムを主張しても，一部の国は独自に研究を進めるかもしれない．

　さらに，気候工学は全世界の人々に影響が及ぶ点も考慮に入れる必要性がある．科学技術社会論の長年の蓄積を受け，萌芽技術では研究開発の初期段階（上流）からステークホルダーや市民を意思決定に関与させることが望ましいという意見は根強いが，こうした実践は学術的にも非常に難しい課題である．

　上流での関与としてワークショップやインタビュー調査，質問票調査があるが，欧米などの先進国に偏りがちである．文化・言葉が多様な途上国についても関与を模索する試みはあるが，いまだ不十分である．地球の気候全体を変える技術に関する国際的な議論はこれから長期にわたって行う必要性がある．　　　［杉山昌広］

📖 参考文献
・杉山昌広（2011）『気候工学入門―新たな温暖化対策ジオエンジニアリング』日刊工業新聞社，197 頁．
・水谷 広（2016）『気候を人工的に操作する― 地球温暖化に挑むジオエンジニアリング』化学同人，248 頁．
・J. R. フレミング 著，鬼澤 忍訳（2012）『気象を操作したいと願った人間の歴史』紀伊國屋書店，524 頁．

炭素回収・貯留（CCS）

　これまで克服されてきた環境問題において，その解決策の役割を担ってきたのは，既存の経済システムや社会のパラダイム転換ではなく，いわゆるエンドオブパイプ技術がほとんどである．同技術の気候変動版が，二酸化炭素（CO_2）を回収し，地中や海洋に貯留する，炭素回収・貯留（CCS；最近は回収した CO_2 の利用技術を含めて Carbon Capture, Utilization and Storage; CCUS と呼ばれることもある）である．現在，世界で展開されている大規模な CCS プロジェクトは38を数え，貯留能力の合計は，単年あたり約7000万 t にのぼる（Global CCS Institute, 2016）．気候変動に関する政府間パネル（IPCC）の第5次評価報告書をはじめ，様々な気候変動のシナリオ分析において，「パリ協定」で明記された2℃目標を達成するための非常に重要な役割を担う技術として位置づけられている．しかし，それは CCS の社会実装を可能にする政策や，一般市民の社会的受容，そして CCS への大規模な投資なくしては実現できない．

●CCS の内在的欠点　CCS には次にあげる内在的欠点があるため，CCS は温室効果ガスの大規模削減を短期間で実現するための「必要悪」だと捉えられていることが非常に多い（Markusson et al., 2012）．最も重要な内在的欠点としては，気候変動問題への対処を先送りしているにすぎないという側面が指摘できる．第2に，漏えいリスクによる重大な環境影響が懸念されることである．第3に，CCS の社会への「ロックイン効果」があげられる（Unruh & Carrillo-Hermosilla, 2006）．同技術が高効率に炭素を隔離するためには，化石燃料を大量消費することが必要であるため，逆に社会が長期にわたって化石燃料を大量に消費せざるを得なくなってしまう．さらに，代替技術の開発を抑制してしまうことも考えられる．こうした技術はいったん社会に組み込まれると，社会が技術に依存するようになり，社会が本質的にもつ慣性と相まって，同技術を放棄することが非常に難しくなる．CCS を脱炭素社会が実現するまでのいわゆる「つなぎの技術」として期待する論調（例えば，NEDO, 2002）は，脱炭素社会が実現すれば CCS を順次放棄するという理性的な対応を想定している．しかし，ロックイン効果が働くため，そうした役割を CCS に期待するのは難しいだろう．

●日本における CCS　日本では1980年代末から CCS の技術開発が官民協働で積極的に進められてきた．これまでに新潟県長岡市と北海道夕張市の国内2か所で部分的な実証プロジェクトが実施され，2012年には北海道苫小牧市において CO_2 の回収・輸送・貯留を含めた実証プロジェクトが開始された．

　日本政府の気候変動政策では，1997年の「京都議定書」締結以降，CCS の技

術開発が具体的な政策アジェンダとして言及されるようになった．2008年に閣議決定された「低炭素社会づくり行動計画（閣議決定）」（2008年7月29日）では，2020年までのCCSの実用化が政策目標として明示された．日本政府内では，特に経済産業省がCCSの技術開発および実用化のための政策指針を策定するなど，CCSの開発・導入を推進している．

CCSの開発・導入に関する規制では，海底下地層へのCO₂貯留を国際法で一定の条件下で認可した「ロンドン条約の1996年議定書改正」に伴い，環境省が「海洋汚染防止法」の改正を行い（国会で2007年5月に可決），CO₂貯留に関する事業許可制度と環境影響評価を義務づけている．しかし，貯留サイトからのCO₂漏えいやそれによる周辺環境・健康への影響を防ぐための長期的な監視や法的責任の明記という点では，日本政府のCCSの規制政策は包括性に欠けると批判されている（Ishii & Langhelle, 2011）．

●日本におけるCCSをめぐる問題点　日本のCCSの政策決定プロセスは一般市民らの公衆参加がきわめて限定的で，政府審議会の議論も政府の当該省庁や専門家，産業界などのCCSの推進主体の間で閉じている（Ishii & Langhelle, 2011）．北海道夕張市でのCO₂貯留の実証プロジェクトの場合でも，欧米に比べて，地域コミュニティによるプロジェクト実施に関する政策的な議論への参加がきわめて限定されていた（Markusson et al., 2011）．また，前述の海洋汚染防止法の改正法案が国会でほとんど審議されないまま可決されるなど，日本ではこれまでCCSの政策決定に政治家・政党が実質的にほとんど関与していない（Ishii & Langhelle, 2011）．つまり，「日本のCCSガバナンスは，政策決定プロセスへの幅広い公衆参加が限定されており，官僚機構や専門家など一部の専門知識を持つ政治エリートの間の合意形成に依存したテクノクラート主義的なアプローチになっているといえる」（朝山・石井，2014：128）．

●炭素隔離社会　現在，CCSは，反対運動や資金不足，再生可能エネルギーとの競争などにより（Global CCS Institute, 2016），その技術開発はあまり進んでいない．炭素隔離技術は温暖化問題の領域を超えて，エネルギー政策，生物多様性保全，海洋汚染などとも相互連関があり，そうした問題領域も含めた包括的かつ統合的な評価が重要である．また，炭素隔離技術とバイオマス発電を組み合わせたバイオマスエネルギーCCS（BECCS）は，パリ協定の2℃目標を達成するために必要とされているネガティブエミッション技術の1つでもある．拙速な導入は，いざ漏えいリスクが現実のものになったとき，CCSの信頼が失墜してしまう危険性をはらんでいる．そこで，多様なステークホルダーも含めた民主的な政策決定プロセスを構築しながら，我々が本当に，大量の二酸化炭素が漏えいするリスクと，その監視体制がもたらす社会的緊張が常在する「炭素隔離社会」を目指すのかを判断していくことが必要となってくる．　　　　　　　　　　［石井　敦］

統合評価モデルとシナリオ

●統合評価モデルとは　気候変動問題は，社会経済活動から地球システムといった自然科学の問題までを含む地球全体を対象としているが，それに取り組む各国，各主体の状況は様々である．また，気候変動の影響や対策の効果は100年といった長期に及び，様々な不確実性を含んだ課題である．こうした課題を解決するためには，様々な学問分野の知見が必要であり，また，科学的な知見の積上げとともに政策決定者との連携が必要となる．こうした中で有用とされている手法が統合評価と呼ばれているものであり，その解析ツールが統合評価モデルである．

　気候変動に関する政府間パネル（IPCC；1995）によると，統合評価とは気候変動問題に対して構築された新しい概念ではなく，環境問題の分析において広く使われている概念であり，現状の科学的，技術的，経済的，社会政策的な知見に関する最良の統合のためのフレームワークと定義されている．一方，一般に，モデルとは社会や自然現象など実在する対象を何らかの形で抽象化し，それを一定の形式で記述したもの（木村，1998）であり，統合評価モデルは，伝統的な専門的研究を通じてでは得られない洞察を得るために，幅広い学問分野からの知見を統合したモデルとされている（IPCC, 1995）．

　温室効果ガス排出量の推計に用いられるモデルは，温暖化対策技術の普及に焦点を当てた「技術選択型モデル」と，温暖化対策の導入による影響を評価する「経済モデル」に大きく分かれる．前者は個々の技術を積み上げて推計することから「ボトムアップ型モデル」，後者は経済理論などをもとに構築されていることから「トップダウン型モデル」とも呼ばれる．また，近年は両者を統合したハイブリッド型のモデルもみられる．技術選択型モデルは，人口や経済活動などからサービス需要量を推計し，これを制約条件に費用を最小化する技術の組合せが計算される．一方，経済モデルでは，技術を前提に，温室効果ガス排出目標を達成することによって生じるマクロ経済影響が計算される．このほか，分析対象期間全体を対象にして計算を行う動的最適化モデルや，1期ごとに順次計算を行う逐次モデルといった分類や，経済活動全体を対象にその市場均衡を取り扱う一般均衡型モデル，エネルギーなど特定の財のみを対象とする部分均衡モデルという分類もある．現実の世界のすべてを対象とするモデルを作成することは不可能で，用途や目的にあったモデル開発とそれを用いた解析が行われている．

●シナリオ　モデルの役割は，対象とする分野についてのシステムを理解し，過去や現在の状況を再現することであり，また，ある条件のもとで将来を推計することである．将来の推計に関しては様々な不確実性が存在し，将来像は無限に描

くことができる．シナリオとは，将来がどのように展開するかの代替的なイメージであり，気候変動問題では，ドライビングフォースと呼ばれる将来像を規定する基本的なパラメータ（例えば人口や技術水準）が将来の温室効果ガスの排出にどのように影響するかを分析するとともに，関連する不確実性を評価するためのツールである．シナリオの種類としては，現状の知見を積み上げて将来像を描くフォアキャスト型のシナリオと，将来の目標を明確に設定し，その目標を達成するための対策を明らかにするバックキャスト型のシナリオに分けられる．

　温室効果ガスの排出量は，将来の社会経済活動の動向により大きく変化することから，IPCC では初期の段階からシナリオを用いた分析が行われてきた（森田・増井，2005）．初めに用いられたシナリオは IS92a〜f と呼ばれる 6 つのシナリオであった．2000 年には，複数のモデルチームが参加して「排出シナリオに関する特別報告書（SRES）」と呼ばれる 4 つの社会経済シナリオが開発された．また，「第 6 次評価報告書」に向けて「共通社会経済シナリオ（SSPs）」と呼ばれる新しい 5 つの社会経済シナリオの開発が行われた．

●**日本における長期目標に関する分析とモデル**　日本では，長期的な温室効果ガス排出削減目標の策定に向けて，モデルが活用されてきた（増井，2015）．1997年に京都で開催された気候変動枠組条約第 3 回締約国会議（COP 3）の前には，国立環境研究所が技術選択型モデルを用いて将来の温室効果ガス排出量の削減について評価したが，当時は，前提が異なるだけでモデルそのものが批判されるなどモデルに対する理解は十分ではなかった．その後，2020 年の排出削減目標に向けて，日本や世界を対象としたモデルを用いた解析が行われ，2020 年の排出削減目標として 2005 年比 15% 削減が決められた際には，モデルの定量的な結果がその基礎となった．また，民主党政権下では，2020 年の排出量を 1990 年比 25% 削減するためのロードマップが，モデルを用いて評価された．なお，COP 21 前に提出された約束草案の決定においては，モデルを基礎とした議論は行われなかった．

●**モデルを用いた分析の今後**　近年，統合評価モデルと地球の物質循環を自然科学の面から定量化する地球システムモデルの統合に向けた取組みが行われている．こうした大規模モデルの開発は，様々な断面を包括的に取り扱うことができる反面，計算結果については因果関係を特定することが困難となり，モデルがブラックボックス化するおそれがある．一方，様々なステークホルダーとの対話を通じて将来の不確実性を検討することも行われている．

　モデルとは，それを用いて定量的な結果を出す過程は客観的であるが，モデルを開発する過程は主観的な要素が大きい．これまではモデルの結果だけが注目されてきたが，本来は，モデルの前提もあわせて議論する必要がある．モデルが，コミュニケーションのためのツールという本来の役割を担うために，様々な主体が協力してモデルを活用することが必要となる．　　　　　　　　　　［増井利彦］

温暖化対策費用

　温暖化問題の解決のためには，温暖化によって生じる被害を軽減する適応策と，温暖化の原因である温室効果ガス排出量を削減する緩和策がある．ここでの温暖化対策費用とは，後者の緩和策にかかる費用と定義し，その推計について説明する．温室効果ガス排出量の削減には，いくつかの方法が考えられる．「大幅な脱炭素経路の探索計画（DDPP）」では，大幅な温室効果ガス排出量の削減には，化石燃料から再生可能エネルギーへの転換を進めること，省エネルギーを進めること，電化を進めること，が重要としている（Kainuma et al., 2014）．こうした転換を実現するには追加的な対策が必要であり，それに要する費用が温暖化対策費用としてとらえられている．費用としてとらえられる概念として，限界削減費用，総費用があげられるが，国内総生産（GDP）や消費などのマクロ経済への影響なども費用とみなされることもある．

●限界削減費用　温室効果ガスを削減するための限界削減費用とは，温室効果ガスを追加的に1 t（限界的に）削減するために要する費用と定義される．温暖化対策に要する費用は，対策技術によって大きく異なる．対策によっては，その導入で費用ではなく経済的な便益をもたらすものもある一方，きわめて高額となる対策もある．こうしたそれぞれの対策について，温室効果ガス（通常は二酸化炭素に換算）1 tあたりの削減に要する費用を計算し，安いものから順番に並べたものが，限界削減費用曲線と呼ばれている．経済学の考え方では，温室効果ガス排出量の削減においては安価な対策から導入することが合理的とみなされ，限界削減費用とは，目的とする温室効果ガス排出量の削減において最も高額となる対策の費用となる．また，温室効果ガス排出削減を目的として炭素税の導入が有効とされているが，これは炭素税率を限界削減費用の水準に設定すると，その炭素税率以下の費用で実現可能な対策は，炭素税の支払いよりも導入する方が経済的に合理的とみなされるためである．なお，限界削減費用を積分したものが，温暖化対策に要する総費用に相当する．

●費用はどのように見積もられるのか　温室効果ガス排出削減費用の見積もりそのものは容易ではない．通常，どの対策を採用するかを検討する際，対策導入の初期費用については1年あたりの費用に換算するとともに，対策の導入によって生じるエネルギー費用の軽減を考慮して比較することが多い．初期費用の計算においては，投資回収年数を何年に想定するかによって金額そのものが大きく変わる．10年間使える機械であっても，耐用年数全体を対象に費用を計算するのではなく，投資回収年数と呼ばれる「何年で費用が回収できるか」という概念をも

とに費用の年価が計算される．投資回収年数が短くなれば，短期間で費用を回収する必要があり，初期費用がより高額な省エネ機器などは選択されにくい．

日本では，省エネ技術の普及が進んでおり，さらなる温室効果ガス排出量の削減のためには，より高額の技術の導入が必要となり，限界削減費用が高くなると一般にいわれている．一方で，東京都で実施された排出量取引制度で明らかになったように，制度導入により様々な取組みが見直され，排出量取引を行うことなく省エネが進んだという事実もある．このように，対策の費用そのものの見通しが困難であるとともに，費用と認識される領域を特定することも困難である．

●限界削減費用曲線の見通しの事例　これまでに様々な機関において限界削減費用の見積もりが行われ，それをもとにした限界削減費用曲線も示されている．マッキンゼー社（McKinsey & Company, 2010）や国立環境研究所 AIM プロジェクトチーム（2012）がその例である．日本における 2020 年や 2030 年の排出削減目標の検討においても推計結果が示されている．こうした結果はわかりやすい一方で，前述した投資回収年数や技術進歩などの将来における費用の見通しによって形状が大きく変化することから，どのような前提で計算されているのか注意が必要となる．

●マクロ経済への影響　温室効果ガスを排出する主体にとって，温暖化対策の導入は追加的な費用の発生を意味する．一方で，こうした温暖化対策に資する設備やサービスを供給する主体にとっては市場の拡大となり，所得の増大につながる．このように，温暖化対策の導入はマクロ経済全体に対してプラスとマイナスの両面をもたらす．GDP や消費などのマクロ経済への影響の評価は，個々の取組みの正負両面を総合的に捉えたものといえる．こうしたマクロ経済への影響については，モデルを用いて分析される．

●温暖化対策の便益をどのように評価するか　前項で示したように，従来の限界削減費用は省エネなどを通じたエネルギー消費量の削減は含んでいるものの，それ以外の便益は対象外となっている．一方で，今後は温暖化対策によって生じる副次的便益（例えば，高断熱による温度差のない生活に代表される生活の質の向上など）についてもあわせて評価しようという試みがみられる．限界削減費用として評価する際に，こうした質的な変化（便益）をどのように同じ物差しで評価するか（貨幣価値に換算するか）ということが課題になる．また，マイナスの限界削減費用の対策は，その導入によって経済的にプラスの効果をもたらすものであるが，これまで導入されていないということは，経済面以外の障壁が存在することを意味し，どうすればそうした障壁を取り除くことが可能となるかを検討するきっかけにもなる．つまり，限界削減費用をはじめとした評価は，温暖化対策についての「見える化」を意味し，どのような対策が効果的かを検討するうえでの重要な情報を我々に示唆しているのである．　　　　　　　　　　　　　［増井利彦］

国際海運・国際航空からの排出規制

　国際海運・国際航空（国際バンカー油）から排出される温室効果ガスは，国際航空については世界全体の排出量（2014年）の1.5%（約5億t），国際海運については1.9%（約6.2億t）を占め，国際航空については69%，国際海運については95%の増加傾向（1990年比）となっている．エネルギー効率の改善はかなり進んでいるものの，アジアを中心とする国際航空・国際海運の需要増により，2050年までに国際航空については二酸化炭素（CO_2）排出の3%を占め，国際海運については50〜250%（最大約20億t）の排出増となることが見込まれる．地球温暖化による大気の変化は航空機の運行能力に，海水温の上昇による台風や高波などの自然災害や異常気象の増加は船舶の安全航行に影響を与えるほか，海面上昇は沿岸の空港・港湾の計画見直しなど適応策の検討を迫るだけでなく，国際海運・国際航空部門そのものを気候変動の脅威にさらしている．

　「京都議定書」（第2条2項）は，「附属書Iに掲げる締約国は，国際民間航空機関及び国際海事機関を通じて活動することにより，航空機用及び船舶用の燃料からの温室効果ガス（モントリオール議定書によって規制されているものを除く．）の排出の抑制又は削減を追求する．」と規定している．国境を越えて排出されるその特殊性から，これらは「国連気候変動枠組条約」のもとで算出される各国の排出量にも，京都議定書の削減目標にも含まれず，国連の専門機関である国際民間航空機関（ICAO）や国際海事機関（IMO）と連携して，温室効果ガス排出・吸収量の算定方法を定めた「IPCCインベントリガイドライン」に基づき，別に報告する仕組みとなっていた．このため，規制などの具体的な対策はとられず，気候変動枠組条約第21回締約国会議（COP 21）で採択された「パリ協定」でも両分野の規定を盛り込むことは見送られ，別の国際枠組みが必要とされた．

●**国際航空における対策**　ICAOは国際航空からのCO_2排出量を2020年以降に増加させず（カーボン・ニュートラル成長），2050年までに燃費を年2%改善する努力目標を2010年に掲げ，これを達成する手段として新型機材など新技術の導入によるエネルギー効率向上，運航方式の改善，再生可能エネルギーやバイオ燃料など代替燃料の活用，排出量取引やクリーン開発メカニズムなど市場メカニズムの導入を検討してきた．しかし，これ以上の抜本的な対策が進展せず，欧州連合（EU）がEU域内排出量取引制度（EU ETS）による削減義務を欧州の空港を離発着する域外の航空会社にも一方的に課そうとしたため，EU以外の国々との間で摩擦が生じた．このため，ICAOは航空機からのCO_2の排出基準となる市場メカニズムを2016年に創設し，2020年までに削減策を導入する行程表（ロー

ドマップ），および EU ETS の域外適用に他国の同意を求めることを決議し，これを受けて EU も航空機への CO_2 排出の対価支払を免除するにいたった．

●**パリ協定採択を受けた国際航空における対策**　COP 21 でのパリ協定の採択を受け，ICAO（191 か国）は国際線の航空機から排出される CO_2 を 2020 年水準より増加させず，バイオ燃料の活用など前述の達成手段による対策を進めても各航空会社に割り当てられた排出上限を超える場合には，世界レベルでの市場ベースの措置（GMBM）を通じて，他企業から排出枠の購入を義務付ける新規制に 2016 年に合意した．

2021～26 年（自主的参加の第 1 期間〈2021～23 年は試行期間〉）には，アメリカ，中国，欧州，日本など自発的に参加する国同士（全輸送量の 84％ を占める 64 か国）を結ぶ路線で本カーボン・オフセット制度を適用し，2027～35 年（第 2 期間）には一定の排出量を排出するすべての ICAO 加盟国が参加する．また，新たな燃費基準（CO_2 排出認証基準）を新規の大型機については 2020 年から，現行機の新規建造については 2023 年から導入することにも合意しており，2028 年以降は基準をクリアしない航空機を生産することはできない．ただし，共通だが差異ある責任原則に基づき，後発・小島嶼・内陸の開発途上国および国際航空の運航数が極めて少ない国については，一部免除が認められた．

●**国際海運における対策**　国際海運から排出される温室効果ガスのほとんどは CO_2 であり，ドイツ一国の排出量に相当する．単一市場である国際海運においては世界一律の CO_2 排出規制（燃費規制）が適しているとされ，IMO は「MARPOL 条約（MARPOL 73/78）附属書 VI」の改正（2013 年発効）により，排他的経済水域（EEZ）を越えて航行する一定規模以上の全船舶に省エネ運航計画の策定を義務付けるとともに，新たに建造される一定規模以上の船舶に対し，段階的に強化されるエネルギー効率設計指標（EEDI）（1 t の貨物を 1 マイル〈＝1.6 km〉輸送する際の CO_2 排出量を評価）の基準値を満たすことが求められた．しかし，既存の船舶への規制導入については途上国の反対で先送りされたため，IMO の委員会の 1 つである海洋環境保護委員会（MEPC）で折衷策として船舶の燃費を「見える化」することで削減努力を促す燃費報告制度が検討され，総トン数 5000 t 以上の船舶の燃料消費のデータ収集と旗国への報告，旗国から IMO への報告を義務化する MARPOL 条約附属書 VI 改正案（2018 年発効予定）が 2016 年に採択されたほか，課金や排出枠取引などの経済的手法についても検討された．

●**研究の展望**　気候変動枠組条約のもとでの国際バンカー油に関する書籍（相沢，2005：93-101），国際海運・国際航空分野への市場メカニズム導入に関する研究（野村，2010；木村，2013）などがあり，今後は ICAO・IMO を軸に，経済的手法や燃費の改善などを通じて着実な削減策を実施していくことが課題となる．

［木村ひとみ］

内包炭素

　内包炭素とは，製品のライフサイクルを通じて直接間接的に排出される二酸化炭素（CO_2）を意味する．英語では embodied carbon（emission）や embedded carbon（emission）と表記される．「内包」と称して製品のもつ潜在的な CO_2 であることを意味しており，実際にその CO_2 が製品中に含まれているわけではないため，「含有」とは概念が明確に異なる．こうした内包炭素の考え方は，基本的にライフサイクル CO_2 と呼ばれる温室効果ガスを対象とするライフサイクルアセスメント（LCA）やカーボンフットプリントと同じである．LCA との違いは，製品間の比較を目的とした機能単位の設定を特に必要としないことや，ほかの環境負荷を含めて統合的な影響評価を行わないことがあげられる．内包炭素は概ね製品やサービスなどの消費財に対して適用される言葉であるが，カーボンフットプリントは消費財だけでなく，耐久財，組織，都市，国といった多様な主体に対してしばしば用いられる．

●内包炭素の範囲と単位　内包炭素量（内包炭素の大きさ）を示す場合は，内包炭素に何をどこまで含めるか（システム境界）を定義することが重要である．内包炭素は「CO_2 の見える化」の手段であり，地球温暖化への懸念を背景に生まれた指標であるので，一般に化石燃料由来の CO_2 やセメント製造などに使用する石灰石起源の CO_2 に注目する．そのため，木材などバイオマス起源のカーボンニュートラルとみなす CO_2 は含めずに内包炭素量を計算することが多い．いずれにせよ，バイオマス起源の CO_2 の扱い（含めるか，含めないか）を明確にすることが重要である．内包炭素量には CO_2 だけでなく，メタンやフロンなどほかの温室効果ガスを CO_2 に換算して含めることもある．そのため，内包炭素量の単位は，炭素量のみで表記する kg-C やその 1000 倍の t-C，CO_2 量で表記する kg-CO_2 や t-CO_2，ほかの温室効果ガスを含めて CO_2 の温室効果に等価換算して表記する kg-CO_2eq や t-CO_2eq が用いられる．

　内包炭素量を計算するライフサイクルの範囲は，原料の採掘から製品生産までとする場合（cradle to gate），それに利用段階を加える場合（cradle to site），さらに廃棄されるまでの排出を含む場合（cradle to grave）と内包炭素を示す目的に応じて設定すればよい．

●内包炭素の背景と計算方法　内包炭素は，もともと 1970 年代のオイルショックを契機として始まった製品の内包エネルギーを計算するエネルギー分析の研究を発端とする．内包エネルギーは，製品の生産から廃棄までに要する直接間接的なエネルギー消費を示し，製品の有する実際のエネルギー（熱量）ではない．内包エネルギー量の算定は，製品の製造プロセスを一つ一つさかのぼってエネルギ

ー消費量を積み上げるプロセス法（Chapman, 1974；Bullard & Herendeen, 1975）と，逆にエネルギー消費の総量を各プロセスに配分していく産業連関分析法（Wright, 1974）がある．プロセス法では，生産プロセスの技術的特徴を詳細に反映した計算ができることが利点であるが，プロセスの無限に波及する連鎖について逐一データを収集することは非常に困難である．そのため，積み上げたエネルギー消費量の網羅性は担保できないという欠点がある．一方，産業連関分析法による内包エネルギー量の計算では，一般に原料の採掘から製品の生産までがシステム境界となるが，生産プロセスの波及を無限に遡及することができる．この利点を有するものの，生産プロセスは産業連関表の部門分類として定義されるため，ある特定の製品の生産技術を反映した内包エネルギーを算定できない点に問題がある．加えて，上記の2つの手法を組合わせて互いの弱点を補うハイブリッド法（Bullard et al., 1978）と呼ばれる算定手法もある．ハイブリッド法では，製品のライフサイクルにおける主要な生産プロセスについては，プロセス法でデータを整備し，データ収集が困難で遡及できないプロセスのエネルギー消費は産業連関分析法で求める．

　1990年代に入り，地球温暖化への関心の高まりに呼応して，上述の手法がエネルギー消費量から CO_2 排出量の推計に応用され，製品の内包炭素量の算定が始まった（Moriguchi et al., 1993）．そのため，各手法で計算された内包炭素量の特徴も上記に準ずる．

●今後の展望　近年，「消費基準の CO_2 排出量」と呼ばれる勘定方法が注目を集める．この勘定方法は，製品の生産のために生じた CO_2 排出量をその製品の最終的な消費者に帰属させる．つまり，製品の生産のために生じた CO_2 排出量は生産者の責任とする「生産基準の CO_2 排出量」と対になる見方である．消費基準は，輸入品を日本国内で消費すると，輸入品の生産までに要した CO_2 排出量は日本の排出と考えるため，輸入品の内包炭素量の把握が重要になる．同様に，日本の輸出品に関する内包炭素量は輸出品の消費国に帰属することから，輸出品の内包炭素量の算定も必要である．経済のグローバル化とともに，生産プロセスの国際分業化が進み，ある国からの輸入品には別の国の輸入品が使用されることが一般的となった．国をまたぐ生産プロセスを遡及する内包炭素の計算には多地域間産業連関分析法が適しており，現在，そのためのデータ整備と実証研究が進展している．

　産業界では GHG プロトコルによるスコープ3と呼ばれる規格などを利用し，サプライチェーンを含めた排出量を管理する動きが広がりつつある．企業活動に要する財やサービスの内包炭素量の把握に加え，それを低減させるためのサプライヤー間の協働が求められる．また，ある製品が既存製品を代替することで削減する可能性のある CO_2 を「削減貢献量」と称して算定する規格も作成されており，内包炭素の考え方との整合性についても考察を深めるべきである．　［南斉規介］

アメリカ合衆国の温暖化対策

アメリカの温室効果ガス（GHG）排出量は 2014 年には 68 億 7050 万トン二酸化炭素（CO_2）換算で中国に次ぎ世界第 2 位である（EPA, 2016）.

●**アメリカの京都議定書からの離脱**　国際的な気候変動交渉をリードしていたアメリカは 1992 年採択の「国連気候変動枠組条約（UNFCCC）」に同年署名，締結した．1997 年採択の「京都議定書」には 98 年に署名したものの主要排出途上国に GHG 削減義務がなく，アメリカには 2008～12 年に 1990 年比で平均 7% の削減義務が課され，経済への悪影響が懸念されることなどを理由に 2001 年就任のブッシュ大統領は同議定書を締結しなかった（Boykoff & Boykoff, 2007）．当時最大排出国であった米国の不参加により，京都議定書の発効は 2005 年に遅れた．

●**主要経済国との取組みからパリ協定の発効へ**　2005 年，ブッシュ大統領は京都議定書とは異なる主要国による自主的な取組みとしてクリーン開発と気候のためのアジア太平洋パートナーシップ（APP）を設立し，クリーン技術の開発・移転に向けた地域および官民協力の推進を目的に，2011 年まで事業が実施された．また，2007 年からは，途上国を含む 17 カ国の対話の場として，エネルギー安全保障と気候変動に関する主要経済国会合（MEM）を開催した．MEM は，各国の自主的な排出削減とクリーンエネルギー技術の革新により，気候変動対策とエネルギー安全保障の確保を目指した．その後，2009 年就任のオバマ大統領は，同年，交渉でのリーダーシップやクリーンエネルギーの促進を目指し，MEM に代わるエネルギーと気候に関する主要経済国フォーラム（MEF）を設立した．MEF は，UNFCCC のもとの新枠組みづくりに向けて 2009 年に積極的に開催され，その後も毎年数回開催された．

アメリカは，大気中の残存時間は短いが温室効果の高いハイドロフルオロカーボン類（HFCs）やブラック・カーボンの対策を促進するため，2012 年に短寿命気候汚染物質削減のための気候と大気浄化の国際パートナーシップ（CCAC）を設立したほか，グローバル・メタン・イニシアティブ（GMI）などを主導してきた．また，オバマ大統領はこれらの取組みに加え，中国など主要排出国との二国間協力など積極的な気候変動外交を展開し，2015 年の「パリ協定」の採択および 2016 年の発効，2016 年の「モントリオール議定書のキガリ改正」採択といった多国間協定による国際的な気候変動対策の進展に向けて尽力した．

●**アメリカ国内の気候変動対策の動き**　アメリカ国内では，2009 年に「ワックスマン・マーキー法案（ACES）」が僅差で下院を通過したが上院では審議されず廃案となったのをはじめとして，排出量取引制度（ETS ☞「排出量取引制度」）

を含む包括的な気候変動対策法案が連邦議会へ複数提出されたものの両院を通過していない（栗山他，2015）．全国レベルのETSが成立しないなか，先進的な州では地域的取組みが実施され，9州が参加する北東部地域GHG削減イニシアティブ（RGGI）は2008年に，カリフォルニア州ETSは2013年1月に取引が開始され，後者は2014年よりカナダのケベック州ETSとリンクしている．また，マサチューセッツ州などはアメリカ環境保護庁（EPA）によるGHG排出規制を求めて訴訟を起こし，2007年に勝訴した．本判決を経て，2009年に自動車などからのGHGによる国民の健康および社会福祉への危険性が認定され（EPA, 2009），2010年より既存の大気浄化法（CAA）のもと，EPAによる大気汚染物質としてのGHG排出規制の構築が開始された．

　オバマ大統領は気候変動を重要課題の1つに掲げ，2009年にGHG排出量を2020年までに2005年比で17％削減するとの目標をUNFCCCへ提出した．グリーン・ニューディール政策を打ち出し，再生可能エネルギーの促進，自動車の燃費向上，ハイブリッド車の推進など10年間で1500億ドルの投資により500万人の環境ビジネス雇用の創出を目指した．就任第2期の2013年には気候行動計画を発表し，大統領権限を用いてEPAなどに対策を指示し，太陽光発電などの再生可能エネルギーの推進，建物の省エネ基準，自動車排ガス基準の向上などに取り組んだ．

　技術革新によるシェールガス採掘費用の低減および石油輸入依存からの脱却によるエネルギー安全保障策の一環として，2015年8月にCAAのもと，既存の火力発電所を対象とした「クリーンパワープラン（CPP）」の最終規則，および新設あるいは改築された発電所を対象とした炭素汚染基準の最終規則が公表された．同規則では，石炭火力発電所の新設には炭素回収・貯留（CCS）が必要となり，実質石炭火力発電からの脱却を奨励しているほか，州間のETSなど各州の「州実施計画（SIP）」には実施の柔軟性を与えている．CPPによりアメリカ最大排出源である電力セクターからのGHG排出量は，2030年までに2005年比で32％減が見込まれる（EPA, 2015）が，テキサス州などが対EPA訴訟を起こし，2016年2月に連邦最高裁判所が最終判決までのCPPの執行停止を命じた．CPPの履行状況は，GHG排出量を2025年までに2005年比で26～28％減とのパリ協定下のアメリカの目標達成にも大きな影響を与えうる．

●今後の展望　アメリカの気候変動対策は政権交代により大きく転換しており，今後もこうした傾向は続く可能性がある．2017年1月就任のトランプ大統領はパリ協定からの離脱を通知した．CPPの見直しを命じ，同10月にEPA長官がCPP撤廃を提案している．両院では共和党が過半数を占め，国内および国際的な取組みの後退が懸念される．ただし，施行済みの国内規制の変更には法的手続きや新規根拠が必要となり大統領権限のみで覆すことは容易ではない．先進的な州や企業による対応が今後のアメリカの政策動向において注目される．　　　[吉野まどか]

EU の温暖化対策

　欧州連合（EU）は，気候変動問題が重要政治課題として認識されるようになった 1980 年代後半以降，気候変動問題に対処するための国際協力推進の旗振り役を担ってきた．第 1 に，EU は気候系の危険な変化を回避するために，温室効果ガス（GHG）排出量の大幅な削減を導く国際的な枠組みづくりをけん引してきた．第 2 に，EU は先進的な域内温暖化対策の策定と導入を通じて，他国に GHG 排出量削減の道筋を示してきた．EU が温暖化対策でけん引役を果たすことができたのは，ドイツ，イギリスなど気候保全を重視する一部構成国の存在，そして各国利害関係者と一定の距離を保ち，気候保全という理念の実現に邁進する欧州委員会気候エネルギー総局，さらには気候保全への関心が高い欧州市民の声を反映する欧州議会の存在によるところが大きい（Schreurs & Tiberghien, 2007；Oberthür & Kelly, 2008）．EU は設立以来，欧州単一市場の創設を目指して，拡大と統合を進めてきたが，「欧州憲法条約」批准の遅延により統合が足踏みする一方で，拡大が急速に進んだことを受けて，上述の EU の気候政策けん引役としての役割は，変容しつつある．

●国際交渉におけるけん引役としての EU　EU の構成国数は，「京都議定書」交渉時（1997）の 15 か国から，「パリ協定」交渉時（2015）には 28 か国へ増加したが，その GHG 排出量が地球全体の GHG 排出量に占める割合は，京都議定書交渉時の 15％から，パリ協定交渉時には 10％へ減少した．また，構成国数の増加は，経済格差を拡大させた．例えば，1 人あたり国内総生産（GDP）（2015）をみると，EU 28 か国の平均値を 100 とした場合，上位 5 か国はルクセンブルグ（271），アイルランド（145），オランダ（129），オーストリア（127），ドイツ（125）と西欧諸国が並ぶのに対し，下位 5 か国はハンガリー（68），ラトヴィア（64），クロアチア（58），ルーマニア（57），ブルガリア（46）と 2004 年以降に EU に加盟した中東欧諸国が並ぶ（Eurostat より）．こうした経済格差，そして電源構成の違いは，経済的繁栄と密接に関わる気候変動問題への対応において，EU が一枚岩の立ち位置で国際交渉に臨むことを時に阻むようになった．例えば，パリ会議では，国内炭で 90％近い電力を供給するポーランドが EU の交渉立ち位置に反対し（Andresen et al., 2016），EU 内調整が難航した．このように EU 構成国の多様化は，気候変動交渉において，アメリカと中国が存在感を増したことと相まって，EU がけん引役を果たす場面を減少させている．

●域内温暖化対策　EU が域内で先進的な温暖化対策を導入し，他国に範を示した典型例が，産業エネルギー部門の GHG 排出抑制対策として，2005 年に導入さ

れた EU 域内排出量取引制度（EU ETS）（☞「排出量取引制度」）である．ETS は，EU に続いて，アメリカの一部の州，韓国，中国，オーストラリア，ニュージーランドなどで導入されている．EU ETS は，欧州域内約 1 万 1000 の燃焼施設を対象とし，EU の GHG 排出量の約 45% をカバーする．2005〜07 年までの第 1 期，2008〜12 年までの第 2 期を経て，現在は 2013〜20 年までの第 3 期にある．導入当初は，排出枠が無償で割り当てられ，しかも割当ての詳細を決定する権限を与えられた構成国政府が排出枠を過剰に割り当てたため，排出削減効果が期待できない一方で，ETS が導入されていない地域へ産業を流出させる，いわゆるカーボンリーケージ問題が指摘された．こうした批判を受けて，第 3 期には，欧州委員会が割当て総量と無償割当て分の割当て方法を決定したほか，発電部門については排出枠を 100% 有償で割り当てた．しかし，排出枠価格が低迷を続けたため，欧州委員会は，2014〜16 年まで競売に供される排出枠量を削減し，その分を第 3 期の最終年にあたる 2019〜20 年に競売する，いわゆるバックローディングを導入した．これは，規制当局による市場介入と価格操作を意味し，取引制度の根幹を揺るがすと批判されている（渡邉，2016）．

　一方，ETS 適用対象外部門の GHG 排出抑制手段の導入・実施は，原則として構成国の手に委ねられている．ただし，抑制目標は EU レベルで合意され，2020年までに，EU 全体で 10% 削減することを目指して，エフォートシェアリング決定（2009 年採択）に基づいて，構成国は 20% 削減から 20% 増加まで（2005 年比）差別化された目標を負っている．2016 年末現在，EU は，2030 年までに GHG 排出量を 1990 年水準比で 40% 削減するという目標（2014 年採択）の達成へ向けて，ETS 適用対象部門（43% 削減），適用対象外部門（30% 削減）ともに対策の改正を議論しているが，特に適用対象外部門について構成国間の利害調整に時間がかかっている．

●今後の展望と研究上の課題　欧州の統合は，欧州委員会の権限拡大をもたらし，ETS を典型例とする欧州レベルでの気候政策の導入と実施を可能にした．欧州憲法条約の批准の遅れにより統合が足踏みするなか，欧州は拡大を続けた．しかし，拡大がもたらした構成国の多様化によって，EU は，国際交渉の立ち位置でも域内温暖化対策でも構成国の利害調整に時間を要し，域外に対して影響力を行使する余裕を失いつつあるようにみえる．さらに，イスラム国の台頭による難民の大量流入に端を発した政治不安は，EU の拡大の勢いを止めつつある．現在，EU は，イギリスの離脱という，初めての構成国数減少という事態に直面している．単一市場の創設とそのための共通政策手段の導入・実施という理念よりも構成国の利害が色濃くにじむようになった現在の状況に，気候エネルギー総局を中心とする欧州アクターと気候保全志向が高い構成国はどのように立ち向かい，気候保全という理念を追求するのだろうか．今後も，統合と拡大の展開を注視しながら，EU 温暖化対策の変容を多角的に分析する．　　　　　　［渡邉理絵］

日本の温暖化対策

　日本の温暖化対策のうち，温室効果ガスの排出削減策については「地球温暖化対策推進法（温対法）」に基づいて策定される「地球温暖化対策計画」（2016 年 5 月）が，気候変動への適応策については「気候変動の影響への適応計画」（2015 年 11 月）が基本的な方針を定めている．ここでは，前者を扱う．

●削減目標　日本の温室効果ガスの排出削減目標は，「京都議定書」第 1 約束期間（2008〜12 年）においては，同議定書によって 1990 年比で−6％という数値が与えられていた（この目標は達成された）．その後，日本は，「コペンハーゲン合意」に基づき，2020 年までの中期目標として一定の条件付きで 1990 年比 25％削減という目標を登録した（2010 年 1 月）．しかし，東京電力福島第一原子力発電所事故のあと，2013 年 11 月に決定された 2020 年までの中期目標は 2005 年比で−3.8％（1990 年比で 4％増加）という水準にまで後退した．その後，「パリ協定」に基づき気候変動枠組条約事務局に提出された「日本の約束草案」（2015 年 7 月）は，2030 年までに 2013 年度比で温室効果ガスの排出量を−26％（1990 年比では−14％）とすることを目標としている．これらの福島第一原子力発電所事故以後に策定された目標は，「第 4 次環境基本計画」（2012 年 4 月）に掲げられている長期目標（2050 年までに−80％）と整合するものとは言い難い．

●地球温暖化対策推進法　温対法は，温室効果ガスの種類その他の区分ごとの温室効果ガスの排出抑制および吸収の量に関する目標や，その目標を達成するために必要な措置の実施に関する目標などを地球温暖化対策計画に定めるべきことを規定している．同法には，情報的手法に分類される温室効果ガスの算定・報告・公表制度を別とすれば，排出抑制のための具体的な政策手法は規定されていない．

●地球温暖化対策計画　2015 年度の産業部門および業務部門のエネルギー起源の二酸化炭素（CO_2）排出量（電気・熱配分後）の割合は，それぞれ約 36％および約 23％を占めている．これらの分野での対策の中心は，産業界の自主的取組みである「低炭素社会実行計画」の実施と評価・検証，「エネルギーの使用の合理化等に関する法律（省エネ法）」に基づく省エネ性能の高い設備・機器の導入促進，建築物の省エネ化・低炭素化である．新築建築物の省エネ基準適合義務の段階的強化を規定する「建築物のエネルギー消費性能の向上に関する法律（建築物省エネ法）」を除けば，規制的手法はなく，経済的手法もほとんど用いられていない．同年度の家庭部門の CO_2 排出量の割合は，約 16％である．対策の中心は住宅の省エネ化，設備・機器の省エネ促進である．運輸部門の CO_2 排出量の割合は，約 19％である．対策としては，次世代自動車の普及や省エネ法のトッ

プランナー基準による燃費改善，公共交通機関の利用促進，低炭素物流の推進などがあげられている．

なお，エネルギー転換部門は，電気・熱配分前のCO_2排出量の約42%を占めており，電源の低炭素化が重要な課題となっている．対策としては，再生可能エネルギーの導入，火力発電の高効率化，原子力発電の活用などがあげられている．

●政策手法　日本の温暖化対策の特徴としては，次の点をあげることができよう．①建築物省エネ法を除き，規制的手法は用いられていない．②経済的手法の利用も乏しい．再生可能エネルギーの固定価格買取制度が2012年から運用されているが，地球温暖化対策税（☞「炭素税」）の税率は欧州諸国と比較するときわめて低く，また，全国レベルの排出量取引制度も導入されていない．日本の温暖化対策の中心となっているのは，③産業界の自主的取組み，省エネ法や「エネルギー供給構造高度化法」による緩やかな政策誘導である（高村・島村，2013）．

●研究動向と展望　環境経済・政策学の分野の研究としては，欧米で先行して導入された経済的手法（排出量取引・環境税など）や政策手法同士の組合せ（ポリシーミックス）の紹介，分析，日本への導入の提言などがなされてきた（諸富，2001など）．今後の研究課題として，次の3点のみあげておく．

①近時の研究動向としては，電力分野の温暖化対策に関する研究が増えており，この傾向は今後しばらく続くと思われる．その要因としては，以下の点をあげることができよう．第1に，福島第一原子力発電所事故の後には，温暖化対策の主要な手段として推進されてきた原子力発電のコストに関する研究（大島，2010）が注目を集めた．事故後には，現実に，事故に起因する損害賠償費用や除染費用，廃炉費用の負担をいかなる主体に求めるべきかが議論された．電力システム改革により市場におけるアクターが変化する中で，公平かつ効率的な費用負担のあり方が問われている．第2に，再生可能エネルギーの固定価格買取制度が2012年に導入されたこと，また，国民の費用負担の軽減や制度の歪みの是正などを目的として，2016年に制度の改正が行われたことがあげられる．第3に，電力システム改革が進められる中で，容量メカニズム，ベースロード電源市場，非化石価値取引市場の制度をどのように設計するか，再生可能エネルギーの導入促進と電気の安定供給を両立させるための系統整備・系統接続のルールをどのように設定するかといった論点は，温暖化対策と密接に関係するものである．

②日本の温暖化対策の中核である省エネ法（有村・岩田，2007；杉山他，2010）や自主的取組み（杉山・若林，2013）の実効性などに関する研究は，これまでにそれほど多くはなく，今後のさらなる研究が待たれる．

③温暖化対策の中期目標とその前提とされた長期エネルギー需給見通しは，バックキャスティングの要素を含まない旧来型の手法，プロセスにより決定されている（久保，2016）．2050年ないし2100年を見据えた目標設定としては不適切な方法であり，温暖化対策目標の決定過程を対象とした研究も期待される．［島村　健］

中国の温暖化対策

　世界最大の二酸化炭素（CO₂）排出国であり，新興国・途上国の代表格でもある中国を抜きにして，地球温暖化防止は語れない．以下では，中国の温暖化対策を概観する．

●2005年までの温暖化対策　中国政府が1992年の国連環境開発会議の準備段階で，途上国に削減義務を課すことに反対し，1人あたり排出基準に基づく目標設定なら認める，という二段構えの方針を固めた（李，1999）．「国連気候変動枠組条約」では，「共通だが差異ある責任（CBDR原則）」が確立され，先進国に削減義務を課し，途上国に技術と資金支援を行うことが決定された．その後，中国は条約に基づき，途上国に削減義務を課すことに反対してきた．1997年採択の「京都議定書」では，中国を含む途上国に対し，削減目標は課せなかった．

　一方，国内では，温暖化対策を経済・社会発展計画に組み入れ，省エネ，エネルギー構造の低炭素化，植林などを通じて，排出量の増加を抑制するとした．目標は，「第9次5カ年計画」（1996～2000年）の「国際公約の遵守，途上国のあるべき権利と享受すべき利益の維持」という守りから，「第10次5カ年計画」（2001～05年）の「温暖化の緩和に有利な政策措置の実行」へ，そして「第11次5カ年計画」（2006～10年）の「温暖化緩和の効果を勝ち取ること」へと徐々に前向きになった．取組みの結果，エネルギー消費のGDP（国内総生産）原単位（エネルギー原単位）は2005年に1990年比で47％改善し，森林面積率は90年代初期の13.9％から18.2％へ上昇した，などの成果が得られた．

●低炭素社会構築への舵切り　政府は2006年から経済成長至上主義から全面的調和と持続可能な発展への戦略転換を図り，ポスト京都議定書に関する枠組み交渉を機に，全国人民代表大会（全人代，国会に相当）常務委員会が2009年8月に「気候変化への積極的対応に関する決議」を採択し，「低炭素経済」の発展を目指すと明記した．これらをふまえて，政府が2010年1月末，GDPあたりCO₂排出量（排出原単位）を2020年に2005年比40～45％削減する自主行動目標を国連に提出し，全人代が2011年3月，目標達成の担保となる「第12次5カ年計画」を決議した．枠組み交渉の行方が予断を許さない当時の状況下で，中国は政府と全人代が結束して，低炭素社会を目指す姿勢を鮮明にした（李，2010）．

　では，なぜ中国が低炭素社会を目指すのか．中国は1978年から「改革・開放」を断行し，高度経済成長期に入った．GDP規模が1980年からの30年間で17.6倍に拡大し，2010年には日本を追い越し，世界第2位となった．しかし，足かせとして，先進国が産業革命以降に経験した公害，1970年代以降にあらわにな

ったエネルギー安全保障，1990年代に始まる気候変動問題などが，短い期間に圧縮された形で複合的に噴出してきた．これらの問題を同時に解決し持続可能な発展を維持するためには，従来の炭素依存型発展モデルから脱却するしかない．世界に先駆けて低炭素化に成功すれば，先行者の実利などの果実を得るだけではなく，新しい発展モデルの提供によって国際社会における存在感を高めることもできる．つまり，持続可能な発展と国際地位の向上を実現するには，低炭素社会を目指す以外に選択肢はない，と中国が認識したからである．

●取組みの現状と今後の展望　取組みにあたっては，政府が主導して，低炭素に有利な活動をすれば得，しなければ損と実感できる低炭素システムを整備しつつ，①省エネと非化石エネルギーの利用拡大，②エネルギー安定供給の確保，③低炭素産業の育成を3本柱として戦略的に推進している．そうした中，2013年に発足した習近平・李克強指導部が，温暖化対策を他国からの圧力ではなく，中国の持続可能な発展にとっての内的要求と位置付けて，エネルギーの消費・供給・技術・管理体制の革命の推進，国際協力の強化などを図り，取組みをさらに強化した．

2020年の自主行動目標に向けた進捗状況をみると，2015年に排出原単位は2005比38.3％削減し，目標の85.1～95.8％を達成した．非化石エネルギーの比率は基準となる7.5％から2015年に4.5ポイント上昇の12％となり，2020年に7.5ポイント上昇，15％とする目標の60％（4.5/7.5）を達成した．今後については，2016年3月に公表された「第13次5カ年計画」で，拘束力のある目標として，2020年にエネルギー原単位を2015年比で15％減，排出原単位を18％減と設定した．一次エネルギー消費を50億t（石炭換算）以下に抑制することも明記したが，実現するには省エネ目標の超過達成が不可欠である．また，CO_2総排出量の抑制目標を明らかにしていないが，計画どおりにいけば，2020年の排出原単位は2005年比で約48％減となり，中期目標を超過達成する見込みである．

一方，国際社会では，2015年に気候変動防止の長期枠組み「パリ協定」が採択された．その合意形成と早期発効にあたって，中国はアメリカとともに率先垂範の役割を果たし，注目を集めた（李，2016）．協定では，中国が排出原単位を2030年に2005年比60～65％削減し，非化石エネルギーの比率を20％前後まで引き上げ，総排出量を2030年頃のできる限り早い時期にピークアウトさせると表明した．第13次5カ年計画目標を達成しても，2030年排出原単位削減の上位目標（65％減）を達成するには，2021年から年平均3.6％の削減率を維持し続けなければならない．政府は，炭素排出枠取引（☞「排出量取引制度」）の全国市場を2017年に1業種を対象に導入し，その後，対象業種を順次全産業に拡大するとともに，その他の排出源に炭素税を課すなどを柱とする総合対策を進めている．市場メカニズムの活用を通じて，長期目標を低コストで達成する狙いである（Wang et al., 2015；Duan et al., 2016）．成功するかどうか，今後の動向を注目したい． 　　　　　　　　　　　　　　　　　　　　　　　　　　　　　　　[李 志東]

東アジアの低炭素戦略

　東アジアは，すでに工業化の成熟段階に入っている日本，成熟段階に入りつつある韓国と台湾，急速な工業化の過程にある中国，視野を東南アジア諸国まで広げれば工業化の初期段階にあるインドネシアやベトナムなど，多様な経済の発展段階にある国と地域で構成されている．したがって，持続可能な低炭素社会に向けたエネルギーシステムや関連政策の進行状況と達成度合いも一様ではない（李，2014）．
●韓国の低炭素戦略　このような状況で，近年，日本，中国，韓国，台湾を中心とした東アジアでは，低炭素社会の進展に資する制度的な基盤づくりが進められている．例えば韓国の場合，2009年頃から李明博政権が国家主導で進めてきた低炭素グリーン成長政策は，韓国の低炭素経済を大きく進展させる原動力となった．これを契機に，韓国では政府横断的に低炭素グリーン成長を進めるための具体的な戦略が講じられた．その戦略作成と審議を担う組織として，2009年2月に，当時の環境省，国土海洋省，知識経済省，農林水産食品省など多数の行政機関にまたがる官民共同のグリーン成長委員会が発足した．この委員会は，縦割り行政の中で，各省庁の利害が優先される傾向にあった政策の策定を，省庁の垣根を越えた議論と地球温暖化対策を優先した政策の策定を可能にする機構となった．

　ただし，韓国では政権が交代してから，それまでに低炭素政策を主導してきたグリーン成長委員会の機能と役割が大きく縮小された．実際，2013年にグリーン成長委員会は従来の大統領府所属から国務総理府所属と変更され，委員会の機能が大きく縮小された．今後の政権がグリーン成長戦略をどれほど継承・発展させていくかは不透明な状況にある．
●中国と日本の低炭素戦略と東アジアの課題　中国では，従来は温室効果ガス（GHG）削減や低炭素社会に向けた制度づくりに明確な方針を打ち出してはいなかったが，2010年代に入ってから状況は確かに変わっている．例えば，2012年11月に行われた第18次共産党大会では，今後5年間の主要推進課題として生態文明建設，エネルギー部門改革，グリーン産業への大規模投資などを打ち出している．そして温室効果ガス削減目標として，2030年までに温室効果ガス排出をピークにもっていくことを宣言している．ただし，いまだ原発と化石エネルギーからの脱却は明確に宣言されていない．

　日本の場合，2012年7月から実施された再生可能エネルギーに対する固定価格買取制度（FIT），そして同年10月から施行されている炭素税（制度名称は「地球温暖化対策税」，☞「炭素税」）である．特に日本の炭素税はアジアでは初めての試みであった．ただし，その税率がCO_2tあたり289円程度の低率で，北欧を

表1 東アジアにおける国内総生産（GDP），エネルギー，温室効果ガス目標および低炭素政策の概要

区分		中国（年）	日本（年）	韓国（年）	台湾（年）
GDP	GDP（10億ドル）	390（1990） 9,181（2013）	3,104（1990） 4,902（2013）	270（1990） 1,222（2013）	165（1990） 489（2013）
	GDP（1人あたりドル）	341（1990） 6,747（2013）	25,140（1990） 38,491（2013）	6,308（1990） 24,329（2013）	8,087（1990） 20,930（2013）
二酸化炭素（CO$_2$）排出量，GHG目標	CO$_2$排出量（Mt CO$_2$）	2,461（1990） 9,437（2013）	1,095（1990） 1,235（2013）	247（1990） 601（2013）	137（1990） 271（2012）
	GHG2030目標（%）	2030にピーク GDP原単位 60～65%削減	−26.0（2013対比）	−37.0（BAU）	−50（BAU）
総発電量に占める再生可能エネルギーおよび原発の割合目標	再生可能エネルギー（%）	19.2（2012） 15（1次エネルギー：2020）	22～24（2030）	15（2035）	15（2025）
	原発（%）	200GW（2030）	20～22（2030）	29（2035）	0（2025）,
低炭素政策	炭素税	未導入	289円/tCO$_2$（2012）	未導入	未導入
	排出権取引	自治体レベル（2011～） 国家レベル（2018～）	東京都など自治体レベル（2010～）	国家レベル（2015）	未導入
	再エネ政策	FIT	FIT	RPS	FIT

RPS：生産可能エネルギー利用割合基準制度
［World Bank, IEA, IAEA, World Nuclear Association などのウェブサイトをもとに作成］

中心に行われている環境税制改革が実現できるレベルにはまだ遠い．台湾でも，炭素税の導入について順次政府の中で議論されたが，産業界の強い政治的抵抗に直面し実現されなかった．これは，この地域において低炭素政策は，産業国際競争力低下への懸念という現実の壁を乗り越える水準までには達していないことを物語っている．

　今後，東アジアでは，原発安全基準の強化や，原発のリスク算定と損害賠償責任法の見直しなどを通じて，原発のコストを適正に評価する体制をつくることも緊要である．さらに，明示的なカーボンプライシング（☞「排出量取引制度」）の本格導入，多様な形態の化石燃料に対する直接的・間接的な補助を見直すことによって，化石燃料への依存からの脱却を早急に進めていく必要がある（Lee et al., 2015）．表1は，以上の東アジアの経済，温室効果ガス削減目標，再生可能エネルギー，および原発の状況と目標，そして主な低炭素政策の推進状況をまとめたものである．
　　　　　　　　　　　　　　　　　　　　　　　　　　　　　　［李　秀澈］

気候変動とオゾン層保護

　気候変動とオゾン層破壊は，現象としては異なる問題である．しかし，異なる目的に対するそれぞれの対策が不整合を起こしている点が問題となっていた．

●**問題点**　オゾン層破壊に関しては，1985年に採択された「オゾン層破壊物質に関するウィーン条約」，およびそのもとに1987年に採択された「モントリオール議定書」で，フロン（CFC）類などオゾン層破壊物質の生産を段階的に規制している．その結果，CFC類はオゾン層に影響を及ぼさない，いわゆる代替フロン類（ハイドロクロロフルオロカーボン類〈HCFC〉やハイドロフルオロカーボン〈HFC〉類）に置換されていった．

　CFC類やHCFC類など規制対象となったフロンガスは，温暖化ガスでもあるため，モントリオール議定書による生産規制は，「京都議定書」よりも気候変動抑制に効果的だったという評価も聞かれる（Velders et al., 2007）．しかし，その代替物質となったHFC類は，オゾン層破壊物質ではないが，温室効果は規制対象のフロン類より大きく，二酸化炭素（CO_2）の1万倍以上のものもある．モントリオール議定書の規制によるHCFC類やHFC類の増加は，気候変動抑制にとってはマイナスとなった．

　また，モントリオール議定書ではオゾン層破壊物質の生産のみ規制しており，大気中への放出は規制していない．そのため，同議定書による規制前に生産されたエアコンや冷蔵庫などの製品中に残存するフロン類（バンクガス）の取扱いは国際的な規制はされていない．

●**気候変動枠組条約のもとでのフロン対策**　「国連気候変動枠組条約」が締結された当時，フロン関連の対策はモントリオール議定書の範疇との認識から，条約の取組みの対象は「モントリオール議定書によって規制されているものを除く」と明記されている．京都議定書では，モントリオール議定書で規制対象外のHFC類，パーフルオロカーボン類（PFCs），六フッ化硫黄（SF_6）の3ガスが対象ガスに含まれたが，削減義務を負うのは先進国に限定されていた．京都議定書のもとで削減義務を負う先進国以外の国のフロンガス排出を抑制する唯一の手段は，クリーン開発メカニズム（CDM）（☞「京都メカニズム」）であった．途上国でのHFC類回収・破壊事業で，先進国はクレジットを獲得できる．しかし，HFC破壊事業による削減コストは得られるクレジット価格と比べて相対的に低かったため，CDM類の活用は途上国でHFC増産のインセンティブとなってしまった．

　2015年に採択された「パリ協定」でも，各国の排出削減対策は各国の意志に任されており，対象ガスにフロン類を含めるべきなどとは明記されていない．

●モントリオール議定書のもとでの取組み　このような状況のもと，モントリオール議定書の方で，オゾン層破壊物質ではないが強力な温室効果ガスであるHFCの規制に関する議論が2009年頃から始まった（☞「オゾン層保護に関する国際規制」）．何年もの間，HFCは温室効果ガスなので気候変動枠組条約のもとで扱うべきという途上国の反論が続いたが，2016年に「HFC規制に関するキガリ改正」が合意された．他方，バンクガスの大気中放出規制については今日でも国際的な規制は存在せず，各国の自主努力に一任されている．

●日本の対応　京都議定書の6%削減目標達成のために，対象ガスのHFC対策は行っているが，モントリオール議定書の規制への対応としてCFC類やHCFC類などからHFC類に移行していた時期と重なり，排出量は増加している．

　一方，フロン類のバンクガス対策に関しては，2000年，「循環型社会形成推進基本法」の制定に伴い，家電製品や自動車のリサイクルが話題となっていた時期に，廃棄される家電などから放出されるフロン類の温室効果が京都議定書の目標である6%削減のうち約2%分相当との指摘があり，議員立法で2001年6月に「フロン回収・破壊法」が制定，翌年施行された．ルームクーラー，家庭用冷蔵庫は「家電リサイクル法」でフロン回収破壊をすることになっていたため，業務用冷凍空調機器とカーエアコンを対象とした．そのうちカーエアコンは2005年に施行された「自動車リサイクル法」に移管された．

　しかし，その後，使用時の漏えいの多さや，廃棄時のフロン回収率が3割程度にとどまっている点が指摘された．これらの問題にさらに取り組むため，2015年フロン回収・破壊法が改正され，新たに「フロン排出抑制法」が施行された．同法では，単に排出時のみに取り組むだけでなく，生産時から廃棄時まですべてのライフステージで対策を求めている．今後少しずつフロン類からノンフロン類などに代替し，生産量をフェーズダウンしていくこと，機器使用時におけるフロン類の漏えい防止，回収・破壊あるいは再生行為の適正化と確認を求めている．

●欧米の対応　他の先進国でもフロン類に関しては独自に対策が進んでいる．欧州連合（EU）ではフロン類規制は2000年から始まっている．2006年に制定された「MAC指令」は，自動車のカーエアコン用冷媒に関する規制であり，2017年現在欧州で上市されるすべての新車の冷媒に温室効果が150を超えるものの使用が禁止されている．家電製品などに関しては，2009年の「エコデザイン指令」で規制されている．アメリカでは「大気浄化法」で代替フロン類の販売制限やエアコン冷媒の回収・リサイクルを求めている．また，オゾン層破壊物質に関する重要新規代替物質政策（SNAP）を用いて使用不可の物質のリストを作成し定期的に見直している． ［亀山康子］

📖 **参考文献**
・石井 史・西薗大実（1999）『ストップフロン―地球温暖化を防ぐ道』コモンズ．

気候変動と生物多様性の保全

現在，生物多様性は人間活動がもたらす様々な要因により急速に劣化している．地球温暖化による生物の活性や分布の変化，海面上昇による海岸域の水没に代表されるように，気候変動は生物多様性に影響を与える大きな要因の1つである．さらに，海洋においては，二酸化炭素が海水に溶け込んで起こる「海洋酸性化」が炭酸カルシウムの形成を阻害し，サンゴや貝など炭酸カルシウムの骨格や殻をもつ生物にとって，新たな脅威となる可能性が認識されるようになった．

●**これまでの評価**　気候変動が生物多様性に与える影響は気候変動に関する政府間パネル（IPCC）評価報告書においてまとめられ，「第5次評価報告書」においては，陸域と海洋両方について，海洋酸性化を含む気候変動により生物多様性が損なわれるリスクの確信度が，中程度あるいは高いと評価された．IPCCにおいてのみならず，生物多様性分野においても生物多様性の世界規模での評価を行い，それに基づいて保全戦略を構築する動きが急速に高まっている．2001～05年にかけて「ミレニアム生態系評価」が行われ，気候変動は，生息地の改変，侵入種，乱獲，汚染と並んで生物多様性に対して影響を与える要因であり，その影響は急速に増加していると評価された．

●**国内外の取組み**　こうした状況を受けて，愛知で開催された生物多様性条約第10回締約国会議（COP 10）では，生物多様性の損失を止めて自然と共生する社会を構築するための20の目標（愛知目標）が定められ，それらのうち目標10は「2015年までに，気候変動又は海洋酸性化により影響を受けるサンゴ礁その他の脆弱な生態系について，その生態系を悪化させる複合的な人為的圧力を最小化し，その健全性と機能を維持する．」とされ，気候変動について明示的に言及された．COP 10の成果を受け，日本においては，「生物多様性国家戦略2012-2020」を2012年9月28日に閣議決定し，気候変動は，第1の危機（開発など人間活動による危機），第2の危機（自然に対する働きかけの縮小による危機），第3の危機（人間により持ち込まれたものによる危機）に加えて，第4の危機（地球環境の変化による危機）として位置付けられた．2012年には生物多様性および生態系サービスに関する政府間プラットフォーム（IPBES）が立ち上がり，生物多様性に関する最新のアセスメントが現在進行中である．

●**今後の適応策**　生物多様性の変化は，生態系の変化をもたらし，人間が生物や生態系から受ける恩恵（生態系サービス）の変化を通じて人間社会に影響を与えるため，気候変動が生物多様性と生態系サービスに与える影響を予測し，適応計画を策定することが重要である．気候変動の影響による被害を最小化あるいは回

避し，迅速に回復できる，安全・安心で持続可能な社会の構築を目指すために「気候変動の影響への適応計画」が2015年11月27日に閣議決定された．その中では，「農業・林業・水産業」「水環境・水資源」「自然災害・沿岸域」「自然生態系」「健康」「国民生活・都市生活」の7つの分野において適応計画が取りまとめられている．この適応計画の閣議決定に先立って自然生態系分野では「生物多様性分野における気候変動への適応についての基本的考え方」が2015年7月に環境省自然環境局により公表され，気候変動が

表1 「生物多様性分野における気候変動への適応についての基本的考え方」に示された施策の種類と方針

施策の種類	方　針
モニタリングの拡充と評価	気候変動の影響の把握
	研究と技術開発の推進
	生態系サービスへの影響の把握
気候変動に順応性の高い健全な生態系の保全・再生	気候変動の影響が少ない地域の特定と優先的な保全
	気候変動以外のストレス低減
	移動・分散経路の確保
	生態系ネットワークの形成

生物多様性に与える影響を低減するための適応策の考え方が示された（表1）．これら以外に，積極的な干渉として，生態系の再生，種の再導入や生息域外保全があげられているが，それらは保全目標との関係やコストベネフィットなど様々な観点から，必要性を個別に判断して実施することが必要である．

●研究の展望　こうした気候変動に対する適応策を立案して生物多様性の保全を推進するためには，課題が多く残されている．表1に示された「気候変動の影響が少ない地域の特定と優先的な保全」を行うためには，従来の将来予測の空間解像度を向上して気候変動の影響が少ない地域を特定するなど，より詳細な情報を得るための技術開発が必要である．「気候変動以外のストレス低減」を行うためには，生物多様性の損失を招いている気候変動以外の要因を明らかにすることが必要である．さらに，例えば，降水量の増大が陸域からの土砂を流出させ沿岸生物に影響を与えるなど，気候変動がその他の要因に作用して間接的に生物多様性に影響を与える可能性もある．こうした気候変動影響の構造を整理し，その他の要因との複合影響を明らかにして，気候変動以外のストレス低減へとつなげていく必要がある．「移動・分散経路の確保」や「生態系ネットワークの形成」を行って維持するためには，生物の生態を明らかにしたうえで生息地の将来予測と合わせて考える必要がある．生態系ネットワークは保護区と密接に関わる問題であり，特に国立公園など既存の保護区を活用していくことが望まれるであろう．気候変動はまさに今進みつつある現象である．こうした研究を推進して気候変動の影響を明らかにし，適応計画を立案して実施することが急務である．［山野博哉］

📖 参考文献
・岩槻邦男・堂本暁子編（2008）『温暖化と生物多様性』築地書館，272頁．
・山本智之（2015）『海洋大異変—日本の魚食文化に迫る危機』朝日新聞出版，376頁．

第4章
生態系保全と生物多様性

　本章では，生物多様性問題についての主要なトピックを概説する．生物多様性
問題は，一言で表せば，自然が失われていく問題である．多くの環境問題と同様
に，その背後には人間活動があり，やがて深刻な影響を人間社会に及ぼすことが
懸念されている．生物多様性とは何か，その現状がどのようなものかについて理
解を深めることができよう．

　また，この問題に対して，どのような政策が打ち出されているのかを示すため，
代表的な国際条約と国内法，そして様々な経済的手段について紹介する．さらに，
今後の生物多様性保全を行ううえで必要な枠組みや措置，さらには経済のあるべ
き姿など，生物多様性保全を実現する経済の将来像を示す．

　生物多様性問題に対して経済学は大きな貢献を果たしており，またこれからも
貢献してゆけることを理解してもらえることだろう．　　　　　　　［大沼あゆみ］

[担当編集委員：大沼あゆみ・大森正之]

生物多様性とその現状

　地球上には約180万種の生物が記録されている．しかし，それは存在するうちのごく一部にすぎず，実際はその数十倍の種がいると推定されている．哺乳類や鳥類のように，比較的大型で目立つ種はすでに大部分が記録されているが，昆虫や微生物は，特に熱帯域を中心に膨大な未知種がいるはずである．しかし，熱帯林の急速な減少に代表されるように，近年の人為による環境改変により，多くの生物が絶滅の危機に瀕している．生物多様性という用語は，こうした背景からつくりだされた．

●生物多様性とは何か　生物多様性とは生物学的多様性を短縮した用語である．最初の命名はW. ローゼン（Rosen）によるが，公式文書に初めて登場したのは1988年で（Wilson & Peter, 1988），執筆者であるE. O. ウィルソンがその後の普及に貢献した．生物多様性の定義は時代により多少の変遷はあったが，今では遺伝子の多様性，種の多様性，生態系の多様性の3つの構成要素を表現している．これは，自然界にみられる多様性の階層性（入れ子構造）を強調しているともいえる．

　遺伝子の多様性は，同じ種の中での遺伝的多様性のことである．例えば，作物や家畜の異なる品種は，互いに交配は可能だが遺伝的に異なる集団である．遺伝子の多様性は人間にとって有益なだけではない．自然界でみられる遺伝的に異なる集団は，将来，新たな種をつくり出す潜在性をもっている．さらに，集団内の遺伝的多様性も重要である．集団内の遺伝的多様性が低下すると，近交弱勢により生存率や繁殖率が低下したり，環境変化に脆弱になることも知られている．

　種の多様性は，3つの構成要素のうちでは最もわかりやすい概念で，源流は18世紀の生物学者C. リンネ（von Linné）にまでさかのぼる．種の定義は専門家の間でも議論が多いが，メンバー間で交配が可能な集団で，他の集団と生殖ができない（生殖隔離）されているものを種の単位とすることが多い．自然界では，食物網で代表されるように，多様な種が相互に関係し合っていることが多い．種を対象とした生物多様性の保全を考えるうえで，こうした種間関係を正しく把握することは非常に重要である．

　生態系の多様性は，他に比べてやや漠然とした概念であろう．生態系は，生物と非生物（水，土壌や大気など）を合わせたもので，生物そのものではない．従って，生態系の多様性は，種の多様性を育む場としての多様性を意味している．場が多様になれば，そこに棲む種も多様になるのは当然であるが，発育段階によって別の生態系を利用する生物（例えば，両生類や水生昆虫，ウナギやサケなど）にとって，場の多様性は必須である．さらに，個々の生態系も物質の移動で維持

されていることが多い．湖や河川，沿岸は，陸からの栄養塩の流入で生産性が維持されている．

●**生物多様性の危機**　現代は，第6の大量絶滅の縁にあるといわれている．直近の大量絶滅は，恐竜が滅んだ白亜紀末に起きたものである．最近の研究によると，現在，人類が引き起こしている絶滅速度（時間あたりの絶滅種数）は，過去5回の速度に匹敵するという（Barnosky et al., 2011）．しかし，既に絶滅した種数はまだ少ないので，我々の意思次第で第6の大量絶滅を回避することは十分に可能である．だが，一方で決して楽観できないのも事実である．世界各地の生物種の個体数の動向を分析した結果（WWF, 2014）によると，1970～2010年までの40年間で，多くの生物が一貫して減少している．脊椎動物では海陸問わず，平均すると4割ほど個体数が減っている（図1a）．無脊椎動物では減少傾向はさらに顕著で，約7割も減っている（図1a）．また，国際自然保護連合が定めた絶滅危惧種の動向も予断を許さない．レッドリスト指数は，ある期間内で絶滅リスクの高まった種の総和の逆数であり，この値が小さければ危険度が上がった種が増えたことを意味している．この指数も最近20年で激しく減少している（図1b）．

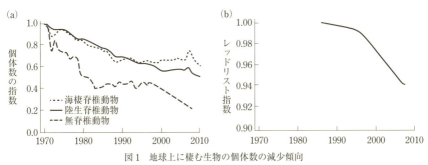

図1　地球上に棲む生物の個体数の減少傾向

［1970年（a）あるいは1985年（b）を1としたときの指数である（WWF（2014）*Living Planet Report 2014 : Species and Space, People and Place* より改変）．］

これら生物の減少要因は，生息地の消失や劣化（森林伐採や水質汚濁など），人間による過剰採取が中心となっている．日本では環境省が2012年に生物多様性国家戦略を定めており，その中で4つの危機要因をあげている．第1の危機は，既に述べた生息地の破壊や過剰採取であり，これはオーバーユースとも呼ばれている．第2の危機は，その反対に自然資源の利用の減少によるもので，アンダーユースとも呼ばれている．これは日本など先進国に特有なもので，伝統的な農林業の衰退が，湿地や草原，明るい雑木林に棲む生物の減少をもたらしている．第3の危機は，外来種や人間が持ち込んだ化学物質による影響である．最後の第4の危機は，温暖化をはじめとする気候変動である．　　　　　　　　［宮下　直］

生態系サービスへの支払い（PES）

　生態系サービスは，生物多様性や生態系が人間社会に与える影響を表す概念である．人間の社会経済活動は，生物多様性や生態系と密接な関わりをもっている．それら自然の恵みを生態系サービスとして定義することにより，人間活動との関係性や相互作用を明確にすることが可能となる．ここでは，生態系サービスとその保全のための市場メカニズムを活用した生態系サービスへの支払い（PES）について解説する．

●生態系サービスの分類　生態系サービスは，生物多様性や生態系というストックを基礎として，人間生活に提供されるフローを総称する用語である．一般には，人々に対してポジティブな影響を与える生態系サービスを意味するが，鳥獣害などによるネガティブなサービスが含められることもある．生態系サービスという用語は，国連ミレニアム生態系評価（Millennium Ecosystem Assessment, 2005）において，人間の福利との関係性の概念が整理されたことにより，世界各国に急速に普及した．

　ミレニアム生態系評価において，生態系サービスは基盤サービス，供給サービス，調整サービス，文化的サービスの4種類に分類された．基盤サービスには栄養塩の循環や土壌形成，1次生産などが含まれる．

　基盤サービスは直接的に人間の福利に影響を与えるというよりは，他のサービスの基礎となる役割を果たす．基盤サービスの代わりに生息・生育地サービスが加えられることもある．これは，主に渡り鳥の中継地や遺伝資源を多様性豊かなものにする役割を示す．

　供給サービスは人間生活にとって必要不可欠な物資を供給する役割を有する．供給サービスには，農産物や水産物などの食料品や淡水，木材，繊維，燃料など市場で売買可能な商品が含まれる．また，生薬などの医薬品，観賞植物，遺伝資源なども供給サービスに加えられる．

　調整サービスは，人間の生活する環境を快適かつ安定したものに調整する役割である．温室効果ガスや大気汚染物質の吸収など気候調整，急速な気象変化による洪水や土砂崩れなどの災害の緩和，土壌侵食の防止，疾病制御，訪花昆虫による授粉，水の浄化などが含まれる．

　文化的サービスは，生物多様性や生態系の存在が人々の精神性に与える影響，そして人々の余暇活動を豊かにする芸術やレクリエーション機会の提供などが役割である．

●生態系サービスと人間の福利　ミレニアム生態系評価においては，生態系サー

ビスが，人間の福利としての安全，豊かな生活の基本資材，健康，良好な社会的な絆へとつながり，それが選択と行動の自由をもたらすことが示された．人間が生態系サービスに依存するレベルは，地域や個人の生活様式によって異なる．とりわけ，開発途上国の農山村や貧困に苦しむ人々の生態系サービスへの依存度が高い傾向にあり，このような地域では生態系サービスの劣化や損失は，人々の生活基盤を損なう可能性が指摘されている．世代内の公平性を保証するためにも，持続可能な生態系サービス保全策が必要とされる．

　生態系サービスは複数のサービスに分かれているため，個々のサービス間における相乗効果とトレードオフ関係を考慮したうえで保全政策を実施することが重要である．食料や木材生産に適した森林や農地における供給サービスの向上が，生物生息地としての役割や水浄化，防災面でのサービスを低下させることもある．それとは逆に，炭素吸収源としての森林の調整サービスを向上させることにより，その他の大気汚染物質を吸収するサービスも向上するという相乗効果を発揮することもある．

●**生態系サービスへの支払い**　受益者負担原則に基づく生態系サービスを保全する方法の1つとして，市場メカニズムを活用したPESが注目を集めている．温室効果ガスの排出量取引のように，生態系サービスを取引する新たな市場を創設することにより，保全のための経済的インセンティブを付与するものである．PESには，生態系サービスそのものに対する支払い，そして生態系サービスを保証する土地利用に対する支払いの2種類がある．

　PESが注目されたのは，コスタリカにおける燃料税などを原資とした森林保全のための土地所有者への支払い事例，ニューヨーク市が浄水施設建設の代わりに上流域の水源地保全を行った事例，フランスにおいてミネラルウォーターの水質保全のため企業が農家に支払いを行った事例などが，世界的に増加しているからである．日本国内では，森林・水源地保全目的の環境税が地域独自課税として多くの府県で実施されており，PESの概念に近い制度としてしばしば取り上げられる．

　環境認証による価格プレミアムも市場メカニズムに基づく保全方法であり，PESに含められる．例えば，適切な森林管理に対して認証を行い，その認証を受けた森林からの木材や木材製品に対して環境認証が付与されることにより，環境にやさしい商品という差別化が図れる．自然公園地域において入場料として収集した資金を利用し，当該地域における保全活動を行う事例も各国で増加している．PESの普及は，生態系サービスと人間活動の相互作用を認識するために重要な役割を果たすものである．　　　　　　　　　　　　　　　　［吉田謙太郎］

📖 **参考文献**
・林希一郎編著（2010）『生物多様性・生態系と経済の基礎知識—わかりやすい生物多様性に関わる経済・ビジネスの新しい動き』中央法規出版.

レジリエンスとレジームシフト

　レジリエンス回復力は，攪乱を受けた生態系が，その主要な構造や機能を維持できる能力を測る尺度である（Holling, 1973）．例えばサンゴ礁は，ハリケーンや異常水温などの攪乱の影響によって一時的に劣化（例えば，サンゴ礁の被覆面積の減少や白化現象）しても，レジリエンスが高ければ，サンゴ礁が優位である安定領域にとどまることができる．しかし，陸域からの栄養塩類の流入や漁業や観光による過剰利用などの人的ストレスによりサンゴ礁のレジリエンスが低下することが指摘されている．レジリエンスが低下すると，サンゴ礁優位の安定領域から大型藻優位，ウニ優位のウニ焼け，あるいは岩礁優位といった異なる安定領域へ，攪乱によりシフトするレジームシフトが起こりやすい状態となる．また，レジームシフトが起こる境界の生態系の状態は閾値で捉えられ，閾値をまたぐと生態系は異なる安定領域へとシフトする．例えば，陸域からの栄養塩類の流入や過剰利用によってレジリエンスが低下したサンゴ礁は，これまでも周期的に発生していた程度のハリケーンによって閾値をまたぎ，大型藻優位などのほかの安定領域へのレジームシフトが起こりうるのである．

●**なぜレジリエンスか？──社会的重要性**　レジリエンスは，望ましい生態系サービスの持続的な供給を可能とすることから，社会的な重要性がある．生態系はその安定領域によって，それぞれ異なる生態系サービスを供給する．例えばサンゴ礁は，遺伝資源，漁業，観光，レクリエーション，景観，文化，防波堤など，様々な生態系サービスを提供するが，岩礁が同様の生態系サービスを供給することはできない．したがって，望ましい生態系サービスを持続的に享受するためには，生態系が攪乱を受けても望ましい生態系サービスを提供する安定領域にとどまるようにレジリエンスを高めることが求められるのである．

●**社会生態レジリエンス**　つまり，社会の生態系サービスへの選好が，安定領域とレジリエンスへの選好を規定するのであり，ここで重要となるレジリエンスの概念は，生態系の客観的特性の1つとしてではなく，規範的な意味合いをも含むのである．さらに，生態系サービスの利用を含めた社会とそれを供給する生態系との関わりは，複雑に絡み合っていることから，近年，社会と生態系を1つのシステム，社会生態系として捉えることの重要性がいわれ，またその特性の1つであるレジリエンスは，生態系レジリエンスと区別をするために，社会生態レジリエンスとも呼ばれている．社会生態系は社会と生態系のたし算ではなく，社会と生態系の間のフィードバックを含み，非線型ダイナミクスや創発的行動を生み出す複雑適応系として捉えられる（Biggs et al., 2015）．社会生態レジリエンスは，

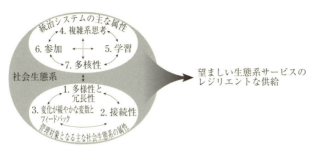

図1 社会生態レジリエンスを高めるための7つの一般原則［Biggs et al., 2015 をもとに作成］

生態系が同じ安定領域にとどまり，望ましい生態系サービスの供給を維持することができる撹乱の大きさに加えて，撹乱，社会的状況や生態系の変化を受けて，社会生態系が学習・適応し，自己組織化する能力も含めた概念である（Biggs et al., 2015）．例えば Uehara (2013) は，閾値を含む生態系と一般均衡経済からなる生態経済モデルを構築し，市場価格がレジリエンスを反映せず，レジリエンスの低下に応じて適応しないと，生態系の閾値を超えない程度の撹乱であっても，生態系と市場の相互作用によって結果的にレジームシフトが起こることから，生態系の閾値とは異なる，社会生態系の閾値が存在することを指摘している．

●レジリエンスの経済学　撹乱に対して安定領域にとどまり，生態系サービスの供給を保証する生態系の特性は，保険価値と認識されてきたが，その意味を経済学の立場から厳格に議論している例はきわめて限定的である．メイラーとリー (Mäler & Li, 2010) は，生態系のその閾値からの距離をレジリエンスと定義し，レジリエンスが高まると，レジームシフトが起こる確率が低下するとしている．レジリエンスの潜在価格は，レジリエンスが1単位向上することによって生じる，レジームシフト前後の生態系サービスの差の期待現在価値の限界的な変化と定義される．また，バウムガートナーとストランツ (Baumgärtner & Strunz, 2014) は，レジリエンスの経済価値は，レジリエンスが1単位向上することによって生じる生態系サービスの期待便益の増加と保険価値の総和であるとしている．

●今後の課題　レジリエンスの概念とその社会的な重要性は認識されつつあるが，その政策への適用においては，少なくとも2つの大きな課題がある．第1に，社会生態系の複雑性や不確実性から，レジリエンスを測定する手法は確立されておらず，様々な研究が進められている．第2に，レジームシフトによる生態系サービスの恒久的な喪失の可能性を考えると，測定手法の確立を待たずして，レジリエンスを構築するためのアプローチを確立することが求められている．例えばビッグスら (Biggs et al., 2015) は，社会生態レジリエンスを高めるための7つの一般原則を提唱している（図1）．　　　　　　　　　　［上原拓郎］

レッドリスト

　レッドリストとは，通常，国際自然保護連合（IUCN）が作成している「絶滅のおそれのある種のレッドリスト」（以下，IUCNレッドリスト）のことを指す．IUCNレッドリストとは，動植物から菌類にいたる約9万種以上の生物種の絶滅リスクを含む保全状況に関するデータを体系的に整理した情報源である．もともと1950年代に絶滅のおそれのある哺乳類と鳥類のデータをカードに記載し整理を始めたことから始まり，1964年にIUCNから公表された哺乳類の希少種暫定リストと鳥類の希少種リストが，レッドリストの正式な誕生とされている（IUCNレッドリストHPより）．1994年には現在も使われているカテゴリーと基準が制定され，評価の科学的な厳密性が向上した．2000年からはインターネット上に移行し，種の分布や生息地の情報，絶滅の脅威をもたらす要因，保全活動の概況など多様な情報を伴った包括的データベースとして提供されている．

●**レッドリストのカテゴリーと掲載種数**　レッドリストに関してよくある誤解はIUCNレッドリスト掲載種＝絶滅危惧種というものである．確かに当初はそうであったが，現在はIUCNレッドリストに掲載された生物種は，絶滅リスクの程度の評価が完了し，図1のカテゴリーのどこかに位置付けが終わった種ということを意味している．現在，このカテゴリー評価は，「IUCNレッドリストカテゴリーと基準3.1版改訂2版」に基づいて行われているが，評価済みの種が分類される8つのカテゴリーのうち，深刻な危機（CR），危機（EN），危急（VU）の3つのカテゴリーに分類されたものが絶滅危惧種と総称される．逆にいえば，準絶滅危惧（NT）や低懸念（LC）と評価されたものは，レッドリストには含まれているが絶滅危惧種ではない．例えば，ニホンウナギはEN，太平洋クロマグロはVUに分類されている．

　2017年12月時点でIUCNレッドリストに掲載されている生物種数は約9万1000種，そのうち約2万5000種が絶滅危惧種に分類されている．2000年に掲載されていた種数は1万7000種であったことから，評価は年々進展してきたことがわかる．しかし，9万1000種というのは地球上で科学的に確認済みの生物種約180万種の約5％にすぎず，また，分類群に大きな偏りがある．このため，地球上の生物種全体の絶滅リスクを正確に知るためには，よりバランスよく各種分類群について評価を進めていくことが必要とされている．こうした考え方に基づいて提唱されているのが「生命のバロメーター」というコンセプトであり，2020年までに16万種の評価を完了させることが提案されている（Stuart et al., 2010）．

●**レッドリストの運営体制と活用方法**　IUCNレッドリストは，数多くの専門家

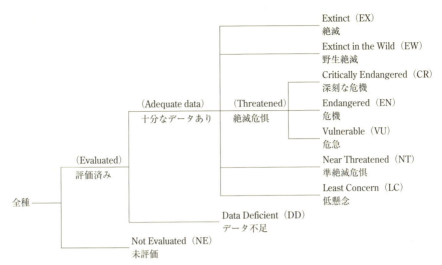

図 1　カテゴリーの構造
[IUCN レッドリストカテゴリーと基準 3.1 版改訂 2 版より]

や組織協力によって作成，運営されているが，その中心となっているのは，IUCN の種の保存委員会に所属する約 7000 人のボランティアの専門家と IUCN 事務局の種の保存プログラムである．そのほか，バードライフ・インターナショナル，コンサベーション・インターナショナル，ロンドン動物学会，キュー植物園などの団体がレッドリストパートナーとして組織的にレッドリストの作成に貢献している（IUCN レッドリスト WEB サイトより）．

　IUCN レッドリストのデータは，「ワシントン条約」の附属書改定や「生物多様性条約」の目標達成状況の評価など国際条約を執行するうえで，重要な情報源となっている．このほか，自然保護に関する資金配分や保全・研究活動の計画づくりの基礎情報として活用されている．さらには，世界各地の動植物園，水族館でレッドリストのカテゴリーやロゴなどが展示の一環に使われるなど，教育や普及・啓発にも役立てられている．また，レッドリストの評価結果がニュースで報道されることにより，多くの人々が問題の存在に気付くという役割も果たしている．

　IUCN レッドリストにならい，日本をはじめ，現在，数多くの国や団体でレッドリストが作成されている．2014 年に生物多様性条約に提出された情報では，全世界で複数の国にまたがる 26 地域や 113 か国におけるレッドリストの存在が報告されている（SCBD, 2014）．ただ，これらは必ずしも IUCN のレッドリストと同一のカテゴリーや基準を採用しているわけではない．　　　　［古田尚也］

外来種

　「外来種」とは本来の生息地の外から持ち込まれた生物種であり，海外から持ち込まれた「国外外来種」のほか，国内のほかの地域から持ち込まれた「国内外来種」も含む（日本生態学会，2002）．これに対して，本来の生息地に生息する生物種は「在来種」と呼ぶ．また，在来種であるニホンザルと外来種であるアカゲザルとの間には交雑個体が生まれるが，このような在来種と外来種の交雑個体も含む法律上の用語として「外来生物」という言葉が用いられる．

　2014年に公布された「特定外来生物による生態系等に係る被害の防止に関する法律（外来生物法）」によって，生態系，人の生命もしくは身体，農林水産業に被害を与えるものとして指定された外来生物を「特定外来生物」と呼ぶ．特定外来生物には未指定であっても，環境省がリストアップした「生態系被害防止外来生物」には注意が必要である．なお，かつては外来種のほかに，移入種，帰化種などの用語も用いられていたが，2002年の「新生物多様性国家戦略」以後，外来種で統一されるようになった．国際自然保護連合（IUCN）などでは侵略的外来種という用語が用いられている．

●**外来種の侵入防止と被害対策**　外来種による被害問題は，被害の種類から，①生態系や生物多様性への被害（ブラックバスなどの外来種による捕食と餌や空間をめぐる競合，セイヨウオオマルハナバチなどによる送粉システムの混乱，アカゲザルとニホンザルなど在来種との雑種形成），②人の生命や身体への危害（カミツキガメやセアカゴケグモなど危険・有害な生物），③農林水産業などの産業被害（アライグマやハクビシンによる農業被害，カワヒバリガイによる導水管閉塞など）に分けられる．

　とりわけ，世界自然遺産である小笠原諸島のように，一度も大陸とつながったことのない海洋島では，捕食者がいない環境で生物種が進化を遂げたため，島の外から捕食者が導入されると，簡単に在来種が絶滅してしまう．戦前から導入されたヤギ，ネコ，クマネズミなどは，在来の植物や動物に大きな影響を与えてきた．また，用材，薪炭材として植林されたモクマオウ，アカギなどの樹木は，森林全体を覆って在来の植物に大きな影響を与えている．戦後，米軍によって持ち込まれたグリーンアノールは，父島，母島の昆虫類を絶滅の危機に追いやっている．また，土とともに持ち込まれたと思われるニューギニアヤリガタリクウズムシ（肉食性のプラナリア）やツヤオオズアリなどの外来アリは，世界遺産登録の根拠になった固有の陸産貝類の脅威となっている．

●**外来種の対策事例**　外来種の侵入は，本来の生息・生育地の外から持ち込む導

入，新たな生息・生育地で繁殖し個体群を確立する定着という段階を経る．これに対して，外来種の侵入や定着を防ぐ対策としては，水際防除を行うとともに，初期段階で根絶を行うことが効果的である．

外来種の導入は，人為による意図的導入と非意図的導入に分けられる．外来種対策としては，まず意図的導入を防止することが必要である．小笠原諸島の場合，外来生物法によって指定された生物を持ち込まないよう，東京港と父島を結ぶ「おがさわら丸」において，ポスターなどによる注意喚起が行われているが，意図せずに外来種を持ち込んでしまう可能性もある．土つき苗や観葉植物などの土には数多くの外来種が入っており，中には肉食性のプラナリアなど小笠原諸島の固有種に大きな影響を与えるものも含まれている．

また，外来種の多くが愛玩動物として飼育されていたものであり，逃げ出したり遺棄されたりなどの不適切な飼育のため，在来種に大きな影響を与えている．小笠原諸島の固有種であるアカガシラカラスバトは，野生化したノネコによって捕食され，絶滅寸前となっていたが，2008 年から東京都獣医師協会の協力によって，ノネコの捕獲と里親探し，新たなノネコをつくらない管理体制がとられることになった．島内で飼育されているネコは獣医による定期検診とともにマイクロチップによる個体登録と去勢手術が行われた．その結果，アカガシラカラスバトの個体数が増加し，市街地でもハトをみるようになってきた．

すでに小笠原諸島に定着してしまった外来種については，2003 年に小笠原諸島が世界自然遺産の候補地となったのを機に，計画的な駆除が実施されてきた．無人島におけるノヤギの駆除，父島や兄島におけるモクマオウの駆除，母島におけるアカギの駆除が実施されている．しかし，すでに定着した外来種の駆除には課題も多く，2013 年には父島から兄島にグリーンアノールの分布が拡大し，駆除および分布拡大対策がとられている．また，薬剤散布によって根絶したはずのクマネズミが，兄島などで再び増加し，問題となっている．このように，一度定着した外来種の駆除には，駆除作業のみならず，駆除のための合意形成，駆除後の種間関係の変化など，検討すべき課題が山積している．

●外来生物法の課題　外来生物法は，新たな外来生物の意図的な導入の防止や，すでに定着した外来種の集中的な駆除などに一定の役割を果たしているが，一方で非意図的な外来種の導入には生態系被害防止外来生物の指定によって警告を与えるにとどまっている．貨物船のバランスを取るためのバラスト水などによる侵略的な水生生物の非意図的導入に対応していないなどの限界から，水生生物などの外来生物の制御は十分に行われているとはいえない．また，外来生物法はあくまでも海外から日本への外来生物の導入を防ぐことを目的としており，日本国内において生物多様性の保全上重要な小笠原諸島や奄美・琉球諸島などへの国内外来種の導入に対して，検疫などの対策を取ることができないという限界がある．

[吉田正人]

ワシントン条約

　ワシントン条約は，「絶滅のおそれのある野生動植物の種の国際取引に関する条約（CITES）」の通称で，1963 年に国際自然保護連合で提案され，1973 年にアメリカのワシントンで採択，1975 年に発効した条約である．ワシントン条約は，その前文に，「野生動植物の一定の種が過度に国際取引に利用されることのないようこれらの種を保護するために国際協力が重要である」とあり，過剰な取引により種の存続が脅かされないことを目的とし，絶滅の可能性のある野生動植物の取引規制を定めている．取引規制の対象となるのは，個体（生体・死体を問わず）およびその部分と派生物（製品化したもの）である．これらを合わせて「標本」と呼んでいる（第 1 条 (b)(i)）．現在，世界で 180 の国と地域が加盟しており，日本は 1980 年に批准した．なお，規制の対象となるのは商業的な国際取引であり，国内取引は加盟国の国内法により定められる．

●**ワシントン条約と取引規制**　ワシントン条約では，規制の対象とする野生動植物を，絶滅のおそれによって附属書 I, II, III に記載している．附属書 I に記載された種（附属書 I 種）は「絶滅のおそれのある種であって取引による影響を受けており又は受けることのあるもの」とされる種である（第 2 条 1 項）．これらは，原則的に商業的な国際取引が禁止される．一方，学術目的など科学的目的の取引については例外で取引が認められる．現在，約 900 種の動植物が記載されており，ゾウ，トラ，サイ，オランウータン，シロナガスクジラ，パンダなどが含まれる．

　これに対して，附属書 II 種は「現在必ずしも絶滅のおそれのある種ではないが，その存続を脅かすこととなる利用がなされないようにするためにその標本の取引を厳重に規制しなければ絶滅のおそれのある種」である（第 2 条 2 項 (a)）．これらは，国際的取引は可能だが，輸出入には輸出国の発行する輸出許可書が必要となる．カバ，カメレオン，野生のサボテンやランなど約 3 万 3000 種が含まれる．

　附属書 III 種は「捕獲又は採取を防止し又は制限するための規制を自国の管轄内において行う必要があると認め，かつ，取引の取締りのために他の締約国の協力が必要であると認める種」である（第 2 条 3 項）．これらも輸出入には輸出国の発行する輸出許可書が必要であり，約 170 種が含まれる．なお，同じ種であっても，生息する国によって，記載されるランクが異なる場合がある．ヒグマは中国やモンゴルでは附属書 I 種であるが，日本，カナダとロシアなど他の国では附属書 II 種である．

●**国内法**　日本では，1994 年に施行された「絶滅のおそれのある野生動物の種の保存に関する法律（種の保存法）」がワシントン条約に指定される法律として

規制を行っている．種の保存法は，国際的に協力して種の保存を図ることとされている絶滅のおそれのある種（国内希少野生動植物種を除く）を国際希少野生動植物種と定め，商業目的の輸出入は禁止される．また，罰則もあり，2013年には罰則を大幅に強化し，違法取引が発覚すれば，販売者と購入者に，懲役で最高5年以下，または罰金（個人は500万円，法人は1億円）に最高額を改定した．

輸入が禁止されていても，すでに国内で商業目的で飼育され，繁殖したものについては，登録を行うことで取引が認められる．また，象牙のように，輸入が禁止されていない期間に合法的に国内に持ち込まれ登録されているものも，国内取引は可能である．しかし，こうした合法的な取引であっても，違法輸入による非合法取引を誘発するとの批判もあり，2016年の締約国会議では，国内合法取引の禁止が議論された．

●**ワシントン条約と経済学**　ワシントン条約は，経済学的には，存在する希少野生生物の需要に対する供給を不可能にすることで，生物の絶滅を防ごうとするものである．しかし，ワシントン条約は合法取引を規制するが違法取引を制御する枠組みを提供するわけではない．合法的取引を規制しても，違法市場の需要が拡大し，違法市場価格が上昇した結果，サイのように密猟が激化した例もある．

違法市場の管理には，生息地管理と流通管理の2つの管理が必要である．発展途上国では，保護予算の不足（および賄賂などの横行）から，生息地の管理水準は質量ともに低く，違法採取を十分抑止し切れていない．一方，消費国では，流通を適切に管理することに重点がおかれなければならない．

違法市場を適切に制御するための手段として，管理された合法市場を認めることは，どのような効果をもたらすだろうか．原産国の保護予算を増加させるためには，自然死した個体などの部分の合法市場を認め，その販売収入を自然保護管理に充てることが有効と考えられ，南部アフリカ諸国などは，象牙取引の解禁を求めている．一方，合法市場を認めることは，流通管理において，違法財の監視だけではなく，違法財を合法財と偽る行為（いわゆるロンダリング）の監視も必要となるため，より多くの費用が求められることになる．

いずれにせよ合法取引を認めると，合法取引禁止時に比べて，違法市場価格が下落する可能性があり，その場合は，密猟の減少につながる．このため，ワシントン条約で取引禁止を求めることが，違法採取を減少させる効果をもつかどうかは一義的にはいえないのである（大沼，2014，第4章）．

種が絶滅危機に陥る主要因は，乱獲だけでなく，生息地の減少，外来種，汚染，地球温暖化など様々である．乱獲以外の要因に絶滅のおそれがあるとき，ワシントン条約の取引規制の効果を期待することには，慎重であることが必要である．また，効果的な保全形態の構築には，「生物多様性条約」の理念である持続的利用との比較も行うことが重要であろう．　　　　　　　　　　［大沼あゆみ］

生物多様性条約

　1970年代頃から開発途上国でも経済開発が進み始めたため，そこに残されている生物種の絶滅防止に向けて，それより手前の健全な状態の維持（生物多様性の保全）が国際課題となった．他方，生物工学技術の実用化を前にして，開発途上国は，その技術を用いた遺伝資源の商業利用から生じる利益の衡平配分を求めた．そうした状況に応えて，生物多様性の保全，その構成要素の持続可能な利用，および，遺伝資源の利用から生じる利益の公正かつ衡平な配分を目的とする「生物の多様性に関する条約（生物多様性条約）」が1992年に採択された．生物多様性とは，すべての生物の間の変異性を意味すると定義されている（第2条）．生物多様性の観点から重要な区域を国際的に登録する制度も検討されていたが，最終的には採用されなかった．

●締約国の義務　締約国には，生物多様性国家戦略の策定，基礎調査，環境影響評価，モニタリング，情報管理，外来種の管理などが義務付けられている．生物種の保護は生息域内を原則としつつ生息域外でも必要とされるが，野生復帰措置も求められている（第9条）．生物多様性に関する伝統的知識の保護と，その利用による利益の地元社会への配分も定められている．締約国会議においては，これらの規定を具体化するための基準・指標や手続きが採択されている．なお，これらの規定などは国内法令の解釈指針として機能することが，北見道路裁判の判決において認められた（磯崎，2014）．また，第10回締約国会議（2010年，名古屋）において「愛知目標」が採択された．それは，自然との共生に向けて生物多様性の主流化を目指しており，5つの分野にわたり20の目標を定めている．

●遺伝資源のABS　遺伝資源の利用については条約以前と同様であること，つまり，その利用は，領域国の主権的権利に基づき，その国内法が事前の情報に基づく同意（PIC）を義務付けていればそれに従うこと，また，提供者と公正・衡平な契約を結ぶことが再確認された（第15条）．遺伝資源へのアクセスと利益配分（ABS）については，「名古屋議定書」が2010年に採択され，提供国内での取得に際してその法令が遵守されたことを，利用国の協力によって確認する制度が定められた（磯崎，2015：8-26；2016：125-128）．それは，利用者の利用行為に対する規制ではなく，一般に企業に求められている原材料調達の健全化を目指している．利益配分の対象や内容については，契約の両当事者に委ねられることも再確認された．名古屋議定書は2017年8月20日に日本に対して発効したため，同日に，「遺伝資源の取得の機会及びその利用から生ずる利益の公正かつ衡平な配分に関する指針」が施行された．その対象とされる遺伝資源などを提供国で取

得して輸入した者は，その合法取得について環境大臣に報告しなければならない（磯崎，2018）.

● **LMO の規制** 「バイオセーフティに関するカルタヘナ議定書（カルタヘナ議定書）」は，バイオテクノロジーによって改変された生物（LMO；遺伝子組換えでないものを含む）の安全な国際移動のための手続を定めている. なお，LMO から製造された製品や人の治療用のワクチンは対象とされない. 開放環境に意図的に導入される LMO には，その輸出入に先立って情報提供に基づく事前合意（AIA）手続き，また，食品・飼料としての直接利用または加工目的の LMO には AIA に準ずる手続きが適用される. どちらの手続きの場合も，輸入国は予防原則に基づいて輸入拒否の決定を行うことができる. LMO に起因する損害に関わる責任と救済については，2010 年に「名古屋・クアラルンプール補足議定書」が採択された. 対象とされる損害とは生物多様性の保全と持続可能な利用に対する重大な悪影響であって，科学的根拠に基づいて測定・観測可能なものである. その重大性は，変化の期間・質・量，生態系サービスの減少などの指標に基づいて認定される. LMO の管理者は，損害の防止・最小化・拡大防止・軽減，また，復元のための措置を取らなければならない.

● **LMO 国内規制** カルタヘナ議定書には「カルタヘナ法」が対応しており，LMO による損害の防止に向けて，その利用に対する事前許可制度および中止や回収という措置命令を定めている. しかし，補足議定書との関係では，損害に対する復元措置が欠けていた. そのため，2017 年にカルタヘナ法が改正され，損害の重大性に関する指標が測定・観測されていることを前提として，重要な種などの保護区域において違法利用によって生物多様性に対する損害が生じた場合に限って，復元のための措置命令（生息環境の整備，人工増殖・再導入）が追加された（二見，2018）. このように限定されたのは，合法利用によってまたは保護区域外において損害が生じる場合は，事前許可条件の厳格化または保護区域の拡大によって対応すべきだからである.

● **研究動向と課題** 法政策分野では，生物多様性条約，名古屋議定書，および日本の国内措置の相互関係や解釈適用に関する研究がある. 生物・生態系，育種，生物工学，医薬，加工食品，化粧品などの分野では，生物多様性条約体制による具体的な影響と対策が論じられている. 今後の課題として，愛知目標の達成，また，ABS や LMO に関する新たな制度の効果的な実施を確保しなければならない. そのためには，関連して定められている基準・指標や手続きが有効であり，それらの活用が求められる. ［磯崎博司］

📖 **参考文献**

・磯崎博司（1995）「生物多様性条約の法的意義と今後の課題」『環境法研究』22 号，31-52 頁.
・及川敬貴（2015）「生物多様性と法制度」大沼あゆみ・栗山浩一編『生物多様性を保全する』シリーズ環境政策の新地平 4，岩波書店，2-32 頁.

ラムサール条約

「ラムサール条約（特に水鳥の生息地として国際的に重要な湿地に関する条約）」は，湿原と水鳥の保護のための条約と間違えられることが多いが，実際は，湿地の保全，およびその資源や機能の賢明な利用を目的とする条約である（磯崎，1991）．

●条約の概略　湿地とは，湿原や沼沢地だけでなく，湖，貯水池，河川，運河，用水路，水田（水田決議〈X.31〉が採択されておりアジアと日本に関わりが深い），養魚場，汚水処理場，干潟，珊瑚礁なども含む（第1条）．それらのすべてについて，自然保護区の設置などを通じて湿地と水鳥の保全を図らなければならない（第4条）．そのうち国際的に重要な湿地は，選定基準（決議XI.8 附属書2附属書D）に基づいて締約国の指定により条約リストに登録される（第2条）．その基準に該当する候補湿地リストの作成が勧告されており，それに準ずるものとして「日本の重要湿地500」が作成されている．締約国は，登録湿地の保全および賢明な利用の計画を定め，その変化について事務局に通報しなければならない（第3条）．重大な変化の生じている登録湿地は「モントルーレコード」（勧告4.8，決議5.4）に掲載される．

このように，条約規定を具体化するための多くの基準・指標や手続きが採択されている．なお，賢明な利用とは「持続可能な開発の趣旨に沿って，生態系アプローチの実施を通じて達成される，湿地の生態学的特徴を維持すること」であると定義された（決議IX.1A）．このように，生態系の維持を持続可能な利用の前提および究極目的とすることは，「生物多様性条約」「ワシントン条約」「世界遺産条約」「国際熱帯木材協定」「植物遺伝資源条約」「国際捕鯨取締条約」「国連公海漁業協定」その他の漁業諸条約などでも共通している．

●地元参加による管理　湿地の保全・利用と管理にあたっては，湿地の最も近くで生活している地元共同体を基礎とした権限配分，決定，および管理の各段階への参加が奨励されている．それらの詳細は，「地元参加指針」（決議VII.8）および「CEPA（対話・意思疎通，能力構築，教育，参加，啓発）計画」（決議XII.9）に定められている．そのうち，地元参加指針は，参加が不可欠な場合，参加型管理による知見，奨励される対策と措置，信頼醸成の基盤，権利と機会の保障，柔軟性，情報交換および能力構築，資源および努力の継続，助力者・調整者の役割，再評価と検証などについて定めている（磯崎，2012：737-761）．この指針は湿地を対象としているが，地元参加型の管理一般に援用可能である．

他方，CEPAは双方向の意思疎通と信頼醸成を基礎としており，人権保障の手

法としても重視されている．国際的な CEPA 活動の一例として日本の非政府組織（NGO）が開催しているアジア湿地シンポジウムを奨励する決議（IX.19）が採択された．なお，CEPA は生物多様性条約においても重視されており，詳細なツールキットが提供されている．

●**統合的管理**　湿地の多面的な機能や利用状況に即した統合的管理も求められる．それについては，ラムサール条約の「統合的管理指針」（決議 VIII.4）が詳細に定めている．それは，持続可能性の原則に基づき，経済発展とともに，世代内および世代間の公平を確保しつつ，いっそう効果的な生態系管理を実現するために，対象地域の様々な利用者，利害当事者，および意思決定者を 1 つにまとめるための仕組みである．垂直的統合，水平的統合，全体的統合，機能的統合，空間的統合，政策的統合，科学と管理の統合，計画策定の統合，そして時間的統合などが含まれ，水平的統合には文化・社会的な側面が含まれる．

●**国内実施**　国内実施は，自然生態系，動植物，農林水産業，汚染防止，国土保全，都市空間など，湿地に関係するそれぞれの分野の多くの国内法や計画，また，地方自治体の条例や要綱などを通じて進められている．そのうち，登録地については，主に「鳥獣保護管理法」のもとの特別保護地区によっているが，「自然環境保全法」「自然公園法」「文化財保護法」「種の保存法」「都市公園法」「都市緑地法」なども活用しうる．また，自然再生推進法を用いて湿地の復元事業も行われている．ところで，保護対象の水鳥による食害に対する補償金支払いは法的には実現していない．ただし，土地の借り上げなどの手法をとることで，側面から事実上の金銭支払いを行っている事例はある．これに対して，伊豆沼・内沼，中海，蕪栗沼については，関係地方自治体によって食害補償のための条例や要綱が定められている．

●**研究動向と課題**　ラムサール条約の解釈適用と課題に関する国際法からの研究はそれほど多くはないが，国内の湿地を含む自然環境に関する国内法令についての研究は比較的多い．また，ラムサール条約の概略紹介は多くの自然保護 NGO や関係行政機関によって行われている．他方，個別の湿地との関係では，水生生物学，水文学，河川管理，水質汚染，水産などの分野からの研究調査や現状の観測報告書が多い．今後の課題としては，参加および統合に基づいた湿地管理の質的な向上とともに，湿地生態系の緩衝機能を生かした災害対策（Eco-DRR）の実現も必要である（鈴木，2016）．それにあたっては，関連して定められている基準・指標や手続きが有効であり，それらの活用が求められる．　　　　　［磯崎博司］

📖 **参考文献**
・日本湿地学会監修（2017）『図説 日本の湿地』朝倉書店（そのうち「湿地を守る仕組み・制度」160-171 頁は法制度に触れている）．
・京都大学フィールド科学教育研究センター編（2013）『森里海連環学—森から海までの統合的管理を目指して』京都大学学術出版会．
・マシューズ，G. V. T. 著，小林聡史訳（1995）『ラムサール条約—その歴史と発展』釧路国際ウェットランドセンター．

日本の生物多様性の
保全に関わる法的枠組み

　国内の生物多様性の保全に係る理念法として，「生物多様性基本法」（2008，☞「生物多様性関連分野における政策枠組み」）がある．それを具現する法として，「鳥獣の保護及び管理並びに狩猟の適正化に関する法律（鳥獣保護管理法）」（2002），「絶滅のおそれのある野生動植物の種の保存に関する法律（種の保存法）」（1992），「特定外来生物による生態系等に係る被害の防止に関する法律（外来生物法）」（2004 ☞「外来種」），「遺伝子組換え生物等の使用等の規制による生物の多様性の確保に関する法律（カルタヘナ法）」（2003）および「文化財保護法」（1950）などがある．なかでも鳥獣の保護と狩猟のバランスをとってきた鳥獣保護管理法と天然記念物たる野生動植物の保護を図ってきた文化財保護法は歴史があり，残りの法は1990年代以降に生物多様性が注目を浴びてから制定されたものである．人間は，その時代に即して多様な野生生物を利用してきた．さらに，現代の人間生活と野生生物との関係は，自然の過剰利用（オーバーユース）のみならず過少利用（アンダーユース）への対応も求められるようになってきている．人々の環境への関心の高まりと，国際的な野生生物の保護管理制度や保全の仕組みの構築の必要性の増加を背景として，各施策のいっそうの充実が標榜されている．以下に，鳥獣保護管理法，種の保存法，文化財保護法を中心に解説する．

●鳥獣法制は明治6年「鳥獣猟規則」から　日本の野生生物の保護施策は，鳥獣を中心に行われてきた．その中核となるのが鳥獣保護管理法である．近代国家となって最初の鳥獣法制でもあり，1873（明治6）年に鳥獣猟規則として誕生した．その後，狩猟法（旧）（1895）制定，現行法の骨格となる「狩猟法」（1918）へと変遷した．「鳥獣保護及狩猟ニ関スル法律（鳥獣保護法）」への改称は1963年である．その後は，地方分権改革への対応および鳥獣保護管理の概念の追加（1999改正）や，時代の要請を受けての法律のひらがな書き口語体化（2002）がなされてきた．このような歴史の経過の中で，法体系を基本的に維持しながら改正を重ねてきた．そのため，「生物の多様性に関する条約（生物多様性条約）」（☞「生物多様性条約」）の締結後（日本は1992年に批准）に制定された種の保存法および外来生物法のような，新しい科学的知見のもとで制定された法とは異なり，科学者の位置付けのあいまいさや仕組みの硬直性などの課題を内在する．

●鳥獣保護（管理）法の目的（第1段階：保護から生物多様性の確保へ）　同法は，狩猟における公共の安寧秩序維持から，鳥獣（同法では鳥類または哺乳類に属する野生動物）の保護管理に重点をおいたものに変化を遂げてきた．同法の中に目的が規定されたのは狩猟法から鳥獣保護法への改称時であった．その目的は，

狩猟に伴う危険の防止，鳥獣の保護繁殖による生活環境の改善，農林水産上有益な鳥獣の乱獲防止，農林業被害等を引き起こす鳥獣の生息数調整などであった．当時は，野生鳥獣の減少および狩猟人口の増加による狩猟事故の増加への対策の必要性から，鳥獣保護思想が法律上も前面に押し出され，狩猟は鳥獣「保護」との関係から捉えられ，鳥獣保護事業が都道府県知事によって推進される改正となった（鳥獣保護管理研究会，2008）．あわせて，2002年改正時の法目的（第1条）に「生物多様性の確保」（☞「生物多様性とその現状」）が挿入された．

●**鳥獣保護管理法の目的（第2段階：管理が加わる）**　次なる目的規定の改正は，名称に「管理」が入った2014年改正のときである．同法における「管理」とは，「生物の多様性の確保，生活環境の保全又は農林水産業の健全な発展を図る観点から，その生息数を適正な水準に減少させ，又はその生息地を適正な範囲に縮小させること（第2条3項）」と定義されている．いわゆる「間引き」である．本改正は，生息数の増加などにより農林水産業および生態系に係る被害に積極的に対処するための改正といえる．なお，同法は現在では環境省所管の法である（1971年に農林水産省から新設された環境庁に移管された）ため，「管理」に係る法としては別途，農林水産省所管の「鳥獣による農林水産業等に係る被害の防止のための特別措置に関する法律（鳥獣被害防止特措法）」（2007）がある（自由民主党農林漁業有害鳥獣対策検討チーム，2008）．

●**鳥獣保護管理法への改正の背景と概要**　近年，ニホンジカやイノシシなどの鳥獣による急速な生息数の増加および生息地の拡大が生じている．この現象による希少な植物の食害などの生態系への影響や，農林水産業・生活環境への被害が深刻となっている．一方，鳥獣捕獲に中心的な役割を果たしてきた狩猟者が減少および高齢化しており，捕獲の担い手の育成や確保が課題となっている．こうした背景のもとで，積極的に鳥獣を管理し，また，将来にわたって適切に機能しうる鳥獣管理体制を構築することが必要な状況になってきた．よって，2014年改正，2016年5月30日に公布された鳥獣保護管理法には，新たに鳥獣の管理を図るための措置を導入するなど，鳥獣の生息状況を適正化するための抜本的な対策が講じられた．具体的には，この改正により「保護」と「管理」の二本柱が打ち立てられ，各都道府県において第一種特定鳥獣保護計画（その生息数が著しく減少し，又はその生息地の範囲が縮小している鳥獣の保護に関する計画；第7条）と第二種特定鳥獣管理計画（その生息数が著しく増加し，またはその生息地の範囲が拡大している鳥獣の管理に関する計画；第7条の2）が策定され計画体系の再整理がなされた．さらに，都道府県などが行う指定管理鳥獣捕獲等事業（集中的かつ広域的に管理を図る必要がある鳥獣の捕獲などをする事業）の創設，および鳥獣の捕獲などをする事業の認定制度（鳥獣の捕獲等をする事業を実施する者は，当該事業が安全管理体制等に係る基準に適合していることにつき，都道府県知事の認定を受けることができる制度）の導入，ならびに住居集合地域等における麻酔

銃猟および夜間銃猟等の規制緩和などもなされている．加えて，網猟免許および
わな猟免許を取得できる年齢も，20歳から18歳に引き下げられた．ただし，二
本柱のうちの「保護」に関しての対応は不十分なままであることが指摘される．

●種の保存法制定の背景　野生生物の生息・生育環境の保全，乱獲の防止，絶滅
のおそれのある種（絶滅危惧種，☞「ワシントン条約」）の保護増殖といった様々
な取組みが行われている．国外における無秩序な採取・乱獲などから絶滅のおそ
れのある野生動植物の種の保護のために，国際取引に係る多国間条約として「ワ
シントン条約」がある．日本は，1980年11月に同条約を批准し，締約国となっ
た．これを執行するために制定された法律が「絶滅のおそれのある野生動植物の
譲渡の規制等に関する法律（廃）」(1987)であった．また，「特殊鳥類の譲渡等
の規制に関する法律（廃）」(1972)も存在した．しかし，これらは，野生生物の
取引の規制を手段とした間接的な保護のための法律であり，野生生物を直接保護
する法律ではなかった．また，生物多様性というより広い視野で自然や野生生物
を保護する視点も不十分であった．そうした中，1992年の国連環境開発会議
(UNCED)において，生物多様性条約が採択された．これを批准する日本は，
条約の国内執行のために，生物多様性に対しての法的対応が求められた．そのた
め，これらの2つの法律を廃止・統合して，「種の保存」を目的として制定され
たのが種の保存法であった（環境庁野生生物保護行政研究会編，1993）．

●種の保存法とは　同法は，国内外の絶滅の恐れのある野生生物種を保存するた
めの法であり，国内に生息・生育するまたは外国産の希少な野生生物を保全する
ために必要な措置（取引規制，生息地保護および保護増殖）を規定している．取
引規制として，国際希少野生動植物種（688分類）および国内希少野生動植物種
（175種）に対しての個体などの取扱いを「外国為替及び外国貿易法（外為法）」
(1949)により輸出入を規制している．生息地保護は9地区（計885.48ha），保
護増殖は計63種150計画が策定されている．

●2013年改正の背景と概要　しかし，野生生物種の絶滅が依然として速いス
ピードで進んでいること，こうした希少生物の違法取引は後を絶たないことから，
2013年6月に種の保存法は改正され，違法取引の規制・罰則の大幅強化などが
盛り込まれた．従前から日本における国際希少野生動植物種の違法取引に対する
規制の甘さが指摘されていたため，希少野生動植物種の「販売，頒布目的での広
告の禁止」が条文に明記されたことで，近年懸念されているインターネット上の
取引の規制にも一定の対応がなされた．

●2017年改正の概要　種の保存法は，2017年5月に，種の保存のための施策
をいっそう強化するために大きく改正された．国際希少野生動植物種の保護のた
めに，個体などの登録に関して，個体識別措置の義務付け，有効期間の導入など
を行うこととした．また，ワシントン条約締約国会議において，密猟や象牙の違
法取引をしている国内市場に限定して，国内市場の閉鎖に関する決議が採択され

た．そのため，象牙を取り扱う事業者について現行の届出制を登録制とするなどの事業者管理の強化を図ることとした．国内希少野生動植物種の保護のために，新たに二次的自然を対象とする「特定第二種国内希少野生動植物種」制度の創設，希少種保全の観点から一定の基準を満たす動植物園などを認定する制度の導入，国内希少野生動植物種などの指定などに当たっての専門の学識経験を有する者の意見聴取の制度化および国民の提案制度の推進を図った．

●**国内希少野生動植物種指定**　国内希少野生動植物種には，日本国内に生息・生育する野生生物のうち，環境省の「日本の絶滅のおそれのある野生生物の種のリスト」（☞「レッドリスト」）の絶滅危惧Ⅰ類およびⅡ類に該当する種から，人為の影響により生息・生育状況に支障をきたす事情が生じている種が選定されている．鳥類39種，哺乳類9種，爬虫類7種，両生類11種，魚類4種，昆虫類44種，陸産貝類19種，甲殻類4種，植物122種の全259種が指定されている（2018年2月，環境省確認済）．環境省は，2030年度までに「特定第二種国内希少野生動植物種」とあわせて約700種（総計）の指定を目指すこととしている．

●**天然記念物とは**　文化財保護法は，文化財の保存・活用と，国民の文化的向上に資するとともに，世界文化の進歩に貢献することを目的とする．文化財の中でも，記念物とは「貝塚，古墳，都城跡，城跡旧宅等の遺跡で我が国にとって歴史上または学術上価値の高いもの」「庭園，橋梁，峡谷，海浜，山岳等の名勝地で我が国にとって芸術上または鑑賞上価値の高いもの」「動物（生息地，繁殖地及び渡来地を含む），植物（自生地を含む）及び地質鉱物（特異な自然の現象の生じている土地を含む）で我が国にとって学術上価値の高いもの」（第2条4項）である．国は，これらの記念物のうち重要なものを「史跡」「名勝」「天然記念物」に指定し，それらのうち特に重要なものについては，それぞれ「特別史跡」「特別名勝」「特別天然記念物」に指定している．こうした「天然記念物」および「特別天然記念物」指定により，希少な動植物が保護され，それらの生息・生育地が保存されている．天然記念物の種類別数としては，動物195種（うち特別天然記念物21種，トキなど），植物554種（30種，阿寒湖のマリモなど），地質・鉱物253種（20種，昭和新山など），天然保護区域23区域（4区域，尾瀬など）である（2017年11月，文化庁確認済）．

●**国際協力**　種の保存法は，ワシントン条約の国内執行法の，カルタヘナ法は，カルタヘナ条約（☞「生物多様性条約」「遺伝子組換え農業」）の国内執行法の位置付けもそれぞれ担っている．また，国際協力の枠組みとして，2国間渡り鳥保護条約および協定（アメリカ，オーストラリア，中国，ロシア）などによって，渡り鳥の保護などが推進されている．　　　　　　　　　　［神山智美］

📖 **参考文献**
・畠山武道（2006）『自然保護法講義　第2版』北海道大学出版会．
・鳥獣保護管理研究会（2008）『鳥獣保護法の解説　第4版』大成出版社．

保護地域制度と自然環境の保全

　保護地域は自然環境を保全するために設けられる地域である．国際自然保護連合（IUCN）は，保護地域を「生物多様性及び自然資源や関連した文化的資源の保護を目的として，法的に若しくは他の効果的手法により管理される，陸域または海域」と定義している（IUCN, 2016）．日本において，おそらく最もよく知られた保護地域は国立公園である．2017年4月現在，全国で34か所が指定され，国土面積に対して5.8%を占めている．

●**世界の保護地域**　世界中には様々な保護地域があり，それぞれの保護地域が保護しているものも様々である．IUCNでは保護地域を6つにカテゴリー分けしている（表1）．一般的に想像される保護地域はカテゴリー1～3に該当するものであるが，カテゴリー5や6のように人間が携わった自然環境も保護対象として分類されている．保護地域は世界的に拡大してきている．1960年には陸域と海域合わせて133万 km^2 であった保護地域の面積は，50年後の2010年には陸域が1623万 km^2，海域が809万 km^2 にまで拡大している（IUCN & UNEP-WCMC, 2012）．さらに，2010年に開催された生物多様性条約第10回締約国会議（COP10）で採択された愛知目標により，陸域の17%，海域の10%を保護地域などで保全することが目指されている．

表1　IUCNによる保護地域のカテゴリー分け

カテゴリー1	厳正保護地域 原生自然地域	学術研究もしくは原生自然の保護を主目的として管理される保護地域
カテゴリー2	国立公園	生態系の保護とレクリエーションを主目的として管理される地域
カテゴリー3	天然記念物	特別な自然現象の保護を主目的として管理される地域
カテゴリー4	種と生息地管理地域	管理を加えることによる保全を主目的として管理される地域
カテゴリー5	景観保護地域	景観の保護とレクリエーションを主目的として管理される地域
カテゴリー6	資源保護地域	自然の生態系の持続可能利用を主目的として管理される地域

[IUCN, 2016 より]

●**日本の保護地域**　日本にも読者が想像する以上の保護地域が存在している．国立公園や天然記念物（天然保護区域）といった知名度の高い保護地域から，鳥獣

保護区や保護林といった，どちらかといえばなじみの薄い保護地域まで様々な保護地域がある．これらの保護地域の目的や管理方法は様々であるが，世界の保護地域を比較して日本の保護地域には2つの特徴がある．

1つは自然環境に対する人間の関与の度合いが高いことである．日本の国土は諸外国と比較すれば狭小であり，IUCNのカテゴリー1や2に該当する広大な保護地域は存在しない．逆に，人間との関わりの中でつくり出され，保全されてきた自然環境が数多くある．例えば，阿蘇くじゅう国立公園の草千里ヶ浜の景観はこの国立公園を代表する景観の1つであるが，これは人々が放牧や採草といった利用を行うことで形づくられてきた景観である．「IUCNが定義する国立公園」に該当する「日本の国立公園」は限られており，「日本の国立公園」の多くはIUCNが定義する保護地域のカテゴリー5や6に近いかもしれない．

もう1つの特徴は土地所有制度の複雑さである．例えば，アメリカの国立公園は国立公園局がほとんどの土地を所有しており，そこでの管理を一元的に行っている．一方，日本の国立公園を例にみると，日本の伊勢志摩国立公園の96.1%は私有地であり，国有地は0.3%にすぎない．また，大雪山国立公園の94.7%は国有地であるが，そのほとんどは林野庁（国有林）が所有している．このような状況のもとで，国立公園の管理当局（環境省）が指定地を一元的に管理することは不可能であり，多様な土地所有者との調整のもとで管理を実施する必要がある．

●保護と利用のバランス　これらの特徴から，日本の保護地域において純粋な自然環境の保護を行うことはかなり難しいことがわかる．そこには多くの場合，自然環境を利用している人々がおり，また土地所有者の合意なしに何かを推し進めることはできないからである．このような利害関係者との合意を得るには，地域の産業（例えば，農林水産業や観光業）との関わりの中で，自然環境の保護と同時に，いかにして経済的な利益を生み出していけるかという視点が重要になる．これはエコツーリズムが掲げる課題と実際には同じである．

世界的にみても保護地域を増やすことは難しい状況にある．多くの土地はすでに開発され，保護地域に指定して開発できなくすることで生じる機会費用はより大きくなっているからである．保護地域の面積増加は近年頭打ちの状況にある（IUCN & UNEP-WCMC, 2012）．そのため，先に述べた保護しながら利用することの重要性が世界的にも指摘されている．例えば，生物多様性の価値からみても，森林保護地域を拡大するよりも抜き切りによる持続的な森林伐採を行った方が経済的に効率的である場合もあるかもしれない（Fisher et al., 2011）．カテゴリー5や6といった地域におけるより効果的な保全や，保護地域ではない場所における自然環境の再生を進めることがより重要になってくるだろう．　　　　［庄子 康］

📖 参考文献
・日本自然保護協会（2013）『日本の保護地域アトラス』日本自然保護協会.

生物多様性オフセット・バンキング

　野生生物の生息地を開発する場合には，その生物多様性への影響をまずは回避・最小化し，残余の影響については代替地での生物多様性の復元などによって代償するミティゲーションが世界的に採用されている．しかし，残余の影響に対する代償が十分でないため，生物多様性の損失が生じているのが現状である．

　このような現状に対処するためアメリカ，ドイツ，オーストラリアなどの国では，開発による影響を回避・最小化した後に残る負の影響を十分に代償することによって，生物多様性の損失をネットでゼロ（ノーネットロス）またはプラス（ネットゲイン）とする「生物多様性オフセット」が導入されている．

●**生物多様性オフセットの意義**　生物多様性オフセットの草分けとなったのは1990年代初頭にアメリカで誕生した（「水質浄化法」に基づく）湿地のオフセット制度である．この制度では，湿地の開発者はその湿地に対する負の影響をできる限り回避・最小化し，その後に残る損失（ロス）は他地域での湿地の復元，創出，改良，または保存（ゲイン）によって代償し，ロスをゲインが上回ることによってネットでの損失をゼロとすること（ノーネットロス）が義務化された．当初は開発者が自ら代償することが推奨されたが，湿地の復元などには科学的な不確実性があり，期待した効果が得られない事例が多数生じた．そのため，第三者があらかじめ湿地の復元・創出などを行って設立した生物多様性バンクからクレジットを購入することで代償の義務を果たす制度が導入された．

　このような生物多様性バンキングは，生態系と生物多様性の経済学（TEEB，地球環境戦略研究機関訳，2010：160）によると次の5つのメリットがある：①生物多様性を保全しながら同時に，経済開発を可能にする柔軟な手法である．②市場原理が生物多様性保全を支持する形で働く．③費用対効果が高い．④十分な規模をもつクレジット市場により，バンキング企業は復元を専門化することができ，品質が高く，費用を節約した復元を行うことができる．⑤復元される生息地の価値が破壊される生息地の価値よりも高くなるよう取引ルールを設定すれば，地域の生物多様性の保全価値を強化する可能性がある．

　生物多様性バンキングにはこのようなメリットがあるため，アメリカでは2010年以降は湿地のオフセット方法として生物多様性バンキングが最も推奨されるようになった．そのため，アメリカでは数百の生物多様性バンクが設立され，1つのビジネスとして成立している．

　なお，このアメリカでのバンキング制度では，開発者が負っている代償の法的義務はクレジット購入によってバンク経営者へ移転する．このため，仮にバンク

が倒産した場合にはその生物多様性を永久に保全できるかどうかが疑問となる.

●生物多様性オフセット・バンキングの普及の見通し　アメリカの「絶滅危惧種法」においても，その指定種が生息する地域を開発する場合に，当該指定種を保存する生物多様性バンクからのクレジット購入によって代償することを可能とする制度が導入された.　また，ドイツやオーストラリアなどでもアメリカと同様な生物多様性オフセット・バンキング制度が導入され，市場原理による生物多様性のノーネットロスの実現が可能となっている.

　世界の民間金融機関が開発途上国における開発プロジェクトに融資する際の，社会・環境面のリスクを管理するための共通基準として，「赤道原則」が2003年に採択された.　この原則では，自然生息地で開発プロジェクトを実施する場合には，（国際金融公社が定めるパフォーマンス基準を引用し）生物多様性オフセットの実施を必要条件とした.　また，世界的な鉱山会社が開発途上国での鉱山開発で生物多様性オフセットを実施しようとする動きが出てきた.

　このような動きを受けて，生物多様性オフセットを世界的に普及させるために，企業，政府，非政府組織（NGO）などの専門家が，「ビジネスと生物多様性オフセットプログラム」（BBOP）を2004年に設立した.　BBOPは生物多様性オフセットの国際的な原則や基準を作成しており，最近では鉱業，林業などの企業が開発途上国においてBBOPの原則や基準を用いて生物多様性オフセットを実施する事例がみられるようになり（BBOP, 2013），今後の普及が見込まれる.

●今後の課題　生物多様性オフセットに対しては，自然保護NGOからは，本来は開発すべきでない自然を開発するための道具（隠れ蓑）として用いられるのではないか，との批判がある.　このため，生物多様性オフセットは開発者が生物多様性への影響を回避・最小化するための最大限の努力を行った場合にのみ検討すべき「最後の手段」であるとする原則を厳格に適用する必要があり，そのための透明かつステークホルダーが公正に参加するプロセスを確保する必要がある.　また，具体的な案件では，生物多様性は地域に固有であって2つとして同じものはないことから，生物多様性オフセットによってノーネットロスが実現したかどうかをどの程度厳密に評価するのか，生物多様性バンクで保全された生物多様性ははたして永久に保全される保証があるのか，など様々な疑問も提起される可能性があり，それらをいかに関係者間で協議し合意を形成するかが課題となる.　日本では，「環境影響評価法」に基づき開発が生物多様性に与える影響は回避・低減し，残る影響は代償を検討し実施するが，ノーネットロスは目標とされていない.　絶滅危惧種が生息する地域の開発においてはノーネットロスを目標とする生物多様性オフセットを導入すべきかどうかが今後の検討課題であろう.　　　［宮崎正浩］

📖 **参考文献**

・宮崎正浩・籾井まり（2010）『生物多様性とCSR─企業・市民・政府の協働を考える』信山社.
・宮崎正浩（2014）「日本における生物多様性バンキングの可能性─TEEB報告書を基にした考察」『環境経済・政策研究』第7巻第1号，58-62頁.

対外債務と自然資源

●**外貨獲得のための自然破壊**　1980年代，アメリカの高金利政策によって債務国の金利負担が急増し多くの発展途上国が債務返済不能に陥った．この債務危機を契機に，国際通貨基金（IMF）と世界銀行が途上国の経済政策を管理するようになり，緊縮財政，貿易自由化，国営企業の民営化，公務員の削減など一連の構造調整プログラム（SAP）を実行に移していった．ラテンアメリカでは，マイナス成長に陥り，失業・貧困が蔓延し，「失われた10年」と呼ばれるようになった．

発展途上国の債務危機が環境破壊を促進しているという懸念は，1980年代に多くの論者によって指摘されるようになった．S.ジョージ（George）は，途上国の債務危機によって引き起こされている環境問題として，「森林消失」「地球温暖化」「生物多様性の喪失」をあげている（ジョージ，1995）．途上国は，巨額の債務の金利返済に追われ，国内の天然資源は環境に配慮することなく現金化され，天然林は切り開かれて輸出用作物のプランテーションに転換される．

債務危機が顕在化した1980年代に熱帯林の減少は加速した．1980年時点の熱帯諸国の中で対外債務残高の大きい上位20か国の80年代の年間平均森林減少面積を調べると，債務残高と森林減少面積の間には相関関係が認められる（図1）．

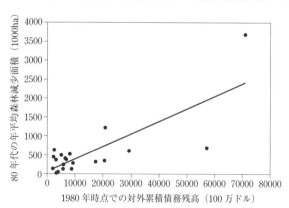

図1　熱帯諸国の対外債務残高と年平均森林減少面積

［対外債務残高は世界銀行，80年代の年平均森林減少面積はFAO, *Forest resources assessment* 1990 より］
（注）相関係数0.78，t検定量5.64．自由度は22−2＝20なので，自由度20の両側検定で0.05（5％）有意水準の臨界値は2.09．したがって帰無仮説は棄却される．

1980年代に世界最大の債務国にして，年平均森林減少面積も最大だったのがブラジルである．ブラジルは1980年代にハイパーインフレに苦しみながら，構

造調整を受け入れ，1次産品の輸出を促進して1990年代に債務危機を脱した．しかし，その過程でアマゾンの熱帯林は輸出用の大豆農園に転換されていった．ブラジルの森林面積は，1990〜2005年の間に合計4230万ha減少し，森林減少によって年間14.7億tの二酸化炭素（CO_2）を排出していた（FAO, *Global Forest Resources Assessment 2005*）．同じ期間に外貨獲得のための大豆の栽培面積は1029万〜2295万haへと2倍以上に拡大している（FAO STAT）．

インドネシアは80年代，森林減少面積が第2位であり，累積債務残高は第4位であった．インドネシアでは，輸出用のアブラヤシのプランテーション開発や，開発のための野焼きが泥炭層火災などを誘発したことによって，1990〜2005年にかけて2807万haの森林が失われ，年間平均23.5億tのCO_2が排出されていた（FAO, *Global Forest Resources Assessment 2005*）．その中で，スマトラトラなど多くの動植物種が絶滅の危機に瀕している．

●債務・環境スワップ　途上国の債務危機が環境破壊を誘発するという懸念が広がり，世界自然保護基金（WWF）は1984年に「債務・環境スワップ」という手法を呼びかけた．これは，先進国の自然保護団体などが途上国の債務を肩代わりし，それと引き換えに特定地域の環境保全を実現しようというものである．1987年にアメリカの自然保護団体コンサベーション・インターナショナルとボリビア政府との間で債務・環境スワップの最初の取決めがなされた．1987年以来，保全と引き換えにされた債務は10億ドルに上る．

しかし，この手法には多くの批判もされてきた．まず債務負担の軽減には金額的に不十分なこと，保全に責任をもつべき現地のパートナーが十分な能力を有していない場合があること，保護が行きすぎて地域住民の権利が侵害されるケースもあることなどである．1990年代に債務・環境スワップは活発に試みられたが，その限界も認識されるようになって，今世紀に入って衰退していった．

●重債務貧困国の債務帳消しへ　債務問題の根本的な解決のためには，債務・環境スワップなどの手法では不十分であり，債務帳消しこそ必要であるという認識が広まった．1990年にはアフリカ・キリスト教協議会が，2000年を目標として，重債務貧困国の対外債務をすべて帳消しにすることを求める運動を開始した．1996年には債務削減を求める市民団体の国際的な連合として「ジュビリー2000」が結成され，先進国や国際機関にも大きな影響を与えるようになった．

IMFと世界銀行も1996年，重債務貧困国を対象とした債務削減イニシアティブに合意した．1999年のケルン・サミットでは，重債務貧困国を対象に700億ドルの債務削減が決定された．さらに，2005年のグレンイーグルズ・サミットでは，アフリカの重債務貧困国の国際機関向け債務を全額免除することが決まった．IMFによれば，2014年末現在で重債務35か国に対し総額750億ドルの債務が削減された．債務の削減を受けた国々は教育や保健など社会サービスの予算の増額が可能になっている．　　　　　　　　　　　　　　　　　　　　　　［関　良基］

コモンズと自然資源管理

　資源利用者間の競合性と無資格者への排除性を備える資源がコモンズである．もっと平易な言葉でいうと，資格者が特定でき，誰かの利用分だけ他の資源利用者にとっての有用性が失われるような資源がコモンズである．自然資源の多くはこのコモンズに分類できる．例えば，漁場や森林からの資源の採取を制限しても，遵守の徹底に莫大な費用を必要とするため実効性に乏しいことがある．当然，漁場も森林もある資源利用者が採取した分だけ，他の資源利用者が採取できる資源は少なくなる．ここでは，上述の特徴をもったコモンズを効率的に利用するための自然資源管理ルールについての議論を解説する．

●**コモンズと資源の所有権**　コモンズ資源の定義は所有権のいかんを含まない．そのため，コモンズは，理論的には所有権として，オープンアクセス（open access），共同所有（common ownership），私的所有（private property），公的所有（public property）のいずれも選ぶことができる．それぞれ，所有権が誰にも帰属すること，個人に帰属すること，集団に帰属すること，公的主体（e.g. 国家）に帰属することを意味する．共有地や共有資源という文言は，コモンズの同意語として用いられる場合と，単に共同利用される土地や資源という意味で用いられる場合があるため注意が必要である．また，前述の通り，オープンアクセスの場合は無資格者の利用が容易であるため，私的所有と公的所有を選ぶのであれば，結局，所有権が形骸的になる．

●**コモンズの悲劇**　今日の膨大なコモンズに関わる学際研究は G. ハーディン（Hardin）が 1968 年に発表した論文「コモンズの悲劇（*Tragedy of the Commons*）」で口火を切った．論文の主題は人口問題であったものの，コモンズの悲劇の是非を問う命題は，その後，多くの研究者を魅了することになった．ただし，W. F. ロイド（Lloyd）の研究から引用した牧草地と牛飼いの寓話は，資源の所有権がオープンアクセスであれば資源が枯渇から免れないことを説明しているにすぎず，厳密にはコモンズを扱っていない．また，論文は，所有権の形態として，共同所有は現実的でなく，私的所有と公的所有のみが効率的な資源利用を可能にすると結論付けている．ハーディンの論文についてのその後の議論については，澤田（2015）を参照されたい．

●**共同所有のもとでの自然資源管理**　共同所有による集団での資源利用は，無資格者の排除を容易にする．また，集団内で自然資源管理ルールについて一定の合意を得ることができれば，我先にと資源を利用し尽くしてしまう事態は回避できる．実際，E. オストロム（Ostrom）の 1990 年の著書 *Governing the Commons* に

まとめられているように，共同所有のもとでコモンズが効率的に利用される事例は世界中に散見できる．日本にも，江戸時代から長らく地域による資源利用を続けてきた入会林野という好例がある．都市化の進展や継承の困難性によって減少し，現在では消滅に瀕してしまったが，今なお地域を取り巻く環境の変化に適応を続けている（Shimada, 2014）．

●**ゲーム理論からのアプローチ**　コモンズと自然資源管理についての理論研究は，代表的なゲームの利得構造にあてはめやすく，主として囚人のジレンマ解消を目的とする研究の応用として発展してきた．初期の研究は，集団が特定の自然資源管理ルールの導入を受け入れると仮定して，どのような自然資源管理ルールがコモンズの効率的な利用を可能とするかを非協力ゲームの枠組みで考察するものであった．その後，仮定が緩められ，自然資源管理ルールの導入への合意形成が協力ゲームの枠組みで考察されるようになった．さらに，最近のダイナミックな枠組みを用いた研究は，自然資源管理ルールを内生化することで，ルールの発生やルールの改定，ルールの消滅といった自然資源管理の成り立ちについて解明を進めている．

●**経済実験**　フィールドスタディでは，特定の因果関係について条件を変えながら繰り返し検証を進めることが難しい．また，理論研究では，枠組みを限定することでしか分析を進めることができないため，しばしばフィールドスタディと分析結果が乖離することが問題となった．そこで，90年代からはラボラトリ実験によって，2000年代からは実際の資源利用者を対象とするフィールド実験によって，自然資源利用者の意思決定を直接観察する新しい試みが取り組まれてきた．例えば，オストロムが行ったラボラトリ実験では，参加者間で相談して決めた自然資源管理ルールと，実験の主催者が与えた管理ルールでは，前者のルールの遵守率が後者を大きく上回ることが明らかとなった（Ostrom, 2006）．

●**自然資源管理研究のこれから**　資源利用者の特性や人数を一般化すると，内生化された資源管理ルールの分析は非常に煩雑となることが知られており，普遍的な自然資源管理ルールの性質の解明が残された問題である．問題解決は困難な道のりであるが，幸いにも，現代の自然資源管理研究は，経済実験の登場がフィールドスタディと理論研究の溝を埋め，3つの異なる分析アプローチが，互いに他の短所を補いながら進められている点が大きな特徴である．問題解決のためには，所有権の問題と混同せずに所有権ごとに分けて自然資源の問題を理解することと，アプローチ横断的に問題を理解することの2つが重要となろう．　　　　［澤田英司］

📖 **参考文献**

・澤田英司（2015）「共有資源管理ルールの合意形成」亀山康子，馬奈木俊介編『資源を未来につなぐ』シリーズ環境政策の新地平5，岩波書店．

生物多様性及び生態系サービスに関する政府間プラットフォーム（IPBES）

　生物多様性及び生態系サービスに関する政府間プラットフォーム（IPBES）は国連環境計画（UNEP），国連教育科学文化機関（UNESCO，ユネスコ），国連食糧農業機関（FAO），国連開発計画（UNDP）の傘下に2012年4月に設立された組織である．名の示すとおり，政府間で中立的な立場より，科学的評価，能力開発，知見生成，政策立案支援の4つの機能を柱とし「政策に関連するが政策を規定しない情報」の提供が目指されている．活動の目的や提供する情報の類似性より，気候変動に関する政府間パネル（IPCC）にちなんで「生物多様性版のIPCC」と呼ばれることもある．IPCCと同様，技術的な報告書に加えて政策決定者向け要約が策定され，科学・政策対話が目指されている．設立の背景には，国連環境開発会議や2010年に愛知県名古屋市で開催された生物多様性条約第10回締約国会議（COP 10）で採択された「愛知目標」などと，以前から指摘されてきた生物多様性の保全に向けた科学的知見の必要性（Koetz et al., 2008）が関連している．

●機構・意思決定　IPBESの最終的な意思決定は，ほかの環境条約などと同様に総会でのコンセンサスを原則として行う．組織形態の特色としては，科学・技術的機能の監督を担当する「学際的専門家パネル」（MEP）が設置されていることで，行政管理機能の監督を担当する「ビューロー」やIPBESの運営や文書作成を担当する事務局もおかれている（図1）．

図1　IPBESの組織形態
［環境省自然環境局，2016より］

　MEPが設置されていることで，科学者と行政が同列で対等に議論をし，総会などに意見が出せる制度設計となっている一方で，専門家選出などを含むプロセスが全体的に煩雑で，科学的知見の蓄積以外にも国連の地域区分間のバランスへの配慮がなされていることなどについて批判もある．

　IPBESには，2017年2月時点で126か国が参加している．一方で，生物多様性条約では中心的役割を果たしている欧州委員会（EC）がアメリカなどの反対によりオブザーバーとなっており，財政的制約の遠因となっている．予算は2014～18年の5年間で46億円程度を編成している．

　「IPBES作業計画2014-2018」に基づき，アジア・オセアニア地域（日本を含む），欧州および中央アジア地域，アフリカ，アメリカ地域の4地域での評価アセスメント，花粉媒介，侵略的外来種など18の評価レポートの完成を目指し作

業が進められており,2019 年には地球規模の生物多様性および生態系サービスに関する総合的なアセスメントの公表が予定されている.

●**概念枠組み** 概念枠組みとしては,「直接変化要因」「生態系サービス」といった「ミレニアム生態系評価(MA)」の枠組みを基礎として継承している.MA は,2001~05 年に,95 か国の 1360 人以上の科学者により実施された.また MA では,生態や環境の状態から,社会や人々にとっての恵みやサービスに焦点を移行させている.IPBES においてもその傾向を継続させつつ,先進国・発展途上国のライフスタイルやそれを支える社会インフラ,金融制度などを「人為的資産」として提起している(Díaz et al., 2015).制度やガバナンスの概念も明示的に枠組みに入れることで,生態学者や自然科学者に加え,社会学の知見も重要であるという認識が反映されている.サービス,価値,財など各概念の整理,自然環境の動態的把握と経済評価の可能性などが模索されている.2016 年に報告された花粉媒介では,「価値」「現状と傾向」「変化要因,リスクと機会,政策と管理手法オプション」が報告され,多様性の損失の現状,動物の媒介に依存する作物量や経済的価値の評価がなされた.一方で,受粉媒介者への農薬の影響に関しては結果が分かれ,因果関係の科学的情報と(欧州を除く)花粉媒介者の情報の不足が指摘された.先住民族・地域住民の知識体系(ILK)などの報告

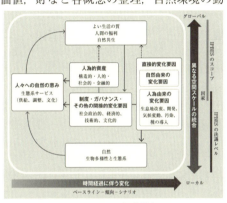

図 2 IPBES の概念枠組み
[環境省自然環境局,2016 より]

は限定的であった(IPBES, 2016).IPBES は,国際的な知見を基礎に各地域の状況に即した生物多様性保全策の立案,実践に貢献することが期待されている.

●**活動の特徴** IPCC との類似性もあるが,相違もある.スケールの扱い,ILK との協働,また評価の体制も作業部会などで自然科学・シナリオと社会科学などを分けず,4 機能に沿った活動を実施している.スケールについては,生物多様性の指標などが時空間や文脈に依存する特性があり,全球モデルと地域モデルのスケールの行き来が困難となる.また,ILK は IPCC では灰色の文献(グレイ・リテラチャー)として狭義の科学的知見とは一線を隔して扱われていたが,IPBES のアセスメントにおいては地域の文脈などに埋め込まれている.同様に,サービスや知識の価値についても,多様な利害関係者の意見や視点が入ってくる.このような複雑さ,文脈依存性を内包しつつ,提起される情報に,どこまで科学的な一貫性と厳格性を保てるのかに注目が集まっている.　　　　　　　　[香坂 玲]

アンダーユース

　私たちの生活は，多様な生態系サービスを利用することで，初めて成立する．生態系サービスの発揮には，生物資源が深く関わることが多い．生物資源は自己更新的であり，様々な資源量で持続しうるため，利用にあたっては，何らかの基準で望ましいとされる資源量を選択し，その資源量を実現し維持するように管理すべきと考えられている．しかし，現実には，こうした管理を阻む多数の要因が存在する．そのため，従来は主にオーバーユース，近年では，それに加えてアンダーユースという問題が起きている．

●アンダーユースの発生　生物資源の中には，主たる利用形態が変化しているものがある．例えば，鯨肉や獣肉から畜肉への移行に伴う，クジラやシカの利用形態の変化を指摘できる．かつて盛んであった捕鯨は，クジラの捕獲後に解体という物理的改変を施して利用する行為であり，個体数の減少を伴う消費的利用であった．それに対して，近年いっそう盛んなホエール・ウォッチングは，視覚的にクジラを見て楽しむ行為であり，個体数の減少を伴わない非消費的利用である．同様に，シカやイノシシの消費的利用も大幅に減退する一方で，一部にはエコ・ツアーとしてシカを観察する動きがある．消費的利用の減少によって個体数が増加しても，当該生物を取り巻く自然がさほど変化せずに新たな安定的状態に落ち着くのであれば，問題はない．しかし，個体数の増加が，自然に劇的な変化をもたらし，その影響が人間社会にフィードバックされることがある．これがアンダーユースの問題である．ここで，消費的利用から非消費的利用への移行それ自体は，既存の経済学の枠組みでは，人々の合理的な行動として把握されることに注意が必要である（河田，2015）．もし影響のフィードバックの仕方がダイレクトなら，経済学は外部性という概念を適用してその影響を考慮しようとする．例えば，シカの増加は生態系破壊，農林業被害，交通事故，生活被害などをもたらし，その多くは外部費用として把握される．これに加えて，現実には，多様なチャネルを経て人間社会に及ぶインダイレクトな影響が存在するのであるが，既存の経済学の枠組みでは，それを捉えないことが問題をもたらす．もっとも，外部便益や外部費用を控えめに計上するという観点からは，多様なチャネルを経る影響を考慮しないことは，致し方のないことともいえる．

●時間軸の違い　生物資源と関わってアンダーユースが生じるのは，人間社会の変化が生物の世界での変化よりも大幅に速いためである（Kawata & Ozoliņš, 2014）．鳥類の専門家である J. A. リヴィングストン（1992：14）は，マヤの「トキイロコンドルがわずか数世紀という長さの時間では種としてほとんど変化しな

いことに思い至ったとき，私は自然淘汰の遅さと文化の興亡の速さとのあまりの違いに驚嘆した」と，いみじくも述べている．上述のような，世界における捕鯨や狩猟のこれまでの歴史的変遷（消費的利用から非消費的利用への移行など）は，生物の世界での変化に比べてはるかに速い変化であったといえる．今後はさらに，人口減少社会の進展が，人間社会の急激な変化をもたらす可能性が高い．例えば，森林施業の減退や人工林の放棄が今以上に進むならば，狩猟の減少と相まって，中山間地におけるシカのさらなる個体数増加を招き，アンダーユースの問題がいっそう深刻化しうる.

●解決の糸口　オーバーユースは利用量の抑制で是正できる一方で，アンダーユースは必要性が失われた自然の産物が引き起こす問題であるため，対応はいっそう難しい．秋道（2009：83）は，アンダーユースへの対応を考えるにあたって示唆深い指摘をしており，「持続性を文化や社会について当てはめて言及する場合，ある部分が脱落，変化し，ある部分が継続され，新たに創造される意味合いで考えるべき」と述べている．この指摘を敷衍(ふえん)してみよう．単独の生物資源のみを念頭に置くならば，持続とは，毎年一定の捕獲数を維持して個体数を保つことと理解できる．この場合，アンダーユースは，捕獲数が減少することで発生する．ところが，もしターゲットとする生物資源を含む生態系や，さらには関与する人間社会までをも含めて考えるならば，持続とは，そうした生態系が安定的に保たれることと理解できるであろう．そうであれば，人間社会の変化を許容しつつも，生態系をこれまでとは少し異なるバランスで保つように，全体が調整されることが持続の要件と捉えることができ，一定の捕獲数を毎年維持することは必ずしも必要ではない．つまるところ，注目する生物資源を単体で切り離して扱おうとするからアンダーユースの問題が難しくなるのであり，その資源を含む生態系全体とどのように人間社会が関わるかのビジョンを描こうとするなら，多様な選択肢を選ぶ余地が生まれる．そうした観点から，考えうる選択肢の例をいくつかみてみよう．まず，人間の介入以前の状態に戻すという選択肢がある．シカなどの増加が問題となっている中山間地域において，短中期的には拡大造林で植えられたスギ・ヒノキなどの人工林のうち，非生産林は天然林に戻すことで手入れの必要性を削減し，長期的には全体を自然林に戻すという対応ができる（八田・髙田，2010）．次に，新たな安定の模索が考えられる．例えば，狩猟の減少と野生動物の生息数の増加は，中山間地域の衰退を進める要因の1つになっている．これに対して，各地でイノシシやシカ肉の食用やペットフードとしての活用が図られている．同様に，人工林では，丸太として林外に搬出されない林地残材（未利用間伐材，末木，枝条，端材等）の木質ペレットとしての活用が進められている．これらは，潜在的な需要を掘り起こし，新たな安定を模索する取組みといえる．これらに加えて，長期的には，成長を旨とする社会から，発展を是とする社会に移行することで社会の安定度が増せば，アンダーユースの問題はいっそう抑制されるであろう．　　　　　　　　［河田幸視］

愛知目標

　「愛知目標」（愛知ターゲットとも呼ばれる）とは，2010年10月18〜29日にかけて愛知県名古屋市で開催された生物多様性条約第10回締約国会議（COP10）で採択された，「生物多様性戦略計画2011-2020及び愛知目標」に含まれる生物多様性に関する世界目標のことをいう（SCBD, 2010）．この戦略計画と愛知目標の全体構造は，2050年までの中長期目標（ビジョン）と2020年までの短期目標（ミッション），そして2020年まで（多くの個別目標は2020年を目標年としているが，いくつかの目標は2015年が目標年となっている）に達成すべき20の個別目標，いわゆる愛知目標によって構成されている（表1）．2050年の中長期目標では「自然と共生する」世界の実現が掲げられ，現在より生物多様性の

表1　生物多様性戦略計画2011-2020と愛知目標の概要［SCDB, 2010より抜粋・要約］

ビジョン：2050年までに「自然と共生する世界」
ミッション：2020年までに「生物多様性の損失を止めるために効果的かつ緊急な行動を実施」

戦略目標A. 生物多様性の主流化	戦略目標C. 生態系，種，および遺伝子の多様性の保護
・目標1：人々が生物多様性の価値と行動を認識する．	・目標11：陸域の17%，海域の10%が保護地域などにより保全される．
・目標2：生物多様性の価値が国と地方の計画などに統合され，適切な場合には国家勘定，報告制度に組み込まれる．	・目標12：絶滅危惧種の絶滅・減少が防止される．
・目標3：生物多様性に有害な補助金を含む奨励措置が廃止，または改革され，正の奨励措置が策定・適用される．	・目標13：作物，家畜などの遺伝子の多様性が維持され，損失が最小化される．
	戦略目標D. 生物多様性，生態系サービスから得られる恩恵を強化
・目標4：すべての関係者が持続可能な生産・消費のための計画を実施する．	・目標14：自然の恵みが提供され，回復・保全される．
戦略目標B. 生物多様性への直接的な圧力の減少，持続可能な利用促進	・目標15：劣化した生態系の少なくとも15%以上の回復を通じ気候変動の緩和と適応に貢献する．
・目標5：森林を含む自然生息地の損失が少なくとも半減，可能な場合にはゼロに近づき，劣化・分断が顕著に減少する．	・目標16：ABSに関する名古屋議定書が施行，運用される（2015年まで）．
・目標6：水産資源が持続的に漁獲される．	戦略目標E. 参加型計画立案，知識管理と能力開発
・目標7：農業，養殖業，林業が自足可能に管理される．	・目標17：締約国が効果的で参加型の国家戦略を策定し，実施する（2015年まで）．
・目標8：汚染が有害でない水準まで抑えられる．	・目標18：伝統的知識が尊重され，主流化する．
・目標9：侵略的外来種が制御され，根絶される．	・目標19：生物多様性に関する知識，科学技術が改善される．
・目標10：サンゴ礁など気候変動や海洋酸性化の影響を受ける脆弱な生態系への悪影響を最小化する（2015年まで）．	・目標20：戦略計画の効果的実施のための資金資源が現在のレベルから顕著に増加する．

状態を向上させることが目標とされている．2020年までの短期目標は，「生物多様性の損失を止めるために効果的かつ緊急な行動を実施する」こととされている．

●**愛知目標の構成とその位置付け**　さらに，20の個別目標（愛知目標）はA〜Eまでの5つの戦略目標ごとに位置付けられているが，これは概ねD（Driver：間接要因），P（Pressure：直接要因），S（Status：状態），I（Impact：影響），R（Response：対策）の枠組みに沿ったものとなっている（表1）．戦略目標Aのもとに分類された目標群は，人々の意識や補助金制度といった生物多様性損失の間接的な要因に焦点をあてている．戦略目標Bでは，生物多様性損失の主要な直接的要因である生息地の改変や地球温暖化などが目標の対象となっており，戦略目標Cは，保護地域，絶滅危惧種や遺伝資源の保全など，生物多様性の状態により直結した目標群が扱われている．また，戦略目標Dでは，生態系サービスといった生物多様性によりもたらされる恩恵に焦点が，戦略目標Eでは，「生物多様性国家戦略」や資金などの対策に関する目標が扱われている．なお，この戦略計画と愛知目標の条約における位置付けとして，「生物多様性条約」の条文自体にもともと定量的で時限を定めた目標が含まれていないため，条約の実施を促すためにこうした目標が定められた．

●**愛知目標の達成状況と課題**　愛知目標は世界目標であることから，各締約国は，各国レベルでの対応する目標の設定や生物多様性国家戦略の実施を通じて，この世界目標達成に貢献することが求められている．愛知目標の途中段階での達成状況については，2014年に韓国で開催されたCOP 12において，生物多様性条約事務局から地球規模生物多様性概況第4版（GBO4）として公表された．GBO4は，各国から条約事務局に提出された国別報告書や生物多様性国家戦略，そのほかの既往研究成果などから，戦略計画および愛知目標の達成状況と今後の達成見込みについて分析したものである．GBO4によれば，ほとんどの愛知目標の要素について達成に向けた進捗はみられたものの，生物多様性に対する圧力を軽減し，その継続する減少を防ぐための緊急的で有効な行動がとられない限り，そうした進捗は目標の達成には不十分であると結論付けている．また，達成が見込まれるのは愛知目標11（陸域の保護地域面積），16（名古屋議定書），および17（生物多様性国家戦略の改定）のみという結果であった（SCBD，2014）．

　以上のように，愛知目標の達成状況は一部の目標を除いて厳しい状況にあり，達成に向けてあらゆる関係者や国が協力し，その取組みをいっそう加速する必要がある．また，愛知目標の達成は，同時に飢餓や貧困の削減，健康や福祉の増進，安全な水の供給，気候変動の緩和と適応の促進，海洋や陸域生態系の保全や持続可能な利用，災害に対する脆弱性の軽減など，数多くの点で2015年に国連で採択された「持続可能な開発目標（SDGs）」にも貢献することから，今後はSDGsなどとも一体的になった取組みが求められている．2018年からは，2020年以降の新たな目標に関する議論も本格化する見込みである．　　　　　　［古田尚也］

遺伝資源とABS，名古屋議定書

●**遺伝資源とは**　「生物の多様性に関する条約（生物多様性条約）」では「現実の又は潜在的な価値を有する遺伝素材」と定義され，遺伝素材は「遺伝の機能的な単位を有する植物，動物，微生物その他に由来する素材」と定義される．遺伝子の働きによって生物の様々な形質が発現するが，それらの形質には医薬品や化学品などの研究開発に応用できる有用物質や，農作物の品種改良に応用できる特性など，人類にとって有効利用できるものが数多く含まれる．このような生物の遺伝的機能に伴う有用性の観点から資源として捉えた用語であるといえる．なお，生物多様性条約上はヒト由来の遺伝資源は対象外である．

　生物資源という用語は生物多様性条約上，遺伝資源に加え，遺伝の機能単位の有無にかかわらず人類にとって利用価値や有用性のある生物やその一部，個体群などを含む，より広い概念であり，遺伝資源と生物資源は区別されている．

　遺伝資源や遺伝資源に由来する成果は，大学，学術研究機関から医薬品，食品・健康食品，化粧品・トイレタリー，化学品，環境・エネルギー，種苗などの様々な産業において，基礎研究から応用研究にいたるまで幅広い科学技術研究開発および商業活動で活用されている．その活動プロセスでは，研究主体を変えながら，バイオテクノロジーを含む様々な先端科学技術が適用され，時に知的財産権などの権利化を図りながら成果が積み重ねられるという複雑なバリューチェーンが形成されている．

●**遺伝資源へのアクセスと利益配分（ABS）**　遺伝資源を取得（アクセス）し，研究開発や商業化などの利用から生ずる利益について，遺伝資源の提供国側にも公正かつ衡平に配分するという考え方を遺伝資源へのアクセスと利益配分（ABS）という．本来は生物多様性保全のインセンティブとして構想された考え方であるが，これまで南北問題の構造を色濃く反映した国際交渉の中で利益配分に議論が集中してきた．利益配分には金銭的利益配分のほか，教育訓練，技術協力，地域経済への貢献など非金銭的利益配分が含まれる．

　遺伝資源の利用から生ずる利益を配分すべきという主張は，主に生物多様性，つまり遺伝資源が豊富な途上国やABS問題を注視する非政府組織（NGO）などによって展開された．生物多様性条約が起草された1980年代頃まで，医薬品開発の骨格となる物質を天然の動植物や微生物の代謝産物に求める天然物創薬が活発で，世界中で有用物質を産み出す生物の探索活動（バイオプロスペクティング）が盛んに行われていたことが背景にある．遺伝資源を豊富に有する国がこれらを自国資源として囲い込み，技術移転や資金供与などの利益配分を求める権利意識

を強めた．過去の植民地時代からプラントハンターによって数多くの有用植物や観賞植物が欧米に持ち出されてきた経験と相まって，象徴的にバイオパイラシー（生物海賊行為）と呼ばれ，糾弾されることもある．

このような背景のもとで生物多様性条約の交渉が行われ，遺伝資源を豊富に有する途上国の見解が色濃く反映されている．遺伝資源について，自国天然資源に対する主権的権利の原則を確認し，自国遺伝資源へのアクセスについて当該国法令に従うことが明文化された．そして，遺伝資源アクセスに際し提供国の「事前の情報に基づく同意（PIC）」を要し，遺伝資源の提供や遺伝資源の利用から生ずる利益配分については，「相互に合意する条件（MAT）」に従って行うことなどが規定された．しかし，生物多様性条約の ABS 規定は途上国と先進国の妥協の産物で抽象的であり，具体的な ABS の実現方法については，その後の交渉に持ち越された．アメリカが同条約を締結していないのも ABS 問題が根底にある．

●名古屋議定書　生物多様性条約のもとで ABS 問題は第 4 回締約国会議（COP 4, 1998）で初めて正式議題として取り上げられ，COP 6（2002）では ABS の参照指針として法的拘束力のない「ボン・ガイドライン」が採択された．しかし，採択直後からガイドラインでは利益配分の確保には不十分との途上国の主張から国際的制度の交渉が開始され，以後 8 年間にわたる困難な交渉の末，名古屋で開催された COP 10（2010）で法的拘束力のある国際条約として「名古屋議定書」が採択され，2014 年 10 月に発効した（日本は発効当時未締結）．

名古屋議定書は，生物多様性条約が規定する ABS の基本ルールである PIC や MAT をそのまま踏襲した上で，この基本ルールを国際的に実施するための一定の枠組みを定めている．これまで提供国の窓口や PIC 法規制手続きが不透明であったことを背景に，提供国の義務として PIC を求める場合には法的確実性，明確性，透明性を要求している．他方で，利用国の義務として，自国内で利用される遺伝資源について，提供国の PIC 法規制手続きに従い，MAT を設定して取得されていることとなるように措置を講ずることを求めており（必ずしも遵守確保措置ではない），そのためにチェックポイント（確認機関）やモニタリングが規定されている．しかし，名古屋議定書も合意困難な箇所を曖昧にして採択されており，条文解釈や条文に従って締約国が選択できる措置の幅が広い．

日本は 2011 年 5 月に名古屋議定書に署名したが，遺伝資源に関わる学術・産業部門が幅広く科学技術研究開発の停滞を懸念する声もあって国内措置の検討や調整は慎重に進められ，2017 年 5 月に議定書の受託書を寄託，同年 8 月 20 日から議定書締約国になるとともに国内措置として「ABS 指針」を施行した．日本の ABS 指針は行政措置の形態をとり，利用国措置として，提供国の PIC 法規制に従った遺伝資源取得の一定範囲につき法的義務のない報告を求める比較的緩やかな制度を柱としている．国内遺伝資源の提供国措置として PIC は求めず，その法令整備の要否が施行 5 年以内に検討される．　　　　　　　　［薗　巳晴］

伝統的知識と医薬品開発

●伝統的知識とは　伝統的知識（TK）は，分野や論者，各国の遺伝資源，先住民，伝統医療等に関する法制度・政策の内容などにより多義的であるため，そのつど，何を指しているのか留意を要する．伝統的知識という用語法は，先住民権利運動やこれに直面した主に旧イギリス植民地諸国の先住民政策，これらに呼応して国際連合（UN）をはじめとする国際機関で発展してきた先住民の権利への取組みと関連しながら生成してきた．この意味で伝統的知識とは先住民が伝承してきた知識である．その知識は，先住民が長年にわたり集団的にその土地と密接な関係を築きながら，生活を営み，文化を育んできた独自の慣行や実践の体系の中に不可分に織り込まれている．これを生業（農林漁業・牧畜），土地や資源などの環境管理，食慣行や薬用法などの生活に有用な知識という観点から捉えたのが伝統的知識であるといえる．しかし，先住民や伝統的知識の存在態様はきわめて多様で，一律に定義付けをすることは非常に困難である．UN，世界知的所有権機関（WIPO），「生物の多様性に関する条約（生物多様性条約）」など様々な議論の場で定義が試みられてきたが，いまだに国際的に合意された定義はない．WIPOを中心に知的財産権の観点から，先住民の伝統的知識や伝統的文化表現の保護を図る議論が積み重ねられている．

　生物多様性条約における伝統的知識も本来，先住民の知識が想定されているが，同条約の議論では薬草など医薬に関わる知識に焦点が当てられることが多い．そのため一般的な伝統の意味に拡張して，伝統医療や伝統医薬に関する知識に近い意味で用いられることもあり多義的である（中医学，アーユルヴェーダや民間医療・伝承薬など）．

●伝統的知識と医薬品開発の関わり　医薬品開発においては，その骨格となる物質（リード化合物）を天然の動植物や微生物の代謝産物に求めることがあり，天然物創薬と呼ばれる．1929年にイギリスの細菌学者フレミングによって青カビから世界初の抗生物質ペニシリンが発見され，抗菌剤開発の第一歩を刻んで以降，今日にいたるまで天然物から数多くの有用物質が見出され，感染症，免疫抑制剤，高脂血症薬，抗ガン剤などが実用化されてきた．

　天然物創薬で新規性の高い有用物質を発見するために，自然界から有用物質を生産する生物（遺伝資源）の探索活動（バイオプロスペクティング）が行われる．この探索の際に，先住民などがその地域で伝統的に用いてきた薬草や薬用法，つまり伝統的知識を参考にするアプローチをとることがある．常にこの方法が取られるわけではないが，伝統的知識を参照することで，自然界から無差別にサンプ

ルを収集するよりも効率的に有用物質を見出すことが狙いとされる．また，すでに食慣行が確立していることから，毒性の問題が小さいというメリットもある．

生物多様性条約の起草作業が行われた 1980 年代頃までが天然物創薬全盛期に当たり，世界中でバイオプロスペクティングや，これに伴う伝統的知識の調査も盛んに行われたが，近年では創薬手法のトレンドの変化や，欧米大手製薬企業ではすでに数多くのサンプルを収集済みであること，さらに遺伝資源へのアクセスと利益配分（ABS）の問題の影響とも相まって，天然物創薬自体が下火傾向にあるのが実情である．現在では，国内で伝統的知識に関連する有用物質の研究を実施しているのは主に大学，学術研究機関である．製薬業界では天然物由来の医療用医薬品開発は主に伝統的知識とあまり関わりのない微生物を対象としてきたこともあり，天然物創薬自体が縮小する中でほとんど行われていない．他方で，健康食品や化粧品業界では，一定の有効性が認められる新規の原材料の開発が行われることもある．ただし，開発のために伝統的知識を参考にするよりは，商品のコンセプト開発やブランディングの観点から，天然物や先住民などのイメージ，伝統的知識のストーリーを利用する傾向が強く，素材の有効成分の評価が伝統的知識の内容とは無関係であることも少なくない．

●伝統的知識と ABS 問題　生物多様性条約では先住民・地域社会が生物資源と緊密な関係を維持してきたことを念頭に，生物多様性保全のためには，先住民・地域社会の伝統的知識，工夫および慣行を保護し，先住民・地域社会の参加のもと，適用を促進することが必要であるという考え方が反映されている．そのインセンティブとして伝統的知識の利用による利益を公正かつ衡平に配分することが奨励されている．このことは生物多様性条約第 8 条（j）に規定されることから，「第 8 条（j）問題」（エイトジェイ）と呼ばれる．

この条項は保全のための伝統的知識の適用促進のインセンティブを想定するものであるが，実際には ABS と密接に関連づけた議論も展開されてきた．自国遺伝資源へのアクセスの法規制の一部に伝統的知識アクセス規制を位置付け，先住民・地域社会の事前情報に基づく同意や当該社会への利益配分について法定する国も存在する．名古屋議定書ではこの議論が反映され，先住民・地域社会が有する遺伝資源や伝統的知識へのアクセスと利益配分について明文の規定が置かれた．

生物多様性条約第 8 条（j）で規定される伝統的知識は，一般的な法解釈では先住民社会の伝統的知識を指すと解されている．地域社会の文言も先住民社会の外縁境界領域を包摂するもので，一般の地域社会を指すものではないと捉えられることが多い．ただし，各国の法制度・政策では，各々の国の事情や考え方に従い多義的に捉えられる傾向にある．生物多様性条約第 8 条（j）も名古屋議定書の伝統的知識関連規定も，あくまで締約国が国内法令に従って措置を講ずることが明示されており，先住民の権利から固有に生ずる義務としては位置付けられていないため，先住民の代表者や権利団体からは不十分であるとの批判もある．　［蘭 巳晴］

保全休耕プログラム（CRP）

　保全休耕プログラム（CRP）は，浸食されやすくかつ環境に影響を与えやすい土地を10～15年の間休耕し，保全対策を講じる農業者に借地料の支払いとその他の金銭的支援を行う施策である（Stubbs, 2014）．CRPは「アメリカ1985年食料安全保障法」により初めて公認され，アメリカ農務省（USDA）の農家サービス局（FSA）が他のUSDAの機関から技術的援助を受けながら運営している．CRPには当初，土地を休耕させることで農作物の供給を減らし，農作物価格の上昇を促す目的があったが，1990年からは環境保全が主な目的となっている．予算および休耕面積などの規模において，アメリカで最大の私有地保全対策である．2015年の時点で約2400万エーカー（全耕地面積の10％以上）が登録され，年間経費は20億ドルに近い．プログラムの開始以来，耕作地の草地や林地転換を促進し，土壌浸食の緩和，水質改善，肥料利用の削減，野生生物生息域の拡大などといった数多くの環境保全効果をもたらしてきた．しかし，近年では満期契約する面積の増加と再契約の減少，プログラムへの歳出削減，農業者の登録への意識の薄れなどから，登録されていた土地が再び耕作地に戻ることで，これまでプログラムによってもたらされてきた多くの環境便益が失われうることが危惧されている．

　CRPでは農業者の自発的参加表明が前提にあり，登録を希望する適格な農業者は応募できる．登録には一般募集と常時募集がある．

●一般募集契約　一般募集は競争的なプログラムで，FSAが指定する特定期間（毎年1，2回程度）に登録希望のオファーができる．各回の募集でFSAは各オファーの環境便益指数（EBI）に関するデータを集め，その指数に従ってすべてのオファーに順序をつける．EBIは各土地が供給できる便益を全米で比較できるように，野生生物，水質，土壌浸食，保全対策の永続性，空気質，費用といった要素で重みづけられ，各オファーの休耕と保全対策から得られる環境便益と借地料の希望支払い額（値付け）を反映している．募集終了後，USDAはそのEBIに閾値を設定し，その閾値を超えたオファーが受理される．すなわち，環境保全の費用対効果の高いオファーから順番に採択される．このように，一般募集は逆オークションになっており，農業者はオファーが採択されやすくなるように値付けを決める．2015年の時点で，CRPの全登録面積の約70％となる約1700万エーカーが一般募集契約である．

●常時募集契約　「1996年連邦農業改善改革法」にて新たに導入された常時募集は，特定の保全対策を採用することを条件に，環境保全の観点から最も望ましい

土地をCRPに登録できるように設計された．一般募集とは異なり，常時応募が受け付けられ競争的な値付けは行われない．オファーが一定の必要条件を満たしていれば，自動的に採択される．また，借地料のほかに追加的な金銭的支援が提供される．常時募集には，特定の資源や保全対策をターゲットにした複数（2004年以降で10程度）のプログラムが用意されている．主なものに保全休耕向上プログラム（CREP）と耕作可能湿地プログラム（FWP）がある．2015年の時点で約660万エーカーが常時登録契約であり，そのうちCREPとFWPは約160万エーカーを占めている．

●支払い　参加者はUSDAから耕作放棄と保全対策に関わる費用を埋め合わせる支払いを受ける．主な支払いとして借地料と保全対策費用の分担がある．借地料は年間の上限が5万ドルで，費用分担は保全対策の導入費用の50％が上限となっている．常時応募契約では，このほかにもいくつかの金銭的支援がある．2014年度のエーカーあたりの平均借地料は，一般募集契約で51ドル，CREP以外の常時募集契約で97ドル，CREPで137ドル，FWPで112ドルであった．

●保全対策と罰則　どのような保全対策をとるかは，応募の段階で農業者が自発的に選ぶ．オファーが採択されると，具体的な保全計画が求められる．保全計画が承認されると正式契約となり，土地はCRPに登録される．常時応募契約では，応募の段階で特定の保全計画の実施が要求される．2014年の登録面積でみると，永続的な在来種の草地（約675万エーカー）が最大で，永続的な野生生物の生息域（約213万エーカー）は4番目であった．なお，参加者が早期の契約終了

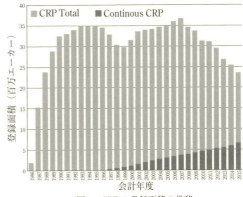

図1　CRPの登録面積の推移
［FSAで公開されている資料をもとに作成］

を望む際には，それまでに支払われたすべての金銭的支援と受け取った借地料の25％の返金という罰則がある．また，許可されていない収穫や放牧を行う場合は，借地料の10％〜25％程度が削減される．

●近年の動向　2007年以後，全登録面積は減少の傾向にあるが，特定の環境便益をターゲットとした常時応募契約の面積は増加している（図1）．近年は多くの登録地が契約満了を迎え，その再登録が大きな課題となっている．農作物価格の上昇や歳出削減など登録面積の維持には厳しい情勢が続いている．特定の環境便益が期待できる常時応募契約面積の割合の増加など，政策ターゲットを明確にし，費用対便益を考えた運用が課題となっている． ［三谷羊平］

生物多様性と環境認証

　農業，林業，漁業のように自然の恩恵から富を取得する1次産業では，過剰な収穫や不適切な生産が生物多様性を劣化させてきた．そこで，生態系に配慮した収穫・生産方法で，自然資源の利用と生物多様性の保全を両立させる試みが広がっており，その経済的アプローチの1つとして，環境認証が近年注目を集めている．

　環境認証とは，第三者機関が生産者の環境対策を，規格に従って審査し認定することである．ほとんどの環境認証では，認定の証として環境ラベル（エコラベル）を発行している（図1）．国際標準化機構のISO 14020では，環境ラベルをタイプⅠ（環境ラベル表示型），タイプⅡ（自己宣言による環境主張型），タイプⅢ（定量的環境情報提供型）の3種類に分類している（表1）．本稿では，第三者機関の認証を受けて一定の信頼性・客観性が担保された，タイプⅠに基づく環境認証に焦点をあてる．

●**環境認証の事例**　農業分野で世界的に普及している環境認証として，有機農産物に対する有機農業認証（オーガニック認証）があげられる．日本では，国内独自の制度として有機JAS認証があるが，国際的な同等性相互認証により，全米有機プログラム（USDAオーガニック）やEU有機認証（Bio）など，海外の有機農業認証との同等性が認められている．これらは，有機農産物の国際取引の促進に貢献している．コーヒーなどの栽培を中心とした環境認証では，アメリカのレインフォレスト・ア

有機JAS認証

全米有機プログラム（USDAオーガニック）

EU有機認証（Bio）

レインフォレスト・アライアンス

バードフレンドリー

UTZ

森林管理協議会（FSC）

海洋管理協議会（MSC）

RSPO

図1　代表的なタイプⅠ環境ラベル（農産物）

表1　ISO 14020による環境ラベルの類型

種類	概要	第三者による認証
タイプⅠ（ラベル表示型）	生産者の環境対策を，第三者機関が審査して認定	○
タイプⅡ（自己宣言型）	生産者の環境対策を，生産者自ら市場に対して主張．宣伝にも適用可能	×
タイプⅢ（定量的情報提供型）	ライフサイクルにおける環境負荷の定量的データを表示（合格・不合格の判断はなし）	○

ライアンスやバードフレンドリー，オランダの UTZ 認証などが代表的である．レインフォレスト・アライアンスの場合，第三者認証機関である持続的農業ネットワークが定める，①生態系の保全，②野生動物の保護，③適切な水管理，④土壌保全，⑤統合防除など，12 項目の基準に合致した生産が認証の条件となる．

農業以外では，林業における森林管理協議会（FSC），水産業における海洋管理協議会（MSC）などが代表的な環境認証としてあげられる．いずれも，持続的な資源利用を目的とした国際的な環境認証である．

また，熱帯林への影響が懸念されるパーム油産業では，環境に配慮したパーム油の生産・流通・利用を促進する非営利組織「持続可能なパーム油のための円卓会議（RSPO）」による認証が実施されている．この RSPO 認証では，持続的なパーム油生産のための 8 つの原則と 43 の基準を定め，環境への配慮や公正な労使関係を認証条件として求めている．

●環境認証のメリット　環境認証は生産者・消費者のいずれにもメリットとなりうる．生産者にとっては，環境認証を受けることで従来の農産物との差別化が図られ，より高い付加価値（価格プレミアム）での取引が期待できる．また，環境対策に取り組む姿勢を示すことで，消費者のイメージアップや取引の効率化にも貢献しうる．消費者にとっては，生態系に配慮した財を購入・消費することで，間接的に生態系の保全に貢献することができる．また，近年では食の安全に対する消費者の意識が高まり，環境に配慮して生産された農産物の需要が急増している．環境ラベルは認証制度に適合した安全性の高い農産物の識別を容易にしている．

●生物多様性への影響　環境認証のメリットとして忘れてはならないのが，生態系に配慮した生産・収穫による生物多様性の保全効果である．しかし，関連する知見はまだ十分とはいえない．コスタリカのコーヒー栽培に関する研究では，環境認証制度が化学肥料や農薬などの使用量を削減する点が示されているが，効果が認められない認証も存在する（Blackman & Naranjo, 2012）．使用量の削減が生物多様性に与える影響も定かではない．

さらに，環境認証は生産者の個別的な取組みを対象とするため，地域的な生態系保全に十分つながっていないという指摘もある（Tscharntke et al., 2015）．いずれの点においても先行研究は限られており，さらなる研究の進展が望まれる．

●環境認証の課題　環境認証はすでに数多く存在しているが，認証ごとの違いが消費者に理解されているとは言い難い．そのため，認証制度の導入により価格が大幅に上昇した RSPO など一部の例外を除き，認証された財に対する価格プレミアムは限定的であり，生態系に配慮することによる収穫・生産コストの上昇を補うには必ずしも十分ではない．このことは，認証制度へのさらなる参加を妨げる大きな要因にもなっている．今後は，認証制度の制度的改善や市場での選別が進むとともに，消費者の認知・信頼が向上することで，環境認証の普及を通じた生物多様性のさらなる保全が期待される．　　　　　　　　　　　　　［田中勝也］

エコツーリズム

　エコツアーの創始は1960年代に始まった「科学観光」や「自然観光」に求めることができる．それは，ガラパゴス島やアマゾンなど，価値が高い生態系や原生自然の熱帯林を対象としたガイド付きのツアーとして始まった．現在の一般的なイメージである「環境にやさしい旅行」は，1990年代以降の，特に日本におけるエコツアーに対する認識である．国際エコツーリズム協会は，エコツアーを「自然環境を保全し，地元住民の福利の向上と教育や自然解説につながる，自然地域での責任ある旅行」と定義している．このように，エコツアーは販売可能な「旅行商品」やサービスのことを指す．一方，エコツーリズムはエコツアーと同じ意味で使われることも多いが，「エコツアーのもとになっている環境に配慮した観光を推進する考え方や方針，政策，さらには具体的な仕組み」である．そのため，エコツーリズムの考え方に従ってエコツアーがつくられることが多い．

●**エコツーリズムの普及**　エコツリズムが本格的に普及したのは，世界的には1980年代後半，日本では1990年代からで，その背景には，環境意識の高まりと環境教育の普及，メディアによる環境情報の重視があった．また，地域環境への影響を顧みず大量の観光客が訪れるマスツアーとは異なる新しいスタイルの旅行として，自然環境や地域社会への配慮を伴ったエコツアーが注目された．さらに，1992年の国連環境開発会議（地球サミット）などをはじめ，グローバルな環境意識の高まりでサステイナブルツーリズム（持続可能な観光）が重視されたこともエコツリズム普及の理由である．また，日本では，2008年に「エコツーリズム推進法」が施行され，環境省が中心となりエコツーリズムを推進している．

●**エコツーリズムの現状**　海外では主に，優れた自然を訪問するエコツアーが一般的である．アフリカ大陸における「エコロッジ」や熱帯林を訪問する「スタディツアー」も，目的の違いはあるが，優れた自然環境が観光対象となるエコツアーだと考えることができる．このように海外のエコツアーでは，国立公園などの自然保護区や原生自然，規模の大きい生態系など，魅力が大きい観光資源を保有する観光地でガイドが自然を解説する，エンタテインメント性の高いエコツアーが人気を得ている．一方，日本国内でも，世界自然遺産である屋久島や知床半島で同様なエコツアーが行われているが，一般には「着地型観光」や「体験型観光」の旅行商品やオプショナルツアーとして各地で実施されている．そのため，対象となる観光資源も多様であり，環境にやさしい「エコなツアー」として実施されているのが現状である．その点では，意識の高い観光客が原生自然や国立公園を訪れる旅行から，一般の観光客も気軽に参加できる自然体験ツアーの1形態にな

っている．最近では「カーボンオフセットツアー」や「サイクリングツアー」などもエコツアーに含められている．このように，自然環境の保全より，自然体験や環境配慮行動ができればエコツアーになることも多い．対象となる自然を直接消費しない観光は「環境にやさしい」行動だと一般に思われるからである．

●**観光としてのエコツアー**　もともとエコツーリズムは，環境保全だけを目的としているのではない．観光地の観光振興や地域振興も，エコツーリズムの目的である．中でも，従来の観光では少なかった，観光地の地域社会の利益確保を重視しつつ，環境保全，地域振興，観光振興の3要素のバランスをとることがエコツーリズムの基本的な特徴である．

　しかし，エコツアーという事業を実施するので，採算や事業としての継続を考えなければならず，エコツアーで対象とする環境の保全に加えて，観光事業の維持が求められている．そのため，地域の自然環境を使ってエコツアーで付加価値を生み出しつつ，その価値を保全する，つまり「ブランディング」が求められる．また，地域外にいる消費者である観光客のニーズに応えて，優れたエコツアーを提供する「マーケティング」も重要になる．世界では，観光客の7%がエコツーリズムを含む自然体験ツアーに参加しているとする報告もあるが，エコツーリズムの産業規模や観光消費額の正確な推定は難しい．また，日本国内の観光消費額は24兆円とされているが，2014年の世論調査によれば，エコツアーの参加経験は3.6%である．

●**政策的課題とエコツーリズムの将来**　自然資源の新しい利用方法であるエコツーリズムの拡大は，マスツアーによる悪影響が緩和できる反面，エコツアーという「免罪符」によって貴重な自然環境や保全地域へのアクセスを提供することで，かえって環境破壊を招くおそれもある．エコツアーで対象とする野生の動植物との軋轢や影響の発生は，人が自然環境を利用する限り生ずる．エコツーリズムの推進は環境保全と同義ではない．自然環境の利用と保全のバランスをとることが求められる「手段」である．また，観光事業としてのエコツアーの実施は，多様な関係者が自然環境の利用に関わる，新しい資源利用の導入である．地域の貴重な自然を誰がどのように利用し保全するかという，新たな地域ルールの生成や秩序形成など，地域資源ガバナンスが求められる．

　最後に，これまではガイドがエコツーリストに自然を解説するエコツアーが一般的であった．しかし現在は，観光客の参加度が高い，体験型のツアーが観光全般で求められており，自然に関する知識を提供するだけのエコツアーでは限界がある．エコツーリストやガイド，さらには地域関係者にも，豊かな体験が得られるクリエイティブなエコツーリズムの推進が求められている．　　　［敷田麻実］

📖 **参考文献**

・敷田麻実・森重昌之編著（2011）『地域資源を守っていかすエコツーリズム―人と自然の共生システム』講談社．

里地・里山

●**多義的な里地・里山**　里山という語は古くは江戸時代の史料にみることができるが，今日的な意味での里山は 1960 年代に森林生態学者の四手井綱英により提唱されたものであり，農用林をわかりやすく表現した語として用いられていた．その後も，里山は論者により様々に定義されているが，薪炭林や農用林，採草地などを「狭義」の里山とし，これに水田や畑地，水路やため池，集落を含む農村ランドスケープを「広義」の里山とする説明が一般的である．また，このような概念の混乱を避けるため，「広義」の里山を「里地」と呼ぶ提案もある．英語では世界各地に存在する里地・里山に似たランドスケープを総称して，社会生態生産ランドスケープと表記することもある．

●**里地・里山はどこか？**　里地・里山は人と自然とが織りなす空間であり，その態様は各地の自然条件や社会経済条件や里地・里山がおかれた時代背景によっても異なる．地形や植生，土地利用などの地理情報から全国一律に里地・里山の範囲を画定することは難しいものの，これまでにいくつかの分布の推計が試みられており，里地は国土の約 42.8%，里山は約 22.1% に及ぶとされている．

●**戦後の里地・里山の急激な変化**　歴史的には，里地・里山の存在意義は，農山村での生活に必要な食料や木材，燃料や飼料を供給することにあった．しかし，戦後のエネルギー革命や肥料革命は，国民に様々な恩恵をもたらした一方で，燃料や肥料などの供給源としての里山の存立基盤を揺るがした．また，建設工事の機械化は大規模な地形改変を可能にし，とりわけ農村から都市への人口流入により生じた宅地需要を満たすために，郊外の里地・里山が多く失われた．戦後復興期の木材需要を満たすための拡大造林政策や，農業の近代化を目的とした農地の基盤整備，里地・里山のあり方を大きく変えた．また，近年では，農山村の過疎・高齢化，林業の衰退，農産物の価格低迷は，里地や里山での人間活動の衰退を引き起こし，鳥獣害などの野生動物との軋轢が生じている．

●**里地・里山を保全する意義**　里地・里山の保全の重要性が社会的に広く認知されるようになったのは，その損失や劣化が急速に進み始めた 1960 年代頃からのことである．里地・里山の劣化・喪失は，都市住民を中心に，身近な自然である里地・里山を自然観察や野外活動，農林業体験や環境教育の場としての再評価を促すことになった．また，里地・里山で歴史的に行われてきた，自然の再生能力を損なわない範囲での農業生産や維持・管理を含む人為的な攪乱は，様々な動植物の生息・生育場所の形成や維持に貢献しており，里地・里山は絶滅危惧種をはじめとする野生生物の保全において重要な地域としても認識されている．近年で

は，食料や資材の供給としての里地・里山の社会的役割は低下したものの，微気象の緩和や大気の浄化，二酸化炭素の吸収や固定，水源涵養や水質浄化，土砂崩壊・土壌侵食の防止，美しい景色やレクリエーション，教育機会などの様々な生態系サービス（☞「生態系サービス」）を人々にもたらしていることが広く知られている．

●**様々な保全の取組み**　里地・里山の保全の取組みは，当初，市民団体などのボランティア活動や地方自治体の独自の条例や事業により進められるものが多かった．1960年代頃から，保全活動を含め里地・里山を活動フィールドとする団体が増え，その数は2001年の環境省調べでは972団体にいたった．しかし，これら団体の多くは都市近郊で活動しており，里地・里山の分と必ずしも一致していない．他方，近年は，企業のCSR（☞「企業の社会的責任（CSR）」）活動や大学の地域貢献の一環として，里山整備や里地・里山を舞台とした，研究・教育も増えつつある．

　行政では，国による制度化に先駆けて2000年頃から地方自治体の中に，里地や里山の保全を目的とする自主条例や，保全に向けた関係団体の連携・協働を進めるための協定や保全活動を資金・資材，技術面で支援する独自の事業制度をもつものが登場した．国レベルでは，2008年に制定された「生物多様性基本法」に，国が，里地・里山の保全のための仕組みづくりやその他必要な措置を講ずることが定められ，2010年の「地域における多様な主体の連携による生物の多様性の保全のための活動の促進等に関する法律（里地里山法）」の制定につながった．同省は2015年に，多様な主体による里地・里山の保全の促進を目的に，全国で500か所の重要な里地・里山を選定している．この他にも，農林水産省の日本型直接支払制度や林野庁の森林・山村多面的機能発揮対策交付金など，里地・里山の保全に資する制度は複数存在する．

●**国際化する里地・里山**　生物多様性条約の第10回締約国会議（COP 10）で「戦略計画2011-2020（愛知目標）」（☞「愛知目標」）が採択されたことを受け，日本の環境省と国際連合大学は，里地・里山を日本発の自然共生社会のモデルとして位置付け，自然と共生した社会経済活動を推進する「SATOYAMAイニシアティブ」を提唱した．ここで，SATOYAMAは広義の里山を意味している．COP 10ではSATOYAMAイニシアティブの考えに賛同する世界各地の政府，非政府組織（NGO），国際研究機関など51の団体で構成されるSATOYAMAイニシアティブ国際パートナーシップ（IPSI）が創設された．2017年10月現在で220団体が登録している．　　　　　　　　　　　　　　　　　　　　　[橋本　禅]

📖 **参考文献**

・国際連合大学高等研究所／日本の里山・里海評価委員会編（2012）『里山・里海—自然の恵みと人々の暮らし』朝倉書店．

海洋生物資源の保護

　世界の海洋生物資源は減少の一途をたどっている．国連食糧農業機関（FAO）の *The State of World Fisheries and Aquaculture* 2016 年版によれば，過剰漁獲されている魚資源（の系統群の数）は 1974 年の 10% から，2013 年には 3 倍以上に増加し 31.4% となった．特に魚資源の中でも，日本人になじみの深い高度回遊性魚種のマグロ類は，過剰漁獲された，もしくは，過剰漁獲にさらされている場合が非常に多い（ISSF, 2016）．この過剰漁獲の問題を解決しない限り，それは海洋の生物多様性，食料安全保障，地方経済，そして包括的な持続可能な開発にとって脅威となってくるであろう．

●**国際的な生物資源管理の枠組み**　1982 年，海洋における包括的な秩序を定めるべく約 24 年の歳月をかけた交渉が結実し，史上最も複雑で包括的な国際法である「海洋法に関する国際連合条約（国連海洋法条約：UNCLOS）」が採択された（1994 年発効；以下の UNCLOS の説明は Zacharias〈2014〉に大きく拠っている）．同条約の生物資源保全の規定は，排他的経済水域（EEZ）と公海で大きく分かれている．EEZ では，資源利用に係る沿岸国の権利を認める代わりに（UNCLOS 第 56 条），沿岸国は最適な資源利用を奨励しなければならない，とする．具体的には，沿岸国は最良の科学的知見に基づいて漁獲可能量を決定し，漁業が EEZ 内の生物資源に対して悪影響を及ぼさないことを確保しなければならないと規定している（UNCLOS 第 61 条）．

　他方，公海ではどの国にも漁業に従事する権利を認める一方で，その漁業は関連条約や地域漁業管理機関（RFMOs），沿岸国の権利の制約を受ける（UNCLOS 第 116 条）．さらに，すべての締約国は，公海における生物資源（海鳥，海産哺乳動物，魚）を保全するために協力し，その最適な持続可能な生産量（最大持続収穫量：MSY）を確保しなければならない，とする．その意思決定の基盤となる科学的知見は関係国で共有したうえで，関係機関における意思決定はすべて，最良の科学的知見に基づかなければならない，と規定している．

　その後，UNCLOS の規定をより具体化するべく，1995 年に公海漁業協定が採択され，予防的アプローチの適用などを含む，ストラドリング魚種（ある国の EEZ とそれに隣接する海域の両方にまたがって回遊する魚種）と高度回遊性魚種に係る資源管理の一般原則が定められた．同年，FAO では，「責任ある漁業のための行動規範」，そしてそれに係る一連の技術ガイドラインも採択され，同協定の規定内容はさらに具体化されていった．

●**RFMOs の評価**　漁業の操業に直接関係する具体的な規制の内容を決める交渉

の場は RFMOs である（規制内容については石井，2015 を参照されたい）．そこでは，議事進行に異議を申し立てて投票を阻止したり，漁獲能力の拡大を狙って熾烈な争いが繰り広げられている．そうした過程を経て決定されていく規制の効果は総じて限定的であると評価しているのが S. カリス - スズキと D. ポーリー（Cullis-Suzuki & Pauly, 2010）である．彼女らが，RFMOs のベストプラクティスをベースとした 26 の指標に基づいて 18 の RFMOs の資源管理パフォーマンスを評価した結果，すべての指標がそれぞれ 10 点満点とすると，平均点が 5.7 点であることが判明した．

　漁業による混獲も大きな問題である．混獲される動物種はサメ類，海鳥，ウミガメなどであり，絶滅危惧種が含まれていることも多い（国際資源保護連合レッドリスト）．その混獲（と漁獲物の海洋投棄）の問題に対する RFMOs の規制の有効性を評価したのが E. ギルマン他（Gilman et al., 2012）である．前述のカリス - スズキとポーリー（2010）と同様に，RFMOs による規制のベストプラクティスを 100 点とすると，評価対象となった 13 の RFMOs の平均点は 25 点，過半数の 7 つの RFMOs は 20 点未満であった．この低評価の原因の 1 つは，混獲規制は基本的にコスト高を招くうえにモニタリングが非常に難しいため，管理のインセンティブが低いことにある．このように，RFMOs 体制はまだ改善の余地が非常に大きい．

●**日本における国内実施**　では，今までみてきた漁業管理の国際条約は，日本ではどのように実施されているのだろうか．実は 2006 年，日本は過去 10 年以上にわたり，ミナミマグロを違法に漁獲していたことにより，みなみまぐろ保存委員会（CCSBT）で厳しい批判を浴び，漁獲枠が大幅に削減されたことがある．その反省から，日本は同委員会で定められていた規制内容の遵守制度を整えてきており，現在ではそうした違法漁獲は報告されていない．ほかの RFMOs の遵守記録をみても，日本は総じて法的拘束力のある規制の遵守という意味では優等生である．一方で，日本が南極海で行っていた調査捕鯨をめぐる国際裁判で，2014 年に日本のほぼ全面的な敗訴を言い渡す判決が出ている．

　他の問題点も山積みしている．公海漁業協定では，健全な漁業資源管理のために予防的アプローチを適用することが課されているが，そうしたことは日本国内の関連法には規定されていない．また，UNCLOS では，EEZ 内での漁業について，MSY を達成するための漁獲枠を設定しなければならない，と規定されているが，日本政府（水産庁）がそうした漁獲枠を設定しているのはわずか 7 魚種であり，その漁獲枠も漁獲実績を上回る場合が非常に多い．これでは MSY を達成するための漁獲枠とはいえないのが現状である．　　　　　　　　　　［石井　敦］

📖 **参考文献**
・石井　敦（2015）「マグロの国際政治学」馬奈木俊介編『農林水産の経済学』中央経済社.
・石井　敦・真田康弘（2015）『クジラコンプレックス―捕鯨裁判の勝者はだれか』東京書籍.
・勝川俊雄（2012）『漁業という日本の問題』NTT 出版.

熱帯林の消失と保全

●**熱帯林の現状と役割**　熱帯林は，森林の生育環境の物理的特性によって，熱帯多雨林，熱帯季節林，サバンナ，熱帯ヒース林，熱帯湿地林，マングローブ林に分類される．世界にある約40億 ha の森林のうち，熱帯林面積は65か国に16.64億 ha（そのうちの約半分が天然林）であり，大陸別の熱帯林面積は，熱帯アフリカが26か国に4.40億 ha，熱帯アジア・太平洋が16か国に3.17億 ha，熱帯ラテンアメリカ・カリブ諸島が23か国に9.07億 ha である（*Status of Tropical Forest Management 2011* より）．熱帯諸国のうち森林面積が大きい国は，世界で第2位のブラジル（4.9億 ha で国土面積の50%）と第8位のインドネシア（9,100万 ha で国土面積の53%）である（FAO, *Global Forest Resourses Assessment 2015* より．以下 FAO, 2015）．

　熱帯林は，木材や紙の原料供給，二酸化炭素の貯蔵庫，多様な遺伝資源や生物多様性の維持，気候調整や水循環といった様々な役割を担っている．さらに，熱帯林は森林とともに暮らす先住民や地域住民の生活に必要な森林資源を供給する役割も担っている．彼らは，森林を切り開いて焼畑をしたり，燃材，建材，食料，薬など，様々なものを森林から採取したり，動物を採取したりしている．

●**熱帯林の消失とその原因**　2000〜15年にかけて，温帯林の面積が増加傾向にあり，寒帯林や亜熱帯林の面積がほぼ横ばいないのに対し，熱帯林の減少は著しい（FAO, 2015）．2010〜15年にかけては，約2760万 ha の熱帯林が消失し，熱帯諸国の中で森林減少面積が大きかったのは，ブラジル，インドネシア，ミャンマー，ナイジェリア，タンザニア，パラグアイ，ジンバブエなどの国々である．

　熱帯林消失の原因には，直接的な原因と潜在的な原因がある（FAO, 2015）．直接的原因としては，商業用木材伐採，森林の農地への転換，森林火災，都市の拡大，インフラの開発，地下資源の採掘，違法な木材伐採などの人的活動によるものがある．特に，森林の農地への転換は，熱帯林減少だけではなく，温室効果ガス排出による地球温暖化の原因にもなっている．例えば，インドネシアやマレーシアでは，事業権を取得した企業が天然林を伐採・開拓して，アブラヤシ農園面積を拡大している．1990〜2005年にかけて，インドネシアやマレーシアでは100万〜300万 ha の森林が消失した．また，インドネシアでは，アブラヤシ農園開拓の際の火入れが延焼し，大規模な森林火災を誘発し，さらなる森林破壊や温室効果ガス排出を引き起こしている．南アメリカでは，森林破壊の原因として，牧場の開拓（全体の約70%）や，商品作物栽培のための農地開拓（全体の約15%）があげられる．一方，潜在的原因としては，人口増加，市場や農業政策の変

化，汚職や法整備の不備といった政策の失敗，ガバナンスの脆弱性，不明確な土地所有権など，社会，経済，文化，政策に関連したものがあげられる．例えば，土地所有権が明確ではないために，収益増加のために安易に森林が農地に転換されたり，森林や土地に関連するセクター（例えば，林業，農業，鉱業，産業開発，エネルギーなど）間の調整が不十分なために，森林破壊を招いている．

●**熱帯林保全の対策とその効果**　熱帯林を持続的に利用しつつ保全するためには，政府だけではなく企業や NGO の協力を得て，森林保全のための政策を立案・実施する必要がある．熱帯林保全のための主な対策には以下の 3 点がある．第 1 に，現在ある森林を保護地域に指定することにより，人為的な活動から森林を隔離し保護する．1990 年以降，保護地域に指定された熱帯林の面積が急増し，2015 年には 3 億 5000 万 ha 以上の熱帯林が保護地域に指定された（FAO，2015）．特に，ブラジルとインドネシアでは，保護地域に指定された森林面積の割合が大きい（ブラジル 42%，インドネシア 35%）．第 10 回生物多様性条約締約国会議（COP 10）で掲げられた「愛知目標」では，2020 年までに陸域および内陸水域の 17% 以上を保護地域などとして保全することを目標にしており（環境省，2011），今後も熱帯諸国の保護地域面積が増加することが期待できる．植林や森林保全は「気候変動に関する国連枠組条約（国連気候変動枠組条約）」とも関連している．気候変動枠組条約では，REDD＋，すなわち，森林の減少・劣化の抑制に加えて，植林や森林保全といった炭素貯蔵量の保全，持続可能な森林管理，炭素貯蔵量の増大が焦点となっており，気候変動との関連でも植林や保護地域の重要性は今後ますます高まるであろう．

　第 2 に，先住民や地域住民と森林保全との関係に配慮する．保護地域を設定する際に，保護地域に指定される以前から代々その地域に居住し，森林を使用していた人々が，保護地域設定により，森林資源へのアクセスが制限されたり，政府と衝突することも少なくない（原田，2011；佐藤，2002）．人々の森林や土地に関する所有権や利用権を明確にしつつ，熱帯林保全のための保護地域を確定する必要がある．

　第 3 に，持続可能な森林管理により生産された木材を選択的に購入することを可能にする，森林認証制度を導入する．世界には，国際的な森林認証制度や各国独自の森林認証制度があるが，熱帯林に関して国際的に広く知られている森林認証制度には森林管理協議会（FSC）がある．FSC は環境と社会に配慮しつつ，経済的価値のある森林管理を支援することを目的とした森林認証制度である（白石，2004）．消費者が認証のラベルが添付された認証材や認証製品を選択的に購入することにより，消費者は持続可能な森林管理に寄与できる．世界の森林を対象にした FSC 認証林面積は年々増加している（FAO，2015）．一方，熱帯林の認証林面積の割合はまだごくわずかである（原田，2017）．今後，熱帯林の認証林面積が増加することが期待されている．　　　　　　　　　　　　　　　　　[原田一宏]

さんご礁の劣化と保全

●**さんご礁の生物多様性**　さんご礁は熱帯・亜熱帯海域で，造礁サンゴをはじめ，有孔虫や貝類など，炭酸カルシウム（$CaCO_3$）を固定して石灰質の堅い組織をつくる生きものがつくり上げたものである．日本はさんご礁の分布の北限に当たるが，黒潮が流れているために同じ緯度のほかの海域に比べて多くの種類が分布する．沖縄では約360種の造礁サンゴが知られている．

　海のオアシスといわれるさんご礁の生物多様性は陸上の熱帯雨林をしのぐほど高い．その面積は全海洋の0.17％にすぎないが，そこには83万種以上（海全体の25～30％）の生物が棲んでいる（Fisher et al., 2015）．高い生物多様性を支えているのはサンゴ群体の形の複雑さがつくり出す多様な微環境と棲み場（基底）の広がり，そして物理的作用と生物的作用によって時間とともに変化する棲み場の構造と生物種の遷移である．

　地球全体でさんご礁生態系が生み出す富は年間約300億ドル（正味現在価値8000億ドル）といわれ，1億人を超える人々が，その恵みを受けて暮している（Cesar et al., 2003）．さんご礁の生態系サービスの重要性をあげると，①種や遺伝子の宝庫としての高い生物多様性，②生きものの生息場や餌場，産卵場や隠れ場としての働き，③硬い礁や砂浜が，津浪や高波から人々を守る働き，④レジャーや観光の場としての役割，⑤その美しさが「癒し」となる精神衛生効果，⑥海水の浄化機能，などとなる．

　しかし，さんご礁は地球温暖化や海洋酸性化のような地球規模の環境変化や沿岸開発，懸濁物質の流入，漁業や観光などの地域的な人間活動の増大によって，急速に減少している．地球全体で過去40年の間に約40％のさんご礁が失われた．この状態がさらに進めば，残りも多くが2050年までに消滅し，さんご礁に依存して生きる人々を危険にさらすことになるかも知れないと危惧されている．

●**消失の背景**　1997～98年にかけて世界各地のさんご礁は，例年にない高水温（30℃以上）に見舞われて，サンゴが白化し，さんご礁生態系は大きな被害を受けた．白化とは，造礁サンゴとその体内に棲む褐虫藻との共生関係が破綻して，褐虫藻が抜け出してその色が失われる現象である．白化が長く続くと褐虫藻からの栄養を絶たれたサンゴは死んで，ラン藻類などに覆われるようになる．

　沖縄では赤土の流入によるさんご礁の被害がいまだに続いている．そもそも，亜熱帯域島嶼には粒子が分散しやすい土壌が多く，急峻で河川が短い地理条件とスコールが多い降雨条件など，赤土の流入を起こしやすい要因がそろっている．赤土が海水に混じると，海は濁ってサンゴを殺し，幼生は着生を妨げられる．ま

た，そこでは 1969 年以降，オニヒトデの大発生によるサンゴの食害が頻発するようになり，そのたびに多額の経費と人手を投入して駆除が行われてきた．オニヒトデはここ数年間あちこちで慢性的に発生しており，大発生を助成する何らかの，例えば，畜産糞尿や肥料の海域への過剰流入による海水の富栄養化がオニヒトデ幼生の餌である植物プランクトンを増やし，その生残を高めるというような，人為的要素が存在していることをうかがわせる．

1990 年代に人類が大気中に排出した二酸化炭素（CO_2）は炭素換算で年間約 6.4Gt で，このうち約 2.2Gt は海に溶け込んだと考えられている．産業革命以前の海水の平均的な pH は 8.17 程度だったが，現在の大気濃度 380ppm で pH はすでに 8.06 程度にまで低下した．そのため，海水中の炭酸イオン（CO_3^{2-}）の濃度が減少し，$CaCO_3$ の結晶系の 1 つ，アラゴナイトの過飽和度が 3.3 以下になると，サンゴは骨格を形成しにくくなってしまうだろうと考えられている．

●様々な保全策　さんご礁の保全と修復の方法は大きく 3 つに分けられる．第 1 は地球規模および地域的な人為的ストレスを可能な限り除去・軽減するもの，第 2 は積極的なサンゴの移植によって回復を促進するもの，そして第 3 はさんご礁域のいくつかを海洋保護区（MPA）に指定し，その中での人間活動を制限してサンゴを保全するものである．サンゴへの慢性的なストレスを減らせない環境では，さんご礁の回復は期待できず，もっと有効な法規の設定や自主的な管理体制が必要だが，実行はやさしくない．赤土汚染の防止を目指した沖縄県は，1995 年 10 月から「赤土等流出防止条例」を施行したが，効果は限定的で，依然として沿岸の 40% 近くが農地などからの赤土汚染の脅威にさらされている．移植によるさんご礁修復再生技術はかなり進歩したが，それによって修復できる面積は 1 件数 ha にすぎず，広範に衰退が進んでしまったさんご礁の面積と比べるとあまりにも小さく，さんご礁の生態系サービスの回復をもたらすまでにはいたっていない．

2010 年の生物多様性条約第 10 回締約国会議（COP 10）以来，MPA は世界中で増加する傾向にある．日本の MPA の定義は，「生物多様性の保全および生態系サービスの持続可能な利用を目的として，利用形態を考慮し，法律又はその他の効果的な手法により管理される明確に特定された区域」である（環境省 HP「海洋生物多様性保全戦略」より）．そして，アメリカなどにみられるようなノーテイク（完全禁漁）MPA の設定ではなく，保全と多目的利用を両立させる「日本型 MPA」が採りうる手段とされている．しかし，これではさんご礁の生物多様性の保全は難しい．

さんご礁は最も管理しやすいノーテイク MPA を設定できる海域だと思われる．そこにみられる生物群集は定住性が強いものが多く，MPA の面積を数 ha 程度にまで限定できるからである．それらは連続しているほど望ましい．そして，周辺に多目的利用のできる制限区域を設定することで，MPA によるさんご礁の保全効果は倍増すると思われる．　　　　　　　　　　　　　　　　　　　　［大森　信］

生物多様性関連分野における
政策枠組み

　生物多様性分野の政策枠組みは，基本的には「生物の多様性に関する条約」
（☞「生物多様性条約」）に基づく 2011 年以降の新たな世界目標である「生物多
様性戦略計画 2011-2020 及び愛知目標」（☞「愛知目標」）に依拠する．「愛知目
標」は，厳密には 20 の個別目標を指すが，慣例的には「生物多様性戦略計画
2011-2020 及び愛知目標」全体を指すものとして使われ，その場合には個別目標
の上位に位置付けられる 5 つの戦略目標（表 1）も含まれる．5 つの戦略目標は，
人間社会における根本的原因，問題の直接的原因となる圧力，生物多様性などの
状態，環境の悪化や改善によって生じる悪影響や恩恵，これらに対する社会側の
対策や政策に対応し，ドライバー・プレッシャー・ステート・インパクト・レス
ポンスモデル（いわゆる DPSIR モデル）に準拠して設定されている．

　生物多様性国家戦略は，生物多様性条約第 6 条の規定に基づき，各国の生物多
様性の状況やニーズ，優先度などに応じた国別目標と目標達成のための施策を定
めたものである．日本では，生物多様性の保全と持続可能な利用に関する政府の
基本的な計画として「生物多様性国家戦略」を策定しており，1995 年の最初の策
定後，2002 年，2007 年，2010 年，2012 年と 4 回にわたり見直しが行われてきた．
●東日本大震災と生物多様性国家戦略　生物多様性国家戦略 2012-2020 の発表前
年の 2011 年 3 月に東日本大震災が発生した．それまでは，生物多様性の保全お
よび持続可能な利用によって自然共生社会の実現を促すというのが基本的なスタ
ンスであった．だが，東日本大震災は，自然共生社会の実現に向けて，我々に豊
かな恵みをもたらす自然は，時として大きな驚異となって災害をもたらすもので
あることを深く再認識させた．そのため，国家戦略 2012-2020 では，「東日本大
震災の経験を踏まえ，人と自然との関係をいま一度見つめ直し，自然の持つ力を
理解することにより人々の安心・安全が守られてきた場所や，里地里山や里海に
おいて伝統的に実践されてきた持続的に営まれる農林水産業を再評価することな
どにより，あらためて人と自然との豊かな関係を再構築していくことが必要」と
明記している．そのうえで，同戦略は，地域の資源をできるだけ地産地消し，地
域の中で循環して持続的に活用していく自立分散型の地域社会を基本としながら，
それでは解決しない場合は国内国外も含めたより広域の視点で生態系サービスの
需給でつながる地域間でお互いに支え合う「自然共生圏」を提唱している．この
ほか同戦略は，自然と調和した形での防災・減災，すなわち生態系を活用した防
災・減災（Eco-DRR）にも言及している．
●統合的な政策展開へ　日本の生物多様性国家戦略では，生物多様性関連施策だ

表1 愛知目標の戦略目標と日本の生物多様性国家戦略の国別目標

DPSIR	愛知目標の5つの戦略目標	生物多様性国家戦略2012-2020に示された 愛知目標達成に向けた我が国の国別目標
Driver 根本原因	戦略目標A：各国政府と各社会において生物多様性を主流化することにより，生物多様性の損失の根本原因に対処する	A-1：「生物多様性の社会における主流化」の達成等
Pressure 直接的圧力	戦略目標B：生物多様性への直接的な圧力を減少させ，持続可能な利用を促進する	B-1：自然生息地の損失速度及びその劣化・分断の顕著な減少 B-2：生物多様性の保全を確保した農林水産業の持続的な実施 B-3：窒素やリン等による汚染状況の改善，水生生物等の保全と生産性の向上，水質と生息環境の維持等 B-4：外来生物法の施行状況の検討結果を踏まえた侵略的外来種の特定，定着経路情報の整備，防除の優先度の整理，防除の計画的推進等 B-5：人為的圧力等の最小化に向けた取組の推進
State 状態	戦略目標C：生態系，種及び遺伝子の多様性を守ることにより，生物多様性の状況を改善する	C-1：陸域等の17%，海域等の10%の適切な保全・管理 C-2：絶滅危惧種の絶滅防止と作物，家畜等の遺伝子の多様性の維持等
Impact/ Benefit 影響・恩恵	戦略目標D：生物多様性及び生態系サービスから得られる全ての人のための恩恵を強化する	D-1：生態系の保全と回復を通じた生物多様性・生態系サービスから得られる恩恵の国内外における強化 等 D-2：劣化した生態系の15%以上の回復等による気候変動の緩和と適応への貢献 D-3：名古屋議定書の締結と国内措置の実施
Response 対策	戦略目標E：参加型計画立案，知識管理と能力開発を通じて実施を強化する	E-1：生物多様性国家戦略に基づく施策の推進等 E-2：伝統的知識等の尊重，科学的基盤の強化，科学と政策の結びつきの強化，愛知目標の達成に向けた必要な資源（資金，人的資源，技術等）の効果的・効率的動員

けでなく，資源循環関連施策，気候変動関連施策の統合について「自然共生社会，循環型社会，低炭素社会の統合的な取組の推進」として明記され，省庁横断で具体的な施策が列挙されている．他国の戦略ではこのような統合的な政策アプローチはあまりみられないことから，日本の戦略の特色の1つといえる．

2015年9月に国連で採択された「持続可能な開発目標（SDGs）」では，海域生態系と陸域生態系についてそれぞれSDG-14と15によってカバーされている．SDGsの推進にあたっては，17の目標間でのトレードオフをできるだけ避け，シナジーを生み出していくことが重要となる．今後は，日本での3社会統合の枠組みを超えて，SDGsの効果的・効率的な推進の観点からも統合的な政策展開が求められることになる． 〔齊藤　修〕

グリーンインフラ

　グリーンインフラは「自然力や自然の仕組みを賢く活用することで社会と経済に寄与する国土形成手法をグリーンインフラと定義し，人口減少社会における国土の劣化を防ぎ，さらに豊かな国土の形成を図る」（グリーンインフラ研究会），あるいは「自然生態系の価値と機能を保全する空間をネットワークとして連結させ，自然の機能が提供する恩恵を人類が享受するシステム」（欧州連合〈EU〉の定義）などと定義される．すなわち，生態系を社会的なストックとして捉え，生態系が有する多面的な生態系サービスを社会が持続的に享受可能なストックとして活用するという新しい国土マネジメントの概念と手法である．

●**グリーンインフラの基本的な考え方**　グリーンインフラの基本的な考え方について簡単に説明する．グリーンインフラは生態系サービスがもたらす多面的な機能を有している．グリーンインフラの構成要素を連結させ，多面的な機能を発揮させ，社会的なストックとして機能させようという考え方である．すなわち，様々な水や緑の空間を適正に保全，管理，活用し，インフラとして機能させるものである．

　都市域，農山村地域を含めて，質の高い緑や水の空間をグリーンインフラの要素としている．これらの空間が連結することによって，グリーンインフラとしての機能を発揮する．再生可能エネルギーも含まれることは重要である．

　グリーンインフラに対し従来型のインフラはグレーインフラと呼ばれる．それぞれ特徴があり，どちらが優れているかというものではない．グリーンインフラは自然が豊か，多機能，環境負荷が小さい，維持管理コストが安い，規模拡大コストは面積拡大だけですむ，持続可能であるなどの利点がある反面，関係者が多数で参加型の取組みが必要，標準化が困難である，大きな敷地が必要などの課題がある．一方，グレーインフラは標準化が可能，効果発揮までの時間が短い，小さな敷地ですむなどの特徴がある反面，単機能である，維持管理費が高い，規模拡大時にはシステム全体のつくり替えが必要である，減価償却費が必要などの課題がある．したがって，グリーンインフラとグレーインフラの組合せが重要である．また，グリーンインフラとグレーインフラとは連続的であり，どちらかに完全に区別できるものは多くはない．分野横断の取組みであり，各セクターの連携および学の連携が必要な分野である．

●**グリーンインフラの動向**　このグリーンインフラは，2000年代後半より欧米で始まり，欧州では地球温暖化適応策あるいは生物多様性の保全のために，アメリカでは都市の雨水管理のために用いられようとしている．グリーンインフラの

要素としては，湿地，海岸林，自然公園，緑道，屋上緑化，雨水植栽ます，有機農業，自然豊かな河川，ビオトープなどの自然的あるいは半自然的空間があげられる．これらのグリーンインフラの要素が連結することによって，大きな価値を生む．グリーンインフラは多面的な価値や機能をもち，持続可能なため，様々な課題解決ツールとして期待されている．

　特に災害分野では，グリーンインフラの1つである生態系を活用した防災・減災（Eco-DRR），すなわちEco-DRRが国際的に注目されている．Eco-DRRは，人工物による対策に比べ，費用が一般的に安価である．さらに，生態系は多面的な価値をもち，平常時には人類に生態系からの恵みを提供してくれる．そのため，世界中で生態系を活用したEco-DRRが注目され，試行されるようになっている．Eco-DRRによってすべての災害を防ぐことはできないが，工学技術やソフト対策との組合せにより，さらに効果的になりうる．工学技術と組み合わせた，ハイブリッドなEco-DRRはきわめて有効な手法として期待されるが，Eco-DRRは工学者にはなじみが薄い視点であり世界的に研究が遅れている．

●都市域におけるグリーンインフラ　都市域では，都市化と豪雨による水害の頻発，水質悪化，大地震後の生活用水困窮，ヒートアイランド現象，コンクリート化による都市環境の劣化など様々な水問題，環境問題がある．ニューヨークなどのアメリカの大都市では雨水管理を緑地への浸透，貯留を活用したグリーンインフラへと転換した．コストが安価で導入までの時間が短く，住環境も改善されるためである．日本では，雨水管理の問題に加え，震災時の生活用水困窮の深刻な問題がある．公園，体育館，住宅に雨水貯留などのグリーンインフラを活用することにより，これらを同時に解決できる可能性がある．さらに，都市には深刻なヒートアイランド現象が発生している．ヒートアイランドは蒸発散量の減少が主因であり，都市の水辺や緑の再生が重要である．不動産分野では単純な「経済性」だけでなく，「環境，社会への配慮」をあわせもつ不動産（グリーンビルディング）を供給する事業者の先駆的な取組みが進みつつある．このように，都市において様々な防災，環境上の課題があるが，多様な機能をもつグリーンインフラにより解決される可能性は高い．しかし，グリーンインフラが都市政策として計画的に組み立てられるにはいたっていない．

●農山村などにおけるグリーンインフラ　地方都市，農村，中山間地，山地を包含する流域は人口減少に伴う獣害，それにより山地の劣化，豪雨時の河岸沿いの人工林の流木化，ダムや砂防ダムによる河川分断，土砂供給量の減少，海岸環境の劣化，水産資源の減少，生物多様性の危機など多様な課題が存在する．これらを包括的に解決するためには，流域の基盤である環境を整え，地域資源に基づいた産業を起こし，それらを運用する主体を形成する必要がある．健全な生態系の維持は持続的な地域社会の発展のために必須であり，生態系の機能を発揮させるグリーンインフラがその主役を演じる．

[島谷幸宏]

遺伝子組換え農業

　遺伝子組換えとは，ある生物の細胞に別の生物がもつ遺伝子を導入し，その生物の形質を変化させる技術である．その手順は，目的の形質を発現する遺伝子を単離し，必要に応じて遺伝子を改変し，宿主となる生物へ遺伝子を導入するというものである．従来の品種改良では，優れた形質をもつ個体との交配により，その形質を発現する遺伝子を同種あるいは近縁種の個体に導入していた．この場合，目的以外の遺伝子も導入されるため，目的の遺伝子だけを置き換えた品種を確立するためには，交配を繰り返す必要があった．遺伝子組換え技術には，宿主となる生物に単一の遺伝子が導入できることや，必要に応じて遺伝子が改変できること，通常は交配できない遠縁の生物の遺伝子が導入できることなどの利点がある．一方で，遺伝子の導入位置が決められないため，ゲノム上に導入された遺伝子の位置により発現量が異なる現象がみられた．近年，ゲノム上の狙った位置に遺伝子を導入することや，標的とする遺伝子の塩基配列を編集する技術の発展が目覚ましい．

●**安全性確保の枠組み**　遺伝子組換え生物を実用化する際には，食品や飼料などの最終生産物が人や家畜の健康に与える影響や，当該の遺伝子組換え生物や導入遺伝子が環境中に拡散した場合の生態系に与える影響を事前に評価し，安全性の確保に努める必要がある．2004年に施行された「遺伝子組換え生物等の使用等の規制による生物の多様性の確保に関する法律（カルタヘナ法）」は，遺伝子組換え生物が野生動植物などの多様性に与える可能性のある悪影響の防止を目的とした，「生物多様性条約のバイオセーフティーに関するカルタヘナ議定書」に対応する国内法である．新たな遺伝子組換え生物を開発する際には，この法律に沿って当該の遺伝子組換え生物の生態系への侵入や定着，有害物質の産生，近縁の在来種との交雑などの可能性について事前評価を行う必要がある．また，遺伝子組換え生物を原料とする食品および飼料の安全性については，「食品衛生法」と「飼料安全法」に沿った事前評価が行われる．安全性評価の考え方は，人類の歴史の中で利用法の確立した作物や食品を安全なものと仮定し，従来の作物や食品との比較により，遺伝子組換え生物や食品および飼料の安全性が評価される．具体的には，遺伝子組換え生物の形態や生理生態的特性について従来の品種や系統と差異がなく，さらに導入遺伝子がつくり出す新たなタンパク質などの安全性を確認することで，当該の遺伝子組換え生物が宿主となる生物と同等に安全であると判断する．現在のところ，専門家や国などが様々な方法で安全性を評価し，認可した遺伝子組換え農作物については，通常の食品や飼料と同等に安全であるとする見方が有力で，環境や生態系に悪影響を与えるという明確な証拠は報告され

ていない（National Academies of Sciences, Engineering, and Medicine, 2016）.

●**遺伝子組換え農作物の普及**　最初に実用化された遺伝子組換え農作物は，1994年にアメリカで発売された遺伝子組換えトマトである．1996年には遺伝子組換えトウモロコシやダイズの商用栽培が始まった．国際アグリバイオ事業団（ISAAA）の調べでは，1996年に170万 ha であった遺伝子組換え農作物の栽培面積は，2016年には世界26カ国の合計で1億8510万 ha に達しており，南北アメリカ大陸の国々などで栽培されている．作物別にみると，ダイズやトウモロコシ，ワタ，ナタネなどで遺伝子組換え品種が普及し，その多くに除草剤抵抗性や害虫抵抗性が付与されている．これらの普及により，生産者の労力は軽減され薬剤や燃料にかかる経費も節減された．また，雑草防除のための耕起が不要となり土壌侵蝕の防止にも役立っている．一方，遺伝子組換え農作物に限った問題ではないが，除草剤耐性の品種を栽培し，同一除草剤を連用することで，除草剤抵抗性雑草が顕在化する場合がある．2017年現在，日本においては，遺伝子組換えバラを除いて，遺伝子組換え農作物の商業栽培は行われていない．しかし，飼料用途や食用油，甘味料などの原料として大量の農作物が輸入されており，そのほとんどで遺伝子組換え品種と非組換え品種の分別が行われていないことから，相当量の遺伝子組換え農作物が国内で消費されていると考えられる．

●**遺伝子組換え食品の表示**　遺伝子組換え農作物の普及は食料の安定供給や低農薬化に寄与する一方で，食品としての利用経験の少なさから，その安全性について根強い不安感がある．1996年，アメリカ産遺伝子組換えダイズの輸入開始と同時に，遺伝子組換え農作物を原料とする加工食品の流通も始まった．これをきっかけに，消費者の遺伝子組換え食品に対する関心が高まり，商品選択に必要な遺伝子組換え農作物の使用・不使用に関する情報提供が求められた．2001年に「農林物資の規格化及び品質表示の適正化に関する法律（JAS法）」が改正され，指定された遺伝子組換え農作物と加工食品について，遺伝子組換えに関する表示が義務付けられた．現在，日本において食品としての安全性が確認された遺伝子組換え農作物は8種類あり，表示が義務付けられた加工食品は33食品群にのぼる．遺伝子組換えダイズを原料とした食品の場合，豆腐や納豆については表示義務がある一方で，油や醤油についての表示義務はない．これは，豆腐や納豆を検査すれば原料に含まれる遺伝子組換えダイズの検知が可能であるのに対して，油や醤油は導入遺伝子やその遺伝子から発現したタンパク質が分解，あるいは除去されており，それらの検知が不可能なことによるものである．遺伝子組換え農作物の開発や普及，規制のあり方については，引き続き，遺伝子組換え技術に対する国民の理解を促進するとともに，社会的な合意形成に向けた条件整備が必要である．

［芝池博幸］

📖 **参考文献**

・立川雅司（2017）『遺伝子組換え作物をめぐる「共存」——EU における政策と言説』農林統計出版.

第5章
環境問題と資源利用・資源管理

　環境問題の多くは資源利用と関係しており，資源をどのように利用し，管理するかは環境政策においても重要な政策課題といえる．森林資源，水資源，漁業資源などの再生可能資源は，適切に資源管理が行われたならば持続的に資源を利用可能である．しかし，過剰利用により資源の枯渇が生じた事例や，逆に過少利用により資源が劣化した事例が存在し，自然資源の持続的な利用を実現するための政策が必要とされている．本章の前半では，こうした自然資源の利用と保全に関する政策課題について，環境経済・政策学による分析方法について紹介する．

　一方，資源を利用すると廃棄物が発生するが，廃棄物処分場の枯渇化が深刻な問題となっている．このため，廃棄物削減やリサイクル推進などによる循環型社会の実現が重要な政策課題となり，廃棄物関連の法制度の整備が行われている．本章の後半では，廃棄物問題に関する様々な政策課題に対して環境経済・政策学による分析方法を解説する．　　　　　　　　　　　　　　　　　　　　［栗山浩一］

［担当編集委員：栗山浩一・赤尾健一・松本 茂］

資源問題と経済学

A. ディキシット（Dixit, 1990）は「経済学とは，希少資源の最適利用の実現，すなわち，制約条件のもとでの最大化の研究である」と述べている．1970年代に起こった石油危機以来，エネルギー，土地，水，森林，水産資源など様々な資源利用による生産活動を起因とする環境問題や生態系の破壊，資源の枯渇問題の顕在化による社会的危機感から，資源経済学を含む広義の環境経済学は，厚生経済学など応用経済学の一部として発展してきた．開発経済学の分野では，資源依存型経済の発展プロセスでの問題点をオランダ病として説明している．

資源経済学では，時空間でどのような資源配分を行うと社会の厚生が最大化されるかを考え，その達成のための制度設計を行う．ある資源は地理的にあるいは時間的に偏在していることが資源の特徴でもある．

前者は動学的な最適配分問題として，また，後者は空間的な最適配分問題としてのアプローチがある．資源には使用すると資源量が減る非再生資源と，生物資源のように繁殖可能な再生可能資源がある．以下に，その代表的なものを述べる．

●**非再生資源の経済学** エネルギー資源や鉱物資源の中には，再生可能なものや一部リサイクル可能なものもあるが，非再生資源を代表する資源である．資源の総供給量は一定であり，現時点での利用により将来の利用量が減少する場合，生産の決定は異時点間で行わなければならない．図1は資源制約のない再生可能資源と資源制約のある非再生資源の生産量の決定の違いを示したものである．再生可能資源（a）と比較して，非再生資源（b）の場合は資源の希少性により資源のロイヤリティ ρ（資源価格から採掘費用を差し引いたもの）が生じ，価格 P は高くなり，適正生産量は低くなる．動学的には厚生の現在価値を最大にするために，どのような条件で最適な採掘経路と価格経路をたどるのかを考える．厚生最大化の解として各時点での最適資源量および採掘量が得られ，最大化の必要条件から「ホテリング・ルー

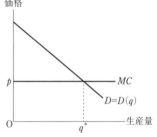

(a) 再生可能資源の場合
$P = MC$, $\rho = P - MC = 0$

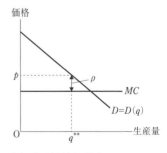

(b) 非再生資源の場合
$P = MC + \rho$, $p > MC$

図1 再生可能資源と非再生資源の価格と生産量の比較
[Tietenberg (1996) をもとに作成]

ル」（Hotelling, 1931）が導出される．H. ホテリングの理論では，採掘費用が一定である場合，資源のロイヤリティの時間変化（限界便益）が資源のロイヤリティと利子率 r の積（限界費用）と等しくなる．つまり，$\dot{p}(t) = rp(t)$ となり，各時点 t で追加 1 単位時間の資源を保有することによって得られる資源価格増加の限界便益と，採掘を待つことで失われた利子分としての資源保有限界コストが一致する点で収益現在価値の最大化が達成される．採掘コストが高い場合，物理的に枯渇していなくとも経済的に枯渇することもありうる．しかし，エネルギー資源や鉱物資源などの例では，資源が高価になればその代替資源の技術革新が進んで価格が安くなり，別の資源利用に移行する．資源の希少性は市場のメカニズムによってある程度調整されている．

●**再生可能資源の経済学——水産資源**　再生可能資源には水産資源，森林資源，生物資源などがあるが，ここでは水産資源を例にして非再生資源との関連を示す．再生可能資源の特徴は資源ストックが成長（増加）することであり，漁業資源の増加量はストック量に依存し，ストックの低下や増加は自然増加量を低下させる．自然増加の最大値は最大持続収穫量と呼び，そのときのストック量は生物学的に最適なストック水準となる．漁獲という人間活動が介入することによってストックの増加量は自然増加量から収穫量を差し引いたものになる．この資源制約下で，非再生資源のホテリング・ルールと同様に，再生可能資源についても持続的な漁業純収益を最大化する漁獲量とそれを与えるストック量を決定する必要条件が導出される．ストック量が収穫量によって変化するため，水産資源の経済学的最適ストック水準は，生物学的最適ストック水準よりも低くなる．また，ストックの増加がない場合，この条件式は非再生資源の条件式 $\dot{p}(t) = rp(t)$ へ収束する．持続可能な最適ストック量に到達するための資源管理の政策として，収穫量の総量規制や漁業エフォートの規制など様々なアプローチがある．

●**資源と持続可能性**　1980 年代後半頃から国民総生産（GNP）などの国民勘定へ森林などの自然資源ストックの枯渇を組み込む研究が，自然資源勘定として盛んに行われるようになってきた．近年では，国連による包括的富指標の開発やジェニュイン・インベストメントに加え，持続可能性の指標（☞「持続可能性の指標」）の議論も進んでいる（Dasgupta, 2001）．エコロジー経済学の台頭にもみられるように，将来世代の厚生を損なわない持続可能な社会の構築のために，資源のフローを生み出す資源ストックを自然資本として適切に評価する取組みが求められている．　　　　　　　　　　　　　　　　　　　　　　　　　　　　　　　[梅津千恵子]

📖 **参考文献**

・ディキシット，A.K. 著，大石泰彦・磯前秀二訳（1997）『経済理論における最適化（第二版）』勁草書房．
・ダスグプタ，P. 著，植田和弘監訳（2007）『サステイナビリティの経済学—人間の福祉と自然環境』岩波書店．
・馬奈木俊介（2012）『資源と環境の経済学—ケーススタディで学ぶ』昭和堂．

再生可能資源の利用と保全

　再生可能資源とは，自然の再生・増加能力を有する自然資源を意味する（例えば，水，生物資源）．自然再生の速度が人為的取得（獲得）の速度より著しく遅いもの（石炭など）は通常含まれない．自然再生分を上回る人為的取得の継続による長期的な資源の減少・枯渇は，（特に産業革命以降）熱帯雨林，漁業資源など多くの種類の資源について観察されている．経済分析の対象となるのは効率的な資源利用の規模や仕様の推定，資源利用を規定する各種法律・制度のもとでの資源配分の説明，現在・過去に導入された各種資源管理に関わる政策効果の推定，非効率是正のための政策提言などである．

●**現状と課題**　多くの再生可能資源について，その非効率的な利用，資源量の減少や枯渇が懸念されている．例えば，世界銀行の *The Sunken Billions* 報告書によると，漁業資源管理の非効率性による資源ストックの減少は漁獲減少，漁獲費用の増加，そして漁獲小売価格の低下を通じて世界的に大きな損失をもたらしている．水資源の減少は複数の国際紛争の原因の1つとして指摘されている（Vajpeyi, 2011）．国連食糧農業機関（FAO）の「世界森林資源評価（FRA）」によると，熱帯雨林の減少が近年鈍化している地域もあるものの，効率的な保全は多くの国で課題として残されている．

●**各種制度のもとでの資源利用**　同じ種類の資源でも，時間や地域によって異なる制度のもとで利用されている．多くの場合，資源管理の非効率は利用を司る制度の性質に起因する．所有権が確立されておらず，どの経済主体でも利用が可能なオープンアクセスは一般的な制度の1つであり（例えば，国の排他的経済水域に属さない海洋の漁業資源），過剰な資源利用を招きやすい．毎期の資源ストックの変化分は，期首のストックの大きさに依存して決まる自然成長分から，取得量を差し引いたものとなる．一般に，取得量は資源ストック量と資源獲得のための投入量（漁業の場合は漁船の規模や数，漁師の労働量，船の燃料など）に依存する．資源利用の費用は投入増加に伴い増加する．資源利用からの収入も投入量に依存するが，過剰投入の継続は資源ストックの減少を通じ長期的に収入減少をもたらす（図1）．オープンアクセスのもとでは，資源利用に伴う利潤（収入−費用）がなくなるまで投入が起こる（E^o）．持続可能な利潤を最大化する投入量（E^*），あるいは正の割引率のもとで利潤の現在価値を最大化する投

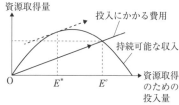

図1　オープンアクセスに伴う利潤の喪失

入量（E^*とE^oの間）と比較すると，オープンアクセス資源利用のもとではより低いストック量が維持される．各資源利用者が現在の資源保全を通じて将来もたらされる便益を考慮しないことが，オープンアクセス利用の特徴である．

●「共有地の悲劇」と協力的な利用の可能性　特定の経済主体の集団が資源を共同利用する場合も数多くある（☞「コモンズと自然資源管理」「オストロムのコモンズ管理論」）．共有資源が非効率的な利用をされる傾向にあることは実証・理論研究で明らかになっている（☞「ゲーム理論の環境問題への応用」）．資源利用者がその管理について協力すれば共同利得を最大化する効率的資源利用が達成されるにもかかわらず，均衡では非効率的な（過剰な）利用が選択されることとなる．この点はG.ハーディン（Hardin）以来多くの研究者が指摘している．しかし，E.オストロム（Ostrom）が指摘するように，実際には資源利用者が「共有地の悲劇」を回避し，天然資源を比較的効率的に管理している場合も数多く見受けられる（☞「オストロムのコモンズ管理論」）．このことは，特に同じ利用者の集団が共同資源利用を続けるような繰返しゲームのもとで，効率的な資源配分が均衡として維持できる可能性（☞「実効性」）により説明できる．実際の資源利用はそのストックの時間を通じた変化などのため単純な繰返しゲームではないが，それを考慮したより一般的な「動学ゲーム」（☞「共有地の悲劇とダイナミックゲーム」）でも共有資源の効率的な利用は説明可能である（Polasky et al., 2006）．

●諸政策の効果　資源利用期間の制限，投入量や技術の制限，総取得量の制限などの政策介入は古くから多く導入されてきた．一方で，これらの政策はオープンアクセスに伴う利潤の喪失を回避するという根本的な解決につながらない．実証的にも，これらの政策手段の限界は指摘されてきた．他方，資源管理に関する地域漁業権や譲渡可能個別漁獲割当制度の導入は効率改善につながるとされている（Wilen et al., 2012）．漁業や森林資源の空間的分布や連結性を考慮すると，一部地域での資源利用を禁止するゾーニング管理も正当化される．

●今後の対策と研究視座　動学的最適化や動学ゲームを用いた資源分析に関する理論的精緻化は数多く行われてきた．その多くは資源利用の制度を与件としているが，中世イギリスにおける耕地囲込みなどにみられるように，制度は時間を通じて資源希少性とともに変化する．制度変化の要因を分析する研究は比較的新しく，今後も発展が期待される（Tarui, 2014）．理論的に望ましい政策が現実にはなかなか導入されない要因を政治経済学的に分析し，理論的知見をより生かすような応用研究の余地は大きい．定性的な政策提言から一歩踏み込み，定量的な資源政策評価を分析する手法を開発しているアメリカの Natural Capital Project のような試みも今後需要が増加すると考えられる．　　　　　　　　　　［樽井 礼］

📖 参考文献
・細田衛士編著（2012）『環境経済学』ミネルヴァ書房.

森林資源の経済学

現代日本における森林資源の問題の多くは，第2次世界大戦以降の急速な人工林の造成に起因している．そもそも，戦中・戦後に伐採された森林の再造林や，天然（広葉樹）林を人工針葉樹林へと転換する拡大造林は，水源涵養・洪水防止といった環境機能の増進と，効率的木材生産による産業振興を狙ったものであった．しかし，1980年代以降，約1000万haに及ぶそれらの人工林が間伐を必要とする時期に入ったにもかかわらず，傾斜地にあるという地形面での不利や外国産材との競争のために，間伐によって得られる収入では，間伐それ自体の費用をまかなうことが困難となった．その結果としての間伐の遅れは，林木の成長の不健全化や下層植生の減少へとつながり，水源涵養，土砂流出防止，山崩れ防止，生物多様性保全，さらには地球温暖化防止など，森林に期待される様々な環境機能の発揮を阻害する可能性が生じている．

世界的には，経済成長を遂げようとする発展途上国において，熱帯林の消失や劣化が発生している．経済成長に伴って森林面積は減少するが，一定の経済水準に達すると再び増加するという森林U字型仮説がある（永田，2015）．しかし，森林破壊による二酸化炭素排出量増加の問題や，取返しのつかない生物多様性喪失の可能性，加えて経済成長にも多くの困難があることを考えれば，やがて問題は解決されるとの楽観は禁物である．世界的な温帯林や寒帯林の単一樹種人工林への単純化も，生物多様性の喪失の観点から見逃すことのできない問題である．

●研究の展開と課題　森林資源の管理に関する経済学的分析は，18世紀後半のドイツ林学に始まる．領主の資産としての森林の価値をいかにして高めるかが課題であり，その成果として，植林をしてからどれだけの年数を経てから伐採するのがよいかという最適伐期齢の研究がある．M.ファウストマン（Faustmann）は，1849年，森林の資産価値を最大にする伐期齢の計算式を求めた．その後，資産としての森林の管理にとどまらず，森林の環境機能を視野に入れた研究が展開している．1976年にアメリカのR.ハートマン（Hartman）は，森林が立木のままの状態でレクリエーションなどの価値を発揮することを想定した場合の最適伐期齢について考察し，一般には，資産としての最適伐期齢よりも長くなると推論した（Hartman, 1976）．

伐期齢以外にも，森林資源の管理には多くの意思決定が求められる．同齢林管理か異齢林管理か，同一樹種育成か複数樹種育成か，林道・森林作業道などの基盤整備についても意思決定が必要である．これらの意思決定は，空間的かつ長期的に，しかも将来的な価格や生態系（成長量，病害虫被害など）の不確実性のも

とでなされなければならない．このような複雑な意思決定に経済学は指針を提供する．例えば，同一の森林で木材生産機能とレクリエーション機能の両立を目指すべきかどうかは，両機能の生産可能性フロンティアの形状による．図1のように両機能が背反的である場合には，木材生産の価値がレクリエーションの価値よりも一定程度大きければ，木材生産に特化した方が効率的であり，レクリエーション機能は他の森林で発揮させるという機能特化型のゾーニングによる管理が望ましい．図2のように両機能間での相乗効果を示す生産可能性フロンティア曲線を有する場合には，各機能を同時に両立させる森林管理が望まれる．

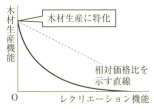 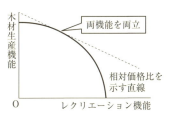

図1　背反型生産可能性フロンティア　　図2　相乗効果型生産可能性フロンティア
[図1，2ともに，Zhang & Pearse（2011）をもとに作成]

　世界各国の森林の所有形態は多様である．日本では，個人や企業の所有する森林（私有林）が全森林面積の6割を占めるが，日本が多く木材を輸入する国をみると，その割合は，カナダで1割，アメリカで6割，チリで8割，インドネシアで1割である（FAO, *Global Forest Resources Assessment 2015 Desk reference* より）．個人や企業が所有する森林の環境機能を発揮させるために，行政側がそれらの所有者をどのように誘導すべきかも，経済学が直面する課題である．規制的手法，経済的手法，情報的手法に大別すると，日本では，規制的手法としては保安林や伐採届出，経済的手法としては森林整備補助金や固定資産税の優遇制度，情報的手法としては森林認証などがあり，どの手法をどう用いていくべきかが問われている．

●**研究レビューと展望**　日本の森林資源の経済学は，森林所有者・管理者の実態の解明や，林野庁の政策実態の解明・批判が大きな部分を占め，経済理論的な分析については，戦後40年ほどの間になされたマルクス経済学によるものを除いて盛んではない．これは，社会経済的にも自然生態的にも実態が多様で，かつ歴史的経緯が重要なため，理論一般化が困難であること，むしろ政策課題解決への志向が強いこと，近年では林業が経済活動として採算ベースに乗りにくいことが理由であろう（半田，1997；遠藤，2012）．しかし，国内での人口減社会への移行，世界的には今世紀後半に人間社会からの温室効果ガスの排出実質ゼロを目指す（「パリ協定」）という社会の大きな変革の中で，森林資源の経済理論もまた新たな発想の源泉として見直されるべきであろう．　　　　　　　　[高橋卓也]

木材貿易と環境問題

　国連食糧農業機関（FAO）の 2010 年「世界森林資源評価」によると，世界の森林面積は約 40 億 ha で，そのうち 93％が天然林，7％が人工林である．1990〜2000 年の森林総面積をみると，年間平均 830 万 ha 減少している．地域別には，温帯以北の森林は近年微増しているが，アフリカ，東南アジア，南アジア，中南米，オセアニアでは熱帯林の消失が止まらない．特に中米では 1990〜2010 年まで年率 1％を超える森林減少率であった．商業伐採は熱帯林を中心とする天然林消失の要因の 1 つとされている．

●**世界の木材貿易**　近年の世界の林産物市場の状況を概観してみよう．図 1 は 2010 年の丸太貿易額を表している．丸太の貿易圏は消費地によって，欧州連合（EU）を中心とするヨーロッパ圏，中国，日本，韓国を中心とするアジア圏，北米圏の 3 つに分けられる．ヨーロッパ圏では EU 内で，相互に丸太の輸出入が活発に行われるとともに，東欧やロシアが EU に大量に丸太を輸出している．アジア圏は，東南アジア，北米，ニュージーランド，アフリカ，ロシアなど世界中から丸太を輸入している．中でも中国の輸入量が最も多い．北米では，カナダとアメリカの間で相互に丸太の輸出入が行われている．丸太輸出国の中で，ロシア，東南アジア，アフリカ，カナダは主に天然林を伐採しており，森林破壊の原因の 1 つになっている．

　次に，2010 年の FAO データに基づいて主な加工品の輸出についてふれておこう．製材輸出についてはカナダ，ロシアが飛び抜けて多く，熱帯材ではマレーシア，カメルーン，タイが多い．合板の主要な輸出国は中国であり，その後にマレーシア，インドネシアが続く．繊維板も中国が 1 位であり，その後にドイツ，タイが続く．紙についてはドイツ，アメリカ，フィンランド，スウェーデン，カナダと 5 位まではいずれも先進国である．加工度の高い製品ほど先進国が主な輸出国で，丸太を輸入し製品を輸出する加工貿易の国として中国が突出した地位にある．

●**木材貿易と環境破壊**　主に熱帯天然林を伐採して輸出している国では，一度伐採が入ると他の要因も相まって最終的に森林消失に至るケースが多い．1980 年代のアフリカ諸国を対象とした調査で，伐採を行った面積の約半分がその後森林消失に至ったという（島本，2015）．

　熱帯林諸国ではほとんどの森林が国有林である．林地は森林法により伐採ルールが決まっている．木材生産については，政府が企業などに一定期間の伐採権（コンセッション）を発給し，伐採権者は伐採後に森林を政府に返却するため，期間内に乱伐されがちである．熱帯林は一般に多様な樹種で構成されているため，

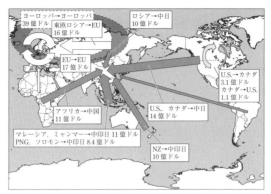

図1　2010年の世界の主な丸太の貿易フロー
[Comtradeの2010年データ（HS：4403 Wood in the Rough）をもとに作成]

有用樹種のみを択伐する．広大な地域で管理が行き届かないため伐採許容量を超過したり，許可区域を超えて伐採を行う違法伐採が起こりがちである．東南アジア諸国，西アフリカ諸国では順々に天然林資源の枯渇が起こりつつある．

温帯林以北地域でも，天然林では森林資源が劣化している．ロシアでは，伐採活動と森林火災のため商業的森林蓄積量が減少しつつあり，違法伐採の横行も指摘されている．北米でも，1980年代後半以降カナダのブリティッシュコロンビア州におけるオールドグロス林の伐採反対運動やアメリカのオレゴン，ワシントン，カリフォルニア各州におけるマダラフクロウ生息地の保護運動により天然林伐採への規制が強化された（村嶌・荒谷，2000）．

●持続可能な木材利用のために　国際的な森林管理に関する条約はいまだに存在しない．そこで，代替的な方策が様々に試みられてきた．1990年代には，持続可能な森林から伐採された林産物に非政府機関がラベリングを行い，付加価値をつけて流通させる森林認証制度が次々と立ち上がった．代表的なものに森林管理協議会（FSC），森林認証プログラム（PEFC）がある（木平編，2007）．また，1998年のG8バーミンガムサミット以降，欧米で違法伐採材の輸入に対する法的規制の導入も進められた．EUは熱帯材輸出国と2国間協定を結んで合法材の輸出を約束させる一方，2013年「EU木材法」を発効させ，違法伐採材を域内に持ち込んだ業者へ罰則を課すことになった．米国でも，2008年に違法材を輸入した業者に罰金や懲役を課すことができる「改正レイシー法」が制定された．

●木材輸入国の環境問題　木材貿易による環境問題は輸出国のみならず輸入国でも起こっている．例えば，人工林率の高い日本では自由貿易による安い外国産材との競争に敗れて国内林業が衰退し，人工林の管理放棄や再造林放棄が広がっている．これにより，森林の公益的機能が劣化し問題となっている．［島本美保子］

環境保全型農業と環境支払

　農業生産額が国内総生産（GDP）に占める割合は先進国においては必ずしも高くないが，農地は主要な土地利用の1つであり，周囲の環境に影響を与える重要なファクターである．従来型の慣行農法は，生産性向上のために投入される化学肥料や農薬などが環境面で悪影響を与えることがある．それらの過度な投入による環境負荷を低減させ，生物多様性や水質を向上させるため，農家への直接支払政策が各国で行われてきた．環境保全型農業はより望ましい環境を実現する反面，雑草の繁茂や害虫の増加などにより減収をもたらすため，環境支払という農家への経済的インセンティブの付与が必要となる．

●日本の環境支払　農業は正負両面の環境影響を人間社会に与える．正負両面の環境影響は，経済学における外部経済と外部不経済に相当する．日本や他の先進国では，外部経済を維持するため，農家に対して補助金が直接交付されてきた．他方，外部不経済を低減させるため，環境保全型農業への助成も行われてきた．

　1999年に制定された「食料・農業・農村基本法」では，農業の外部経済が「国土の保全，水源のかん養，自然環境の保全，良好な景観の形成，文化の伝承等農村で農業生産活動が行われることにより生ずる食料その他の農産物の供給の機能以外の多面にわたる機能」として定義された．上記の基本法をふまえて，2000年に中山間地域等直接支払制度が導入された．中山間地域等直接支払は，農地の傾斜度の高い中山間地域などにおいて，農業生産活動を維持・継続することにより耕作放棄を防止し，多面的機能を発揮しやすくすることを目的として開始された．

　環境保全型農業はそれよりも早く1992年には「農業の持つ物質循環機能を生かし，生産性との調和などに留意しつつ，土づくり等を通じて化学肥料，農薬の使用等による環境負荷の軽減に配慮した持続的な農業」と農林水産省において位置付けられた．その後，2005年には「環境と調和のとれた農業生産活動規範」が策定され，2006年には「有機農業推進法」が成立した．2007年には，集落で共同管理されてきた農地・農業用水などの地域資源を保全するための農地・水・環境保全向上対策が導入された．その対策では，化学肥料と化学合成農薬の5割低減を実現した農家への環境支払が実現した．

　2011年度からは，戸別所得補償制度の本格実施とあわせて制度改革が実行され，農地・水保全管理支払交付金と環境保全型農業直接支援対策へと分かれた．環境保全型農業直接支払は，地球温暖化防止や生物多様性保全効果の高い営農活動に取り組む農業者に対して直接支払を行う制度である．2015年には「多面的機能発揮促進法」が施行され，多面的機能支払，中山間地域等直接支払，環境保

全型農業直接支払が法律上明確に位置付けられた.

●**地域レベルでの環境支払**　減農薬・減化学肥料を行う環境保全型農業に対する支払いは，全国レベルでの環境支払とは別に自治体において実施されてきた. 滋賀県は，2004年に「滋賀県環境こだわり農業推進条例」を施行し，農家への環境支払政策を開始した. この条例は，農業生産に投入された農薬や化学肥料が琵琶湖に流入して水質汚濁をもたらし，琵琶湖固有種の生息環境を脅かすことに配慮した環境政策である. 1つの県内でのみ厳格な環境規制を課すことは，他県との産地間価格競争において生産者に不利益を与える. そのため，農家に環境保全型農業の実践を要請する際には，助成金の交付という経済的インセンティブの付与が必要となる.

　滋賀県の環境支払は，独自の環境認証を付与した減農薬・減化学肥料の「環境こだわり農産物」を供給することも狙いであった. 環境認証によりブランドが確立し，販売時に価格プレミアムが発生することもある. 兵庫県豊岡市の「コウノトリ育むお米」(矢部・林編，2015)，宮城県大崎市の「ふゆみずたんぼ米」(古沢他，2015)など生きものマーク米の事例がある. 絶滅危惧種保護と関連した環境保全型農業により生産された農産物に価格プレミアムをつけて販売する試みであるが，知名度の高い絶滅危惧種がいない場合，環境認証が価格プレミアムを発生させないことも多い.

●**環境支払と国際動向**　環境保全型農業への環境支払は，欧州連合(EU)やアメリカを中心として世界各国で取り組まれている. EUの共通農業政策(CAP)において1985年から環境支払が導入され，化学肥料の過度の投入による地下水汚染の解消などを目的としてCAP改革が進められてきた. EUでは減農薬・減化学肥料を対象とするものよりも，生物多様性や景観保全に関してある一定の参照点と目標値を設定し，それを達成するために必要なコストを補償するという形態が多い. アメリカは低投入型持続的農業(LISA)を1980年代に農業法に位置付けるなど，環境支払にいち早く取り組んできた. アメリカでは，環境水準の維持を条件とするクロスコンプライアンス型の環境支払が導入され，その後EUなどに普及した.

　欧米などの先進国における農業問題は，一般に農産物の過剰を背景とするものである. 農産物の過剰生産を刺激する価格支持政策，あるいは輸出補助金のように貿易歪曲的な性質の助成政策の解消が国際的な課題であった. 世界各国の農業政策は，適切な生産管理と良好な環境水準の達成を両立させる環境支払政策に徐々にシフトしてきたといえる.　　　　　　　　　　　　　　　　[吉田謙太郎]

📖 **参考文献**
・荘林幹太郎他(2012)『世界の農業環境政策—先進諸国の実態と分析枠組みの提案』農林統計協会.
・荘林幹太郎・木村伸吾(2014)『農業直接支払いの概念と政策設計—我が国農政の目的に応じた直接支払い政策の確立に向けて』農林統計協会.

水資源の経済学

　水は人間の生命維持に必要不可欠な重要な資源である．水の管理は古代より国や為政者にとって食料生産のための最重要課題であり，「水を治める者は国を治める」といわれてきた．水資源の特徴は，資源が地理的に偏在し，また時期的に供給量の変動があることである．その克服のために，世界各地で様々な在来の水管理システムが発達してきた．人口増加とともに水需要も増加の一途をたどり，地域的あるいは時期的に水不足となるケースが生じている．特に，農業用水は世界の年間取水量 3800 km^3/年のうち貯水池からの蒸発散量を除くと約7割を占めている（Shikolomanov, 1996）．1960年代頃より，国際機関の援助などによって大規模な灌漑システムの建設が世界各地で行われた．灌漑農地の拡大と安定的な水供給は，食料生産の単収および収量増加と食料安全保障の向上に著しく貢献した一方，水供給量増加の利水と治水を目的としてダム建設に伴う環境問題から，さらなる建設による水供給量の増加は難しい状況になっており，水消費量での調節が必要となっている．以下に，水資源の経済学的アプローチを紹介する．

●農業と水資源　農業における水利用では，いかに農業生産のために効率的に水を利用するかが課題となる．圃場における最適な水利用は，その土地における作物の水の限界生産性によって決定される．

　水の限界生産性は土地の肥沃度や作物の水効率性によって決まる．図1で，土地Aにおける水の限界生産性価値 VMP_A と水の価格 w の交点で農業用地のレント（総便益−要素費用）を最大化する水の供給量が決定される．生産性の異なる土地がある場合には，より高いレントが得られる土地へ水を供給することが効率的となる．水価格上昇にともなって，節水技術への投資が行われる．圃場レベルでの水効率性（作物生産に使われる水量／圃場に給水される水量）は畝間灌漑では 0.6，スプリンクラー灌漑では 0.85，ドリップ灌漑で 0.95 程度である．地理的に灌漑プロジェクトの上流域の方が下流域より取水には有利となる場合が多く，多くの灌漑地区で上流の過剰取水による下流の水不足に起因する争いが生じている．灌漑プロジェクト全体の便益最大化を達成する地理的水配分モデルでは，灌漑水路の漏水メンテナンス費用，効率

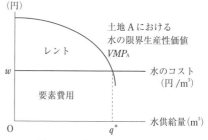

図1　土地生産性による水の配分
土地Aへの水供給量 q^* は水の限界生産性価値と水のコストが等しい点で決定され，そのときレント（総便益−要素費用）が最大化される．
［Hartwick & Olewiler（1986）をもとに作成］

的水価格，最適節水技術などは地理的に異なった値となり，上流では表層水を，下流では表層水がリサイクルされた地下水を利用することが効率的となることが示された（Chakravorty & Umetsu, 2003）.

●水資源管理　水資源管理には政府の役割，市場の役割，共同体の役割が重要である（遠藤，2013）. 必要なときに十分な水が確保できない場合は，いかに限られた水を地域で効率的に使うかが重要となる. 農業用水を地域や農家へ配分する伝統的方法では，公平性が重要なポイントであった. 満濃池（香川県仲多度郡）における線香の燃焼時間による番水方法や，長野堰円筒分水（群馬県高崎市）による可視的配分方法などに先人の知恵をみることができる. 歴史的に水管理の共同体的社会組織が発達し，機能してきた地域も世界各地にある. E.オストロム（Ostrom, 1990）は，多くの地域共有資源の管理について，政府でもなく，市場でもないコモンズとしての共同体の管理主体の役割と可能性を強調した. 大規模灌漑プロジェクトが政府事業として供給された地域では，1990年代頃から，従来政府主導であった水資源管理が政府の予算制約と末端での効率性向上のため，多くのプロジェクトで水管理組合などへの管理移譲が進行した. 政府が供給するインフラ整備などハードウエア重視から，水管理の主体として，灌漑組合などの社会組織や市場メカニズムの役割が重要となっている.

●効率的な水利用　水資源管理における経済学の役割が高まったのは，地域的に水の需給が逼迫（ひっぱく）して，市場による水配分メカニズムの有効性が認識されたことによる. 市場メカニズムを活用した例としては，アメリカ・カリフォルニア州の渇水バンクがある. 売り手と買い手が互いに価格を提示し，政府が仲介者となって水の売買が実施されており，渇水時の効率的な水利用を実現している（遠藤，2013）. また，非再生地下水資源の例として同じくアメリカ中部穀倉地帯にあるオガララ帯水層での過剰揚水による地下水位低下と揚水コスト上昇の問題がある. この対策として，さまざまな取水規制，作物転換，土地利用規制，地下水の人工涵養などによる資源管理が行われている. 沿岸域での地下水の過剰利用は地下水位低下に伴う海水の淡水への浸入をもたらし，不可逆的な影響を生態系や農業生産に与える可能性がある. そのような被害の発生に不確実性が存在する場合の資源利用は，将来的に非常に高いコストを社会に与えうることが示されている（Tsur & Zemel, 1995）. 近年，世界各地の灌漑システムで老朽化が進み，システムの効率性が低下している. 気候変動，人口増加，食料安全保障の観点から将来の水資源に対する懸念が強まっている. 政府と共同体の役割に加えて，水資源利用における適正価格などの経済的インセンティブを活用した効率的な水利用とインフラ投資のシステムが望まれる. 　　　　　　　　　　　　　　　　　　［梅津千恵子］

📖 参考文献
・沖 大幹（2012）『水危機　ほんとうの話』新潮選書.
・佐藤正弘（2015）『水資源の国際経済学―気候・人口問題と水利用のネットワーク化』慶應義塾大学出版会.

水質保全の経済学

　日本では，「環境基本法」に基づき，水質汚濁に関わる環境基準が定められている．公共用水域（河川，湖沼，海域など）の環境基準は，人の健康の保護に関する環境基準（健康項目）と生活環境の保全に関する環境基準（生活環境項目）の大きく2つに分かれている．健康項目としては金属，有機塩素系化合物，農薬，硝酸性・亜硝酸性窒素など27項目が，生活環境項目としては生物化学的酸素要求量（BOD，河川に適用），化学的酸素要求量（COD），全窒素，全リン（いずれも湖沼と海域に適用）など12項目が設定されている．また，地下水については健康項目28項目が設定されている．

●**水質の現状**　現在，健康項目の環境基準達成率は100%近い．これは，排水処理技術が進んだことや，工場・事業場に対する排水規制が一定の効果を上げていることなどによるものである．これに対して，生活環境項目の環境基準達成率は，河川（BOD）では90%台であるものの，海域ではCODが80%前後，全窒素・全リンが80%台とやや低く，湖沼ではCODと全リンが50%台，全窒素は10%台とさらに低い（環境省「平成28年度公共用水域水質測定結果」(2017) より）．公共用水域へ直接排水する工場・事業場は「水質汚濁防止法」に基づく全国一律の排水基準によって排水の上限濃度が設定されている．さらに，都道府県は何らかの形で国よりも厳しい規制を行っている．これによって工場や事業場の排出量が低下している一方で，生活排水やその他の排出源は規制されておらず，排出削減が進んでいないことが，環境基準達成率の上がらない大きな要因である（生活排水やその他の排出源は有害物質である健康項目はあまり排出しない）．

　工場や事業場など，排出地点が明確な汚染源を点源と呼び，点源以外の汚染源を面源あるいは非点源と呼ぶ．面源の代表的なものは，農地，市街地，山林などである．面源は排出地点が面的であること，汚染物質の排出量が変動すること（主に降雨時に流出する）などから排出量の把握が難しく，汚染物質の処理や制御も困難なことが規制を阻んでいる．

　なお，欧米諸国では農業部門からの窒素とリンによる富栄養化や地下水の硝酸性窒素濃度の上昇が大きな問題として認識されている．これは，汚濁負荷に占める農業部門の割合が高いことや地下水を飲料水に用いている地域が多いことなどが背景にある．

●**水質保全のための経済的手法**　汚染物質の量に応じて徴収される排水課徴金は，ドイツをはじめ，欧州各国とアメリカのいくつかの州で点源を対象に実施されている．汚染の原因となるものに課される製品課徴金／税は，スウェーデン，ノル

ウェー，デンマーク，フランスで農薬税として導入されている．以前は北欧諸国に肥料税が存在したが現在ではデンマークにおいて家庭向け肥料だけが課税されている（*OECD database on instruments used for environmental policy* より）．

　農業部門に関しては，面源という性質もあり，汚染者負担原則（☞「汚染者負担原則」）が適用されておらず，一定水準を超えて汚濁負荷の削減に努める農業者に対して補助金を支給する国が多い．こうした仕組みを欧州連合（EU）の共通農業政策（CAP）では農業環境施策，アメリカでは費用分担プログラムと呼んでいる．これらに比べると，予算額ははるかに少ないものの，日本でも環境保全型農業直接支払交付金として実施されている．なお，窒素やリンの流出削減に資する取組みの例としては，化学肥料施用量の削減，カバークロップ，不耕起，河畔緩衝帯などがある．

　水質保全対策としての排出取引は水質取引と呼ばれている．取引の範囲は同一の河川流域やその一部，湖沼や閉鎖性海域の集水域などに限定される．点源が総量規制の対象となっている場合，点源間ではキャップ・アンド・トレード型の取引が可能である．また，排水が規制されていない面源は規制されている点源に比べ限界排出削減費用が低い場合が多く，総量規制のある点源は費用をかけて排出を削減するよりも，面源に資金を提供して削減してもらうほうが費用効果的である．このような取引を点源面源取引という．これは二酸化炭素（CO_2）削減のためのクリーン開発メカニズム，2国間クレジットやJ-クレジット制度の仕組みに近い．点源面源取引では，面源対策において流出削減の取組みと実際の負荷削減量との関係が不確実なことに留意し，点源がクレジットを1単位得るためには面源の予想削減量は1単位以上必要とすることが多い．水質取引はアメリカ，オーストラリア，ニュージーランド，カナダなどに導入事例がある．

●研究動向　水質に関わる経済学的研究は，水質保全政策の理論的分析，水質保全の便益評価，水質保全政策の事前評価，およびその事後評価の4つに大別することができる．水質保全政策の理論的分析としては，政策手法の比較，面源対策の不確実性を考慮した場合の最適な政策，排出源の場所の違い（上流と下流など）を考慮した制度設計などがあげられる．水質保全の便益評価は，環境の経済的評価手法を用いて水質改善の支払意思額を推計することが主体である．水質保全政策の事前評価の例としては，排水基準強化の規制影響分析，水質取引を導入した場合の遵守費用の節減額の推計などがある．水質保全政策の事後評価では，環境基準の費用便益分析や，経済的手法の環境への有効性，汚染者への経済的影響，政策の費用（行政費用や取引費用），費用効率性などの検討が行われる．

　今後は，経済行動と汚染物質の動態を同時に分析できるような統合モデルによって，政策を評価していくことが望まれる．　　　　　　　　　［西澤栄一郎］

📖 参考文献
・日本水環境学会編（2009）『日本の水環境行政（改訂版）』ぎょうせい.

漁業資源の経済学

漁業資源は再生可能資源に分類され，持続的に利用すれば大きな価値を生む資源である．世界の水産物需要が増大するなか，国連食糧農業機関（FAO）が資源評価を始めた1974年には世界の海洋漁業資源の90%が持続可能であったが，2013年には69%に低下した．資源状況は水域や魚種ごとに様々で，日本周辺水域の主な魚種系群のうちで資源評価が低位のものは約5割ある（『平成27年度水産白書』）．国際共有の漁業資源について，「国連公海漁業協定」で関係国は地域漁業管理機関などを通じて資源管理に協力することになっているが，合意形成が困難なため資源水準は悪化しやすい．世界の漁業・養殖業生産の特徴は，天然資源を漁獲する漁船漁業の生産量（9割は海面）は1996年にピークを迎えその後は減少傾向にあるのに対して，養殖業生産量（6割は内水面）の増加が1980年代後半以降に顕著なことである（FAO, *The state of World Fisheries and Aguaculture 2016* より）．もっとも，天然資源に由来する魚粉などを中心とした養殖業生産はいずれ頭打ちになる可能性がある．

●**生物経済モデル** 漁業資源の経済分析は半世紀以上前から行われている（Clark, 2010）．基本モデルにおいて，S を資源ストックとすると，資源の自然回復力 $G(S)$ はロジスティック型 $G(S)=rS(1-S/K)$ で表され，図1のように逆U字型となる．r は内的増加率，自然環境の制約から資源ストックの最大値として環境収容力 K が存在する．最大持続収穫量（MSY）のときに毎期の漁獲量は最大になるが，漁獲コストを考えると望ましくない．漁獲物は一

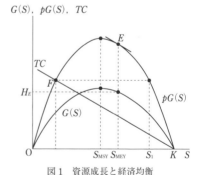

図1 資源成長と経済均衡
[McWhinnie（2012）をもとに作成]

定価格 p で販売でき，漁獲の限界費用と平均費用は等しく一定とする．よく使われるシェーファー型の生産関数は，生産量を H，労働投入量（漁獲努力量）を L，漁業技術を q として $H=qSL$ と定式化される．資源の増減は動学方程式 $\dot{S}=rS(1-S/K)-qSL$ で表される．増加量と漁獲量が一致して資源が一定になる定常状態 $\dot{S}=0$ における資源は，投入量 L が多いほど小さくなる．賃金を w とすると，生産費用 wL と資源の関係は TC 曲線で表される．何も獲らないとき費用はゼロで資源は最大の K，投入量を増やすと増加量を上回って漁獲するので資源が減るとともに費用も増加する．販売収入 $pG(S)$ は同じく逆U字型となる．経済学的

に望ましいのは MSY よりも資源量の多い点 E で，利潤（レント）が最大となる（最大経済生産量〈MEY〉）．現実には点 E は実現されていないことが多い．漁業資源は共有資源に分類され，誰でも漁獲できるオープンアクセス（非排除性）と競合性の性質を一般にあわせもつ．オープンアクセスの場合，利潤がゼロになるまで新規参入と投入量の増加が生じて点 F が実現される（完全競争均衡）．利潤はゼロで漁業者にとってよくないだけでなく，漁獲量は毎期少なくなり消費者にも望ましくない．何も経済資源を投入しなくても漁獲量を減らすことで資源を S_1 まで増やし，点 F のときと同じ漁獲量を低コストで実現できる機会を失っている．

●**資源管理政策**　この市場の失敗を解決するために様々な政策が実施されている（Clark, 2006）．地域での共同管理が機能している場合はあるが，回遊性のある漁業資源の共同管理は一般に困難である．投入量規制と技術的規制として，禁漁区・禁漁期間の設定，減船，船の規模規制，漁法制限などが行われているが，船の改造やソナーの導入などにより漁獲能力は向上するため，規制の効果は小さく監視も難しい．

　そこで産出量規制が重要である．科学的知見（生物学的許容漁獲量）をもとに魚種ごとに漁獲可能量（TAC）という今期の漁獲量の上限を決め（例えば，図 1 の H_E），漁獲量が TAC に達したら操業停止とする．総量を規制するだけ（オリンピック方式）の場合，新規参入が制限されていても，ほかに先駆けて漁獲できるように船舶や漁具などへの投資を利潤がゼロになるまで行う過剰漁獲能力（TC 曲線の右上方シフト），漁期の短縮化による漁獲物の価値低下などの社会的ロスが発生してしまう．そこで，個別の漁業者に漁獲枠として TAC を割り振る個別漁獲割当（IQ）制度により漁業者のインセンティブを変え，過剰投資の回避と漁期の長期化が期待できる．だが，漁獲量の管理コストがかかり小型の魚などが投棄されてしまう問題点もある．また，漁獲枠が譲渡可能な ITQ 制度では，非効率な生産者が退出して産業全体の生産性が向上する一方で，退出漁業者の雇用や寡占化の問題がある．IQ 制度を導入した国々では資源状況が改善して漁業は高い収益性を誇っているが，その多くは資源の枯渇問題に直面した苦い経験がある．漁業の収益性が高くなると，温室効果ガスの排出枠のように，IQ の権利のための使用料を徴収するかどうかなど，割当ての際に公平性の問題が発生する．

　ほかにも，海のエコラベル認証によって需要面から資源保護を促す動きもある．水産物貿易の漁業資源への影響，海洋エコシステムや気候変動，海獣などによる漁業被害の影響なども考慮する必要があり総合的研究が求められる．［寶多康弘］

📖 **参考文献**
・勝川俊雄（2012）『漁業という日本の問題』NTT 出版．
・寶多康弘・馬奈木俊介共編著（2010）『資源経済学への招待―ケーススタディとしての水産業』ミネルヴァ書房．
・山下東子（2012）『魚の経済学 第 2 版―市場メカニズムの活用で資源を護る』日本評論社．

漁業資源と環境政策

●**漁業資源の管理**　漁業資源は自然界で再生産する．よって，再生産に応じて適切に漁獲を管理すれば，永久に使い続けることができる資源である．ただし，この再生産のメカニズムは，気象条件や海流などの環境条件に依存しているため，自然変動が大きい．例えば，マイワシ太平洋系群の場合，1匹の親魚から生み出される次世代の資源尾数は，年によって100倍以上の変動を示す．また，広い海域に分布する資源の観測は技術的に困難であるため，現存尾数の推定や増加量の予測には常に不確実性が付随する．このような変動性，不確実性に対処するためには，管理の効果を常にモニタリングし，その結果に応じて柔軟に管理施策を修正していく「順応的管理」の考え方が重要である．さらに，漁業資源は無主物であり，適切な管理ルールがなければ必ず乱獲が発生する．また，漁業資源を採捕・加工・流通させる水産業は経済活動であるため，消費者の需要や操業コストの変動，また様々な社会制度の制約も受けている．つまり，漁業資源の管理においては，自然生態系と人間社会系の相互作用に関する理解が不可欠であり，その特徴に応じて，様々な管理施策を組み合わせることが重要である（牧野，2013）．

　漁業資源管理のための具体的な施策は，以下のように分類することができる．まず，漁獲能力を制限する施策を一般に入口規制と呼ぶ．漁船の隻数や大きさ，出漁日数，漁具の種類や数の制限などが代表的である．逆に，総漁獲量を資源再生産の推定量以下に抑えるための施策は出口管理と呼ばれる．漁獲可能量（TAC）の設定や，それを細分化して個人やグループに配分する漁獲割当（IQ），そこに財産権を設定し売買可能とした譲渡可能個別割当（ITQs）などがある．また，特定の魚種を人工的に増殖・添加することにより，局所的な資源の低下を直接改善する種苗放流という手法も広く採用されている．このような水中の取組みに加え，限られた資源の価値を最大限に高めるためには，陸上の人間社会を対象とした施策も重要である．高鮮度流通システムの導入や，消費者ニーズに応じた加工商品の開発，ブランド化，低コスト操業技術の採用，関係者の組織化・管理能力強化などの取組みが代表的である．

●**環境保全と漁業**　漁業資源の再生産を支えているのは，水界の生物多様性である．また，そもそも漁業資源は自然から人類が享受している多様な生態系サービスの1つにすぎない（白山他，2012）．よって，漁業資源の利用によって，自然環境全体に悪影響が及ぶことがないように配慮する必要がある．例えば，操業により藻場・干潟やサンゴ礁など脆弱な生態系が破壊されることがないよう，漁具の種類に応じた操業区域の設定が必要である．また，漁獲対象以外の生物を同時

に採捕することを混獲という．混獲により希少種の絶滅リスクが上昇することのないよう，操業の区域制限や漁具の改良（例えば，ウミガメが漁網から脱出するための装置など）が必要である．沿岸域や淡水生態系においては，栄養塩の多くは陸域が起源であるため，森・川・海の物質循環をふまえた取組みも重要である．さらに，個々の生物の資源水準のみに着目するのではなく，生物間の捕食・被捕食関係にも配慮して，生態系の構造と機能全体を保全する漁獲のあり方についても，議論が重ねられている．例えば，近年は生態系を構成する最上位捕食者から最下位の種まで，また同じ種の中でも大型の成熟個体から未成熟の小型個体まで，全体を適切なバランスで採捕・食用する「バランスのとれた漁獲」という概念も提案されている（Garcia et al, 2014）．

●**地域社会の役割**　高度経済成長期以降，日本沿岸では大都市や重工業地帯を主たる起源とする水質汚染・富栄養化による環境破壊が進んだ．その結果，現在でも東京湾や瀬戸内海，伊勢湾などの海域で赤潮や貧酸素水塊，青潮が発生し，漁業資源に被害を与えている．また，沿岸域では埋立事業や海底改変が進められ，漁業資源の産卵場や育成場となる藻場や干潟の多くが喪失してしまった．このような環境破壊に対処し，健全で生産的な生態系を取り戻すための活動が，地域の漁業者や住民，教育機関，非政府組織（NGO）などを中心に進められている．例えば，日本の沿岸各地では，江戸時代から漁業関係者による森づくり活動が行われてきた．藻場や干潟を人工的に復活させる活動も，全国各地の漁村で進められている．知床世界自然遺産では，生態系モニタリングと漁業資源保全の中核に地域漁業者が位置付けられ，2013年のUNESCO世界遺産委員会では「世界遺産管理のすばらしいモデル」と高く評価している．このように，人間社会との関わりによって高い生産性と多様性をもつにいたった沿岸生態系は，近年「里海」とも呼ばれている（柳，2010）．何世代にもわたってその土地に住み，地域の生態系に関する知識を蓄積してきた漁業者には，地域をベースとする今後の環境保全・自然再生活動の主体として，積極的な役割が期待されている．今後，気候変動が漁業に大きな影響を与えることが予測される．海流や水温などの変化はプランクトンやエサや藻場・干潟の分布変化につながり，ひいては産卵場や回遊経路・漁場の変化をもたらす．また，それらの年変動も今後大きくなるかもしれない．地域の資源利用者には，最新の科学的知見を援用しつつ，これらの変化・変動に柔軟に適応していくことが求められる．さらに，研究者には，現場関係者が使いやすい形で知見をまとめ，伝えていく努力が求められる．　　　　［牧野光琢］

📖 **参考文献**
・白山義久他編（2012）『海洋保全生態学』講談社．
・竹内俊郎他編（2016）『水産海洋ハンドブック（第3版）』生物研究社．
・牧野光琢（2013）『日本漁業の制度分析―漁業管理と生態系保全』恒星社厚生閣．

野生動物管理と環境政策

　野生動物管理の問題は，個体数が減少し，絶滅のおそれのある野生動物の保全の問題と，逆に，個体数が過大になり，人間社会および生態系への被害が顕在化している動物の被害抑制の問題に大別される．本項では，後者について説明する（前者については，大沼，2015 を参照のこと）．

●日本の鳥獣被害　農林水産省の推計によれば，日本での野生鳥獣による農作物被害は，2014 年度で 191 億円ほどにのぼる．最も深刻な被害を与えているのがシカ（約 65 億円）で，次いでイノシシ（約 54 億円）である．一方，鳥類による被害も小さくなく，約 37 億 8000 万円で，カラスの被害がそのうちの約半分にのぼる．一方，森林被害は，シカ，クマなどによるもので，その面積は全国で約 9000 ha（2014 年度）になり，特にシカによる被害が大きい．また，水産被害についても，カワウによるアユの食害や，トドによる食害および漁具破損などの被害が出ている．

　鳥獣被害対策のための野生動物管理は，大別して，駆除・捕獲対策と，被害を緩和するための対策に大別される．後者は，電気柵を設置したりするなどの対策である．そして，前者が鳥獣の個体数を管理する政策である．

　日本でこの管理を担ってきたのが「鳥獣の保護及び狩猟の適正化に関する法律（鳥獣保護法）」である．鳥獣保護法の歴史は古く，1895 年に制定された「狩猟法」を起源とし，以後 10 回以上の改正を経てきた．鳥獣保護法は，もともとは鳥類と哺乳類の乱獲を防ぎ保護繁殖を目的とした狩猟規制のための法律であり，捕獲規制を行うことで結果として鳥獣保護が実現されるものであった（東海林，2000）．

　現行法は 2014 年に改正されたもので，法目的に個体数が過剰になっている鳥獣の管理が加えられている．保護目的の鳥獣は第一種特定鳥獣，個体数を適正に抑制する管理目的の鳥獣は第二種特定鳥獣と分けられることになった．

　日本では，レジャーとしての狩猟が欧米のように盛んではなく，駆除を担ってきた狩猟免許保持者数は，1975 年の約 50 万人から 2013 年には約 18 万人まで減少し，その高齢化も激しい．今後の駆除を継続させるため，駆除目的の指定管理鳥獣捕獲等事業が認められ，いわゆる駆除ビジネスの参入が可能となった．一方，ライフル銃の所持許可要件を緩和するなど，狩猟者を増加させるための制度的改善も行われた．

●野生動物の持続的利用　個体数の抑制には，持続的利用が有効である．シカとイノシシ，特にシカは欧米では食肉としての需要があり十分な流通があるが，日本ではまだ一部である．野生動物肉の過少利用（アンダーユース）の状況を緩和

しようと，鳥獣被害防止総合対策交付金制度が導入され，鳥獣処理加工施設建設や，需要拡大のための普及啓発活動など，様々な需給を拡大する方策が推進されている．また，「野生鳥獣肉の衛生管理に関する指針（ガイドライン）」を定め，諸規制を周知し円滑な利用を促進するようになった．

　持続的利用は，野生動物と共存する地域の人々による管理（コミュニティ・ベースト・マネジメント）にとっても大きなインセンティブになるため重要である．こうした持続的利用の型には，市場を利用するかどうかの商業的・非商業的利用，および個体を殺して扱うか否かの消費的・非消費的利用の類別がある（表1）．

表1　野生動物の持続的利用例

	商業的	非商業的
消費的	・スポーツハンティング ・食肉・皮革として販売	・食肉の自家消費 ・レジャーとしての狩猟
非消費的	・観光	・環境教育 ・宗教のシンボル

　全体で4つの類型が可能であるが，それぞれ長所と短所を有している．例えば，市場を活用する商業的利用の方が，よりインセンティブが強くなる傾向があるが，市場需要の変動によって影響を受けやすいという側面もある．また，消費的利用は，スポーツハンティングのように大きな収入を与えてくれるケースもある．

　野生動物管理では，野生動物との共存のために，より人間の側を管理するような視点も重要であるとの見方も強い．近年は，ヒューマン・ディメンションズからの，より統合的なアプローチも有効性を発揮している．

●野生動物管理原則　野生動物（生物）管理の，より包括的な考え方として，北米でとられているルーズベルト・ドクトリンと呼ばれる3つの原則がある．それは，①個々の生物というよりむしろ生態系管理を行うこと，②賢明な利用を通じた保全を行うことは行政の責任であること，③その保全管理は科学主義に基づくべきであること，である（三浦，2008）．これらの観点は重要である．まず，どの生物を駆除したり，持続的に利用したりすることができるのか，また，できるとすればそれらの水準をどのレベルに定めるのかには，科学的知識が不可欠である．それには，生物の個体数を正確に推定するだけでは不十分で，生態系の中でのその種の位置や影響を考えなければならない．

　そして，科学的知見の不完全性に応じて，迅速に駆除・利用可能水準を変更していく必要がある．これは，順応的管理とよばれ，今日の生物多様性保全における柱の1つになっている．順応的管理が効果を発揮するためには，意思決定を変更させるのに時間がかからないことが必要である．野生動物管理制度の設計には，柔軟性を考慮することが重要であろう．　　　　　　　　　　　［大沼あゆみ］

レクリエーションの経済学

　自然環境はレクリエーションの場として我々に大きな恩恵を与えている．また，人々のレクリエーション活動は経済的な支出を伴うため，地域経済を支える観光資源としても重要な役割を果たしている．このような貴重な自然環境を持続的に利用していくためには，利用と保護の適切なバランスが求められる．

●**日本の自然公園**　日本のレクリエーションにおいては自然公園が重要な役割を果たしている．自然公園とは，1957 年に制定された「自然公園法」に基づき指定される国立公園，国定公園，都道府県立自然公園の総称である．2017 年 3 月31 日現在，日本には国立公園が 34 か所，国定公園が 56 か所，都道府県立自然公園が 311 か所存在しており，国土面積の 14% 以上が自然公園に指定されている．

　自然公園法は優れた自然の風景地を保護することと，その利用の増進を図ることを目的として生まれたため，自然公園は自然環境の保護だけでなく観光資源としての役割も担ってきた．そのため，自然公園では観光開発も行われてきた．高度経済成長期前後には，国民所得の増加と余暇時間の拡大を背景として利用者数が急増し，過剰利用が問題化した．利用者数はその後も高い水準を維持しており，現在は年間約 9 億人が自然公園を利用している．近年は，世界遺産登録や国立公園指定直後の利用者数の急増や，特定の時期への利用の集中などが問題となっている．

●**過剰利用**　過剰利用は，混雑による自然体験の質の低下と自然環境の破壊を引き起こす．前者は原生的な雰囲気を求めて訪問したにもかかわらず頻繁に人に出会うことによる満足感の低下を意味し，後者は利用者の踏付けによる植生の破壊や生活排水の増加による湖沼の水質悪化などを指す．過剰利用の問題を解決するためには，混雑時の利用者数を抑制する必要がある．しかし，自然公園は観光も目的としているため，利用を制限することは容易ではない．また，自然公園の中に私有地が存在することも対策の実施を難しくしている．アメリカの国立公園は公園管理者が土地を所有する営造物公園であるため，過剰利用が問題となれば公園管理者である国立公園局が利用者数を減少させるための対策をとることができるのに対して，日本の自然公園は土地の所有権にかかわらず，公園地域の指定と公用制限の導入によって管理を行う地域制公園であるため，土地所有者や地元の産業の利益と対立する可能性のある利用者数の減少をもたらす対策の実施は容易ではない．

●**利用者数の制限**　過剰利用への対策としては，利用可能な人数を制限することで直接的に利用者数を減少させる方法と，利用料金を徴収することにより間接的

に利用者数を減少させる方法がある.

アメリカの国立公園の中には，1日の利用者数を制限する総量規制を行っているところがある．これに対して，日本の自然公園では，土地所有者などが独自に実施しているケースはあるものの，公園当局による利用者数の制限は利用調整地区制度によるものを除いて行われていない．利用調整地区制度は原生的な自然環境への利用者の立ち入りを制限する制度である．2002年に創設され，2007年からは吉野熊野国立公園の西大台地区において，2011年からは知床国立公園の知床五湖地区において，それぞれ運用されている．

●**利用料金の徴収**　利用料金を導入すれば，利用者数を抑制することができるだけでなく，徴収した料金を環境保護や安全対策の資金に充てることもできる.

日本の自然公園では，公園当局による利用料金の徴収は行われていない．誰でも好きなときに訪問できるため公平である反面，このことが過剰利用の一因ともなっている．また，仮に利用料金を導入する場合には，利用者全員から確実に徴収する必要があるが，日本の自然公園はアメリカの国立公園のようにゲートが設けられていないため，利用者全員からもれなく料金を徴収することは困難である．なお，前述の利用調整地区では，立入認定証の交付手数料やガイド料は利用者が負担するため，これらは実質的に利用料金の役割を果たしていると考えられる．

公園当局ではなく土地所有者などが独自に利用料金を徴収しているケースは存在する．例えば，岐阜県は法定外目的税として乗鞍環境保全税を徴収している．また，任意の協力金や募金は白神山地や屋久島などで導入されており，2014年からは前年に世界文化遺産に登録された富士山でも本格導入されている．ただし，料金はいずれも百円から千円程度の低い金額に設定されており，管理資金確保の効果はあるものの利用者数抑制の効果は限定的であると考えられる．2014年には，自治体が入域料として利用料金を徴収することを認める「地域自然資産法」が成立したため，今後は入域料を導入する自治体が増えると予想される．

●**経済分析**　過剰利用対策の導入にあたっては，事前にその影響を分析することが重要である．例えば，利用料金の徴収を検討する際には，利用料金が利用者数に及ぼす影響を分析することで，料金をいくらに設定すれば目標の人数を達成できるかが予想できる．利用料金の効果を分析した研究には，屋久島において協力金が訪問行動に及ぼす影響を仮想評価法（☞「表明選好アプローチ：仮想評価法」）で分析した栗山・庄子（2008）や，富士山における入山料の登山者数抑制効果をトラベルコスト法(☞「顕示選好アプローチ：トラベルコスト法」)で分析した栗山（2015）がある．今後はこのような研究を積極的に実施し，エビデンスに基づいて政策の導入を検討できるようにしていく必要があると考えられる．［柘植隆宏］

📖 **参考文献**
・栗山浩一・庄子康編著（2005）『環境と観光の経済評価―国立公園の維持と管理』勁草書房.

バイオマス資源

　本項では，日本の木質系バイオマス資源を念頭におきながら，再生可能なエネルギー源としての特質を解説する．

●**再生可能なエネルギー源としてのバイオマス**　バイオマスとは，生きているか死んで間もない生物の遺骸（細胞物質）のことである．現存する森林の「生物体量」を表す実用的な近似指標として広く使われているのは，樹木の幹の体積（材積）を足し合わせた「森林蓄積量」である．林野庁が行っている森林資源のサンプリング調査によれば，日本の森林蓄積量は 60 億 m³ を超え，毎年の森林成長量も 2 億 m³ 前後になると推定される．この成長量のうち，実際に伐採利用されているのは 25% にも満たない．森林蓄積や成長量は幹の材積だけである．バイオマスとなれば，樹幹のほか，大小の枝，根株，葉，さらには枯損木なども加えなければならない．エネルギー利用の観点からすれば，これらも樹幹と同様に有用な資源である．日本は「資源小国」といわれるが，木質バイオマス資源に関しては，かなり恵まれているといってよい．

　石炭や石油などの化石燃料ももとを正せば，大昔に生きていた生物の遺骸である．ただし，死んで間もないバイオマスは炭水化物からできていて，炭素と水素のほか，発熱に関係のない酸素が相当に含まれている．他方，化石燃料のほうは何億年という途方もない時間の中で，酸素を失い炭素と水素だけからなる理想的な燃料＝炭化水素に変身した．元素組成のこうした違いにより絶乾木材の（高位）発熱量は 1t あたり 20 GJ ほどにとどまっている．石炭の 2/3，石油の 1/2 ほどである．

　その代わり，炭水化物からなるバイオマスは再生可能な循環資源である．森の木々は，燦々と降り注ぐ太陽光のもとで，大気中から二酸化炭素（CO_2）を取り込み，地中の水を吸い上げて大きくなっていく．寿命がきて枯死すれば分解されて，もとの CO_2 と水に戻るだろう．あるいは人間の手で収穫され燃料として燃やされるかもしれない．この場合は高い熱を発しながら分解するが，再び CO_2 と水に還っていくことには変わりはない．

　木材を燃やすと発熱量あたりにして石油と同じくらいの CO_2 が排出される．しかし，それはこの数十～数百年の間に大気中から吸収されたものであり，燃焼で再び大気中に戻されただけのことである．そして，この CO_2 が若い樹木に確実に吸収される体制ができていれば大気中の CO_2 濃度を高めることにはならない．「カーボン・ニュートラル」といわれるゆえんである．

●**木質バイオマスの給源と多様な変換経路**　様々な給源から出てくる木質バイオマスは一定の前処理を経てエネルギー変換プロセスに投入され，最終的には熱，

電気，輸送燃料のいずれかの形で消費されるが，その主要な経路を模式的に描くと図1のようになる．ここでは5つの給源が想定されているが，現状では，建築解体材などの「廃材」と木材加工場から木くずとして出てくる「工場残材」がほぼ使い尽くされて，森林伐採に伴って発生する小径丸太，梢端，枝条などの「林地残材」に移ってきている．ポ

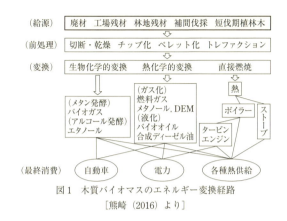

図1 木質バイオマスのエネルギー変換経路
[熊崎（2016）より]

テンシャルとして大きいのは，成長量の範囲内で実行される「補間伐採」である．

　日本の森林では，成長量に比して伐採量がごく低いレベルにとどまっているため，森林からの収穫量を増やす余地が非常に大きい．具体的には，手入れの遅れた人工林の除間伐，伸び放題になっている天然生林の整理伐，景観維持のための伐り透かしのような形で収穫量を増やしていくことになるだろう．その先に予想される給源は，エネルギー・プランテーションを造成して「短伐期植林木」を持続的に収穫することである．こうした試みが欧州の一部で既に始まっている．

　図1では，バイオマスのエネルギー変換方式が直接燃焼，熱化学的変換，生物化学的変換の3つに大別されている．変換方式自体は化石燃料のそれとほとんど変わらない．化石燃料でできることは何でもできる，それが太陽光や風力，地熱などと違うバイオマスのユニークさである．

　現在のところ，実用化されている技術の中心は直接燃焼による熱生産と発電であるが，もっと長い目でみると熱化学的な変換や生物化学的な変換の重要性はますます高まっていくであろう．この2つの変換方式のいずれでもバイオマスを気体状，液体状の燃料に変えることができ，用途がまた一段と広がってくる．資源エネルギー庁の「2015年度エネルギー需給実績」によると，日本の総一次エネルギー供給（TPES）に占めるバイオマスエネルギーの比率は1.9%で，後者の中身をみると紙パルプ産業の廃液（黒液）が50%，バイオマス発電が39%を占め，これ以外の熱利用は11%しかない．参考までに一部の欧州諸国の関連データ（*Joint Wood Energy Enquiry 2013, UNECE/FAO* より）を示すと，2013年の木質エネルギーのTPES比は，スウェーデン21.3%，オーストリア15.5%，ドイツ4.6%，フランス4.5%で，いずれの国でも一般的な熱利用がかなり大きなシェアをもっている．この分野で日本が後れをとっているのは事実だが，政府のエネルギー統計で木質バイオマスによる熱供給の実態が十分に捕捉されていないことにも一因がある．

[熊崎　実]

非再生資源の利用と保全

　非再生資源とは，石油のように採掘・消費すればその分将来利用可能な資源が減少する資源のことである．単純化のため，1単位の資源を採掘する費用は時点によらず一定で，それを c で表そう．競争市場均衡では0期（現在）に採掘することと，任意の t 期に採掘することが（利潤が同じであるために）無差別となるはずである．そうでなければある時点ですべての資源が採掘されてしまう．資源価格を p で表すと0期に採掘した1単位の資源による利潤は p_0-c となるが，それを金融市場において利子率 r で運用すれば，それは t 期には $(p_0-c)(1+r)^t$ となる．一方，それを t 期に採掘した場合の利潤は p_t-c であり，均衡ではこの2つが等しくなる．すなわち，$p_t-c=(p_0-c)(1+r)^t$ が成立し資源レント $p-c$ が利子率 r で上昇しなければならないことを意味する．この事実は，この問題を最初に考察したH.ホテリング（Hotelling, 1931）にちなみ，ホテリング・ルールという．
●**ホテリング・ルールの発展**　このホテリング・ルールが実証的に支持されるかどうかについては，いまだ結論が出ていない．ある研究（Miller & Upton, 1985）はこれを支持する一方，ほかの研究（Watkins, 1992）はそれを棄却している．また，100年という長期で資源価格を観察した場合，資源価格は U 字型経路をたどっていると考える研究者も多く，U 字型の価格経路を説明するいくつかの理論も考案された．あるものは，技術進歩にその原因を見出し，あるものは採掘の過程で新たなリザーブが発見されるという採掘と探査の相乗効果に着目した．

　その後多くの経済学者によって，単純なホテリング・モデルは修正された．あるモデルは採掘費用が採掘量や累積採掘量に依存すると仮定し，ほかのモデルは実際の採掘が資本を必要とする現実を考慮して，最適な採掘経路に加えて最適な投資経路を導いた．また，探査によって資源リザーブそのものが変化するモデルや，採掘品位の不均一性を考慮するモデルも開発された．それら後続研究がもつ1つの論点は，新しい要素を入れることでホテリング・ルールがいかに修正されるかをみることであった．ほとんどの拡張的なモデルにおいては，資源レントは利子率以下で上昇するという方向でホテリング・ルールが修正されている．

　また，この分野随一の古典的名著である *Economic Theory and Exhaustible Resources*（Dasgupta & Heal, 1979）は，独占が資源採掘・資源価格経路に与える影響を分析し，次のような結果を得ている．需要の価格弾力性が資源消費量の増加（減少）関数である場合，資源レントは利子率以上（以下）で上昇し，採掘量に関しては，競争市場均衡と比較して現在期において過剰な（過少な）採掘が行われる．J.リバーノイス（Livernois, 2009）はホテリング・ルールに関する理論・

実証研究を包括的にレヴューしている.

●**異時点間資源配分の効率性と世代間の公平性**　さて，ホテリング・ルールが成立する競争市場の異時点間配分は社会的厚生を最大にするという意味で効率的であろうか．採掘過程で規模の経済が働かないなどシンプルな仮定のもとでは，その答えはイエスである．このことを確認しよう．非再生資源採取の社会的最適化問題は次のように定式化される.

$$\underset{R_t}{\text{Max}} \quad \sum_{t=0}^{\infty} (U(R_t) - cR_t)(1+r)^{-t} \quad \text{s.t.} \quad S_0 = \sum_{t=0}^{\infty} R_t$$

ただし，R_t は t 期での採掘量，$U(R_t)$ は効用，c は 1 単位あたり採掘費用，S_0 は現在の資源ストックを表す．この問題の必要条件は，$(U'(R_t) - c)(1+r)^{-t} = \lambda$ である．ここで，λ は資源ストックのシャドウ・プライスである．競争市場で，資源価格 p_t が限界効用 $(U'(R_t))$ に等しくなることに注意すれば，上の問題の必要条件は，ホテリング・ルールに対応しており，厚生経済学の第 1 基本定理は非再生資源の異時点間配分でも成立することがわかる.

しかし，この結論には大きな問題が潜んでいる．ここでいう社会的厚生は各時点での消費から得られる効用の割引価値を合計したものである．これを最大にするという功利主義の観点に立てば，ある世代（時点）の効用の 1 単位の犠牲によってほかの世代の効用が 1 単位以上増加するのであれば，当該世代がこうむる犠牲はむしろ望ましいということになる．そのため，世代間の公平性という問題が非再生資源の経済分析において大きなテーマとして扱われることとなった.

功利主義に対抗する 1 つの答えは，J.ロールズ（Rawls）のマキシミン原理であろう．このことは，社会的厚生を最も恵まれない世代の効用とすることを意味する．このマキシミン原理のもとで，効率的な経路は，いうまでもなく消費水準が一定となる経路である．J. M. ハートウィック（Hartwick, 1977）は，消費水準を一定に保つような経路を実現させるための政策ルールをみつけた．彼は，非再生資源で得られた利益をすべて人工資本に投資すれば，各時点での消費が一定になることを示した．この投資ルールはハートウィック・ルールと呼ばれている.

非再生資源から生産された財の一部を投資にまわしていくことで，非再生資源の枯渇が進む一方，人工資本の蓄積が進む．すると，現在世代は少ない人工資本ストックと豊富な非再生資源ストックを保有し，他方，将来世代は豊富な人工資本ストックとより希少な非再生資源ストックを保有することになる．消費財は非再生資源と人工資本から生産されるので，こうして理屈上は一定の財の生産・消費が可能となる．その後の研究では，より一般的な概念であるネット・インベストメント（粗投資から自然資源ストック価値の減耗を控除した社会全体の純投資を意味する．ジェニュイン・セービングはそれを測る指標である）を用いて，再生可能資源も含めたより一般的な自然資本に対してもハートウィック・ルールは拡張可能であることがわかっている.　　　　　　　　　　　　　　　　　［新熊隆嘉］

資源の呪い

　資源に恵まれている国は，その恵みにもかかわらず経済成長や発展が停滞するという仮説を「資源の呪い」という．「豊富さの逆説」と呼ばれることもある．ここで，資源とは非再生資源，具体的には石油・ガス，石炭などの化石燃料，銅，鉛，亜鉛，ダイヤモンドなどの鉱物資源を指す．

　資源の呪いは仮説にすぎず，実際に観察されるかどうかはまったく別の問題である．過去数十年間の1人あたり国内総生産（GDP）成長率をみると，石油輸出国機構諸国をはじめとする産油国，特にイラン，ベネズエラ，バーレーン，カタール，ナイジェリアなどはマイナス成長だった年が多い．一方で，やはり産油国であるノルウェーや，ダイヤモンドに恵まれるボツワナはマイナス成長の年が少ない．また，そもそも歴史的にみても，アメリカやイギリスは，石油や石炭をうまく活用して工業化を進めてきた．こうしたことから，資源は呪いにも恵みにもなりうる．資源国にとっては，資源を恵みに変えられる条件を整えることが課題となる．そのためにも，資源国の成長や発展を左右する要因を調べる必要がある．

●**資源が呪いになる潜在的要因**　以下，F.ファンデルプレーグ（van der Ploeg, 2011a）の展望論文に従って，新たな地下資源の発見や資源価格の上昇（以下，まとめて資源ブームと呼ぶ）が経済成長にマイナスの影響を与える可能性のある経路について述べる．

　第1に，資源ブームによる実質為替レートの上昇を通じて脱工業化が進む，いわゆるオランダ病があげられる．資本蓄積や海外投資のない2部門経済モデルを使うと，資源の収入が上がると国民所得と需要が増え，実質為替レート（すなわち，非貿易財の相対価格）が上がり，非貿易財部門が拡大して，結果として貿易財部門（つまり，製造業）が衰退することが予想される．

　第2に，貿易財部門は「習うより慣れよ」的な学習やプラスの外部性が働くため，経済全体のけん引役となりやすい．ところが，資源ブームによって相対的に製造業の競争力がいったん衰えると，ブームが終わっても以前の競争力が回復できず，経済全体の成長率を下げてしまう．ただし，このことを回帰分析で示すのは難しい．資源依存度（GDPに占める資源収入の割合）や資源の豊かさがGDP成長率に与える影響を調べようとしても，逆の因果関係もあるからである．

　第3に，資源ブームが起こると既得権益が生まれやすく，官民の腐敗やレントシーキングがはびこりやすい．逆に，法の整備と執行がしっかりしており，透明性が高く，生産的な企業が多い社会では，資源が経済成長に寄与しやすい．資源が先か制度が先かという問題は残るが，制度の質が資源の効果を左右するといえ

そうである．例えば，より透明性の低い大統領制民主主義では，議会制民主主義よりも資源の呪いが生まれやすいと考えられる．

第4に，資源収入そのものよりも，資源収入の変動（年によるばらつき）が大きいために，成長が阻害される可能性も示されている．資源は，価格が変化しても供給を調整しにくい（価格弾力性が低い）ため，供給がだぶついて価格が下がったり，逆に供給不足懸念で上昇したりしやすい．こうした資源価格の変動が，債務や借入制約などと相まって，資源依存度の高い国の経済を翻弄してきた．

●**資源の呪いと持続可能性**　近年，国の持続可能性は，将来世代の福祉に関わる包括的な富（主に人工資本，人的資本，自然資本を指す）が増加しているかどうかで判断されることが多い（UNU-IHDP & UNEP, 2012）．包括的富の増加は，従来の貯蓄を拡張した概念であることから，真の貯蓄（ジェニュイン・セイビング）とも呼ばれる．理論的には，資源国は資源収入をほかの資本に投資して包括的富を増やす（＝真の貯蓄をプラスにする）ことで，経済成長ではなく持続可能な発展という意味において，資源の呪いを回避できるはずである．

では，資源国の包括的富は増えているのだろうか．ここで，1国内で共有されている資源に対して利権をもつグループが複数個あり（Nとする），社会経済が分断されている状況を考える（Dasgupta, 2004，数学付録；van der Ploeg, 2011b）．分断されている状況は，財産権の制度や執行能力の弱さ，資源の流出しやすさとも解釈できる．すると，各グループはなるべく早く資源を採掘しようとするインセンティブをもつ．通常の効率的な経済では，資源を今採掘して金融資産に投資することと資源を持ち続けて値上がりを待つこととは無差別になるので，資源価格の上昇率は利子率に等しくなる（ホテリング・ルール）．ところが，社会経済が分断されていればいるほど（Nが大きいほど），資源価格の上昇率は利子率を上回るようになる．ただし，このモデルでは，資源収入がほかの資本（金融資産，国富ファンド）に投資されると仮定されているため，資源採掘と並んでほかの資本への投資も高い水準で行われ，結局，真の貯蓄はゼロになる．

こうした理論的予想とは裏腹に，実際には，資源国における真の貯蓄は負になりがちである．このギャップが生まれる原因については，資源国が将来の資源価格を楽観的に予想しているためとも考えられるが，それだけではなく，前述したような，資源と制度の質が互いに与える影響についてさらに深く考察することが求められている．　　　　　　　　　　　　　　　　　　　　　　　［山口臨太郎］

📖 **参考文献**

・アセモグル，D.・ロビンソン，J. 著，鬼澤 忍訳（2016）『国家はなぜ衰退するのか—権力・繁栄・貧困の起源』ハヤカワ文庫．
・コリアー，P. 著，甘糟智子訳（2010）『民主主義がアフリカ経済を殺す—最底辺の10億人の国で起きている真実』日経BP社．
・UNU-IHOP, UNEP 編，植田和弘・山口臨太郎訳（2014）『国連大学包括的「富」報告書—自然資本・人工資本・人的資本の国際比較』明石書店．

廃棄物問題と循環型社会

　廃棄物の適正処理はいわゆるベーシック・ヒューマン・ニーズの1つであり，所得の大小にかかわらず国民が必要とするサービスである．現在では，廃棄物を単に適正処理するだけではなく，再使用（リユース），再生利用（リサイクル），熱回収（サーマルリサイクル）を進めることによって，廃棄物の発生・排出を最小限にするとともに，資源の高度な循環利用を進める取組みが求められている．本項では，この動きについて解説する．

●**廃棄物処理の小史**　経済社会の近代化を押し進めた明治政府は，廃棄物の適正処理を目的として 1900（明治 33）年に「汚物掃除法」を施行し，それまで自治体でまちまちだった廃棄物行政を全国的に統一した．明治期以来，保健衛生の観点から廃棄物の焼却処理が奨励されるようになったが，予期されたほどには進展しなかった．この法律は，1954（昭和 29）年の「清掃法」に引き継がれる．だが，同法は産業廃棄物への対応が不十分なことなどもあって，1970 年「廃棄物の処理及び清掃に関する法律（廃棄物処理法）」に取って代わられた．だが，1971 年江東区の夢の島（東京都の埋立処分場）の問題に端を発した東京ゴミ戦争なども起こり，一般廃棄物の埋立処分場不足の問題が全国的に深刻化した．行政は焼却処理を進めることによって，この問題を何とか乗り切った．その後，一般廃棄物の問題に加えて，1990 年代には産業廃棄物の不法投棄問題なども深刻化し，廃棄物の適正処理問題は新たな局面を迎えた．

●**廃棄物の現状**　1970 年制定の廃棄物処理法によって，廃棄物は家庭系ごみと一部事業系廃棄物からなる一般廃棄物および産業活動から排出される産業廃棄物とに区分される．一般廃棄物の処理責任は市町村（東京都 23 区の場合は特別区）にあるが，産業廃棄物の処理の場合，責任は排出者にある．前者の排出量は2015 年度 4398 万 t，後者の排出量は 2014 年度 3 億 9284 万 t であった．一般廃棄物は長期的に増加傾向にあったが，2000 年度を境に減少に転じている．焼却・破砕などによる適正処理が進み，加えて各種個別リサイクル法の進展などもあって直接埋立率は 1% 台前半で推移している．なお，焼却処分率は約 80% である．一方，産業廃棄物の排出量は景気の変動を受けて循環的に動き，1996 年度，2005 年度にピークを迎えている．不法投棄が多いのが産業廃棄物の特徴だが，1998 年度には 1197 件あった不法投棄も，2014 年度には 146 件まで減少していて，適正処理が進んでいることをうかがわせる．

●**個別リサイクル法と拡大生産者責任**　国は廃棄物処理法を改正・強化するとともに，「容器包装に係る分別収集及び再商品化の促進等に関する法律（容器包装

リサイクル法)」「特定家庭用機器再商品化法（家電リサイクル法）」「使用済自動車の再資源化等に関する法律（自動車リサイクル法）」などの個別リサイクル法を次々と成立・施行させ，使用済み製品・部品・素材などのリサイクル（再生利用）の促進を図った．これらの法律には拡大生産者責任（EPR）が組み込まれており，環境配慮設計（DfE）を通して廃棄物の発生そのものが抑制されるようになり，また，リサイクルの容易化によって廃棄処分されにくいようになった．一方で，使用済み製品・部品・素材の中には，国内でバッズすなわち廃棄物であっても海外ではグッズとして取引されるようなものがあり，これらが海外に流出する事態が頻繁に起こるようになった．日本から海外に流出する使用済み製品・部品・素材などが，発展途上国で不適正処理されることによって生じる環境汚染が懸念されている．

●**資源の循環利用の３つの指標**　日本国内での資源の高度な循環利用を促進するため，国は個別リサイクル法の上位に位置する「循環型社会形成推進基本法（循環基本法）」に基づいた「循環型社会形成推進基本計画（循環基本計画）」を策定し，資源の高度な循環利用を目指している．具体的には，３つの指標すなわち資源生産性（GDP÷天然資源投入量），循環利用率（循環資源投入量÷［天然資源投入量＋循環資源投入量］），最終処分量の目標値をつくり，それを達成すべく施策を進めている．第３次の循環基本計画によれば，2020年度の資源生産性，循環利用率，最終処分量の目標値はそれぞれ46万円/t，17％，1700万tとなっている．循環基本法では，以上の目標値を達成することによって，経済が成長と環境負荷の増加を切り離す，いわゆるディカプリングを実現することが目指されている．

●**循環経済に向けての世界的な動き**　このような動きを先取りしているのが欧州連合（EU）である．EUは2015年12月「循環経済パッケージ」を採択し，EU指令を改正して資源の循環利用の高度化を図る取組みを始めた．水，土地，バイオマスなどあらゆる資源の効率的利用を進めること，すなわち資源効率性を高めることによって，循環経済を実現しようというのがEUのもともとの狙いであった．しかし，あらゆる資源の効率的利用を進めるのは容易ではないため，最近では天然資源の循環利用を中心に進める現実的な方向に軸足を移している．循環経済実現に向けての取組みは，国連環境計画（UNEP）による国際資源パネル（IRP）でもなされ，この動きは2016年6月富山県で行われたG7環境大臣会合で，「富山物質循環フレームワーク」の合意という形で加速化されることになった．

［細田衛士］

📖 **参考文献**
・細田衛士（2015）『資源の循環利用とは何か—バッズをグッズに変える新しいシステム』岩波書店.
・稲村光郎（2015）『ごみと日本人—衛生・勤倹・リサイクルからみる近代史』ミネルヴァ書房.

グッズとバッズ

　伝統的な経済学では，稀少性があり，そのため市場でプラスの価格が付与されるものがほぼ分析の主要対象であった．しかし，廃棄物の処理やリサイクルにまで経済分析を拡張しようとするとき，プラスの価格という仮定を放棄し，価格がマイナスになる可能性を考えざるを得なくなる．本項では，廃棄物処理およびリサイクルの経済分析に不可欠なグッズとバッズという概念を解説する．

●定義　取引対象物と対価としての支払金が逆方向に流れるようなものをグッズあるいは有価物（有償物）という．いうまでもなく，グッズの価格はプラスである．一方，取引されるものと対価としての支払金が同方向に流れる取引がある．このような取引を逆有償取引と呼び，当該物をバッズと呼ぶ．バッズとは，そのまま放置しておくと不効用をもたらしたり生産性にマイナスの影響をもたらしたりするため，費用をかけて処分しなければならないようなものである．当該物を手放すときに一定の金額を支払うのであるから，バッズの価格はマイナスである．日常の感覚からすると廃棄物と思われるようなものも，十分な需要があれば市場で有償取引されるということはよくあることで，その場合，見た目には廃棄物であってもグッズである．また，バッズとは法律上の廃棄物とほぼ同じものと考えられるが，追って述べるように2つの概念には微妙な違いがある．

●バッズの価格　使用済みになった製品・部品・素材でも，多くのものが再使用（リユース）・再生利用（リサイクル）される可能性があり，市場における取引の結果によっては，その残余物の価格はプラスにもマイナスにもなりうる．古紙の取引を例にとって考える．古紙の中でも比較的質の劣るミックス古紙（雑誌や広告用紙などが混ざった古紙）は古紙の需給関係によってプラスにもマイナスにもなる．実際，1997年の春頃から，それまでプラスであった価格がマイナスに転じた．ミックス古紙の需給バランスがゆるんだためである．このことは，その時期を前後して同じようにリサイクルされていたのに，ミックス古紙がグッズからバッズに転換したことを示している．一般に，再生資源物への需要が高まり相場が上昇して［得られた再生資源物の価格］＞［1単位あたりの処理・リサイクル費用（適正利潤を含む）］が成立するとき，当該物はグッズになる．一方，相場が悪くなって逆の不等式が成立するとき，当該物はバッズとなる．このとき，前者から後者を引いた値がバッズの価格となる．したがって，使用済みになった製品・部品・素材がグッズになるかバッズになるかは市場の動向いかんによることがわかる．また，以上の考察から理解されるように，バッズの価格の絶対値をもって当該物の処理費用であるとする見方は誤りである．この見方が正しいのは，

当該物が再生資源化できない場合のみである.

●**法律上の廃棄物**　次に,バッズと法律上の廃棄物との関係をみる.「廃棄物の処理及び清掃に関する法律(廃棄物処理法)」の第2条に廃棄物の定義があるが,何が廃棄物になるかの判断の根拠とはなりにくく,実務を行う場合に支障が生じるおそれがある.そこで,1971年10月,厚生省(現厚生労働省)は都道府県への通知の中で,廃棄物とは「他人に有償で売却することができないために不要になった物」と定義した.最高裁判所でもこの解釈は妥当とされていて,一定の法的拘束力をもっている.「他人に有償で売却することができない」とはバッズを意味するから,この解釈に従う限りバッズが概ね法律上の廃棄物ということになる.逆に,グッズは廃棄物の範疇に入らないことになる.ただし,「占有者の意思,その性状等を総合的に勘案すべきもの」であることも通知で述べられているため,一定の留保条件のもとでバッズ=廃棄物という等式が成立するということになる.廃棄物の定義に関わるこの解釈を総合判断説と呼ぶ.実際のバッズの取引においては「総合的に勘案する」ことが難しい場合が多くあり,現実の世界ではバッズ=廃棄物という想定のもとにバッズの取引が行われている.ただ,バッズであっても以前長らくグッズとして取り扱われ,100%近く再資源化されているようなバッズについては,法律上廃棄物と見なされない場合もある.

●**経済学におけるグッズとバッズ**　経済学では長きにわたってグッズが分析の主要な対象であった.1950〜60年代にかけて全盛であった一般均衡分析においても,グッズとフリーグッズ(無料財)のみが扱われていた.ここで重要な仮定となるのが,①無料処分と②無料財の法則である.前者は余ったものは無料で廃棄処分することができるというものであり,後者はゼロの価格で超過供給があるものについてはゼロの価格を均衡価格とするというものである.この2つの仮定があれば,均衡においてすべての財の価格は非負(ゼロまたはプラス)になることが証明できる.しかし,この仮定はあまりにも強すぎる.特に無料処分の仮定は,廃棄物は無料で処分でき廃棄物問題が存在しないことを意味している.これはあまりにも非現実的である.そこで,上の2つの仮定をはずしたとき,均衡が存在するか否かが理論的に検討された.その結果,価格がマイナスになることを認めれば,一般均衡の体系に需給の一致する均衡点が存在することが証明されている.価格がマイナスになるようなものはバッズにほかならない.バッズの存在に関するこうした理論的な検討はなされたものの,実際の廃棄物問題としてバッズの問題を捉えて理論化し,さらに政策に結びつけるまでには20年近くの歳月を要することになったのである.　　　　　　　　　　　　　　　　　[細田衛士]

📖 **参考文献**

・細田衛士(2012)『グッズとバッズの経済学—循環型社会の基本原理(第2版)』東洋経済新報社.
・細田衛士(2015)『資源の循環利用とは何か—バッズをグッズに変える新しいシステム』岩波書店.

廃棄物と法制度

　廃棄物を適正に処理するためには法制度が必要である．バッズである廃棄物の取引や処理を市場のみに委ねると，資源の循環利用が損なわれるばかりでなく不適正処理や不法投棄が起こり，環境被害が生じてしまうからである．本項では，廃棄物の取引や処理・処分を規定している法制度を解説する．

●**法制度の必要性**　バッズである廃棄物の取引においては，取引者の間で情報が非対称的である．バッズの取引は逆有償取引のため，モノと支払金の流れが同方向になり，モノがどのように処理されたかの情報が排出者に伝わりにくいからである．すると，処理業者には意図的に不適正処理して処理費用を節約する動機が生じる．バッズの排出者も企業秘密などを理由に当該廃棄物の内容情報を処理業者に伝えないことがある．この場合，処理業者は当該廃棄物の内容・組成情報を知らずに処理するため，非意図的に不適正処理が行われるおそれがある．これが法制度的に廃棄物の取引フローを制御しなければならない理由である．別の理由もある．資源を効率的に循環利用するためには，廃棄物になりにくい製品づくりを促進する必要があるが，それは市場の力ではできない．適正処理・リサイクルの費用は必ずしも市場取引に正しく反映されないからである．

●**廃棄物の処理・リサイクルの法制度**　廃棄物に関する法制度を図1に示す．

　これらの法律の中で「廃棄物の処理及び清掃に関する法律（廃棄物処理法）」の成立・施行が最も古く，また廃棄物の規定がこの法律によってなされているため，廃棄物に関する法制度で中心的な存在である．廃棄物を処理・処分する業や施設の許可も同法によって与えられるからであり，また個別リサイクル法も，廃棄物処理法で廃棄物が定義されることによって初めて機能するからである．加えて，家庭系のごみや一部事業系の廃棄物からなる一般廃棄物とその他の事業系廃棄物からなる産業廃棄物を区分するのもこの法律である．

●**資源の循環利用の措置**　廃棄物処理法は廃棄物に関する法制度で中心的な存在ではあるが，資源の高度な循環利用を促進するメカニズムがない．もともと廃棄物の適正処理・処分を目的としてつくられた法律だからである．現在，廃棄物の適正処理・処分だけでなく，資源を循環利用することによって，天然資源投入量を抑制するとともに最終処分場を節約利用することが重要な課題となってきた．そこで，資源の循環利用の促進を行うことを求めているのが「循環型社会形成推進基本法」である．同法では，廃棄物が再使用（リユース），再生利用（リサイクル），熱回収（サーマルリサイクル），適正処分の順で処理されるべき旨が規定されている．同法のもと，国は「循環利用計画」の策定が求められている．この

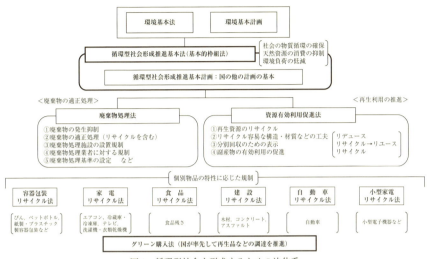

図 1. 循環型社会を形成するための法体系
[環境省 WEB サイト資料をもとに作成]

法律をより具体的な形で実行することを規定した法律が,「資源の有効な利用の促進に関する法律（資源有効利用促進法）」である．同法は循環利用すべき使用ずみ製品・部品・素材の対象物やそれに該当する産業を指定することによって，廃棄物の循環利用や副産物の有効利用を促進することを目的としている．これに対して,「容器包装に係る分別収集及び再商品化の促進等に関する法律（容器包装リサイクル法）」「特定家庭用機器再商品化法（家電リサイクル法）」「使用済自動車の再資源化等に関する法律（自動車リサイクル法）」などの個別リサイクル法は，使用済みになった製品のリサイクルを促進する法律である．以上のリサイクル法には，当該製品が使用済みになったあとの段階まで生産者が一定の責任を果たすことが求められている．これを拡大生産者責任（EPR）と呼ぶ．EPRは，生産者が当該廃棄物の処理・リサイクルに関する費用の全部もしくは一部を支払う責任，あるいは実際に処理・リサイクルを実施する（または組織化する）責任を果たすことを求めている．

●ソフトローの役割　以上の法律は，原則，国によって執行力が担保された法規範であり，ハードローと呼ばれる．これに対し，国による執行力が担保されない非法規範であっても人々の行動を規定する社会規範のことをソフトローと呼び，廃棄物の適正処理・リサイクルのみならず高度な資源の循環利用を促進するための社会装置として機能し始めている．使用済自動二輪あるいは使用済小型プレジャーボートの適正処理・リサイクルの自主的取組みなどがその代表例である．

[細田衛士]

📖 参考文献
・大塚 直（2010）『環境法（第3版）』有斐閣．

リサイクルの経済理論

　廃棄物処理サービスが公共サービスであった1990年以前は，焼却・埋め立て中心の廃棄物処理であったため，廃棄物処分量が増え続け，処分場の不足が社会問題となった．そこで，1990年代に出てきた新しい考え方が拡大生産者責任（EPR）である．1990年以降に先進国で構築されたEPRに基づくリサイクル制度には使用済み財の不法投棄を抑制し，生産者に対して環境配慮設計（DfE）を推進するインセンティブを与えることが期待された．

　EPRの要諦は，使用済み財に関してそのリサイクル・廃棄物処理の物理的／財政的責任を生産者であるメーカーに課すことにある．より忠実にEPRを実践しようとすると，生産者はバッズである使用済み財を消費者から無償で引き取り，そのリサイクル・廃棄物処理に責任をもたなければならない．ただし，EPRはリサイクル・廃棄物処理政策の考え方であるので，それを具現化する政策は1つではない．上の生産者による使用済み財の無償引取り（TB）だけでなく，リサイクル・廃棄物処理費用の前払い処分料金（ADF）などもEPR政策とされる．ADFは，生産者が消費者から製品の購入時にあらかじめリサイクル・廃棄物処理費用を徴収しておいて，廃棄段階では消費者から使用済み財を無償で引き取る制度であり，デポジット制度（☞「デポジット制度」）の一種であると考えられている．

●EPR政策の有効性と課題　廃棄段階で消費者からリサイクル・廃棄物処理費用（以下，リサイクル費用）を徴収するDF政策は，不法投棄を誘発するためEPR政策からは排除されているが，不法投棄さえ起らなければ（通常の経済的取引に従った）DF政策によってファーストベスト（社会的総余剰を最大にするという意味で社会的に最適な状態）は達成できる．したがって，理論上重要な問題は，DF政策を使わないTB政策やADF政策といったEPR政策によってファーストベストが達成可能かという点であった．基本文献（例えば，Fullerton & Kinnaman, 1995）では，DF政策を使わなくともTB政策とADF政策によってファーストベストを達成できることが示されている．このことを簡単に確認しよう．図1は，ある財市場の需要曲線と供給曲線を表している．今，使用済み財1単位あたりのリサイクル費用を$GH=AB$で表す．まず，単純化のために不法投棄は起こらないものと仮定し，DF政策の下で得られるファーストベスト結果を確認する．DF政策では，消費者が使用済み財を引き渡す際にリサイクル費用を支払わなければならないため，リサイクル費用であるABだけ消費者は新品に対する支払い意思額をあらかじめ引き下げると考えられる．このことは，需要曲線がDからD'にシフトすることを意味する．その結果，均衡はE_2で得られ，社会的余

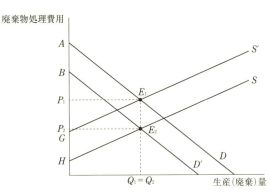

図1　EPR 政策と社会的余剰
［Shinkuma & Managi（2011）の Figure 4.1 をもとに作成］

剰は△ BHE_2 となる．一方，同じ結果は ADF 政策でも得ることができる．ADF 政策では，消費者が新品の購入時にリサイクル費用をデポジットとして前払いし，それは使用済み財を引き取ったリサイクル業者にリファンドとして支払われる．この場合も，消費者は新品に対する支払い意思額をあらかじめ AB だけ引き下げることに注意したい．その結果，均衡は E_2 で得られ，社会的総余剰は△ BHE_2 となる．

ところが，TB 政策では，生産者は使用済み財を消費者から無償で引き取らなければならない．このことは，供給曲線が S から S′ にシフトすることを意味する．このとき，市場均衡は E_1 で得られ，そのときの社会的総余剰は△ AGE_1 である．ここで，△ AGE_1 ＝△ BHE_2 に注意すれば，TB と ADF どちらの政策によっても，不法投棄を誘発することなくファーストベストを達成できることがわかる．

その後，上の基本モデルは様々に拡張され，フラートンとウー（Fullerton & Wu, 1998）は，生産者が DfE を選択できる場合には，TB 単独ではファーストベストの達成が不可能であることを示した．また，新熊（Shinkuma, 2007）は，耐久消費財を対象とした場合，ADF 政策単独ではファーストベストの達成が不可能であることが示した．

EPR 政策の最大の弱点は，国際資源循環（リサイクルを目的とした廃棄物貿易）に十分には対応できないことである．もともと EPR 政策が考案された当時は，国内リサイクルを前提としており，同時に進行していた国際資源循環を前提としていなかった．そのため，ペットボトルのように使用済み財が海外に輸出され，国内リサイクルシステムが立ち行かない状況も存在する．ところが，こうした問題を理論的に扱った文献は少ない（例えば，Shinkuma & Managi, 2011：Ch.8 を参照）．　　　　　　　　　　　　　　　　　　　　　　　　　　　　［新熊隆嘉］

リサイクルの経済学

　リサイクルとは，捨てられる運命にあった廃棄物を再び利用可能な資源の形に戻し，製品化することを指す．再資源化によって，使用済みの製品は選別されたり，分解されたり，熱を加えられたりして，製品をつくるために投入できる資源の状態にまで加工される．一方で，こうした工程を経ずに，ある消費者が使用して手放した製品を，ほかの消費者が取得して使用したり，別の用途に用いたりすることを，リユースという．

　戦後日本の廃棄物政策は，1954 年の「清掃法」，1970 年の「廃棄物の処理及び清掃に関する法律（廃棄物処理法）」に基づき衛生上・安全上の観点から実施されてきたが，最終処分場の逼迫（ひっぱく）や不法投棄の増大を背景に「循環型社会形成推進基本法」が 2000 年に制定され，廃棄物の抑制と資源の循環利用を促進する社会の形成に向けた取組みが本格的に始まった．また，これと前後して，個別製品に関連したリサイクルを目的として「容器包装リサイクル法（容器包装に係る分別収集及び再商品化の促進等に関する法律）」，「家電リサイクル法（特定家庭用機器再商品化法）」「建設リサイクル法（建設工事に係る資材の再資源化等に関する法律）」「食品リサイクル法（食品循環資源の再生利用等の促進に関する法律）」「自動車リサイクル法（使用済自動車の再資源化等に関する法律）」などの法律が制定された．これらリサイクル法では，目標とすべきリサイクル率，再資源化のために事業者や消費者や行政が果たす役割が定められ，例えば，容器包装リサイクル法では，ガラスびんや PET ボトルなどの容器包装について事業者に再資源化を義務付け，消費者が分別排出を行い市町村が分別収集を行うことを定めている．

　日本のリサイクル政策はこの 20 年で大きく進展し，一定の成果をあげてきた．廃棄物の最終処分量は減少し，リサイクルされる資源の量は増加した．この変化に，各種のリサイクル法が果たした役割は大きいものと考えられる．今後は，リサイクルに比べて取組みが遅れているといわれるリデュース（廃棄物の発生抑制）やリユースの進展が期待されている．

●リサイクルの費用と便益　リサイクルを実施することの主な便益として，①再利用できる資源が得られること，②焼却量や埋立て処分量が減らせること，③廃棄物収集費用の削減，の 3 つをあげることができる．第 1 の便益は，例えば，古紙を回収することによって紙を生産するために必要な資源が得られる，あるいは，アルミ缶を回収することによってアルミニウムを生産するために必要な資源が得られるといった便益である．こうした便益は政府の公的介入によるリサイクルが進展する以前から強く認識されており，企業が自主的に行っているリサイクル行

動の主な動機となっている．第2の便益は，リサイクルを実施して廃棄物を減らすことで，廃棄物の処理に関わる費用が抑制されることである．日本のように人口密度の高い国では，廃棄物焼却施設や廃棄物最終処分施設の適地を確保することが難しく，こうした便益は大きいものと考えられる．第3の便益は，廃棄物の収集に関する費用が減少することである．収集には労働力も収集車も必要であり，こうした費用を抑制することは，便益と捉えることができる．一方で，リサイクルをするのにかかる費用には，①リサイクル可能な資源を収集する費用と，②集められたリサイクル可能物を再資源化する工程にかかる費用をあげることができる．これらのうち，リサイクル可能資源を収集するための費用は，廃棄物収集費用の削減という便益を相殺するか上まわる可能性が高い．また，再資源化にかかる費用は，技術の進歩によって抑制することが可能である．例えば，人間によるリサイクル可能物の手選別には多大な費用がかかるが，機械選別を導入することで，費用を抑えることができる．

　リサイクルにかかる費用と便益を集計して，便益が費用を上回るのであれば，リサイクルを行うことは経済学的にみて効率的である．家電リサイクル法について行われた費用便益分析によると，法施行による便益は費用を大きく上回っている（経済産業省，2001）．また，容器包装リサイクル法については，2005年時点の分析（経済産業省，2005）では費用が便益を上回っていたが，2013年時点の再分析（経済産業省，2013）では自治体の費用が抑制されたため便益が費用を上回る結果となっている．一方，T. C. キナマン他（Kinnaman et al., 2014）はリサイクルに伴って発生する総費用の最小化という観点から，日本における一般廃棄物の最適なリサイクル率を10%と見積もっている．これは実際のリサイクル率よりも低く，現在実施されているリサイクルが過大な水準であることを示唆している．

●リサイクルの動機付け　リサイクルにかかる費用が製品価格に反映されれば，消費者はリサイクル費用が低い製品（例えば，包装を簡単にした商品や，容器を薄くした商品）を選ぶようになる．生産者はより売れる製品をより多くつくるため，リサイクルしやすい製品が市場でより多くのシェアを獲得するだろう．さらに，リサイクルしやすい製品が売れるのであれば，生産者は製品のデザインをリサイクルしやすいものへと変えていく．こうした影響はグリーン製品設計や，拡大生産者責任の概念と合致している．また，ごみ処理手数料の有料化も，間接的な形ではあるが，リサイクルを促進する．碓井・竹内（Usui & Takeuchi, 2014）は，日本の自治体で導入されたごみ有料化実態のパネルデータを用いて，有料化によってリサイクルが進展すること，その効果が長期的に持続することを明らかにしている．　　　　　　　　　　　　　　　　　　　　　　　　　　　　［竹内憲司］

📖 参考文献
・ポーター，R. C. 著，石川雅紀・竹内憲司訳（2005）『入門 廃棄物の経済学』東洋経済新報社．
・細田衛士（2008）『資源循環型社会—制度設計と政策展望』慶應義塾大学出版会．

デポジット制度

　デポジット制度とは，購入時に製品価格に加えてある額を支払い（デポジット），消費後に使用済み製品を所定の場所に返却すれば，デポジットの全部もしくは一部を受け取ることができる（リファンド）制度のことである．いわば，商品購入時に税金を支払い，使用済み製品の返却時に補助金を受け取るという2つの政策手段の組合せになっている．

●**デポジット制度導入の背景**　リターナブルびんなどのように，消費後洗って再度充塡（リユース）することができる容器（リターナブル容器）が高価なときには，生産者はそれらをできる限り回収しようとするため，デポジット制度を自主的に導入してきた．しかし，消費者の利便性，収集運搬の手間，嗜好の多様化などから，昨今では缶・ペットボトルなどのように，使い捨てもしくは裁断などをして再資源化（リサイクル）する容器（ワンウエイ容器）に移行してきた．その結果，散乱ごみ・廃棄物の増加，資源枯渇の懸念などが生じ，行政は生産者に法律でデポジット制度を義務付けること（強制デポジット制度）を検討してきた．なお，この強制デポジット制度の適用例は飲料容器が最も多い．

●**デポジット制度の利点**　デポジット制度は，様々な学術研究で，ほかの政策手段に比して望ましいといわれている．例えば，アルバースとボルバー（Aalbers & Vollebergh, 2008）は，適切なデポジット額とリファンド額を設定することで，デポジット制度は社会的に望ましい状態の達成を可能にすることを，混合廃棄物の場合について示している．適切なデポジット額・リファンド額は不法投棄などの限界外部性を金銭換算した値であり，外部性の内部化が可能である．また，高い回収率を達成できること，不法投棄の懸念のある主体に適切に処分するように促すので，監視費用を節約できること，使用済み製品を拾う人が増加し，散乱ごみが減り，ホームレスなどの収入源になるなどの指摘もある．

●**デポジット制度の課題**　しかし，デポジット制度は購入時の価格をデポジット分だけ増加させるため，製品の需要が減る懸念がある．デポジット制度の対象製品とそうでない製品が混在すると，デポジット制度の対象製品の需要はさらに減少しうる．また，消費者がデポジットを支払う場所とリファンドを受け取る場所が異なると，デポジット制度運営機関などが両者のデポジットとリファンドを調整する必要がある．デポジットの受取り・リファンドの支払い，デポジット制度によって増える使用済み製品の保管・運搬・処理などの負担が生産者などに発生するため，回収手数料を生産者に支給するなどの措置も必要である．

●**未返却のデポジット**　デポジット制度運営機関は，制度運営機関における費用

や小売への回収手数料を，回収した資源のスクラップ価値，すべての対象容器が返却されるとは限らないために生じる未返却のデポジットで賄い，不足する場合は生産者からの料金の徴収などによって調達する．なお，沼田（Numata, 2011）は，未返却のデポジットを考慮に入れたリファンド額を提起している．一方，使用済み製品を回収するほど未返却のデポジットが減るため，デポジット制度運営機関は回収を渋るインセンティブをもつ懸念がある．これについて，沼田（Numata, 2016）は，デポジット制度に飲料容器税を組み合わせることで，この懸念を払しょくしうることを示している．

●近隣諸国・地域などとの関係　以上の内容は，使用済み製品が近隣諸国・地域を行き来すると，より複雑になる．デポジット制度のある国・地域とそうでない国・地域で，使用済み製品が行き来する場合，デポジット制度のない国・地域で購入された使用済み製品にリファンドを支払うと，デポジット制度運営機関は，徴収するデポジットが支払うリファンドを下回り，生産者からの料金をより多く徴収する必要が出る懸念がある．一方，それらの使用済み製品にリファンドを支払わないと，それらの製品が散乱ごみ・不法投棄にまわるおそれがある．さらに，デポジット制度の国・地域で販売される製品とデポジット制度のない国・地域のそれをどう区別するかの検討も必要になる．

●デポジット制度に関する今後の研究の可能性　以上の点について，デポジット制度が実際に導入されている国・地域における現状・仕組み・経緯を丹念に把握し整理することで，デポジット制度に関する考察が深まるであろう（例えば，参考文献にある，田崎他の文献を参照されたい）．また，昨今，海洋中のマイクロプラスチックを魚や鳥などが体内に取り込まないように，プラスチック製品にデポジット制度を適用することが期待されている（UNEP, 2009）．デポジット制度が，この期待に応えられるかを，実現可能性とともに探ることも必要である．デポジット制度は店頭で行われることが多く，昨今，スーパーマーケットなどでみられるようになってきた使用済みペットボトルの店頭回収に示唆を与えるであろう（なお，店頭回収については，例えば，容器包装の多様な回収研究会〈2014〉で取り上げられている）．さらに，デポジット制度の適用対象を危険有害物なども含めて検討していくこと，高齢化社会が進み，財政が厳しくなっている状況において，デポジット制度の有する利点や仕組みを効果的に取り込むことの検討も今後の研究の可能性であろう．　　　　　　　　　　　　　　　　　［沼田大輔］

📖 参考文献
・沼田大輔（2014）『デポジット制度の環境経済学─循環型社会の実現に向けて』勁草書房.
・田崎智宏他（2010）『経済的インセンティブ付与型回収制度の概念の再構築─デポジット制度の調査と回収ポイント制度の検討から』国立環境研究所研究報告，第 205 号.

ごみ有料化と廃棄物削減効果

　家庭ごみの排出量を減らすことは環境負荷の削減につながる．市民がごみの発生を抑制し，分別収集に取り組むべきであることは言うまでもないが，市民の環境改善への意識が低いとごみの減量化は望めない．しかし，家庭ごみ有料化を導入することで，市民に減量化への経済的な動機付けをもたせることが可能になる．従量制有料化は日本で最も多く導入されている家庭ごみ有料化手法の1つであり，ごみの排出量が増加するほど手数料負担が大きくなるという特徴をもつ（以下，従量制有料化を有料化と略記する）．

　自治体はなぜ有料化を導入するのだろうか．第1に，有料化によって市民は費用負担を軽減するために様々なごみ減量努力を行う．例えば，店頭での過剰包装・レジ袋の受取り拒否によるごみの発生抑制，あるいは自治体が資源ごみの収集を低額／無料に設定することによって，市民が分別促進を行うことが期待できる．第2に，住民間のごみ排出に関する費用負担の公平性が確保できる．自治体は市民に対してごみ処理サービス料金の一部を，有料化を通じて負担してもらうことになる．つまり，市民はごみ処理サービス利用量の多寡に応じて異なる料金を支払う（自治体が指定する袋を購入してごみを排出してもらうというのが典型的である）．よって，ごみ処理サービスの使用量が少ないほど支払う料金が少ないという意味で公平である．また，住民登録地と実際の居住地が異なる場合に，料金を支払っている住民と，支払っていない住民との間で不公平が生ずる．そのため，有料化はサービスの使用量に応じた費用負担であるので公平性が確保できる．第3に，自治体は有料化による手数料収入の増加とごみ回収・処理量の削減を通じてごみ処理費用が軽減できる．全国の有料化自治体351市の導入要因を調査したところ，財政的な基盤が弱い自治体ほど有料化を導入する動機が強いことがわかった（上村，2008）．また，有料化実施によって，日本全体で生活系ごみ処理費用の19％が削減できたと報告されている（石村・竹内，2015）．

●**有料化の計量経済分析**　全国の市のごみ排出量を統計的に分析したところ，有料化実施自治体は未実施自治体と比べて14％程低いことが示された（笹尾，2011）．一方で，有料化導入のタイミングで，市民が意識啓発されたためごみの減量ができたのではないかとの指摘もある．611の有料化実施自治体の指定袋価格の大きさを調査したうえで，全市町村のごみ排出量データを統計的に分析したところ，有料化価格1％の上昇がごみ排出量を0.12％減少させていることが示された（碓井，2003）．つまり，有料化実施は市民の減量意識を向上させるだけでなく，有料化の指定袋価格の大きさによっても減量効果が大きくなるといえる．

ただし，有料化さえ実施すれば減量できるわけではない．有料化が同価格であったとしても，ごみ減量の受け皿となる分別収集がしやすいとごみ減量の効果は高まることが統計的に明らかにされている（碓井，2003）．では，有料化の効果はどの程度持続するのだろうか．碓井・竹内（Usui & Takeuchi, 2014）は7年間の全国の全市のパネルデータを用いて検証を行い，ごみ有料化によるリバウンドは存在するが無視できるほど小さく，減量効果は長期で持続することを示し，資源ごみの分別促進効果も長期で持続すると述べている．

ところで，住民の所得階層の違いは有料化導入によって減量効果に違いをもたらすのだろうか．8年間の日本の全市のごみ量のパネルデータを用いて，所得階層別に有料化の減量・分別促進効果に関して分析すると，高所得グループでは有料化価格の大きさに反応しないが，有料化の導入がなかったとしても紙容器包装やプラスチック包装の分別を積極的に行うことがわかった．低所得グループでは有料化価格の大きさに強く反応するが，有料化の導入がなければプラスチック容器包装の分別を行わないということがわかった．つまり，低所得の地域では，有料化と資源ごみの分別収集を同時に行うことが効果的であり，高所得の地域では有料化が未導入でも資源ごみの分別促進効果は得られる（Usui & Takeuchi, 2014）．

●有料化の課題　ごみ有料化の課題として，第1に，容積ベースの有料化は重量ベースの有料化と比べて効果が弱い．G. ベルとR. グレイダス（Bel & Gradus, 2016）はアメリカ，日本，オランダなどの25の有料化研究を利用してメタアナリシスを実施し，重量ベースの有料化は容積ベースの有料化（例えば，指定袋での有料化）よりもはるかに減量効果が大きいことを示した．つまり，市民は指定袋にできるだけ多くのごみを詰め込むため，期待される容量での減量効果は得られないと考えられる．第2に，ごみ有料化の負の効果として家庭ごみの不法投棄誘発があげられる．韓国の研究では，自治体に寄せられる不法投棄の苦情件数を分析すると，ごみ有料化価格が高いほど不法投棄苦情件数が増えることがわかった（Kim et al., 2008）．有料化の価格が高いほど減量効果や分別促進効果は高まるが，不法投棄増加のトレードオフが存在する．ただし，不法投棄との関連をみる研究は，不法投棄量を用いずに，苦情件数などの代理変数を用いているため，客観的な指標というにはやや弱い．

一般廃棄物の不法投棄量のデータを全国統一的な方法で収集し，計量経済分析を行うことが求められよう．　　　　　　　　　　　　　　　　　　　［碓井健寛］

📖 参考文献
・笹尾俊明（2011）「ごみ処理有料化と分別回収による廃棄物減量効果」『廃棄物処理の経済分析』勁草書房.
・ポーター，R. C. 著，石川雅紀・竹内憲司監訳（2005）『入門 廃棄物の経済学』東洋経済新報社.

廃棄物処理施設の社会的影響

　焼却施設や最終（埋立て）処分場などの廃棄物処理施設は廃棄物の適正処理に不可欠な施設である．廃棄物処理施設がなければ，いたる所にごみが散乱し，不衛生な状態になり，我々の生活環境に大きな支障をもたらすとともに，自然環境にも多大な影響を与える．そうした意味で，廃棄物処理施設の存在は社会に大きな便益をもたらしている．一方で，一般に廃棄物処理施設は原子力発電所や軍事基地などと同様に迷惑施設として捉えられ，その負の影響が注目されることが多い．施設の必要性を認めたとしても，自分の家の近くには建設してほしくないという姿勢や心情を NIMBY（ニンビー：Not in my backyard の頭文字から）と呼ぶが，廃棄物処理施設はその代表例である．

●**廃棄物処理施設をめぐる社会問題**　廃棄物処理施設をめぐる NIMBY 問題が国内で広く知られるようになった大きな出来事は，1970 年前後に特に顕著になった「東京ゴミ戦争」であろう（清水，1999）．当時，東京 23 区の一般廃棄物の最終処分を一手に引き受けていた江東区の住民が，増え続けるごみの受入れに反発して抗議し，他区からのごみの搬入を阻止する事態に至った．一方，ごみ焼却施設の新設計画があった杉並区では，収集車の増加に伴う交通公害や安全上の懸念などを理由に施設建設に反対する住民運動が起こっていた．そうしたなか，両区は対立し，当時の美濃部都知事がその状況を「ゴミ戦争」と宣言する事態にいたった．その後も，増えるごみを処理するために廃棄物処理施設建設のニーズが高まる一方で，全国各地で施設設置をめぐる NIMBY 問題が発生した．近年でも，東京都小金井市でごみ焼却施設の新設をめぐる周辺自治体との調整が難航するなか，廃棄物を受け入れる自治体に支払う委託金に関する市長の発言が，関係する自治体の反発を受けたことで，市長が交代を迫られる事態に発展した．

●**廃棄物処理施設の社会的影響に関する研究レビュー**　廃棄物処理施設がもたらす負の影響として，上述のごみ収集車がもたらすもの以外では，焼却施設からの排気ガスによる大気汚染，処分場からの浸出水などによる水質汚染，処理施設からの悪臭や騒音，温室効果ガスの排出などが考えられる．しかし，近年では処理施設の環境対策が進み，通常は環境基準を超えるような環境汚染が発生することは少ない．住民の関心が高いのはむしろ，なぜそこに施設がつくられることになったのかという，立地選定の理由や経緯に関する事柄と考えられる．廃棄物処理施設の設置や運用がもたらす負の影響は，経済学では負の外部性として捉えられる．廃棄物処理には労働や資本に関わる（私的）費用がかかるが，それに加え，処理に伴う様々な環境影響やそのリスク，近隣住民への不安感など市場では計算

されない費用，すなわち外部費用が発生する．

　環境経済学の分野では，環境評価の手法を用いて，外部費用や社会的費用の推計が行われてきた．廃棄物処理施設の設置・運用に伴う周辺環境への負の影響を貨幣単位で評価・分析する手法としては，主に①代替法，②ヘドニック法，③仮想評価法（CVM）やコンジョイント分析が用いられてきた．①では汚染の限界削減費用をもとに処理施設の社会的費用を推計した研究が，②では処分場周辺での住宅価格（地価）の低下を調査した研究などがある．③では，処分場設置計画がある地域の住民を対象に，処分場を住宅地から移転させるための支払い意思額を推計した調査や，処分場設置の見返りとしての受入れ最低補償額を推計した調査などがある．これらの先行研究については笹尾（2011）が詳しい．

●**廃棄物処理施設の社会的影響の経済学的緩和策**　経済学では，外部費用を内部化するためには，金銭的補償が有効であると考えられてきた．仮説的補償原理を適用すれば，近隣住民に課せられる外部費用を，社会的便益から補償してもなお純便益が発生するならば，施設の設置・運営は望ましいことになる．H.カンルーザー（Kunreuther）らは，施設が必要となった地域の各コミュニティが，自らのコミュニティにそれが設置される場合の最低補償額を申し出て，その中で最低金額を提示したコミュニティに施設を設置するというロービッド・オークションを提案した（Kunreuther & Kleindorfer, 1986）．S. K.スワロー（Swallow）らは処理施設の社会的費用を最小化するために，上述のオークションとコンジョイント分析を併用した施設設置計画を提案した（Swallow et al., 1994）．しかし，CVMやコンジョイント分析で推定された評価額は，一般に1回限りのアンケート調査に基づく場合が多く，実際にはより詳細な情報提供や関係者間での意見交換などによって，処理施設の受入意思額は変化する可能性がある（笹尾，2011）．また，特に補償金は賄賂として認識され，補償金による解決は住民の施設受入れ意思をかえって低下させ，住民が本来もっている公共心を排除する可能性もある（Frey et al.,1996）．したがって，補償制度を有効にするには，施設設置や補償に関する住民の選好を十分に把握しておく必要がある．

●**今後の展望**　現在，全国各地で一般廃棄物処理の広域化が進められているが，広域化は廃棄物処理事業の効率化や地域全体の環境負荷削減に寄与すると期待される．一方で，広範囲から多くの廃棄物を集めて処理するため，施設周辺の外部費用は大きくなり，NIMBYの度合いを強めるおそれがある．近隣住民の負担感を軽減するためには，施設の必要性についての十分な説明とともに施設周辺の便益を向上させるような取組みが必要である．焼却施設で発生する熱を利用した温水プールの設置など，従来からの地域融和策に加え，廃棄物発電による電気を周辺地域で優先的に利用できるようにして災害時の停電を防いだり，電気料金を値下げしたりするなど，これまでにないより積極的な取組みが求められる．

[笹尾俊明]

拡大生産者責任の経済学

　拡大生産者責任（EPR）という用語は，1990 年に T. リンドクヴィスト（Lindhqvist）によって最初に導入されたものである（OECD, 2016）．その後経済協力開発機構（OECD）で検討が続けられ，2001 年の *Extended Producer Responsibility : A Guidance Manual for Governments*（OECD, 2001；以下，2001 年マニュアル）で一定の整理がなされた．さらに，2016 年にはその後の知見を加えた更新版として *Extended Producer Responsibility : Updated Guidance for Efficient Waste Management*（OECD, 2016；以下，2016 年ガイダンス）が発表された．
●概念と手法　EPR とは，製品に対する生産者の責任を製品ライフサイクルの使用後の段階にまで拡大する環境政策アプローチである．生産者は，使用済み製品の回収・再利用・適正処理など（以下，再利用など）を実施し，また，そのためのシステムを管理・運営する（物理的責任）か，これに必要となる費用を提供する（財務的責任）かの少なくとも一方の責任を担うことで責任を果たしたとみなされる．EPR の特徴は使用済み製品に関する責任を自治体から生産者に移すことと環境配慮設計（以下，DfE；☞「環境配慮設計」）へのインセンティブを課すことにある．製品や再利用などに関する情報を提供する責任も EPR に含まれる．
　EPR の考え方を具体化する政策ツールとして，2016 年ガイダンスでは大きく，①製品引取り要求，②経済的手法，③パフォーマンス基準や規制，④情報的手法に分けて説明している．ただし，いずれも EPR 政策といえるためには物理的責任か財務的責任のいずれかが生産者に課されている必要がある．
　製品引取り要求とは生産者に使用済み製品の引取りを求める手法で，しばしばリサイクル率目標などと合わせて用いられる．生産者が生産者責任機構をつくり，共同で再利用などを実施することを許容することも多い．この場合，共同生産者責任と呼ばれる．個別の企業に実施を求める場合は個別生産者責任（IPR）と呼ばれる．各企業の費用負担が当該製品の再利用などの実際の費用を反映していれば IPR としてよいとする見解もある．いずれも EPR として認められている．
　経済的手法には，①デポジット制度（☞「デポジット制度」），②前払い処分料金（ADF）または前払いリサイクル料金（ARF），③原材料課税，④生産者に対する税・補助金の組合せ（UCTS）がある．このうち，ADF は製品の購入時にその製品の再利用などの費用を料金として課す制度である．ADF のうち，特にリサイクル料金を課す場合に ARF という．原材料課税は新原料やリサイクル困難な原料など削減したい原料に対する課税制度で，税収は使用済み製品の再利用な

どに充てられる．UCTS は生産者に課金しそれを再利用などへの補助金として用いる制度である．これらは生産者に製品デザインなどを変更するインセンティブを与え，再利用などに資金を提供する．デポジット制度については当該項目を参照されたい．パフォーマンス基準の例としては，製品中に含まれる再生資源割合の目標設定などがあげられる．情報的手法には，再利用などの情報の報告義務，製品情報の提供などがある．

●**現状** 2013 年時点で，世界で少なくとも 395 の EPR 政策が存在する．近年急増中で，新興国・途上国でも導入が進みつつある（Kaffine & O'Reilly, 2015）．EPR の対象としては小型家電が最も多く，容器包装，タイヤ，自動車と続く．そのほか，使用済み油，化学物質，蛍光管など種々の製品に適用されている．

　日本では，2000 年に「循環型社会形成推進基本法」が制定され，事業者の責任として EPR が明記された．引取り・再利用については，その製品などに関係する事業者の役割が重要な場合に適用されることとなっており，2016 年時点で，容器包装，大型家電，自動車，パソコン，2 次電池の制度がある．

●**背景** 1980 年代後半には多くの先進国で，廃棄物量の増大と処理困難な製品廃棄物の増大という量的・質的問題に直面した．こうした問題に対して，製品情報をもちプロダクトチェーン上の各主体に対して最も影響力をもつ生産者が再利用などを担保し，製品設計を変えられる生産者がその費用を支払う．それによって，再利用などが担保されるとともに，そのための社会的費用が小さくなるよう DfE・生産活動が進む．その結果，リサイクル率が上昇し，埋立量が減り，発生抑制が進むことが期待されたのである．

●**研究動向と課題** D. カフィンと P. オライリー（Kaffine & O'Reilly, 2015）による経済学的研究のレビューでは，手法間の効率性の比較，競争・DfE・ごみ・リサイクル量などへの影響，実際の制度の経済的効率性などについて検討されている．全体として実証研究の充実が課題とされている．そのほか，インフォーマルセクターとの関係も重要な論点である．

　国内の EPR 制度をめぐる議論でもそれぞれ課題が議論されているが，中でも 2R（リデュース・リユース）の促進，不適正輸出・不法投棄・自治体収集への混入など EPR 制度の外に流れる使用済み製品の制御などは共通の課題といえよう．

[山川 肇]

📖 **参考文献**
・田崎智宏・堀田康彦編／監訳（2016）『拡大生産者責任―効率的な廃棄物管理のためのアップデート・ガイダンス（日本語要約版）』公益財団法人地球環境戦略研究機関・国立研究開発法人国立環境研究所（最終確認日：2018 年 3 月 4 日）．
・植田和弘・山川 肇編（2010）『拡大生産者責任の環境経済学―循環型社会形成にむけて』昭和堂．
・経済産業省（2017）『資源循環ハンドブック 2017―法制度と 3R の動向』（最終確認日：2018 年 3 月 4 日）．

環境配慮設計

　環境配慮設計（DfE）は，環境適合設計やエコデザインとも呼ばれ，「製品開発の全ての段階で環境を配慮し，製品のライフサイクルを通じての環境影響を最小限におさえるような製品づくりに努めること」（UNEP・永田監訳，2001）を指す．主に，工業製品（例えば，自動車，家電製品，複写機など）の製品設計について用いられることが多いが，そのほかの製品やサービス，広い意味では建築物や都市の設計にも適用されうる概念である．環境配慮設計がなされた製品は，環境配慮製品やエコプロダクト，グリーンプロダクトなどと様々な呼称がされている．

●**DfE の背景と展開**　公害の時代は，環境汚染を防ぐため，工場などの排ガス・排水などに浄化技術を適用して汚染物質の排出を抑えるという「エンドオブパイプ」での対策が行われてきた．1990 年代に入ると，汚染そのものの発生をなくす製造工程の方が望ましいとの認識に立つ「クリーナープロダクション」の概念が世界的に広まった．これは，製造工程に重点をおき，原材料やエネルギーの削減，有害物質の利用回避などを行うものであるが，製造された製品への着目が弱かった．これに対して，DfE は製品に環境対策の重点をおくもので，クリーナープロダクションと補完し合うことで，環境に配慮した産業を形成することに貢献する．また，製品に着目することにより，製品の利用中や廃棄後の環境問題への対応が図られやすくなる，すなわち，製品の全ライフサイクルからの環境影響を削減するライフサイクル・アプローチを実践することにつなげやすくなる．2000 年代には国際規格 ISO14006「エコデザインの導入のための指針」や国際規格の技術レポート ISO/TR14062「環境適合設計」が策定されるなど，環境経営に DfE を組み込む動向が進んだ．

●**DfE の種類**　デザイン・フォー・エックス（DfX：Design for X）という表現を用いて分類がされており，具体的には，DfD（易解体設計），DfR（易リサイクル性設計），DfM（易保守性設計），DfEs（省エネ設計）などの DfE がある．また，製品設計においては環境面以外の配慮も必要であり，機能，費用，原材料調達の容易性，製造のしやすさ，信頼性，外観・魅力などといった要求事項と DfE が調和・統合されて，製品設計に反映されることとなる．

●**DfE の実施**　製品の設計・開発は，①計画と課題の明確化（製品への要求事項を定め，仕様書を作成する），②概念設計（製品の機能や動作構造を決定する），③実体設計（部品の形状やサイズなどのレイアウトを決定する），④詳細設計（製造手順などを決定する）の 4 段階からなるとされている（Pahl et al., 2007）．こ

の4つの段階すべてにおいて，環境配慮が行われる機会がある．具体的内容としては，資源利用量の削減，再生資源・再生部品の使用，エコマテリアル（環境適合性の高い素材：環境影響の少ない素材やリサイクルしやすい素材）の利用，使用素材の単一化，長寿命化，解体・部品交換しやすい構造の選択，部品点数の削減，包装材の減量，消耗部品の耐久性向上，材質表示などがある．DfEは原材料の抽出から使用済み段階まで，製品のライフサイクル全体にわたって製品に起因する環境影響を低減させるものであり，その確実な実施を支援するために，DfEチェックリストが用いられたり，製品アセスメント（開発・設計時における製品の事前評価）が実施されたりする．このとき，ライフサイクルアセスメント手法も用いられているが，チェックリストなどと比べると適用は限定的である．

●**個別実践事例**　日本では，家電製品，情報処理機器（パソコンなど），事務機器（複写機など）などの業界がDfEに関連するマニュアル・ガイドラインなどを策定しており，これ以外の業界も含め，各社で取組みが進められている．例えば，家電製品についていえば，（一財）家電製品協会が『家電製品 製品アセスメントマニュアル』（最新2015／初版1991）を公表したり，家電リサイクルプラントからの設計要望をDfEに反映させたり，設計者を家電リサイクルプラントで実習させたりなどの取組みを展開している．

●**DfEを促進する法制度**　欧州連合（EU）ではいわゆる「エコデザイン指令」によって，エネルギー関連製品のDfEが義務付けられており，製品の全ライフサイクルの環境負荷を削減することが求められている．日本では，全ライフサイクルの環境負荷を削減するためのDfEを促す同様の法律は存在しないが，「資源有効利用促進法」により指定省資源化製品，指定表示製品などが定められており，特定のライフステージにおける環境配慮を促すDfEの実施が制度化されている．また，「エネルギーの使用の合理化に関する法律」におけるトップランナー制度では，製品の使用時のエネルギー消費効率についての目標基準を定めており，DfEの促進を狙っている．

●**今後の展開**　DfEは低価格製品には適用されにくい傾向があるため，特に途上国でのDfEが進みにくい．各種製品の普及が進み，その環境負荷が増大することを鑑みると，廉価品にも適用しやすいDfE技術の開発・充実が求められる．また，多くの場合，DfEは同種の製品を想定するが，既存製品を前提としたDfEでは，環境負荷の削減可能性に限界がある．まったく異なる技術を用いた製品開発（LED，電気自動車など）やシェアリングなどのグリーン・サービサイジングへの移行など，革新的な方向性の取組みも期待されている．　　　　　　［田崎智宏］

📖 **参考文献**
・UNEP，永田勝也監訳（2001）『エコデザイン―持続可能な生産と消費のための将来性あるアプローチ』ミクニヤ環境システム研究所．
・山本良一・鈴木淳史（2008）『エコイノベーション―持続可能経済への挑戦』生産性出版．

廃棄物産業連関分析

　廃棄物産業連関分析（WIO）は，廃棄物などのフローを明示した産業連関分析の枠組みであり，その勘定体系（廃棄物産業連関表）と分析モデル（廃棄物産業連関モデル）から構成される．ライフサイクルインベントリ分析，およびWIO価格モデルを応用したライフサイクル費用分析，物質フロー分析などに応用される．詳細は中村編（2007）および中村・近藤（Nakamura & Kondo, 2009）を参照されたい．

●**質量で把握される廃棄物のフロー**　産業連関表に収録される取引量は，各商品に固有の単位（例えば，kg, m³, J など）で測定することが望ましいが，多くの場合は通貨単位（円，ドルなど）が用いられる．ただし，通貨単位が用いられているとはいえ，産業連関表によって把握されるのは，カネの流れではなく，モノ（財・サービス）の流れである．

　廃棄物に関する統計においては副産物のうち経済的価値のない（有価でない）ものを廃棄物とする定義が定着している．しかし，生産技術と関連付けながら物質フロー（モノの流れ）を適切に把握するためには，経済的価値に依存しない定義が好ましい．市況に応じてグッズになったりバッズになったりするモノの流れを通貨単位で把握することは不可能であるから，WIO においては廃棄物のフローは質量で測定される．

●**廃棄物フローと廃棄物処理**　図1に WIO 表の雛型を示す．図の左側の WIO 表に加えて，対比のために標準的な環境拡張産業連関表（EEIO 表）も示してある．この雛型からみられる WIO 表の主たる特徴は，①廃棄物フローは質量で測定されること，②廃棄物フローは表下部ではなく表中央に配置されていること，③廃棄物（M種類）と処理（K種類）の対応は1対1でなく一般には多対多であり，両者の対応は廃棄物・処理対応表で表されること，の3点である．これらの特徴のうち，①については上で述べたとおりである．特徴②は，廃棄物の排出は，ライフサイクルアセスメント（LCA）の用語でいえば中間フローであって，環境負荷の排出（例えば，二酸化炭素の排出）のような基本フローではないことによる．例えば，排出された廃プラスチック類は，破砕と選別を経たあと，再資源化されたり焼却されたりする．焼却による処理残さ（焼却灰）が最終処分（埋立て）されて初めて環境負荷とみなされる．特徴③は，1種類の廃棄物（例えば，生ごみ）が実際に複数の技術（例えば，焼却，メタンガス化，堆肥化など）で処理されることを考慮すれば，勘定体系が備えるべき当然の性質である．逆行列演算を必要とする産業連関モデルを適用するために，廃棄物フローの実態を無視して，廃棄

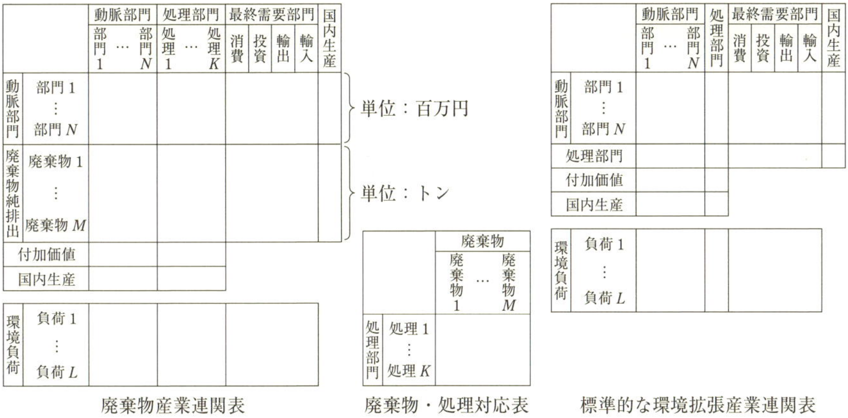

図1 廃棄物産業連関表の雛型

廃棄物産業連関表

	動脈部門		処理部門		最終需要部門				国内生産
	部門1	… 部門N	処理1	… 処理K	消費	投資	輸出	輸入	
動脈部門 部門1 … 部門N									〉単位：百万円
廃棄物純排出 廃棄物1 … 廃棄物M									〉単位：トン
付加価値									
国内生産									
環境負荷 負荷1 … 負荷L									

廃棄物・処理対応表

	廃棄物		
	廃棄物1	…	廃棄物M
処理部門 処理1 … 処理K			

標準的な環境拡張産業連関表

	動脈部門		処理部門	最終需要部門				国内生産
	部門1	… 部門N		消費	投資	輸出	輸入	
動脈部門 部門1 … 部門N								
処理部門								
付加価値								
国内生産								
環境負荷 負荷1 … 負荷L								

物と処理の分類数を同じ（$M=K$）にしたり，廃棄物と処理の間に1対1の対応を想定したりすると，適切な分析が困難になると考えられる．WIOは，このような困難が生じないように設計されている．

●**廃棄物の排出は処理サービスに対する需要**　WIOモデルは，WIO表および廃棄物・処理対応表を用いて構築される．廃棄物は，それが再資源化されない場合は処理される．すなわち，排出量＝再資源化量＋処理量は恒等式である．WIOモデルにおける廃棄物の排出は，その廃棄物が再資源化されない場合の処理サービスに対する需要とみなされる．標準的なEEIOのように廃棄物フローを明示せずに処理サービスに対する需要を通貨単位で測定してしまうと，廃棄物処理制度（例えば，有機性廃棄物の直接埋立てが禁止されて，焼却される）の分析に応用できない．このWIOに特徴的な廃棄物の排出と処理の取扱いは，LCAのためのデータベースとして知られているEcoinventにおいても第3版から採用されるにいたっている（Weidema et al., 2013）．数理的な面からは，WIOモデルは供給・使用表に対して適用される標準的な産業連関モデルとの興味深い共通点をもっている．詳細は中村編（2007）およびレンツェンとレイノルズ（Lenzen & Reynolds, 2014）を参照されたい．

●**物質フロー分析への展開**　WIO物質フロー分析（WIO-MFA）は，製品の物質組成を推計するための手法として，物質フロー分析の分野において広く用いられている．詳細なデータベース開発に加えて，生産プロセスへの物質投入を，製品に体化するものと廃棄されるものに分離するフィルタが，LCAやフットプリント分析に適用される標準的な産業連関モデルと異なる重要な特徴である．詳細は中村編（2007）および中村（Nakamura, et al., 2007）を参照されたい．［近藤康之］

マテリアルフロー

　マテリアルフローとは，自然資源，原材料，部品，製品，廃棄物などを対象に，採取，生産，流通，消費，廃棄といった段階のいずれか，あるいはそれら一連の過程における「ものの流れ」を指す．これらに着目することによって，人間活動と資源問題，環境問題との関連性を分析する目的で用いられる概念である．資源循環や廃棄物問題との関わりから，工業製品やその原材料，化石燃料，農林水産物などが主たる分析対象となるが，水，温室効果ガス，汚染物質なども対象とされる．ものの流れを物量単位で体系的に把握することが主眼であるが，金銭のフローとの対比や，フローとストックとの関係などにも分析対象は拡大している．

●マテリアルフロー分析（物質フロー分析）　マテリアルフロー分析（MFA）とは，ある着目した系に原料や燃料として投入される資源と，系から産出される製品，副産物，廃棄物，汚染物質などについて，その総量あるいはそこに含まれる特定の物質や元素の量，これらの収支バランスを，体系的・定量的に把握する手法の総称である．MFA という略語は，環境経済統合勘定において使われるマテリアルフロー勘定（Material Flow Accounting）という語にも適用される．物質の投入量と産出量との収支バランスを重視する場合には，マテリアルバランス（物質収支）分析という語も使われる．

　日本語の「マテリアル」は，工業製品をつくるための材料や素材という意味で用いられる場合が少なくないが，ここでの意味は「物質」の総称であり，農林水産物，土砂などの建設用材料，廃棄物などがすべて含まれ，さらに酸素，二酸化炭素などの気体や水を含める場合もある．最終製品に着目した分析を製品フロー分析（PFA），環境面で重要性の高い特定の物質についての詳細な分析を SFA と呼んで区別する場合もあるが，これらはいずれも広義には MFA に含まれる．

　MFA はアメリカを中心に発展してきた産業エコロジー（Industrial Ecology）と呼ばれる研究分野の中核をなすものでもあり，その源流には R. エイヤーズ他（Ayres et al.）による一連の業績（Ayres & Ayres, 1998；Ayres & Ayres, 1999）があげられる．

●一国全体のマテリアルフロー分析（EWMFA）　欧州では，1990 年代に環境問題の研究者，統計の専門家らにより，一国のマテリアルフローの総量の計測が試みられており，時期を同じくして，日本でも，当時の環境庁で循環型社会の概念の検討とともに同種の試みに着手していた．これらが源流となって，1990 年代の日米欧の国際共同研究，G8，経済協力開発機構（OECD）などの国際機関での検討などを経て発展してきたのが，一国の経済活動に伴うマテリアルフローの

総量を計量する，一国全体のマテリアルフロー分析（EWMFA）である（森口，2015）．日本の「循環型社会形成推進基本計画」においては，2003年の第1次計画以来，計画の進捗状況の点検のための指標，数値目標の設定にこの手法が利用され5年ごとの計画の改訂において指標，目標が拡充されてきた．また，欧州連合（EU）の2011年の指令によって，EU加盟国ではすでにEWMFAが公的な統計となっている．こうした国レベルでの情報整備は先進国が中心であるが，経済発展によってマテリアルフローの増加が生じているのは主に新興経済諸国や発展途上国である．2015年に採択された国連持続可能な開発目標（SDGs）にもEWMFAに基づく指標が盛り込まれている．国連環境計画（UNEP）の国際資源パネルは，世界全体の資源の生産量や貿易量の推移の推計結果を2016年に報告している．経済成長と，資源消費や環境負荷の増大を切り離し，より少ない資源でより大きな価値を得ようとする，資源生産性，資源効率性の考え方の普及と，マテリアルフローの体系的な把握は，表裏一体の関係にある．「もの」の動きをもれなく捉え，その全体像を描くことによって，大量生産・大量消費・大量廃棄に特徴付けられた従来型の経済社会から，資源効率性の高い，循環型社会・循環経済への移行状況の評価が可能となるからである．

●**様々なマテリアルフローの分析**　一国レベルのこうしたマクロなマテリアルフローの把握は近年特に盛んになったMFAの1類型であるが，MFAにはそれ以外にも様々な種類のものがある．大別すれば，特定の元素（例えば水銀，塩素），原材料（例えばプラスチック，ガラス，紙，金属），製品（例えば飲料容器，電池）など分析対象とする物質をまず選び，様々なシステム境界におけるフローを定量化するアプローチと，企業，経済活動部門，都市，国などまず着目するシステム境界を選び，そこに出入りする特定の物質や物質の総量を定量化するアプローチがある（Bringezu & Moriguchi, 2003）．

　容器包装，家電製品，自動車などの製品分野ごとのリサイクルをはじめ，廃棄物処理や資源循環を考えるうえでも，物質フロー分析が有効な分析手法となる（Moriguchi & Hashimoto, 2015）．また，日本のように，成熟した社会では，今後は過去から蓄積されてきたストックの老朽化に由来する廃棄物の発生が予測され，ストックとフローの関係の分析の重要性が増すと考えられている．

●**マテリアルフローコスト会計**　マテリアルフローコスト会計（MFCA）は企業の環境会計の一種である．企業における「ものづくり」において，資源，材料，エネルギーのロスは，それらの調達に投入したコスト，廃棄物処理コストの増大の両面で損失である．こうした考え方に基づいて，一連の生産過程における資材のロスを物量，貨幣単位の両面で把握し，改善点をみつけることで，生産性の向上に資することが期待される．MFCAは，国際規格化が進められ，一般的な枠組みを定めた「ISO14051」に続き，サプライチェーンへの適用に関する「ISO14052」が2017年に発行した．　　　　　　　　　　　　　　　［森口祐一］

廃棄物の越境移動の管理

　現代社会においては，廃棄物も通常の経済取引と同様に国境を超えた取引が盛んになっている．D. ケレンバーグ（Kellenberg, 2012）によれば，世界各国の間で取引された廃棄物は 2007 年に 1.9 億 t となっている（ここでいう廃棄物とは一般廃棄物や銅スクラップなど HS コード 6 桁で 62 種類のものを合計したものである．詳細は Kellenberg〈2012〉の Table A1 を参照されたい）．2001 年のニューヨークでの 9.11 同時多発テロ事件で発生したがれきが約 160 万トン，2011 年の東日本大震災で発生したがれきが約 2500 万トンであることを考えると，いかに膨大な量が取引されているかがわかる．100 年に 1 度といわれたリーマンショックによる景気後退では，リサイクル原料となる使用済み PET ボトルの山が国内のあちこちの港のヤードにみられるようになった．このままでは使用済み PET ボトルがあふれるかと思われたが，需要の落込みは短期的であり杞憂に終わったものの，この例はいまだ国境が重要な意味をもっていることを再認識させられる．

　世界全体の廃棄物貿易に占める各国のシェアをみると，輸出についてはアメリカが全体の約 20% を占めており，突出している．続いてドイツが 10% 強，ロシアと日本が 7% 強で続いている．上位 10 か国はいわゆる先進国であり，環境規制は相対的に強い国々である．一方，廃棄物の輸入シェア上位 10 か国をみると，上位 1, 2 位が中国，トルコであるが，それ以外は先進国となっている．その意味では（産業ではなく）廃棄物を規制の弱い国に輸出する「廃棄物退避仮説」は部分的に支持されているにすぎない．近年の類似の研究においても，環境規制の強弱は廃棄物の輸入に影響を及ぼすが，そのほかの問題も大きく影響していることが示されている（Kellenberg〈2012〉および類似研究の詳細は，山本〈2013〉を参照されたい）．

●バーゼル条約が制定されるまで　廃棄物貿易の拡大にあわせて，1970 年代以降，世界各地で有害廃棄物の国境を越えた不適正処理や不法投棄が大きな社会問題となった．有名なセベソ事件（1976）では，イタリアの工場事故で発生したダイオキシンを含む有害物資で汚染された土壌が北フランスで発見されたが，イタリアが引取りを拒んだため，最終的にスイスが処分した（そのほかの事件については外務省のバーゼル条約に関するホームページで確認できる）．この事件の解決に長い時間を要したこともあり，ヨーロッパを中心に再発を防ぐ取組みが活発に議論された．1982 年に経済協力開発機構（OECD）は検討を開始し，1984 年に有害廃棄物の越境移動を管理することを定めた．1987 年には国連環境計画（UNEP）

が長年議論してきた有害廃棄物管理のガイドラインを承認した．一連の取組みにもかかわらず，アフリカをはじめとする発展途上国を舞台に有害廃棄物の不適正処理が続いていた．特に，1988年のココ事件は，イタリアで発生したポリ塩化ビフェニル（PCB）を含む廃棄物をナイジェリアのココ港に不法投棄した事件で，ナイジェリア大使がイタリアを離れるという外交摩擦を引き起こした．

●バーゼル条約とその課題　こうした現状を打破するために，UNEPは1989年3月にスイスのバーゼルにおいて「有害廃棄物の国境を越える移動及びその処分の規制に関するバーゼル条約」を採択した．このバーゼル条約は，1992年5月に発効し，日本は1993年に加盟，2015年5月には世界の加盟国が180を超えている．バーゼル条約では規制対象の判断基準も示されているが，対象となる品目とならない品目が附属書にまとめられている（ネガティブリスト・ポジティブリスト）．

　条約の目的は，有害廃棄物の越境移動を禁止することではなく，リサイクル目的に限ったうえで環境や健康に害を与えることのないような移動を確保することである．そのため，条約の判断基準とリストに矛盾がない限り，輸出国が事前に通告し，輸入国がそれに同意していれば越境取引を行うことができる．この点については様々な議論があり，長年不法投棄に苦しめられてきたアフリカ統一機構（OAU）はこの対応では不十分であるとして，1991年にアフリカ大陸への有害廃棄物の輸入を禁じる「バマコ条約」を採択している．

　バーゼル条約締約国会議においても条約改正は議論されており，1995年の第3回締約国会議では，あらゆる有害廃棄物の輸出を禁止すべきであるとして，いわゆる「BAN改正」が採択されている．また，輸送時の環境被害については，原則として輸出者が無過失責任と負うとする「バーゼル損害賠償責任議定書」が1999年の第5回締約国会議で採択された．ただし，いずれの改正措置も2015年の第12回締約国会議時点で未発効である．

●海洋投棄への対策　越境移動が困難になった際に廃棄物が海洋投棄されることを避けるために「1972年の廃棄物その他の物の投棄による海洋汚染の防止に関する条約（ロンドン条約）がリオサミットを契機に強化されることになった．この成果は「ロンドン条約1996年議定書」として採択され，2006年に発効した．この1996年議定書ではそれまでの投棄禁止対象をリスト化し管理する方法を改め，海洋投棄は原則禁止としたうえで投棄を検討できる対象のリスト（下水汚泥など）が附属書Iに掲載される「リバースリスト」方式が取られた．　［山本雅資］

📖 参考文献
・小島道一（2010）『国際リサイクルを巡る制度変容—アジアを中心に』アジア経済研究所．
・矢澤昇治（2003）「有害廃棄物の越境移動とバーゼル条約」『環境法の諸相—有害産業廃棄物問題を手がかりに』専修大学出版会．
・山本雅資（2013）「第5章　廃棄物政策をめぐる課題—東アジア「共生」に向けて」垣田直樹他編著『環境の視点からみた共生』CEAKS研究叢書「交響するアジア」第2巻，梧桐書院，82-97頁．

不法投棄の管理

　不法投棄は，廃棄物の適正処理や円滑な資源循環を推進していくうえで解決すべき重要な課題の１つである．不法投棄による検挙事件数は，2007年の4051件をピークに減少傾向にあるものの2015年時点で2479件となっており，依然として対策が必要とされている（平成20年版および28年版『警察白書』より）．

●**不法投棄発生の背景**　不法投棄は排出者，許可を受けた事業者，無許可の事業者のいずれもが実行者になりうるが，その原因としてまずあげられるのが，これらの主体に廃棄物の処理費用を安く抑え，経済的利益を増大させようとする動機が働くことである．加えて，排出者が優良な処理事業者を選別しにくいことも問題を複雑にしている．一般的な取引の場合，購入者は取引で得たモノやサービスの質を通じて，それらの提供者の優良性を判断することができる．しかし，廃棄物処理の取引では，処理サービスの購入者である排出者から処理事業者に対して料金とともに廃棄物というモノが引き渡されるため，事業者がいかなる処理サービスを提供したのかという，そのサービスの実態に関する情報が排出者に伝わりにくい．また，廃棄物の処理を委託した排出者にとっては廃棄物が目の前からなくなることが重要であり，委託先が実際にいかなる処理を施しているのかにまでは関心が及びにくいという一面もある．その結果，不適正処理によって費用を抑えた事業者が価格競争力をもつことになり，適正な処理を行う優良事業者が淘汰されてしまうことも少なくない．さらに，廃棄物処理は多くの場合，排出から最終処分に至るまでに複数の主体が関わっており，処理過程のモニタリングが難しい．このため，適正な処理を委託したつもりでも，処理プロセスの中で廃棄物が不適正な処理ルートに流れてしまう場合も生じる．このほかにも，適正な処理施設の不足が不法投棄を誘発することも指摘されている．

●**未然防止策と廃棄物処理取引の透明化**　不法投棄の未然防止策として代表的なものが罰則の強化である．その内容は大規模不法投棄事件の発生などを受け年々強化されており，2016年時点では5年以下の懲役，もしくは1000万円以下の罰金（法人は3億円以下の罰金），またはその併科となっている．他方，廃棄物処理取引の透明化に向け，日本では1997年の「廃棄物の処理及び清掃に関する法律（廃棄物処理法）」改正によってすべての産業廃棄物に対してマニフェスト制度が導入された．本制度は，排出者が処理を委託する際に廃棄物の種類や量，委託事業者名などを記載した伝票を受託事業者に交付し，これに処理作業の各段階を通して処理内容などの情報を当事者に記載させることで廃棄物処理の流れを透明化するもので，紙の複写式伝票と情報技術を利用した電子マニフェストの2種

類がある．また，優良処理業者育成のため，2011年より優良産廃処理業者認定制度の運用が開始された．これは遵法性や環境配慮への取組み，財務体質の健全性などといった一定の基準を満たした産廃処理事業者を認定し，排出事業者が適正な処理事業者を選択しやすくすることを狙ったものである．認定を受けた処理事業者はそれによるPR効果に加え，産業廃棄物処理業の許可の有効期間の延長や財政投融資における優遇などのメリットがある．制度が開始された2011年時点では優良認定事業者数は18であったが，その数は増加傾向にあり，2015年の10月時点では930社が優良認定を受けている（環境省，2015）．これらに加え，処理委託先による不法投棄に対する排出者側の責任も強化されてきている．

●原状回復　未然防止策を実施しても不法投棄を根絶することは難しく，実際に問題が発生してしまった場合には速やかな原状回復が必要となる．この問題については，1980年にアメリカで成立した「スーパーファンド法」と呼ばれる法律が，汚染地の原状回復のための先駆的な制度として注目に値する．本制度は不法投棄に限らず有害物質の不適正な処理によって汚染された土地の浄化を目的としているが，有害物質の浄化責任を明確かつ厳格に定めたことに大きな特徴がある．具体的には，汚染が発生した施設の現在の所有者と管理者，有害物質が排出された時点における施設の所有者と管理者，さらに有害物質の発生者，および有害物質の輸送者を潜在的責任当事者（PRPs）とし，これらの主体に汚染の浄化に対して過失の有無を問わない厳格責任，遡及責任，ならびに連帯責任というきわめて強い責任を課している．汚染者が特定されるまでの期間に必要になる汚染の調査や浄化に関わる費用の財源を確保するために，大規模な基金を創設したことが本制度の名称の由来である．この責任の厳格化および明確化は，汚染の未然防止策としても有効である．スーパーファンド法は日本の「土壌汚染対策法」の成立にも影響を与えたが，現在，日本における不法投棄の原状回復に関しては，基本的に廃棄物処理法の枠組みの中での対応がなされており，1997年の廃棄物処理法改正では国と産業界が原状回復のための基金を拠出する仕組みも創設された．

●不法投棄の管理に関する研究動向　不法投棄の管理に関しては，大規模不法投棄事件などの具体的な事例について詳細な検討を加えた研究や，不法投棄の発生に影響を与える要因についての実証的な研究などが行われている．後者のタイプでは，処理コスト，規制の強度，不法投棄が行われた地域の社会的・地理的特性，廃棄物処理施設の数などが要因として取り上げられてきた（Sigman, 1998；Ichinose & Yamamoto, 2011などを参照）．一方，廃棄物処理取引の透明化や優良事業者育成手法のあり方についてはいまだ多くの研究の余地があり，今後の研究の発展が望まれる．　　　　　　　　　　　　　　　　　　　　　　　［一ノ瀬大輔］

📖 参考文献
・石渡正佳（2002）『産廃コネクション―産廃Gメンが告発！不法投棄ビジネスの真相』WAVE出版.
・細田衛士（2012）『グッズとバッズの経済学（第2版）』東洋経済新報社.

放射性廃棄物問題

放射性核種は，時間の経過とともに安定な核種に変化し，放射性核種の量が減り，それとともに放射能が減衰する．放射能が半減する期間を半減期という．半減期は放射性核種によって大きく異なり，数秒〜数十億年とさまざまである．放射性廃棄物として長期管理が問題になるのは数年〜数十年以上の半減期をもつものである．

放射性廃棄物は，日本では放射能レベルに応じて高レベル放射性廃棄物と低レベル放射性廃棄物に区分されている．高レベル放射性廃棄物は300m以深の地下に埋設されることになっている．低レベル放射性廃棄物は，さらに比較的高い廃棄物（L1），比較的低い（L2），極めて低い（L3）がある．L1は50〜100mの地下に処分（余裕深度処分），L2は浅地処分（10m），L3はトレンチ処分される．放射能が十分に低ければ放射性廃棄物としては扱われない．

●福島原発事故による問題の深刻化　放射性廃棄物は，研究・実験，医療，軍事，発電などから発生する放射性を帯びた廃棄物である．日本では，ほとんどが発電由来である．発電由来の放射性廃棄物は，さらに，東京電力福島第一原子力発電所事故由来の放射性廃棄物と，原子力発電所の通常運転から生じる放射性廃棄物，その他の放射性廃棄物に分けることができる．

事故由来の放射性廃棄物は，原子炉内部にある核燃料デブリや高濃度に汚染された設備と，原子炉建屋内から水にまじって放出されたもの，事故によって大気中に放出されものとに区分される．核燃料デブリや放射能が高いガレキは手がつけられていない．水に混じって放出されたものの多くは，サイト内で除去され，スラッジやスラリー，固体として暫定保管されている．処理後の水にはトリチウムが残っており，サイト内のタンクで貯蔵されている．他方，大気中に放出されたもので地表に降下したものの一部は，広範な土地を汚染した．このうち除染作業で取り除かれたものは除染廃棄物になっており，10万ベクレル/kg以上の廃棄物は30年間の中間貯蔵の後，最終処分されることになっている．しかし，どこにどのように処分されるのかは決まっていない．

事故由来の放射性廃棄物は，速やかに安全に管理されなければならないにもかかわらず，処分方法，処分地の検討は後回しになっている．東京電力福島第一原子力発電所事故によって扱いにくい放射性廃棄物が劇的に増加した日本では，放射性廃棄物問題が深刻化した．

●原発の通常運転から生じる放射性廃棄物　通常運転から生じる放射性廃棄物は，使用済核燃料からプルトニウムをとりだす再処理を実施するか否かによって内容

が異なる．再処理を実施しない国では使用済核燃料が高レベル放射性廃棄物として処分される（直接処分）．他方，再処理が行われる国では，使用済核燃料は再利用可能な資源として扱われる．使用済核燃料は再処理され，これから生じる放射性廃液がガラス固化体にされ，これが高レベル放射性廃棄物として処分される．また，再処理からは，比較的低レベルではあるものの，長期にわたって放射能をもつ長半減期低発熱放射性（TRU）廃棄物が発生する．これもガラス固化体と同様に処分する必要がある．2012 年には，再処理の総合的評価が原子力委員会によって行われた．これによれば，再処理せず直接処分するほうが，現行のプルトニウム利用政策よりも経済的かつ放射能総量が少なくなる（原子力委員会，2012）．

　放射性廃棄物の実施状況については，低レベル放射性廃棄物の一部は，六ヶ所埋設センターで処分されている．他方で，高レベル放射性廃棄物や TRU 廃棄物は安全規制が定められておらず，処分地も未定である．

●**高レベル放射性廃棄物の処分問題**　高レベル放射性廃棄物は放射能レベルが高く，数万年にわたって人類社会から隔離しなければならない．そのため処分地，処分方法が世界各国で重大課題になっている．日本では処分地選定が難航しており，候補地すらあがっていない．そこで，日本学術会議は，原子力委員会の審議依頼への回答として，2012 年に高レベル放射性廃棄物の処分に関する政策の抜本的見直しを提言した（日本学術会議，2012）．

　さらに日本学術会議は 2015 年に高レベル放射性廃棄物処分に関する提言をまとめた（日本学術会議，2015）．そこでは，高レベル放射性廃棄物の「暫定保管」と「総量管理」が提示されている．「暫定保管」に関しては，処理技術の進歩をふまえ，さらに将来世代のための選択の余地を残し，管理のために，取出し可能な形にすることが必要としている．「総量管理」は，高レベル放射性廃棄物の総量を「望ましい水準に保つこと」である．

　高レベル放射性廃棄物の総量は，将来の原子力発電のあり方によって大きく異なる．原発を廃止するのであればフローの発生量はゼロになるが，原発を維持すればゼロにならない．そのため高レベル放射性廃棄物問題は，原子力をめぐる国民的議論と決定と不可分である．高レベル放射性廃棄物問題の長期的見通しについて，同提言では「問題解決には長期的な粘り強い取組みが必要であることへの認識」が強調されている．　　　　　　　　　　　　　　　　　［大島堅一］

📖 **参考文献**

・日本学術会議（2012）「回答 高レベル放射性廃棄物の処分について」9 月 11 日．
・日本学術会議高レベル放射性廃棄物の処分に関するフォローアップ検討委員会（2015）「高レベル放射性廃棄物の処分に関する政策提言—国民的合意形成に向けた暫定保管」4 月 24 日．

鉱業の環境問題と環境政策

　鉱業は，金属や化石燃料などの鉱物資源を採掘して精錬・精製する産業であり，工業生産の出発点でもある．鉱業活動は，古代から燃料伐採による森林破壊や鉱夫のじん肺などを引き起こしてきた．日本では，明治期の近代化の過程で足尾銅山鉱毒事件や別子銅山鉱毒事件などが発生し，高度経済成長期には生産量の増大や選鉱技術の進歩に伴う細粒化によって鉱業の公害問題（鉱害）が激化した．主な鉱害は，①水質汚染（有害重金属を含んだ坑内水・製錬排水・堆積場の鉱さい流出などが河川などを汚染），②土壌・地下水汚染（精錬工場や農地などの土壌に有害重金属が蓄積），③大気汚染（金属精錬やコークス生成時に二酸化硫黄や煤じんなどを発生），④坑内労働者のじん肺である．

●**有害重金属汚染**　明治期日本の主力輸出品は銅や銀であり，鉱業活動が盛んであった．鉱山から有害重金属を含んだ「鉱毒水」が河川や田畑に流れ込み，農作物や魚介類の生産に大きな被害を与えた．足尾銅山周辺は，銅精錬で発生した硫黄酸化物の大気汚染によって広大な森林が枯れたが，長年の植林事業によって植生が徐々に回復してきた．四大公害のイタイイタイ病では，三井金属神岡鉱山（岐阜県）から流出したカドミウムが神通川下流域（富山県）の稲作や飲料水を汚染し，慢性カドミウム中毒を引き起こした．

●**農地の浄化対策**　国内に稼働中の鉱山はわずかだが，多くの休廃鉱山や鉱さい堆積場が残されており，そこからの有害重金属の流出防止が課題である．「農用地の土壌の汚染防止等に関する法律（農用地土壌汚染防止法）」(1970) は，休廃鉱山から流出した銅，ヒ素，カドミウムによる農用地汚染が認められた場合，地方公共団体は「農用地土壌汚染対策計画」に基づいて，田畑で排土・客土・水源転換・転用などの対策を行わなければならない．2016 年 3 月末現在，3 つの金属の基準値以上検出などの地域の累計面積は 7592 ha（134 か所）であり，今後対策が必要な面積は 554 ha である（図 1）．「公害防止事業費事業者負担法」(1970) により，その費用は事業者が負担するが，汚染の原因となった事業活動の寄与度に応じ一部を公的負担（国の負担や補助割合のかさ上げ，起債における政府資金による引受けの配慮など）とすることが認められている．また，かつての操業事業者が倒産などで不存在の場合には，休廃鉱山の汚染防止対策費用は国と地方公共団体が負担する．このように，事実上の補助金による蓄積汚染の浄化事業となり，汚染者負担（PPP）の原則を十分に貫けないという問題点が指摘されている．

●**石炭じん肺訴訟**　戦後復興や高度経済成長を支えた国内炭鉱は，主に北海道や九州で稼働していた．炭鉱労働者は十分な防じん対策をせずに従事したため，じ

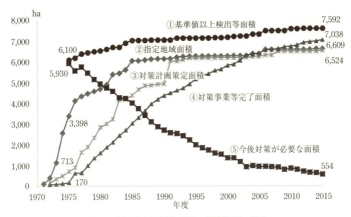

図1 農用地土壌汚染対策の進捗状況の推移
[環境省「平成27年度農用地汚染防止法の施行状況」より]

ん肺で呼吸疾患やガンなどを患った．じん肺患者や遺族は，炭鉱企業に対して安全配慮義務違反，国に対して国の直接的加害と規制権限不行使を根拠に，損害賠償を請求するじん肺訴訟を次々と提起した．筑豊じん肺訴訟（1985～87年に4次にわたり提起）では，地方裁判決（1995）は三井鉱山など6社の企業責任を認めるものの国の賠償責任を認めなかったが，最高裁判決（2004）は国の責任も認め和解して，原告に賠償金などが支払われた．

●鉱物資源輸入に伴う公害輸出　日本は大半の鉱物資源を海外からの輸入に依存している．日本などへ輸出するために開発されたアジアや南米などの鉱山では，公害問題が引き起こされてきた．フィリピンでは水銀やシアン，タイでは鉛，マレーシアではシアン化合物や水銀が河川や湖沼を汚染した事件が確認されている．鉱物資源は主に先進国に輸出されるが，汚染や自然破壊は輸出元の発展途上国で発生する公害輸出の事例が多い．環境法規制が非常にゆるい途上国では，鉱山周辺地域で汚染が垂れ流しされ公害が発生しており，構造的な原因は南北間の経済格差問題にあるといえる．環境と貿易という観点から，途上国においても多国籍企業による環境対策の実施が厳しく求められる．

●循環型社会による鉱業環境対策　スウェーデンの環境団体「ナチュラル・ステップ」は，自然環境と人間社会双方を含めた「持続可能な社会システム」の原則に鉱物資源の採掘量を増やしてはならないことを求めている．そのために，省資源化や循環型の社会システムの構築が求められており，それは廃棄物対策や地球温暖化対策とともに，究極の鉱業環境対策でもある．　　　　　　［上園昌武］

📖 参考文献
・畑 明郎（1997）『金属産業の技術と公害』アグネ技術センター．
・ロバート，K. H. 著，高見幸子訳（1998）『ナチュラル・チャレンジ―明日の市場の勝者となるために』新評論．

第6章
環境問題とエネルギー政策

　エネルギーの利用は，大気汚染をはじめとする，古典的環境問題から気候変動問題にみられるような地球規模の環境問題まで，多様な問題を引き起こした．また，原子力発電には，チェルノブイリ原子力発電所事故，福島第一原子力発電所事故のような過酷事故が起これば，国レベル，地域レベルで他に例のない甚大な被害をもたらす独自のリスクがある．

　他方で，エネルギーは，経済・社会のありようを規定している．蒸気機関の発明によって産業革命がもたらされ，内燃機関の発明によって現代の大量消費社会が生み出されたように，経済活動にとってエネルギーは必須の財・サービスとなっている．

　エネルギー利用を原因とする環境問題を根本的に解決するためには，排出源での対策を実行するだけでは不十分であり，これまでに整備されたインフラを再構築する根本的な対策が必要となる．

　本章は，こうしたエネルギー利用に関する環境問題の現実と政策，理論を立体的に理解できるように構成されている． ［大島堅一］

［担当編集委員：大島堅一・一方井誠治］

世界と日本のエネルギー利用

　自然に存在する1次エネルギー（石炭，石油，天然ガス，再生可能エネルギー等）は，多くが石油製品，都市ガス，電気，熱供給などの2次エネルギーに加工され，消費される．1次エネルギー供給から電気など2次エネルギーへの転換ロスを除いたものを最終エネルギー消費という．

●**世界のエネルギー需給**　世界の1次エネルギー供給は増加してきたが，2013年以降は温暖化対策等で横ばいに近い．1990年以前は先進国の割合が大きく，その後新興国の消費が急増した．石油危機後，石油の割合が低下，石炭，天然ガス，再生可能エネルギーが増加した（図1）．近年，石炭消費量は温暖化対策等で横ばいである．

●**先進国の電源構成に変化**　1990～2015年に世界の電力量は2倍に増加した．石油火力は減少，原子力も2005年以降減少傾向である．多くの先進国は石炭火力割合を減らし，再生可能エネルギー電力割合を急増させた（図2）．

●**GDP成長とエネルギーの関係変化**　実質国内総生産（GDP）成長下でエネルギー，二酸化炭素（CO_2）削減（デカップリング）の先進国が増加，気候変動枠組条約附属書Ⅰ国で1990～2015年に実質GDP（購買力平価換算）成長率が日本以上でCO_2減の国は22，1次エネルギー供給減の国は15ある．日本の実質GDP比1次エネルギー供

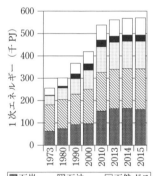

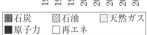

図1　世界のエネルギー需給推移
［IEA, *World energy balances 2017* をもとに作成］

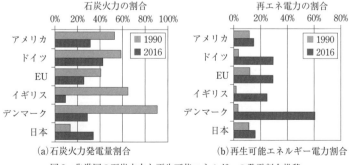

(a) 石炭火力発電量割合　　(b) 再生可能エネルギー電力割合

図2　先進国の石炭火力と再生可能エネルギーの発電割合推移
［EUは2015年値．IEA: *World energy balances 2017* をもとに作成］

給改善はアメリカ，ドイツの約半分である．
● **日本のエネルギー需給** 日本の2015年度のエネルギー構成は，石炭・石油が2/3，部門別ではエネルギー転換が1/3を占め（図3），他の先進国より産業の割合が大きく家庭は小さい．石油危機後石油が減少，石炭，天然ガス，原子力が増加した．1990〜2015年度に産業のエネルギー消費が減少，他部門は増加したが（図4），主因は対策ではなく活動量の差で，対策の目安になる活動量比エネルギー消費量は，同期間に家庭の19%改善に対し産業，業務，運輸貨物の改善は4〜9%にとどまった．運輸旅客だけは12%悪化した．原発事故後，省エネ対策で2010〜15年度に1次エネルギー供給は9%，最終エネルギー消費は7%，電力消費は4%減少，再生

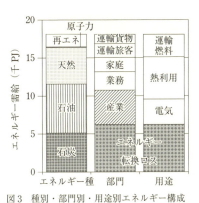

図3 種別・部門別・用途別エネルギー構成（日本の例，2015年度）
［経済産業省『2017年版総合エネルギー統計』をもとに作成］

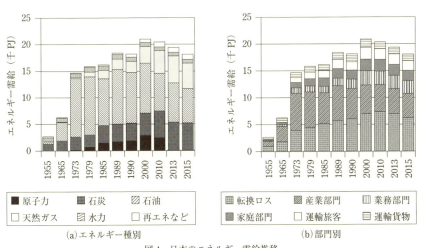

図4 日本のエネルギー需給推移
［1990年前後で統計の集計方法に違いがある．経済産業省『2017年版総合エネルギー統計』をもとに作成］

可能エネルギー電力割合は11%から16%に増加，化石燃料輸入量は1%増にとどまった．今後は温暖化対策を進めるためにも政策的に需給構造を変えるエネルギー転換を進める必要がある（新澤・森編，2015）．　　　　　　［大島堅一・歌川 学］

📖 **参考文献**
・植田和弘監修（2016）『地域分散型エネルギーシステム』日本評論社．
・新澤秀則・森 俊介編（2015）『エネルギー転換をどう進めるか』岩波書店．

エネルギー政策史

　工業化が進むと，エネルギーは経済に必要不可欠のものと捉えられ，政策が講じられるようになったが，環境問題が深刻化するにつれ環境政策と統合的に実施されるようになってきた．第 2 次世界大戦後の日本のエネルギー政策は，おおよそ 5 つに区分できる．

●**終戦直後の石炭増産・水力開発期（1945〜62）**　第 1 期は終戦直後の「傾斜生産方式」による石炭増産と水力発電開発の時期である．このときは戦前・戦中と同じくエネルギー供給の中心は石炭であり，電力供給の中心は水力発電（「水主火従」）であった．

　石炭は，日本の戦後復興の原動力と位置付けられ，各地の炭田で石炭増産政策がとられた．これは，1963 年の三井三池炭鉱炭じん爆発を典型とする炭鉱での労働災害をもたらした．また，発電専用の大規模ダムも盛んにつくられた．これによって，多くの地域コミュニティーが失われた．同時に，後に石油大量消費をもたらす重化学コンビナートも造成されていった（小堀，2010）．

●**石油の大量生産・大量消費社会の形成期（1962〜73）**　第 2 期は，原油輸入自由化（1962）と「石油業法」の制定によって始まった石油の大量消費社会形成期である．1961 年には，石油は，1 次エネルギー供給で石炭を抜いた（「炭主油従」から「油主炭従」へ）．一方，電力供給では 1968 年に火力発電が水力発電を超えた（「水主火従」から「火主水従」へ）．これらにみられるように，高度成長期と重なるこの時期に，石油中心の日本のエネルギー供給構造が形づくられた．政策の中心は，素材型重化学工業中心の高度経済成長を支え，急増するエネルギー需要を満たすために安価なエネルギーを大量に安定して確保することにあった．他方で，石油の大量消費は深刻な公害問題を引き起こした．これに対応するために，各種の公害規制が強化されるようになった（宮本，2014）．

　第 2 期後半になると，今日のエネルギー政策の基礎となる仕組みもできた．1965 年には「総合エネルギー調査会設置法」が制定され，通商産業大臣（現在の経済産業大臣）の諮問機関として総合エネルギー調査会（現在の総合資源エネルギー調査会）が設置され，エネルギー政策の内容が具体的に審議されるようになった．また，原子力開発もこの時期に進められた．研究開発を科学技術庁（2001 年に文部省と統合され文部科学省になった）が担い，原子力開発は商業炉の利用を通商産業省が担うという二元体制のもとで行われた．国が計画を立案し民間企業がそれを実施することから，「国策民営」とも呼ばれる（吉岡，2011）．

●**石油ショック後の総合エネルギー政策形成・実施期（1973〜89）**　第 3 期は，

1973年の石油ショックが契機となった．1973年以降は，石油中心のエネルギー供給構造を改め，石油に代わるエネルギー（石油代替エネルギー）の開発がエネルギー政策の中心になっていく．石油ショック後にとられた政策は，石油備蓄，石油代替エネルギー開発，省エネルギー政策である．ここでいう新エネルギーには，再生可能エネルギーだけでなく石炭液化なども含まれている．石油代替エネルギーのうち，中心的位置を占めるようになるのが原子力である．原子力発電を本格的に推進するために電源三法（「電源開発促進税法」「電源開発促進対策特別会計法」「発電用施設周辺地域整備法」）が制定され，資金面で原子力開発を支える仕組みができあがった（大島，2010）．他方で，省エネルギー政策と新エネルギー政策も開始された．「エネルギーの使用の合理化等に関する法律」（1979）に基づく省エネ規制が開始されたりサンシャイン計画によって新エネルギー技術開発が進められたりしたものの，大きな成果は生まれなかった．

●温暖化対策との統合期（1990～2010）　第4期は，エネルギー政策が温暖化対策と統合的に実施されるようになった時期である．気候変動問題は，エネルギー利用起因の二酸化炭素（CO_2）の寄与度が高いため，エネルギー源の脱炭素化と省エネルギーが必要となった．1990年に定められた「地球温暖化防止行動計画」は政策的裏付けがほとんどなかったが，「京都議定書」の採択を受け，1998年に「地球温暖化対策推進法」が制定され，また，2005年に京都議定書が発効し同法に基づく「京都議定書目標達成計画」が策定されるようになると対策は本格化した．「エネルギー政策基本法」に基づく「エネルギー基本計画」は，温暖化対策と整合性を保ちながら実施されるようになった．一方，2002年に公布・施行された，「電気事業者による新エネルギー等の利用に関する特別措置法」により再生可能エネルギー利用割合基準（RPS）制度（☞「再生可能エネルギー普及政策の理論」「再生可能エネルギー普及政策の実証・実践」）が導入され，再生可能エネルギーの普及も進められるようになった．

●電力システム改革と再生可能エネルギー政策強化期（2011～）　第5期は，2011年の東日本大震災と東京電力福島第一原子力発電所事故（福島原発事故）以降の電力システム改革（発送電分離と電力自由化）と，「電気事業者による再生可能エネルギー電気の調達に関する特別措置法」の施行（2012）による再生可能エネルギーの導入強化，原子力規制委員会の設置（2012）による原子力規制強化などが実施された現在である．一連の改革が行われたのは，原子力発電には過酷事故発生のリスクがあり，戦後形成された電力供給体制では安価な電力を安定的に供給しえないことが福島原発事故により明らかになったからである．大量に生み出される再生可能エネルギーによる電力と電力市場との統合が，重要な政策課題となり各種制度が整備されている（植田監修，2016）．　　　　［大島堅一］

📖 参考文献
・橘川武郎（2004）『日本電力業発展のダイナミズム』名古屋大学出版会．

途上国のエネルギー問題と支援

　1973 年に 24 か国であった経済協力開発機構（OECD）加盟国（すなわち，先進国）は，2013 年までに 10 か国増えて 34 か国になったものの，この 40 年間に OECD 加盟国と非 OECD 加盟国（すなわち，途上国）の最終エネルギー消費総量の比は 6：4 から 4：6 へと逆転した（☞「世界と日本のエネルギー利用」）．他方で，2014 年に世界全体で 12 億人が無電化で生活しており，27 億人が伝統的バイオマスを利用したかまどで調理している（IEA, *World Energy Outlook 2016* より）（☞「貧困・人口増加・環境劣化の悪循環」）．両者は一見矛盾しているようにもみえるが，途上国の格差や多様性の大きさを反映している．

●**途上国のエネルギー問題**　途上国のエネルギー問題は大きく 2 つに分けられる．第 1 に，人口増加・都市化・経済成長に伴って増大するエネルギー消費をいかに抑制し，同時に，よりクリーンにするか，すなわち化石燃料の消費量をいかに抑制するかという課題である．第 2 に，わずかな伝統的バイオマスに依存して暮らす人々の，電力に代表される近代的なクリーンエネルギーへのアクセスをいかに確保するかという課題である．両課題ともに，効率性や経済性を高めながら，環境にかかる外部性を抑制することが重要であり，省エネルギーや再生可能エネルギー（☞「バイオマス利用と環境」）の普及が鍵となる．国際エネルギー機関（IEA）（☞「エネルギー関連の国際機関」）は 2014 年から毎年 *Energy Efficiency Market Report* を公表している．省エネルギーはどの国にとっても新たな国内のエネルギー資源開発の手段として重要であり，とりわけエネルギー補助金を実施する途上国政府に対して，補助金撤廃とそれによって軽減される公的負担を再生可能エネルギー開発への投資に利用するよう呼びかけている．

●**途上国支援**　上記 2 つの課題解決のいずれにとっても中心的な役割を果たすのが公的支援，とりわけ政府開発援助（ODA）である．ODA には二国間援助と国際機関を通じた多国間援助があり，OECD 開発援助委員会（DAC/OECD）の統計によれば，全体の約 6 割を占める二国間援助のうち，2009〜10 年の 1 年間にエネルギー分野に 64 億ドルが支援され，うち 6 割が環境保全に資する事業であった（金子，2016）．

　第 1 の課題に関連して，二酸化炭素に代表される温室効果ガスも途上国から排出される総量が先進国のそれを上回り，途上国による温室効果ガス排出抑制の重要性が増した（☞「パリ協定」）．そのため，第 1 の課題に対して気候変動に関する国際交渉の取決めによる途上国支援が実施されてきた（☞「途上国の開発と気候変動」）．中でも，地球環境基金（GEF）とクリーン開発メカニズム（CDM）

（☞「京都メカニズム」）が一定の役割を果たした．1994年の運用開始から2010年までに総額90億ドルがGEFから供与され，協調資金として途上国が380億ドルを調達した（水野，2011）．これらは，緩和と適応を含む気候変動，生物多様性，その他地球環境問題にそれぞれ1/3ずつ使われたため，長期の資金メカニズム（☞「気候資金」）ではあるもののエネルギー問題解決に向けられた規模は限定的である．他方，2012年6月までに総額2154億ドルのCDM事業が登録され，うち912億ドルの事業が実施された．これらは途上国に投資された総額であり，先進国から技術が移転され，途上国での現地化も進められたものの，多くの事業が中国やインドに集中したという問題がある．また，これによって得られたクレジットを市場で取引して得られた収入は95億〜135億ドルと見積もられているが，このうちのどれほどが途上国の収入になったかは明確ではない．

第2のエネルギー貧困に関しては，「持続可能な開発目標（SDGs）」（☞「SDGs」）の課題7で扱われ，すべての人が2030年までに近代的なエネルギーサービスにアクセスできるようにすることが目的であり，関連する具体的な国連のイニシアティブにSustainable Energy for All（SE4All）がある．エネルギーアクセスが確保されているかどうかの定義は多様であるが，IEAによる定義は，最低限の電力（農村で世帯あたり年間250kWhの電力消費量）およびかまどに比べて健康被害や環境汚染が少ない調理用エネルギーが確保できるかどうかである．民間投資や南南協力（とりわけ中国からの投資）が捕捉しにくいものの，2013年に総額131億ドルが投資されたと見積もられ，その資金源構成は37％が途上国政府予算，12％が多国間援助，33％が二国間援助，18％が民間投資である．ただし，97％が電化に向けられており，調理用エネルギーに対する取組みは遅れている．

●今後の課題　2010年の「カンクン合意」において，先進国は官民合わせて2020年までに毎年1000億ドルの途上国に対する資金提供ができるように準備することで合意した．その一環として設立された緑の気候基金（GCF）（☞「気候資金」）は2015年に支援を開始したが，拠出表明金額は103億ドルにとどまっている．今後は，あわせて設置された気候技術センター・ネットワークの運用による技術移転，民間資金の動員手法などが目標達成に向けた課題である．

SE4Allに関しては，太陽光発電技術による分散型電源に期待が寄せられるが，上記の250kWhを仮に現在途上国の貧困農村で普及しているSolar Home System（SHS）で使われる60Wp程度の太陽光発電で実現しようとすれば，1年間毎日11.4時間フルに発電しなければならないため，SHSだけでは目標達成は困難である．そのため，さらなる技術革新と同時に，国全体の送電線網拡張による農村電化事業も引き続き重要である．　　　　　　　　　　　　　　　　［金子慎治］

📖 参考文献

・金子慎治（2016）「環境問題の課題と新たな動向」内海成治編『国際協力論を学ぶ人のために（新版）』世界思想社．

エネルギー政策と環境政策の統合

　環境問題とエネルギーの使用とはきわめて密接な関係があり，その解決にあたっては，エネルギー政策と環境政策との緊密な連携が不可欠といえる．特に，今日問題となっている気候変動問題は，通常の事業活動や日常生活からの二酸化炭素排出などが問題となっていることから，その連携の必要度はさらに高まっている．また，エネルギー政策としての原子力発電についても，本来，原子力発電所の廃棄物管理問題や事故による環境汚染問題という面で，持続可能な発展という観点から環境政策とのいっそうの連携・調整を図らなければならない問題でもある．

●エネルギー政策と環境政策の担当部局　　日本では，エネルギー政策は，これまで通商産業省（現経済産業省）が担ってきた．現在の「経済産業省設置法」においては，第3条（任務）で「経済産業省は（中略）エネルギーの安定的かつ効率的な供給の確保を図ることを任務とする」と定めている．また，1971年に設置された環境庁（現環境省）が環境政策を担うこととされており，同省の「設置法」においては，第3条（任務）で「環境省は（中略）地球環境保全，公害の防止（中略）その他の環境の保全（中略）を図ることを目的とする」と定めている．ただし，設置法上は，両政策の連携や調整に関する具体的な記述はなく，エネルギー政策は基本的に経済産業省の専管事項であると認識されている．

●公害対策に係るエネルギー政策と環境政策の連携　　大気汚染をはじめとする戦後の激甚公害の対応にあたっては，当時の公害対策基本法の体系のもと，二酸化硫黄（SO_2）や二酸化窒素（NO_2）などの大気環境基準が策定され，その達成を目指して，工場等からの排出規制や自動車の排ガス規制，燃料規制などが行われた．また，エネルギー政策の面から省エネルギーも推進されたが，これは産業界にもメリットがあり，これらの環境保全的措置は，それなりに当時の公害対策と連携がとれていたといえよう．

　また，これらの措置は，主に民間の事業者などによる燃料転換や最終消費段階における技術的な対応が可能であり，その意味では，当時の通商産業省のエネルギー政策の根本に大きく影響を及ぼすものではなかったということも指摘できる．

●気候変動対策に係るエネルギー政策と環境政策の連携　　気候変動対策の難しさの1つは，エネルギー源そのものの転換やエネルギーの消費量そのもののコントロールなど，本来のエネルギー政策内容そのものに関わってくることである．そのため，国全体の環境政策の基本を定める「環境基本法」の制定時（1993）においては，地球環境保全の観点などから，炭素税などの新たな政策手段の新たな導

入が必要ではないかという議論が高まり，経済的措置の記述を同法22条に定めることとなった．一方でそのような措置は，エネルギー問題や景気に悪影響があるのではないかとの強い懸念が産業界にあり，同条文はかなり慎重かつ難解な表現となり，両政策の実質的な連携や調整はうまくいかなかった．その後，環境基本法に基づき，国レベルの計画である「環境基本計画」が策定されたが，その状況は変わらなかった．

　その状況が変わる可能性があったのが，閣議決定を経て2010年に国会に提出された「地球温暖化対策基本法（案）」である．同法には，排出量取引制度をはじめとする，エネルギー政策と気候変動政策を結び付ける本格的な政策手段が盛り込まれていたが，審議未了で廃案となり，同時に行われていた排出量取引に関する個別法の検討も凍結された．

●**ドイツにおけるエネルギー政策と気候変動政策の統合**　ドイツにおいては，1998年に，民主党と緑の党が連立したG. F. K. シュレーダー（Schröder）政権が誕生した．その後，2002年には，国家レベルの持続可能な発展戦略である「ドイツの展望――私たちの持続可能な発展に関する計画」が策定された．これは，ドイツの環境，経済，社会にまたがる，すべての政策の指針となる基本的な政策の方向性を示したものであり，高度の政策統合がなされたものであった．この計画もふまえ，2010年にはキリスト教民主同盟の党首であるA. D. メルケル（Merkel）首相の下で，2050年までのドイツの気候変動・エネルギー政策の行動計画である「エネルギーコンセプト」が策定された．

　この計画の立案にあたっては，最初の段階からドイツの環境省と経済省が共同で作成にあたり，両省の連名で国民に示された．なお，ドイツでもエネルギー政策の所管は経済省であるが，同計画の目的は，「エネルギーの安全保障」「気候変動の安定化」「経済的な繁栄」であり，内容的に最初から環境面と経済面とが統合されたものであったことから，両省の共同作成という形が取られたものである．

●**日本における両政策統合への展望**　一方，日本においては，環境基本計画が日本の持続可能な発展計画として国連には報告されているが，その策定は，環境大臣が任命する環境審議会の審議を経て行われるように，ドイツのような，国の政策全体の上位計画とは位置付けられておらず，エネルギー政策と気候変動政策との政策統合を実質的に進める機能がきわめて弱いと言わざるを得ない．

　持続可能な発展という長期的な視点からエネルギー政策と環境政策とをきちんと統合した，国の政策の指針となる「持続可能な国の発展戦略」の新たな策定が望まれる．　　　　　　　　　　　　　　　　　　　　　　　　　　　［一方井誠治］

📖 **参考文献**
・消費者庁（2008）「諸外国における持続可能な発展に関する戦略」.
・一方井誠治（2008）『低炭素化時代の日本の選択―環境経済政策と企業経営』岩波書店.

エネルギーとエントロピー

●**物理学のエネルギーと経済学のエネルギー**　エネルギーとは仕事をする能力のことである．力学的仕事を基準とするが，運動エネルギーや位置エネルギーの形をとる力学的エネルギー，熱エネルギー，磁気エネルギーなど，様々な形態のエネルギーがある．その大きさを表現する単位はジュール（J）であるが，日本ではカロリー（cal）もよく使われてきた．換算率は，1cal＝4.182J である．

　経済社会の文脈でエネルギーという場合は，人間にとって有用とみなされるエネルギーに限定してこの言葉が用いられ，エネルギー資源ということが多い．省エネルギー，エネルギーの節約などというときのエネルギーがこれである．例えば，ボイラー燃料として有用な石炭は，近現代世界における代表的なエネルギー資源である．エネルギー危機が叫ばれることがあるが，これは何らかのエネルギー資源が物理的に枯渇してしまうことを意味する場合と，その市場価格が高騰することを意味する場合とがあり，混同しないよう注意が必要である．

●**中国語で熵（shāng）と表すエントロピー**　これに対しエントロピーとは，熱エネルギーや物質の拡散の指標である．それは，熱エネルギーと絶対温度という2つの要素から定義され，計測される．絶対温度は，"摂氏温度＋273.12＝絶対温度"という関係式で摂氏温度と関係する温度である．ある熱のエントロピーは，熱量を絶対温度で除した商として定義され，計量される．中国語でエントロピーを熵（shāng）というのはこのためである．定義そのものが熱エネルギーを含んでいるので，エントロピーの概念はエネルギーの概念と不可分の関係にある．

　外界との間に物質についてもエネルギーについても出入りのない孤立系では，エントロピーは減少することはなく，一般的には増大する．これを「エントロピー増大の法則」ともいう．この法則の帰結として，孤立系においてはエントロピーはある最大値に向かって増大し，その逆はない，ということになる．エントロピー最大の状態を「熱的な死」ともいう．

●**地球系のエントロピーと光合成**　上記のエントロピーの定義は，1865年にドイツのR. J. E. クラウジウス（Clausius）が物理学に導入したもので，人間の価値観からは独立であるが，物理学を離れて情緒的に地球の「熱的な死」が語られるなど，エントロピーは悲観的なイメージで語られる傾向があった．しかし，孤立系の議論に固執しなければ，別な展望がひらけてくる．

　地球という系を例に考えてみると，地球と宇宙空間の間では宇宙ロケットの打上げ，隕石の落下など，物質の出入りがわずかにあるが，地球の大きさに比べれば無視して差し支えないほど微量である．これに対し，エネルギーの面では莫大

な量の太陽エネルギーが系外から入射し，赤外線輻射の形で莫大な量の低温熱が系外に放出されている．つまりエネルギーの面では地球は開放系であり，系内でたえずエントロピーは増大しているにも関わらず，その増大分は低温熱の輻射として系外に捨てられ，エントロピーの水準を一定に保っている．水力や木質バイオマスなどの再生可能エネルギーが地球系内に存在しうるのはこのためである（槌田，1982）．

　生物は無秩序から秩序を形成するので，植物などはエントロピー増大を遅らせることのできる存在であるという主張があるが，これは誤った主張である．光合成による植物の成長は，植物個体に限定すれば確かにエントロピー減少だが，光合成は水の蒸散によって可能になっており，蒸散を考慮した系ではエントロピーは増大している．つまり，系全体としてはエントロピーを増大させつつ，個体としては秩序を保った低エントロピー状態を保つのである．生態系に関しては，「植物 ⇒ 動物 ⇒ 微生物 ⇒ 再び植物」という循環にみられるように，循環が妨害されなければ，物質にも作用するエントロピー増大の法則が環境汚染を意味することはない．その一方で，20世紀後半から物質循環の停滞，破壊をもたらす人為的活動が世界的に多くなった．すなわち公害問題の頻発である．

●エントロピー経済学の系譜：孤立系と開放定常系　こうした時代に際し，経済過程そのものがエントロピー増大過程であることを明示的に示し，エントロピー経済学の基礎を築いたのは N. ジョージェスク゠レーゲン（Georgescu-Roegen）である．彼は，ルーマニアで生まれアメリカで活躍した数理経済学者で，1960年代の終わり頃から，エントロピー法則を無視した標準的な経済学の鋭い批判者となった．そして，核燃料が自己拡大再生産するかのような幻想を生む高速増殖炉を徹底的に批判するなど，世界的なエコロジー運動の理論的支柱となった（ジョージェスク゠レーゲン，1993）．普通は再生可能エネルギーとされる太陽エネルギーについても要注意である．彼によれば，太陽光発電のパネルは，森林が再生するのとは異なり，それが生み出す電力のみで新たなパネルをつくることはできず，自立した技術とはいえないからである．

　ただし，彼の理論は物質の拡散を強調するあまり，物質循環の存在を認めない悲観論に陥っている面がある．換言すれば，すべての事象の分析を孤立系の議論に閉じ込めかねない弱点をもつ．これに対し日本の物理学者の槌田敦は，1970年代後半以降，前述のように地球のエントロピー収支を示し地球を開放定常系と特徴付けた．そして，物質循環を円滑に進めることを持続可能な経済の条件とするにいたり，経済学や環境学に新しい展望を与えている．物質循環の盛んな環境を形成する第一歩は，いたるところに森林が繁茂し，多くの鳥類の生息が可能になるようにすることである（室田他，1995）．そこで人間の経済が採用することが望まれるのは，自立度の高い技術と汚染度の低いエネルギー資源である．

［室田　武］

エネルギー資源（非再生資源，再生可能資源）の利用問題

　エネルギーは様々な形で社会を支えている．例えば，電力は天然ガス，石炭，石油などの化石燃料や，原子力，水力，太陽光，風力，地熱など様々な源からつくられ利用されている．石油，石炭，天然ガスは太古に自然界でつくられたものを掘り出すのみなので，多く使えばそれだけ減る．これを非再生資源と呼ぶ．原子力も，実証までまだ距離のある燃料拡大再生産可能な高速増殖炉を別として，例外ではない．太陽光発電，風力，地熱，水力，さらに植物の利用も，太陽の恵みによる自然界の循環の中に人の利用を割り込ませており，その循環の範囲なら永久に利用できよう．これを再生可能資源と呼ぶ．しかし，生物資源を限界を超えて利用すると利用可能量は減退して，最悪の場合には消滅してしまう危険もある．

● **化石燃料利用の増加とその問題**　産業革命以降，鉄と石炭が国家の基盤となって消費が急激に増加したことは周知である．しかし，世界全体のエネルギー関連の詳細な統計が国際エネルギー機関（IEA）によって整備されたのは1971年以降にとどまる．IEA, *Energy Blances* 2017 によると化石燃料のシェアは2010年代でも世界では約8割を占めることや，薪炭などバイオ燃料はなお経済協力開発機構（OECD）非加盟国で 1/6 近いシェアをもつことが示される．

● **化石燃料の利用拡大の問題**　石炭の燃えカスや不純物などは煤塵となって大気汚染を生み，健康に影響を及ぼすことは古くから知られていた．粒径が見えるほどのものはフィルターや洗浄で取り除ける．しかし石炭，石油に多少なりとも含まれる硫黄分を燃焼させれば，硫黄酸化物（SOx）として大気に放出され，健康被害を及ぼす．大気中の窒素からつくられる窒素酸化物も，不明な部分も残るものの，生物に影響する．燃料中の硫黄分は，さらに核となって大気浮遊微粒子物質（SPM）を形成する．粒径 $10\mu m$ 以下の微粒子物質（SPM10）の健康影響，近年ではさらに粒径 $2.5\mu m$ 以下の SPM2.5 の喘息や生殖機能への影響も指摘されている（横山・内山，2000）．

　地域的環境問題だけでなく，化石燃料の消費拡大が地球規模の気候変動に影響していることも，海洋の温度上昇，衛星による地球への熱の流出の差の観測などから次第に明らかになってきた．2014年の気候変動に関する政府間パネル（IPCC）「第5次評価報告書」では，「気候システムの温暖化には疑う余地がなく，……」と記されている．2016年11月の「パリ協定」では「今世紀末には産業革命前からの平均気温上昇を2℃未満にする」ことがうたわれた．このためには，21世紀末には温室効果ガス排出をほぼ0あるいはマイナスにする必要があるため，化石

燃料の利用拡大には大きな制約が課せられることとなった.

●再生可能エネルギー資源の利用拡大の問題　炭素を排出しないエネルギー源としては，原子力および水力，太陽光，風力，地熱，植物など生物資源のエネルギー利用が考えられる．原子力はスリーマイル島，チェルノブイリ，そして福島での事故影響のため利用拡大にはブレーキがかかっている．また，核兵器利用との関連も常に懸念されるところである．これに対して生物資源（バイオマス資源）や太陽光，水力などの利用ではこのような懸念は小さい．しかし，無制約に拡大できるというものではない．水力の利用拡大では，大規模ダム建設に伴う人々の強制的な移動がしばしば社会的問題となった．植物のエネルギー利用としては，穀物のエタノール転換が第1世代バイオマスエネルギー利用としてまずあげられる．言うまでもなく，これは将来の食料生産との競合が懸念され，価格上昇を通じた貧困層への影響がまず問題となる．また，耕地拡大を森林伐採で行えば，土壌改変から温室効果ガスの発生も生じる．木材や植物の非可食部—主にセルロースのメタノールやエタノールへの転換という第2世代バイオマスエネルギー利用技術では，この問題は緩和できる．さらに，燃焼ガスから炭素を回収・貯蔵すれば温室効果ガス純排出量を負にもできる．しかし，土地も水も有限であることに変わりはない．環境保護を目的としながら結果として環境破壊を行わない注意が必要である．

　太陽光発電，風力発電は，近年の急速な価格低下とあいまって，世界的に導入が拡大した．とはいえ，太陽光も風力もエネルギー資源として利用すると天候によって出力が変動する．特に発電源として使うには，供給の信頼性と安定性確保のためにバックアップ電源，広域連系，周波数・電圧安定化機器，蓄電など様々なインフラ設備が必要となる点は忘れてはならない（☞「VREと系統連系問題」）．

●エネルギー資源の利用拡大の論点　エネルギー資源利用の拡大は，このように大きな社会的影響を伴う．他方，次の点を記憶するべきであろう．

　第1に，消費の本質は暖房や移動など，エネルギーによるサービスであり，石炭など資源利用そのものではない．第2に，IEAによれば，2013年時点での1人あたり1次エネルギー消費はOECD加盟国平均とOECD非加盟国平均で4.20石油換算トンと1.34石油換算トンと開きがあり，さらにアフリカ地域では0.663石油換算トンと格差が大きい「EDMCエネルギー・経済統計要覧」．また，先進国であっても国内に「エネルギー貧困」（IEA, 2013）と呼ばれる格差のあることは記憶すべきである．このように，エネルギー利用は環境制約と同時に，「なお不足」な人々の存在を理解しておくべきである．　　　　　　　［森 俊介］

📖 **参考文献**

・横山栄二・内山巌雄編（2000）『入門大気中微小粒子の環境・健康影響』日本環境衛生センター.

シェール革命とその影響

　2000年代半ばからアメリカでシェール層からの石油と天然ガスの回収が本格的に始まり，世界のエネルギー市場に劇的な影響を与えたことからシェール革命と呼ばれている．長年，世界最大の石油輸入国であったアメリカは，シェール革命によって，2014年には生産量でサウジアラビアを上まわる大産油国となり，また2016年からは液化天然ガス（LNG）輸出国となった．

　アメリカでは，以前からシェール（頁岩）の隙間に大量の石油やガスが賦存することはよく知られていたが，経済的に回収できる技術は確立されていなかった．しかし，1990年代から水平掘削と水圧破砕を組み合わせた新技術により，2005年頃からシェールガスとシェールオイル（別名タイトオイル）の商業生産が始まった．水圧破砕は，地下2000〜3000mのシェール層を水平に掘削して，500〜1000気圧の高圧で砂や添加剤の化学物質を含む大量の水を注入して人工的な割れ目をつくり，水と一緒に石油やガスを地上に回収する技術である．

　通常の油・ガス田では井戸を掘削すると，石油やガスが自噴するため，地下に賦存する資源の回収率は，石油で30〜40%，天然ガスで70〜80%と高く，生産コストも低い．それに対して，シェール資源の回収率は，シェールオイルで平均3〜7%，シェールガスで平均20〜30%と通常の油・ガス田に比べて非常に低く，生産コストも高い．シェールオイルの生産コストは，2014年時点では1バレルあたり平均50ドル程度であったが，原油価格が急落した2015年以降，20〜30%は低下したと推定されている．1油井あたりの生産量が技術革新によって大幅に増加し，また掘削リグのリース費用や人件費も低下したからである．

●懸念される環境への影響　シェール開発にあたっては，地下水の汚染や人工地震の誘発などが懸念されている．地下水や表面水の汚染については，2011年6月にマサチューセッツ工科大学（MIT）が発表した「天然ガスの未来」と題する報告書（MIT, 2011）で，シェール開発に伴って起きた43件の水質汚染事故のうち，水圧破砕によって汚染されたケースは1件もないと結論付けている．地下水脈は地下数10〜100m，シェール層は2000〜3000mと，地下深度が大きく異なるので，井戸を掘る際に，地下水脈がある層を通過している部分にセメンチングなどの漏洩対策を講じれば，汚染リスクはきわめて小さくなるとしている．また，2015年6月にアメリカ環境保護庁（EPA）が発表した水圧破砕の影響評価報告（EPA, 2015）では，地下水へ影響を及ぼした特定の事例はあったが，その数は調査した掘削井数に比べて少なく，広範囲に飲料水へ影響を及ぼす証拠は確認できなかったとしている．それに対して，EPA科学顧問会議は，上記の結論は定量

的な裏付けが不十分であり，さらなる研究が必要だと勧告している．

さらに，水圧破砕に関しては，採掘で生じる廃水を廃掘削井に注入するため，地震の誘発が問題視されている．アメリカ地質調査所の調査では，約4万基の廃水処理掘削井があるが地震を引き起こす事例は少なく，市民生活への影響は大きくないとしている．しかし2009年以降，アメリカ中部を中心に地震が増加し，市民の不安が高まっているため，オクラホマ州規制当局は2016年2月，廃水注入掘削井の使用を縮小する規制を提案した．地下水の規制は各州単位で行われ，各地で水圧破砕に反対する訴訟が起きている．ニューヨーク州最高裁は，州内の諸自治体が水圧破砕の一時停止や禁止をする権限を認める一方で，テキサス州やノースダコダ州では，反対派が訴訟に敗北するなど，各州で対応が異なっている．

●エネルギー市場への影響　国際石油市場では，2014年夏以降，1バレル100ドルを超えていた原油価格が，一時は30ドル前後まで急落したが，最大の要因はシェール革命である．石油輸出国機構（OPEC）の盟主であるサウジアラビアは，シェールオイル生産の急増に危機感を強め，減産による高価格維持よりも市場シェア確保を重視する政策に転換した結果，原油価格の暴落が起きた．またアメリカの電力市場では，豊富な天然ガスを安く利用できるため，石炭から天然ガスへの燃料転換が急速に進み，CO_2排出量が大幅に減少している．アメリカが，2015年12月の「パリ協定」の成立で主導的な役割を果たした背景には，シェール革命の進展があったといえる．

一方，電力・ガス市場の全面自由化が始まった日本では，LNG契約形態の柔軟化の必要性が高まっている．大部分のLNG取引は，15〜20年の長期契約で輸入価格は原油価格に連動し，仕向地条項により転売できないなど，硬直的な契約形態となっている．しかしシェール革命の結果，主要なLNG輸出国となったアメリカからのLNG輸入プロジェクトでは，価格はアメリカ国内の天然ガスの市場価格に連動し，仕向地条項もないため，世界の市場動向を見ながら取引が可能となる．

シェール資源は，北米以外の地域である欧州やロシア，中国などにも多く賦存している．しかし，アメリカに比べて人口密度の高いフランスやドイツなどでは，環境問題への懸念から住民の反対が強く，水圧破砕が禁止されている．ロシアは，米国を上回るシェールオイル資源大国だが，欧米企業の技術と資金に依存しないと開発できないため，当面は供給力として期待できない．それに対して，石油，ガス輸入が急増する中国は，国をあげてシェール資源の開発に取り組んでいる．しかし，シェール層の深度や水の確保など制約条件が多く，開発は大幅に遅れている．今後を展望すると，シェール開発はアメリカを中心にカナダやアルゼンチン，中国，ロシアなどで段階的に進むとみられる．　　　　　　［十市　勉］

📖 参考文献
・十市 勉（2015）『改訂版 シェール革命と日本のエネルギー──逆オイルショックの衝撃』日本電気協会新聞部.

エネルギー関連の国際機関

　近年，エネルギーをめぐる国際的な動向はより複雑さを増してきている．第1に，増加する世界のエネルギーの需要と供給への対応は，先進国だけで解決できる課題ではなく，中国，インドなど経済成長が著しい途上国を含めた課題となってきた．第2に，地球温暖化問題への対処におけるエネルギー分野での対応の重要性が認識されるようになってきた．第3に，再生可能エネルギーや省エネルギーの促進，クリーンエネルギー技術の開発・普及などエネルギー分野の構造変革における国際協調が必要となってきた．

　これに伴い，2000年代に入り，エネルギー関連の新たな国際機関の設立や国際的なイニシアティブの立上げが積極的に行われるようになった．1970年代に設立された国際原子力機関（IAEA）や国際エネルギー機関（IEA）に加え，2009年の国際省エネルギー協力パートナーシップ（IPEEC）や2011年の国際再生可能エネルギー機関（IRENA）の設立，G8/G7やG20における毎年のエネルギー関連の各種イニシアティブの立上げなどがある．また，2010年のクリーンエネルギー大臣会合（CEM）の創設など，特定のエネルギー分野に特化した会合が開催されるようになった．

●国際機関間の競争と協調　エネルギー関連の代表的な国際機関であるIEAは1974年に設立された．IEAの設立当初の主な目的は，主要先進国が協調して石油の備蓄を行い，エネルギー需給の安定を図ることにあった．1973年の石油危機への対処に由来するIEAの活動は，その後，石油の備蓄政策に加え，ガス，石炭，電力など広範なエネルギー分野へ政策分析・提言の対象を広げるとともに，世界各国のエネルギー統計やエネルギー・モデルを用いた将来の世界の需給のシナリオ分析などを整備・拡充し，エネルギーを総合的に捉える機関としての充実を図っている（黒住，2015）．

　そして，1980年代後半に地球温暖化問題が明らかになると，IEAは，3E（エネルギー安全保障，経済成長，環境保全）の同時達成を目的として掲げるようになった．しかし，2000年代に入ると，IEAでは加盟国が主要先進国に限られること，石油備蓄を中心としたエネルギー政策の国際協調がIEAの政策の中心とみられたことなどから，IEA以外の新たな国際機関を設置する動きが生じた．

　再生可能エネルギーについては，途上国を含めたより広範な加盟国を得て，新たな専門国際機関としてIRENAが2011年に設立された．IRENAは，再生可能エネルギー（太陽光，風力，バイオマス，地熱，水力など）の利用の促進，政策の助言，加盟国の能力開発支援などを行うこととなった．

省エネルギーについては，G8のイニシアティブとして，新たな協力パートナーシップの立上げが図られた．2009年に，先進的事例の共有や分析などを通じて，省エネルギーの促進を図ることを目的として，IPEECが設立された．加盟国として G8 各国に中国，韓国，ブラジル，メキシコが加わった．

現在，エネルギー関連の国際機関間の競争と協調の時代に入っている．IEA は2015年，新たに F. ビロル（Birol）事務局長のもと，「IEA の近代化」を打ち出した．

第1に，IEA の門を世界に開くことを宣言し，現在の29か国の加盟国に新たにメキシコ，チリの加入交渉を進めるとともに，中国，インドネシア，タイなどの発展途上国に IEA のアソシエーション（準会員）の地位を与えることになった．

第2に，IEA のエネルギー安全保障の国際協調の仕組みを石油の需給の監視から天然ガスなど他のエネルギー分野に広げることになった．石油備蓄政策に類似した仕組みを天然ガスの需給において構築する試みを開始することとなった．

第3に，IEA はクリーンエネルギー技術の国際協調に注力し，省エネルギーやクリーンエネルギーのための中心的な役割を果たすと宣言した．これに伴い，2016年には CEM の事務局機能を IEA が担うこととなった．

●エネルギーと気候変動問題　世界の温室効果ガスの排出量の2/3はエネルギーの生産・使用によるものである（*Energy, Climate Change and Environment* 2014年版・2016年版）．石油，ガス，石炭という化石燃料の使用により大気中に排出される温室効果ガスをいかに減らしていくか，世界各国がエネルギーの需要と供給のそれぞれの面でいかに対処するかが，気候変動問題の解決にとって不可欠な要素である．エネルギー関連の国際機関は，「国連気候変動枠組条約（UNFCCC）」のもとでの国際的な枠組みの構築や具体的な対策の促進・普及に積極的に貢献してきた．

例えば，IEA は，気候変動枠組条約第21回締約国会議（COP21）交渉の進展を図るべく，『世界エネルギー展望特別報告書：エネルギーと気候変動』（IEA, 2015）を作成した．①世界のエネルギー関連排出量を早期に頭打ちにさせる，②成果を5年ごとに見直し，目標レベルの引上げ余地を点検する，③長期的なビジョンと整合性の取れた短期的な対策を打ち出す，④目標達成に向けて実績を継続的に捕捉するという諸点を提言するとともに，具体的な分析結果を示した．

エネルギー関連の国際機関間の協力も進んでいる（Barnsley & Ahn, 2014）．再生可能エネルギーの分野では IEA と IRENA は G7 に対して両機関が連携して作成したレポートを提出している．IEA の「政策措置データベース」は，再生可能エネルギーについては IEA と IRENA が共同して整備・更新している．［服部　崇］

📖 参考文献
・黒住淳人（2015）『「世界エネルギー展望」の読み方―WEO 非公式ガイドブック』エネルギーフォーラム．

エネルギー経済モデルの政策利用

　経済政策を決定するうえでその影響を事前評価する必要があるが，その役割を担うのが経済モデルである．温室効果ガス削減が経済に与える影響評価は，気候変動に関する政府間パネル（IPCC）の数次にわたる報告書でも取り上げられている．経済モデルは変数間の関係を表す方程式体系であるが，個々の方程式は家計や企業の行動に関する経済理論から導出されて，データに基づいてパラメータも決められている．方程式体系はコンピュータ言語で記述されており，それを第三者も見ることができる．もちろん経済モデルは経済現象をすべて網羅するものではなく，真のメカニズムについての仮説に基づいて作られるが，観測される事実により事後的にチェックできる．

●京都議定書　1997年12月11日，気候変動枠組条約第3回締約国会議（COP 3）で「京都議定書」が採択され，日本は2008〜12年の5年間（第1約束期間）の温室効果ガス排出量を1990年比6%削減することを約束した．ところが，交渉過程の同年10月5日に，「環境庁（現環境省）のモデルが理論的に崩壊したので，1990年比マイナスは困難と政府が判断」との記事が掲載された．この時期，政府はCOP 3において2010年の日本の温室効果ガス削減量の目標値をどうするか議論しており，1990年比を下回ることはできないと主張する通産省（現経済産業省）と6〜7%削減が可能とする環境庁との間で鋭い対立があった．批判の内容は自動車の燃費効率の想定が過大であり，それに基づいた試算結果は信頼性に欠けるというものであったが，モデルの開発側は想定に疑問があるならば一緒に見直せば良いのであって，モデル自体を否定することはないと批判した．

●中期目標検討委員会　京都議定書の第2約束期間である2013年以降の地球温暖化対策について検討するために，麻生政権は2008年3月「地球温暖化問題に関する懇談会」を設置し，2008年11月〜2009年4月にかけて中期目標検討委員会でモデルの専門家による二酸化炭素（CO_2）排出削減の経済的影響について試算を行った．引用されたモデルは国立環境研究所モデル，日本経済研究センターモデル，慶應義塾大学野村モデル，地球環境産業技術研究機構モデル，日本エネルギー経済研究所モデルの5つである．試算結果に基づいて2020年の削減目標を2005年比15%減（1990年比8%減）とすることが決まった．削減目標を1990年比8%減とした根拠は，1世帯あたり家計負担は7万円の増加であるが，25%削減すれば36万円の増加となることから，負担の少ない8%が選択された．

　それに対して，2009年8月に鳩山政権は1990年比25%削減という意欲的な目標を決定し，25%削減の経済的影響についてモデルで再試算を行うことを決め，

表1 原子力シナリオとGDP損失（2030年比）

	0%	15%	20%	25%
国立環境研究所モデル	−1.2%	−0.4%	−0.4%	−0.4%
大阪大学伴モデル	−2.5%	−2.1%	−1.3%	−1.4%
慶應義塾大学野村モデル	−2.6%	−2.4%	−1.4%	−1.3%
地球環境産業技術研究機構モデル	−7.4%	−4.9%	−4.6%	−4.4%

表2 原子力シナリオと電力価格（2030年比）

	0%	15%	20%	25%
国立環境研究所モデル	69.1%	35.6%	36.9%	45.2%
大阪大学伴モデル	106.3%	73.1%	29.7%	25.8%
慶應義塾大学野村モデル	116.8%	73.1%	64.8%	57.4%
地球環境産業技術研究機構モデル	130.3%	86.2%	80.3%	72.3%

［エネルギー環境会議「話そう"エネルギーと環境のみらい"」HPより］

地球温暖化問題に関する閣僚委員会を設置し，同年10月〜12月にかけてタスクフォース会合において中期目標委員会で用いられた複数のモデルに再試算させた．タスクフォース会合の成果の1つは，中期目標検討委員会の試算した家計負担が二重計算となっていることを示したことである．すなわち，家計負担は所得の減少分にとどめるべきところを，電気代などの光熱費を加えることで負担を過大評価していた．経済的厚生を測る手段として，ミクロ経済学では等価変分が用いられる．中期目標検討委員会における家計負担試算額は日経 CGE モデル（武田他，2010）によるものであるが，このモデルでは家計所得減少は等価変分と一致するが，25%削減による家計所得の減少は36万円ではなく22万円であった．しかし，25%削減が大きな負担となるとの批判は続いた．

●エネルギー・環境会議　2011年3月11日の東日本大震災は，東京電力福島第一原子力発電所で炉心溶融を引き起こし，大量の放射能を大気中に排出し日本のエネルギー政策の大転換を迫った．野田政権は同年11月に国家戦略会議を招集し，革新的エネルギー・環境戦略および2013年以降の地球温暖化対策の国内対策を策定するエネルギー・環境会議を設置し，エネルギー政策の中で原子力の位置を議論した．引用されたモデルは，国立環境研究所モデル，大阪大学伴モデル，慶應義塾大学野村モデルと地球環境産業技術研究機構モデルの4つである．試算では2030年までの経済成長，エネルギー構成，CO_2排出量について共通となる自然体ケースを作り，2030年の発電量に占める原子力の比率が0，15，20，25%の4つのシナリオについて，同年の日本経済に与える影響を評価している．試算結果によれば，原子力の比重の低下は国内総生産（GDP）を減少させ（表1），電力価格を上昇させる（表2）というものであったが，国民的合意を得ることはできなかった．　［伴 金美］

📖 参考文献

大阪大学他（2012）「日本における環境政策と経済の関係を統合的に分析・評価するための経済モデルの作成」『平成23年度環境経済の政策研究 最終研究報告書』.

エネルギー利用と大気汚染防止政策

　化石燃料の燃焼に伴い，硫黄酸化物，窒素酸化物，粒子状物質，そして温室効果ガスである二酸化炭素など，様々な汚染物質などが発生する．これらは結合副生産物である．それらの汚染物質などの排出量を削減するには，化石燃料消費量の削減，燃料転換，燃料の改質，そして排出直前の処理などが可能である．ただし，二酸化炭素（CO_2）については，排出直前の処理はまだ経済的に可能な技術とはなっていない．化石燃料の燃焼に伴う結合副産物であるがゆえに，ある汚染物質について規制を実施すると，それ以前から規制されていた汚染物質の排出量が一緒に減って，その以前からの規制が浮いてしまうことがありうる．

●公害防止協定　当初，自治体には公害規制の権限がなく，そのような状況で個別の事案について自治体が事業者と公害対策に関する協定を結ぶという方法が採られた（Matsuno, 2007）．公害防止協定の第1号は，横浜市と電源開発との発電所建設に関する1964年の協定である．1970年に改正された大気汚染防止法が条例による上乗せ規制を認めたが，条例による一律な規制では対応できないケースのために，協定は増え続けた．しかしその後，事業所の閉鎖などによって，協定の数は頭打ちになっている．

●固定排出源　硫黄酸化物（SOx）について，煙突の高さの2乗に比例して排出してもよいという規制方法が全国で実施されている．これは，高い煙突から排出すると，人が生活する地上に対する影響が少ないということを根拠にしている．このような規制は海外でも例があり，汚染物質が長距離を運ばれて酸性雨の原因となった．煙突を高くしても周辺の大気環境が改善しない地域では，総量規制と呼ばれる規制が行われている．総量規制は，煙突の高さにかかわらず，1時間あたりの排出量を規制する．しかし，総量規制は実は排出総量をコントロールできない．新規の排出源が増えれば，地域の総排出量は増えてしまう．本来新規の排出源を受け入れるためには，その分既存の排出源からの排出量を減らさなければならないが，そのような仕組みは現行の規制では不可能である．アセスメントは個別的であって，新増設に伴う排出量増加のすべての相殺を要求することはできない．それを可能にするのは排出権取引である．

●排出権取引　アメリカでは，1970年代から，既存の排出規制に柔軟性をもたせる形で，徐々にローカルな排出権取引が導入されてきた．その後，酸性雨対策として，41代 G.H.W. ブッシュ（Bush）政権下の1990年に改正された「クリーン・エア・アクト（大気浄化法）」によって，1995年にアラスカとハワイを除く全米の発電所を対象として二酸化硫黄の排出権取引が導入開始された（新澤，

1997). この酸性雨プログラムは，世界で初めての本格的排出権取引，つまり本格的総量規制として，多くの研究の題材となった．取引される排出権はアロワンスと呼ばれ，2003年以降価格が急上昇し，2005年には1tあたり1200ドルに達したが，その後急降下した．排出権価格は，その需要と供給のバランスで決まる．排出権の供給は，価格に関わらず排出権の発行量によって決まる．通常，排出権の発行量は段階的に減らされる．一方，排出権の需要は排出削減の限界費用による．酸性雨プログラムの価格の高騰の原因は，健康影響が明らかになった二酸化硫黄（SO_2）起源の粒子状物質を削減するために，43代G. W.ブッシュ政権下の2005年に実質的にアロワンスの発行量を1/3にする規制強化が行われたことなどである．また，その規制強化が裁判で違法と判断され，オバマ政権下で州ごとに厳しい規制が導入され，排出量がアロワンスの発行量より少なくなり，アロワンス価格が下落した（Schmalensee & Stavins, 2013）．このアメリカの酸性雨プログラムの場合，排出権取引は一定期間役割を果たした．もちろん，すでに取引の余地のないところに，取引制度を導入するのは意味がない．

●**移動排出源**　移動排出源である自動車に対する政策は，工場などの固定排出源に対する政策とは異なる．自動車に対する環境規制の基本は，1km走るごとに何g排出してもよいかという規制である．しかしそれでは，域内の自動車の走行距離が増えたり，自動車の台数が増えたりすれば，地域としての排出量をコントロールできない．しかも，厳しい規制は新しい車にのみ適用される．そこで，そのような規制では十分大気環境が改善しない地域については，「自動車NOx・PM法」（2001年施行）によって，すでに使われている車についても規制値を満たさない場合は登録更新を認めない規制を行っている（有村・岩田，2011）．自動車NOx・PM法でも，他地域から流入する車には対応できない．そこでいくつかの自治体が，古い車が他地域から流入するのを規制している．この規制は，古い車の更新が一通り行われれば，必要なくなると考えられている．

　商品に対する環境規制は，固定排出源に対する規制と違って，世界のどこかで実施されると，それが世界中に効果を及ぼすことがある．日本国内でも，大気汚染に関してではないが，滋賀県が琵琶湖の水質保全のために，1979年にリンを含む合成洗剤の使用を禁止する条例をつくったことがきっかけで，日本全国に無リン洗剤が普及した．自動車に関しては，カリフォルニア州などの規制が世界中に影響を及ぼす可能性がある．商品に対する規制を始めた国や地域の市場規模が大きいほど，メーカーはその市場を失いたくないので影響力が大きい．

　自動車に関して，経済的政策手段を使っている事例として，上海やシンガポールにおける事例やロードプライシングがある（兒山，2014）．　　　　　［新澤秀則］

📖 **参考文献**

・伊藤　康（2016）『環境政策とイノベーション─高度成長期日本の硫黄酸化物対策と事例研究』中央経済社.

エネルギー転換部門の地球温暖化対策

　現代の経済活動はエネルギーを利用せずには成り立たない．原油や石炭，ウランなどの1次エネルギーは，ガソリンや電気などの2次エネルギーに転換されてエネルギー利用が可能となる．エネルギー転換部門とは，発電や石油精製などで電力・熱・輸送燃料をつくり出すエネルギー供給プロセスである．熱量あたりの二酸化炭素（CO_2）排出量は，石炭，石油，液化天然ガス（LNG）の順に多く，石炭火力発電のCO_2排出量はLNG火力発電よりも約2～3倍多い．

●**エネルギー転換部門のCO_2排出量の特徴**　日本のエネルギー転換部門からのCO_2排出量は，直接排出で見ると国内総排出量の42.6％を占める（2014年度）．エネルギー転換部門の排出量は，1990年度の3.3億トンから2014年度の5.1億トンへと1.5倍に増加し，2003年度以降は最大の排出源である（図1）．排出増加の要因として，①石炭火力とLNG火力の発電量の大幅な増加（石炭火力は4倍増加），②「オール電化」や電気製品の普及による発電量の増加，③再生可能エネルギー（再エネ）の普及の遅れなどがある．日本で一般的に使われるCO_2排出量のデータは間接排出であり，電力などの消費量に応じて需要先（産業・家庭部門）に按分されているためエネルギー転換部門からの排出量がかなり目減りする．そのため，間接排出のデータは電力の脱炭素化を軽視させる問題がある．

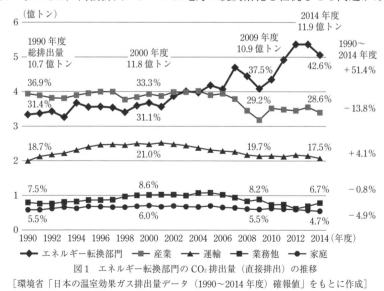

図1　エネルギー転換部門のCO_2排出量（直接排出）の推移
［環境省「日本の温室効果ガス排出量データ（1990～2014年度）確報値」をもとに作成］

●**エネルギーシフトの促進**　エネルギー転換部門で最重要の地球温暖化対策は，再エネで100%供給するエネルギーシフトである．ドイツのエネルギーヴェンデ（エネルギー転換）は，2050年の温室効果ガスの排出量を1990年比で80〜95%削減することを目標とし，そのためにエネルギー消費量を2008年比で50%削減し，再エネのエネルギー総消費に占める割合を60%，再エネの電力量に占める割合を80%以上に増加させ，さらに脱原子力発電を目指している．また，再エネや省エネ事業は，設備投資やメンテナンスなどによって地域経済循環や雇用創出などの波及効果を生み出す．このように，エネルギーシフトは地球温暖化や原子力発電のリスク回避，経済効果を目指した社会構造改革である．

●**日本の再エネ普及の課題**　日本には未利用再エネ資源が豊富に存在しており，今後開発が進められるだろう．ただし，再エネ100%供給のためには，省エネや節電対策によってエネルギー消費量を大幅に削減することが不可欠である．

　日本の再エネ普及政策で改善すべき点がいくつかある．第1に，大型風力発電やメガソーラーなどの大規模開発は自然・景観破壊や騒音問題などを引き起こすリスクがあり，地域社会とのトラブルを回避して社会受容性を高める工夫が求められる．第2に，日本の再エネ事業は太陽熱温水器や地中熱，バイオマス熱などの普及が遅れており，冷暖房や給湯用の再エネ熱供給を拡大することが求められる．第3に，再エネ事業は地域経済循環を重視することが求められる．大規模な再エネ事業は域外資本が運営するケースが多く，利潤の大半を域外に流出させているが，地域事業者が運営する小規模な再エネ事業は地域内への経済環流が高い．

●**火力発電の低炭素化**　エネルギーシフトの過渡期には火力発電を低炭素化して利用する必要がある．その方法として，第1に，CO_2排出量が少ないLNG火力を優先利用し，CO_2排出量が多い石炭火力をフェードアウトする．第2に，LNGコンバイン型火力などの最も発電効率の高い設備を導入する．第3に，火力発電に炭素回収・貯留（CCS）技術を併設する．ただし，LNG火力のCO_2排出量は石油・石炭火力に比べると少ないが，汚染源であることには変わりがない．また，CCSはCO_2を消し去るものではなく，汚染を貯留する延命策にすぎない．さらに，CO_2漏出や環境への悪影響が懸念されており，実用化に向けた課題は多い．

●**環境十全性からみた原発**　原子力発電は発電時にCO_2が排出されないため，地球温暖化対策とみなすべきという見解がある．しかし，原発は放射能汚染のリスク（原発事故，放射性廃棄物の処理問題）がきわめて大きく，別の深刻な環境問題を引き起こさない環境十全性という視点が原発のあり方には不可欠である．

●**エネルギー選択の観点**　これからのエネルギー供給は様々なリスクや制約を受けるため，脱原発・脱化石燃料の流れだろう．しかし，再エネは万全な技術ではなく克服すべき課題も多い．持続可能性，社会受容性，地域経済効果という観点でエネルギー資源や利用方法を選択していくことが求められる．　　　　［上園昌武］

産業部門の現状と省エネルギーの可能性

　世界全体の最終エネルギー消費の約 1/3 が産業部門（製造業のほかに，農林水産業，鉱業，建設業が含まれる）によって消費され，1971 年から 34 年間で消費量が 65％増加している．さらに，途上国を中心に，今後も産業部門のエネルギー消費量が増加することが予想されている．業種別に見ると，鉄鋼，化学，石油化学，非鉄金属，紙パルプ（エネルギー集約産業）が産業部門のエネルギー消費量の 50％以上を占め，経済発展とともに増加している（IEA, 2008）．

　これに対して，産業部門の省エネルギーも進んでおり，産業部門のエネルギー原単位が改善している．しかし，既存の技術を導入することで，25％の原単位の改善が可能とされている（IPCC, 2014）．日本国内に限っても，年間 3000 t-CO_2 を排出した事業所を対象とした環境省による調査では，3 年以内に投資した費用を回収できるエネルギー削減対策が多く残されていることが示された（環境省，2015）．すなわち，産業部門全体として，省エネルギー・ギャップが存在している．

　省エネルギー・ギャップとは，経済性がある省エネ技術への投資が何らかの理由によって実施されないことである．省エネルギー・ギャップが起きる原因として，①市場の失敗，②行動の効果，③分析モデルの問題の 3 つに大別される（Gerarden et al., 2015）．また具体的な問題として，資金制約，情報の欠如，不確実性によるリスク，スプリット・インセンティブの問題，経験不足，労働者の能力不足，隠された費用，誤ったインセンティブの付与（エネルギー価格の問題），投資の優先度，組織構造があげられる（総称し省エネルギー・バリアと呼ぶ）．一般的に，省エネルギー・バリアを取り払う政策を実施することにより，省エネルギーが促進される．

●産業部門を対象とした省エネルギー政策　2010 年時点で，経済協力開発機構（OECD）加盟諸国・BRICS およびメキシコで導入されている省エネルギー政策は，情報的・手続的手法（40％），経済的手法（35％），直接規制的・自主的手法（24％）となっている．情報的・手続的手法とは，エネルギー消費量の把握，導入された技術の把握，モニタリング，エネルギー診断，業種別ベンチマークの提供など省エネのポテンシャルの把握や従業員への教育・訓練などのキャパシティー・ビルディングが含まれ，情報の欠如や経験不足などを解消する手段である．経済的手法とは，炭素税，排出量取引制度，免税・減税，補助金，税の還付，低利融資など経済的なインセンティブを企業に与える手段である．直接規制的・自主的手法には，機器に対する省エネルギー基準，エネルギー管理基準，ベンチマーク目標の設定，生産プロセスの規定などの直接規制や指令に加え，業界団体

（企業）と政府の間に協定を締結し自主的取組みを実施する手段が含まれる.

　各国で多く導入されている施策は，省エネのポテンシャルの把握，補助金，機器に対する省エネルギー基準および自主的取組みである．これらの施策は，省エネルギー・バリアへの対策となっている．また一国内では，複数の施策が同時に実施されており，補完的な関係となっている．例えば，製造業では「エネルギーの使用の合理化等に関する法律（省エネ法）」「低炭素社会実行計画（日本経済団体連合会）」「エネルギー使用合理化等事業者支援補助金」「中小企業等の省エネ・生産性革命投資促進事業」「CO_2削減ポテンシャル診断推進事業」などが同時に実施されている.

●**有効な省エネルギー政策**　個別の施策の評価・有効性が徐々に実施されているものの，その絶対数は少ない．Tanaka（2011）は，評価を実施している数少ない研究の1つである．そこで得られた結果をまとめると，以下の表1のとおりである．どの項目を重視するかによって，選ばれる政策手段が変わることがこの表から読み取れる.

表1　省エネルギー政策の評価

	直接規制的・自主的手法			経済的手法			情報的・手続的手法
	機器に対する省エネルギー基準	エネルギー管理基準	協定	エネルギー税	排出量取引	免税・補助金	
エネルギー使用量の削減ポテンシャル							
対象範囲	狭―中	狭―中	中―広	広	広	狭―中	中―広
動機付け	強	中―強	弱―強	強	強	中	弱
柔軟性	低	高	高	高	高	低―中	高
政策の合意形成・実行・評価の難易度							
必要とする技術情報の量	多	少	多	少	多	中―多	少
効果の測定	容易―中	中	中	困難	中	容易―中	困難
間接効果							
長期的な研究開発の促進	中	中	中	低―中	低―中	中―高	中―高

［Tanaka, 2011 をもとに作成］

　個別政策の評価を困難にさせる要因として，多くの場合，複数の政策が同時に実施される．そのため，個別施策の効果を測ることが困難である．また，経済状況や産業構造などの国・地域がもつ前提条件が異なることから，省エネルギー政策の有効性は大きく異なる．費用対効果を含めた施策の評価・有効性の研究蓄積が必要であり，効率的かつ有効な省エネルギー政策の組合せを提案・実施していく必要がある．さらに，今後の課題として，インターネット・オブ・シングス（IoT）を用いた工場の省エネの合理化を推進していくための方策が必要である．加えて，実施される施策・政策は，長期の研究開発（R&D）の阻害要因とならないように制度を設計する必要がある．　　　　　　　　　　　　　［杉野　誠］

運輸部門の省エネルギー・環境対策

　運輸部門には自動車（乗用，貨物，バス），船舶，鉄道と航空の４つの交通手段がある．これらの交通手段は直接的あるいは間接的に化石燃料を燃焼させて移動サービスを提供するものである．そのため，各交通手段に対して温暖化防止に向けた省エネルギー対策と健康被害抑制のための大気汚染対策が平行して実施され，現在でも別々に実施されている．ただし，運輸部門の温室効果ガス排出量のうち８割強は自動車に起因することからも，対策の重要度は自動車が最も高い．

●**自動車への大気汚染対策**　４つの交通手段のうち，最も環境対策が求められてきたものは自動車である．初めは大気汚染対策として排ガス規制が開始された1966年にまで遡る．そして，1968年に「大気汚染防止法」施行を受け，販売される自動車の単位走行距離あたりの排気ガスに含まれる有害物質の上限を定める単体規制が開始された．当時，規制対象有害物質としては一酸化炭素（CO）のみを対象としていたが，1973年には窒素酸化物（NOx）と炭化水素（HC）が規制の対象に加わり，1991年には粒子状物質（PM）も規制対象として加えられた．また，規制開始時にはガソリン自動車のみを対象としていたものの，1972年にディーゼル自動車，1998年には二輪自動車も対象に加えられ，規制対象は徐々に拡張されてきた（三好・谷下，2008）．そして，何よりも，規制が定める有害物質の上限値は経年的に改定され，厳しくなってきた（有村・岩田，2011）．このタイプの規制は諸外国でも実施されており，欧州ではユーロ規制が，アメリカでは排ガス規制（NLEV規制）が実施されている．

　この単体規制は新車を対象とするため，すでに使用されている旧型車両には効果がない．さらに，技術革新などにより自動車の使用期間が延びる傾向もあった．そのため，1992年に関東圏と関西圏で旧型車の長期利用を禁止する「自動車NOx法」が開始された．この規制は日本国内で旧型ディーゼル車を対象とする初めての規制であった．その後，2001年には中京圏も規制対象に加えた「自動車NOx・PM法」へと規制内容が強化された．さらに，2003年には関東圏の自治体では旧型ディーゼル車に対してPM除去装置の装着を義務付け，未装着車両の域内走行を禁止する運行規制が開始された．関東圏と同様に2004年に兵庫県が，2009年には大阪府も自治体独自の旧型ディーゼル車規制を策定している．これらの追加的な規制は大気汚染物質を排出するディーゼル車，とりわけ貨物車を対象に実施されている．類似のScraping ProgramあるいはRetirement Programはアメリカのカリフォルニア州，カナダやEUなどの諸外国でも実施されている（National Environmental Research Institute, 2004）．

●**自動車の省エネルギー対策**　自動車の省エネルギー政策は，省エネルギー性能の高い自動車の技術開発を促す政策と，省エネルギー性能の高い自動車を購入してもらうための政策に区分できる．前者の政策としては，1979年に制定された「エネルギーの使用の合理化等に関する法律（通称，省エネ法）」に基づく燃費基準規制がある．これにより，自動車メーカーはこの燃費基準を達成する努力義務が課せられた．ただし，当時は「平均的な自動車の燃費を基準とした燃費規制」であった．しかし，「京都議定書」の遵守のため，1998年に省エネ法を改正し，自動車を含めた特定機器については従来の燃費規制を「すでに販売されている最も燃費の良い自動車の燃費を基準とした燃費規制」へと改めた．この考え方はトップランナー方式（そして，このタイプの規制はトップランナー規制）と呼ばれている（戒能，2007）．この燃費基準を数年ごとに見直し，規制を強化している．類似の規制としては，アメリカでは平均燃費規制（CAFE規制）が有名であり，欧州では単位走行距離あたりの温室効果ガス排出量の規制が導入されている．

　近年は従来の自動車と比較すると割高となるハイブリッドや電気，水素自動車などの新しいタイプの自動車も登場している．そして，これらの自動車が普及しなければ，省エネルギーは進まない．そのため，大規模な補助金および減税事業が実施されてきた．2000年に環境配慮型税制の一環として，車齢13年を超える自動車の税を高く，エコカーの税を減免する単体規制と連動したグリーン化税制が導入された．また，2009〜12年には新車購入に10万円（旧型車からの買替えには15万円をプラス）を補助するエコカー補助金が導入され，大きな反響をよんだ．2013年以降は，新型自動車4種（電気自動車〈EV〉，プラグインハイブリッド自動車〈PHV〉，燃料電池自動車〈FCV〉，クリーンディーゼル自動車〈CDV〉）やそれらの自動車に関わる設備へのクリーンエネルギー自動車補助金制度を実施している．これらの国による補助や減税に加えて，地方自治体も独自に補助制度を行っている．省エネルギー化と大気汚染軽減は同時に達成できるため，これらの制度は必ずしも省エネルギーのみを目的としている訳ではない．

●**船舶・鉄道・航空への省エネルギー対策**　船舶と航空は，国家間を移動することから国際条約によって環境対策が実施されている．船舶は，海洋環境汚染の社会的影響度がきわめて高いことから，1973年の「MARPOL条約」によって船舶に関わる環境規則が定められている．国際航空は，「シカゴ条約」に基づき発足した国際民間航空機関（ICAO）が，1981年にエンジンから排出される汚染物質の規制を開始している．鉄道は自動車からのモーダルシフトが推進されている．これらの交通部門は企業が対象であり，かつ自動車に比べて管理・把握が容易ということもあり技術的な環境対策が中心となって行われている．　　　［岩田和之］

📖 **参考文献**
・有村俊秀・岩田和之（2011）『環境規制の政策評価—環境経済学の定量的アプローチ』上智大学出版.

民生家庭部門の省エネルギー・環境対策

　日本における民生家庭部門の最終エネルギー消費量は，2014 年度時点において，48.8 百万 t（石油換算）であり，全体の 15.6％ を占めている（EDMC エネルギー・経済統計要覧 2016 年版より）．さらに，各エネルギー源（電力，都市ガス，液化石油ガス，灯油）でみた場合では，電力が約 50％ を占めており，その割合は増加傾向となっている．こうしたことから，民生家庭部門での省エネルギー・環境対策は電力消費量の削減・節約が中心となって実施されてきた．

●省エネルギー・環境政策と対策　表 1 は，民生家庭部門を対象とした省エネルギー・環境問題に関連する主な政策と，実際に日本国内で実施された対策をまとめたものである．

表1　民生家庭部門での省エネルギー・環境政策と対策（日本）

規制的手法	経済的手法	情報的手法
【エネルギー効率基準】 ・トップランナー制度	【価格政策】 ・地球温暖化対策のための税 　（地球温暖化対策税） ・石油石炭税 【経済的インセンティブ】 ・家電エコポイント制度 ・住宅エコポイント制度 ・エコカー減税・補助金	【情報戦略】 ・省エネルギーラベル，統一省エ 　ネルギーラベルなど ・電力使用量の見える化の推進

［中野，2015 をもとに作成］

　省エネルギー・環境政策は，主に「規制的手法」「経済的手法」，これら 2 つの手法を補完するものとして「情報的手法」の 3 つのアプローチに分類される．「規制的手法」としては，エネルギー効率基準があげられる．これは，政策決定者が様々な機器（家庭用電気製品や自動車など）に対してエネルギー効率基準を設定し，その基準を満たさない機器の販売を規制するものである．日本ではトップランナー制度が実施されており，これまでに 31 品目が対象となっている．アメリカでは，家庭用電気製品などを対象としたエネルギー効率基準プログラムや自動車を対象とした CAFE 規制，建築物（壁や窓など）を対象とした Building Energy Codes が実施されている．「経済的手法」とは，市場メカニズムをうまく活用しエネルギー消費量を削減・節約しようとするものであり，価格政策と経済的インセンティブ政策の 2 つの政策があげられる．価格政策としては，電力やガソリンといったエネルギー消費量に対して直接課税するもの（エネルギー税）と，エネルギー燃焼時の炭素含有量や二酸化炭素排出量に応じて課税するもの（環境

税あるいは炭素税）がある．日本ではエネルギー税として石油石炭税が，環境税として地球温暖化対策のための税（地球温暖化対策税）が実施されている．さらに，こうした価格政策は先進国を中心に多くの国・地域で実施されている．一方，経済的インセンティブ政策とは，エネルギー効率が高い機器の普及促進を目的として，省エネルギー機器の購入者に対して補助金や減税，低率融資などのインセンティブを付与するものである．日本では家電エコポイント制度，住宅エコポイント制度，そしてエコカー減税や補助金が実施されてきた．カナダやフランス，アメリカなどでは，新車購入時に feebates（エネルギー効率の低い自動車には課徴金を課す一方，エネルギー効率が高い自動車には減税を行う）と呼ばれるプログラムが実施されている．最後に規制的手段や経済的手段を補完する「情報的手法」とは，情報戦略と呼ばれるものであり，各製品の省エネルギー性能といった情報などを容易に認識できる形で提供することにより，省エネルギー機器の普及などを促すことを目的とするものである．代表的なものとしては，Energy Star ラベルが有名である．日本では，省エネルギー基準達成率や年間消費電力量などを提示した省エネルギーラベルや統一省エネルギーラベルが実施されている．さらに近年では，各家庭においてスマートメーターの設置が進められている．これにより，各家庭でも電力消費量の情報をリアルタイムで認識できるようになるため（電力使用量の見える化），節電意識の向上や省エネルギー行動の促進といった効果が期待されている（岩田，2014）．

●研究動向　省エネルギーは，エネルギー消費量の削減と地球温暖化の原因である二酸化炭素の削減効果とエネルギー費用の節約効果をもたらす．しかし，こうした効果が得られる潜在的な省エネルギー化の機会が存在するにも関わらず，実際には実施されていないという「エネルギー効率性ギャップ（あるいはエネルギー効率性パラドックス）」と呼ばれる現象が発生している．そのため，経済学（エネルギー経済学や行動経済学など）や心理学などの分野を中心に，エネルギー効率性ギャップの発生要因についての研究と政策提言が行われてきた（Gillingham & Palmer, 2013）．最近の研究動向としては，実施されている対策の効果について，人々の消費行動自体も十分に考慮したうえで，定量的な評価が行われてきている（田中・馬奈木，2014）．例えば，省エネルギー機器の買替えはエネルギー費用節約をもたらすため，購入以前に比べ機器の利用が増えてしまい，予想される削減効果が相殺されてしまう可能性がある．こうした影響はリバウンド効果と呼ばれ，様々な機器についてその効果の検証が行われている．さらに，認知心理学や行動経済学の知見を活用し，個人の省エネルギー行動に関する意思決定プロセスを解明し，より費用対効果の高い政策提言を行おうと研究が進められている（村上，2016）．

［森田　稔］

📖 参考文献

・有村俊秀他編著（2017）『環境経済学のフロンティア』日本評論社.

民生業務部門の省エネルギー・環境対策

　民生業務部門（業務部門）とは，第3次産業の事業所内およびその他産業の工場外の事業所で，給湯・厨房・冷暖房・動力・照明などの用途に消費する電気，ガス，石油系燃料などのエネルギーを計上するエネルギー統計上の部門である．温暖化問題への関心が高まるなか，国全体のエネルギー消費量が2000年をピークに減少に転じる一方，業務部門で減少の兆しが見えたのは2000年代後半だった．以下では，業務部門の省エネルギーが進まない理由とその対策について述べる．

●**業務部門における省エネルギーバリア**　業務部門では認知不足のために省エネルギーに十分な関心が払われない傾向があり，対策の実施を阻んでいる．例えば製造業では，製造工程でのエネルギー投入の削減は企業業績に直結するが，間接部門でのエネルギー消費はわずかであるために，コスト意識が薄い．また，第3次産業では，資本費や人件費の方が相対的に大きく，エネルギーコストは重要な項目として認識されてこなかった．

　加えて，必要な情報の欠如によって，経済合理性のある投資機会が見過ごされ，過小投資に陥ることがある．エネルギーの使用実態を把握していなければ，適切な対策を検討できず，新製品のエネルギー効率に関する知識や導入により期待できる省エネルギー効果などの情報が十分でなければ，設備更新の際に適切な投資判断ができない．このような情報の欠如は，特に中小企業やサービス業で指摘される問題である．

　さらには，立場の異なる関係主体がそれぞれ機会主義的に行動するとき，インセンティブの不一致によって省エネルギーが阻害される場合があり，その代表的な例として「オーナー・テナント問題」がある．光熱費を払わないビル所有者（オーナー）にはエネルギー効率を高めるインセンティブがなく，ビルの建設や設備更新において初期投資額の少ない低廉品を選択してしまう．他方，借家人（テナント）は光熱費の節約というインセンティブをもつが，機器の選択権がない．このようにオーナーとテナントという立場の異なる主体間で利害が一致しないために，高効率機器への投資が十分に行われないことがある．

●**需要面での諸施策**　業務部門を対象とする省エネルギー・環境対策には，需要面の対策として建築物・設備の高効率化，建築物のエネルギー管理の徹底，高効率機器の導入，業務活動における省エネルギーの徹底，供給面の対策として自然エネルギーや燃料電池などの利用がある．ここでは特に需要面での対策を促す施策について述べる（供給面の対策は，☞「再生可能エネルギー普及政策の実証・実践」）．

「省エネルギー法（エネルギーの使用の合理化等に関する法律）」は，主に認知不足に対応する施策である．年間のエネルギー使用量が事業所全体（フランチャイズチェーンの場合は加盟店を含む）で原油換算1500kℓ以上の事業者が制度対象となり，国が定める基準に基づいた適切なエネルギー管理体制の整備，実際のエネルギーの使用状況の把握と定期的な報告を義務付けられる．これらの措置によって，事業者の省エネルギー意識を高め，建築物・設備の高効率化やエネルギー管理の徹底，事業活動における省エネルギーの徹底を推進する狙いがある．

また，OA機器などのエネルギー消費量の大きな機器は，トップランナー制度の対象となり，機器メーカーが製品のエネルギー効率向上と省エネルギーラベルによる機器性能の表示義務を負う．海外では低効率製品の製造・販売を禁ずる最低エネルギー消費効率基準（MEPS）が一般的である．

さらに，一定規模以上の建物を新築または増築する場合は，「建築物省エネ法（建築物のエネルギー消費性能の向上に関する法律）」に基づく建築計画の届出とエネルギー性能基準への適合義務が，2017年4月より建築主に課された．国の基準を上回る省エネルギー性能を備えるオフィスビルなどにおいて，建築物の省エネルギー性能表示によって高い省エネルギー性能を家賃に反映できれば，オーナー・テナント問題の解消にも役立つことが期待される．

ビルエネルギーマネジメントシステム（BEMS）は，建物の機器・設備などが消費するエネルギーを「見える化」し，IT技術を駆使して適切なエネルギー管理を促すシステムである．情報の欠如を補う対策として有効と考えられ，国や自治体が導入費用の一部を補助する促進策をとっている．

●省エネルギーのビジネスと事業者自らの取組み　エスコ（ESCO）事業は，専門の事業者が省エネルギー診断を行い，省エネルギー効果を顧客に保証したうえで投資計画の設計・施工を提案し，設備の運転・保守管理を一括し請け負う事業である．必要な費用の全額を改修後の光熱費の削減で賄う．情報の欠如や資金制約など業務部門の省エネルギー阻害要因への対策として，アメリカでは1990年代にエネルギー価格の上昇とエネルギー効率化技術の普及により事業が拡大したが，日本では省エネルギーサービスがビジネスとして成立せず広まらなかった．

業界団体が中心となって低炭素社会実現のための実行計画を策定し，実行結果をレビューする産業界の自主取組みは，計画の策定（plan）と実施（do），実行結果の評価（check）と改善（act）のPDCAサイクルを繰り返す中で省エネルギー・環境対策の必要性に対する認識を高め，有効な対策についての知識を共有化する効果を期待できる．政府も積極的にこれを推奨し，関連審議会において定期的にフォローアップを実施して，計画の透明性と信頼性向上に努めてきた．業務部門においても卸・小売業，ホテル・旅館業，病院，学校，娯楽産業などの幅広い分野で取組みが進められている．

［若林雅代］

地域におけるエネルギー・温暖化対策

　温暖化対策には，地域での取組みを欠かすことができない．温暖化対策には，緩和策と適応策の双方がある．緩和策には，省エネルギー，温室効果ガス排出量の少ないエネルギー源への切替え，植林などを通じた温室効果ガスの大気中からの回収固定という3つの段階の対策が想定される．

●**省エネルギー（廃熱防止）の推進**　エネルギーの利用の効率化のためには，1次エネルギー投入のうち，有効に仕事をせずに捨てられる約2/3の部分を減らすことが必要である（図1）．地域を隔てた場所で発電する集中的なエネルギー供給構造になるにつれて，廃熱部分が大きくなっていく傾向がある．地域において熱と電気の双方を供給するコジェネレーション（熱電併給）が導入されれば，地域で熱を消費できる限りにおいて，エネルギー効率が向上することになる．

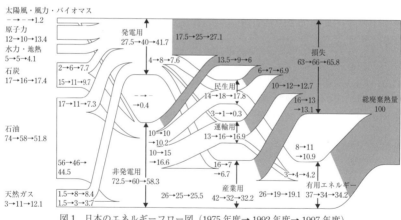

図1　日本のエネルギーフロー図（1975年度→1992年度→1997年度）

［1975年度，1992年度のデータは，平成6年度『環境白書』より．東京大学平田賢名誉教授作成．太陽光・風力・バイオマスはデータなし．1997年度のデータは，第7回コプロワークショップ東京大学堤敦司教授発表資料をもとに著者作成］

　廃熱の未然防止を進めるための取組みは地域において進められる必要がある．まず，建築物単位で廃熱防止を進める取組みが求められる．可能な限りの省エネルギーを行うとともに，再生可能エネルギー設備を設置することにより，ネット・ゼロ・エネルギー住宅（ZEH）の実現は可能である．政府は，2014年の「エネルギー基本計画」において，「建築物については，2020年までに新築公共建築物等で，2030年までに新築建築物の平均でZEB（ネット・ゼロ・エネルギー・

ビル）を実現することを目指す」ことを掲げているが，地域での促進策も必要である．

次に，街区単位で廃熱防止を進める必要がある．コジェネレーションを導入する場合，発電時に発生する熱を有効に使えるかどうかが鍵となる．このため，エネルギー利用形態の異なる建物間でエネルギーを融通し合う仕組みを導入し，街区全体で熱を使っていく仕組みを構築する必要がある．

●再生可能エネルギーの導入と植林　次に，1次エネルギー投入における再生可能エネルギー割合を高めていく必要がある．再生可能エネルギーは，地域に応じたエネルギー種を適切に導入することが求められる．特に，分散的に得られる地域資源の1つとして，再生可能エネルギーによる収益は，その地域の重要な収入源として取り扱われるべきであり，この観点から，再生可能エネルギーは地域資本によって開発されることが望ましい．

また，植物はその生育する過程で二酸化炭素を固定する．このため，適切に森林施業を行うことは，温暖化対策の一環としても位置付けられる．

●温暖化への適応策　今後，さらに温暖化が進行することは避けられないため，各地域においても適応策を進める必要がある．例えば，地場産業・特産品・観光地の気象環境の変化への適応，海面上昇や台風の大型化への対応，熱中症や南方からの様々な有害生物の移入への対応などが必要とされている．

●自治体のエネルギー・温暖化政策とその連携　熱供給を含めたエネルギー供給の効率化と再生可能エネルギーの地域主導の導入を進めるためには，地方自治体において地域エネルギー政策を立ち上げる必要がある．東京都は，2010年4月に「温室効果ガス総量削減義務と排出量取引制度」を開始し，2011年には埼玉県にも波及した．東京都と埼玉県の制度は，業務部門の事業所を主対象とする都市型のキャップ・アンド・トレード制度として，世界的にも先進的な取組みである．また，長野県は，2016年に「長野県環境エネルギー戦略」を定め，2050年までの長期目標を定めるとともに，「長野県地球温暖化対策条例」を改正し，大規模事業所や県内に電気を供給する事業者への温暖化対策計画書の提出義務，建築主への省エネルギー性能向上と再生可能エネルギー設備導入の検討義務などを新設した．地方自治体間の連携を進める動きも進められている．2014年には，国連気候サミットにおいて，気候変動政策に関する「首長誓約」が始められた．この動きは，2017年に欧州連合（EU）が運営する気候エネルギー自治に関する「市長誓約」と統合され，気候変動とエネルギーに関する「世界首長誓約」となることとなっている．このような各自治体の動きを支えるプラットフォームとして，持続可能性を目指す自治体協議会（ICLEI/LGS）などの団体も活発に活動している．

［倉阪秀史］

市場自由化の理論

　電気，ガス，水道，通信などの公益事業では新規参入が規制され，1社による
独占供給が認められてきた．その経済学的な理由として，これらの産業では市場
原理に基づいて自由な競争を推進すると望ましい資源配分が達成されないおそれ
がある，との考え方があげられる．このように市場原理が機能しない状態を市場
の失敗と呼ぶ．公益事業において市場の失敗を引き起こす主な経済的要因として，
自然独占があげられる．自然独占とは，複数の事業者で供給する場合に比べて1
社単独で供給する場合のコストが低くなる状態を示す．自然独占状態では1社単
独で生産する方が費用の点で有利になるから，自由に競争させると供給が1社に
集中し，高価格・少生産の非効率な状態に陥る危険性がある．公益事業における
財・サービスの供給には，多くの大型設備が必要である．このため，多くの公益
事業ではスケール・メリットが大きく，自然独占状態にあるものと長らく考えら
れてきた．しかし，技術革新によって小規模でも高い経済性を有する設備の普及
が進んだため，自然独占の根拠が希薄になっている．このことは，電力，ガスを
はじめ多くの公益事業において世界的な市場自由化の潮流を引き起こした一因と
なっている．

●**市場自由化の利点**　市場自由化の主な目的は，競争を通じた望ましい資源配分
の達成にある．資源配分の望ましさを測る指標として，社会厚生が用いられる．
社会厚生は，消費者が財・サービスの消費を通じて享受する効用から支出を差し
引いた金額を表す消費者余剰，および，企業の利潤に固定費を加えた金額を表す
生産者余剰の合計額に相当する．社会厚生の大きさは需要曲線・供給曲線・価格
水準に依存するが，市場自由化によって競争が十分機能する場合には社会厚生が
最大になる（厚生経済学の基本定理）（奥野・鈴村，1988：25-36）．社会厚生の
最大化に加えて，生産効率の向上も市場自由化の利点である．競争が十分であれ
ば生産効率の低い企業は撤退を余儀なくされるから，市場自由化によって生産効
率の高い企業が選抜される．短期的には原材料・設備・労働力が効率的に活用さ
れ，長期的には企業内部の技術革新が促進されることによって生産効率が向上す
る．市場自由化によって生産者間の競争を通じて安価で高品質の商品が市場に十
分供給され，消費者に多大な便益をもたらすことが期待される．

　様々な規制に伴うコストによって非効率な状態に陥る政府の失敗も，市場自由
化が望ましいとされる根拠である．市場自由化を導入せずに参入・退出を政府が
規制する場合，政府が企業活動に関する十分な情報を入手する必要が生じる．社
会厚生を最大化する水準に価格を設定するには，市場の需要構造や企業の費用構

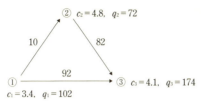

図1 送電網に混雑が発生する場合のNPの例

造に関する情報が必要になる．生産が効率的に行われるためには，企業の生産活動を詳細に監視して効率の改善を指導しなければならない．しかし，被規制企業に関する正確な情報を入手して厳正に審査するために膨大なコストが必要となる．また，政府による規制には多くの利害関係が存在する．規制者は，時には被規制企業との密接な関係で企業の利益を擁護する立場を強めたり，また逆に消費者の利益を偏重して行動することもありうる．これらの行動は規制者の消費者ないし被規制企業との癒着関係のもとで発生しがちであるから，この癒着関係の監視のために新たなコストが必要となる．

●**ノーダルプライシング** 自由化の進展に伴う電力市場の空間的な拡大によって，ノーダルプライシング（以下，NP）と呼ばれる新たな価格概念が欧米の地域間電力取引に適用されている．NPは，需給制約や送電制約のもとで社会厚生を最大化する地点別の電力価格である（Bohn et al., 1984）．例えば，N地点からなる送電網において第N番目の地点のみで電力が消費され，他の地点から発電された電力が送電網を経由して需要地点に供給される場合，地点iの価格p_iは$p_i = p_N(1-L_i) - R_i$，（$i = 1, 2, \cdots, N-1$）となる．ただし，L_iは地点iの送電の限界損失（地点iの発電・需要1単位の増加が送電網全体に及ぼす送電損失，$0 < L_i < 1$），R_iは混雑費用をそれぞれ表す．混雑費用は送電の方向に応じて正の値もしくは負の値をとり，送電網に混雑がない場合にはゼロとなる．発電地点の価格は限界費用に，需要地点の価格は限界効用にそれぞれ等しくなるため，送電損失と混雑費用がなければ全地点の限界費用と限界効用が一致する．

NPにおける電力価格の地域差は，短期における電力の輸送費用を表している．物流や交通と異なり，送電の増加によって混雑が緩和される可能性があるため，混雑費用が負になる場合がある．このとき，電力の輸送費用も負になる．例として，2か所の発電設備と1か所の需要地が3本の送電線で接続され，混雑がなければ地点①（地点②）の発電の1/3が地点②（地点①）を経由して地点3へ流れ，残りの2/3が直接需要地点へ流れる図1の送電網を想定する（松川，2004：第3章）．地点①・②間の送電線の容量を10，他の送電線の容量を1000とする．地点jの電力量をq_jとし，地点①，②の限界費用関数，地点③の限界効用関数を$c_1 = q_1/30$，$c_2 = q_2/15$，$c_3 = 7 - (q_3/60)$と，それぞれ仮定する．簡単化のため送電損失を無視すると，NPのもとでは地点①・②間の送電線のみに混雑が発生し，

$p_3 = c_3 = 4.1$, $p_1 = p_3 - 0.7 = 3.4$, $p_2 = p_3 + 0.7 = 4.8$ となる．地点①からの送電は混雑を悪化させるため，電力の輸送費用が $4.1 - 3.4 = 0.7$ と正になり，地点①からの送電1単位あたり 0.7 を支払うことになる．これに対して，地点②からの送電は地点①から②へ流れ込む電力を相殺するため，地点①・②間の送電線の混雑を緩和させる．そのため，電力の輸送費用が $4.1 - 4.8 = -0.7$ と負になり，地点②からの送電1単位あたり 0.7 を受け取ることになる．このように，逆方向の送電が混雑を緩和する点は電力輸送に固有である．

●送電権　NP が適用される市場では，予期せぬ送電網の混雑による電力価格の変動リスクを適切に管理するため，送電権が適用される（Hogan, 1992；Chao & Peck, 1996）．例えば，図1で地点③の消費者へ電力量 s を販売する地点①の発電事業者があらかじめ送電権を s だけ保有する場合，送電権収入として常に $(p_3 - p_1) \cdot s$ を受け取ることができる．混雑がなければ地点間に価格差が生じないため，送電権収入はゼロである．混雑が発生する場合，送電損失のほかに電力の輸送費用として $(p_3 - p_1) \cdot s$ を支払う必要があるが，この費用は送電権収入によって相殺される．このため，予期せぬ送電網の混雑が発生しても送電権によって電力の輸送費用のリスクを回避できる．

なお，混雑時の電力潮流の方向によっては電力の輸送費用が負になる可能性があるが，この場合送電権の収入も負になる．

●市場支配力　競争が望ましい産業であっても，自社に有利な価格設定を実現しようとする市場支配力によって競争市場と乖離した価格が適用され，取引が阻害される危険性がある．自由化された電力市場では，卸電力取引において市場支配力が懸念されている．例えば，R. グリーンと D. ニューベリー（Green & Newbery, 1992）は世界に先駆けて電力自由化を導入したイギリスの卸市場を対象として市場支配力を分析し，価格が競争均衡の2倍近くに上昇した結果 500 億円を超える消費者余剰の減少が発生した可能性を指摘した．この分析で用いられた供給関数均衡モデルは，電力市場の市場支配力を分析する標準的な手法として世界各国で用いられている．また，送電網の混雑を意図的に引き起こすことによって他社の参入を妨げ，電力価格を高い水準に維持する危険性も考えられる．特にループ型の送電網では，当該地域の送電能力に余力があるのにも関わらず，他地域からのループ潮流によって当該地域に混雑を発生させ，電力取引を阻止することができる．他の財・サービスでは市場支配力をもつ企業の供給量が競争市場と比べて減少するが，電力市場では市場支配力を有する企業の供給量が送電の方向によって増加する可能性がある（Hogan, 1997）．

適切な利用ができなければ参入が困難になる不可欠施設も，市場支配力が懸念されるケースである．電力やガスのように，自然独占の市場（例えば，送電）と競争市場（例えば，発電）の双方を含む産業において，不可欠施設（例えば，送電網）が既存事業者に専有されており，この施設に代わるものを新規参入者がみ

ずから構築することが困難な場合，正当な根拠のない不可欠施設の利用制限によって新規参入が阻止される危険性がある．競争の促進には，不可欠施設の利用・料金・新増設などに関する行為規制が新たに必要となる．また，不可欠施設の業務を競争市場から分離する政策も，競争を促進する有効な構造規制である．例えば，電力自由化を実施した国では既存事業者の市場支配力を抑制するため，送配電を他の部門から切り離す垂直分離政策を実施している．

　電力やガスなどの卸売市場は事業者が売手だけでなく買手としても取引を行っているため，市場に参加する複数の売手と買手が何らかの市場支配力を行使する双方寡占の状態にある可能性が考えられる．双方寡占においては，取引者の規模だけでなく生産技術も市場支配力を左右し，限界費用の変化が緩やかな取引者では市場支配力が大きくなる．

●**市場支配力の測度**　市場支配力の測度として，価格と限界費用の乖離率を表すラーナー指数が用いられる．限界費用の計測が困難な場合には，ラーナー指数の代わりに各社の市場占有率の2乗を合計したハーフィンダル・ハーシュマン指標（HHI）が用いられる．需要の価格弾力性の絶対値が1に近く，かつ，クールノー競争とみなされる市場では，HHIによってラーナー指数を近似することができる．しかし，卸電力市場では価格弾力性がゼロに近くなるケースがみられるため，HHIは市場支配力の測度として妥当ではない（Stoft, 2002）．このケースでは，当該事業者の供給がゼロである場合に市場全体の需要がまかなえるか否かを表す重要供給者指数，あるいは当該事業者以外の供給の合計と市場全体の需要の比率を表す残余供給指数が用いられる（Perekhodtsev & Blumsack, 2009）．

●**安定供給**　競争市場では財・サービスの十分な供給が期待されるが，自由化された電力市場では，供給の不安定な状態が発生して消費者に損失を及ぼす懸念がある．例えば，アメリカ・カリフォルニア州では電力自由化後に大規模な停電が頻発し，工場の閉鎖を余儀なくされるなどの危機的状態が発生した．この原因として，猛暑と寒波による電力需要の急伸，水不足・ガス価格の急騰・環境規制上の理由による供給不足，送電線建設の遅延による州外からの電力輸入の減少などが指摘されている（Faruaui et al., 2001）．競争が有効に機能するためには，燃料の確保，十分な発電設備と送配電網の整備や，供給不足時における環境規制の弾力的な運用，デマンドレスポンスを中心とする需要面の対策が必要になる．

[松川　勇]

📖 **参考文献**
・電気科学技術奨励会編（2007）『現代電力技術便覧』オーム社.
・八田達夫・田中誠編著（2007）『規制改革の経済学—電力自由化のケース・スタディ』日本経済新聞社.
・竹中康治編著（2009）『都市ガス産業の総合分析』NTT出版.

エネルギー市場の自由化と環境政策

　電力やガスといったエネルギー供給事業は規模の経済性が強く働くため，歴史的に法定独占のもとでの経営が一般的だった．しかし，1990年以降の先進国では，これら市場の自由化が進められた．この時期は気候変動問題の顕在化と重なっており，自由化と環境政策の関係についても議論されるようになった．

●**エネルギー自由化と政府介入**　例えばイギリスでは，1982年からガス市場が，1990年から電力市場が自由化された．サッチャー政権による新自由主義的な規制改革の流れの中で，国営エネルギー企業は分割民営化され，新規参入が生じた（☞「市場自由化の理論」）．このような自由化政策はアメリカや北欧など他の先進国へも波及し，日本でも1995年から発電市場やガス小売り（大口）市場の自由化が行われた．

　法定独占の時代には，政府が供給企業の経営に直接的に介入することが容易であった．例えば，1970年代の石油危機以降，多くの先進国では原子力発電事業の開発が加速されたが，これはエネルギー自給という公共目的のために，政府が独占企業に（独占利潤を保証したうえで）要請した結果との説明が可能である．その仕組みを日本では，「国策民営」などと呼んできた．

　しかし，自由化すれば，政府が経営に介入することは難しくなる．例えば，電力自由化を受けて，表面的には発電コストの低い（が二酸化炭素〈CO_2〉の排出量が多い）石炭火力への投資が進み，いまだ発電コストの高い（がCO_2の排出量が少ない）再生可能エネルギーへの投資が進まなくなる可能性がある．自由化後も負の外部性は残るため，自由市場と親和性のある環境政策が求められるようになる．

●**電力自由化と気候変動対策**　気候変動問題の顕在化とともに，その原因の多くを占めるエネルギーに関する政策を環境政策と一体的に扱うべきとの要請が強くなった（☞「エネルギー政策と環境政策の統合」）．規制改革の観点からは，政府は公正な競争環境の整備に専念したうえで，特定の電源や事業者を支援する政策をとらないことが望ましい．一方で環境政策の観点からは，負の外部性という市場の失敗の是正が求められるため，特定の電源への支援も正当化され得る．

　両者の観点から望ましいのは，炭素税や排出量取引である．これらは，電源を特定せずにCO_2排出を抑制する気候変動対策である．自由化を推進するのであれば，このような経済的手法もあわせて講じることが望ましく，それにはエネルギー部局と環境部局の連携が欠かせない．欧州は，両部局を統合した省庁を創設するなど，規制改革と環境政策の融合においても先んじてきた．

もう1つの有力な気候変動対策は，再生可能エネルギーへの財務的支援である．ドイツの固定価格買取制度はその代表例で，導入に大きな成果をあげ，他国にも広がった．これは特定電源への支援に該当するが，コスト低減効果があることもあり，環境政策的配慮から欧州委員会においても認められてきた．

自由化に先んじたイギリスでも，自由市場だけでは低炭素化を進めるには不十分だとして，類似した価格保証制度（差額決済契約）の導入を2011年に決めた．この対象には再生可能エネルギーだけでなく原子力も含まれており，競争力の低い電源に対する補助金に該当するのではないかが議論となったが，2014年に欧州委員会から，競争政策上も問題ないとの結論が出された（European Commission, 2014）．

とはいえ，再生可能エネルギーは小規模分散型であるため，あらゆる事業者が開発可能であるのに対して，原子力はその事業規模やリスクの大きさから対象が実質的に大手の既存事業者に限定される．保証価格も個別事業者との交渉の結果決められたのであり，競争をゆがめるおそれがあることを指摘しておきたい．

●**日本のエネルギー自由化と環境政策**　日本でも1990年代から電力やガスの自由化が進められてきたが，他の先進国と比べてその歩みは遅い．2016年に電力の小売全面自由化が，2017年にガスの小売全面自由化がなされたところである．

一方，日本では本格的な炭素税も排出量取引も実施されておらず，気候変動対策は不十分である．政府は，2010年の「エネルギー基本計画」に典型的にみられるように，原子力発電を独占事業者に開発させることを気候変動対策の柱としてきた．これは，自由化の遅れという規制政策と整合的だったといえる．

しかし，東京電力福島第一原子力発電所事故以降，このような前提は崩れつつある．第1に，過酷事故により原子力発電の推進がきわめて難しくなった．第2に，2012年に固定価格買取制度が導入され，太陽光発電が急増するといった効果が出ている．第3に，上記の小売全面自由化を含む電力システム改革が始まった．

とはいえ，2015年以降，経済産業省は再生可能エネルギーの導入を抑制する一方で，その多くを既存事業者が保有する原子力の支援策を強化しており，自由化に逆行しかねない状況も生じている．他方で2015年の「パリ協定」の合意を受けて，気候変動対策は待ったなしの状況でもある．歴史的に経済産業省と環境省との間の協調体制の問題が指摘されていることもあり，規制改革と環境政策の適切な融合が求められる．　　　　　　　　　　　　　　　　　　　　　　　［高橋　洋］

📖 **参考文献**

・植田和弘・梶山恵司編著（2011）『国民のためのエネルギー原論』日本経済新聞出版社．
・高橋　洋（2015）「電力システム改革の位置づけ～規制改革と環境政策の融合」新澤秀則・森　俊介編『エネルギー転換をどう進めるか』岩波書店，121-142頁．
・高橋　洋（2017）『エネルギー政策論』岩波書店．

デマンドレスポンスの理論

　電力価格や他のインセンティブに応じて，地域のピーク需要が発生する期間の電力消費を消費者が削減あるいは他の期間へ移行するために取る行動をデマンドレスポンス（以下，DR）と呼ぶ（Chao, 2011）．DR を対象とした代表的な政策は，①電力供給の限界費用に応じて価格を柔軟に設定し，ピーク時の電力需要の抑制を促すダイナミックプライシング（以下，DP），②停電や電力需要の抑制に対して電気料金の割引や報酬の支給を行う契約を事前に消費者と結ぶプライオリティサービス（以下，PS）である．設備水準が固定された短期では，需要水準に応じて運転費用の安い発電設備から順に稼働させることが経済的である．このため，電力供給の限界費用は需要が低水準の時期に安くなり，需要の増加とともに上昇する．ピーク時では需給が逼迫し，電力供給の限界費用が大幅に上昇する可能性がある．

● DP・PS と電気料金　DP は，需要水準に応じて時々刻々変化する電力供給の限界費用と連動した価格を適用することによって，ピーク時における節電を促し，時間による電力需要の波をならすことを目的とする．期間による電力価格の差を拡大することによって，節電に対する消費者のインセンティブを高める．電力価格を限界費用と等しく設定するため，供給設備の新増設が困難な短期において DP は資源配分効率の点で望ましい政策である．また，需給が逼迫した際には限界効用が高い消費者から電力供給を優先的に受けることになるため，DP の適用によって効率的な電力供給の割当てを実現することが期待される．

　PS では，電力需要に関する消費者の限界効用の分布をもとに，価格と供給確率の組合せから構成される電気料金メニューを作成し，事前に選択した供給確率の小さい順から需給逼迫時に消費者への電力供給を停止する．需要水準が低く供給に余裕のある時期では，電力価格を各期間の限界費用と等しく設定する．PS の電気料金メニューが，①限界効用が高いほど供給確率も高くなる，②供給確率が高いほど価格も高くなる，③ある供給確率を選択した消費者の支払う電気料金は，それよりも低い供給確率を選択した他の消費者すべてが当該消費者への優先的な電力供給によって被った損失（需給逼迫時における電力供給の停止によって喪失した限界効用）の増加に等しい，の3点を満足するならば，個人合理性と誘因適合性が満足され，DP と同様に電力市場の資源配分効率を最大化し，需給逼迫の際に効率的な電力供給の割当てを実現することが期待される．価格と供給確率の組合せの数が多いほど資源配分効率は上昇するが，たかだか3つの組合せで十分な効率性を確保できる．なお，停電のリスクに対して中立な消費者を想定す

る場合には，消費者の電気料金支出の期待値および純便益の期待値は DP と PS で等しくなる（Chao & Wilson, 1987）.

●DP と PS の例　電力産業では，価格設定によって需要の波をならし，発電や送電などの供給設備の有効活用を促進する政策として，古くからピークロードプライシングが適用されてきた．DP は，スマートメーターにみられる計測機器や情報通信の技術進歩を背景に，ピークロード・プライシングよりも柔軟に期間と価格を設定しピーク期間における電力消費の削減や他の期間への移行を促進する政策である．DP の例として，大規模な工場を主な対象として卸電力市場に連動した価格設定を行うリアルタイム・プライシング，家計を主な対象として需給逼迫時に高水準の電力価格を適用するクリティカル・ピーク・プライシングがあり，いずれもフィールド実験によって効果が実証されている（例えば，Matsukawa, 2016）. PS は，価格インセンティブを通じて電力供給の安定性を確保する手法として適用されており，電力供給の優先順位において差別化した価格政策である．電力供給の優先順位に対する消費者の選好は，停電による経済損失を表す停電コストを指標として計測される．PS の例として，事前に通告する時間に応じて電力価格の割引を適用する随時調整契約があげられる．随時調整契約では停止された電力量に応じて料金が割り引かれ，通告が直前になるほど高い割引率が適用される．供給停止に関する予約と実施のそれぞれについて割引金が適用され，予約分については契約した電力量と予約回数をもとに，実施した分については供給を停止した回数と量をもとに，それぞれ割引額を算定する．供給停止を拒否した場合には，違約金が課されるケースもある．このほか，アグリゲーターと呼ばれる事業者が節電に協力する複数の消費者をあらかじめ募集しておき，需給逼迫時に電力会社がアグリゲーターを通じて消費者に節電を依頼し報酬を支払うインセンティブ型 DR（経済産業省，2013）も PS の例としてあげられる．

●ベースラインの設定　インセンティブ型 DR のように節電量に応じて報酬を支払う場合，節電量を適切に定義するためには，報酬が供与されない状態における需給逼迫時の電力消費量を表すベースラインを把握する必要がある．正確にベースラインを計測できない場合には，節電要請時に偶然不在であったなどの理由によって見かけ上節電量が多くなる消費者が多額の報酬を得る逆選択，あるいは消費者が意図的に過大な電力消費を維持して節電量を水増しする道徳的危険が起こり，DR の効率性が低下する危険性がある（Bushnell et al., 2009）. ベースラインの設定が困難な場合には，特定の電力量を事前に固定価格で販売する契約を各消費者と結び，需給逼迫時の電力消費が契約した量を超過する場合，超過分に対して卸電力市場の価格を適用する需要予約が有効である（Chao, 2011）.　［松川　勇］

📖 参考文献
・松川勇（1995）『電気料金の経済分析』日本評論社.
・松川勇（2004）『ピークロード料金の経済分析―理論・実証・政策』日本評論社.

デマンドレスポンスの実証・実践

　2015年7月の経済産業省「長期エネルギー需給見通し」によれば，2030年に期待される日本の電力需給構造は東日本大震災前とは大きく異なる．供給側は，震災前に3割を占めた原子力発電の比率が約20~22%に減少する一方，10%（水力9%，水力以外1%）だった再生可能エネルギーの比率が約22~24%（水力9%，太陽光7%，バイオマス4~5%，風力2%，地熱1%）に増加し，今後は，従来からの火力発電など集中型電源に加え，再生可能エネルギーに代表される分散型電源を積極的に活用する流れにある．

　需要側のマネジメントについても，需給逼迫時に活用される環境負荷の高い電力を最小にするため，デマンドレスポンスを有効活用する旨が明記された．デマンドレスポンスとは，電気料金の変動などを介し，需要側がエネルギー供給状況に応じて消費量を最適化する取組みの総称である．気象条件で出力が変わる自然変動型エネルギーの比率増加，さらに需要に合わせて供給を確保する従来の電力システムからのパラダイムシフトを前提にした今後の需給調整において，デマンドレスポンスは重要な役割を担う．

　デマンドレスポンスの中でも，時間帯別に料金を設定する仕組みをダイナミック・プライシング（DP）と呼ぶ．具体的には，発電費用が高い時間帯の価格を割高に，発電費用が低い時間帯の価格を割安に設定して，ピーク時の電力消費を抑制する仕組みである．例えば，DPのうち最もラフで現実にも導入されている時間帯別料金（TOU）は，日中と夜間などに時間帯を分割して異なる価格水準を設定する料金体系である．比較的発電費用が高い日中の価格を割高に設定して，その時間帯の電力消費を抑制する効果がある．DPには他に，電力需給が極度に逼迫する日中の数時間に非常に高い価格を設定するクリティカル・ピーク・プライシング（CPP）や，同時間帯に家庭が削減した電力消費量に応じて報奨金を与えるクリティカル・ピーク・リベート（CPR）などの料金体系がある．例えば，猛暑や厳寒が予想される数時間に高額となる電力価格や報奨金額を事前に家庭へ通知することで，その時間帯の節電を促す．このような時間帯は，一般に1年のうちの約10日間程度，かつ日中の数時間（13~16時頃）に限られるが，この時間の電力消費をオフピーク時へシフトすることで電力供給の規模が抑制され，平均的な発送電費用や大規模停電のリスクを軽減できる．よりきめ細かい時間帯を採用し，例えば，前日の卸売市場の1時間ごとの価格に家庭の電力価格を連動させる料金体系はリアルタイム・プライシング（RTP）と呼ぶ．

●デマンドレスポンスの実証研究　様々なDPに対するデマンドレスポンスが日

米で実証されつつある．家庭の電力消費に関しては，無作為比較対象法（RCT）に則ったフィールド実験が注目されている．RCT は，参加者をコントロールグループとトリートメントグループに無作為に分け，両グループの行動を比較する実験的手法であり，政策効果について信頼性の高い結果が得られるとして近年社会科学の分野でも積極的に取り入れられている．実証結果から，TOU には約3〜6％，CPP には約13〜20％のピークカット効果が見込まれる（Faruqui & Sergici, 2010）．ただし，課金式の CPP と同じだけのインセンティブをリベート式の CPR に適応しても，効果は半分以下にとどまる（Wolak, 2011）．この効果の非対称性は，人々が利得の獲得よりも損失に対してより強く反応するという行動経済学の知見と整合する．また，RTP における電力需要の価格弾力性は 0.1 との報告があるが（Allcott, 2011），価格水準をあげても効果は比例的に増加せず，増加幅は低減する．他に，太陽光発電パネルを設置した家庭（天候により電気の消費者にも生産者にもなるプロシューマー）へのピークカット効果は，一般世帯に対する効果の 1/4 程度にとどまることもわかっている（Ida et al., 2016）．

　価格変動を利用しない非金銭型のデマンドレスポンスもある．例えば，東日本大震災後の電力不足時には，複数の電力会社が家庭に対して呼びかけることで自主的な節電が行われた．消費者に対する節電要請や情報提供など非金銭的な働きかけにも平均的に約3％のピークカット効果が期待できるため，需給逼迫時には複数のデマンドレスポンスを組み合わせることも有効である．ただし，価格を介する DP と異なり，節電要請などは，繰り返すうちにデマンドレスポンスが観察されなくなるなどの知見があることにも留意されたい（Ito et al., 2015）．

●**実践に向けて**　TOU 以外の DP は，電気メーターが月単位計量のアナログ式だったり価格情報を消費者へ伝える手段が限られていたりという理由から，現実の導入は進んでこなかった．しかし近年，電気使用量を 30 分ごとに計量し電力会社と双方向に通信できるデジタル式スマートメーターや，家庭の電力を「見える化」して効率的にエネルギー管理するシステム（HEMS）の開発が進んだことで，よりきめ細かい DP も実現可能となった．HEMS 対応のスマート家電を併用すれば，電力会社からの情報がエアコンなどに直接伝わり，全自動で消費を最適化する自動デマンドレスポンス（ADR）も利用できる．今後は，情報（ICT）を活用したデマンドレスポンスの実践が期待される．ただし，先駆的な DP や家電への移行には各家庭への負担が伴うことも忘れてはならない．仮に新システムへの移行が電気代の節約になるとわかっても，初期費用や現状維持バイアスという心理的保守傾向のため行動変容に踏み切れないケースも予測できる．これをいかに緩和するかもデマンドレスポンスを社会に実装するための課題である．　　　［村上佳世］

📖 **参考文献**
・依田高典他（2017）『スマートグリッド・エコノミクス—フィールド実験・行動経済学・ビッグデータが拓くエビデンス政策』有斐閣.

再生可能エネルギー技術

再生可能エネルギー（RE）をすでに大量導入している国は多い．図1は経済協力開発機構（OECD）加盟国の年間発電電力量に対するRE導入率を示した図である．アイスランドは水力発電と地熱発電でRE導入率100%を達成しており，ノルウェーも水力のみでほぼ100%近い導入率を誇っている．デンマークやポルトガル，フィンランドといったもともと水力資源が乏しい国が上位にランキングされている．これらは風力発電やバイオマスの導入が近年盛んである．

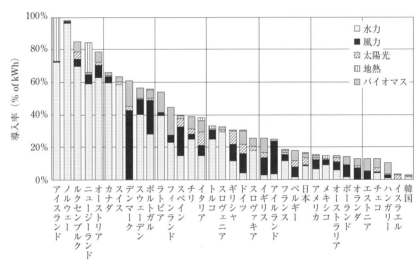

図1　OECD加盟国の再生可能エネルギー導入率(2016)
[IEA, (2017) *Electricity Information* をもとに作成]

●**水力発電**　水力発電は，再生可能な水資源の位置エネルギーをタービン発電機の電磁誘導を利用して電気エネルギーに変換する発電方式である．発電用REとしては最大のシェアを占めるが，同時に19世紀から開発が進み，すでに技術が確立された従来型電源にも位置付けられている．途上国では大規模ダムを伴う大型発電所の新規開発が今後も進むものと考えられるが，周辺環境や地域住民に与える負の外部性も問題視されている．より環境影響が少なく，未利用水系の開拓が可能な小水力，マイクロ水力にも近年注目が集まりつつある．

●**風力発電**　現時点で最も新規導入が盛んな発電設備は，風力発電である．風力発電は中国，欧州，北米を中心に爆発的に導入が進んでおり，導入率が10〜20

％を超え，すでに基幹電源とみなされている国・地域も複数ある（図1）．海外では，保守および事故停止を除いた運転可能時間の割合を示す平均稼働率が95％以上に維持され，水力発電に次いで技術が確立された発電方式である．近年では，特に欧州で大規模洋上風力発電所の建設も盛んであり，発電コストの低廉化も進んでいる．風力発電は，他の発電方式と異なり，タービン建屋をもたず回転翼が自然環境に暴露されているのが特徴である．そのため，景観阻害や騒音，バードストライクなど環境影響が顕在化しやすい．ただし，外部コストは他の電源に比べ最も低い（IPCC, 2011）．

●太陽光発電　風力発電に次いで近年世界中で急速に導入が進んでいるのが太陽光発電である．発電コストはこれまで他の電源に比べ高かったが，近年ドイツ・中国で導入が進み，コストが劇的に下がりつつある．太陽光発電は電磁誘導によるタービン発電機と異なり，光電効果により光のエネルギーを電気エネルギーに直接変換するため，可動部をもたないことが特徴である．従って，静粛性や低保守性の点でほかの発電方式に比べ優れているといえる．一方，日本では環境アセスメントの不在により，景観阻害，森林伐採や土壌流出などの負の外部性が顕在化している．また，原材料にシリコンを用い，製造過程に高温を必要とするため，他の RE に比べ相対的に外部コストが大きい（IPCC, 2011）．

●地熱発電　地熱発電は地球のマグマからの熱を利用するもので，局所的には非再生資源ではあるが，事実上無限であるため RE のうちに分類されている．地熱発電は既に技術的に確立されており，日本では 1960 年代より本格的に商用運転が開始しているが，地熱発電に有利なサイトの多くが国立公園内に存在することから，主に環境や景観への配慮のため，1990 年代以降はあまり建設が盛んでなかった．しかし，近年地熱発電に対する再評価の機運が高まり，規制緩和などを受け，国内でも新規発電所の計画が進んでいる．

●バイオマス　バイオマスの原料や利用形態は多岐にわたり，農林水産業から発生する廃棄物（家畜排泄物や間伐材）の利用から燃料用として栽培・培養されるもの（バイオ燃料，微生物発電）に至るまで多様である．特に，輸送用としてのバイオ燃料や，熱利用と発電を組み合わせたコジェネレーション（熱電併給）など，多様なエネルギー利用形態がとりやすいのもバイオマスの特徴である．バイオマスは燃やすと二酸化炭素（CO_2）を排出するが，植物成長過程で光合成により大気中の CO_2 を吸収するので，カーボンニュートラルとみなされる．一方，途上国の森林破壊など，運用によっては大きな環境影響を引き起こす可能性があることも指摘されている．なお，国際再生可能エネルギー機関（IRENA）の定義では，バイオマスには薪などの伝統的バイオマスも含まれており，これを勘案すると全世界の熱利用も含む RE の半分が持続可能性の乏しい伝統的バイオマスで占められることになる（IRENA, 2016）．したがって，途上国では伝統的バイオマスから他の RE への転換も課題となる．　　　　　　　　　　［安田　陽］

バイオマス利用と環境

　現在全世界で利用されている再生可能エネルギーの中で，バイオマスエネルギーは重要な位置を占めている．最終エネルギー消費ベースで見て，世界の再生可能エネルギーのおよそ半分が伝統的バイオマスであり，現代的な再生可能エネルギーのうちおよそ半分もバイオマスであると推計されている（REN21, *Renewables 2016 Global Status Report* より）．

　バイオマスは，適切な利用が行われれば再生可能とみなすことができ，太陽光や風力と違って，貯蔵や輸送が可能であり高い温度帯での利用も可能である．そのため，バイオマスエネルギーは熱，電気，交通の3つの分野で，すでに様々な方法で用いられており，将来にわたり重要な役割を果たすと想定されている．

●バイオマス利用の検討の順番（発展の順番）　バイオマスを発生状態で分類した場合，廃棄物系と未利用系の2つがある．さらに最近は第3の分類として，エネルギー利用を最初から目的としたエネルギー作物が登場しているが，廃棄物系，未利用系，エネルギー作物という順番で利用を検討することが原則である．

　第1に考えるべき廃棄物系バイオマスの利用は，製紙工場における黒液利用など，産業界の自主的取組みとして世界中で古くから行われてきた．さらには，バガスの絞りかすによるバイオエタノール生産などが，ブラジルの大規模砂糖工場で始まっている．日本でも近年は，循環型社会形成のための政策の中で，建築廃材や食品廃棄物などの廃棄物系バイオマスも利用されるようになり，ごみ発電や下水汚泥などからのメタン発酵など，廃棄物の処理過程から有効なエネルギーを取り出す取組みも増加傾向にある．次に考えるべきは，未利用系バイオマスの有効利用であり，具体的には，農作物非食用部や林地残材など，農林業の収穫過程で放置されていたものが想定される．最後に，エネルギー作物の生産があり得る．これは余った土地で行うことが原則である．主に先進国において過剰な農業生産を抑制するために，トウモロコシやナタネなどのエネルギー作物に加え，木質系ではヤナギ，ポプラなどの早生樹の栽培と利用が始まっている．

●バイオマス利用がもたらす諸影響　以上のように，バイオマスエネルギーの利用を通じて，廃棄物または未利用だったバイオマス，余った土地に新たな価値が生まれ，炭素削減に貢献するとともに循環型の新たな産業の創出が期待される．

　その際に，バイオマスの利用が，カスケード利用の原則の範囲内で行われることが重要である．カスケード利用とは，価値の高い順番に利用していくことであり，一般的にマテリアル利用を優先させ，エネルギー利用を最後に行う．ところが現在のところ，バイオマスのエネルギーの利用は政策的に進められ，既存用途

に大きなインパクトを与え，場合によってはカスケード利用の原則を破る可能性があることに注意が必要である．

　例えば，「FIT法」施行後の日本では，従来，製紙用原料としてマテリアル利用されていた製材工場の残材が発電用燃料として使われ，製紙用チップとの競合の発生が懸念されている．さらには，製材や合板用の丸太さえも，発電用燃料として利用され始めているという指摘もあり，適切なモニタリングに基づき，固定価格買取制度（FIT）による助成水準を，適正なものに調整していく必要がある．

●ボトムラインとしての持続可能性基準　また，エネルギー作物の需要が拡大すると，政策的なインセンティブや競合する化石燃料の価格動向によっては，余った土地での生産だけでは収まらず，食糧生産等の土地利用との競合を招くことも懸念される．さらには，既存の農地が換金性の高いエネルギー作物の栽培に振り向けられ，伐採した森林の跡に新たな食料生産のための農地が開発されるといった間接的な影響も懸念されている．また，森林破壊や長距離輸送により，温室効果ガスの削減にならないといった事態も起こり得る．

　そのため，バイオマスエネルギー利用上の最低限のルールとして，持続可能性基準の策定が行われている．これは，2000年代後半の液体バイオ燃料の生産が食糧との競合を招くという批判を受けたことがきっかけとなり，2010年に欧州連合（EU）と日本で基準が設定された．基準は，未利用系とエネルギー作物系を対象とし，土地利用と温室効果ガスについての基準から構成されるのが一般的である．なお，2010年代からは木質系などの固体バイオマスの需要が増大しているが，固体バイオマスの持続可能性基準については，イギリスやオランダなど，欧州でも一部の国が策定するにとどまっていたが，EUレベルでの基準策定の議論が2017年から始まっている．

●熱利用が基本　このように，バイオマスを適切にエネルギー利用するためには，注意深い制度設計が行われる必要がある．その点で重要なことは，バイオマスがもつエネルギーを可能な限り有効に使うという点であり，そのためには熱利用を適切に行うことが重要である．日本を含む多くの先進国において，現在の最終エネルギー消費量は暖房や給湯など熱での形態が約半分を占めている．今後，新築の断熱基準の強化・義務化が進んだとしても，すべての建築物がそのような高性能なものに置き換わるには時間がかかる．そのため，熱源を再生可能エネルギーに置き換えていくことはきわめて重要である．

　具体的には，一定以上の熱需要が見込まれる地域では地域熱供給への接続が，また，熱需要が点在している地域では個別のボイラーの熱源を再生可能エネルギーに置き換えていくことが必要である．日本国内では，寒冷な北海道や東北などの地域では特に熱需要が見込まれ，この対策を早急に進めていくことが重要である．

　このような熱政策全体の中で，バイオマスエネルギーの利用を適切に位置付けて実施していくことが重要である．　　　　　　　　　　　　　　　［相川高信］

再生可能エネルギー普及政策の理論

　温室効果ガスの排出削減とエネルギーセキュリティ向上の観点から，再生可能エネルギーの普及促進は重要な政策課題である．現状では，再生可能エネルギーによる発電は従来の発電技術に比べコストが高く，導入促進には政策的な支援が必要となる．ここでは理論的側面から，主な普及政策の概要と研究動向を述べる．
●**設備容量に対する支援政策**　再生可能エネルギーに由来する発電設備は一般的に初期投資費用が相対的に高く，ランニングコストが低い．発電設備の設置の際に単位設備容量あたりの単価（円／kW）もしくは，総設置費用に対する一定割合を補助する設置補助制度は，受け入れられやすく，制度の運用も比較的容易であることから広く採用されているが，設置後の設備運用に対して適切なインセンティブを与える保証はないため，近年では発電量（kWh）の拡大を支援する政策の補完的制度として併用されるのが一般的である（van der Linden et al., 2005）．
●**発電量に対する支援政策**　発電量の拡大を支援する政策は，価格ベースの政策と数量ベースの政策に大別できる．前者は再生可能エネルギーの買取価格（円／kWh）を政策的に定め，導入量の決定を市場に任せる．後者は政策当局が導入量（kWh）もしくは導入割合を定め，価格決定を市場に任せる．電力市場が完全競争的で，政府が再生可能エネルギーの限界費用（供給曲線）を正確に把握できれば，理論的に両者に本質的な違いはないと言えるが，そうでない場合は，異なる結果をもたらす．数量ベースの政策では再生可能エネルギー利用割合基準（RPS），価格ベースの政策では固定価格買取制度（FIT）が広く採用されており，近年では，入札制にも注目が集まっている（Río & Linares, 2014）．
●**RPS 制度**　電力会社に対して，販売電力量の一定割合以上を再生可能エネルギーから調達することを義務付ける制度である．義務の履行手段として，自社で発電する以外に，他の事業者から再生可能電力を購入したり，電力とは別に再生可能電力の付加価値分だけをグリーン証書（TGC）として購入する手段もある．数量ベースの政策ではあるが，政策当局が定めるのは利用「割合」であるため，導入量自体を固定する政策と異なり，理論的には導入量と価格がともに市場を介して決まるという特徴がある．電力会社の販売電力量に付随して導入量が決まるため，電力会社が導入量に対し一定の影響力を行使する余地が残されている．
●**FIT 制度**　再生可能エネルギーによる電力を，当該地域の電力会社もしくは系統運用者に対して，一定期間，政策当局が定める固定価格で買い取ることを義務付ける制度である．再生可能エネルギーの事業リスクを軽減することで確実な普及効果を見込め，中・長期的には規模の経済性や技術開発によるコスト低減も

期待できる．また，再生可能電力の増加に伴い，間接的に非再生可能電力の発電を抑制する効果もはたらく．不完全競争市場においては高い買取価格で供給量を増加させ，電力市場における過少供給を軽減し，電力価格を低下させる効果も見込める（庫川，2013）．その反面，買取に必要な財源の規模が大きくなり，財源確保に伴う負担が増大する側面もある．発電コストの低減は再生可能エネルギー事業者の利潤を増加させるので，コスト低減のインセンティブは存在すると言えるが（Menanteau et al., 2003），コスト低減が直接的には買取負担の軽減につながらない．導入目標を過不足なく達成する水準に買取価格を定めることが難しく，適切な価格設定が制度運用上の要点になる．

●入札制　数量ベースの政策で，政策当局が発電量の枠（kWh）を定め，価格（円／kWh）を入札で決定する．再生可能エネルギー事業者は価格と供給可能量を入札する．入札額の低いものから順に，発電量枠に到達するまで落札させる．各事業者がそれぞれ入札した額を買取価格とする差別価格方式，落札した中で最も高い入札額を一律に適用する単一価格方式などがある．FIT 制度で問題となるような導入量の不確実性を回避すると同時に，価格競争による効率性確保も期待できる．一方で，事業者にとっては落札価格や落札確率が不確実になるという事業リスクが生じるため，投資や参入を促し，中・長期的に競争的な市場を形成するためには慎重な制度設計が求められる（大島, 2010）．

●研究動向　FIT 制度では政策当局が買取価格を定めるため，市場支配力の働く余地が小さく，理論研究の対象とされることは少ない．RPS 制度では電力会社が導入量に対し一定の影響力を行使できることから，電力小売市場と再生可能電力市場の相互関係が生じ，複雑なメカニズムを生み出すため，研究も多い．政策当局が設定する利用割合を引き上げても，再生可能電力の増加にはつながらないケースがあることも指摘されている（庫川, 2013）．

　入札制については，再生可能エネルギー普及政策の文脈に特化した研究は現時点で見当たらず，オークション理論の知見にも着目する必要がある．FIT 制度とRPS 制度の効率性の比較は政策面でも重大な関心事となってきたが，この点を明確に扱った研究は少ない（日引・庫川，2013a；b）．また，普及の各段階で，採用する政策をどのように切り替えていくのが望ましいかという観点の研究も見当たらない．近年注目を集めている入札制も含めて制度間の特徴の違いを整理し，制度の選択，運用に役立つ知見を得ていくことは今後の課題といえる．［庫川幸秀］

📖 参考文献
・大島堅一（2010）『再生可能エネルギーの政治経済学―エネルギー政策のグリーン改革に向けて』東洋経済新報社．
・日引聡・庫川幸秀（2013）「再生可能エネルギー普及促進策の経済分析―固定価格買取（FIT）制度と再生可能エネルギー利用割合基準（RPS）制度の比較分析」馬奈木俊介編著『環境・エネルギー・資源戦略―新たな成長分野を切り拓く』日本評論社，第 6 章．

再生可能エネルギー普及政策の
実証・実践

　再生可能エネルギー（電力）支援のための政策は，2016年末時点で126か国において導入されており，環境エネルギー政策における一般的な政策の1つとなっている（REN21, *Renewables 2017 Global Status Report*）．再生可能エネルギー普及政策（以下，普及政策）は，その技術開発・実証段階から利用促進段階を通じて普及・商用化の段階につなげていくための政策と位置付けられる．ここでは，主に電力に対する普及政策のうち広く採用されているものを取り上げる．

●**長期目標**　政府が将来的にどこまで普及させるかを規定するものであり，普及政策の基礎である．長期的かつ野心的な目標値を設定することは，企業の研究開発に対する意欲を増加させ，生産資本の新設や増設の意思決定を後押しし，投資家の投資行動を変化させるなど，中長期的な市場形成・産業育成にとって重要な役割を果たし得る．例えば，欧州連合（EU）は2001年のEU指令（2001/77/EC）において電力消費に占める再生可能エネルギーの割合を2010年までに22％に増やすことを定めた．さらに2009年のEU指令（2009/28/EC）で，電力のみならず熱や燃料を含めた最終エネルギー消費を対象に，2020年までに再生可能エネルギーの割合を20％にする義務を設定した．加盟国はこれらの指令に基づいて普及政策手段を整備してきた．

●**買取制度（FIT/FIP）**　再生可能エネルギー発電事業者に対してその発電した電気の長期買取契約を提供することによって，再生可能エネルギーの普及を支援する制度である．古くは，アメリカが1978年に制定した「公益事業規制政策法」がある．その後，デンマークやドイツ，スペインなどの多くの欧州諸国で採用された．2016年時点で，110の国や地域で採用されている政策手段である．

　買取制度の制度設計は多様な選択肢がある．買取価格を固定する場合（FIT：固定価格買取制度）もあれば，卸電力価格に上乗せのプレミアムを支払う場合（FIP：フィード・イン・プレミアム）もある．いずれの場合でも買取条件を公的に定めることにより投資リスクを低減させるため，効果的な政策手段として投資家からの評価が最も高いとされる（Bürer & Wüstenhagen, 2009）．投資リスクが低減される結果として，資金調達コストが低いことが指摘されている（Grau, 2014）．また量的な制約もないため，新規参入がしやすいという利点もある．IEA（2011）の分析では，買取制度を導入したドイツ，デンマーク，スペイン，ポルトガルでは陸上風力の普及にきわめて高い効果を発揮したことが示されている．

　他方で，妥当な価格設定や普及速度管理の点が課題である．買取価格が実際のコストに比べて高めに維持されると，急激な普及とともに買取費用が肥大化する

危険性がある．特にコストが急速に変化し，普及速度が速い太陽光発電は，価格設定を誤ると，あるいはコストの変化に価格が追随しないと，急激なバブルが発生しかねない．スペインでは，2007年の買取価格の引上げによりバブルが発生した．イタリアでは2011年に，ドイツでは2010年から3年間に，太陽光発電の急激な導入が起こっている．こうしたバブルが発生した国では買取費用の急増に耐えられず，急激に買取価格の引下げを行う傾向にある．その結果，市場が急速に縮小することになり，産業が壊滅的被害を被る危険性もある．

●RPS　小売電気事業者（あるいは消費者）に対して販売電力（消費電力）の一定量あるいは一定割合を再生可能エネルギーにすることを義務付ける制度である．アメリカの州レベルやスウェーデンやイギリスで導入されている制度であり，2016年時点で100の国や地域で採用されている．一般的には10年程度先までの調達義務量・割合を小売電気事業者に割り当てるので，小売電気事業者はそれに応じて，計画的に再生可能エネルギー電力の調達を行うことになる．しばしば義務の達成には再生可能エネルギー証書が用いられる．この場合，電力取引と証書取引が切り離されるので，柔軟な調達が可能になる．制度の最大の利点は，小売電気事業者は最も安い再生可能エネルギーから調達を行うことが期待されるので費用効率的な普及が可能になる，ということである．ただし，これは短期的にコストが安いものが選ばれるという意味であり，普及に従って長期的なコストの低減が期待できるかは不明である．ハス他（Hass et al., 2011）の分析によれば，欧州のRPS採用国では証書価格が徐々に増大する傾向にあると指摘されている．

　また，RPSの利点の1つとして，小売電気事業者が義務を守る限りにおいて，政府が定めた再生可能エネルギー目標の達成が確実になることがあげられ，買取制度のような量的なバブルが起こる可能性は低い．ただし，目標自体が低ければ再生可能エネルギーの普及よりも抑制的な効果をもたらす危険性があることは注意しなければならない．

●入札制度　リバースオークションの形式をとることが多く，政府が買い取る電源の種類と量をあらかじめ設定し，発電を行う事業者が供給する電力とその価格を応札する．政府は価格の安いものから定められた量に達するまで落札される．

　欧州では1990年代にイギリスで導入されたものの廃止された経験があり，その後欧州では広がらなかった．しかし，2014年のEUの国家補助規則の変更により，2017年以降加盟国では競争入札制度の導入が義務付けられた．そのほか，ブラジル，南アフリカ，中国，インドなど新興国では，2000年代終わり頃より入札制度が広く導入されてきており，落札価格の急速な下落を実現しており，一定の成果をあげている．　　　　　　　　　　　　　　　　　　　　　［木村啓二］

📖 参考文献

・大島堅一（2010）『再生可能エネルギーの政治経済学—エネルギー政策のグリーン改革に向けて』東洋経済新報社．

VRE と系統連系問題

　再生可能エネルギー（RE）の中でも，気象条件などにより時々刻々と出力が変動する電源のことを変動性再生可能エネルギー（VRE）と呼ぶ．この用語は，国際エネルギー機関（IEA）が 2005 年より進めている GIVAR プロジェクト（IEA編, 2016）に代表されるように，国際的議論が進み注目されている用語である．出力が変動する RE 電源は様々考えられるが，現在実質的に議論の対象となっている VRE は，風力発電と太陽光発電の 2 つである．

●変動性を受け入れる柔軟性　VRE は「天気任せ」「予測できない」「不安定」「安定供給を損ねる」と指摘されることもあるが，そもそも従来の電力工学でも「安定な電源」という考え方は存在しない．火力発電所や原子力発電所も，雷や台風などの予期せぬ系統故障により瞬時に電源脱落を起こす可能性もある．電力系統にはそのような不測の事態に対応するための技術や知見が蓄積しており，これをもとに供給信頼度が設計されている．つまり，VRE は変動する（予測できない）からただちにアウトではなく，VRE という新規技術を導入する際に，その変動性が既存設備のもつ「能力」の範囲内で受け入れられるのか，その能力が足りないとしたらその能力を補うために「誰が」「どのような設備を」「どのような順序で」選択し投入するのか，という問題に帰着する．

　上記の VRE の変動性を受け入れるための能力は，「柔軟性」と呼ばれている．また，柔軟性を供給するために「どのような設備」があるかについては，IEA の定義によると，①ディスパッチ（制御）可能な電源，②エネルギー貯蔵，③連系線，④デマンドサイド，の 4 つがあげられる．ここで，①の電源は，水力発電や火力発電，コジェネレーション（熱電併給）を含み，従来の電力工学の分野で調整力や予備力と呼ばれているものがここに含まれる．②のエネルギー貯蔵は，既存の揚水発電のことを指し，将来コストが低下する可能性があるが導入にあたって高い設備投資が必要な蓄電池や水素貯蔵は優先順位が低い．③の連系線は発電設備ではないが，電力市場を活用した運用ルールの効率化・改善により，大きな柔軟性を供給できることが諸研究から明らかになっている（EWEA, 2012；Ackermann, 2012）．④の需要側設備の活用も，市場活用や経済インセンティブなど今後の制度設計により促進される可能性が高い．

　このように，柔軟性には本来多様性があり，その国や地域の地理的・気象的環境や系統状況に応じて，様々な選択肢がとり得るという考え方は重要である．日本では「VRE の変動対策には火力のバックアップ電源が必要」という主張も多くみられるが，バックアップ電源は数ある選択肢の中の 1 つにしかすぎないこと

がわかる.

また, 様々な供給源からの柔軟性を「どのような順序で」選択するのかは, 経済合理性による. すなわち, 今ある既存設備の中から限界費用が低い順に使っていくことが最も有効であり, 次に新規設備を建設する際は費用便益比の高いものから順番に投入することが合理的である.

●受益者負担の原則　最後に,「誰が」柔軟性の供給に責務をもち, そのコストを負担するかも重要な問題である. 日本では, VRE の変動性分は変動を発生させる側に対策コストの負担が要求されがちで, VRE の接続に伴う系統増強コストもそれを直接的に発生させる VRE 発電事業者に転嫁される傾向にあるが, これは原因者負担の原則に基づいていると解釈できる.

一方, 欧州や北米では, VRE は変動成分や系統増強といった負の外部コストだけでなく, それを上まわる便益を生み出すことが明らかになっているため, 受益者負担の原則に基づいて考えることが主流となっている. したがって, VRE の変動対策や系統増強のためのコストは一時的に送電事業者が負担し, 最終的に電力消費者にネットワークコストとして転嫁されるのが一般的である. また, 柔軟性を供給するのは従来型発電事業者や小売事業者などであるが, それらを電力市場などを通じて適切に調達し, 電力の安定供給の責務を負うのは, 送電系統運用者 (TSO) である. このような考えに立つ事により, 電力系統技術のイノベーションが活性化され, 電力の安定供給を損なうことなく VRE の多量導入が実現されている.

●新規技術の参入障壁としての系統連系問題　現在, 日本で顕在化している系統連系問題の具体例としては, ①一部の一般電気事業者から連系可能量と称される上限値が公表され, それ以上の VRE の容量を接続することが事実上困難になっている, ②将来の出力抑制が 30% 以上になる可能性があるなど, 高い出力抑制率の試算が公表され, 関連産業市場の萎縮をもたらしている, ③接続協議の際に遠方の変電所への接続や蓄電池の併設などが要求されることがある, ④上位系統の増強が必要な場合に「特定負担」として発電事業者に費用負担が求められる場合がある, などのような事例があげられる.

しかし, 上記の議論から考えると, VRE の系統連系問題のほとんどが技術的原因でなく, 市場設計や法規制などの不備・不調和による制度的要因に帰することがわかる.

[安田　陽]

参考文献

・IEA 編, NEDO 新エネルギー部訳 (2016)「電力の変革—風力, 太陽光, そして柔軟性のある電力系統の経済的価値」(閲覧日：2018 年 2 月 5 日).
・EWEA (2012)「風力発電の系統連系—欧州の最前線」日本風力エネルギー学会.
・アッカーマン, T. 編, 日本風力エネルギー学会訳 (2013)『風力発電導入のための電力系統工学』オーム社.

VREと電力市場

　太陽光発電や風力発電といった気象変化によって発電出力が変動する電源を，変動性再生可能エネルギー（以下，VRE）と呼ぶ．VREには主に3つの特徴がある（IEA, 2014）．第1に，VREは短期限界費用がきわめて安い．このため，VREが増えると，卸電力市場において，短期限界費用の高い電源が押し出され，価格は下落する．これをメリットオーダー効果と呼ぶ．さらに，需要が低いときにVREの発電量が大きくなると，価格はマイナス（ネガティブプライス）になる場合もある．ただし，分山（2016）が指摘しているように，ネガティブプライスは出力調整が困難な電源が出力抑制を回避するために，マイナスの価格で入札することが原因であり，原子力や火力の最低出力がその原因となる場合もある．VREの第2の特徴は，変動性である．VREは気象によって出力が短時間から季節間といった長期にいたるまであらゆるスパンで変化する．VREの変動性をふまえて需給をバランスさせるためには，需要からVREを除いた需要（等価需要）の変化に合わせて柔軟に供給を行う必要がある．この等価需要の変化量とスピードに対応できる柔軟性が電力システムにとって重要となる（図1）．

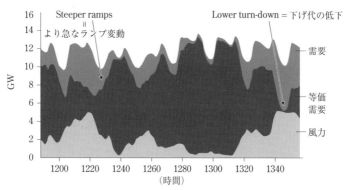

図1　ミネソタ州で25%を風力発電でまかなった場合に必要とされる柔軟性の図
［Bird et al., 2013：2をもとに作成］

　VREの第3の特徴として，出力の不確実性がある．事前に正確なVREの出力を予測することは難しく，ある程度の予測誤差が発生する．この予測誤差がVREの不確実性となる．ただし，予測するタイミングが実需給の直前になればなるほど，また発電所の数が増えるほど予測誤差は減る傾向にある．予測誤差の大きさは，追加的に必要となる予備力と関係している．

●**柔軟性の概念**　電力システムに VRE を統合していく過程において重要になるのが柔軟性という概念である．電力システムにおける柔軟性とは，「変動性に対して，数分間から数時間の時間スケールの中で，発電あるいは需要を増減させる程度を表す」(IEA, 2014：23)．具体的には，急速に給電可能な電源（出力調整可能な水力発電，揚水発電，ガスタービン火力発電）やデマンドサイドマネジメント（DSM），送電インフラがある．送電インフラ自身が需給の増減機能を有している訳ではないが，その存在によって，広域でより多くの柔軟性が利用可能になる．

●**VRE の受入れ可能性**　既存の電力システムにどの程度 VRE が受入れ可能なのかについて，様々な研究が行われている．例えば，IEA (2014) は，東日本を含む世界の7つの地域を対象に VRE の導入可能性を検討している．その結果，柔軟性の供給がシステム運用上優先するものであれば，発電電力量の25〜40%程度のオーダーの VRE 導入を支援するための十分な柔軟性供給は，幅広いシステム環境において可能である．さらに，年間2〜3時間の出力抑制を VRE が受け入れる場合，この数字はかなり増加し，50%以上でも可能である．しかし，それをコスト効率的に実現しようとすれば，電力システムの大きな転換を必要とする．

●**VRE の電力市場統合に向けた課題**　① VRE の出力予測：より正確な出力予測は，VRE の不確実性を減少させ，その結果，必要な予備力が減り，インバランスのコストも減る．スペインでは，風力発電の予測を改善しており，2008〜12年の5年間で大幅に予測精度を高めている．アメリカのエクセルエナジー社も2009〜10年までの1年間で平均予測誤差を減らし，250万ドルのコスト削減を実現した (Bird et al., 2013)．

② VRE のプライシング：卸電力市場は，経済的に需給調整する重要な役割を担うものの，いくつかの国では VRE は固定価格での買取を求められてきた．これは VRE への安定的な投資環境を提供するためである．しかし，固定価格での買取契約では，時々刻々と変わる需要の変化に対応しようとするインセンティブが発電事業者側に働かない．そこで，ゆくゆくは VRE の供給する電気も市場の需給で価格付けをしていく方向性が求められる．

③**柔軟性市場**：VRE が市場で大きな役割を果たせば果たすほど，電力システムの柔軟性を確保することが重要である．一方で，メリットオーダー効果で卸電力価格は低下するであろう．これは消費者にとっては有益であるが，それによりこれまで柔軟性を供給してきたガス火力などが市場から退出する可能性がある．このため，柔軟性機能をいかに確保するかが重要になる．アメリカの複数の系統運用者は，この柔軟性を経済的に確保するための仕組を導入している．[木村啓二]

📖 **参考文献**
・安田 陽 (2016)「再生可能エネルギー普及と電力系統の技術的課題」植田和弘監修『地域分散型エネルギーシステム』日本評論社．
・分山達也 (2016)『自然エネルギーの導入拡大に向けた系統運用』自然エネルギー財団．

再生可能エネルギー技術のイノベーション

　イノベーションは多義的な概念だが，一般的には広く革新を意味し，新しい製品やサービスの開発，新しい組織や制度の実現など，何らかの新しいアイデアを現実社会に適用することを指す（木村，2006：51）．技術分野においてイノベーションを論じる際には，技術変化の概念が用いられることが多い．J. A. シュンペーターによると，技術変化の過程は，発明，革新，普及の3段階に分類される．発明は，技術的に新しい製品・生産工程の開発，革新は，その発明の商業化，普及は，商業化された製品・生産工程が市場に広く浸透する過程を指す（Schumpeter, 1942）．この定義によると，（狭義の）技術イノベーションは技術変化の中間段階にあたるが，実際には，技術変化の過程は，発明から普及へと一方向に進むものではなく，ユーザーから製造者へのフィードバックなどを通して，各段階は密接に関連し合う．そのため，広義の技術イノベーションは，発明から普及にいたる技術変化の全体を指す（Gallagher et al., 2012）．

●イノベーション・システム　技術イノベーションの過程には，企業，大学，研究機関，産業団体などの様々なアクターが関与し，それらは官民連携，買い手と売り手の関係，専門家ネットワークなどの公式・非公式のネットワークを通して，知識のフィードバックを行う．また，政策，規範，文化などを含む制度も，技術イノベーションに重要な影響を与える．技術変化の全過程，および，それに関わるアクター，ネットワーク，制度の総体をイノベーション・システムと呼ぶ（図1，Bergek et al., 2008）．

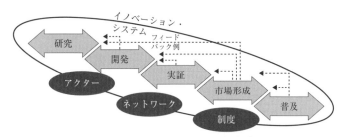

図1　イノベーション・システムの概念
[Gallagher et al., 2012：140 をもとに作成]

●再生可能エネルギー技術のイノベーション・システムの特徴　再生可能エネルギーを含む，エネルギー技術分野におけるイノベーション・システムの特徴として，(1) 知識と学習，(2) 規模の経済，(3) アクターと制度の役割があげられる

（Gallagher et al., 2012）．知識の創出は，イノベーションの重要な源泉である．ただし，知識の専有は難しく，技術の普及や労働力の移動などに伴って，知識の外部流出が起こる（知識外部性）．これは，開発者以外にとっては便益となるが，技術開発の誘引の低下にもつながるため，研究開発への補助金や，知的財産権の保護などの政策支援が必要となる．研究開発以外にも，技術の製造・利用の経験蓄積による学習効果や，技術移転による外部知識の獲得も，イノベーションの推進力となる．特に，風力・太陽光発電のように，グローバル・サプライチェーンが発達している産業では，技術移転の果たす役割は大きい．

規模の経済は，技術自体の規模や，技術の生産規模の拡大などに伴い，単位あたりの平均費用が低減することを指す．再生可能エネルギーのように，小規模で分散型の技術においては，生産規模の拡大による費用低減効果が大きいとされる（Gallagher et al., 2012）．規模の経済を達成するためには，技術への安定的で大規模な需要が必要となる．しかし，エネルギー消費による環境影響は，エネルギー価格に反映されていないことが多く（環境外部性），再生可能エネルギー技術への投資の障壁となっている．そのため，再生可能エネルギー技術への補助金や，競合技術への課税や補助金の撤廃などによって，再生可能エネルギー技術への需要を創出することが必要となる．

イノベーションの中心的なアクターは企業であり，多大な不確実性を伴うイノベーション活動においては，上述のような政策支援によって企業へのリスクを軽減することが重要である（Gallagher et al., 2012）．また，エネルギー産業には，既得権をもった巨大企業が存在し，再生可能エネルギー関連企業などによる新規参入のハードルが高いため，ニッチ市場の確保や，クリーンテック・ベンチャーの育成も必要となる（杉山，2016）．

●結語と研究展望　イノベーション・システムの概念に基づくと，再生可能エネルギー技術のイノベーションの源泉は多様であり，イノベーションに関わる様々なアクター，および，アクター間のネットワークを強化するための体系的な支援が必要であることがわかる．政策支援の重要性は広く認識されているものの，政策がイノベーションを誘発する詳細なメカニズムは，まだほとんど明らかにされていない．再生可能エネルギー分野でのイノベーション・システム研究は，まだ緒に就いたばかりであり，特に，途上国を対象とした研究は非常に限定的である．地球環境問題における途上国の役割を鑑みるに，この分野での研究の蓄積は，喫緊の課題であると言えよう．　　　　　　　　　　　　　　　［林　大祐］

📖 参考文献
・木村宰（2006）「技術開発政策の実効性に関する既往研究のレビュー──エネルギー技術分野を中心に」『電力中央研究所報告』Y05029，51頁．
・杉山昌広（2016）「気候変動緩和策としてのエネルギー技術イノベーション政策」『環境経済・政策研究』第9巻2号，103-107頁．

発電コストと社会的費用

　発電コストとは，電気の発電に係る費用を示す．発電コストには，以下のものを含む．第1に，発電所の建設および建設期間中の利子，廃棄に係る費用があり，これを資本費と呼ぶ．第2に，発電所の運転および維持管理に係る運転維持費用がある．第3に，発電のために必要な燃料費がある．第4に，発電に伴って環境および社会に与える負の外部性を社会的費用として含める動きが定着化しつつある．その代表的なものは，二酸化炭素（CO_2）排出に伴う気候変動の社会的費用である．日本では，東京電力福島第一原子力発電所の事故を受けて，過酷事故に伴う費用を社会的費用に含めている．

●**LCOE の概念**　各電源について，発電コストを発電所のライフタイム全期間において集計し，同期間の発電量で割ることで，1kWh あたりの単価を計算することができる．費用や発電量は評価時点からすれば将来に発生するものであるので，割引率を設定し，将来の価値を現在の価値に割り戻す．国際的にこの計算方法によって算出した単価を，平準化発電単価（levelized cost of electricity；LCOE）と呼び，電源の経済性を評価する指標として幅広く使われている．

　LCOE は，電源ごとのライフタイム全体における経済性を評価することができるため，中長期的な電源間の経済性を比較するのに適している．そのため，LCOE は様々な国や地域政府で，エネルギー政策策定の重要な情報として用いられてきた．国際機関においてもエネルギー市場の動静を把握し，今後の展望を示すために，LCOE による評価を行っている．その他，民間の研究機関・企業などによる LCOE の研究も多数ある．

●**LCOE の課題**　LCOE は，電源の経済性評価で幅広く用いられているものの，その評価を絶対視するのは危険である．第1に，LCOE はモデルプラントと呼ばれる1つの仮想的な発電所を想定しており，現実とは乖離する可能性がある．例えば，火力発電の燃料費は，国際的な市場価格，為替によって大きく変化する．また，設備利用率は，電源そのものの技術的要因や市場要因によって大きく変わり得る．特に，市場要因による変化については事前に想定することが困難である．原子力発電には，廃炉費用や放射性廃棄物処分費といった不確実性の高い費用項目が含まれている．第2に，LCOE の計算で用いられる割引率は，「特定の市場リスクや技術的なリスクがない状態における投資家の資本に対する利益を反映している」（NEA/IEA, 2010）．しかし，投資家や金融機関からの資金調達は，実際の市場リスクと技術的なリスクを加味したものになる．費用面で不確実性が高い電源はリスクが大きいとみなされ，リスクプレミアムが上乗せされる可能性があ

る．原子力発電の場合，廃炉費用の見通し，放射性廃棄物の処分費用，事故リスク対策費用など技術的な不確実性が高い．これらをふまえると，国の支援や保証が何もなければ，原子力発電への投資はリスクが高いものとみなされ，資金調達コストが高くなる可能性がある．

●**実績ベースの評価**　LCOE のようなモデルプラントを想定するやり方ではなく，発電事業を行う電力会社が実際に計上した原価（発電原価）を集計し，それを発電量で割ることで発電単価を計算する方式である．この方法の特徴は，会社ベースおよび電源全体の実績発電単価が算出できる点である．他方で，個別の発電所の事情は反映されないので，減価償却が終わっているより古い発電所が多い場合，当該電源は安く評価され，新規の設備が多い電源は高く評価されるという問題点がある．大島（2010）に代表されるように，原子力発電の経済性の実際について評価するために用いられる傾向にある．

●**発電の社会的費用**　電源の経済性評価の部分で重要性を増しているのが社会的費用の評価である．一義的には社会的費用は，ある経済主体が他の主体に対して補償なしに与えた厚生の損失のことを指す．発電の社会的費用の範囲は非常に幅広い．例えば，マーカンジャ他（Markandya et al., 2010）は，化石燃料の燃焼に伴う大気汚染物質，重金属，温室効果ガスなどの排出，および原子力発電のための燃料採掘・精製といった通常時における放射線への曝露などの影響を発電の社会的費用として取り上げ，評価の対象としている．アメリカ政府省庁間では CO_2 の排出に絞った社会的費用の分析を行っている（IWGSCC, 2010）．日本では，福島第一原子力発電所事故を受けて，過酷事故に伴う社会的費用を発電コストとして算入している（コスト等検証委員会，2011；発電コスト検証ワーキンググループ，2015）．しばしば，炭素価格という指標が用いられることがある．これはある一定の CO_2 排出量を削減するためにかかる限界削減費用を意味する．限界削減費用の推定は，技術の変化や資源の希少性など多様な要因によって変化するものであり，社会的費用とは異なる．他方で，排出量取引制度の中で，明示的な価格が得られることから，社会的費用の代替値として用いられることがある．例えば，NEA/IEA（2010）では，気候変動の社会的費用について，EU の排出権価格を参考に 30 ドル $/CO_2$ t の炭素価格を置いている．第 3 に，LCOE は，発電所単位の発電コストでしかなく，電力システム全体のコストが評価されない．電力システム全体のコストには，各電源の運転特性，需要特性，送配電システムの状況等が影響を与える．　　　　　　　　　　　　　　　　　　　　　［木村啓二・大島堅一］

📖 **参考文献**

・大島堅一（2010）『再生可能エネルギーの政治経済学―エネルギー政策のグリーン改革に向けて』東洋経済新報社．
・植田和弘他（2011）「発電コストからエネルギー政策を考える」植田和弘・梶山恵司編著『国民のためのエネルギー原論』日本経済新聞出版社．

原子力発電所事故と
「ふるさとの喪失」被害

　2011年3月に起きた東京電力福島第一原子力発電所事故（以下，福島事故）により，広範囲に放射性物質が飛散し，周辺の地域社会はきわめて深刻な社会経済的被害を受けた．避難者数はピーク時に16万人を超え，9つの町村が役場も含めて住民の避難を余儀なくされた．

　福島事故の被害には，財物の貨幣的価値の損失のように，金銭賠償による回復が比較的容易なものもある．しかし，原状回復が難しい要素も大きな位置を占めており，「ふるさとの喪失」はその代表的な被害類型である．

●「ふるさとの喪失」とは何か　「ふるさとの喪失」とは，地域レベルで見た場合，住民の大規模な避難により地域社会が回復困難な被害を受け，コミュニティなどの社会関係，およびそれを通じて人々が行ってきた活動の蓄積と成果が失われることである．福島事故の被災地は農村的色彩が強く，地域固有の伝統，文化，景観などが，時代の推移に応じた変化を伴いつつも継承されてきた．しかし，住民が戻れず離散していけば，コミュニティが失われ，自治体は存続の危機に直面する．また，人々が行ってきた活動の蓄積と成果も損なわれてしまう．

　地域社会が打撃を受ければ，被害が住民にも及ぶ．個々の避難者から見た「ふるさとの喪失」被害は，避難元の地域にあった生産・生活の諸条件やコミュニティを失ったことである．また，こうした個々の要素だけでなく，避難前にそれらが地域の中に一体のものとして存在していた事実が住民にとっては重要である．その一体性こそが，住民の日常生活を支えていたからである．

　地域には，人々の営みの蓄積による長期継承性と固有性をもつ要素がある．例えば代々受け継がれる土地や家屋，人々の営みや関係性が刻み込まれてきた景観，コミュニティなどは地域に固有であり，避難先で代わりのものを取得したり，再生産するのは不可能である．これは不可逆的で代替不能な絶対的損失だといえる．

●被害回復措置　「ふるさとの喪失」に対して，どのような被害回復措置が必要であろうか．一部は賠償による回復が可能であり，また，完全な原状回復はできないとしても次善的な措置が講じられるべきである．

　まず地域レベルの対策として，政府は除染やインフラ復旧を行い，避難者を元の地に戻す帰還政策を進めてきた．しかし，放射性物質を完全に取り除くことはできず，原状回復はきわめて難しい．除染によって土が剝がれ，放射性廃棄物が積み上げられるなど，逆に景観が悪化している場合もある．また，医療や教育，物流などの生活の諸条件が事故前のようには回復していないために，戻れない人も出てくる．

表1 「ふるさとの喪失」被害の回復措置［除本，2016：74 に一部加筆］

	① 地域レベルでの被害回復措置（原状回復に準ずる措置）	② 個別の被害者に対する措置	
		③ 金銭賠償で比較的容易に回復可能な被害	④ 絶対的損失に対する償い
土地・建物	除染	再取得の費用を賠償	「ふるさと喪失の慰謝料」
景 観	維持・管理	事業者の利益に反映されていた場合などに減収分を塡補	
コミュニティ	セカンドタウン，二重の住民登録，帰還政策	コミュニティの諸機能に代わる財・サービスの費用を賠償	
諸要素の一体性	除染，帰還政策など		

　地域レベルの原状回復が困難であるため，前述のとおり，個別の避難者に「ふるさとの喪失」被害が生じている．その一部は金銭による塡補が可能だが，そうすることが困難な被害も多い．この点が「ふるさとの喪失」被害の特徴である．

　完全な原状回復はできないとしても，次善的な措置を講じることはできる．例えば住まいについては，避難・移住先で住居を再取得する費用の賠償などがあげられる．しかし，それは居住スペースの回復にとどまり，自宅で元どおりの暮らしを送るのとはまったく異なることに注意すべきである．

　長期継承性，地域固有性のある要素は，金銭賠償で原状回復をすることはできない．コミュニティにおける人々の結び付きは，一度失われると回復がきわめて困難である．また「ふるさとの喪失」被害は，避難者が失った所得や財物など，個別の要素に分解して貨幣評価するやり方では全体像を捉えきれない．そうした絶対的損失に対して「ふるさと喪失の慰謝料」を賠償することが考えられる．

　以上に述べた諸措置を表1にまとめた．表1に示した地域レベルの回復措置（①）と，個人レベルの回復措置（②）は，代替関係にある．地域レベルの原状回復が可能であれば，②は不要である．ただし，前述のように地域レベルでの完全な原状回復は困難であるため，①と②はともに実施される必要がある．また②のうち，③と④は対象が異なるため，相互に補完関係にある．従って，①③④の諸措置を並行して進めることによって，被害回復を図らなければならない．

　なお，「ふるさとの喪失」被害は，避難者が原住地に帰還すればなくなるというものではない．住民が帰還しても，地域社会はすでに変質・変容しており，事故前の暮らしが完全に回復する訳ではない．従って「ふるさとの喪失」は，住民が帰還した場合の「ふるさとの変質，変容」被害を含むものとして理解される必要がある．
　　　　　　　　　　　　　　　　　　　　　　　　　　　　　　　　　　　［除本理史］

📖 参考文献
・山本薫子他（2015）『原発避難者の声を聞く―復興政策の何が問題か』岩波書店.
・除本理史（2016）『公害から福島を考える―地域の再生をめざして』岩波書店.
・除本理史・渡辺淑彦編著（2015）『原発災害はなぜ不均等な復興をもたらすのか―福島事故から「人間の復興」，地域再生へ』ミネルヴァ書房.

原子力損害賠償制度と費用負担

●**原子力損害賠償制度** 「原子力損害の賠償に関する法律」（以下，原賠法）の目的は 2 つある．すなわち，「被害者の保護」と「原子力事業の健全な発達」である（第 1 条）．2 つの目的の間に優劣はなく，同等の重みが与えられている．

原賠法の仕組みは表 1 のとおりである．原子力事業者は原子力損害について，無過失責任を負う（第 3 条）．賠償額に上限は設けられていない（無限責任）．また，責任の主体は原子力事業者に集中されており，取引関係のあるプラントメーカーなどは責任を負わない（第 4 条）．

原子力事業者は，賠償責任を担保するため損害賠償措置を講じなくてはならない．同措置には，民間の責任保険，および国との間で結ばれる補償契約がある（第 6, 7 条）．このうち後者は，天災（地震，噴火，津波）など，前者でカバーできない損害を対象とする．損害賠償措置で担保すべき額も定められているが，それを超える損害が発生する可能性もある．その場合，国は原子力事業者に対し，必要な援助を行う（第 16 条）．

他方，「異常に巨大な天災地変または社会的動乱」によって被害が発生した場合は，原子力事業者は免責される（第 3 条 1 項ただし書）．

●**責任と費用負担** 次に，福島原子力発電所事故の事例に即して，以上の仕組みがどう適用されているかを見る．損害賠償措置の額をはるかに超える損害が生じたため，原賠法第 16 条の国の援助措置が発動された．2011 年 8 月に成立した「原子力損害賠償支援機構法」（以下，支援機構法．2014 年の改正で「原子力損害賠償・廃炉等支援機構法」に改称）がそれにあたる．しかし，この措置には次のような問題点がある．

第 1 に，東京電力（以下，東電）の株主と債権者，そして国の責任が曖昧にされている．東電は原子力発電所事故を起こしたことで，実質的に債務超過に陥り，法的整理が避けられないはずであった．しかし，2011 年 5 月の関係閣僚会合で，東電の債務超過を回避することが確認され，支援機構法がつくられた．東電の株主と債権者は，法的整理に伴う減資と債権カットを免れたのである．

東電は確かに被害者に賠償を支払っているが，そのほぼ全額が原子力損害賠償・廃炉等支援機構（以下，支援機構）から交付されているため，実質的な負担はない．一方，国は賠償責任を東電だけに負わせ，その背後に退いて追及の矛先をかわしている．支援機構法第 2 条は，国の「社会的な責任」に言及するが，これは法的責任を意味しない．国は「社会的責任」をふまえて，東電の資金繰りを助けるにすぎない．支援機構法は，東電と国の責任逃れが，コインの表と裏のよ

表1　原子力損害賠償制度［原賠法，同施行令等をもとに作成］

①被害の原因	A　一般的な事故	B　天災（地震，噴火，津波），正常運転，後発損害	C　異常に巨大な天災地変，社会的動乱
②原子力事業者の責任	無過失・無限責任，責任の集中		免責
③損害賠償措置の形態	責任保険	補償契約	なし
④損害賠償措置の額	原子力施設の規模等に応じ1200億，240億，40億円		
⑤国の措置	損害賠償措置を超える損害が発生した場合，政府が必要と認めるときは，国会の議決の範囲内で原子力事業者に対し必要な援助を行う		被災者救助，被害拡大防止のため必要な措置を講ずる

うに一体化した仕組みである．

　第2に，賠償負担が国民にしわ寄せされている．国は東電の支払う賠償の元手を調達し，支援機構を通じて東電に交付する．東電が交付を受ける賠償原資は，貸付でないため返済義務がないが，同社を含む原子力事業者の負担金により，いずれ国庫に納付されることが期待されている．そのため，支援機構法は原子力事業者による「相互扶助」だというのが建前である．ただし，負担金の額は，原子力事業者の財務状況などに配慮して，年度ごとに定められることになっているため，いつまでに全額返納されるかわからない．しかも，このうち大部分を占める一般負担金は，電気料金を通じて国民に負担を転嫁することができる．

　東電の賠償には，除染や中間貯蔵施設の費用も含まれる．国がそれらの費用をいったん支出するが，法律に基づき，東電に求償するものとされているからである．しかし，2013年12月の閣議決定では，除染2.5兆円，中間貯蔵施設1.1兆円について，東電などが支払う上記負担金を事実上軽減する方針が示された．だが，除染費用は2.5兆円では収まらないため，増大する除染費用を東電賠償からはずし，国費投入をさらに拡大する動きも見られる．

●賠償指針の問題点　東電が賠償すべき損害の範囲については，原賠法に基づき，文部科学省に置かれる原子力損害賠償紛争審査会が指針を定めることができる．2011年8月に中間指針がまとめられ，2013年12月までに第1～4次追補が策定された．

　これらは賠償すべき最低限の損害を示すガイドラインであるが，東電はそれを賠償の上限のように扱っている．そのため，避難指示区域外の住民の被害に対する賠償が手薄であるなど，多くの問題が見られる．放射線被曝の健康影響に対する不安や「ふるさとの喪失」（☞「原子力発電所事故と「ふるさとの喪失」被害」）などの重大な被害も，慰謝料の対象外として取り残されている．　　　　［除本理史］

📖 参考文献
・科学技術庁原子力局監修（1991）『原子力損害賠償制度（改訂版）』通商産業研究社.
・高橋康文（2012）『解説 原子力損害賠償支援機構法—原子力損害賠償制度と政府の援助の枠組み』商事法務.
・除本理史（2013）『原発賠償を問う—曖昧な責任，翻弄される避難者』岩波書店.

原子力発電と地域社会

　東京電力福島第一原子力発電所事故（2011）の発生により，今では立地自治体の住民たちも原子力発電所（原発）のリスクをはっきりと認識しているとみられるが，原発がなくなることによる経済的な不安も決して小さくない．日本の原発立地自治体は，原発の基数，人口や財政力，近隣大都市からの距離などの点で多様であり，境遇も異なるが，地方財政上の問題については共通点も多い．

●電源三法交付金の由来と現状　日本の原発で，住民の強い反対運動もなく完成・運転にこぎ着けたものはごくわずかであり，ほとんどで激しい反対運動があった．1960年代以降，原発や核燃料関連施設が計画された33の地域では建設にいたらなかった．現存する原発は16か所である（朴，2013：20）．1970年代の初めには政府関係者の間にも，原発建設を進めるには立地自治体への経済的なメリットを大きくする必要があるとの考えが広まった．そもそも，原発が生み出した電気に対しても，電気料金は大都会にある十大電力会社の本社に払い込まれるので，売り上げや利益が地元に発生する訳ではなく，地域経済への波及効果は大きくない．

　原発それ自体が立地自治体にもたらす財政的なメリットも，当初は主に固定資産税収入に限られていた．その認識が日本独特の，「電源三法交付金」の誕生につながった．1974年に成立した「電源三法」とは，発電所などの立地を補助する資金を集めるべく電気に課税する「電源開発促進税法」，その税収を管理する「電源開発促進対策特別会計法」，その資金を電源立地対策費として立地自治体に配分する「発電用施設周辺地域整備法」の3つの法律である．この交付金制度は1980年と2003年に大幅に改正され，計画・建設・運転の各段階に対し，様々な費目の交付金が設けられた．2007年度以降，電源開発促進税の税収はエネルギー対策特別会計内の電源開発促進勘定に繰り入れられている．電源開発促進税の税収がすべて立地自治体に配られる訳ではない．2015年度予算では，同勘定の歳出総額3495億円のうち電源立地対策費は1758億円であった．

　立地自治体（市町村）にとって，原発の建設・運転そのものから得られる税収は主に固定資産税である．これは計画・建設段階（しばしば20年を超える）には税収が得られないが，ひとたび100万kW規模の大規模な原子力発電所（仮に，建設費を4000億円とする）が完成すれば，運転開始当初は30億円以上もの税収が市町村に入る．ただし，財政力が弱く地方交付税を交付されていた市町村では，固定資産税が入った結果として地方交付税が大幅に（普通は固定資産税収入の75％相当）削られるので，先述の金額がそのまま市町村財政を潤す訳ではない．

しかも，原子力発電所施設の減価償却に応じて固定資産税収は急減し，運転開始後20年を過ぎた頃には毎年2億円程度まで縮小する（朴，2013）．

先述の電源三法交付金は，この固定資産税を補完するものである．計画中・建設中でも「電源立地等（初期）対策交付金」などとして自治体（道県，市町村）には交付金が与えられるほか，運転開始後も様々な名目で交付金が与えられ，その金額は原子力発電所が古くなるほど上積みされる（経済産業省資源エネルギー庁，2011）．原子力発電所のライフサイクルで見れば，交付金の総額は固定資産税をしのぐ．交付金は当初，道路や公共施設などの建設のみに支出可能であったが，たび重なる法改正によって，今では施設維持費や保育・福祉・消防などの人件費など，一般財源のように自由に使うことができる．他方，多くの自治体が核燃料税（県税）や使用済核燃料税（主に市町村）を課しており，近年その重要性が増している．さらに電力会社が自治体に多額の寄付を行うこともある．だが，これらの収入が歳入に占める割合は固定資産税や電源三法交付金に及ばない．

固定資産税収は運転開始後に急速に小さくなり，電源三法交付金は原則として原発の運転終了後には交付されなくなる．そのため，立地自治体はその寿命延長や新規建設を希望しがちである．ただ，このような財政上の問題は，法改正によって建設・運転に対する交付金を縮減し，廃止に伴う地域財政・経済の転換のための交付金を手厚くするなどすれば，解決は困難ではない．

●**産業転換や雇用維持の問題**　地域経済の問題，すなわち産業構造の転換や雇用の維持創出の問題の方が，むしろ大きな課題である．原発が域外に商品として供給できるものはもっぱら電気であり，建設・運転に必要な高度な技術も域外の大企業によってもたらされる．そのため，原発による域内工業への波及効果は限られている．運転中の原発（1か所）には，当該事業者の正社員が300〜400人程度働き，協力会社（下請け）の人々がその2〜3倍働いている．定期点検の際には全国から労働者が訪れ，民宿やタクシーの売り上げも増える．だが，福井県の場合でさえ，原子力関連の地元企業はほとんど育っておらず，県内で競争力のある工業は原発とは無関係のものが多い（朴，2013）．

原発立地地域で著しく比重が高まるのは建設業である．ただし，その完成後の主な収入源は，原発施設の維持・管理・補修のほかは，電源三法交付金や寄付金などを用いて立地自治体が建設する各種の公共施設（大規模な多目的ホールや病院など）やインフラなどの関連工事ということになる．こうした施設は後に維持費などの形で自治体財政にマイナスの影響をもたらす．

原発の立地が，地域の過疎化や高齢化を食い止める役割を果たし得ているのかという点も，慎重な検証が必要である．子どもの数の減少が著しい立地自治体もみられる．原発の経済効果は，その危険性をめぐる政治・司法の動きに依存するところが大きく，持続可能なものとは言えない．　　　　　　　　　　　［朴　勝俊］

原子力に関する国際規制

　原子力の利用は，軍事利用および非軍事（平和）利用ともに国際規制に服する．後者に対する規制は，原子力の安全，緊急事態の対処，原子力事故の損害賠償，核不拡散と原子力セキュリティ（核物質，その他の放射性物質，その関連施設およびその輸送を含む関連活動を対象にした犯罪行為または故意の違反行為の防止，探知および対応）に関わる．多数国間または二国間条約と，数多くの国際基準（法的拘束力のない指針）がある．国際原子力機関（IAEA）に加え，経済開発協力機構（OECD）の原子力機関（NEA）や欧州原子力共同体（EURATOM）も，その作成と実施を支える．環境危険活動の文脈で，明示的にまたは解釈上，原子力を規制する条約もある．また，すべての国家に適用される国際慣習法（越境損害防止義務，越境環境危険活動に関する環境影響評価〈EIA〉の実施義務，事前通報・協議の義務，緊急事態通報の義務）も，原子力活動に及ぶ．

●原子力の安全・緊急事態の対処　第1に，原子力の安全については，まず原子力施設などに関して，IAEA採択の「原子力の安全に関する条約（CNS）」（1994）と「使用済燃料管理及び放射性廃棄物管理の安全に関する条約（JC）」（1997）がある．前者は民生用の原子力発電所（原発）を規律し，後者は，原発と研究用原子炉などに加えて管轄国の判断で再処理施設につき，使用済燃料および放射性廃棄物を扱う．両条約の主要な内容は共通し，原子力の安全に関する施設の管轄国の責任と，締約国の義務（施設の安全確保のための法令の整備と規制機関の設置，施設の立地・設計・建設・使用・廃止の各段階で安全評価およびEIAを前提とする許可制の導入，継続的な監視の確保，緊急事態計画の策定，近隣締約国の領域に対し潜在的影響を伴う計画中の原子力施設に関する当該締約国への情報提供と協議など）を含む．ただし，両条約に具体的基準はなく，各締約国が具体的な規制内容を決める．締約国が定期的に行う条約の遵守状況の報告は，ピアレビューに服する．次に，放射性廃棄物の管理について，JCに加えて海洋投棄の規制がある．「1972年の廃棄物その他の物の投棄による海洋汚染の防止に関する条約（ロンドン条約）」は，高レベル放射性廃棄物の海洋投棄を原則として認めず，さらに，その「1993年議定書」はすべての放射性廃棄物の海洋投棄を原則として禁止し，「1996年議定書」もこれを踏襲する．

　第2に，緊急事態の対処に関しては，IAEA採択の「原子力事故の早期通報に関する条約」（1986）と「原子力事故又は放射線緊急事態の場合における援助に関する条約」（同）がある．前者は，放射線の越境の影響を最小限にするため，締約国に対して，自国管轄下で発生した原子力事故の情報をただちに関係国と国

際機関に提供するよう求める．後者は，原子力事故または放射線緊急事態の影響を緩和するため，迅速な援助の提供などに関する条件や手続を定める．最後に，300以上の数のIAEAの安全基準が，非拘束的合意ながら原子力の安全に関する事項を包括的に扱う．加盟国の任意の行動指針や条約規定の任意の解釈指針，また一定の場合にはCNSおよびJCの適用で考慮しなければならない基準として，重要な役割を担う．この基準の実施状況は，「総合的規制評価サービス（IRRS）」を通じて国際的な検証に服する．

●**原子力事故の損害賠償**　3つの系統の条約として，①OECD採択の「原子力分野における第三者責任に関する条約（パリ条約）」(1960)とその改正議定書(2004, 未発効)および「ブラッセル補足条約」(1963)と改正議定書(2004, 未発効)，②IAEA採択の「原子力損害の民事責任に関するウィーン条約（ウィーン条約）」(1963)と改正議定書(1997)，③IAEA採択の「原子力損害の補完的補償に関する条約（CSC）」(同)が併存する．締約国は主に，①は西欧諸国，②はロシアを含む中東欧・中南米諸国であり，③は日本・アメリカ・アルゼンチンなど7か国である．3系統を合わせると59か国がカバーされるが，原発保有国の韓国，中国，インド，パキスタンなどを含まない．3系統の条約間で，主な規定内容（裁判管轄権の事故発生国への集中，賠償金の分配に関する国籍・住所等による差別禁止と公平な取扱いの義務，原子力事業者への責任の集中と無過失責任，最低賠償責任限度額の設定，強制保険を含む賠償措置のための資金的保証の義務など）はほぼ共通する．相違点は最低賠償措置額と免責事由などである．さらに，①と②を連結する（両条約の締約国間で相互に条約の適用範囲を他方の条約の締約国にも拡大する）ため，「ウィーン条約及びパリ条約の適用に関する共同議定書」(1988)があり，27か国が締結した．ただし，①②③の架橋について法的課題は残る．

●**課題と研究展望**　チェルノブイリ原発事故(1986)を経て，特に東京電力福島第一原発事故(2011)を契機に国際規制の厳格化と遵守確保の要請はより強くなっている．しかし原子力活動の「国家的」性格（国家のエネルギー政策の一環であり核兵器の文脈で国家の安全保障に関わる）もあり，国家主権の壁は厚く課題も多い．規制内容の厳格化，条約やIAEA安全基準の遵守確保，その検証過程の透明性確保，原発推進の新興国・途上国の能力構築，損害賠償条約への原発推進国による普遍的参加の確保などである．IAEAは「原子力安全行動計画」を採択した(2011)が，規制内容強化などを目指したCNS改正の試みは失敗し「原子力安全に関するウィーン宣言」(2015)が採択されたにとどまる．今後，以上の課題に応える研究が必要である．また，環境保全，人権保障などの視点も組み込む統合的アプローチに立つ法制度論も求めらる．さらに，福島第一原発事故の教訓から，国際規制と日本の国内対応の関係につき，先行研究（児矢野, 2013；繁田, 2013；城山・児矢野, 2013；城山, 2013；道井, 2013；日本エネルギー法制研究所, 2014等）をふまえ，実態も含む包括的な実証研究が必要だろう．　　　［児矢野マリ］

第7章
環境評価・環境経営
環境技術・環境マネジメント

　環境には市場価格が付けられていないため，その価値が無視されがちである．環境の価値を無視した生産や消費，開発行為こそが，環境問題の原因であるといえる．環境を改善することの価値や，環境が悪化することで失われる価値を把握するために，これまで様々な手法が開発され，現実にも環境政策の評価に役立てられてきた．本章の前半では，環境の経済評価手法とその理論的背景について解説し，環境政策との具体的関連性について紹介する．

　環境の価値を尊重し，自らの行動がこれに与える影響を配慮した企業経営は，ますます重要になりつつある．本章の後半では，環境経営の概念を中心として，これを促す様々な仕組みについて解説する．さらに，環境保全と経済発展を両立させる上で技術が果たす役割の重要性をふまえて，環境政策がイノベーションに与える影響や，技術変化を把握する多様な指標についても議論する．　　［竹内憲司］

［担当編集委員：竹内憲司・栗山浩一・有村俊秀］

環境の経済評価

　環境の経済評価が環境経済学における主要なテーマとして成立しているということは，社会において環境の経済価値が認められない場面が依然として多いことを示している．ここではその理由について触れながら，まず環境の経済価値について整理していきたい．

　環境の経済価値は大きく利用価値と非利用価値に分類することができる．森林を例に表1に示すように整理してみたい（栗山・庄子，2005）.

表1　利用価値と非利用価値（森林を例として）［栗山・庄子，2005］

価値の分類	具体例	市場価格との関係
【利用価値】		
直接利用価値	樹木を伐採して木材として利用する価値	木材価格
間接利用価値	森林公園でレクリエーションを楽しむ価値	旅行費用や住宅価格
オプション価値	医薬品となるかもしれない遺伝資源を保護する価値	森林の購入価格
【非利用価値】		
存在価値	森林が存在すること自体から得られる価値	ない
遺産価値	子や孫に森林という環境を残すことの価値	ない

●利用価値　直接利用価値とは，森林を木材という形で直接的に利用することで得られる価値である．間接利用価値とは，森林を直接的には利用しないが，レクリエーションを行う場所として間接的に利用することで得られる価値である．オプション価値とは，将来の利用可能性を残しておくことの価値である．利用価値は，財やサービスの取引が行われる市場における価格と何らかの関係を持っている．直接利用価値に関していえば，木材は木材価格という明確な市場価格を持っている．間接利用価値については，レクリエーションを行う場所で利用料金が求められる場合もあるし，利用料金が求められていなくても，少なくとも人々がそこに行くための旅行費用は生じている．オプション価値については，将来の利用を見越した森林の購入や保護のために費用が発生しているかもしれない．ただし，オプション価値については，市場価格との関係は希薄であり（多くの場合，市場価格との関係は存在していない），オプション価値は非利用価値に分類されることもある．

●非利用価値　非利用価値とは，利用の有無に関わらず得られる価値である．そのため受動的利用価値とも呼ばれている．存在価値とは，森林が存在すること自

体から得られる価値であり，遺贈価値は子や孫に森林という環境を残すことの価値である．これらの価値の大きな特徴は市場価格との関係が存在しないことである．非利用価値は経済活動を経由せずに我々の満足度を直接高めているので，市場価格とは関係がないのである．つまり，環境が破壊されて非利用価値が失われても，誰かの財布からお金が失われる訳でも，どこかの企業で会計上の損失が発生する訳でもない．単に人々の満足度が直接的に引き下げられるだけである．このことが，環境の経済価値が認められない場面が依然として多い大きな理由である．

●**顕示選好法と表明選好法**　環境の経済価値が認められない場面では，市場価格との関係が見える形で示されていないか，存在していない．環境の経済価値が明らかなのは，直接利用価値が関わる場面だけである．例えば，ある森林が消失した場合，得られたであろう価値は，単位あたりの木材価格に収穫が期待された量をかけることで簡単に計算される．しかし，そこで行われる森林レクリエーションの価値は，市場価格が関係していたとしてもその価値は自明ではないし，存在価値や遺贈価値は，市場価格を観察してもそこから価値を見出すことはできない．

　このような状況で適用されるのが環境評価である．環境評価は環境の経済価値を見える化するための手法である．環境評価という言葉は環境影響評価（環境アセスメント）と誤解される可能性があるので，環境経済評価と表現する方が望ましいかもしれない．環境評価では様々な方法を用いて環境の経済価値の評価を試みているが，大きくは顕示選好法と表明選好法に分類される．

　顕示選好法は主に間接利用価値を評価するための手法であり，人々の経済活動から得られるデータをもとに経済価値を評価する．提供されている環境を私的財に置き換えたときの費用で評価を行う代替法，旅行費用から評価を行うトラベルコスト法，住宅価格の上昇分から評価を行うヘドニック住宅価格法などがある．

　一方，オプション価値や非利用価値の評価には仮想評価法や選択型実験などの表明選好法が適用される．経済活動から得られるデータが存在しないので，仮想的な経済活動をシナリオとして提示し（例えば，熱帯林保護のための募金活動），その価値を支払意思額という形で人々に直接表明してもらうことになる．環境改善は図られないが支払いもない状況（現状）と環境改善は図られるものの支払いがある状況とを明確に定義し，適切な調査設定のもとで聴取された支払意思額は，環境改善によって生じた効用変化を正しく計測する尺度となるものである（栗山，1998）．ただ，非利用価値の評価額については，それを信頼できるものであるとする立場と，そうでないとする立場との間で論争があり，現時点でもそのような立場の違いが存在している．　　　　　　　　　　　　　　　　　［庄子　康］

📖 **参考文献**
・栗山浩一（1998）『環境の価値と評価手法—CVM による経済評価』北海道大学出版会．
・栗山浩一他（2013）『初心者のための環境評価入門』勁草書房．
・拓殖隆宏他編著（2011）『環境評価の最新テクニック—表明選好法・顕示選好法・実験経済学』勁草書房．

顕示選好アプローチ：
ヘドニック法

☞「環境の経済評価」p.408

　住宅や自動車など，特徴（属性）によって差別化された製品・サービスに対して，消費者はその財を「属性の束」として捉え，各属性の価値の合計から財本体の価値を決定する，と考えることができる．例えば，ある住宅について，築年数，住宅の広さ，交通アクセス，日当たり，騒音の有無といった属性ごとの価値を合計することで，その住宅自体の価値を求めることができるだろう．ヘドニック法とは，以上の想定のもとで，財本体の取引データからその財を特徴付ける属性ごとの潜在的な経済価値を評価する手法である．

●キャピタリゼーション　属性の中には，通常市場で取引されないような「環境属性」も含まれる．住宅の例では，日当たりや騒音の有無などは環境属性にあたる．このような環境属性の水準の差が，財自体の価格の差として反映されることを，キャピタリゼーション（資本化）という．ヘドニック法は，環境属性のキャピタリゼーションを前提として，環境質の変化による価格の変化からその環境属性の経済価値を推定する方法といえる．したがって，いかなる市場財にも付随しないような環境属性や，これまでに例のない環境属性の評価については，ヘドニック法を適用できない．

●ヘドニック法の理論的背景　ヘドニック法の経済理論的基礎はS.ローゼン（Rosen, 1974）によって与えられた．財を特徴付ける各属性から財の市場価格を与える関数をヘドニック価格関数という．ローゼンは，はじめにヘドニック価格関数を推定し，それをもとに消費者の各属性に対する需要構造を推定する二段階推定法を考案した．以降では，属性として環境属性Zを有する財を考える．また，価格に影響する市場要因をまとめてXと表す．このとき，ヘドニック価格関数は一般的に$P=p(Z,X)$とかける．

①消費者行動：消費者は合成財と環境属性Zを有する財を一定の所得のもとで購入し，自身の効用を最大化するように行動する．消費者の属性ベクトルをY^d，市場価格Pのもとで得られる最大の効用水準をu^*とする．u^*を維持しながら属性Zをもつ財に最大限支出できる価格を与える関数を付け値関数（逆需要関数）といい，$\theta(Z;u^*,Y^d)$で表す．市場価格Pは市場で最低限支払わなければならない財の価格であるから，最適行動をとる消費者によって，付け値と市場価格が一致したところで財の取引が行われる．

②生産者行動：生産者は環境属性Zを有する財を生産し，利潤を最大化するように行動する．Y^sを生産者の属性ベクトル，市場価格Pのもとで得られる最大の利潤水準をπ^*とする．π^*を得るために属性Zを有する財に最低限必要とする

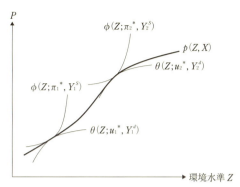

図1 ヘドニック価格関数,付け価関数,オファー関数

価格を与える関数をオファー（指し値）関数といい，$\phi(Z;\pi^*, Y^s)$ で表す．消費者の場合と同様に，最適行動をとる生産者によって，指し値と市場価格が一致したところで財の取引は行われる．

以上から，ヘドニック価格関数は付け値関数とオファー関数の包絡線となり，均衡点においてこれら3つの関数は同一の接線を共有することがわかる（図1）．

③2段階推定：ローゼンの2段階推定法では，第1段階でヘドニック価格関数 $p(Z, X)$ を推定する．その結果から，実際に取引の行われた各データについて限界価格 $q=\partial_Z p(Z, X)$ を計算し，第2段階で $q=\partial_Z \theta(Z;u^*, Y^d)$ と $q=\partial_Z \phi(Z;\pi^*, Y^s)$ を解くことで，限界付け値関数および限界オファー関数を推定する．ただし，識別可能性に関するデータの困難から，多くの実証研究では第1段階のヘドニック価格関数の推定のみ実施している．

●**近年の展開**　ヘドニック法は住宅や土地といった「立地点」によって定まるデータを用いることが多い．そこで，近年，データ間の空間的相関関係を扱う空間計量経済学や空間統計学の手法を応用し，ヘドニック価格関数の推定精度を向上させる方法が検証されている．このようなヘドニック法を空間ヘドニック法という．また，上記のような経済理論的背景を省略し，純粋に環境質が財の価格に与える「因果的効果」のみを推定の対象とする擬似実験アプローチも注目されている．具体的な例としては，環境質の時間的変化とそれに伴う財の価格変化を比較した，差分の差分法（DID）を用いた実証研究や，環境質が空間的に不連続である場合について，不連続回帰デザイン（RDD）を適用する実証研究などがあげられる．

[星野匡郎]

📖 **参考文献**
・肥田野登（1997）『環境と社会資本の経済評価―ヘドニック・アプローチの理論と実際』勁草書房．
・栗山浩一他（2013）『初心者のための環境評価入門』勁草書房．
・柘植隆宏他編著（2011）『環境評価の最新テクニック―表明選好法・顕示選好法・実験経済学』勁草書房．

顕示選好アプローチ：
トラベルコスト法

☞「環境の経済評価」p.408

　これまで環境経済学の分野では，環境の価値を金額で評価する様々な環境評価手法が開発されてきた．それらはヘドニック価格法やトラベルコスト法などの顕示選好アプローチと，仮想評価法（CVM）や選択型実験などの表明選好アプローチに大別することができる．顕示選好アプローチの代表的手法であるトラベルコスト法の歴史は古く，1947年にH.ホテリング（Hotelling）によって提示された．当時，アメリカではレクリエーション需要が増大し，それに対応して実施すべき自然公園整備便益の評価方法が模索されていた．この論点に関して，アメリカ内務省国立公園局からの質問に対してホテリングが提案した手法が，このトラベルコスト法である．この手法の概要を図1を用いて説明しよう．

　ここで，あるレクリエーション・サイト（自然公園など）へのある個人の訪問需要 x を考える．p を個人のサイトへの旅行費用（トラベルコスト），q をサイトの環境質，y を個人の所得とするとサイトへの訪問需要は旅行費用，環境質，所得に依存し，その需要曲線は図1の $x(p, q, y)$ で示される．今，このサイトの環境質を q_0 から q_1 へ改善させる事業を実施したとする．事業実施前の訪問需要曲線は $x(p, q_0, y)$ で示されているが，事業実施後は環境質改善によってサイトの魅力が高まることにより，同一旅行費用のもとでの訪問需要が大きくなる．よって訪問需要曲線は右方にシフトして図中の $x(p, q_1, y)$ となる．この場合に，図1の中に濃色で示された面積だけ，環境質改善事業実施後に消費者余剰が大きくなっていることがわかる．トラベルコスト法ではこの面積からサイト環境質を改善した価値を評価していく．

●理論的前提　トラベルコスト法によるレクリエーション・サイトの環境質変化の評価を経済学的な厚生評価と一致させるためには，いくつかの理論的な前提が

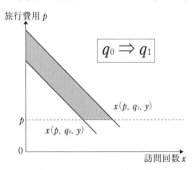

図1　トラベルコスト法の原理

必要となる．一般に厚生評価を行う際は，消費者余剰には経路依存性などの問題があるため，補償変分もしくは等価変分を用いることが望ましい．図1で示された濃色部分の面積をこれらの厚生測度とみなすためには，所得一定の条件下で効用最大化をもたらす需要量を示すマーシャルの需要曲線ではなく，効用一定の条件下で支出最小化をもたらす需要量を示すヒックスの需要曲線（補償需要曲線）を見なくてはいけない．しかし，需要の所得弾力性が小さい場合は，マーシャルの需要曲線から求まる消費者余剰でヒックスの需要曲線から導かれる補償変分，もしくは等価変分を近似できることが知られている．さらに，訪問需要曲線のシフトから補償変分もしくは等価変分の総額を正確に導き出すためには，弱補完性と呼ばれる次の2つの条件が必要である．第1の条件は，訪問需要はその需要が0となる臨界価格をもつこと，第2の条件は，訪問需要が0のとき，その訪問地の環境質の変化は効用に影響を与えないことである．ここで第1の条件では，レクリエーション・サイト訪問需要は水や食料などと異なり一定以上の価格水準では需要量が0となる非本質財であることを要求している．この条件がなければ一定の旅行費用で訪問需要が0とならないため，図1の濃色の面積自体が確定できないからである．第2の条件は個人の環境質への選好に関する情報のすべては訪問需要に含まれることを要求している．この条件により環境質変化は需要曲線のシフトでのみ評価することが可能となる．これら一連の弱補完性の理論的解説は柘植（2011：補論）に詳しい．

●トラベルコスト法の問題点　トラベルコスト法の適用は比較的容易であり，実際の訪問行動データに基づいているため信頼性も高いと考えられているが，いくつかの問題点が指摘されている．まず，旅行費用の算定が困難なことである．旅行の機会費用（時間価値）の旅行費用への適切な算入は容易ではなく，複数目的地をもつ旅行の旅行費用の取扱いも難しい（竹内，1999）．またトラベルコスト法は弱補完性の成立を前提としているが，弱補完性の第2の条件では人々は訪問しないサイトの環境質の変化は気にとめないとしている．しかし，これまで環境経済学の多くの文献では，この手法の評価対象となるレクリエーション・サイトが持つであろう「独自の景観」や「豊かな生物多様性」は非利用価値を持つことが言及されている．しかし，弱補完性の仮定はこの非利用価値の存在を否定している．そのため非利用価値を含めた評価を意図する場合はCVMなどの表明選好アプローチを適用する必要がある．

●様々なトラベルコスト法　トラベルコスト法はこれまで様々な関連手法が開発されている．図1で解説した方法以外にも，訪問費用と訪問率の関係に着目したゾーントラベルコスト法がある．また，複数のサイトを扱う手法としては，ランダム効用モデルに基づくサイト選択モデルがあり，近年では訪問回数と訪問サイト選択を同時に扱う端点解モデル（クーンタッカーモデル）が開発されている（柘植他，2011：第5章）．　　　　　　　　　　　　　　　　　　　［諏訪竜夫］

表明選好アプローチ：仮想評価法

☞「環境の経済評価」p.408

　仮想評価法（CVM）とは，実際の市場行動データではなく，アンケートなどを通じて評価対象の仮想的な変化に対する人の支払意思額（WTP）や受入補償額（WTA）を直接的に抽出することでその価値を推定する手法である．端緒としては，1963 年の R. K. デイヴィス（Davis）の博士論文が有名である．R. C. ミッチェルと R. T. カーソン（Mitchell & Carson, 1989）などで，推定される価値が変化に対するミクロ経済理論の補償変分ないし等価変分であることが整理された．

● **CVM で測定される価値**　CVM では，木材や食料といった直接利用とレクリエーションなどの間接利用とを包含する利用価値，遺伝資源やレクリエーション機会を自らが利用するためにあとにとっておくというオプション価値，将来世代に資源や機会を残すという遺贈価値，ただ存在しているだけで喜ばしいという存在価値を包含する非利用価値ないし受動的利用価値に大別される（栗山他，2000）．顕示選好法では非利用価値の推定が困難とされる一方で，CVM を含む表明選好法はこれらすべての価値を推定可能である．

● **CVM の選好抽出法**　CVM の選好抽出法は主に 4 つに分類される（栗山他，2000）．1 つ目はオープンエンド，すなわち，回答者に金額を自由に回答してもらう形式である．2 つ目は付け値ゲーム，すなわち，昇順であれば，ある価格から始めて上昇していくうちに，回答者が支払を否定する段階に達するまで続ける形式である（降順であればこの逆となる）．3 つ目は支払カード，すなわち，複数の支払金額の選択肢を提示し，どれが最も回答者の支払意思に近いかを選んでもらう形式である．4 つ目は二肢選択，すなわち，金額を提示して支払うか否かのどちらかを選んでもらう形式である．前述のデイヴィスは付け値ゲームを利用している一方で，付け値ゲームは最初に回答者に提示する金額によって回答にバイアスが発生すると知られており，支払カードや二肢選択がよく用いられる（Mitchell & Carson, 1989；栗山他，2000）．

● **スコープテスト**　実際の市場行動データを利用しがたい CVM に対しては多くの批判が寄せられてきた．1989 年のエクソン・バルディーズ号原油流出事故を契機として検討した，アメリカ海洋大気庁（NOAA）の諮問を受けて作成された報告書 *NOAA Panel Report* では，事故に対する訴訟に CVM 推定結果がどれほど有効な証拠となり得るかについて検討され，CVM の調査研究者や推奨者側がどのような立証責任を負うかが議論された．そして，信頼性の低い CVM の特徴として，①低い回答率，②環境変化の大きさ（スコープ）に回答が十分に反応しないこと（スコープ無反応性），③回答者の調査票への理解欠如，④（環境の）完

全回復シナリオに対する信頼性欠如，⑤提示額に対する賛否を尋ねたあとのフォローアップ質問がなく，賛成理由や反対理由が不明，という5点が提示された．

また，社会的望ましさによるバイアス，すなわち，インタビュアーなどの意図に回答者が配慮してしまうことも懸念された．カーソンらはディスカッションペーパーで，そのうち，スコープ無反応性の検証（スコープテスト），インタビュアーがいることによるバイアス，回答者が回答の理由を説明するフォローアップ質問に関する分析に取組んだ．スコープテストについて，プレテストやパイロットスタディを（複数回）実施するなどして丁寧に設計した二肢選択CVMのWTPは環境変化に反応していたこと，インタビュアーがいることのバイアスについて，前述の設計ではバイアスのないこと，フォローアップ質問について，前述の設計における二肢選択の回答がフォローアップ質問や個人属性に対して十分に説得的な反応を示していたことを実証した．

●抵抗回答の検討　信頼性あるCVMを実施するために，抵抗回答を同定するフォローアップ質問がよく採用される．仮想的な提示額に対する支払いを拒否した回答者に対して，なぜ拒否したのか，という理由を聞くデブリーフィングである．例えば，税や寄付金といった支払い手段に対する抵抗があげられる．また，B. S.ジョルゲンセンとG. J. サイム（Jorgensen & Syme, 2000）において，雨水汚染対策に対する否定的な態度を持つ人ほど対策に対する支払いを拒否する傾向が示された．これらの質問設計によって，支払い手段バイアスなど，各種のバイアスについての検討が可能となる．

●CVMに残された課題　CVMの手法としての信頼性をさらに向上させるためには，今後もさらなる研究蓄積が必要である．まず，評価対象の仮想的な変化を分析することから，仮想性について研究が進んでいる．仮想性から生じるバイアス（仮想バイアス）についてCVMのアンケート回答者に伝えるチープトークスクリプトや，回答者が，自身の回答が真に政策決定に影響を及ぼすと感じていることに焦点を当てた帰結性などで，仮想性に伴う課題を解消する研究がなされてきた．また，ミッチェルとカーソン（Mitchell & Carson, 1989）で詳細にレビュー・検討されたWTPとWTAの乖離の課題において，WTAの方が大きく推定されることについて十分なコンセンサスが得られておらず，実験経済学を中心として研究が進んでいる．現状では，政策の文脈上や理論上はWTAが望ましい尺度である場合でも，多くの調査研究では過大推定を避けてWTPを抽出する形式が採用されている．実際の適用例の蓄積に加えて，これらの手法上の課題についてさらに研究を進めていくことがCVMの課題である．　　　　　［大床太郎］

📖 参考文献
・栗山浩一（1998）『環境の価値と評価手法―CVMによる経済評価』北海道大学出版会．
・栗山浩一他（2013）『初心者のための環境評価入門』勁草書房．

表明選好アプローチ：
コンジョイント分析

☞「環境の経済評価」p.408

　コンジョイント分析は，アンケートを用いて人々に環境に対する選好を直接尋ねる表明選好アプローチの一種である．計量心理学，市場調査，交通研究の分野で研究が行われてきたが，1990年代に入り環境評価手法としても用いられるようになった．同じく表明選好アプローチに分類される仮想評価法（☞「表明選好アプローチ：仮想評価法」）を用いることで評価対象全体の価値を評価することができるのに対して，コンジョイント分析を用いれば評価対象を構成する各属性の価値を個別に評価することができる．例えば，サンゴ礁は多様な生物の生息・生育の場であるとともに，ダイビングや釣りなどのレクリエーションの場でもあり，さらに高波などを緩和する防波堤としての役割も果たしている．コンジョイント分析を用いればサンゴ礁のもつこれらの機能の価値を個別に評価することができる．なお，コンジョイント分析は表明選好アプローチの一種であるため，仮想評価法と同様に非利用価値も評価可能である．

●**プロファイルデザイン**　サンゴ礁の多面的な機能の価値をコンジョイント分析で評価するために，サンゴ礁に生息する生物の種数や周辺で可能なレクリエーションの種類などを属性として用いるとしよう．ここで，生物の種数であれば何種類か，レクリエーションであれば何が可能かといった各属性が取り得る具体的な内容や値のことを水準と呼び，各属性の水準の組合せとして表現される選択肢のことをプロファイルと呼ぶ．各属性の水準を組合わせてプロファイルを作成することをプロファイルデザインという．プロファイルデザインの最も基本的な方法は，直交配列に従ってプロファイルを作成する直交配列法であるが，近年はD効率性をはじめとした，より高度な方法も用いられている(Huber & Zwerina, 1996)．

●**質問形式**　コンジョイント分析には，回答者にプロファイルを1つ提示して，それがどれくらい好ましいかを回答してもらう完全プロファイル評定型，回答者にプロファイルを2つ提示して，どちらがどれくらい望ましいかを回答してもらうペアワイズ評定型，回答者に複数のプロファイルを提示して，その中から最も望ましいと思うものを1つ選択してもらう選択型実験，回答者に複数のプロファイルを提示して，それらを望ましい順に順位付けてもらう仮想ランキングなどの質問形式が存在する．このうち，環境評価の分野では，選択型実験が最も広く用いられている．選択型実験は，回答形式が市場での購買行動に近いため回答しやすいといわれている．選択型実験の質問は表1のようなものである．それぞれの代替案に望ましい点と望ましくない点があるので，回答者は属性間のトレードオフを考慮し，総合的に見て最も望ましいと思う代替案を選択する．

表1 選択型実験の質問例

質問：以下のサンゴ礁保全対策の中でどれが最も望ましいと思いますか？

	代替案1	代替案2	現 状
生息する生物の種数	200種	150種	100種
レクリエーション	釣りが可能	釣りが可能	ダイビングと釣りが可能
高波等の被害軽減	10%の被害軽減	20%の被害軽減	5%の被害軽減
負担額	1,000円	2,000円	0円

● 分析方法　選択型実験では，回答者の回答行動をランダム効用モデルのもとでの効用最大化行動としてモデル化し，そこから導かれる離散選択モデルを用いて効用関数のパラメータを推定する（☞「ランダム効用理論と離散選択モデル」）．基本モデルとして条件付きロジットモデルが用いられるが，近年は選好の多様性を把握することが可能な混合ロジットモデルや潜在クラスモデルなどのより洗練されたモデルも用いられている．なお，完全プロファイル評定型はトービットモデル，ペアワイズ評定型は順序プロビットモデル，仮想ランキングはランクロジットモデルを用いて効用関数のパラメータを推定する（栗山・庄子，2005）．

　効用関数のパラメータが推定されれば，それを用いて各属性に対する限界支払意思額を算出することができる．例えば，ランダム効用モデルにおける効用関数の確定項に線形を仮定した場合，各属性に対する限界支払意思額はそれぞれの属性のパラメータと負担額のパラメータの比に負号を付けることで求められる．このようにして各属性の価値を評価することができれば，それに基づき，プロファイルの価値を評価することができる．これにより，様々な代替案の費用便益分析が可能になる．また，選択型実験の場合には，それぞれの代替案の選択確率を計算することができるので，政策支持率や市場シェアの予測も可能である．

● 課題　コンジョイント分析はアンケートを用いるため，バイアスが発生しやすいという問題がある．アンケートの実施にあたっては，バイアスを回避する努力が求められる．また，信頼性の向上に向けてさらに研究を行う必要がある．特に，表明選好アプローチにおいては，支払いの仮想性に起因する仮想バイアスが問題となる．今後は，実験経済学の手法も援用しつつ，コンジョイント分析における仮想バイアスに関する研究を深める必要がある（☞「実験経済学と環境問題：ラボ実験」「実験経済学と環境問題：フィールド実験」）．　　　　　　［柘植隆宏］

📖 参考文献
・栗山浩一他（2013）『初心者のための環境評価入門』勁草書房.

実験経済学と環境問題：
ラボ実験

　経済学におけるラボ実験とは，理論モデルの想定している条件を満たす経済環境を実験室でつくり出し，被験者として実験に参加する学部生や大学院生が理論的な予測どおりに行動するかについて検証することを指す．従って，理論モデルには含まれていないが，被験者の行動に影響を与え得る要因を統制し，純粋に理論モデルに含まれる要因のみによって被験者が行動する環境をつくり出さなければならない．これはちょうど，物理学で物体の重力のみによる落下運動を観察するために，真空の実験環境をつくり出すことで空気の抵抗による影響をなくすことに似ている．

●価値誘発理論　ラボ実験では，被験者が分析の対象としている理論上の消費者や企業などの経済主体となり，実験室で様々な意思決定を行う．理論上の経済主体は利得を最大化し，利得は利得関数によって決まる．この利得関数は，想定している経済主体が消費者の場合は効用，企業の場合は利潤にそれぞれ相当する．一方で，被験者自身は効用関数をもち，それによって決まる効用を最大化すると仮定される．物理学における実験と異なるのは，観察対象である被験者が理論上の利得関数ではなく，効用関数に従って行動しているという点である．しかし，我々が検証したいのは理論上の利得関数をもつ経済主体の行動である．そこで，経済学のラボ実験では，被験者が利得を最大化する理論上の経済主体のように，利得の最大化を通じて効用を最大化するような実験環境をつくり出す．ここで登場するのが V.L. スミス（Smith）によって提唱された価値誘発理論である．

　スミス（Smith, 1982）は，以下の4つの条件が満たされれば，被験者が実験で獲得した利得に比例した金銭的な報酬を支払うことで，あたかも被験者が利得関数をもつ理論上の経済主体のように行動することを理論的に示した．これを選好統制と呼ぶ．選好統制の1つ目の条件は，被験者が受け取る報酬が多いほど高い効用を得るという非飽和性である．通常は自国の通貨を報酬とすることでこの条件は満たされる．2つ目の条件は，被験者が実験の利得と支払われる金銭的な報酬の間の関係について十分理解しているという感応性である．通常，ラボ実験では理論上の経済主体の獲得する利得を実験ポイントとして表し，実験ポイントの獲得数に応じて報酬を支払う．被験者が実験で獲得する利得が増えても金銭的な報酬は増えないと認識していれば，利得を最大化しようとしない．実験者は被験者に対して実験の内容をわかりやすく説明することでこの条件を満たさなければならない．3つ目の条件は，被験者の意思決定が金銭的な報酬以外の要因に左右されないほど十分な報酬が支払われるという優越性である．被験者が実験中に

利得を増やそうとした場合に，それによって得られる金銭的な報酬がもたらす効用の増加分よりも，利得関数に含まれていない何らかの要因の変化がもたらす効用の減少分の方が上回るかもしれない．利得に応じた金銭的な報酬が十分に多ければ，利得関数に含まれていない要因の変化は被験者の行動を利得の最大化から逸脱させることはないが，さもなければ被験者は利得を最大化しようとしなくなってしまう．4つ目の条件は，被験者が他の被験者の効用を考慮して行動しないように，すべての被験者は他の被験者の利得について知ることができないという情報の秘匿性である．しかし，3つ目の優越性の条件が満たされていれば，情報の秘匿性が満たされる必要はない．従って，現在では情報の秘匿性を除く3つの条件を満たせば，選好統制が達成できるとされている（フリードマン・サンダー，1999；川越，2007）．

●**内的妥当性と外的妥当性**　選好統制されたラボ実験の観測結果が繰り返し再現されれば，その観測結果から得られた仮説の真偽に対する推論は内的妥当性の高いものとなる．一方で同じような推論が，学生ではない現実社会の経済主体によって構成される経済環境に対しても一般化できるかという外的妥当性の問題が生じる．スミス（Smith, 1982）はラボ実験の観察結果が，他の条件が同じフィールドでも同様に観察されることをこの外的妥当性（スミスは類似性と呼んでいる）の条件としてあげている．学部生や大学院生は，実験に参加することの機会費用が低く，実験の説明の理解力や思考力も十分備わっていると考えられるため，ラボ実験の被験者としては適当であるといえる．しかし，そもそも理論モデルは学生ではなく現実に存在する消費者や企業などの経済主体を想定していることから，ラボ実験の観測結果から得られた推論の現実への適用可能性については十分注意しなければならない．

●**環境経済学とラボ実験**　ラボ実験の分析手法は，環境評価における支払意思額（WTP）と受入補償額（WTA）の乖離に関する研究にいち早く取り入れられた．理論的には両者の乖離は所得効果と代替効果の両方によって決まるが，仮想評価法を用いたフィールド調査では理論的予測よりも大きい乖離が観察されており，1970年代後半までのフィールド調査ではその要因を十分に解明できずにいた．1980年代以降，ラボ実験による研究の進展により，この問題に対する環境経済学者の理解が深まっただけでなく，仮想評価法の調査設計に対しても重要な示唆を与えてきた．

　ラボ実験は環境政策の制度設計にも有用である．これまで共有資源の管理や，環境税などの経済的インセンティブを用いた政策手段の比較，排出量取引市場（☞「排出量取引制度」），あるいは生物多様性保全プログラムにおけるオークション・メカニズムの制度設計など，様々な領域においてラボ実験による研究が進められてきている．　　　　　　　　　　　　　　　　　　　　　　［伊藤伸幸］

実験経済学と環境問題：
フィールド実験

☞「実験経済学と環境問題：ラボ実験」p.418

　今日，実験は経済学における主要な一分析手法として，広く認知されている．実験は，ある結果に対する原因を示す因果関係を特定することを得意とする手法である．因果関係を明らかにするには，独立変数の実験操作と他の要因を制御するランダム化が欠かせない．外的要因を制御しやすい実験室にて，比較的同質な学生を実験参加者として実施するラボ実験は，因果関係の特定に適した内的妥当性の高い実験手法といえる．一方で，利得関数などを統制した学生対象のラボ実験で明らかになったことが，実験室の外で起きる現実の問題を説明し得るのか，あるいは実際の制度設計に応用できるのかといった，実験結果の外的妥当性が問われている．

●**フィールド実験の分類**　そこで，近年は現実的な要素をラボ実験に取込むフィールド実験が経済学分野で広く用いられるようになった（List & Price, 2016）．フィールド実験は，実験における意思決定環境や被験者の種類を少しずつ関心のある実際の環境に近付けることで，現実的な要素を実験に取込み，その影響を検証することで，外的妥当性を高めようとするランダム化実験といえる．ハリソンとリスト（Harrison & List, 2004）は，被験者の種類，意思決定環境の内容，被験者が実験に参加していることを認知しているかどうかという観点から，フィールド実験を人工的フィールド実験（AFE），フレームドフィールド実験（FFE），自然フィールド実験（NFE）の3つに分類している．AFE はラボ実験のように統制された環境下であるが，被験者は実験での意思決定に実際に何らかの関係をもつ母集団から構成される．例えば，農業従事者がオークションに関する実験に参加する場合は AFE となる．取扱う財，意思決定の内容，あるいは被験者の有する情報に関して実際の環境から重要な要素を組込んだフィールド実験が FFE である．FFE では，被験者は実験として行動がモニタリングされていることを認知していることが多い．例えば，多くのランダム化比較実験は FFE に分類される（List & Price, 2016）．NFE では実験操作とランダム化が達成されているが，被験者は実験に参加していること自体を認知しておらず，通常の市場や現場での意思決定と同じように，その意思決定環境は自然なものである．例えば，内容の異なる寄付の催促を2つの集団に無作為に送付し，その寄付行動を比較する NFE では，催促を受け取った被験者は，他の種類の催促があることや自身の寄付行動が観察され比較に使われることを認識していない．

●**擬似実験と自然実験**　フィールド実験は，ラボ実験と自然発生データの溝を埋める主要な手法となりつつあるが，ラボ実験と同様にランダム化実験である．広

義の実験には条件の実験操作はなされるが，参加者が各条件に割り当てられるプロセスは無作為になされない擬似実験（QE）や，自然に生じた事象を比較グループと対比させる自然実験（NE）が含まれる．政策の効果を評価するには，政策（原因）が帰結（結果）に与えた影響，つまり因果関係を特定することが必要である．しかし，実際の政策評価においてランダム化実験を用いることは容易ではない．そこで，QE や NE データにインパクト評価手法を適用することで政策評価を行う事例が増えている．例えば，10 年前に導入された保全政策が森林減少の抑制に与えた効果を推定したいとしよう．伝統的には，政策が実施された地域と実施されなかった地域で森林減少率を比較する方法や，政策が実施される前とあとの森林減少率を比較する方法が用いられてきた．しかし，これらの評価方法では地域間の違いや時間の影響などを統制できず，政策の過大評価や過小評価につながる．つまり，事実（政策の結果，生じたこと）と反事実（実際には政策が導入された同一の地域が，仮に同時に政策が導入されなかったとしたときに生じたであろうこと）を比較していないため，政策評価に必要な因果関係の特定ができていない．この反事実は実際には観察不可能なため，その近似となる比較群を見つけることが政策評価の成功の鍵となる．Y_i を関心のある変数（結果），T_i は政策の対象となった場合に 1 を，対象外となった場合に 0 をとるとする．今，観察可能な平均効果 D は，対象となった際の結果と対象とならなかった際の結果の期待値の差として，$D = E[Y_i(1) \mid T_i=1] - E[Y_i(0) \mid T_i=0]$ と表すことができる．この式は反事実（実際には対象となった地域や人 $T_i=1$ が仮に政策の対象とならなかったとしたときの結果 $Y_i(0)$）を用いて，$D = \{E[Y_i(1) \mid T_i=1] - E[Y_i(0) \mid T_i=1]\} - \{E[Y_i(0) \mid T_i=1] - E[Y_i(0) \mid T_i=0]\} = \{ATE\} + \{\text{Selection Bias}\}$ とかき換えることができる．すなわち，観察される平均効果は，政策評価として知りたい平均トリートメント効果（ATE）と自己選択バイアスの和となる．この自己選択バイアスはランダム化が用いられないときに生じるが，このバイアスをどのように制御するのかがインパクト評価の鍵といえる．

●**複合的アプローチ** フィールド実験は，ラボ実験と比較して外的妥当性を高める一方で，被験者の母集団や意思決定環境が多様になり，かつ統制が難しくなるため，内的妥当性が低くなることが懸念される．また，実験の実施自由度が低く実施費用も高いため，信頼性の確認に不可欠な再現性を確保するのが難しいという課題がある．このように各手法には避けられないトレードオフが存在する．今後は，複数の手法を補完的に用いることが求められている． ［三谷羊平］

📖 **参考文献**
・柘植隆宏他編著（2011）『環境評価の最新テクニック―表明選好法・顕示選好法・実験経済学』勁草書房．
・依田高典他（2017）『スマートグリッド・エコノミクス―フィールド実験・行動経済学・ビッグデータが拓くエビデンス政策』有斐閣．

生態系保全の経済評価

☞「環境の経済評価」p.408
「顕示選好アプローチ：トラベル
コスト法」p.412「表明選好アプ
ローチ：仮想評価法」p.414

生態系の価値は市場経済の中で見えにくく，損なわれやすい．生態系保全を達成するには，政策やビジネスの意思決定に生態系の価値を組込む主流化が必要である．その前段階として，それらの価値を市場経済の中で可視化することが求められる．その主要な方法が，生態系保全の経済評価である．ここでは，生態系保全における経済評価の役割と意義について解説する．

●**生態系と総経済価値**　生態系が重要であるとの認識は，ほぼ世界各国において共有されており，生態系保全政策・活動が多様な形で実施されている．ところが，生態系保全政策の実施時には多額の費用がかかる反面，生態系損失をもたらす開発行為からは直接的な金銭的利益が得られる．そのため，生態系保全の価値を経済評価により可視化し，生態系保全にかかる費用とその便益を比較することが必要となる．

生態系の経済価値は，人々にとって生態系がどのような価値を生み出すかという観点から評価できる．そのため，生物多様性や生態系を生態系サービスに変換し，その価値を経済評価するというのが主要なアプローチとなる．市場取引される私的財と生態系を比較した場合，生態系が財・サービスとして特殊な点は，利用価値だけでなく存在価値などの非利用価値を有する点であろう．

生態系の総経済価値という概念は，利用価値と非利用価値を包含するものである．利用価値には，生態系から得られる木材や食料，繊維，燃料などを人々が直接消費する直接利用価値がある．また，生態系が生み出すレクリエーション価値や，大気汚染の抑制，疾病の抑制，水質浄化，防災機能などを人々が享受することは間接利用価値に相当する．

利用価値に加えて，生態系の総経済価値において重要であるのは非利用価値である．非利用価値は，生態系の直接・間接利用とは関わりなく，それらが維持保全されることに対して人々が感じる価値である．非利用価値は受動的利用価値とも呼ばれる．非利用価値の中では存在価値が典型的であり，ある特定の種や生態系が残されることに人々が満足することを意味する．遺贈価値あるいは遺産価値と呼ばれる非利用価値は，自分自身ではなく将来世代のために動植物種や生態系が保護されることに満足する価値である．

●**経済評価の役割**　生態系の利用価値と非利用価値の一部は市場取引や寄付金の対象となっており，生態系の市場価値を明らかにすることが可能である．しかしながら，多くの場合は無料で提供されており，生態系の価値が過小評価される傾向がある．それらの課題を解決するため，とりわけ 1980 年代以降，生態系保全

の価値を経済評価する学術研究が盛んになってきた．利用価値についてはトラベルコスト法などによる評価研究も多いが，非利用価値については仮想評価法などにより，個人の支払意思額を推定する評価研究が普及している．

R. コスタンザ（Costanza）らが，失われる自然環境の価値を保全することに対する意識啓発を目的として，世界の生態系サービスと自然資本の価値を経済評価した研究は著名である（Costanza et al., 1997）．コスタンザらは，17 種類の生態系サービスと 16 種類の生態系に分類し，世界の生態系サービスの経済価値を年間 16～54 兆ドル（平均 33 兆ドル）であると示した．論文公表時の全世界の国内総生産（GNP，年間 18 兆ドル）を超えたことから過大推計との批判を受けた一方，無限の価値を有する自然資本の深刻な過小評価であるとの批判も受けた．

2007 年に P. スクデフ（Sukhdev）をリーダーとして開始された生態系と生物多様性の経済学（TEEB）により，生態系保全の価値が，各国の政策やビジネスにおいて明確に位置付けられることとなった．TEEB の目的は，生物多様性の地球規模での経済便益に関心を集め，生物多様性の損失と生態系の劣化に伴い増加する費用を際立たせ，科学と経済学，政策分野からの専門的知見を引き付け，前進するための実践的な行動を可能とするための国際的イニシアティブの構築であった．TEEB の段階的アプローチにおいては，生態系などの価値の認識，証明，捕捉により，政策やビジネス意思決定時に生物多様性と生態系の価値が組込まれた社会の実現，つまり主流化が到達目標として示された．

●企業活動の外部不経済と経済評価　TEEB への貢献を目的として，1350 以上の経済評価研究を収集した生態系サービス評価データベースが構築された（de Groot et al., 2012）．供給サービス，調整サービス，生息・生育地サービス，文化的サービスが 22 の項目に分類され，多数の評価研究成果に基づき，珊瑚礁や湿地，熱帯林など 10 種類の生態系別の面積当たり限界評価額が算出された．経済評価手法としては生態系サービスへの支払い（PES）を含む直接市場価値が最も多く，回避費用や代替費用などの費用からのアプローチ，顕示選好法，表明選好法などが利用された．

こうした取組みは，企業活動がもたらす外部不経済の可視化へと展開された．2016 年には，自然資本連合が「自然資本プロトコル」を公表した．自然資本プロトコルでは，自然資本に対する企業活動の影響や依存度について，各企業が価値評価などを行うための標準化されたプロセスが示された．政策とビジネスにおける生態系価値の主流化を目的として，生態系の価値を経済評価により可視化することは，生態系の損失と劣化の費用を明らかにし，持続的な保全活動を実現するために重要な役割を果たすものである．　　　　　　　　　　　　［吉田謙太郎］

📖 参考文献
・吉田謙太郎（2013）『生物多様性と生態系サービスの経済学』昭和堂．

統計的生命の価値

　環境問題,気候変動影響,交通事故,災害,病気などによる死亡リスクの変化の経済評価に関する研究分野において,統計的生命の価値(VSL)が用いられている.ここでは,統計的生命の価値の概念を解説したあと,統計的生命の価値の計測方法および推定値について紹介する.

●統計的生命の価値(VSL)　統計的生命の価値(VSL)とは,ハミット(Hammitt, 2000)によると,ある時点における死亡率の微小な変化に対する金銭的取引と定義される.これは,ある個人の富と死亡リスクとの限界代替率として表すことができる.図1の横軸は生存確率 p(1 − 死亡率としても同値)を,縦軸は個人の富 w をそれぞれ表し,また,原点に凸の曲線は無差別曲線を表す.ある個人の富と死亡率との組合せを点Xとすれば,点Xの無差別曲

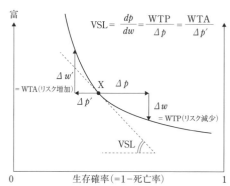

図1　統計的生命の価値の経済学的解釈
[Hammitt & Robinson, 2011をもとに作成]

線の傾き,つまり富と死亡率との限界代替率がVSLである.これは死亡率を Δp だけ下げるために最大支払ってもよい金額が Δw であることを意味する.また,VSLは死亡率の微小な変化 Δp に対して,$\Delta w/\Delta p \approx dw/dp =$ VSLと表すことができる.なお,図1ではVSLと支払意思額(WTP)および受入補償額(WTA)との関係も図示しているが,紙面の制約上,その解説は割愛し,詳細はHammitt & Robinson(2011)を参照されたい.

●VSL:数値例　VSLの意味を簡単な数値例を用いて考える.今,ある年に削減することができる死亡率 (Δp) を10万分の1,そのときに支払ってもよいと考える最大金額 (Δw) を2000円とするとき,ある個人のVSLの値は2億円となる.このVSLが2億円であることの意味は,「ある年の死亡率を10万分の1だけ減少させるために,最大2000円まで支払う意思がある」ということである.

　一方で,VSLは一定でないため,死亡リスクの変化にのみ適用され,何らかの死を避けるために2億円支払うことや,2億円と引換えに何らかの死を受け入れるということを意味しているのではないことに注意が必要である(Hammitt, 2000).

表1 日本における統計的生命の価値の推定値

死亡リスク	分析手法	VSL 推定値
交通事故	CVM	1.03～14 億円
	スタンダード・ギャンブル法	1.5 億円
	賃金リスク法	7.9～9.9 億円
水　質	CVM	22.4～35.5 億円
大気汚染	CVM	1.4 億円 /3.14～4.59 百万ドル
熱中症	CVM	0.902～1.055 億円
水難事故	CVM	0.54～0.97 億円
労働災害	賃金リスク法	8.2～81.2 億円

［陳玲他，2011 を参考に作成］

● VSL の推定方法　栗山他（2007）は，実証研究において VSL の値は WTP をリスク削減幅で割ったもので代用することが一般的であることを述べている．また，表1 からもわかるように，VSL を推定する場合，多くの研究で仮想評価法（CVM ☞「表明選好アプローチ：仮想評価法」）が用いられている．しかし，CVM による推定の場合，基本的にアンケート調査票で示したリスク削減幅の値に対応する VSL しか推定することができない．そのため，提示するリスク削減幅に依存しない VSL の推定方法が期待され，現在その開発が進められている．

● 既存研究における VSL の推定値　ボードマン他（Boardman et al., 2006）は VSL を計測した代表的ないくつかの研究について言及し，VSL の推定値を整理している．多くの研究によって推定された VSL の値はそれぞれ大きく異なるものの，これらの既存研究の結果からアメリカにおける VSL の推定値を 4 百万ドル（1 ドル 100 円とすれば 4 億円）と結論付けている．一方，日本における VSL 推定に関する既存研究に関しては，陳玲他（2011）が整理している．ここでは 19 研究（交通事故 11 件，病気［水質・大気汚染・熱中症］が 5 件，その他［水難事故・労働災害］が 3 件）を対象とし，VSL の推定値は 0.5 億円（最小値）から 81.2 億円（最大値）である（表1）．ボードマン他（Boardman et al., 2006）の結果と同様に，日本での VSL の推定値の幅は大きいものの，内閣府によって推定された交通事故の死亡リスクに対する VSL の値（2 億 2607 万円）が，現在（2017 年 7 月）の日本における統計的生命の価値の基準値となっている．

［中嶌一憲］

📖 参考文献

・ボードマン, A. E, 著，岸本光永監訳，出口亨他訳（2004）『費用便益分析—公共プロジェクトの評価手法の理論と実践』ピアソン・エデュケーション．

環境経営

☞「環境マネジメントシステム
（EMS）」p.438

　「環境経営」は日本では一般的に使用されている用語であるが，日本で生まれた言葉で，適切な英語訳が存在しない．例えば，環境経営を文字どおり"environmental management"と英訳して，それを日本語に戻すと，「環境マネジメント」か「環境管理」となってしまうであろう．これらの言葉は一般に，事業所などで環境負荷を低減するための手法を意味し，ISO14001が規定するenvironmental management systemなどがその代表的なものである．

　環境経営は，このような環境マネジメントのような手法も含む，より広義の概念である．企業が環境対応の経営を行うことを，環境経営と呼ぶ慣習が広まり，定着するようになった．しかし，環境経営と呼称するからには，環境マネジメントや環境管理を超える定義が必要になる．そこでここでは，環境経営を「企業経営の隅々にまで環境の意識を浸透させた経営」として，その内容を解説したい．その場合，重要な構成要素は「企業の環境理念」と「環境経営を実行するマネジメント技術」である．

●企業の環境理念　環境経営の基本は，企業の環境理念である．環境理念は，企業が環境保全に対してどのような姿勢で取組むのかを示すものである．法律で要求されている訳ではないが，環境憲章や環境綱領などの名前で呼ばれる場合もある．ISO 14001（☞「環境マネジメントシステム（EMS）」）では，環境マネジメントシステムの構築にあたって，「環境方針」の策定を求めているが，環境理念はこれらの上位にある，より一般的で包括的なものである．

　環境経営を標榜する企業は，どの企業も立派な環境理念を策定している．環境理念が重要なのは，企業が判断に迷ったときに，その理念に立ち戻って行動する指針になり得るためである．逆に，企業にとって行動の指針とならない理念は絵に描いた餅のようなもので役に立たない．では，どうしたら環境理念が有効に機能するのであろうか．そのためには，経営トップの理解と指導が不可欠である．企業は，経営者をトップとする階層型組織だから，トップの判断が何より重要である．したがって，経営トップが環境理念をないがしろにするような企業では，環境経営を実行することはできないであろう．逆に，経営トップが変わっても，変わらぬ環境理念に従って行動できる企業が，環境経営実践企業の名にふさわしい．

●環境経営を実行するマネジメント技術　しかし，いくら立派な環境経営理念があっても，また経営トップが環境保全に理解があっても，環境対応するための手段がなければ，環境経営を実行することはできない．そのために過去20年以上

にわたって，環境経営のための多くの技術が開発されてきた．

　その中心は，1996年に発行された「ISO 14001環境マネジメントシステム規格」である．ISO 14001は，環境負荷を削減するためにPDCAサイクルを回すシステムである．さらに，国際標準化機構（ISO）では，環境マネジメントシステム規格以外にも，様々な環境マネジメントのための技術を開発している．環境影響を測定するためのライフサイクルアセスメント（LCA），環境に配慮した製品設計を支援するエコデザイン，二酸化炭素（CO_2）の測定手法，エネルギー管理の手法，廃棄物削減のためのマテリアルフローコスト会計，製品の環境影響を示す環境ラベルなど，ISOの中だけでも非常に多くの規格が開発されている．

　さらに，環境経営を実現するためには，企業外部への情報開示が不可欠であるが，それについては，グローバル・レポーティング・イニシアチブ（GRI）の「サステナビリティ報告スタンダード」などの国際的な指針がある．GRIスタンダードは法的拘束力がないものの，多国籍企業を中心にすでに企業にとっての環境情報開示のデファクトスタンダードとなっている．企業は，サステナビリティ報告書などを通じて，環境経営の状況を社会に報告することで，多くのステークホルダーからの理解を得る必要がある．

●**環境と経済の連携**　環境経営を進めるにあたって，最も重要で，しかも最も難しいことは，企業の中での環境と経済の連携である．企業はいうまでもなく利益を追求する営利組織であるが，環境保全のための対応はコストを発生させることが多いので，利益追求目的と対立する場合が多い．法律に規定されている範囲であれば，企業はコストの多寡に関わらず対応しなければならないが，環境経営の多くの活動は企業の自主的な行動でもある．環境マネジメントシステムの構築も，サステナビリティ報告書や環境報告書の発行も，法律で要請されている訳ではない．

　したがって，企業は経営の枠内で環境と経済を連携させる必要がある．その1つの手法が，環境管理会計（☞「環境会計」）と呼ばれる技術で，環境コストを測定してそれを削減することで，環境と経済の連携を目指すことができる．しかし，コスト削減だけでは企業にとって十分ではない．環境対応を実施することで，売り上げが増加したり，社会的な評価が高まって資金調達力が増したり，優秀な人材が雇用できるようになることが望ましい．ただし，そのようになるためには市場を含めた社会全体の設計から考える必要がある．　　　　　　　［國部克彦］

📖 **参考文献**
・植田和弘他（2010）『環境経営イノベーションの理論と実践』中央経済社．
・國部克彦他（2012）『環境経営・会計（第二版）』有斐閣．
・鷲田豊明・青柳みどり編（2015）『環境を担う人と組織』シリーズ環境政策の新地平8，岩波書店．

環境会計

☞「環境経営」p.426

　今日，企業は様々な対策を実施して資源を節約したり，環境負荷物質の排出を削減したりする必要に迫られている．このため，どのような環境対策がどれほど実施されるべきかを判断する際に貨幣単位の情報が有用である．すなわち，環境対策にコストを費やすことで，資源利用や環境負荷物質の排出をどれほど削減できるのか，企業の利益にどのような影響があるのかが把握できれば，企業における意思決定に役立つ可能性がある．また，企業内部に留まらず，企業外部のステークホルダー（☞「企業の社会的責任（CSR）」）もこの情報に関心をもつ可能性がある．こうした背景をふまえ，環境と会計が融合した環境会計が開発された．環境会計は，企業内部における意思決定に利用される環境管理会計と，企業外部への情報公開に用いられる外部環境会計に大別される．企業の環境取組みが促進されるためには，その取組みが市場において評価されることが必要であるため，情報が広く社会に公開される必要がある．情報公開の手段はいくつかあるが，環境報告書はその手段のうちの1つであり，外部環境会計は環境報告書の中で開示されることが多い．

●**環境報告書**　企業による生産活動は環境に影響を与える．環境は公共財であるため，その影響はその企業と直接に取引を行っているかどうかに関わらず多くの人達に及ぶ．このため企業は，資源の利用や環境負荷物質の排出状況について社会に対し説明する責任がある．これを環境アカウンタビリティと呼ぶ．この責任を果たすためには企業による環境情報開示が必要であり，そのための媒体として普及してきたのが環境報告書である（なお，近年では社会・環境報告書，CSR〈企業の社会的責任〉報告書などの一部として環境報告が行われるケースが増加している）．環境報告書に記載することが望まれる内容を記したガイドラインには環境省の『環境報告ガイドライン2012年版』やグローバル・レポーティング・イニシアチブ（GRI）の『G4サステナビリティ・レポーティング・ガイドライン』（2014）がある．ただし，環境報告書の作成は法的に義務付けられている訳ではないので，その内容は各企業の特徴をふまえた柔軟なものとなり得るという利点がある一方で，記載内容や環境負荷の算定方法などが企業間で統一されておらず，比較を行いにくい．また，信頼性をどう確保するかという課題がある．記載されている情報が間違っていたり，重要な情報が記載されていなかったりする場合には誤解を招く．これらの課題への対応として，監査法人などが審査を実施し，結果を環境報告書に掲載するなどの方法がとられる場合がある．

●**外部環境会計**　環境省の『環境会計ガイドライン2005年版』は，環境会計は

企業の財務パフォーマンスに関する「環境保全コスト」と「環境保全対策に伴う経済効果」，および，環境パフォーマンスに関する「環境保全効果」の3つから構成されるとしている．さらに環境保全コストは環境保全目的で投下された投資額および費用額であり，貨幣単位で測定するとしている．環境保全効果は環境取組みの効果を表し，原則として前期の環境負荷量と当期の環境負荷量の差として物量単位（例えば$t\text{-}CO_2$）で測定するとしている．また環境保全対策に伴う経済効果は，環境保全対策が企業の利益に貢献した効果であり，貨幣単位で測定され，確実な根拠に基づいて算定される実質的効果（例えば，使用済み製品をリサイクルするために売却することで得られる収益）と仮定的な計算に基づいて推計される推定的効果（例えば，環境対策を実施することで回避できた損害賠償費用）に分類されるとしている．環境保全コストの大きさと比較するにあたっては，実質的効果はわかりやすいものの環境取組みの効果を限定的にしか捉えていないため，推定的効果も考慮することが望ましいが，これらは算定の仮定が変わると数字も変動する．このため，仮定も含めた算定方法を公開することが望ましい．環境省『環境会計ガイドライン2005年版』は法的な強制力をもたないため，上述のコストおよび効果の算定方法が企業間で統一されていない．このため，数字を企業間で比較する際には注意が必要である．また，上述のコストと効果は企業規模や業種および過去の環境取組みなどにも影響されるため，特定時点における数値の大きさのみをもってその企業の環境対策を評価することは困難であることにも留意する必要がある．

●環境管理会計　経済産業省による『環境管理会計手法ワークブック』（2002）では，環境管理会計として「環境配慮型設備投資決定」「環境コストマトリックス」「環境配慮型原価企画」「環境配慮型業績評価」「マテリアルフローコスト会計」「ライフサイクルコスティング」が取り上げられている．日本においては特にマテリアルフローコスト会計（☞「マテリアルフロー」）が注目されている．水口（2015：144）によると，これは「企業内部におけるモノの流れを，原材料の購入から加工，製品の出荷まで，物量数値で追跡し，さらにそれを貨幣換算することで，どこでどれだけのロスが生じているのかを把握する計算手法」とされている．物量単位だけでなく貨幣単位で可視化することで，生産プロセスを改善したり，廃棄物削減にどれほどコストをかけるべきかを判断したりするなどの意思決定に役立つ可能性がある．ただし，ロスの算定は原材料の購入など，企業が負担するコストに基づいて行われる場合がほとんどであり，環境汚染によって社会が負担するコストまでは含まれない．各手法の特徴を正しく理解したうえで情報を読み取ることが求められる．　　　　　　　　　　　　　　　　　［中野牧子］

📖 参考文献
・國部克彦他（2012）『環境経営・会計（第2版）』有斐閣.

ライフサイクルアセスメント（LCA）

　ライフサイクルアセスメント（LCA）とは，製品やサービスを対象に，その原料の採取から生産，流通，消費，廃棄にいたるまでの一連の過程（ライフサイクル）全体，またはその一部の範囲について，資源の投入量と環境への負荷量を定量化し，それらによる潜在的な環境影響を評価する手法である．ライフサイクルアセスメントは国際標準化機構（ISO）により規格化され，日本工業規格（JIS）化もなされている．ただし，LCAという語はライフサイクル分析の略語としても使われており，現実には，厳密に規格に沿ったものでなくても，製品やサービスの生涯の環境影響について考慮するライフサイクル思考に基づく分析・評価は広くLCAと呼ばれている．初期の代表的な適用対象が飲料容器であったように，工業製品を主対象として開発された手法であるが，サービスや農林水産品も対象とされ，さらに建築物や社会基盤施設など長寿命のものや，製品と社会基盤施設の組合せからなる交通システムのような対象にも適用先は広がっている．

●ISO規格によるライフサイクルアセスメント　ISOは環境マネジメントの規格としてISO 14000シリーズ（☞「環境マネジメントシステム（EMS）」）を発行してきている．ライフサイクルアセスメントに関する規格は14040番台であり，「14040：原則及び枠組み」「14041：目的及び調査範囲の設定並びにインベントリ分析」「14042：ライフサイクル影響評価」「14043：ライフサイクル解釈」の4規格から構成される．このほか，インベントリ分析，影響評価の実践例に関する技術報告書（TR）がまとめられている．これらによれば，LCAは①目的と調査範囲の設定，②ライフサイクルインベントリ分析，③ライフサイクル影響評価，④結果の解釈の4段階から構成される．

　まず，何を対象に，どのような目的でLCAを実施するのか，また，ライフサイクル全体のうち，どの範囲を対象とするのかを設定する．ライフサイクルインベントリ分析においては，設定した評価範囲を構成する工程，例えば，原料の採取，材料の生産，部品の生産，製品への組立て，これらの工程間の輸送，流通・販売，使用，修理，リサイクル，廃棄などの段階ごとに，エネルギーや資源の投入量と，環境への排出物や廃棄物の量を実地での計測や統計資料などにより定量化する．ライフサイクル影響評価においては，これらの投入物，排出物による環境への潜在的な影響を評価する．最後に，結果の解釈において，ライフサイクルインベントリ分析，ライフサイクル影響評価の結果を，最初に設定した目的に沿ってまとめ，適宜，改善のための提案などをまとめる．

●ライフサイクル影響評価（LCIA）　LCIAは，インベントリ分析で定量化され

た資源の投入量や環境への負荷量を，環境への影響と結び付けるフェーズである．影響を捉える断面としては，地球温暖化，オゾン層破壊，酸性化，富栄養化，大気汚染など，主に環境中での現象から区分した影響カテゴリーと，人間の健康，財産，生態系など，これらの環境変化の影響が及ぶ先との2つの断面があげられ，前者はミッドポイント，後者はエンドポイントないし保護対象と呼ばれる．

ライフサイクルインベントリ分析で定量化の対象とされる物質と，影響カテゴリーとを対応付ける過程を分類化，負荷の量とカテゴリーごとの影響の大きさを係数によって関係付ける過程を特性化と呼ぶ．例えば，温室効果ガスであるメタン1kgが，二酸化炭素25kgと等価の温室効果をもつ（「IPCC第4次評価報告書」の値）という量的関係は，地球温暖化係数（GWP）として表現されており，GWPは温室効果に関する特性化係数としてそのまま利用することができる．

ミッドポイントまたはエンドポイント単位で得られる影響を，単一の指標にまとめる過程は統合化と呼ばれる．異種の影響を何らかの重みをもとに足し合わせる統合化には，主観的な価値判断を伴いがちであるため，ISOの規格では必須要素には含まれていない．統合化の手法の1つとして，すべての影響を貨幣価値に換算する方法があり，環境経済学との関わりが深い点である．

● LCAにおける産業連関分析の利用　インベントリ分析の基本となるのは，プロセス分析法ないし積上げ法と呼ばれる方法で，生産プロセスを個々に調査し，それらのデータを「積み上げる」方法である．しかし，この方法では，調査対象とすべきプロセスが膨大な数となり，高次の間接的な投入まで調達元をたどるのは困難であることなどから，統計資料が併用される場合がある．特に，日本では約400の部門分類からなる産業連関表が利用可能であることから，LCAの研究，実践の初期から産業連関表が活用されてきた．産業連関分析の考案者である経済学者のW. レオンチェフ（Leontief）自身も，産業連関表を環境分析に応用していたことが知られている．いわゆるレオンチェフ逆行列を用いることで，最終製品の生産に必要な部品や原材料の生産額，資源の採取部門の生産額，プロセス分析法では見落とされがちなサービスの投入額などを推計し，これを利用して，間接的な環境負荷を定量化することができる．積上げ法と産業連関分析法の利点を組合わせたハイブリッド法（Suh et al., 2004）が提案されたこととあいまって，産業連関表のLCAへの応用は今日では国際的に広がっている．特に，金属鉱物などの自然資源の産出国は，LCAが盛んな先進国以外の地域であることが多く，また，基礎素材の生産も新興工業国への移転が進んでいることから，多地域国際産業連関表（MRIO）を用いたライフサイクル思考による研究（Lenzen et al., 2013）も盛んに行われている．　　　　　　　　　　　　　　　　　［森口祐一］

📖 参考文献
・伊坪徳宏他（2007）『LCA概論』産業環境管理協会.

企業経営と環境効率

☞「企業の社会的責任（CSR）」
p.434

●**環境効率**　環境効率性指標の目的は，市場経済システムのもとで経済効率性と市場外部性として現われる環境問題に対する取組みのバランスをとることである．

　環境効率性を最初に記述したのは，S. シャルテガーと A. ストラム（Schaltegger & Strum, 1989）であり，広く知られたのは，持続可能な開発のための経済人会議（BCSD，現在の WBCSD）による *Changing Course*（Schmidheiny, 1992）による．その後，1992 年のリオ・サミットにおいて事務局長を務めた M. ストロング（Strong, 1995）が，*Changing Course* を参照して「環境効率性は持続可能な開発のキーである」と述べるように，大きな期待が寄せられた．

　「ISO/DIS 14045：2012」によれば，環境効率性は製品システムのライフサイクル環境影響および関係者にとっての製品システム価値を同時に検討することができるようにする管理ツールであると定義されている．環境効率に関する文献は多数あるが，経済的指標と環境影響の指標の比をとる点は共通している（Huppes & Ishikawa, 2005a）．具体的な利用目的としては，企業内での意思決定支援から市町村，国レベルでの比較まで様々である．

●**企業経営における環境効率性**　環境問題は，経済学的視点からは市場外部性の1つの事例とみなされ，理論的にシンプルな答えは，汚染物質の排出者に限界外部費用に等しい税を課すことである．理想的な環境税が実現できるのであれば，環境効率性指標は存在意義がない．また，経済学理論で仮定されるように，企業を利潤追求のみを目的とする経済主体とみなすのであれば，環境効率性は企業の意思決定にとって有用な概念ではない．

　しかし，環境税を現実の政策として施行するうえでは様々な困難がある．1つには，社会的な意思決定として環境外部性を金銭単位で評価することが難しいことであり，排出者が多数分散しているときには排出量のモニタリングも問題である．同じ理由から，環境規制も現実の政策として最善とはいえない．現状で環境外部性の問題を政策的に解決できていないことが環境効率性指標を必要とする根本的な理由である．

　現実に存在する企業の多くが実施している企業の社会的責任（CSR）活動は少なくとも短期の利潤追求とはトレードオフの関係である．CSR 活動をブランド価値，将来リスクの回避などと結び付けて長期的利潤追求の手段として説明・理解することも可能であるが，これらの効果を金銭単位で評価する手法は標準化されておらず，現実の企業経営の現場で，どの CSR 活動にどの程度の資源を投入すべきかという問題は経営判断の問題となる．環境効率は，この経営判断を容易

かつ首尾一貫したものとするための支援ツールと理解できる.

　環境外部性の評価，CSR活動の評価に共通する課題は，市場が存在しない場合の価値の評価が難しいことである．環境効率性においては，環境影響の指標として様々な環境問題を統合評価した指標を用いるケースもあれば，最も単純に特定の汚染物質の排出量などを用いるケースもある.

　前者の場合は，多くの手法では，環境影響を統合評価する過程で価値評価が必要となり，環境外部性の金銭単位での評価における問題と同種の困難がある．企業内の意思決定に用いるケースは，個別企業として独自の環境影響の統合評価方式を採用することが，大きな戦略判断となり，リスクを伴う．環境問題が社会全体としての問題であることから，最終的には社会全体としての環境影響の統合評価と一致することが望ましいが，実現するとは限らない．また，多様な環境影響を単一指標に統合する過程は高度に複雑な過程であり，専門家以外にとってはブラックボックスとなり，透明性に欠けるものとなる．このため，企業内また外部とのコミュニケーションにおいて説得力に限界がある．最大削減費用法（Oka et al., 2007：41-78）を用いれば，客観的な情報から，統合的な環境に対する指標を得ることができ，企業・社会における意思決定に利用することが可能であるが，広く使われるにはいたっていない.

　個別の汚染物質排出量を用いる場合は，汚染物質排出量そのものは外部性そのものではないので，結果の解釈，用途に限界がある．しかし，客観的なデータのみから計測できるという意味で環境影響の統合評価指標を用いる場合の問題は回避することができ，透明性も高く，コミュニケーションツールとしてわかりやすいという意味でメリットがある．ただし，企業内で，個別汚染物質レベルで目標をもつ必要がある.

　企業内で統合的な環境影響指標を開発するか，個別汚染物質レベルの目標を設定するかは，当該企業の経営判断である．いずれにしても，CSR活動を利潤追求目的と合理的にバランスをとるためには必要なプロセスであり，選択肢と整合的な環境効率性指標は経営を透明化し，企業内外におけるコミュニケーションを容易にするという意味で，環境効率性は有効な指標として利用できる.

　また，企業経営のみならず，社会全体を見たときにも，経済的影響と環境影響のバランスは重要であり，企業経営のケースと同様に必要とされる（Huppes & Ishikawa, 2005b）.

［石川雅紀］

📖 **参考文献**

・シュミット＝ブレーク, F. 著, 佐々木健訳（1997），『ファクター10―エコ効率革命を実現する』シュプリンガー・フェアクラーク東京.

・ワイツゼッカー, E. U. 他著, 佐々木健訳（1998）『ファクター4―豊かさを2倍に，資源消費を半分に』省エネルギーセンター.

企業の社会的責任（CSR）

☞「企業経営と環境効率」p.432

　現実の世界で，企業は経済活動の主要な担い手であり，気候変動や森林破壊など，環境問題の多くは企業の行動に由来する．企業は利益を追求する組織だが，利益を生むための企業の行動には幅広い選択肢がある．実際にどのような地域で，どのような方法で資源を採掘・開発するか，生産過程でどのような配慮をするか，どのような製品を市場に供給するかといったことが，環境への影響を大きく左右する．ここに，企業の社会的責任（CSR）を問題にする意味がある．

● CSR の本質　CSR をめぐる議論の歴史は長く，1960 年代には，公害問題や欠陥製品問題を背景に大企業への批判として社会的責任が問われた．これに対して経済学者の M. フリードマン（Friedman）は，自由主義経済における企業の責任はゲームのルールの枠内で利益を最大化することだけであり，法規制以上に環境や社会に配慮した行動をすべきでないと主張した．企業は株主のものであり，経営者は株主の代理人にすぎないのだから，何が社会にとって利益なのかを経営者が勝手に判断することは許されない．つまり法規制を超えた規範的な価値判断は個人に帰属するものであって，法人である企業には行えないというのである．

　これに対して企業も社会の一員である以上，単に違法でなければよいのではなく，社会が共有する規範を守り，社会の共通の課題に取組み，社会から期待される役割を果たすことが求められるとの考え方もある．例えば，基本的人権の保護や地球温暖化の防止は世界の人々が合意した規範であるから，細部にわたる法規制がなくても，配慮して行動すべきだというのである．

　企業がそのような社会的存在であることを基礎付ける理論の 1 つにステークホルダー理論がある．企業は株主からの出資だけで成り立つ訳ではなく，従業員，顧客，取引先，地域住民，債権者，政府・自治体など，多様なステークホルダーの参加によって成り立つ一種の社会システムである．したがって，これら多様なステークホルダーの支持がなければ企業は長期的には存続できない．ここに CSR の根拠を求めることができる．

● CSR の具体的な内容　それでは，CSR とは具体的には何をすることだろうか．以前は，寄付やメセナ（芸術支援活動），従業員によるボランティアなどの社会貢献のことだと思われたり，企業の不祥事が続いた時期にはコンプライアンス（法令遵守）を社会的責任と捉えたりすることもあった．しかし，それらは社会的責任の一部ではあっても，中心ではない．今日では CSR の中心は，例えば，事業活動における温室効果ガスの排出の削減や自然資源の保護など，本業と直接関わる側面での環境や社会への配慮だと考えられている．

これに関連して「CSRとは本業そのもの」という言い方がよくなされるが，単に「事業とは社会的ニーズに応えるものなので本業をきちんと行っていればよい」という意味ではないので，注意が必要である．あくまで本業がもたらす環境や社会への影響に配慮し，本業を通じて環境や社会の課題の解決に貢献することが求められている．

1999年に，当時の国連事務総長 K. A. アナン（Annan）が「グローバル・コンパクト」と題した企業の責任に関する10原則を提唱した．2017年7月時点で世界170か国の1万2000以上の組織が署名しており，CSRのガイドラインとして受け入れられている．また，国際標準化機構（ISO）は2010年に組織の責任に関する国際規格として「ISO 26000」を公表した．その中では，社会的責任の内容を7つの中核主題にまとめている（図1）．法的な強制力はないが，マルチステークホルダー・プロセスを経て策定されたものであり，社会的責任の規範として理解されている．

1.	組織統治
2.	人権
3.	労働慣行
4.	環境
5.	公正な事業慣行
6.	消費者課題
7.	コミュニティの発展

図1　ISO 26000の7つの中核主題

企業の利益追求活動との関係については，①利益追求の前提となる規範であり，制約条件と考える立場，②責任を果たさなければ社会的批判を受けるおそれがあることから，企業イメージなどを守るためのリスク管理と考える立場，③社会的課題の解決を通じて利益機会につながるとする立場などがある．経営学者の M. E. ポーター（Porter）は，社会的価値の創出を企業価値に結び付けることが必要だとして，CSRに代えて「共通価値の創造（CSV）」という概念を提唱している．

● CSRを推進する枠組み　法律の範囲を超えた企業の社会的責任とは，企業の自主性を前提とした概念である．そこで，自主的な取組みをいかに推進するかが課題となる．利益機会につながるとの説明は，法的強制力のない中で企業の自主的取組みを促す現実的な解決策の1つである．ただし，それだけでは企業の利益につながらない環境・社会問題は放置されることになりかねない．環境問題の本質が外部性にあるとすると，これだけでは不十分である．

そこで企業の情報開示を推進することで，実際の取組みを促進する方法が考えられる．非営利・民間の国際組織であるグローバル・レポーティング・イニシアティブ（GRI）は，2000年に環境・社会・経済の3つの側面について報告するサステナビリティ報告の最初の国際ガイドラインを公表し，2016年には国際基準に格上げした「GRIスタンダード」を公表した．これらの情報を投資判断に活用する社会的責任投資が拡大することも，CSRの推進に役立つ．　　　［水口　剛］

社会的責任投資 （SRI）

　資本主義社会では，企業は資本市場からの圧力にさらされている．この圧力が過度に短期的な利益を求めるものであった場合，長期的視点から，環境や社会の課題解決に資する研究開発や技術に投資することはしにくくなる．反対に，資金の出し手である投資家が環境や社会に配慮した行動を企業に求めるならば，企業行動はその方向に誘導される．社会的責任投資（SRI）とは，投資先の事業の環境や社会への影響を意思決定に加味した投資行動であり，市場を通じて環境問題の解決に資する可能性を秘めている．

●発展の経緯と担い手　SRI の源流には諸説あるが，直接的には 1920 年代，アメリカやイギリスのキリスト教会が自らの資産運用の際，酒，タバコ，ギャンブルに関わる企業の株式を投資先から除いたことに始まるといわれる．その後，1960 年代アメリカの公民権運動やベトナム反戦運動などの社会運動の影響を受け，1970 年代には人権問題や環境問題を題材とした株主行動が始まった．1990 年代にはヨーロッパを中心に，環境配慮に優れた企業は資源効率が高く，リスクも低いとしてそのような企業に積極的に投資するエコ・エフィシェンシー・ファンドが登場した．これらを総称して SRI という．

　2000 年頃まで，このような SRI に向かう資金量はアメリカでも市場の 1 割程度と言われた．その状況を大きく変えたのが，2006 年に国連事務総長（当時）の K. A. アナン（Annan）が公表した責任投資原則（PRI）である．

　この原則は，環境，社会，コーポレートガバナンス（英語の頭文字をとって ESG と呼ぶ）の要素を投資の分析と意思決定に組込み，株主としての行動に反映することを宣言したものである．これを機に，ヨーロッパの巨大な公的年金基金がこのような投資行動をするようになった．彼らは，かつてのキリスト教的な価値規範に根ざした SRI と区別する意味で「責任投資」と呼ぶことが多い．日本では ESG 投資とも呼ばれる．

　PRI は，賛同する機関投資家に署名を求めており，2017 年 7 月時点で署名した機関投資家の数は 1700 以上，その運用資産総額は 62 兆ドルを超える．2015 年には，世界最大の機関投資家である日本の年金積立金管理運用独立行政法人（GPIF）も署名した．その影響で日本の運用機関の間でも関心が高まっている．

●動機の多様性　なぜ，SRI ないし責任投資を行うかという動機は多様である．代表的な立場には，①ESG 要因を加味することで，市場に織り込まれていない収益機会の発見につながり，超過収益を得られる，②事業環境の変化や規制強化，社会的批判などのリスクの回避につながる，③教会や大学のファンドで，母体と

なる組織の価値規範に反する事業から利益を得ることを避ける，④ESGに配慮することを社会に対する影響力の大きい機関投資家の社会的責任と考える，などがある．また，⑤ユニバーサル・オーナーにとってはESGを考慮することがポートフォリオ全体の長期的な利益を守ることにつながる，との立場もある．ユニバーサル・オーナーとは，資金規模が大きく，市場の大多数の銘柄に広く分散投資するような投資家を指す．この場合，ポートフォリオ全体の投資成果は経済全体の動向に左右される．そのため，例えば，平均気温の上昇を2℃未満に抑えるなど，経済活動の基盤となる環境や社会の安定に配慮した投資をすることが合理的となるのである．

●投資パフォーマンスと方法論　ESG要因を考慮することが投資パフォーマンスにどう影響するのかは1つの論点である．この点についてクラークら（Clark et al., 2014）は，190件を超える実証分析のサーベイから，環境や社会などのサステナビリティへの取組みは企業の資本コストを下げ，株価に正の影響を与えると結論している．

　ただし，動機が多様な中で直接的な投資パフォーマンスへの影響に焦点を当てるだけでは，成果の評価として十分ではない．特にユニバーサル・オーナーの視点からは，環境や社会に与えたインパクトが重要になる．

　また，投資パフォーマンスへの影響の検証はESG要因の評価を投資先の選択に反映させるという投資方法が前提となっている．しかし，責任投資と呼ばれるようになる2006年以降，ESG要因を投資判断に組込む方法論も多様化している．

　資産運用の方法には，個別銘柄の選択的な売買によって市場平均以上の運用成績を目指すアクティブ運用と，幅広い銘柄に投資し，保有し続けることで市場平均に連動する成果を期待するパッシブ運用がある．従来の責任投資では，投資先企業のESG情報を評価してA，B，Cなどのレーティングを行い，アクティブ運用において投資先の選択に反映させる評価スクリーンが一般的だった．最近はそれ以外にも，ESGに関する総合レーティングではなく，個別のESG課題に関するリスクや機会の分析を通常の財務分析に組込むESGインテグレーション，非人道兵器の生産に関わる企業などを投資先から除外する除外スクリーン，化石燃料に関わる企業などを売却するダイベストメントなどが行われている．

　また，株主としての立場から投資先企業と対話したり，要求をしたりする行動をエンゲージメントと呼ぶ．アクティブ運用におけるエンゲージメントは，投資先との対話を通じてESG評価の確信度を高めたり，経営改善を促すことで企業価値を上げたりすることを目的とする．一方，パッシブ運用では長期的な観点から市場の平均利まわり自体を改善することが重要なので，エンゲージメントでも環境問題や社会的課題の解決を図ることでポートフォリオ全体のパフォーマンスを高めることが目的となる．　　　　　　　　　　　　　　　　　　　　［水口　剛］

環境マネジメントシステム（EMS）

☞「環境経営」p.426

　企業や自治体といった組織が，運営の中で環境負荷削減に関する方針や目標を設定し，それらを達成するために取組む自主的な活動を環境マネジメントといい，環境マネジメントを持続的に実施するために必要な体制，責任，実務，手順，プロセス，資源などの仕組みを環境マネジメントシステム（EMS）という．また，環境マネジメントの取組み状況について，監査基準を満たしているかどうかを客観的な証拠によって評価するプロセスのことを環境監査という．

● EMS の規格　EMS には組織が独自に構築するものに加えて，外部機関が策定した様々な規格が存在する．後述する「ISO 14001」が世界的に最も浸透している規格である一方で，この規格は規模の小さな組織にとって金銭的・人的な負担が重くなることから，そうした組織でも導入しやすいように工夫された，環境省による「エコアクション21」や非営利団体による「エコステージ」「KES・環境マネジメントシステム・スタンダード」といった規格も策定されている．また，海外の規格では，欧州連合（EU）の環境管理監査制度（EMAS）などがよく知られている．

● ISO 14001　1996 年に国際標準化機構（ISO）は環境マネジメントシステムの国際規格である ISO 14000 シリーズを発行した．ISO 14001 はその中の EMS の仕様規格であり，計画(plan)，実行(do)，評価（check），改善（act）の PDCA サイクルを基本とする EMS を構築するための要求事項を定めている（Nishitani, 2009）．なお，ISO 14000 シリーズには，EMS のほかにも，環境監査，環境ラベルおよび宣言，環境パフォーマンス評価，環境コミュニケーション，ライフサイクルアセスメント，温室効果ガス，マテリアルフローコスト会計，用語などを対象とした規格が存在し，日本においてはこれらの多くが JIS 規格としても発行されている．

　ISO 14001 では，組織は，トップの責任ある関与のもと PDCA サイクルに沿った環境マネジメントの仕組みづくりやその運用が要求される一方で，どういった環境目標を設定するのかや，その達成のためにどのような対策が必要なのかは各組織の判断に委ねられている．各組織が ISO 14001 に適合した EMS を構築した場合，そのことを自ら宣言する「自己適合宣言」か，外部の審査登録機関に証明してもらう「第三者認証」が可能である．なお，ISO 14000 シリーズでは ISO 14001 のみが第三者認証（審査登録制度）を採用している．第三者認証の場合，認証審査を受けて認証を取得すると 3 年間はその認証が有効となるが，少なくとも 1 年ごとの定期審査が求められる．また，認証の更新時には更新審査が必要となる．

これらの審査では，環境目標がどれだけ達成されるかではなく，PDCAサイクルがうまく機能するのかが審査され，その結果，ISO 14001に適合していると判断された場合においてのみ認証が有効となる（岩田他，2010）．このことから「ISO 14001の認証を取得した組織＝環境負荷をより削減している組織」とは必ずしもいえないことには注意が必要である．

　ISO 14001は1996年に発行されて以降，2004年および2015年に規格の改訂が行われている．2015年の改訂では，戦略的な環境管理，リーダーシップ，環境保護，環境パフォーマンス，ライフサイクルの視点，外部委託したプロセス，コミュニケーション，文書類，ISOのマネジメントシステムのための共通の枠組みといった改訂ポイントがあり，環境マネジメントと組織戦略が一体化できるように変更されている．

● EMS構築のメリット　EMSを構築することによって，組織（特に企業）は従来の事業活動を改善しつつ適切な進捗管理のもと環境負荷を削減していくことができる．事業活動に関しては，例えば，以下のような具体的なメリットが期待できる（Nishitani, 2011）．

①社会的責任の遂行：社会の環境に対する意識が高まっているなか，EMSの構築は，その組織が社会的責任を遂行することの一助となる．また，そのために社会的責任を遂行している組織としての評価を受けることができる．

②ビジネス機会の拡大：サプライヤーの環境負荷削減の取組みは，販売する原材料や部品を通して顧客企業のそうした取組みや製品に影響を及ぼす．従って，企業はEMSを構築することによって，トップのコミットメントのもと適切に環境負荷削減に取組んでいること（環境に配慮していること）を，既存の，および潜在的な顧客企業にアピールできる．その結果，ビジネス機会を拡大することが可能となる．実際に品質，価格，納期のほかにISO 14001をはじめとするEMSの構築をサプライヤーとの取引条件にしている企業も増えている．

③コストの削減：EMSを構築すると，生産体制が環境負荷削減を軸に再体系化されるため，これまでの生産体制では目に見えなかった無駄を省資源や省エネルギーを通して省くことができる．例えば，ISO 14051として規格化されているマテリアルフローコスト会計は環境と経済への潜在的な損失を同時に可視化することから，そのための有効なツールである．その結果，環境負荷削減とコスト節減の両立が可能となる．また，EMSの構築は，法令や賠償責任といった将来の潜在的な環境リスクや，それに伴うコストも低下させることができる．［西谷公孝］

📖 参考文献
・日本規格協会編（2016）『対訳ISO14001：2005（JIS Q 14001：2015）環境マネジメントの国際規格［ポケット版］』日本規格協会.
・吉田敬史（2015）『［2015年改訂対応］やさしいISO14001（JIS Q 14001）環境マネジメントシステム入門』日本規格協会.

イノベーションと環境政策

　グローバルな環境問題に直面している今，イノベーションの果たす役割にます
ます注目が集まっている．それは，問題が深刻かつ複雑なため，既存の技術やシ
ステムを活用するだけでは有効な解決の糸口を見出すことが難しいからである．
研究開発（R&D）により生み出される新技術から新しい制度やシステムまで，
様々なイノベーションを活用することが必要となってきている．また，環境保全
と経済発展の両立をどう実現させるのかという環境経済学の根幹的な問いへの答
えを探る上でも，イノベーションは鍵となる．そのため，どのようにイノベーシ
ョンを誘発し，普及させるのかという議論は重要である．

●**シュンペーターによるイノベーションの定義**　「イノベーション（innovation）」
という言葉は，オーストリアの経済学者J.A. シュンペーター（Schumpeter）に
よって経済学に紹介された．著書『経済発展の理論』（1934／初版1912）の中で，
「企業家（entrepreneur）」による「新結合（new combinations）」，すなわち，「イ
ノベーション」（後の『景気循環論』（1939）で「新結合」から書き換えられた）
を経済発展の源泉であると述べた．そして，企業家が生産活動において従来とは
異なる革新的な新方式を導入し，資本や人的資源を結合して新たな種類の経済活
動を実現する「非連続的な変化」と捉えた．そのため，シュンペーターは「新結
合（イノベーション）」の概念を，①新製品の創出・生産，②新生産方式の導入，
③新しい販売先や市場の開拓，④新しい供給源の獲得，⑤新しい組織の実現（独
占的地位の形成，またはその打破）と，きわめて広義に捉えている．

●**プロダクト・イノベーションとプロセス・イノベーション**　「プロダクト・イ
ノベーション」は，これまで存在しなかった先進的な新たな製品やサービスを生
みだすことを指す．一方，「プロセス・イノベーション」は，工場での製造工程
の改善や材料の変更など新生産方式の導入，組織改編や従業員の管理方法の改善
などを指す．

●**イノベーションの誘発と環境政策**　イノベーションと環境政策の関係は，環境
経済学の重要な研究トピックの1つとして注目されてきた．1970年代中頃から
理論研究が行われ始め，Milliman & Prince（1989）のように，各環境政策手法が
R&Dの促進に与える影響を比較する研究が行われてきた．これらの理論分析で
は，各政策手法がR&Dに与えるインセンティブ効果の大きさをR&Dによって
もたらされたイノベーションの結果として実現できる汚染排出の限界削減費用の
低下と捉える．結論としては，排出税や排出許可証取引のような経済的手法の方
が，法規制のような直接規制よりもR&Dに与えるインセンティブ効果が大きい

とされることが多い。これは，直接規制では排出基準までしか汚染の排出を抑制する必要がないのに対して，経済的手法では汚染を排出する限り税などの支払負担が生じるため，排出量を抜本的に削減するためのR&Dに取り組むインセンティブが高まるからである。

1990年代に発表されたポーター仮説（Porter, 1991）は，様々な事例をあげて，「適切にデザインされた環境規制は，イノベーションを促進し，最終的には企業の競争力を向上させる」と主張し，それ以降の研究に大きな影響をもたらした。当時，環境規制は，企業に規制を遵守するための追加的なコストを課すだけで，ポジティブな影響をもたらさないという考え方が主流だったため，そのように考える経済学者からポーター仮説は批判された。しかし，一方で，ポーター仮説を3分類に整理したJaffe & Palmer（1997）などのように，この仮説に関する研究が進み，現実に起こり得るかどうか，実証的な検証が活発に行われるようになった。それらの研究の一部では，環境規制がR&Dを誘発してイノベーションを生み出す傾向が実際に観察されており，この仮説を支持する研究が増えつつある。

2000年代半ば以降になると，環境規制の厳格さといった外生的な要因の影響だけでなく，環境マネジメントシステム（☞「環境マネジメントシステム（EMS）」），企業内部の組織構造，企業のモチベーションといった内生的な要因がイノベーションに与える影響についても注目されるようになってきた。これまでの多くの実証研究で，それらの内生的な要因がイノベーションの促進に重要な影響をもたらしていることが明らかになっている。

●イノベーションの普及と環境政策　イノベーションは，それが採用されて普及し，社会に良い影響をもたらすことで意味を持つため，普及についての検証も重要である。環境政策はイノベーションの普及においても大きな役割を果たしてきた。

Milliman & Prince（1989）などの理論研究では，新技術の採用インセンティブは，直接規制よりも経済的手法のもとで高まることが明らかになった。ただし，各政策手法のもたらす効果の優劣関係には一意的な結論は存在しない。Jaffe & Stavins（1995）などの実証研究でも，技術普及に関して直接規制の有効性は明らかにならず，環境税や技術導入に対する補助金が有効であると示された。ただ，新技術の採用インセンティブが経済的手法のもとで高まる傾向があるものの，実際は政策の種類よりも，規制の強さに大きく影響されるという指摘もある。

[井上恵美子]

📖 参考文献
・植田和弘他編（2017）『グリーン・イノベーション』環境経営イノベーション10，中央経済社．

ポーター仮説

☞「イノベーションと環境政策」
p.440

　環境規制が厳しくなることは，企業にとって短期的な費用の増加を意味すると考えてよい．それゆえ一般的には，より厳しい環境規制が企業の競争力を低下させると考えられてきた．これに対して，アメリカの経営学者 M. E. ポーター（Porter）は，1991 年に発表したエッセー（Porter, 1991）とそれに続く論文（Porter & van der Linde, 1995）の中で，「厳しい環境規制はイノベーションをうながし，一国の競争力をあげうる」と主張した．これが後に「ポーター仮説」と呼ばれることとなった．ポーターの問題提起は非常に多くの論争を巻き起こし，これに呼応した多くの理論・実証研究を呼び起こした．

●**ポーターのロジックと事例**　ポーターと C. ファンデルリンデ（Porter & van der Linde, 1995）は，適切に制度設計された環境規制が企業の競争力をあげる理由を複数あげている．例えば，環境規制は企業における資源利用の非効率性や，技術的な改善の余地を知らせるシグナルになると述べている．また，環境保全に投資することの価値を確実なものにする効果もあり得る．さらに，環境規制をきっかけとして企業のイノベーションへの動機が高まる可能性も考えられる．加えてこの論文では，グローバルな市場における先行者利得の可能性もあげられている．

　ポーターらは，その主張を裏付けるために具体的な企業の事例を複数紹介している．その中には，日本の「再生資源の利用の促進に関する法律（リサイクル法）」の施行を受け，日立製作所が洗濯機や掃除機の部品を減らす再設計を行い，原料費や組立て費用を削減したという事例が紹介されている．また，他国に比べ，いち早くリサイクルの基準を設定したドイツでは，包装の少ない製品の開発を製造業者がいち早く始めたと述べられている．

●**ポーター仮説の展開**　ポーターの仮説には拡張や修正が加えられてきた．図1は S. アンベックら（Ambec et al., 2013）が提示したポーター仮説の因果関係を表す図に筆者が加筆したものである．

　図1における①の矢印が表す因果関係を指して「弱い意味でのポーター仮説」

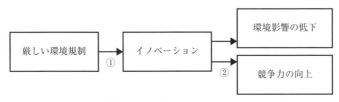

図1　ポーター仮説の概念図［Ambec et al., 2013 をもとに作成］

と呼ぶ．すなわち，環境規制が企業の競争力をあげるかはわからないが，何らかのイノベーションを起こすという仮説である．①と②の矢印を指して「強い意味でのポーター仮説」と呼ぶ．すなわち，イノベーションがもたらす収益が環境規制による費用の増加を相殺するほど大きいという仮説である．

ポーターのロジックの背後にある前提についての議論も深まっている．例えば，企業の資源利用に非効率性があるという前提がある．これは企業にとって容易に利潤を増やす余地があることを意味し，この状況は低くぶら下がっている果実の存在に例えられる．しかし，経営者が利潤をあげうる可能性を見過ごしていると考えることには疑問の余地がある．

●ポーターの論文の課題　ポーターのエッセーおよび論文には2つの課題があったといえる．第1に，理論的に頑健でなかったことがある．それゆえ，環境経済学者は，ミクロ経済学理論に裏打ちされた仮説の厳密な理論的フレームワークを構築することに取組んできた．アンベックらの論文（Ambec et al., 2013）はポーター仮説についての理論・実証研究を網羅的にレビューしたものであり，これまでの理論研究の系譜については，この論文を参照されたい．

第2に，ポーターらは一国と一企業の事例を複数積み上げるという方法で主張を裏付けようとしたが，個別の事例の列挙だけでは科学的な証拠としては弱い．ゆえに，十分なサンプル数のデータを用いた統計学・計量経済学的手法による仮説の検証が求められてきた．しかし，これは非常に難しい取組みである．なぜならば，「リサイクル法がなかった日本」といった比較対象となる反実仮想を観察することは不可能であるため，企業が競争力をあげたとしても，それが規制がなくてもそうなったのか，規制があったからそうなったのかを識別することが困難だからである．

●ポーター仮説の実証研究　このような実証の難しさがあるものの，これまでに多くの研究が仮説を検証してきた．代表例を2つ紹介する．E. バーマンとL. T. M. ビュイ（Berman & Bui, 2001）は1979〜92年のアメリカの製油所のデータを用いて，カリフォルニア州南部における大気汚染規制の影響を分析した．その結果，環境規制がなかった地域の製油所の全要素生産性が下落していた一方で，規制された地域の製油所ではほとんど変化がなかったことを発見した．これに対して，M. グリーンストーンら（Greenstone et al., 2012）は同時期のアメリカのより広範な製造業を対象として同様の分析を行った．約19万か所の工場のパネル・データ分析の結果，大気汚染規制があることで，なかった場合と比べて全要素生産性が約2.6％下落していたと推計した．

このように，検証結果は研究によって異なり，仮説を支持するものと棄却するものが混在している．今後も，ミクロ経済学理論に基づく仮説のメカニズムについての考察と，それを豊富なデータの定量分析によって実証することが求められる．

[横尾英史]

生産性指数

　経済学的視点からの生産活動の技術変化計測手法として，生産性指数が開発されてきた．ここでは技術変化の指標として用いられる全要素生産性の計測方法について，環境経済・政策学分野で適用が増加しているマルムキスト指数に着目して生産性指数を解説する．

●**全要素生産性**　生産性とは，企業などの生産を行う主体（生産主体）における投入と産出の比率によって与えられる効率性であり，投入1単位あたりの産出量が増えれば生産性は向上したと評価される．生産性については，労働投入あたりの生産量で定義される労働生産性や，資本投入あたりの生産量で定義される資本生産性，さらにはすべての投入要素と産出要素の関係によって定義される全要素生産性（TFP）がある．TFPは，産出の増加が労働や資本などの投入要素の増加で説明できない部分を反映しており，一般的に技術進歩を表す指標として経済学分野を中心に用いられている．

　今日のTFP計測手法はR. M. ソロー（Solow, 1957）とM. J. ファレル（Farrell, 1957）が基本となっている．前者はソロー残差と呼ばれ，主にマクロレベルでのTFP計測方法として確立し，後者はフロンティア効率性と呼ばれ，主に企業や事業所などのTFP計測手法として確立した．フロンティア効率性とは，最も効率的な生産主体群によって構成されるフロンティアラインとの距離を参照することによって各生産主体の効率性を評価する手法である．この手法を用いる場合には，フロンティアラインを特定する必要があり，その特定方法にはパラメトリックな手法（例えば，確率フロンティア分析〈SFA〉）と，線形計画法を応用したノンパラメトリックな手法（例えば，包括分析法〈DEA〉）に分類される．次に，フロンティア効率性を用いたTFP変化の計測手法として，代表的なマルムキスト指数について説明する．

●**マルムキスト指数**　マルムキスト指数を適用したTFP変化の計測手法はD. W. ケイブスら（Caves et al., 1982）によって提案された．伝統的な指数計測手法では各生産主体が常に効率的であると仮定する必要があるため，フロンティアラインと各生産主体の距離を非効率性として認識するフロンティア効率性の分析結果を直接的に用いることが難しい点があげられる．一方で，マルムキスト指数は各年度で得られたフロンティア効率性の幾何平均によってTFP変化を計測するアプローチであり，フロンティア効率性の概念とも整合しやすい．マルムキスト指数の特徴は，TFP変化の要因がフロンティアラインのシフトによるものなのか，非効率的な生産主体の生産効率性改善に起因するものなのかの考察が可能な点で

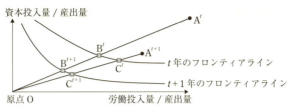

図1 マルムキスト指数によるTFP変化計測手法の概念図

ある．前者を評価する指数を技術変化指数，後者を評価する指数を効率性変化指数と呼び，マルムキスト指数によるTFP変化はこれら2つの指数の積で表される．

以下では，図1を用いてt年から$t+1$年における生産主体AのTFP変化をマルムキスト指数で計測する方法を説明する．図1では，労働と資本の投入により財の生産を行う場合を想定し，縦軸は生産量あたりの資本投入量，横軸は生産量あたりの労働投入量である．このとき，原点Oに近ければ近いほど，少ない投入量で多くの生産を達成することが可能であるため，より効率的な生産技術を有している主体であるといえる．

点Bと点Cは，生産主体Aと原点Oを結んだ線分とフロンティアラインの交点を表している．フロンティア効率性による生産主体Aのt年の生産効率性は線分の距離を用いることで$|OB^t|/|OA^t|$で計測される．このとき生産効率性は0～1の間で定義され，点Aが効率的（フロンティアライン上に位置）であれば生産効率性=1となる．ここでt年から$t+1$年にかけての技術変化指数は $\sqrt{|OB^t|/|OB^{t+1}| \times |OC^t|/|OC^{t+1}|}$ で計算され，この値が1を超えていればフロンティアラインがより効率的な方向にシフトしていることを意味する．次に生産主体Aの効率性変化指数は $(|OC^{t+1}|/|OA^{t+1}|)/(|OB^t|/|OA^t|)$ で計算され，この値が1を超えていれば生産主体Aとフロンティアラインの距離が縮まっていることを表す．マルムキスト指数によるTFP変化は，技術変化指数と効率性変化指数の積である $\sqrt{\{(|OC^t|/|OA^t|)/(|OB^t|/|OA^t|)\} \times \{(|OC^{t+1}|/|OA^{t+1}|)/(|OB^{t+1}|/|OA^{t+1}|)\}}$ で表される．同時に，この式はt年のフロンティアラインで計測した効率性変化と$t+1$年のフロンティアラインで計測した効率性変化の幾何平均として解釈できることから，フロンティアラインのシフトを考慮したTFP変化を計測していることを意味する．TFP変化の数値が1を超えていれば，生産主体AのTFPがt年から$t+1$年で改善していることを示す．

●**環境経済・政策学への適用**　生産性指数を利用した実証研究が環境経済・政策学を含めた幅広い分野で増加傾向にある．読者には資源・エネルギー・環境を考慮した生産性分析について，わかりやすく日本語でかかれた著書として馬奈木（2013）を推薦する．また，生産性指数を活用した時系列分析の実証研究については☞「時系列分析と効率性分析」を参照されたい．　　　　　　　　　　　［藤井秀道］

リバウンド効果

☞「持続可能な消費」p.454

　エネルギー効率の高い製品の開発・普及を促進し，省エネルギー（以下，省エネ）化を進めることは，地球温暖化やエネルギー資源問題などに有用な政策の1つである．一方で，経済学の観点からは，この政策の効果を弱めるリバウンド効果の発生が懸念される．ここでは，そのリバウンド効果について解説する．

●リバウンド効果　リバウンド効果は，省エネ製品への買替えにより，エネルギーサービス価格が下がり，それが追加的なエネルギーサービス需要を生み出すことで，本来，技術的に予想されたエネルギー消費削減量の一部を相殺してしまう現象のことである．例えば，20%効率の高いエアコンへの買替えを考える．この買替えにより，エアコンからの電気使用量が20%削減できると予想できる．一方で，これは電気代の削減（エネルギーサービス価格低下）予想となり，使用者にエアコンの利用を増やすインセンティブを与える（夏場の設定温度を低くしたり，使用時間を増やすなど）．この追加利用が電気使用量を増加させ，本来買替えによって予想された20%の削減量の一部を相殺してしまうのである．例として，買替えによって技術的に20%の電気使用量の削減が予想されたところ，実際には15%しか減らなかった場合，リバウンド効果の大きさは25%（＝5/20×100）となる．

●リバウンド効果の種類　リバウンド効果には，①直接リバウンド効果と②間接リバウンド効果の2種類があり，この2つを合わせたものを「経済全体のリバウンド効果」と呼ぶ．図1に各リバウンド効果と技術的予想削減量，実際の削減量の対応関係を示した．

技術的に予想されるエネルギー消費削減量	実際のエネルギー消費削減量	
	経済全体のリバウンド効果	①直接リバウンド効果
		②間接リバウンド効果

図1　リバウンド効果の種類
[Sorrell, 2007をもとに作成]

　①直接リバウンド効果は，自己価格効果とも呼ばれ，前述のエアコンの例のように，買替えによるエネルギーサービス価格低下により，買替え対象のエネルギーサービス需要が増加することで起こる．この直接リバウンド効果は，他の財と

の相対価格変化による代替効果と，節約分がもたらす所得効果に分けることができる．②間接リバウンド効果は，一般に，省エネによる節約金額分が他の財の支出（生産・消費過程でエネルギーが必要）に向かう所得効果のみを指すことが多いが，より広い定義では，省エネ化による需要構造や供給構造の変化が，エネルギー消費量へ与える影響まで含むこともある．

　リバウンド効果は，省エネ製品への買替えによる技術的なエネルギー消費削減量を相殺し，実際のエネルギー消費削減量を小さくしてしまう．このため，リバウンド効果の大きさを無視すると，省エネ政策の効果を過大評価してしまうので，事前にその大きさを把握しておくことは，省エネ政策の評価において非常に重要となる．

●リバウンド効果の推定　リバウンド効果の実証研究は，家計を対象に，直接リバウンド効果を推定したものが多く，そのほとんどが弾力性の推定値で代替される．エネルギーサービス需要を S，エネルギー需要を E，エネルギー効率性を ε とすると，$S=\varepsilon E$ の関係から，$\eta_\varepsilon(E) = \eta_\varepsilon(S) - 1$ が簡単に導かれる．左辺はエネルギー需要の効率性弾力性 $\eta_\varepsilon(E)$ で，買替えによる実際の削減量を表し，右辺第1項のエネルギーサービス需要の効率性弾力性 $\eta_\varepsilon(S)$ がリバウンド効果に対応する（第2項は技術的な予想削減量）．もしリバウンド効果が20％なら，$\eta_\varepsilon(S) = 0.2$ かつ $\eta_\varepsilon(E) = -0.8$ となり，予想削減量の20％が，リバウンドによって相殺されることになる．また，100％を超える大きさのリバウンド効果は，バックファイアー効果と呼ばれる．実際の推定では，データの制約から，効率性弾力性よりも価格弾力性で代替されることがほとんどである．直接効果の研究結果をまとめたソレルら（Sorrell et al., 2009）は，大きさにばらつきはあるものの，OECD諸国の家計部門の直接リバウンド効果は，おおよそ30％以下だとしている．

　間接リバウンド効果の実証研究は限られるが，一般に需要システムモデルを用いたものが多い．イギリスの家計を対象に直接・間接リバウンド効果を推定したチティニスとソレル（Chitnis & Sorrell, 2015）は，リバウンド効果の大部分は直接リバウンド効果によるもので，間接リバウンド効果については，資本費用の影響でそれほど大きくならないと主張している．

　これまでの結果から，直接リバウンド効果は，経済全体のリバウンド効果の良い近似になるとされている．しかし，より高い精度での推定には，これまでのような2次データを利用した弾力性の推定値ではなく，実験的・準実験的方法（ランダム化比較実験やマッチングなど）から，買替え前後で直接省エネ効果を測る研究の蓄積が期待される．

　日本の家計部門においてもリバウンド効果が確認されている（Mizobuchi, 2008）．そのため省エネ政策の効果が過大にならないよう，リバウンド効果を緩和するための方法を事前に省エネ政策に組込む必要があるだろう．　　［溝渕健一］

環境技術の移転

環境技術の移転は，1992年にブラジルで開催された国連環境開発会議（UNCED，地球サミット）以降注目されるようになった．地球サミットの主なテーマは「持続可能な開発」であり，環境の保護，および，特に発展途上国の経済発展を支えるという観点から，環境技術移転の必要性が強調された．

環境技術とは，ほかの代替可能な技術よりも環境に与える負荷が小さい技術を指すが，地球サミットで採択された行動計画「アジェンダ21」に即せば，財や設備などの物質的なものだけでなく，技術の利用に関する知識も含めた全体的なシステム，そして経営的手法なども含む包括的なものとして理解される．従って，環境技術の移転について議論する際には，人材・産業育成など，経済発展に関わる途上国の能力構築に関する観点も必要となる．

環境技術の移転経路は，市場を介するか介さないかで大きく2つに分類することができる．市場を介するものには，貿易，海外直接投資（FDI），そしてライセンスなどがある．また，市場を介さないものには，模倣，リバースエンジニアリング，そして知識をもった職員の移動などがある．

環境技術の移転には，環境問題による負の外部性，および技術開発によって生み出される知識の公共財的性質に伴う市場の失敗が存在する．環境問題による負の外部性は，環境技術に対する過少投資の要因となる．また，知識の公共財的性質には，模倣の可能性によって技術開発のインセンティブが減少するという非排除性の問題と，対価がなければ知識が十分に公開されず社会厚生が悪化するという非競合性に関する問題がある．従って，これら市場の失敗を解決するために政策的介入が必要となる．

●環境技術の移転に関する先進国と途上国の主張　先述した知識の公共財的性質に伴う市場の失敗を解決する手段として，知的財産の保護がある．ただし，知的財産の保護は非排除性の問題を解決することはできるが，非競合性の問題を完全には解決できないため，社会厚生は最大化されない．そして，この点をめぐって，特に知的財産に言及した1992年の地球サミット以降，先進国と途上国の間で意見の対立が生じている．

途上国は，知的財産の保護が技術移転の障壁となり，途上国の環境技術へのアクセスを困難にしているため，環境技術を公有とするなど，環境技術の利用に柔軟性を持たせるべきだと主張する．これに対して先進国は，知的財産の保護を弱めることは，環境技術開発や環境技術移転のインセンティブを減少させるため，持続可能な開発の実現を困難にすると主張する．

●**知的財産の保護は環境技術の移転を促進するか，阻害するか**　一般的な理論では，知的財産の保護が技術移転に与える影響は，技術へのアクセスを制限するという負の側面と，貿易，FDI，そしてライセンスのインセンティブを高めるという正の側面，両者のトレードオフによって決定される．実証研究に関しては，途上国や環境技術移転に関するデータの整備が不十分であるため，研究蓄積は少ない．事例研究などの多くは，知的財産の保護は環境技術移転の阻害要因とならない，という先進国の主張を支持する結果を得ている．

　データに関しては，近年，欧州特許庁を窓口とする世界中の特許データを集約した欧州特許庁統計特許データベース（EPO PATSTAT）が利用可能となった．特許データは，貿易，FDI，そしてライセンスの3つの移転経路に関連しており，技術移転を測る指標として適している．これは，企業が貿易，FDI，またはライセンスによって海外に進出する場合，模倣やリバースエンジニアリングなどの可能性があれば，進出先で特許を出願するインセンティブが発生するためである（OECD, 2011）．

　また，特許データを用いるメリットとして，大気汚染対策の装置でも二酸化硫黄（SO_2）を削減する装置と窒素酸化物（NOx）を削減する装置など，環境技術を細かく分類できる点がある（Popp, 2009）．特許データを用いた実証研究（Dechezleprêtre et al., 2013）は，知的財産の保護は環境技術の移転を促進する，というこれまでの事例研究を裏付ける結果を得ている．今後特許データを用いたさらなる研究蓄積が期待される．

●**環境技術の移転を促進する要因**　環境技術の移転を促進するためには，知的財産の保護以外の要因にも注目する必要がある．特に環境技術の移転の場合，環境技術の需要を高める必要があるため，環境政策が重要な役割を果たす．例えば，2010年に南アフリカで大気汚染の規制が強化された際，石炭火力発電所においてSO_2を取り除くための排煙脱硫装置の需要が増加したという経済協力開発機構（OECD）の報告もある．また，貿易政策も重要な要因であり，環境関連の財に対する輸入関税などの貿易障壁の削減によって貿易の規模が拡大し，環境技術の開発および移転が促進されることが期待される．

　そして，特に重要な要因として受入国の技術の吸収能力をあげることができる．吸収能力が低い場合，技術が移転されても十分に使用することができなかったり，新たな技術革新を生み出すような原動力がもたらされない．吸収能力が向上することで，先進国企業の途上国における特許出願数が増加したという研究もあり，吸収能力の向上は環境技術の移転の必要条件といえる．途上国の吸収能力を高めて革新的な技術を普及させるためには，共同プロジェクトなどによって知識や経験などを共有する必要があり，企業，政府，そしてNGOなど様々なステークホルダー間での協業を促進するような枠組みづくりを行うことが環境技術の移転において重要な課題といえる．　　　　　　　　　　　　　　　　　　［飯田健志］

内生的技術変化

　経済学において，経済成長（国民経済や世界経済）を考えることは1つの重要なトピックである．技術変化（技術進歩）は，その経済成長を考えるにあたって重要な要素の1つであり，経済成長モデル（動学モデル）において技術変化をどのように扱うのかについて経済学においてこれまで様々な議論がなされてきた．環境経済学においても，技術変化は非常に重要なトピックの1つである．技術変化により，一定量の生産に必要な天然資源やエネルギーなどの投入量が少なくなる（逆にいえば，同じ量の資源・エネルギーなどの投入でより多くの財が生産できるようになる）ことが期待される．例えば，火力発電所の高効率化や太陽光発電のコスト低減などがその例としてあげられる．また，技術革新（イノベーション）も技術変化の1つの形態といえる（ただし，技術革新についてはここでは取り扱わない）．

　経済成長モデルでは，従来から，技術変化を所与とする「外生的技術変化」が用いられてきた．しかし，外生的技術変化では，技術変化の要因が説明できなかった．そこで，技術変化を経済活動との関係で考える「内生的技術変化」の考え方が示された．これは，従来から新古典派の経済理論にみられた資本の収穫逓減性を除去するものである．

　内生的技術変化にはいくつかの考え方がみられるが，基本的には知識の蓄積に基づくものである．

●知識資本　P. M. ローマー（Romer, 1986）は，最適成長モデルから収穫逓減性を除去するために，内生的技術変化を考慮した成長モデルを提示した．ローマーによる内生的技術変化は，フォワード・ルッキングで利潤最大化をする経済主体の選択による知識の蓄積として表現されており，長期的な成長の要因となっている．この知識も資本の一種と考えられるが，通常の資本（物的資本）と異なり，研究開発を通じて生産（創出）されるものである．ただし，知識の創出そのものは収穫逓減的である（つまり，研究開発への投入を2倍にしても知識が2倍になる訳ではない）．一方，知識は制限なく成長することができるという性質から，その限界生産物は逓増する．

●スピルオーバー　上記のような知識には外部性がある（Romer, 1986）．企業がもつ知識は完全に秘匿とすることはできない．それゆえに，一度，創出された知識は他の企業もその生産活動に利用できることから正の外部性をもつ．つまり，一度発見された知識はその知識を発見した企業にとどまることなく経済全体に波及（スピルオーバー）するということである．この場合，各企業の技術変化（知

識の蓄積）は，当該企業の知識・資本の蓄積だけではなく，経済全体の知識・資本の蓄積と関係する．

●ラーニング・バイ・ドゥーイング（経験による学習）　ラーニング・バイ・ドゥーイング自体は，経済学だけでなく様々な分野で用いられる概念であるが，経済学の文脈では，訓練や小さなイノベーションなどを通じた生産性の向上を表す．企業が生産活動を行う際には，より効率的に生産する方法を同時に学習する．つまり，経験によりもたらされる生産性に対するプラスの効果であり，企業が資本ストックを増加させることによって，それに応じた知識ストックの増加（すなわち技術変化）がもたらされる．つまり，知識と生産性の上昇は投資と生産活動を通じて発生する（Arrow, 1962）．

　このような状況は，航空機産業や造船業などで実証的にみられている（Wright, 1936；Searle, 1946 などを参照）．例えば，T. P. ライト（Wright, 1936）は，労働者が飛行機の組立てるのに費やす時間は，同型機の組立て数の減少関数であることを示している．また，J. シュムークラー（Schmookler, 1966）は，特許が物的資本への投資に付随して生じていると示している．K. J. アロー（Arrow, 1962）は，ラーニング・バイ・ドゥーイングを考慮した成長モデルを構築した．アローのモデルは，資本財生産の蓄積が技術変化につながるという考え方である．

　環境経済分野においても，上記のような内生的技術変化を考慮することは非常に重要である．例えば，再生可能エネルギーのような環境に良い財・サービスは現時点では高コストであるが，環境対策が導入され，そのような技術に対する知識や経験が蓄積されることにより，逆に環境に良い技術が既存技術に比べて安価になり経済全体にも好影響をもたらす可能性もある．このような分析は，外生的技術変化を想定したモデルでは困難であり，内生的技術変化を考慮したモデルにより可能となる．これらを取り扱った研究としては，ゴールダーとシュナイダー（Goulder & Schneider, 1999），スー・ウィン（Sue Wing, 2006），松本（Matsumoto, 2011）によるものなどがみられる．例えば，ゴールダーとシュナイダーは，アメリカを対象とした最適成長型動学的応用一般均衡モデルを構築し，その中で，研究開発（R&D）投資により，内生的技術変化を表現した．そして，同モデルにより，炭素税と R&D 補助金の二酸化炭素排出量と経済への影響を分析している．

[松本健一]

📖 参考文献

・バロー，R. J.・サラ-イ-マーティン，X. 著，大住圭介訳（2006）『内生的経済成長論 I（第2版）』九州大学出版会．
・佐々木啓明（2014）「サービス化の理論的メカニズムとその経済成長への含意」『季刊経済理論』第51巻第4号，6-17頁．
・松本健一（2010）「内生的技術変化を考慮した動学的応用一般均衡モデルによる気候変動対策の経済分析—日本経済を対象として」『地球環境研究論文集』第18号，53-61頁．

エコロジカル・フットプリント

　エコロジカル・フットプリント（以下，EF）は，人間経済活動が生態学的な意味において持続可能か否かを評価するための「持続可能性評価指標」の1つである．
　この指標は，1991年にカナダ・ブリティッシュ・コロンビア大学のW. E. リース（Rees）とM. ワケナゲル（Wackernagel）らによって開発された．その後改良が加えられ，90年代後半以降，欧米・豪州を中心に環境教育・政策評価ツールとしての応用例が増加していき，2005年以降は，アジア地域でも普及が進んでいる．
　EFは，「ある特定の地域の経済活動，またはある特定の物質水準の生活を営む人々の消費活動を持続的に支えるために必要とされる生産可能な土地および水域面積の合計（それらが地域内に存在するか外に存在するかは無関係）」と定義される（Rees, 1996）．換言すれば，EFは，人間経済活動による生態系サービス（自然所得）に対する需要量に着目し，その需要量が生態系の働きによって持続的に供給されるときに必要となる生態系面積合計（陸地＋水域）である．需要サイドの面積（すなわちEF）が，供給サイドの生態系面積（生物生産力〈バイオキャパシティ〉，BC）を超えていれば，オーバーシュート（超過需要）が発生していると考えられ，持続可能性が達成されていないことになる（オーバーシュートは，生態学的赤字の状態である）．以上から，EFは，「生物生産力需要量‐供給量バランス指標」とも訳すことができる．

●**実際の計算方法**　計算にあたっては，以下の6つの土地カテゴリー別に積算する．①耕作地，②牧草地，③森林地，④エネルギー地（二酸化炭素吸収地），⑤生産能力阻害地，⑥海洋・淡水域．すべての生態系サービスを算入することは難しく，計測範囲は，再生資源に依存する人間経済活動（上記土地カテゴリー①，②，③，⑥），およびエネルギー消費（同④），再生資源の生産能力を阻害する人間経済活動（同⑤），に限定する．金属資源消費については直接算入せず，採掘・製錬・加工過程のエネルギー消費量（同④），および，鉱山採掘地，廃棄物処分地（同⑤）として算入する．
　国別・地域別の土地生産性の差異や，土地カテゴリー別の土地生産性の差異を平準化することにより，比較する際の公平性を確保する工夫が2000年頃から採用されている．具体的には，収量係数と等価係数をEF面積にかけ合わせることにより，土地生産性が世界平均値を有する平準化された土地・水域面積に換算する方法である．このような平準化された土地1ヘクタール（ha）を1「グローバル・ヘクタール（gha）」と呼ぶ．

●エコロジカル・フットプリントの応用例 世界自然保護基金ジャパン（WWFジャパン）が2016年に公刊した『生きている地球レポート』と，グローバル・フットプリント・ネットワーク（GFN）の国別フットプリント勘定（Public Data Package 2016）によれば，人類のEFは，地球のBC（生物生産力〈バイオキャパシティ〉）を1980年代に超過し，2012年時点で60％オーバーシュートしているという（1人あたりEFが2.84ghaに対し，1人あたりBCは1.73gha）．日本人の1人あたりEFは，5.02ghaであり，上記の1人あたりBC値1.73ghaとの比較から，仮に日本人のような消費生活を世界中の人々が行えば，地球が2.9個必要という計算になる．アメリカ人の場合は，1人あたりEFが8.22ghaであり，1.73ghaとの比較で，地球4.8個分の生活を享受している．

近年では，スイス，日本，スコットランド，フィリピンなど13か国・地域の政府がEFを公式に採用している．特にスイスでは，EFで自国の環境負荷を測り，地球1個分の経済を2050年までに実現することを国家目標とするかどうかの国民投票が2016年9月に行われた．結果は否決だったが，国民投票の議題とされたこと自体が大きな成果として評価されている．

イギリスを筆頭に自治体での利用も世界各地で増えている．ウェールズのカーディフ市は世界で初めてEFを政策評価に活用した．カナダでは，カルガリー市が市民の環境行動促進のためにEF情報を活用している．

日本では，国土交通省が2003年に都道府県別のEF計測結果を発表した．2006年には，「第3次環境基本計画」の中に，EFを持続可能性指標の1つとして採用することが明記され，「第4次環境基本計画」に引き継がれている．ただし，現段階では啓蒙ツールとしての利用に留まっている．自治体での活用としては，東京都，岡山県津山市，栃木県佐野市，奈良市，京都市などが「環境白書」，都市計画，環境基本計画などにEFの解説や計算結果を掲載している．

旭硝子財団は，2012年のブループラネット賞をEF指標の共同開発者に授与し，EFの認知度を高めた．また，花王が製品の環境負荷を計測し，富士通がWWFジャパンと共同でタブレット端末教材を開発し，小中学校での出前授業を開始した．このように企業もEFをビジネスや社会貢献活動に利用し始めている．

NPO法人エコロジカル・フットプリント・ジャパン（EFJ）が2005年以降，国内でのEF普及活動を行っている．また，アメリカに本部があるGFNが2013年に沖縄に支部を設置し，日本を含むアジアでの普及活動を開始している．最近では，eco検定や高校や大学の入学試験の問題としても取上げられている．

●EFの意義と今後の課題 EFは地球の限界と成長の限界を我々に認知させ，現代文明の根源的パラダイム・シフトが必要だと認識させるパワーをもっている．しかしEFには計算上の課題がいくつか残されており，それらへの批判もある．最近の研究動向としては，産業連関分析，応用一般均衡（CGE）モデルなどを活用しつつ計算を精緻化する努力が進んでいる．　　　　　　　　[和田喜彦]

持続可能な消費

　持続可能な消費とは，地球環境への負荷を最小限に抑え，後世の需要を損なうことのない消費を指す．それに加え，社会側面においても，ジェンダー平等や社会的平等が持続性には必要不可欠な要素となっており，それらを達成できるような消費も含む．また持続可能な生産とペアで議論されることが多く，持続可能な生産と消費（SCP）ともいわれる．

●**持続可能な消費の概念の契機**　1992 年に開催された地球サミット（国連環境開発会議，UNCED）で採択された「アジェンダ 21」において，21 世紀に向け持続可能な開発を実現するために，各国および関係国際機関が実行すべき行動計画で持続可能な消費が提唱されたのが契機である．また，2015 年に採択された「持続可能な開発目標（SDGs)」の目標 12 でも，「持続可能な消費と生産のパターンを確保する」と記述され，その重要性が示されている．

●**持続可能な生産と消費**　これまで環境問題対策は，環境負荷物質の排出規制や工場でのエネルギーの有効活用，省エネルギー製品の開発など，生産側を中心に実施されてきた．しかし，家庭で使われるエネルギーや，自動車燃料の消費などは年々増加し，環境負荷を増大させている．これらの環境負荷を削減するためには，消費者が必要な製品を吟味し，環境効率の高い製品である省エネルギー家電製品や低環境負荷の自動車を選択し，またその使用方法を改善することが重要である．また，生産側も消費者のニーズを正しく認識し，消費者に受け入れられる製品を開発しなければならない．持続可能な生産と消費は，生産者による「持続可能な生産」だけでなく，消費者が「持続可能な消費」を取り入れ，両者が一体となって，「持続可能な発展」に向かうことである．

●**リバウンド効果**　持続可能な消費を議論する際，リバウンド効果（☞「リバウンド効果」）を考える必要がある．リバウンド効果は，環境負荷削減のために実施した持続可能な消費行動の効果がその後の消費者の行動あるいはシステムの反応によって相殺されてしまう現象とされている．この 2 次的作用の結果として，環境配慮型の消費による効果は期待値を下まわる，または以前より悪化することも考えられる．リバウンド効果は持続可能な消費を考えるうえで重要であり，その作用を明確に理解することが不可欠である（Hertwich, 2005)．

　消費者は何かの制約下で消費行動を行っている．制約は経済的制約，時間的制約，技術的制約など多く存在するが，リバウンドを引き起こす制約は経済的制約と時間的制約が多く議論されている．具体的には環境配慮行動を実施したときに，既存の行動より経済的に優位（安価）な場合に支出が抑えられ，その余剰金で 2

次行動を誘発してしまう．その結果，環境配慮行動を行ったつもりでも，結果的には環境負荷が増大している可能性があるということである．持続可能な消費行動と2次行動とを合わせて既存の行動と比較しなければならない．言い換えると，波及効果も含めた評価を行って持続可能な消費行動を吟味する必要がある．

●**持続的な消費の事例**　現在，どのような消費を行えば環境側面で持続可能なのかを明確にいうことはできない．いくつかの研究では提案されているが，地球のキャパシティが完全には解明されていないので，年間どれだけの地球のキャパシティが完全に解明されていないので，年間どれだけの二酸化炭素（CO_2）を排出してよいのか，どれだけの資源を使ってよいのか，などの答えが明確でないということである．よって，持続可能な消費は，どこまですれば持続可能かという十分な消費行動は存在せず，持続可能を達成するため必要な消費行動を選択することになる．

　持続可能に対して必要条件を満たす可能性のある行動として，製品・サービスシステム（PSS）がある（Tukker & Tischner, 2006）．「製品を売らずにサービスを売る」ことをコンセプトとしている概念である．消費者のニーズを満たすことは製品の所有ではなく，製品そのものが消費者に与えてくれるサービスであることを活用したビジネスモデルともいえる．その例としては，カーシェアリングやレンタル業があり，製品の使用段階を効率良くすることにより，1つの製品がより多くのサービス（価値や機能ともいう）を提供する．つまり，製品のサービス提供に対して製造段階や廃棄段階の環境負荷の割合を低くすることが持続可能な消費につながるというものである．ほかにもグリーン購入やグリーンプロダクツの積極的な購買などがあげられる．

　また，社会的な側面における消費の代表事例としては，フェアトレードがあげられ，最低価格を設定し，適正な価格で取引を行い，開発途上国の生産者や労働者の生活改善を促すものとなっている．

●**持続可能な消費に向けて**　持続可能な社会形成に消費者が貢献するということは，ライフスタイルを変化させていかなければならず，消費そのものの概念を変革していかなければならない．現在，倫理的消費（エシカル消費）が議論されているが，環境側面，社会側面の多くの概念が取り込まれたものであり，これも持続可能な消費とほぼ同義ともいえる．少し事例を紹介したが，どれも決定打とはならず，消費行動を多面的で，かつ波及効果も含めた総合的な評価を実施することが重要であり，その評価に基づいた持続可能な消費行動を少しずつでも実行し，一人ひとりの積み重ねが持続可能な社会形成に通じていることを再認識することが重要である．

[田原聖隆]

📖 **参考文献**
・山本良一・中原秀樹編著（2012）『未来を拓く エシカル購入』環境新聞社.

第8章
環境政策と環境ガバナンス

　環境政策は，急速な経済開発などにより各地域で公害や自然破壊が生じ，被害を受けた住民や農民などが声をあげ，それに地方政府や国が対応する形で形成されてきたという歴史がある．また，環境問題が廃棄物・リサイクル問題などの都市生活型公害，さらには気候変動問題や生物多様性などの地球環境問題に広がってくると，各地域や国のみならず，国際社会が連携した対応が求められるようになってきた．その間，環境政策の手法についても排出規制などの規制的手法から環境税などの経済的手法，さらには情報的手法などに広がりを見せている．

　一方，1992年の国連環境開発会議を契機に，近年では，環境面のみならず，経済面，社会面を含めた持続可能な発展という概念が国際的にも定着してきており，その実現を目指し，多様な政策手法を用いた政策統合が模索されている．

　本章では，環境行政の経験者など環境行政に詳しい研究者を中心にこれらの分野について解説する．　　　　　　　　　　　　　　　　　　　　　　[一方井誠治]

[担当編集委員：一方井誠治・大沼あゆみ]

環境政策の目的・対象

　環境政策の目的や対象は必ずしも固定したものではなく，時代が変わり，社会経済の状況が変化するにつれ，その内容も変わるという面がある．ここでは，日本の環境政策を中心にその推移を概観するとともに，最も重要な目的と目されている「持続可能な社会の実現」についての今日的課題について解説する．

●**公害対策基本法と自然環境保全法の目的**　日本における環境政策成立の歴史において，1967 年に策定された「公害対策基本法」と 1972 年に策定された「自然環境保全法」が果たした役割は大きい．戦後の激甚公害や自然破壊に直面していた当時，環境政策の二本柱は公害防止と自然保護であると理解されており，公害対策基本法の目的条項である第 1 条には，「この法律は，（中略）公害対策の推進を図り，もって国民の健康を保護するとともに，生活環境を保全することを目的とする」と記されていた．また，自然環境保全法の目的条項である第 1 条には，「この法律は，（中略）自然環境の適正な保全を総合的に推進し，もって現在及び将来の国民の健康で文化的な生活の確保に寄与することを目的とする」と記されていた．

●**公害対策における「調和条項」**　ただし，公害対策基本法が制定された時代の環境政策の目的については，環境と経済との観点からやや注意して見ておくべきものがある．公害対策基本法の目的条項である第 1 条には，1967 年の制定当時，第 2 項があり，「生活環境の保全については，経済の健全な発展との調和が図られるようにするものとする」との規定が置かれていた．当時，公害対策の推進を図ることは当然のこととして社会からの大きな支持があったものの，一方で，厳しい公害対策は経済への悪影響を及ぼすという産業界の懸念も大きかった．その影響が表れたのが，この目的規定に加えられた，いわゆる「経済との調和条項」であった．

　この条項は，もとより健康被害を起こしてまで経済を発展させるという意味ではなく，産業の発展のためには生活環境の悪化もやむを得ないというものでもないという説明がなされた．しかし，世論の大半からは，「産業の発展のためには生活環境の悪化もやむを得ない」という経済優先の考え方であると捉えられたこともあり，経済界や経済官庁からの強い要請で書き込まれたこの条項は，1970 年の公害国会で削除された．このエピソードは，当時，環境と経済とは相容れないトレードオフの関係にあるという認識が一般的であったことを物語っている．

●**地球サミットにおける「持続可能な発展」概念の定着**　1992 年にブラジルで開催された地球サミット会議（国連環境開発会議，UNCED）では，開催に向け

た周到な準備が行われた．その1つが，日本がその設立に大きな役割を果たした世界賢人会議，通称ブルントラント委員会である．日本からは外務大臣も務めた大来佐武郎が参加した同委員会は，4年にわたり世界各地で会議を重ね，1987年に「我ら共通の未来」と題する報告書を取りまとめた．その報告書におけるキーワードが「持続可能な発展」であった．これは，環境と経済は本来，相容れないものではなく，環境を壊さない経済発展こそが「持続可能な発展」であり，先進国，途上国はその目標に向かって協力して進むべきであるという新たなメッセージであった．

地球サミットでは，この考え方がベースとなり，「リオ宣言」と共に，持続可能な発展のための人類の行動計画として「アジェンダ21」という文書が採択され，これ以降，「持続可能な発展」という概念は急速に世界に広がることとなった．

●環境基本法の目的　日本では，地球サミットを契機に，従来の公害対策基本法と自然環境保全法を二本柱とする環境政策の体系から，気候変動問題をはじめとする様々な地球環境問題など新たな環境問題にも広く対応できる政策体系に脱皮を図るべく「環境基本法」の制定に着手し，同法は1993年に成立した．

同法の目的条項である第1条では，「この法律は，（中略）環境の保全に関する施策を総合的かつ計画的に推進し，もって現在及び将来の国民の健康で文化的な生活の確保に寄与するとともに人類の福祉に貢献することを目的とする」と記されている．この中の「総合的かつ計画的に」や「将来の国民」「人類の福祉に貢献」などの文言は，公害対策基本法にはなかったものであり，自然環境保全法と合わせて，環境政策の体系を一本化する形で再編することとなった．また，第3〜5条には，これまでの法体系にはなかった「環境保全の基本理念」の条項が置かれ，目的条項に言う「環境の保全」とは何かという内容的な補足を行っている．

その中で特に第4条では，「環境への負荷の少ない持続的発展が可能な社会の構築等」と題した理念が置かれたが，これは明らかに，ブルントラント委員会の流れから続く「持続可能な発展」の概念をふまえたものであり，そのような社会の構築が環境政策の大きな目的の1つであることを明らかにしたものである．

●現在の環境政策と持続可能な発展　それでは，現在の日本の環境政策は，環境基本法に定める「持続的発展が可能な社会の構築」という目標に向かって進んでいるだろうか．もとより，環境基本法制定後，「循環型社会形成推進基本法」や「生物多様性基本法」が策定され，一定の成果はあがっているといえるが，2009年に国会提出された地球温暖化対策基本法案は審議未了で廃案となるなど，持続可能な社会の構築を図るうえできわめて重要な気候変動対策面での政策は十分な成果をあげているとはいい難い状況にある．　　　　　　　　　［一方井誠治］

📖 参考文献
・環境省総合環境政策局総務課（2002）『環境基本法の解説（改訂版）』ぎょうせい．
・北村喜宣（2015）『環境法』弘文堂．

環境政策の歴史

　環境政策の歴史といった場合，主要な環境政策の展開についての時系列的な説明を指すことが少なくない．そのような説明は他章でなされているため，ここでは環境政策の質的変容に注目して環境政策の歴史について考えてみたい．

●対症療法的アプローチから予防的アプローチへ　先進諸国では，おおむね1950～60年代にかけて急激な環境破壊が進行し，70年代にかけてそれらの環境汚染の解決のために対症療法的な環境政策が実施されたと粗描できる．日本を例にとれば，各種公害の発生を受けての「公害対策基本法」の制定（1967），いわゆる公害国会（1970）における法整備，環境庁の設置（1971）などがあげられる．しかしその後，深刻な環境被害が予見される場合には因果関係が科学的に立証されていなくても対策を講じる予防的アプローチが，環境政策において採用されるようになった．「オゾン層を破壊する物質に関するモントリオール議定書」（1987）に基づくオゾン層破壊物質の規制措置，そして「気候変動に関する国連枠組条約」（1992）による温室効果ガスの排出抑制がその好例である．

●「公害」から「環境問題」へ　環境政策の歴史を考える場合，公害に関する検討も不可欠である．その際，宮本憲一による公害研究の集大成（宮本，2014）をまず参照されたい．同書では，日本の環境政策における自治体改革と公害裁判の重要性が強調されている．近年，革新自治体における公害対策の実態について，その限界や企業側の意外な公害対策推進要因にも焦点を当てた研究がなされていることも特筆される（伊藤，2016：小堀，2017）．公害研究の遺産を継承しつつ，国際的に発展をみている環境史研究などの成果もふまえた，世界史の中での日本の公害の歴史の捉え直しが，私たちに求められている．

●環境政策と環境ビジネスの結合　対症療法的なアプローチが主流であった1960年代および70年代において，経済界にとってほとんどの環境政策は新たな環境対策コストの負担を強いるものであった．しかし，1980年代に入り地球環境問題が意識される中で，環境政策にはプラスのイメージや環境ビジネスの創造という要素が付け加えられるようになった．その背景には，経済協力開発機構（OECD）が環境と経済の両立を主張するようになったことに加え，国連環境計画やユネスコなどの国際機関が，体制批判を行わない政治的に穏健な環境保護団体とネットワークを構築したことがあったと考えられる．

　1980年代以降に生じたこの種の環境政策の一例として，拡大生産者責任（☞「環境対策の主体とその原則・責務」）を世界に先駆けて導入したドイツの容器包装廃棄物政策があげられる．これは，環境保全目的よりもむしろ容器包装廃棄物

処理の民営化や，欧州での廃棄物ビジネスの新規展開といった経済上の目的から，同国の保守政党や経済界によって着想されたものであった（喜多川，2015）.

　このように，環境政策をめぐる状況は公害の時代とは大きく変容しつつある．しかし，いつ，どのようにして，ビジネス親和的な環境政策が登場したのかはほとんど研究されてはいないうえ，ビジネス親和的な環境政策の成果と問題点についても十分な検討がなされているとは言えない．したがって，個々のケースに即し，省庁，政党，経済界，環境保護団体などの複雑な利害対立の中での環境政策の変容過程の歴史的な解明が急務である．その際，環境政策とされるものが本当に環境保全目的なのか，経済政策や産業政策としての色彩を強く帯びていないのかといった検討も必要である．また，環境政策はそれに先立つ資源政策，エネルギー政策，公衆衛生政策などの影響も受けていることも視野に入れておきたい．

●**政策推進主体の変化**　環境政策は環境省や環境庁といった環境官庁のみならず，経済，開発，農業などの分野の官庁によっても実施されているが，近年では，日本経団連のような経済団体も，気候変動政策をはじめとする環境政策の実施主体とみなすことができる．さらに，非政府組織（NGO）や非営利組織（NPO）が環境政策の担い手になる場合もみられる．また，環境運動などの社会運動から大きな影響を受けた環境政策も存在する．環境政策の真の姿を理解しその教訓から学ぶうえで，様々な環境政策において，いずれの主体が，なぜ，どのように推進したのかの解明が不可欠である．

●**展望**　今日の環境政策をめぐる関係主体は多様であり，各主体の複雑な推進動機が環境政策の内容に大きな影響を及ぼしている．それゆえに，錯綜した環境政策の来歴や実体を把握するためには，1次資料をはじめとする各種資料（史料）を駆使して政策の成立・展開過程を動画のようにトレースする丹念な歴史的研究が必要である．この問題意識のもとに環境政策の歴史的研究の重要性を訴える「環境政策史」が提唱され，新しい視点からの理論的および実証的な研究が進められている（喜多川，2015；西澤・喜多川，2017）.「過去に目を閉ざす者は，現在にも目を閉ざすことになる」（R. ヴァイツゼッカー〈Weizsäcker〉）という言葉を敷衍すれば，過去の検証を通じて，現在ひいては未来に対して目が開かれていくことが期待される．これを実現するためには，近現代史，法学，政治学，経済学，経営学，社会学，文化人類学，地域研究，自然科学などの幅広い分野の研究者との協働も視野に入れた，環境政策の歴史的研究の推進が求められる．

[喜多川　進]

📖 **参考文献**
・喜多川 進（2015）『環境政策史論—ドイツ容器包装廃棄物政策の展開』勁草書房.
・小堀 聡（2017）「臨海開発，公害対策，自然保護—高度成長期横浜の環境史」庄司俊作編『戦後日本の開発と民主主義—地域にみる相剋』昭和堂.
・宮本憲一（2014）『戦後日本公害史論』岩波書店.

公害対策基本法から環境基本法へ

　1967年に制定された「公害対策基本法」は，公害の定義を設けるとともに，環境基準という公害防止行政を進めるうえでの政策目標を与え，公害患者の被害救済と規制的手法を中心とする公害対策を大きく進展させた．しかし，地球環境問題への対応をはじめとして，公害対策基本法の制定当時に想定していなかった課題に対処する必要性が生じ，1993年に「環境基本法」が制定された．環境基本法の制定の直接のきっかけは，1992年の国連環境開発会議（UNCED）の開催であった．UNCEDの開催に伴う国内での環境問題への関心の高まりを契機に，これまで公害対策基本法と「自然環境保全法」（1972）の2つの基本的法制を有してきた環境行政を，環境基本法のもとで一元化することとしたのである．

●**通常の社会経済活動を見直す必要性**　環境基本法の制定の合理的根拠としては，以下の3つがあげられた．第1に，通常の社会経済活動を見直していくために新しい政策手法を導入する必要があったという点である．温室効果ガスの排出につながる化石燃料への依存，都市の大気汚染の原因となる自動車の走行台数と距離の増加，廃棄物の埋立て処分場の逼迫など，90年代初頭に課題となっていた環境問題はすべての事業者・国民が原因者となり得る問題であった．これらの課題に対応するためには，公害対策基本法で主たる政策手法として採用された規制的手法のみでは不十分であり，経済的手法や自主的取組みを支援する手法などの新しい政策手法を導入する必要があった．具体的には，経済的措置（第22条），環境への負荷の低減に資する製品等の利用の促進（第24条），環境の保全に関する教育，学習等（第25条），民間団体等の自発的な活動を促進するための措置（第26条），情報の提供（第27条）といった規定が設けられた．

●**国境を越えた環境問題への対応の必要性**　第2に，国境を越えた環境問題に対応するために国際的な施策を盛り込む必要があったことである．80年代後半から顕在化した地球環境問題は，国境を越えた環境問題への対応という問題を提起した．酸性雨問題に対応するためには，中国や韓国に対する環境国際協力を欠かすことができない．国内の環境保全のためにも，国際的な施策を行わないと日本の環境政策が完結しないこととなったのである．このため，環境基本法では「地球環境保全」の定義が行われる（第2条2項）とともに，「地球環境保全等に関する国際協力等」に関する一群の条文（第32〜35条）が置かれた．

●**公害防止と自然環境保全の融合の必要性**　第3に，公害の防止と自然環境の保全という2つの政策を融合させる必要があったことである．従来の環境行政は，公害対策基本法と自然環境保全法の二法に基づき実施されてきたが，地球温暖化

問題，酸性雨問題のように，人の健康にも生態系にも悪影響を及ぼす問題も発生している．このため環境基本法では，公害系の被害・自然環境の破壊の両者を原則的に「環境の保全上の支障」として一体的に捉え，「人の活動により環境に加えられる影響であって，環境の保全上の支障の原因となるおそれのあるもの」を「環境への負荷」と定義し（第2条1項），環境への負荷を減らしていくための各種政策を導入した．

●基本理念　環境基本法第3~5条に環境の保全の基本理念が置かれている．第3条の基本理念は，特に根幹となる基本理念である．この条文では，以下の2つの規範が示されている．第1に，環境の保全は，現在および将来の世代の人間が健全で恵み豊かな環境の恵沢を享受するように適切に行われなければならないという規範である．これは，環境を健全で恵み豊かなものとして維持することが人間の健康で文化的な生活に欠くことのできないという認識に基づく．第2に，環境の保全は，人類の存続の基盤である環境が将来にわたって維持されるように適切に行われなければならないという規範である．これは生態系が微妙な均衡を保つことによって成り立っており，人類の存続の基盤である限りある環境が，人間の活動による環境への負荷によって損なわれるおそれが生じてきているという認識に基づく．前者の規範は，1972年の自然環境保全法の基本理念をほぼ引き継いだものとなっている．一方，後者の規範はまったくの初出であり，地球環境問題の顕在化に伴って，人類の存続の基盤である環境を守るべきだという新たな認識が立ち現れてきたことを示している．

　第4条と第5条が環境の保全の進め方に関する理念である．第4条では，国内において環境の保全を進めるうえでの2つの考え方を示している．第1に，すべての人の参加による持続可能な社会の構築である．すべての人の参加をうたったのは，通常の社会経済活動に起因する環境負荷が集積して発生する環境問題に対応する必要性が生じたためである．また，UNCEDの中心概念となった持続可能な発展について，第4条では，「環境への負荷の少ない健全な経済の発展を図りながら持続的に発展することができる社会」を構築するとしている．環境への負荷の少ない新しい形の経済発展を求めていることに特徴がある．第2に，未然防止の重要性である．科学的知見の充実のもとに環境の保全上の支障が未然に防がれることを求めている．第5条は，国際的な進め方に関する理念である．地球環境保全を進めるうえで，日本の能力を活かすこと，国際社会おいて日本の占める地位に応じて推進すること，国際的協調のもとに進めることという，3つの点に留意することが述べられている．　　　　　　　　　　　　　　　　　　［倉阪秀史］

📖 参考文献
・環境省総合環境政策局総務課（2002）『環境基本法の解説（改訂版）』ぎょうせい．
・倉阪秀史（2015）『環境政策論（第3版）』信山社出版．

環境政策の分野別目標

　環境政策を効果的に進めていくために，政策分野に応じて目標が設定されている．大気汚染などに係る環境基準，温室効果ガス排出削減の目標，循環型社会形成に関する目標などである．目標には定性的なものと定量的なものがある．ここでは特に後者に焦点をあてる．

　目標の設定は，政策の計画的推進に資する，幅広い関係者の協力に資する，将来に向けたビジョンの明確化と共有に資するなどの効果をもつと考えられる．目標設定と計画策定とは密接に関係している．倉阪（2015：第11章）は，環境政策手法の1つとしての「計画的手法」を「目標を設定し，その目標を達成するための手段を総合的に提示する手法」と定義している．

　歴史的には，まず，「公害対策基本法」（1967年制定，現在の「環境基本法」）に基づき環境基準が設定され，公害対策において中核的役割を果たした．その後，気候変動問題が浮上する中で，温室効果ガスの排出削減目標が設定されるようになるとともに，廃棄物・リサイクル問題が重要課題となる中で，循環型社会形成に関する目標が設定されるようになった．さらに，生物多様性保全に関しても，世界目標を受け，国の目標が設定されるようになった．これらのほかにも，個別の法律や政策分野において様々な目標が設定されてきている．以下，主なものを見ていく．

●**環境基準**　環境基準は，「人の健康を保護し，生活環境を保全するうえで維持されることが望ましい基準」として政府が定めるものである（環境基本法第16条1項）．規制基準ではなく行政上の目標であり，政府はこれを確保するために諸施策を総合的に講ずることとされている（同条4項）．大気汚染，水質汚濁，土壌汚染，騒音について定めることとされており，大気汚染では二酸化硫黄，浮遊粒子状物質（SPM），光化学オキシダント，二酸化窒素，ベンゼンなどの11物質について，また水質汚濁では健康項目としてカドミウム，全シアンなどの28項目が，生活環境項目として水域類型ごとに生物化学的酸素要求量（BOD），全窒素などの諸項目が定められている．土壌汚染の環境基準は長らく定められていなかったが，1991年に設定された．

●**温室効果ガス排出削減目標**　1990年の「地球温暖化防止行動計画」で初めて示され，以来，国際的枠組みと連動しつつ設定されてきた．「京都議定書」（1997年採択）において，2008〜12年までの期間に1990年比で6%削減との日本の目標が合意され，2005年の同議定書発効に際し，「地球温暖化対策推進法」に基づく「京都議定書目標達成計画」において，この目標および達成のための諸施策が

決定された．次期枠組みに関する国際交渉が本格化すると，その進捗に合わせて中期目標が決定されてきた．2015 年の気候変動枠組条約第 21 回締約国会議（COP 21）に向け，2030 年に 2013 年比で 26％削減という中期削減目標が対策の積上げにより決定され，約束草案として表明された．

「パリ協定」の採択をふまえ，2016 年に「地球温暖化対策計画」においてこの目標および達成のための諸施策が決定された．一方，2050 年に 80％削減という長期目標が，「第 4 次環境基本計画」（2012 年）および上記の地球温暖化対策計画に位置付けられている．

●**循環型社会形成に関する目標**　廃棄物・リサイクル問題に関しては，「循環型社会形成推進基本計画」において，物質フローの推計に基づく資源生産性，循環利用率，最終処分量の 3 つの指標について目標が定められている．2013 年に決定された第 3 次計画は，2020 年度の目標値として，資源生産性を 46 万円/t に，循環利用率を 17％に引き上げ，最終処分量を 1700 万 t に抑えることを掲げている．

●**生物多様性保全に関する目標**　「生物多様性基本法」に基づいて 2012 年に策定された「生物多様性国家戦略 2012～2020」において，生物多様性条約第 10 回締約国会議（COP 10）において採択された世界目標（愛知目標）の達成に向けた国別目標として，13 項目の目標が定められている．その多くは定性的だが，指標を定めて進行管理が行われている．

●**総合的環境指標**　第 1 次以降累次の環境基本計画において，指標および目標の設定が継続的に検討課題とされてきた．第 4 次計画（2012 年）において，「環境の状況，取組みの状況等を総体的に表す指標（総合的環境指標）」を活用して進捗状況を点検する旨が記載され，重点分野ごとの指標群が示された．

●**分野別目標の現状・課題および関連する研究・情報**　以上のように，分野別目標には様々なものがあり，設定方法も，科学的知見に基づくもの，実行可能な対策の積上げに基づくもの，現状および望ましい方向などの総合的な勘案に基づくものがある．積上げのみにこだわった目標は必要な変革に貢献しないおそれがある一方，望ましい姿のみから導いた目標は対策との接点を失い，単なる指標となる可能性もある．分野の特性をふまえながら，どのような方法で目標を設定し，計画と接続すべきか．これまでの様々な目標の効果をふまえつつ検討されていくべき課題といえる．

　分野別目標について総合的に論じた研究は少ないが，計画的手法について論じた文献が参考となる．目標の最新動向については『環境白書』および各種計画が参考となる．　　　　　　　　　　　　　　　　　　　　　　　　　　　　［大熊一寛］

📖 **参考文献**
・倉阪秀史（2015）『環境政策論（第 3 版）』信山社出版，第 11 章．

環境政策の原則と指針

　環境政策について，いくつかの原則ないし指針をあげることができる．環境政策の歴史や国際的議論を通じて形成されてきたものであり，政策の立案に際し参照されることで，その推進に寄与することとなる．

　原則ないし指針には様々なものがある．そのうちいくつかは，「環境基本計画」においても，「環境政策における原則等」として位置付けられた（環境効率性，リスク評価，予防的取組み方法，汚染者負担原則〈☞「環境対策の主体とその原則・責務」〉など）．対策の実施主体に関わる原則などについては次節に譲り，ここでは対策の実施段階や実施方法に関わる原則などのうち主なものを取り上げる．

●**未然防止原則**　環境問題は，起こってしまってから対応するのではなく，未然に防止すべきという原則である．この原則は，公害による深刻な被害を経て対策が進められていく中で，広く認識されるようになった．

　「環境基本法」では，基本理念の中で，「環境の保全は科学的知見の充実のもとに環境の保全上の支障が未然に防がれることを旨として行わなければならない」と定められている（第4条）．

●**予防原則**　予防的方策とも呼ばれる．深刻あるいは不可逆的な被害のおそれがある場合には，完全な科学的証拠が欠けていることをもって，費用効果の高い対策を延期する理由としてはならない，との原則である．環境問題は，その性質上，深刻で不可逆的な影響が懸念される一方，発生や影響の仕組みが必ずしも明らかではない場合がある．そのような場合であっても，効果的な対策は講じていくべきであるとの考え方に基づいている．

　予防原則は，国際的な議論の中で，時に反対論にもぶつかりつつ，次第に認められてきた．地球サミット（国連環境開発会議，UNCED）で採択された「環境と開発に関するリオ宣言」の第15原則では，「予防的方策」として上記の趣旨が規定されている．その後の各種環境条約の交渉においても，その内容および用語はしばしば論点となってきた．日本においては，「第4次環境基本計画」において，「環境政策における原則等」として「予防的な取組み方法」が位置付けられている．

●**リスク評価**　環境問題の多くは科学的不確実性を伴っているので，その時点で利用可能な科学的知見に基づいて環境リスクを評価して対策実施の必要性や緊急性を判断し，対策を講じるとの考え方である．環境リスクは，問題となる事象が環境や健康に与える影響の大きさと，その事象が起こる可能性とにより評価される．第4次環境基本計画において，予防的取組み方策と一体的に，「環境政策に

おける原則等」として位置付けられている.

●**環境効率性**　環境保全を確保しつつ経済発展を実現するために，1単位あたりの物の生産やサービスの提供から生じる環境負荷を減らそうとする考え方である．第4次環境基本計画において，「環境政策における原則等」として位置付けられている.

●**源流対策の原則**　汚染物質が排出される段階で処理する対策（エンド・オブ・パイプの対策と呼ばれる）よりも，汚染物質や廃棄物がそもそもつくられないようにする対策を優先すべきとの原則である．1990年代にアメリカや欧州の法令で位置付けられるようになった.

　日本では，「循環型社会形成推進基本法」（2000年）において，廃棄物の排出抑制を最優先に，再使用，再生利用，熱回収，処分へと続く優先順位が規定されている．また，第4次環境基本計画においても，「環境政策における原則等」に関する記述の中で言及されている.

●**統合的汚染回避管理の原則**　環境影響の管理を，大気，水，土壌といった環境媒体ごとに別々に行うのではなく，すべての環境媒体について統合的に行うべきという考え方である．イギリスの取組みを嚆矢に，経済協力開発機構（OECD）の理事会勧告（1991），欧州連合（EU）の指令（1996）により国際的に広がってきた．事業や施設からの環境影響を総合的に低減するため，「利用可能な最善の技術」（BAT）の要求などを通じた，統合的な許認可システムが実施されている．日本では「大気汚染防止法」「水質汚濁防止法」などにより環境媒体ごとに規制が行われており，この原則の反映は今後の検討課題といえる.

●**環境政策の原則および指針をめぐる現状・課題および関連する研究**　環境政策の原則および指針は，政策の立案や調整の過程で考慮されることにより，効果的，先進的な政策を実現し，各国，各分野に広げていくことに寄与してきている．しかしその中には，原則として完全に確立しているとはいえないもの，適用が十分には広がっていないものも多い．例えば，予防原則については，国際交渉の場などにおいて現在でも適用に慎重な意見があり，議論が続いている．環境政策の原則と指針は，学習し参照すべき完成されたものというより，形成，普及の途上にあり，実務および研究の両面で発展に向けた努力を続けていくべきものとして理解されるべきであろう.

　原則については，特に予防原則関係の分野をはじめとして，様々な研究が行われてきている．全体をカバーする概説として倉阪（2015）が，未然防止原則と予防原則の概説として大塚（2010）が参考になる.　　　　　　　　　　［大熊一寛］

📖 参考文献
・大塚直（2010）『環境法』有斐閣，第3章.
・倉阪秀史（2015）『環境政策論（第3版）』信山社出版，第9章.
・松下和夫（2007）『環境政策学のすすめ』丸善出版，第6章.

環境対策の主体とその原則・責務

　環境の保全のための行動は誰によって行われるべきだろうか．ここでは，汚染者負担原則（PPP），拡大生産者責任（EPR）原則を中心に，汚染者や生産者の責任について述べることとする．なお，環境の保全のための個別の行動を「対策」と呼び，その行動が適切に実行されるようにルールづくりを行うことを「政策」と呼ぶ．対策を実施すべき主体が汚染者や生産者といった主に民間主体であることから，何らかの動機付けをルール化しないと，これらの者は適切に行動を実施しないのである．

●OECD の汚染者負担原則（PPP）　PPP の考え方が最初に示されたのが，1972 年に行われた経済協力開発機構（OECD）理事会の「環境政策の国際経済面に関するガイディング・プリンシプルに関する OECD 理事会勧告」である．この勧告では，国内の環境政策が国際貿易・国際投資に対してもたらすひずみを排除するという観点から，「受容可能な状態に環境を保つために公的当局により決められた上記の措置（汚染防除措置）に対し，汚染者が資金上の責任を負うべきである」ことが述べられた．1974 年には「汚染者負担原則の実施に関する OECD 理事会勧告」が公表された．この勧告では，PPP を「加盟国にとって，各国政府当局によって導入された公害防止および規制措置の費用の負担に関する基本原則」と位置付け，「これらの措置（汚染防除措置）の費用は，生産面あるいは消費面で公害を惹起するような財およびサービスのコストに反映されるべきである」としている．さらに，1989 年の「事故汚染への PPP の適用に関する OECD 理事会勧告」では，負担の範囲を「事故が発生した後に事故汚染を制御するための適切な措置に要する費用」に拡張した．

　OECD の PPP は，世界的に受け入れられている．OECD の PPP の例外として認められているのは，第 1 に，規制が強化された直後などの過渡的期間中の助成，第 2 に，新たな汚染管理技術の実験および新たな汚染軽減設備の開発を刺激する目的のために与えられる援助，第 3 に，適切な再配分型課徴金システムと組み合わせて行われる資金援助の 3 つである．

●日本の汚染者負担原則　日本では，公害に関する費用負担の仕組みを具体的に定めた制度として，1970 年の「公害防止事業費事業者負担法」と 1973 年の「公害健康被害の補償等に関する法律」（制定当時，公害健康被害補償法）の 2 つがある．この 2 つは OECD 勧告に沿って制定されたものではない．その後，1976 年に中央公害審議会費用負担部会において「公害に関する費用負担の今後のあり方について（答申）」が作成され，日本における PPP の考え方が整理された．こ

の答申では，日本において「環境防除費用のみでなく，環境復元費用や被害救済費用についても汚染者負担の考え方が採り入れられている」として「今後とも，汚染者が負担すべき費用の範囲は，汚染防除費用に限定することなく広く理解すべき」とした．

また，日本におけるPPPの例外として，第1に，ナショナル・ミニマムの確保を掲げ，通常の家庭排水や一般廃棄物の処理について国民生活を営むうえでの必要最小限の公共サービスとして公費による負担を是認している．第2に，例外的公的助成として，規制などに沿って短期間に対策を行うことが強く要請されている場合の過渡的措置としての公的助成，技術開発に対する公的助成，地域間格差の是正など特別な経済社会目標を達成するための施策に付随して行われる公害規制目的の公的助成をあげている．第3に，汚染者負担の追求が不可能な場合については，個別に公費負担が妥当かどうかを判断する必要があるとした．第4に，課徴金を徴収することにより新たな財源が生み出された場合に，汚染防除，原状回復，被害救済などの費用に充当することができるとしている．このように，OECDのPPPの例外と比較すると，ナショナル・ミニマムの確保，汚染者不存在の場合を認識している点で，日本の例外がカバーする範囲が広いといえる．

●拡大生産者責任（EPR）原則　PPPにおいては，生産物の使用・廃棄時点の環境汚染について，生産者が責任を負うべきか使用者が責任を負うべきかが不明確であった．この点を補うものが，EPRである．拡大生産者責任とは，製品の生産時のみならず消費後の環境負荷についても生産者に責任を負わせようとする環境政策のアプローチである．引取り処理などの物理的責任を求める場合と処理費用の負担という経済的責任を求める場合の双方がある．

EPRについて，OECDは2001年に「拡大生産者責任—政府のためのガイダンスマニュアル」を公表した．ガイダンスマニュアルは，「拡大生産者責任は，生産者に，製品の消費後の環境影響に関するシグナルを与え，消費後の環境影響に伴う外部性を内部化するための手段である」と位置付けている．また，マニュアルは，「耐久消費財の場合，製品にそのブランド名を記載している企業若しくは製品の輸入業者が生産者である．容器の場合，容器や包装材を製造している企業よりは容器に製品を詰める企業が生産者と見なされるだろう．もし，ブランドオーナーが明確にできなければ，製造業者が生産者と見なされるだろう」と述べ，製品の設計を変更できる立場の者を生産者と考えている．なお，ガイダンスマニュアルは2016年に改訂されたが，基本的な概念については2001年の概念がなお通用する旨が記述されている．　　　　　　　　　　　　　　　［倉阪秀史］

📖 参考文献
・倉阪秀史（2015）『環境政策論（第3版）』信山社出版.

環境政策の予算と組織

　日本の環境政策においては，環境省のみならず農林水産省，経済産業省，国土交通省など複数の府省で予算が計上され運用されている．また，環境政策に関わる組織についても，同様に複数の府省に担当部局が置かれ，相互に連携しつつ政策が行われている．本項では，国における環境保全経費の概要と環境政策に係る組織について概説するとともに，地方公共団体における関連予算と組織についても触れる．

●国の予算　国の環境政策の予算は，1971（昭和46）年の環境庁設置後は，毎年，環境保全経費として，環境庁（環境省）が，その設置法に基づき，見積りの方針の調整を行い，取りまとめている．環境保全経費の国の予算に占める割合（表1）は，環境庁設置当初の 0.68% から徐々に増えておおむね 1% 前後で推移し，公共事業関係経費に係る新たな交付金が創設されて環境保全経費の計上の仕組みが変わった 2010（平成22）年度以降は 0.5% 前後となっていた．しかし，2011（平成23）年の東日本大震災発生後は，東京電力福島第一原子力発電所事故により放出された放射性物質による環境汚染に対処するための予算の増加のため，その割合は増えてきている．

表1　環境保全経費の国の予算に占める割合とその推移

年度	環境保全経費〈a〉予算額（億円）	国の予算（純計）*〈b〉予算額（億円）	〈a〉/〈b〉（%）
1971（昭和46）年度	1,114	163,936	0.68
1989（平成 元）年度	13,295	1,163,735	1.14
1994（平成 6）年度	25,124	1,529,958	1.64
2001（平成13）年度	30,484	2,509,351	1.21
2010（平成22）年度	12,596	2,150,656	0.59
2011（平成23）年度	12,091	2,202,755	0.55
2016（平成28）年度	21,337	2,445,993	0.87

*国の実質上の財政規模を示す，いわば国全体の財政の純計（ネット）を示すもので，一般会計および特別会計の歳入歳出額の単純合計額から，会計相互間，勘定間などの重複額（財源繰入れなど）を控除（消去）したもの．
［環境省 WEB サイト「環境保全経費」，『環境白書』をもとに作成］

　環境保全経費は，1994（平成6）年の「環境基本計画」策定後は，環境基本計

画に示された施策の体系に沿って取りまとめられており，2012（平成24）年に
策定された「第4次環境基本計画」の施策体系に沿った2013（平成25）年度以
降の推移（表2）を見ると，東日本大震災発生後は，東京電力福島第1原子力発
電所事故により放出された放射性物質による環境汚染に対処するための予算が大
幅に増加しており，環境保全経費の4割を占めている．地球環境の保全のための
経費は25％程度を維持しているが，物質循環の確保と循環型社会の構築に関す
る経費が2013（平成25）年度の10.0％から2016（平成28）年度は4.6％に低下
している．

表2　環境保全経費の内訳とその推移　　　　　　　　　　　　（単位：％）

	2013 （平成25)年度	2014 （平成26)年度	2015 （平成27)年度	2016 （平成28)年度
地球環境の保全	25.4	28.8	24.7	26.0
生物多様性の保全および持続可能な利用	7.2	8.0	7.9	6.8
物質循環の確保と循環型社会の構築	10.0	5.7	4.9	4.6
水環境，土壌環境，地盤環境の保全	3.7	5.4	5.0	4.2
大気環境の保全	11.9	11.8	12.2	8.8
包括的な化学物質対策の確立と推進	0.3	0.4	0.3	0.2
放射性物質による環境汚染の防止	3.6	32.4	38.1	43.5
各種施策の基盤となる施策等	5.2	7.5	6.9	5.9
合計	100.0	100.0	100.0	100.0

［環境省WEBサイト「環境保全経費」，『環境白書』をもとに作成］

●国の組織　　国の組織の多くが環境政策を実施している．省庁再編のあった
2001（平成13）年度の全環境保全経費に占める各省庁の環境保全経費が占める
割合を見ると，農林水産省，経済産業省，国土交通省が大きな割合を占めていた
が，東日本大震災発生後は，東京電力福島第一原子力発電所事故により放出され
た放射性物質による環境汚染に対処するための環境省の予算が大幅に増加した結
果，ここ数年は環境省の割合が50％以上となっている（表3）．
　　上記のとおり，環境政策は多くの府省で実施されているが，以下では，環境政
策を実施することを主たる目的している環境省（環境庁）の設置に係る経緯とそ
の後の推移を中心に整理することにより，政府全体の環境政策に係る組織的変遷
を概観する．
　　日本政府は，高度成長に伴い増加する公害問題に対し，個々の規制にとどまら
ず，計画的，総合的に対処するため，1967（昭和42）年に「公害対策基本法」
を制定するなどの対策を講じるとともに，1971（昭和46）年，こうした対策の

表3 環境保全経費の省庁別内訳とその推移 (単位：%)

府・省	2001 (平成13)年度	2011 (平成23)年度	2012 (平成24)年度	2013 (平成25)年度	2014 (平成26)年度	2015 (平成27)年度	2016 (平成28)年度
内閣府	4.3	2.0	1.5	1.9	1.5	1.3	1.8
復興庁	0.0	0.0	0.0	2.0	2.0	2.0	1.8
総務省	0.2	0.2	0.1	0.0	0.0	0.0	0.0
外務省	0.2	0.4	0.3	0.2	0.2	0.2	0.2
財務省	0.1	0.0	0.0	0.0	0.0	0.0	0.0
文部科学省	12.1	6.0	5.9	3.0	2.3	2.1	2.1
厚生労働省	0.1	0.2	0.1	0.2	0.1	0.1	0.1
農林水産省	16.8	18.8	15.9	11.6	14.3	13.5	11.4
経済産業省	9.4	30.9	20.2	14.1	14.8	11.5	11.4
国土交通省	47.7	18.9	13.9	11.0	10.7	11.2	9.3
環境省	9.1	16.9	37.7	52.8	50.3	54.6	59.2
防衛省	—	5.6	4.3	3.4	3.7	3.4	2.8
合計	100.0	100.0	100.0	100.0	100.0	100.0	100.0

［環境省 WEB サイト「環境保全経費」，『環境白書』をもとに作成］

実施の体制を一元化するため，公害の防止，自然環境の保護および整備その他環境の保全を行い，環境の保全に関する行政を総合的に推進することをその主たる任務とする環境庁を設置した．環境庁設置にあたっては，厚生省，通商産業省，運輸省が担っていた「大気汚染防止法」，経済企画庁が担っていた「水質汚濁防止法」，厚生省，通商産業省，建設省などが担っていた「騒音規制法」，厚生省が担っていた「自然公園法」，農林水産省が担っていた「鳥獣保護及び狩猟ニ関スル法律」の施行に関する業務などが環境庁に移管された．環境庁は，その発足時は，長官官房，企画調整局，自然保護局，大気保全局，水質保全局の体制であったが，1974（昭和49）年には公害健康補償に関する行政を担う環境保健部が，1990（平成2）年には地球環境問題に関する業務を担う地球環境部が設置されるなど，その時々の環境問題に対処するための体制を整えている（環境庁10周年記念事業実行委員会編，1982；環境庁20周年記念事業実行委員会編，1991）．2001（平成13）年に，政府全体の組織を1府22省庁から1府12省庁にする再編が行われた際に，環境庁には厚生省から廃棄物行政が移管され，名称も環境省となった．平成23年の東日本大震災発生後は，環境省に，東京電力福島第一原子力発電所事故により放出された放射性物質による環境汚染に対処するための組織が整えられるとともに，経済産業省から原子力の安全規制部門が分離され，環

境省の外局組織として原子力規制委員会が設立された．原子力規制委員会は，「国家行政組織法」第3条2項に規定される委員会で，環境大臣からの指揮監督を受けず，独立して権限を行使することが保障されている．

その設置以来の環境省の定員およびその政府全体の定員に占める割合（表4）を見ると，定員は，環境問題の範囲が，公害問題から地球環境問題，省庁再編時の廃棄物行政の移管，放射性物質による環境汚染，原子力規制と，その幅が広がるにつれて，約500人から約3000人に増加している．一方で，政府全体の定員は，1972（昭和47）年から2016（平成28）年の間に，行政改革などにより6割ほどに減少しているが，政府全体の定員に占める環境省の定員は1％に満たない．

表4　環境省および政府の定員・比率とその推移

	1972 (昭和47)年 4月1日	1989 (平成元)年4 月1日	2001 (平成13)年 4月1日	2011 (平成23)年 4月1日	2012 (平成24)年 4月1日	2013 (平成25)年 4月1日	2014 (平成26)年 4月1日	2015 (平成27)年 4月1日	2016 (平成28)年 4月1日
環境省(庁)(a)	521	915	1131	1258	1521	2212	2788	2921	2953
政府全体(b)	502340	487504	529550	295672	294526	296756	296500	296217	296138
(a)/(b)	0.104%	0.188%	0.214%	0.425%	0.516%	0.745%	0.940%	0.986%	0.997%

[「行政機関職員定員令」（昭和44年政令第121号）について，官報により各時点の定員を確認し作成]

●地方公共団体の予算と職員数　予算については，環境省が総務省資料から試算した地方公共団体公害対策決算状況によると，2010（平成22）年度決算額における一般経費は1848億円，公害規制および調査研究費は354億円，公害防止事業費は1兆9409億円（うち，下水道事業は1兆5563億円，廃棄物処理施設整備が2784億円），公害健康保険被害補償経費は628億円，その他は941億円で，合計2兆3180億円であり，2009（平成21）年度と比較すると，公害防止事業費が3090億円減となったことなどにより，合計で2670億円減少している．環境部門職員数は，総務省自治行政局「地方公共団体定員管理調査」によると，2015（平成27）年の地方公共団体の環境部門職員数は，公害部門が7139人，清掃部門が4万7115人，環境保全部門が6917人の合計6万1171人で，全職員273万8337人の約2％である．2014（平成26）年と比較すると，それぞれ64人，1420人，28人の減少で，合計1512人減少している．　　　　　　　　　［東條純士］

📖 参考文献
・環境庁20周年記念事業実行委員会編（1991）『環境庁二十年史』ぎょうせい．

各国の環境政策の組織と特徴

　各国の環境政策を実施する組織は，それぞれの国の事情によりその特徴が異なる．ここでは，イギリス，アメリカ，ドイツ，中国，フランス，韓国を例として，特徴を整理する（日本については☞「環境政策の予算と組織」）．

●イギリス　「英国において行政権は，形式的には国王大権に属するが，実質的には首相を中心とする内閣にある．そして，立法権と行政権が緊密に融合する議院内閣制を採用し，議会の執行機関である内閣に強大な権力が集中している」（田中，2011）．このため，「英国には，我が国における国家行政組織法のような中央行政機関のモデル法は存在しない」（同，2011）とされている．また，「内閣の規模と閣僚の指名は，首相の判断による」（同，2011）とされており「大臣省の再編は，1975年国王大臣法に基づき，枢密院令により，大臣の権限の変更を行うことができるため，首相の判断で省の再編が比較的自由に行われる」（同，2011，および，参議院憲法調査会事務局，2002）という特徴がある．

●環境関連の行政組織の概要と変遷　環境保全に関する国の行政組織に関しては，1970年に，環境省（DoE）が，住宅・地方自治省（the Ministries of Housing and Local Government），公共施設・公共事業省（the Ministries of Public Building and Works）と運輸省（the Ministries of Transport）を統合して組織された．1997年には，環境省と，農漁業食糧省（MAFF）と運輸省（DoT）が統合され，イギリス環境運輸地域省（DETR）となり，2001年には，DETRは，環境政策を担うイギリス環境・食糧・農村地域省（Defra）と，イギリス運輸省（DfT）およびコミュニティ・地方自治省（DCLG）の3つの組織に分かれた．2016年8月現在でも，Defraが，大気汚染，水質汚濁，廃棄物，自然保護などの環境政策を担っている．Defraの2014〜15年の予算は，3億4398万2000ポンドである．

　気候変動問題については，2008年に，Defraとビジネス・企業・規則改革省（BERR）の機能の一部が取り出され，気候変動対策に特化したエネルギー・気候変動省（DECC）が設置されたが，2016年7月に，DECCとビジネス・イノベーション・技能省（BIS）が統合され，ビジネス・エネルギー・産業戦略省（BEIS）が設置されたことにより，DECCは廃止されている．

　原子力規制については，2011年にイギリス安全衛生庁（HSE）のエージェンシーとして設置された原子力規制局（ONR）が，the Energy Act 2013により，独立機関となり，現在でもその任務を担っている．

●アメリカ　「大統領制を採るアメリカ合衆国では行政権は，大統領個人に帰属する（合衆国憲法第2章第1条1項）」（参議院憲法調査会事務局，2002）．一方で，

「行政組織の編成権については憲法上，連邦議会にあると解釈されている（合衆国憲法第1章第8条18項）」（同，2002）．このため，行政組織は，原則として個別的な法律によって設置され，日本のような国家行政組織法は存在しない．しかし，連邦政府の役割が増大した結果，立法府が全面的な組織編成権をもつことの限界が意識されるようになり，1939年，Administration Reorganization Act が制定され，大統領のイニシアチブの強化が行われた．同法は何度か改正をされているが，議会と大統領の対抗関係を軸に，大統領の権限が強化されることもあれば，連邦議会の権限が強化されることもある（同，2002）．

●環境関連の行政組織の概要と変遷　環境保全に関する国の行政組織の設置の経緯については次のとおりである．

　アメリカでは，第2次世界大戦後，環境問題が地域の問題として顕在化し，1963年には最初の連邦大気浄化法（Clean Air Act）が，1965年には水質保全法（Water Quality Act）が，1969年に絶滅危惧種保護法（Endangered Species Preservation Act）が，1969年には国家環境政策法（National Environmental Policy Act）が制定されるなど，法整備が進められた．こうした国レベルの環境政策を整合させ，監督するための行政機関を設置するために，当時の R. ニクソン（Nixon）大統領が，1970年7月9日に Reorganization Plan No. 3 of 1970 を連邦議会に提出し，連邦議会におけるすべての手続が終了した同年12月2日にアメリカ環境保護庁（EPA）が設立された（Rinfret & Pautz, 2014）．EPA は，大気汚染，水質汚濁，廃棄物行政の米国内の対策に関するモニタリング，基準設定，法施行などの業務を行っており，2014年度の予算は，82億ドルで，人員は1万5408人である．

　自然保護に関する行政については，内務省（DOI）が国立公園の管理や野生生物の保護を担っており，原子力規制は1974年に設置されたアメリカ原子力規制委員会（NRC）が担っている．

　また，気候変動問題などの地球環境問題に限らず他国と関係する環境問題に関しては，国務省（DOS）が大きな役割を果たしている．

●ドイツ　ドイツでは，ドイツ連邦共和国基本法（以下，「基本法」と言う）に基づき，首相が実質的な組閣権を有し，基本法に明示されている国防大臣など，法律上，政治上必要とされる大臣は置かなくてはならないといった一定の制約はあるが，首相が，所管領域，大臣数の決定も行う．また，組織改正の方式についても定めはなく，実務上は組織令により行われている（上田，2003）．

●環境関連の行政組織の概要と変遷　環境保全に関する国の行政組織に関しては，1974年7月に，ドイツ連邦環境庁（UBA）が設置され，その後，1986年6月に，チェルノブイリ発電所の事故も契機となり，原子力安全に係る業務も加えた環境・自然保護・建設・原子炉安全省（BMUB）が設置されている．BMUB のもとには，5つの庁（① the Federal Environment Agency, ② the Federal Agency for

Nature Conservation, ③ the Federal Office for Radiation Protection and the Federal Office for Building, ④ Regional Planning with the Federal Institute for Research on Building, Urban Affairs and Spatial Development, ⑤ Federal Office for the Regulation of Nuclear Waste Management) があり，全体で3000人以上が働いている．さらに，ドイツ環境審議会（SRU）やドイツ連邦政府地球気候変動諮問委員会（WBGU）などの独立専門委員会も設置されている．BMUBは，気候変動，大気汚染，水質汚濁，廃棄物，自然保護，原子力規制を担っており，その2016年の予算は，45億4400万ユーロである．また，各連邦州にも環境省があり，州の環境大臣会議が定期的に開催されている（竹内，2004）．

●中国　中国では「工業の発展に伴い，環境汚染や自然破壊の問題が顕在化した」（北川，2008）ことを受け，「1974年10月に環境保護のための組織として，政府に〈国務院環境保護指導小組〉が設けられ」（北川，2008），「1979年9月に，全人大常務委を原則通過した「環境保護法（試行）」の公布」（同，2008）の後，「1982年5月に国務院環境保護指導小組弁公室が廃止され，城郷建設環境保護部の1つの局に改組」（同，2008），「1984年11月には，城郷建設環境保護部環境保護局は国家環境保護局に格上げ」（同，2008）された．さらに1989年には「環境保護法」が制定され，「1998年，国家環境保護局は国家環境保護総局に改称，国務院の直属機構に格上げ」（同，2008）された．その後「2008年3月15日，環境政策，計画および重大な問題に対する全面的な調整，協調に力を入れるため，第11期全人代第1回会議では環境保護部の発足が決定」し，国家環境保護法局は，各国におけるいわゆる省にあたる組織に格上げされた．現在，中華人民共和国環境保護部は，大気汚染，水質汚濁，廃棄物，自然保護，原子力規制を担っている．

　気候変動問題に関しては，国家発展改革委員会のもとに設置された「国家気候変動対策協調班」が担っている．

●フランス　フランスの政治システムは，立憲君主制，共和制，帝政ないしボナパルティスムの間を揺れ動き，統治構造も，行政府優位と立法府優位の制度間を中間形態を含みつつ「振り子」のように揺れてきている（田口・中谷，1994）．1870年からの第3共和制には議会中心の近代立憲主義が確立し，第2次世界大戦後の第4共和制憲法は象徴的・名目的大統領をもち国民会議を最高の政治機関とする一元型議院内閣制，すなわち議会優位の体制を骨格としていたが，1958年に大統領を中心とする執行権優位の統治体制という特徴をもつ第5共和制に移行した（田口・中谷，1994）．第5共和制憲法においては，大統領は国家元首で行政権の長でもあり，首相・閣僚の任免を行うとされ，政府は首相および大臣からなり，日本のような行政組織の一般基準を定める法令は存在せず，省庁の設置は行政権限で行われる．このため，統廃合・新設・名称変更が頻繁に起こる（田口・中谷，1994）という特徴がある．

●環境関連の行政組織の概要と変遷　環境保全に関する組織については，1971年

に，環境省が設置され，公害対策，廃棄物対策，自然保護，野生生物保護を所管していた．現在は，フランス環境・エネルギー・海洋省（MEEM）に改組され，上記分野に加え，気候変動，エネルギー，原子力規制も担っている．

●**韓国**　韓国の政府形態は，第2共和国（1960年）の議院内閣制を除いて，大統領中心性と議院内閣制の要素の混合形態である（高，1998）．現行憲法においては，大統領と行政府という二元的構造となっており，大統領は国家元首かつ国政の最高責任者であり，また行政首班であり，国民の直選による代表機関である．国務総理は大統領の補佐機関として国会の同意を得て大統領が任命，閣僚（国務委員）は国務総理の提請に基づいて大統領が任命し，行政組織は，国家の場合には，政府組織法を基本として組織されている．

●**環境関連の行政組織の概要と変遷**　韓国の環境当局は，1967年に各国の省にあたる保健社会部に公害係が設置されたことに始まり，1973年にはそれが公害課に拡大され，何度かの組織的変遷を経て，1980年に，保健社会部の下部組織として環境庁が設立された．1990年1月に，国務総理所属の機関となり，1994年12月に環境部に昇格し，より大きな権限を与えられた（自治体国際化協会ソウル事務所編，2008）．現在は，気候変動，水質汚濁防止，大気汚染防止，土壌・地下水汚染対策，公害，健康，化学物質審査規制，上下水道，廃棄物対策，自然保護，グリーン経済を所管している．原子力規制については，国務総理直属の韓国原子力安全委員会（NSSC）が所管している．　　　　　　　　　　［東條純士］

📖 **参考文献**

・北川秀樹編著（2008）『中国の環境問題と法・政策—東アジアの持続可能な発展に向けて』法律文化社．
・自治体国際化協会ソウル事務所編（2008）『韓国における環境問題と自治体の取り組み』CLAIR report 332．自治体国際化協会．

政策調整手段としての計画

　ある目的をもった政策を実現するための道具が政策手段である．例えば，大気汚染の防止であれば，環境基準が目的となり，排出規制やそれに伴う罰則などの規制的手段が政策手段の1つとなる．一方，公害対策全般や気候変動対策など，その原因が多くの分野にわたり，その目的の実現に向けて多くの施策を体系的かつ効率的に進めていくためには，「計画」が必要となる．その作成過程においては，環境保全担当部局のみならず，その他の経済・事業担当部局など多くの担当部局との実質的な政策調整が行われ，それがうまく進めば政策目標の実現が可能となる．ここでは，そのような視点から日本の環境政策において計画が果たしてきた役割とその限界・課題について「環境基本計画」の成り立ちを中心に概観する．

●公害対策基本法時代における「計画」と「環境白書」　日本の環境政策においてまず直面したのが，戦後の高度経済成長に伴い発生した公害の防止であった．そのため，1967年に策定された「公害対策基本法」には「公害防止計画」の条文が置かれ，特に公害の状況が厳しい地域を対象として，それぞれの公害防止計画が策定され，下水道などの公害防止関連施設の整備の促進などを通じ，公害状況改善に効果をあげてきた．

　しかし，公害防止分野以外の計画，なかんずく，国レベルの環境政策全般を扱う「環境計画」は存在しなかった．一方，環境に大きな影響をもたらす経済や開発に関する国レベルの計画としては，「経済計画」や「全国総合開発計画」などがあり，政府部内における非対称性が当時の環境庁の悩みであった．

　そのため，実質的な政策調整の場の1つとして，いわゆる法定白書であり閣議決定文書でもある「環境白書」の「総説」が，環境政策の今後の方向性などについて関係省庁と実質的に議論・調整する場として活用された．「環境白書」はもともと，前年度における環境の状況と行った施策，次年度以降に講じようとする施策について国会に報告するものであり，必ずしも総説が必要ではない．しかし，この「総説」は，まだ政策化されていないものの今後必要となってくるような重点的な政策的課題をテーマとして毎年選定し，日本の現状の分析や将来予測，また，外国の事例を紹介したりすることを通じ，積極的に政府部内での議論を行い，共通認識を醸成し，その後の具体的な政策展開につなげるという役割を果たした．

●環境基本法の制定と環境基本計画　1992年の国連環境開発会議（UNCED，通称地球サミット）の開催を契機として，従来の公害対策基本法を廃止して新たに自然環境の保全や地球環境問題を統合した，環境政策分野でのプログラム法である「環境基本法」（☞「公害対策基本法から環境基本法へ」）を制定する機運が高

まった. 同法は, 地球サミットの翌年の 1993 年に成立し, その中で同法に基づく, いわゆる法定計画としての「環境基本計画」が初めて位置付けられた.

この措置により, 国レベルにおける「環境保全に関する総合的かつ長期的な施策の大綱」としての計画がおおむね 5 年おきに策定されることとなり, 政府部内における環境政策の調整の場が広がることとなった. 環境基本計画は中央環境審議会の意見を聴いて策定されることとされ, また, 同計画は地球サミットの「アジェンダ 21」で各国が策定を要請された「国別の持続可能な発展戦略」にも位置付けられた.

●環境基本計画と国の他計画との関係　　一方で, 環境基本計画の策定過程において, 環境関連の計画と開発・経済関連のその他の計画とをどのように調整していくべきかが問題となった. この問題については, 最終的に, 同計画第 4 部の「各種計画との連携」において「国の他の計画のうち, 専ら環境の保全を目的とするものは, 環境基本計画の基本的な方向に沿って策定・推進する. また, 国のその他の計画であって環境の保全に関する事項を定めるものについては, 環境の保全に関しては, 環境基本計画の基本的な方向に沿ったものとなるものであり, このため, これらの計画と環境基本計画との相互の連携を図る」とされた.

この表現からも分かるとおり, 気候変動問題など, 特に環境保全と経済成長などとの間の本質的な統合が必要な政策分野の調整においては, その関係があいまいなままに残された.

●政策手段としての環境基本計画の限界と課題　　1992 年の地球サミット以来, 世界は「持続可能な発展」という環境保全と経済発展とを統合する方向に向かうこととされている. そのためには, 地球サミットで各国に求められた, すべての政府の政策の上位計画である「持続可能な発展に関する国家戦略」の確立が不可欠であるといえる. 日本では, その国家戦略にあたるものが環境基本計画であるとされている.

ところが, 環境基本法で定められているとおり, 環境基本計画は「中央環境審議会の意見を聴いて」「環境大臣が定める」とされている. いうまでもなく, 環境大臣は政府の中の一大臣であり, すべての政府の政策の上位計画を定める権限を与えられている訳ではない. そのため, エネルギー政策と気候変動政策との統合など, 環境と経済とを本質的に統合して初めて実効性を発揮する「持続可能な発展に関する国家戦略」には, おのずからならない, という意味で, 現在の環境政策全般の政策調整手段としての環境基本計画には, 大きな限界と課題があるといわざるを得ない.　　　　　　　　　　　　　　　　　　　　　　　　　[一方井誠治]

📖 参考文献
・環境省総合環境政策局総務課（2002）『環境基本法の解説（改訂版）』ぎょうせい.
・一方井誠治（2013）「真のグリーン・エコノミーに向けて」『環境情報科学』第 42 巻第 3 号, 5-10 頁.

規制的手法と遵守・履行

　規制的手法とは，立法府または行政機関が事業者や国民に対して一定の義務の遵守を求め，その遵守を強制するというものであり，命令＝管理方式とも呼ばれる．典型的には，その違反に対して行政的または刑事的制裁が課（科）され得るものである．この手法には，排出基準の遵守の義務付けのほか，一定の事業活動に対する許可制や届出制，義務内容や許可要件の履行に対する監督，義務違反に対する介入措置が含まれる．規制的手法は，人の行為に関する法的義務付け（作為・不作為・受忍の義務付け）をする点で，ほかの環境政策手法と異なる．環境政策としては，かつてはどの国でも規制的手法が用いられてきたのであり，今日でも，これが中心的手法であることには変わりがない．規制的手法の中心は，「ある結果の実現」を求める実体規制であるが，それとは別に，報告書の提出や情報の公表のような手続の履行を求める手続規制もみられる．もっとも，規制的手法とは実体的規制手法の意味で用いられることが多い．

●各種の環境規制　環境規制としては，公害については，事業規制が効果的であったし，アメニティなどの土地利用との関係では，地域指定制度と開発許可制度などによる土地利用規制が最も一般的である．

　物質の規制については，通常の公害の場合のように，個々の排出を規制するものが主であるが，難分解性，高蓄積性および長期毒性のある有害物質のように，その製造・輸入自体を規制することが必要なものもある．また，公害に関わる場合でも，自動車大気汚染，スパイクタイヤ公害のように，原因者がきわめて多数にのぼる都市・生活型公害については，個々の排出を取り締まるのは不可能であり，単体規制（「自動車NOx・PM法」），製品の製造規制（「水銀環境汚染防止法」），使用規制（「スパイクタイヤ粉じんの発生の防止に関する法律」）などの措置がとられることがある．条例レベルで，生活排水による琵琶湖の富栄養化に対して有リン洗剤の販売禁止措置がとられたが，これも同様である．

　土地利用規制に関しては，地域指定制度につき，法律上は地主の同意を要しないのにも関わらず，地元での合意が成立しない限り事実上指定しない運用がなされているため，実効性があがっていない．これは，日本において土地所有権に対する計画的コントロールが弱く，開発・建築の自由が根強く存在する点に根本的な原因がある．景観・アメニティの保全の観点からは，より厳しい規制方法として，海浜の埋立てに関して自然海浜状態を残すべき絶対的基準を設けることや，一定の土地利用にあたって一定の緑化を義務付けることも考えられる．

　なお，規制的手法の導入等については，近時，政策評価法により，事前評価が

義務付けられるようになっている.

●規制の内容, 遵守の義務付け　①規則の内容：規制的手法は典型的には実体規制の手法であり, 限界値規制, 総量規制, 構造規制による命令管理規制, 行為規制, 許可による統制がその代表である. ここでは公害を中心として記すが, 日本では, 欧米と異なり, 公害発生施設に関して許可制がとられておらず, 届出制（ただし, 事後変更命令付き）にとどまっている点に特色がある（これに対し, 廃棄物規制に関しては, 処理業および処理施設について許可制がとられている）.

公害の規制システムは, 公害の種類によって異なっているが, 基本的には, 規制内容を確定し（環境基準）, 公害の発生施設を特定し, そこから排出される汚染物質等の許容限度（排出基準）を定め, その遵守を強制する方法（排出規制方式）がとられている. 排出基準による規制は限界値規制である（濃度基準である場合が多い）. 排出基準は環境質に基づいて決定されることが多く, この場合には環境基準の達成を目標として設定されることが多いが, 技術（最良の利用可能な技術〈BAT〉）に基づいて決定される場合もある. 排出基準は法律に基づき政令で定められることが多いが, 自治体の条例による上乗せが可能である.

一方, 総量規制は, 多数の汚染発生源が集中的に立地する場合のように, 個別の限界値規制では環境基準の達成が困難な場合に一定の地域で行われるものであるが（硫黄酸化物, 窒素酸化物, 化学的酸素要求量〈COD〉, 窒素, リン）, 最近では, 二酸化炭素に関するキャップ・アンド・トレード型の排出枠取引制度のように, そもそも個別の規制では意味が少なく総量での規制にこそ意義がある場合に, 総量規制を経済的手法（排出枠取引制度）と結合するものが現れている.

構造規制は, 一般粉じんの規制基準のように, 集じん機を設置していること, 施設が「粉じんを飛散しにくい構造の建築物内に設置されていること」といった, 構造・管理に関する基準となっている場合である.

行為規制に関する基準は, 許可基準（「廃棄物処理法」や「自然公園法」）や廃棄物処理法の委託基準, 「容器包装リサイクル法」の特定事業者の再商品化義務などにみられる. 「資源有効利用促進法」, 容器包装リサイクル法, 「省エネルギー法」にみられる「判断の基準となるべき事項」も, 緩やかな行為規制に関する一種の基準である.

②遵守の義務付け：限界値規制も総量規制も, 遵守の義務付けがあることを前提としている. このような義務の不履行に対しては, 法律上制裁の規定があるのが通常である（そうでない場合もある）.「排出基準⇒遵守の義務付け⇒制裁」という構造になっているのである. 義務付けの内容としては, 実体的な義務付け（実体規制）をするものと, 一定の手続的な義務付け（手続規制）をするものがある. 枠組規制的手法とされる化学物質排出移動量届出制度（PRTR制度）や, 地球温暖化対策推進法における温室効果ガスの算定・報告・公表システムは後者にあたる.

③**行政指導と行政命令**：遵守のための直接的な方法としては，行政指導と行政命令がある．行政指導とは，行政が望ましいと考える行動をとるように要請することであり，相手方はこれに従う法的義務はない．行政指導には法的根拠がある場合とない場合がある．なお，「行政手続法」により，行政指導に携わる者は，その相手方が指導に従わなかったことを理由として不利益な取扱いをしてはならないことが規定されている（第32条2項）．

行政命令は，遵守を法的に義務付けるものである．これには法的根拠が必要である．施設の構造，使用方法などの改善を求める改善命令などがある．行政命令に対する違反は，刑事罰の対象となる．行政命令の発出には法定の要件が必要であるが，省エネルギー法や資源有効利用促進法のように，命令前に勧告などの行政指導を必要とする立法もある（行政指導前置制）．

④**制裁措置**：不遵守に対する制裁として典型的なものは，刑罰である．刑罰としては，罰金刑と懲役刑が一般的である．

排出基準違反に対しては，直罰の制度と，改善命令違反の場合の罰則（ワンクッション・システム，命令前置方式）の2種類の罰則が規定されている．直罰制度は，従来のワンクッション・システムでは対応が後追いになるとの批判に配慮してつくられたものであり，排出基準に適合しないばい煙や排出水を排出した場合に，改善命令を経ずにただちに刑罰を科されるものである（もっとも，改善命令に違反した場合の方が，刑罰が重くなっている）．

もう1つ重要な制裁として，許可の取消がある．許可条件に違反した場合（例えば，一般廃棄物や産業廃棄物の処理業者が廃棄物処理法の許可条件に違反した場合）には，許可の取消や許可の効力の一時停止が行われる．

⑤**モニタリング**：規制の遵守状況を把握するため，モニタリングが重要である．環境大臣または都道府県知事は，公害発生施設に対する監視・監督を実施するため，公害発生施設の状況等必要事項に関し，報告を求め（報告徴収），また，必要に応じ，その工場・事業場に立ち入り，当該施設その他の物件を検査する（立入検査）ことができる．事業者自身によるモニタリングについては，その信憑性に不安もつきまとうことから，記録提出を義務付けること，行政が立入検査を抜打ちで行うことが重要である．また，都道府県知事は，大気や水質の汚染状況を常時監視する義務を負っている．

●**政策効果の観点からの評価・分析**　規制的手法の政策効果の観点からの評価をする際の1つの要素として，環境犯罪の検挙数が参考になろう．環境犯罪の検挙数は増加してきたが最近は減少・横ばい傾向にある（2010年7179件，2014年5628件，2016年5832件）．このうち廃棄物処理法違反が最も多いが（2016年5075件），「鳥獣保護管理法」違反等の野生生物関連の検挙数も少なくない（『平成29年版環境白書』296頁より）．環境犯罪の近時の検挙数の減少傾向は，廃棄物処理法，個別リサイクル法などの強化が関連していると指摘されており，この

傾向から，規制的手法の政策効果が弱いとみることは困難である．

●関連する研究の動向　法学の分野においても，規制的手法の限界を指摘する学説は有力であるが（大塚，2014；黒川，2004；勢一，1996；北村，2014：140；Stuart, 2001；Kloepfer, 2004：237），他方で，伝統的な立場から，規制的手法を重視する見解（桑原，2012），同手法を政策手法の既定値とし，その他の手法が選択される場合には正当化根拠を問うべきであるとする見解（原田，2010）も主張されている．

　規制的手法の利点は，第1に，必要な行為を具体的に指示することとなり，明確性があること（さらに，行政責任を法的に問える余地が生ずるという明確性もある），第2に，短期間で望ましい状態を実現できるという確実性がある場合が多いことにあると言える．

　他方で，規制的手法には，①その活用にあたっての実際上の限界・制約と，②手法自体の欠点の問題がある．①については，第1に「監視の限界」（行政リソースの限界，監視手法の限界のため，規制的手法のみでは限定された効果しか発揮されない），第2に「不確実なリスクへの対応の必要」からの限界（不確実なリスクについては，被害発生の蓋然性が明確でないため，比例原則から，規制をするのが困難な場合が生ずる．これに対して，不確実であっても即効的な対策が必要な場合があるとの批判もある（桑原，2012））があげられる．②については，第1に，規制的手法は一律規制であるため，各企業によって汚染削減のコストが異なることが無視され，社会的費用（遵守費用）が浪費される結果となる点，第2に，（法的義務の設定が，一般的行為の自由を前提としているため）継続的な環境負荷の削減に対するインセンティブが欠如する点（ただし，規制においてもトップランナー方式のような例外はある）があげられる．特に②は，経済学者からも批判される点であり，これらの欠点を補うものとして経済的手法が注目されるが，同手法にも，賦課金制度における最適なレベルの賦課料率や，排出枠取引制度における最適な許容排出量の割当の決定が困難であること，多くの発生源を行政機関が把握しにくいことなどの問題がある．こうして，種々の手法を適切に組み合わせて用いる「ポリシー・ミックス」が重視されるべきであり，各環境問題についてその内容を確定する必要がある（大塚，2010：315以下；大塚，2014：233，大塚，2016：60以下／138以下）．　　　　　　　　　　　　［大塚　直］

📖 参考文献

・桑原勇進（2012）「規制的手法とその限界」新美育文他編著『環境法大系』商事法務，237頁以下．
・原田大樹（2010）「政策実施の手法」大橋洋一編『政策実施』 BASIC 環境政策学6，ミネルヴァ書房，55頁．
・大塚　直（2014）「環境法における実現手法」『法の実現手法』岩波講座現代法の動態2，岩波書店，233頁．

経済的手法

　経済的手法とは，汚染物質の排出あるいは，生態系サービスに価格を付ける政策手段のことである．価格を付けることによって，排出削減が促され，あるいは生態系サービス保全が促される．代表的には，環境税や排出権取引，生態系サービスに対する支払いがある．理論的には，外部不経済の内部化，あるいは外部経済の内部化の方法として，A. C. ピグー（Pigou）によって提案された．また R. H. コース（Coase）は，行政が関与しなくても，当事者間の支払いによって外部性の内部化が果たせることを論じた．環境税と排出権取引は，理想的に機能すれば，排出削減費用の最小化も達成する．

　これらの経済的手法は，これまでタダだったものに価格を付けるのだから，政治的な合意形成は難しい．それに対し，規制による負担を軽減する税制上の措置や低利融資，省エネルギー性能に優れた家電製品や住宅に対するエコポイント，エコカー減税などの助成は合意を得やすいけれども財政の負担になる．家電エコポイントについて，会計検査院（2012）は，買替えよりも新規購入を促進する効果が大きく，二酸化炭素排出量を増やしてしまったと試算している．Matsumoto（2016）は，助成の根拠としてエネルギー効率性ギャップの存在などをあげたうえで，それら助成の効果を分析している．

●**汚染負荷量賦課金**　大気汚染によって健康被害を受けた人に対する補償の財源調達のために，1974 年から導入された．賦課金率が一時期かなり高率になったので，排出削減を動機付けたかもしれない．しかし，当時公害防止協定によって厳しい規制が行われていた．このように，1 つの排出源に対して，複数の排出削減政策が適用される場合，効果が増えることはなく，より強い政策は排出削減に効くが，弱い政策は排出削減に効くことはない．賦課金と協定のどちらが排出削減に効いていたのかを検証するには，協定による限界排出削減費用を計算し，それを賦課金率と比較する必要がある（植田・松野，1997）．

●**地球温暖化対策税**　二酸化炭素 1t あたり 289 円を，原油および石油製品，液化天然ガス，石炭に課税するもので，2012 年から始まった．既存の石油石炭税に上乗せで課税している．この追加税率は，燃料の日々の価格変動に埋もれてしまう程度のもので，それだけで排出削減を動機付けているとは考えられていない．ガソリンに関しては，道路特定財源であった揮発油税の暫定税率の上乗せ分 24.3 円/l の方がはるかに大きい．既存の石油石炭税は燃料の容量や重量に対して課されるので二酸化炭素量に比例している訳ではないが，燃料需要を抑制する効果がある．地球温暖化対策税は，石油石炭税と一体になって，二酸化炭素排出量の削減に効

果をもつ.

●**産業廃棄物税** 三重県（2002 年導入）を皮切りに，多くの県が産業廃棄物に課税している．海外の場合は国税であるのに対し，日本は，2000 年に施行された「地方分権一括法」によって，地方税として導入された．他府県からの廃棄物を引き受けていた県が導入している．笹尾（2011）は，産業廃棄物排出量に対する効果は課税方式によって異なり，最終処分量の削減が観察される場合でも，課税による効果というよりは税収を使った事業による効果であると推測し，課税による削減効果がみられない理由の推測も行っている．また，産業廃棄物税が地方税として導入されると，産業廃棄物税が廃棄物を他の自治体に追い出しているだけの可能性もある．

●**東京都の排出量取引** 東京都は，日本の自治体としては初めて，2010 年度から大まかな分類ごとの一律削減率の排出上限量を義務化して，排出量取引を認めた（東京都環境局 WEB サイト「排出量取引」などを参照）．この排出量取引にはいくつかの特徴がある．第 1 に，工場だけでなくオフィスなどの業務部門も対象とする．第 2 に，実績排出量が排出上限量を下まわった場合の超過削減量について取引単位であるクレジットが発行される．第 3 に，電力消費に伴う二酸化炭素の排出も対象にする．この方法は節電を促すけれども，二酸化炭素の排出量が少ない発電方法を促す効果はない．そこで第 2 期からは，二酸化炭素の排出量が少ない電源の選択を排出量の算出に反映することになった．第 4 に，削減義務を課されない中小企業による削減や，グリーン電力証書などの再生可能エネルギークレジットが義務達成に使える．京都議定書が認めている海外での削減クレジットの利用は認めていない．

当初は，超過削減量より再エネクレジットの発行量の方が多かったが，2015 年度は，超過削減量の発行量が 157 万 t であるのに対し，再エネクレジットは，3 万 t になっている．アーガス・メディア社の査定によると，2016 年 3 月時点で，再エネクレジットの方が 3〜5 倍高い．2015 年度までに発行されたクレジットの量は 136 万 t であるが，異なる主体に移転されたのは 11 万 t にすぎない．また，排出削減義務に充当されたクレジットは，2.4 万 t にすぎない．排出削減義務達成のために使用しなかったクレジットは，第 1 計画期間から第 2 計画期間（2015〜）に繰り越すこと（バンキングと呼ぶ）が可能である．

●**森林保全のための県税の超過課税** 多くの県が，森林保全の財源調達のために，個人県民税均等割に超過課税を行っている．課税による森林保全インセンティブ効果をうたっている県もあるが，納税者であれば森林保全行為に関わらず一定額課税されるので，そのような効果はない．むしろその税収を民有林の保全に使うことによって，行政を仲介とした生態系サービスに対する支払いとみなせる．

沿岸の漁業の生産高は，上流の森林環境に依存する．漁業者が上流の森林環境保全に貢献しているコース的事例はたくさんある．　　　　　　　　　　　　　［新澤秀則］

情報的手法

　情報的手法は，「第4次環境基本計画」によると，「環境保全活動に積極的な事業者や環境負荷の少ない製品などを，投資や購入等に際して選択できるように，事業活動や製品・サービスに関して，環境負荷などに関する情報の開示と提供を進める手法」とされている．環境情報に関する説明責任を求め，それを他の主体の目にさらすことによって，環境保全上望ましい行動に誘導する手法である．

●情報的手法の意義　情報的手法の意義としては，まず市場の判断を通じて事業者の健全な競争を維持しながら環境の保全のための行動を促進することができることである．各事業活動や商品の環境負荷が比較可能になれば，投資，融資，取引契約，就職，商品選択といった市場取引の各場面でこのことを考慮することができる．

　第2に，政策主体が他の政策手法のベースとなる情報を得ることができることである．事業活動や製品の環境パフォーマンスが客観的に比較可能となれば，環境パフォーマンスの良い事業活動や製品開発を促進していくために，規制的手法，経済的手法など他の政策手法を適用することが可能となる．

●事業活動に関する義務的な情報的手法　「大気汚染防止法」をはじめとする各種規制法では，一般的に汚染物質の排出量など規制対象となる環境情報の記録を求めている．これらのうち，情報の公開に関する規定を備えているのは，関係者による帳簿の閲覧を認めた廃棄物処理施設の維持管理義務，都道府県知事による情報の公開を定めた「ダイオキシン類対策特別措置法」の記録義務など一部にとどまる．一方，1999年に制定された「特定化学物質の環境への排出量の把握等及び管理の改善の促進に関する法律（化学物質管理法：化管法)」は，特定の化学物質の環境への排出量などを把握させるPRTR制度（化学物質排出移動量届出制度）を通じて，事業者による化学物質に関する自主的な管理の改善を促進することを目的とするものであり，情報的手法の典型的な法律といえる．また2004年には，「環境情報の提供の促進等による特定事業者等の環境に配慮した事業活動の促進に関する法律（環境配慮促進法)」が制定され，独立行政法人や特殊法人といった特定事業者に，環境報告書を毎年度公表することを義務付けた．

●環境会計ガイドライン　一方，自主的な取組みを促進するためのガイドラインの整備が環境会計，環境報告といった分野で行われてきた．環境会計は，1999年以降，環境省によって順次ガイドラインが整備され，2005年に「環境会計ガイドライン2005年版」が公開されるにいたっている．ガイドラインでは，環境会計とは事業活動における環境保全のためのコストとその活動により得られた効

果を認識し，可能な限り定量的に測定し伝達する仕組み」と定義され，貨幣単位で測定される環境保全コスト，物量単位で測定される環境保全効果，貨幣単位で測定される環境保全対策に伴う経済効果の3つのカテゴリーからなるものとされている．

●**環境報告ガイドライン**　事業者が，その事業活動に関連する環境情報を対外的に報告する際のガイドラインづくりも進展している．2012年版には環境省によって「環境報告ガイドライン（2012年版）」が公開された．2012年版ガイドラインでは，「環境報告」を「事業者が事業活動に関わる環境情報により，みずからの事業活動に伴う環境負荷及び環境配慮等の取組み状況について公に報告するもの」と定義し，目的適合性，表現の忠実性，比較可能性，理解容易性，検証可能性，適時性の6つの環境報告の原則を示すとともに，環境報告の基本的事項や報告の対象となる情報や指標について項目ごとに整理している．

●**製品に関する義務的な情報的手法**　製品に関する環境情報を義務的に表示させる制度は，「化学物質の審査及び製造等の規制に関する法律（化審法）」や「農薬取締法」において一部義務化されている．また，化管法では，一定の化学物質を譲渡・提供するときには，その性状および取扱いに関する情報を掲載した化学物質安全性データシート（SDS）を提供しなければならないこととされている．

●**環境ラベル**　製品の環境情報を表示する任意の取組みとしては，環境ラベル制度をあげることができる．環境ラベルは，国際標準化機構（ISO）が定めるISO 14000シリーズの一環として，その一般原則などが定められている．ISO規格では，環境ラベルは，第三者認証による環境ラベル（タイプⅠ），自己宣言による環境主張（タイプⅡ），環境情報表示型の環境ラベル（タイプⅢ）の3つに大別されている．タイプⅠ型の環境ラベルは，環境保全型商品と認められるものに第三者機関がマークを付けるものである．日本では，財団法人日本環境協会が1989年から実施しているエコマーク制度などをあげることができる．タイプⅡに関してISO規格では，「あいまいな，または特定されない主張」や「持続可能性の主張」をしてはならないとしている．また，リサイクルマークなど特定のマークの用法を規定している．タイプⅢの環境ラベルは，商品の環境情報を数値で示すものである．日本では，社団法人産業環境管理協会が2002年から開始したエコリーフ環境ラベルがこのカテゴリーに該当する．さらに，環境省は，2008年に「環境表示ガイドライン」を公表し，2013年に改訂した．このガイドラインでは，国際標準の内容を確認するよう求めるとともに，消費者にわかりやすい環境情報提供のあり方に関する留意点を整理している．　　　　　　［倉阪秀史］

📖 **参考文献**
・環境省（2005）「環境会計ガイドライン2005年版」．
・環境省（2012）「環境報告ガイドライン2012年版」．
・環境省（2013）「環境表示ガイドライン平成25年3月版」．

合意・協定による手法

　行政主体が私人との間で合意を調達することによって，あるいは，私人間での合意を促すことによって環境保全を図るということが様々な分野で行われてきた．
●**合意・協定による手法の展開**　①**垂直的関係**：垂直的な合意・協定手法の典型例としては，行政主体と被規制者との間で締結される規制代替的な公害防止協定がある．日本の公害法令は，多くの場合，都道府県に規制権限を与えている．公害防止協定は，規制権限を有していない市町村が公害発生源に介入するための手段として用いられてきた．その嚆矢としてあげられるのは，1964年に横浜市と電源開発株式会社との間で締結された磯子火力発電所に係る公害防止協定である．その後，発電所に限らず，様々な産業施設と地方公共団体との間で公害防止協定が締結されてきた．また，最近では，公害対策だけでなく，省エネルギー，再生製品の使用など，様々な環境保全活動についても協定の対象とする例が増えており，環境保全協定などの名称が用いられることも多い．
②**水平・対立関係**：公害発生源と付近住民との間で公害防止協定が締結されることもある．それは一見すると私人間の合意にすぎず，環境政策の手法とは捉えがたいようにも見えるが，行政主体の側から私人間の合意を促すことも多く，公害発生源と住民団体との間の協定は，行政主体を相手方とする協定と機能的に近似しているということができる．
③**水平・協働関係**：水平・対立関係の協定のように，潜在的汚染者と潜在的被害者との間で合意がなされるのではなく，環境保全のために，相異なる属性を有する諸主体が，それぞれに求められる役割に応じて協働する仕組みがある．「自然再生推進法」上の自然再生協議会，「自然公園法」に基づく風景地保護協定，「都市緑地法」に基づく市民緑地契約などがその例である．
④**水平・合同行為的関係**：利害を共通にする主体が，いわば合同して環境保全上の利益を追求するという取組みの例として，「建築基準法」上の建築協定，「都市緑地法」上の緑地協定，「景観法」上の景観協定がある．土地所有者などが，良好な都市環境，都市緑地，景観などを維持・形成することを相互に約し，市町村長の認可を得ることによって将来の土地所有者などに対しても当該協定の効力が及ぶことになる．
●**自主的取組み**　「事業者などが自らの行動に一定の努力目標を設けて対策を実施することによって政策目的を達成しようとする手法」を「自主的取組手法」と呼ぶ（「第4次環境基本計画」：26）．自主的取組みは，揮発性有機化合物（VOC）の排出削減に係る取組みなど公害防止の分野にもみられるが，近時，環境政策上

の重要な位置付けを与えられているものに温暖化対策のための業界団体などの自主的取組みがある．経済団体連合会（現・日本経済団体連合会）は1997年に「環境自主行動計画」を公表し，産業・エネルギー転換部門からの二酸化炭素（CO_2）排出量を，2010年度において1990年度レベル以下にすることを目標とする旨，宣言した．2013年以後も，経団連に加盟する各業種が「低炭素社会実行計画」を策定して温暖化対策に係る自主的取組みを進めており，その進捗状況について第三者評価委員会，関係審議会によるフォローアップがなされている．

●**意義と限界**　（垂直的関係や水平・対立関係の）公害防止協定は，事業者の個別的事情や地域的事情をふまえた柔軟な対応を可能にするという点で，規制的手法などにはないメリットがある．また，事業者の同意を取り付けることにより，規制を行うよりも高いレベルの環境保全を目指すことが可能となる場合もある．

　他方で，合意の調達を前提とした手法であることに起因する限界もある．まず，協定などが掲げる環境保全上の目標の妥当性という問題がある．当該目標は，法令によって与えられるのではなく，被規制者との交渉によって定まるため，目標水準の正統性・妥当性に疑義を生ずる場合もある．その水準が厳しすぎる場合，あるいは事実上の強制である場合には，比例原則や法律による行政の原理との関係で問題が生ずる．他の事業者の目標値と異なる場合には，平等原則違反の問題が生じ得る．他方，協定などの手法（特に自主的取組み）が，規制や経済的手法の導入を阻止する目的で用いられる場合には，過小規制をもたらすおそれがある．

　協定などの実効性については，類型ごとに検討する必要がある．垂直的関係や水平・対立関係において締結される公害防止協定については，協定の内容が明確であれば契約としての法的拘束力が認められる可能性が高く，訴訟の提起によって履行の強制を図ることができる．水平・合同行為的関係の例としてあげた建築協定なども，訴訟を提起することによって履行を強制することができる．他方，前述の自主的取組みに関しては，あくまで自主的なものであり，目標達成を担保する法的手段はない．目標未達の場合には規制を導入する旨をあらかじめ定めたり，自主的取組みの履行を促す他の政策手段を併用したりすることが必要な場合もあろう．後者の例としては，2030年度にCO_2の排出係数を0.37kg-CO_2/kWhとすることを目指す電力業界の「自主的枠組み」（2015年7月）の達成を促すために改正された「エネルギー供給構造高度化法」および「エネルギーの使用の合理化等に関する法律（省エネ法）」に基づく判断基準（2016年3月）をあげることができる．

●**協定などに関する研究**　公害防止協定については，法学や経済学などの分野で従来から多くの研究の蓄積がある（伊藤，1994；島村，2012などを参照）．業界団体と行政主体の間のいわゆる自主協定については，欧州諸国の制度の紹介・分析がなされてきた（諸富，2001；松村，2007など）．他方，経団連の環境自主行動計画（杉山・若林，2013；島村，2010を参照）や低炭素社会実行計画に関する研究はまだ少ない．

[島村　健]

支援的手法

　1993 年の「環境基本法」第 25 条では「環境の保全に関する教育，学習等」として，国が，環境の保全に関する教育，学習などを振興させるとともに，環境保全活動を行う意欲が増進されるようにするための措置を講ずることが規定された．また，同第 26 条「民間団体等の自発的な活動を促進するための措置」では，国が，事業者，国民またはこれらの者の組織する民間の団体が自発的に行う環境保全活動が促進されるように，必要な措置を講ずることが規定された．これらの条文を根拠としつつ，国民・事業者が自ら環境保全行動の必要性に気付き，自発的に行動できるよう支援する手法（「支援的手法」）が進展してきた．

●支援的手法　支援的手法とは，国民・事業者が，自ら問題の所在に気づき，何をすべきかを知り，一定の作為（あるいは不作為）を自発的に選択するよう，教育・学習機会の提供，指導者や活動団体の育成，場所・機材・情報・資金の提供などにより支援する手法である．支援的手法は，その実施にあたっての社会的受容性は高いが，各主体の自発的な行動にかかっているため，義務教育の時期を逃すと，関心のない層に支援的手法のみでアプローチすることは困難となる．

●環境教育等促進法　環境教育や環境保全活動の分野の法制度としては，2003 年に「環境の保全のための意欲の増進及び環境教育の推進に関する法律（環境保全活動・環境教育推進法）」が制定され，この法律は 2011 年に「環境教育等による環境保全の取組の促進に関する法律（環境教育等促進法）」に改正された．この法律では学校や社会における環境教育を推進するため，環境教育等支援団体の指定制度，環境教育などの指導者育成・認定事業や環境教育教材の開発・提供事業者の登録制度，自然体験活動などの体験の機会の場を提供する事業の登録制度などを規定するとともに，政策形成への民意の反映，対等な形で関係者が協働して環境保全活動を進めることができるよう，協定の締結などの規定を置いている．

●持続可能な開発のための教育（ESD）　日本の提案を受けて，2002 年の国連総会において 2005～14 年までの 10 年間を「国連持続可能な開発のための教育（ESD）の 10 年」とされた．2005 年には「国連持続可能な開発のための教育の 10 年」関係省庁連絡会議が設置され，2006 年には「我が国における〈国連持続可能な開発のための教育の 10 年〉実施計画〈ESD 実施計画〉」が策定された．持続可能な開発のための教育とは，持続可能な開発が，技術的ブレークスルーや規制的措置によって実現できるものではないという考え方のもとに，環境・平和・人権といった様々な問題を自らの問題として捉えて学際的総合的な視点をもって行動できる人材を育成しようとするものである．

●**学校教育における環境教育の充実**　特に義務教育である小中学校の時代に，長期的な持続可能性に関連する知識を修得させ，その重要性にかかる認識をもたせることが必要である．2006年に教育基本法第2条4号の教育の目標に「生命を尊び，自然を大切にし，環境の保全に寄与する態度を養うこと」が盛り込まれ，2008年の「幼稚園教育要領」および「小学校・中学校学習指導要領」と2009年の「高等学校学習指導要領」に持続可能な社会の構築の観点が盛り込まれた．

●**多様な主体からなる協議会における取組みの促進**　支援的手法の制度化の方向性として，多様な主体からなる協議会の取組みを支援するという方向がみられるようになった．2002年に制定された「自然再生推進法」においては，「自然再生」を，「過去に損なわれた生態系その他の自然環境を取り戻すことを目的として，関係行政機関，関係地方公共団体，地域住民，特定非営利活動法人，自然環境に関し専門的知識を有する者などの地域の多様な主体が参加して，河川，湿原，干潟，藻場，里山，里地，森林その他の自然環境を保全し，再生し，若しくは創出し，又はその状態を維持管理すること」と定義し，地域の多様な主体が参加する自然再生協議会の活動を国や地方公共団体が支援する形をとった．また，2010年に制定された「地域における多様な主体の連携による生物の多様性の保全のための活動の促進等に関する法律（生物多様性地域連携促進法）」では，地域の自然的社会的条件に応じて地域における多様な主体が有機的に連携して行う「地域連携保全活動」を公的に支援する構成となっている．

●**地球環境基金**　活動のための資金の確保も支援的手法の重要な構成要素である．この点については，1993年に当時の環境庁が主導して官民の出資によって「地球環境基金」が設置され，年間総額6億円程度の助成金が民間団体に提供されている．運営主体は，独立行政法人環境再生保全機構である．

●**支援的手法を用いてはならない場合**　民間の環境保全活動において，支援してはならない場合もあろう．第1に，汚染者負担原則（☞「環境対策の主体とその原則・責務」）に従って，自らの負担で対策を講ずることが求められる場合，行政が公費を用いて支援することは適切ではなかろう（汚染者負担原則の例外を構成する場合を除く）．第2に，政党活動目的，宗教目的など，活動の目的に公益性が欠けている場合には，支援的手法を採用するべきではなかろう．第3に，利潤目的で行われる活動は，支援対象としてはそぐわないと考えられる．第4に，プロジェクトベースで支援する場合に，その環境保全効果が期待できない場合には，支援的手法を用いることは妥当ではないだろう．例えば，実施主体が安定的ではない場合，プロジェクトの内容が不十分な場合などが想定できる．第5に，特定の者のみに支援を行うことなど，公平でない支援的手法は実施してはならない．
　　　　　　　　　　　　　　　　　　　　　　　　　　　　　　　　　［倉阪秀史］

📖 **参考文献**
・倉阪秀史（2015）『環境政策論（第3版）』信山社出版.

環境政策手法の選択・政策統合

　環境政策の目的の実現のためには，様々な政策手法をいかにして選択し，あるいはいかに組み合わせて用いるのが最も合理的かを，行政は常に考える必要がある．また，環境政策の目的が広がってきている今日，環境政策と他の分野の政策との政策統合をいかに進めていくべきかということも大きな課題である．ここでは，日本の環境政策を中心に，実際にとられてきた政策手法の選択や組合せを概略で振り返るとともに，今後の日本の環境政策の手法の組合せや政策統合の課題について考察する．

●**環境政策における政策手法**　環境政策手法の分類は1つに定まってはおらず，様々な分類手法がある．ここでは，①規制的手法（排出規制，設備基準，燃料基準，土地利用規制など），②経済的手法（環境税，排出量取引，課徴金・賦課金，税の減免，低利融資・補助金など），③手続的手法（環境影響評価，環境管理システムなど），④情報的手法（エコラベル，トップランナー方式，汚染物質排出移動登録制度，国民運動などのキャンペーンなど），⑤合意形成的手法（公害防止協定など），⑥基盤的手法（環境責任ルール，情報公開ルール，被害補償制度，環境保全公共投資，環境教育などへの支援，科学技術の振興など，「持続可能な発展に関する国家計画」「環境基本計画」など）の6つに分類する．

●**高度経済成長時の激甚公害対策等における政策手法と組合せ**　第2次世界大戦後の高度経済成長期における健康被害を伴う激甚公害への対処としては，迅速かつ確実な対応が求められた．そのため，環境基準の達成を目標とした，罰則を伴う規制的手法を基本とし，さらに，規制対象となる中小企業などに対しては規制の実施による費用の負担に対する税の減免や低利融資といった，支援的な意味をもつ経済的手法が多く用いられた．また，無過失賠償責任などの新たな環境ルールの導入など基盤的手法の整備も行われた．さらに，発電所の新設などについては，住民の高い関心を背景に，地元自治体が，発電所設置企業と通常の規制よりも厳しい内容を含む公害防止協定を結ぶなどの合意形成的手法もとられた．

●**都市生活型公害対策における政策手法と組合せ**　その後，都市の交通公害や廃棄物問題など，いわゆる都市生活型公害が顕在化してきたが，ここでは加害者と被害者がともに同じ住民や企業であるという側面があり，おのずから直接規制を基本とした激甚公害への対応時とは異なる政策手法が必要とされた．例えば，廃棄物問題については，単に排出された廃棄物を不要物として処理するという考え方から，そもそも廃棄物の排出自体を抑制すること，再利用を進めること，それでも不要となったものはできるだけリサイクルしてごみにしないこと（いわゆる

3R政策），といった考え方に転換し，その裏付けとなる拡大生産者責任（☞「環境対策の主体とその原則・責務」）といった新たな環境責任ルールなどの基盤的手法の導入を行い，2000年前後には各種リサイクル法が導入された．また，遅れていた環境影響評価制度については1997年にようやく導入され，各地域においても環境マネジメントシステム（EMS）が導入されるなど，環境管理全般に係る手続的手法の充実が図られた．また，エコラベルをはじめとする情報的手法も多くの分野で取り組まれることとなった．

●**気候変動対策における政策手法と政策統合**　1992年の地球サミットやその後の「京都議定書」の採択を契機に，気候変動対策が日本でも環境政策の最大の課題の1つとなった．政策的な目標となった温室効果ガスの削減については，公害対策のような汚染物質としての直接規制の導入は困難であり，環境負荷物質としての温室効果ガスの排出をどのような政策手段で抑制するかが課題となった．

　この問題については，つとに1993年の「環境基本法」制定時に議論となり，同法第22条に経済的措置の条文が位置付けられた．しかし，炭素税など負荷を与える経済的措置の導入は，経済への悪影響があるのではないかとの経済界からの強い懸念を背景に，政策手法としての経済措置の表現は慎重なものとなった．

　京都議定書発効後の日本の気候変動対策については「京都議定書目標達成計画」に取りまとめられ実施された．そこでは，発電所などを含めると最大の温室効果ガス排出源となる産業部門については，中小企業などへの支援を含む省エネルギー対策などのほかは，産業界自身による「自主的な取組み」が削減手段の柱とされた．また，家庭部門に対しては，クールビズなどの温室効果ガス削減キャンペーンなどの情報的手段が主要な対策とされ，EUで共通政策手段として採用されたキャップ付きの排出量取引制度や，欧州各国で導入されている炭素税の導入などの負荷を伴う本格的な経済的措置は導入されなかった．

　京都議定書で定められた日本のマイナス6％の目標の達成期間は，2008～12年までの5年間の平均であり，この間の排出量は，最終的に，1990年を基準年とすると1.4％の増加となったが，森林による吸収と外国からの排出クレジットの購入により，増加分が相殺され，議定書目標は達成された．しかし，この期間は，2008年から起こったリーマンショックによる日本経済の大幅な落込みの期間と重なっており，その影響を考慮すると，京都議定書目標達成計画が計画どおりの成果をあげたとは到底いいがたい．このように気候変動問題に係る基本的な政策手段が導入されていない背景として，持続可能な発展に関する国家計画が事実上策定されておらず，気候変動政策とエネルギー政策などとの政策統合が進んでいないことが指摘されよう．　　　　　　　　　　　　　　　[一方井誠治，諸富　徹]

📖 **参考文献**
・諸富徹編著（2009）『環境政策のポリシー・ミックス』環境ガバナンス叢書7，ミネルヴァ書房．
・一方井誠治著（2008）『低炭素化時代の日本の選択─環境経済政策と企業経営』岩波書店．

公害防止分野における政策枠組み

　「公害」の語は，より広い意味で用いられる場合もあるが，「環境基本法」においては，「環境の保全上の支障のうち」「人の活動に伴って生ずる相当範囲にわたる」大気汚染，水質汚濁，土壌汚染，騒音，振動，地盤沈下および悪臭により，「人の健康又は生活環境……に係る被害が生ずること」と定義されている（第2条3項）．これは，「公害対策基本法」上の定義をほぼそのまま引き継ぐものであるが，環境基本法においては，新たに導入されたより一般的な概念である「環境保全上の支障」の一類型として位置付けられている．公害対策には，公害の防止のほか，紛争解決や被害救済の施策等が含まれる．ここでは，公害の防止に関する政策の枠組みを，大気・水質分野の主要な法律に重点を置いて解説する．

●**政策の基本枠組み**　現在，前記7つの公害分野については，防止対策に関する法律が1つ以上存在する．「大気汚染防止法（大防法）」「水質汚濁防止法（水濁法）」など各分野の中心となる法律の多くは，1970年代ないしはそれ以前に制定され，原型がつくられた．やや異なるのが土壌汚染で，1970年に「農用地の土壌の汚染防止等に関する法律」が制定されていたものの，土壌一般を対象とする「土壌汚染対策法」は，2002年になって導入された．これらの公害防止法は「規制的手法」を主要な政策手段としている．すなわち，汚染物質等を排出・発生させる活動または被害を生ずるおそれのある状況に関し，これに関係する者が遵守すべき基準を定め，あるいは講ずべき措置を個別に義務付け，罰則等を通じて最終的にその遵守・履行を確保するという仕組みを多く採用する．また，大気汚染，水質汚濁，土壌汚染および騒音に関しては，環境基本法に基づき「環境基準」が定められ，公害防止施策を講ずるうえでの目標とされている（第16条参照）．個別法令の規定により，またはその運用上，環境基準の確保可能性と特定の対策の発動要件や規制基準の設定方法とが関連付けられている場合もある．なお，「ダイオキシン類対策特別措置法」は，ダイオキシン類による各環境媒体の汚染について，環境基準の設定から具体的規制の措置まで，規定を置く．

●**分野による特徴**　公害は分野により問題の性質が異なることから，個別の公害防止法による規制のあり方にも異なる面がある．例えば，土壌汚染は，土壌に入った汚染物質が拡散しにくいことなどから汚染が長期継続する「蓄積性の汚染」である（土壌環境保全対策の制度の在り方に関する検討会，2001：1-1-(1)）．そこで，水濁法等が土壌の汚染防止の役割も担う一方，土壌汚染対策法は，すでに汚染された土壌による健康被害を防止するための措置を規定する（土壌環境法令研究会，2003：6-12, 23-24）．これに対し，大防法など大気汚染に関する法律にお

ける対策は，基本的に排出抑制による汚染防止に関するものである．別の例として，大防法や水濁法においては，国が全国に適用される規制基準を設定し，違反があればそのまま罰則の対象とする仕組みがあるのに対し，騒音・振動規制，悪臭防止に係る法律では，都道府県知事等が地域を指定し，規制基準を設定（工場等の場合），また，基準違反については段階的な改善措置を経て罰則に至るものとしており，こうした違いの背景には問題の性質の違いがあるとみられる（原田，1994：125-126；大塚，2010：381；岩﨑，2016：238）．

●政策対象・手法の拡大　大気汚染，水質汚濁に注目すると，近年の環境基準の達成状況については，多くの物質・項目で概ね問題のない状況がある一方，改善が進んでいないものもある（『平成29年版環境白書』第2部4章1節）．また，それら以外で取り組むべき課題も増加している．こうしたなか，大気・水の法政策にも変化がみられる．第1に，政策対象物質等の拡大である．大防法では，「ばい煙」「（一般）粉じん」など，初期からの規制対象物質に加え，「特定粉じん」（石綿，1989年改正），「有害大気汚染物質」（1996年改正），「揮発性有機化合物」（2004年改正）などが対象とされてきた．水濁法においても，当初の「有害物質」および生活環境に係る項目のほか，事故時の影響に着目して「油」「指定物質」が対象として追加されてきた．第2に，政策対象となる活動の拡大である．大防法および水濁法は，初期には，工場・事業場からの排出を主な対象とし，ほかは自動車排出ガス対策（大防法）を規定するのみであった．その後，生活排水の排出（水濁法，1990年改正），建築物解体等の作業に伴う排出（特定粉じんについて．大防法，1996年改正）も対象に加わっている．第3に，こうした政策対象の拡大・多様化に応じて，政策手段の多様化が進んでいる．水濁法の生活排水対策においては，市町村による計画の策定・推進が主な手段である．また，大防法では，有害大気汚染物質や揮発性有機化合物について，事業者の自主的取組を促し，またはこれを活用する趣旨の規定が置かれ，これらに基づいて施策が展開されてきた．なお，大防法は，2015年改正により，「水銀に関する水俣条約」の実施確保を目的規定に追加したうえで，水銀の排出規制や自主的取組に係る規定を置いた．このことにより，同法は，地球規模での環境汚染防止対策の一部を担うこととなった．

●今後の課題　環境汚染による生物・生態系へのリスクに対し，どのように政策を展開していくかは重要な課題である．水質については，2003年以来，「生活環境の保全」に関する環境基準の一部として，いくつかの物質（項目）について「水生生物の保全」に関する環境基準が設定されている．これに対応して，水濁法の排水基準値が強化されたものもある（中央環境審議会，2006）．しかし，「生活環境の保全」の概念のもとで生態系保全を進めていくことには限界もあり，環境基準のあり方など，より基本的な議論を行う必要性が指摘されている（大塚，2010：326；2016：3-5, 149；畠山，2013：182-185）．　　　　　［増沢陽子］

化学物質管理分野における
政策枠組み

　人間生活の物的な基盤を構成するのは様々な化学物質であるが，化学物質には危険有害な性質をもつものもあり，その利用等に伴って健康や環境に悪影響が生ずるおそれがある．このため，各国で化学物質管理のための政策が講じられており，日本においても，環境，健康，労働，災害防止など様々な分野の政策の一部として展開されてきた．ここでは，化学物質管理政策がもつ多様な側面を認識しつつ，従来主として環境政策として位置付けられてきた，環境汚染とこれに伴う人の健康および環境（生物や生態系）への影響を防止することを目的とする政策を中心に解説する．

●化学物質管理の基本的考え方　ある化学物質によって人の健康や環境に悪影響を生ずる可能性（リスク）は，物質がもつ危険有害な性質（の有無）やその内容，およびその物質に人や他の生物が曝露される程度により異なる．化学物質管理政策においては，こうしたリスクの性質や程度などを評価し（リスク評価），その結果に基づき，リスク以外の要素も勘案しつつ，対応方法について検討・決定（および実施）する（リスク管理）ことが，基本の考え方となる（NRC, 1983：3，18-21；van Leeuwen, 2007：2-11）．リスク管理措置としてある種の物質の利用を制限したり，リスク評価に必要な情報を私人から義務として提出させようとすれば，法律の根拠は不可欠である．化学物質管理法は，一般に，一定の物質に関し一定のリスク管理措置を求めることをその内容とするが，これに加えてリスク評価に関する規定を置くものもある（「SAICM 国内実施計画」2012：6）．リスク管理のための政策手法は，従来「規制的手法」が中心であるところ，近年は「情報的手法」など他の手法の活用もみられる．

●化学物質管理に関する主な法律：環境保全の観点から　環境保全を目的に掲げる法律で，リスク評価とリスク管理の双方に関し規定を置くものとして，「化学物質の審査及び製造等の規制に関する法律（化審法）」および「農薬取締法」がある（SAICM 国内実施計画：6）．化審法は，人の健康や動植物の生息等に有害な性質をもつ化学物質による環境汚染の防止を目的とする．同法は，これによるリスク管理の必要性を判断する等のため，新規の化学物質を製造・輸入しようとする場合の事前届出・審査制度，体系的・段階的に化学物質のリスク評価を進めようとする「優先評価化学物質」に係る規定等を置く（中央環境審議会，2008：Ⅱ-2，Ⅱ-3）．リスク管理の主要な手段としては，難分解性・高蓄積性・人や高次捕食動物への長期毒性をもつ物質についてその製造・使用等を厳しく制限する「第一種特定化学物質」の制度，相当程度広範な環境汚染を通じて人の健康や生

活環境動植物の生息等に被害を生ずるおそれがある物質を指定して一定の規制を行う「第二種特定化学物質」の制度がある．農薬取締法は，農薬の登録制度を定める．農林水産大臣による登録がなければ農薬の製造・加工・輸入を行うことはできないものとし，登録申請時の提出情報等，検査，リスク等の観点から登録が認められない場合などについて規定する．同法はまた，農薬の販売や使用についても規制を設ける．環境保全を目的に掲げて化学物質のリスク管理について規定する法律には，これらのほか，「大気汚染防止法」などの排出規制法や廃棄物関連法などがある．その中で，「特定化学物質の環境への排出量の把握等及び管理の改善の促進に関する法律（化管法）」は，比較的多数の化学物質を対象とし，情報の創出，公開，提供を通じて関係者にリスク低減行動を促そうとする点に一つの特徴がある．同法の下，事業者は，一定の物質に関し，事業所からの環境への排出量および廃棄物としての移動量を国に届出し，国は他の排出源からの排出量の推計結果とあわせて集計結果を公表，事業所ごとの排出移動量も請求開示（また，運用により公表）される（PRTR 制度）．また，事業者は，一定の物質を他の事業者に譲渡提供する場合，その性質や扱いに関する情報を相手方に提供する必要がある（SDS 制度）．化学物質管理の法律には，対象を特定の化学物質（群）に絞り，多方面から規制を行うものもある．「ダイオキシン類対策特別措置法」は，ダイオキシン類の大気・水への排出規制，土壌汚染対策，計画等について規定する．また，「水銀による環境の汚染の防止に関する法律（水銀汚染防止法）」は，「水銀に関する水俣条約」の一部を実施するために 2015 年に制定されたもので，水銀鉱の採掘から水銀・水銀化合物の使用，貯蔵，再生資源の管理まで，水銀のライフサイクルの大きな部分について 1 つの法律によって規制を行う．

こうした（狭義の）環境法としての化学物質管理法のほかにも，多様な法律が化学物質管理について規定している（SAICM 国内実施計画：付属資料 3）．

●今後の課題　従来，国際的に，（新規）化学物質の事前届出制が導入される前から製造等されていた物質（既存化学物質）の情報収集・リスク評価を促進することが，大きな課題の 1 つであった（例えば Commission of the European Community, 2001：4-6）．この点については，近年の EU および各国の法改正によって状況は変わりつつあり，2009 年に化審法を改正した日本も例外ではない．

一方，懸念はあるものの，その時点の科学では十分なリスク評価ができない物質に関し，予防原則の観点からどのような法政策対応を行うかについては，その考え方を含めさらに議論を要する．また，日本の化学物質管理の法体系全体に関しては，その断片性を指摘し，より包括的な法制を求める意見は多く，今後の課題である（増沢，2016：8-29）．　　　　　　　　　　　　　　　　　　　　［増沢陽子］

📖 参考文献

・高橋　滋・織朱實（2014）「化学物質管理法制の現状と課題」高橋信隆他編著『環境保全の法と理論』北海道大学出版会，263-283 頁．

自然環境保全分野における
政策枠組み

　本項では，生物多様性の政策枠組みを，政策の依拠する日本の法的基盤という意味と政策の諸手段の枠組みという意味の2つにおいて説明する．

●日本の生物多様性保全の法的基盤　日本では「環境基本法」が1993年に制定された．その第14条2項に「生態系の多様性の確保，野生生物の種の保存その他の生物の多様性の確保が図られるとともに，森林，農地，水辺地等における多様な自然環境が地域の自然的社会的条件に応じて体系的に保全されること」として，生物多様性の保全が環境政策に定められている．日本の自然保全の政策的な枠組みは，この環境基本法を上位法として2008年に制定された「生物多様性基本法」により規定されている．生物多様性の保全と持続的な利用を推進することにより，自然共生社会を実現し，地球環境に寄与することを目的としている．

(1)生物多様性基本法：この法律は，日本で生物多様性が初めて明確に定義され，その確保が国家戦略の基本に据えられたものである（及川, 2015）．生物多様性基本法は，野生生物種および地域の自然環境を保全すること，および国土の自然資源の持続的利用を，生物多様性に与える影響を回避または最小化するよう行うことを基本原則としている．「保全」および「持続的利用」は，生物多様性条約の目的に沿ったものである．さらに，こうした基本原則は，①予防的取組みと順応的取組みにより行うこと，②長期的観点に立つこと，③地球温暖化との連携を行うこと，の3つの考えにより実行されなければならないとされている．生物多様性基本法は，国に対し，「生物多様性条約」がその批准国に求めると同様に，生物多様性国家戦略を定めることを指示しており，1995年に策定されて以降，4度見直しを行っている．

(2)生物多様性国家戦略：2012年に決定された「生物多様性国家戦略」では，日本の生物多様性について，次の4つの危機を明記している．すなわち，①開発や乱獲，②自然への働きかけの縮小，③外来種，④地球環境問題（地球温暖化と海洋酸性化）である．一般的には，生物多様性の減少要因としては，①，③，④に加えて汚染があげられることが多いが，日本の大きな特徴として，汚染が含まれていない．一方，第2の危機として，自然への働きかけの減少である過少利用をあげたのが大きな特徴である．これは，里地里山のような，人間が働きかけることで維持されてきた生態系が，利用需要が減少したり，人口減少が進展して人間が撤退することで衰退してしまうことを懸念してのことである．

　こうした認識に基づき，2050年までに達成する長期目標と，2020年までに達成する短期目標を設定している．短期目標は，2010年に名古屋市で開催された

生物多様性条約第 10 回締約国会議（COP10）で採択された「愛知目標」の達成を主としている．また，長期目標は，自然共生社会を実現するとしている．

国家戦略では，2011 年に発生した東日本大震災からの復興計画も盛り込まれている．1 つは，三陸復興国立公園を核とした「グリーン復興プロジェクト」を明記したり，防災のために自然を活用することが盛り込まれている．さらに，具体的行動計画として，700 の具体的施策と 50 の数値目標が掲げられている．

なお，生物多様性の保全とその持続的利用に関連する法はきわめて多様であるが，第 1 次産業振興，開発や人間の健康を中心的視座に据えているものが多い．一方，生物多様性保全の重要な項目である野生生物種の保護・管理については，「鳥獣の保護及び狩猟の適正化に関する法律（鳥獣保護管理法）」「絶滅のおそれのある野生動植物の種の保存に関する法律（種の保存法）」「特定外来生物による生態系等に係る被害の防止に関する法律（外来生物法）」が扱っている．

●**生物多様性政策の政策手段の枠組み**　日本にとどまらず，生物多様性政策の基本理念には，生物多様性基本法にあるように，予防原則と順応管理がある．予防原則は，「深刻な，あるいは不可逆的な被害のおそれがある場合には，完全な科学的確実性の欠如が，環境悪化を防止するための費用対効果の大きい対策を延期する理由として使われてはならない」というものであり，とりわけ生物多様性の文脈では，種の絶滅を招くような甚大な被害の可能性がある場合には，科学的知見が不足していても，速やかに対策をとることが求められることを指す．一方，順応管理は，そうした対策をとった場合にも，科学的知見の変化に応じて，迅速に政策を変更していくことを求めるものである．柔軟に対応を変更することで，手遅れになったり，効果のない対策をとり続けることのないようにしている．

今日の生物多様性保全では，保護地域を増加させることが重要な政策目標となっている．とりわけ，2010 年に採択された愛知目標では，陸域と湖沼・河川などの陸水域で当時の 11％から 17％に，沿岸域および海域で当時の 3％から 10％に保護地域を拡大することが掲げられている．一方，保護地域では土地利用が規制されることで，逸失利益（機会費用）が発生する．この機会費用を可能な限り小さくする手段が工夫されている．1 つは，より機会費用の低い土地を選んで保護するようなメカニズムを内在する諸制度を導入することである．これは，生物多様性オフセット，あるいはアメリカ保全休耕プログラム（CRP）における逆オークションが該当している．もう 1 つは，既存の保護地における生態系サービスへの支払い（PES）を行うもので，支払い分だけ機会費用を低下させ，開発へのインセンティブを減じようとするものである．生態系サービスへの支払い手段は多様である．保護地の生態系サービスへの支払いとしては，水に関連する税による義務的なものから，木材などの保護地域での持続可能な供給財を認証し，市場で販売することで収入を得ることにより機会費用を軽減することに貢献しているものまで多岐にわたる（大沼，2014．第 8 章）．　　　　　　　　［大沼あゆみ］

環境影響評価分野における
政策枠組み

　環境影響評価または環境アセスメントとは，環境に重大な影響を与えるおそれ
のある開発行為などの実施および意思決定にあたり，あらかじめ環境への影響に
ついて調査，予測，評価を行い，その結果に基づき環境保全について適正に配慮
しようとするものである．一般的に環境影響評価は，開発事業が環境に与える影
響を対象とするものと捉えられており，政策や計画，プログラムを対象とする環
境影響評価は戦略的環境アセスメント（SEA）として区別されていることが多い．
●環境影響評価制度の経緯　世界で初めて環境影響評価が制度化されたのはアメ
リカの「国家環境政策法（NEPA）」である（1969年制定，1970年施行）．NEPA
に基づく環境影響評価は，連邦政府が行う計画や意思決定を対象としている
（EPA, 2016）．日本でも1972年6月に，閣議了解に基づき，公共事業の事業主体
が環境影響評価を実施することとなった．その後，「港湾法」「公有水面埋立法」
の改正により，港湾計画の策定や公有水面埋立てなどに際し，環境影響評価が義
務付けられるなど，制度面での取組みが進んだ．地方自治体でも，1976年に川
崎市で「環境影響評価条例」が制定されるなど制度化が進んだ．環境影響評価制
度を確立する必要性から，環境庁（当時）は，「環境影響評価法」の制定を目指
した．しかし，産業界の反対などにより関係省庁との調整が難航する一方，関係
省庁が発電所などの所管事業について独自の環境影響評価制度を設けた．環境影
響評価法については発電所を対象に含めない形で1981年に国会に提出され，審
査されたが採決に至らず，1983年に廃案となった．このため，1984年に「環境
影響評価の実施について」が閣議決定され，国の事業を対象として旧法の要綱を
基本とした統一的なルールに基づき環境影響評価が行われるようになった（閣議
アセス）が，民間事業は対象としないなどの限界があった．環境影響評価法の法
制化については，1993年に制定された「環境基本法」で環境影響評価の推進に
関する条文が規定されたことが契機となった．1997年に環境影響評価法が成立・
公布され，1999年に本格施行された．地方自治体でも条例や要綱に基づく環境
影響評価制度の整備が進み，国と地方自治体の制度が補完しながら機能している．
●環境影響評価法に基づく手続　環境影響評価法では，道路，河川，発電所など
13種類の事業で免許，補助金などの国の関与がある事業と港湾計画を対象とし
ている．これら事業のうち，規模が大きく環境に大きな影響を及ぼすおそれがあ
る事業が環境影響評価手続を必ず行う第1種事業として定められ，第1種事業に
準ずる規模の事業が第2種事業として，手続の実施の有無を個別に判断すること
としている（スクリーニング）．環境影響評価は対象事業を実施する事業者が実

施する．これは，事業者自らが事業の実施に伴う環境影響に配慮することで，責任が明確となるとともに，事業計画と環境配慮を同時に行うことでより環境配慮を行いやすくなるという利点がある．具体的な手続は，2011年の法改正により追加されたものも含め，計画段階の配慮書，第2種事業の判定（必要な場合），環境影響評価方法を決定（スコーピング）し，記載する方法書，環境影響評価の実施，環境影響評価の結果をまとめ，様々な者から意見を聞くための準備書，準備書への意見について検討し内容を修正した評価書，事業に係る工事後に，工事中に実施した事後調査や追加的な環境保全対策を記載する報告書の各段階に分かれる（図1）．各段階では国民や都道府県知事，市町村長から意見を聞くこととなっている．また，事業計画に環境影響評価の結果を確実に反映させるために，各事業を所管する大臣は事業に関する免許や補助金の交付の審査を行う際に，環境影響評価に基づき環境保全に適正な配慮がなされているかを審査する．

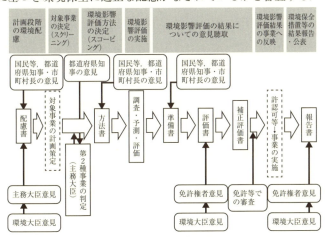

図1　環境影響評価手続の流れ

●**現状と課題**　環境影響評価法に基づき実施された手続（実施中や手続中止を含む）は2017年度末で447件となっている（『平成29年版環境白書』より）．件数が多い事業は発電所であり，2012年10月から風力発電が対象事業に追加された．個別の事業に関する環境影響評価では，事業の実施がほぼ決定された時点での影響評価となるため，取り得る対策が限られるなどの問題が指摘されている．2011年の環境影響評価法改正では，早期の環境配慮として事業の計画段階で事業を行わないゼロ・オプションも含んで複数案を立案する配慮書の手続が盛り込まれたが，この手続の実効性を高めることに加え，意思決定の上位段階で環境配慮を行うSEAの仕組みの具体化が課題である．　　　　　　　　　　［大森恵子］

📖 **参考文献**
・原科幸彦（2011）『環境アセスメントとは何か―対応から戦略へ』岩波書店．

持続可能な発展に関する
政策枠組み

　持続可能な発展は，国連が設置したブルントラント委員会報告 *Our Common Future*（WCED, 1987）において「将来世代が自らのニーズを満たす能力を損なうことなく，現在の世代のニーズを満たす発展」として定義されている．同報告ではさらに「資源の開発，投資の方向，技術開発の傾向，制度的な変革が現在および将来のニーズと調和の取れたものとなることを保証する変化の過程である」とも述べ，持続可能な発展の実現のための統合的政策立案と実施を強調している．

　この概念は，1992 年のブラジルでの国連環境開発会議（UNCED，地球サミット）を主導する概念となった．地球サミットで採択された「アジェンダ 21」が持続可能な発展を実現する世界的行動計画として位置付けられ，各国でも持続可能な発展のための国家戦略，地方レベルではローカルアジェンダが策定された．これらは持続可能な発展を実現する政策枠組みの中核である．日本では「環境基本計画」がこれに相当する．

●**持続可能な発展指標（SDGs）とグリーン経済**　「持続可能な発展」の概念をより具体化し，指標化することが求められ，2012 年 6 月に地球サミットから 20 年を記念して開催された国連持続可能な開発会議（リオ＋20 会議）で，持続可能な発展目標の構築が決められた．また，リオ＋20 会議では「グリーン経済」が主要テーマとなり，持続可能な開発を達成するうえで 1 つの重要なツール（手段）として位置付けられた．グリーン経済とは「環境と生態系へのリスクを大幅に減少させながら人々の厚生と社会的公正を改善する経済」である（UNEP, 2011）．

　「持続可能な発展目標」は，2015 年 9 月の国連総会で正式に採択され，2015 年が達成期限の「ミレニアム開発目標（MDGs）」を継承・発展させたもので，2016〜30 年までの国際目標である．17 の分野別目標と，169 項目の達成基準が盛り込まれ，発展途上国のみならず，先進国も取り組む普遍的目標である．

●**持続可能な発展の実現手法としての環境政策統合**　EU 統合の過程で持続可能な発展のための変革を進める政策手法として，「環境政策統合」（EPI）が位置付けられてきた（Jordan & Lenschow, 2008）．「政策統合」は，異なる政策目的と手段を政策形成の初期の段階から計画的に統合することであり，政策間の矛盾を取り除き，共通の便益を生み出し，相互補強的な効果を期待するもので，特定の政策的方向を示さない．一方，環境政策統合は，持続可能な発展を実現するために設計された政策原則であり，規範的な意味合いをもつ．具体的には，環境に関する目標と配慮を他の分野（例えば，エネルギー，運輸，農業など）の政策決定と計画に統合することである．

環境政策統合（☞「環境政策手法の選択・政策統合」）の手段には，以下の3つのカテゴリーがある．第1は憲法に環境条項を入れること，国家環境計画または持続可能な発展戦略の構築，分野別環境戦略策定などである．これらの手段により，総合的政策レベルで，目指すべき社会に関するビジョン，目的，戦略，蓄積された知識などを広く伝え共有し，改革への努力を方向付けることができる．第2は組織的改革である．環境に関連する部門間での政策調整を促進するための組織改革，または新たな組織を設けることである．具体的方法としては，省庁の統合，緑の内閣，各省に環境担当ユニットを設置すること，省庁間ワーキンググループ設置などがある．第3は手続的手段の整備である．緑の予算，戦略的環境アセスメント（SEA），新政策・規制の評価に環境面を含めること（政策影響評価），などがある．これは政策決定に直接介入して政策決定の方向を変え，EPIを支持することを意図したものである．

●**持続可能な発展戦略：ドイツの事例**　国家持続可能な開発戦略は，環境のみならず経済や社会的側面をも対象とし，環境計画より幅広い分野を対象としている．経済協力開発機構（OECD）加盟国の大多数，26か国が国家持続可能な開発戦略を策定している（Jordan & Lenschow, 2008）．

　この中で，2002年にドイツ連邦政府が策定した「国家持続可能な発展戦略」は，環境政策統合のための戦略とも評価されている．その内容は，持続可能な発展を部門別横断課題と捉え，エコロジー的・経済的・社会的目標を統合し，世代間公平，生活の質向上，社会的結束，国際的貢献の4つの柱それぞれに，環境的，経済的，社会的目標を示す12の指標を割り当て，数値目標と目標達成時期を明示している．このような計量的指標体系が，ドイツにおける持続可能な発展戦略プロセスを定量的に管理することを可能にしている（松下，2010）．

●**日本の持続可能な発展国家戦略**　日本では環境基本計画が持続可能な発展に関する国家戦略に相当する．当初目標は「共生」「循環」「参加」「国際的取組み」とされ定性的内容であった．第1次基本計画（1994）の策定以来，レビュー・改定が続けられ，現在は第4次計画（2012）となっている．重点分野の取組みも徐々に充実し，分野によっては数値目標も達成期限も明記されている．ただし，日本の環境基本計画には環境以外を対象とする国レベルでの既存の計画を調整する制度的担保は存在せず，組織的な調整メカニズムも課題である（松下，2014）．

●**今後の課題**　今後，日本においては持続性を達成するための整合性ある政策体系の確立が必要である．とりわけ，2015年12月の「パリ協定」の採択を受け，税制，財政，インセンティブ制度を長期的観点から整合的に組み合わせ，脱炭素経済へ社会を誘導する政策と制度改革が重要である．

　一般に，国では府省ごとの縦割り行政の弊害が顕著であるが，地方自治体では，選挙で選ばれた首長のもとで総合的・一元的行政が可能である．自治体発の持続可能な発展達成のための環境政策統合推進にも期待したい．　　　　［松下和夫］

地方公共団体による
環境政策の役割

　地方公共団体による環境政策（一般的に用いられる表現に即し，以下，自治体環境政策という）は，以下の点で中央政府の環境政策とは異なる優位性をもつ.

　第1に近接性である．地方自治体は住民と最も近い公権力をもつ組織であるがゆえに，生活環境の悪化といった環境被害を受ける住民の意向を汲み取り，いち早く環境政策を実施し得る政策主体といえる．例えば，1991年のリオ・サミットで採択された「アジェンダ21」では，「（環境問題の）原因とそれらの解決のための方策は，それぞれの地域社会における諸活動の中にこそ存在する．それゆえ……地方自治体の参加と協力が決定的なファクターとなろう……地方自治体は，人々に最も近いレベルにある統治主体として……きわめて重要な役割をはたすべき位置にある」（関，2013）．このように，住民との近接性ゆえに，環境政策の主体としての地方自治体の役割が期待される.

　第2に総合性である．一般に，環境政策を実施するにあたっては，環境という単一の政策領域にとどまらず，交通，雇用，福祉，産業といった広範な政策領域との連携・調整が求められる（☞「環境政策手法の選択・政策統合」）．地方自治体，特に小規模自治体においては，中央政府に比べて行政組織の縦割りを乗り越えることが容易である．したがって，地域や住民生活の実情に合わせて，福祉やまちづくりといった諸政策と環境政策とを総合化して展開することが可能である.

　第3に機動性である．首長のリーダーシップなどを考慮するならば，地方自治体は政策実施にあたっての機動性を有しており，このことが自治体環境政策の創造的な政策実験や試行錯誤を可能にする.

●自治体環境政策の歴史的経緯　自治体環境政策は，司法（公害裁判）と並んで日本の公害対策の前進を支えた要因であった．激化した公害問題に反発する世論を背景に，都市部・工業地域を中心として革新自治体が次々に生まれ，環境政策をリードしていった．東京都は，企業に対して公害防止義務を課し，公害監視委員会設置など画期的内容を含んだ「東京都公害防止条例」（1969）を成立させたが，これに対して中央政府は，法律違反という批判や都の公債発行を認めないといった制裁措置を行った．しかし，東京都は企業に公害防止義務を課し，法定の環境基準よりも厳しくしたうえ，規制対象外であった汚染物質をも取り締まった（いわゆる「上乗せ・横出し規制」）．こうした自治体環境政策の広まりが，1970年の公害国会を先導した.

　しかしその後，財政危機を背景として革新自治体が退潮するとともに，こうした自治体環境政策の先進性はみられなくなっていった．それどころか1980年代

以降は，都市再開発，大規模プロジェクトの実施や「総合保養地域整備法（リゾート法）」に基づく開発など地方自治体が環境や自然，地域文化を破壊する主体となってしまうことも珍しくなかった．1990 年代に入り，地球環境問題への関心の高まりと市民運動の広がりを受け，自治体環境政策への期待が集まりつつも，かつてのような先進性や画期性はみられなくなっていった．革新自治体の退潮という要因のみならず中央政府による環境政策領域が定着・固定化，体系化されてきたことで，創造性発揮の余地がせばまってきたことも背景にあるといえよう．しかし，2000 年の「地方分権の推進を図るための関係法律の整備等に関する法律（地方分権一括法）の施行にみられる地方分権改革の流れの中で，改めて自治体環境政策の意義が見直され始めた．例えば，法定外普通税の創設が許可制から協議制へ移行し，さらに法定外目的税が創設されたことを受け，産業廃棄物課税や森林環境税といった地方環境税が各地で導入された．こうした政策手段の多様化を背景に創造的な自治体環境政策の実施に向けて各地で模索が続いている．

●今後の自治体環境政策に求められること　今後の自治体環境政策の課題は，第1 に地方環境税の強化と再編である．現状の地方環境税は課税水準が低いため，環境負荷に対する抑制インセンティブが弱く，さらに税収規模も小さいため，環境保全経費の財源調達機能の面から見ても不十分である．今後求められるのは，地方環境税単体での見直しはもちろん，既存の地方税制（減税措置）や補助政策の組換えも含め，地方税財政全体を環境政策の視点で検証し，全面的に「地方税財政のグリーン化」を進めることである．

第 2 に自治体間連携の強化である．森林環境税とともに認識が広まった流域単位での森林・河川管理の必要性など，行政上の境界を超えた地方自治体間の協力・連携関係と先進的な取組みの交流，そのための仕組みづくりが重要である．

第 3 に強力な直接的規制権限を基礎自治体に付与することで環境政策の効果をあげることである．これまで地方自治体の首長は開発行為についての許認可権限が一定付与されてきたが，さらに踏み込んだ空間・土地利用に関する規制権限をもたせることで，地域の環境，アメニティや文化遺産の保全・活用が進展する．

第 4 に，「ガバメントからガバナンスへ」の動向に対応した活動である．個別の環境破壊や汚染の制御のみならず，環境破壊を生じさせない地域社会の構築のために，地域内の多様な主体との協力・協調体制の構築が不可欠となりつつあり，地域における各主体（住民，企業，NPO など）との協議，目標・計画策定，コーディネーションといった活動が重要になる．こうした状況下における地方自治体の主導性が求められている．

地域の独自性に根ざす自治体環境政策の重要性は，小規模分散型エネルギーシステムへの転換下における政策主体として，また，アメニティ・景観保全といった領域において今後ますます高まると言える．　　　　　　　　　　［関　耕平］

都市環境ガバナンス

　環境ガバナンスとは，持続可能な社会の構築に向け，関係する主体すべてが参加し，環境問題解決を図るために異なる意見や利害対立を調整するための仕組みやプロセス（松下，2007）である．都市環境ガバナンスは，特に，都市における，もしくは都市に関連して発生した環境問題解決のための仕組みづくりやプロセスであると言える．

●**都市と環境問題**　人口が集中する都市は様々な環境問題を引き起こしてきた．産業革命が始まったイギリスでは，急激に増加する人口に対して住環境整備が追い付かず公衆衛生問題が深刻化し，工場からの排気や排水による環境汚染により，多くの都市住民が健康被害を受けた．国内では，第2次世界大戦後，重化学工業化が急激に進み，国内各地で産業公害が多発した．日本の4大公害病と言われる水俣病，新潟水俣病，イタイイタイ病，そして四日市ぜんそくは，その中でも大きな社会問題となり，経済開発だけではなく，環境の視点の重要性が認識され，国内の環境政策が進むきっかけとなった．

　また，都市内の環境問題だけではなく，地方の環境問題を都市が間接的に引き起こしている．増加する都市住民の食料や水，そして電気やガソリンなどの資源やエネルギーを確保するために，都市外の資源を枯渇させ，ダムや発電所の建設などを通して自然環境や生態系を破壊している．特に顕著な事例は，2011年3月11日に発生した東日本大震災において福島第一原子力発電所事故の放射能漏れによる環境汚染が引き起こされたことである．東京電力が管理，運営していたこの発電所によって生産した電気は，東京圏の都市住民を中心に利用されていたが，事故後の放射能による環境汚染は，発電所が位置していた地方住民の健康被害だけではなく，第1次産業を営むことを困難にするなど，多大な被害を起こしている．また地球規模の課題である気候変動問題において，都市が排出する温室効果ガスが全体の80％を占めており，都市の気候変動問題の責任は大きい．

　当初の産業型公害問題においては，原因者と被害者がそれぞれ存在し，環境問題の原因者に対する規制的な政策手段や，環境負荷低減の技術的対策において環境問題の改善がある程度達成されてきた．しかし，都市が間接的に引き起こしている地方の環境問題は，都市住民が原因者であり，さらに気候変動問題は原因者と被害者が重なり合っている．そのため，発生源対策のみではなく，住民それぞれの暮らし方やそれを規定する社会システムのあり方を変えるなど，環境以外の経済的，そして社会的な取組みが必要となってきている．

　また，発展途上国における都市環境ガバナンス研究や事業において，公害問題

や自然環境破壊などの生態学的な環境問題対策だけではなく，都市の貧困問題やスラム問題対策を主要な課題としているものが多い．取組みとしては，スラム居住者の住環境問題や公衆衛生問題などの環境改善以外に，スラム居住者の貧困問題を解決する経済的な取組み，スラム居住者への差別対策や女性や子供などの弱者支援，そして利害関係者すべての参加，民主的なプロセスの実施などの社会的な取組みを統合する必要があるとされている．

●**持続可能な都市**　この環境，経済，社会的側面を統合した取組みにより「持続可能な発展」が実現できるとされる．そしてこれを実現する都市が「持続可能な都市」となる．「持続可能な開発」の概念は，環境と開発に関する世界委員会が1987年に公表した報告書の中心的な考え方として取り上げられた概念である．この概念は，1992年にリオ・デ・ジャネイロで開催された国連環境開発会議（UNCED，リオ・サミット）において，持続可能な開発の国際的な行動計画「アジェンダ21」の採択により，国際的な目標として世界中に普及した．

●**ローカルアジェンダ21づくりから見る都市環境ガバナンスの課題と方向性**
アジェンダ21の中で，アジェンダ21の実施主体としての自治体の役割が重視された．自治体の取組みを進めるために，自治体レベルで各地区の詳細な持続可能な開発計画である「ローカルアジェンダ21」の策定が世界中で進められることになる．このような背景の中，EUでは1994年に第1回の欧州サステナブル・シティ会議を開催し，「持続可能な都市を目指すためのオールボー憲章」を採択した．このオールボー憲章の中では，持続可能な都市づくりにおいて，地域の様々な地域コミュニティ組織や民間企業が参加し，市民が主要な実施者であることが明記されている．そのためには，地域のすべての人々が持続可能な都市づくりの情報を入手することができ，政策決定過程に参加することができる仕組みと，またそれを実現できる人材育成が必要であることが記されている．この憲章を目的に，EUは持続可能な都市の実現に向けた取組みを促進するため，取組みに対する補助金の提供や，表彰，先行事例の情報共有を積極的に行っている．

　日本でも，1992年のリオ・サミットから，ローカルアジェンダ21の計画づくりが国内の自治体で進められていき，2003年3月における環境省の報告によれば，47都道府県，12政令指定都市，318市区町村（政令指定都市を除く）で策定された．しかし，多くのローカルアジェンダ21は既存の環境計画を修正したものが多く，環境以外の経済，社会的側面も統合された持続可能な都市づくり計画ではないことが問題として指摘された．ヨーロッパでは担当部局が環境部局から首長直轄になるように主流化していき，土地利用や交通といった都市再生に焦点が当てられるようになったが，日本は環境部局でできることに矮小化されていったことが指摘されている（中口，2003）．

　今後，持続可能な都市づくりのためには，多様で多元的な利害関係者の参加による協働型のガバナンスが都市環境ガバナンスとして必要である．　　　［吉積巳貴］

流域ガバナンス

　流域とは，そこに降った雨が最終的にある同一の河川を通じて海に注ぐという意味で水を通じた繋がりをもつ区域である．流域ガバナンスが意味するところについては様々な見解がある（大野，2015）．ガバナンス（☞「ガバナンス／環境ガバナンス」）の包括的な定義を参照すると，流域ガバナンスとは，持続可能な社会の構築に向けた，集合行為を通じた流域の舵取りのプロセスであると言える．

　2000年代以降，研究と実践の両面で流域ガバナンスのあり方が模索されるようになってきた．流域ガバナンスという概念が重要である理由は，第1に，流域という区域の意義である．流域は生態系として1つのまとまりをもっており，河川だけではなくその上流の森林や下流の海，周辺の土地利用までを含めた全体を視野に入れることが重要になる．この点で，従来の河川管理よりも対象が包括的である．第2に，既存の流域ガバナンスは，うまく機能していないことが多い（大野，2015）．例えば，同じ流域にあったとしても森林，土地利用，河川はそれぞれ別個に管理されていたり，政策間の相互連携がない場合がある．また，流域は，国境や県境といった既存の社会的な統治の仕組みの境界とは一致しないことが多い．流域全体を一体的に管理する仕組みが存在する場合でも，流域全体についての決定と流域内の各地域の意向が齟齬をきたすことがある．これに対して，従来の流域管理よりも，関わる主体の多様性について視野が広く，その関わり方を柔軟に捉えているのが流域ガバナンスである．

●流域ガバナンスが直面する困難　流域ガバナンスは，他の多くの環境ガバナンスと同様に次のような困難に直面している（大野，2009：482-494）．

①科学的不確実性：流域は広大かつ複雑なシステムであり，その挙動をあらかじめ正確に把握することはきわめて困難である．

②地域固有性：河川やその流域はそれぞれ異なった特徴をもち，その固有性に応じた管理が必要で，どんな流域にもあてはまる万能薬のような「正解」がない．

③空間的重層性：流域は複数の支流域から構成され，その支流域はさらに小規模な複数の支流域から構成されるといったように，複数の空間的な階層がある．各階層に関与する社会組織や人々の問題認識は異なり，階層間での相互調整は困難である．

④多様な利害：流域に関わる利害は多様であるうえに，相互にトレードオフ関係にあることが多い．水利用の観点からはダムに常に水を貯めておくことが望ましいが，治水の観点からは洪水に備えて普段はダムを空にしておくことが望ましい．環境の観点からは，ダムは物質循環を遮断し，生態系サービスやその恩恵を受け

る人々に悪影響を与える.

●流域ガバナンスにおける政府の役割と法制度　流域ガバナンスにおける政府の役割を考えるうえで,既存の法制度は重要である.流域ガバナンスに関連する法制度の1つとして,日本では,河川管理の基本的事項を規定する「河川法」がある.社会・経済的な重要度に応じて一級河川,二級河川などが指定され,一級河川については国土交通大臣が,二級河川については都道府県知事が河川管理者に指定され,その維持・管理にあたっている.各河川は,接続している支流や派川も含めた水系という単位で同一の河川管理者が水系一貫した管理を行うことになっており,河川の維持・管理計画も水系単位で作成されている.

治水・利水を目的とした河川行政において進められてきたダムや河口堰などの開発事業は,その社会や環境に及ぼす多大な影響から,各地で反対運動が勃発し,紛争を引き起こしてきた.1997年には河川法の大幅な改正が行われ,河川法の目的に「河川環境の整備と保全」が追加され,河川整備計画の策定段階で「関係住民意見の反映」などの手続が規定された.これに応じて,各地で学識経験者や利害関係者が参加し河川整備計画を議論する流域委員会などが設けられた.しかし,流域委員会での審議が形骸化している事例や,流域委員会と河川管理者が対立を深める事例などが存在し,新たなガバナンスがうまく機能しているとは言いがたい(大野,2015).

海外における動向としては,「EU水枠組指令」が興味深い.これは各加盟国が流域管理計画の策定や実施をする際にすべての利害主体の参加を求めるものであり,各国で様々な実践が展開されている(Jager et al., 2016).

●流域ガバナンスの社会的側面　法制度は流域ガバナンスの基本的構造に大きな影響を及ぼすが,それのみで流域ガバナンスのあり方が定まる訳ではない.より社会的側面に焦点をあてると,流域連携の取組みが興味深い(大野,2007).これは,流域内で環境保全やまちづくりに取り組む住民団体同士,あるいは住民団体と行政との交流,協働を促すことを目的とした取組みである.住民による自発的なネットワークから,政府が主導するものまで,様々な形態のものがある.こうしたネットワークや信頼の蓄積は社会関係資本として,流域ガバナンスが機能することを支える(Ohno et al., 2010).そうした流域連携を,政策的に支援しようとする取組みもある.例えば,淀川水系における河川レンジャー制度は,住民と行政とのつなぎ役の創出を目指した取組みである(宮永,2011).

●流域ガバナンスの研究動向と新たな展開　これまでの流域ガバナンスに関する研究は,個別の事例研究が中心であり,さらなる体系化が望まれる(大野,2015).2014年には健全な水循環の維持・回復を目的とした「水循環基本法」が成立するなど,今後ますます流域ガバナンスのあり方が問われるようになってくるだろう.

[大野智彦]

環境損害に対する責任

　「環境損害」とは，環境影響に起因する損害のうち，伝統的な損害である人身侵害や財産損害を除いたものを指している（大塚，2009）．すなわち，環境それ自体の損害を指す．例えば，海洋，水，土壌，生物多様性などへの損害があげられる．なお，国際法上は，伝統的損害と環境損害（環境それ自体の損害）の両者を含めた，環境影響に起因する損害すべてを環境損害と扱うため，これらは「広義の環境損害」とも呼ばれる．一方で，ここで対象とする，環境それ自体の損害を意味する環境損害は，「狭義の環境損害」とも呼ばれる（以下，「環境損害」と記すものは，「狭義の環境損害」を指す）．このような環境損害に対する責任は，各法の責任制度によって，責任追求アプローチや責任内容も異なる．環境損害に対する責任を規定する法の多くは，責任の適用範囲となる「環境損害」を定義し，民事責任制度（民事的アプローチ）または国・行政が責任を追及する制度（行政的アプローチ）に従って，汚染者に対して環境損害の回復措置費用や，汚染原因者となり得る者に対して環境損害の未然防止措置費用を課するものとしている．

●**各法における環境損害に対する責任制度**　現在のところ，諸外国における法令や国際条約において，包括的にまたは個別汚染分野や個別原因活動分野ごとに，環境損害に対する責任が定められている．なお，二酸化炭素の発生による気候変動，酸性雨による森林破壊など，悪影響を生じさせた原因者を特定できない性質を有する広範囲の環境負荷については，環境損害に対する責任は定められていない．

　国際的には，1960 年代後半から 1970 年代にかけては伝統的損害を対象とした条約が締結されたが，1972 年の「人間環境宣言（ストックホルム宣言）」や 1992 年の「リオ宣言」などで広義の環境損害に対する責任に関する法の発展が求められていた．1990 年代後半頃からは，伝統的損害を対象として締結された条約の改正の中で，個別分野ごとに，伝統的損害だけでなく狭義の環境損害に対する責任規定も含めた条約が締結されている．例えば，「1969 年の油による汚染損害についての民事責任に関する国際条約を改正する 1992 年の議定書（1992 年 CLC 条約）」（1996 年発効，日本締結），1997 年に採択された「原子力損害の補完的な補償に関する条約（CSC 条約）」（2015 年発効，日本締結）などがある．また，狭義の環境損害に対する責任規定を含み，採択はされたが未発効の条約として，「有機廃棄物の国境を越える移動及びその処分の規制に関するバーゼル条約」のもとで 1999 年に採択された「有害廃棄物の国境を越える移動及びその処分から生じる損害に対する責任及び賠償に関する議定書（バーゼル損害賠償責任議定

書）」（日本未締結），2005 年に採択された「南極環境保護議定書附属書VI（南極責任附属書）」（日本未締結）もある．さらに，近時，伝統的損害よりもむしろ狭義の環境損害に対する責任を中心に定め，2010 年に採択された「バイオセーフティに関するカルタヘナ議定書の責任及び救済についての名古屋・クアラルンプール補足議定書（補足議定書）」が発効した（2018 年発効，日本締結）．

これらに対して，EU では 2004 年に，包括的に環境損害に対する責任を定めた「環境損害の未然防止及び修復についての環境責任に関する欧州議会及び理事会指令（環境損害責任指令，Directive 2004/35/EC）」が採択されている．本指令は，汚染者負担原則に基づき，環境損害を未然防止および修復する責任の枠組みを構築することを目的とし，保護された生物種および自然生息地，水，土地に対する損害を責任の対象とする．環境損害が生じる急迫のおそれがある場合には環境損害の未然防止措置の実施・費用負担，環境損害が生じた場合には修復措置の実施・費用負担が，その原因となる活動を行った事業者に課されている．行政が事業者に対して措置の実施・費用負担を要求するという行政的アプローチが採用されている．

また，諸外国において，例えばアメリカでは，環境損害にあたるものが自然資源損害として扱われている．1970 年代以降，公共信託理論に基づき，個別分野ごとに自然資源損害に対する責任規定を含めた法律が複数制定されている．1980 年に改正された，土壌汚染に関する「スーパーファンド法」や，エクソン・バルディーズ号事件を契機に 1990 年に制定された「油濁法（OPA）」などがある．

なお，日本の環境法においては，現在，環境損害概念は導入されていない．

●環境損害に対する責任の今後の課題　上述した国際条約は，締結状況を見ても，環境損害に対する責任制度として，まだ限定的な効果を有するにとどまるとされる．一方，EU 環境損害責任指令は，指令の規定に従って，指令の適用実施の評価や今後対応すべき課題に関する報告書が提出され検討が続いている．

環境損害に対する責任に関連する日本の研究では，民事的アプローチと行政的アプローチの比較，保険や基金などの財政的保証のあり方，公衆参加や団体訴訟が注目されている．また，補足議定書の国内担保法として，「遺伝子組換え生物等の使用等の規制による生物の多様性の確保に関する法律（カルタヘナ法）」が改正されたことを契機とした研究の進展も注目される．　[二見絵里子・大塚　直]

📖 参考文献
・大塚　直（2009）「環境損害に対する責任」『ジュリスト』第 1372 号，42-53 頁．
・高村ゆかり（2012）「環境損害に対する国際法上の責任制度―その展開と課題」大塚　直他編『社会の発展と権利の創造―民法・環境法学の最前線』有斐閣．
・二見絵里子（2012/2013）「生物多様性損害の『回復』責任に関する一考察（1）（2・完）―EU 環境責任指令と OPA と油濁民事責任条約との比較を通じて」『早稲田法学会誌』第 63 巻第 1 号，157-201 頁；第 63 巻第 2 号，267-312 頁．

国内政策の形成過程における
ステークホルダー

　ここでステークホルダーとは，当該政策によって影響を受ける利害関係者（政策の実施主体を含む），政府や自治体などの政策主体のほか，当該政策に関心を有し働きかけを行う者も含むものとする．政策主体にとって，政策立案と決定の過程でステークホルダーを巻き込み合意を得ておくことが，政策の円滑な実施と実効性の確保のために重要となる．事業者は，利害関係者として政策立案過程で影響力を発揮するほか実施主体としての役割も大きいことから，重要なステークホルダーだと言える．事業者のような直接の利害関係者でなくても，環境NGO/NPOなどの市民団体は，公害被害者や環境保全の立場を表するアクターとして重要である．また近年，市民団体には実施主体としての役割も広く期待されている．

●ステークホルダーの構造と影響力の変化　従来の公害問題におけるステークホルダー間の関係は，加害者─被害者もしくは受益者─受苦者の対立構造として捉えることができる．この構造において，受益者・加害者となる事業者の利害・政策選好が政策主体を通じて政策決定に反映される一方で，受苦者・被害者の利害・政策選好はそれを汲みとる政策主体に欠けていたために，局地的な対抗運動（住民運動）の形で表出した．

　そのような公害の受苦者・被害者による権力への対抗運動は，高度経済成長に伴うひずみへの抗議とあいまって直接の利害関係者でない市民を含む市民運動へと発展した．1960年代後半にはそれが政治的なうねりとなり，地方では革新自治体が誕生した．国政では，1970年の公害国会で公害被害者の救済と公害防止のための法制度が整備され，1971年の環境庁設置により環境保全を担当する政策主体が誕生した．しかし二度のオイルショック後，1970年代後半には，環境政策は事業者の利害（環境対策にかかる負担の軽減）が反映される利益集団政治や経済的利益を重視する経済官庁や族議員によるセクショナリズムに発展を阻害され停滞した．以降，ステークホルダーの構造は経済発展か公害防止かの綱引きとして説明される．すなわち，事業者，族議員，経済官庁の三者同盟と，住民・市民団体，環境問題に関心を有する議員集団（族議員ほどの政治力はないが衆参環境委員会の委員や地球環境国際議員連盟〈GLOBE〉のメンバーとして活動する），環境庁（現・環境省）の三者同盟との対立の構図で前者が力を有してきた．

　この力関係に変化が起きるのは，1980年代後半以降である．1992年に開催された地球サミット（UNCED）を重要な契機として，環境NGO/NPOなどの市民団体の組織力・影響力が増した（毛利，1998）．そのほか国内では，1993年の政権交代や政治改革による政治体制の変化に続いて，1998年に「特定非営利活動

促進法（NPO法）」，1999年に「情報公開法」が制定されたことが，市民参画の土壌をつくり，さらなる成長を促した（倉阪，2015）．これらの市民活動の特徴は，抗議運動から政策提案（アドボカシー）に活動の範疇を広げたことにある．当初，行政（主として環境庁）への働きかけが中心だった政策提案活動は，議員や政党へと向くようになり，2000年前後から市民の提案を議員立法を通じて実現させるいわゆる「市民立法」が観察されるようになった（市民立法機構，2001）．

●**対立構造からの脱却に向けて**　このように，環境政策の決定過程は，経済発展と環境保全をめぐるステークホルダー間の対立構造を基本とし，両者間での合意を困難にしていた．ところが近年，政策立案・決定過程におけるステークホルダーの対立構造が変化してきていると言えよう．

事業者は，経済的利益追求の立場から環境政策に反対の意を表することが多く観察されるが，他方で，企業の社会的責任（CSR）として環境保全に貢献したり，環境保全に資する製品や革新的技術の開発によって市場をリードする戦略が講じられるなど，環境保全を推進する役割も果たしている．また，温暖化対策の分野で金融・保険・ITといったサービス業が関わるなど，環境政策に関わる事業者が多様化している．

地球温暖化対策のように日常的な経済社会活動に起因する環境問題に対処するためには，事業者だけでなく市民の行動変化も促さなければならない．行政・事業者・市民などの多様なステークホルダーが政策立案から実施までのプロセスに関わって，課題やルールを共有し，自らの行動変化につなげることが期待されている．このようなアクターの関わり方を「協働」「ガバナンス」という．

さらに，かつて対立関係にあったステークホルダー間で価値観や政策目標については合意できなくても，特定の選択肢については合意を得られる場合に，協力し合える部分で協力する関係は「同床異夢」と表される．また，関係するステークホルダーが合意できるような政策課題をフレーミングすることにより合意形成を促す手法もある（城山，2011：275-283）．例えば，富山市におけるライト・レール・トランジット（LRT）の導入や，排出量取引制度の導入に向けて環境NGO/NPOと事業者とで協力関係を構築した事例がこれにあたる．

●**専門家の役割**　最後に，ステークホルダーとしての専門家の役割を取り上げる．環境政策の課題発見や原因究明において，専門家は重要な役割を果たす．特に科学的に確かな根拠が示されるまで時間がかかり，予防的な政策判断の是非を検討しなければならない場合や，将来の中長期的な動向を予測し目標を設定する場合には，専門家のネットワークが政策形成に果たす役割が大きくなることが指摘されている．国内の政策立案過程において，専門家の知見は主として審議会での議論を通じて反映される．しかし，審議会委員の選任が事務局（所管部署）によってなされ，事務局と選好を同じくする委員が多数を占める結果，審議会が官僚の隠れ蓑として使われていると批判されるところである．　　　　　［久保はるか］

メディアとフレーミング

　環境問題に限らず，公共政策に関わるメディア報道の重要性は論を待たない．立法・行政・司法の国家権力の三権に次いで，報道が「第4の権力」となぞらえられてきたように，「表現の自由」や「知る権利」を保障する報道機関は民主主義を支える不可欠な社会制度である．気候変動をはじめとする地球環境問題では，一般市民の多くはその情報源として新聞やテレビの報道に依拠する．一般市民のように環境政策に直接的に関与しない主体にとっては，当該課題をメディアがどのように報道するかによって政策の評価は変わり得る．ここで重要なことは，当該政策に対するメディア報道の単純な賛否ではなく，より根本的な問題そのものについての「フレーミング」である．とりわけ，論争のある課題では，社会的な立場によって政策的なアプローチが異なるため，政策の是非を一意に決めることはできず，問題のフレーミングも多様化する．むしろ，問題のフレーミングの仕方そのものが政策的な議論の主題となる．知識や事実はそれだけで語る力をもつのではなく，ある特定の物語，ストーリーラインの一部に埋め込まれ，フレーム化されたうえで解釈され受容される（Fisher, 2003）．メディア・フレームは幅広い公共的な言説を構築し，世論形成に影響を及ぼすと同時に，ガバナンスのあり方をも左右する政策的含意をもつのである．

●**フレーミングの理論的な背景**　フレーミングは社会科学，特にメディア・コミュニケーション研究における主要な基礎概念であり，これまでに長い理論的な発展がある一方で，幅広い研究分野に援用されてきた結果，その概念的な定義は多義的かつ曖昧である．

　フレーミングの概念は大別すると，心理学または社会学にその理論的な背景をもつ．心理学では，2002年にノーベル経済学賞を受賞したA. トベルスキーとD. カーネマン（Tversky & Kahneman, 1981）によるフレーミングによる認知バイアスの研究がその起源とされる．トベルスキーとカーネマンは，実際には同等のリスクを伴う病気に関して，損失と便益のどちらを強調して情報提供するかによって，人々のリスク認知が大きく異なることを示した．この知見をもとに，コミュニケーション研究では，メディア・フレームが世論や人々の認知に及ぼす影響を実証的に分析するフレーミング効果の研究が主流化してきた（Scheufele, 1999）．他方，社会学分野ではフレーミングは人々が日常生活の出来事を解釈するための手段として概念化されてきた．社会構築主義の観点では，フレーミングは，人々がこれまで経験したことのない，馴染みのない事象に自分なりの意味を付与し，現実世界の理解を形づくるプロセスとして捉えられる．複雑な社会的現

実を理解するうえで，メディア・フレームは，多くの人に手っ取り早い解釈的な近道を提供するだけでなく，フレーミングのプロセス自体がコミュニケーションの不可避な現実になるのである（Nisbet, 2009）．R. エントマン（Entman, 1993）は，フレーミングを「問題の定義」「原因の診断」「モラル評価」「対策の提案」の４つのプロセスを通じて，ある問題に一定の意味を付与する行為として定義する．メディア報道の内容分析では，エントマンの定義に沿って，どのようなメディア・フレームが構築されているのかを明らかにする研究の膨大な蓄積がある．総じて言えば，フレーミング研究には，メディア・フレームが公衆理解に及ぼす「フレーミング効果」とメディア報道における「フレーム構築」の２つの研究潮流があり，そこには学問上の思想的な違いが存在する．

●**政策効果の観点からのフレーミングの意義**　気候変動政策に関わるフレーミングの具体例としては，例えば，「京都議定書」をめぐるフレーミングがあげられる．日本では京都議定書について２つの対立するフレーミングが競合してきた．環境 NGO やリベラル系メディアを中心に，京都議定書は，温室効果ガスを大量に排出してきた先進国が地球温暖化の被害を最も受ける途上国に対して，その歴史的な責任を全うするための国際的な取決めとして称賛されてきた一方で，産業界や保守系メディアは，京都議定書を二大排出国であるアメリカと中国への削減義務を欠いた不平等で，非効率的な制度として批判してきた．京都議定書をめぐるこの２つの相反するフレームは，どちらも京都議定書の社会的な現実を部分的には描いてはいるものの，別の異なる現実を捨象し，不可視化する．メディア報道で両フレームのうちどちらか片方しか見聞きしたことがない人々にとっては，京都議定書はまったく異なる国際枠組みとして浮かびあがり，それによって政策論争がつくられてきた面がある．このように，フレーミングの観点から日本の気候変動政策を捉えると，京都議定書をめぐった政策的な対立の根本的な要因は，人々の間のフレーミングのずれに見出すことができるのである．

●**今後のフレーミング研究の課題**　フレーミングの概念はすでに社会科学の幅広い研究分野で援用されているものの，いまだにメディア研究と政策研究の断絶は大きい．今後は，メディアと政策を統合的に扱うフレーミングの理論構築がより重要性を増すと考えられる．また，昨今のデジタルメディアの興隆にみられるように，現代社会のコミュニケーションはより複雑かつ多元化している．激変する地球環境だけでなくコミュニケーション環境の激変も含めた，よりダイナミックなフレーミングの動的プロセスを明らかにすることが課題として残る．

[朝山慎一郎]

📖 **参考文献**

・関谷直也・瀬川至朗編著（2015）『メディアは環境問題をどう伝えてきたのか──公害・地球温暖化・生物多様性』ミネルヴァ書房.

第9章
国際環境条約と環境外交

　環境問題は，国際問題である．地球温暖化問題やオゾン層破壊問題などは，典型的な地球環境問題であり，一国の努力だけでは解決できない，という意味で国際問題である．一国内で生じている森林破壊や大気汚染も，貿易や海外企業の直接投資などが間接的な原因となっている場合，国際的な要素を十分加味しなければ問題解決に至らない．環境問題が国際問題であるがゆえに，今まで多数の環境に関する国際条約が結ばれてきた．いくつかの問題では条約により改善が見られているが，条約が存在しても問題が改善にいたらないものもある．本章では，まず，環境条約全般に共通する概念や制度，組織について紹介する．次に，環境問題改善にかかわるステークホルダーを取り上げる．環境問題に関しては，政府のみならず，企業や自治体，市民団体といった国内の組織や個人が重要な役割を果たすためである．その後，環境問題ごとに条約や国際制度の状況について概観する．複数の環境条約を横断的に比較することで，成功の秘訣や失敗の原因が垣間見えるかもしれない．

[亀山康子]

[担当編集委員：髙村ゆかり，亀山康子]

環境安全保障

　人類の長い歴史において，自然現象はしばしば人類社会の脅威となってきた．今から500万年以上前，地質時代の区分で言うと鮮新世に人類が誕生して以来，洪水，干ばつ，台風，火山の噴火，そして地震や津波などの自然現象は，人類にとって脅威であり，人々は自然に対して畏怖の念を抱きつつ自然から得られる恵みに育まれてきた．現代の人類社会は長足の発展を遂げ，今や，人類は自然環境との相互作用を通してそれを改変するほどの勢力になり，現代を人類世とみなす考えも現れてきた．自然にとって人類が脅威になったということは，実は，人類自らもその一部である生態的生存基盤を脅かしているということで，人類自らが自らの脅威になったことを意味する．

●安全保障概念と環境問題　現代社会において，環境安全保障という用語の意味は，すべての人々の生活基盤である生命維持システムとしての地方の生活圏から地球全体につながる生態系を維持・管理することである．しかし，安全保障という概念は，軍事，政治，経済，社会分野など様々な人間活動に関して使用されるばかりか，これらの諸活動と環境問題とは相互に作用している（Buzan, 1983）．また，安全保障という概念は，外敵を想定した軍事的な意味合いを人々に想起させることが多く，環境と安全保障概念を結び付けると，本来人々のうちなる問題である環境問題に対する認識と対応を誤る，といった批判的な見方もある（Deudney, 1990）．

　今日までに，環境安全保障以外にも様々な形容を伴う言葉が登場した．1970年代には，『成長の限界』（Meadows et al., 1972）の議論が資源の枯渇と環境の劣悪化を予測する一方，第1次石油危機を契機に，軍事的な安全保障とともに，経済やエネルギー安全保障，あるいは災害からの安全確保などの非軍事の問題を含んだ「総合的安全保障」概念が登場した．1980年代後半に，成層圏のオゾン層の破壊や気候変動などの地球規模の環境問題が国際政治課題にあがった．これらの環境問題は，冷戦時代の核戦争の脅威とともに，国際的協力がなければ解決できない「共通の安全保障」問題であると認識された．1990年代には，冷戦の終結に伴い，非軍事的な問題に焦点を当てた安全保障概念の再定義や新たな開発の視点として「人間の安全保障」概念が打ち出された．2000年代には，気候変動の影響による様々なリスクを指摘する「気候安全保障」概念が登場した．

●環境安全保障概念の異なる観点　多様な安全保障概念が存在するなか，環境安全保障概念には一定の類型あるいは観点が認められる．環境問題と安全保障の関係を軍事的・地政学的な見方・考え方に基づいて捉える伝統的な安全保障観がそ

の1つで，環境の劣悪化や資源の枯渇と武力紛争間の因果関係を確立しようとする．もう1つは生態学的な環境安全保障観で，人間もほかの植物相や動物相らとともに地球上の生態系の一部であるという認識に基づき，現代工業社会における人間と自然の関わり方，価値観，社会・経済関係や生活様式を根本的に変革しなければ，人類社会の真の安全は保障できないという考え方である．最後に，両者の折衷的な環境安全保障観として，自然環境と人間社会の調和を求め，持続可能な発展，人間の安全保障そして平和構築が目指すものと共通する見方・考え方がある．

伝統的な環境安全保障観については，T. F. ホーマー＝ディクソン（Homer-Dixon）とその研究グループの間で多くの研究が，主に3つの仮説に基づいて積み上げられてきた．すなわち，資源枯渇型紛争（水，水産資源，農地などの争奪型紛争），グループ・アイデンティティー型紛争（自然環境悪化に伴う人口移動に起因する紛争），相対的損失型紛争（環境の劣悪化に伴う富の不平等に起因する紛争）である（Homer-Dixon, 1999）．こうした仮説に基づいて数多くの事例研究が行われてきたが，各々の事例間での社会的・経済的・政治的要因が異なることと，環境の劣悪化は，それ以前に存在する社会・経済的不平等などの要因を悪化させて紛争につながる事例がほとんどで，研究全体が逸話的で，しかも環境要因と紛争間の因果関係は確立できていない．むしろ，その関係性の検証を試みた多くの量的研究が，両者の因果的関係性について否定的な結果を示しているのみならず，資源の欠乏や災害は逆に社会の連帯を強めるという研究も多い．

●非伝統的な安全保障観と気候変動問題　気候安全保障概念については，2007年4月に国連安全保障理事会で気候安全保障問題が議論されたのをはじめとして，日本の環境省でも同年5月に「気候安全保障に関する報告」を公表した．同じ頃，欧州理事会やドイツの気候変動に関する諮問委員会も，気候変動が国家安全保障上の脅威であるという認識を示した．また，アメリカの民間の政策研究機関は，気候変動は世界で最も脆弱な地域における「脅威増幅要因」で，重大な国家安全保障問題であるという認識を示す一方（CNA Corporation, 2007），アメリカ国家情報会議（NIC）は，今後20年，気候変動は政治的不安定，難民の大移動，テロあるいは特定の国における水やその他の資源をめぐる紛争の要因になるとした（Finger, 2008）．しかし，気候変動の影響を国家に対する脅威と捉える軍事的な安全保障のフレーミングや言説は，気候変動による人間の健康・農地・森林・湿地帯および沿岸地域などへの影響に適応することが，気候変動の緩和とともに，国際社会の本質的な課題であることを見失う．気候安全保障は，「気候難民」に対する人道的支援などの人間の安全保障，平和構築，そして持続可能な発展の観点から理解される必要がある．　　　　　　　　　　　　　　　　　［太田　宏］

📖 参考文献
・太田　宏（1998）「安全保障の概念と環境問題」『国際政治』第117号，67-84頁.

環境外交

　環境外交は，1972年国連人間環境会議（ストックホルム会議）を契機に本格化し，1992年国連環境開発会議（リオ会議）で拡大した．国内の公害問題が近隣国に越境することにより発生する2国間交渉，地域または地球規模の環境問題を扱う多国間交渉が展開される．当初は先進国中心の交渉であったが，1982年の国連環境計画（UNEP）ナイロビ特別会合や国連総会で採択された「世界自然憲章」では，途上国も環境外交を繰り広げるようになった．1992年リオ会議では，非政府組織（NGO）や企業などの非国家行為主体が主要グループとして公式に認知され，2002年ヨハネスブルグ会議では新興国の存在や官民連携の重要性が高まった．2012年リオ＋20会議ではハイレベル政治フォーラムや国連環境総会が設置された．2015年には「持続可能な開発目標（SDGs）」が採択され，環境外交は開発アジェンダと統合される形で展開されるようになる．

●**環境外交とは何か**　国家により追求される環境外交は，権力や知識，理念・規範の力を動員して自国の環境上の目標を達成することを意図した外交政策である．環境外交の対象は，大気汚染や水質汚濁などのブラウン・イシューから，生物多様性，生態系の保護・保全をめぐるグリーン・イシュー，海洋保護と海洋資源の保全などのブルー・イシューに広がる．そこでは伝統的な政府間交渉による解決が滞りがちな共有資源（コモンズ）や世代間衡平に関わる課題も扱われるため，政府や国際機関だけでなく，地方自治体，企業，NGO，科学者など多様な非国家行為主体が参画し，問題解決にあたっている．

●**環境外交の駆動要因**　多国間環境条約や協定の締結に向けた交渉では様々な交渉グループが形成されるが，主導者，支持者，仲介者，傍観者，妨害者などに類型化することが可能である．なぜ，どのように各国による環境外交の立場や交渉が展開されるのかについては，重層的な分析レベルにおける多元的な要因による説明がなされてきた．国際レベルでは，国家間の力の配分構造をめぐる議論がある．覇権国たるアメリカが批准する多国間環境条約や協定は必ずしも多くないため，環境外交は覇権国よりも中堅国（ミドル・パワー）を中心とした同志国連合主導で展開されることが多い（阪口，2011）．また，他を圧倒する構造的な力を有さない中堅国には社会的な同調圧力が働きやすいため，横並びの奉加帳外交が展開されることもある（Levy, 1993：76-119）．もっとも，名声を目的とした象徴的行為として環境外交が展開される場合は，条約の実施が滞り，後に遵守問題が顕在化することがある．

　国内レベルでは，環境破壊に対する脆弱性と対策費用に基づく経済的な利害関

係から外交上の態度を分析する枠組みが存在する（Sprinz & Vaahtoranta, 1994）．また，環境技術を有する国は市場拡大利益を見込み，積極的な外交姿勢を取ることが少なくない．社会要因に着目し，国内での規範の浸透や科学者の知見（脱国境的な認識共同体に参加する科学者を含む），世論の役割を強調する分析もある．さらに，環境政策や外交政策のみならず，産業，貿易，エネルギー，農林水産政策など多分野にわたる国内政治（行政府，議会など）および司法（特にアメリカにおいて）の状況が影響し得る．時に，政府が特定の利益団体に取り込まれ，妨害者として交渉を停滞させる場合がある．

他方で，一方的に導入された国内環境規制による国際競争上の不利を解消するために，国内（特にアメリカ）で企業と環境 NGO の同床異夢の連携により強力な環境外交が展開されることがある（DeSombre, 2000）．また，主導的役割を果たすことが多い欧州連合（EU）の環境外交は，EU 諸機関と加盟国政府からなるマルチレベルのガバナンス構造のため，NGO が政策決定過程にアクセスしやすいこと，また，EU 統合推進の手段として環境政策を位置付けていることが大きく作用している．

さらに，環境外交に関わる個人の役割を重視する説明もある．例えば，ローマクラブのメンバーでもあった大来佐武郎元外相は，ブルントラント委員会の設置提案など，日本の環境外交に重要な役割を果たした．中国において「生態文明」の建設が掲げられて環境重視の政策がとられるようになったのも，個人の道徳や社会的責任追及を重視する習近平・国家主席の個人的要因が関係していると考えられる．

国際交渉の帰結は，各当事国において国内的に受入れ可能な政策の範囲（ウィンセット）に大きな影響を受けるとする両刃の外交論によると，環境外交を展開する国は，相手国の国内世論や業界団体への働きかけを通じてウィンセットを拡大し，国際交渉で譲歩を引き出す必要がある．このように，環境外交は，国際レベルと国内レベルが交差する形でも展開され，実際に気候変動についての「パリ協定」の外交当事者によっても認識されていた．

●国際機関のリーダーシップ　国連の環境会議外交では，諸原則に関する政治宣言と行動計画を採択し，規範や科学的知見の浸透を図りながら法的拘束力のある条約・協定を締結し，各分野で国際制度枠組みの強化を段階的に図るストックホルム会議以来のパターンが踏襲されている．これはカナダの M. ストロング（Strong）同会議事務局長らが構想した枠組みで，この会議後に設立された UNEP でもこの方式が踏襲されてきた．権力や資金をあまりもたない国際機関が，非国家行為主体も巻き込んで各国の自発的な取組みを促し，分散的にガバナンスを促進するリーダーシップの形態は，促進的オーケストレーション（Abbott, 2015）と呼ばれ，国際交渉を陰で支えている．　　　　　　　［毛利勝彦・阪口　功］

環境保全に関わる国際組織

　国際組織・国際機関が自らの活動や対象とする事項について，気候変動など環境問題に与える影響とその軽減対策を検討することは，今日，必須となっている．ここでは，国連の活動の1つとして地球環境問題への対応を国際的に進めるために設立され，各種環境条約の交渉の場となった国連環境計画（UNEP），および，地球環境問題の解決に資する地球規模のプロジェクトに対して多国間資金を提供する資金メカニズムである地球環境ファシリティ（GEF）について記述する．

●国連環境計画（UNEP）　UNEP は，1972年6月にストックホルムで開催された国連人間環境会議の提案を受け，同年の国連総会決議に基づき設立された（本部はナイロビ）．

　G. ポーターら（ポーター・ブラウン，1998）は，国際機関が地球環境問題の成果に影響を及ぼす方法として，①国際社会での環境問題のアジェンダ決定，②地球環境レジームの交渉の開始と影響の波及，③規範的な行動規則（ソフト・ロー）の作成，④国際的に交渉されていない事柄についての各国の政策への影響の波及，の4点をあげる．UNEP は1972年の設立以降，年代によって各国への影響力の強弱はあれども，これら4つの観点からの国際社会へのアプローチを組み合わせて地球環境問題の解決に向けた活動を展開してきた．具体的には，国際協力が必要で緊急を要する地球環境問題を優先課題として選定（アジェンダ決定），国際的な議論の場を提供し，科学的知見をまとめ，国際レジームの交渉を開始する，または，ソフト・ローとして規範を求めるというアプローチをとり，複数の多国間環境協定の成立，また，規範の共有という形で成果をあげてきた．

　1976年にはオゾン層の保護を優先課題の1つとして管理理事会で位置付け，国際協定の交渉が始まる1977年には専門家会合を開催し，各国の行動を促した．気候変動交渉の準備として，気候変動の状況や影響，対策などに係る科学的知見を整理・提供するため，世界気象機関（WMO）とともに気候変動に関する政府間パネル（IPCC）を設置した．また，水銀管理についても，2001年に地球規模の水銀汚染に係る活動を開始し，翌2002年には，人への影響や汚染実態をまとめた報告書を公表した．報告書をもとに各国間での交渉が進み，2013年には国際的な水銀管理に関する条文案が合意され，条約の名称が「水銀に関する水俣条約」に決定された．その他，UNEP が交渉の場となった多国間環境協定，具体的には，「絶滅のおそれのある野生動植物の種の国際取引に関する条約（ワシントン条約）」「オゾン層保護のためのウィーン条約」「有害廃棄物の国境を越える移動及びその処分の規制に関するバーゼル条約」「生物の多様性に関する条約（生

物多様性条約）」などの事務局として指定されている.

　また，規範の共有というアプローチも重要であり，例えば，UNEP 国際資源パネルは，天然資源の持続可能な利用，および資源利用によるライフサイクルにわたる環境影響に関する独立した科学的評価の提供，ならびにそれらの環境影響を経済成長から切り離す（デカップリング）方法に関する理解の増進を目的として，2007 年 11 月に設立され，国際社会に対して施策の推進を呼びかけている.

●地球環境ファシリティ（GEF）　GEF は世界銀行（世銀）に設置されている信託基金で，開発途上国および市場経済移行国が，地球規模の環境問題に対応した形でプロジェクトを実施する際に追加的に負担する費用につき，原則として無償資金を提供する.　世銀，国連開発計画（UNDP），UNEP などの国際機関が GEF の資金を活用してプロジェクトを実施し，個々のプロジェクトを全額 GEF だけで支給することはなく，プロジェクト実施国や他の国際機関との co-financing の形式を取る（ただし，例外的に，「カルタヘナ議定書」および「気候変動枠組条約」など，その趣旨を実現するために必須の事業の一部には GEF が 100％拠出）.

　GEF は，1989 年 9 月の世界銀行および国際通貨基金（IMF）合同開発委員会において，地球環境の保全または改善のための基金をフランス・ドイツが提案したことに端を発しており，その後，世銀理事会の決議に基づいて 1991 年 5 月に第 1 回参加国会合が開かれ，3 年間の期限で GEF パイロットフェーズが発足した.1994 年に正式にスタートし，その後，4 年ごとに増資を行っている.

　対象分野は，2016 年現在，気候変動，生物多様性，国際水域汚染防止，残留性有機汚染物質（POPs），土地劣化（砂漠化・森林減少），オゾン層保護，化学物質・廃棄物（水銀管理を含む）となっている.　気候変動枠組条約，生物多様性条約，POPs 条約および水銀に関する水俣条約は，条約上，GEF が途上国等支援のための（暫定的な）資金メカニズムとして機能することを明記しており，条約と GEF との間の了解覚書（MOU）により，GEF が各条約の締約国会議（COP）のガイダンスに従うことを明記している.　また，「京都議定書」およびカルタヘナ議定書は，それぞれ気候変動枠組条約，生物多様性条約を通じて GEF を資金メカニズムとしている.「オゾン層保護に関するモントリオール議定書」は，多数国間基金を設けており，GEF に関する規定はもたないが，多数国間基金が対象としない国について，補完的な資金源となっている.　また，「砂漠化対処条約」は，条約上は GEF を資金メカニズムとする明示的な規定はないが，COP 決定に基づき GEF を条約上の資金メカニズムとして扱っている.　　　　［瀬川恵子］

📖 参考文献
・ポーター，G.，ブラウン，J. W. 著，細田衛士監訳，村上朝子他訳（1998）『入門 地球環境政治』有斐閣，50-61，168-172 頁.

持続可能な開発目標（SDGs）

　「SDGs（あるいはSDG：持続可能な開発目標）」とは，2015年9月にニューヨークの国連本部にて採択された，2030年に向けた国際目標である．それは「我々の世界を変革する：持続可能な開発のための2030アジェンダ」（以下，2030アジェンダ）という文書の中核として，「だれ1人取り残さない」という大目標のもとに掲げられた，17の目標と169のターゲットから成り立つ．目標，目標をより具体的に示した数値目標を含むターゲット，達成度を測るための指標という三重構造で構成される．

　SDGsの起源は，2012年に開催された国連持続可能な開発会議（リオ＋20）の準備会合にさかのぼる．その後の議論を経て，最終的には成果文書「我々の求める未来」の7パラグラフ（245～251）がSDGsに関する記述へと向けられた．

　2013年から始まる，オープンな作業部会（OWG）での交渉の結果，2014年7月19日に出された最終案には，17の目標と169のターゲットが盛り込まれた（A/68/970）．

　2015年9月の国連総会において合意された「2030アジェンダ」の前文には，人間，地球，繁栄，平和，パートナーシップという5つの基本的要素が示され，その中核となるSDGsの内容は，OWGの最終提案とほぼ変更なく採択された．1つ動かすとほかの項目も一気に紛糾しかねないことを考慮した結果であった．

　SDGsは「ミレニアム開発目標（MDGs）」の8目標に比べ目標の数が多い．なぜ17にも目標が膨れあがったか．それは，現代社会が抱える問題の複雑性を反映している．

　「ミレニアム開発目標報告書」によると，1990年には途上国の半数近くの人口が1日1.25ドル未満で生活していたが，2015年にはその割合が14％に削減された（UN, 2015）．とはいえ，いまだ約8億人は極度の貧困や飢餓の状態にある．SDGsはこのようなMDGsで解決しきれなかった課題を解決し，「誰も取り残されない」世界をつくることが出発点となっている．とりわけ，あらゆる形態の貧困をなくすことが，その第1の課題である．

　しかし，現代社会は，貧困問題をそれのみに絞って，国際援助といった手段で解決することが不可能になるほど複雑化している．例えば，気候変動の影響と考えられる巨大台風の直撃は，貧困問題をさらに悪化させる．飢餓対策として農産物を増産しようとしても，干ばつや洪水がそれを妨げる．電力を得ようとして石炭でエネルギーを生み出そうとすると，気候変動を悪化させ，さらに不安定な気候の原因となる．そもそも先進国内でも，相対的貧困問題などの貧困問題が深刻

化しているのである．こうした課題の多様性や因果関係を考えると，MDGs で解決できなかった課題の解決は，環境問題や地球環境を考慮しながらでないと不可能なことがわかってきた．それだけではない．格差や不安定な雇用といった社会問題は，社会不安や安全保障上の問題を引き起こし，貧困や飢餓問題の解決にマイナスの影響を及ぼすだけでなく，都市問題などを引き起こして地球環境にも悪影響を及ぼすこともわかってきた．つまり，目標は 17 あるものの，その 1 つひとつがほかの目標と関連しており，目標の数の多さは，現代社会の抱える問題の複雑性と，総合的な解決の必要性を物語っている訳である．

「持続可能な開発」は，2002 年のヨハネスブルグ・サミットの頃から，国連の文脈では，環境，社会，経済の 3 つの側面から成り立つと考えられてきたが，2012 年のリオ＋20 の頃からは，3 側面の「連関」や「統合性」が重要視されてきた．SDGs も，目標やターゲットが相互に連関し合うことで，統合的に達成されることが可能になるし，またそれが求められている．つまり，統合的な政策実施を行えば，目標達成はシンプルになり得る訳である．

●MDGs と SDGs の違い　SDGs は MDGs とは異なり，途上国のみを対象とした目標ではなく，先進国も含めた普遍的な目標となっている．さらに重要なMDGs との相違点は，各国においてテーラーメイドのターゲットや指標を補完的に設定することを求めることで，よりその国の優先課題に即した実施になるようにしている点である．グローバルレベルで設定された SDGs をふまえつつ，各国政府が国内の状況や優先順位を鑑みて国内でのターゲットや指標を定めることで，各国政府が具体的な国家戦略プロセスや政策，戦略に反映していくことを期待している．17 目標は，17 を取り組まなければいけない，というよりも，むしろ取り組みの入り口が 17 あると考える方が妥当であろう．

SDGs は法的に実施方法を定めた「ルールによるガバナンス」ではない．政府，市民社会，民間セクター，国連機関などの主体が自主的に達成を目指す目標である．しかし，国連において国際交渉を経て成立した目標であることから，正当性があり，国際規範として，そして，2030 年の目指す方向を具体的に示したビジョンを提供しているという意味で，重要性をもつ．こうしたことからも，パートナーシップによる SDGs の達成が強調されており，これにより，知識，専門的知見，技術および資金源を多様な形で動員することが目指される．「目標ベースのガバナンス」という，国連の新たな取組みなのである（Kanie & Biermann, 2017）．

こうした形で分散的・多元的に大きな目標へ向かって進むことを「緑の多元主義」と筆者らの研究グループでは呼んでいるが（Kanie et al., 2013），SDGs は，まさにこうした多元主義による持続可能性へのアプローチを醸成するためのツールだと言っても過言ではなかろう．　　　　　　　　　　　　　　　　［蟹江憲史］

📖 参考文献
・蟹江憲史編著（2017）『持続可能な開発目標とは何か──2030 年へ向けた変革のアジェンダ』ミネルヴァ書房．

国連グローバル・コンパクト

　国連グローバル・コンパクト（UNGC）とは，企業や NGO などの団体組織が，グローバル社会を持続可能につくり替えるためにリーダーシップを発揮する国際的な仕組みであり，企業の社会的責任（CSR）の世界最大のプラットフォームでもある．持続可能な社会の具体的なフレームワークとしては，「世界人権宣言」や「国際労働機関（ILO）原則」「環境と開発に関するリオ宣言」などをベースにした人権・労働・環境・腐敗防止に関わる 10 の原則を掲げている（表 1）．

　この原則に賛同する企業，自治体や NGO などの組織のトップは，賛同の署名を国連事務総長に送り，トップがリーダーシップをとって，組織の活動や戦略にこの 10 の原則を組み込み，その結果を公表することが求められる．2017 年 11 月の段階で，署名団体は世界 162 か国の 1 万 2861（うち企業 9727）組織にのぼる．

●設立の経緯　UNGC は，K. A. アナン（Annan）国連事務総長（当時）の提案により 2000 年に発

表 1　国連グローバル・コンパクトの 10 原則

人権	原則 1	人権擁護の支持と尊重
	原則 2	人権侵害への非加担
労働	原則 3	結社の自由と団体交渉権の承認
	原則 4	強制労働の排除
	原則 5	児童労働の実効的な廃止
	原則 6	雇用と職業の差別撤廃
環境	原則 7	環境問題の予防的アプローチ
	原則 8	環境に対する責任のイニシアティブ
	原則 9	環境にやさしい技術の開発と普及
腐敗防止	原則 10	強要や贈収賄を含むあらゆる形態の腐敗防止の取組み

［GCNJ の WEB サイトより］

足した．当初は人権・労働・環境の 9 原則だったが，組織の腐敗が推進の障害であることが明らかとなり 2004 年に腐敗防止を加えて，現在の 10 原則となった．

　アナン事務総長が UNGC の構想を提唱したのは 1999 年のダボス会議においてである．彼は「世界共通の理念と市場の力を結び付ける力を探りましょう．民間企業のもつ創造力を結集し，弱い立場にある人々の願いや未来世代の必要に応えていこうではありませんか」（グローバル・コンパクト・ネットワーク・ジャパン〈GCNJ〉WEB サイトより）と世界に訴えた．この考えの背景に，地球規模の環境問題や人権侵害などの人類共通の課題解決には，国際機関や国家など公的セクターだけでは力不足で，民間の産業界・金融界が積極的に参画し，ビジネス慣行や経済の仕組みを持続可能な形に変えていかなければならないという認識がある．つまり，企業が UNGC に参画し，環境や人権に配慮した責任あるビジネス慣行を広げていくことでグローバル経済社会を持続可能にしていくことが期待されているのだ．それまで国際機関が企業との連携をすることはまれであったが，

UNGCの広がりによって国際機関や公的機関と企業や民間団体のネットワークやパートナーシップが積極的に行われるようになっていく.

アナン事務総長の後任で2007年に就任した潘基文事務総長もUNGCへの明快な支持を表明した. 発足当時44だった署名機関は16年目で300倍以上に増え,UNGCの輪は継続的に拡大している.

●**執行体制** UNGCは国連事務総長室の傘下に置かれ,様々な国連機関とも連携し,かつ,民間企業と連携する数少ない組織である. UNGCオフィス(本部)が,署名の受付けや会員管理,ロゴ管理などの事務運営を担うほか,それぞれの10原則を専門とする国連機関と提携して署名企業の活動を推進するため,様々なイニシアティブの組成や運営の支援,参考資料などの情報も提供している.

提携する国連機関は国連人権高等弁務官事務所,国連環境計画,国際労働機関,国連開発計画,国連工業開発機関,国連薬物犯罪事務所,ジェンダー平等と女性のエンパワーメントのための国連機関の7機関である. 代表的なイニシアティブには,サステナブル投資のプラットフォームである責任投資原則,女性のエンパワーメント原則,子どもの権利とビジネス原則,Caring for Climate(C4C),CEOウォーターマンデートなどがあり,企業や投資家,NGOに対して情報提供や教育研修の機会,パートナーシップや協働の場を提供している.

一方,世界各地の企業や組織を支援するために,現在75のローカルネットワークが地域で自主的に組織されており,各国の企業や団体は,主にローカルネットワークを通じて活動している. 日本では,2003年に発足したGCNJが2011年に一般社団法人化した. 2017年10月23日の会員数は企業や大学を合わせると256団体にのぼる. GCNJ会員相互においてベストプラクティス共有やラーニングの場として様々なテーマごとの分科会活動を行うほか,NGOなど外部団体との連携による対話の機会を提供するなど,日本では企業の社会的責任(CSR)推進の最大組織となっている. 2016年には署名大学をネットワーク化したアカデミアネットワークも組織され,いっそうの産学の協働の強化が期待される.

●**署名機関に求められること** 署名機関には,企業活動においてGC10原則とその精神を組み込み実践することが求められる. 自社の経営戦略や日々の業務活動の中に10原則を組み込み,さらにガバナンス機関の意思決定プロセスにもGC10原則を反映させること. 次に外部との連携では国連が推進する「持続可能な開発目標(SDGs)」などのイニシアティブに参加・協力することやCSR報告書などで取組み状況を開示報告することも求められる. また同業他社や取引先,従業員,顧客などにGC原則を普及する広報活動も期待される. SDGsやパリ合意が目指す持続可能な経済社会の構築をビジネス面から支援するのがGCの精神であり,企業にとってビジネスチャンスでリスク回避策ともなり,従業員,消費者,地域コミュニティの中で信頼される企業になるための手段でもある. ボトムアップで経済の仕組みを持続可能に変革する有効なツールとして期待される. [河口真理子]

持続可能な開発のための教育（ESD）

　持続可能な開発のための教育（ESD）は，「持続可能な社会づくりの担い手を育てる教育・学習」である．持続可能性に関連した環境や開発，平和，人権，福祉など個別課題の解決を目的に行われてきた様々な課題教育を統合した概念である．ESD の視点をもつことで課題相互のつながりや関係性に気づくことができ，共通の課題である持続可能な開発（SD）の具体化に向けた総合的・統合的なアプローチが可能となる．ESD と呼ばれずともこのような取組みは従来から存在していたが，ESD の登場によってその価値が明確になった．

　国連環境開発会議（UNCED；1992）の『アジェンダ21』「第36章 教育・啓発・研修」は，「SD に向けた教育の再構成」などを取り上げた．第36章の担当機関に指名された国連教育科学文化機関（UNESCO，ユネスコ）が環境と社会に関する国際会議：持続可能性のための教育と意識啓発（1997）をギリシャで開催し，「テサロニキ宣言」として環境教育から持続可能性に向けた教育への方向付けを行った．以降，持続可能性のための教育や持続可能な未来のための教育などとして ESD が国際的に取り組まれるようになった．

●国連持続可能な開発のための教育の10年（DESD）　持続可能性に関する教育は多様な名称で呼ばれていたが，持続可能な開発に関する世界首脳会議（2002）で，日本政府と非政府組織（NGO）が「国連持続可能な開発のための10年（2005～14年）（DESD）」を共同提案し，同年の第57回国連総会で採択されて以降，ESD が名称として国際的に定着した．国連は DESD の主導機関としてユネスコを指名して，国際実施計画を2005年に策定し，日本政府は国内実施計画を2006年に策定した．DESD の目標は，国際実施計画では，「SD の原則，価値観，実践を，教育と学習のあらゆる側面に組み込むこと」，国内実施計画では「SD のために求められる原則，価値観及び行動が，あらゆる教育や学びの場に取り込まれ，環境，経済，社会の面において持続可能な将来が実現できるような行動の変革をもたらすこと」とされた．政府は ESD 関係省庁連絡会議や ESD 円卓会議を設置して，ESD の推進に取り組んできた．ユネスコは DESD の中間会議として2009年にドイツで ESD 世界会議を開催し，最終年会合の日本開催を含む ESD 推進に向けた「ボン宣言」を取りまとめている．ユネスコによる DESD 最終年会合（ESD に関する世界会議）とステークホルダー会合が2014年に名古屋市と岡山市でそれぞれ開催され，「あいち，なごや宣言」などが採択されている．

● DESD によって進んだ ESD の取組み　日本に拠点を置く国連大学は DESD を契機に地域で ESD を実践しているフォーマル・ノンフォーマル教育機関のネ

ットワークとして「ESD に関する地域の拠点」(2005) を設立するなど積極的に
ESD を推進し，現在，国内 7 地域を含む世界 146 地域（2016 年現在）が認定さ
れている．DESD を政府とともに提案した個人や NGO は環境分野のみならず広
範な NGO や企業，自治体，大学などを会員とする「持続可能な開発のための教
育の 10 年推進会議（ESD-J）」を 2003 年に設立した．ESD-J は ESD のプラットホー
ムやハブとして，政府とともに DESD の国内外の推進に大きな役割を果たした．
　また，日本による DESD の提案を契機に「環境保全活動・環境教育推進法」
が 2003 年に制定され，ESD の視点を盛り込んだ「消費者教育推進法」が 2012
年に制定されるなど，ESD は日本の法律にも影響を与えた．学校における ESD
は文部科学（文科）省がユネスコ国内委員会とともに推進しているが，DESD を
受けて，「学習指導要領」(2008, 09) や「教育振興基本計画」(2008) に「持続可
能な社会の構築」や ESD の推進が盛り込まれ，この動きは 2017 年の「新学習指
導要領」においても踏襲されている．ユネスコの理念の普及を目的に，ユネスコ
本部によって推進されているユネスコスクールを文科省が ESD 推進拠点とした
ことで，日本のユネスコスクール認定校が 19 校（2005 年）から 1034 校（2017
年現在）に達するなど学校での ESD は急速に広がっている．
　ISO 26000 で ESD が言及されたことなどで，企業の社会的責任（CSR）の一環
として ESD に積極的に取り組み，ESD 企業宣言を行う企業も出現している．日
本の ESD は行政や NGO，企業など多様な主体が，学校のみならず持続可能な地
域づくりの一環として総合的に取り組んでいるが，これは学校教育での取組みが
中心の諸外国と大きく異なる日本の特徴といえる．NGO，企業や自治体などに
よるこれらの取組みをふまえて，政府は日本の DESD の成果の 1 つにトップダ
ウンとボトムアップの統合をあげている．
●DESD 終了後の ESD と課題　国連持続可能な開発会議（2012）成果文書に
DESD の終了年である 2014 年以降の ESD 推進が明記され，ユネスコは第 39 回
ユネスコ総会決議（2013）と第 69 回国連総会承認（2014）を受けて 2019 年まで
の 5 年間を DESD のフォローアップとして，ESD に関するグローバルアクショ
ンプログラムに取り組んでいる．さらに，「持続可能な開発目標（SDGs）」の「目
標 4　教育と生涯学習」のターゲット 7 に ESD が明記されたことで，ESD は
SDGs 全体を進める人づくり，すなわちエンジンとして位置付けられた．
　DESD 後の ESD 推進のために，NGO の提案をもとに環境省が ESD 推進ネット
ワークとして ESD 活動支援センターを 2016 年に設置し，文科省・NGO と共同運
営しているが，2017 年には全国 8 カ所に地方 ESD 活動支援センターを設置した．
今後の課題として，①SDGs 達成のための ESD，②全国レベルから地域レベルに
いたる ESD 推進ネットワークの構築，③地域と世界をつなぐ ESD によるグロー
カル人材の育成，④ESD による地域創生，⑤市民の政治参加，社会参加を促す主
権者教育／市民教育／民主主義教育としての ESD などがあげられる．　［阿部　治］

環境と人権

　環境問題への関心が世界的に高まり，1960年代終わりに形成され始めた国際環境法は，それに先立って発展した人権法から多くの影響を受けてきた．当初，環境と人権の関連性は強く意識され，1972年の「ストックホルム人間環境宣言」では「人は，尊厳と福祉を可能にする環境で，自由，平等，および十分な生活水準を享受する基本的権利を有する」とされるなど，環境保護は人権保護の手段として正当化されていた．その後，環境それ自体の内在的価値を認めたり，人間を生態系の一部と位置付けるなど多様なアプローチが登場し，1992年の「リオ宣言」では「持続可能な発展」が環境保護の基本理念に置かれることで，人権への配慮が弱まったかに見えた．しかし，すでに100以上の国内法で「環境権」が規定され（Boyd, 2012），また環境損害が直接人々の人権を脅かすという現実が続くなかで，国際的レベルにおいても環境保護と人権保護を改めてリンクさせるべきだという議論が高まっている．

●**多様な関係性**　国際法における環境保護と人権の関係性は複雑であるが，主に3つの考え方がある．第1に，環境保護のさらなる促進のために人権規範を利用する立場である．生命や健康などの権利に影響を与える環境損害やリスクを規制し，より高い環境基準を達成するよう国家に求める手段として既存の人権規範を援用する．また，環境情報へのアクセスや政策決定への参加の権利を確保することによって，人間の実体的権利の保障だけでなく自然環境そのものの保全を目指すものもある．これらの立場は一般に「人権アプローチ」（Boyle & Anderson, 1996）と呼ばれる．第2に，人権規範の中に環境保護の側面を直接取り込むことで，環境権あるいは環境に対する権利を新たな人権として認める立場である．この立場も先の人権アプローチの1つと捉えられる場合がある．そして第3に，環境保護と人権との対立の局面を重視する立場である．環境保護目的の都市計画開発や自然保護区域の設定が，私生活が尊重される権利，財産権などを制限する場合がある．この場合，人権規範は環境保護政策の「公正性」を問う機能を果たす（花松，2005）．また，第1・第2の立場と合わせて考えた場合，人権規範同士の対立となることもあるだろう．

●**人権条約の実行とオーフス条約**　人権条約の中で環境権を規定するのは，「アフリカ人権憲章」と「米州人権条約サン・サルバドル議定書」のみと数少ない．その中で，欧州人権裁判所が「欧州人権条約」の規定を援用する人権アプローチに基づいて環境損害から生じる人権侵害の認定を行っていることが注目される．例えば，生命に対する権利（第2条）や私生活および家族生活が尊重される権利

（第8条）などの実体的権利を保障するために，締約国は環境リスク規制や環境法の遵守，環境情報の開示などの適切な措置をとる積極的義務を負うことが判例法によって示された．ただ，個人への被害が甚大ではなかったり，合法的な活動から生じる環境損害の場合には，どのような措置をとるかについて国家に広範な裁量が与えられ，国家の経済的利益や公共的利益がより優先される傾向にある．他方，近年の判例では，実体的権利規定が問題となっても，適切な調査研究の実施，環境情報へのアクセスや法的救済の確保などの手続的権利の侵害の有無が重視されている（Boer, 2015）．同様の傾向は，環境権規定が人権侵害認定の根拠となったアフリカ人権憲章の判例でも示されており，リオ宣言第10原則をもとに環境に関する情報へのアクセス，政策決定への公衆参加，司法へのアクセスの権利を定めた「オーフス条約」の趣旨とも合致する（☞「市民参加の保障とオーフス条約」）．そのほか，「児童の権利に関する条約」が環境に関連する規定をもつほか，条約ではないが，「先住民族の権利に関する国連宣言」が土地などに関わる先住民族の環境権を規定する．また，「経済的，社会的および文化的権利に関する国際規約（社会権規約）」の諸規定が「水に対する権利」を含むという解釈が条約機関によってなされており，環境権との関連で注目されている．

●**環境権，環境に対する権利創設の是非**　以上の既存の人権条約が環境保護に対して十分に貢献していないという立場から，国際法上の環境権を創設すべきとする議論が主張されている．この新たな権利によって環境保護にさらなる価値を付与し，経済発展や天然資源開発，国家の公共的利益に優先する「切り札」として機能させることが狙いであると言える．しかし，この問題を1990年代初めから議論してきた国連人権委員会とその後継機関である国連人権理事会（UNHRC），国連人権高等弁務官事務所（OHCHR）などによる決議および報告書，また各種研究に見られるように，権利創設には様々な課題がある．例えば，実体的権利に関する定義の困難性（どのような環境が「良い」環境なのか），人間中心主義的な環境の捉え方，誰の権利なのか（個人か，集団か，一般の公衆か），誰が義務を負うのか（国家か，国際社会全体か，多国籍企業を含むか），具体的な法的効果は何か（原状回復や賠償か，予防アプローチを採用するか），実施や紛争処理の機関は何かなどである．このように権利規定のあり方に不明確な点が多い中で，上述の手続的権利に特化した環境権の定式化が提案される一方，すでに一般的承認を得つつある権利をもとに新たな人権を創設することへの批判もある．

●**研究の展望**　UNHRCやOHCHRは，2008年より人権と気候変動の関連性に関する研究を行っている（Humphreys, 2010）．温暖化により水没が懸念される島嶼国などの人々が環境難民となることへの対応であるが，2015年の気候変動枠組条約第21回締約国会議（COP 21）で採択された「パリ協定」において人権保護が言及された．今後はこれに関連し，人権規範の域外適用可能性や温暖化に関する責任の帰属，環境条約と人権規範の制度的関係などの研究が求められよう．　　［花松泰倫］

世界銀行と環境社会配慮

　世界銀行では，1984年に策定された「環境に関する業務マニュアル規定（OMS 2.36）」において，環境影響と緩和策を審査する手続きを導入したが，ダム建設が深刻な環境社会問題を引き起こしていることがクローズアップされるようになり，より実効性の高い実施方策の整備が求められるようになった．こうした背景から，1989年には環境アセスメント（EA）に関する「業務指令（OD 4.00）」が策定され，世界銀行が投資する事業に対して実施されるEAのガイドラインとして位置づけられた（Lee & George, 2000）．1991年にOD4.01として修正され，1999年には銀行内部の改革が進み，「業務方針（OP 4.01）」として再整備された．
●環境アセスメントに関連した手続き　EAの手続きはプロジェクトサイクルの各段階に対応した形で設けられており，①スクリーニング，②スコーピング，③EA報告書の作成，④EA報告書の審査，⑤事業実施段階での影響緩和措置やモニタリング，の5段階に分けられている．スクリーニングでは，環境影響の大きさによって3つに分けている．重大な環境影響が想定されるプロジェクトはカテゴリーAに分類され，フルスケールの環境アセスメントが求められる．また，影響が限定的で対策によって比較的回避可能な場合，カテゴリーBに分類される．影響が微小か皆無の場合はカテゴリーCに分類され，通常EAは実施されない．スコーピングの段階では，想定される環境影響と影響を受けると考えられる地域を可能な限り正確に特定する．この段階で，関係住民やNGOなどへの情報提供や，ほかのステークホルダーとの協議が行われ，関係主体の関心を把握することによって，アセスメントのプロセスに反映させる．プロジェクトの実施段階では，環境管理計画を含む指摘事項の実施，影響緩和措置の状況，モニタリングによって得られたデータの分析と対応策の実施が求められる．
●そのほかの配慮手続き　OP 4.01で定められている内容以外にも，環境社会配慮に関しては，主として次のような業務方針ならびに手続き（BP）がある．自然生態（OP/BP4.04），害虫駆除（OP4.09），先住民族（OP/BP4.10），有形文化資源（OP/BP4.11），非自発的住民移転（OP/BP4.12），森林（OP/BP4.36），ダムの安全性（OP/BP4.37），国際間水路（OP/BP/GP7.50），紛争地域（OP/BP/GP7.60）．このうち，自然生態では，危機的な自然生態区域の著しい損失や劣化をもたらすようなプロジェクトの禁止を求めている．比較的大規模なダムの新規立地については，プロジェクトサイトの調査，設計，ダム建設，操業の時期に関して世界銀行とは独立した専門家パネルによるレビュー，建設や維持管理，危機管理に関する詳細計画の策定，ダム完成後の定期的な安全性評価などが内容となっている．

●非自発的住民移転への対応　途上国における開発援助では，道路整備やダム開発などのインフラ整備において非自発的な住民移転が発生する場合が少なくなく，OP4.12では次の点が求められている．すなわち，開発プロジェクトによって生じうる住民移転の規模や特性の評価，住民移転を回避あるいは最小化するようなあらゆる範囲における代替案の検討，住民移転に関する相手国政府あるいは実施機関の法制度の評価ならびに世界銀行の業務方針との相違点の明確化，過去の類似プロジェクトにおける実施例の住民移転に関する経験のレビュー，住民移転に関する実施方針や実施体制，対象住民との協議などに関する実施機関との調整，相手国に提供されるべき技術的な支援の検討である．途上国政府が策定している住民移転に関する補償制度と世界銀行が求める水準との乖離は，しばしば生じる問題である．その場合には，資金援助の条件として世界銀行の業務方針ならびに手続きに準拠した補償を実施することが求められる．

●セーフガード政策としての第三者評価　世界銀行の環境社会配慮制度の特徴としては，開発事業によって生じうる悪影響を幅広く捉えるため，セーフガード政策という考え方を採用していることがあげられる．その中で，環境社会面での配慮をより充実させ，事業のアカウンタビリティを高めるには，影響を受ける地域からの問題提起に耳を傾ける仕組みも必要となっているため，世界銀行では，1990年代から苦情や異議申立てに対する対応を進めてきている．特に，1993年に設置された監査パネルの制度では，対象プロジェクトによって影響を受ける住民などから異議申立てがなされた案件に関して内容を検討したうえで，必要に応じて外部の専門家からなる監査パネルを設置し，現地調査を含めた詳細な検討を経て必要な措置を講じることになっている．この制度により，2017年6月末までに120件の異議申立てを受け付けている（World Bank, *The Inspection Panel : Annual Report 2017* より）．

●政策改定に向けた主な論点　世界銀行では2012年からセーフガード政策の改定に向けた議論が始まっており，2018年中に新たな政策として環境社会配慮枠組みを発行する予定である．この改定の主な論点としては，ジェンダー，身体的精神的障害，性的マイノリティーなどを含めた脆弱なグループに対する差別回避，現地におけるプロジェクト関連の雇用機会の拡大と相手国の法制度に即した組合設立や団体交渉権の確保，プロジェクトの実施にともなって発生する温室効果ガスの推定に関する技術的側面を含めた支援，プロジェクトの実施に対する先住民族の同意の確保，世界銀行に求められる配慮義務を緩和しない範囲で相手国の制度のより弾力的な活用，などがあげられている．　　　　　[村山武彦]

📖 **参考文献**
・環境アセスメント学会編（2013）『環境アセスメント学の基礎』恒星社厚生閣.
・松本悟（2013）『調査と権力―世界銀行と「調査の失敗」』東京大学出版会.

日本の開発援助と環境社会配慮

　日本における政府開発援助（ODA）による事業は，主として無償資金協力，有償資金協力（円借款），技術協力に3区分される．ODAのための環境社会配慮に関連したガイドラインは，これまで国際協力機構（JICA），国際協力銀行（JBIC），日本貿易振興機構（JETRO）が策定してきたが，2008年以降，JICAは上記の3事業すべてに関する調査や実施に関わってきている．そのため，本項ではJICAが実施する環境社会配慮を中心とする．なお，各省庁や外郭団体，あるいは地方自治体もODAによる事業を独自に実施している．

● **JICAの環境社会配慮ガイドライン**　JICAは1990年から開発プロジェクトに伴う環境影響に配慮するためのガイドラインを設け，発電所の新設やダム開発などセクター別に合計20の個別ガイドラインが事前調査段階を対象として運用されてきた．しかし，プロジェクトの規模や特性に応じた統一的な内容ではなかったこと，また，プロジェクトが与える社会影響の側面を包含していなかったことなどの課題が指摘されていた．JICAが2004年に独立行政法人化されるのを機に，同年9月から施行されたガイドラインは，基本的事項，配慮のプロセス（要件），配慮の手続きの3項目からなる．特徴として，以下の6点があげられる．①環境影響だけでなく社会影響も含め，JICAが関与する全事業に適用する，②環境社会配慮の手続きは原則として公開する，③影響の程度に応じて事業を3段階にカテゴリー分類し，そのうち影響が最小限かほとんどないと考えられるCを除いて，Aの事業は必ず，Bは必要に応じて環境影響評価を実施する，④多様なステークホルダーの「意味ある参加」を確保するため，スコーピング段階，準備書段階，評価書段階の3回の住民協議を原則として実施する，⑤広域の上位計画やセクターレベルのマスタープラン策定支援などを対象として，可能なものには戦略的環境アセスメント（SEA）の考え方を積極的に適用する，⑥以上の配慮を実施するため，JICA内部に審査担当部局を設け，外部専門家の助言を得るための審査諮問機関や，遵守確保の第三者的な組織を設置する．

● **2010年に改定されたガイドラインの特徴**　2008年の組織再編により，それまで円借款の実施主体であったJBICの業務を引き継ぐことになり，新たなガイドライン制定に向けて議論するため，大学関係者のほか，NGO，産業界，行政からなる有識者委員会が設置され，2年間に合計33回の会合が開かれた．原科（2010）によれば，新ガイドラインの特徴として，調査から資金融資まで一貫した環境社会配慮，情報公開の推進，住民協議の徹底，環境と社会の多様な側面からの評価，社会影響対策の強化，SEAの実施があげられている．特に，1点目に

ついては，これまで調査段階までであったJICAの関わりが資金融資まで広がったことで，ODAに関わる事業に対して一貫した審査を行うことができるようになった．

●**活動のための体制整備**　上記ガイドラインを運用するため，次のような体制が整備された．まず，2004年9月にJICA内に環境社会配慮審査室が新設され，事業実施部局とは異なる立場で，環境社会配慮に特化した業務を行うことになった．また，外部の諮問機関として環境社会配慮審査会が新たに設置された．委員は公募され，専門分野や所属する団体の特性などから選出された．この体制は2010年に制定された新たなガイドラインにおいても基本的に引き継がれており，このうち，これまでの審査会は「環境社会配慮助言委員会」として，外部有識者による個別事業への助言活動が進められている．

●**環境社会配慮における主な論点**　開発援助の対象となる案件の中には，環境社会配慮上論争になる課題を含む場合がある．まず，プロジェクトを実施しない案を含めた代替案の検討を通じた事業の必要性の確認があり，例えば，橋梁建設事業では，渡河地点における交通量調査や交通需要予測，橋梁建設前の渡河手段であるフェリーの運営手段の改善による効果や維持管理手段の具体化をふまえたプロジェクト実施の適切性を確認することが求められた．また，プロジェクトの実施に伴う非自発的住民移転に対する補償問題があり，非正規居住者を含む被影響世帯の現況把握，移転地の確保を含めた補償手段の詳細，関係住民との協議の徹底などが議論の対象になっている．さらに，水資源をはじめとする開発事業と動植物や生態系の保全との関係が議論になることがある．ガイドラインでは，事業は原則として相手国政府が法令などにより自然保護や文化遺産保護のために特に指定した地域の外で実施され，「生態系および生物相」への影響に関して，重要な自然生息地または重要な森林の著しい転換または著しい劣化を伴うものであってはならないとされる一方で，国立公園の定義は国によって異なり，特に途上国では公園の指定が十分に吟味されていない場合があるため，こうした点に関する検討が重要な論点となっている．

●**異議申立て手続き**　JICAのガイドラインでは，上記に加えてプロジェクトごとの環境社会配慮の内容に対する異議申立ての手続きが規定されている．これまでにも，ミャンマーにおける経済特区の開発事業をはじめとする事業に対して異議申し立てがなされ，外部の専門家で構成する異議申立て審議役が内容を検討し，必要に応じて現地調査を行っている．ただし，これまでの事例はきわめて限られており，地域住民の立場からみた制度のあり方についてあらためて検討が必要である．　　　　　　　　　　　　　　　　　　　　　　　　　　　［村山武彦］

📖 **参考文献**

・原科幸彦（2008）「途上国での環境社会配慮—JICA・JBICの現行ガイドラインと新JICA」『環境技術』第37巻第8号，530-536頁．
・村山武彦（2013）「開発援助における環境社会配慮の現状と課題」『環境研究』171号，132-138頁．

国際環境条約の遵守

　国連環境計画（UNEP）のガイドラインによれば，国際環境条約の遵守とは，「多数国間環境協定（国際環境条約と同義）……に基づく義務を当該協定の締約国が履行すること」（UNEP, 2002）を意味する．統一的かつ強力な法執行機関をもたない国際社会では，国際環境条約で締約国に義務を課すだけでなく，その義務を守らせる仕組みの構築が課題となる．国内社会でしばしば用いられる「コンプライアンス」が，単なる法令の義務のみならず，企業内規定や社会倫理を含めた規範の範囲に着目するのに対して，環境条約の遵守は，法的拘束力のある条約義務の履行確保の制度に焦点をあてる．

●**国際環境条約における遵守確保の重要性**　国際社会で国家を規律する法（国際法）は，主権国家の合意を基礎とする（「合意は守られなければならない」）．環境条約も国際法の一部であり，したがって，国家による条約義務の不履行は，国際違法行為として国家責任を発生させる（「国家責任条文」第1条および第2条）．また，条約に関する一般規則によれば，条約の重大な違反があった場合，違反国に対して条約の終了などの措置を取ることができる（「条約法に関するウィーン条約」第60条）．しかし，国家責任の帰結としての原状回復や損害賠償は，事後救済的な効果に留まるため，地球規模環境問題に期待される事前予防に十分対応できない．また条約法に基づく対応も，国家の普遍的な参加を追求する立場にむしろ逆行する．そもそも，環境条約の義務の不履行については，締約国（特に開発途上国）の故意・過失というよりも資金や技術といった政策実施の能力不足が原因である場合が多い．したがって，地球環境問題に対処する環境条約は，条約義務の履行確保のために，条約独自のメカニズムを発展させてきた．

●**遵守手続の形成**　もっとも，「ラムサール条約」や「ワシントン条約」など国連人間環境会議（1972）の前後に採択された環境条約は，遵守に関する特別の条文を置かず締約国会議の任務として条約の実施状況を検討し勧告するに留まっていた．普遍的な環境条約として遵守に関する規定を初めて置いたのは「オゾン層保護のためのウィーン条約」に基づいて採択された「モントリオール議定書」である．同議定書は，「不遵守（non-compliance: 日本の公定訳では違反）の認定及び当該認定をされた締約国の処遇に関する手続及び制度を検討し及び承認（第8条）」し，第4回締約国会合（1992）で不遵守手続やその帰結として取ることができる措置の例示リストを採択した．その後，国連環境開発会議（1992）以降に採択された環境条約のほとんどは条文中で遵守に関する規定を明記している．

●**遵守手続の概要**　環境条約の遵守手続はその名称や機能を含めて条約ごとに異

なるが，今日一定の共通性を確認できる（Loibl, 2011）．まず環境条約には，締約国会議の決定により，遵守を検討する専門の遵守委員会が設置される．委員は国連の地域グループなど地理的衡平性に配慮して選出される．モントリオール議定書のように締約国として選出されることもあるが，「カルタヘナ議定書」や「名古屋議定書」など，最近の遵守手続では個人の資格で選出されることが多い．

　遵守手続は，事務局などの条約機関や条約締約国からの付託によって開始される．特に不遵守の締約国自身からの付託（すなわち自己申告）も受領可能である点が，他分野の遵守確保手続との大きな違いである．手続が開始されると事務局は関連締約国に情報を送付し，得られた回答および情報は委員会に送付される．関連締約国は委員会の討議に参加することができ，その結果をふまえて，委員会は適当と考える措置を締約国に勧告することができる．ここで取られる措置は，義務不履行に対して懲罰的・敵対的な性格を有するものではなく，事案の友誼的解決や協力的な遵守の促進を目的とする．したがって，不遵守の帰結は，手続および制度の目的に応じて，助言または支援や遵守のための行動計画の作成などが含まれる．もっとも，不遵守の宣言（「オーフス条約」，名古屋議定書など）や特定の権利停止（モントリオール議定書，「京都議定書」）など，制裁的色彩の濃い措置を用意するものもある．特に，京都議定書は遵守委員会に2つの部会を置き，そのうち遵守強制部は遵守の強制を目的とする．また，カルタヘナ議定書や名古屋議定書は，不遵守が継続する場合に特別の措置を検討することができる．

●**遵守手続の新たな傾向**　遵守手続は，環境保護という目的を達成するために条約締約国が相互に監視し，不遵守の状態を克服するために編み出された特殊な制度である．そのため，手続はあくまでも締約国間の調整という側面をもつことは否めない．他方で，手続の透明性や正統性を確保するための措置も導入されつつある．例えば，京都議定書の手続は，各部10名の委員のうち，1名を温暖化に脆弱な開発途上島嶼国から選出する．また，名古屋議定書の手続では，2名の先住民の社会および地域社会からの代表がオブザーバーとして選出される．

　モントリオール議定書，京都議定書，カルタヘナ議定書，名古屋議定書など，多くの遵守手続は，条文の中で詳細を規定せず，発効後に開催される最初の締約国会議の決定によって具体的な手続および制度を決定してきた．もっとも，水俣条約やパリ協定などのように，遵守手続の方向性が共有できたことにより，あらかじめ遵守手続の性格を本文で確認する条約も出現している．　　　［西村智朗］

📖 **参考文献**
・松井芳郎（2010）「多数国間環境保護協定の遵守確保と紛争解決」『国際環境法の基本原則』東信堂，第12章，314-341頁．
・臼杵知史（2011）「国際環境法条約の履行確保」西井正弘・臼杵知史編『テキスト国際環境法』有信堂高文社，第9章2．
・松井芳郎他編（2014）『国際環境条約・資料集』東信堂．

国際制度決定過程における
ステークホルダー

　国際制度の構築を目指した交渉は，通常は国と国との間で行われる．国内の多様な利害関係者（ステークホルダー）は，国際交渉より以前に国内にて国の決定に関与するか，あるいは，政府代表団の一員として，つまり国として交渉に参加することになる．しかし，ことに環境関連の国際会議においては，政府以外のステークホルダーの直接参加が重視される．これは，最終的には個人や企業，自治体といった国内の多様な主体が，環境問題による被害者でもあり環境問題改善に向けた行動を実際にとる主体でもあるためである．

●ステークホルダーの分類　地球環境問題関連の会議では，これらの政府以外の主体はすべてNGO（非政府組織）と呼ばれる．NGOはさらに環境系の団体（環境NGO，あるいはENGO），企業系の団体（BINGO），研究系の団体（RINGO）に大別され，それぞれが国際会議の場で代表者による直接発言を許容されている場合がある．また，これらの主要なグループに加えて，自治体や都市といった国内の行政機関，政治家（議員），原住民，宗教団体，労働組合，青年などの横断的なネットワークが確認されている．これらの組織は，単に国内での意思決定に影響を及ぼすにとどまらず，国際的な意思決定に直接関与するために，国境を超えてネットワークを構築し，それ自身が国際的な組織となる．

　これらの非政府団体に注目したチャセックら（Chasek et al., 2006）は，とりわけ環境NGOに注目し，環境NGOの中でも，先進国のもの，途上国のもの，研究や知見の集約を主体とするもの，行動に訴えることを方針としているものなど多様性を見出し，それぞれの役割分担を重んじた．国際自然保護連合（IUCN）やグリーンピース，世界自然保護基金（WWF），地球の友などは，それ自体が一国内にとどまらず，国際的な組織となっている．また，気候変動の分野では，一国内にとどまっている環境NGOも網羅した気候行動ネットワーク（CAN）というネットワーク型の組織ができており，政府間交渉でほぼリアルタイムで情報を入手・共有し，各自の国の政府に適宜働きかけを行える能力を保持している．

　企業の団体としては，持続可能な開発のための経済人会議（WBCSD）が中心となり，各国の産業団体と連携を強めている．また，石油産業や鉄鋼産業などの主要産業部門では，既存の国際的な組織が地球環境問題にも対応することになる．

　研究者は，みずからの中立的な立場を重んじるため，意思決定への直接的な働きかけを目的とするよりは，研究者間でコンセンサスに近いところまできている科学的知見の伝達や普及，あるいは，交渉で争点とされている科学的不確実性の把握を目的としていることが多い．気候変動に関する政府間パネル（IPCC）な

どの組織は，知見をまとめる役割を果たす科学者集団の国際組織であるが，これとは別によりアドホックな研究者のまとまりが RINGO となっている.

政府間の合意達成が遅れがちな昨今，自治体や都市は，ますますその役割の重要性を認められつつある. 持続可能性を目指す自治体協議会（LGS／ICLEI：設立当初の International Council for Local Environment Initiative のほうがよく知られている）や世界大都市気候先導グループ（C40）は，環境問題に高い関心をもつ自治体の横断的な連携組織となっている. 気候変動の分野では，2014 年に気候変動枠組条約第 20 回締約国会議（COP 20）がリマで開催された際，ナスカ高原にちなんで非国家主体気候行動ゾーン（NAZCA）が認知され，さらに翌 2015年末には，COP 21 会期中にパリ市内にて「気候変動に関する首長サミット」が開催された.

環境問題に積極的に取り組む議員の中には，国の政策決定の中で十分な影響力を及ぼすことができないと考えている者が多い. そこで，国際的なネットワークをつくり，国際舞台で直接影響を及ぼそうとする. 地球環境国際議員連盟（GLOBE）は世界の超党派の議員連盟として，1980 年代から活動し続けている. 他方，2001 年に設立されたグローバルグリーンズは，世界各国の緑の党が所属する組織で，20 数か国の緑の党が横断的に連携を深める場となっている.

●研究動向　このように，かつては国内のステークホルダーとして位置付けられていた多様な主体が，近年では，それぞれが超国家的（トランスナショナル）に連携を強め，国際的な意思決定での直接関与を試みるようになった. ただし，現実が急速に進展することもあり，このようなステークホルダーの新たな動向に関する学術的な理論構築が遅れていることは否めない. 一般的には，これらの非政府組織の国際的な意思決定への関与は，決定過程の透明性を高めるため，環境保全に寄与する方向で交渉に働きかけると言われているが，具体的にどの組織がどのような過程を経て寄与するのかという点でまとまった知見はない（Avant et al., 2010）.

●今後の課題　なお，上記は国家間交渉をふまえた公的な国際制度構築におけるステークホルダーの関与に関するものであるが，そのほか，国際制度の構築が進まない場合，これらの主体が自発的かつ先駆的にグローバルな制度を構築する場合があり，このような制度は公的なレジームに対してプライベート・レジームと呼ばれる（Kahler et al., 2003）. 世界の森林保全を目的とした条約の交渉が 1990年代からほとんど進展をみないなか，森林管理協議会が中心となって策定した森林認証ラベル制度などが一例である. 地球環境保全に向けたグローバルガバナンスにおいて，プライベート・レジームの果たす役割はますます増大しており，その役割の検証が研究者に求められている.　　　　　　　　　　　　　　　　［亀山康子］

国際環境 NGO

　気候変動，砂漠化，熱帯雨林や野生動植物の減少，オゾン層の破壊など，様々な環境問題に非政府組織（NGO）は深く関わっているが，NGO が公式に国際環境会議に参加したのは，1972 年の国連人間環境会議以降である．とはいえ，当時，NGO の参加は政府間会議と並行して開かれる NGO フォーラムなどに限定されていた．国際会議に NGO の参加が公式に認められるようになったのは 1990 年代初めの「グローバル・ガバナンス」という概念の登場による．地球環境問題といった地球規模の諸問題の解決には，国家だけでなく，NGO をはじめとする多様なアクターによる地球的な取組みが必要だという認識である．グローバル・ガバナンス論は，NGO が地球的課題に取り組む主体となるうえでの理論的根拠となり，1992 年に開催された国連環境開発会議では 1400 以上の NGO が参加資格を得た．

● **トランスナショナルな NGO ネットワーク**　世界自然保護基金（WWF）やグリーンピース，地球の友（FoE）など，大規模な環境 NGO は 1960～70 年代にすでに国際レベルで活動していたが，国際交渉への NGO の参加が制度化されるに伴い，NGO も単独で交渉に参加するのではなく，トランスナショナル・ネットワークを形成する戦術をとるようになった．例えば，特定の環境問題において政策提言活動を行うことを目的としたアドボカシー・ネットワーク（Keck & Sikkink, 1998）や会議場でのロビー活動を調整するためのコーカスなどである．NGO がネットワークを形成することの理由として，第 1 に，単独で参加するよりも広範な情報にアクセスすることができ，第 2 に共通のポジションを構築することで，政府や国際機関，さらに多国籍企業に対して，より戦略的かつ効果的なロビー活動を行うことができるという利点があげられる．

● **NGO が国際交渉に関与することの意義**　具体的に NGO は，多国間環境交渉においてどのような働きかけを行ってきたのであろうか．例えば，南極での鉱物資源開発を規制する多国間交渉では，約 200 の NGO が「南極・南洋連合（ASOC）」を結成し，グリーンピースや国際自然保護連合（IUCN）とともに南極を世界公園化していく流れをつくった．また，砂漠化防止のための国際 NGO ネットワークは，「砂漠化対処条約」の交渉過程に積極的に参加し，同条約の中に住民参加とボトムアップ・アプローチを明文化させることに成功した（Betsill & Corell, 2008）．さらに，海洋汚染の問題では，グリーンピースがほかの NGO とともに「ロンドン条約」（1972 年採択）の締約国に対して，有害廃棄物の海洋投棄の全面中止を求め，予防原則を導入するようロビー活動を行った．希少な野生動植物の国際的な取引を規制する「ワシントン条約」（1973 年採択）の策定過

程には多くの NGO が深く関わってきたが，中でも野生生物の国際取引を監視する TRAFFIC は，IUCN や WWF とともに市場調査を行い，違法取引が明らかになった場合は条約事務局や締約国に報告するなど，条約の実効性に大きく貢献している．気候変動交渉では，500 以上の NGO からなる気候行動ネットワーク（CAN）が，海面上昇や国家消滅という最も深刻な影響を受ける小島嶼国と連携することによって，温暖化防止に消極的な国家に対し，常に高い削減目標を提示してきた．

　このように，国際環境 NGO は多国間交渉に関与することによって主に 4 つの役割を果たしていると言える．1 つ目は，秘密交渉になりがちな政府間交渉の透明性を高めることである．2 つ目は，当該環境問題に対する世論を喚起することである．世論の盛り上がりが政治的な関心をよび起こし，環境政策の流れを大きく変えた例は，有害廃棄物の越境移動やオゾン層の保護，捕鯨問題などにみることができる．3 つ目は，国益を重視する主権国家間の交渉では見落とされてしまう視点，とりわけ将来世代のニーズや社会的弱者の主張を代弁することである．そして 4 つ目は，持続的にモニタリングを行うことによって，当該条約が発効した後もその実効力を高めることである．

●インサイド・アウトサイド・アプローチ　近年，国際 NGO は，従来の国際会議場内でのロビー活動のみならず，会議場の外から働きかける社会運動体との連携を強めている．通常，多国間条約の交渉では，事前に参加資格を認定された NGO しか会議場内に入ることができない．このため，参加資格を得られなかった NGO や社会運動体は会議場の外から政策決定者へ圧力をかけようとする．実際，2009 年にコペンハーゲンで開催された気候変動枠組条約第 15 回締約国会議（COP 15）では，政府間交渉が行われた国際会議場にいたる通りを多くの市民が埋め尽くした．このような非暴力の大衆運動であるデモは，市民は見ているという圧力を交渉者に与えている．長年，会議場の中でロビー活動を行ってきた国際 NGO も，世論喚起のためにもデモやキャンペーンを行う必要性を認識し始め，会議場外で行動する運動体との連携も戦略として取り入れるようになってきた．近年のソーシャルネットワーキングサービス（SNS）など情報通信技術の進展は，環境 NGO が世界的なキャンペーンを張るうえで，有力なツールとなっている．

●今後の研究の展望　すでに環境問題は，エネルギーや安全保障，人権，格差問題等と密接に関係するグローバル・イシューとなっている．したがって，国際環境 NGO は，人権・開発など他分野の NGO との連携，さらには，先住民運動や農民運動など環境正義運動との関係構築も必要となろう．こうした運動体は，国際 NGO に比べると組織化されておらず，規模も小さく，政治的にはラディカルなものも多い．しかし，NGO が政府や国際機関，多国籍企業とのスタンスを常に検証し，今後も変革の主体であり続けるためには，必要不可欠なパートナーである．

[毛利聡子]

自治体の環境協力

　自治体の海外環境協力には様々な形態がある．姉妹都市との小規模なものが多いが，北九州市の北九州国際技術協力協会（KITA），大阪府と大阪市の地球環境センター（GEC），滋賀県の国際湖沼環境委員会（ILEC），三重県と四日市市の国際環境技術移転センター（ICETT），富山県の環日本海環境協力センター（NPEC）のように，環境協力を専門に実施する公益財団法人を設置し，広範囲かつ継続的に実施している自治体もある．近年では，インフラ輸出も行われるようになった．

●政府開発援助（ODA）との共同　2015年に閣議決定された「開発協力大綱」は，環境問題の解決を重点事項としつつ「我が国の地方自治体が有する独自の経験や知見が，開発途上国の抱える課題の解決にとって重要な役割を果たすようになって」きたことをふまえ，国と自治体とが連携した開発協力をさらに推進することを目指している．多くの自治体が国際協力機構（JICA）プロジェクトの一環として職員の派遣や研修生受け入れを行っている．自治体の提案に基づいてプロジェクトが実施される場合もある．草の根技術協力事業（地域提案型）は自治体が提案し，JICAが財政負担するもので，上下水道や廃棄物処理などのプロジェクトが毎年実施されている．大気汚染対策を目的として54億円の円借款が供与された環境モデル都市事業（大連）は，北九州市の提案に基づくものである．

●姉妹都市間などの環境協力　姉妹都市と環境協力を行う自治体は多く，1999年の環境庁の調査によれば31の都道府県と政令市などが中国の姉妹都市と環境協力を行っていた．地球環境戦略研究機関（IGES, 2013）によれば，2013年10月までに245の環境協力実績があり，うち54%は中国の都市との間で行われていた．研修員の受け入れ（48%）と専門家派遣（34%）が多い．広島県，広島市，四川省，重慶市は1993年に共同で酸性雨研究交流センターを重慶市に設置し，当時は広島市と広島県から専門家が派遣されていた．北九州市は2004年からインドネシアのスラバヤ市でコンポスト普及事業を進め，4年間でごみを20%削減した．その後，市はJICA，IGES，北九州市内企業，現地NGOと連携し，マレーシア，フィリピン，タイ，スリランカ，ペルーの諸都市でも事業を展開している．

●国際ネットワーク　国際的な自治体ネットワークも，情報や経験の共有や意見のアピールだけでなく，具体的なプロジェクトも実施している．世界大都市気候先導グループ（C40）は気候変動対策を推進するために40の大都市で構成されたネットワークで，調査研究や政策提案を行っている．日本からは東京都がメンバーとなっている．持続可能性をめざす国際環境自治体協議会（ICLEI/LGS）は，

世界事務局がドイツのボンにあり，日本を含む世界16か所に地域事務局が設置され，1500以上の自治体が加盟している．日本からは18自治体が加盟している．欧米諸国やアジア開発銀行（ADB）などの資金援助を受け，気候変動や廃棄物対策などで技術協力を行っている．CITYNETは，アジア太平洋地域の都市問題の改善・解決を目指すネットワークで，2015年11月現在，85の自治体が参加している．ここでも技術協力や人材育成などのプロジェクトが行われている．横浜市はCITYNETの中心的存在で，JICAの資金援助を受け，民間企業や大学などと連携してプロジェクトを進めている．

●**課題**　「環境基本法」第34条は，国が「地方公共団体による地球環境保全等に関する環境協力のための活動の促進を図る」ことを規定している．2000年には「公益的法人等への一般職の地方公務員の派遣等に関する法律」が制定され，地方公務員をJICA専門家として派遣することも制度的に担保された．一方で，環境協力は地方公共団体の事務ではなく市民に直接裨益（ひえき）するものでもない．財政が逼迫するなか継続的に行える自治体は多くない．環境担当部局が職員を海外長期派遣すると財政当局が「人が余っている」と定数削減するかもしれない．環境省がガイドブック（環境省，2004）を作成してまで自治体による環境協力の意義を示そうとしているのは，それが議会や財政・人事当局にまでなかなか伝わらないことの裏返しとも言えよう．環境協力を継続できる自治体は，首長の強いリーダーシップがあり，財政にも余裕がある大きな自治体に限られているのが現状である．

●**環境ビジネスへの展開**　近年では，技術供与という一方的関係から，カウンターパート地域の経済発展をにらんだ地場産業のビジネス展開を目指したものへと変化しつつある．北九州市は2050年までにアジア地域で2005年度市内二酸化炭素発生量の150%削減を目指してアジア低炭素化センターを設立し，金融支援も含めて市内企業が有する技術の輸出を進めようとしている．横浜市は公民連携による国際技術協力（Y-PORT事業）を2011年からスタートさせ，ODAを活用して，開発途上国の都市と協力関係を樹立し，市内企業のビジネス展開を行おうとしている．川崎市は，毎年川崎国際環境技術展を開催して，市内企業の技術について情報発信するほか，サウジアラビアの工業団地や上海市との交流を通じて，環境ビジネスの展開を図っている（アジア経済研究所，2015）．北九州市，神戸市，横浜市，東京都はアジアや中東で上下水道のインフラ事業を受注している．

●**研究の展望**　自治体の環境協力に関する研究は少ない（中村・加藤，2001；自治体国際化協会，2008）．これまでに，草の根プロジェクトから円借款導入，市内企業のビジネス拡大やインフラ輸出にいたるまで多様な環境協力が進められてきたが，それらの体系的評価を行うことや，新興国を含む第三国の自治体間の協力の傾向や効果を分析することができれば，学術面での新たな貢献となろう．また，地元ビジネスの拡大に結び付く環境協力の方向性を示すことができれば，関心を有する自治体が新たに参入するきっかけとなろう．　　　　　　　　　　［藤倉　良］

越境大気汚染に関する国際規制

　越境大気汚染は，一般に国境を越えて移送される大気汚染物質によりもたらされる問題と定義される．越境大気汚染が国際社会で問題化したのは，欧州における酸性雨被害が顕在化した1950〜60年代である．1979年に「長距離越境大気汚染条約」が採択されるなど，1980〜90年代にかけて欧米における取組みが進められた．アジアでは，1990年代に入り酸性雨などの越境大気汚染問題への関心が高まり，東アジア，南アジアにおける対策が1990年代後半から進められた．なお，近年，大気汚染問題を地球規模で捉える必要があること，大気汚染と気候変動の問題を一体的に捉える必要があることが明らかにされている．

●**長距離越境大気汚染条約による取組み**　1950〜60年代における北欧の酸性雨被害の顕在化をふまえ，1970年代に経済協力開発機構（OECD）による越境大気汚染に関する科学的調査が行われ，1977年に「欧州における大気汚染物質の広域移流の監視・評価プログラム（EMEP）」が開始された．1979年には，長距離越境大気汚染条約が合意された．国連欧州経済委員会を事務局とするこの条約は1983年に発効し，現在は欧州諸国を中心に，アメリカ，カナダなど51か国が加盟している．加盟国に対して，酸性雨などの越境大気汚染の防止対策を義務付け，また，酸性雨による森林や水域への影響の監視・評価，原因物質の排出削減対策，国際協力の実施などを定めている．1984年の資金供与に関する「EMEP議定書」のほか，汚染物質の削減に関して，硫黄酸化物（SOx）の30%削減を定めた「ヘルシンキ議定書」（1985），窒素酸化物（NOx）削減に関する「ソフィア議定書」（1988），「揮発性有機化合物（VOC）の排出またはその越境移動の規制に関する議定書」（1991），SOx のさらなる削減に関する「オスロ議定書」（1994），「重金属議定書」（1998），「POPs 議定書」（1998），「酸性化・富栄養化・地上レベルオゾンの包括的な低減に関するゴーテベルグ議定書」（1999）を定めている．ゴーテベルグ議定書は，その後，2020年までの各国の SO_2，NOx，VOC，アンモニア（NH_3）の排出枠を定め，また，微小粒子状物質（PM）を取り込むよう2012年に改訂されている．

●**北米大陸での越境大気汚染への取組み**　北米での越境大気汚染問題への取組みは欧州と大きく異なっている．1980年にアメリカで「酸性降下物法」が定められ，この法律に基づき，降水モニタリング，生態影響調査などを内容とする「全国酸性降下物調査計画（NAPAP）」が開始された．この計画は，終了時の1990年に「大気清浄法」の改正により恒久的なモニタリング計画となった．1980年には，アメリカ，カナダ両政府は酸性雨に関する2国間協定の締結を目的とする「越境

大気汚染に関する合意覚書」を交わしたが、アメリカの政治情勢の変化により協定交渉は中断された。1990年、アメリカは大気清浄法を改正し、酸性雨対策に向けたSO_xやNO_xの総量削減方策を盛り込んだほか、1991年には酸性雨被害の拡大を防止するための2国間行政協定（「米加大気質協定」）を締結した。

●アジアでの越境大気汚染問題への取組み　1992年の国連環境開発会議（地球サミット、UNCED）で採択された「アジェンダ21」での指摘をふまえ、東アジアでは日本の主導により1993年から専門家会合が開かれ、その報告をふまえて1998年に東アジア酸性雨モニタリングネットワーク（EANET）の試行稼働が始められ、2000年には本格稼働が合意された。EANETは、酸性雨モニタリングに関する国際共同プログラムであり、越境大気汚染条約のような政策調整を対象としていない。その後の議論により、徐々にスコープの拡大が図られつつある。得られたデータの科学的信頼性という面から、EANETは高く評価されている。

　南アジアでも、EANETとほぼ時を同じくして、1998年に南アジア8か国政府により、「南アジアの大気汚染とその越境影響に関するマレ宣言」が採択され、越境大気汚染対策が開始された。この枠組みは、越境大気汚染全体を対象としている点、モニタリングのみでなく対策をも対象としている点でEANETより進んだ枠組みといえる。

　東南アジアでは、1990年代後半のインドネシアの森林火災と煙霧の越境移動を契機としてASEAN諸国で交渉が開始され、2002年に「越境煙霧汚染に関するASEAN協定」が合意された。この協定はアジアで唯一の法的拘束力を有する越境大気汚染の国際合意であり、2014年にインドネシアが批准したことにより、実質的な対策の進展が期待される。このほか、日中韓3か国による黄砂対策をはじめ、アジアでは様々な越境大気汚染に関連するイニシアティブが進められている。

●越境大気汚染問題に関する新たな知見　2010年に公表された、長距離越境大気汚染条約に基づく「大気汚染の半球移送に関するタスクフォース（TF-HTAP）2010年報告書」は、PMや対流圏のオゾンなどによる大気汚染が北半球全域を移送されるため、地球規模の問題として大気汚染に取り組む必要性を指摘した。また、同じ頃から、気候変動対策において短寿命気候汚染物質（SLCPs）であるブラックカーボンなどの大気汚染物質が果たす役割が注目されるようになり、従来は別の枠組みで議論されてきた大気汚染対策と気候変動対策とを一体として扱うような包括的な大気環境管理システムの必要性が認識されるようになっている。
　　　　　　　　　　　　　　　　　　　　　　　　　　　　　　[鈴木克徳]

📖 参考文献

・高橋若菜（2017）『越境大気汚染の比較政治学―欧州、北米、東アジア』千倉書房.
・鈴木克徳（2010）「持続可能な社会に向けた地域レジームの形成―東アジア酸性雨モニタリング網を例にして」上智大学現代GP事務局『持続可能な社会への挑戦』六甲出版販売.

オゾン層保護に関する国際規制

　大気中の成層圏（高度約 15～50km）に存在するオゾン層は，太陽光に含まれる紫外線のうち，生態系に有害な紫外線 UV-B（280～315nm）を吸収する有益な物質である．1970 年代からフロン類がオゾン層破壊物質として注目され国際的な規制がとられてきた．フロン類の規制や対策の動向を以下にまとめる．

●**フロン類とその用途**　フロン類とは，炭素，フッ素，塩素が結合した化学物質の総称である．冷蔵庫やエアコンなどの冷媒（熱を運ぶ媒体）に利用することを目的とし，1928 年に CFC-11 と CFC-12 が初めて開発された．フロン類は，①無色透明で無臭，②不燃性，③人体への非毒性，④揮発性のため気化しやすい，⑤加圧によって液化しやすい，⑥適度な油溶性，⑥化学的に安定し，分解されにくい，⑦金属や電子部品などへの非腐食性，という特徴をもった自然界にない理想的な人工化合物であった．そのため，スプレー缶用のエアロゾル，電子部品や精密部品の洗浄剤，自動車の内装や家具などに使用する軟質ウレタンフォーム，冷蔵庫やエアコンなどの電気機器中の冷媒，住宅や冷凍冷蔵機器の断熱材に使用する硬質ウレタンフォームなど，1930 年代から多様な用途に使われてきた．

●**オゾン層保護対策への経緯**　これらフロン類には，その化学結合に塩素を含むクロロ・フルオロカーボン（CFC），ハイドロ・クロロ・フルオロカーボン（HCFC）と，塩素が含まれていないハイドロ・フルオロカーボン（HFC）がある．人工化合物で化学的に安定しているため，化学結合に塩素を含む CFC と HCFC は大気放出されても対流圏（高度約 0～15km）では分解されず，大気の循環により成層圏に入ってから南極および北極方向に移動する．そこで，フロン類は紫外線によって分解されて塩素が遊離し，この塩素が触媒（自分自身は化学反応せず，ほかの物質の化学反応を促進する物質）として成層圏のオゾン層を破壊する．1974 年に J. M. モリーナ（Molina）らがこのようなオゾン層破壊反応メカニズムを初めて指摘し（Molina & Rowland, 1974），1982 年に忠鉢繁が実際に南極のオゾン全量が極端に少なくなっている現象を初めて観測した（Chubachi, 1984）．1985 年には，人工衛星による南極のオゾンホールが初めて観測された（Farman et al., 1985）．オゾン層破壊反応の科学的根拠が実証されたことが後押しとなり，1985 年に「オゾン層保護に関する国際条約（ウィーン条約）」が採択された．さらに，ウィーン条約に基づいて規制を定めた「オゾン層を破壊する物質に関するモントリオール議定書」が 1987 年に採択，1989 年に発効された．これにより，オゾン層破壊物質の生産と消費を段階的に廃止するスケジュールが国際的に定められ，それらの生産と消費の削減が実現されていった．

●**気候変動対策への経緯**　フロン類はオゾン層破壊物質であるだけでなく，温室効果ガスでもあるため，気候変動への影響が1980年代から注目され始めた．フロン類は，代表的な温室効果ガスである二酸化炭素の温暖化能力と比較して数百倍から数万倍の温暖化能力をもつ．モントリオール議定書によってCFCやHCFCの生産と消費が段階的に削減されたが，代替物質としてオゾン層を破壊しないが温室効果ガスであるHFCの消費が1990年代から増加し始めた．一方で，気候変動問題への国際的な対応として，1992年に「気候変動に関する国連枠組条約（UNFCCC）」が採択され，1997年の第3回締約国会議（COP 3）で「京都議定書」が採択されたことにより，先進国に対して温室効果ガス排出抑制の数値目標が設置された．HFCも温室効果ガスであるため排出量の規制対象となった．

●**モントリオール議定書と京都議定書の課題**　オゾン層破壊に関するモントリオール議定書と気候変動に関する京都議定書には，議定書間での連携が不十分であるという問題があった．1つ目の問題は，CFCとHCFCに対する排出量規制が両議定書から抜け落ちていること，2つ目の問題は，CFCとHCFCの代替物質として急増しているHFCの生産・消費量規制が両議定書から抜け落ちていることである．CFCとHCFCは京都議定書の対象物質ではないため排出量への規制がなく，特に途上国では適切に回収・破壊処理が実施されず，消費されたものがすべて大気中に排出されている．そのため，オゾン層破壊と気候変動の双方にとって悪影響がある．また，HFCはオゾン層破壊物質ではないためモントリオール議定書の対象外であり，先進国において1990年以降にHFC消費量が増加し，現在では途上国における消費量も増加しており，特に途上国では適切に回収・破壊処理が実施されずに大気中に排出され，気候変動に影響を与えている．

●**国際的な新たな取組み**　この問題の重要性に注目し，2013年5月に欧州が「モントリオール議定書のもとで，HFCの生産および消費の段階的規制を行っていく」ことを提案した．また，2013年6月にはアメリカと中国が「CFC, HCFCの生産・消費の段階的削減に伴ってHFCが急増すると予想されるため，HFCについても生産・消費の段階的削減に共同で取り組む」ことに合意した．フロン類の2大消費国である米中が合意をしたことが，国際協力を進めるうえで大きな一歩となり，2016年10月に開催された第28回モントリオール議定書締約国会議にて，「HFCに対しても段階的に生産および消費量を削減する」という議定書の改正（キガリ改正）が採択された．また，2015年12月に開催された気候変動枠組条約第21回締約国会議（COP 21）にて，「産業革命以前からの世界の平均気温上昇を2℃未満に抑える」という「パリ協定」が合意され，気候変動緩和策を強化する必要性が国際的に認識された．今後は，キガリ改正とパリ協定で定めた内容を実現していくために，国際的に協力をして，大きな温室効果をもつフロン類の生産・消費・排出への規制を強化していくことが重要である．　　　　[花岡達也]

海洋汚染防止に関する国際規制

　海洋環境の保護および保全は1960年代以前はそれほど注目を集めず，個別の海洋汚染問題への取組みも船舶からの油の排出の規制に限られていた．しかし，船舶による海の利用の質的・量的変化は海の浄化能力を超える汚染物質を排出することとなり，1967年のトリー・キャニオン号座礁・油流出事故などの大規模事故の発生をきっかけに，船舶による海洋汚染問題に本格的に取り組む必要性が認識されるようになった．その取組みの中心となった機関は国際海事機関（IMO）である．IMOは，海洋環境の保護および保全のために，また，船舶による海洋汚染問題に関係各国が協力して対応することで，公海自由の原則のもとでの船舶の航行の自由を維持するために，海洋汚染防止に関する多くの条約を採択してきた．なお，海洋環境の保護および保全を包括的に扱った部を有する国連海洋法条約が1982年に採択されている．また，地域海や閉鎖海・半閉鎖海の海洋汚染を防止するための多数国間地域条約も1960年代後半から多数定立されている．

●**船舶による海洋汚染の防止**　船舶から排出される油については早くから国際条約の定立が進み，1954年に「油による海水の汚濁の防止のための国際条約（OILPOL条約）」が採択された．OILPOL条約は，油（原油や重油などの持続性の油）の排出基準を設定することで，船舶の航行に伴う油の排出によって発生する海洋汚染を防止するための条約であった．OILPOL条約は数回の改正を経て規制の強化が図られたが，タンカーの増加・大型化，油以外の有害物質の海上輸送の増加，そして便宜置籍船が増加しているにも関わらず規制の執行は従来どおり旗国主義に基づくものであったことなどから，1970年代に高まった海洋汚染防止の要請に応えるものではなかった．そこで1973年に新たに採択されたのが「船舶による汚染の防止のための国際条約（MARPOL条約，1973年条約）」である．

●**MARPOL73/78**　1978年のアモコ・カディス（Amoco Cadiz）号座礁・油流出事件の発生などを受けて，同年，1973年条約は修正・追加され，あわせて1973年条約を実施するための議定書（MARPOL73/78）も採択された．MARPOL73/78は1973年条約と単一の文書として読まれるものとして位置付けられ，締約国はこの議定書で修正・追加された1973年条約を実施することとなった．MARPOL条約（1973年条約）は，前文，本文，6つの附属書，2つの実施議定書で構成されている．附属書Ⅰ（油による汚染）と附属書Ⅱ（化学物質による汚染）は，MARPOL73/78を批准する際に条約と一体のものとして批准しなければならない．MARPOL73/78は，OILPOL条約の弱点をふまえ，規制対象船舶を拡大し，また規制対象物質をすべての油に拡大するとともに，化学物質，

個品有害物質，汚水や船内発生廃棄物なども含めることによって，海洋汚染を防止するための包括的な規制を設定している．また，事故時の油などの流出防止のために，船舶に二重船殻構造や損傷時復元性を求め各種設備を義務付けるなど，船舶の構造設備についても規制している．MARPOL 73/78 による船舶の構造設備基準は一定の成果をあげてきたが，1989 年以降タンカーによる大規模事故が相次いだことを受けて，1992 年改正では二重船殻構造が義務付けられ，また 2001 年改正では一重船殻構造タンカーの段階的削減のための期限が設定され，さらに 2003 年改正では段階的削減を前倒しで実施することとなった．規制の執行については，主管庁または認定された団体による定期的な検査の実施，条約基準の充足を認定する証書の発給，寄港国による監督などを定めている．

●**海洋投棄の規制**　陸上で発生した廃棄物を船舶で海に投入し処分する海洋投棄を規制する最初の条約は，1972 年採択の「廃棄物その他の物の投棄による海洋汚染の防止に関する条約（ロンドン条約）」である．ロンドン条約は，海の自浄能力を超える投棄を規制するという発想に立ち，毒性・有害性に応じて廃棄物を附属書 I から附属書 III まで 3 つのカテゴリーに分類し，それぞれのカテゴリーに応じて禁止や許可などの規制を設定するネガティブ・リスト方式を採用した．

●**ロンドン条約 96 年議定書**　ロンドン条約が採択されて約 20 年が経過した頃，先進工業国による産業廃棄物の海洋投棄の削減が進んだことなどを受けて，条約の規制の強化を目的として 1996 年に採択されたのがロンドン条約の改正議定書（96 年議定書）である．96 年議定書はロンドン条約とは異なり，海の自浄能力を前提とせず，1990 年代以降の予防原則の発展をふまえ，それを具体化したリバース・リスト方式と廃棄物評価フレームワーク（WAF）を採用している．リバース・リスト方式は，海洋投棄を原則として禁止し，その例外として，附属書 I に海洋投棄を「検討してもよい」廃棄物を掲げる方式である．附属書 I には毒性・有害性が低いと考えられる廃棄物（具体的には，しゅんせつ物，下水汚泥，不活性な無機性の地質学的物質，天然に由来する有機物質など）を掲げている．附属書 I の 2006 年改正により地球温暖化対策として海底下地層に貯留する二酸化炭素が追加された．また，96 年議定書は，附属書 I に掲げられた廃棄物の海洋投棄の可否を検討する際の評価枠組みとして WAF を附属書 II で定めた．この枠組みでは，各国の規制当局が海洋投棄の許可発給の可否を判断するに際し，廃棄物発生の削減や投棄以外の代替的な処理方法が尽くされているかを審査することで，投棄の必要性を確認しなければならず，また，投棄される廃棄物の特性や有害物質の含有量などの確認をしたうえで投棄が行われる海域への潜在的影響の評価を求め，これらの評価が完了し，投棄後の監視条件が決定されて初めて，投棄の許可がなされることとなっている．なお，WAF の実行ガイダンスとして，廃棄物評価ガイドライン（WAG）も作成されている．　　　　　[鶴田　順]

南極・北極の環境保全

●**南極の法的地位** 南極とは，その法的地位を決定した南極条約の適用範囲，すなわち南緯60°以南の地域を指し，日本の面積の37倍もあり，場所によっては4000m以上の厚い氷に覆われた南極大陸とその周辺の海域で構成される．南極に先住民はいないが，現在は夏期には観光客が年間4万人も訪れ，冬期には主に科学活動に従事する研究者数百人が滞在している．南極大陸に対しては7つのクレイマント国（イギリス，ニュージーランド，オーストラリア，フランス，ノルウェー，チリ，アルゼンチン）が領土主権の主張をしているが，南極条約第4条に基づき，それを認めない国（日本，アメリカ，ロシアなどのノン・クレイマント）には対抗できない．そのため南極は，南極条約を中心とする南極条約体制により規律され，広く国際社会のためにその利用とアクセスが認められた国際化地域としての性格を有する．

●**北極の法的地位** 南極に対し，北極は主に大陸に囲まれ，多年性の海氷に覆われた海洋で構成されるが，地球温暖化の結果，2050年頃までには夏期に海氷が完全になくなることが予想されている．地域としての北極は通常北緯66°33′以北（北極圏）を指し，グリーンランドなどの大小多くの島のほかにユーラシア大陸や北米大陸の北端を含み，先住民を含む約400万人が暮らす地域である．北極圏にある陸地に対する領土主権は8つの北極圏国（カナダ，デンマーク〈グリーンランド〉，フィンランド，アイスランド，ノルウェー，ロシア，スウェーデン，アメリカ）の間でほぼ確定している（柴田，2016：204-212）．

●**両極域の環境的意義** 上述のように，南極と北極はその地理的条件も法的地位も異なるが，オゾンホールが最初に南極で発見され，地球温暖化の影響である海洋酸性化や永久凍土の融解，残留性汚染物質（POPs）や短寿命気候汚染物質であるブラックカーボンの被害が北極圏で特に顕著に現れるなど，両極域は地球環境問題のバロメーターであるといわれる．両極域における環境科学研究が地球環境の理解にとって重要であり，そのため南極条約成立の契機となった1957年国際地球観測年や，北極研究が中心に行われた2007年第4回国際極年のような両極の科学観測活動が国際的に推進されている．加えて，人間の介入がまだほとんどない地域が残る南極の環境と，先住民の生活に深く関わる脆弱な北極の環境は，それぞれ独自の対応が求められる．

●**南極における環境保全と今後の課題** 領土帰属が未確定な南極における環境保全は，南極条約体制の重要な要素である南極環境保護議定書と6つの附属書，それを主に属人主義を根拠に国内実施する議定書締約国の国内法で実現が図られて

いる．日本では，南極地域の環境の保護に関する法律が 1997 年に成立した．議定書は，南極を「平和と科学に貢献する自然保護地域」に指定し（第 2 条），南極環境とこれに依存し関連する生態系，そして南極の原生地域としての価値を含む固有の価値をも保護対象にするなど（第 3 条），国際環境条約の中でも野心的な内容を有する．鉱物資源に関するいかなる活動も科学的調査を除き禁止し（第 7 条），南極でのすべての活動は事前の環境影響評価の対象となり（第 8 条），特に保護が必要な区域を特別保護地区として指定して立ち入りを事前の許可に服させることもできる（附属書 V）．なお，漁業管理条約である南極海洋生物資源保存条約も海洋保護区を設定することができ，2016 年にロス海周辺に広大な保護区を設置した．

今後の課題としては，南極環境責任附属書の批准促進とその実施，多様化する南極観光活動への対応，南極起源の微生物等の遺伝資源を商業利用しようとするバイオプロスペクティング活動とその規制の是非，南極鉱物資源活動の禁止を 2048 年以降も継続することの是非などがあろう．日本は特に，南極大陸に接岸しない観光船などの活動を，「特定活動」として日本の規制手続から除外する現行制度を改善していくことが必要となろう（柴田，2015：633-667）．

●北極における環境保全と今後の課題　領土帰属がほぼ確定している北極圏における環境保全は，ほかの地域同様基本的には各国国内法と，生物多様性条約や国連海洋法条約などの一般条約，そしてホッキョクグマ保全協定や北極海油濁対応協力協定などの地域条約による．もっとも，北極圏は厳しく脆弱で，いまだに知見が不十分な自然環境，インフラの未整備，先住民の生活と不可分の環境資源といった共通の課題を抱えており，冷戦後の 1991 年に北極圏 8 か国が採択した北極環境保護戦略，そして 1996 年に設立された北極評議会が中心となって，環境保全と持続可能な開発のための地域協力が進められている．北極評議会は海洋環境保護や動植物相保全を専門に扱う作業部会を常置しており，ここで蓄積された科学的知見をもとに非拘束的運用指針のようなソフト・ローを採択して，北極圏 8 か国の国内法政策を誘導する．北極海の船舶航行に関わる環境規制は，極海コードのように国際海事機関（IMO）の権限を介して法的拘束力をもたせることができる（ジョンストン，2016：29-44）．

今後の課題としては，温暖化の影響による海氷のさらなる減退に伴う沖合での航行および資源関連活動の活発化に伴う海洋生態系の保護（生態系アプローチと海洋保護区の活用を含む），北極海中央部公海海域における将来的な漁業規制，北極評議会が採択した各種環境指針の国内実施の促進，先住民を含む地元住民の経済開発と両立する環境保全政策の推進，そして北極環境保護推進のフォーラムたる北極評議会の機能強化と，そこにおける日本を含む非北極圏国，すなわちオブザーバー国の役割などであろう．　　　　　　　　　　　　　　　　［柴田明穂］

宇宙環境の保全

　宇宙環境保全の法的根拠となるのは，国連宇宙空間平和利用委員会（COPUOS）で作成された「宇宙条約」（1967年発効）である．条約採択当時，宇宙の環境問題は，ロケット，無人・有人探査機，衛星などに付着した地球起源の微生物が宇宙空間の有害な汚染を誘発し，また，探査機の地球帰還に伴い，地球外物質の導入から生ずる地球の環境の悪化をもたらすことと認識されており，条約当事国は，汚染防止のために適当な措置をとることが要求されていた（第9条2文）．その後，1980年代末から，衛星や探査機打上げに際して宇宙空間に放出されるロケットの上段や，機能終了後軌道を周回し続け，時には過充電のため破砕して多くの破片をまき散らす衛星からの宇宙ゴミ（以下，スペースデブリまたはデブリ）の問題が顕在化してきた．しかし，宇宙条約にはデブリ規制の条項はなかったので，無線干渉を防止するために設けられた「潜在的に有害な干渉」を及ぼすおそれのある活動を規制する規定（第9条3〜4文）を根拠としてデブリ防止のための国内実施措置をとることが合意されていった．もっとも，実際の対応には宇宙条約の規定では不十分であり，宇宙汚染，デブリ対策ともに国際機関の法的拘束力をもたないルールで規制されている．

● COSPAR惑星検疫方針による宇宙汚染防止　1958年，国際科学会議（ICSU）で創設された宇宙空間研究委員会（COSPAR）は，1964年以降COSPAR決定という形で惑星検疫方針を発表・改訂した．1998年にはCOSPAR内に惑星検疫パネル（PPP）を設置し，2002年以降（最新版は2011年）はPPPが作成した統一的な「COSPAR惑星検疫方針」を国連COPUOSをはじめとする関係国際機関に広く通知し，宇宙活動国が同方針を国際基準として国内実施に利用するよう勧告している．

　地球外物質の導入に比して，地球起源の微生物が月，火星などの環境を変化させる危険性の方がはるかに高いことが実証されたことを受け，現行の惑星検疫方針は，有人／無人，惑星周回のみ／着陸・現地探査，探査機の地球帰還有無等のミッションの形態や，火星，木星，小惑星等の調査対象の環境脆弱性等により，検疫基準や方法を5つに分類する．アメリカ航空宇宙局（NASA）をはじめとする各国の宇宙機関は，COSPAR惑星検疫方針に基づき，自国の探査形態に従う方針を策定する（例えばNASA方針決定（NPD8020.7））．

●スペースデブリ低減への努力　デブリ問題を最も早く認識したアメリカは，すでに1984年の「陸域リモートセンシング商業化法」で，衛星打上げ許可の条件としてミッション終了時の衛星の軌道からの処分についての規定を置いており

（Sec. 4242（b）（3）；現行法 51USC Sec. 60122（b）（4）），NASA は世界に先駆けて1995 年にデブリ低減のための包括的な NASA 安全標準（NSS 1740.14）を策定した．翌年には日本の宇宙機関（宇宙開発事業団〈当時〉．現在は宇宙航空研究開発機構〈JAXA〉）が世界で 2 番目に，デブリ発生防止標準（NASDA-STD-18）に従う低減措置を開始している．

　国際機関では，国際電気通信連合（ITU）が最も早く 1986 年より通信・放送に適した静止軌道（高度約 3 万 5800 km の地球同期軌道域）のデブリ低減方法を検討し，1993 年にミッション終了後の衛星の再配置によるデブリ除去を勧告した（ITU-R, S.1003）（現行は 2010 年の ITU-R, S.1003.2）．デブリ低減の総合的な取組みは，アメリカの主導により 1993 年に結成された宇宙機関間デブリ調整委員会（IADC）に始まり，2002 年に「IADC スペースデブリ低減ガイドライン」を策定した（IADC-02-01）．同ガイドラインは，設計・製造段階，打上げ，運用時から運用終了後にいたるまでに宇宙機関が実施すべき低減指針を規定し，低減技術の進歩に従い，新たな規則・実施要領を改正文書に規定する（IADC-02-01 Revision 1, 2007；IADC-13-02, 2013）．低軌道の衛星は運用終了後原則として25 年以内に大気圏内に再突入させること（同 5.3.2），静止軌道の衛星は，地球からさらに 300km 程度離れた軌道に再配置することが要請される（同 5.3.1）．IADC ガイドラインは，同じく 1993 年に設置された国際標準化機構（ISO）の宇宙システム・運用分科委員会（TC20/SC14）で作成される一連のデブリ低減要求（ISO 24113）とともに，国内法に基づき，主として宇宙機関を通じて国内実施されることにより，国際的な基準として実効性を獲得してきた．

　COPUOS 科学技術小委員会（以下，科技小委）では，21 世紀に入り，IADC に草案づくりを委託して「COPUOS スペースデブリ低減ガイドライン」の作成を開始し，2007 年にはこれが国連総会で支持されガイドラインが成立した（A/62/20, Appendix）．同年 1 月に，アメリカ・ソ連（現ロシア）が 1986 年以来停止していた対衛星攻撃（ASAT）実験を中国が行い，3000 を超えるデブリが低軌道にまき散らされたことに対する国際社会の懸念が採択を早めたと言える．COPUOS ガイドライン自体は簡潔・抽象的な 7 つのガイドラインからなり，国内実施には，詳細かつ具体的に規則・実施要領が記された IADC の最新文書を参照するように注記が付されている．2009 年からは，COPUOS 法律小委員会でデブリ低減の国内実施状況の自主的報告が議題となり，緩やかな報告制度が形成されつつある．さらに，2010 年以降は科技小委の長期持続性ガイドラインづくりの中でデブリ規制の強化が図られており，2016 年には，デブリ監視情報の収集・共有・普及促進や，長期的なデブリ数管理の方法の開発勧告などが採択された．様々な手法を用いてのデブリの物理的捕獲や除去は技術的にも研究開発段階であり，法的にも，宇宙兵器との区別の方法や国際的な同意制度づくりなど課題が多い．

［青木節子］

水の保全に関する国際規制

●**国際規制の全体像**　水の保全に関する国際規制は，海水については海洋法に基づき，また淡水と汽水については，主に次の3つのものが複合的に組み合わさっている．1つ目は，国境を形成または貫流する河川・湖沼・地下水（以上，国際水路）について，国際水路法による規制である．これは，国際水路の利用と保全に関する多数の条約と，すべての国に等しく適用される国際慣習法による．前者は，19世紀に現れ，1960年代から激増した二国間条約と，1990年代以降相次いで締結された多国間条約による規制である．後者は国際判例で確認されている（1947年「ラヌー湖事件」仲裁判決，1996年「ガブチコボ・ナジュマロス計画事件」国際司法裁判所判決など）．2つ目は，水循環の調整システムや野生動植物の生息域として，湖沼・湿地などの環境・生態系保全を目指す自然保全条約による規制である．例えば，ラムサール条約（☞「ラムサール条約」），「欧州の野生生物及び自然生息地の保全に関するベルン条約」(1979)，生物多様性条約（☞「生物多様性条約」）がある．その登場は1970年代以降である．3つ目は，人々による安全な飲料水と適切な下水設備へのアクセス確保を目指す，河川や湖沼，地下水，三角江，養殖漁業のための沿岸水域などの保全に関する規制である．20世紀末に現れたもので，国際人権法における「水に対する権利」の提唱と密接に関わる．ただし，現段階では欧州地域に限られ，その例は，国連欧州経済委員会（UNECE）採択の「越境水路及び国際湖水の保護及び利用に関する1992年条約に対する水及び健康に関する議定書（水と健康に関する議定書）」(1999)である．

●**国際規制の概要**　以上のうち国際水路法は，国際慣習法，それを組み込む多国間の枠組条約，特定の国際水路に適用される個別条約という3つに分けられる．まず，国家は国際慣習法上，次の4つの義務を負う．第1に，国際水路の損害防止義務（越境損害防止義務）である．沿岸国は，自国領域内の国際水路の利用に際して，他の沿岸国に対する重大な損害（水路の汚染や生態系の破壊も含む）の発生を防止するため，すべての適切な措置を取る．ただし，沿岸国はすべての適切な措置を取っていれば，重大な損害が発生しても義務違反にはならない．そのような措置の内容は，予見される損害の程度，沿岸国の能力などに応じて事案ごとに決まる．第2は国際水路の衡平利用の義務であり，沿岸国は国際水路を衡平かつ合理的に利用する．衡平かつ合理的な利用の内容は，事案ごとに関連事情を考慮して決まる．第3に，環境影響評価（EIA）の実施義務である．沿岸国は，他の沿岸国に重大な悪影響を与えるおそれのある自国管轄下の活動を計画する場合に，EIAを実施する．第4に，そうした計画に関する事前通報・協議義務であ

る．沿岸国は計画の許可または実施に先立ち，EIA の結果も含め，重大な悪影響を被るおそれのある他の沿岸国（潜在的被影響国）に計画を通報し，要請があれば協議を行う．EIA と事前通報・協議は，重大な損害発生を防止する措置の1つであり，ほかにとるべき防止措置や衡平かつ合理的な利用の内容を明らかにするのにも役立つ．最後は，緊急事態の通報義務である．沿岸国は，自国管轄下の緊急事態や深刻な危険について，その了知後遅滞なく潜在的被影響国に通報する．

次に，以上の慣習法に加えて，国際水路法のうち地球規模の多国間の枠組条約として，特に「国際水路の非航行的利用の法に関する条約」（1997）が重要である．この条約は，国際水路に接続する湖，支流および地下水を含む水路流域を適用範囲とし，前述した慣習法上の義務に加えて，環境保護に関する特別の章を設けて，水資源や流域環境・生態系の保全に関する明文規定（モニタリングを含む汚染防止義務，生態系の保護・保存義務，外来種・新種導入の防止義務，海洋環境の保護・保存の義務など）を置く．また，共同管理のための協議義務，政府間合同委員会による管理，事実審査を含む紛争解決手続も定める．ただし，個別の国際水路については，その沿岸国間で締結される条約に優先される．こうして，個々の国際水路は圧倒的に多くの場合に，その特質や関連事情を考慮した沿岸国間の条約により規制されている．その内容は条約ごとに極めて多様であり，一定量を超える取水や有害物質の放出の制限，水質目標といった具体的な規則，政府間合同委員会の監視，公衆参加の手続などを含む場合もある．そして，以上の国際水路法とは別に，ラムサール条約などの自然保全条約，さらに飲料水・下水設備へのアクセス確保に関する規制は，国際水路法とは異なり，一国の領域内にとどまる湖沼・湿地なども保全の対象とする．前者は，湖沼・湿地などの環境・生態系保全を締約国に求めるが，とるべき具体的な保全措置については締約国に広い裁量を認める．他方で後者は，例えば，水と健康に関する議定書は，予防原則，汚染者負担原則，世代間衡平などを明記し，締約国に自国の飲料水と排出物の質の目標設定と公表，その達成度の評価と公表などを求めるが，現時点では欧州地域の規制にとどまる．

●課題と研究の展望　21 世紀は「水危機の世紀」と言われ，国際水紛争も増えており，水の保全に関する国際規制には課題も多い．特に実効的な規制の構築・実践における南北間格差は著しく，途上国の能力構築の問題がある．水の保全と経済開発との適正なバランス（持続可能な水資源の利用・流域開発問題），海洋汚染・気候変動との連関などをふまえた統合的な規制をいかに実現するか，一般理論と個別実践の両面で追究が必要である．これまで，国際水路法については国際判例の増加も受け，欧米研究者を中心に体系的な研究があり（McCaffrey, 2007），個別の地域や国際水路につき，地政学的視点も含む流域管理レジームの実証研究が増えている（de Chazournes, 2013；Dinar et al., 2013）．「水に対する権利」の観点からの議論も，近年活発になりつつある（Winkler, 2012）．　　　　　［児矢野マリ］

森林保全に関する国際規制

　国連食糧農業機関（FAO）による「森林資源評価 2015（FRA 2015）」によると，森林は 39.99 億 ha，世界の陸地面積の 30.6％を占め，生物多様性保全，地球環境保全（炭素固定を含む），土砂災害防止・土壌保全，水源涵養，快適環境形成，保健・レクリエーション，文化，物質生産（木材生産を含む）といった多面的機能を有する重要な資源である（日本学術会議，2001）．しかし，人口増加や貧困を背景に，農地や居住地への転換，木材需要の増加に伴う過剰伐採，違法伐採，森林火災，焼畑，過放牧などの様々な要因が相互に関連し合った結果，森林は世界中，とりわけ中南米やアフリカの熱帯雨林を中心に減少している（1990〜2015 年の 25 年間で世界全体で 1.29 億 ha，年 0.13％の割合で減少）．一方で，近年の各国や様々な団体・政策による努力の結果，その減少率には改善がみられている．
　森林減少の要因として，資源の特性によることも大きい．多くの途上国では，一般に環境保全よりも経済発展への指向が強く，森林は「開発される対象」として認識される．すなわち，森林を開発してインフラを整備したり，また工場用地や農地として利用する方が森林を保全するよりも経済的インセンティブが大きくなることが多い．このような背景から，各国において森林保全のインセンティブは低く，また森林セクターの対策の優先順位は経済発展のためのインフラ，エネルギーなどの各セクターと比して低い．そして，森林担当部署のガバナンス（人員，予算など）は低く据え置かれたままとなる（福嶋，2013）．
　こうした状況を改善するため，森林に関する条約の構築，様々な機関による活動，吸収源 CDM や REDD＋といった政策の導入などが進められている．
●森林条約に向けて　森林は「国連気候変動枠組条約」「生物多様性条約」「森林原則声明」など，1992 年の国連環境開発会議（UNCED，地球サミット）で採択された種々の条約と横断的に関連することがその大きな特徴である．この地球サミットにおいて，法的拘束力のない森林「原則声明」にとどまり，またその後も森林「条約」構築にいたらなかった理由について，自国の開発を優先させたい途上国の反対が大きかったこと，また 2001 年のアメリカでの同時多発テロ以降，国際社会の関心が国家安全保障にシフトしたことなどが主な理由として指摘されている．このため，森林原則声明は持続可能な森林経営（SFM）の概念を明確にした点において評価できるものの，森林の過剰な開発の抑止力としては有効性に欠け，先進国と途上国の妥協のうえの産物となった（滑志田，2007）．
　現在，国際的に森林に関する対話の場となっているのが，2000 年に国連経済社会理事会の補助機関として設立された国連森林フォーラム（UNFF）である．

その目的は，「リオ宣言」，森林原則声明，「アジェンダ21」の第11章に基づき，あらゆるタイプの森林の経営，保全，持続可能な開発を促進し，そのための長期間にわたる政治的関与を強化することである．1～2年に1回の頻度で開催される会合において，法的枠組みをもった森林条約に関する検討が行われるなどしており，2015年の第11回会合では「2015年以降の森林に関する国際的な枠組み」に合意した．

● SFM基準・指標，森林認証制度　「持続可能な森林の経営および利用は，各国の開発政策と優先順位に基づき，国のガイドラインに基づいて行われるべき」という森林原則声明に示される考え方をベースに，1992年の地球サミットを契機として地域ごとにSFMに関する基準・指標の制定が進められた．先行して基準・指標づくりを行っていたのは国際熱帯木材機関（ITTO）プロセスである．ITTOは1992年に主に熱帯天然林を，1993年に人工林を対象とする基準・指標を公表した．

　森林認証制度とは，SFMを行っている森林から産出された木材を独自の基準・指標をもつ第三者団体が認証し，認証材に対して価格プレミアムを付与するという仕組みである．世界的には森林管理協議会（FSC），森林認証プログラム（PEFC）の2つの国際認証団体が最も大きく，両者による認証面積は4.38億ha（全森林面積の10.95%）を占め（2014年時点），ますます発展的に拡大している．

● 吸収源CDM　CDM（クリーン開発メカニズム）とは，「京都議定書」のもとに認められた気候政策の1つである．吸収源CDMは新規・再植林を対象とするため，気候政策としては，非永続性（森林がいずれは消滅し二酸化炭素〈CO_2〉を排出）や不確実性（CO_2吸収量の正確な予測が困難），長期性（森林の成長には長期間が必要）といった特徴をもつ．吸収源CDMは，これまで十分に評価されてこなかった森林の炭素固定機能に対し，クレジットという形で貨幣的価値を付与するという画期的メカニズムであるなどの特徴をもつものの，ルールが煩雑，採算性が低い，関係アクター間のパートナーシップが不十分など数多くの問題点がある（Fukushima, 2010）．この結果，吸収源CDM事業の登録数は2016年9月現在で66件，7740件あるCDM全体のわずか0.85%にとどまっているように，吸収源CDMは「現行ルールにおける政策の実施・推進の限界」という様相を呈している．

　こうした吸収源CDMの限界を踏まえ，近年ではREDD＋への注目が集まっている（☞「森林減少・劣化からの排出の削減および森林保全，持続可能な森林経営，森林炭素蓄積の増強の役割（REDD+）」）．REDD＋は吸収源CDMの対象を発展的に拡大したものと捉えることもでき，その制度設計や推進にあたっては同じ吸収源を対象とする吸収源CDMの教訓に学ぶことが期待される．

● 研究の展望　森林認証制度やREDD＋政策の実施・運用が進むことなどを通じ，今後森林条約構築に向けた動きが加速し，各制度・政策の評価や条約構築の方向性に関する研究ニーズがますます増えていくであろう．　　　　　　　［福島　崇］

世界遺産の保全と世界遺産条約

　「世界の文化遺産及び自然遺産の保護に関する条約（世界遺産条約）」は，1972年11月に第17回国連教育科学文化機関（UNESCO，ユネスコ）総会において採択された．条約の目的は，「顕著な普遍的価値を有する文化遺産及び自然遺産を認定，保護，保全，公開するとともに，将来の世代に伝えていくこと」（作業指針7項）である．同条約は，加盟国が20か国に達した1975年に発効し，2017年10月現在，193か国が加盟．同条約に基づく世界遺産リストには，832件の世界文化遺産，206件の世界自然遺産，35件の世界複合遺産，計1073の物件が記載されている．また，これら世界遺産のうち54件が危機遺産リストに記載されており，緊急的な保護措置や国際協力が求められている．

　条約は38条からなり，文化遺産および自然遺産の定義（第1〜3条），国内・国際レベルにおける遺産の保護（第4〜7条），世界遺産委員会の設置（第8〜14条），世界遺産基金の設置（第15〜18条），国際支援の条件（第19〜26条），教育プログラム（第27〜28条），報告（第29条），その他（第30〜38条）の8章で構成される．条文は簡潔であるが，たびたび改訂される「世界遺産条約履行のための作業指針」は，付属書を含めて約350頁に及び，世界遺産リストへの記載手順や世界遺産のモニタリング手順などの詳細について定めている．世界遺産の選定などは21か国で構成される世界遺産委員会が行い，ユネスコ世界遺産センターが事務局を担う．委員国の任期は6年であり，2年ごとに7か国が改選される（加盟国の増加により作業指針では4年間での交代が奨励される）．

●条約誕生の経緯　世界遺産条約は2つの潮流が融合する形で誕生した．1つは，ユネスコが，1960年代にエジプト政府のアスワン・ハイ・ダム建設に伴うアブ・シンベル神殿の水没を救済する国際キャンペーンを成功させ，その経験から国際的な支援による文化遺産の保護を推進したものである．これは，従来，国家の枠組みでしか行えなかった文化遺産保護を国際社会全体で対処する方向性を示した点で画期的であった．これらの成功から，ユネスコは国際記念物遺跡会議（ICOMOS，イコモス）とともに，文化遺産保護の条約準備に取り組むことになる．もう1つは，アメリカの「世界遺産トラスト」構想である．1872年にイエローストーン国立公園を設置し，世界で最初の国立公園制度を整えたアメリカでは，1906年には文化遺産であるメサ・ヴェルデを国立公園に指定するなど，古くから自然と文化を融合させた保護体制を整備してきた．1965年にホワイトハウスで開かれた国際会議において，アメリカは「世界遺産トラスト」の創設を訴え，国連人間環境会議の準備会合（1971）において，自然と文化を国際的に保護

する条約の創設を提唱した．ユネスコとイコモスが準備してきた文化遺産保護条約はアメリカの主張と合流する形で，世界遺産条約として採択された（佐藤，2005）．
●**日本**　主要先進国の中では，オーストリア，オランダに次いで遅い1992年6月に125番目の加盟国として同条約を受諾した．日本の条約加盟が遅れた理由として，①文化庁内における反対（国内法で十分とする意見），②外務省内における条約の分担金に対する忌避感が主にあげられる（田中，2012）．2017年10月現在，日本には，21の世界遺産（文化17，自然4）がある．文化遺産については，「文化財保護法」，自然遺産については，「自然公園法」および「自然環境保全法」が主たる保護担保措置として位置付けられている．
●**世界遺産の選定基準**　特筆されるのが「顕著な普遍的価値」（OUV）という概念である．第1〜2条において文化遺産および自然遺産は，ともに「OUVを有するもの」とされ，OUVは「国家間の境界を超越し，人類全体にとって現代及び将来世代に共通した重要性をもつような，傑出した文化的な意義及び／又は自然的な価値」（作業指針49項）と定義されている．また，世界遺産リストに記載されるには10の選定基準（クライテリア）のうちいずれかへの合致および真正性，完全性，保護措置の担保が求められる．クライテリア1〜6は文化遺産に関するもの，7〜10が自然遺産に関するもの，複合遺産は両者に関わるものである．
●**世界遺産条約の課題**　多岐にわたるが，①世界遺産リストの不均衡，②世界遺産条約の政治化，③罰則とモニタリング，④危機遺産の保護があげられる．主に欧州が推進してきた本条約は，1990年初頭の時点で，欧州のキリスト教関連遺産や都市遺産が突出して多いなどの不均衡が問題視され，世界遺産の地理的不均衡の是正，世界遺産概念の多様化，加盟国数の増加などを目的とした「世界遺産リストにおける不均衡の是正及び代表性・信頼性確保のためのグローバル・ストラテジー」が1994年に採択される．その結果，文化的景観や産業遺産など世界遺産の多様化が進み，加盟国数も大幅に増加するなどの成果をあげたが，地理的不均衡は依然大きい（田中，2009）．一方，世界遺産の人気を背景に，地理的不均衡の解消を口実とした政治介入も増加しており，イコモスなどの諮問機関による科学的勧告が委員会で覆される事例が増加している（いわゆる「逆転登録」問題）．世界遺産が政治化することで条約の信頼性が損なわれることが危惧される．また，本条約は，十分な罰則やモニタリング体制を伴っておらず，実施の中身は，締約国の裁量に大きく委ねられている．委員会や諮問機関は，危機遺産リストへの記載，勧告や決議といった拘束力のない手法を駆使するが，オマーンの「アラビアオリックス保護区」やドイツの「ドレスデン・エルベ渓谷」のように，リストから削除される事例も出ており，条約の限界が露呈されつつある．最後に，危機遺産の保護が弱い点が指摘される．例えば，危機遺産の救済には世界遺産基金の1%強しか用いられていない（吉田，2014）．条約誕生時の理念に立ち返ることが求められている．

　　　　　　　　　　　　　　　　　　　　　　　　　　　　　　　　　［田中俊徳］

景観の保全に関する国際規制

　今世界で最も活発な景観保全行政の取組みは，「欧州ランドスケープ条約」を批准した国々でみられる．この条約の前文で，環境権の1つである景観権（ランドスケープ権）について，景観は個人の健康と社会福祉の鍵となる要素で，景観の保護，景観のマネジメント，景観計画はすべての人の権利であり，義務であると明記した．

　また，条約の第1条で，「景観」とは，人々によって知覚されるエリアを意味し，その特性は自然要素の作用，人間要素の作用，あるいは，自然要素と人間要素の相互作用の結果であると定義した．

　つまり，第1に，景観は空間的な広がりをもつエリアであるということ，第2に，景観は複数の人々によって知覚されるということ，第3に，景観の成り立ちには，自然要素と人間要素が単独または相互に作用してできた特性があるという指摘である．これらは物的対象を定めており，法的介入の根拠となる定義である．

　もともと欧州では景観の考え方は整理されていなかった．しかし，共通の条約をつくる際に，欧州各国のアイデンティティの価値を意識した景観概念を共有することができ，欧州全体の価値を高める狙いがあった．景観エリアの大きさの捉え方も様々で，自然の大きさや田園，まちの大きさを景観規制の計画単位に捉えており，時には市域を越え，州や国境を越えるディメンションにまで議論が広がる．このため，環境政策や都市・文化行政分野で関心が高いテーマである．

　この定義でもう1つ特徴的なのが，景観を「自然」と「人間」の複合作用の結果として捉えることで，行政的な意味は，自然を管轄している「環境」部門と，人間の歴史的作用を管轄している「文化」「都市」「田園」などの部門に向けられた総合的な定義になっている点である．このため，欧州でも景観を扱う際に，管轄する行政のセクショナリズムを超える協力が求められている．

●**欧州評議会**　条約の推進主体の欧州評議会とは，戦災後の欧州各国の和解を求めて1949年に始まった国際組織で，現在47か国が加盟する欧州最大組織である．通貨や政策補助金などで有名な欧州連合（EU，28か国）とは異なり，人権，民主主義，文化における協力に重点が置かれてきた．この欧州評議会が主催した2000年の欧州ランドスケープ条約の締結は，すでに批准した39か国と，調印のみの2か国とがあり，合計41か国に及ぶ（2018年2月現在）．「景観」に注目した政策の広がりはめざましいものがある．

●**欧州ランドスケープ条約にいたる経緯**　欧州において，もともと景観の国際条約を求めたのは，地方行政だった．条約の公式解説書によれば，欧州ランドスケ

ープ条約の提案を行ったのは，1994年に創設された地方自治体および州会議の決議No.256（1994）である．つまり，欧州評議会の中につくられた地方のための会議が，地方主導の目標として，景観行政に着目したのである．そのきっかけは，地中海に面したスペインのアンダルシア州，フランスのラングドック-ルシヨン州，イタリアのトスカーナ州によって採択された「地中海ランドスケープ憲章（1993）」であった．国境を越えた自然景観と文化的景観の保護とマネジメントという考え方を初めて国際的に示したのである．

　欧州評議会は，1997年から具体的な調査を始め，加盟国の様々な景観に関する法制度の多様性を研究した．そして，1999年に欧州評議会閣僚会議は，政府専門家委員会の設置を決定し，2000年5月に，欧州評議会議員会議と地方自治体および州会議の意見を聞いたうえで，同年7月に閣僚会議で条文が採択され，同年10月20日にフィレンツェで調印式にいたった．

●欧州ランドスケープ条約の具体的な効果と手段　条約の効果は，41か国の調印という形で明快であるだけでなく，批准した国々の景観法の制定に効果をもたらした．条約では，景観を定義したうえで，主な手段が「景観の保護」「景観のマネジメント」「景観計画」の3つに集約され，各国の法律で推進することとなる．

　中でも「景観の保護」は最も難しく，対象のエリアが大きく，たえず景観は変化し，その価値を失う危険性も高い．しかし，それでも次の世代に残さなければならないものがあるため，景観規制を行い，地域の「アイデンティティ」，もう少しわかりやすく言えば「地域の誇り」を維持することが目的化された．

　ただし，この保護も，国レベル，州レベル，地方自治体レベルがあり，条約ではそれぞれの立場で取り組むように求められていて，どこかの単一行政レベルだけで行うというものではない．欧州では，国，州，地方自治体レベルから三重に景観行政に関与するとともに，国際レベルを入れると四重に景観規制に取り組んでいるとも言える．そのくらい景観保護には，経済開発の圧力の中で困難とされながらも，社会や環境的な価値から地域の誇りを多重に守ろうと試みている．

　この欧州ランドスケープ条約を締結した効果は，法整備のみならず，景観行政に関わる人材の国際交流にもみられる．年に数回開催される国際会議やワークショップを通じて，多くの国々の責任者や担当者が先進事例を披露し合うことによって，さらなる高いレベルの景観政策，景観行政が意識，啓発されていくメカニズムをもっている．この条約は，政府，地方行政，大学，市民の各ネットワーク化を実現しており，景観権という人権の理想を広げようとする活動でもある．

　一方，日本も2004年に初めて「景観法」を制定し，景観計画の策定が全国的に進んでいるものの，欧州のような景観保護規制まで十分にできているとは言えない状況で，日本と欧州の国際的な情報交流が望まれる．　　　　　　　［宮脇　勝］

📖 参考文献
・宮脇　勝（2013）『ランドスケープと都市デザイン—風景計画のこれから』朝倉書店.

土壌劣化・砂漠化に関する
国際規制

　土壌劣化，砂漠化や土地荒廃とは，土壌や土地が人為的あるいは自然的な要因で生産性を失い農作物や草木が育たなくなる現象で，地球環境や人間社会を脅かす．降水量が少なく蒸発散が大きい乾燥地は，陸地の47％を占め，110か国以上に広がり，20億人が暮らすと推定されている（小林，2006）．乾燥地は，乾燥指数により，極乾燥，乾燥，半乾燥，乾燥半湿潤地域に細分される．乾燥，半乾燥，乾燥半湿潤地域の土地荒廃を「砂漠化」と定義し，土壌・植生の保全や再生，持続可能な土地利用を目指す取組みを「砂漠化対策」と呼んでいる（門村，1991）．砂漠化の要因は森林伐採や過放牧，過耕作，さらには気候変動など複合的な要因があげられている（吉川，2003）．歴史的には，砂漠化は，飢饉や餓死，食糧価格の高騰，貧困，生物多様性の喪失や気候変動，テロや紛争，環境難民の要因と

表1　国連砂漠化対処条約および国連会議の主な動き

年	事　項
1977	国連砂漠化会議開催（ナイロビ）
1992	国連環境開発会議（リオ・デ・ジャネイロ）で国連砂漠化対処条約交渉会議設立を提言
1994	国連砂漠化対処条約採択（パリ）
1996	国連砂漠化対処条約発効
1997	第1回締約国会議開催（ローマ）
1998	日本が国連砂漠化対処条約に加入
2002	持続可能な開発に関する世界首脳会議（ヨハネスブルグ）でGEFを資金メカニズムとして指定することを提言
2002	第2回GEF総会（北京）で資金メカニズムとして指定することを決定
2003	第6回締約国会議（ハバナ）でGEFを資金メカニズムとして指定
2006	国際砂漠・砂漠化年
2007	第8回締約国会議（マドリード）で条約実施促進10年戦略計画を採択
2011	国連総会砂漠化・土地荒廃・干ばつ（DLDD）ハイレベル会合開催（ニューヨーク）
2012	国連環境開発会議（リオ＋20，リオ・デ・ジャネイロ）で土地荒廃中立を提言
2015	国連総会ハイレベル会合（ニューヨーク）で採択した持続可能な開発目標で2030年までに土地荒廃中立実現を提唱
2017	第13回締約国会議開催（オルドス）

指摘されている.

●国連砂漠化対処条約の成立経緯　砂漠化問題は,1977年の「国連砂漠化会議」で議論され行動計画が採択された（表1）.1992年の国連環境開発会議（地球サミット,リオ・デ・ジャネイロ）では,「アジェンダ21」で砂漠化対策に関する国際条約の交渉委員会設立が提言された（12.40項）.1994年に「深刻な干ばつ又は砂漠化に直面する国（特にアフリカの国）において砂漠化に対処するための国際連合条約（国連砂漠化対処条約,UNCCD）」が採択された.「国連気候変動枠組条約（UNFCCC）」「生物多様性条約（CBD）」とともに「リオ3条約」と呼ばれている（外務省,2016）.1996年12月に発効,日本は1998年に加入.196の国と地域機構（欧州連合）が締約国となり,事務局はボンに所在する.

●国連砂漠化対処条約の概要　国連砂漠化対処条約では,砂漠化対策と干ばつの影響緩和を推進し,土地の持続可能な管理を通じて生計改善を実現することを目的として掲げている（第2,10条）.砂漠化の影響を受ける国は,戦略を策定し（行動計画など,第5条）,先進国は砂漠化対策を支援する（第6条）ことが規定されている.この他,条約実施のための措置に関する報告（第26条）,情報共有（第16条）,研究開発（第17条）,技術移転（第18条）,能力構築・教育・啓発（第19条）が規定されている.また,「統合的手法の枠組み」による影響緩和（第2条）,地域・小地域の取組みの推進（第11条,付属書）,アフリカ重視（第7条）,UNFCCCやCBDとの調整や合同プログラムの奨励（第8条）,地球環境ファシリティー（GEF）による新規かつ追加的資金の供与の推進（第20条b）,資金調達を目的とする「グローバルメカニズム」の設立（第21条4）などが規定されている.

●国連砂漠化対処条約の実施と展開　1997年に科学技術委員会（CST）や常設事務局の設立,グローバルメカニズムの国際農業開発基金（IFAD）の設立などが決定された.2002年の「ヨハネスブルグ実施計画」では,土地荒廃をGEFの対象課題として位置付け,砂漠化対処条約の資金メカニズムとしてGEFを指定することを提言（41.f項）,同年のGEF第2回総会で同趣の決定がなされ,2003年に,GEFを同条約の資金メカニズムとすることが決議された.2001年には,条約実施検討委員会（CRIC）および専門家グループ（GOE）が設立された.GOEは2007年に改組され,またCSTは科学会議として運営することが決定された.

●国連砂漠化対処条約の課題と展望　国連総会は2006年を「砂漠と砂漠化国際年」に指定した.2012年の行動計画「私たちが望む未来」では,「土地荒廃中立（LDN）な世界」の実現が提言された（206項）.このLDNは,2015年の「持続可能な開発目標（SDGs）」の目標15,ターゲット15.3に盛り込まれ（国連広報センター,2016）,2030年までの実現に向け,取組みの強化と国際協力の推進が求められている.　　　　　　　　　　　　　　　　　　　　　［小林正典］

化学物質に関する国際規制

　「化学物質に関する国際規制」とは，本項では化学物質の人と環境に対するリスクを低減することを目指す国際規制，と考える．その中には具体的な目的や対象を異にする多様な規制が含まれ得るが，ここでは，環境保全を主要な目的の1つとする国際規制に焦点を当てて解説する．なお，大気等特定の環境（媒体）に関する汚染物質規制やオゾン層破壊物質の規制は，別の問題分野として議論されることが多いため，ここでは扱わない．「国際規制」とは，条約のような法的拘束力をもつ国際規範を意味するものとするが，化学物質のリスクへの対応に関しては条約以外の様々な国際文書も重要な役割を果たしていることから（Warning, 2009：150-160，166-172），こうした文書にも言及する．

●**化学物質問題と国際的な取組みの経緯**　化学物質が環境保全上の大きな脅威であり得ることに対する国際的認識が高まるのは，水銀汚染による被害やポリ塩化ビフェニル（PCB）による環境汚染の問題が明らかになるなどした1960年代頃である（ロングレン，1996：10，68-83，137）．その後現在まで，様々な国際機関が関わり，様々な分野や形態で，化学物質のリスクに対処するための国際的取組みがなされてきた（Warning, 2009：307-324；2011：75-124，139-172；Selin, 2010：54-61）．例えば，経済協力開発機構（OECD）は，加盟国間での化学物質の試験データの相互受入れに関する決定，試験方法のガイドラインや試験体制に関する基準の策定，生産量が大きな化学物質のリスク情報の収集など，各国の制度の調和や情報の収集・共有に関する活動その他の活動を行ってきている（Warning, 2009：76-78，96-110；竹本他，2010：422，427，429-431）．

　人および環境へのリスクを低減するため化学物質を規制する国際条約（化学物質条約）は，比較的近年になって増加している．現在，地球規模での主要な化学物質条約として，以下に述べるとおり，対象物質の国際取引を規制するもの（「ロッテルダム条約」），および対象物質の利用などに包括的に規制を加えるもの（「ストックホルム条約」「水俣条約」）がある．有害化学物質の中には，放出・排出された後に環境中を長距離移動し，発生源から遠く離れた場所で悪影響を生ずるおそれがあるものがあり，後者はそれらに対処しようとしている．

●**主な化学物質条約の内容**　1998年に採択された，「国際貿易の対象となる特定の有害な化学物質及び駆除剤についての事前のかつ情報に基づく同意の手続に関するロッテルダム条約（ロッテルダム条約，2004年発効）」は，有害な化学物質によって生じ得る害からの健康・環境の保護などのため，事前の情報に基づく同意（PIC）手続などを定めるもので，2つの国際機関による自主的な枠組みをそ

の前身とする．条約附属書に掲げられた有害な化学物質（駆除剤および工業用化学物質）については，締約国はあらかじめ輸入の可否や条件を決定して事務局に送付，その内容は全締約国に通報され，輸出締約国は自国からの輸出が輸入締約国の決定に従うよう措置することが求められる．また，自国で禁止等された化学物質を輸出する場合には，輸入締約国に一定の情報とともに通報する必要がある．2001年に採択された，「残留性有機汚染物質に関するストックホルム条約（ストックホルム条約，2004年発効）」は，毒性，難分解性，生物蓄積性および長距離移動性を有する残留性有機汚染物質（POPs）から，人の健康および環境を保護することを目的とする．同条約が対象とするPOPsは，「廃絶」「制限」「意図的でない生成」の3種類の附属書のいずれかまたは複数に掲載され，規制を受ける．「廃絶」の附属書に掲載された物質については，締約国は，適用除外が認められる場合等を除き，その製造・使用・輸出入を禁止するための措置を取る必要がある．また，廃棄物については，POPsの成分が破壊されまたは不可逆的に変換されるなど環境上適正な方法で処分されるよう，締約国は適当な措置を取らなければならない．ストックホルム条約はこのように，対象物質の製造・使用から廃棄・排出まで，輸出入を含めてあらゆる段階を規律対象としている．2013年には，「水銀に関する水俣条約（水俣条約）」が採択され，2017年に発効した．同条約も，水銀の地球規模での汚染の原因物質としての性格に注目しており，条約の構造も，ストックホルム条約と類似する点が多い(☞「水銀に関する国際的規制」)．

　このほか「有害廃棄物の国境を越える移動およびその処分の規制に関するバーゼル条約（バーゼル条約☞「廃棄物の越境移動の管理」)」は，「廃棄物」による健康・環境影響を防止しようとするものであるが（前文），有害化学物質の廃棄段階について規制を行うものでもある（Selin, 2010：14）．バーゼル条約，ロッテルダム条約，ストックホルム条約は，近年，協力体制の強化を図っている．

●化学物質の国際規制等の全体構想　化学物質規制の条約が，特定の種類の問題や物質を対象としてその対策を規定しているのに対し，国際的な化学物質管理の全体としての目標や計画は，これまで，条約ではなく法的拘束力のない文書として定められてきた（Warning, 2009：312-313, 318-322；2011：150-154, 166-169）．代表的な例として，1992年の「アジェンダ21」における「有害化学物質の環境上適正な管理」に関する第19章がある．こうした国際文書の最新のものが，2006年に国際化学物質管理会議（ICCM）によって採択された「国際的な化学物質管理のための戦略的アプローチ（SAICM）」である．SAICMは3種類の文書からなり，2002年のヨハネスブルグ・サミットで採択された「実施計画」が示す，2020年までに健康・環境への重大な悪影響を最小化するような方法での化学物質の製造・使用の実現，という目標の達成に向けた，化学物質管理の戦略と行動計画を含む．現在は，2020年を越えてさらに将来の化学物質管理のあり方に関する議論も行われている．　　　　　　　　　　　　　　　　　　　　[増沢陽子]

水銀に関する国際規制

　水銀の国際規制については，「残留性有機汚染物質（POPs）に関するストックホルム条約」が採択された後，国連環境計画（UNEP）において議論が進められ，国際交渉を経て 2013 年 10 月に「水銀に関する水俣条約」が採択された．

●**水俣条約の概要**　水銀に関する水俣条約では，水銀による地球規模の環境汚染と健康被害を防止するため，水銀の供給・使用から排出・廃棄にいたるすべてのライフサイクルにわたって，以下のような対策の実施を締約国に求めている．

・水銀の鉱出：新規は条約発効後ただちに，既存の鉱山は当該国で条約発効後 15 年以内に禁止．

・水銀の貿易：条約上認められた用途などに限定，書面同意などの手続を規定．

・水銀添加製品および水銀使用製造工程への使用の禁止または制限：電池，ランプなどの製品およびクロルアルカリ製造などの製造工程が列挙され，定められた年限までに水銀の使用を禁止または制限することを規定．禁止までの年限については，必要な国は一定の範囲で延長が可能．

・零細および小規模の金の採掘（ASGM）：国内の ASGM が軽微でない（more than insignificant）と認定する国は，行動計画を作成・実施するなどを規定．

・大気への排出：石炭火力発電所など 5 種類の主要排出源について，BAT（利用可能な最良の技術）・BEP（環境のための最良の慣行）などにより排出を管理．

・水・土壌への放出：放出源を特定し，BAT/BEP などにより対策を実施．

・保管・廃棄物・汚染された場所：ガイドラインなどに従って対策を実施．

　条約には，このほか，資金供与，技術援助，健康管理，情報交換，啓発・教育，研究・開発・監視，実施計画の作成・実施などが盛り込まれている．

●**水俣条約採択の背景**　ストックホルム条約の成立後，UNEP で次に国際的な取組みを進めるべき物質として，水銀，鉛，カドミウムといった重金属があげられた．その中で，POPs と類似の性質（難分解性，高濃縮性，長距離移動性，有害性）をもつ水銀に関する取組みが先行し，2002 年に水銀の健康や環境への影響，汚染実態などを取りまとめた「世界水銀アセスメント」（UNEP, 2002）が公表され，世界的な取組みによる水銀排出の削減の必要性が指摘された．

　UNEP（2008, 2013）によれば，2005 年で推計約 3800t の水銀が世界で利用されており，小規模金採掘や化学工業プロセスにおける利用が多い（図 1）．また，水銀の人為的な大気への排出は，地域別ではアジアが多く，排出源別では小規模金採掘や石炭などの化石燃料の燃焼に伴うものが多くなっている（図 2）．

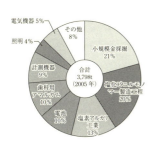

図1 世界における水銀の利用状況（需要量）
[UNEP, 2008 より作成]

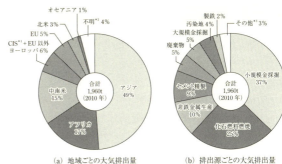

(a) 地域ごとの大気排出量　　(b) 排出源ごとの大気排出量
*1 the Commonwealth of Independent States（独立国家共同体）
*2 汚染地からの排出量の総計
*3 塩素アルカリ工業（1%），水銀鉱山（1%），石油精製（1%），歯科用アマルガム（<1%）

図2 世界における水銀の排出状況
[UNEP, 2013 をもとに作成]

UNEPでは，自主的な水銀削減の取組みと並行して国際的な水銀管理の強化策についての検討が行われ，当初条約制定に慎重だったアメリカがオバマ政権の誕生に伴い積極姿勢に転じたのを契機に，2009年2月に開催された第25回UNEP管理理事会において，条約制定に向けた国際交渉を開始することが合意された．その後，2010年6月より5回の政府間交渉委員会が開催されて条約案が合意され，2013年10月に熊本市・水俣市で開催された外交会議において，水銀に関する水俣条約として採択された．条約の名称は，採択地にちなむとの慣例をふまえ，水俣病と同様の健康被害や環境破壊を繰り返してはならないとの決意を示すものとして，外交会議招致とあわせて日本が提案し，合意されたものである．

●水俣条約の意義と今後の課題　水俣条約は，化学物質や廃棄物に関する条約に参加していなかったアメリカが最初の締約国となり，日本も必要な法整備を行って2016年2月に締結した．その後，世界最大の水銀利用・排出国の中国や欧州連合（EU）諸国などの参加により2017年5月18日に締約国が発効に必要な50か国に達し，条約は90日後の同年8月16日に発効，第1回締約国会議が同年9月に開催された．

条約については，実効性に疑問があるとの指摘もなされているが，多くの国の参加を確保しつつ，その中で水銀のリスクを最大限削減できる内容とするため，規制的なものから自主的なものまで様々な内容の対策が盛り込まれたものである．

日本は水俣病経験国として水俣病の教訓や経験を世界に伝えるとともに，条約交渉ではアジア・太平洋地域コーディネーターとして積極的に交渉に参加した．国内の水銀の使用・排出は著しく減少しているが，非鉄金属精錬副産物や廃蛍光灯などから回収された水銀の余剰分が輸出されており，今後はその保管・処分が課題となる．また，途上国への資金面や技術面の支援が求められる．　［早水輝好］

市民参加の保障とオーフス条約

　「環境に関する情報へのアクセス，意思決定への市民参加及び司法へのアクセスに関する条約（オーフス条約）」は，国連欧州経済委員会（UNECE）の枠組みで，1998年にデンマークのオーフス市において採択された環境分野の市民参加に関する条約である（2001年発効）．国連欧州経済委員会加盟国以外の国も，締約国会議の承認を受けて加盟することができるが，2017年現在，日本は批准していない．その後，2003年には，オーフス条約のもとで「PRTR議定書」が採択されている（2009年発効）．

　オーフス条約にいう「市民（public）」とは，自然人，法人，法人格のないグループを含む幅広い概念である．条約上，市民と区別される「関係市民（public concerned）」にのみ適用される規定もあるが，事実上の利益を含め，環境に関する決定に利害関心を有する者は関係市民にあたると解釈されている（UNECE, 2014）．また，条約では，非政府組織（NGO）の役割が重視されており，国内法の要件を充たす環境NGOは，関係市民とみなされる．

●オーフス条約の概要　オーフス条約は，①情報アクセス権，②決定への参加権，③司法アクセス権という3つの権利を，NGOも含めすべての市民に保障することにより，環境権の保護に寄与することを目的とする（第1条）．

　条約の第1の柱は，環境情報の公開である（第4条）．国，地方自治体に加え，一定の要件を満たす公益事業者も情報公開の対象となる．国防情報，個人情報等については不開示が認められているが，営業の秘密を理由に企業の排出情報を不開示とすることは許されない．また，事故などの緊急時の情報伝達，事業者による環境情報の提供など，情報の積極的収集・普及についても定めている（第5条）．

　第2の柱は，早い段階からの市民参加の保障である．具体的には，環境に重大な影響を及ぼす可能性のある個別の許認可（第6条），計画・政策（第7条），行政立法（第8条）という3つの段階で，参加制度を構築することが必要とされている．特に許認可については，実効的な参加のために，①必要な情報を適切な時期に効果的な方法で無料提供すること，②合理的で十分な準備時間の確保，③関係者を特定し討議することを含め，適切に意見が述べられるようにすること，④参加結果の適切な考慮，⑤決定理由や考慮した事項を示すことなど，詳細な規定が置かれている．

　第3の柱は，司法アクセスの保障であり，環境法違反の行為について，裁判所または独立かつ公平な機関による審査を確保する必要がある（第9条）．条約は，①環境情報の不開示決定（1項），②同条約により参加手続の実施が義務付けら

れている各種許認可（2項），③環境法に違反するその他の私人または公的機関の作為・不作為（3項）に分けて原告適格などについて規定するとともに，加盟国に，情報提供や資金援助など，訴訟援助のための仕組みの検討を義務付けている．特に許認可については，原則として十分な利益を有する関係市民が手続的および実体的の違法を争えるようにすることが求められており，環境団体訴訟の導入が不可欠とされている（UNECE, 2014）．

オーフス条約の履行確保については，NGO も含め，誰もが遵守委員会に条約違反を申し立てることができる．条約の制定から執行にいたるすべてのプロセスが，一貫して市民参加のもとに行われていることが大きな特徴である．

●**背景と現状**　1992 年の国連環境開発会議（地球サミット）で採択された「環境と開発に関するリオ宣言」第 10 原則は，環境問題の解決にはあらゆる主体の参加が必要であるとうたっており（参加原則），オーフス条約は，この理念を具体化するための条約である．この条約が欧州で採択された背景には，欧州連合（EU）が東欧圏へと拡大していくなか，これらの国々において民主主義を強化し，情報公開と参加により市民の環境意識を向上させ，環境保護を促進するとともに，行政の透明性を確保し，環境法の執行状況を改善するという目的があった（高村，2003）．

2017 年現在，全 EU 構成国を含む 46 か国と EU がオーフス条約に加盟している．そのため，EU では，環境情報公開指令（2003/4/EC），市民参加指令（2003/35/EC），オーフス条約の EU 機関への適用に関する規則（No. 1367/2006）など，条約に対応するための指令や規則が採択されており，オーフス条約の実効性確保については，遵守委員会とともに，これらの指令に関する欧州司法裁判所の判例が間接的に重要な役割を果たしている（ダルポ，2017）．

●**研究の展望**　オーフス条約は，市民参加のグローバルスタンダードとして大きな役割を果たしてきたが，加盟国の拡大，許認可以外の違法行為に関する原告適格の拡大などの課題にも直面している．国連環境計画（UNEP）は，2010 年に，特に欧州以外の地域でリオ宣言第 10 原則の促進を図るために「環境に関する情報アクセス，市民参加及び司法アクセスに係る国内立法の発展に関するガイドライン（バリガイドライン）」を採択した（大久保，2015）．さらに，2012 年の国連持続可能な開発会議（リオ +20）を契機に，ラテンアメリカ・カリブ諸国は「環境と開発に関するリオ宣言第 10 原則の適用に関する宣言」を採択し，国連ラテンアメリカ・カリブ経済委員会（ECLAC）の枠組みで，オーフス条約関係機関と連携を図りつつ，独自の地域的な参加条約を採択する動きをみせている．アジアにおいても参加原則の進展がみられ（大久保，2017），今後，独自の地域条約へと発展するか注目される．　　　　　　　　　　　　　　　　　　　［大久保規子］

📖 **参考文献**
・大久保規子（2006）「オーフス条約からみた日本法の課題」『環境管理』第 42 巻第 7 号，59-65 頁．

第 10 章
経済理論と実証研究のフロンティア

　地球温暖化問題や生物多様性問題といった環境問題は，経済学がそれまで思いもかけなかった問題を喚起してきた．例えば，何世代にもわたる環境被害，科学的知識の欠如，地球全体での国際協調などである．このため環境問題の発現は，経済理論の発展を促し，新たな理論仮説，新たな政策手段を生み出している．世代間衡平に関する規範的議論，環境クズネッツ仮説，取引可能な汚染許可証制度はその一例である．さらに，新たな仮説と政策手段の提案によって，その妥当性の検証や政策効果の実証が求められることになる．このため，環境経済学は，経済分析手法の精緻化と実証分析の発展にも貢献してきた．環境の経済価値評価の諸手法や応用一般均衡分析による環境政策評価はその代表である．そうした諸理論と実証分析はこれまでの章でも取り上げられているが，本章では特に経済学的に特徴的な，あるいは先端的な環境経済学の理論と実証研究を紹介する．

[赤尾健一]

[担当編集委員：赤尾健一・竹内憲司・馬奈木俊介]

世代間衡平の公理的アプローチ

　経済学における公理的方法とは，問題の解やメカニズムを，それが有し得る抽象的な性質（公理）の組合せによって特徴付ける方法をいう．特に社会的選択理論の文脈では，効率性や衡平性のような，社会的な意思決定のルールが満たすべき公理を列挙し，それらをすべて満たすルールが存在するか（つまり複数の公理が互いに整合的であるか），もし存在するのであればそれはどのようなルールであるか，あるいは逆に，特定のルールを所与としたときにそれがどのような公理の組を体現したものといえるのか，といったことが主要な関心事となる．

●世代間衡平性の不可能性　基本的な設定として，各世代が享受する効用の水準を，現在から無限期先の将来にかけて並べた経路を考える．そのような経路は一般に複数存在し，例えば，将来世代の効用を犠牲にして現在世代の効用を高める（あるいはその逆）といったことが技術的に可能であり得る．したがって，規範的な立場からは，複数の可能な選択肢の中から1本の経路を選び出すための評価基準が必要になる．当然ながら，選択される経路は評価基準に依存するから，その基準にどのような性質を要求すべきか（どのような公理を満たすことを要求するか）ということが問題となる．特に地球温暖化問題のように，利害関係者である将来世代との交渉が不可能であり，実質的に現在世代だけで経路を選択しなければならないような問題では，社会的な意思決定の基準は世代間衡平性に配慮したものであることが望ましい．さもなければ，現在世代は自らの選択を（それがどのようなものであれ）正当化することが困難になるからである．

　社会的な意思決定の基準を考えるにあたって，それが満たすべき公理としてしばしばあげられるのは，2つの異なる経路を比較したときに必ず優劣が付けられること（完備性），3つ以上の経路について優劣の順序が循環しないこと（推移性），無駄のある経路が望ましい経路として選ばれないこと（パレート原理），いずれの世代も偏りなく扱うこと（匿名性），などである．いずれももっともらしい要請であるが，一連の研究によって，これらすべてを同時に満たす意思決定の基準は（明示的に定義できる形では）存在しないことがすでにわかっている（Diamond, 1965 ; Basu & Mitra, 2003）．これは言い換えれば，いかなる社会的な意思決定の基準も，上記の公理のいずれかに必ず反するということである．したがって，合理的な基準に求められる基本的な要請（完備性や推移性）を満たそうとする限り，効率性（パレート原理）と衡平性（匿名性）はトレードオフを免れないということになる．

●**世代間衡平性の可能性**　世代間衡平性を社会的な意思決定の中で考慮するためには，上記の公理のいずれかについて，それを放棄するか，あるいは少なくとも何らかの形で修正しなければならない．考えられる方法の1つは，完備性や推移性といった，意思決定の基準に求められる基本的な性能を部分的に放棄することである．具体的には，効用和を評価基準とする功利主義や，最も不遇な世代の効用のみを評価基準とするマキシミン（あるいは辞書的なマキシミンであるレキシミン）について，これらを無限期間に拡張したものがその例である．いずれの基準も完備性を放棄し，経路の裾（ある有限期先を出発点とする部分経路）がパレート原理で比較可能なものに比較対象を限定することで，効率性と世代間衡平性を同時に満たすことを可能にしている（Basu & Mitra, 2007 ; Bossert et al., 2007）．一方で，推移性を若干弱めれば，完備性を放棄することなくパレート原理と匿名性をかなり強い意味で維持できることも知られている（Sakai, 2010）．

　別の方向性として，世代間衡平性や効率性の公理自体を弱めるということも考えられる．例えば，G. チチルニスキー（Chichilnisky, 1996）は，世代間衡平性を匿名性によって捉えるのではなく，遠い将来世代の厚生が無視されないこと（現在世代の非独裁）を要求する形で，パレート原理と将来世代への配慮とが共存できる枠組みを提案している．ただし，チチルニスキー（Chichilnisky, 1996）の意思決定基準は定常性を満たさないため，時間の経過とともに最適な経路が変化し得るという問題がある．別のアイデアとして，将来世代が現在世代に比べて不遇であるような場合にのみ衡平性を問題にする（将来世代に対する〈Hammond〉衡平性）ことで，効率性と衡平性との正面衝突を避けるという試みもある（Asheim et al., 2012）．逆に，効率性の要請を弱めることでも，衡平性との共存は可能になる．例えば，パレート原理の適用対象をいずれの世代をとっても自分より不遇な世代が有限個しか存在しないような経路に限定すれば，無限期間のレキシミン基準でも完備性を維持したり（Asheim & Zuber, 2012），ランク割引功利主義と呼ばれる基準で匿名性を実現したりすることも可能になる（Zuber & Asheim, 2012）．

　公理的アプローチによる分析は，意思決定の基準を抽象的な公理によって特徴付けることで，その基準を用いることが暗黙的に含意するものを明らかにする．また，効率性や衡平性といったもっともらしい諸公理が実際には両立し得ないことを示すことで，社会的な意思決定の中で本来何が要求されるべきかについて我々の考えを深める契機を与えるものでもある．もっとも，アシェイム（Asheim, 2010）がJ. ロールズ（Rawls, 1971）の反照的均衡に触れながら指摘するように，抽象的な公理を所与として意思決定の基準がそれを満たすかどうかを議論するだけでは十分とはいえない．具体的な文脈に照らし，それが現実の世界にどのような帰結をもたらすのかという観点から，公理的分析の妥当性が問われなければならない．

［阪本浩章］

低下する割引率

●地球温暖化問題と割引率　公共事業実施の是非は費用便益分析によって判断される．費用便益分析とは，将来の費用や便益を一定の割引率で割り引き，現在価値に換算してその大小を比較するものである（☞「社会的費用便益分析」）．そこで用いられる割引率として，日本では近年4％が使われている（国土交通省，2009）．

温暖化対策もまた公共事業であり，費用便益分析が適用される．温暖化対策の恩恵は何十世代にも及ぶ一方，温室効果ガス削減と気候変動緩和の間には50年以上のタイムラグがある．4％の割引率を用いる場合，50年後の便益の現在価値は約15％に減価される．100年後では2％，さらに200年後では0.04％まで減価される．つまり，100年以上先の人々の便益は（そして費用も）ほとんど無視されてしまう．その結果，温暖化対策が将来世代のために行われるものでありながら，費用便益分析は，それらの人々の便益や温暖化による被害をほとんど評価しないというパラドックスに陥る．

この問題は，より低い割引率を採用するならば解消される．例えば，2％の割引率を用いると100年後の便益の現在価値は14％となる．割引率を1％にすれば200年後のそれも14％にとどまる．しかし一方で，低割引率は，近い将来の便益費用を過大評価するという問題を引き起こす．通常の公共事業において，その評価期間は長くても30年である．そもそも，そうした事業対象に対しては，4％の割引率が妥当と考えられるからこそ，その数値が使われている．

「低下する割引率」（以下，DDR）は，このジレンマを解決するために生み出された．それは，対象とする公共事業の便益費用の及ぶ期間に応じて，採用すべき割引率を変えること，期間が長くなればより低い割引率を用いることを提案する．

●DDRを採用する国　K. J. アロー他（Arrow et al., 2014）によれば，イギリス（表1），フランス，ノルウェー，デンマークがすでにDDRを採用し，オランダとスウェーデンが採用を検討している．

表1　イギリスのDDR

期間（年）	0～30	31～75	76～125	126～200	201～300	301～
割引率（％）	3.5	3.0	2.5	2.0	1.5	1.0

[HM Treasury, 2013]

● **DDR の理論**　DDR 研究のパイオニアである M. L. ワイツマン (Weitzman, 2001) は，適切と考える割引率の水準が温暖化問題に関わる政策研究者間で異なっていることを指摘し，その割引因子の平均に対応する割引率を用いることを提案している．

割引率 r_i を支持する研究者の割合を w_i とする．すると t 時点の便益を評価するための平均割引因子は $\phi(t) = \sum w_i \exp(-r_i t)$ であり，対応する割引率 $R(t)$ が次のように得られる．

$$R(t) = -\frac{1}{t}\log\left(\sum w_i \exp(-r_i t)\right)$$

この割引率は時間とともに単調減少し，極限で最も低い割引率に一致する．このようにして DDR が得られる．なお，ワイツマンは研究者へのアンケートの結果，w_i がガンマ分布で良く近似できたことから，$R(t)$ をガンマ割引率と呼んだ．

C. ゴリア (Gollier, 2008) は，動学的競争均衡モデルに基づいて，確実等価な割引率 $r(t)$ を導出し，それが DDR となる条件を明らかにするというアプローチをとっている．均衡では，$r(t)$ と現時点の消費 $c(0)$，将来の不確実な消費 $C(t)$ の間に次の関係が成立する．

$$r(t) = \delta - \frac{1}{t}\log\frac{E[u'(C(t))]}{u'(C(0))}$$

ただし u, δ は消費者の期間効用と時間選好率である．限界効用の弾力性を一定 ($u' = C^{-\theta}$, $\theta > 0$) と仮定し，各時点で $C(t)$ は対数正規分布することを仮定すると，

$$r(t) = \theta\left(\frac{\delta}{\theta} + \frac{E[X(t)] + (1/2)\mathrm{Var}[X(t)]}{t} - \frac{\theta+1}{2}\frac{\mathrm{Var}[X(t)]}{t}\right)$$

が得られる．ただし $X(t) = \log(C(t)/C(0))$ であり，Var は分散を表す．この式から，$C(t)$ が平均成長率一定の幾何ブラウン運動であれば，$r(t)$ は一定となる．したがって，低下する $r(t)$，すなわち DDR を正当化するためには「不確実性が幾何ブラウン運動よりも速く蓄積される確率過程」(Gollier, 2008) が必要となる．1 つの例は，$\log(C(t+1)/C(t))$ が AR(1) 過程となる場合であり，もう 1 つの例は，幾何ブラウン運動のパラメータが不確実であり確率変数となる場合である．

● **課題**　DDR は，すでにそれを採用する国が存在する一方で，時間非整合性と呼ばれる問題を抱えている．我々にとっては遠い将来も，その時代に生きる人々には近い将来となる．その結果，将来の人々と我々とで用いる割引率が異なり，そのため現在世代と将来世代の選択が一致しなくなる．つまり，DDR に基づいて現在選択した政策は，将来，実際には実行されない可能性が生じる．これが時間非整合性の問題である．　　　　　　　　　　　　　　　　　　　　［赤尾健一］

📖 **参考文献**

・赤尾健一他 (2016)「割引率は何を意味しどのように発展してきたか」『環境経済・政策研究』第 9 巻第 2 号，1-20 頁．

不可逆性と準オプション価値

　環境問題の大きな特徴として，不確実性と不可逆性があげられる．不確実性とは，現在において将来を完全に予見することができないことであり，そのために欠如した情報に基づいて環境保全や開発に関わる意思決定をしなければならない．不確実性については，F. H. ナイト（Knight）以来の定義付けによる確率分布が知られている場合の「リスク」や，H. J. アインホルンとA. C. ホガース（Einhorn & Hogarth, 1985）によって定義された「無知」や「曖昧」など詳細な分類がなされている．また，不可逆性とは，C. ゴリア（Gollier, 2001）によれば，過去の意思決定が将来の意思決定の機会集合をせばめることと定義される．例えば，今日，環境に対して開発か保全かの意思決定に直面したときに開発を選択した場合，将来における保全という選択オプションが失われてしまう．自然環境や生態系は，一度破壊してしまうと修復不可能であるということである．不確実性下において不可逆性をもつ環境に対して意思決定しなければならないときに考慮すべき特有の事項として，情報の蓄積（科学的知見や技術の進歩も含む）に関わる準オプション価値がある．

●予防原則（予防的アプローチ）と準オプション価値　不確実性と不可逆性が顕著である環境問題の場合，予防原則（予防的アプローチ）に基づく意思決定手段が検討される（☞「予防原則」）．予防原則は，不確実性があり，その結果が不可逆的な損失をもたらす可能性のある意思決定においては常に被害を及ぼすおそれのある環境破壊を極力避ける方向への判断，すなわち安全側の判断を推奨する．すなわち，安全性が確実に証明されるまで不可逆的行動を待つという選択オプションである．こうした予防原則について経済学的に分析する1つの方法として準オプション価値がある．この概念はK. J. アローとA. C. フィッシャー（Arrow & Fisher, 1974）によって定式化され，これを援用することによって現在の行動が不確実性と不可逆性をもつ場合の意思決定問題を扱えるようになった．例えば，豊かな遺伝子資源を有する生態系を保全することの不確実な将来的便益について，情報の増加見込み（科学研究の進捗）を考慮しつつ意思決定を促す．この際，情報の増加によって不確実性が確実になるまで「意思決定を遅らせる」ことが評価される．こうした考え方があてはまる対象は多く，生態系の開発だけでなく，温室効果ガスの排出や遺伝子組換え食品，新規化学物質の利用などがあげられる．

　このように準オプション価値を提唱することで環境リスク管理の理論分析の枠組みを提示したのはアローとフィッシャー（Arrow & Fisher, 1974）であるが，そこでは情報が蓄積する前と後の2期間モデルを想定していた．これらについて

は後に J. A. シェンクマン（Scheinkman & Zariphopoulou, 2001）によって，多期間モデルに拡張された．このモデルは同時に 2 ストックモデルでリスク回避型の選好も考慮できるという，より一般化された理論的基礎が築かれている．

●準オプション価値と費用便益分析　政策的意思決定の是非を判断する際に，費用便益分析という評価手段がある（☞「社会的費用便益分析」）．費用便益分析が意味あるものとなるためには，あらゆる費用と便益が勘定されていることが求められる．ここにおいて，不可逆性によって現在の意思決定により将来の自由度が損なわれることは，現在の行為に伴う費用の一種であると考えられるべきである．従って，不確実性と不可逆性を伴う対象に費用便益分析を適用する際には，準オプション価値の評価が必要となる．例えば，環境や生態系に関するリスク管理政策は，こうした政策評価手法があてはまる典型的な例である．

●情報の蓄積とリスク選好　不確実性と不可逆性をもつ政策判断については，意思決定タイミングが考慮されることになる．このとき考慮されるべきことは，情報の蓄積見込みと評価主体のリスク選好である．待つことによって情報の蓄積が大きい場合，意思決定を遅らせた方が効率的になる．これを Learn-then-act 原則という．しかし，意思決定を遅らせることは将来利得を小さくする場合もあるため，ほとんど情報が蓄積しない場合は意思決定は早い方が良い．また，リスク選好も準オプション価値を規定する．ゴリア（Gollier et al., 2000）は，将来の所得水準が不確実である場合を例に取り，「人々は将来貧困になる可能性があるから現在の貯蓄を増やす」という動機と，「将来豊かになる可能性があるから現在の貯蓄を減らす」，という動機を指摘した．そのうえで，前者の動機が後者の動機よりも強い場合，熟慮効果（prudence effect）が生じるとし，こうした将来への備えに対する態度が，予防原則を推奨する論拠となると主張した．

●実証上の課題　準オプション価値の理論を現実の政策的意思決定の評価にあてはめるためには，いくつかの課題がある．例えば，準オプション価値の定義において外生変数である割引因子をいくつに定めるかという問題や，情報（科学的知見）の蓄積を事前にどう具体的に定めるかという容易ではない問題がある．さらに，意思決定対象（プロジェクト）の便益の算出をどうするかという評価の問題がある．

　割引因子については，社会的割引率（☞「低下する割引率」）の議論があてはまる．情報の蓄積については，いくつかのシナリオを用意して比較することなどが考えられる．便益測定については，環境の経済評価理論（☞「環境の経済評価」）などの援用が求められよう． ［佐藤真行］

📖 参考文献
・大塚直・植田和弘編（2010）『環境リスク管理と予防原則―法学的・経済学的検討』有斐閣．
・ディキスト，A. K.・ピンディク，R. S. 著，川口有一郎他訳（2002）『投資決定理論とリアルオプション―不確実性のもとでの投資』エコノミスト社．

非凸性と履歴効果

　経済モデルでは，多くの場合，消費者の選好や企業の生産技術について凸性が仮定される．凸性の仮定は，経済主体の行動を特徴付けることを容易にし，競争市場のような分権的な資源配分メカニズムの有用性を担保するものである．一方で，ある種の外部性が経済に存在する場合には凸性の仮定が満たされず，標準的なモデルの分析手法がそのまま適用できないことが知られている（Starrett，1972）．また，非凸性は自然界にみられる正のフィードバック効果によっても生じるため，近年では生態系のレジームシフトの文脈で関心を集めている．

●浅い湖とレジームシフト　正のフィードバック効果が非凸性を生じさせるメカニズムは，単純なモデルを用いて示すことができる．時点 t において，ある生態系に蓄積されている汚染物質のストックを $z(t)$，外部からの汚染流入量を $x(t)$ で表す．すると汚染物質の動学は，$\dot{z}(t)$ を時間あたりの変化量として，一般に

$$\dot{z}(t) = f(z(t)) + x(t) \tag{1}$$

のようなモデルで表現できる．関数 f は汚染物質に対する自然の応答を捉えるもので，その形状はシステムによって異なる．例えば，浅い湖を考えた場合，水質汚染物質（リン）の動学は，おおむね，

$$f(z) := -\delta z + \alpha \frac{z^2}{1+z^2} \tag{2}$$

のような f によって表現できるとされる（Scheffer，2004）．(2)式の第1項は湖外への流出や湖底への堆積を通じた自然浄化能力を表現しており，負のフィードバック（z について減少関数）である．一方，第2項は正のフィードバック（z について増加関数）で，主に湖底に堆積したリンが再び水中に溶け出す現象を捉えている．パラメータの $\delta > 0$ と $\alpha > 0$ は，それぞれ負のフィードバックと正のフィードバックの強度を表す．

　話を簡単にするために，外部からの流入量は一定である（$x(t) = x \geq 0$）とすると，定常状態（長期的な均衡）における汚染ストックの量は $f(z) + x = 0$，つまり

$$-\delta z + \alpha \frac{z^2}{1+z^2} + x = 0 \tag{3}$$

を満たす z によって特徴付けられる．定常状態における z が環境負荷 x に対してどのように反応するかを考えると，まず，正のフィードバックの相対的な強度が十分に弱い（$\alpha/\delta \approx 0$）ときには，(3)式の第2項はほとんど無視できるから，z は x に線形的に反応することがわかる．一方で，正のフィードバックがある程度の強度をもつ（$\alpha/\delta \approx (4/3)^{3/2}$）場合，図1の左側のパネルにあるように，定常状

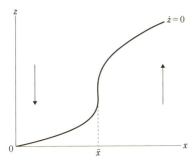 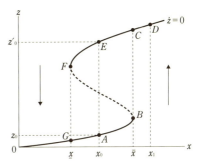

図1　レジームシフトと履歴効果

態における z と x の関係は強い非線形性を示すようになる．このようなケースでは，環境負荷のレベルがある閾値（図中の $\bar{x}$）を超えると，システムの状態に急激な変化（レジームシフト）をもたらす．

●**履歴効果と不可逆性**　さらに，正のフィードバックが十分に強い（$2 > \alpha/\delta > (4/3)^{3/2}$）場合には，$z$ と x の関係は図1の右側のパネルのようになり，履歴効果と呼ばれる現象が生じる．履歴効果とは，いったん環境負荷を強めすぎてしまうと，負荷のレベルを当初の水準に戻してもシステムの状態がもとに戻らないことをいう．例えば，x_0 という環境負荷のもとで汚染状態が z_0 で安定している状況（図中の A）を考える．このとき，環境負荷を x_1 まで強めると，$\bar{x}$ を超えた時点でシステムの均衡が B から C に移動し（レジームシフト），長期的には D で安定する．逆にその状態から環境負荷を弱めると，$\bar{x}$ を下回ってもシステムが安定的であり続けるため，x_0 まで負荷を弱めたとしても（A ではなく）E に留まることになる．システムをもとの状態に戻すためには，環境負荷をさらに低い水準（図中の $\underline{x} < x_0$）まで弱め，F から G へと状態を移動させなければならない．

　このモデルを用いると，システムに不可逆的な変化が生じる可能性を指摘することもできる．例えば，正のフィードバックがきわめて強い（$\alpha/\delta > 2$）場合には，（もとに戻る方向の）レジームシフトの閾値 $\underline{x}$ が負の値となる．そのようなケースでは，いったんシステムが高水準の汚染状態で安定してしまうと，外部からの環境負荷を完全に取り除いても原状を回復することは不可能である．

　非凸性や履歴効果は，主に生態学の分野で議論されてきたものであったが，近年では経済モデルにも積極的に取入れられるようになっている（de Zeeuw, 2014）．前述の浅い湖に限らず，海洋生態系や，漁業資源，気候システムなど，経済活動に伴う環境負荷によって非連続的な変化が生じ得るシステムは多い．予防原則の観点からは，望ましくないレジームシフトがシステムに生じることのないよう環境負荷を抑制することが求められるが，一般には，費用と便益とを慎重に比較したうえで最適な環境・資源管理政策を考える必要がある．　　　［阪本浩章］

リスクと認知バイアス

　不確実性を伴う環境問題は多い．特に，気候変動や生物多様性の減少をはじめとした地球環境問題のように，空間的・時間的スケールが大きな問題においては，因果関係，被害の規模，対策の効果など，様々な面で不確実性が存在する．このような問題に対して，市民がどのような認識をもち，どのような行動を取るかを理解することは，環境経済・政策学における重要な課題である．この課題に対応する基礎的な研究として，人間が不確実な事象をどのように捉え，それに対してどのように対処しているかを明らかにするための研究が行われている．人間がリスクを主観的にどのように捉えているかを明らかにするためのリスク認知に関する研究は主に心理学の分野で行われており，不確実性下の意思決定を記述するための理論に関する研究は主に経済学の分野で行われている．

●ヒューリスティックスと認知バイアス　人間は意思決定の際に，認知的なコストを節約するために，完璧ではないが素早くある程度正確な結論を導き出す，簡略化された判断方法であるヒューリスティックスを用いると考えられており，このヒューリスティクスに基づく判断が，客観リスクと主観リスクの乖離である認知バイアスを発生させると考えられている．A. トベルスキーと D. カーネマン（Tversky & Kahneman, 1974）は，不確実性下の主なヒューリスティックスとして，典型例と思われる事例の確率を高く評価する代表性ヒューリスティック，思い浮かべやすいリスクの確率を高く評価する利用可能性ヒューリスティック，最終的な判断が最初に与えられた情報にとらわれる調整と係留ヒューリスティックをあげている．

●期待効用理論とそのパラドックス　経済学においては，不確実性下の意思決定に関する標準的な理論として，J. フォン・ノイマン（von Neumann）と O. モルゲンシュテルン（Morgenstern）が構築した期待効用理論が用いられてきた（von Neumann & Morgenstern, 1944）．期待効用理論では，個人は行動の結果得られる効用を，それぞれの結果が実現する確率で加重和した効用の期待値（期待効用）を最大化するよう行動すると考える．しかし，M. アレ（Allais）のパラドックスや D. エルスバーグ（Ellsberg）のパラドックスによって，期待効用理論では現実の行動を十分に説明できないことが明らかとなった．アレのパラドックスは確実な事象に強く反応する確実性効果，エルスバーグのパラドックスは確率が既知の事象を未知の事象より好む不確実性回避を示している．また，F. H. ナイト（Knight）によるリスクと不確実性の区別に従えば，アレのパラドックスは確率分布がわかる状況でのパラドックスであるためリスク下の意思決定のパラドック

スであり，エルスバーグのパラドックスは確率分布がわからない状況でのパラドックスであるため不確実性下の意思決定のパラドックスである．これらのパラドックスは，いずれも期待効用理論における独立性公理が成り立たないことから生じる（竹村，2009）．独立性公理とは，すべての選択肢に共通の帰結を加えても，それ以前の選択肢間の選好関係が維持されることを意味する．そこで，期待効用理論の独立性公理を緩和したより一般的な理論が提唱されている．

●**期待効用理論の一般化**　代表的な理論に，カーネマンとトベルスキー（Kahneman & Tversky, 1979）が提唱したプロスペクト理論がある．プロスペクト理論では，利得・損失と個人の主観的な価値の関係を表す「価値関数」と，客観的な確率と主観的なウェイト（決定加重）の関係を表す「確率加重関数」を想定する．価値関数は，①価値は絶対的な水準ではなく，評価の基準である「参照点」からの乖離の程度に応じて決まる（参照点依存性），②価値関数は利得の領域では上に凸，すなわちリスク回避的であるのに対して，損失の領域では下に凸，すなわちリスク愛好的である（リスク態度の非対称性），③利得の領域よりも損失の領域の方が価値関数の傾きが急であり，利得よりも損失をより大きく評価する（損失回避性）といった特徴をもつ．一方，確率加重関数は，非常に小さな確率は実際よりも大きく見積もられ，それ以外の確率は実際よりも小さく見積もられるといった特徴をもつ．プロスペクト理論を用いれば，報酬が事前の想定よりも大きければうれしく思い，小さければ残念に思う，利得は確実に手に入れたいと思う反面，損失が確実に生じることは避けたいと思う，同額の値下げよりも値上げにより強く反応するといった個人の行動が，それぞれ価値関数の参照点依存性，リスク態度の非対称性，損失回避性により説明できる．また，飛行機事故の確率が過大評価されるといったことは，確率加重関数の性質で説明できる．プロスペクト理論では，個人は価値関数により決定された価値を，確率加重関数により決定された決定加重で加重和した値を最大化するように行動すると考える．この理論を用いれば，アレのパラドックスを矛盾なく説明することができる．また，トベルスキーとカーネマン（Tversky & Kahneman, 1992）は，プロスペクト理論にショケ積分を導入することで，不確実性下の意思決定も扱うことが可能となった累積プロスペクト理論を提唱した（竹村，2009）．この理論を用いれば，エルスバークのパラドックスも矛盾なく説明することができる．なお，エルスバーグのパラドックスを説明できる理論としては，ショケ積分を用いたショケ期待効用理論や，個人が複数の主観的確率分布をもち，各行為をその期待効用が最悪になる確率で評価して意思決定を行うと考えるマキシミン期待効用モデルなども提案されている．

［柘植隆宏］

📖 **参考文献**

・竹村和久（2009）『行動意思決定論—経済行動の心理学』日本評論社.

共有地の悲劇とダイナミックゲーム

　共有地の悲劇とは，サイエンス誌に掲載された生態学者 G. ハーディン（Hardin）の 1968 年の論文（Hardin, 1968）のタイトルである．その論文で彼は，誰もが利用できる牧草地を人々の自由に任せることは，家畜の過剰飼養を招き，共有地の荒廃と人々の破滅をもたらすと論じた．共有地とは様々な共有資産のたとえであり，ハーディンは，海洋，国立公園，景観，汚染の捨て場としての大気や河川，そして有限の地球を取り上げて，問題を論じている．

　ハーディンが共有地の荒廃を「悲劇」と呼ぶのは，それが人々の意思に関わらず容赦なく進行するためである．それは，A. スミス（Smith）の見えざる手（Smith, 1776），すなわち人々の私益の追求がその意思に関わらず公益を実現することとメカニズムをともにしている．しかし，その帰結は正反対である．

　共有地を，誰もが利用できるオープンアクセス資源とみなすとき，追加的な家畜の私的利潤がゼロとなるところで飼養頭数は落ち着く．もし飼養の私的費用が十分に高ければ，均衡飼養頭数は牧草地の持続的利用を許すレベルとなる．つまり，悲劇は起こっても，荒廃と破滅に至るとは必ずしも限らない．一方，共有地を特定のメンバーに限って利用できる共有資源（CPR）とみなすとき，以下に示すように共有地の帰結はより複雑となる．CPR における資源利用はダイナミックゲームを用いて研究されてきた．

●**ダイナミックゲーム**　時間を明示的に含むゲームのうち，時間とともに変化する変数（状態変数）を含むものを，ダイナミックゲームと呼ぶ．特に，状態変数の時間変化が微分方程式で表される場合は微分ゲームと呼ばれる．

●**資源ゲーム**　CPR を想定して，最も単純な形で共有地の悲劇をモデル化しよう．$n(\geq 2)$ 人が利用する共有資源を考える．各人を $i = 1, 2, \cdots, n$ と番号で区別する．時点を $t(\geq 0)$，各時点での資源量を $x(t)$ で表す．資源量の変化は $dx(t)/dt = F(x(t)) - \sum_{i=1}^{n} c_i(t)$ に従う．ここで関数 $F(x)$ は資源の成長量を表し，$c_i(t)$ は t 時点での i の資源採取量である．各時点の資源採取から得られる各人の効用を関数 $U(c)$ で表し，t 時点の効用の現在価値を $U(c)e^{-\rho t}$ で表す．ただし $\rho > 0$ は割引率である．各時点でどれだけ資源を採取するか，その方針を戦略という．標準的に用いられている戦略は，その時点の資源量に応じて採取量を決めるというものであり，定常マルコフ戦略と呼ばれる．具体的には，$c = \sigma(x)$ という関数によって表現される．

　各人は，資源量とほかの利用者の戦略とを知ったうえで，現在（$t = 0$）から無限の将来までの現在価値効用の総和を最大にする戦略を選択する．すべての利用者がほかの利用者の戦略を所与として，最適な戦略を選んでいる状態がナッシュ

均衡である．戦略がマルコフ戦略の場合，それはマルコフ完全ナッシュ均衡（MPNE）と呼ばれる．完全とは，部分ゲーム完全を意味している．

　ここでのゲームはすべての利用者が同質な，対称ゲームである．ゲームは対称でも，戦略が利用者で異なるナッシュ均衡が存在することがある．しかし，ここでは簡単化のため，対称均衡，すなわち同一の定常マルコフ戦略で均衡が構成されるとしよう．このとき MPNE 戦略 $\sigma^e(x)$ は，任意の $x_0 \geq 0$ について，問題

$$\max_{c(t) \geq 0} \int_0^\infty U(c(t)) e^{-\rho t} dt \text{ subject to } \frac{dx}{dt} = F(x(t)) - (n-1)\sigma^e(t) - c(t), x(0) = x_0$$

の解と一致するものとして定義される．すなわち，解 $c^*(t; x_0, \sigma^e)$ は，対応する資源の経路 $x^*(t; x_0, \sigma^e)$ に沿って $c^*(t; x_0, \sigma^e) = \sigma^e[x^*(t; x_0, \sigma^e)]$ を満たす．

　MPNE を評価するための参照基準として，標準的に次の功利主義的社会厚生の最大化問題が検討される．

$$\max_{c(t) \geq 0} \int_0^\infty U(c(t)) e^{-\rho t} dt \text{ subject to } \frac{dx}{dt} = F(x(t)) - nc(t), x(0) = x$$

その解は協力解と呼ばれる．協力解は対称 MPNE とは一致せず，均衡での効用は協力解のそれよりも低くなる．

●**最速資源枯渇と多均衡**　上の問題に各時点で採取能力の上限 $\bar{c}$ を加えた問題を考えよう．$\bar{c}$ が十分大きいとき，資源がある限り最大限資源を取り続けるという戦略$(c(t) = \bar{c})$は，有限かつ最速時間での資源枯渇をもたらす．G. ソーガー（Sorger, 1998）は，この最速枯渇戦略が MPNE となる必要十分条件を導出している．その条件が満たされるとき，ハーディンの言う共有地の荒廃と人々の破滅が生じる．

　最速枯渇均衡を生み出すメカニズムは，戦略的相互依存関係である．ほかの利用者が資源を急速に減らしている場合，ひとり保全的に資源利用をすることは賢明ではない．しかし，同じ戦略的相互依存性によって，ほかの利用者が保全的資源利用をしている場合，資源枯渇よりも保全的資源利用を採用することが賢明になる可能性がある．ソーガー（Sorger, 1998）は，そうした資源保全的戦略が MPNE となる必要十分条件もまた導出している．資源保全的 MPNE の中には協力解とほぼ同じ資源利用を長期間にわたって行うほぼ最善の均衡が存在する．最速枯渇均衡と資源保全的 MPNE の存在条件は重なり合うため，最悪の均衡とほぼ最善の均衡のいずれも選ばれる可能性がある．したがって，同条件の2つの共有地が，一方は荒廃の途をたどり，一方は持続的に利用され続けるということが起こり得る．

●**汚染制御ゲーム**　汚染に関する典型的な微分ゲームは，汚染蓄積を微分方程式で記述し，効用が汚染ストックの増加で低下することを仮定する．汚染に関する国際環境交渉をモデル化した E. J. ドックナーと N. Van ロング（Dockner & Long, 1993）は，上述と同様，多均衡の存在を明らかにしている．彼らは国際交渉が，多均衡の中からより良い均衡を選び出す過程と解釈できるとしている．　［赤尾健一］

ランダム効用理論と離散選択モデル

　ここでは，仮想評価法，選択型実験，トラベルコスト法といった環境評価手法を用いて環境の経済的価値を推定する際に頻繁に用いられる計量モデルを紹介する．我々は日々，離散的な選択に直面している．例えば，通勤・通学にどの交通手段を用いるか，あるいは住民投票に賛成するか否かなどである．このように2つ以上の選択肢の中から1つの選択肢を選択する行為を離散選択という．この意思決定者が選ぶことのできる選択肢の集合のことを選択集合という．

●**離散選択モデル**　一般的に離散選択モデルでは，意思決定者が直面する選択集合が，有限の選択肢，相互に排他的な選択肢，網羅的な選択肢という3つの条件を満たしていることを仮定している．例えば，交通手段として，鉄道，バス，車の3つの選択肢があるとしよう．この3つの選択肢から1つを選ばなければならないのであれば，選択肢は網羅的であり，有限であり，かつ相互に排他的である．このような条件のもと，選択肢ごとに異なる費用や時間といった説明変数が，どのように選択行動に影響を与えているのかを分析するのが離散選択モデルである．

●**ランダム効用理論**　ランダム効用理論は離散選択モデルに効用最大化という基礎付けを与える．意思決定者が各選択肢を選んだときの効用をそれぞれ考え，最も高い効用が得られる選択肢が選ばれると仮定する．この効用関数を，分析者から観察可能な部分と観察不可能な部分の和からなると仮定する．例えば，各交通手段に関わる費用，時間，平均乗車率，運行頻度は観察可能である．一方で，その時々の意思決定者の気分や気候，あるいは個人の特殊な好みは観察不可能である．この観察不可能な部分をランダム項と仮定するモデルをランダム効用モデルという．今，個人iはランダム効用関数$u_{ij} = v_{ij} + \varepsilon_{ij}$をもつと仮定しよう．ここで，$u_{ij}$は個人$i$が選択集合$C$から選択肢$j$を選んだときに得られる全効用，$v_{ij}$は$u_{ij}$のうち観察可能な決定項で，代表的効用と呼ぶ．$\varepsilon_{ij}$は効用の観察不可能なランダム項である．ここで，効用最大化を仮定すると，個人iが選択肢jを選ぶ必要十分条件は，選択肢jから得られる効用が，選択集合Cに属する選択肢j以外の任意の選択肢kから得られる効用よりも大きいこととなる．よって，個人iが選択肢jを選ぶ確率は以下のとおりとなる．

$$P_{ij} = \Pr[u_{ij} > u_{ik}, \ \forall k \in C, \ j \neq k] = \Pr[\varepsilon_{ik} - \varepsilon_{ij} < v_{ij} - v_{ik}, \ \forall k \in C, \ j \neq k]$$
$$= F(v_{ij} - v_{ik})$$

　ここで，Fは$(\varepsilon_{ik} - \varepsilon_{ij})$の累積分布関数である．よって，ランダム項の分布を特定することにより，選択確率を計算することができる．また，これらの確率は

$0 \leqq P_j \leqq 1$ かつ $\sum_{j \in c} P_j = 1$ を満たすものとする．この選択確率を用いて対数尤度関数を導出し最尤推定量を得ることが可能となる．

●二項選択モデル　まず，2つの選択肢から1つの選択肢を選ぶ二項選択を考えよう．例えば，住民投票に賛成を1，反対を0とすると，賛成確率は $\Pr[u_1 > u_0]$ となる．このとき，ε_0 と ε_1 が正規分布に従うとすると，$(\varepsilon_0 - \varepsilon_1)$ も正規分布に従う．また，$(\varepsilon_0 - \varepsilon_1)$ の分散を1に正規化すると，F は標準正規分布の累積分布関数となり，プロビットモデルが得られる．続いて，ランダム項が次式のような累積分布関数をもつ第1種極値分布に従うとする．

$$F(\varepsilon) = \exp(-\mathrm{e}^{-\lambda \varepsilon}), \quad -\infty < \varepsilon < \infty, \quad \lambda > 0$$

ここで，λ はスケールパラメータである．この分布は，γ をオイラー定数（≈ 0.577）とすると平均値 γ/λ，分散 $\pi^2/6\lambda^2$ をもつ．なお，離散選択モデルでは効用の差のみが問題となる（すなわち $u_1 > u_0$ であるならば $\lambda u_1 > \lambda u_0$）ため，スケールの基準化が必要となる．通常はスケールパラメータ λ を1と仮定する（このとき分散は一定となる）．今，ε_0 と ε_1 が第1種極値分布に従うとすると，$(\varepsilon_0 - \varepsilon_1)$ はロジスティック分布に従う（Cameron & Trivedi, 2005）．このとき，F はロジスティック分布の累積分布関数となり，ロジットモデルが得られる．このように，賛成するか反対するか，参加するか参加しないか，といった二肢選択には，計量経済学でよく知られるプロビットモデルかロジットモデルを用いることができる．

●多項選択モデル　続いて，選択肢が3つ以上ある多項選択を考えよう．今，ε_{ij} が個人，および，選択機会にわたって独立かつ同一に分布していると仮定すると，個人 i が選択集合 C から選択肢 j を選ぶ確率は次式のとおりとなる．

$$P_{ij} = \frac{\exp(v_{ij})}{\sum_{k \in c} \exp(v_{ik})}$$

代表的効用に個人かつ選択肢の両方に固有の説明変数がある場合，このモデルは条件付きロジットモデルとなる．このモデルでは，任意の2つの選択肢の選択確率の比が，$P_{ij}/P_{ik} = \exp(v_{ij} - v_{ik})$ となり，他の選択肢から独立に決まることがわかる．つまり，選択肢 j と選択肢 k の選択確率の比は，他の選択肢の有無や，あるいは選択集合の変化によって影響を受けないことがわかる．これは「無関係な選択肢からの独立性（IIA）」として知られており，この公理により上記の扱いやすい選択確率が導出される（McFadden, 1974）．一方で，ある2つの選択肢の選択確率の比は，その一方の選択肢と完全に代替的な新たな選択肢が加わったあとでも一定であることを意味しており，きわめて制約的な仮定となってしまうことが多い．近年では，この IIA の仮定を完全に緩和した混合ロジットモデルを用いることが多くなっている．　　　　　　　　　　　　　　　　　　　　　［三谷羊平］

📖 参考文献
・栗山浩一・庄子康編著（2005）『環境と観光の経済評価—国立公園の維持と管理』勁草書房．

多様性関数

　様々な文脈において「多様性の保全」が目標であると繰返し語られる．しかし，最適化されるべき多様性関数とはいったい何なのか．M. L. ワイツマン（Weitzman）は，このような問題意識から「ノアの方舟問題」を定式化した（Weitzman, 1998）．それは予算制約下で多様性の価値と自身の価値の和の期待値を最大にするように，各種の生存確率の最適な組合せを求める問題である．生物多様性の保全は，あたかもノアが箱舟にどの動物を乗せるかという問題とみなせる．その目的関数である多様性関数とは，生物多様性の評価や選好を表現する関数である．

●**種数と多様度指数**　従来，生態学では生物群集の多様性を種数と多様度指数によって表現してきた．多様度指数とは，種数が多いほど，また各種の個体数が均等になるほど値が高くなる指標である．種数を s，群集の総個体数を N，種 i の個体数を n_i で表し，相対個体数を $p_i = n_i/N$ で定義すると，代表的多様度指数であるシンプソン指数 D とシャノン指数 H' がそれぞれ次で与えられる．

$$D = 1 - \sum_{i=1}^{s} p_i, \qquad H' = \sum_{i=1}^{s} p_i \ln p_i$$

●**系統学的多様度**　D. P. フェイス（Faith, 1992）は，生物多様性の喪失／保全の対象を，種自身ではなく，種が進化の過程で獲得あるいは保持している特質とみなす．そして，そうした特徴が分岐分類学上の分類群によって代表されるとして，分岐図の枝の長さで表現される系統学的多様度を提案している．種の集合 S に，新たな分類群 x が加わることで生じる系統学的多様度の増分 $G(S, x)$ は，$D_{i,j}$ を2つの分類群 i, j 間の枝の長さとして，次で与えられる．

$$G(S, x) = (1/2) \min \{D_{x,i} + D_{x,j} - D_{i,j} \mid i, j \in S\}$$

●**種保全に対する選好**　多様度指数は，各種を等しいものとみなして多様性を評価する．一方，系統学的多様度では，種の進化的特質もまた考慮される．しかし，我々の種保全に対する選好は，これら生物学上の観点にとどまらず，希少性や審美性等を含んでいる．A. メトリックとワイツマン（Metrick & Weitzman, 1996）は，アメリカ「絶滅危惧種法」における対象種の選定と予算配分がどのように行われているかを統計分析した．その結果，彼らは，絶滅危惧の程度や系統学的特徴以外の要素が有意な影響を与えていることを明らかにした．特に予算配分においては，物理的大きさが配分額を高める一方，爬虫類であることはそれを低めること，単一種属かどうか，亜種かどうかといった系統学的特徴は有意な影響をもたないという結果を得ている．

●**多様性関数**　以上のように，生物多様性の評価は生物学的特質以上の要素を含んでいる．このため，経済学者はより抽象的なレベルで多様性を表現する関数を提案している．

ワイツマン（Weitzman, 1992）は，種の集合 S の多様性 $V(S)$ を，種 i の種 j から見た異質性 $d(i, j)$ と各種に固有の価値 $V(\{i\})$ によって定式化することを提案している．S から見た i の独自性を $d(i, S) = \min\{d(i, j) \mid j \in S\}$ で定義する．そして S に i が加わったときの多様性を $V(S \cup \{i\}) = V(S) + d(i, S)$ で定式化する．2種からなる種の集合 $S = \{i, j\}$ の多様性は，$V(\{i, j\}) = d(i, j) + V(\{j\}) = d(j, i) + V(\{i\})$ で与えられる．この2種の多様性と異質性を利用して，次に3種からなる集合の多様性が計算できる．同じ操作を逐次続けることで，任意の s 種からなる集合の多様性が計算できる．なお，$V(\{i, j\})$ の2通りの計算から，$V(\{i\}) \neq V(\{j\})$ ならば $d(i, j) \neq d(j, i)$ であることがわかる．つまり，異質性 $d(i, j)$ は距離ではなく，疑似距離である．

K. ネーリングと C. パッペ（Nehring & Puppe, 2002）は，各種のもつ属性に基づいて多様性関数を構成することを提案している．ここで属性には，系統学的特質に加えて，生息地が限られている，よい香りがする，動物園の人気者であるなど様々なものを含んでよい．各属性にその価値（属性測度）を対応させる関数を $\lambda(A)$ で表す．種の集合 S が全体として $\{A_1, \cdots, A_m\}$ なる属性をもつとき，S の多様性は，$V(S) = \sum_{j=1}^{m} \lambda(A_j)$ で定義される．この多様性関数は非常に一般的で，フェイスやワイツマンの多様性関数はその特殊形になることを示すことができる．ただし，その導出のアプローチはまったく逆で，属性測度 $\lambda(A)$ がまず与えられるのではなく，属性のリストと多様性関数 $V(S)$ の値に関するリストから $\lambda(A)$ が導出され，それに基づいて任意の S に対する多様性が評価される．ネーリングとパッペ（Nehring & Puppe, 2002）は，属性測度が存在するための選好に関する条件を明らかにしている．

●**応用例**　ワイツマン（Weitzman, 1993）は，自身の多様性関数の応用として，異質性の尺度に遺伝的距離を用いて世界のツル15種に関する多様性を算出している．種の集合 S_k が生き残る確率を P_k として，期待多様性 $W(P_k) = \sum_{k \in 2^X} V(S_k) P_k$ を定義し，ツルの種 i の生存確率が1%上昇するときの期待多様性の増加を論じている．日本の事例として，岡他（Oka et al., 2001）は，福井県中池見湿原の維管束植物群集を対象に，ワイツマン（Weitzman）多様性関数を応用している．その異質性は，比較される2種がその共通の祖先から分かれて現在にいたる時間に基づいて評価されている．この異質性の評価に対応して，彼らは，種の喪失とはそれを生み出した時間の喪失であると論じている．　　　　　　［赤尾健一］

📖 **参考文献**

・赤尾健一（2006）「生物多様性の経済分析―不確実性に関する最近の研究」『環境経済・政策学会年報』第11号，136-147頁．

汚染逃避地仮説の実証分析

　環境政策の厳しさを除いたすべての状況が同一な2か国を考えるとき，国際貿易が自由化されると，環境基準が相対的にゆるい国では環境負荷の高い産業が費用面で優位に立ち，環境基準が相対的に厳しい国では環境負荷の高い産業は費用面で劣位に立つ．このことから，環境基準のゆるい国では環境負荷の高い財の生産に特化し，その輸出を増大させ，環境基準の厳しい国では環境負荷の低い財の生産に特化し，環境負荷の高い財の輸入を増加させる．ここでの基準のゆるい国とは，現実には途上国に対応する．以上より，国際貿易の進展は途上国での環境破壊を促す可能性がある．加えて，外国直接投資の規制も緩和されると，環境負荷の高い産業は環境基準のゆるい国に工場を移転させる可能性も考えられる．以上が汚染逃避地仮説の内容である．

　汚染逃避地仮説には2つの原動力が考えられており，1つ目は先進国における環境政策の厳格化が先進国の環境負荷の高い産業の外国流出を促すという「押出し効果」，2つ目は途上国が環境規制の緩和によって交易条件の改善や外国直接投資の誘致を図る環境ダンピング，および国際的な規制引き下げ競争に代表される「牽引効果」があげられる．

●**要素賦存仮説と汚染逃避地仮説**　国際貿易の自由化が環境に及ぼす影響については3つの効果があるとされる．1つ目は規模効果であり，国際貿易の自由化によって生産規模が拡大することによる効果である．2つ目の効果は技術効果であり，国際貿易の自由化によって先進的な技術が導入されることによる効果である．3つ目は構造効果であり，産業構造の変化が環境負荷に影響を及ぼすというものである．構造効果について，以下の2つの仮説が存在し，論争が行われてきた．1つ目は汚染逃避地仮説，2つ目は要素賦存仮説（あるいは環境規制効果）である．後者の要素賦存仮説はヘクシャー＝オリーン定理に基づいており，国際貿易が自由化されると，資本集約的な国は資本集約財の生産にシフトし，労働集約的な国は労働集約財の生産にシフトすることになるというものである．通常，資本集約型産業は環境負荷が高いことが多く，一国での資本集約型産業の拡大は同国の環境負荷増大につながることが考えられる．しかし，資本集約的な国は経済の発展した先進国であることが多く，一般に環境規制が厳しい．この環境規制の厳しさによって環境負荷が低減することも加味すると，発生する環境負荷は途上国に資本集約型産業が集積した場合と比べて少なくなるため，世界全体では環境負荷が低下する可能性が考えられる．この要素賦存仮説は元来資本や労働の国際移動を前提としない D.リカード（Ricardo）の比較優位論に基づいている．他方で汚染

逃避地仮説は，資本の完全移動と完全情報を前提としている．したがって，要素賦存仮説と汚染逃避地仮説の現実妥当性は，要素の国際移動の完全性にも依存するといえる．

●**汚染逃避地仮説に関する実証分析**　貿易自由化が環境に与える影響に関する実証分析ではW. アントウェイラー他（Antweiler et al., 2001）で二酸化硫黄に関して要素賦存効果と汚染逃避地効果の両方が存在しうること，この両効果が相殺されることで構造効果は規模効果や技術効果と比べて相対的に小さくなることが示されている．その後，M. A. コールとR. J. R. エリオット（Cole & Elliot, 2003）において窒素酸化物および生物化学的酸素要求量について汚染逃避地効果が示され，対象物質により結果が異なる可能性が示唆されている．また馬奈木他（Managi et al., 2009）で構造効果の規模効果や技術効果との相対的な大きさの差異は先進国および途上国それぞれで異なることが示されている．

　他方で，外国直接投資が環境に及ぼす影響に関しては，汚染物質や分析国の違いにより異なる結論が得られる傾向にあり，一致した結論は得られてきていないものの，近年の研究では汚染逃避地仮説を否定する研究が増えている傾向にある（神事・鶴見，2015）．また，環境負荷低減効果は政治腐敗の度合いが高い場合には弱まること，あるいは，投資国別に分析を行うと一部の投資国からの直接投資のみ環境負荷低減効果がみられることが示されていることにも注意が必要といえる．

　以上のように，汚染逃避地仮説に関する実証分析では，全体の傾向としては環境基準の厳しさや汚染対策費用が企業立地に明確に影響を与えるという強い結論は得られてきていないといえる．この理由として諸富他（2008）は以下の4点をあげている．1つ目に，企業が立地選択を行う際に主に考慮するのは賃金格差や投資先の潜在的な市場規模であって，汚染防止費用の相違の優先順位は低い．2つ目に，環境規制の厳しい国でも，汚染対策費用は高い産業であっても売上高の2〜5％にすぎず，生産立地を変更するほどに高くない．3つ目に，途上国は環境規制を強化してきており，中長期的にはさらに厳しくなる環境規制に対処せざるを得なくなる．4つ目に，多国籍企業の活動は国際市場で監視されており，途上国で汚染を発生させることで国際市場での信頼を失い，売上げや株価に悪影響を及ぼす可能性がある．ただし，国別・産業別に行われた研究および事例研究においては，汚染集約型産業において汚染逃避地仮説が成立するという実証研究も存在している（諸富他，2008）．

　以上から，全体としては汚染逃避地仮説の成立は強くは示唆されていないものの，一部の国や産業において成立が示唆されていることには注目する必要があると考えられる．
[鶴見哲也]

📖 **参考文献**
・諸富 徹他（2008）『環境経済学講義——持続可能な発展をめざして』有斐閣.
・細田衛士編著（2012）『環境経済学』ミネルヴァ書房.

時系列分析と効率性分析

　情報通信技術やデータ構築手法の発展に伴い，複数年次で利用可能なデータベースの開発が実施されてきた．データベースの充実化とともに，環境経済・政策学において，効率性変化の評価分析や，その変化の決定要因を明らかにする手法を適用した時系列分析による実証研究が増加している．ここでは時系列データを利用した環境経済・政策学分野での最新の実証研究を紹介しながら，環境汚染データを活用した時系列分析および効率性分析を解説する．

●**時系列分析の必要性**　複数年次でデータが利用可能な場合に，データの変化に着目した分析を行うことが可能である．例えば，環境汚染度の変化は，関連する環境規制の導入や環境保全技術の進歩と強く関係しており，これらの因果関係性を紐解くうえで時系列分析は重要な役割をもつ．加えて，生産効率性の変化に着目すれば，生産効率性の改善が企業の内部要因（例えば，従業員のスキル上昇）によるものなのか，外部要因（例えば，補助金・減税）によるものなのかを，時系列分析により識別することが可能である．こうした時系列分析による研究は，環境政策・経済政策の効果を適切に評価するうえで必要不可欠であり，環境経済・政策学分野において，重要な意味をもつアプローチであるといえる．

●**環境クズネッツ曲線による時系列分析**　環境汚染と経済発展との関係性に着目したアプローチとして環境クズネッツ曲線（EKC）がある（詳しい説明は☞「経済成長と環境」）．時系列データベースが構築される前では，環境クズネッツ曲線の研究では，その多くがクロスセクションデータを利用し，サンプル間の経済発展度の違いが環境汚染度に与える影響を分析している．一方で環境汚染の強度は，環境政策の導入や産業構造の変化（例えば，工業からサービス業への転換）により，大きく影響を受けるが，こうした変化はクロスセクションデータでは考察することが難しい．そこで，鶴見と馬奈木（Tsurumi & Managi, 2010）は，時系列データを活用することで，環境汚染と経済発展の関係性について，規模効果，構造効果，技術効果の３つの要因に分解するアプローチを提案している．このように時系列データを活用することで，国や企業の特性が経年変化した場合に，その特性変化が環境汚染度の変化に与える影響を明示的に考慮することが可能である．

●**効率性変化の影響要因分析**　時系列データを活用した環境経済・政策学分野での実証研究として，生産効率性変化の評価および影響要因分析があげられる（生産性変化の計測手法については☞「生産性指数」）．特に企業や産業部門を対象とした研究が多く，環境効率性（経済的産出あたりの環境負荷量）や全要素生産性の経年変化が，どのような要因によってもたらされているかを計量経済学アプロ

ーチによって明らかにする手法が多く用いられている. 1993～2004 年における日本のガス販売企業 205 社を対象に, エネルギー生産性の変化とその影響要因を分析した田中と馬奈木（Tanaka & Managi, 2013）は, 生産性変化の評価手法として包絡曲線分析法を利用し, 得られた生産性変化の結果を被説明変数として計量経済学アプローチを適用することで影響要因分析を行っている. 影響要因分析では, 企業の合併に関する変数を利用することで合併による生産性変化の影響を明らかにしている. こうした企業の合併や業務提携などの経営戦略が生産効率性に与える影響も, 時系列データを利用することで明らかにすることが可能となる.

●無料で利用可能な時系列データベース　情報通信技術の向上やデータ構築技術の改善により, 無料で公開される時系列データベースが増加している. その中でも先で紹介した EKC や効率性変化の実証分析に適用しやすいデータベースを紹介する（表1）.

表1　無料で利用可能な時系列データベースのリスト

データベース名	変数リスト	サンプル数・データ対象期間	作成者および関連文献
World Development Indicator（WDI）	1410 の変数（CO_2 排出量, GDP, 人口, 識字率, 寿命, 所得）	264 か国 1960～2015 年	WorldBank
World Input Output Database（WIOD）	売上, 資本, 労働, 原材料, CO_2 排出量	40 か国× 36 業種 1995～2011 年	Timmer et al., 2015
OECD stat.	売上, 資本, 労働, 原材料, 環境負荷, 特許	34 か国× 107 業種 1991～2009 年	OECD
World resource table（WRT）	売上, 資産, 従業員数, CO_2 排出量, 毒性化学物質排出量	日本企業 835 社 2009～12 年	Fujii & Managi, 2016

　表1から, 国際機関や研究プロジェクトにより, 国・産業レベルでのデータ公開が積極的に進んでいることがわかる. 一方で, 企業の時系列データを無料公開しているものは少ない. 企業データベースの多くは有償で提供されており, 利用する場合には費用負担が生じている. このため, 研究予算に制約のある研究者や学生が時系列データを活用して分析を行うことは難しい. こうした制約についても, 藤井と馬奈木（Fujii & Managi, 2016）を含めた様々なデータベースの構築および公開を目的とした研究が進められていることから, 企業を対象とした時系列データの利用可能性も今後高まっていくと考えられる. 　　　　　［藤井秀道］

📖 参考文献

・馬奈木俊介（2013）『環境と効率の経済分析—包括的生産性アプローチによる最適水準の設計』日本経済新聞出版社.

方向付けられた技術進歩と環境

　ポーター論稿（Porter, 1991）以降，環境規制が技術革新に与える影響に関して，多くの理論・実証研究が行われてきた．しかし，1990年代後半〜2000年代前半の研究は，主として環境規制の価格効果に関するものが中心であった．企業にとって，環境汚染は，生産活動から副次的に生じるものであることから，生産活動に不可欠な生産要素として捉えることができる（Copeland & Taylor, 1994）．従って，環境規制による間接的・直接的な汚染価格の上昇は，企業にとって要素価格の上昇を意味し，他の生産要素（労働・資本）の価格上昇と同様，企業の生産性を低下させる外生的な環境悪化要因となり，企業の技術革新を促進するインセンティブとなる．これが環境規制が技術革新に与える価格効果の概要である．
　これに対し，D.アセモグル（Acemoglu, 2002）は，アメリカの技術的職業従事者の賃金プレミアムが，その相対供給量の増加にもかかわらず長期的に上昇し続けた点に着目し，技術革新のもう1つの要因として，市場規模効果が果たす役割を理論的に明らかにした．企業同様，技術革新を担う研究者・技術者にも利潤を追求するインセンティブが存在する．生み出された技術を有効利用する市場が大きいほど，その技術を開発・応用する研究者・技術者への需要が大きくなり，技術革新への見返りが大きくなる．価格効果が希少な投入資源への技術革新を促進する一方，市場規模効果は，反対に，豊富な投入資源への技術革新を促すという点で特徴的である．加えて，技術革新には，過去の積重ねが大きいほど新たな技術革新が容易となり実質的なコストが低下するという知的財産ストックの生産性効果も存在する．従って，価格効果によって技術革新がいったん方向付けられると，市場規模効果と生産性効果がそれを補強する形で技術革新がいっそう進むことになる．これが，方向付けられた技術進歩（DTC）仮説の概要である．
● DTC仮説の政策的合意　技術進歩を促す要因に価格効果と市場規模効果が存在するという点は，最適な環境政策を考えるうえで重要な意味をもつ．アセモグルら（Acemoglu et al., 2012）は，気候変動のような甚大な環境災害が起こり得る経済において，上述のような内生的技術進歩過程が存在する場合，環境汚染による負の外部性と技術革新による（将来の環境汚染に対する）正の外部性の双方を是正するため，炭素税と研究開発補助金を組合わせた政策こそが，最適な経済成長経路を達成するために必要であることを明らかにした．同論文が既往研究と大きく異なる点は，このような政策ミックスが永続的に行われる必要はなく，技術進歩の経路が方向付けられるためのごくわずかな期間で十分である，と結論付けた点にある．

アセモグルらの論文は，持続的な経済成長が可能となるための要件として，技術間の代替弾力性が重要である点も明らかにしている．発電技術を例に取ってみると，蓄電・送電技術が十分に発達すれば，低炭素技術（例：風力，太陽光）と高炭素技術（例：火力）は地理的・時間的な制約をさほど受けずに代替的に生産活動に利用することが可能である．しかし，仮に両方の技術が恒久的に生産活動に使用され続ける必要があると仮定してみよう．その場合，インセンティブ政策により低炭素技術が一時的に発達したとしても，高炭素技術からの代替は進まず，高炭素技術は恒久的に発達・利用され続けることになり，経済成長を完全にストップさせる以外に気候変動による環境災害を避ける術はなくなってしまう．

● DTC仮説の検証　DTC仮説の検証上，最も困難な課題となるのは，説明変数となる要素価格（例：エネルギー価格），市場規模（例：生産技術に携わる労働投入量），過去の知的財産ストックの生産性（例：累積特許引用数）などの諸変数が，動学的な均衡条件によって決定される変数であるため，被説明変数である当期の技術革新の指標（例：特許取得率）との間に，逆因果関係を含む様々な内生性の問題が生じてしまう点にある．この問題に適切に対処するには，パネルデータや準実験手法などによって，説明変数の外生性を確保する必要がある．

環境技術の文脈ではないものの，DTC仮説を検証した代表的論文にアセモグルとJ.リン（Acemoglu & Linn, 2004）やW.ハンロン（Hanlon, 2015）がある．アセモグルとリンは，1965〜2000年の人口動態の変化を（潜在的な）市場規模の外生的変化として利用することで，アメリカの製薬業界の技術革新に市場規模効果が重要な役割を果たしたことを明らかにした．ハンロンは，1860年代にアメリカ南北戦争によってアメリカ産原綿価格が急騰した際，その代替財であったインド産原綿の相対価格に（DTC仮説の証左となる）リバウンド現象が存在したことを明らかにした．しかし，これらの事例では，当該技術への潜在需要が顕在化するために必ずしも規制当局による外部性の是正を必要としないため，環境技術の進歩経路に対する含意は限定的である．

環境技術の文脈では，R. G.ニューウェル他（Newell et al., 1999；エアコン・ガス給湯器のエネルギー効率），D.ポップ（Popp, 2002；エネルギー節約的技術の特許取得率），R.キャレルとA.デシェズレプレッテル（Calel & Dechezlepretre, 2016；企業レベルの低炭素技術の特許数）などの代表的実証研究がある．しかし，いずれも価格効果や生産性効果の検証が中心であり，厳密な意味でDTC仮説の証左を提示するものではない．環境技術における市場規模効果の検証に関しては，市場規模効果をどのように定式化・定量化するのかという点も含め，実証上の課題も多く，さらなる研究の蓄積が望まれる．　　　　　　　　　　　　［小西祥文］

エネルギー（効率）パラドックス

●**投資回収年数**　エアコンや自動車などのエネルギー利用機器の購入を投資行動とみなすと，エネルギー効率の高い省エネルギー型の機器の費用対効果は投資回収年数によって表すことができる．投資回収年数は，エネルギー効率の高い機器の購入コスト（投資費用）を1年間に節約できる燃料費（投資の便益）で割った数値で定義される．エネルギー効率が高いほど投資の便益が高まるため，投資回収年数が短くなり，省エネルギー型の機器の普及が期待される．

●**エネルギー・パラドックスとは**　エネルギー効率が高く投資回収年数が短い省エネルギー型の機器がなかなか普及しない状況はエネルギー・パラドックスと呼ばれる（Jaffe & Stavins, 1994）．エネルギー・パラドックスの原因として，エネルギー効率に関する情報の不足，情報収集・理解に必要な費用の存在，機器の購入者と利用者の相違，規制によるエネルギー価格の抑制，投資便益の個人間・企業間格差，投資の割引率の高さなどが指摘されている．これらの原因のうち，省エネルギー型の機器の投資に関する割引率については，1970年代から多くの実証分析が試みられている（Train, 1985）．例えば，アメリカに居住する家計のエアコン，および給湯器の購入を分析した事例では，平均して20%の割引率が報告されている（Hausman, 1979；Dubin & McFadden, 1984）．省エネルギー型の機器の投資に対する割引率が高いことから，投資の便益に相当する燃料費の節約を家計が過小評価する傾向が推察される．燃料費の節約の過小評価は，省エネルギー型の機器の普及を妨げる重要な経済的要因となっている．

　自動車の燃費や家電製品の節電量などのエネルギー効率を示す指標は，燃料費の節約という省エネルギー型の機器の投資収益を左右する重要な要因であるが，機器の選択に直面する家計にとってエネルギー効率の内容を正確に理解することは必ずしも容易でない．H.アルコット他（Allcott et al., 2014）は，省エネルギー型の機器に関する投資便益の評価における家計の心理的なバイアスとして，①部分的な便益しか認識されない顕示性バイアス，②便益に対する誤った信念から生じる過大あるいは過小評価，③便益水準の減少に伴い便益情報への注意が低下する内生的な不注意，④将来発生する便益の現在価値に対する過小評価，の4点を指摘した．これらの心理的なバイアスを適切に是正することによって，省エネルギー型の機器の普及を促す政策が必要である．

●**外部性と内部性**　エネルギー効率に対する心理的なバイアスによって，家計の選択が効用最大化の解から乖離する場合，社会厚生を最大化する状態に比べて損失が発生する．このような社会厚生の損失を内部性と呼び，エネルギー消費が環

境に及ぼす損害（外部性）と区別される．外部不経済の抑制を目的として限界損害費用に等しい税を，エネルギー消費へ課すピグー税を例にすると，心理的なバイアスによって家計が省エネルギー型の機器の便益を過小評価する場合には，社会厚生を最大化する税率は限界損害費用を上まわる必要がある．なぜなら，エネルギー消費への課税によって機器の燃料費を引き上げ，省エネルギー型の機器の便益に対する過小評価を是正する必要があるからである．逆に，心理的なバイアスが過大評価を招く場合には，税率を限界損害費用よりも下げることによって，過大評価を是正する．心理的バイアスの程度に応じて家計をいくつかのグループに区分し，税率の単位あたりの上昇に対して変化した各グループの内部性の数値を限界内部性と呼ぶと，社会厚生を最大化する税率は限界損害費用に限界内部性の平均値を加えた数値と等しくなる．省エネルギー型の機器の便益が過小評価される場合には限界内部性の平均値が正の数値に，また，過大評価される場合には負の数値になる．

●**内部性の配当**　ピグー税のように外部不経済の抑制を目的としたエネルギー消費への課税が，家計の心理的なバイアスによるエネルギー効率の過小評価を是正する場合，課税によって社会厚生の増加が期待される．心理的なバイアスを有する家計のエネルギー消費に対して課税することから得られる社会厚生の増加を，内部性の配当と呼ぶ．例えば，アルコット他（Allcott et al., 2014）は，アメリカにおける 2007 年モデルの乗用車およびトラックを対象としたガソリン税の効果を分析し，心理的なバイアスによって家計が自動車の燃費を平均 20% 過小評価する場合，ガソリン税から得られる内部性の配当によって 1 台あたりの社会厚生の増加が 2 倍になる可能性を指摘した．

　エネルギー消費への課税を省エネルギー型の機器の購入に対する補助金と適切に組合わせる政策も，エネルギー効率の過小評価を是正する点で有効である（Allcott et al., 2014）．エネルギー効率が過小評価される場合，評価のバイアスが大きい家計ほど燃料費の上昇に対するエネルギー需要の削減が小さくなる．このため，高水準の補助金によってバイアスの大きい家計が省エネルギー型の機器を選択することを促す必要がある．高水準の補助金は，バイアスの小さい家計による省エネルギー型の機器の選択をゆがめてしまうが，このゆがみについては限界損害費用を下まわる税をエネルギー消費に課すことによって是正する．[松川 勇]

📖 **参考文献**
・松川 勇（2012）「電力・エネルギー」馬奈木俊介編『資源と環境の経済学—ケーススタディで学ぶ』昭和堂.
・田中健太（2014）「エネルギー消費の削減政策」馬奈木俊介編著『エネルギー経済学』中央経済社.
・松川 勇（2017）「電力・エネルギー経済学のフロンティア」有村俊秀他編著『環境経済学のフロンティア』日本評論社.

エネルギー需要分析

●**エネルギー需要関数と弾力性**　電力，ガス，石油などのエネルギーに対する需要と，エネルギー価格，所得・生産水準，機器の保有，気象条件，地域特性，世帯属性など様々な要因との定量的な関係を表したエネルギー需要関数は，エネルギー需要分析の基本的なモデルである．特に，エネルギー価格と所得・生産水準はエネルギー需要に影響を与える重要な経済的要因であり，エネルギー需要関数の主要な説明変数である．エネルギー価格や所得・生産水準がエネルギー需要に及ぼす影響は，両者の変化率の比を表す弾力性によって計測される．弾力性の絶対値が1を超える場合は価格や所得・生産水準に需要が敏感に反応するものと判断し，逆に1を下まわる場合は需要の反応が鈍いと判断する．他の財・サービスとエネルギーとの価格比率が，エネルギー需要と他の財・サービスの需要の比率に及ぼす影響は，代替弾力性を指標として計測される．エネルギーと他の財・サービスが代替関係にある場合には代替弾力性が正になり，両者の代替が価格の変化に対して敏感であるほど代替弾力性が大きくなる．エネルギーと他の財・サービスが補完関係にある場合には，代替弾力性が負になる．かつて代替の程度を表す測度としてアレン（Allen）・宇沢の代替弾力性が使われた時期があったが，3財以上の場合にはアレン・宇沢の代替弾力性は不適切であり，森嶋の代替弾力性を使用する必要がある（Blackorby & Russell, 1989）．

●**エネルギー需要関数の推定**　エネルギー需要分析では，データを元に企業や家計のエネルギー需要関数を推定し，価格弾力性，所得弾力性，代替弾力性を計測する．需要関数のモデルとして，弾力性に関するパラメータに先験的な制約を課さないトランスログ型関数，Almost Ideal Demand システム，ロッテルダムモデル，一般化マクファーデン型関数などの伸縮型関数形が用いられる（Pollak & Wales, 1992）．長期の時系列データを用いる分析では，単位根検定で定常性の有無を確認した後に VAR モデルを想定してエネルギー需要・価格・所得などの主要変数における共和分の存在を検証し，最後にエラー修正モデルを推定して短期と長期における弾力性を計測する．データの期間が短い場合は単位根や共和分の検定力に問題があるため ARDL モデルが用いられる（Ryan & Plourde, 2009）．

●**エネルギーと資本の代替可能性**　資本，労働，原材料とともにエネルギーを生産要素に加えて生産関数を推定する研究が数多くみられるが，これらの研究の結果を見るとエネルギーと資本が代替関係にあるか，あるいは補完関係にあるかについて見解が分かれている（Ryan & Plourde, 2009）．その理由として，データの種類（時系列あるいはクロスセクション），資本コストの定義，分析期間，代替

弾力性の定義（アレン・宇沢あるいは森嶋）の違いがあげられる．また，弱分離可能性の影響も考えられる．例えば，資本とエネルギーの集計量が，労働と原材料の集計量と弱分離可能である場合，資本価格の低下は代替効果を通じて直接エネルギー投入を減らす．しかし，資本価格の低下は集計量の価格も低下させるため，資本とエネルギーの集計量が増加して間接的にエネルギー投入を増やす．要素価格が投入量に与える直接的な効果は要素間代替を導くのに対し，間接的な効果は補完関係を示すため，どちらの効果を強調するかによって代替可能性の判断も異なる．生産要素間の代替可能性は複数の燃料についても分析されており，例えば，トランスログ型関数を用いた松川他（Matsukawa et al., 1993）では，第2次石油危機以降に急増した石炭による自家発電と購入電力の競合を背景として，日本の製造業の4部門において石炭と購入電力の代替関係が指摘されている．

●離散・連続モデル　エネルギー需要分析は家電や自動車などの機器の選択についても分析し，経済理論との整合性を保持して価格や所得の影響を体系的に計測する試みがなされてきた．その際，機器の選択とエネルギー需要を効用最大化問題の解として扱う離散・連続モデルが用いられる．所得を M，エネルギー価格を p，第 j 番目の機器（$j=1, \cdots, m$）の選択肢に関する観察不可能な要因を ω^j，機器選択を条件とした間接効用関数を $V^j (M, p, \omega^j)$ とすると機器の選択は次式の δ^j によって表され，δ^j の期待値は $\Pr \{V^j \geqq V^k | \text{for all } k, j \neq k\}$ で与えられる．

$$\delta^j (M, p, \omega^j) = 1, \quad \text{if} \quad V^j \geqq V^k, \quad j \neq k; j, \quad k = 1, \cdots, m$$
$$= 0 \quad \text{else}$$

確率変数 ω^j の分布を仮定することによって，機器の選択をプロビットモデルやロジットモデルなどで扱うことができる．また，j 番目の機器の選択を条件としたエネルギー需要関数 $E^j (M, p, \omega^j)$ については，V^j にロアの恒等式を適用して，次式のように導出される．

$$E^j (M, p, \omega^j) = \frac{-\partial V^j (M, p, \omega^j)}{\partial p} \div \frac{\partial V^j (M, p, \omega^j)}{\partial M}$$

例えば，J. デュービンと D. マクファーデン（Dubin & McFadden, 1984）の離散・連続モデルでは，推定の容易な線形の電力需要関数を導出するため，2種類の空調・給湯機器の選択を条件とした家計の間接効用関数を次式で仮定している．

$$[\alpha_0{}^j + \alpha_1/\beta + \beta(M - r^j) + \alpha_1 p_1 + \alpha_2 p_2 + e]\exp(-\beta p_1) + \omega^j$$

ただし，p_1 および p_2 は電力価格および他の燃料価格を，r^j は機器 j の購入費と運転費の合計を，$\alpha_0{}^j$，α_1，α_2，β はパラメータを，e は家計の属性に関する観察不可能な要因（確率変数）をそれぞれ示している．対応する電力需要 E^j は次式の線形の関数で与えられる．

$$E^j = \alpha_0{}^j + \beta(M - r^j) + \alpha_1 p_1 + \alpha_2 p_2 + e$$

［松川　勇］

グリーン・パラドックス

　地球温暖化問題への懸念が高まるなか，石油，天然ガス，石炭などの化石燃料の消費を抑制して温室効果ガスの排出を削減するため，世界各国で太陽光発電や風力発電などの再生可能エネルギーの普及を推進するグリーン政策が実施されている．グリーン政策の継続によって再生可能エネルギーの利用が進むと，化石燃料に対する需要が将来にわたって抑制されるため，化石燃料の価格上昇も抑制される事態が予想される．このため，油田・ガス田・炭田を保有する経済主体は将来予定していた採掘を前倒しして，現在における化石燃料の生産を増加させる可能性がある．その結果，グリーン政策の推進によって化石燃料の消費が増加し，地球温暖化を悪化させるグリーン・パラドックスが引き起こされる懸念がある．

●グリーン・パラドックスの解釈　H.シン（Sinn, 2008）によれば，資本ストック K，化石燃料の採掘量 R，化石燃料の埋蔵量 S を生産要素とする生産関数を用いてグリーン・パラドックスを解釈することができる．利子率を i で表し，t 期の生産関数を $iK + \phi(R, t) + \psi(S)$ と仮定する．限界生産物は正でかつ逓減する点を仮定し，$\partial \phi(R, t)/\partial R > 0$，$\partial^2 \phi(R, t)/\partial R^2 < 0$，$\partial \psi(S)/\partial S > 0$，$\partial^2 \psi(S)/\partial S^2 < 0$ とする．$\psi(S)$ は，化石燃料の採掘によって埋蔵量が減少するのに伴い，温室効果ガスの排出が増大して生産に負の影響が生じることを示す．採掘の限界費用は平均費用 $g(S)$ と等しく，また，$\partial g(S)/\partial S < 0$ と仮定する．化石燃料価格 P および価格変化 $\dot{P}$ のもとで将来にわたり最適な採掘を行うためには，今期に採掘して得た利潤を資本市場へ投資する戦略と，来期に採掘を延期する戦略が無差別になる条件として，$i = \dot{P}/[P - g(S)]$ の成立が必要であり，化石燃料価格が上昇する場合には $P > g(S)$ となる．特に，採掘費用がゼロの場合には $i = \dot{P}/P$ となり，ホテリングのルールが成立する．

　以上の仮定のもとでは，市場均衡において次式が成立する．

$$\frac{dR}{dS} = \varepsilon(R) i \left(1 - \frac{g(S)}{P(R)}\right)$$

ただし，$P(R)$ は化石燃料の逆需要関数を表す．また，$\varepsilon(R)$ は化石燃料需要の価格弾力性の絶対値を表し，$\varepsilon(R) \equiv -\dfrac{\partial R}{\partial P} \dfrac{P}{R}$ である．化石燃料の価格が上昇する場合には $P > g(S)$ となることから，$dR/dS > 0$ が成立し，化石燃料の埋蔵量の減少とともに採掘量が減少する．他方，社会厚生を最大化するパレート最適の状態では，次式が成立する．

$$\frac{dR}{dS} = \varepsilon(R)\left[i\left(1 - \frac{g(S)}{P(R)}\right) - \frac{\psi'(S)}{P(R)}\right]$$

$\partial \psi(S)/\partial S > 0$ の仮定により，パレート最適の状態では市場均衡に比べて dR/dS が小さくなる．つまり，社会厚生を最大化するには，市場均衡に比べて将来にわたる化石燃料の採掘を抑制する必要がある．

グリーン政策として，化石燃料の採掘者の利潤に課税するケースを想定する．税率 τ^* は t に依存し，t 期の課税額を $\tau^*(t)[P-g(S)]R$ とすると，次式が成立する．

$$\frac{dR}{dS} = \varepsilon(R)(i - \hat{\theta}^*)\left(1 - \frac{g(S)}{P(R)}\right)$$

ただし，$\hat{\theta}^*$ は $1-\tau^*(t) = [1-\tau^*(0)]\exp(\hat{\theta}^* t)$ を満たす定数であり，税率が時間とともに上昇する場合には，$\hat{\theta}^* < 0$ となる．このため，グリーン政策として時間とともに上昇する税率を課す場合には，市場均衡に比べて dR/dS が大きくなり，今期に採掘される化石燃料の量が増加する．

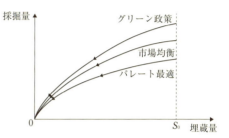

図1 化石燃料の埋蔵量と採掘量の関係

その結果，グリーン政策を実施すると地球温暖化問題が悪化するグリーン・パラドックスが起こる．以上の3つのケースを図1に示すと，化石燃料の初期の埋蔵量が S_0 の場合，初期の採掘量はグリーン政策において最大となり，グリーン政策が環境の悪化を招く点が推察される．

グリーン・パラドックスを回避するためには，税率を時間とともに引き下げる政策が必要となる．この政策のもとでは，$\hat{\theta}^* > 0$ となるため，市場均衡に比べて dR/dS が小さくなり，今期に生産される化石燃料の量が減少する．割引率を考慮すれば，将来にわたって一定の税率を保証する政策も有効である．油田やガス田の所有者に対してキャピタルゲイン課税の軽減と引換えに他の資本収益への課税を強化する政策，世界規模の排出権取引を促す政策などもグリーン・パラドックスを回避する方法である．

●課題　シン（Sinn, 2008）のモデルは非再生資源に関するホテリングのルールを援用しており，採掘費用がゼロの場合には化石燃料の価格上昇率が利子率と等しくなる点が仮定されている．しかし，化石燃料の価格に関する実証分析ではホテリングのルールの成立を裏付ける根拠は示されておらず，化石燃料の価格上昇率が利子率を下回るとの見解もある（例えば，Adelman, 1990）．R. ケアンズ（Cairns, 2014）は，技術的な理由により採掘量の増加が抑制されるため，化石燃料に対する課税を将来にわたって引き上げても今期の採掘の増加が起こらない点を指摘した．採掘技術の制約および油田・ガス田の開発を考慮した分析が，今後の課題である．　　　　　　　　　　　　　　　　　　　　　［松川　勇］

排出権許可証市場の実証分析

　排出権取引制度は様々な地域にこれまで導入されてきたが，特に実際の市場データをもとにした分析が中心に行われてきたのは，アメリカで「大気浄化法」に基づき1990年より実施された硫黄酸化物（SOx）を対象とした排出権取引制度である．初期の実証研究では，排出権取引制度の直接的な評価を行う実証分析では現実の市場参加者となる企業や事業所のデータに基づいた排出削減費用の変化を推計し，その推計結果をもとにした排出権取引制度の評価を行っている．

　代表的な先行研究としてあげられるカールソン他（Carlson et al., 2000）では，規制対象となった発電プラントのデータをもとに，SOx の排出を考慮した費用関数を推定し，推定したパラメータから SOx の限界排出削減費用を推計している．また，推計結果に基づき，長期的なシミュレーションも行い，排出権取引制度の評価分析をより詳細に行っている．分析の結果，排出権取引制度のパフォーマンスは理論上と比べ十分に発揮されておらず，その原因が原料となる石炭の価格変化や技術進歩などの影響を大きく受けている可能性を示唆し，また排出権の初期配分の問題などの課題についても言及している．

　一方で，クマーと馬奈木（Kumer & Managi, 2010）は同様にアメリカの大気浄化法における規制対象となった発電プラントのデータを用い，各プラントの生産性に対する排出権取引価格の影響について分析している．分析の結果は，排出権価格の上昇が技術進歩に正の影響を与える一方で，その効果が外生的な技術進歩要因よりも影響が少ないことを示している．

　こうしたアメリカの排出権取引制度の実施とその評価によって，排出権取引制度のパフォーマンスが様々な要因に影響を受けている結果が示された．さらに，排出権取引制度が一部の大気汚染対策にだけ利用される制度ではなくなり，様々な環境負荷に対する対策に用いられるようになるにつれて，限界費用の変化や環境負荷の低減に焦点をあてる制度評価だけではなく，各経済主体の行動変化を考慮し，経済全体に対する影響も考慮した制度の評価を行う必要性が高まった．

　そこで近年では，より厳密な経済モデルの中に実際の各経済主体の現実データを加味し，排出権取引制度が与える社会経済への影響を分析することに焦点をあてた研究が多くなされ，特に構造推定の発展に伴い，構造推定を用いた排出権取引制度の各種制度設計の違いによる社会厚生に対する影響などが分析されている．

　例えば，フォウリー他（Fowlie et al., 2016）は，アメリカのセメント産業を対象に，動学的な構造推定を用いて，市場構造がより集中的である状況での排出権取引制度の各制度設計（排出権の初期配分方法の違いや国境税調整の有無など）

が長期的な社会厚生にどのような影響を与えるか実証を行っている．実証分析の結果，市場構造が集中的であるために発生する社会厚生に対する負の効果が，排出権取引導入による二酸化炭素（CO_2）排出削減効果による正の効果よりも大きくなってしまう可能性が示唆された．

●取引制度設計改良のためのラボラトリー実験による実証　前述のとおり，近年では排出権取引制度が広く運用されており，現実のデータに基づいた排出権取引制度の分析が広くなされている．しかし，排出権取引制度の開始以前では新規性が高く，各市場ルールの市場に対する影響が理論的には観察できるものの，現実データの蓄積のなさから評価が難しい対象であった．そのため，これまで多くの経済学者は実験経済学（ラボラトリー実験）に基づいた制度設計の評価を行ってきた．これまでのラボラトリー実験による排出権取引市場の分析は特に，排出権取引市場下における取引制度（オークション）の評価，市場構造と市場パフォーマンスの関係性などの分析が行われてきた．

例えば，小谷他（Kotani et al., 2015）は，リアルタイムに多くの市場参加者が自身の購入，売却希望金額を出し合い，取引を成立させるダブルオークション方式による取引制度と，封印入札により排出権の売り手・買い手が自身の排出権購入，売却希望金額を一斉に入札させ，1位価格を決定するユニフォームプライスオークション方式による取引とで，排出権取引市場の効率性の変化を比較するラボラトリー実験を行っている．分析の結果，これまでの既存研究では様々な市場状況において，ダブルオークションの優位性が確認されてきたが，排出権取引のように市場参加者が売り手にも買い手にもなり得る条件を考慮した場合，ユニフォームプライスオークションがダブルオークションよりも高い市場効率性を達成できる可能性を示しており，今後の排出権取引市場における取引制度の改善可能性を示唆している．

他方で，排出量のモニタリングと罰則の関係性，バンキング制度など排出権取引特有の制度上の問題点や施策についても，ラボラトリー実験により評価がされてきた．例えば，ケイソンとガンガドハラン（Cason & Gangadharan, 2006）は，不完全な排出量のモニタリングやバンキング制度の導入を仮定したうえで，市場参加者の行動の変化について分析をしている．

●今後の研究展望　今後，より広い地域での排出権市場データの蓄積を活用することにより，より高度な実証研究も可能となると考えられる．特に，近年の排出権取引制度の中心的な対象となっている CO_2 などの温室効果ガスに関しては，通常の大気汚染物質と異なり，より長期の技術投資や科学的な不確実性を考慮した意思決定を加味した動学的な分析がより重要となる．そのため，今後はより長期的な対策や経済活動との兼合い，また新規性の高い関連政策との兼合いを評価したモデルに基づいた実証分析も期待できると考えられる．

[田中健太・馬奈木俊介]

ピグー税／ピグー補助金の実証分析

　財の生産に環境汚染や温室効果ガスの排出が伴い，その財の価格にそれらの外部費用が含まれない場合，財生産にかかる私的費用と環境被害も含める社会的費用とが乖離することになる．この乖離が生じている場合，市場均衡は効率的ではなくなってしまう．そのため，この乖離を埋めるための方法として提案されているものがピグー税，あるいはピグー補助金である．環境汚染を発生させている主体に汚染の権利を認めないという立場に基づく削減方法がピグー税であり，その逆がピグー補助金である．いずれの方法でも社会的に望ましい状態が達成できる．理論的にピグー税／ピグー補助金の程度は環境問題によって異なる．なぜなら，温室効果ガスの限界外部費用（炭素の社会的費用）と粒子状物質（PM）の限界外部費用は異なるからである．したがって，ピグー税率／ピグー補助金額は環境問題の数だけ存在する．紙面の関係上，すべてのピグー税率を紹介できないため，ここでは導入されている温室効果ガスに関わる税／補助金（いわゆる炭素税／補助金）のみを紹介する．

●ピグー税の実際　環境省（2016）では炭素税の導入状況を紹介している．炭素税は 1990 年以降，北欧諸国が初めて導入し，その後に欧州諸国へと波及していった．2012 年には日本でも「地球温暖化対策のための税」が導入された．また，近年ではチリや南アフリカなどの新興国でも導入が予定されており，炭素税の導入は排出量取引と並んで世界的に広がりを見せている．

　日本などでは炭素税は石油などの化石燃料に対して課せられている(289 円 /t-CO_2)．ただし，石油などを加工して作られるガソリンには揮発油税がかかっているため，間接的には揮発油税も炭素税の役割を担っている．そのため，経済協力開発機構（OECD, 2016）では交通部門と非交通部門における 41 か国の実質的な炭素税（ECR）を試算している．そこから一部の国を抜粋したものが表 1 である．

　非交通部門と自動車が主体となる交通部門とでは，いずれの国においても平均 ECR に大きな差があることがわかる．また，国別では温室効果ガスの主要排出国であるアメリカ，中国やロシアでは平均 ECR が低い水準となっていることも見て取れる．

　平均 ECR がピグー税となるためには，その水準が温室効果ガスの限界外部費用と一致しなければならない．温室効果ガスの限界外部費用を推定している研究は数多く存在する．R. S. J. トル（Tol, 2012）は 2015 年の限界外部費用は約 11 千円 /t-CO_2 であり，年間 2 ％ほど増加していることを示している．この値と表 1 とを比較すると，交通部門についてはすでに多くの国で限界外部費用を超えた実

質的な炭素税が導入されている．一方で，それ以外の部門に対しては，日本を含めたすべての国で実質的な炭素税率が不十分となっている．

表1　各国の炭素税率（単位：円 /t-CO₂）

	非交通		交通	
	平均炭素税率	平均ECR	平均炭素税率	平均ECR
フランス		1,112		20,685
イギリス	15	1,642		32,266
アメリカ		87		2,113
ロシア				6
ドイツ		2,688		25,240
日本		883		21,653
韓国		1,122		17,624
中国		178		4,828
41か国平均	121	1,509	656	16,864

1ユーロ＝115円で換算．［OECD, 2016 より］

●ピグー補助金の実際　温室効果ガスを排出する主体に対して補助金を出し，望ましい水準まで排出量を削減してもらう方法がピグー補助金である．税を優遇するような措置も補助金である．また，補助事業は太陽光発電補助のように，特定の事業や機器に対して実施されることが多いことから，補助金制度は炭素税よりもはるかに多岐にわたっている．木村と大藤（2014）は2010年までに日本国内で実施された省エネルギー対策への補助事業を紹介するとともに，3事業の費用対効果を試算している．削減に要した費用は7000円 /t-CO₂（合理化事業者支援事業）から3万円 /t-CO₂（建築物補助事業）となっている．また，松本（Matsumoto, 2015）は家電エコポイント事業の温室効果ガス削減費用は約2万〜2万5000円 /t-CO₂であることを，エコカー補助事業とエコ住宅補助事業の削減費用はそれぞれ約1万5000円 /t-CO₂，約2万5000円 /t-CO₂であることを示している．既存研究では多くの事業の削減費用は上述の炭素の限界外部費用よりも割高となっていることを示している．

　補助金が温室効果ガス削減に対して費用非効率な施策となっている理由は複数存在する．1つはフリーライダー効果と呼ばれる負の影響がある．これは補助金事業がなくても省エネルギー設備に投資する主体が存在する場合，その主体への補助は補助事業の費用対効果を押し下げるという効果である．ほかにも，省エネルギー設備によってエネルギー単位費用が下がることで，エネルギーの消費量が増加してしまい，省エネルギー設備の性能の一部を相殺してしまうリバウンド効果の存在も指摘されている．このようなマイナスの効果によって，実際の補助金は適切な水準よりも高額となっている可能性がある．　　　　　　　　［岩田和之］

二重の配当

　環境税，あるいは，オークションを伴う排出量取引制度などの経済的手法による排出規制では，政府に新たな収入が生じることが多い．この新たな収入により，政府は総収入を一定に保ちつつ他の既存の税を削減することができる．所得税，法人税などの既存の税は経済活動をゆがめる効果をもつため，これらの税を削減することで経済の効率性を改善できる可能性が高い．排出規制に伴い既存の税を削減することで，実際に経済の効率性を改善することができるのなら，排出規制の導入は環境の質の改善という「第1の配当」だけでなく，効率性の改善という「第2の配当」ももたらすことになる．これが「二重の配当」という考え方である．以下，二酸化炭素（CO_2）に対する環境税を例として，二重の配当について説明する．

●**二重の配当の定義**　まず，二重の配当をもう少し厳密に定義しておこう．環境税の導入は便益と費用をもたらす．ここで環境税の便益とは環境の質の改善による便益のことであり，それが「第1の配当」にあたる．一方，環境税は化石燃料利用の削減を通じて経済活動を抑制することになるので経済に負担をもたらす．これが環境税の費用である．さらに，環境税を既存の税と置き換える（スワップさせる）場合には，この費用の中に既存の税の削減による効果も含まれることになる．この環境税の費用という概念に基づき，「弱い二重の配当」と「強い二重の配当」という2つの概念が区別される．まず，弱い二重の配当とは，環境税収入を家計に対し一括で返還するよりも，既存の税とスワップする方が費用を小さくできるというケースである．一方，強い二重の配当とは，既存の税を環境税で置き換えることで環境税の費用がマイナスになる，つまり環境税導入の直接的なマイナス効果を既存の税削減によるプラスの効果が上回るというケースである．仮に強い二重の配当が生じるのなら，経済にまったく負担をもたらさないかたちで排出規制を導入することができる．このため二重の配当が生じるかどうかが温暖化対策の分析において盛んに研究されることとなった．

　上述の議論では環境税の便益，費用を主に家計の効用（厚生）を基準に測るが，国内総生産（GDP），雇用などの水準を基準にして二重の配当を議論する場合もある．後者のケースでは，環境税の導入に伴い既存の税を軽減することでGDPや雇用が増加することを二重の配当が生じると呼ぶ．このように何を基準にするかによって，二重の配当が生じるかどうかが変わってくるので注意する必要がある．

●**税収リサイクル効果と税相互作用効果**　二重の配当が生じるかどうかは環境税の費用がどのような値を取るかに依存するため，費用の決定要因が重要な意味を

もつ. まず, 環境税は化石燃料エネルギー利用の抑制を意味するため経済にマイナスの影響をもたらす. これは「第1の費用」と呼ばれる. しかし, 環境税収入によって既存の税を削減するのなら, 既存の税によるゆがみが軽減されるというプラスの効果が働く. これは「税収リサイクル効果」と呼ばれ, 費用を引き下げる方向に働く. さらに, 環境税は既存の税のゆがみに間接的な影響を及ぼす. これはプラスにもマイナスにも働く効果で「税相互作用効果」と呼ばれる. 環境税はエネルギー価格の上昇を通じて物価水準全般を上昇させる効果をもつ. この物価の上昇により実質賃金が低下し, 既存の労働課税（所得税）によって過少な水準に抑制されている労働供給をさらに減少させ, 既存の税によるゆがみを拡大させる. これは環境税が労働市場のゆがみに間接的に与える効果であり, 税相互作用効果の一例である.

　二重の配当という概念が着目され始めた当初は（強い）二重の配当が生じる可能性が高いと考えられていた. それは当初, プラスの効果をもたらす収入リサイクル効果しか考慮されていなかったためである. しかし, その後, A. L. ボーヴェンベルグと L. H. ゴールダー（Bovenberg & Goulder, 2002：1471-1545）によって一般均衡モデルを用いた理論的分析が行われ, 税相互作用効果がマイナスに働く可能性が高いため, 強い二重の配当の生じる可能性はそれほど高くないということが明らかにされた.

●**二重の配当の有無**　強い二重の配当の生じる可能性は高くないということが理論的には示されたが, 実際に二重の配当が生じるかどうかは, 導入する排出規制のタイプや既存の税制の状況など多様な要素に依存している. そのため二重の配当が実際に生じるかどうかを応用一般均衡モデルを用いたシミュレーションによって分析する研究が数多く行われた. 世界各国の CO_2 排出規制を対象として多数の分析が行われてきているが, やはり弱い二重の配当は生じるが, 強い二重の配当は生じないという結果を導く研究が多い. 日本における環境規制の二重の配当を分析した研究としては武田（Takeda, 2007）, 朴（2009）などがあり, 強い二重の配当が生じるケースもあるという結果を導いている.

●**今後の課題**　これまでの二重の配当の研究は理論的な分析, あるいはシミュレーションによる事前的な分析が多いが, すでに多くの国が環境税を導入済みであることから, 今後は環境税の導入が実際に二重の配当をもたらしたかを事後的に検証する研究も望まれる. さらに, 温暖化対策は今後ますます強化され, 環境税の導入, あるいは税体系全体の修正も伴う環境税制改革が進んでいくと見込まれることから, 二重の配当の事前的な分析の重要性も依然大きいといえる. また, 仮に強い二重の配当の生じる可能性が低いとしても, 既存の税と排出規制をスワップさせることにより, 排出規制の負担を大きく軽減できる可能性は高い. どのような税とどのような形でスワップさせることが望ましいのかという分析も重要なテーマである.　　　　　　　　　　　　　　　　　　　　　　　[武田史郎]

非対称情報下での環境政策

　政府がいかなる情報にもアクセス可能であり，情報の非対称性が存在しない場合，課税，排出権取引，直接規制など代表的な環境政策はいずれもファーストベスト（社会的に最適な状態）を達成することができる．しかし，政府が各企業の汚染排出の限界便益（MB）を知り得ないなど，情報の非対称性が存在する場合，伝統的な環境政策手段の同値性はもはや成り立たず，そのどれもが社会的に最適な排出量を達成することができない．この点を最初に明らかにしたのが，M. L. ワイツマン（Weitzman, 1974）である．彼は，非対称情報下で直接規制と排出税を比較し，MB の傾きの絶対値が限界外部費用（MEC）の傾きの絶対値よりも大きいときに課税は直接規制よりも優れていることを示した．

　非対称情報が存在するもとで望ましい政策はどのようなものだろうか．この問いは多くの環境経済学者によって投げかけられた．一連の研究は二つに分けられる．一部の環境経済学者はファーストベストを達成する政策を模索し，他はファーストベストの達成をあきらめる代わりに，伝統的な環境政策をベースにそれを改良する形でセカンドベストを追求した．ここでは，主に前者を概説しよう．

● Vickrey-Clarke-Groves メカニズムと環境政策　P. ダスグプタ他（Dasgupta et al., 1980）は，Vickrey-Clarke-Groves（以下，VCG）メカニズムを環境政策に応用すれば，非対称情報下でもファーストベストが達成可能であることを示した．VCG メカニズムに基づくオークションは次のようなものである．オークションの参加者は自分のタイプを報告し，オペレーターは報告されたタイプをもとに参加者の価値の合計が最大になるような財の配分を決める．タイプの報告が財の配分に影響を与えるような参加者 i については，彼が参加することで他の人たちが被る損失（参加者 i が参加したことによる価値合計の減少分）を支払うことを要求される．すると，このような VCG メカニズムでは，常に正直申告（真のタイプを報告すること）が参加者にとって最適な戦略となり，それは支配戦略ともなることがわかっている．

　ダスグプタら（Dasgupta et al., 1980）は，各企業が行うタイプの申告に基づいて，次のような非線形な課税を提案している．

$$T_i(x_i, \hat{\theta}_i, \hat{\Theta}_{-i}) = D(x_i + \sum_{j \neq i} x_j^*(\hat{\theta}_i, \hat{\Theta}_{-i})) + \sum_{j \neq i} C(x_j^*(\hat{\theta}_i, \hat{\Theta}_{-i}), \hat{\theta}_j) - D(\sum_{j \neq i} x_j^{**}(\hat{\Theta}_{-i})) - \sum_{j \neq i} C(x_j^{**}(\hat{\Theta}_{-i}), \hat{\theta}_j)$$

ここで，T_i は企業 i に課される税を表し，x_i は企業 i の排出量，$\hat{\theta}_i$ と $\hat{\Theta}_{-i}$ はそれぞれ企業 i とそれ以外の企業の申告されたタイプを表す．総排出量に応じて消費

者など企業以外の社会が被る被害 D の大きさが決まり，C は排出に伴う私的費用である．また，$x_j^*(\hat{\theta}_i, \hat{\Theta}_{-i})$ はタイプの申告 $(\hat{\theta}_i, \hat{\Theta}_{-i})$ がなされた場合に企業 j（$j \neq i$）が選択する排出量を表し，$\mathrm{x}_j^{**}(\hat{\Theta}_{-i})$ は企業 i が操業していないという想定のもとで企業 i 以外の申告を前提として企業 j が選択する排出量を表している．ここで，このように定義される T_i が VCG ペイオフルールに従っていることを確認しよう．右辺の最初の 2 項は，企業 i が生産活動を行っている場合に（企業以外の社会が被る）外部費用 D を含めて企業 i を除く社会全体のすべての構成員が負担する費用を表す．右辺の残り 2 項は企業 i が存在しなかった場合の企業 i 以外が負担する費用を表す．したがって，T_i は企業 i の参加がそれ以外の人たちに負わせる追加的費用であり，VCG ペイオフルールに従っていることがわかる．このとき，企業 i の問題は，$\min_{\theta_i, x_i} C(x_i, \hat{\theta}_i) + T_i(x_i, \hat{\theta}_i, \hat{\Theta}_{-i})$ となる．この課税ルールは VCG メカニズムなので，正直申告 $\hat{\theta}_i = \theta_i$ が企業 i にとって最適となる．ここで，θ_i は企業 i の真のタイプを表す．さらに，排出量 x_i が満たす一階の条件は，$-C'(x_i, \hat{\theta}_i) = D'(x_i + \sum_{j \neq i} x_j^*)$ となるが，これは社会的に最適な排出量が満たす必要条件に等しい．つまり，VCG メカニズムを応用した上の課税ルールはファーストベストを達成する．

しかし，私的情報であるパラメータそのものを各企業に申告させるというのは現実的ではない．そこで，J.-P. モンテロ（Montero, 2008）は次のようなメカニズムを考案した．企業は排出権の需要スケジュールを報告し，それを集計して得られる（申告された）MB と MEC が等しくなるように排出権発行量 l と排出権価格 p を決める．企業 i はあらかじめ申告しておいた需要スケジュールに従って排出権 l_i を価格 p で買い取らなければならないが，一方で，オークション収入の一定割合 $\alpha(l_i)$ が企業に払い戻される．モンテロは，$\alpha(l_i)$ を $\alpha(l_i) = 1 - D_i(l_i)/D_i'(l_i)$ l_i のように設定するとき，各企業にとって排出権の需要スケジュールを正直に申告することが最適となることを示した．ここで $D_i(l_i)$ は，企業 i にとっての残余供給関数（与えられた価格 p のもとでの総供給量からその価格のもとでの企業 i 以外の企業の総需要量を引いたもの）の逆関数である．さらに，モンテロは上のメカニズムにおける支払いが VCG ペイオフルールに従っていることを示した．

●**セカンドベストな環境政策**　既存の環境政策を改良する形でセカンドベストを追求した研究のうち，M. J. ロバーツと M. スペンス（Roberts & Spence, 1976）のハイブリッド・ポリシーを取り上げよう．彼らは，排出権価格に上限値と下限値を設定することを提案した．彼らの推奨する排出権取引制度では，企業は排出権を市場で決まる価格 q で購入できるだけでなく，もしそれに余剰があればそれを政府に固定価格 s で買い取ってもらえる．逆に不足すれば，政府に固定価格（税）p を支払えば余分に排出することもできる．政府は，排出権発行量 l と s と p を適当に設定してやることで，あたかも企業が外部費用の支払いに直面しているのと同じ状況を再現できるというのがエッセンスである．　　　　［新熊隆嘉］

ボランタリーアプローチ

　ボランタリーアプローチ（voluntary approach：VA）は，「法規制を超えて環境パフォーマンスを改善するために自主的に実施する手法」と定義され（OECD, 1999），法規制などの直接規制や，税や排出量取引制度などの経済的手法とともに，環境政策手法の1つとして注目されてきた．ただ VA は，実施実績の豊富な直接規制や，ある条件下で比較すると最も効率的とされる経済的手法を補完する政策手法とみなされてきた.

　しかし，近年，VA への関心が改めて高まっている．その背景には，環境保全や省エネルギー対策の限界コストが総じて高くなっている状況でのさらなる規制の強化は，資源のクラウディング・アウト，遵守・導入プロセスにおける政治的・社会的コストの増大をもたらしかねないことや，情報の非対称性や政治的・行政的な制約がある場合，市場メカニズムの最適な制度設計が困難となるなどの議論がある．実際，1990年代後半から VA を実行し，環境と経済の両立を試みる「持続可能な経営」を実践する企業が世界的に増加している.

● **VA の類型**　経済協力開発機構（OECD, 1999；2003）の定義によると，VA は，実行する主体と関与のレベルに基づいて主に4つに分類される．1つ目は，行政当局（国，地方など）の関与なしに，個々の産業団体または企業などが主導して，自主的に目標を掲げて環境改善に取り組む「自主的公約（unilateral commitments）」である．2つ目は，行政当局の関与なしに個々の産業団体または企業などと環境汚染の被害を受けた住民などの間で協定を締結し，環境改善に取組む「民間協定（private agreements）」という形態である．3つ目は，行政当局と産業団体または企業が対等の立場で交渉して協定の内容を策定し，その協定に参加して対応していくことで環境改善に取組む「自主協定（negotiated agreements）」である．4つ目は，行政当局が主導してガイドラインの大枠を決め，企業などに参加を呼びかけ，行政指導やガイドラインで環境改善に誘導していく「公的自主計画（public volunatry programmes）」という形態である．参加要件や違反時の罰則などの細かい内容は行政当局が決定する.

● **VA の長所と短所**　まず，長所としては，①企業に遵守方法に関して選択の自由度を与えることによる目標達成効率の向上，②交渉による遅延や，策定プロセスによる実施時期の遅延などの可能性を減らし，目標をより迅速に達成することによる行政のモニタリングなどの負担の軽減，③規制導入に伴う政治的・社会的コストの回避，④産業界の主体的・協力的取組みの促進による規制機関と産業界の対立の緩和，⑤交渉プロセスでの環境問題の実態の把握に基づいた相互の責任

に関する理解の促進，⑥イノベーションの促進，などがあげられる．

　短所としては，①すべての企業での適切な自主的環境対応が保証されておらず，目標達成が不確実，②フリーライドの可能性，③法的拘束力や規制を伴った実効性のある政策措置の導入を遅らせる可能性，などがあげられる．これらの問題に対処するためには，削減目標などのターゲットの明確化，モニタリングシステムの整備，違反時の措置の強化が重要である．

●**VA のインセンティブ**　企業や産業団体が VA を実施する背景には，どのような動機や目的が存在するのだろうか．先行研究より，主に①リスクの事前回避を目的とするもの，②経済的利益の追求，企業価値の向上を目的とするものの 2 つに整理される．

①リスクの事前回避：まず，目標が達成できない場合，または十分な効果が得られない場合に，事後的により厳しい規制導入の社会的圧力が高まる脅威を VA の実施で避けようとする動機があげられ，「規制の脅威」といわれる（Alberini & Segerson, 2002）．また，事後的に予測しなかった賠償責任を負うリスクを最小化する，VA を怠ることで起こるかもしれない不買運動や地元住民との対立のリスクを避けるなど，将来のリスクを回避しようとするものがある（Johnston, 2005）．さらに，他企業が実施している場合，いわゆる横並び意識から VA を実施しようとする動機があげられる（Johnston, 2005）．

②経済的利益の追求，企業価値の向上：環境にやさしい製品の開発や自主的な環境プログラムの策定などで他社との差別化を図り，その内容や達成レベルを情報開示することで，環境重視の消費者・株主・投資家にアピールし，経済的利益を追求しようとする動機があげられる（Bansal & Roth, 2000）．さらに，売上げの増大や株価の上昇などの経済的利益の追求を通してリーディング企業になることを目的とするものもあげられる．また，Bansal & Roth（2000）をはじめ多くの研究で，環境にやさしい製品開発を消費者にアピールし，企業のブランドイメージの向上を目的とした動機や，ブランドイメージ向上でさらなる投資を呼び込もうとする動機が指摘されている．

　VA を実践する企業が増加している背景には，企業が VA によってさらなる経済的成長を実現できる可能性に気付いてきた一方で，VA が企業の社会的責任の一環として消費者や投資家の注目も集め，企業価値の向上や，社会的責任投資の促進につながっていることを認識し始めていることがあげられる．今後，さらに VA の有効性を客観的に分析し，効果的に機能させるためのメカニズムや条件を解明していくことは重要となるだろう．　　　　　　　　　　　　［井上恵美子］

📖 **参考文献**

・OECD（2003）*Voluntary Approaches for Environmental Policy：Effectiveness, Efficiency and Usage in Policy Mixes*, OECD.

エコラベル（環境ラベル）

　エコラベルは，製品の原料採取から廃棄までの製品ライフサイクル全体または
その一部について，環境負荷に関する情報を製品に貼付して消費者に伝える仕組
みである（Wessells et al., 2001）．製品ライフサイクルにおける環境負荷の情報
は消費者が直接観察できないため，同機能の他製品よりも環境負荷の小さい製品
（グリーン・グッズ）が存在する市場には情報の非対称性がある．エコラベルは，
この非対称性を軽減し，環境に配慮する消費者（グリーン・コンシューマー）が
グリーングッズを選択できるようにする．また，当局による環境規制とは対照的
な，市場機構を通して環境改善や資源の持続的な利用を促進する仕組みである．

　利点として，①グリーン・グッズを選択する消費行動を促進する，②この消費
行動を通じて企業による環境負荷の小さい生産方法の選択を促進する，③企業に
環境負荷の小さな生産技術への投資のインセンティブを与える，などがあげられ
る．反面，①グリーン・グッズの生産量の増加が消費総量の増加につながり，環
境負荷が増加する場合がある，②相対的に環境負荷の大きい製品（ブラウン・グ
ッズ）も含めて，製品ごとに市場が細分化され，企業間の競争の程度が弱まるこ
とで余剰の損失が生まれる，③エコラベルが情報を完全に伝えられないこと，乱
立すること，虚偽の貼付が存在し得ることなどによって逆に消費者が混乱する，
といった問題点も指摘されている．

●**エコラベルの分類**　国際標準化機構（ISO）は制度面からエコラベルを3つに
分類することができるとしている．タイプⅠは，政府や第三者機関が貼付の基準
を決めて，個々の製品の原材料・製造・流通などについて基準を満たしたものを
認証するラベルである．申請・貼付をするかどうかの意思決定は各企業が行える
（例：旧西ドイツ政府が導入したブルーエンジェルや日本のエコマーク）．タイプ
Ⅱは，企業や各産業の業界団体が自主的に貼付するラベルである．種類が多く，
国際基準に及ばないものに国内業界団体などが認証を行う場合があり，曖昧な自
主宣言に近いものもある．タイプⅢは，ある基準をクリアしたかどうかを消費者
に伝えるのではなく，環境負荷を定量的に表示するタイプのラベルである．日本
では，資源採取から製造，物流，使用，廃棄，リサイクルにいたるまでの環境負
荷（二酸化炭素排出量など）を表示するエコリーフがこれにあたる．

●**エコラベル制度の経済理論と実証分析**　基本的なエコラベル制度導入の効果は，
①グリーン・コンシューマーの比率，②市場構造，③ラベル付き製品の相対的な
生産費用，④ラベル貼付コスト，⑤モニタリングコストに依存して決まる．タイ
プⅠよりタイプⅡの制度が望ましい条件も，これらの効果の分析から求められる．

例えば，虚偽表示を完全に防止するラベル制度を考えた場合，①〜④の要因によってグリーン・グッズの市場シェアが決まってくる．これと⑤の大きさとから，どちらのタイプのラベル制度が望ましいかが決まってくる（Baski & Bose, 2007）．

しかし，モニタリングによって虚偽表示を完全に排除することが難しい場合が現実には多く存在する．このような状況は，シグナリングやチープトークによる分析の対象となる．例えば，虚偽の貼付に対するペナルティーが存在するタイプⅠのラベルの場合，第三者機関に対する支払いを含めてコストがかかる「ラベル貼付」をシグナルと捉えることができる．あるいは，グリーン・グッズの生産費用が高いことから，価格そのものがシグナルとして機能することも考えられる（Mahenc, 2008）．一方，タイプⅡのラベルを通じた消費者への情報伝達は，チープトークによる分析も可能である．

実証分析には，エコラベルが技術革新に貢献していることを示す M.ワーグナー（Wagner, 2008）や，消費者の水産エコラベルに対する支払意思額（WTP）は企業に必要な上乗せ価格には不十分であることを指摘する S.ジャフリー他（Jaffry et al., 2016）などがある．

●**制度運用面の課題**　(1) ラベルの信頼性をいかに高めるか：タイプⅠやタイプⅡのラベルは，環境負荷の多面的な要素を1つのラベルで表現している．ラベルの基準の詳細を調べる時間や費用を考慮に入れた場合，消費者がそれぞれの各ラベルの正確な意味を詳細に知ることは難しい．このような状況でタイプⅡを含めた多数のラベルが存在すると，消費者が混乱したり誤った意思決定を行ったりするうえ，市場が過度に細分化されてしまう．また，モニタリングがゆるいと虚偽表示が行われてしまう．

(2) 基準の設定の仕方：企業にインセンティブを与え続けるためには，厳格な基準を維持する必要があるが，厳しすぎるとラベル取得の費用が高まり，多くの企業が申請を断念してしまう．

(3) 貿易との関連：先進国の企業にとってグリーン・グッズを生産するための追加的な費用が小さく，開発途上国の企業にとっては高い場合がある．このとき先進国市場においてラベル制度が導入され，かつ先進国市場においてグリーン・コンシューマーの比率が高いとすると，ラベル制度が貿易障壁となりかねない．世界貿易機関（WTO）のルールと整合的なラベリング制度の実施が重要である．また，国や地域の間でラベルの基準が異なっていると，複数の国や地域の市場に参入している企業に不必要な費用を負担させることになる．ラベル制度の調和も重要な課題である．　　　　　　　　　　　　　　　　　［東田啓作・森田玉雪］

📖 **参考文献**
・栗山浩一（2008）「エコ製品と環境ラベル」『図解入門ビジネス 最新環境経済学の基本と仕組みがよ〜くわかる本—持続可能な発展をめざす経済学入門』秀和システム，第6章 6-5.

環境政策の評価 （手法と結果）

　環境政策を実施するか否かを判断する際に，環境政策の社会的影響を評価することが重要である．環境政策を評価する基準の1つに経済効率性がある．すなわち，環境政策の便益と費用を比較し，費用を上まわる便益が得られるかという観点から環境政策を評価するものである（☞「社会的費用便益分析」）．環境政策の効果を事後的に評価する場合は，様々な影響の中から政策の効果を識別する必要がある．また，価格の存在しない環境の価値を評価するとともに，政策の効果を識別するために特殊な評価手法が必要である．環境政策の評価に関しては多数の実証研究が存在し，国内外の様々な環境政策で政策評価の導入が進んでいる．

●政策評価の手法　環境経済学では，環境政策の経済効率性を評価するために環境の価値を金銭単位で評価する環境評価手法の開発が進められてきた．初期の政策評価では環境を私的財に置換する費用で評価する代替法が使われてきたが，代替財が存在しないものは評価できないため，近年は敬遠される傾向にある．

　国立公園管理などの評価では，旅費を用いて訪問価値を評価するトラベルコスト法が使われている．騒音対策，大気汚染対策，緑地保全などの評価にはヘドニック法が使われている．温暖化対策や生態系保全など非利用価値が含まれる場合は仮想評価法（CVM）が使われている．

　環境政策の効果を事後的に評価するには，環境政策の効果とそれ以外の影響を識別する必要がある．例えば，ゴミ有料化政策の場合は，有料化の前後で廃棄物排出量を比較し，廃棄物の削減量を有料化の効果とみなすことが多い．しかし，有料化実施時に景気が悪化し，経済活動の低迷によって廃棄物排出量が低下したのかもしれない．そこで，政策効果を識別するための手法が開発されている．

　最も基本的な方法はランダム化比較実験（RCT）である．例えば，ある地域でゴミ有料化の対象者をランダムに選定し，有料化したグループと有料化していないグループで廃棄物排出量を比較することで有料化の効果を評価できる．同一地域，同一時期で，しかもランダムに対象者が選ばれているので，単純に比較するだけで政策の効果を評価できる．実験室実験ではランダム化比較実験が一般的だが，ランダムに政策の対象者を選定することが困難なため，実際の環境政策を対象としたフィールド実験ではランダム化比較実験が行われることは少ない．

　そこで，実際の環境政策では効果を識別するために特殊な分析手法が必要となる．代表的なものとして，政策実施の前後を比較する差分の差分法（DD）がある．例えば，有料化を実施した地域の実施前後の廃棄物排出量の差を D_1，有料化を実施していない地域の同時期の廃棄物排出量の差を D_0，そして両者の差分

を $DD = D_1 - D_0$ とする．有料化を実施していない地域の排出量の変化は，有料化政策とは無関係な景気変動など他の理由のものと考えられる．そこで，有料化地域の排出量の差（D_1）から有料化していない地域の発生量の差（D_0）を差し引いた両者の差分（DD）を見ることで，有料化の効果を識別することができる．

また，政策の影響する範囲内と範囲外で比較して政策の効果を評価できる．政策範囲を用いた評価方法は回帰不連続（RD）と呼ばれている．近年は，こうしたフィールド実験を用いた政策評価の研究が進んでいる．例えば，従来のヘドニック法による政策評価は，回帰不連続を用いたフィールド実験として分析することで新たな政策評価手法へと発展しつつある（柘植他，2011）．

●政策評価の実際　環境政策の評価手法は様々な環境政策に使われている（栗山他，2013）．政策評価には事業評価，規制評価，損害評価，総合評価など様々な形態が存在する．事業評価は，公共事業などのプロジェクトが実施されたときに得られる便益を金銭単位で評価するものであり，主に事業の費用便益分析を行うために用いられる．例えば，ダム建設時に魚道を整備することで生態系を保全する効果を評価する事例などが事業評価に該当する．アメリカでは1960年代から事業評価が行われてきた．日本では1990年代後半に公共事業に対する批判が高まったことから公共事業に費用便益分析が導入され事業評価が行われている．

規制評価は，環境規制を実施することで得られる便益を金銭単位で評価するものである．環境規制を導入すると規制を受けた企業で対策費用が必要となるため，この費用を上まわる便益があるかを検討するために規制評価が行われる．アメリカでは「大気浄化法」や「水質浄化法」を対象に規制評価が行われている．国内でも規制評価の必要性が指摘されているが，多くの場合は定性的な評価にとどまっており，金銭単位の評価は行われていない．

損害評価は，環境が悪化したときの損害額を金銭単位で評価するものである．例えば，1989年にアラスカ沖で発生したエクソン社のタンカー「バルディーズ号」の原油流出事故（☞「エクソン・バルディーズ号油濁事故とその影響」）では，CVMによって損害額が28億ドルと評価された．この評価額はその後の損害賠償の訴訟で用いられた．

総合評価は，環境の便益と損害の両者を比較し，総合的に評価するものである．総合評価には国レベルなどのマクロな視点で環境を評価する環境勘定と，特定の企業や自治体レベルのミクロな視点で環境を評価する環境会計がある．

●政策評価の課題　国内でも事業評価は多数の実績が存在するが，公共事業関係省庁が事業の予算申請時に自己評価で行う形式のため，事業便益が過大に評価される危険性がある．費用便益分析による評価は経済効率性のみに着目した評価であり，公平性の観点からも評価が必要である．近年は，試行的に政策を導入する社会実験が用いられることが多いものの，政策の効果を識別するための分析手法が使われていないため，政策の効果が不明なまま終わることも多い．　[栗山浩一]

サプライチェーン・ネットワークと排出責任

　IPCC（2014）によると，1970〜2000年の30年間で世界の人為起源の温室効果ガスの排出量は年平均1.3％で増加してきたが，2000〜10年の10年間の排出量はその約1.7倍のスピードで急速に増加している．特に中国をはじめとしたアジア地域からの排出増加がその大きな要因となっている．

　2009年に，当時の中国の温暖化交渉のトップであった李高（Li Gao）はアメリカのマスメディアを通して，中国の輸出品に付随する温室効果ガスは輸入国が責任を負う必要があるとコメントし，排出責任のあり方が大きくクローズアップされた．C.L.ウェーバーら（Weber et al., 2008）とB.ウェイら（Wei et al., 2011）によると，中国の総二酸化炭素（CO_2）排出量の約27〜35％が輸出財の生産に付随するものである．この当該国（例えば，中国）の輸出財の生産に伴う排出は，その輸出財（例えば，中国製の輸出財）を購入する輸入国（例えば，日本）の排出移転とみなされる．

　G.P.ピータース他（Peters et al., 2011）は，先進国から発展途上国へのCO_2排出移転量が1990〜2008年にかけて約4倍に成長していることを観測し，主に先進国内での領内排出の削減目標に焦点を当てた「京都議定書」の有効性に疑問を呈した．こうした排出移転の議論は，中国のみならず工業化，そして輸出をさらに強化して経済成長を遂げようとしている発展途上国にとって重要である．

●**グローバルサプライチェーン・ネットワークの記述**　グローバルサプライチェーン・ネットワークを示すために，多地域産業連関表を利用するのが一般的である．表1は，2か国2部門の多地域産業連関表を示しており，表中の$z_{ij}^{rs}(i,j=1,2, r,s=R,S)$は，国$s$の産業$j$の$x_j^s$単位の生産のために必要とされた国$r$の産業$i$の商品の投入量を示している．$m_j^s, v_j^s$はそれぞれ，それらの生産に必要なその他の国（ROW）の商品の投入量，それらの生産によって生み出された付加価値を示している．$f_i^{rs}(i=1,2, r,s=R,S)$は，国rの産業iの商品に対する国sの最終需要量を示している．表1を利用することによって，どこの国で生産されたどの産業の商品がどこの国のどの産業あるいは最終需要部門に購入されているのかを定量的に理解することができる．

●**生産ベース排出，消費ベース排出，排出移転の計測**　表1に示される$e_j^s(j=1,2, s=R,S)$は，国sの産業jの生産活動によって排出されたCO_2排出量を示しており，国Rと国Sの生産ベース排出量はそれぞれ$Q_p^R=e_1^R+e_2^R$，$Q_p^S=e_1^S+e_2^S$として定義・計算することができる．

　今，$A=(z_{ij}^{rs}/x_j^s)=(a_{ij}^{rs})$を国$s$の産業$j$の商品を1単位生産するために必要と

表1 多地域産業連関表（2か国2部門）

		国 R		国 S		国 R	国 S	ROW	国内生産
		産業1	産業2	産業1	産業2	最終需要	最終需要	最終需要	
国 R	産業1	z_{11}^{RR}	z_{12}^{RR}	z_{11}^{RS}	z_{12}^{RS}	f_1^{RR}	f_1^{RS}	$f_1^{R, ROW}$	x_1^R
	産業2	z_{21}^{RR}	z_{22}^{RR}	z_{21}^{RS}	z_{22}^{RS}	f_2^{RR}	f_2^{RS}	$f_2^{R, ROW}$	x_2^R
国 S	産業1	z_{11}^{SR}	z_{12}^{SR}	z_{11}^{SS}	z_{12}^{SS}	f_1^{SR}	f_1^{SS}	$f_1^{S, ROW}$	x_1^S
	産業2	z_{21}^{SR}	z_{22}^{SR}	z_{21}^{SS}	z_{22}^{SS}	f_2^{SR}	f_2^{SS}	$f_2^{S, ROW}$	x_2^S
ROW		m_1^R	m_2^R	m_1^S	m_2^S				
付加価値		v_1^R	v_2^R	v_1^S	v_2^S				
国内生産		x_1^R	x_2^R	x_1^S	x_2^S				
CO_2 排出量		e_1^R	e_2^R	e_1^S	e_2^S	e_f^R	e_f^S	$e_f^{S, ROW}$	

される国 r の産業 i の商品の投入量を示す投入係数行列と定義する．このとき，国 s の産業 j によって生産された商品の国内生産量を示す列ベクトルを $x=(x_j^s)$ とすると，国別産業別の中間投入量は Ax によって計算することができる．表1より，この中間投入ベクトル Ax に国 R，国 S，ROW の最終需要ベクトル f^R, f^S，f^{ROW} を加えたものは国内生産ベクトルに一致しなければいけないので，$Ax+f^R+f^S+f^{ROW}=x$ という需給均衡式が成立しなければいけない．この需給均衡式を x について解くと，$x=(I-A)^{-1}(f^R+f^S+f^{ROW})=L(f^R+f^S+f^{ROW})$ を得る．$L=(l_{ij}^{rs})$ は，国 s の産業 j の商品需要に付随して直接間接的に必要とされる国 r の産業 i の商品の中間投入量を示す直接間接投入行列あるいはレオンチェフ逆行列と呼ばれる（Miller & Blair, 2009）．国別産業別の CO_2 排出係数ベクトルを $\alpha=(\alpha_j^s)$ とすると，国 R と国 S の最終需要によって誘発する排出量（すなわち，消費ベース排出量）はそれぞれ $Q_c^R=\alpha Lf^R$，$Q_c^S=\alpha Lf^S$ として定義・計算することができる．

国 R の産業のみの排出係数を含んだベクトルを $\alpha^R=[\alpha_1^R \quad \alpha_2^R \quad 0 \quad 0]$，国 S の産業のみの排出係数を含んだベクトル $\alpha^S=[0 \quad 0 \quad \alpha_1^S \quad \alpha_2^S]$ とすると，国 R の最終需要によって国 S で誘発する排出量（すなわち，国 R から国 S への排出移転量）はそれぞれ $Q_c^{RS}=\alpha^S Lf^R$ として定義・計算することができる．同様に，国 S から国 R への排出移転量は $Q_c^{SR}=\alpha^R Lf^S$ として求めることができる．

●課題　IPCC（2014）によると，先進国を国 R として，途上国を国 S とすると，$Q_p^R<Q_c^R$，$Q_p^S>Q_c^S$ という関係があり，特に，先進国から途上国への排出移転量 Q_c^{RS} は拡大の一途をたどっている．先進国は，排出集約的な財の生産を途上国に押し付けることで，領内の排出量をより低く抑えることが可能であることから，消費ベースの排出モデルを活用することで排出の漏れを正確に把握し，モニタリングすることが決定的に重要である．また，先進国から途上国への正味の排出移転分を先進国と途上国の間でどのように分担するのかという課題も残ったままである．

［加河茂美］

環境汚染事故の経済学

●災害・事故と汚染回避努力　地震による津波によって生じた放射能汚染問題のように，自然災害や事故に起因して環境汚染が生じることがある．このようなリスクがある場合でも，潜在的な加害者が事前に十分な対策を実施していれば，事故確率や被害額を低めることができる．被害が生じたとき加害者が被害者に対してどのような責任を負うかは，潜在的加害者の事故回避行動に対して影響を与える．負担する被害費用が大きいほど，加害者は事故を回避しようとするが，そうでなければ，回避のインセンティブは弱くなる．

　事故によって生じる被害を第三者に及ぼした際の損害賠償ルールの1つに，厳格責任ルールがある．このルールは，加害者の過失の有無にかかわらず，与えた被害の全額を弁済しなければならないことをいう．この場合，資産（生産活動による収益なども含む）が被害費用よりも大きく，十分に被害費用全額を支払うことができる状況下では，潜在的加害者は最適な水準に事故回避努力を設定しようとすることが知られている（Brown, 1973）.

　今，潜在的加害者の事故回避努力をx，簡単化のために，事故回避努力1単位あたりの費用を1としよう．事故が生じたときの被害額はD（一定と仮定）であり，xが増えると事故確率$p(x)$は低下する（$p' < 0$）ものとする．このとき，潜在的加害者が負担する期待費用ECは，$x + p(x)D$となるため，ECを最小化する条件は，$1 = -p'D$となる．これは，費用最小化のためには，事故回避の限界費用（左辺；MC）と事故回避の限界便益（回避努力の増加によって生じる期待被害額の減少（右辺；MB））を等しくする必要があることを示している．

　ここで，潜在的加害者の費用負担ECは社会的費用と一致することに注意すると，社会的費用最小化条件と潜在的加害者の費用最小化条件は一致し，潜在的加害者が設定するxは，社会的費用を最小化するという意味で，最適な水準になっていることがわかる．これを図示すると，図1のとおりになる．

●倒産問題と最適な事故回避努力からの乖離　一方，資産が被害費用よりも小さく，倒産リスクがある潜在的加害者は社会的に最適な事故回避努力を選択しないことが知られている（Beard, 1990）．今，潜在的加害者の資産がy（$< D$）であるとしよう．このとき，潜在的加害者の期待費用は，$x + p(x)|y - \alpha x|$と修正される．ただし，αはxが非金銭的費用の場合には0，金銭的費用の場合には1を取る関数である．xが金銭的費用であるとは，事故を回避するために，様々な装置を設置することで金銭的支払いが生じる場合を指している．このとき，資産の中からxが支払われるため，損害賠償のためにあてられる資金は，その分だけ減

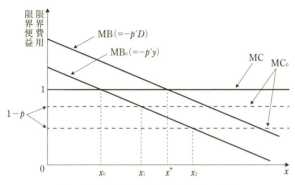

図1　潜在的加害者の事故回避努力の決定

少する．一方，自動車運転の場合，運転手は事故を回避するためにスピードを出さないように努力したり，集中力を高めようとしたりする．このような努力は，金銭的な費用を伴わないが，疲労，ストレスなど非金銭的な費用（しかし，金銭換算が可能）として捉えることができる．このとき，金銭的な支払は生じないため，事故が生じた場合の損害賠償のための資金額には影響を与えない．

このことから，潜在的加害者にとっての費用最小化条件を求めると，$1-\alpha p(x) = p'(x)y (< p'(x)D)$ となる．この条件式の左辺は，事故回避努力の限界費用を表しており，$\alpha=0$ のときには1となるが，$\alpha=1$ のときは $p(x)$ が補助金効果として働き，限界費用を低める働きを持っていることを表している．一方，右辺は，資産が小さく，潜在的加害者が被害額の一部しか負担せずに済むため，事故回避努力を引き上げることによる限界便益が，社会的限界便益 $(-p'(x)D)$ より小さいことを意味している．図1に示すように，$\alpha=0$ のとき，潜在的加害者は x_0 を選択し，回避努力は最適な水準より低く，$\alpha=1$ のとき，潜在的加害者は x_1（または x_2）を選択し，回避努力は最適な水準より高くなる場合もあることを示している．ただし，MB_0 は倒産リスクがあるときの限界便益曲線 $(-p'y)$，MC_0 は $\alpha=1$ のときの，限界費用曲線 $(1-p(x))$ である．

●**倒産問題が生じた場合の政策対応**　潜在的加害者が社会的に最適な事故回避努力をしないのは，資産が小さいために，被害額の一部を被害者に負わせる（被害額の外部化）からである．このような問題を回避するための方策として，加害者が倒産した場合に，加害者の活動に融資していた企業に残った責任を負わせるという拡大責任ルールを導入すること（Boyer & Laffont, 1997），汚染などにより莫大な損害賠償リスクにさらされる加害者に対して損害賠償保険の加入を義務付ける（強制保険）こと（Polborn, 1998），一定の十分な資産を保有する主体でなければ，汚染リスクのある活動の実施を認めないこと（最小資産規制，Shavell, 2005）などが考えられる．

[日引　聡]

交通と環境の経済学

　今日の経済は，比較優位に基づく分業と交易によって支えられており，効率的な交通・運輸活動は健全な経済の発展に必要不可欠である．しかし，交通・運輸活動は，渋滞・大気汚染・騒音・事故といった多くの負の外部性をもつことでも知られている．とりわけ，交通・運輸部門の化石燃料消費は，温暖化対策を考えるうえで重要である．

●**都市構造と交通・運輸需要**　交通・運輸由来の二酸化炭素（CO_2）の排出量は，活動対象となる人・モノとの空間的距離に大きく依存するという点で，エネルギー・産業部門のそれと大きく異なっている．従って，少なくとも理論上は，主な経済活動を自給自足可能な都市に移行する一方で，郊外における都市的土地利用を制限し，拡散した都市機能と生活圏の集約を図ることで交通・運輸量を抑制することが可能と考えられる．

　残念ながら，都市の構造と交通・運輸需要の因果関係に関して，信頼にたるデータ・手法で検証した実証研究は多くはなく，とりわけ，集約都市の効果に関する蓄積は少ない．しかし，集約都市の効果を考えるうえで重要な実証研究としてG. デュラントンとM. A. ターナー（Duranton & Turner, 2011）があげられる．彼らは，アメリカの詳細な経済地理データを活用することで，1983/1993/2003年の州間高速道路の総走行距離に関して交通渋滞の基本法則が成立することを明らかにした．交通渋滞の基本法則とは，渋滞緩和を目的とした公共交通網（道路・バス・電車）の拡充政策が，交通・運輸コストの低下を通じた都市内および都市間の経済活動の調整を誘引し，最終的に交通・運輸量が政策前の均衡値に戻るまで調整されてしまう経済法則のことである．同法則は，公共交通網の拡充を中心とした集約都市の形成よりも，混雑課税のように交通・運輸コストを外生的に上昇させるような政策の方が，効果的な交通・運輸需要の抑制には優れている可能性を示している．デュラントンとターナー（2011）は，データの質に徹底的にこだわった論文であり，その実証結果には信頼が置ける．一方で，彼らの論文は，道路収容力の向上に対する交通・運輸量へ応答を検証した論文であり，集約的な都市構造が都市内・都市間の交通・運輸量へ与える影響を直接的に検証した論文ではない．また，集約的な都市構造が，都市内・都市間の交通・運輸総量を減少させるとの実証結果が仮に得られたとしても，異なる政策下では同じ集約的都市でもその構造・形態は大きく異なることが理論的に予測される．これらの検証が，今後の実証分析に求められる方向であろう．

●**自動車需要とインセンティブ政策**　自動車は，無数の活動主体によって移動中

に排出される非定点汚染の性質を備えていることから，交通・運輸部門のCO_2削減を考えるうえで学術的・政策的に重要な位置を占めてきた（Knittel, 2012）．一般に，自動車からのCO_2排出量はガソリン消費に比例するため，理論上は，CO_2の負の外部費用に相当するガソリン税を課すことで自動車からのCO_2を効率的に削減することが可能である．しかし，近年の行動経済学的研究によって，ガソリン税が必ずしも最適な規制ではない可能性が指摘されるようになってきた．その1つが，エネルギー・パラドックスに関する研究である．エネルギー・パラドックスとは，消費者や企業が，明らかに経済便益が高いと考えられるようなエネルギー効率改善投資が行われない現象である（Jaffe & Stavins, 1994）．自動車の文脈では，ガソリン価格の変化に伴い車種燃費の経済価値が変化しているにも関わらず，その経済価値が車種価格や購入の意思決定に適正に反映されないことを意味する．もしこれが消費者・企業行動の実態であれば，ガソリン税による温暖化コストの内部化は実効性に乏しく，企業平均燃費規制や自動車税などのより直接的なインセンティブ政策の方が望ましいかもしれない．このような政策的重要性から，近年では，自動車市場のエネルギー・パラドックスに関してかなり信憑性の高い実証研究が増えてきている（Allcott & Wozny, 2014；Busse et al., 2013）．例えば，H. アルコットと N. ウォズニーは，アメリカの1999〜2008年の月次中古車価格・販売データを利用して，現実に消費者が直面する金融資産の割引率が6.2%であるにも関わらず，実証研究から推計される仮想割引率は15%となり，同パラドックスが中古車市場においては成立していると結論した．

同パラドックスは，ガソリンの税込価格の変化による車種燃費の経済価値と消費者の同車種への支払意思額との間に1対1の関係性が成立するはずであるという理論上の推論を基盤としているが，その検証には多くの課題が伴う．我々が市場で観察できるのは，車種の市場価格であり，消費者の支払意思額ではない．自動車市場は，複数の企業が多くの差別化された車種を販売する不完全市場であるため，各車種の市場価格は，需要側と供給側の要因の複雑な相互作用のうえに決定される．したがって，そのような市場における需要関数の識別の問題を考慮したうえで，「燃費経済価値の1円分の変化が，車種価格1円分の変化に相当する市場シェアの変化をもたらすか？」という仮説を検定することになる．

アルコットとウォズニーにせよ M. R. ブッセ他（Busse et al., 2013）にせよ，データの質に関しては申し分ないデータセットを利用しており，その検証方法も十分信憑性にたるものと評価できる．しかし，いずれの論文も，車種燃費の経済価値や車種利用から得られる間接効用の導出，およびそれらの関係性に関して若干強い仮定を置いており，それらの仮定が結果に影響を及ぼしている可能性は否定できない．より現実的な仮定に基づく検証を行うことで，さらに信憑性の高い実証結果が得られるものと期待される．　　　　　　　　　　　　　［小西祥文］

第 11 章
公害・環境問題の
経済思想・経済理論

　環境経済・政策学の源流は，古典派経済学以前までたどることができる．自然・環境と経済をめぐる思想的営為は，石炭利用を背景とする産業革命を経て，古典派経済学と厚生経済学の底流となった．科学と技術の急速な発展は，第二次世界大戦後の石油・原子力利用の世界的な普及として経済復興と急成長を可能にしたが，1950 年代半ば以降，先進諸国で公害と環境破壊を伴い，対抗的な環境保護思想の形成を促した．そうした思潮を受け，厚生経済学を引き継ぐ主流派や広義の制度学派やエコロジー経済学が，1980 年代以降，それぞれの理論と政策を国際的な機関や各国の環境政策に反映させてきた．他方で，新興国・途上国の公害と環境破壊と共に，地球規模の気候変動問題の解決が喫緊の課題となっている．1960 年代の環境保護思想は，現段階にいたって，エコロジー思想の多元化と倫理化，およびジェンダー論との統合化を進めつつ，自然・環境と経済をめぐる新たな理論や政策を要請している．なお，本章では，日本の環境保護思想の源流と環境経済・政策学の形成について，特に重要と思われる人物と業績を取り上げた．

[大森正之]

[担当編集委員：大森正之・寺西俊一]

古典派経済学以前の
グラントとペティにみる公害論

　今日における典型的な公害現象の1つである大気汚染の歴史はかなり古い。経済学発祥の地であるイギリスでは，13世紀のエドワード（Edward）I世（在位1272～1307）がばい煙に対する苦情を理由にロンドン市内での石炭使用を禁止したという記録が残っている。この背景には，当時，薪や木炭などの燃料供給源であった森林が消失し，ロンドン市内における各家庭と並んで，ガラス製造業，ビール製造業，製糖業，石鹸製造業，鍛冶屋，染色業，レンガ製造業などによる石炭使用が急速に増加していたという事情があった。その後，17世紀のチャールズ（Charles）II世（在位1660～85）の時代には，国王評議会の一員であったJ.イーブリン（Evelyn）がばい煙問題を取り上げ，その被害と対策のあり方について具申した報告書『フミフギウム』（1661）を国王宛に提出している。

●グラントによる「空気の性状」の改善論　A.スミス（Smith）による古典派経済学の登場以前，すなわち17世紀頃のイギリスでは，J.グラント（Graunt）やW.ペティ（Petty）に代表される「政治算術学派」が影響力をもっていた。このうちグラントは，1662年に『死亡表に関する自然的及政治的諸観察』（訳1941）を著している。この著作は，教区単位で記録されていた「死亡表」を丹念に分析・考察したもので，第2章「死亡原因についての一般的観察」，第4章「黒死病について」，第12章「地方の死亡表について」の中で，近代以降の公害論の先駆けとも言うべき議論を展開していた。グラントは，当時のロンドンにおける死亡原因の1つとして「空気の性状」による健康影響が無視できないことに注意を喚起し，特に第12章では，地方（農村部）は都市部よりも健康的であり，ロンドン市内ではより多くの人々が死んでいるが，これは「煙霧，蒸気，悪臭」によって「ロンドンの空気が健康的なものになっていない」ことが一因だと指摘している。グラントが，近代以降の大気汚染による健康被害（公害被害）をめぐる問題をいち早く重視し，ロンドンにおける「空気の性状」を改善する必要性を主張していたことは注目に値する。

●ペティによる「国富」と「国力」の源泉論　他方，ペティは，「人民の価値」という独特な概念を駆使して，グラントによる主張を補強する興味深い議論を展開していた。ペティによる「人民の価値」という概念は，彼の代表著作である『租税貢納論』（1662／訳1952）および『政治算術』（1690／訳1955，執筆時期は1676年頃）を貫く考え方を基礎にしたものであった。前者は，当時のイギリス絶対王政における国家経費ならびに公収入をめぐって，その性質や標準，徴税方法などを中心に論じたものである。後者は，当時のイングランド王国の「国富」

について算定を行い，オランダやフランスと比較しながら，いわゆる「国力」について論じたものであった．ペティは，富のあれこれの形態（貨幣，土地，家屋，船舶，諸物品，金・銀器など）とは区別して，富を生み出す「究極の源泉」として，土地と労働がもつ重要性を強調していた（周知のように，ペティは「土地が富の母であるように，労働は富の父であり，その能動的要素である」という有名な言葉を残し，後の古典派経済学における労働価値論への先駆者となっている）．そして，「国力」論では，次のような考え方を打ち出していた．①一国の「国力」はその国の「国民的富」の大きさに依存する，②その場合の「国民的富」の大きさは「君主ないし国王の富」によってではなく，それと区別される「人民の富」によって計られる，③そうした「人民の富」を生み出す源泉としての労働こそ，第1級の重要性をもつ．

●ペティによる「人民の価値」の損失論　ペティが上述した「人民の価値」という独特な概念を明示的に提起したのは，1665年の後半に執筆したと推定されている時論的形式の小論文においてである．この小論文は「賢者には一言をもって足る（*Verbum Sapienti*）」というラテン語の格言をタイトルにしたものだが，その主題は，第2次オランダ戦争（1665〜67）のための戦費調達論であった．彼は，この第2章「人民の価値について」において，一国の労働を担う人民こそ，「国富」を生み出す重要な源泉だという考え方に基づき，当時のイングランドにおける人民がどのくらいの価値に値するかという算定を試みている．ペティは，まず当時のイングランドの総人口を約600万人，年間の総支出額＝総収入額を約4000万ポンド，このうち土地，家屋，船舶といったストックから生み出されている部分を約1500万ポンド，残りの約2500万ポンドが「人民の労働」によって年々生み出されているものとし，これを総元本額に換算して約4億1700万ポンド，イングランドの人民1人あたりにして約70ポンドに値するという推計を示している．そのうえで，グラントが重視したように，もしロンドンの「空気の性状」によって人々の健康が害されているとすれば，それは1人あたり約70ポンドという「人民の価値」が年々損なわれていることを意味するとした．つまりペティは，大気汚染がもたらす人々の健康被害を「経済的損失」として捉えるという独自の見方を先駆的に示していたのである．後の20世紀において，K. W. カップ（Kapp）が各種の公害被害を重大な「社会的損失」として捉え，それらの「経済的評価」をめぐる問題を理論的に提起したが，こうしたペティの議論は，その先駆をなすものであったといえる．　　　　　　　　　　　　　［寺西俊一］

📖 参考文献

・大場英樹（1979）『環境問題と世界史』公害対策技術同友会．
・寺西俊一（1985）「環境経済論の諸系譜に関する覚え書（一）―若干の学説史的回顧を中心に」『一橋大学研究年報　経済学研究26』一橋学会．

リカードとマルサスの
土地・人口・地代・貿易

　T. R. マルサス（Malthus, 1766-1834）が 1798 年の『人口論』で提示した，いわゆる「人口法則」は，食料の不可欠性と性欲の存続性という 2 つの前提に立つ．そして「食料の等差級数的な増加」と「人口の等比級数的な増加」から生じる人口の不可避かつ絶対的な増大を危惧し，道徳的な抑制（晩婚化）と救貧対策の無効性を主張した．農地に固有の肥沃度（優等地）の量的な制約が人口増加を量的に制約し，「貧困と悪徳」を蔓延させるからである．こうした自然資源の制約は人間だけに課せられてはいない．「動植物の王国」でも生育空間と養分が種の個体数を制約する．こうした「自然法則」が存在する限り，人間は「理性をいかに働かせようと，この法則から逃れることはできない」（マルサス，2011：31）．マルサスは人口論において土地改良や農法の改善にほとんど言及せず（1820 年の『経済学原理』で検討），主に動植物の品種改良の可能性を検討した．そして，「改良に限界があるのは確かである」と結論づけた（同訳書：130）．

●農村の人口流失　環境経済学にとって興味深いのは，コモンズや荒れ地を囲い込んだ結果への『人口論』での評価である．マルサスも，A. スミス（Smith）および D. リカード（Ricardo, 1772-1823）と同様に（後続の J. S. ミル〈Mill〉とは対照的に），囲込み自体については肯定的である．例えば，スミスは 1759 年の『道徳感情論』で「手つかずの自然林」の「快適で肥沃な畑」への転用に肯定的である（スミス，2013：338）．しかしマルサスは，人口増大に小麦などの増産で対応した囲込み地が，後に優等地でさえ牧草地に転用され，食糧生産を阻害した点には否定的である．その理由はこの転用が食肉需要の増大と価格の上昇のために引き起こされたからである．それにより大農場が増大し，小屋住み農家 は減少して，「貧乏人は大部分が健康的な農業労働を離れて，不健康な労働に従事する」（マルサス，2011：234）ことになる．都市の工場は「道徳的にも良くない環境」（同訳書：232）なのである．こうした経済成長に伴う都市と農村の対立は，あくまでも過疎と過密および労働環境の優劣といった，人口学的および生理学的な次元で語られている．後に K. マルクス（Marx）は『資本論』（1867）第 13 章第 10 節「大工業と農業」において，「人間と自然の物質代謝」という観点から，農工間の対立を土壌の有効成分が食料や衣料素材と化して，農村から都市へ，さらには海外へと，一方的に大量流出する事態に着目した．そして資本主義的な経済体制の生態学的な危機として描いた（この論点自体は，〈Anderson, 1801〉で先取りされている）．

　マルサスの人口学説について，リカードは，1817 年の『経済学および課税の

原理』において批判している.「人口の増加は一般に資本の増加, その結果である労働需要および賃金の上昇から影響を受けるのであって, 食料の生産はその需要の結果である」(リカード, 1987：248) にすぎない. 人口は自然によってではなく, 都市の労働市場によって調節されるのである.

●**地代論と自由貿易論**　マルサスとリカードの自然理解をめぐる対立点は, 地代論にも表れた. リカードは最劣等地に地代は発生しないとしたが, マルサスは『経済学原理』で「文明化した国においては, 未耕地は常に, 家畜を養い木材を産するというその自然力に比例して, 地代を生み出す」(マルサス, 1968, 上：278) と主張した. これはスミスが『国富論』(1789) 第 2 編第 5 章で「農業では, 自然も人間と並んで労働する」と述べていること (スミス, 1991, Ⅰ：568), 農業での役畜利用は農業者に地代をもたらすと述べていること (同上) の継承と考えられる. マルサスは, 安い穀物輸入が引き起こす耕作放棄地は (人口減少を伴わない場合), 牧場にすることで地代を生むとも述べている (マルサス, 1968, 上：278-279).

　なお, リカードについては以下の 2 点を付記する. まず地代論の前提となっている「土壌の本源的で不可滅の力」についてである. リカードの言う土壌の不可滅性は, 時代的な制約もあって耕作者自身による再生不能化 (肥料の補給不全や連作障害) と外部不経済 (自然的および人為的な汚染) を度外視している. この点でマルサスとともにイギリスの伝統的・有機的な輪作体系の永続性を想定している. 次にリカードの自由貿易論についてである. とりわけ農産物の自由貿易を是とする思想が, イデオロギーと化して, 途上国のモノカルチャー化を推し進めたとする批判がある.『経済学および課税の原理』の第 7 章「外国貿易について」では, 比較優位に基づくイギリスのワイン生産の放棄と毛織物生産への特化, ポルトガルでの毛織物生産の放棄とワイン生産への特化による貿易の相互利益の事例が取り上げられる. しかし, そこでは同書第 2 章の差額地代論は前提されていない. リカードにとって, イギリスの毛織物生産の拡大は, 地代支払いが不要な限界地での綿羊飼育により, 生産性を落とさずに可能であろう. しかし, ポルトガルのブドウ栽培地は, より生産性が低い劣等地に, 既耕地の差額地代を増大させつつ, 拡大する点が度外視される. そのため, 特化の過程ではポルトガルでの毛織物生産に対するワイン生産の比較優位が覆される可能性がある. また両国における囲込みによるコモンズの破壊とポルトガルでの膨大な地代の発生も度外視される. J. M. ケインズ (Keynes) の『人物評伝』(1972) には, リカードはその方法による「高度に抽象的な議論」での単純化により「現実の事実から遊離」したが, マルサスは「現実の世界でたぶん起こると予想され得る事柄を, いっそう的確に把握した」(ケインズ, 1980：120) とある.　　　　　　[大森正之]

ミルのコモンズ保存と定常状態

　J.S.ミル（Mill, 1806-73）は環境経済・政策学の源流の1人である．A.スミス（Smith）以来，古典派は，コモンズや荒れ地に対して，非産業的で文化的・精神的な価値を積極的に認めなかった．ミルの時代にいたって，それ以前から続く地主層による土地の囲込みの弊害が，知識人層にも認識された．それは野生の動植物種の急激な減少であり，その採取を生活の糧とする貧しい地域住民の生活苦と娯楽の喪失であった．ミルは『経済学原理』（Mill, 1848；以下『原理』）において，独自の「土地・環境倫理」から「定常状態の経済論」を導き，自然保護の理論として，その実践に参画した．彼の理論と実践は，後続のH.フォーセット（Fawcett）やH.シジウィック（Sidgwick）といったケンブリッジの学者や，自然保護の活動家らに継承された．ミルが展開した「定常状態の経済論」の意義は，エコロジー経済学の創始者の1人，H.デイリー（Daly）によって1960年代末に再発見・再評価された．

●**自然的な富と政府の機能**　『原理』第5編第1章「政府の機能一般について」では，政府の機能である財産（権）の確定と保護の範囲に労働の生産物（富）とともに労働の生産物でない自然的な財産が含まれるとされた．生産物以外の財産に「大地とそこに生えた森林とそこを流れる水」があり，地表の上下に多くの「天恵物がある」とし，ミルは「人類の相続財産」と呼んだ（Mill, 1965：801）．そしてその「共同的な享受」には「諸規制」が必要だと主張した．この「共同的な相続財産」のいかなる部分に，いかなる権利が，いかなる条件で「ある個人に許可されるべきか」が問題なのである（同書）．天恵物の所有権や利用権の個々人への配分と保障に，政府は積極的に介入する義務を負うとした．

●**土地・環境倫理**　政府の機能論に先行して，ミルは『原理』第2編第2章6の「所有権の制限」部分で，土地所有（者）の倫理について独自の功利主義の観点から言及した．土地所有は所有者が土地改良家である場合に限って経済的見地から正当化される（同書：228）．1852年の第3版で新たに書き加えられた部分では，土地は「人類の本源的な相続財産」であり「土地の私有は人類一般の便宜に関わる」と主張した（同書：230）．そのため「土地の私有が便宜を与えないとき，それは不正となる」（同書）．土地所有者には，その所有が，「公共の福祉」に抵触しないことの自覚が要請される（同書：232）．耕地の所有権は，土地生産物への損害防止と所有者のプライバシー保護を要請するが，近隣住民の通行権を排除すべきではない．また未耕作の土地で，所有者が狩猟用鳥獣の保護のために通行権を制限し立入禁止にする事態を「権利の乱用」とみなした（同書）．

●**定常状態論**　こうした土地倫理は環境倫理へと拡張されて，『原理』第4編第6章の有名な「定常状態」の経済に関する叙述で，経済成長の過程と関連付けられた．経済成長に伴うマルサス＝リカード的な人口増大と食料需要増大の共進に促されて，コモンズを含む未開墾地の囲込みが盛んに行われた．この過程では，野生の動植物が生息し，近隣住民がそれらを採取する場が次々と囲い込まれ解体された．土地倫理は，野生の動植物の生息地と近隣住民の採取と余暇の空間を，利害関係者総体の逸失利益を考慮して保存せよと要請する環境倫理へと拡張された．経済成長の過程では，動植物の激減以外にも，地形の変化に伴い「自然の美観と壮観」が失われ，「大地が人間に提供するあらゆる娯楽が喪失する」（同書：756）．その回避のために，人々が自発的な成長の抑制を実現し人類の生存と文化の成熟の積極的な条件を整える必要性をミルは説いた．また同時に富の公平な分配制度（不労所得の再分配）を確立する必要もあるとした．環境倫理によって抑制されない経済成長は，技術革新による生産性の向上がない場合，1単位の耕作地での1人の労働が生存水準賃金相当の収穫物を辛うじて得られる定常状態まで必然的に推し進められる．定常状態では，社会の全収穫物は総差額地代と総賃金に分割され，古典派が危惧した総利潤ゼロの状況が現出する．ミルの環境倫理の実現とは，定常状態以前の総人口と総耕作面積の水準で経済成長を停止させることである．こうした成長の極限以前での成長の抑制は，総利潤の一定規模の確保をも意味する．また資本家にとって持続的な総利潤の確保のより合理的な方策は，定常状態への到達以前での技術革新による土地生産性と労働生産性の向上である．それにより定常状態にまで向かう耕作地の拡大と人口増大は回避できる．

●**コモンズ保存運動にみるナショナル・トラストの萌芽**　ミルは下院議員に当選した1865年に，コモンズ保存協会の設立準備会に参加する．この会にはミルを含めて弁護士ら9名が参加した．翌1866年に正式に発足した同協会は，『原理』における独自の土地・環境倫理に即して囲込み反対の立法活動を展開した．ミルは1869年にはコモンズ保存問題を含む，より包括的なイギリスの土地保有制度の変革を目指す土地保有改革連盟の準備会議長を引き受け，1871年には同連盟の公開設立集会で議長を務める．連盟の綱領の第9条は，劣等地や都市近郊の荒れ地を現世代の住民の余暇活動のために「野生の自然美」を保ち，使途を将来世代の決定に委ねて保存すべきであると提案した．第10条では歴史的，文化的，芸術的に価値ある自然物と建造物に対して，周囲の土地とともに国家に先買権を確保することも提案した（Mill, 1967：689-695）．これらは，後にコモンズ保存運動を母体に設立されたナショナル・トラスト運動に継承された．　　　［大森正之］

📖 **参考文献**
・末永茂喜訳（1959）『経済学原理』1～5，岩波書店．
・四野宮三郎（1997-1998）『J. S. ミル思想の展開』Ⅰ・Ⅱ，御茶の水書房．

ラスキンの固有価値論と「生活の質」

今日、環境保全のために求められている取組みを整理するならば、①汚染防止、②自然保護、③アメニティ保全という3つの主要な課題に分類される。ただし、これら3つの課題はばらばらで並列的な関係にあるのではなく、それぞれ密接に関連し、相互に重なり合う（図1）。

戦後日本の歴史では、大気汚染、水質汚染、土壌汚染などによる激甚な汚染被害（日本では「公害被害」と呼ばれてきた）を多発させたという深刻な

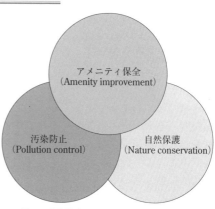

図1　環境保全のための3つの主要な課題

事態に直面してきたため、特に汚染防止の重要性に対する認識がそれなりに高まってきたといえる。その後、自然保護の重要性も次第に認識されるようになってきたが、残念ながら、今なお日本では、アメニティ保全の重要性に対する認識は低いままであり、今後の課題となっている。

●アメニティ保全の重要性に対する認識　アメニティ保全の重要性がいち早く認識されてきたのは、特に19世紀後半以降のイギリスにおいてであった。そもそも「アメニティ」という特有な概念が登場したのもイギリスである。『アメニティと都市計画』（1974／訳1977）という名著で知られるD.L.スミス（Smith）によれば、「アメニティ」という言葉は、ラテン語の「アモエニタス」から派生し、その語源は「アマーレ」（「愛すべきもの」の意）に由来するとされている。つまり「アメニティ」とは、人間の本性からみて「愛すべきもの」「好ましいもの」「いとおしいもの」「美しいもの」などを指し、言い換えれば、人間的な生活の良きあり方にとって「かけがえのない価値」を有するものやその性質のことである。

なお、こうした「アメニティ」を保全していくことの重要性に対する認識が特に19世紀後半のイギリスにおいて高まっていった背景には、以下のような諸事情があった。すなわち、①18～19世紀にかけてのイギリス近代化の過程で失われていった「共有地」の保存と開放を求める運動と思想の影響、②当時のイギリスにおける産業革命の進展とこれに伴う近代の工業化・都市化の過程において、とりわけ都市部で極度に悪化した公衆衛生や劣悪な居住環境の改善を求める運動と思想の影響、③上述の近代化の過程で次々と消えかけていった歴史的・伝統的

建造物等を保存することを求めた都市美保全の運動と思想の影響，④「繁栄のビクトリア朝時代」と呼ばれた当時のイギリスにおいて新たに登場してきた相対的に裕福な中産階級の人々を中心とする良好な生活環境を求める声の増大，こうしたいくつもの複合的な諸事情を反映していたといえる．

●ラスキンによる「固有価値」の概念　前述したようなアメニティ保全の重要性に対する認識を高めるうえで，理論的ないし思想的に大きな影響を与えた人物が，19世紀後半のイギリスで活躍したJ. ラスキン（Ruskin）であった．ラスキンは，一般には絵画批評家，あるいは美術ないし芸術の評論家として有名だが，同時に彼は，当時の経済学における「交換価値」や「効用価値」の理論を批判し，「固有価値」という別次元での重要な価値概念を提起していた．この「固有価値」という概念は，「他のものには代えがたく，それ自体に内在している本質的な価値」といった意味だが，ラスキンは，こうした「固有価値」は特に人々の「生の充実」にとって不可欠であり，「かけがえのないもの」だと主張していた（池上，1993）．

ラスキンは，「固有価値とは，何らかの物がもっている，生を支える絶対的な力である」（『ムネラ・プルウエルス』序文）と述べている．さらに，彼が「この最後の者にも（Unto This Last）」（1862）と題した論文のなかで残した "There is no Wealth but Life!（生〈の充実〉なくして富〈豊かさ〉はない！）" という有名な一節は，ラスキンによる「固有価値」の考え方の真髄を凝縮的に示したものであり，これは，アメニティ保全の重要性を根拠付けるための理論的出発点を与えたものだといえる．

●「生活の質」と「経済的豊かさ」の問い直しへ　上述したようなアメニティ保全の重要性とそれを理論的に根拠付けるラスキンによる「固有価値」の考え方は，今日の経済社会における人々の「生活の質」をめぐる議論にとってきわめて重要な意味をもつ．それは，近代以降，私たちが追い求めてきた（そして，今なお多くの発展途上諸国が追い求めている），いわゆる「経済的豊かさ」の内実を改めて根源的に問い直していくという，今後における重要な課題へとつながっている．

近年，経済学の分野では，1998年にノーベル経済学賞を受賞したA. セン（Sen）に代表されるように，A. スミス（Smith）以来の "Wealth"（富）や "Welfare"（厚生）に関する議論から，より幅広い "Well-being"（生の豊かさ）に関する議論が重要テーマになってきており，改めて，ラスキンの「固有価値」論が注目されている．　　　　　　　　　　　　　　　　　　　　　　　　　　　　　　　　　　[寺西俊一]

📖 **参考文献**

・五島　茂責任編集（1979）『ラスキン／モリス』中央公論社.
・寺西俊一（2000）「アメニティ保全と経済思想―若干の覚え書き」環境経済・政策学会編『アメニティと歴史・自然遺産』環境経済・政策学会年報第5号，東洋経済新報社.
・伊藤邦武（2011）『経済学の哲学―19世紀経済思想とラスキン』中央公論新社.

マルクスにおける公害・環境破壊の原因

●**人間と自然の間の物質代謝** K. マルクス（Marx, 1818-1883）の『資本論』（1867）は，環境問題を「人間と自然の間の物質代謝」と捉えて体系的に解析しており，それは現代の環境問題を分析する視角として有効である．第1は，「人間と自然の間の物質代謝」を，道具や機械などの労働手段により，「媒介・規制・制御」を行うという人間労働の特徴付けに関わる視角である．これを現代に敷衍すれば，機械・コンピュータ利用，情報通信技術（ICT）時代といわれる産業社会の展開，産業構造の変化などによる環境問題の特質を分析する必要があるということである．第2は，この物質代謝が自然法則と社会からの二重の性格規定を受け取るということである．地球上の水循環や炭素循環は工業化社会によって大きく変容を遂げている．したがって，単純な生物学レベルの「生命の自然法則」のみでなく，社会的な規定を受けた物質代謝が問題となる．第3は，「人間と自然の間の物質代謝」の撹乱の問題である（図1）．『資本論』では，人間の消費の廃棄物（排泄物）が農村に還流せず，都市下水道によって，川や海へ流れ，土地肥沃度の低下を招くとともに，河川が汚染されることが問題とされている．さらに今日では次の諸点が問題となる．すなわち，①工業生産における「生産の廃棄物」による大気汚染，土壌汚染，水質汚濁など，ごみ問題など，②生産物そのものの粗悪品，有害物による「食品公害」「薬害」「自動車公害」，③「消費の廃棄物」による下水問題などである．これらも大きく見れば，「人間と自然の間の物質代謝」の問題に含まれる．第4に，こうして撹乱された「人間と自然の間の物質代謝」を再生する課題が生まれてくる．マルクスは「資本主義的生産は，かの物質代謝の単に自然発生的に生じた状態を破壊することによって，物質代謝を，社会的生産の規制的法則として，また人間の十分な発展に適合する形態で体系的に再建することを強制する」（同書訳 1982，第1巻第13章「機械と大工業」10節「大工業と農業」）と指摘している．これは，今日の課題との関連でいえば，「サステナブルな発展」のために，地球環境の修復と維持管理をどのように行うかという問題である．

●**利潤追求と公害** 資本主義的生産の一般的基礎である商品生産は，生産の目的を交換価値に置いているが，さらに資本主義的生産は，その規定的動機が利潤の追求にある．その利潤率（剰余価値を投下資本である不変資本と可変資本の合計で除す）を上げるには，労働時間を延長するか労働強度を強めるかして，分子である剰余価値を増やすか，あるいは分母である商品生産に必要な不変資本（機械設備と原料など）の価値の減少によるほかはない．

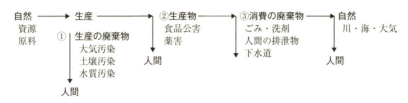

図1 「人間と自然の間の物質代謝」の撹乱

　工場で生産を行うためには,設備と原料と労働力が必要である.資本の分類では,設備と原料を不変資本といい,労働力を可変資本(賃金)という.設備の価値は使用期間に応じて商品に移転すると考える.原料の価値はむだにならない部分はすべて商品の価値になると考える.原料を加工するときに平均してむだにならざるを得ない廃棄物は,原料費として算入されている.ところが,「歩留り」の向上といわれるように,それら廃棄物が再び売れるようになる程度に応じて,再び売れるようになった新たな商品に価値移転されるため,不変資本が減少し,実質上,労働の生産力が上昇し,商品量が増大し,個別価値が下落(価格低下)したのと同じ結果になる.しかし,そのためには,廃棄物を利用する新たな設備など不変資本投下が必要となる.したがって,具体的には廃棄物の質,量,価格などが問題となる.

●廃棄物と資本　資本が廃棄物を利用するのは,以上の条件を考慮して,利潤率の上昇につながる場合だけである.廃棄物を出さないようにする節約(生産工程のクローズド化,高収率化)の場合も,同様の条件を資本は考えて投資を行う.利潤率を上げるための,公害をもたらす廃棄物の排出を防止する公害防止設備の節約は,安全装置の節約など「労働者を犠牲にした労働条件の節約」と同様,「固定不変資本充用上の節約」であり,本来投下すべき固定不変資本を節約するところから生ずる.この点で,リサイクルなどの生産上の廃棄物の利用による節約,発生抑制で廃棄物を出さないようにする節約とは区別される.労働災害などを引き起こす「労働者を犠牲にした労働条件の節約」は,労働力としての可変資本と,機械設備としての不変資本の損失となる限りにおいて,資本も利害関係をもつが,公害防止設備の節約はこの面での制約はない.産業公害の基本的特徴は,①生物的弱者への被害の集中,②社会的弱者への被害の集中,③絶対的不可逆的損失の発生にあり,被害者が企業に雇われていないので企業にマイナスにならないという宮本憲一の指摘は,今日のアスベスト問題にもあてはまる(宮本,2007:127).このほか,マルクスは,『資本論』第3巻の「地代論」において「独占され得る自然力」に基づく,種々の地代追求によって,自然環境の収奪的利用と放棄的利用が発生することを解明している.森林資源破壊や海洋資源収奪を分析するうえで不可欠な視点である.　　　　　　　　　　　　　　　　　　　［吉田文和］

ジェヴォンズにおける
石炭の枯渇と負効用の発見

　W. S. ジェヴォンズ（Jevons, 1835-82）は 1865 年の『石炭問題』（Jevons, 1865）で，枯渇の危惧をセンセーショナルに訴え，イギリスの社会と学会に受け入れられた．1871 年には満を持して限界効用学説による『経済学の理論』（Jevons, 1871, 以下，『理論』）を出版した．

●経済的枯渇　『石炭問題』では地質学者の主張する物理的な枯渇論に対して，自身の経済的な枯渇論を展開した．第 3 章と第 4 章では採炭の深層化に伴う物理的な限界によってではなく，採炭費用（排水・換気費用と人件費）が増大化して石炭価格が上昇することで，他国に対するイギリスの産業上の優位が脅かされるとみなした．第 5 章と第 6 章では，自国の産業上の発明や改良を考慮し，それらによる石炭利用の効率化が個別的な企業や家計の利用では消費を削減するが，むしろ全般的な消費の増大を招き社会全体としては枯渇傾向を抑制できないと考えた．それは効率的な利用が産業全般の利潤の増大と産業規模の拡大を可能にし石炭消費を促進するからである．こうした論点は，近年，B. アルコット（Alcott, 2005）の言説を嚆矢として，その現代的な意義が見直されている．つまり，エコロジー志向の経済学者や政府，政党，NGO の主張する効率化による消費抑制と環境影響緩和という「効率化戦略」が，総体的なリバウンド効果を伴うとする「ジェヴォンズの逆説」である．なお，ジェヴォンズは第 7 章では石炭を代替し得る水力，風力，潮力，そして石油などの適不適についても検討するが，いずれにも否定的であった．

●財貨と労働の負効用　ジェヴォンズの環境経済学へのより意義深い貢献は，1879 年に改訂された『理論』第 2 版にみられる．それは「負効用（disutility）」概念とそれを体現した「負の財貨（discommodity）」概念（具体的には「灰や汚水」）の提起にある．その理由は，これらの概念を後に A. C. ピグー（Pigou）が積極的に継承し，環境問題の本質を示唆する第三者への「負のサービス（disservice）」概念として発展させたからである（Pigou, 1920：183）．

　ジェヴォンズは『理論』の初版第 5 章「労働の理論」において，すでに労働について「負効用」を認めている．自らの図解（図 1 の実線部分）では（Jevons, 1871：168），労働は開始時点（o）から一定の生産量を実現するまでは漸減的な限界負効用を伴う（o〜b）．しかし，労働はその後，限界効用を伴うものに転じ，変曲点まで，その限界効用は漸減的ではあれ増大する．そして変曲点を超えると，この労働の限界効用は逓減的となり，一定の生産量（c）を達成して以降，労働は再び限界負効用の増大を伴いつつ継続される．その後，この漸増的な労働の

限界負効用と生産物の逓減的な限界効用が，絶対値において等しくなった（qm＝md）生産量（m）の時点で労働は終了する．

●**労働理論と負の財貨論の接合？**　初版での負効用への言及は以上にとどまる．しかし，既述のように第2版でジェヴォンズは，第3章の「効用の理論」に新たな節を設けて「灰や汚水といった，我々がそれからまぬがれたいと願うあらゆる事物」，つまり負の財貨に言及する（Jevons, 1879：62-63）．さらに彼は，自分自身を「生活上のき

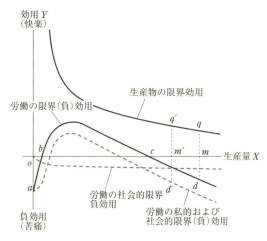

図1　ジェヴォンズの「労働の理論」と「負効用」論の接合
〔Jerons, 1879をもとに作成〕

わめて多くの行為に伴う苦痛の生産」を表現するこうした術語の第1発見者であると自賛する（同書；62）．ここには，ある効用を有する財の生産に必然的に付随する副作用，あるいは結合生産物として負の財貨が明言されている．先の労働の負効用は，当該の生産者自身甘受されるが，この負の財貨に体現された負の効用を彼は忌避する．と同時に，これらは複数の他者にとって忌避すべき負効用すなわち「社会的な負効用」となり得る．つまり，以上の負の財貨は必然的に正の財貨と結合生産され，「社会的な負効用」をもつ廃棄物として当該生産者から忌避され，彼の私的空間の外部に放置される．そのとき，この「社会的な負効用」が生産者自身の「労働の（負）効用」に加算され得るならば，自らの図解の実線に「労働の社会的限界負効用」が点線として挿入されてよい．そして，それが「労働の限界（負）効用」と合算されるならば，上述の労働の終了時点は，生産物の限界効用と，この合算された「労働の私的および社会的限界（負）効用」が絶対値において一致する（$q'm' = m'd'$），より生産量の少ない時点（m'）まで繰り上がる．

　ジェヴォンズによる負の効用と負の財貨の発見は，ほぼ90年後にE. J. ミシャン（Mishan）が著書『経済成長の代価』（Mishan, 1969：30）でおそらく最初に使用した「the 'bad'」（負の財）概念の先駆けであった．　　　　　　　〔大森正之〕

📖 **参考文献**
・井上琢智（1987）『ジェヴォンズの思想と経済学—科学者から経済学者へ』日本評論社．
・上宮智之（2001）「W.S. ジェヴォンズ『石炭問題』における経済理論」『関西学院経済学研究』第32号，189-209頁．

マーシャルにおける都市環境政策

　A. マーシャル（Marshall, 1842-1924）の経済学研究の動機の1つは，ロンドンの労働者の劣悪な住環境の改善を志向したことにあった．ケンブリッジ大学のフェロー時代の1873年に改良クラブで行った講演「労働者階級の将来」で，労働者には「新鮮な空気」による疲労回復と気分転換が必要だと主張した（Marshall, 1873 / 1977：16）．1884年には雑誌『同時代評論』に論文「ロンドンの貧困者の住居をいかにすべきか」を掲載し，貧困者には住宅改善と，「新鮮な空気」と健全な余暇の場が必要だと述べ，煤煙問題と陽光や緑地の稀少化の改善を求めた（同書：205-207）．1887年4月13日の『ポール・モール・ガゼット』紙の論説「ロンドンは健康か」では，清浄な空気，陽光，健康的な遊戯の不足により人々の活力が奪われる状況を危惧した（Marshall, 1887 / 1996：367）．

　マーシャルは1885年にケンブリッジ大学経済学教授に就任し，1890年には主著『経済学原理』（Marshall, 1890，以下『原理』）を出版した．『原理』での住環境問題に関する基本認識は以下のようであった．1846年の穀物法の撤廃以降，海上輸送技術の発展と外国での陸上輸送技術の発展により，イギリスへの外国産原材料の豊富な輸入が急速に拡大した．そのため労働者人口の増加と都市への集中が起こるが，それに対応する衣食の分野での欲望充足が可能になった．しかし，陽光や新鮮な空気など輸入できない自然環境や住環境は劣悪化することになる（Marshall, 1890：379-380）．

●**無償財および財としての基本的人権**　『原理』では独自の財概念が提示された．財を外部的な財と内部的な財とに区分し，前者を物的な財と人的な財に分け，さらに両者を譲渡可能なものと不可能なものに分けた．また，後者の内部的な財には区分を設けず，人的な財であり，かつ譲渡不可能な財であるとした．こうして財は5範疇に区分された．この中で住環境と自然環境に深く関連するのが，「外部的で物的で譲渡不可能な財」つまり気候や陽光や空気といった無償財である．1891年の第2版以降は「市民の基本的人権」を内郭的かつ人的な財とし，同じく譲渡不可能なものとした（Marshall, 1891：107）．マーシャルにとって，一定の良好な住環境を享受する権利を市民の基本的な権利であると社会が認めれば，不可侵の国民的な富として政治的かつ経済的にその基盤が保護・保障されるべきものであった．

●**空気浄化税の提案**　1897年にマーシャルは「地方税に関する王立委員会」からの質問状に回答し，空気浄化税（fresh air rate）を次のように提案した．人口稠密な都市に形成される特殊な地価に対して，救貧税に加え，新たに都市労働者

の住環境を改善する財源として空気浄化税を課すとしたのである．具体的には，労働者のスポーツや憩いの場となる公園などの緑地帯を造成して清浄な空気を供給するために，中央政府の管理下で，地方政府がこれらに支出する財源を土地所有者から調達すべきとした．また，この税が土地所有者にとって過重な負担にならない理由として，住環境が改善されれば将来的には地価は上昇し，税負担は長期的には相殺されるとした（Marshall, 1897 / 1907：360-362）．空気浄化税の提案は，1907年になって初めて『原理』第5版の改訂時に，新設された地方税に関する付録Gに収録された．

●**都市部での開発と建築への規制措置**　この付録Gでは，都市部での開発を促進したり抑制したりする手段としての租税措置についても言及した．それは人口密集地域での不動産課税が富裕階級を郊外に移転させ，スラム化した同地域の極貧者の生活保護費用を，残された労働者階級が負担する理不尽を正すことを要請した（Marshall, 1907a：798）．また都市近郊の資産価値の高い農地について，地代基準の課税から実勢地価基準の課税に転換させ，地価上昇への期待による土地利用の停滞を改善し，土地の転用を促す，いわゆる「宅地なみ課税」の導入と開発促進地域と開発抑制地域の「ゾーニング」を提案した（同書：80）．さらに，すでに活発な建築が行われている地域における条例による建築規制の必要性を説いた．将来的には，あらゆる高層の建物は周囲に広い空き地を確保するべきだとし，「建ぺい率」に関わる規制の導入も提案した（同書）．

●**CSR・アメニティ・田園都市**　なお第5版を出版した1907年には，引退記念講演「経済騎士道の社会的可能性」が行われた．マーシャルはそこで，従来の自由放任には新たに「政府みずからをして，不可欠な事業を，そして政府以外に効率的にはなし得ない事業をなさしめよ」という意味を付加すべきだと主張した（Marshall, 1907b / 1977：600）．そのうえ，経済騎士道の担い手である企業には社会的な責任が伴うと述べている．ここには今日の「企業の社会的責任（CSR）」をめぐる議論の淵源が認められる．この講演では，大気や陽光や公園や景観などから具体的に構成される住環境を「アメニティ」と呼び（同書：609），市街地の急速な拡大に伴う次世代の健康への危惧と公的関与の必要性が公的機関でも自覚されてきたと指摘している（同書：600）．『原理』での都市住環境問題に関する一連の言及は，職住近接型の郊外コミュニティの創出を目指すE.ハワード（Howard）の「田園都市」構想に多大な影響を及ぼした．また，マーシャルはハワードの構想の啓蒙と実現を積極的に支援した．　　　　　　　　　［大森正之］

📖 **参考文献**
・マーシャル，A. 著，馬場啓之助訳（1965）『経済学原理』第1～4分冊，東洋経済新報社（なお，永沢越郎訳（1997）『経済学原理』岩波ブックサービスセンターも参照されたい）．
・マーシャル，A. 著，永沢越郎訳（2000）『経済論文集』岩波ブックサービスセンター．
・マーシャル，A. 著，伊藤宣広訳（2014）『クールヘッド＆ウォームハート』ミネルヴァ書房．

ピグーにおける環境問題への処方箋

●『厚生経済学』と環境問題　イギリスの経済学者 A. C. ピグー（Pigou, 1877-1959）による環境問題への処方箋を理解するには，彼が生きた 19 世紀末から 20 世紀前半にかけての時代背景や，経済学における地殻変動を押さえておく必要がある．この時期に起きた経済思想の非常に大きな変化は，「個々の経済主体の最適な行動の結果は，必ずしも社会的な最適状態とは一致しない」という認識が生まれてきた点にある．

　環境問題の発生もまた，私的利潤の最大化が社会的厚生の最大化を必ずしも意味しなくなった代表的な事例である．ピグーはその主著『厚生経済学』（1920）で，このことを「私的限界生産物と社会的限界生産物の乖離」という表現を用いて分析しようとした．企業は自らの利潤を最大化しようとして生産を行う．しかし，その生産過程で有害物質が工場外に排出され，近隣住民が被害を受けたとしよう．その被害は，正確に金銭的評価ができるかどうかはさておくとしても，経済的な損失をもたらす．しかし，その損失は原因企業の経済計算には入っていない．こうして，企業の私的経済計算の結果と，その企業の生産が社会に与える損失を差し引いた社会的経済計算の結果との間に乖離が生じる．このケースでは，私的経済計算に基づく生産物よりも社会的経済計算に基づく生産物の方が小さくなる．このとき，社会的厚生は最大化されないことを，ピグーは指摘したのである．これを，現代経済学では「市場の失敗」と呼ぶ．市場にはそれを自動的に修正するメカニズムが備わっていないため，国家による市場介入が必要となる．これが，「私的限界生産物と社会的限界生産物の乖離」という言葉によってピグーが言い表そうとしたことである．

●私的最適と社会的最適の乖離　もちろん逆のケースとして，企業の私的経済計算には組み込まれないが，社会的には望ましい影響を与えるような生産活動を行う場合がある．この場合には，社会的経済計算の結果の方が，私的経済計算の結果よりも大きくなる．現代経済学では，これらは「外部性」という概念のもとで一括して議論されている．生産が負の影響をもたらすケースを「外部不経済」，正の影響をもたらすケースを「外部経済」と呼ぶ．ピグーは以下のように，社会にとって何が望ましいか（その判断基準は，「社会的厚生」の最大化が図られるかどうかに置かれる）を判断するには，これら外部性の要素を経済計算に組み込まなければならないと強調する．

　「例えば，後の章でいっそう詳細に説明するが，鉄道の機関車からの火の粉で周囲の森に償われざる損害を蒙ることがあるように，直接関係のない人々に費用

がかかってくることが起る．かかる影響はすべて—その中の或るものは正の要素であり，他の一部は負の要素であろう—任意の用途または場所に振り向けたある量の資源の限界増加分の社会的純生産物を計算するに当たって包含されなくてはならない」（ピグー，1954，第2分冊：11）．

これは，「社会とは私的なものの総和にほかならず，『私的なもの』と『社会的なもの』との間に矛盾はない」とするイギリスの功利主義哲学者のJ.ベンサム（Bentham）の社会観に対する根本的な批判でもある．重要なのは，ピグーが「外部性」にみられる「市場の失敗」は一時的な摩擦現象ではなく，現代資本主義に恒常的にみられる現象であり，したがって国家による市場介入が正当化されると考えていたことである．外部不経済が発生している場合には，課税によって原因となっている生産活動を抑制し，逆に外部経済が発生している場合には補助金によって原因となっている生産活動を奨励すべきことを，彼は経済理論を用いて根拠づけた．

●政府による市場介入の典型例としてのピグー税　このうち，外部不経済に対する課税は，現代では環境税導入の理論的起源となっている．環境税が往々にして「ピグー税」と呼ばれるのもそのためである．これらは，「原子論的社会観」に立脚し，政策論的には自由放任主義に依拠していた当時の主流経済学説からの大きな転換を意味していた．それは金本位制，自由貿易制度，均衡財政主義などからなる19世紀的な調和論的自由主義経済観とも鋭い対比をみせていたのである．自由主義経済観によれば，物価，為替レート，賃金，利子などの価格パラメータが円滑に機能して資源配分が効率的に行われ，経済の自律的な調整が進行すると想定されていたのである．

これに対してピグーの『厚生経済学』は，私的限界生産物と社会的限界生産物の乖離以外にも，競争価格や供給の国家規制，独占の公的規制，産業の公営化，産業平和，労働問題，富者から貧者への所得移転といった現代経済政策上の諸問題を正面から取り扱っている．彼は当時の主流学説と異なって，ますます大きな問題となりつつあった独占の弊害，貧困，社会的不平などといった諸問題を，経済厚生の損失という形で正面から経済理論に組み込もうとしたのである．そして彼は，自由放任の経済政策ではこれらの諸問題を解決できないと考え，経済厚生を最大化するためにも，国家が全面的に市場に介入する必要があると考えた．環境問題は彼にとって，そうした政府の公共介入を必要とする代表的問題の1つだったのである．

[諸富　徹]

📖 参考文献

・ピグー，A. C. 著，気賀健三他訳（1953-1955）『厚生経済学』1・2・3・4，東洋経済新報社．

レイチェル・カーソンの環境思想

　21世紀は環境を最優先に考え，人類の持続可能な社会を保障する「環境の世紀」になることが期待される．その環境主義への転換のきっかけとなったのが，1962年に出版されたR. L.カーソン（Carson, 1907-1964）の『沈黙の春』である．それを読んだケネディ大統領は農薬委員会を設置し，1963年の報告書「農薬の使用」では『沈黙の春』の科学的な正確さが評価され，DDT（有機塩素系殺虫剤）などの農薬の毒性の問題に関する先駆性が指摘されていた（太田，1997：130-131）．DDTのもつ難分解性，高蓄積性（生物濃縮性），長距離移動性による汚染の問題は，全世界的な広がりをみせ，アメリカは1972年に，日本は1971年にそれぞれその使用を禁止した．欧州共同体（EC）では1979年に「DDT禁止等を定めた農薬指令」が出されている．

　『沈黙の春』の冒頭「明日のための寓話」の中で「耳をすましてもミツバチの羽音もせず，静まり返っている」（カーソン，1974：13）とカーソンは述べているが，1990年代初めから欧米や中国，日本など世界各地でミツバチの大量死・大量失踪（蜂群崩壊症候群）が報告された．その直接的原因とされたのが，カメムシなどの防除効果が高いとされるネオニコチノイド系農薬で，浸透性，残効性，神経毒性があり，ミツバチ以外にもトンボなどの昆虫類や鳥類などへの生態リスク，さらに乳幼児の発達障害などヒトへの健康リスクが懸念されている．2013年には，欧州連合（EU）の機関である欧州安全食品機関（EFSA）は予防原則を適用して，3種類のネオニコチノイド系について，穀物やミツバチが好んで訪花する作物への使用を制限した．

●**『沈黙の春』にみる環境リスク**　『沈黙の春』の中で，「経済的な毒素」（殺虫剤などの農薬）の乱用による生物への蓄積データから，生態学的な方法により食物連鎖による生物間のつながりを明らかにして，最後には，その影響が人間に及ぶことをカーソンは警告した．これは，化学物質の生態系へのリスク，生態リスクの考え方に結び付いた．一方で，「胎児がさらされる化学薬品はわずかの量にすぎないが，年のゆかぬ子供ほど毒に敏感に反応することを考えれば，その作用を無視するわけにもゆかない」（同書：38）と，化学物質の低濃度曝露によるリスクに着目している．胎内で活発に細胞分裂を繰り返す胎児や乳幼児は，化学物質の影響を受けやすいのである．これは，未然に健康被害を回避するための化学物質の健康リスクの考え方に結び付いた．

　さらに，化学的に合成された農薬による化学的防除（化学農薬）に代わる，遺伝学や生理・生化学，生態学など生物学の方法（微生物や天敵の利用）による生

物学的防除（生物農薬）の必要性をカーソンは説いており，これは広く代替原則の考え方につながった．現在では，化学農薬の利用を必要最低限にした総合的な防除対策（耕種的・物理的防除などによる総合的病害虫管理）が，さらに，環境を重視（天敵の利用）した総合的生物多様性管理では，害虫を「ただの虫」水準に制御しながら，作物とともにほかの生物とも共存できる絶滅させない管理が求められている．

●**『沈黙の春』にみる環境思想**　『沈黙の春』の「べつの道」の冒頭で「長い間旅をしてきた道は，すばらしい高速道路で，すごいスピードに酔うこともできるが，私たちはだまされているのだ．その行きつく先は，禍いであり破滅だ．もう1つの道は，あまり《人も行かない》が，この分かれ道を行くときにこそ，私たちの住んでいるこの地球の安全を守れる，最後の，唯一のチャンスがあると言えよう」（同書：354）とカーソンは述べている．一方，アメリカの環境学者 D. メドウズ（Meadows）らの『限界を超えて』（Meadows et al., 1992）には，このまま経済成長を追求すれば，環境破壊を中心として事態は悪化の一途をたどり，人類社会にはもはや破滅しか残されておらず，破滅を避けるためには「持続可能性を追求する革命」が，今必要であるというものであった．「すばらしい高速道路の行きつく先は，禍いであり破滅だ」とするカーソンの立場，その破滅を避けるための「べつの道」は，「持続可能性を追求する革命」というメドウズらの立場に近いとみることができる．

　さらに，農薬など化学物質の乱用について，「これから生まれてくる子どもたち，そのまた子どもたちは，何と言うだろうか．生命の支柱である自然の世界の安全を私たちが十分守らなかったことを，大目にみることはないだろう」（同書：26）とカーソンは述べている．そして，「こうした問題の根底には道義的責任——自分の世代ばかりでなく，未来の世代に対しても責任をもつこと——についての問い」（カーソン，2000：271）があると．これは「今の大人たち」の現在世代が「これから生まれてくる子どもたち，そのまた子どもたち」の未来の世代の「あり方」を決めることにつながってしまうという人間倫理（世代間倫理）に関わるものである．ここで，持続可能な社会とは，安全の確保を未来の世代につなげる人間倫理に基づく社会であるといえる（多田，2016：9-10）．

　「われわれ自身のことだという意識に目覚めて，みんなが主導権をにぎらなければならない．いまのままでいいのか．このまま先へ進んでいっていいのか」（カーソン，1974：354）．「べつの道」（持続可能な社会）に進んでいく確かな判断を，自分たち一人ひとりが下さなければならない．　　　　　　　　　　［多田　満］

📖 **参考文献**
・上岡克己他編著（2007）『レイチェル・カーソン』ミネルヴァ書房．
・多田　満（2011）『レイチェル・カーソンに学ぶ環境問題』東京大学出版会．
・多田　満（2015）『レイチェル・カーソンはこう考えた』筑摩書房．

ガルブレイスの社会的アンバランス論

　アメリカの制度派経済学者，J. K. ガルブレイス（Galbraith）は，その主著『豊かな社会』（Galbraith, 1958）において，アダム・スミス以来の経済学で通念とされる，市場経済における消費者主権の概念に対して，現実の資本主義社会，特に高度経済成長を通じて達成された「豊かなアメリカ社会」では，大企業を中心に生産者主権が制度化したと主張した．特に，寡占市場における大企業は，大量の生産物を計画的に販売するために，広告・宣伝等のマスメディアを通じて，消費者に大量の情報を提供し，消費者は生産物の購入を余儀なくされるという依存効果をつくり出したという．1950〜60年代，アメリカ合衆国では，自動車，電機，化学等の分野で，技術進歩が花開き，国内総生産（GDP）の成長とともに，消費者は豊かな社会を享受し，消費者の需要は，必需的，基本的な財から，任意性の高い財へと変化してきた．こうした時代，企業は次から次に，消費者に新たな欲望を満たす財を提供し，消費者の欲望水準も上昇し，消費者は「豊かな社会」でいつも欲望が満たされない精神的窮乏感を抱くようになった．

●**「豊かな社会」における貧困**　ガルブレイスは，「生産が欲望を充足するばかりでなく，欲望を育成するものであるとすれば，生産の拡大は，経済的進歩や特に社会的進歩の満足な尺度とは言えない」と述べ，依存効果が広く作用する社会では，生産量，GDPの拡大は，必ずしも，経済的福祉の拡大を意味するとは限らないとした．

　依存効果が定着する大衆社会のもう1つの特徴は，消費者は，市場で労働や資本などの資源が利用されてしまうため，基本的な生活に必要とされる公共サービスを十分に受けられなくなるということである．このような，市場における「豊かな社会」と，貧しい公共サービスというアンバランス状態を，ガルブレイスは，社会的アンバランスと呼び，豊かな時代における新たな貧しさと考えた．ガルブレイスは，私的財である自動車は，規模の経済，技術革新によって，大量に販売されるが，自動車交通の拡大に付随して増える道路建設は公共財であり，私的財と同じようなスピードで増やすことは容易でない．これは，都市部における交通混雑を見れば明らかで，公共財に投入される資源は，私的財に投入される資源量に比較して相対的に小さくなる．

　ガルブレイス自身が描いた社会的アンバランスは以下のようであった．「ある家族が，しゃれた色の，冷暖房装置付きのパワーステアリング・パワーブレーキ式の自動車でピクニックに行くとしよう．かれらが通る都会は，舗装が悪く，ごみくずや，朽ちた建物や，広告板や，とっくに地下に移されるべきはずの電信柱

などで，目もあてられぬ状態である．田舎に出ると，広告のために景色も良く見えない（商業宣伝の広告物はアメリカ人の価値体系の中で絶対の優先権をもっている．田舎の景色などという美学的な考慮は二の次である．こうした点ではアメリカ人の考え方は首尾一貫している）．かれらは，きたない小川のほとりで，きれいに包装された食事をポータブルの冷蔵庫から取り出す．夜は公園で泊まることにするが，その公園たるや，公衆衛生やと公衆道徳をおびやかすようなしろものである．」（同書：196-7）ここでは，生産物の対，自動車と道路，ポータブル冷蔵庫と公園との間のアンバランスが指摘されている．

●社会的アンバランスと制度学派の系譜　ガルブレイスは，公共財の供給を増やすためには，消費者が幅広く負担する売上税を導入すべきだと説く．また，『豊かな社会』の改訂版では，社会的バランスの喪失が，貧富の差を拡大すると主張する．例えば，公立学校，公立図書館，公園，公的レクリエーション施設，公共交通などの貧しい人々によって要求される公共サービスが，「小さな政府」によって縮小される一方，豊かな人々は，私立学校，民間警備保障，私的なレクリエーション施設，マイカーなどを利用し，貧富の格差が広がるのだ．

　ガルブレイスの社会的アンバランス論が，最も良く適応できる国は，アメリカではなく，日本だったかもしれない．実際，戦後の高度経済成長を契機に，日本は，急激なモータリゼーションを経験し，大規模な道路建設が一貫して押し進められた．日本における急速な道路建設は，特に，都市圏における市民生活に多大な影響をもたらし，交通事故，沿道周辺地域における振動，騒音，そして，大気汚染による健康被害をもたらした．こうした，現代都市における公害は，新しい貧困，格差を生み出したのだ．

　ガルブレイスが指摘した，通念としての消費者主権についての疑問は，都留重人が『公害の政治経済学』(1975) において詳細に論じ，より良い環境便益を享受したいという消費者の欲求は，その意思を市場において示すことができないのだから，環境という公共財は維持できず，消費者の福祉は損なわれる外部効果が生じることを指摘した．ガルブレイスが指摘した私的財と公共財の供給のアンバランスは，私的財と公共信託財産としての環境の間のアンバランスという形で示された．また，市場経済では，福祉とは無縁な GDP の増加が生じる事例が指摘され，その中で，計画的な陳腐化や物理的寿命を速めて，耐久財を多売する「むだの制度化」という現象が展開される．これは，産業と営利を峻別する制度派経済学者の T. B. ヴェブレン (Veblen) によって，「産業生産以外の面での支出，つまり産業の立場からすれば純粋の無駄であるような支出によって商品やサービスが吸収されるという現象」と定義されているものを，都留が，「産業の立場」を「消費者福祉の立場」に変えて展開したものである．ヴェブレン，ガルブレイス，都留の一連の著作で，社会的アンバランスの考え方が引き継がれている．

[永井　進]

カップの社会的費用論と社会的最低限

　K. W. カップ（Kapp）は，公害・環境問題を社会的費用として捉え，その費用負担が弱者に強いられている社会構造を批判し，その改善を求めるために，独自の経済学を発展させてきた．彼の前期は社会的費用論の構築，後期は制度学派としての自らの理論の精緻化を図ってきた．彼は，被害者の側に立つことを決断し，それを貫き通した経済学者であったといえる．

　カップの社会的費用論は，公害・環境問題が深刻化していった 1960 年代以降，日本の環境経済学にも多大な影響を与えてきた．また，福島原子力発電所事故を契機に，カップの社会的費用論は再び注目されている（☞「制度学派の環境経済学の形成と発展」）．さらにヨーロッパでも，カップの業績は再評価されつつある．これは，所得格差などの不安定な社会経済状況にあるからこそ，不合理を不合理のまま放置せず，不合理を最小にする社会のあり方を求め続けたカップの業績が現代社会にとっても重要であることを示しているといえよう．

　そもそも社会的費用という概念は，新制度学派や新古典派経済学の論者によっても用いられてきた．実際，「コースの定理」をめぐる論争のきっかけとなった R. H. コース（Coase）の論文のタイトルは，「社会的費用の問題」であった．しかし，カップとコースの社会的費用の位置付けは大きく異なる．

　例えば，新古典派経済学における外部性論の一般的な考え方は，企業が実際に負担した費用としての私的費用と他者に押し付けた悪影響（の金銭換算したもの）を外部費用とし，両者を合わせたものを社会的費用とみなしてきた．そのうえで外部性論は社会全体から見て，社会的費用の最小化を目指した．外部性論を批判したコースですら，このような区別はそのまま受け入れていた．

　しかしカップは，これでは誰がどの程度負担させられているのかがわからなくなり，不合理な結果を生み出すことを批判し，外部費用の代わりに，自然や第三者へ押し付けた悪影響を社会的費用と捉え直したのである．さらに彼は，社会的効率性よりも社会的公正さが保たれている世界を支持し，誰が負担させられているのか，誰が本来負担すべき費用なのか，といった点にこだわった．

●カップ社会的費用論の体系化　　カップの著作を読むと，確かに彼自身も社会的費用を混乱して用いてきた．この点は，宮本憲一や寺西俊一などによって批判的に継承され，次のように現代のカップ社会的費用論は理解されている．

　公害や環境問題などは，「社会全体にとっての各種の損失」という意味の社会的損失としてまず現れ，この社会的損失のうち金銭換算された部分だけを社会的費用とする．これは，「人命の損失」などを典型とする「絶対的損失」を区別し

て捉えるためである．さらに，社会的費用のすべてが被害者に補償されたり原因者が負担したりする訳ではない．これら実際に支払われた補償金や公害防止費用のことを「社会的出費」として，社会的費用と区別する．社会的費用が正確に推計できたとしても，社会的費用と社会的出費が一致する保証はない．そこには，現実に存在する「制度」が必ず介在する．例えば，政策当局がどの程度当該問題の解決を重視するのか，予算はどの程度確保できるのか，世論はどのような反応を示すのか，といった無数の制度的要因が社会的費用のあり方を規定することになる（寺西，2016）．

　カップが強調するように，経済制度は他の社会・文化制度に組み込まれており，社会問題の原因（個々人の選択を含む）が相互に影響し合うとともに，社会問題の結果がその原因群に影響を与え，原因も長期的には変容させられる．さらにカップは，こうした一連の因果関係が，あたかも螺旋階段のように，時代とともに進んでいくとみなした．それゆえカップは，「累積的因果関係性」を経済学や他の社会科学の分析枠組みの中心に据えるべきだと主張したのである（カップ，2014）．

●**社会的最低限**　この制度の介在が社会的費用と社会的出費の乖離を生み出すからこそ，カップは社会的費用論から独自の経済学（制度学派）の構築を目指したが，そこでの重要な概念の1つが「社会的最低限」であった．人々が人間らしい生活を営むために必要最低限の資源はどの程度か，これを確定することができれば，社会が目指すべき基準を客観的に設定することができる．規定された社会的最低限が達成されない状況とは，それが社会正義にもとる状態であり是正されるべき状態であることを社会が客観的に理解することができる状態を意味する（カップ，2014）．

　もちろん，カップの言う社会的最低限が簡単に決まるとは限らない．例えば，生活保護を受給する家庭にとってのクーラーは人が営む最低限の生活装置と考える人もいれば（そう考える人は多いだろう），「贅沢品」とみなす人がいるかもしれない．これらの対立した考え方は調整される必要があるが，社会的最低限とは何かを社会的に合意形成すること自体，社会的意思決定の客観性の確保につながることに目を向けるべきだろう．

　こうしたカップの社会的最低限の概念は，J. ロールズ（Rawls）の正義論や宇沢弘文の社会的共通資本論に通ずる考え方であり，早い時期からこの点を強調してきたことは，高く評価されてよい．カップの業績の影響力は，社会科学のヒューマニズムを目指す動きの中で広範囲に及び，これからますます重要視されることになるだろう．
[野田浩二]

📖 **参考文献**
・除本理史（2007）『環境被害の責任と費用負担』有斐閣．

コースにおける環境問題と
政府・市場・企業

R. H. コース（Coase, 1910-2013）はロンドン（ウィルズデン）に生まれ，ロンドン・スクール・オブ・エコノミクスに入学後，1931 年から 1 年あまりのアメリカ留学を経て商学の学位を取得．同大学などで教鞭をとった．第 2 次大戦期にはイギリス政府の仕事をした後，1951 年にロンドン大学から経済学博士の学位を取得してアメリカに移住した．バッファロー大学，ヴァージニア大学教授を経てシカゴ大学教授（1964〜81）を務め，*Journal of Law and Economics* の編集にも携わった．コースは寡作とされるが，留学時に工場主や事業家を訪ねた際の見聞をもとに書いたという「企業の本質」(1937) と，米国に移住したあとに著した「社会的費用の問題」(1960) は，広く読まれ，「法と経済学」と呼ばれる分野や，企業論に大きな影響を与えた．1991 年にノーベル経済学賞を受賞．2000 年にはコースの著作に触発され，コース自身を研究アドバイザーとするロナルド・コース・インスティチュート（在ミズーリ州セントルイス）が設立され，ワークショップや若手の研究支援などの活動を開始した．役員には経済学者 K. J. アロー（Arrow）なども名を連ね，現在にいたるまで活動を続けている．

●コースの立ち位置　コースの経済学の影響やその位置付けは必ずしも一様ではない．例えば 2010 年までのノーベル経済学者の仕事を分類し評価した T. カリアー（Karier）の著作においても，コース自身は G. S. ベッカー（Becker）らとともに「シカゴ学派のミクロ（経済学）」の枠内に収められている一方で，「歴史と制度」の章においては，O. E. ウィリアムソン（Williamson）や E. オストロム（Ostrom）の制度への関心に影響を与えた経済学者として言及されている．これには，コース自身の力点と彼の理論の解釈の乖離が関わっている．

●コースの思想と環境問題　コースが経済理論に対して行った主な貢献は，取引費用の概念である．取引費用とは，市場を利用して取引を行うために必要な「交渉相手の発見，交渉内容や取引条件の伝達，成約にいたるまでの様々な駆け引き，契約の締結，契約条項の遵守を確かめるための点検」（三上，2014：526）などに付随して発生する費用である．企業における生産や組織の規模が拡大すると取引費用は上昇し，市場原理は必ずしもスムーズに機能しないため，企業は内部で調整を行おうとする．コースはこの点から，企業と市場がむしろ相容れない性質を持つと主張した．コースの思想から発展した取引費用の経済学とは，企業や市場での交渉や契約に着目し，法律や制度を考慮に入れる経済学である．

コースは「連邦通信委員会」(1959) と題する論文において，「米国におけるラジオの周波数帯の使用は，入札により最も高い価格を付けた人に認める方が，行

政上の手段によって決められるよりも望ましいだろうと主張した. ……所与の周波数で電波を発信することの効果は, その周波数および隣接する周波数を他の者がどう利用するかに, 決定的に依存するからである. ある特定の周波数にいくら支払われるかを具体的に決めるには, ……人々が所有する諸権利を, 何らかの形で特定化しないかぎり, 不可能である」(コース, 1992:13) と述べた. ここでは, ラジオの周波数帯の使用に対して所有権が設定され, それに関わる人々との間にかかる費用から各自の価格が見積もられ, 入札競争によって最終的な価格が決定される. コースはこの議論の延長上に, 社会的費用, つまり何か有害な影響等による生産物の価値の低下に関して考慮される費用の分析を置き, 環境問題にアプローチする視角を提示した.

●**思想史における位置** コースは英国における汚染等の事例に言及しながら, 従来は市場取引の外部性とされてきた問題に関わる人々も当事者に含め, 費用として算入する手法を提示した. またこれによって, 別の解決法すなわち政府による規制や課税を通じた対応を提唱したA. C. ピグー (Pigou) ら厚生経済学者の手法を根本的に批判した. コースによれば, ピグーらが考察する社会的生産物の定義等は曖昧であり, 彼らの示す経済政策は論証に欠陥を含んでいる. コースはむしろ「機会費用の概念を用いて, 生産諸要素の代替的使用や代替的配合から得られる生産物の価値との比較によって, これらの問題にアプローチする」(コース, 1992:148) ことが適切であるとした. G. J. スティグラー (Stigler) らはこれを受けて取引費用がゼロである場合に関心を集中させ, 完全競争のもとでは私的費用と社会的費用は等しくなるとして, これを「コースの定理」と名付けた. コースの評価が分かれたのはこの定理を巡ってである.

●**コースとリバタリアニズム, 制度の経済学** コースの主張は, 取引費用を市場で内部化できるという考えに集約され, 政府の無能さ, 無用さを強調する点でリバタリアニズムと親和性を持つ. そこで, コース自身をリバタリアニズムや新自由主義と位置付ける場合もあるが, 異論もある. ラジオの周波数帯の議論は, 当初, M. フリードマン (Friedman) らシカゴ大学の経済学者たちの反感を買ったが, コースによる直接的な説明のあと, むしろコースの考え方がシカゴ学派の一部となったともいえる. 一方, 経済と法や制度の関わりを重視するという意味で, コースを新制度経済学の系譜に位置付けることは, ほぼ通説となっている.

[中山智香子]

📖 **参考文献**

・大森正之 (2005)「ケンブリッジ環境経済思想の形成と展開」金子光男・尾崎和彦『環境の思想と倫理——環境の哲学, 思想, 歴史, 運動, 政策』人間の科学社.
・カリアー, K. 著, 小坂恵理訳 (2012)『ノーベル経済学賞の40年——20世紀経済思想史入門』上・下, 筑摩書房.

クネーゼの水質管理論

A. V. クネーゼ（Kneese, 1930-2001）は，「環境経済学の父」「環境経済学のパイオニア」と呼ばれた，学説史上屈指の環境経済学研究者である．彼は，環境経済学の黎明期にあたる 1960～70 年代を中心に数多くの業績を残した．主な業績は，①前期（60 年代）の水資源管理研究，②中期（70 年代）の物質収支の経済学研究，③後期（80 年代以降）の環境経済学における費用便益分析と倫理の研究という 3 つに分類できる．そして，彼の環境経済学に通底する理論的基礎は，前期に行われた水質管理に関する研究に見て取ることができる．

●水質管理研究へ　クネーゼはテキサス州フレデリックスバーグで生まれ，1951 年に南西テキサス州立大学（現テキサス州立大学サンマルコス校）を卒業後，53 年にコロラド大学で修士号（学術学）を，56 年にインディアナ大学で博士号（経済学）を取得した．その後，ニューメキシコ大学の助教を 2 年間，カンザスシティ連邦準備銀行の研究員を 3 年間務め，1961 年にワシントンの未来資源研究所（1959 年に設立された世界初の社会科学系環境資源シンクタンク）に移った．彼は，研究者としてのキャリアの大半をこの研究所で形成することになる．

クネーゼの水資源管理研究の最初の成果は，カンザスシティ連邦準備銀行研究員の時代に発表した『水資源』（1959）である．この著作のテーマは，準乾燥地帯であるアメリカ南西部で，当時経済発展と人口増加によって増大していた水需要を満たすために，水資源をどのように配分すべきかということであった．数年後，未来資源研究所に移った後に発表した第 2 作目となる『水汚染』（1962）で，彼は水質管理研究に着手する．1960 年代初頭は，先進各国で経済成長の進展とともに，水質汚染が社会問題として顕在化し始めていた時期である．彼の仕事は，時代のニーズとともに，水資源の配分問題から水質管理の問題へとシフトしていった．その後，水質管理研究は彼の代表作となる『地域的水質管理の経済学』（1964），『水質管理』（1968，共著）へと展開していく．

●クネーゼの水質管理論とピグー的伝統の違い　クネーゼの水質管理論は，外部不経済論を理論的枠組みとする．外部不経済論は，A. C. ピグー（Pigou）の『厚生経済学』で提起され，環境汚染を社会的限界費用と私的限界費用の乖離によって生じる経済的厚生の損失として捉える．この経済的厚生の損失分を汚染者への課税（ピグー税）を通じて回復させ，外部不経済の内部化を図ろうとするのが後にピグー的伝統とよばれる立場であるが，クネーゼの水質管理もその一類型として評価されてきた．なぜなら，彼は外部不経済を生じさせる水質汚染に対する有効な政策手段として，汚染主体への排水課徴金を提唱していたからである．

しかし，厳密にいえば，クネーゼの水質管理論とピグー的伝統は，以下の3点において明確に異なっている．第1に，目指すべき政策目標が異なる．ピグー的伝統は，経済的効率性の達成を目標とするが，クネーゼは水文学的・生態学的に望ましい水質基準の達成を強調する．経済学的効率性の達成は実現困難なうえ，仮に実現できたとしても，それが水文学的・生態学的に望ましい水準であるとは限らないからである．第2に，課税という政策手段の趣旨が異なる．これは第1点目と関連する．確かに，両者は汚染者負担の原則に基づいた経済的手法を用いている点で共通してはいる．しかし，ピグー的伝統によるピグー税が，最善の経済的効率性を達成するために導入を意図されているのに対し，クネーゼの場合には，水文学的・生態学的に望ましい水質基準を最小費用で達成するために，つまり次善の意味での経済的効率性を達成するために導入が意図されている．第3に，上記の政策目標・政策手段を決定・実行するに当たって想定される政策主体が異なる．ピグー的伝統では，政策目標・政策手段を決定・実行する主体は政府が想定されている．一方，クネーゼの場合には，政府ではなく，自律的な意思決定権をもつ「流域圏管理機関」が望ましい政策主体として想定されている．

●流域圏管理機関と分担金　上記3点のうち，最後の政策主体に関する論点が，クネーゼの水質管理をとらえるうえで最も重要である．彼が「流域圏管理機関」と呼ぶこの組織は，かつて世界有数の工業地帯の1つであり，水質汚染もきわめて深刻であったドイツ・ルール地方の水資源管理を現在にいたるまで100年以上にわたって担い，一定の成果を出してきた流域圏内の自治体，取水・排水企業などで構成される自治組織，ルール水管理組合やエムシャー水管理組合がモデルとなっている．これらの組織についてクネーゼが着目した特徴は，環境税の先駆的事例ともいえる分担金（クネーゼは排水課徴金と表現）制度はもとより，既存の行政区域にとらわれずに流域を統合的に管理できる（つまり，統合的水資源管理）権限を有する点，および，利害関係者の意志を反映させつつ，流動的な状況に応じて政策目標・手段の変更，修正を行うことができる「順応可能性」を備えている点である．政府が政策主体である場合，水資源管理が行政区域に左右されてしまうこと，また，政策目標・手段の決定・実施が硬直的になりがちであることを，クネーゼは問題視していた．政策主体が上記のような特徴を備えていない限り経済学的効率性は実現できないという点が，クネーゼが水質管理研究で最も強調した点であった．

●外部不経済論批判の足がかりとしての制度　上述したクネーゼの水質管理論は，外部不経済論に立脚しつつも，現実の環境政策の課題を見据えた外部不経済論批判であった．代表的な外部不経済論批判は，K. W. カップ（Kapp）が社会的費用の概念を用いた旧制度派的な視点から，また，R. H. コース（Coase）が取引費用の概念を用いた新制度派的な視点から，それぞれ行った．クネーゼは，カップともコースとも異なる，政策主体の組織形態のあり方という独自の制度的視点を，我々に残したのである．　　　　　　　　　　　　　　　　　　　　　　[西林勝吾]

ミシャンの倫理に基礎を置く
客観主義の厚生経済学

　E. J.ミシャン（Mishan, 1917-2014）は，経済成長がもたらすゆがみや弊害を指摘し，経済成長が人々の経済的福祉を高めるというのは神話にすぎないと主張したので（Mishan, 1967a），反成長主義者として知られている．一部の経済学者は，自動車や大衆観光旅行などへの貴族主義的な反感といった個人的な価値判断を，論理的であるべき分析にもち込んでいるとしてこれを批判した．彼の反成長論が，個人的な価値判断に頼ったものであるならば，1960年代から何倍にも成長した経済に暮らす21世紀の我々にとって彼の議論を振り返る値打ちはない．ミシャンの著作の真価は，その形式，つまり，どのような論理で成長批判をしたかにある．ミシャンは厚生経済学を使った．それを使う際の厳格さ（新厚生経済学の論理に忠実で，かつその限界を正確に見ること）と，厚生経済学の基礎をどこに置くかについての単純で常識的な方法にミシャンの特徴がある．

●**厚生経済学に基づく成長批判**　ミシャンは，経済成長に伴い自動車の保有と使用が増え，交通混雑のために公共交通であるバスの定時運行が難しくなり，利用が減ってバスが廃止され，人々が渋滞の中を自家用自動車で通行するほかに選択肢がなくなった状態で，自動車に対する人々の支払意思額は当初よりも高まり，したがって見かけの「便益」は大きくなるが，人々の経済的福祉は低下しているということを示した（Mishan, 1967a）．この例は，ある財への支払意思額で測られる「便益」は，他の財の利用可能性が変化するときは福祉変化の指標としての意味を失うという，便益・費用（費用の方は受入補償額で測られる）概念の限界を示すと同時に，バスが定時に走っているという状態からバスが廃止され選択肢が狭まった状態への変化に対する支払意思額・受入補償額で便益マイナス費用を測れば，福祉変化を表すことができることも示した．

　こうした便益や費用は，1930年代にN.カルドア（Kaldor）とJ. R.ヒックス（Hicks）によって確立された新厚生経済学の概念である．便益も費用も貨幣額だから足し引きでき，人々の便益の総額が費用の総額を上回れば，変化によって損をする人の損失が得する人の利得によって補償されてあまりあるから，補償を仮定すれば，すべての人が効用を高め得る．そのような変化は，補償が現実には行われないとしても，効率的な変化とみなしてよいという考え方を補償原理と言う．補償原理は，分配から切り離された効率性の基準を確立した．

●**コースの自由放任主義への批判**　ところが，この切離しから効率性概念の新たな限界が生まれた．便益も費用も，支払能力あるいは福祉水準に依存するので，分配が変われば大きさが変わり，したがって，初期分配によって効率的な状態が

変わるのである．このことは，環境外部性があるときに，所有権（私有財産を自由に使用して私益を追求する権利）優位の現状の法状態を，環境権（アメニティ権）優位の法状態に転換するべきかどうかで問題になった．ミシャンが「自由放任主義者」と呼ぶ R. H. コース（Coase）は，加害者と被害者との交渉に費用（「取引費用」と呼ばれる）がかからないときには，どちらの法状態にしても交渉によって同じ資源配分に到達し，それは効率的である（パレート最適という意味で）という命題（後に「コースの定理」と呼ばれるようになった）を提出した（Coase, 1960）．また，取引費用が無視できない場合には，交渉がなくても効率的になるように権利の分配を決めるべきだと主張し，さらに所有権優位から環境権優位への転換が現に起こっていないということは転換にかかる費用が大きいことの証拠であるとし，現状の法状態の維持を主張した．これに対してミシャンは，法状態の違いは福祉水準の分配の違いを意味し，便益・費用の大きさがそれによって変わるので，コースの定理は成立せず，効率性によって権利分配を決めることもできないと指摘した．そして，環境権優位の方が取引費用が小さいと見込まれ，したがって，その方が効率的状態への自発的交渉による移行が起こりやすいと述べて，効率性の観点からの環境権優位を支持した．さらに，所有権の自由な行使は他人が環境権を享受する自由を減らすのに対して，環境権の享受自体は他人のどんな自由も減らさないという非対称性や，外部性被害を自ら回避することが貧者にとってより困難であるという分配問題，将来世代への費用の押し付け，新技術の長期的影響の不確実性など，ミシャンが「衡平」と呼ぶ諸点を挙げて，環境権優位への転換を主張した（Mishan, 1967a；b）．

●効率と衡平の対立と「倫理に基礎を置く厚生経済学」　効率と衡平とは，経済的福祉に寄与する別々の価値である．両者はしばしば対立する．そこで，衡平の中の，経済的にいちばん問題になる分配の公平性を効率性に結合した統合福祉指標を追求する試みが行われてきた．これは分配に配慮した重み付けで便益や費用の大きさを修正することになるが，ミシャンはこれをはっきりと拒否した（Mishan, 1982）．重み付けは個人的価値判断か政治的判断によるほかないが，それは効率性を判定する費用便益分析を政治の下僕にしてしまい，何を測っているのかわからなくしてしまうからである．

　効率と衡平とが対立する状況でのミシャンの立場は，効率性基準の使用が社会の倫理的合意を得ているかどうかを事実判断として客観的に観察するということである（Mishan, 1982）．彼はこれを「倫理に基礎を置く厚生経済学」と呼んでいる．ミシャンは新厚生経済学が確立した概念の厳密さを重視して，これを踏みはずさず，したがって，効用概念については徹底して序数主義であり，基数的効用の復活へ向かう A. セン（Sen）らの方法とは一線を画す．しかし，新厚生経済学に徹した先にその限界を見極め，限界から見えることを正確に描いたのである．

［岡　敏弘］

制度学派の環境経済学の形成と発展

　経済学における制度学派は，制度がどのように個人の選択に影響を与えるのか，社会はどのようにより望ましい制度を生み出すのかに注目し，T. B. ヴェブレン（Veblen）やJ. R. コモンズ（Commons）らが19世紀末から20世紀初頭にかけて生み出した新しい考え方である（現在では旧制度学派とよばれている）．1960年代以降，R. H. コース（Coase）が効率性の観点から，制度配置はどのようにあるべきかを分析し，有名な「コースの定理」論争を巻き起こすことになった．また，取引費用を経済史に応用し，経路依存的な制度発展論を展開してきたD. C. ノース（North）の思想も影響力がある（彼らに始まる思想を新制度学派と呼ぶ）．制度学派と言うとき，旧制度学派と新制度学派のどちらを指すのかをまず確認する必要がある．なぜなら，旧制度学派の主な価値基準は衡平性であるのに対し，新制度学派の価値基準は効率性にあるためである．ここでは，旧制度学派に焦点をあてる．

●**制度学派の影響を直接・間接に受けた3つの流れ**　制度学派は経済学の中の少数派ではあるが，理論の精緻化を図るよりも理論の多様性を重視してきたという意味で，社会科学に対して重要な役割を担ってきた．この点は特に，公害・環境問題の経済学的考察，つまり環境経済学との関係であてはまる．

図1　制度学派の影響を直接・間接に受けた3つの流れ

　公害・環境問題が世界各地で深刻化してきた1960年代以降，旧制度学派は積極的に環境問題や環境政策に関わるようになってきた．そして，特に旧制度学派は日本の環境経済学にも多大な影響を与えてきた．その主な流れを大雑把に整理すれば，①ヴェブレンにならい，大量生産・大量廃棄時代の社会の質のあり方を問う流れ，②K. W. カップ（Kapp）にならい，公害・環境問題を「社会的費用」

として捉え，その不公正な帰結の是正を求める流れ，③コモンズにならい，公害・環境問題を権利調整問題として捉え，より望ましい権利構造を提案する流れ，以上のような3つの流れを見出すことができる（図1）.

●**社会的共通資本論と社会的費用論**　ヴェブレンは制度学派だけでなく社会科学全般に多大な影響を与えた．例えば，顕示的消費概念にみられる現代社会の消費を問うという発想は，大量生産・大量廃棄時代の現代社会において，社会の質（特に消費）のあり方を問う人々に影響を与えてきた．その代表的論者が宇沢弘文であり，同氏による社会的共通資本論こそ，ヴェブレンの思想を宇沢自身の中で消化した思想といえる（宇沢，2015）.

　日本の環境経済学形成に大きな影響を与えたのは上述の②であろう．日本の1960年代，経済学の主流派の一つはマルクス経済学であった．しかしマルクス経済学は，現実に起こった公害・環境問題への処方箋を具体的な政策論として十分に提示することができなかった．この点を乗り越えるために，都留重人や宮本憲一はカップの社会的費用論を批判的に取り入れていった．カップが，企業や国家が弱者に被害を押し付けている現象を社会的費用として捉えた世界は，まさに当時の日本の姿であり，社会的費用論がその是正のための理論として期待されたのである（都留，1999；宮本，2007）.

　さらに，宮本の次の世代として寺西俊一が，カップの社会的費用論を批判的に継承したが，「公害は終わった」といわれた1980年代後半以降，社会的費用論の影響力は低下していった．しかし福島原子力発電所事故をきっかけに，再び社会的費用論が注目されている．福島原子力発電所事故で強制避難させられた人々に負わされた費用とは何か，といった点が社会的に切実な問題となったからである．この問題に挑んでいるのが，寺西の議論を受け継いでいる大島堅一や除本理史である（☞「カップの社会的費用論と社会的最低限」）.

●**権利の分配・再分配をめぐる問題**　前述の③の流れも，近年注目されている．公害・環境問題を権利の分配・再分配問題として捉える発想は新制度学派にも共通しており，非常に汎用性の高い考え方である．旧制度学派でのこの流れはコモンズから発しており，コースの定理をめぐる論争を経て洗練されていった．そして，この流れを体系化したのが，D. W. ブロムリー（Bromley）である．彼は新制度学派の成果を一部取り入れつつも，旧制度学派の理論的可能性を示してきた（野田，2011）.

　さらに，『経済成長の代価』を書いたE. J. ミシャン（Mishan）も，この流れの代表論者である．彼は，財産権を第一に保護する世界と環境権（彼の言葉では「アメニティ権」）を第一に保護する世界を対置させ，財産権を保護したうえでの適正な環境破壊をいかに減らすのかという問い方を批判し，環境権を保護したうえでいかに適正な経済成長を図るのかという問い方を提案した（岡，2006）.

[野田浩二]

ジョージェスク=レーゲンの
エントロピーと経済発展

　ルーマニア出身の経済学者 N. ジョージェスク゠レーゲン（Georgescu-Roegen, 1906-1994）の主著『エントロピー法則と経済過程』（1971）は，熱力学に基づいて自然界における人間の経済の位置を捉え直し，エントロピー法則（熱力学第二法則）が経済学にとってもつ意味を先駆的に考察した記念碑的な著作である．これに始まる「生物経済学」と称された一連の研究は，ジョージェスク゠レーゲンの20年にわたる思索の所産であり，従来の経済学の方法論・認識論の根本的な転換を企図するものであった．

●農業と工業の差異　幼少の頃から数学の才能に恵まれたジョージェスク゠レーゲンは，ルーマニア，フランス，イギリスの大学で数理統計学や科学哲学を学んだが，その後，1934年から2年間留学したハーバード大学でのJ. A. シュンペーター（Schumpeter）や彼のもとに集まるW. レオンチョフ（Leontief），O. ランゲ（Lange），P. スウィージー（Sweezy），P. サミュエルソン（Samuelson）など気鋭の若い経済学者たちとの出会いを通じて，消費者行動や効用理論に関する優れた論考を発表し，屈指の数理経済学者へと転身した．だが，世界恐慌により経済危機に陥ったルーマニアへの帰国から，1949年にアメリカのヴァンダービルト大学に着任するまでの12年間にわたる祖国での生活のなかで，人口の大半を貧しい小農が占める農村経済の現実を前に「標準経済学の分析道具」が「ほとんど役立たない」ことを認識するにいたった（Geogescu-Roegen, 1976）．この認識のもとで書き起こされたのが，「経済理論とアグラリアン経済学」や「小農共同体の制度的側面」などの60年代の論考である（Geogescu-Roegen, 1966；1976 に再録）．これらの論考で，新古典派とマルクス経済学がともに工業化した市民社会に固有の制度的特徴を一般化している点を批判し，ロシアのA. チャヤーノフ（Chayanov）の小農研究やドイツ歴史学派の方法を引き継ぎつつ，「理論なき現実」となっている非資本主義的な経済制度の歴史的・制度的環境の「内的な論理」を把握する必要性を説いた．後の生物経済学との関わりで特に重要なのが「農業」と「工業」の生産過程の本質的な差異に関する分析である．それによれば，主に化石燃料や鉱物資源のストックが利用される工業生産とは異なり，農業では太陽エネルギーのフローやそれを捕捉する土地や植物界の働きに強く依存するため，人間が生産を完全に制御することは不可能である．農業技術の工業化によって両者の違いは曖昧化するように見えるが，化石燃料のストックそのものが有限である以上，長期的には工業化が生態環境からの解放を意味するわけではない．こうして生命の再生産としての人間の経済の根底に「エントロピー法則の諸々

の影響とのたえざる闘争」が存在することが明確に認識されていったのである.

●力学的認識論批判　この視点を新古典派経済学の方法論・認識論的批判として展開した成果が,『分析経済学』(Geogescu-Roegen, 1966) に書き下ろされた序論「経済学の方向づけに関する諸問題」とその拡充たる『エントロピー法則と経済過程』(1971) であった. それによれば, 新古典派経済学の致命的な欠陥はその力学的認識論にある. W. S. ジェヴォンズ (Jevons) が「効用と利己心の力学」としての経済科学の成立をもくろんだように, とりわけ限界革命以降の新古典派経済学は古典力学をモデルに「理論科学」としての自己の完成を目指した. そこでは任意の時点において各個人が自由にできる手段が将来にわたる目的とともに所与とされ, これら所与の目的の最適満足に向けて所与の手段の配分を決定することが経済学の本質的な課題とされた. だが, これは経済過程を, 外部環境の質的変化によって影響を受けることのない可逆的な生産と消費の循環運動が展開される「孤立系」(力学の相同物) とみなすことと同義であり, その結果, 資源や廃棄物の問題は無視され, さらに, 生命現象や社会現象の分析的表現には妥当性を欠く数学的公理や擬数的概念を無批判に濫用する認識論的誤謬 (擬数主義) に陥る結果となった.

●エントロピーと経済発展　これに対し, エントロピー法則が教えるのは, 現実の経済現象が生物の生命過程と同様, 外部環境から投入される有用なエネルギー・物質 (低エントロピー) を利用不可能な廃熱・廃物 (高エントロピー) へと不可逆的・一方向的に劣化させる過程であるという事実である. ここから低エントロピーが経済的価値の1つの基礎であり,「経済的希少性の主因」であることが浮き彫りにされるが, 同時に経済過程が人間の「生きる歓び」を真の目的とするものである以上, それを巨大な熱力学系と等置する物理学還元主義も批判される. また, 現実の経済現象において意味をもつ「巨視量の物質」もまたエネルギー同様, 人間にとって利用不可能な形態へとたえず散逸し劣化する事実を強調し, これを「熱力学第四法則」として独自に定式化した.

　70年代以降の論考では, 社会的不平等や原子力・太陽光技術の評価など, より具体的な社会・経済問題をエントロピー法則の視点から徹底的に分析し, 戦争・兵器製造の禁止, 世代間公正を考慮した地球規模での資源の計画的分配, 有機農業への転換, 人口抑制などエントロピー的劣化の速度を落とすための政策上の指針を提起した (ジョージェスク゠レーゲン, 1981). ジョージェスク゠レーゲンの生物経済学は, 従来の経済開発のあり方を根底から覆すものであり, 同時代の経済学者からは強く敬遠されたが, 欧米を中心に「エコロジー経済学」の発展に決定的な影響を与え, 最晩年には, 玉野井芳郎を中心に創設された日本のエントロピー学会の名誉会員となっている. また, 近年では「脱成長」を掲げる社会運動の中核的な理論枠組みとして再評価されており, 今なおその影響力は衰えていない (Bonaiuti, 2011).　　　　　　　　　　　　　　　　　　　　[桑田 学]

デイリーのエコロジー経済学と経済発展

エコロジー経済学とは，地球システムと経済システムの相互関係を捉えることを目的とし，生態学や熱力学などを融合する形で発展しつつある学際的な学問領域である．経済を地球システムの下位システムとして捉える点や，永遠の経済成長からの脱却を求めるなどの点で，新古典派経済学の体系内で発展してきた狭義の環境経済学とは異なる主張を展開する．

エコロジー経済学の現在の体系に直接つながる思想の出現は 1960 年代に遡るが，研究者間の国境を越えた組織的な動きを通じて 1 つの学問領域として出発したのは 1980 年代である．H. E. デイリー（Daly, 1938-）は，R. コスタンザ（Costanza）らとともに 1989 年に国際エコロジー経済学会を創設し，同学会誌 *Journal of Ecological Economics* を創刊するなど，この時期のエコロジー経済学の発展に大きく貢献した．またその間，*Toward a Steady-State Economy*（1973），*Steady-State Economics*（初版 1977，1991），*Beyond Growth*（1996），*Ecological Economics*（Daly & Farley，初版 2003，2011）など，彼のエコロジー経済学の思想の柱となる著作を残してきた．

●**定常経済と持続可能な発展**　デイリーは，経済学が取組むべき課題には，経済システムが生態系と比べて物質面でどのくらいであるべきか，という規模の問題が存在すると主張する（Daly, 1996；Daly & Farley, 2011）．経済は，有限な生態系によって維持される下位システムである．経済の規模が生態系と比べ十分に小さい限り，その成長は問題にならないが，成長が無限に続けば，経済はやがて生態系のほかの部分を侵犯することになる．それは生態系の機能低下という機会費用を伴うものであり，いずれ成長の限界便益を限界費用が上まわる状態が訪れる．したがって，経済にはそれ以上成長すべきではない最適規模が存在する．

最適規模で生態系と動的平衡の状態にある経済を，デイリーは定常経済と呼んだ（Daly & Farley, 2011）．定常経済の概念化にあたり，デイリーは，古典派経済学者 J. S. ミル（Mill）の思想を自身の経済学の体系に取り込んだ．ミルは，人口と資本，そして物的な富の成長が停止した状態を，社会的停滞ではなく，むしろ人間的進歩が図られる望ましい状態として積極的に捉え，これを定常状態とした．デイリーは，定常状態の概念を，地球システムと経済の規模との関係で再評価する．ここでいう経済の規模は，具体的にはスループットの大きさで定義される．スループットとは，低エントロピーの資源として環境から経済に投入され，高エントロピーの廃棄物として再び環境に戻るまでの物質とエネルギーのフローのことである（Daly & Farley, 2011）．定常経済では，スループットの大きさが，経済

へのインプットを生み出す供給源の容量と，経済からのアウトプットを吸収する吸収源の容量の範囲内の最適な水準で維持される必要がある．

また，デイリーは成長と発展を区別することで，持続可能な発展に独自の視座を与える．成長はスループットの増大であり，経済の物質的側面の量的増大であるのに対し，発展は一定のスループットによって提供される財やサービスの質の向上であり，経済の構造やシステムの質的変化を伴うものである．持続可能な発展とは，成長なき発展，つまり，生態系の容量を超えたスループットの量的増大を伴わずに，欲求を満たす能力の質的改善を実現することを指す（Daly & Farley, 2011）．

●規模，分配，配分の関係 デイリーは，規模の問題を資源配分や所得分配と並ぶ厚生経済学上の主題として捉え，三者の関係を論じた．まず，配分は効率性，分配は公正性が評価基準となるように，規模は持続可能性がその基準となる．また，公正な分配には不平等の限度についての社会的な決定を要するように，持続可能な規模を達成するためにはスループットの上限についての社会的な決定を要する．

そして，規模や分配についての社会的決定は，市場による配分に優先する．（Daly & Farley, 2011）．効率的な配分に対応する価格の組合せは，規模の大きさや所得の分配の仕方によって異なる．このため，既存の価格に基づいて理想的な規模や分配を決定しても，それが達成されたときには異なる価格の組合せに帰結するという循環に陥ってしまう．市場が効率的な配分を達成できるのは，規模や分配の決定が先行して行われ，かつ，財が排除可能性や競合性をもつ私的財である場合に限られる．

規模と分配の関係はどうか．環境が自由財，すなわち，希少性がなく，無料でも供給が需要を上回る財であれば，分配は問題にならない．規模が制限され，環境が希少性をもつ経済財として扱われるようになって初めて，財を誰が所有するのかという問題が生じる．したがって，規模は分配に先行する（Daly & Farley, 2011）．さらに，規模の拡大の余地が限られるにつれ，分配の公正性は重要性を増す．成長によって誰もが以前より多くを得続ける限り，分配はさほど緊要ではない．しかし，ひとたび成長の余地が限られれば，分配を先延ばしにする選択肢は消滅し，先進国と途上国の南北格差，国内の所得格差など，世代内の公平性の問題が先鋭化する． ［佐藤正弘］

📖 参考文献
・デイリー，H.E. 著，新田 功他訳（2005）『持続可能な発展の経済学』みすず書房．
・デイリー，H.E.・ファーレイ，J. 著，佐藤正弘訳（2014）『エコロジー経済学—原理と応用』NTT 出版．

オストロムのコモンズ管理論

　E. オストロム（Ostrom, 1933-2012）は，2009 年にノーベル経済学賞を受賞した政治学者である．彼女の研究は，古今東西，私たち人類がたえず直面してきた普遍的課題への挑戦であった．それは，複数の人間の共同・協調関係のもとで成り立つ共有制や共用制には一定の合理性がある，ということを明らかにする試みであった．その軌跡を知ろうとする際，彼女に先立つ学問上の先行者である M. オルソン（Olson）と G. ハーディン（Hardin）にまず触れておく必要がある．彼らの主張の類似点を要約すれば次のようになる．合理的な人間で構成される集団においては，集団にとって共通の利益に要する費用は支払われない．なぜなら，合理的な人間は，ほかの人が支払うであろう負担に，自分は「ただ乗り」をして利したいという誘因が常に働くからである．とりわけ，コモンズを解体し，公的ないし私的に管理することの利を説いたハーディン論文「コモンズの悲劇」（Hardin, 1968）は，研究領域だけでなく，途上国における資源政策にも強い影響を及ぼした．

●**共有資源の自治的管理**　彼らの議論が隆盛をきわめた時代，オストロムはアメリカ・南カリフォルニアにおける複数の地下水利用者らが互いに協調行動を取り，その管理制度を構築した事例に基づく研究を博士論文としてまとめている（Ostrom, 1965）．彼女が環境資源への関心を強めたきっかけは，資源利用者によるコモン・プール資源（CPRs）の自治的管理の事例が世界各地で散見でき，それが人間にとって重要な基盤をなすものと確信したためである．1987 年に人類学者を中心に編まれた著作 *The Question of the Commons* の中で，オストロムは M. マッキーン（McKean）の研究に基づく日本の入会とスイスの共同放牧の事例に依拠し，利用者集団の自治的管理の有効性を指摘する論文を寄稿している．その後，オストロムのコモンズ研究は，1990 年に刊行された主著 *Governing the Commons*（Ostrom, 1990）に 1 つの到達点を見る．同書の特徴をまとめると，次の 4 点になる．

①数世紀にわたり資源管理に成功したコモンズが備えていた特性を抽出し，「設計原理」を明示したこと．

②「設計原理」の導出には，歴史的文献に基づく分析が駆使されていること．

③繰返しゲームを中心に，プレーヤーの協調行動に関する分析が展開されたこと．

④排除性が低く競合性が高い CPRs を定位したことにより，村落共同体に限らず，さまざまな主体による「持続的な CPRs 管理制度」の議論へと道を開いたこと．

●**多様な議論の広がり**　同書を皮切りに，広範な分野に及ぶコモンズ研究の展開はさらに加速した．その後のオストロムらの研究についても，前述の 4 点に沿っ

て跡付けてみよう.

①設計原理は，環境資源だけでなく他財への応用可能性を有していた．加えて集団外部の視点が導入されていることで，1集団内における協調行動が可能になる条件だけでなく，当該集団に与える外部環境の影響，その調整に関する議論の展開を見た．例えば，組織間調整に比重を置いて分析を試みる環境ガバナンス論，それに親和性の強い共同管理，より集団の構成員のネットワークに着眼点を置く社会関係資本論などである．

②オストロムの採用した歴史資料からのアプローチは，既存の歴史学にも影響を与えた．例えば，現代のイギリスのコモンズの課題と接点を有する学際的な歴史研究が展開している．また，歴史を含む森林コモンズの実態を把握する大規模標本研究を可能にすべく，彼女は国際林業資源制度機構（IFRI）を立ち上げ，現在11か国において研究が進行している．

③ゲーム論からのアプローチは，経済学を中心にその学際的展開が著しい．協力関係から逃れようとする者への制裁に対し，集団のメンバーは対価を払ってでもその処罰を行うという合理的仮定とは矛盾する現場の知見をどう説明し得るか，という疑問に対し，実験を通じた研究が心理学，実験経済学などで展開している．

④「共同体の再評価」から「持続的なCPRs管理制度の構築」という議論の展開は，初期コモンズ論が提示した「共同体の再評価」を再度，相対化した．しかし，オストロムは共同体の果たす役割を軽視することなく，以上の①～③に見る学問的な広がりを与えた．加えて，オストロムによるCPRsの定位および資源単位と資源システムの峻別は，利用管理ルール・協調行動・費用負担などに関し，より緻密な分析の展開につながった．

　このような多様な議論を支える基礎として，オストロム自身が同僚と改良を続けた制度分析と展開のための枠組み（IAD），それを発展させ人間と環境との相互関係を取り込んだ社会生態モデル（SES）が重要な役割を果たした．彼女が現場での参与・観察と理論的課題との応答を続けた研究成果は，コモンズ論を学ぶ者のみならず，広く資源・環境問題に関心を寄せる学究に資する点が非常に多い．

[三俣 学]

📖 参考文献
· Ostrom, E. (1990) *Governing the Commons*, Cambridge University Press.
· 全米研究協議会他編，茂木愛一郎他監訳（2012）『コモンズのドラマ―持続可能な資源管理論の15年』知泉書館.
· 三俣 学他編著（2010）『ローカル・コモンズ可能性―自治と環境の新たな関係』ミネルヴァ書房.

エコロジー的近代化の思想

　エコロジー的近代化（ecological modernization, EM）とは，環境問題の改善という観点から近代化過程を見直し，近代性を廃棄することなく，それをエコロジー化することを目指す社会科学分野の研究および政策上の実践を指す．1980年頃，M. イェニケ（Jänicke）や J. フーバー（Huber）など，主にヨーロッパの研究者や政策専門家の間で使われ始めたこの概念は，今ではヨーロッパ以外の地域においても広く定着している（Mol et al., 2009：3-4）．

●近代性とエコロジーの両立　読んで字のごとく，EM の目標は産業革命以降の近代化によって形成された産業社会をエコロジー的に改造することである．ただし，急進的な環境思想とは違って，EM 論は環境問題の原因を産業主義や資本主義といった体制の問題に還元せず，産業主義や資本主義の存在意義を全面的に否定もしない．EM 論者によれば，EM は，近代性の制度および技術を活用して環境問題を解決しようとする取組みなのである．その点からして，EM は改良主義的であるといえる．

　EM は，経済成長と環境汚染を切り離し，環境にやさしい経済成長を追求する．この目標は，環境費用を内部化するための制度や，技術および経営上の革新を誘導する政策によって実現できるとされる．市場制度は否定もされなければ，盲信もされない．「見えざる手」も，「敵対的な介入」も，EM においては歓迎されない．重宝されるのは，環境税や排出量取引制度のように，市場親和的でありながら設計次第では規制の効果をも期待できる経済的手段である（金，2010：529-550）．このような特徴において，EM は持続可能な発展と同類の言説である（Dryzek, 2005：16）．違いがあるとすれば，EM は初めから先進工業国の環境問題の改善に特化された言説であるという点であろう．

●弱い EM と強い EM　EM には「弱い EM」と「強い EM」といった2つの傾向が存在する（Christoff, 1996：476-500；Dryzek, 2005：172-176）．弱い EM は「公害防止は割に合う」という発想をよりどころにしている．問題が大きくなる前に手を打った方が，費用の節約につながるからである．また，公害防止のための技術革新は，生産性と競争力の向上にもつながる．このような言説は，経済成長を第一義的な目標としている政府や企業にも受け入れられやすい．他方，強い EM は，エコロジーを経済的目的に従属させることに対して批判的である．強い EM は，単なる技術的改善策だけではなく，リスクが生産，選別，分配される政治経済の構造にメスを入れようとする．強い EM は，弱い EM に安住しようとする政府や産業界を批判する市民運動によって触発される．

弱い EM は失敗しやすい. 例えば, かつてカリフォルニア州政府は, 規制によって自動車エンジンに対する技術的改良を促し, 大気汚染対策で一定の成果をあげていた. 技術革新は, 公害防止能力と競争力の向上につながるので, エンジン性能に対する規制は政府や企業にとっても損をする話ではなかった. ところが, 技術的解決策の効果は続かなかった. 自動車 1 台ごとの環境性能は向上したものの, 自動車の生産台数の増加とともに排気ガスの総排出量も増え続けたからである. 車依存社会を構造的に見直そうとする対策が欠落していたため, 自動車による年間走行距離も減らなかった. 土地利用計画の見直しといった構造的改革がない限り, 技術革新に依存する弱い EM の効果は限定的である. この事例からはこのような教訓が得られる (Gonzales, 2001：325-344).

　強い EM に最も近い例はドイツである. 1983 年以来, ドイツでは緑の党が連邦議会の議席を獲得し, エコロジーに関するイシューを直接政策決定過程に反映する役割を果たしてきている. 1998 年には社民党が中心となった連立政権に参加するなど, 緑の党は政党として成功を収めた. この過程で, 緑の党は急進的な路線から穏健路線に方針を変え, EM を党の路線として採用した. このような一連の過程を通じて, ドイツでは EM が環境政策の主流を占めるようになった. その一方で, 妥協を重ねる緑の党に対する批判の声も活力を失っておらず, より強い EM への根本的な改革を求める市民運動の原動力になっている (Dryzek, 2005：177；Mol et al., 2009：244-248；金, 2017：No.2720-2799).

●新しい動向と課題　ヨーロッパの先進工業国を対象として行われていた EM 研究は, 北米, 南米, アジア, アフリカへと, その研究の範囲を広げつつある. 国際比較研究が盛んに行われる一方, 資源や商品のグローバルな流れに着目した研究も行われるようになった. 最近は, 生産の面だけでなく, 日常的な生活世界における文化および消費の面に着目した EM 研究も行われている. このような動きは, ヨーロッパ先進工業国の域を越えられない EM という批判に対する, EM 論からの対応でもある (Mol et al., 2009：511-514).

　EM 論の最大の魅力は, 経済的合理性の言葉で環境改善の必要性について語っている点にある. しかし, 急進的エコロジストによれば, 環境的価値は必ずしも経済的価値に還元できるとは限らない. それに, EM 論のような改良主義的な言説は, より根本的な変革の妨げになる可能性もある. このような批判に対して, EM 論者はあえて反論しない. EM 論者によれば, EM 論は体制批判論ではなく, 問題の解決を志向する政策論なのである. いずれにしても, 弱い EM への形骸化を防ぐためには, EM と急進的な環境思想との間で, 建設的な緊張関係を維持することが大切である.

[金　基成]

📖 参考文献
・金 基成 (2017)『持続可能な発展の政治学』Adagio Non Troppo (Kindle 版).

環境正義

　宮本憲一が1960年代から指摘してきたように，公害・環境問題の被害は社会的弱者・生物的弱者に集中する傾向がある（宮本，2014）．高所得層・エリートは，資源を多消費するとともに，快適な環境を享受する傾向がある（戸田，2009）．世界人口の4%を占めるアメリカが，世界の石油消費，電力消費，原発の数，紙消費，自動車台数，牛肉消費などの1/4を占め，世界の軍事費の半分を占める（「アメリカ的生活様式」）．アメリカの国内では，富裕な1%が富の半分を所有する．それは先進国の資源浪費構造と軍事力による利権確保の代表事例にほかならない．アメリカの自然保護運動も白人中産階級中心で行われてきた．世界最大の化学災害であるボパール事件（1984）は，アメリカ企業ユニオン・カーバイド社のインド子会社が引き起こしたものであり，数万人の死者を出したが，これは「公害輸出」である．地球温暖化の被害を最初に受けるのはツバルなどの小規模島嶼国である．原発被ばく労働は，下請け・孫請けや非正規雇用の労働者に集中する傾向がある（八木編，1989）．核兵器は広島・長崎を最後に使われていないが，ウラン兵器は何度も使われ，イラク，アフガニスタンなどの人々に放射能被害をもたらしてきた．世界最大の放射能産業災害であるチェルノブイリ原発事故（1986）でも，子ども（生物的弱者）や事故収束作業員（社会的弱者）の被害が目立っている．

●「環境人種差別」の告発から「環境正義」の追究へ　アメリカでは環境汚染の影響が有色人種・低所得層に集中する傾向のあることは，公民権運動の経験者らによって指摘され，1982年に「環境人種差別」が造語された．有害廃棄物の処分場のアフリカ系，先住民，ヒスパニック系の貧しい人々が多く住む地域への立地，農薬汚染のヒスパニック系への集中，ウラン鉱山の先住民居留地への集中，都市の鉛汚染のアフリカ系の子どもへの影響などが指摘された．そうした中で，1980年代後半頃から，環境汚染の被害や資源消費における世代内・世代間の不平等（発展途上国や将来世代への強制など）の是正を求める社会運動と政策の理念として，「環境正義」が用いられるようになってきた．アフリカ系アメリカ人の社会学者R. D. ブラード（Bullard）は，有害廃棄物の処分場がアフリカ系の貧しい人々の地域に立地される事例が多いことを調査してきた．石山徳子は，有害廃棄物受入先であるユタ州先住民族の苦闘の歴史をたどり，実証的に分析，提言した著作を刊行した（石山，2004）．M. ダウィ（Dowie）は，環境保護の住民運動の歴史の中に，環境正義を求める運動を位置付けている（ダウィ，1998）．本田とデアンジェリスは，アメリカの環境人種差別と環境正義運動について紹介し

ている（本田・デアンジェリス，2000）．環境文学や環境倫理学の分野でも「環境正義」が注目されている（牧野，2015）．発展途上国の環境運動からは，緑の革命，ユーカリ植林，遺伝子組換え作物などを批判的に分析するインドのV.シヴァ（Shiva）らが注目されている．

1991年には全米有色人種環境運動指導者サミットが開かれ，「環境正義の原則」を採択した（ダウィ，1998；牧野，2015）．アメリカのクリントン政権は環境保護庁の中に環境正義局を新設し，アフリカ系や先住民系の住民運動への支援などを行ったが，軍事大国主義や原発大国主義，温室効果ガス排出大国のあり方の見直しが行われたわけではない．要するに「環境正義」の政治的矮小化である．日本では，水俣病，カネミ油症，原爆症などの過小認定にみられるように，戦後政治の中で「弱者に冷たい」公害・環境・健康行政が行われてきた．欧州環境庁（EEA）は，環境政策における予防原則の重要性を指摘する論文集『遅すぎた教訓Ⅱ』（2013）において，水俣病裁判原告側の研究者である津田敏秀・原田正純らに原稿執筆を依頼した．その論文は，医学論文でありながら，「水俣病　民主主義と正義を求める挑戦」と題されている（戸田，2017）．

「昭和52年判断条件」（1977）と，この認定基準を維持しつつ未認定患者の一部を「被害者」として救済する法律である「水俣病被害者の救済及び水俣病問題に関する特別措置法」（2009，☞「有機水銀汚染による熊本水俣病事件」）を根本的に見直さない限り，水俣病問題における環境正義は実現しないであろう．福島第一原発事故（2011）では，東電・政府の責任追及や事故原因解明などが不十分なまま，帰還困難区域を除く避難指定解除が急がれ，原発再稼働・原発輸出が推進され，棄民政策であると指摘されている（若松，2012）．

●**万年単位で将来世代に負担を強いる原子力開発**　中国などの新興国も，公害や格差の問題を抱えている．石油，石炭，天然ガス，ウランなどは近い将来枯渇するとみられる．アメリカなどの「シェール革命」で枯渇は先に延びるかもしれないが，その技術による環境負荷も懸念されている．化石燃料とウランが枯渇してからは，いやおうなく再生可能エネルギー中心の時代となるが，核のごみの後始末は延々と続くであろう．原発の高レベル放射性廃棄物について原子力規制委員会も2016年に「電力会社の責任は300-400年，国の責任は10万年」と指摘した（原子力規制委員会，2016）．「使えるのが150年，後始末が10万年」の技術が本当に便利といえるだろうか．豊かさと便利の果てしない追求が，究極の不便をもたらしたといえる．「社会主義は色あせた」ともいわれる中で，「環境正義」は，持続可能で公平な社会を生み出すための社会運動と政策の理念として，大きな注目を集めている．　　　　　　　　　　　　　　　　　　　　　　　　［戸田　清］

📖 **参考文献**
・戸田　清（2009）『環境正義と平和―「アメリカ問題」を考える』法律文化社．
・本田雅和・風砂子デアンジェリス（2000）『環境レイシズム―アメリカ「がん回廊」を行く』解放出版社．
・牧野広義（2015）『環境倫理学の転換―自然中心主義から環境的正義へ』文理閣．

ジェンダーの環境思想

　環境問題とジェンダー不平等の相互関連を分析する「環境と女性・ジェンダー」という概念が登場してきた背景には，男性による女性支配を可能にする社会的権力関係や性別に基づく不平等を明らかにし，女性の権利の拡大と女性の解放を目指すフェミニズム思想と，人間と自然との調和・共存を目指すエコロジー思想の存在がある．ジェンダーとは性別に基づき社会的に要求される役割などの社会的性差を指し，生物学的・解剖学的な性差とは異なる．環境問題を論じる際に女性・ジェンダーの視点がなぜ必要なのか．例えば，①環境破壊が女性の身体に与える影響に関心が払われない，②環境保護，保全活動の現場における女性たちの役割や経験に基づく発言や視点が取るにたらないものとされる（不可視化），③環境政策立案などの意思決定の場から排除される（周辺化），といった現象を分析する際に重要な視点となる．このような女性たちの置かれた状況を社会的問題として取り上げ，その改善を目指して1970年代にヨーロッパに登場し，アメリカで発展したのがエコロジカル・フェミニズム／エコフェミニズムである．

●**エコロジカル・フェミニズム／エコフェミニズム**　エコロジカル・フェミニズム（以下，エコフェミニズム）は1960〜70年代に展開されたエコロジー運動／環境運動，フェミニズム運動を背景として登場した考え方である．女性・ジェンダーの視点から人口問題，食の安全性，原子力発電所問題などの社会環境問題や，開発や産業社会が引き起こした生態系の破壊，自然環境問題を分析し，その原因の究明と問題解決を図ろうとする思想であり，実践である．エコフェミニズムという言葉は，1974年にフランスのフェミニスト，F. デュボンヌ（d'Eaubonne）が，世界中の女性たちに向け，持続可能な社会を構築するための「エコロジー革命」を呼びかけるために造語したものである（デュボンヌ，1983）．エコフェミニズムは，自然・文化，女性／男性をそれぞれ対立させ，社会レベルでの男性優位論，支配の正当化に結び付ける二元論を問題とし，支配・搾取・抑圧とは無縁の社会の実現，すなわち女性と男性，人間と自然の間に新しい共生的な関係の構築を求める考え方として発展してきた．エコロジーもフェミニズムも一枚岩ではないため，多様なエコフェミニズムが派生したが，目指すべき共通の持続可能な社会とは，環境的・エコロジー的持続可能性もジェンダー的公正も同時達成された社会である（萩原，2015）．すなわち，エコフェミニズムとは，人間社会の不公正と環境問題のつながりを追求する実践であり，ジェンダーに公正で持続可能な社会を目指す思想である．

●**環境と女性・ジェンダーの主流化**　環境と女性・ジェンダーが国連の会議の成

果文書に登場するのは，1985年の第3回世界女性会議（ナイロビ会議）である．採択文書「婦人の地位向上のためのナイロビ将来戦略」の重点項目において，環境保全活動への女性の参加・参画の促進や，生態系管理者としての女性の参加，環境保全活動を通した経済的報酬の獲得などが目標として掲げられた．1991年にマイアミで開かれた「健康な地球のための世界女性会議」（女性による環境と開発機構〈WEDO〉主催）では社会的公正の視点に立った新しい開発，経済政策や環境政策が議論され，環境における女性・ジェンダーの主流化を目指し「女性のアクション・アジェンダ21」が作成された．これは1992年の国連環境開発会議（UNCED）の行動計画「アクション・アジェンダ21」第24章「持続可能かつ公正な開発に向けた女性のための地球規模の行動」に反映され，地球環境保全や持続可能で公平な開発，環境政策立案における女性の役割を認め，そのためには女性の地位向上が前提であることが明記された．女性は持続可能な開発を担う主要グループの1つに位置付けられ，ジェンダーの視点に立った政策・施策が環境管理に欠かせず，ジェンダーと環境管理の関連性に対する社会の認識を高める努力を各国政府が行う必要性が強調された．その後，「ミレニアム開発目標（MDGs）」の8つの目標の1つに「目標3 ジェンダー平等の推進と女性の地位向上」が盛り込まれるなど，環境と女性・ジェンダーの主流化は進んできた．しかし，政策決定の場においても実践の場においてもまだ，環境と女性／ジェンダーは相互補完的に推進されているとはいえない状況にある．例えば，2012年6月に開催された国連持続可能な開発会議（UNCSD）の成果文書『私たちが望む未来』には女性たちの提言が十分に反映されておらず，現状もジェンダー平等が遅々として進んでいないという指摘が女性Rio 2012実行委員会（200以上の女性団体が構成する女性メジャーグループが形成）よりなされた（織田，2012：82-90）．その指摘を裏付けるように，国連開発計画（UNDP）はMDGs最終年を前に，女性のエンパワメントに向けた活動の再活性化を呼びかけた．そして2015年9月の国連総会で決議された「持続可能な開発目標（SDGs）」に「目標5 ジェンダー平等と女性のエンパワメント」が重点目標として位置付けられた．目標5の達成に向けた取組みは「誰一人取り残さないことを誓う」と前文にうたったSDGsの核となる目標である．それは，他のさまざまな目標の進展に結び付くものであり，「人権・平和を中心にし，人と地球を経済的利益に優先させる経済的枠組みに基づく持続可能な社会づくり」（織田，2003：81-90）につながる．

[萩原 なつ子]

📖 参考文献

・ダイヤモンド，I.・オレンスタイン，G. F. 編，奥田暁子・近藤和子訳（1994）『世界を織りなおす―エコフェミニズムの開花』學藝書林．
・ミース，M. 著，奥田暁子訳（1997）『国際分業と女性―進行する主婦化』日本経済評論社．
・メラー，M. 著，壽福眞美他訳（1993）『境界線を破る―エコ・フェミ社会主義に向かって』新評論．

日本の環境思想　I：熊沢蕃山と安藤昌益

　朱子（朱熹，1130-1200）の起こした宋学（＝朱子学）では，世界の根源とな
る天理に物質的な気が交わり，人間と万物ができると説く．その特徴は，自然主
義的形而上学である．気のもたらす欲望を抑え，天理の本然に立ち返らなくては
ならない．明の王陽明は，朱子に反対して「心即理」を唱えて，主観的実践の傾
向を強め，日本の中江藤樹（1608-1648）に強い影響を与えた．

●熊沢蕃山の生涯とその思想　熊沢蕃山（1619-1691）は，16歳で岡山藩主・池
田光政に仕えたが，20歳のときに修練をきわめるために退職し，中江藤樹の噂
を聞いて入門を願ったが，中江は拒んだ．その後，中江の家の庇の下で二夜を過
ごした蕃山を見かねた藤樹の母のすすめで弟子入りを果たした．

　蕃山は，朱子から強い自然主義を受け継ぐとともに，王陽明からも心学を受け
継いでいる．しかし，中国の思想家の言葉を忠実に理解して，その義を守るより
は，時処位に応じて，区別しなければならないと説いて，教条主義的な態度を戒
めている．「法は中国の聖人といへども代々に替り候．況や日本へ移しては行ひ
がたき事多く候．法は聖人時・処・位に応じて，事の宜きを制作したまへり．故
に其代にありては道に配す，時去り，入位かはりぬれば，聖法といへども用ひが
たきものあり．時・処・位の至善に叶はざれば道にはあらず．」（熊沢著，後藤・
友枝校注，1971：380）

　朱子学という一元的原理を受け入れるかたい側面と，他面，「時・処・位」論
で教条主義を避けるやわらかい側面と，この両面をそなえたのが熊沢蕃山の思想
であった．

　蕃山は27歳で再び池田光政に仕え，側役として300石，やがて番頭として
3000石の知行を受ける．光政の三男を養子としたが，38歳のときに養子に職禄
を譲って退職した．光政と意見が対立したと想像される．様々な陰謀説も現れて，
下総の古賀で幽閉された状態で亡くなった．

　彼の根本思想は「万物一体とは，天地万物みな大虚の一気より生じたるものな
るゆえに，仁者は，一木一草をも，その時なく，その理なくては切らず候．」（同
書：13）というものである．「草木国土悉皆成仏」という日本仏教の生命保護論
も，ここに取り込んでいる．

　「山川は国の本なり．近年山荒川浅くなれり．是国の大荒なり．昔よりかくの
ごとくなれば，乱世となり，百年も弐百年も戦国にて人多く死し，其上軍兵の扶
持米難義すれば，奢るべき力もなく，材木・薪をとる事格別すくなく，堂寺を作
る事もならざる間に，山々本のごとく茂り，川々深くなるといへり．乱世をまた

ず，政にて山茂り川深くなる事あらん歟.」（同書：432）

蕃山は，軍事，治水，農業の実務に関しても優れた指導力をもっていた．森林の生産力が，長期的・総合的にみると水田の生産力を上まわると認識していた．それゆえコメの増産を求めて，森林を切り開いて新田を造成しても，長期的には土地の荒廃などを招いて損失となってしまうと考えていた．塩田，窯業なども同じである．神社仏閣などを立てるための森林破壊に対しても批判的だった．しかし，岡山藩で新田の開発をしなければならない切迫した事情が発生したとき，彼は領主と対立して，妥協しなかったのではないかと考えられる．

熊沢蕃山の思想は江戸幕府の森林保護政策に影響を与えている．島崎藤村『夜明け前』の主人公を狂気に追いやったのは江戸幕府の過激な森林保護政策だった．

●安藤昌益の生涯とその思想　安藤昌益（1703-1762）の著作『自然真営道』（101巻92冊）が東京千住の穀物問屋「藁屋」で発見され，古書店を通じて第一高等学校長狩野亨吉（1865-1942）の手に渡って，その内容が公開されたのが1908（明治41）年だった．関東大震災で大半が焼失したが，12冊が残った．カナダ人外交官 E. H. ノーマン（Norman）『忘れられた思想家——安藤昌益のこと』（1950）が「封建支配を完膚なきまでに批判した唯一の人」として安藤昌益像をほぼ定着させた．

昌益は，秋田県大館二井田村に生まれ，京都で医学を学び，八戸で町医者を営み，故郷に戻って死んだと推測されている．当時の医学では，朱子学の影響下に宇宙と人体が対応しているという考え方がもとになっていた．健康に生きることは，宇宙の理法に従うことであった．

「自然とは互性・妙道の号なり」（安藤著，安永校注，1981：5）が『自然真営道』の原理である．ここで「自然」（しぜん，じねん）とは，人工と関わりのないいわゆる「自然物」のことではない．元来「自然」という言葉は，親鸞の「自然法爾」（じねんほうに：他力往生）のように，「おのずから」という意味の副詞的形容語であって，天地草木のような物を表す名詞ではない．昌益の場合には，朱子学的な根本原理の自生的展開の仕方が「自然」であって，実体を表す名詞ではない．「互性」とは，対立する運動が相互依存の関係を保ちながら同時進行することである．「互性とは，無始無終なる土活真の自行，小大に進行する．……これが土活真の自行にして，不教不習，不増不減に自り然るなり．ゆえにこれを自然と言う．」（同書）

江戸時代は米本位制であった．米の量で権力の上下も表現されていた．米を増産することは，至上命令であったが，みずから耕作をしない武士階級が米を独占していることの不合理を昌益は指摘した．　　　　　　　　　　　　　[加藤尚武]

📖 参考文献

・野口武彦（1993）『江戸思想史の地形』ぺりかん社.
・山崎庸男（2016）『安藤昌益の実像―近代的視点を超えて』農山漁村文化協会.

日本の環境思想 Ⅱ：田中正造と南方熊楠

●**田中正造の生涯とその思想**　田中正造（1841-1913）は，古河鉱業足尾銅山の鉱害・環境破壊によって生じた，渡良瀬川下流谷中村の農民の生命と生活を救うために生涯をささげた義人であった．名主の家に生まれたが，1857（安政4）年17歳のときに村人から名主として公選された．領主との政治闘争には勝利したが，正造は領主の退陣を求めた嘆願書を口実として投獄され「他領へ追放」の処分を受けた．岩手県の下級官吏となったが，冤罪で再び投獄され，S.スマイルズ（Smiles）著，中村敬宇訳『西国立志伝』，福沢諭吉訳『英国議事院談』を読んだ．冤罪が晴れて出獄後，自由民権家としての道を進んだ．

「天下ノ財力ハ日ニモッテ困窮シ，臣等未ダ一日モ安居セズ．常ニ久シク治安ナラザランコトヲ恐ル．コレソノ故ハ何ゾヤ．憲法ヲ立テ国会ヲ開カザルニ在ル故ナリ．」（田中著，由井・小松編，2004）

1890年7月，第1回衆議院総選挙が行われ，正造は改進党から立候補し当選したが，8月には渡良瀬川に大洪水が起こった．また，上流の足尾銅山で，木材の乱伐，煙害による枯死，坑道からの有害物の廃棄によって，沿岸農作物への鉱毒被害が発生した．被害地では死亡率が異常に高く，死胎分娩が多いことが判明した．

栃木県知事は，古河鉱業と住民との示談交渉を進めようとしていた．1896年になると大洪水の被害は関東一円にまで広がった．正造は足尾銅山鉱業停止請願運動を展開した．その間，住民に対する官憲の弾圧事件があり，その公判中「あくび」をして検事を侮辱したという理由で「官吏侮辱罪」有罪となった正造は，1901年6〜7月，獄中で新約聖書を読む．同年12月に死を覚悟して明治天皇の乗る馬車に直訴状をもって近づいたが，手渡すことに失敗．刑事処分などにはならなかったが，社会的には大反響をよんだ．

鉱害問題が未解決のままに，日本はロシアと対立を深めていった．知識人・ジャーナリストで，日露問題へと目先を変えていく者もあった．正造は，陸海軍全廃の「無戦論」を説いた．自由民権運動から始まった正造の政治思想は，住民の生存権が直接侵されるという鉱害問題に直面して，生存の権利を法の正義に優先させるという権利に重点を置いた思想に転換していった．そこに「無戦論」のよりどころがある．

●**南方熊楠の生涯とその思想**　南方熊楠（1867-1941）は，非凡な記憶力によって古今東西の言語に通じた博覧強記の独学者であった．主著『一二支考』（執筆1914〜30）は人間と動物の間の古今東西にわたる文化史であり，現在は「民俗学」

に分類されている. 世界各地の民間伝承, 民話, 神話を取り入れているからである. 南方は生物学者としては, 粘菌の研究者として国際的に評価されていた. 和歌山市に生まれ, ミシガン州立農学校退学, キューバで地衣類, 昆虫, 両生類などを採集. 地衣類では新種を発見している. ロンドン大英博物館で東洋関係の資料を整理, 『Nature』誌に掲載された. また, 各地で泥酔, 暴力事件を起こしている. 1900年帰国して和歌山市に一時逗留し, 那智山麓で植物調査, 幽霊や自分がろくろ首になる幻視体験をする. 1904年に田辺に移住し, 1941年に72歳で死亡した.

1906年, 日本政府は神社合祀政策を実行し始めた. 多くの神社を合併・併合して「一町村・一神社」とする案である. 日本中の神社が, 行政区画と完全に対応し, 伊勢神宮を頂点とするピラミッドをつくり上げようという合理化案である. 南方が粘菌の新種を発見した糸田猿神祠も合祀の対象となり, 樹木は伐採されて売り払われることになった.

研究対象の標本の採集地が消滅するというとき, 研究者は頭を打ち砕かれるような衝撃を受けるものである. ましてや南方は, その森に神秘的な体験の記憶を重ねもっていた. 生物学的に考えても, 粘菌のような環境依存性の強い生物にとって環境の破壊は致命的である. 南方は, 合祀反対の意見書をかいているが, そこには民俗学者と生物学者の両方の顔が表れている. 生物学的には「エコロジーの破壊になる」という理由があげられている.「殖栽用に栽培せる森林と異り, 千百年来斧斤を入れざりし神林は, 諸草木相互の関係はなはだ密接錯雑致し, 近頃はエコロギーと申し, この相互の関係を研究する特殊専門の学問さえ出で来たりおることに御座候.」(南方, 1975：526)

E. ヘッケル (Haeckel, 1834-1919) が『有機体の一般形態学』で「エコロギー」(ドイツ語, 英語読みではエコロジー) という言葉を使ったのが1866年, この言葉が学術用語として定着するのが1893年の国際植物会議とされている. 日本語訳『生態学』は1895年に三好学 (1862-1939, 植物学者) による. この言葉が一般に普及するには, さらに長い年月がかかっている.

民俗学的には南方は「合祀は人民の融和を妨げ, 自治機関の運用を阻害す」「合祀は庶民の慰安を奪い, 人情を薄くし, 風俗を乱す」などの理由をあげているが, 土地の自然に密着した古来のコミュニケーション組織を破壊することに南方は危機を感じた. 合祀問題は, 1920 (大正9) 年に貴族院で「神社合祀無益」の決議で一応の決着がつくが, 土着の様々な信仰が上からの力で軍国主義的に統合されていくという動きはさらに激しくなっていった. [加藤尚武]

📖 参考文献

・布川了 (2001)『田中正造と天皇直訴事件』随想舎.
・南方熊楠 (1994)『十二支考』岩波文庫.
・鶴見和子 (1981)『南方熊楠—地球志向の比較学』講談社学術文庫.

玉野井芳郎の生命系の経済学

　玉野井芳郎（1918-1985）は1939年に東北（帝国）大学法文学部に入学，同大学の講師・助教授を経て，1951年に新設の東京大学教養学部に着任した．経済学史（理論史）研究から自身の研究を出発させた玉野井の業績は，D. リカード（Ricardo）からK. マルクス（Marx）への理論史的展開の分析（50年代），マルクス経済学と近代経済学の理論的架橋とそれをふまえた比較経済体制論（60年代）など当初から広範な領域に及んでいた．しかし，60年代を通じて深刻化した公害・環境汚染問題に向き合うなかで，市場と工業の世界をもっぱらの分析対象とする従来の「狭義の経済学」では，工業的生産から生じる汚染物質や大量の処理困難な廃棄物の出現が人間を含む生命の根本条件を破壊する事態を適切に把握できないという問題意識を深めていった．この新たな課題に応えるため，玉野井は晩年のおよそ10年間，K. ポランニー（Polanyi）の経済人類学，N. ジョージェスク＝レーゲン（Georgescu-Roegen）をはじめとするエントロピー概念の経済学への導入（☞「ジョージェスク＝レーゲンのエントロピーと経済発展」），そして槌田敦（物理学）の「開放定常系」の理論を吸収・消化しながら，「生命系」概念を新たに根底に据え，人間と自然との間の物質代謝を踏まえた人間の経済を全体として捉える「広義の経済学」を構築する仕事に集中的に取り組むにいたる．東京大学を退官し，広義の経済学のより実践的な展開を求めて沖縄国際大学に赴任したのも，ちょうどこの時期（1978年）である．

●**生命系の経済学**　玉野井は物理学者E. シュレーディンガー（Schrödinger）のエントロピー論に基づく生命概念に依拠して，生命系を「生きていることによって生ずる余分なエントロピーを捨てることによって定常状態を保持している系」として定義する（玉野井，1990a：151）．生命系は，その内部で生じる余剰エントロピーを捨てる「外部」，すなわち植物（＝生産者）と動物（＝消費者）と微生物（＝分解者）により構成される生物個体群のゆるやかな統一体たる「生態系」の持続を条件としてのみ存立しうる．

　生態系との物質代謝をふまえるなら，人間が組織する経済過程もまた，市場を中心とする生産と消費の可逆的な反復過程ではなく，「エネルギー変換・物質の投入と加工・最終消費・廃棄物処理という諸過程の連続する循環システム」として捉えられなければならない（玉野井，1990a：20）．この認識によって，原材料を技術によって製品にする工業的な生産過程（ポジ）が，良質のエネルギーや物質（低エントロピー源）から利用不可能な廃物・廃熱（高エントロピー源）への不可逆的な質的劣化（ネガ）によって初めて可能となる事実が理論的に把握され，

経済活動が生命系存立の条件を破壊する事態（環境問題）もまた原理的に理解可能となる．言い換えれば，人間の経済活動は生命系の存立条件を満たす限りにおいて持続可能なのである．ここでは人間自身が生態系に生きる１つの生物種（ヒト）として客体化され，「低エントロピーの生命系を踏まえた自己組織系としての人間社会を自覚的に認識＝構築する主体」として自立的に生きることが求められる（玉野井，1982：162）．かくして広義の経済学は生命系の原理に即した〈経済〉の自覚的な構築という課題を提起するのである（玉野井，1978）．

　そこで重要になるのは，「死んだ素材」の人為的加工に基づく工業とは本質的に異なる，「生きた自然」それ自体が直接の生産者となる第１次産業（農林漁業）を基礎とした産業構造の再編成であった．それは生命系の一員としての人間が生存を維持・再生産する場である「地域」の再建を通して，農業から分離した工業を主動因として発展した市場社会を内側から変革するという「地域主義」のビジョンにおいて具体的な展開が図られていく．

●地域主義　玉野井は，西ヨーロッパ諸国の中世の都市や農村に見られた相互扶助的組織（ゲノッセンシャフト）の重要性を再認識するなかで，限りなく広がる均質空間としての市場社会に代えて，風土的個性豊かな地域社会を経済的自立の単位として捉え返す可能性を探っていった．地域主義とは，「地域に生きる生活者たちが，その自然，歴史，風土を背景に，その地域社会または地域の共同体に対して一体感をもち，経済的自立性を踏まえて，みずからの政治的・行政的自律性と文化的独立性を追求する」思想であり，実践である（玉野井，1990b：88）．それは，非生命的な資本主義的市場システムと等身大の生活世界との間に中間的な共同組織を設けることで，前者を制御しつつ一種の農工結合関係をつくり出そうとするものであった．さらに，80年代にはI. イリイチ（Illich）の『シャドーワーク』（1981）や『ジェンダー』（1982）の訳業を媒介にして，市場社会に固有の抽象的な「経済人」という人間像とそれとともにつくり出された賃労働者／専業主婦という性差別構造を乗り越えるため，「男と女という互いにとりかえることのできない人間どうしの共同社会」，すなわちハウスホールド（世帯）を，地域社会を構成する生存（生産＝消費）の最小単位として編み直すという課題を提起したのである（玉野井，1990c）．

　玉野井の生命系の経済学は，同時代の課題への鋭い感受性の支えとともに，〈経済〉の歴史的認識の批判的分析（学史研究）と同時に進められた点にも大きな特徴がある．彼は「狭義の経済学」の限界を鋭く批判したが，他方で，A. スミス（Smith）による資本投下の自然的順序（農業→製造業→外国貿易）に関する叙述や晩年のマルクスによる共同体経済に関する研究，C. メンガー（Menger）とポランニーが区別した「経済の２つの意味」など，従来は「不純物」として軽視された問題群を，生命系の視角を踏まえて初めて正当に評価可能となる経済学の知的遺産として掘り起こし続けたのである．　　　　　　　　　　　［桑田　学］

公害の政治経済学：都留重人と宮本憲一

　公害の政治経済的研究を切り開いた中心人物として，都留重人（1912-2006）と宮本憲一（1930-）があげられる．2人は1963年に公害研究委員会を発足させるなど，戦後日本の公害環境研究を確立してきたパイオニアである．

●**素材面と体制面の統一**　都留が提起したのは，「素材」と「体制」を区別しつつ，両側面の関連を明らかにするという立場である（都留，1972）．素材面から見るとは，問題の生産力的側面，すなわち社会の特定の形態にかかわらない歴史貫通的な側面から公害問題を見ることである．他方，体制面とは生産関係的側面であり，経済体制のあり方から公害問題を考える視角である．

　素材面とは，より具体的にいえば生産の技術的側面である．技術の進歩は，生産の大規模化や市場の広がりを通じて，生産の社会的性格を強める．これによって「外部性」といわれる現象も増大していく．

　他方，経済体制とは大きくいえば資本主義と社会主義であり，この枠組みは当時の「東西冷戦」下ではリアリティをもっていた．都留はマルクス主義の影響を強く受けていたものの，資本主義から社会主義に移行すれば公害がなくなるといった単純な主張に対しては，きわめて批判的であった．なぜなら当時，旧ソビエト社会主義共和国連邦など「社会主義国」の公害が明らかになりつつあったからである．素材面と体制面の統一という視点は，そうした公害問題の現実から出発して理論を組立てようとする姿勢を表すものでもあった．

　素材面と体制面の統一とは，次のような見方である．資本主義でも社会主義でも，同じ技術を用いた生産が可能である．しかし，それによる公害の発現形態は，経済体制や制度によって異なる．都留が例示しているように，住民に環境権が認められているか否かで，同じ工場が公害を出すかどうかは大きく左右される．

　このように，都留のいう体制面とは，単に資本主義と社会主義という2つの経済体制の違いだけではなく，それぞれの内部での諸制度を含むものである．公害を「外部不経済」として把握する場合，何が経済主体の費用計算からはみ出て「外部」となるかは，経済主体をとりまく諸制度に規定される．

●**不変資本充用上の節約**　資本主義体制のもとで公害が生み出されるメカニズムについて，宮本は，K. マルクス（Marx）『資本論』第3巻の「不変資本充用上の節約」の議論を発展させて，次のように説明した（宮本，2007：52-53）．企業は，単に利潤の量を増やそうとするのではなく，投下資本から効率良く利潤を生み出すため，利潤率を高めようとする．そこで企業は，生産活動に直接的には関係のない投資を絶対的・相対的に節約する傾向をもつ．労働者の安全・健康，公害防

止・環境保全（自然資源の維持を含む）などのための投資が，その典型である．資本主義体制ではこうした資本節約によって公害が引き起こされる．

これは社会全体として見た総資本にもあてはまる．生産活動に直接かかわらない生活関連の社会資本（都市の共同住宅，ガス・電気などのエネルギー施設，上下水道，廃棄物処理施設，公園など）への投資が節約され，その整備が量的・質的に立ち遅れる．これらの投資は公共部門に委ねられることが多いが，その場合でも，企業は税負担の軽減のため，財政を圧縮しようとする．

このように資本主義体制では生産拡大（経済成長）が優先され，財・サービスの生産量は増加するが，他方，それ以外の部分で，人々の生活の質の向上は置き去りにされがちである．

●中間システム　しかし，体制面において資本主義体制一般の特質だけに注目し，環境問題を論じることには限界がある．同じ資本主義体制のもとでも，時代や国・地域などによって環境問題の表れ方は異なっており，経済体制に関する一般論だけでは，環境問題の原因を具体的には明らかにできないからである．

そこで宮本は，経済体制の論理と環境問題をつなぐ媒介項となる政治経済システムを重視し，「中間システム」と呼んだ．具体的には，①資本形成（蓄積）の構造，②産業構造，③地域構造，④交通体系，⑤生活様式，⑥廃棄と物質循環，⑦公共的介入のあり方，⑧市民社会のあり方，⑨国際化のあり方，の9つの領域からなる（宮本，2007：56-72）．これらの歴史的・地理的差異により，環境問題の表れ方が異なってくるのである．

中間システム論の重要性は，戦後日本の公害問題からも明らかである．政府は1960年の「国民所得倍増計画」において，東京，名古屋，大阪などの太平洋ベルト地帯に新しい工業地帯を造成する方針を打ち出した．これを受けて，大都市周辺部に鉄鋼，石油化学，電力などのコンビナートが次々と建設されたが，住民の居住区域に近接したところでは，四日市などに典型的に見られるように，水質汚濁や大気汚染などの公害が深刻化した．このように公害の発生メカニズムにおいては，産業構造や地域構造，あるいは公共的介入のあり方などが絡み合っており，それらの関連を具体的に解明していくことが求められる．

中間システム論は，公害だけでなく，自然破壊や景観・まちなみなどを含むより広い環境問題の分析にも有効な視点である．現代では，経済活動の中で物的生産の比重が低下しつつあり，資本蓄積のあり方が大きく変貌している．こうした経済活動の傾向的変化を捉えつつ，政治経済学的方法に基づく公害・環境研究を発展させていくことが課題となっている．　　　　　　　　　　　　　　［除本理史］

📖 参考文献
・都留重人（1972）『公害の政治経済学』岩波書店.
・宮本憲一（2007）『環境経済学（新版）』岩波書店.
・除本理史他（2010）『環境の政治経済学』ミネルヴァ書房.

社会的共通資本の考え方：宇沢弘文

　宇沢弘文（1928-2014）が生涯をかけて追究したものが，社会的共通資本の概念とその経済学的位置付けであった．宇沢の学問的探求は，まず在米時代に進められた数理経済学の分野にあり，関数解析を駆使した分析によって金字塔を打ち建てた．それは数理計画法に始まり，一般均衡論などのミクロ経済学での貢献，経済成長論における2部門成長論，動学的最適資本蓄積論の彫琢であり，手法として生涯一貫したものであった（宇沢，1990；2003）．

　他方，宇沢には若き日より持ち続けた社会正義に基づく思想的探求と社会的活動があり，アメリカより帰国した1968年からほどなくして自動車利用の多大な外部不経済を実証的に示した『自動車の社会的費用』（1974）を出版，同時に進められた社会的共通資本の理論的構築の歩みであった．

●社会的共通資本とその意義　市場経済においては，希少資源はすべて個別の経済主体に分属し，市場を通じて取引されることが前提になっているが，その枠組みが有効に機能するためには，自然環境やインフラストラクチャーなど社会全体にとって共通の資産の存在が必要であり，その設置や管理，生み出されるサービスの配分は市場基準ではなく社会的基準で行われるべきものとなる．それが社会的共通資本の考え方であり，それはそれぞれの国や地域の歴史，文化，社会のあり方を踏まえた「制度」によって形づくられるもので，このような見方を宇沢はT. B. ヴェブレン（Veblen）から学んだという．

　宇沢は，社会的共通資本として，自然資本，社会的インフラストラクチャー，制度資本の3つの類型をあげ，具体的には，大気，森林，水，土壌などの自然資源や，環境，道路，公共的交通機関などの社会的インフラストラクチャー，そして，教育，医療，司法，金融制度などの制度資本がその構成要素となる．社会的共通資本とサミュエルソン的な純粋公共財との対比も重要である．純粋公共財の場合，非排除性と非控除性を持ち，混雑現象は起きない．しかし，そのような公共財は外交・国防などに限られる．社会的共通資本の場合，非控除性をもたないため混雑現象を起こすが，それが市民の基本的権利に関わるサービスであれば望ましくなく，コストをかけてでも減らすなど民主的手続によって決める必要があるが，それを許容する属性を持ったものである．なお，呼称も近似した概念にR. パットナム（Putnam）の意味でのソーシャル・キャピタルがある．それは人々の間にある信頼や互酬性，ネットワークが社会に埋め込まれている状態を捉えた社会学的概念である．それに対し，社会的共通資本はマクロ的経済において市場経済と対峙しながらもそれを支える機能を捉えた経済学的概念であることに留意

したい.

　宇沢の社会的共通資本のモデル分析は，2部門成長モデルを発展させたものである．モデルの結論は，最適化を果たすためには社会的共通資本のもたらすサービスの使用に対して，その帰属価格に等しいチャージを課すことが求められる．宇沢は地球大の自然資本の毀損という意味で地球温暖化問題を重要視していた．大気の持つ帰属価格に相当する一律の炭素税のチャージが最適解となるが，先進国・途上国の所得格差という実態に眼を向けて，1人あたり国民所得比例炭素税と再分配機能を持つ大気安定化国際基金を提唱し，効率性においてセカンドベストとしても社会正義を追求する判断を示した．漁場や森林といった自然資源やコモンズ，インフラストラクチャー，教育，医療に応用された社会的共通資本の理論モデルにおいても，静学，動学の最適化理論の構築を行った（宇沢, 2003；Uzawa, 2003；2005）．また，宇沢は1987年のブルントラント委員会に始まる持続可能性の概念にも早くから注目し，それをJ.S.ミル（Mill）の定常状態に照応させてモデル分析にも導入するが，そこでは，マクロ経済的に見たときすべての変数は時間を通じて一定となるが，社会として見たとき豊かな人間的営みと文化活動が展開され，市民的権利が最大限保障されているような状態を意図していた．

●**社会的共通資本の管理という課題**　市場経済を含めて経済社会は社会的共通資本という基盤によって支えられていること，また市場原理によって市民的権利（健康で文化的な生活の追求）が侵される場合すらあるが，その場合市民的権利が優先されるべきこと，の2つを宇沢は主張した．そのためには，社会的共通資本の管理・運営は，官僚的統制や市場に任せるのではなく，「あくまでも独立で，自立的な立場に立って，専門的知見に基づき，職業的規律に従って行動し，市民に対して直接的に管理責任を負うものでなければならない」（宇沢, 2000：23）として，受託者責任が強調される．後年，宇沢は，自然資源管理のあり方とも関係のあるコモンズ論を重く受け止め，社会的共通資本を社会にとって大切なもの，かけがえのないものと受け取るべきことを語っている．

　社会的共通資本の管理運営については課題も残されている．そのガバナンスのあり方の具体性に関しては諸富（2003：54）や，市民社会原理との関係では「専門家と市民の関係に関する一連の困難な問題の解明」の必要性という山口（2004：304）などからの指摘がある．受託者責任を担う職業的専門家の職業的倫理を担保するものは何なのか，また，いかに民主的プロセスを通じて管理を実現していくのか，これらの解明は，宇沢亡きあと，我々に投げかけられた大いなる課題である．
　　　　　　　　　　　　　　　　　　　　　　　　　　　　　　［茂木愛一郎］

📖 **参考文献**
・宇沢弘文（1974）『自動車の社会的費用』岩波新書.
・宇沢弘文（2000）『社会的共通資本』岩波新書.

和文引用文献・WEB 文献

（＊各文献の最後に明記してある数字は引用しているページを表す．）

■あ

相川泰（2006）「松花江水汚染事故の経過と背景」『環境と公害』第 36 巻第 1 号，18-23 頁．
　……145

相沢智之（2005）「削減負担の配分に影響を与えうる排出量の動向と推計　⑤国際バンカー油
（国際航空・国際海運）」高村ゆかり・亀山康子編『地球温暖化交渉の行方―京都議定書第一
約束期間後の国際制度設計を展望して』大学図書．……199

IPCC 第 3 作業部会，天野明弘・西岡秀三監訳（1997）『地球温暖化の経済・政策学―IPCC 第 3
作業部会報告』中央法規（IPCC（1995）*Economic and Social Dimensions of Climate Change:
Contribution of Working Group* Ⅲ *to the Second Assessment Report of the Intergovernmental Panel
on Climate Change*）．……167

IPCC 編，環境省訳（2011）『再生可能エネルギー源と気候変動緩和に関する特別報告書』．……383

赤尾健一（2010）「予防原則と不確実性の経済理論」植田和弘・大塚直（監修）損保保険ジャパ
ン・損保ジャパン環境財団編『環境リスク管理と予防原則』有斐閣，第 10 章．……41

赤尾信敏（1993）『地球は訴える―体験的環境外交論』世界の動き社．……169

秋道智彌（2009）『クジラは誰のものか』ちくま新書，筑摩書房．……249

朝井志歩（2009）『基地騒音―厚木基地騒音問題の解決策と環境的公正』法政大学出版局．……127

朝山慎一郎・石井敦（2014）「CCS のメディア表象とガバナンス―日本の新聞報道のフレーミ
ングと政策的含意」『社会技術研究論文集』第 11 号，127-137 頁．……193

阿部新（2004）「廃棄物処理委託と排出者責任の経済分析」『現代経済学研究』第 11 号，47-73
頁．……119

天野正博（2016）「パリ協定における REDD プラスを中心とした森林の扱い」『環境研究』第
181 号，50-56 頁．……173

アリストテレス著，内山勝利他編（2014）『アリストテレス全集 15　ニコマコス倫理学』岩波
書店．……26

有村俊秀・岩田和之（2007）「地球温暖化対策としてのエネルギー管理の効果分析―省エネ法の
実証分析と米国エネルギースターとの比較研究」『会計学研究』第 21 号，65-84 頁．……207

有村俊秀・岩田和之（2011）『環境規制の政策評価―環境経済学の定量的アプローチ』上智大学
出版．……359, 364

有村俊秀他編著（2012）『地球温暖化対策と国際貿易―排出量取引と国境調整措置をめぐる経済
学・法学的分析』東京大学出版会．……85, 187

有村俊秀（2015）『温暖化対策の新しい排出削減メカニズム―二国間クレジット制度を中心とし
た経済分析と展望』早稲田大学現代政治経済研究所研究叢書 41，日本評論社．……186

有村俊秀他編著（2017）『環境経済学のフロンティア』日本評論社．……66

安藤昌益著・安永壽延校注（1981）『稿本自然真営道』平凡社．……665

■い

飯島伸子（1998）「総論 環境問題の歴史と環境社会学」舩橋晴俊・飯島伸子編『環境』講座社会学 12，東京大学出版会．……14

飯島伸子（2001）「環境社会学の成立と発展」飯島伸子他編『環境社会学の視点』講座環境社会学 1，有斐閣．……15

池上惇（1993）『生活の芸術化―ラスキン，モリスと現代』丸善ライブラリー，丸善．……629

石井明男（2006）「東京ごみ戦争はなぜ起こったのか―その一考察」『廃棄物学会誌』第 17 巻第 6 号，340-348 頁．……121

石田雄（1995）『社会科学再考―敗戦から半世紀の同時代史』東京大学出版会．……11

石村雄一・竹内憲司（2015）「ごみ有料化は自治体の財政負担をどれだけ軽減するのか？」『国民経済雑誌』第 211 巻第 4 号，47-60 頁．……318

石山徳子（2004）『米国先住民族と核廃棄物―環境正義をめぐる闘争』明石書店．……660

李秀澈編著（2014）『東アジアのエネルギー・環境政策―原子力発電 / 地球温暖化 / 大気・水質保全』昭和堂．……210

磯崎博司（1991）「ラムサール条約の現状と課題―モントルー会議から釧路会議に向けて」『季刊環境研究』第 82 号，152-161 頁．……232

磯崎博司（2012）「環境条約の地元における日常的な実施確保―自然環境に関する条約を中心に」大塚直他編『社会の発展と権利の創造―民法・環境法学の最前線』有斐閣．……232

磯崎博司（2014）「裁判における環境条約―北見道路裁判」『環境と公害』第 43 巻第 4 号，69-70 頁．……230

磯崎博司（2015）「条約の実施確保に向けて―国内措置の整備義務」『地球環境学』第 10 号，1-26 頁．……230

磯崎博司（2016）「名古屋議定書に対応する国内法令」『地球環境学』第 11 号，113-128 頁．……230

磯崎博司（2018）「名古屋議定書の締結と国内措置のための指針」『環境と公害』第 47 巻第 3 号，2-8 頁．……231

伊藤康（1994）「公害防止協定と日本型政府介入システム」『一橋論叢』第 112 巻第 6 号，1135-1150 頁．……489

伊藤康（2016）『環境政策とイノベーション―高度成長期日本の硫黄酸化物対策の事例研究』中央経済社．……460

今中哲二（2016）「チェルノブイリと福島―事故プロセスと放射能汚染の比較」『科学』第 86 巻第 3 号，252-257 頁．……147

岩﨑恭彦（2016）「公害規制法の現状と課題（2）―騒音・振動・悪臭・地盤沈下・土壌汚染」高橋信隆編著『環境法講義（第 2 版）』信山社．……495

岩田和之他（2010）「ISO 14001 認証取得の決定要因とトルエン排出量削減効果に関する実証研究」『日本経済研究』第 62 号，16-38 頁．……439

岩田和之（2014）「スマートメーターと省エネ」馬奈木俊介編『エネルギー経済学』中央経済社．……367

■う

植田和弘（1992）『廃棄物とリサイクルの経済学―大量廃棄社会は変えられるか』有斐閣．……132

植田和弘・松野 裕（1997）「公健法賦課金」植田和弘他編著『環境政策の経済学―理論と現実』日本評論社．……484

植田和弘（2007）「環境政策の欠陥と環境ガバナンスの構造変化」松下和夫編著『環境ガバナンス論』京都大学学術出版会．……60

植田和弘監修，大島堅一・高橋 洋編（2016）『地域分散型エネルギーシステム』日本評論社．……343

上田健介（2003）「ドイツ宰相の地位と権限」『近畿大学法学』第 51 巻第 2 号，11-52 頁．……475

上村一哉（2008）「ごみ処理有料化における自治体の意思決定」『廃棄物学会論文誌』第 19 巻第 1 号，61-71 頁．……318

宇沢弘文（1990）『経済解析 基礎篇』岩波書店．……672

宇沢弘文（2003）『経済解析 展開篇』岩波書店．……672

宇沢弘文（2015）『宇沢弘文の経済学―社会的共通資本の論理』日本経済新聞出版社．……651

氏川恵次（2014）『環境・経済統合勘定の新展開』青山社．……46

碓井健寛（2003）「ごみ処理サービス需要の価格弾力性―要因分析と予測」『環境科学会誌』第 16 巻第 4 号，271-280 頁．……318

臼杵知史（2001）「医療廃棄物輸出事件」石野耕也他編『国際環境事件案内―事件で学ぶ環境法の現状と課題』信山社．……129

■え

エコノミー，E. 著，片岡夏実訳（2005）『中国環境リポート』築地書館（Economy, E. C.（2004）*The River Runs Black: The Environmental Challenge to China's Future*, Cornell University Press）．……145

遠藤日雄編著（2012）『改訂 現代森林政策学』日本林業調査会．……283

遠藤崇浩（2013）『カリフォルニア水銀行の挑戦―水危機への〈市場の活用〉と〈政府の役割〉』昭和堂．……289

■お

及川敬貴（2015）「生物多様性保全の法制度」大沼あゆみ・栗山浩一編『生物多様性を保全する』シリーズ環境政策の新地平 4，岩波書店．……498

大川真郎（2001）『豊島産業廃棄物不法投棄事件―巨大な壁に挑んだ二五年のたたかい』日本評論社．……117

大久保規子（2015）「環境分野の参加原則とバリガイドラインの意義」『甲南大学総合研究所叢書』第 124 巻，41-57 頁．……569

大久保規子（2017）「参加原則と日本・アジア」『行政法研究』第 18 号，1-19 頁．……569

大阪自動車環境対策推進会議（2015）『大阪における自動車環境対策の歩み 平成 26 年版』．……122

大島堅一他（2003）「軍事活動と環境問題―「平和と環境保全の世紀」をめざして」日本環境会議・『アジア環境白書』編集委員会編『アジア環境白書 2003/04』東洋経済新報社．……126

大島堅一 (2010)『再生可能エネルギーの政治経済学—エネルギー政策のグリーン改革に向けて』東洋経済新報社. ……207, 343, 387, 397

太田哲男 (1997)『レイチェル=カーソン』清水書院. ……638

大塚健司 (2002)「中国の環境政策実施過程における監督検査体制の形成とその展開—政府，人民代表大会，マスメディアの協調」『アジア経済』第 43 巻第 10 号，26-57 頁. ……144

大塚健司 (2010)「深刻化する水汚染問題への対応」堀井伸浩編『中国の持続可能な成長—資源・環境誓約の克服は可能か？』アジア経済研究所. ……145

大塚健司 (2015)「中国の水汚染被害地域における政策と実践—淮河流域の「生態災難」をめぐって」大塚健司編『アジアの生態危機と持続可能性—フィールドからのサステイナビリティ論』アジア経済研究所. ……144

大塚 直 (2009)「環境損害に対する責任」『ジュリスト』第 1372 号，42-53 頁. ……510

大塚 直 (2010)『環境法（第 3 版）』有斐閣. ……467, 483, 495

大塚 直 (2014)「規範的ポリシー・ミックス」長谷部恭男他編『法の実現手法』岩波講座現代法の動態 2，岩波書店. ……8

大塚 直 (2014)「環境法における実現手法」長谷部恭男他編『法の実現手法』岩波講座現代法の動態 2，岩波書店. ……483

大塚 直 (2014)「環境対策の費用負担」高橋信隆他編『環境保全の法と理論』北海道大学出版会. ……42

大塚 直 (2016)『環境法 BASIC（第 2 版）』有斐閣. ……43, 483, 495

大沼あゆみ (2014)『生物多様性保全の経済学』有斐閣. ……229, 499

大沼あゆみ (2015)「野生生物管理政策」亀山康子・馬奈木俊介編『資源を未来につなぐ』シリーズ環境政策の新地平 5，岩波書店. ……296

大野智彦 (2007)「流域ガバナンスを支える社会関係資本への投資」松下和夫編著『環境ガバナンス論』京都大学学術出版会. ……509

大野智彦 (2009)「流域管理とコモンズ・ガバナンス・社会関係資本—流域管理における管理主体のあり方」和田英太郎監修，谷内茂雄他編『流域環境学—流域ガバナンスの理論と実践』京都大学学術出版会. ……508

大野智彦 (2015)「流域ガバナンスの分析フレームワーク」『水資源・環境研究』第 28 巻第 1 号，7-15 頁. ……508

岡 敏弘 (2006)『環境経済学』岩波書店. ……651

沖村理史 (2000)「気候変動レジームの形成」信夫隆司編著『地球環境レジームの形成と発展』国際書院. ……169

奥野正寛・鈴村興太郎 (1988)『ミクロ経済学 II』モダン・エコノミックス 2，岩波書店. ……20, 372

奥 真美 (2008)「汚染者負担原則」環境法政策学会編『温暖化防止に向けた将来枠組み』商事法務. ……43

織田由紀子 (2003)「ジェンダーの視点からみた『実施計画』」『環境研究』第 128 号，81-90 頁. ……663

織田由紀子 (2012)「リオ＋20 への女性グループからのインプット」『環境研究』第 166 号，82-90 頁. ……663

戒能一成 (2007)「「トップランナー方式」による省エネルギー法乗用車燃費基準規制の費用便

益分析と定量的政策評価について」RIETI Discussion Paper Series, 07-J-006, 経済産業研究所. ……365

■か

賀来健輔（1997）「環境政治と政治学―日本の場合」賀来健輔・丸山仁共編著『環境政治への視点』SBC 政治学講義シリーズ 202, 信山社出版. ……11

カーソン, R. 著, 青樹簗一訳（1974）『沈黙の春』新潮社（Carson, R.（1962）*Silent Spring*, Houghton Mifflin）. ……638

カーソン, R. 著, リア, L. J. 編, 古草秀秀子訳（2000）『失われた森 レイチェル・カーソン遺稿集』集英社（Carson, R.（1998）*Lost Woods: The Discovered Writing of Rachel Carson*, Beacon Press）. ……639

カップ, K. W. 著, バーガー, S., ステパッチャー, R. 編, 大森正之訳（2014）『制度派経済学の基礎』出版研. ……643

門村 浩他（1991）『環境変動と地球砂漠化』朝倉書店. ……562

金子慎治（2016）「環境問題の課題と新たな動向」内海成治編『国際協力論を学ぶ人のために』世界思想社. ……344

亀山康子・高村ゆかり編（2011）『気候変動と国際協調―京都議定書と多国間協調の行方』慈学社出版. ……169

川越敏司（2007）『実験経済学』東京大学出版会. ……419

河田幸視（2015）「過剰に生息する野生動物」大沼あゆみ・栗山浩一編『生物多様性を保全する』シリーズ環境政策の新地平 4, 岩波書店. ……248

河田恵昭（1995）『都市大災害―阪神・淡路大震災に学ぶ』近未来科学ライブラリー6, 近未来社. ……152

環境省（2011）『生物多様性条約 COP10・11 の成果と愛知目標』環境省自然環境局. ……267

環境省（2012）『地球温暖化から日本を守る 適応への挑戦 2012』……160

環境省（2015）『排出削減ポテンシャルを最大限引き出すための方策検討について』……362

環境庁 10 周年記念事業実行委員会編（1982）『環境庁十年史』環境庁. ……472

環境庁 20 周年記念事業実行委員会編（1991）『環境庁二十年史』ぎょうせい. ……472

環境庁野生生物保護行政研究会編（1993）『絶滅のおそれのある野生動植物の種の保存に関する法律―法令・通知・資料』中央法規出版. ……235

■き

喜多川進（2015）『環境政策史論―ドイツ容器包装廃棄物政策の展開』勁草書房. ……461

北川秀樹編著（2008）『中国の環境問題と法・政策―東アジアの持続可能な発展に向けて』法律文化社. ……476

北村喜宣（1998）『産業廃棄物への法政策対応』第一法規. ……119

北村喜宣（2014）「環境法規制の仕組み」高橋信隆他編著『環境保全の法と理論』北海道大学出版会. ……483

金 基成（2010）「エコロジー的近代化言説と EU の気候変動政策―ストーリーラインの類似性とその政治的含意」『立命館法学』第 5・6 号, 529-550 頁……659

金 基成（2017）『持続可能な発展の政治学』Adagio Non Troppo（Kindle 版）. ……658

木村 宰（2006）「技術開発政策の実効性に関する既往研究のレビュー―エネルギー技術分野を中心に」『電力中央研究所報告』Y05029, 1-51 頁. ……394

木村 宰・大藤建太（2014）「省エネ補助金の追加性と費用対効果の評価― NEDO 補助事業の事例分析」『電力中央研究所報告』Y13028. ……603

木村英紀（1998）「モデルとは何か」『数理科学』第 36 巻第 9 号, 5-10 頁. ……194

木村ひとみ（2013）「EU 排出枠取引制度の航空分野への域外適用に関する ECJ 先決裁定と国際法上の課題」『Journal of Environmental Law and Policy』第 16 巻, 257-271 頁. ……199

金 炳國・李 秀澈（2009）「日韓の環境政策と環境行財政制度―両国の新しい環境行財政ガバナンス構築のための課題」『名城論叢』第 10 巻第 1 号, 85-102 頁. ……478

■く

久保はるか（2016）「内閣の主導による将来の政策目標の決定と専門的知見の役割」『甲南法学』第 56 巻第 3・4 号, 241-280 頁. ……207

久保文明（1997）『現代アメリカ政治と公共利益―環境保護をめぐる政治過程』東京大学出版会. ……12

熊崎実編著（2016）『熱電併給システムではじめる木質バイオマスエネルギー発電』日刊工業新聞社. ……301

熊沢蕃山著, 後藤陽一・友枝龍太郎校注（1971）『熊沢蕃山』日本思想大系 30, 岩波書店. ……664

熊本博之（2010）「迷惑施設建設問題の理論的分析―普天間基地移設問題を事例に」『明星大学社会学研究紀要』第 30 号, 27-41 頁. ……127

庫川幸秀（2013）「RPS 制度と FIT 制度下の再生可能エネルギー導入量の比較」『環境経済・政策研究』第 6 巻 1 号, 65-74 頁. ……387

倉阪秀史（2000）「汚染者負担原則と拡大生産者責任に関する覚え書き」『経済研究』第 14 巻第 4 号, 753-771 頁. ……43

倉阪秀史（2015）『環境政策論（第 3 版）』信山社. ……464, 467, 513

グラント, J. 著, 高野岩三郎校閲・久留間鮫造訳（1941）『死亡表に関する自然的及政治的諸観察』栗田書店. ……622

栗山昭久他（2015）「米国における火力発電所排出規制の概要と今後の動向―クリーン・パワー・プランおよび炭素汚染基準の解説」IGES Issue Brief. ……203

栗山浩一（1998）『環境の価値と評価手法― CVM による経済評価』北海道大学出版会. ……409

栗山浩一他編著（2000）『世界遺産の経済学―屋久島の環境価値とその評価』勁草書房. ……414

栗山浩一・庄子 康編著（2005）『環境と観光の経済評価―国立公園の維持と管理』勁草書房. ……408, 417

栗山浩一他（2007）「死亡リスク削減の経済的評価とスコープテストによる信頼性の検証」『環境経済学ワーキングペーパー』第 0702 号, 1-33 頁. ……425

栗山浩一・庄子 康（2008）「協力金が訪問行動に及ぼす影響の経済分析―屋久島における CVM

による実証研究」『環境科学会誌』第 21 巻第 4 号，307-316 頁. ……297

栗山浩一他（2013）『初心者のための環境評価入門』勁草書房. ……613

栗山浩一（2015）「データに基づいた富士山入山料の多角的分析」『観光文化』第 226 号，15-18 頁. ……297

黒川哲志（2004）『環境行政の法理と手法』成文堂. ……483

黒住compare人（2015）『『世界エネルギー展望』の読み方― WEO 非公式ガイドブック』エネルギーフォーラム新書，エネルギーフォーラム. ……354

黒田隆幸（1996）『産業公害の終着駅・産業廃棄物―それは西淀川から始まった 大阪都市産業公害外史（産廃篇）』同友館. ……116

桑原勇進（2012）「規制的手法とその限界」新美育文他編著『環境法大系』商事法務. ……483

経済産業省資源エネルギー庁（2011）『電源立地制度の概要』……403

■け

ケインズ，J. M. 著，大野忠男訳（1980）『人物評伝』ケインズ全集 10，東洋経済新報社. ……625

原子力委員会 原子力発電・核燃料サイクル技術等検討小委員会（2012）「核燃料サイクルの技術選択肢及び評価軸について（改訂版）」. ……334

■こ

高 翔龍（1998）『現代韓国法入門』信山社出版. ……478

厚生省（1968）『富山県におけるイタイイタイ病に関する厚生省の見解』. ……105

国立環境研究所（2009）「中長期を対象とした持続可能な社会シナリオに関する研究」国立環境研究所特別研究報告 SR-92. ……51

国立環境研究所 AIM プロジェクトチーム（2012）『2013 年以降の対策・施策に関する検討小委員会における議論を踏まえたエネルギー消費量・温室効果ガス排出量等の見通し』……197

UNEP，永田勝也監訳（2001）『エコデザイン―持続可能な生産と消費のための将来性あるアプローチ』ミクニヤ環境システム研究所. ……324

国連広報センター（2015）「我々の世界を変革する―持続可能な開発のための 2030 アジェンダ」. ……563

小島延夫（1989）「公害輸出の実態―マレーシアの場合」『公害研究』第 19 巻第 2 号，29-34 頁. ……129

コース，R. H. 著，宮沢健一他訳（1992）『企業・市場・法』東洋経済新報社（Coase, R. H. (1990) *The Firm, the Market, and the Law*, University of Chicago Press）. ……645

コスト等検証委員会（2011）『コスト等検証委員会報告書』国家戦略室エネルギー・環境会議. ……397

後藤典弘（1990）「有害廃棄物とその越境移動」大来佐武郎監修『豊饒の裏にひそむ危機』地球規模の環境問題（1），中央法規. ……129

木平勇吉編，白石則彦他分担編集（2007）『森林と木材を活かす事典―地球環境と経済の両立の為の情報集大成』産調出版. ……285

小林紀之（2015）『森林環境マネジメント―司法・行政・企業の視点から』海青社. ……172

小林 光・森田香菜子（2014）「国際ルールを作る」小林 光他編『ザ環境学―緑の頭のつくり方』

勁草書房. ……138

小林正典（2006）「総合的な農村社会支援策を国際砂漠・砂漠化年に考える」『人口と開発』2006 年春号，40-46 頁. ……562

小堀聡（2010）『日本のエネルギー革命―資源小国の近現代』名古屋大学出版会. ……342

小堀聡（2017）「臨海開発，公害対策，自然保護―高度成長期横浜の環境史」庄司俊作編『戦後日本の開発と民主主義―地域にみる相剋』昭和堂. ……460

児矢野マリ（2013）「原子力災害と国際環境法―損害防止に関する手続的規律を中心に」『世界法年報』第 32 号，62-126 頁. ……405

兒山真也（2014）『持続可能な交通への経済的アプローチ』日本評論社. ……359

■さ

阪口功（2011）「日本の環境外交―ミドルパワー，NGO，地方自治体」『国際政治』第 166 号，26-41 頁. ……520

笹尾俊明（2011）「ごみ処理有料化と分別回収による廃棄物減量効果」『廃棄物処理の経済分析』勁草書房. ……318

笹尾俊明（2011）『廃棄物処理の経済分析』勁草書房. ……321

笹尾俊明（2011）「産業廃棄物税の排出抑制効果に関するパネルデータ分析」『廃棄物資源循環学会論文誌』第 22 巻第 3 号，157-166 頁. ……485

佐藤仁（2002）『希少資源のポリティクス―タイ農村に見る環境と開発のはざま』東京大学出版会. ……267

佐藤勢津子・杉田智禎（2005）「新しい環境・経済統合勘定について（経済活動と環境負荷のハイブリッド型統合勘定の試算）」『季刊国民経済計算』第 131 号. ……47

佐藤信編（2005）『世界遺産と歴史学』山川出版社. ……559

佐藤正弘（2015）「グローバル経済下の自然資本利用」自然資本研究会編『自然資本入門―国，自治体，企業の挑戦』NTT 出版. ……135

佐藤雄一（2015）「気候変動交渉と IPCC 第 5 次評価書―「土地セクター」の視点からの概観」『日本熱帯生態学会ニューズレター』第 99 号，12-19 頁. ……172

澤田英司（2015）「共有資源管理ルールの合意形成」亀山康子・馬奈木俊介編『資源を未来につなぐ』シリーズ環境政策の新地平 5，岩波書店. ……244

参議院憲法調査会事務局（2002）「内閣と議院内閣制に関する主要国の制度」『参憲資料』第 10 号. ……474

■し

繁田泰宏（2013）『フクシマとチェルノブイリにおける国家責任―原発事故の国際法的分析』東信堂. ……405

自治体国際化協会ソウル事務所編（2008）『韓国における環境問題と自治体の取り組み』CLAIR report 332，自治体国際化協会. ……477

柴田明穂（2015）「南極環境責任附属書の国内実施―日本の課題と展望」江藤淳一編『国際法学の諸相』信山社出版. ……551

柴田明穂（2016）「国際化地域」浅田正彦編『国際法（第 3 版）』東信堂. ……550

和文引用文献・WEB 文献　　　683

柴田徳衛（1976）『現代都市論（第二版）』東京大学出版会. ……121

柴田徳衛（1980）「ある学者の都政体験記 1 ―ゴミ戦争にまみれて」『エコノミスト』第 58 巻第 38 号，46-52 頁. ……121

島村 健（2010）「自主的取組・協定」『環境法政策学会誌』第 13 号，11-34 頁. ……489

島村 健（2012）「合意形成手法とその限界」松村弓彦他編『環境法大系』商事法務. ……489

島本美保子（2015）「熱帯林を中心とした国際的な森林保全」亀山康子・馬奈木俊介編『資源を未来につなぐ』シリーズ環境政策の新地平 5，岩波書店. ……284

清水修二（1999）『NIMBY シンドローム考―迷惑施設の政治と経済』東京新聞出版局. ……120, 320

清水規子他（2013）「UNFCCC 交渉における気候資金議題―課題と今後の展望」『季刊環境研究』第 171 号，84-95 頁. ……179

市民立法機構（2001）『市民立法入門―市民・議員のための立法講座』ぎょうせい. ……513

自由民主党農林漁業有害鳥獣対策検討チーム編著（2008）『Q&A 早わかり鳥獣被害防止特措法』大成出版社. ……235

東海林克彦（2000）「我が国の鳥獣保護及び狩猟制度における鳥獣保護の考え方とその変遷に関する研究」『ランドスケープ研究』第 63 巻第 5 号，379-384 頁. ……296

ジョージ，S. 著，佐々木建・毛利良一訳（1995）『債務ブーメラン―第三世界債務は地球を脅かす』朝日新聞社（George, S. (1991) *The Debt Boomerang: How Third World Debt Harms Us All*, Pluto Press）. ……134, 242

ジョージェスク゠レーゲン，N. 著，小出厚之助他編訳（1981）『経済学の神話』東洋経済新報社. ……653

ジョージェスク゠レーゲン，N. 著，高橋正立・神里 公訳（1993）『エントロピー法則と経済過程』みすず書房（Georgescu-Roegen, N. (1971) *The Entropy Law and the Economic Process*, Harvard University Press）. ……349

ジョンストン，R. L.（2016）「北極評議会を通じた環境ガバナンス―国際環境規範の主導者としての北極評議会」『国際協力論集（神戸大学国際協力研究科）』第 24 巻第 1 号，29-44 頁. ……551

白石則彦（2004）「消費者と森林をつなぐ―森林認証制度」井上 真他『人と森の環境学』東京大学出版会. ……267

白山義久他編（2012）『海洋保全生態学』講談社. ……294

城山英明（2011）「環境問題と政治」苅部 直他編『政治学をつかむ』有斐閣. ……513

城山英明・児矢野マリ（2013）「原子力の平和利用の安全に関する条約等の国内実施―国際的基準と福島第一原子力発電所事故後の関連国内法制の動向」『論究ジュリスト』第 7 号, 57-65 頁. ……405

城山英明（2013）「行政組織に関する国際条約等の規定と国内実施―原子力安全規制機関の場合」『論究ジュリスト』第 7 号, 68-70 頁. ……405

神事直人・鶴見哲也（2015）「外国直接投資からの環境配慮行動のスピルオーバー効果―ベトナムの製造業における企業データによる分析」RIETI Discussion Paper Series, 15-J-057. ……589

■す

杉山大志他（2010）『省エネルギー政策論―工場・事業所での省エネ法の実効性』エネルギーフ

ォーラム. ……207

杉山大志・若林雅代（2013）『温暖化対策の自主的取り組み─日本企業はどう行動したか』エネルギーフォーラム. ……207, 489

杉山昌広（2016）「気候変動緩和策としてのエネルギー技術イノベーション政策」『環境経済・政策研究』第9巻第2号, 103-107頁. ……395

鈴木詩衣菜（2016）「湿地保全と沿岸域の防災─ラムサール条約の転換期」『環境と公害』第45巻第3号, 16-21頁. ……232

スミス, A. 著, 大河内一男監訳（1991）『国富論（第5版）』I, 中央公論新社. ……625

スミス, A. 著, 高哲夫訳（2013）『道徳感情論（第6版）』講談社. ……624

スミス, D. L. 著, 川向正人訳（1977）『アメニティと都市計画』鹿島出版会. ……628

■せ

勢一智子（1996）「ドイツ環境行政手法の分析」『法政研究』第62巻第3-4号, 583-631頁. ……483

関耕平（2013）「第6章 環境・エネルギーと地方財政」重森暁・植田和弘編『Basic 地方財政論』有斐閣……504

関礼子（2003）『新潟水俣病をめぐる制度・表象・地域』東信堂. ……103

関礼子他（2009）『環境の社会学』有斐閣. ……103

関礼子（2012）「流域の自治をデザインする─"絆"をつなぐフィールドミュージアムの来歴」桑子敏雄・千代章一郎編『感性のフィールド─ユーザーサイエンスを超えて』東信堂. ……103

■た

ダウィ, M. 著, 戸田清訳（1998）『草の根環境主義─アメリカの新しい萌芽』日本経済評論社. ……660

高村ゆかり（2003）「情報公開と市民参加による欧州の環境保護─環境に関する, 情報へのアクセス, 政策決定への市民参加, 及び, 司法へのアクセスに関する条約（オーフス条約）とその発展」『静岡大学 法政研究』第8巻第1号, 131-178頁. ……569

高村ゆかり・島村健（2013）「地球温暖化に関する条約の国内実施」『論究ジュリスト』第7号, 11-19頁. ……207

高村ゆかり（2015）「気候変動の国際制度の展開とその課題」新澤秀則・高村ゆかり編『気候変動政策のダイナミズム』シリーズ環境政策の新地平2, 岩波書店. ……168

高村ゆかり（2016）「パリ協定における義務の差異化─共通に有しているが差異のある責任原則の動的適用への転換」松井芳郎他編『21世紀の国際法と海洋法の課題』東信堂. ……177

田口富久治・中谷義和編（1994）『比較政治制度論』法律文化社. ……477

竹内憲司（1999）『環境評価の政策利用─CVMとトラベルコスト法の有効性』明治大学社会科学研究所叢書, 勁草書房. ……413

竹内恒夫（2004）『環境構造改革─ドイツの経験から』リサイクル文化社……476

武田史郎他（2010）「日本経済研究センターCGEモデルによるCO$_2$削減中期目標の分析」『環境経済・政策研究』第3巻第1号, 31-42頁. ……357

武田史郎他（2012）「排出量取引の制度設計による炭素リーケージ対策─排出枠配分方法の違い

による経済影響の比較」有村俊秀他編『地球温暖化対策と国際貿易―排出量取引と国境調整措置をめぐる経済学・法学的分析』東京大学出版会．……189

竹村和久（2009）『行動意思決定論―経済行動の心理学』日本評論社．……581

竹本和彦他（2010）「我が国の化学物質対策の展開―国際的視点からの考察」『環境科学会誌』第23巻第5号，420-434頁．……564

多田満（2016）「R. カーソン『沈黙の春』にみる安全と持続可能な社会」『文学と環境』第19号，9-10頁．……639

田中健太・馬奈木俊介（2014）「エネルギー消費の削減政策」馬奈木俊介編『エネルギー経済学』中央経済社．……367

田中正造著，由井正臣・小松 裕編（2004）『鉱毒と政治』田中正造文集1，岩波書店．……668

田中俊徳（2009）「世界遺産条約におけるグローバル・ストラテジーの運用と課題」『人間と環境』第35巻第1号，3-12頁．……559

田中俊徳（2012）「世界遺産条約の特徴と動向・国内実施」『新世代法政策学研究』第18号，45-78頁．……559

田中嘉彦（2011）「英国における内閣の機能と補佐機構」『レファレンス』第731号，121-146頁．……474

玉野井芳郎（1978）『エコノミーとエコロジー―広義の経済学への道』みすず書房．……669

玉野井芳郎（1982）『生命系のエコノミー―経済学・物理学・哲学への問いかけ』新評論．……669

玉野井芳郎著，槌田 敦・岸本重陳編（1990a）『生命系の経済に向けて』玉野井芳郎著作集第2巻，学陽書房．……668

玉野井芳郎著，鶴見和子・新崎盛暉編（1990b）『地域主義からの出発』玉野井芳郎著作集第3巻，学陽書房．……669

玉野井芳郎著，中村尚司・樺山紘一編（1990c）『等身大の生活世界』玉野井芳郎著作集第4巻，学陽書房．……669

田村堅太郎（2013）「気候資金における資金源・資金調達手法を巡る議論―これまでの経緯と今後の展望」『季刊環境研究』第171号，33-41頁．……179

樽井 礼（2012）「地球温暖化対策に関する国際交渉」有村俊秀他編『地球温暖化対策と国際貿易―排出量取引と国境調整措置をめぐる経済学・法学的分析』東京大学出版会．……88

ダルポ，J. 著，大久保規子訳（2017）「第10原則と司法アクセス」『行政法研究』第18号，45-72頁．……569

■ち

鳥獣保護管理研究会編著（2008）『鳥獣保護法の解説（第4版）』大成出版社．……235

陳玲他（2011）「死亡リスク削減のための支払い意思額に基づく統計的生命価値の計測」『都市情報学研究』第16号，33-38頁．……425

■つ

塚田直子（2016）「パリ協定と森林―2020年以降の気候変動政策における森林の取扱い」『森林技術』第892号，24-27頁．……172

津軽石昭彦・千葉 実（2003）『青森・岩手県境産業廃棄物不法投棄事件―政策法務ナレッジ』

自治体法務サポートブックレット・シリーズ2，第一法規．……119

柘植隆宏他編著（2011）『環境評価の最新テクニック—表明選好法・顕示選好法・実験経済学』勁草書房．……613, 413（第5章，補論）

槌田 敦（1982）『資源物理学入門』NHKブックス，日本放送出版協会．……349

常木 淳・浜田宏一（2003）「環境をめぐる『法と経済学』」植田和弘・森田恒幸編『環境政策の基礎』岩波講座環境経済・政策学3，岩波書店．……91

都留重人（1972）『公害の政治経済学』一橋大学経済研究叢書26，岩波書店．……641, 670

都留重人著，中村達也他訳（1999）『制度派経済学の再検討』岩波書店．……651

鶴田 順（2005）「国際環境枠組条約における条約実践の動態過程—1999年産業廃棄物輸出事件を素材にして」城山英明・山本隆司編『環境と生命』東京大学出版会．……133

■て

デュボンヌ，F. 著，辻由美訳（1983）「エコロジーとフェミニズム」青木やよひ編『フェミニズムの宇宙』シリーズプラグを抜く3，新評論（d'Eaubonne, F.（1974）*Le féminisme ou la mort*, P. Horay）．……662

寺西俊一（2016）「福島原発事故の影響・被害と経済的評価」植田和弘編『被害・費用の包括的把握』大震災に学ぶ社会科学 第5巻，東洋経済新報社．……643

■と

東京都清掃局総務部総務課編（2000）『東京都清掃事業百年史』東京都清掃局総務部総務課．……120

土壌環境法令研究会（2003）『逐条解説 土壌汚染対策法』新日本法規．……494

戸田 清（2009）『環境正義と平和—「アメリカ問題」を考える』法律文化社．……661

戸田 清（2017）『核発電の便利神話』3・11後の平和学パート2，長崎文献社．……661

友澤悠季（2014）『「問い」としての公害—環境社会学者・飯島伸子の思索』勁草書房．……14

鳥越皓之（1999）『環境社会学』放送大学教育振興会．……14

■な

中口毅博（2003）「持続可能な発展政策とローカルアジェンダ21の現状と課題」川崎健次他編『環境マネジメントとまちづくり—参加とコミュニティガバナンス』学芸出版社．……507

永田 信（2015）『林政学講義』東京大学出版会．……282

中田 実（2010）「環境経済学（1）環境と経済成長」竹内恒夫他編『社会環境学の世界』日本評論社．……55

中野牧子（2015）「省エネルギーの政策メニューと比較評価」新澤秀則・森 俊介編『エネルギー転換をどう進めるか』シリーズ環境政策の新地平3，岩波書店．……365

永松伸吾（2008）『減災政策論入門—巨大災害リスクのガバナンスと市場経済』シリーズ災害と社会4，弘文堂．……153

中村愼一郎（2000）『Excelで学ぶ産業連関分析』Excelとその応用シリーズ，エコノミスト社．……80

中村愼一郎編（2007）『ライフサイクル産業連関分析』早稲田大学現代政治経済研究所研究叢書 27，早稲田大学出版部．……327

中村秀規・加藤尊秋（2011）「自治体による環境国際協力に対する市民の支持構造」『環境科学会誌』第24巻第2号，89-102頁．……543

滑志田隆（2007）『地球温暖化問題と森林行政の転換』論創社．……556

■に

新潟水俣病問題に係る懇談会（2008）『新潟水俣病問題に係る懇談会 最終提言書―患者と共に生きる支援と福祉のために』……102

新澤秀則（1997）「排出許可証取引」植田和弘他編著『環境政策の経済学―理論と現実』日本評論社．……358

新澤秀則（2010）「京都議定書の現状と課題」新澤秀則編著『温暖化防止のガバナンス』環境ガバナンス叢書6，ミネルヴァ書房．……174

新澤秀則（2011）「気候変動レジームの構成要素 炭素市場の構築」亀山康子・高村ゆかり共編『気候変動と国際協調―京都議定書と多国間協調の行方』慈学社出版．……171, 174

新澤秀則・森 俊介編（2015）『エネルギー転換をどう進めるか』シリーズ環境政策の新地平3，岩波書店．……341

西澤栄一郎・喜多川進（2017）『環境政策史―なぜいま歴史から問うのか』ミネルヴァ書房．……461

日本エネルギー法研究所（2014）『原子力安全に係る国際取決めと国内実施―平成22〜24年度エネルギー関係国際取決めの国内実施方式検討班報告書』日本エネルギー法研究所．……405

日本学術会議（農業・森林の多面的機能に関する特別委員会）（2001）『地球環境・人間生活に関わる農業及び森林の多面的な機能の評価について（答申）』．……556

日本学術会議（2012）『回答 高レベル放射性廃棄物の処分について』．……335

日本学術会議高レベル放射性廃棄物の処分に関するフォローアップ検討委員会（2015）「高レベル放射性廃棄物の処分に関する政策提言―国民的合意形成に向けた暫定保管」．……335

日本生態学会編（2002）『外来種ハンドブック』地人書館．……226

日本総合研究所（2004）「SEEAの改訂などにともなう環境経済勘定の再構築に関する研究」平成15年度内閣府委託調査．……47

■ね

NEDO（2002）『温暖化対策における二酸化炭素隔離技術の政策的位置付けに関する調査研究』平成13年度調査報告書：51401148-0．……192

■の

野田浩二（2011）『緑の水利権―制度派環境経済学からみた水政策改革』武蔵野大学シリーズ9，武蔵野大学出版会．……651

野村康（2010）「環境政治―環境問題への政治学的アプローチ」竹内恒夫他編『社会環境学の世界』日本評論社．……11

野村摂雄（2010）「国際海運のための温室効果ガス排出権取引制度の検討に向けて」『環境法研究』第 35 号，169-188 頁．……199

■は

萩原なつ子（2015）「環境と女性／ジェンダーの主流化」亀山康子・森 晶寿編『グローバル社会は持続可能か』シリーズ環境政策の新地平 1，岩波書店．……662

朴 勝俊（2009）『環境税制改革の「二重の配当」』晃洋書房．……605

朴 勝俊（2013）『脱原発で地元経済は破綻しない』高文研．……402

畠山武道（2013）『考えながら学ぶ環境法』三省堂．……495

八田達夫・髙田 眞（2010）『日本の農林水産業—成長産業への戦略ビジョン』日本経済新聞出版社．……249

発電コスト検証ワーキンググループ（2015）『長期エネルギー需給見通し小委員会に対する発電コスト等の検証に関する報告』経済産業省資源エネルギー庁総合資源エネルギー調査会基本政策分科会．……397

花松泰倫（2005）「『環境保護に対する人権アプローチ』の再検討—欧州人権条約の実行を手がかりとして」『北大法学研究科ジュニア・リサーチ・ジャーナル』第 11 号，1-46 頁．……530

華山 謙（1978）『環境政策を考える』岩波書店．……60

林 公則（2011）『軍事環境問題の政治経済学』日本経済評論社．……127

原科幸彦（2010）「新 JICA の環境社会配慮ガイドラインの特徴—制度の信頼性確保の工夫も」環境アセスメント学会第 9 回大会発表要旨……534

原田一宏（2011）『熱帯林の紛争管理—保護と利用の対立を超えて』原人舎．……267

原田一宏（2017）「認証制度を通した市場メカニズム」井上 真編著『環境』東南アジア研究入門 1，慶應義塾大学出版会．……267

原田大樹（2010）「政策実施の手法」大橋洋一編『政策実施』Basic 公共政策学第 6 巻，ミネルヴァ書房．……483

原田尚彦（1994）『環境法（補正版）』弘文堂．……495

原田正純（1989）『水俣が映す世界』日本評論社．……130

半田良一編著（1997）『林政学（第 3 版）』文永堂出版．……283

坂東克彦（2000）『新潟水俣病の三十年—ある弁護士の回想』日本放送出版協会．……103

■ひ

ピグー，A. C. 著，気賀健三他訳（1953-1955）『厚生経済学』全 4 巻，東洋経済新報社（Pigou, A. C.（1920）*The Economics of Welfare*, Macmillan and Co.）．……637

日引聡・有村俊秀（2002）『入門環境経済学—環境問題解決へのアプローチ』中央公論新社．……186

日引 聡・庫川幸秀（2013a）「再生可能エネルギー普及促進策の経済分析—固定価格買取（FIT）制度と再生可能エネルギー利用割合基準（RPS）制度の比較分析」馬奈木俊介編著『環境・エネルギー・資源戦略—新たな成長分野を切り拓く』日本評論社．……387

日引 聡・庫川幸秀（2013b）「再生可能エネルギー普及促進策の経済分析—固定価格買取（FIT）制度と再生可能エネルギー利用割合基準（RPS）制度のどちらが望ましいか？」経済産業研

究所ディスカッションペーパー，13-J-070．……387

■ふ

福嶋崇（2013）「アジアの環境制度：森林環境制度」松岡俊二編『アジアの環境ガバナンスと地域統合』勁草書房．……556

藤川清史（1999）『グローバル経済の産業連関分析』創文社．……80

二見絵里子（2018）「名古屋・クアラルンプール補足議定書とカルタヘナ法の改正」『環境と公害』第47巻第3号，9-15頁．……231

フリードマン，D.，サンダー，S. 著，川越敏司他訳（1999）『実験経済学の原理と方法』同文舘出版（Friedman, D. & Sunder, S.（1994）*Experimental Methods: A Primer for Economists*, Cambridge University Press）．……419

古川彰（2004）『村の生活環境史』関西学院大学研究叢書第106編，世界思想社．……15

古沢広祐他著（2015）『環境と共生する農─有機農法・自然栽培・冬期湛水農法』シリーズ・いま日本の「農」を問う4，ミネルヴァ書房．……287

■へ

ペティ，W. 著，大内兵衛・松川七郎訳（1952）『租税貢納論』岩波書店．……622

ペティ，W. 著，大内兵衛・松川七郎訳（1955）『政治算術』岩波書店．……622

■ほ

ポーター，G.，ブラウン，J. W. 著，細田衛士監訳，村上朝子他訳（1998）『入門 地球環境政治』有斐閣（Porter, G. & Brown, J. W.（1996）*Global environmental politics*, Westview Press）．……522

細田衛士（1999）『グッズとバッズの経済学─循環型社会の基本原理』東洋経済新報社．……119

堀川三郎（1999）「戦後日本の社会学的環境問題研究の軌跡─環境社会学の制度化と今後の課題」『環境社会学研究』第5巻，211-223頁．……14

堀川三郎（2012）「環境社会学にとって「被害」とは何か─ポスト3.11の環境社会学を考えるための一素材として」『環境社会学研究』第18巻，5-26頁．……15

本田雅和・風砂子デアンジェリス（2000）『環境レイシズム─アメリカ「がん回廊」を行く』解放出版社．……661

■ま

牧野広義（2015）『環境倫理学の転換─自然中心主義から環境的正義へ』文理閣．……661

牧野光琢（2013）『日本漁業の制度分析─漁業管理と生態系保全』恒星社厚生閣．……294

まさのあつこ（2015）「環境政策に参加はなぜ必要か」関良基他編『社会的共通資本としての水』花伝社．……125

増井利彦（2015）「排出削減目標検討のあゆみとエネルギー戦略」新澤秀則・森俊介編『エネルギー転換をどう進めるか』シリーズ環境政策の新地平3，岩波書店．……195

増沢陽子（2016）「第1章 日本における化学物質規制の到達点と課題」環境法政策学会編『化学物質の管理 その評価と課題』商事法務．……497

松川勇（2004）「送電ネットワークの混雑管理と送電権」八田達夫・田中誠編著『電力自由化の経済学』経済政策分析シリーズ8，東洋経済新報社．……373

松下和夫・大野智彦（2007）「環境ガバナンス論の新展開」松下和夫編『環境ガバナンス論』京都大学学術出版会．……61

松下和夫編著（2007）『環境ガバナンス論』京都大学学術出版会．……506

松下和夫（2010）「持続可能性のための環境政策統合と今日的政策含意」『環境経済・政策研究』第3巻第1号，21-30頁．……503

松下和夫（2014）「日本の持続可能な発展戦略の検討—日本型エコロジー的近代化は可能か」『環境経済・政策研究』第7巻第2号，63-76頁．……503

松村弓彦（2007）『環境協定の研究』明治大学社会科学研究所叢書，成文堂．……489

馬奈木俊介（2013）『環境と効率の経済分析—包括的生産性アプローチによる最適水準の推計』日本経済新聞出版社．……445

マルクス，K. H. 著，資本論翻訳委員会訳（1982）『資本論』第1巻，新日本出版社．……630

マルサス，T. R. 著，小林時三郎訳（1968）『経済学原理』（上）・（下），岩波書店．……625

マルサス，T. R. 著，斉藤悦則訳（2011）『人口論』光文社，古典新訳文庫．……624

■み

三浦慎吾（2008）『ワイルドライフ・マネジメント入門—野生動物とどう向き合うか』岩波書店．……297

三上真寛（2014）「企業組織—なぜ企業は存在するのか」橋本努編『現代の経済思想』勁草書房．……644

水口剛（2015）「環境会計と情報開示の新展開—資本概念の拡張」高崎経済大学地域政策研究センター編『環境政策の新展開』勁草書房．……429

水野理（2011）「GEF の取組」『季刊環境研究』第160号，23-31頁．……345

道井緑一郎（2013）「原子力損害賠償条約と日本の対応」『世界法年報』第32号，160-194頁．……405

三俣学他（2006）「資源管理問題へのコモンズ論・ガバナンス論・社会関係資本論からの接近」『商大論集』第53巻第3号，389-432頁．……60

南方熊楠（1975）『書簡』南方熊楠全集第7巻，平凡社．……667

三村信男監修，太田俊二他編集（2015）『気候変動適応策のデザイン— Designing Climate Change Adaptation』クロスメディア・マーケティング．……163

宮入興一（2012）「災害と復興の地域経済学—人間復興の地域経済学の提起に向けて」『地域経済学研究』第25号，3-24頁．……153

宮沢健一編（2002）『産業連関分析入門（第7版）』日経文庫経済学入門シリーズ，日本経済新聞社．……78

宮永健太郎（2011）『環境ガバナンスと NPO —持続可能な地域社会へのパートナーシップ』昭和堂．……509

宮本憲一（1989）『環境経済学』岩波書店．……5

宮本憲一（1997）「総合社会影響事前評価制度の樹立を」『週刊金曜日』編集部編『環境を破壊する公共事業』緑風出版．……125
宮本憲一（2007／初版1989）『環境経済学（新版）』岩波書店．……631, 651, 671
宮本憲一（2014）『戦後日本公害史論』岩波書店．……127, 153, 342, 460, 660
三好博昭・谷下雅義編著（2008）『自動車の技術革新と経済厚生―企業戦略と公共政策の効果分析』白桃書房．……364

■む

村井吉敬（1988）『エビと日本人』岩波書店．……134
村上一真（2016）『環境配慮行動の意思決定プロセスの分析―節電・ボランティア・環境税評価の行動経済学』中央経済社．……367
村嶌由直，荒谷明日兒編著（2000）『世界の木材貿易構造―＜環境の世紀＞へグローバル化する木材市場』日本林業調査会．……285
村山武彦（2015）「アスベストによる健康被害の救済と環境影響に対する対応策の方向性」『労働の科学』第70巻第9号，522-525頁．……115
室田武他編著（1995）『循環の経済学―持続可能な社会の条件』学陽書房．……349

■も

毛利聡子（1998）『NGOと地球環境ガバナンス』築地書館．……512
森口祐一（2015）「物質フロー研究の発展―学際性，国際性および政策との交互作用」『環境科学会誌』第28巻第1号，93-97頁．……329
森田恒幸・川島康子（1993）「『持続可能な発展論』の現状と課題」『三田学会雑誌』第85巻第4号，532-561頁．……50
森田恒幸・増井利彦（2005）「排出シナリオ」新田尚他編『気象ハンドブック第3版』朝倉書店．……195
諸富　徹（2000）『環境税の理論と実際』有斐閣．……185
諸富　徹（2001）「環境税を中心とするポリシー・ミックスの構築―地球温暖化防止のための国内政策手段」『エコノミア』第52巻第1号，97-119頁．……207, 489
諸富　徹（2003）『環境』思考のフロンティア，岩波書店．……673
諸富　徹他（2008）『環境経済学講義―持続可能な発展をめざして』有斐閣．……589
文部科学省・気象庁・環境省（2012）『温暖化の観測・予測及び影響評価統合レポート 日本の気候変動とその影響（2012年度版）』……160

■や

八木　正編（1989）『原発は差別で動く―反原発のもうひとつの視角』明石書店．……660
柳　哲雄（2010）『里海創生論』恒星社厚生閣．……295
矢部光保・林岳編著（2015）『生物多様性のブランド化戦略―豊岡コウノトリ育むお米にみる成功モデル』筑波書房．……287
山川俊和（2008）「〈グローバル環境経済ガバナンス〉への一視点―「環境と貿易」の国際政治

経済学に向けて」『世界経済評論』第 52 巻第 8 号，46-55 頁．……135

山口定（2004）『市民社会論―歴史的遺産と新展開』立命館大学叢書・政策科学 4，有斐閣．……673

山田七絵（2012）「太湖流域における農村面源対策とその実施過程―基層自治組織の役割に注目して」大塚健司編『中国太湖流域の水環境ガバナンス―対話と協働による再生に向けて』アジア経済研究所．……145

山本雅資（2012）「第 6 章 環境税」細田衛士編著『環境経済学』ミネルヴァ書房．……68

山本雅資（2013）「廃棄物・エネルギー資源を中心とする地球環境問題 廃棄物政策をめぐる課題」垣田直樹他編著『環境の視点からみた共生』CEAKS 研究叢書「交響するアジア」第 2 巻，梧桐書院．……330

■ゆ

憂慮する科学者同盟，今泉みね子訳（2016）「気候欺瞞のドシエ―化石燃料産業の内部メモが暴き出す，何十年にもわたる共同情報隠し」『科学』第 86 巻第 7 号，691-717 頁．……167

■よ

容器包装の多様な回収研究会（2014）『民間回収ルート実態調査報告書』……317

横山栄二・内山巌雄編（2000）『入門大気中微小粒子の環境・健康影響― SPM わが国の現状と諸外国の取組み状況』日本環境衛生センター．……350

吉岡完治・菅幹雄（1997）「環境経済への計量経済学的接近（第二部）環境分析用産業連関表の活用―シナリオ・レオンチェフ逆行列の構想」『経済分析』第 154 号，87-132 頁．……81

吉岡斉（2011）『新版 原子力の社会史―その日本的展開』朝日選書，朝日新聞出版．……342

吉川賢（2003）「半乾燥地の緑化法と砂漠化防止の問題点」『ランドスケープ研究（日本造園学会誌）』第 67 巻，25-30 頁．……562

吉田正人（2014）『世界自然遺産と生物多様性保全』地人書館．……559

■り

リヴィングストン，J. A. 著，日高敏隆・羽田節子訳（1992）『破壊の伝統―人間文明の本質を問う』講談社学術文庫，講談社．……248

リカード，D. 著，羽鳥卓也・吉沢芳樹共訳（1987）『経済学および課税の原理』（上）（下）岩波書店．……625

李志東（1999）『中国の環境保護システム』東洋経済新報社．……208

李志東（2010）「ポスト京都議定書を見据えた中国の温暖化防止戦略と低炭素社会に向けた取り組み」『エネルギーと動力』第 2742 号，84-97 頁．……208

李志東（2016）「「パリ協定」の合意形成における米中の「率先垂範」と COP21 後の課題」『環境経済・政策研究』第 9 巻第 1 号，93-97 頁．……209

■ろ

ロングレン，R. 著，松崎早苗訳（1996）『化学物質管理の国際的取り組み―歴史と展望』STEP

（Lönngren, R.（1992）*International Approaches to Chemicals Control: A Historical Overview*, The National Chemicals Inspectorate〈KemI〉）. ……564

若松丈太郎（2012）『福島核災棄民―町がメルトダウンしてしまった』コールサック社. ……661

分山達也（2016）「自然エネルギーの導入拡大に向けた系統運用―日本と欧州の比較から」自然エネルギー財団. ……392

渡邉理絵（2016）「欧州排出量取引制度―制度の「転換」・「自己強化」とアクターの理念」『環境経済・政策研究』第9巻第1号, 39-43頁. ……205

綿貫礼子（1985）「ユニオン・カーバイド毒ガス漏洩事件―インド・ボパールからの報告」『公害研究』第15巻第1号, 9-17頁. ……129

◆ WEB 文献

（＊希望者には URL 情報を記載した資料を配布します．ご希望の場合は丸善出版 WEB サイト「お問合わせ」まで.）

■あ

IEA編，NEDO新エネルギー部訳（2016）「電力の変革―風力，太陽光，そして柔軟性のある電力系統の経済的価値」NEDO WEBサイト（閲覧日：2018年2月5日）. ……390

IUCN（2016）「保護地域」IUCN日本委員会WEBサイト（閲覧日：2018年3月10日）. ……238

アジア経済研究所（2015）「特集：地方自治体による国際環境協力」『アジ研ワールド・トレンド』第235号, 2015年5月号, IDE-JETRO WEBサイト（閲覧日：2016年9月7日）. ……543

EWEA，日本風力エネルギー学会訳（2012）「風力発電の系統連系―欧州の最前線」日本風力エネルギー学会WEBサイト（閲覧日：2018年2月5日）. ……390

S-8温暖化影響・適応研究プロジェクトチーム（2014）「地球温暖化「日本への影響」―新たなシナリオに基づく総合的な影響予測と適応策」国立環境研究所WEBサイト（閲覧日：2018年2月4日）. ……161

■か

会計検査院（2012）「グリーン家電普及促進対策費補助金等の効果等について」会計検査院WEBサイト（閲覧日：2016年8月17日）. ……484

外務省（2016）「「自国が決定する貢献（INDC）」とは―2030年の温室効果ガス削減目標」外務省WEBサイト（閲覧日：2017年9月22日）. ……173

外務省（2016）「地球環境　砂漠化対処条約」外務省WEBサイト（閲覧日：2016年10月6日）. ……563

家電製品協会（2015）『家電製品 製品アセスメントマニュアル（第5版）』（閲覧日：2016年9月12日）. ……325

環境省「環境保全経費」環境省WEBサイト（閲覧日：2016年7月31日）. ……470

環境省（2004）『地方公共団体等による国際環境協力ガイドブック』環境省WEBサイト（閲覧日：2016年9月2日）. ……543

環境省（2015）「平成27年度環境配慮契約法基本方針検討会（第3回）議事次第配布資料 参考1 産業廃棄物の処理に係る契約に関連する参考指標の検討」環境省WEBサイト（閲覧日：2016年9月19日）. ……333

環境省（2016）「諸外国における炭素税等の導入状況」環境省WEBサイト（閲覧日：2016年10月10日）. ……602

環境省自然環境局（2016）「生物多様性分野の科学と政策の統合を目指して―IPBES 生物多様性及び生態系サービスに関する政府間科学―政策プラットフォーム」環境省自然環境局WEBサイト（閲覧日：2017年12月1日）. ……247

環境省地球環境局市場メカニズム室（2016）「京都メカニズムクレジット取得事業の概要について」環境省WEBサイト（閲覧日：2016年10月5日）. ……175

経済産業省（2001）産業構造審議会環境部会廃棄物・リサイクル小委員会第2回企画ワーキンググループ配付資料「家電リサイクル法の施行による費用・便益の分析」国立国会図書館インターネット資料収集保存事業WEBサイト（閲覧日：2018年2月1日）. ……315

経済産業省（2005）産業構造審議会環境部会廃棄物・リサイクル小委員会第17回容器包装リサイクルWG別添資料7-2「容器包装リサイクル法の効果分析」経済産業省WEBサイト（閲覧日：2018年3月27日）. ……315

経済産業省（2013）「容器包装リサイクル制度を取り巻く情報調査・分析事業報告書」経済産業省WEBサイト（閲覧日：2018年2月1日）. ……315

経済産業省（2013）「インセンティブ型ディマンドリスポンス実証を開始します」国立国会図書館インターネット資料収集保存事業WEBサイト（閲覧日：2018年3月10日）. ……379

原子力規制委員会（2016）「炉内等廃棄物の埋設に係る規制の考え方について（案）に対する意見募集の結果及び今後の検討の進め方について（案）」第29回原子力規制委員会（2016年8月31日）資料1，原子力規制委員会WEBサイト（閲覧日：2018年2月14日）. ……660

国土交通省（2009）「公共事業評価の費用便益分析に関する技術指針（共通編）」国土交通省WEBサイト（閲覧日：2017年4月20日）. ……37

国土交通省（2009）「公共事業評価の費用便益分析に関する技術指針』」国土交通省WEBサイト（閲覧日：2016年6月21日）. ……575

■さ

自治体国際化協会（2008）「自治体国際化フォーラム」第225号，自治体国際化協会WEBサイト（閲覧日：2016年9月7日）. ……543

TEEB, 地球環境戦略研究機関訳（2011）「TEEB報告書第2部―地方行政担当者向け」地球環境戦略研究機関訳WEBサイト（TEEB（2010）*TEEB for Local and Regional Policy Makers*）（閲覧日：2017年11月26日）. ……240

■た

地球環境戦略研究機関（2013）「地方自治体による 国際環境協力ファクトシート」地球環境戦略研究機関WEBサイト（閲覧日：2016年9月7日）. ……542

中央環境審議会（2006）「水生生物の保全に係る排水規制等の在り方について 答申（平成18年4月）」環境庁WEBサイト（閲覧日：2017年10月7日）. ……495

中央環境審議会（2008）「今後の化学物質環境対策の在り方について 答申―化学物質審査規制法の見直しについて」環境庁 WEB サイト（閲覧日：2017 年 11 月 11 日）. ……496

中央環境審議会（2015）「日本における気候変動による影響の評価に関する報告と今後の課題について 意見具申（平成 27 年 3 月）」環境庁 WEB サイト（閲覧日：2018 年 1 月 28 日）. ……163

中央環境審議会（2017）「今後の土壌汚染対策の在り方について 第一次答申案（平成 28 年 12 月 12 日）」環境庁 WEB サイト（閲覧日：2018 年 1 月 5 日）……111

東京都環境局「排出量取引」東京都環境局 WEB サイト（閲覧日：2016 年 8 月 23 日）. ……485

土壌環境保全対策の制度の在り方に関する検討会（2001）「土壌環境保全対策の制度の在り方について 中間取りまとめ（平成 13 年 9 月）」環境省 WEB サイト（閲覧日：2017 年 11 月 4 日）. ……494

■な

日本経済団体連合会（2014）「環境自主行動計画〔温暖化対策編〕― 2013 年度フォローアップ調査結果（2012 年度実績）〈個別業種版〉」日本経済団体連合会 WEB サイト（閲覧日：2016 年 10 月 5 日）. ……175

■ま

文部科学省・経済産業省・環境省（2017）『IPCC 第 5 次評価報告書―統合報告書確定訳』環境省 WEB サイト（閲覧日：2017 年 9 月 22 日）. ……172

欧文引用文献・WEB 文献

（＊各文献の最後に明記してある数字は引用しているページを表す．）

■A

Aalbers, R. & Vollebergh, H. (2008) "An economic analysis of mixing waste," *Environmental and Resource Economics*, 39(3), 311-330. ……316

Abbott, K. W. et al. (eds.) (2015) *International Organizations as Orchestrators*, Cambridge University Press. ……521

Acemoglu, D. (2002) "Directed technical change," *Review of Economic Studies*, 69(4), 781-809. ……592

Acemoglu, D. & Linn, J. (2004) "Market size in innovation: theory and evidence from the pharmaceutical industry," *Quarterly Journal of Economics*, 119(3), 1049-1090. ……593

Acemoglu, D. et al. (2012) "The environment and directed technical change," *American Economic Review*, 102(1), 131-166. ……57, 592

Ackermann, T. (2012) *Wind Power in Power Systems (2nd ed.)*, Wiley（アッカーマン，T. 著，日本風力エネルギー学会訳 (2013)『風力発電導入のための電力系統工学』オーム社）. ……390

Adelman, M. (1990) "Mineral depletion with special reference to petroleum," *Review of Economics and Statistics*, 72(1), 1-10. ……599

Aghion, P. & Howitt, P. (1998) *Endogenous Growth Theory*, The MIT Press. ……57

Alberini, A. & Segerson, K. (2002) "Assessing voluntary programs to improve environmental quality," *Environmental and Resource Economics*, 22(1), 157-184. ……609

Alcott, B. (2005) "Jevons' Paradox," *Ecological Economics*, 54(1), 9-21. ……632

Allcott, H. (2011) "Rethinking real-time electricity pricing," *Resource and Energy Economics*, 33(4), 820-842. ……381

Allcott, H. et al. (2014) "Energy policy with externalities and internalities," *Journal of Public Economics*, 112 (C), 72-88. ……595

Allcott, H. & Wozny, N. (2014) "Gasoline prices, fuel economy, and the energy paradox," *Review of Economics and Statistics*, 96(5), 779-795. ……619

Almond, D. & Currie, J. (2011). "Killing me softly: The fetal origins hypothesis," *Journal of Economic Perspectives*, 25(3), 153-172. ……59

Ambec, S. et al. (2013) "The Porter hypothesis at 20: can environmental regulation enhance innovation and competitiveness?," *Review of Environmental Economics and Policy*, 7(1), 2-22. ……442

Amnesty International & Greenpeace Netherlands (2012) *The Toxic Truth: About a Company Called Trafigura, a Ship Called the Probo Coala and the Damping of Toxic Waste in Côte d'Ivoire*, Amnesty International Publications. ……133

Anderson, J. (1801) *A Calm Investigation of the Circumstances that have led to the Present Scarcity of Grain in Britain*, (printed for) John Cumming. ⋯⋯624

Andresen, S. et al. (2016) "The Paris agreement: consequences for the EU and carbon markets?," *Politics and Governance*, 4(3), 188-196. ⋯⋯204

Anscombe, F. J. & Aumann, R. J. (1963) "A definition of subjective probability," *Annals of Mathematical Statistics*, 34(1), 199-205. ⋯⋯29

Ansell, C. & Torfing, J. (eds.) (2016) *Handbook on theories of governance*, Edward Elgar. ⋯⋯60

Antweiler, W. et al. (2001) "Is Free Trade Good for the Environment?," *American Economic Review*, 91(4), 877-908. ⋯⋯589

Arimura, T. H. et al. (2016) "Political Economy of Voluntary Approaches: A Lesson from Environmental Policies in Japan." *TCER Working Paper Series* E-107. ⋯⋯66

Arrow, K. J. (1951 / 第 2 版 1963) *Social choice and individual values*, J.Wiley (アロー，K. J. 著，長名寛明訳 (1977)『社会的選択と個人的評価 第二版』日本経済新聞社). ⋯⋯24

Arrow, K. J. (1962) "The economic implications of learning by doing," *Review of Economic Studies*, 29, 155-173. ⋯⋯451

Arrow, K. J. & Lind, R. C. (1970) "Uncertainty and the evaluation of public investment decisions," *American Economic Review*, 60, 364-378. ⋯⋯37, 41

Arrow, K. J. & Fisher, A. C. (1974) "Environmental preservation, uncertainty and irreversibility," *Quarterly Journal of Economics*, 88, 312-319. ⋯⋯576

Arrow, K. J. et al. (1993) "Report of the NOAA Panel on Contingent Valuation,"*Federal Register*, 58, 4601-4614. ⋯⋯149

Arrow, K. J. et al. (2014) "Should governments use a declining discount rate in project analysis?," *Review of Environmental Economics and Policy*, 8, 145-163. ⋯⋯574

Asheim, G. B. (2010) "Intergenerational equity," *Annual Review of Economics*, 2(1), 197-222. ⋯⋯573

Asheim, G. B. et al. (2012) "Sustainable recursive social welfare functions," *Economic Theory*, 49 (2), 267-291. ⋯⋯573

Asheim, G. B. & Zuber, S. (2012) "A complete and strongly anonymous leximin relation on infinite streams," *Social Choice and Welfare*, 41(4), 819-834. ⋯⋯573

Avant, D. et al. (eds.) (2010) *Who governs the globe?*, Cambridge University Press. ⋯⋯539

Ayres, R. & Ayres, L. (eds.) (1998) *Accounting for Resources 1*, Edward Elgar Publishing. ⋯⋯328

Ayres, R. & Ayres, L. (eds.) (1999) *Accounting for Resources 2*, Edward Elgar Publishing. ⋯⋯328

■B

Banerjee, A. & Duflo, E. (2011) *Poor Economics: A Radical Rethinking of the Way to Fight Global Poverty*, Public Affairs (バナジー，A.・デュフロ，E. 著，山形浩生訳 (2012)『貧乏人の経済学―もういちど貧困問題を根っこから考える』みすず書房). ⋯⋯59

Bansal, P. & Roth, K. (2000) "Why companies go green: a model of ecological responsiveness," *The Academy of Management Journal*, 43(4), 717-736. ⋯⋯609

Barbier, E. B. (2010) "Poverty, development, and environment," *Environment and Development Economics,* 15(6), 635-660. ⋯⋯56, 59

Bar-Gill, O. & Sunstein, C. R. (2015) "Regulation as delegation," *Journal of Legal Analysis,* 7(1), 1-36. ⋯⋯91

Barnosky, A. D. et al. (2011) "Has the earth's sixth mass extinction already arrived?" *Nature,* 471, 51-57. ⋯⋯219

Barnsley, I. & Ahn, S-J. (2014) *Mapping Multilateral Collaboration on Low-Carbon Energy Technologies,* OECD/IEA. ⋯⋯355

Bartels, L. (2015) "Social issues: labour, environment and human rights," in Lester, S. et al. (eds.), *Bilateral and Regional Trade Agreements: Commentary and Analysis (2nd ed.),* Cambridge University Press. ⋯⋯87

Baski, S. & Bose, P. (2007) "Credence goods, efficient labelling policies and regulatory enforcement," *Environmental and Resource Economics,* 37(2), 411-430. ⋯⋯611

Basu, K. & Mitra, T. (2003) "Aggregating infinite utility streams with intergenerational equity: The impossibility of being Paretian," *Econometrica,* 71(5), 1557-1563. ⋯⋯572

Basu, K. & Mitra, T. (2007) "Utilitarianism for infinite utility streams: A new welfare criterion and its axiomatic characterization," *Journal of Economic Theory,* 133(1), 350-373. ⋯⋯573

Baumgärtner, S. & Strunz, S. (2014) "The economic insurance value of ecosystem resilience," *Ecological Economics,* 101(1), 21-32. ⋯⋯223

Baumol, W. J. (1986) *Superfairness: applications and theory,* The MIT Press. ⋯⋯22

Baumol, W. J. & Oates, W. E. (1988) *The Theory of Environmental Policy (2nd ed.),* Cambridge University Press. ⋯⋯2

Beard, T. (1990) "Bankruptcy and care choice," *Rand Journal of Economics,* 21(4), 626-634. ⋯⋯616

Bel, G. & Gradus, R. (2016) "Effects of unit-based pricing on household waste collection Demand: A meta-regression analysis," *Resource and Energy Economics,* 44 (C), 169-182. ⋯⋯319

Bergek, A. et al. (2008) "Analyzing the functional dynamics of technological innovation systems: a scheme of analysis," *Research Policy,* 37(3), 407-429. ⋯⋯394

Bergson, A. (1938) "A reformulation of certain aspects of welfare economics," *Quarterly Journal of Economics,* 52, 310-34. ⋯⋯24

Berman, E. & Bui, L. T. M. (2001) "Environmental regulation and productivity: Evidence from oil refineries," *Review of Economics and Statistics,* 83(3), 498-510. ⋯⋯443

Betsill, M. M. & Corell, E. (2008) *Introduction to NGO Diplomacy,* MIT Press. ⋯⋯540

Betzold, C. (2015) "Adapting to climate change in small island developing states," *Climatic Change,* 133(3), 481-489. ⋯⋯183

Bevir, M. (eds.) (2011) *The Sage handbook of governance,* Sage Publishing. ⋯⋯60

Bhattarai, M. & Hammig, M. (2001) "Institutions and the environmental Kuznets curve for deforestation: A crosscountry analysis for Latin America, Africa and Asia," *World Development,* 29(6), 995-1010. ⋯⋯57

Biggs, R. et al. (eds.) (2015) *Principles for Building Resilience: Sustaining Ecosystem Services in Social-ecological Systems,* Cambridge University Press. ⋯⋯222

Bird, L. et al. (2013) *Integrating Variable Renewable Energy: Challenges and Solutions*, NREL Technical Report. ……392

Blackman, A. & Naranjo, M. A. (2012) "Does eco-certification have environmental benefits? Organic coffee in Costa Rica," *Ecological Economics*, 83, 58-66. ……259

Blackorby, C. & Russell, R. (1989) "Will the real elasticity substitution please stand up? A comparison of the Allen/Uzawa and Morishima elasticities," *American Economic Review*, 79(4), 882-888. ……596

Boardman, A. E. et al. (2000) *Cost-benefit analysis: Concepts and practice (2nd ed.)*, Pearson Prentice Hall (ボードマン，A. E. 他著，岸本光永監訳，出口亨他訳 (2004)『費用便益分析―公共プロジェクトの評価手法の理論と実践』ピアソン・エデュケーション). ……425

Bodansky, D. (1993) "The United Nations framework convention on climate change: a commentary,"*Yale Journal of International Law*, 18(2), 451-558. ……169

Boer, B. (ed.) (2015) *Environmental Law Dimensions of Human Rights*, Oxford University Press. ……531

Bohn, R. et al. (1984) "Optimal pricing in electrical networks over space and time," *RAND Journal of Economics*, 15(3), 360-376. ……373

Böhringer, C. & Rutherford, T. F. (2008) "Combining bottom-up and top-down,"*Energy Economics*, 30(2), 574-596. ……52

Böhringer, C. et al. (2012) "The role of border carbon adjustment in unilateral climate policy: Overview of an Energy Modeling Forum study (EMF 29)," *Energy Economics*, 34 (S2), 97-110. ……188

Bonaiuti, M. (ed.) (2011) *From Bioeconomics to Degrowth*, Routledge. ……653

Bossert, W. et al. (2007) "Ordering infinite utility streams," *Journal of Economic Theory*, 135(1), 579-589. ……573

Bovenberg, A. L. & Goulder, L. H. (2002) "Environmental taxation and regulation," in Auerbach, A. J. & Feldstein, M. (Eds.) *Handbook of Public Economics*, 3, 1471-1545, Elsevier. ……605

Boyd, D. R. (2012) *The Environmental Rights Revolution: A Global Study of Constitutions, Human Rights, and the Environment*, UBC Press. ……530

Boyer, M. & Laffont, J. J. (1997) "Environmental risks and bank liability," *European Economic Review*, 41(8), 1427-1459. ……617

Boykoff, M. T. & Boykoff, J. M. (2007) "Climate change and journalistic norms: A case-study of US mass-media coverage," *Geoforum*, 38(6), 1190-1204. ……17, 202

Boyle, A. E. & Anderson, M. R. (eds.) (1996) *Human Rights Approaches to Environmental Protection*, Oxford University Press. ……530

Bringezu, S. & Moriguchi, Y. (2003) "Material flow analysis." in Ayres, R. V. & Ayres, L. (eds.) *A Handbook of Industrial Ecology*, Edward Elgar Publishing. ……329

Brown, J. P. (1973) "Toward an economic theory of liability," *Journal of Legal Studies*, 2(2), 323-349. ……616

Bullard, C. W. & Herendeen, R. A. (1975) "The energy cost of goods and services," *Energy Policy*, 3(4), 268-278. ……201

Bullard, C. W. et al. (1978) "Net energy analysis: Handbook for combining process and input-output analysis," *Resources and Energy*, 1(3), 267-313. ……201

Bürer, M. J. & Wüstenhagen, R. (2009) "Which renewable energy policy is a venture capitalist's best friend? Empirical evidence from a survey of international cleantech investors," *Energy Policy*, 37, 4997-5006. ……388

Bushnell, J. et al. (2009) "When it comes to demand response, is FERC its own worst enemy?," *Electricity Journal*, 22(8), 9-18. ……379

Busse, M. R. et al. (2013) "Are consumers myopic? Evidence from new and used car purchases," *American Economic Review*, 103(1), 220-256. ……619

Buzan, B. (1983) *People, States and Fear: The National Security Problem in International Relations*, University of North Carolina Press. ……518

■C

Cairns, R. (2014) "The green paradox of the economics of exhaustible resources," *Energy Policy*, 65 (C), 78-85. ……599

Calabreisi, G. (1970) *The Costs of Accidents: A Legal and Economic Analysis*, Yale University Press. ……90

Calel, R. & Dechezleprêtre, A. (2016) "Environmental policy and directed technological change: Evidence from the European carbon market," *Review of Economics and Statistics*, 98(1), 173-191. ……593

Cameron, A. C. & Trivedi, P. K. (2005) *Microeconometrics Methods and Applications*, Cambridge. ……585

Carbon Tracker & Grantham Institute (2013) *Unburnable Carbon 2013: Wasted Capital and Stranded Assets*. ……176

Carlson, C. et al. (2000) "Sulfur dioxide control by electric utilities: What are the gains from trade?," *Journal of Political Economy*, 108(6), 1292-1326. ……600

Carson, R. T. et al. (2003) "Contingent valuation and lost passive use: Damages from Exxon Valdez oil spill," *Environmental and Resource Economics*, 25(3), 257-286. ……149

Carter, N. (2007) *The Politics of the Environment: Ideas, Activism, Policy (2nd ed.)*, Cambridge University Press. ……10

Cason, T. & Gangadharan, L. (2006) "Emissions variability in tradable permit markets with imperfect enforcement and banking," *Journal of Economic Behavior & Organization*, 61(2), 199-216. ……601

Catton, W. R. Jr. & Dunlap, R. E. (1978) "Environmental sociology: A new paradigm," *The American Sociologist*, 13(1), 41-49. ……15

Caves, D. W. et al. (1982) "The economic theory of index numbers and the measurement of input, output, and productivity," *Econometrica*, 50, 1393-1414. ……444

Cesar, H. et al. (2003) *The economics of worldwide coral reef degradation*, Cesar Environmental Economics Consulting. ……268

Chakravorty, U. & Umetsu, C. (2003) "Basinwide water management: A spatial model," *Journal of Environmental Economics and Management*, 45(1), 1-23. ……289

欧文引用文献・WEB 文献　　701

Chan, H. S. R. et al. (2013) "Firm competitiveness and the European union emissions trading Scheme," *Energy Policy*, 63 (C), 1056-1064. ……187, 189

Chao, H. & Wilson, R. (1987) "Priority service: pricing, investment, and market organization," *American Economic Review*, 77 (5), 899-916. ……379

Chao, H. & Peck, S. (1996) "Market mechanisms for electric power transmission," *Journal of Regulatory Economics*, 10 (1), 25-59. ……374

Chao, H. (2011) "Demand response in wholesale electricity markets: the choice of customer baseline," *Journal of Regulatory Economics*, 39 (1), 68-88. ……378

Chapman, P. F. (1974) "Energy costs: A review of methods," *Energy Policy*, 2, 91-103. ……201

Chasek, P. S. et al. (2006) *Global Environmental Politics*, Westview Press. ……538

Chayes, A. & Chayes, A. H. (1993) *The New Sovereignty: Compliance with International Regulatory Agreements*, Harvard University Press. ……63

Cherniwchan, J. et al. (2017) "Trade and the environment: New methods, measurements, and results," *Annual Review of Economics*, 9 (1), 59-85. ……82

Chichilnisky, G. (1996) "An axiomatic approach to sustainable development," *Social Choice and Welfare*, 13 (2), 231-257. ……573

Chitnis, M. & Sorrell, S. (2015) "Living up to expectations: Estimating direct and indirect rebound effects for UK households," *Energy Economics*, 52 (1), 100-116. ……447

Christoff, P. (1996) "Ecological modernisation, ecological modernities," *Environmental Politics*, 5 (3), 476-500. ……658

Chubachi, S. (1984) "Preliminary result of ozone observations at Syowa station from February, 1982 to January, 1983," *Memoirs of National Institute of Polar Research, Special issue*, 34, 13-19. ……547

Clark, C. W. (2006) *The Worldwide Crisis in Fisheries: Economic Models and Human Behavior*, Cambridge University Press. ……293

Clark, C. W. (2010) *Mathematical Bioeconomics 3rd Edition: The Mathematics of Conservation*, Wiley. ……292

Clark, G, L. et al. (2014) *From the Stockholder to the Stakeholder: How sustainability can drive financial outperformance*, Arabesque Partners. ……437

CNA Corporation. (2007) *National Security and the Threat of Climate Change*, The CNA Corporation. ……519

Coase, R. H. (1960) "The problem of social cost," *Journal of Law and Economics*, 3 (10), 1-44. (コース，R. H. 著，宮沢健一他訳 (1992)「社会的費用の問題」『企業・市場・法』東洋経済新聞社). ……3, 72, 90, 649

Cole, M. A. & Elliott, R. J. R. (2003) "Determining the trade-environment composition effect: The role of capital, labor and environmental regulations," *Journal of Environmental Economics and Management*, 46 (3), 363-383. ……589

Coleman, J. (1990) *Foundations of Social Theory*, Harvard University Press. ……17

Copeland, B. R. & Taylor, M. S. (1994) "North-south trade and the environment," *The Quarterly Journal of Economics*, 109 (3), 755-787. ……592

Copeland, B. R. & Taylor, M. S. (2003) *Trade and the Environment: Theory and Evidence*, Princeton

University Press. ……19, 55, 82

Copeland, B. R. (2011) "Trade and the environment," in Bernhofen, D. et al. (eds.) *Palgrave Handbook of International Trade*, Palgrave Macmillan. ……84

Costanza, R. et al. (1997) "The value of the world's ecosystem services and natural capital," *Nature*, 387, 253-260. ……423

CPI (2015) *Global landscape of climate finance 2015*, A CPI Report. ……183

Crick, B. & Crick, T. (1987) *What Is Politics?* Edward Arnold (クリック，B. 著，添田育志・金田耕一訳 (2003)『現代政治学入門』講談社学術文庫). ……10

Crocker, T. D. (1966) The structuring of atomospheric pollution control systems, In Wolozin, H. (ed.) *the Economics of Air Pollution*, W. W. Norton & Co. ……73

Crozier, M. J. et al. (1975) *The crisis of democracy*, New York University Press. ……60

Crutzen, P. J. (2006) "Albedo enhancement by stratospheric sulfur injections: A contribution to resolve a policy dilemma?" *Climatic Change* 77(3), 211-220. ……190

Cullis-Suzuki, S. & Pauly, D. (2010) "Failing the high seas: A global evaluation of regional fisheries management organizations," *Marine Policy*, 34(5), 1036-1042. ……265

■D

Dales, J. H. (1968 / 2002). *Pollution, Property and Prices: An Essay in Policy-making and Economics*, University of Tronto Press (Reprint by Edward Elgar, 2002). ……2, 73

Daly, H. E. (ed.) (1973) *Toward a Steady-State Economy*, W.H.Freeman & Co Ltd. ……654

Daly, H. (1990) "Towards some operational principles of sustainable development," *Ecological Economics*, 2(1), 1-6. ……45

Daly, H. E. (1991) *Steady-State Economics* (*2nd ed.*), Island Press. ……5, 654

Daly, H. E. (1996) *Beyond Growth: The Economics of Sustainable Development*, Beacon Press (デイリー，H. E. 著，新田功他訳 (2005)『持続可能な発展の経済学』みすず書房). ……654

Daly, H. E. & Farley, J. C. (2011 / 初版 2003) *Ecological Economics: Principles and Applications*, 2nd ed., Island Press (デイリー，H. E., ファーレイ，J. C. 著，佐藤正弘訳 (2014)『エコロジー経済学―原理と応用』NTT 出版). ……654

Dasgupta, A. K. & Pearce, D. W. (1972) *Cost-benefit analysis: theory and practice*, Macmillan (ダスグプタ，A. K., ピアース，D. W. 著，尾上久雄，阪本靖郎共訳 (1975)『コスト・ベネフィット分析―厚生経済学の理論と実践』中央経済社). ……25

Dasgupta, P. & Heal, G. M. (1979) *Economic Theory and Exhaustible Resources*, Cambridge University Press. ……302

Dasgupta, P. et al. (1980) "On imperfect information and optimal pollution control," *Review of Economic Studies*, 47(5), 857-860. ……606

Dasgupta, P. (2001) *Human Well-Being and the Natural Environment*, Oxford University Press (ダスグプタ，P. 著，植田和弘監訳 (2007)『サステイナビリティの経済学―人間の福祉と自然環境』岩波書店). ……45, 279, 305

Dasgupta, P. (2003) Population, poverty, and the natural environment. *Handbook of Environmental Economics*, 1, 191-247. ……58

Dasgupta, P. (2007) *Economics: a very short introduction*, Oxford University Press（植田和弘他訳 (2008)『経済学』1冊でわかるシリーズ，岩波書店）. ……58

de Chazournes, L. B. (2013) *International Law and Freshwater: The Multiple Challenges*, Edward Elgar Publishing. ……555

Dechezleprêtre, A. et al. (2013) "What drives the international transfer of climate change mitigation technologies? Empirical evidence from patent data," *Environmental and Resource Economics*, 54(2), 161-178. ……449

de Groot, R. et al. (2012) "Global estimates of the value of ecosystems and their services in monetary units," *Ecosystem Services*, 1(1), 50-61. ……423

de Sadeleer, N. (2002) *Environmental Principles: From Political Slogans to Legal Rules*, Oxford University Press. ……42

DeSombre, E. R. (2000) *Domestic Sources of International Environmental Policy: Industry, Environmentalists, and US Power*, MIT Press. ……521

Deudney, D. (1990) "The case against linking environmental degradation and national security," *Millennium: Journal of International Studies*, 19(3), 461-476. ……518

de Zeeuw, A. (2014) "Regime shifts in resource management," *Annual Review of Resource Economics*, 6, 85-104. ……579

Diamond, P. (1965) "The evaluation of infinite utility streams," *Econometrica*, 33(1), 170-177. ……572

Díaz, S. et al. (2015) "The IPBES conceptual framework: Connecting nature and people," *Current Opinion in Environmental Sustainability*, 14, 1-16. ……247

Dinar, A. et al. (2013) *Bridges over Water: Understanding Transboundary Water Conflict, Negotiation and Cooperation, 2nd ed.*, World Scientific. ……555

Dinda, S. (2004) "Environmental Kuznets curve hypothesis: A survey," *Ecological Economics*, 49(4), 431-455. ……55

Dixit, A. (1990) *Optimization in Economic Theory*, Oxford University Press（ディキシット，A. K. 著，大石泰彦・磯前秀二訳 (1997)『経済理論における最適化』日本交通政策研究会研究双書1，勁草書房）. ……278

Dobson, A. (1995) *Green Political Thought*, 2nd ed., Routledge.（ドブソン，A. 著，松野弘監訳 (2001)『緑の政治思想―エコロジズムと社会変革の理論』ミネルヴァ書房）. ……12

Dobson, A. & Eckersley, R. (2006) *Political Theory and the Ecological Challenge*, Cambridge University Press. ……12

Dockner, E. J. & Van Long, N. (1993) "International pollution Control: Cooperative versus noncooperative strategies," *Journal of Environmental Economics and Management*, 25(1), 13-29. ……583

Doyle, T. & McEachern, D. (1998) *Environment and Politics*, Routledge. ……10

Dryzek, J. S. (2005) *The Politics of the Earth: Environmental Discourses*, 2nd ed. Oxford University Press.（ドライゼク，J. S. 著，丸山正次訳 (2007)『地球の政治学―環境をめぐる諸言説』風行社）. ……12, 658

Duan, H. et al. (2016) "Regional opportunities for China to go low-carbon: Results from the REEC model," *Energy Journal*, 37 (China Special Issue), 223-252. ……209

Dubin, J. & McFadden, D. (1984) "An econometric analysis of residential electric appliance holdings and consumption," *Econometrica*, 52, 345-362. ⋯⋯595

Dubin, J. & McFadden, D. (1984) "An econometric analysis of residential electric appliance holdings and consumption," *Econometrica*, 52(2), 345-362. ⋯⋯597

Dunlap, R. E. & Catton, W. R. Jr. (1979) "Environmental sociology," *Annual Review of Sociology*, 5, 243-273. ⋯⋯15

du Pont, Y. L. et al. (2015) "National contributions for decarbonizing the world economy in line with the G7 agreement," *Environmental Research Letters*, 11(5). ⋯⋯165

Dworkin, R. (2000) *Sovereign Virtue: The Theory and Practice of Equality*, Harvard University Press (ドゥウォーキン, R. 著, 小林公他訳 (2002)『平等とは何か』木鐸社). ⋯⋯26

■E

Easton, D. (1971) *The Political System: An Inquiry into the State of Political Science* (2nd ed.), Alfred A. Knopf. (イーストン, D. 著, 山川雄巳訳 (1976)『政治体系―政治学の状態への探究 第2版』ペリカン社). ⋯⋯10

Einhorn, H. J. & Hogarth, A. C. (1985) "Ambiguity and uncertainty in probabilistic inferencer," *Psychological Review*, 92(4), 433-461. ⋯⋯576

Entman, R. M. (1993) "Framing: Toward clarification of a fractured paradigm," *Journal of Communication*, 43(4), 51-58. ⋯⋯515

EPA (2015) *Regulatory Impact Analysis for the Clean Power Plan Final Rule.* ⋯⋯203

EPA (2015) *Assessment of the Potential Impacts of Hydraulic Fracturing for Oil and Gas on Drinking Water Resources (External Review Draft)*, EPA/600/R-15/047a, EPA. ⋯⋯352

EPA (2016) *Inventory of U.S. Greenhouse Gas Emmissions and Sinks: 1990-2014.* ⋯⋯202

European Commission (2014) *State aid: Commission Concludes Modified UK Measures for Hinkley Point Nuclear Power Plant are Compatible with EU Rules*, Press release. ⋯⋯377

■F

Faith, D. P. (1992) "Conservation evaluation and phylogenetic diversity," *Biological Conservation*, 61(1), 1-10. ⋯⋯586

FAO (2016) *The agriculture sectors in the Intended Nationally Determined Contributions: Analysis*, FAO⋯⋯173

Farman, C. J. et al. (1985) "Large losses of total ozone in Antarctica reveal seasonal ClOx / NOx interaction," *Nature*, 315, 207-210. ⋯⋯547

Farrell, M. J. (1957) "The measurement of productive efficiency," *Journal of Royal Statistical Society*, 120(3), 253-290. ⋯⋯444

Faruaui, A. et al. (2001) "Analyzing California's power crisis," *Energy Journal*, 22(4), 29-52. ⋯⋯375

Faruqui, A. & Sergici, S. (2010) "Household response to dynamic pricing of electricity: A survey of 15 experiments," *Journal of Regulatory Economics*, 38(2), 193-225. ⋯⋯381

Fischer, F. (2003) *Reframing Public Policy: Discursive Politics and Deliberative Practices*, Oxford University Press. ⋯⋯514

Fisher, B. et al. (2011) "Cost-effective conservation: calculating biodiversity and logging trade-offs in Southeast Asia," *Conservation Letters*, 4(6), 443-450. ……239

Fisher, R. et al. (2015) "Species richness on coral reefs and the pursuit of convergent global estimates," *Current Biology*, 25(4), 500-505. ……268

Fowlie, M. et al. (2016) "Market-based emissions regulation and industry dynamics," *Journal of Political Economy*, 124(1), 249-302. ……600

Frey. B. S., et al. (1996) "The old lady visits your backyard: A tale of morals and markets," *Journal of Public Economics*, 104(6), 1297-1313. ……321

Fujii, H. & Managi, S. (2016) "Trends in corporate environmental management studies and databases," *Environmental Economics and Policy Studies*, 18(2), 265-272. ……591

Fukushima, T. (2010) "The recommendation for REDD based on the restrictions of A/R CDM under the present rules," *Journal of Forest Planning*, 16(1), 9-16. ……557

Fullerton, D. & Kinnaman, T. C. (1995) "Garbage, recycling, and illicit dumping," *Journal of Environmental Economics and Management*, 29(1), 78-91. ……312

Fullerton, D. & Wu, W. (1998) "Policies for green design," *Journal of Environmental Economics and Management*, 36(2), 131-148. ……313

■G

Galbraith, J. K. (1958) *The Affluent Society*, Houghton Mifflin（ガルブレイス，J. K. 著，鈴木哲太郎訳 (1960)『ゆたかな社会』岩波書店）. ……640

Gallagher, K. S. et al. (2012) "The energy technology innovation system," *Annual Review of Environment and Resources*, 37(1), 137-162. ……394

Geogescu-Roegen, N. (1966) *Analytical Economics*, Harvard University Press. ……652

Geogescu-Roegen, N. (1971) *The Entropy Law and The Economic Process*, Harvard University Press（ジョージェスク＝レーゲン，N. 著，高橋正立・神里公他訳 (1993)『エントロピー法則と経済過程』みすず書房）. ……652

Geogescu-Roegen, N. (1976) *Energy and Economic Myths: Institutional and Analytical Economic Essays,* Pergamon Press. ……652

Gerarden, T. D. et al. (2015) "An assessment of the energy-efficiency gap and its implications for climate-change policy," *NBER Working Paper Series,* 20905, National Bureau of Economic Research. ……362

Garcia, S. M. et al. (2014) *Governance of Marine Fisheries and Biodiversity Conservation: Interaction and Coevolution*, Wiley Blackwell. ……295

Gilboa, I. & Schmeidler, D. (1989) "Maxmin expected utility with non-unique prior," *Journal of Mathematical Economics*, 18(2), 141-153. ……29, 41

Gillingham, K. & Palmar, K. (2013) "Bridging the energy efficiency gap: policy insights from economic theory and empirical evidence," *Review of Environmental Economics and Policy*, 8(1), 18-38. ……367

Gilman, E. et al. (2012) *Performance Assessment of Bycatch and Discards Governance by Regional Fisheries Management Organizations*, IUCN. ……265

Global CCS Institute (2016) *The Global Status of CCS: 2016. Summary Report*, Global CCS

Institute. ⋯⋯192

Gollier, C. et al. (2000) "Scientific progress and irreversibility: an economic interpretation of the 'Precautionary Principle'," *Journal of Public Economics* 75(2), 229-253. ⋯⋯41, 577

Gollier, C. (2001) "Should we beware of the precautionary principle?," *Economic Policy*, 16 (33), 301-327. ⋯⋯41, 576

Gollier, C. (2008) "Discounting with fat-tailed economic growth," *Journal of Risk and Uncertainty*, 37, 171-186. ⋯⋯575

Gonzales, G. A. (2001) "Democratic ethics and ecological modernization: The formulation of California's automobile emission standards," *Public Integrity*, 3(4), 325-344. ⋯⋯658

Gordon, H. S. (1954) "Theory of a common-property resource: The fishery," *Journal of Political Economy*, 62(2), 124-142. ⋯⋯4

Goulder, L. & Schneider, S. (1999) "Induced technological change and the attractiveness of CO2 abatement policies," *Resource and Energy Economics*, 21 (3-4), 211-253. ⋯⋯451

Graham, D. A. (1981) "Cost-benefit analysis under uncertainty," *American Economic Review,* 71(4), 715-725. ⋯⋯37

Grau, T. (2014) "Comparison of feed-in tariffs and tenders to remunerate solar power generation," *DIW Berlin Discussion Paper*, 1363. ⋯⋯388

Gray, L. C. (1913). "The economic possibilities of conservation," *Quarterly Journal of Economics*, 27(3), 497-519. ⋯⋯4

Green, R. & Newbery, D. (1992) "Competition in the British electricity spot market," *Journal of Political Economy*, 100, 929-953. ⋯⋯374

Greenstone, M. et al. (2012) "The effects of environmental regulation on the competitiveness of US manufacturing," *NBER Working Paper Series*, 18392, National Bureau of Economic Research. ⋯⋯443

Groenenberg, H. et al. (2003) "Global triptych: A bottom-up approach for the differentiation of commitments under the climate convention," *Climate Policy*, 4(2), 153-175. ⋯⋯171

Grossman, G. M. & Krueger, A. B. (1993) "Environmental impacts of a North American Free Trade Agreement," in Garber P. (eds.) *The Mexico-U.S. Free Trade Agreement*, MIT Press. ⋯⋯84

Grossman, G. M. & Krueger, A. B. (1995) "Economic growth and the environment," *Quarterly Journal of Economics*, 110(2), 353-377. ⋯⋯55

Grubb, M. et al. (1999) *The Kyoto Protocol: A Guide and Assessment*, Earthscan. ⋯⋯171

■H

Haas, P. M. (1990) *Saving the Mediterranean: the Politics of International Environmental Cooperation*, Columbia University Press. ⋯⋯13

Hajer, M. (1995) *The Politics of Environmental Discourse: Ecological Modernization and the Policy Process*, Clarendon Press. ⋯⋯13

Hammitt, J. K. (2000) "Valuing mortality risk: Theory and practice," *Environmental Science & Technology*, 34(8), 1396-1400. ⋯⋯424

Hammitt, J. K. & Robinson, L. A. (2011) "The income elasticity of the value per statistical life:

Transferring estimates between high and low populations," *Journal of Benefit-Cost Analysis*, 2(1), 1-27. ……424

Hanemann, M. H. (1991) "Willingness to pay and willingness to accept: How much can they differ?" *American Economic Review*, 81(3), 635-647. ……35

Hanlon, W. (2015) "Necessity is the mother of invention: Input supplies and directed technical change," *Econometrica*, 83(1), 67-100. ……593

Hardin, G. (1968) "The tragedy of the commons," *Science,* 162 (3869), 1243-1248 (ハーディン，G. 著，桜井 徹訳 (1993)「共有地の悲劇」シュレーダー゠フレチェット，K. S. 編，京都生命倫理研究会訳『環境の倫理（下）』晃洋書房). ……4, 244, 582, 656

Harrison, G. W. & List, J. A. (2004) "Field experiments," *Journal of Economic Literature* 42(4), 1009-1055. ……420

Hårstad, B. & Liski, M. (2013). "Games and resources," *Encyclopedia of Energy, Natural Resource, and Environmental Economics*, 2, 299-308. ……88

Hartman, R. (1976) "The harvesting decision when a standing forest has value," Economic Inquiry, 14(1), 52-58. ……282

Hartwick, J. M. (1977) "Intergenerational equity and the investing of rents from exhaustible resources," *American Economic Review*, 67(5), 972-974. ……5, 303

Hartwick, J. M. (1990) "Natural resources, national accounting, and economic depreciation," *Journal of Public Economics*, 43(3), 291-304. ……49

Hartwick, M. H. & Olewiler, N. D. (1986) *The Economics of Natural Resource Use*, Harper & Row. ……288

Hass, R. et al. (2011) "Efficiency and effectiveness of promotion systems for electricity generation from renewable energy sources-Lessons from EU countries," *Energy*, 36(4), 2186-2193. ……389

Hausman, J. (1979) "Individual discount rates and the purchase and utilization of energy-using durables," *Bell Journal of Economics*, 10(1), 33-54. ……595

Hay, J. E. (2013) "Small island developing states: Coastal systems, global change and sustainability," *Sustainability Science*, 8(3), 309-326. ……183

Hertwich, E. G. (2005) "Consumption and the rebound effect: An industrial ecology perspective," *Journal of Industrial Ecology*, 9 (1-2), 85-98……454

Hibino, G. et al. (2003) "A guide to AIM/Enduse Model," in Kainuma M. et al. (eds.) *Climate Policy Assessment Asia-Pacific Integrated Modeling*, Springer. ……52

Hicks, J. R. (1939) "The foundations of welfare economics,"*Economic Journal*, 49(4), 696-712. ……23

Hogan, W. W. (1992) "Contract networks for electric power transmission," *Journal of Regulatory Economics*, 4(3), 211-242. ……374

Hogan, W. W. (1997) "A market power model with strategic interaction in electricity networks," *Energy Journal*, 18(4), 107-141. ……374

Holling, C. S. (1973) "Resilience and stability of ecological systems," *Annual review of ecology and systematics*, 4, 1-23. ……222

Homer-Dixon, T. F. (1999) *Environment, Scarcity, and Violence*, Princeton University Press. ……519

Hotelling, H. (1931) "The economics of exhaustible resources," *Journal of Political Economy*, 39(2),

137-175. ⋯⋯4, 279, 302

Huber, J. & Zwerina, K. (1996)"The importance of utility balance in efficient choice designs,"*Journal of Marketing Research*, 33(3), 307-317. ⋯⋯416

Humphreys, S. (ed.) (2010) *Human Rights and Climate Change*, Cambridge University Press. ⋯⋯531

Huppes, G. & Ishikawa, M. (2005a) "Eco-efficiency and its terminology," *Journal of Industrial Ecology*, 9(4), 43-46. ⋯⋯432

Huppes, G. & Ishikawa, M. (2005b) "A Framework for quantified eco-efficiency analysis," *Journal of Industrial Ecology*, 9(4), 25-41. ⋯⋯433

▮I

IAEA (2006) *Environmental Consequences of the Chernobyl Accident and their Remediation: Twenty Years of Experience.* (IAEA, 日本学術会議訳 (2006)『チェルノブイリ原発事故による環境への影響とその修復 20 年の経験』) ⋯⋯146

Ichinose, D. & Yamamoto, M. (2011) "On the relationship between the provision of waste management service and illegal dumping," *Resource and Energy Economics*, 33(1), 79-93. ⋯⋯333

Ida, T. et al. (2016) "Electricity demand response in Japan: Experimental evidence from a residential photovoltaic power-generation system," *Economics of Energy & Environmental Policy*, 5(1), 73-88. ⋯⋯381

IEA (2008) *Energy Technology Perspectives*, OECD/IEA. ⋯⋯362

IEA (2011) *Deplaying Renewables 2011: Best and Future Policy Practice*, OECD/IEA. ⋯⋯388

IEA (2014) *The Power of Transformation*, OECD/IEA. ⋯⋯392

IEA (2015) *World Energy Outlook 2015 Special Report: Energy and Climate Change*, OECD/IEA. ⋯⋯355

IPBES et al. (eds.) (2016) *Summary for Policymakers of the Assessment Report of the Methodological Assessment of Scenarios and Models of Biodiversity and Ecosystem Services by the Intergovernmental Science-Policy Platform on Biodiversity and Ecosystem Services. Annex IV to decision IPBES-4/1 deliverable 3 (a).* Secretariat of the Intergovernmental Science-Policy Platform on Biodiversity and Ecosystem Services. ⋯⋯247

IPCC (1995) *Climate Change 1995: Economic and Social Dimensions of Climate Change: Contribution of Working Group III to the Second Assessment Report of the Intergovernmental Panel on Climate Change*, Cambridge University Press. ⋯⋯194

IPCC (2013) *Climate Change 2013: The Physical Science Basis. Contribution of Working Group I to the Fifth Assessment Report of the Intergovernmental Panel on Climate Change*, Cambridge University Press. ⋯⋯159

IPCC (2014) *Climate Change 2014: Impacts, Adaptation, and Vulnerability: Working Group II contribution to the fifth assessment report of the Intergovernmental Panel on Climate Change*, Cambridge University Press. ⋯⋯160

IPCC (2014)"Summary for policymakers," in *Climate Change 2014: Impacts, Adaptation, and Vulnerability, Part A: Global and Sectoral Aspects, Contribution of Working Group II to the Fifth*

Assessment Report of the Intergovernmental Panel on Climate Change. Cambridge University Press. ⋯⋯163

IPCC（2014）*Climate Change 2014: Synthesis Report. Contribution of Working Groups I, II and III to the Fifth Assessment Report of the Intergovernmental Panel on Climate Change*〔Core Writing Team, Pachauri, R. K. & Meyer, L. A.（eds）〕. IPCC. ⋯⋯190

IPCC（2014）"Chapter 10: Industry," in *Climate Change 2014: Mitigation of Climate Change. Contribution of Working Group III to the Fifth Assessment Report of the Intergovernmental Panel on Climate Change,* Cambridge University Press. ⋯⋯362

IPCC（2014）*Climate Change 2014: Mitigation of Climate Change, Contribution of Working Group III to the Fifth Assessment Report of the Intergovernmental Panel on Climate Change,* Cambridge University Press. ⋯⋯614

IPPNW（2011）*Health Effects of Chernobyl - 25 Years After the Reactor Catastrophe.* ⋯⋯147

IRENA（2016）*Roadmap for a Renewable Energy Future: 2016 edition.* ⋯⋯383

Ishii, A. & Langhelle, O.（2011）"Toward policy integration: Assessing carbon capture and storage policies in Japan and Norway," *Global Environmental Change,* 21（2）, 358-367. ⋯⋯193

Ishikawa, J. & Kiyono, K.（2006）"Greenhouse-gas emission controls in an open economy," *International Economic Review,* 47（2）, 431-450. ⋯⋯83

ISSF（2016）*ISSF Tuna Stock Status Update, 2016: Status of the world fisheries for tuna.* ISSF Technical Report 2016-05, International Seafood Sustainability Foundation. ⋯⋯264

Ito, K. et al.（2015）"The persistence of moral suasion and economic incentives: Field experimental evidence from energy demand." *NBER Working Paper Series,* 20910. ⋯⋯381

Ives, J. H.（ed.）（1985）*THE EXPORT OF HAZARD: Transnatinal Corporations and Environmental Control Issues,* Routledge & Kegan Paul. ⋯⋯128

IWGSCC（2010）*Social Cost of Carbon for Regulatory Impact Analysis: Under Executive Order 12866.* ⋯⋯397

■J

Jacobs, M.（1997）"Introduction: The new politics of the environment," *Political Quarterly,* 68（B）, 1-17. ⋯⋯11

Jacoby, H. D. & Ellerman, A. D.（2004）"The safety valve and climate policy," *Energy Policy,* 32（4）, 481-491. ⋯⋯73

Jaffe, A. B. & Stavins, R. N.（1994）"The energy paradox and the diffusion of conservation technology," *Resource and Energy Economics,* 16（2）, 91-122. ⋯⋯594, 619

Jaffe, A. B. & Stavins, R. N.（1995）"Dynamic incentives of environmental regulations: The effects of alternative policy instruments on technology diffusion," *Journal of Environmental Economics and Management,* 29（3）, 43-63. ⋯⋯441

Jaffe, A. B. & Palmer, K.（1997）"Environmental regulation and innovation: A panel data study," *Review of Economics and Statistics,* 79（4）, 610-619. ⋯⋯441

Jaffry, S. et al.（2016）"Are expectations being met? consumer preferences and rewards for sustainably certified fisheries," *Marine Policy,* 73（1379）, 77-91. ⋯⋯611

Jager, N. et al. (2016) "Transforming european water governance? participation and river basin management under the EU Water Framework Directive in 13 member states," *Water*, 8(4), 156. ……509

Jevons, W. S. (1865) *The Coal Question*, Macmillan. ……632

Jevons, W. S. (1871) *Theory of Political Economy (1st ed.)*, Macmillan. ……632

Jevons, W. S. (1879) *Theory of Political Economy (2nd ed.)*, Macmillan (ジェヴォンズ，W. S. 著，小泉信三他訳 (1984)『経済学の理論』日本経済評論社). ……632

Johansson, P.-O. (1987) *The Economic Theory and Measurement of Environmental Benefits*. Cambridge University Press (ヨハンソン，P.-O. 著，嘉田良平監訳 (1994)『環境評価の経済学』多賀出版). ……34

Johansson, P.-O. (1988) "Option value: comment," *Land Economics*, 64, 86-87. ……37

Johansson, P.-O. (1993) *Cost-Benefit Analysis of Environmental Change*. Cambridge University Press. ……35

Johnston, J. S. (2005) "Signaling social responsibility: On the law and economics of market incentives for corporate environmental performance," University of Pennsylvania Law School, Institute for Law & Economics, Research Paper 05-16. ……609

Jordan, A. J. & Lenschow, A. (eds.) (2008) *Innovation in Environmental Policy? -Integrating the Environment for Sustainability*, Edward Elgar. ……502

Jorgensen, B. S. & Syme, G. J. (2000) "Protest responses and willingness to pay: Attitude toward paying for stormwater pollution abatement," *Ecological Economics*, 33(2), 251-265. ……415

■K

Kagan, R. A. (2001) *Adversarial Legalism: The American Way of Law*, Harvard University Press (ケイガン，R. A. 著，北村喜宣他訳 (2007)『アメリカ社会の法動態—多元社会アメリカと当事者対抗的リーガリズム』慈学社出版). ……91

Kahler, M. & Lake, D. A. (eds.) (2003) *Governance in a Global Economy*, Princeton University Press. ……539

Kahneman, D. & Tversky, A. (1979) "Prospect theory: An analysis of decision under risk," *Ecomometrica*, 47(2), 263-291. ……581

Kahneman, D. & Tversky, A. (1992) "Advances in prospect theory: Cumulative representation of uncertainty," *Journal of Risk and Uncertainty*, 5(4), 297-323. ……581

Kainuma, M. et al. (2014) *Pathways to Deep Decarbonization 2014 Report: Japan Chapter*, Sustainable Development Solutions Network & Institute for Sustainable Development and International Relations. ……196

Kaldor, N. (1939) "Welfare propositions of economics and interpersonal comparison of utility," *Economic Journal*, 49(3), 549-552. ……23

Kameyama, Y. et al. (2016) "Finance for achieving low-carbon development in Asia: The past, present, and prospects for the future," *Journal of Cleaner Production*, 128(1), 201-208. ……183

Kanie, N. et al. (2013) "Green pluralism: lessons for improved environmental governance in the 21st Century," *Environment: Science and Policy for Sustainable Development*, 55(5), 14-30. ……525

Kanie, N. & Biermann, F.（eds.）（2017）*Governing through Goals: Sustainable Development Goals as Governance Innovation*, MIT Press. ……525

Karp, L.（2011）"The environment and trade," *Annual Review of Resource Economics*, 3(1), 397-417. ……84

Kawata, Y. & Ozoliņš, J.（2014）"Challenges to rural sustainability in the management of recovered beaver populations," in Asano, K. & Takada, M.（eds.）*Rural and Urban Sustainability Governance*, United Nations University Press. ……248

Keck, M. E. & Sikkink, K.（1998）*Activists beyond Borders: Advocacy Networks in International Politics*, Cornell University Press. ……540

Kellenberg, P.（2012）"Trading waste," *Journal of Environmental Economics and Management*, 64(1), 68-87. ……330

Klibanoff, P. et al.（2005）"A smooth model of decision making under ambiguity," *Econometrica*, 73(6), 1849-1892. ……29

Kim, G. S. et al.（2008）"Unit pricing of municipal solid waste and illegal dumping: An empirical analysis of korean experience," *Environmental Economics and Policy Studies*, 9(3), 167-176. ……319

Kinnaman, T. C. et al.（2014）"The socially optimal recycling rate: Evidence from Japan," *Journal of Environmental Economics and Management*, 68(1), 54-70. ……315

Klein, R. J. T. et al.（2007）"Portfolio screening to support the mainstreaming of adaptation to climate change into development assistance," *Climatic Change*, 84(1), 23-44. ……183

Kling, C. L. et al.（2012）"From Exxon to BP: Has some number become better than no number?" *Journal of Economic Perspectives*, 26(4), 3-26. ……149

Kloepfer, M.（2004）*Umweltrecht*（*3. Aufl.*）, Beck. ……43, 483

Knittel, C. R.（2012）"Reducing petroleum consumption from transportation," *Journal of Economic Perspectives*, 26(1), 93-118. ……619

Koetz, T. et al.（2008）"The role of the Subsidiary Body on Scientific, Technical and Technological Advice to the Convention on Biological Diversity as science-policy interface," *Environmental Science and Policy*, 11(6), 505-516. ……246

Kossoy, A. et al.（2015）*State and Trends of Carbon Pricing 2015*, World Bank. ……75

Kotani, K. et al.（2015）"Which performs better under a trader setting, double auction or uniform price auction?," *Working paper, Social Design Engineering Series*, SDES-2015-17, Kochi University of Technology. ……601

Krey V. et al.（2014）"Annex II: Metrics & methodology," in Edenhofer, O. et al.（eds.）, *Climate Change 2014: Mitigation of Climate Change. Contribution of Working Group III to the Fifth Assessment Report of the Intergovernmental Panel on Climate Change*, Cambridge University Press. ……52

Kumar, S. & Managi, S.（2010）"Surfur dioxide allowance: Trading and technological progress," *Ecological Economics*, 69(3), 623-631. ……600

Kunreuther, H. & Kleindorfer, P. R.（1986）"A sealed-bid auction mechanism for siting noxious facilities," *American Economic Review: Papers and Proceedings* 76(2), 295-299. ……321

■L

Lee, N. & George, C. (2000) *Environmantal Assessment in Developing and Transitional Countries: Principles, Methods and Practice*, John Wiley & Sons, Ltd. ······532

Lee, S, et al. (eds.) (2015) *Low-Carbon, Sustainable Future in East Asia: Improving Energy System, Taxation and Policy Cooperation*, Routledge. ······211

Lelieveld, J. et al. (2015) "The contribution of outdoor air pollution sources to premature mortality on a global scale," *Nature*, 525 (7569), 367-371. ······122

Lenzen, M. et al. (2013)"Building eora: A global multi-regional input-output database at high country and sector resolution," *Economic Systems Research*, 25(1), 20-49. ······431

Lenzen, M. & Reynolds, C. J. (2014) "A supply-use approach to waste input-output analysis," *Journal of Industrial Ecology*, 18(2), 212-226. ······327

Levy, M. A. (1993) "European acid rain: The power of tote-board diplomacy," in Haas, P. et al. (eds.) *Institutions for the Earth*, MIT Press. ······520

List, J. A, & Price, M. K. (2016) "Using field experiments in environmental and resource economics," *Review of Environmental Economics and Policy*, 10(2), 206-225. ······420

Little, I. M. D. (1957) *A Critique of Welfare Economics (2nd Ed.)*, Oxford University Press. ······24

Livernois, J. (2009) "On the empirical significance of the hotelling rule," *Review of Environmental Economics and Policy*, 3(1), 22-41. ······302

Loibl, G. (2011) "Compliance procedures and mechanisms," in Fitzmaurice, M. et al. (ed.) *Research Handbook on International Environmental Law*, Edward Elgar Pub. ······537

■M

Maeda, A. (2012) "Setting trigger price in emissions permit markets equipped with a safety valve mechanism," *Journal of Regulatory Economics,* 41(3), 358-379. ······73

Mahenc, P. (2008) "Signaling the environmental performance of polluting products to green consumers," *International Journal of Industrial Organization*, 26(1), 59-68. ······611

Mäler, K. G. (1991) "National accounts and environmental resources," *Environmental and Resource Economics*, 1(1), 1-15. ······45, 49

Mäler, K. G. & Li, C. Z. (2010) "Measuring sustainability under regime shift uncertainty: a resilience pricing approach," *Environment and Development Economics*, 15(6), 707-719. ······223

Managi, S. et al. (2009) "Does trade openness improve environmental quality?," *Journal of Environmental Economics and Management*, 58(3), 346-363. ······589

Manne, A. et al. (1995)"MERGE: A model for evaluating regional and global effects of GHG reduction policies," *Energy Policy*, 23(1), 17-34. ······52

Markandya, A. et al. (2010) *The Social Cost of Electricity: Scenarios and Policy Implications*, Edward Elgar. ······397

Markusson, N. et al. (2012) *The Social Dynamics of Carbon Capture and Storage: Understanding Representation, Governance and Innovation*, Routledge. ······192

Marshall, A. (1873)"The future of working class," in *Collected Essays 1872-1917 vol.1 of Collected*

Works of Alfred Marshall (1997a), Overstone Press and Kyokuto Shoten. ……634

Marshall, A. (1884) "Where to house the London poor," in *Collected Essays 1872-1917 vol.1 of Collected Works of Alfred Marshall* (1997a), Overstone Press and Kyokuto Shoten. ……634

Marshall, A. (1887) "Is London healthy" in Whitaker, J. K. (ed.) *The Correspondence of Alfred Marshall, Economist*, vol.1: Climing, 1868-1890, Cambridge University Press. ……634

Marshall, A. (1890) *Principles of Economics* (*1st ed.*), Macmillan. ……634

Marshall, A. (1891) *Principles of Economics* (*2nd ed.*), Macmillan. ……634

Marshall, A. (1897) "Memorandum on the classification and incidence of imperial and local taxes" in *Official Papers of Collected Works of Alfred Marshall* (1997b), Overstone Press and Kyokuto Shoten. ……635

Marshall, A. (1907a) *Principles of Economics* (*5th ed.*), Macmillan. ……635

Marshall, A. (1907b) "Social possibility of economic chivalry," *in Collected Essays 1872-1917 vol.2 of Collected Works of Alfred Marshall* (1997b), Overstone Press and Kyokuto Shoten. ……635

Mason, C. F. et al. (2017) "Cooperation on climate-change mitigation," *European Economic Review*, 99 (C), 43-55. ……89

Matsukawa, I. et al. (1993) "Price, environmental regulation, and fuel demand: econometric estimates for Japanese manufacturing industries," *Energy Journal*, 14(4), 37-56. ……597

Matsukawa, I. (2016) *Consumer energy conservation behavior after Fukushima: evidence from field experiments*, Springer Briefs in Economics, Springer. ……379

Matsumoto, K. (2011) "Analyzing economic impacts of CO_2 abatement and R&D promotion in Japan applying a dynamic CGE model with endogenous technological change," *Journal of Global Environment Engineering*, 16, 25-33. ……451

Matsumoto, S. (2015) *Environmental Subsidies to Consumers: How Did They Work in the Japanese Market?*, Routledge. ……603

Matsumoto, S. (ed.) (2016) *Environmental Subsides to Consumers*, Routledge. ……484

Matsuno, Y. (2007) "Pollution control agreements in Japan: Conditions for their success," *Environmental Economics and Policy Studies*, 8(2), 103-141. ……358

Mattoo, A. & Singh, H. V. (1994) "Eco-labelling: Policy considerations," *Kyklos,* 47(1), 53-65. ……67

McAusland, C. (2010) "Globalisation's direct and indirect effects on the environment," in Braathen N. A. (eds.) *Globalisation, Transport and the Environment*, OECD. ……84

McCaffrey, S. (2007) *The Law of International Watercourses*, (2nd ed.), Oxford University Press. ……555

McFadden, D. (1974) "Conditional logit analysis of qualitative choice behavior," In Zarembka, P. (ed.) *Frontiers in Econometrics*, Academic Press. ……585

McWhinnie, S. (2012) "Renewable resource economics," Australian Economic Review, 45(2), 246-254. ……292

Meadows, D. H. et al. (1972) *The Limits to Growth, A Report for The Club or Rome's Project on the Predicament of Mankind*, Universe Books（メドウズ，D. H. 他著，大来佐武郎監訳 (1972)『成長の限界―ローマ・クラブ人類の危機レポート』ダイヤモンド社）. ……44, 54, 518

Meadows, D. H. et al. (1992) *Beyond the Limits,* Chelsea Green Publishing Company（メドウズ，

D. H. 著，茅 陽一監訳，松橋隆治・村井昌子訳（1992）『限界を超えて―生きるための選択』ダイヤモンド社）．……639

Menanteau, P. et al. (2003) "Prices versus quantities: choosing policies for promoting the development of renewable energy," *Energy Policy*, 31(8), 799-812. ……387

Metrick, A. & Weitzman, M. L. (1996) "Patterns of behavior in endangered species preservation," *Land Economics*, 72(1), 1-16. ……586

Mill, J. S. (1848) *Principles of Political Economy (1st ed.)*, John W. Parker. ……626

Mill, J. S. (1965) "Principles of Political Economy (1st ed.)," in *Collected Works of John Stuart Mill*, Ⅱ，Ⅲ，University of Toronto Press, Routledge & Kegan Paul（ミル，J. S. 著，末永茂喜訳（1959-63）『経済学原理』(1)-(5)，岩波書店）．……627

Mill, J. S. (1967) "Essays on economics and society," in Collected Works of John Stuart Mill, Ⅴ，University of Toronto Press, Routledge & Kegan Paul. ……627

Millennium Ecosystem Assessment (2005) *Ecosystems & Human Well-being: Synthesis*, Island Press（Millennium Ecosystem Assessment 編，横浜国立大学 21 世紀 COE 翻訳委員会訳（2007）『生態系サービスと人類の将来―国連ミレニアムエコシステム評価』オーム社）．……220

Miller, M. H. & Upton, C. W. (1985) "A test of the Hotelling valuation principle," *Journal of Political Economy*, 93, 1-25. ……302

Miller, R. E. & Blair, P. D. (2009) *Input-Output Analysis: Foundations and Extensions*, Cambridge University Press. ……615

Milliman, S. R. & Prince, R. (1989) "Firm incentives to promote technological change in pollution control," *Journal of Environmental Economics and Management*, 17(3), 247-265. ……440

Mishan, E. J. (1967) "Pareto optimality and the law," *Oxford Economic Papers*, 19(3), 255-287. ……22, 649

Mishan, E. J. (1967a) *The Costs of Economic Growth*, Staples Press. ……648

Mishan, E. J. (1969) *Growth: The Price We Pay*, Staples Press（都留重人監訳（1971）『経済成長の代価』岩波書店）．……633

Mishan, E. J. (1971) "Postwar literature on externalities: An interpretative essay," *Journal of Economic Literature*, 9(1), 1-28（ミシャン，E. J. 著，岡敏弘訳（1994）「外部性に関する戦後の文献―解釈的論文」松浦好治編『「法と経済学」の原点』「法と経済学」叢書 1，木鐸社）．……22

Mishan, E. J. (1973) "Welfare criteria: Resolution of a paradox," *Economic Journal*, 83, 747-767. ……24

Mishan, E. J. (1982) "The new controversy about the rationale of economic evaluation," *Journal of Economic Issues*, 16(1), 29-47. ……25, 649

Mishan, E. J. (1988) *Cost-benefit Analysis: An Informal Introduction (4th ed.)*, Unwin Hyman. ……25

MIT (2011) *The Future of Natural Gas*, Reports and Studies, June 2011, 37-45. ……352

Mitchell, R. C. & Carson, R. T. (1989) *Using Surveys to Value Public Goods: The Contingent Valuation Method*, Resources for the Future, Johns Hopkins University Press（ミッチェル，R. C., カールソン，R. T. 著，環境経済評価研究会訳（2001）『CVM による環境質の経済評価―非市場財の価値計測』山海堂）．……414

Mizobuchi, K. (2008) "An empirical study on the rebound effect considering capital costs," *Energy*

Economics, 30(5), 2486-2516. ⋯⋯447

Mol, A. P. J. et al. (2009) *The Ecological Modernisation Reader: Environmental Reform in Theory and Practice*, Routledge. ⋯⋯658

Molina, J. M. & Rowland, S. F. (1974) "Stratospheric sink for chlorofluoromethanes: chlorine atom-catalyses destruction of ozone,"*Nature*, 249, 810-812. ⋯⋯547

Montero, J-P. (2008) "A simple auction mechanism for the optimal allocation of the commons," *American Economic Review*, 98(1), 496-518. ⋯⋯607

Montgomery, W. D. (1972) "Markets in licenses and efficient pollution control programs," *Journal of Economic Theory*, 5(3), 395-418. ⋯⋯2, 73

Moriguchi, Y. et al. (1993) "Analysing the life cycle impacts of cars: The case of CO_2," *Industry and Environment*, 16 (1-2), 42-45. ⋯⋯201

Moriguchi, Y. & Hashimoto, S. (2015) "Material flow analysis and waste management", in Clift, R. & Druckman, A. (eds.) *Taking Stock of Industrial Ecology*, Springer. ⋯⋯329

■N

Nakada, M. (2004) "Does environmental policy necessarily discourage growth?" *Journal of Economics,* 81(3), 249-275. ⋯⋯57

Nakamura, S. et al. (2007) "The waste input-output approach to materials flow analysis," *Journal of Industrial Ecology*, 11(4), 50-63. ⋯⋯327

Nakamura, S. & Kondo, Y. (2009) *Waste Input-Output Analysis: Concepts and Application to Industrial Ecology*, Springer. ⋯⋯326

National Academies of Sciences, Engineering, and Medicine (2016) *Genetically Engineered Crops: Experiences and Prospects*, National Academies Press. ⋯⋯275

NEA/IEA (2010) *Projected Cost of Generating Electricity-2010 Edition.* ⋯⋯396

Nehring, K. & Puppe, C. (2002) "A theory of diversity," *Econometrica*, 70(3), 1155-1198. ⋯⋯587

Newell, R. G. et al. (1999) "The induced innovation hypothesis and energy-saving technological change," *Quarterly Journal of Economics*, 114(3), 941-975. ⋯⋯593

Nisbet, M. C. (2009) "Communicating climate change: Why frames matter for public engagement," *Environment*, 51(2), 12-23. ⋯⋯515

Nishitani, K. (2009) "An empirical study of the initial adoption of ISO 14001 in Japanese manufacturing firms," *Ecological Economics*, 68(3), 669-679. ⋯⋯438

Nishitani, K. (2011) "An empirical analysis of the effects on firms' economic performance of implementing environmental management systems," *Environmental and Resource Economics*, 48 (4), 569-586. ⋯⋯439

Nordhaus, W. D. & Tobin, J. (1972) "Is growth obsolete?," in Moss, M. (ed.), *The Measurement of Economic and Social Performance*, Studies in Income and Wealth, 38, NBER. ⋯⋯48

Norman, E. H. (1949) *Ando Shoeki and the Anatomy of Japanese Feudalism*, Asiatic Society of Japan (ノーマン，E. H. 著，大窪愿二訳 (1950)『忘れられた思想家—安藤昌益のこと』岩波書店). ⋯⋯665

NRC (1983) *Risk Assessment in the Federal Government: Managing the Process*, National Academy

Press. ⋯⋯496

NRC（2015a）*Climate Intervention: Carbon Dioxide Removal and Reliable Sequestration*, National Academies Press. ⋯⋯190

NRC（2015b）*Climate Intervention: Reflecting Sunlight to Cool Earth*, National Academies Press. ⋯⋯190

Numata, D.（2011）"Optimal design of deposit-refund systems considering allocation of unredeemed deposits," *Environmental Economics and Policy Studies*, 13(4), 303-321. ⋯⋯317

Numata, D.（2016）"Policy mix in deposit-refund systems: From schemes in Finland and Norway," *Waste Management*, 52, 1-2. ⋯⋯317

■O

Oberthür, S. & Kelly, C. R.（2008）"EU leadership in international climate policy: Achievements and challenges," *The International Spectator*, 43(3), 35-50. ⋯⋯204

OECD/IEA（2015）*Energy and climate change: World Energy Outlook Special Briefing for COP21*. ⋯⋯182

OECD/IEA（2016）*World Energy Outlook 2016*, OECD/IEA. ⋯⋯344

OECD（1999）*Voluntary Approaches for Environmental Policy: An Assessment*, OECD. ⋯⋯608

OECD（2003）*Voluntary Approaches for Environmental Policy: Effectiveness, Efficiency and Usage in Policy Mixes*, OECD. ⋯⋯608

OECD（2011）*Invention and Transfer of Environmental Technologies*, OECD. ⋯⋯449

OECD（2001）*Extended Producer Responsibility: A Guidance Manual for Governments*, OECD. ⋯⋯322

OECD（2013）*How's Life? 2013: Measuring Well-being*, OECD. ⋯⋯51

OECD（2013）*Taxing Energy Use: A Graphical Analysis*, OECD. ⋯⋯85

OECD（2013）*Compact City Policies: A Comparative Assessment*, OECD（OECD Pub.（2013）『コンパクトシティ政策―世界5都市のケーススタディと国別比較』）. ⋯⋯155

OECD（2016）*Effective Carbon Rates: Pricing CO2 through Taxes and Emissions Trading System*, OECD. ⋯⋯603

OECD（2016）*Extended Producer Responsibility: Updated Guidance for Efficient Waste Management*, OECD. ⋯⋯322

Ohno, T. et al.（2010）"Does social capital encourage participatory watershed management? An analysis using survey data from the Yodo River watershed," *Society & Natural Resources*, 23(4), 303-321. ⋯⋯509

Oka, T. et al.（2001）"Ecological risk-benefit analysis of a wetland development based on risk assessment using 'expected loss of biodiversity'," *Risk Analysis*, 21(6), 1011-1023. ⋯⋯587

Oka, T. et al.（2007）"Maximum sbatement costs for calculating cost-effectiveness of green activities with multiple environmental effects," in Huppes, G. & Ishikawa, M.（eds.）*Quantified Eco-Efficiency: An Introduction with Applications*, Springer. ⋯⋯433

Ostrom, E.（1965）*Public Entrepreneurship: A Case Study in Ground Water Basin Management*, Ph.D. dissertation, University of California. ⋯⋯656

Ostrom, E. (1990) *Governing the Commons: The Evolution of Institutions for Collective Action*, Cambridge University Press. ……245, 289, 656

Ostrom, E. et al. (1994) *Rules, Games, and Common-pool Resources*. University of Michigan Press. ……4

Ostrom, E. (2006)"The value-added of laboratory experiments for the study of institutions and common-pool resources," *Journal of Economic Behavior & Organization*, 61(2), 149-163. ……245

■P

Pahl, G. et al. (2007) *Engineering Design, A Systematic Approach, 3rd Ed.*, Springer（ポール，G. 他著，金田 徹監訳 (2015)『エンジニアリングデザイン―工学設計の体系的アプローチ』森北書店）. ……324

Parfit, D. (1984) *Reasons and Persons*, Oxford University Press（パーフィット，D. 著，森村進訳 (1998)『理由と人格―非人格性の倫理へ』勁草書房）……27

Pazner, E. A. & Schmeidler, D. (1974) "A difficulty in the concept of fairness," *Review of Economic Studies*, 41, 441-443. ……22

Pearce, D. W. et al. (1989) *Blueprint for a Green Economy*, Earthscan（ピアス，D. W. 他著，和田憲昌訳 (1994)『新しい環境経済学―持続可能な発展の理論』ダイヤモンド社）. ……45

Pearce, D. W. & Atkinson, G. D. (1993) "Capital theory and the measurement of sustainable development: An indicator of 'weak' sustainability," *Ecological Economics*, 8(2), 103-108. ……49

Perekhodtsev, D. & Blumsack, S. (2009) "Wholesale electricity markets and generators' incentives: an international review," in Evans, J. & Hunt, L. (eds.) *International handbook on the economics of energy*, Edward Elgar. ……375

Perman, R. et al. (2003) *Natural Resource and Environmental Economics* (*3rd ed*), Peason. ……69

Peters, G. P. et al. (2011) "Growth in emission transfers via international trade from 1990 to 2008," *Proceedings of the National Academy of Sciences of the United States of America*, 108 (21), 8903-8908. ……614

Pigou, A. C. (初版 1920 / 第 4 版 1932) *The Economics of Welfare*, Macmillan（ピグー，A. C. 著，気賀健三他訳 (1953)『厚生経済学』第 1～4 分冊，東洋経済新報社）. ……2, 22, 632

Polasky, S. et al. (2006) "Cooperation in the commons," *Economic Theory*, 29(1), 71-88. ……281

Polborn, M. K. (1998) "Mandatory insurance and the judgment-proof problem," *International Review of Law and Economics*, 18(2), 141-146. ……617

Pollak, R. & Wales, T. (1992) *Demand System Specification and Estimation*, Oxford University Press. ……596

Popp, D. (2002) "Induced innovation and energy prices," *American Economic Review*, 92(1), 160-180. ……593

Popp, D. (2009) "Policies for the development and transfer of eco-innovations: Lessons from the literature," *OECD Environment Working Papers*, 10, OECD. ……449

Porter, M. E. (1991) "America's green strategy," *Scientific American*, 264(4), 168. ……441, 442, 592

Porter, M. & van der Linde, C. (1995) "Toward a new conception of the environmentcompetitiveness relationship," *Journal of Economic Perspective* 9(4), 97-118. ······442

Porter, G. & Brown, J. W. (1996) *Global Environmental Politics (2nd ed.)*, Westview Press (ポータ
ー, G.・ブラウン, J. W. 著, 細田衛士監訳, 村上朝子他訳 (1998)『入門地球環境政治』有斐閣).
······13

Posner, R. A. (1973) *Economic Analysis of Law (1st ed.)*, Little, Brown. ······90

Putnam, R. (1993) *Making Democracy Work: Civic Traditions in Modern Italy*, Princeton University
Press. ······17

■R

Rawls, J. (1971) *A Theory of Justice*, Harvard University Press. ······573

Rawls, J. (1999) *A Theory of Justice*, (Rev. ed.), Harvard University Press (ロールズ, J. 著, 川本
隆史他訳 (2010)『正義論(改訂版)』紀伊國屋書店). ······26

Rees, W. E. & Wackernagel, M. (1994) "Ecological footprints and appropriated carrying capacity:
measuring the natural capacity requirements of the human economy," in Jansson, A. et al. (eds.)
Investing in Natural Capital, Island Press. ······51

Rees, W. E. (1996) "Revisiting carrying capacity: Area based indicators of sustainability,"
Population and Environment, 17(3), 195-215. ······452

REN21 (2017) *Renewables 2017 Global Status Report*, REN21 Secretariat. ······388

Repetto, R. et al. (1989) *Wasting Assets: Natural Resource in the National Income Accounts*. World
Resource Institute. ······48

Rinfret, S. & Pautz, M. (2014) *US Environmental Policy in Action: Practice and Implementation*,
Springer. ······475

Río, P. D. & Linares, P. (2014) "Back to the future? Rethinking auctions for renewable electricity
support," *Renewable and Sustainable Energy Reviews*, 35, 42-56. ······386

Roberts, M. J. & Spence, M. (1976) "Effluent charges and licenses under uncertainty," *Journal of
Public Economics*, 5 (3-4), 193-208. ······73, 607

Robins, L. (1932 / 第 2 版 1935) *An Essay on the Nature and Significance of Economic Science* (ロ
ビンズ, L. 著, 辻六兵衛訳 (1967)『経済学の本質と意義』東洋経済新報社). ······23

Rodi, M. et al. (2012) "Designing environmental taxes in countries in transition: a case study of
Vietnam," in Milne, E. J. & Andersen, M. S. (eds). (2012) *Handbook of research on
environmental taxation*, Edward Elgar. ······75

Romer, P. M. (1986) "Increasing returns and long-run growth," *Journal of Political Economy*, 94(5),
1002-1037. ······450

Rosen, S. (1974) "Hedonic prices and implicit markets: product differentiation in pure
competition," *Journal of Political Economy*, 82(1), 34-55. ······410

Royal Society (2009) *Geoengineering the climate: science, governance and uncertainty*, Royal
Society. ······190

Ryan, D. & Plourde, A. (2009) "Empirical modelling of energy demand," in Evans, J. & Hunt, L.
(eds.) *International handbook on the economics of energy*, Edward Elgar. ······596

■S

Sakai, T. (2010) "Intergenerational equity and an explicit construction of welfare criteria," *Social Choice and Welfare*, 35(3), 393-414. ⋯⋯573

Salanié, F. & Treich, N. (2009) "Option value and flexibility: a general theorem with applications," *Toulouse School of Economics Working Paper Series*, 09-02. ⋯⋯41

Sampei, Y. & Aoyagi-Usui, M. (2009) "Mass-media coverage, its influence on public awareness of climate change issues, and implications for Japan's national campaign to reduce greenhouse gas emissions," *Global Environmental Change*, 19(2), 203-212. ⋯⋯15

Samuelson, P. (1947) *Foundations of Economic Analysis*, Harvard University Press（サミュエルソン，P. 著，佐藤隆三訳（1967）『経済分析の基礎』勁草書房）. ⋯⋯24

Sandmo, A. (2002) "Efficient environmental policy with imperfect compliance," *Environmental and Resource Economics,* 23(1), 85-103. ⋯⋯66

Sands, P. ed. (1992) *The Effectiveness of International Environmental Agreements, a Survey of Existing Legal Instruments*, Grotius Publications Ltd. ⋯⋯63

Savage, L. (1972) *The Foundations of Statistics*, Dover Publications. ⋯⋯29

SCBD (2010) *Decision X/2: The Strategic Plan for Biodiversity 2011-2020 and the Aichi Biodiversity Targets.* ⋯⋯250

SCBD (2014) *Global Biodiversity Outlook 4: A Mid-term Assessment of Progress towards the Implementation of the Strategic Plan for Biodiversity 2011-2020.* ⋯⋯251

Schaefer, M. B. (1957) "Some considerations of population dynamics and economics in relation to the management of the commercial marine fisheries," *Journal of the Fisheries Board of Canada*, 14(5), 669-681. ⋯⋯4

Schaltegger, S. & Sturm, A. (1989) "Ökologieinduzierte entscheidungsprobleme des managements.Ansatzpunkte zur ausgestaltung von instrumenten [Ecology induced management decision support. Starting points for instrument formation] ,"*WWZ-Discussion Paper* 8914, WWZ. ⋯⋯432

Scheffer, M. (2004) *Ecology of Shallow Lakes*, Springer. ⋯⋯578

Scheinkman, J. A. & Zariphopoulou, T. (2001) "Optimal environmental management in the presence of irreversibilities," *Journal of Economic Theory*, 96 (1-2), 180-207. ⋯⋯576

Scheufele, D. A. (1999) "Framing as a theory of media effects," *Journal of Communication*, 49(1), 103-22. ⋯⋯514

Schlager, E. & Ostrom, E. (1992) "Property-rights regimes and natural resources: a conceptual analysis," *Land economics,* 68(3), 249-262. ⋯⋯76

Schmalensee, R. & Stavins R. N. (2013) "The SO2 allowance trading system: The ironic history of a grand policy experiment," *Journal of Economic Perspectives*, 27(1), 103-122. ⋯⋯359

Schmeidler, D. (1989) "Subjective probability and expected utility without additivity," *Econometrica*, 57(3), 571-587. ⋯⋯29

Schmidheiny, S. (1992) *Changing Course: A Global Business Perspective on Development and the Environment*, MIT Press. ⋯⋯432

Schmookler, J. (1966) *Invention and Economic Growth*, Harvard University Press. ⋯⋯451

Schott, J. J. (2016) "TPP and the environment," in Schott, J. J. & Cimino-Isaacs, C. (eds.) *Trans-Pacific Partnership: An Assessment*, Peterson Institute for International Economics. 87

Schreurs, M. A. (2002) *Environmental Politics in Japan, Germany, and the United States.* Cambridge University Press（シュラーズ，M. A. 著，長尾伸一・長岡延孝監訳 (2007)『地球環境問題の比較政治学—日本・ドイツ・アメリカ』岩波書店）. 12

Schreurs, M. A. & Tiberghien, Y. (2007) "Multi-level reinforcement: Explaining European Union leadership in climate change mitigation," *Global Environmental Politics*, 7(4), 19-46. 204

Schumpeter, J. A. (1942) *Capitalism, Socialism, and Democracy,* Harper and Brothers. 394

Scitovsky, T. (1941) "A note on welfare propositions in economics," *Review of Economic Studies*, 9 (1), 77-88. 24

Searle, A. D. (1946) "Productivity changes in selected wartime shipbuilding programs," *Monthly Labor Review*, 61(6), 1132-1147. 451

Selin, H. (2010) *Global Governance of Hazardous Chemicals: Challenges of Multilevel Management,* Massachusetts Institute of Technology. 564

Sen, A. (1992) *Inequality Reexamined*, Harvard University Press.（セン, A. 著，池本幸生他訳 (1999)『不平等の再検討—潜在能力と自由』岩波書店）. 27

Shavell, S. (2005) "Minimum asset requirements and compulsory liability insurance as solutions to the judgment-proof problem," *RAND Journal of Economics*, 36(1), 63-77. 617

Sherstyuk, K. et al. (2016) "Intergenerational games with dynamic externalities and climate change experiments," *Journal of the Association of Environmental and Resource Economists*, 3(2), 247-281. 88

Shikolomanov, I. A. (Ed.) (1996) *Assessment of water resources and water availability in the world,* WMO. 288

Shimada, D. (2014) "External impacts on traditional commons and present-day changes: a case study of *iriai* forests in Yamaguchi district, Kyoto, Japan," *International Journal of Commons*, 8 (1), 207-235. 245

Shinkuma, T. (2007) "Reconsideration of advance disposal fee for end-of life durable goods," *Journal of Environmental Economics and Management*, 53, 110-121. 313

Shinkuma, T. & Managi, S. (2011) *Waste and Recycling: Theory and Empirics*, Routledge. 313

Sigman, H. (1998) "Midnight dumping: public policies and illegal disposal of used oil," *RAND Journal of Economics*, 29(1), 157-178. 333

Sinn, H. (2008) "Public policies against global warming: a supply side approach," *International Tax Policy and Public Finance*, 15, 360-394. 598

Smets, H. (1994) "The Polluter-Pays Principle in the Early 1990s," in Campiglio, L. et al. (eds.), *The Environment after Rio: International Law and Economics*, Graham & Trotman/M. Nijhoff. 42

Smith, A. (1776) *An Inquiry Into the Nature and Causes of the Wealth of Nations,* A. W. Straham and T. Cadell（スミス, A. 著，水田洋監訳，杉山忠平訳 (2000-2001)『国富論 1〜4（第 5 版）』岩波書店）. 582

Smith, V. L. (1982) "Microeconomics systems as an experimental science," *American Economic Review*, 72(5), 923-955. 418

Solow, R. M. (1957) "Technical change and the aggregate production function," *The Review of Economics and Statistics*, 39(3), 312-320. ······444

Sorger, G. (1998) "Markov-perfect Nash equilibria in a class of resources games," *Economic Theory*, 11(1), 78-100. ······583

Sorrell, S. (2007) *The rebound effect: An assessment of the evidence for economy-wide energy savings from improved energy efficiency*, UK Energy Research Center Report. ······448

Sorrell, S. et al. (2009) "Empirical estimates of the direct rebound effect: A review," *Energy Policy*, 37(4), 1356-1371. ······447

Sprinz, D. & Vaahtoranta, T. (1994) "The interest-based explanation of international environmental policy," *International Organization*, 48(1), 77-105. ······521

Starrett, D. (1972) "Fundamental nonconvexities in the theory of externalities," *Journal of Economic Theory*, 4(2), 180-199. ······578

Stern, N. (2007) *The Economics of Climate Change: The Stern Review*, Cambridge University Press. ······175

Stiglitz, J. E. et al. (2010) *Mis-Measuring Our Lives: Why GDP Doesn't Add Up*, The New Press. ······51

Stoft, S. (2002) *Power System Economics: Designing Markets for Electricity*, Wiley-IEEE. ······375

Stokey, N. (1998) "Are there limits to growth?," *International Economic Review*, 39(1), 1-31. ······57

Stuart, R. B. (2001) "A new generation of environmental regulation?," *Capital University law review*, 29(21), 21-182. ······483

Stuart, S. N. et al. (2010) "The barometer of life," *Science*, 328, 177. ······224

Sue Wing, I. (2006) "Representing induced technological change in models for climate policy analysis," *Energy Economics*, 28(5-6), 539-562. ······451

Suh, S. et al. (2004) "System boundary selection in life-cycle inventories using hybrid approaches," *Environmental Science & Technology*, 38(3), 657-664. ······431

Sunstein, C. R. (2007) *Worst-Case Scenarios*. Harvard University Press (サンスティーン, C. 著, 田沢恭子訳 (2012)『最悪のシナリオ』みすず書房). ······40

Swallow, S. K. et al. (1994) "Heterogeneous preferences and aggregation in environmental policy analysis: A landfill siting case," *American Journal of Agricultural Economics*, 76, 431-443. ······321

■T

Takarada, Y. et al. (2015) "Trade and the environment," in Managi S. (eds.) *Routledge Handbook of Environmental Economics in Asia*, Routledge. ······84

Takeda, S. (2007) "The double dividend from carbon regulations in Japan," *Journal of the Japanese and International Economics*, 21(3), 336-364. ······605

Tanaka, K. (2011) "Review of policies and measures for energy efficiency in industry sector," *Energy Policy*, 39(10), 6532-6550. ······362

Tanaka, K. & Managi, S. (2013) "Measuring productivity gains from deregulation of the Japanese urban gas industry," *Energy Journal*, 34(4), 181-198. ······591

Tarui, N. et al. (2008). "Cooperation in the commons with unobservable actions," *Journal of*

Environmental Economics and Management, 55(1), 37-51. ……89

Tarui, N. (2014) "The role of institutions in natural resource use," in Balisacan, A. et al. (eds.) *Resources, Development and Public Policy: Concepts, Practice and Challenges*, Elsevier. ……281

Tietenberg, T. (1996) *Environmental and Natural Resource Economics*, (4th ed.), Harper Collins. ……278

Timmer, M. P. et al. (2015) "An illustrated user guide to the world input-output database: The case of global automotive production," *Review of International Economics*, 23(3), 575-605. ……591

Tol, R. S. J. (2012) "On the uncertainty about the total economic impact of climate change," *Environmental and Resource Economics*, 53(1), 97-116. ……602

Torfing, J. et al. (2012) *Interactive Governance: Advancing the Paradigm*, Oxford University Press. ……60

Traeger, C. P. (2009) "Recent developments in the intertemporal modeling of uncertainty," *Annual Review of Resource Economics*, 1, 261-285. ……29

Traeger, C. (2014) "Why uncertainty matters: discounting under intertemporal risk aversion and ambiguity," *Economic Theory*, 56(3), 627-664……29

Train, K. (1985) "Discount rates in consumers' energy-related decisions: a review of the literature," *Energy*, 10(12), 1243-1253. ……594

Tscharntke, T. et al. (2015) "Conserving biodiversity through certification of tropical agroforestry crops at local and landscape scales," *Conservation Letters*, 8(1), 14-23. ……259

Tsur, Y & Zemel, A. (1995) "Uncertainty and irreversibility in groundwater resource management," *Journal of Environmental Economics and Management*, 29(2), 149-161. ……289

Tsurumi, T. & Managi, S. (2010) "Decomposition of the environmental Kuznets curve: scale, technique, and composition effects," *Environmental Economics and Policy Studies*, 11(1), 19-36. ……590

Tukker, A. & Tischner, U. (2006) *New Business for Old Europe: Product-Service Development, Competitiveness and Sustainability*, Greenleaf Publishing. ……455

Tversky, A. & Kahneman, D. (1974) "Judgment under uncertainty: Heuristics and biases," *Science*, 185, 1124-1131. ……580

Tversky, A. & Kahneman, D. (1981) "The framing of decisions and the psychology of choice," *Science*, 211, 453-458. ……514

■U

Uehara, T. (2013) "Ecological threshold and ecological economic threshold: Implications from an ecological economic model with adaptation," *Ecological Economics*, 93 (C), 374-384. ……223

UN (1993) *Handbook of National Accounting: Integrated Environmental and Economic Accounting: Interim version*, Studies in Methods, Series F, 61, United Nations (国際連合事務局統計部著, 経済企画庁経済研究所国民所得部編訳 (1995)『国民経済計算ハンドブック—環境・経済統合勘定』). ……46

UN et al. (2003) *Handbook of National Accounting: Integrated Environmental and Economic Accounting 2003: Final draft circulated for information prior to official editing*, Studies in

Methods, Series F, 61, Rev. 1. ……46

UN (2014) *Sources, Effects and Risks of Ionizing Radiation, UNSCER 2013 Report to the General Assembly with Scientific Annexes Volume I Scientific Annex A* (原子放射線の影響に関する国連科学委員会 (2013)『電離放射線の線源，影響およびリスク　UNSCER2013 報告書　第 I 巻国連総会報告書科学的附属書 A：2011 年東日本大震災後の原子力事故による放射線被ばくのレベルと影響』). ……147

UN (2014) *World Urbanization Prospects: The 2014 Revision.* ……154

UN (2015) *The Millennium Development Goals Report 2015.* ……524

Underdal, A. (2002) "One question, two answers," in Miles, E. L. et al. *Environmental Regime Effectiveness, Confronting Theory with Evidence.* MIT Press. ……63

UNECE (2014) *The Aarhus Convention: An Implementation Guide* (2nd ed.). ……569

UNEP (2002) *Global Mercury Assessment.* ……566

UNEP (2002) Governing Council Decision SS.VII/4 "Compliance with and enforcement of multilateral environmental agreements," UNEP(DEPI)/MEAs/WG.1/3, annex II. ……536

UNEP (2008) *Technical Background Report to the Global Atmospheric Mercury Assessment.* ……566

UNEP (2009) *Marine Litter – A Global Challenge.* ……317

UNEP (2013) *Global Mercury Assessment 2013: Sources, emissions, releases, and environmental transport.* ……566

Unruh, G. & Carrillo-Hermosilla, J. (2006) "Globalizing carbon lock-in," *Energy Policy*, 34(10), 1185-1197. ……192

UNU-IHDP & UNEP (2012) *Inclusive Wealth Report 2012: Measuring Progress Toward Sustainability*, Cambridge University Press (国連大学地球環境変化の人間・社会的側面に関する国際研究計画・国連環境計画編，植田和弘・山口臨太郎訳，武内和彦監修 (2014)『国連大学包括的「富」報告書—自然資本・人工資本・人的資本の国際比較』明石書店). ……305

Usui, T. & Takeuchi, K. (2014) "Evaluating unit-based pricing of residential solid waste: A panel data analysis," *Environmental and Resource Economics*, 58(2), 245-271. ……315, 319

Uzawa, H. (2003) *Economic Theory and Global Warming*, Cambridge University Press. ……673

Uzawa, H. (2005) *Economic Analysis of Social Common Capital*, Cambridge University Press. ……673

■V

Vajpeyi, D. K. (Ed.) (2011) *Water Resource Conflicts and International Security: A Global Perspective.* Lexington Books. ……280

van der Linden. et al. (2005) *Review of International Experience With Renewable Energy Obligation Support Mechanisms*, Energy Research Center of the Netherlands. ……386

van der Ploeg, F. (2011a). "Natural resources: Curse or blessing?," *Journal of Economic Literature*, 49(2), 366-420. ……304

van der Ploeg, F. (2011b). "Rapacious resource depletion, excessive investment and insecure property rights: a puzzle," *Environmental and Resource Economics*, 48(1), 105-128. ……305

van Leeuwen, C. J. (2007) "General Introduction," in van Leeuwen, C. J. & Vermeire, T. G. (eds.)

Risk Assessment of Chemicals: An Introduction, (2nd ed.), Springer. ······496

Varian, H. (1974) "Equity, envy, and efficiency," *Journal of Economic Theory*, 9(1), 63-91. ······25

Velders, G. J. M. et al. (2007) "The importance of the Montreal Protocol in protecting climate," *PNAS*, 104(12), 4814-4819. ······212

Venmans, F. (2012) "A literature-based multi-criteria evaluation of the EU ETS," *Renewable and Sustainable Energy Reviews*, 16(8), 5493-5510. ······187

Venmans, F. (2012) "A literature-based multi-criteria evaluation of the EU ETS," *Renewable and Sustainable Energy Reviews*. 16(8), 5493-5510. ······189

von Neumann, J. & Morgenstern, O. (1944 / ペーパーバック版 1953) *Theory of Games and Economic Behavior*, Princeton University Press. ······28, 580

■W

Wagner, M. (2008) "Empirical influence of environmental management on innovation: Evidence from Europe," *Ecological Economics*, 66 (2-3), 392-402. ······611

Wang, K. et al. (2015) "Potential gains from carbon emissions trading in China: A DEA based estimation on abatement cost savings," *OMEGA-The International Journal of Management Science*, 63 (C), 48-59. ······209

Warning, M. J. (2009) *Transnational Public Governance: Networks, Law and Legitimacy*, Palgrave Macmillan. ······564

Warning, M. (2011 / 初版2006) "Transnational bureaucracy networks: a resource of global environmental governance?,"in Winter, G. (ed.) *Multilevel governance of global environmental change: perspectives from science, sociology and the law*, Cambridge University Press. ······564

Watkins, G. C. (1992) "'The Hotelling principle' autobahn or cul de sac?" *Energy Journal*, 13(1), 1-24. ······302

Weber, C. L. et al. (2008) "The contribution of Chinese exports to climate change," *Energy Policy*, 36(9), 3572-3577. ······614

Wei, B. et al. (2011) "The effects of international trade on Chinese carbon emissions," *Journal of Geographical Sciences*, 21(2), 301-316. ······614

Weidema, B. P. et al. (2013) *Overview and Methodology: Data Quality Guideline for the Ecoinvent Database Version 3*, Ecoinvent Report, 1(3), Ecoinvent Centre. ······327

Weiss, E. B. & Jacobson, H. K. (eds.) (1998) *Engaging Countries: Strengthening Compliance with International Environmental Accords*, MIT press. ······63

Weitzman, M. L. (1974) "Prices vs. quantities," *Review of Economic Studies*, 41(4), 477-491. ······67, 73, 606

Weitzman, M. L. (1976) "On the welfare significance of national product in a dynamic economy", *Quarterly Journal of Economics*, 90(1), 156-162. ······48

Weitzman, M. L. (1992) "On diversity," *Quarterly Journal of Economics*, 107(2), 363-405. ······587

Weitzman, M. L. (1993) "What to preserve? An application of diversity theory to crane conservation," *Quarterly Journal of Economics*, 108(1), 157-183. ······587

Weitzman, M. L. (1994) "On the 'environmental' discount rate," *Journal of Environmental*

Economics and Management, 26(2), 200-209. ……36

Weitzman, M. L. (1998) "The Noah's ark problem," *Econometrica*, 66(6), 1279-1298. ……586

Weitzman, M. L. (2001) "Gamma discounting," *American Economic Review*, 91(1), 260-271. ……575

Weitzman, M. L. (2009) "On modeling and interpreting the economics of catastrophic climate change," *Review of Economics and Statistics*, 91(1), 1-19. ……41

WHO (2016) *Ambient Air Pollution: A Global Assessment of Exposure and Burden of Disease*, WHO. ……122

Wilen, J. E. et al. (2012) "The economics of territorial use rights fisheries, or TURFs," *Review of Environmental Economics and Policy*, 6(2), 237-257. ……281

Wilson, E. O. & Peter, F. M. (1988) *Biodiversity*, National Academies Press. ……218

Winkler, I. T. (2012) *The Human Right to Water: Significance, Legal Status and Implications for Water Allocation*, Hart Publishing. ……555

Wisner, B. et al. (2004) *At Risk: Natural Hazards, People's Vulnerability and Disasters*, (2nd ed.), Routledge(ウィスナー, B. 著, 岡田憲夫監訳 (2010)『防災学原論』築地書館). ……153

Withana, S. et al. (2013) *Evaluation of Environmental Tax Reforms: International Experiences*, Institute for European Environmental Policy. ……75

Wolak, F. A. (2011) "Do residential customers respond to hourly prices? Evidence from a dynamic pricing experiment," *American Economic Review: Papers & Proceedings*, 101(3), 83-87. ……381

World Commission on Environment and Development (1987) *Our Common Future*, Oxford University Press(環境と開発に関する世界委員会編, 大来佐武郎監修 (1987)『地球の未来を守るために』福武書店). ……502

Wright, T. P. (1936) "Factors affecting the cost of airplanes," *Journal of the Aeronautial Sciences*, 3(4), 122-128. ……451

Wright, D. J. (1974) "Goods and services: an input-output analysis," *Energy Policy*, 2(4), 307-315. ……201

WTO (2004) *Trade and Environment at the WTO*, WTO. ……87

■Z

Zacharias, M. (2014) *Marine Policy: An Introduction to Governance and International Law of the Oceans*, Earthscan. ……264

Zhang, D. C. & Pearse, P. H. (2011) *Forest Economics*, UBC Press. ……283

Zonooz, M. R. F. et al. (2009) "A review of MARKAL energy modeling," *European Journal of Scientific Research*, 26(3), 532-361. ……52

Zuber, S. & Asheim, G. B. (2012) "Justifying social discounting: The rank-discounted utilitarian approach," *Journal of Economic Theory*, 147(4), 1572-1601. ……573

◆ WEB 文献

（＊希望者には URL 情報を記載した資料を配布します．ご希望の場合は丸善出版 WEB サイト「お問合わせ」まで．）

■B

BBOP（2013）*To No Net Loss and Beyond: An Overview of the Business and Biodiversity Offsets Programme（BBOP）*（閲覧日：2017 年 11 月 26 日）．……241

■C

Commission of the European Communities（2001）"White Paper: Strategy for a future Chemicals Policy, COM（2001）88 final（Feb.27, 2001）"（閲覧日：2018 年 3 月 2 日）．……497

Cramton, P. et al.（2015）"Chapter 1, A Simple Introduction to Global Carbon Pricing," Cramton, P. et al.（eds.）*Global Carbon Pricing, We Will If You Will*, Version 2.0（閲覧日：2016 年 10 月 5 日）．……175

■E

EPA（2009）*Endangerment and Cause on Contribute Findings for Greenhouse Gases Under Section 202（a）of the Clean Air Act（final rule）. 40 CFR Chapter 1*（閲覧日：2018 年 1 月 30 日）．……203

EPA（2016）"What is the National Environmental Policy Act?"（閲覧日：2016 年 10 月 5 日）．……500

EC（2013）"COM（2013）698final, Report from the Commission to the European Parliament and the Council, Progress Towards Achieving the Kyoto and EU2020 Objectives, 9.10.2013"（閲覧日：2016 年 10 月 5 日）．……174

EC（2014）"SWD（2014）336final, Commission Staff Working Document, accompanying the document, Report from the Commission to the European Parliament and the Council, Progress Towards Achieving the Kyoto and EU2020 Objectives, 28.10.2014"（閲覧日：2016 年 10 月 5 日）．……174

■F

Finger, T.（2008）*National Intelligence Assessment on the National Security Implications of Global Climate Change to 2030*（閲覧日：2018 年 3 月 10 日）．……519

■H

HM Treasury（2013）*The Green Book: Appraisal and Evaluation in Central Government*,（2003 edition）（閲覧日：2016 年 6 月 21 日）．……574

■I

IEA（2013）*Global Tracking Framework: Sustainable Energy for All*（閲覧日：2016 年 10 月 28 日）．

······351

IUCN & UNEP-WCMC（2012）The World Database on Protected Areas: February 2012, UNEP-
WCMC（閲覧日：2018 年 3 月 10 日）．······239

■K

Kaffine, D. & O'Reilly, P.（2015）"What have we learned about extended producer responsibility in
the past decade? A survey of the recent EPR economic literature"（閲覧日：2017 年 10 月 30
日）．······323

■M

McKinsey&Company（2010）"Impact of the financial crisis on carbon economics: Version 2.1 of
the global greenhouse gas abatement cost curve"（閲覧日：2016 年 10 月 27 日）．······197

■N

National Environmental Research Institute（2004）"Assessment of the Effectiveness of European
Air Quality Policies and Measures"（閲覧日：2016 年 9 月 17 日）．······364

■S

SCBD（2014）"National Red Lists: Global Coverage and Applications"（閲覧日：2018 年 3 月 2 日）．
······225

Stern, N.（2006）*Stern Review on the Economics of Climate Change*（閲覧日：2017 年 8 月 28 日）．
······164

Strong, M.（1995）"A major shift of economic power," MauriceStrong.net（閲覧日：2017 年 3 月 11
日）．······432

Stubbs, M.（2014）"Conservation Reserve Program（CRP）: Status and Issues," *Congressional
Research Service Report*, 7-5700（閲覧日：2016 年 10 月 5 日）．······256

■U

UNEP（2011）*Towards a Green Economy*（閲覧日：2017 年 9 月 26 日）．······502

UNEP（2015）*The Emissions Gap Report 2015: A UNEP Synthesis Report*（閲覧日：2017 年 8 月 26
日）．······165

UNFCCC（2016）"Final Compilation and Accounting Report for the first commitment period of the
Kyoto Protocol"（閲覧日：2018 年 3 月 10 日）．······175

■W

Wessells, C. R. et al.（2001）. "Product Certification and Ecolabelling for Fisheries Sustainability,"
FAO Fisheries Technical Paper, 422（閲覧日：2016 年 8 月 1 日）．······611

事項索引

※見出し語50音索引はxix頁参照. 見出し語の掲載ページは太字で示してある. 欧文表記については, 独語は（独）とした. なお, 日本の法令・条例は定訳がないものがあるため一律欧文表記は割愛した. 欧文については, 法務省「日本法令外国語訳データベースシステム」http://www.japaneselawtranslation. go.jp/ などを参照のこと.

■あ

愛知目標 Aichi Biodiversity Targets 125, 214, 230, 238, 246, **250**, 263, 267, 270, 465, 499

あいまいさ回避的 ambiguity averse 29

青森・岩手県境事件 Aomori-Iwate Prefecture Border Case 116

赤土 laterite 268

アクター・ネットワーク理論 actor-network theory 17

アグリゲーター aggregator 379

アジア開発銀行（ADB） Asian Development Bank 543

アジェンダ21 Agenda 21 448, 454, 459, 479, 502, 504, 507, 502, 528

足尾銅山 Asio Copper Mine 14, 94, 336, 666

アスベスト asbestos 113, **114**, 133, 631

圧縮型工業化・都市化 compressed industrialization and urbanization 140

アブラヤシ oil palm 243, 266

アフリカ人権憲章（人及び人民の権利に関するアフリカ憲章） African Charter on Human and Peoples' Rights 530

アフリカ統一機構（OAU） Organization of African Unity 331

アメニティ amenity 3, 122, 153, 480, 505, 628, 635

アメリカ1985年食料安全保障法 Food Security Act of 1985 256

アメリカ1996年連邦農業改善改革法 The Federal Agriculture Improvement and Reform Act of 1996 256

アメリカ・エビ輸入制限事件 United States – Import Prohibition of Certain Shrimp and Shrimp Products（WT/DS58/R, WT/DS58/AB/R） 86

アメリカ海洋大気庁（NOAA） National Oceanic and Atmospheric Administration 149, 414

アメリカ環境保護庁（EPA） Environmental Protection Agency 203, 352, 475

アメリカ原子力規制委員会（NRC） Nuclear Regulatory Commission 475

アメリカ航空宇宙局（NASA） National Aeronautics and Space Administration 552

アメリカ国家情報会議（NIC） National Intelligence Council 519

アメリカ絶滅危惧種法 Endangered Species Act of 1973 586

アメリカ・調整ガソリン事件 United States Standards for Reformulated and Conventional Gasoline（WT/DS2/R, WT/DS2/AB/R） 86

アメリカ農務省（USDA） United States Department of Agriculture 256

アメリカ・マグロ輸入制限事件 United States – Restrictions on Imports of Tuna（Mexico）（DS21/R）/United States – Restrictions on Imports of Tuna（EEC）（DS30/R） 86

アレン・宇沢の代替弾力性 Allen–Uzawa elasticity of substitution 596

アンダーユース（過少利用，⇔オーバーユース）　underuse　219, 234, **248**, 296

アンモニア（NH₃）　ammonia　544

ESG投資　Environment, Society and Governance investment　436

イエローストーン国立公園　Yellowstone National Park　558

硫黄酸化物（SOx）　sulfur oxide　54, 129, 350, 358, 481, 544, 600

易解体設計（DfD）　design for disassembly　324

生きている地球レポート　Living Planet Report　453

イギリス安全衛生庁（HSE）　Health and Safety Executive　474

イギリス運輸省（DfT）　Department for Transport　474

イギリスエネルギー・気候変動省（DECC）　Department of Energy and Climate Change　474

イギリス環境運輸地域省（DETR）　Department of the Environment, Transport and the Regions　474

イギリス環境・食糧・農村地域省（Defra）　Department for Environment, Food & Rural Affairs　474

イコモス（国際記念物遺跡会議，ICOMOS）　International Council on Monument and Site　559

維持可能な社会　sustainable society　153

意思決定支援　dicision support　432

異時点間の資源配分　intertemporal resource allocation　25

石綿健康被害救済法（石綿による健康被害の救済に関する法律）　114

イソチアン酸メチル（ICM）　methyl isocyanate　130

イタイイタイ病　Itai-Itai disease　103, **104**, 110, 336, 506

1次エネルギー　primary energy　142, 340

一次産品　primary products　134

一国全体のマテリアルフロー分析（EWMFA）　Economy Waide MFA　**328**

一酸化炭素（CO）　carbon monoxide　122, 364

一般均衡　general equilibrium　19, 36, 52, 82, 309

一般廃棄物　municipal solid waste　306, 310, 315, 319, 320, 330, 469, 482

遺伝子組み換え（GMO）　Genetically Modified Organisms　2, 151, **274**, 511

遺伝子組換え技術　recombinant DNA technologies　274

遺伝子組換え食品　genetically engineered food　275, 576

遺伝資源　genetic resources　220, 230, 251, 252, **254**, 408, 551

遺伝資源アクセスと利益配分（ABS）　Access and Benefit-Sharing　230, **252**, 255

遺伝素材　genetic materials　252

遺伝的多様性　genetic diversity　218

移動発生源（移動排出源）　mobile emission source　143, 359

委任としての規制　regulation as delegation　91

イノベーション　innovation　187, 391, 394, **440,** 442, 450, 609

違法取引　illegal trade　229

易保守性設計（DfM）　design for maintenance　324

入会　iriai commons　3, 140, 245

易リサイクル性設計（DfR）　design for recycle　324

インセンティブ　incentive　64, 180, 221, 286, 305, 322, 366, 378, 419, 440, 446, 448, 592, 608, 618

インターネット・オブ・シングス（IoT）　Internet of Things　363

インド医学研究協議会（ICMR）　Indian Council of Medical Research　131

院内感染 nosocomial infection / infection contracted in a hospital 151

インパクト評価 impact evaluation / impact assessment 421

インベントリ（排出・吸収目録） inventory 198

インポートトレランス import tolerance 150

ウィーン条約（オゾン層保護のためのウィーン条約） Vienna Convention for the Protection of the Ozone Layer 137, 212, 536, **546**

ウィーン条約（原子力損害の民事責任に関するウィーン条約） Vienna Convention on Civil Liability for Nuclear Damage 405

受入補償（意思）額（WTA） Willingness To Accept 24, 32, 34, 414, 419, 424, 648

牛海綿状脳症（BSE） Bovine Spongiform Encephalopathy 151

宇宙条約（月その他の天体を含む宇宙空間の探査及び利用における国家活動を律する原則に関する条約） Outer Space Treaty (Treaty on Principles Governing the Activities of States in the Exploration and Use of Outer Space, including the Moon and Other Celestial Bodies) 552

『奪われし未来』 *Our stolen future* 150

営造物公園 public land ownership protected areas system 298

エクソン・バルディーズ号油濁事故 Exxon Valdez oil spill **148**, 414, 511, 613

エコアクション 21 Eco Action 21 438

エコカー補助金 government subsidies for eco-friendly vehicles 365

エコツーリズム ecotourism 239, **260**

エコツーリズム推進法 260

エコデザイン ecodesign 324

——指令 ecodesign directive 213, 325

エコプロダクト eco-product 324

エコポイント eco point program 484

エコマーク制度 Eco-Mark system 487

エコまち法（都市の低炭素化の促進に関する法律） 155

エコマテリアル eco-material 325

エコラベル（環境ラベル，環境ラベリング） environmental labeling 67, 258, 438, **610**

エコリーフ環境ラベル Eco-leaf 487

エコロギー ecology; ёkologie（独） 667

エコロジカル・フェミニズム／エコフェミニズム ecological feminism, ecofeminism 662

エコロジカル・フットプリント（EF） Ecological Footprint 51, **452**

エコロジカル・フットプリント・ジャパン（EFJ） Ecological Footprint Japan 453

エコロジー経済学 ecological economics 2, 626, **654**

エコロジズム ecologism 12

エコロジー的近代化（EM） Ecological Modernization 16, 658

エスコ事業（ESCO） Energy Service Company 369

越境煙霧汚染に関する ASEAN 協定 ASEAN Agreement on Transboundary Haze Pollution 545

越境汚染 transboundary pollution 84, 86, 136

越境水路及び国際湖水の保護及び利用に関する 1992 年条約に対する水及び健康に関する議定書 Protocol on Water and Health to the 1992 Convention on the Protection and Use of Transboundary Watercourses and International Lakes 554

越境損害防止義務 an obligation to prevent transboundary harm 404

越境大気汚染に関する合意覚書 the Memorandum of Intent Concerning Transboundary Air Pollution 545

江戸幕府の森林保護政策 forest conservation in Edo shogunate 665

エネルギー安全保障および気候変動に関する主要経済国会合（MEM）Major Economies Meeting on Energy Security and Climate Change　202

エネルギーヴェンデ（エネルギー転換）energiewende/energy transformation　361

エネルギー・環境会議　Energy and Environment Council　357

エネルギー基本計画　Basic Energy Plan　343, 377

エネルギー供給構造高度化法（エネルギー供給事業者による非化石エネルギー源の利用及び化石エネルギー原料の有効な利用の促進に関する法律）207, 489

エネルギー原単位　energy intensity　362

エネルギー効率　energy efficiency　366, 368, 370, 446, 447

エネルギー効率性ギャップ　energy efficiency gap　367, 484

エネルギー効率設計指標（EEDI）Energy Efficiency Design Index　199

エネルギー作物　energy crop　384

エネルギーシフト　energy shift　361

エネルギー集約産業　energy intensive industries　362

エネルギー集約的貿易財産業　energy-intensive and trade-exposed industry　189

エネルギー需要関数　energy demand function　596

エネルギー政策基本法　343

エネルギーと気候に関する主要経済国フォーラム（MEF）Major Economies Forum on Energy and Climate　202

エネルギーコンセプト　Energy Concept　347

エネルギーの社会学　sociology of energy　16

エネルギー・パラドックス　energy paradox　**594**, 619

エネルギー貧困　energy poverty　351

エフォートシェアリング　effort sharing　205

エミッション・ギャップ　emission gap　165

エラー修正モデル　error correction model　596

円借款　Yen loan　534

エンドオブパイプ　end-of-pipe　324

エントロピー　entropy　**348**, 652, 654, 668
　——学会　The Society for Studies on Entropy　653
　——法則（熱力学第二法則）entropy law　652

欧州委員会（EC）European Commission　246

欧州環境庁（EEA）European Environment Agency　661

欧州共同体（EC）European Community　39

欧州経済共同体（EEC）European Economic Community　86

欧州原子力共同体（EURATOM）European Atomic Community　404

欧州人権裁判所（ECHR）European Court of Human Rights　530

欧州人権条約（人権と基本的自由の保護のための条約；ECHR）European Convention on Human Rights（Convention for the Protection of Human Rights and Fundamental Freedoms）530

欧州特許庁統計特許データベース（EPO PATSTAT）European Patent Office Worldwide Patent Statistical Database　449

欧州における大気汚染物質の広域移流の監視・評価プログラム（EMEP）European Monitoring Evaluation Program　544

欧州の野生生物及び自然生息地の保全に関するベルン条約　Convention on the Conservation of European Wildlife and Natural Habitats　554

欧州評議会　Council of Europe　560

欧州ランドスケープ条約　European Landscape Convention　560

欧州連合（EU）　European Union　39, 74, 85, 86, 170, 174, 204, 213, 272, 284, 287, 307, 325, 329, 340, 371, 385, 388, 467, 493, 497, 511, 521, 569

応用一般均衡分析（モデル）（CGE 分析モデル）　Computable General Equilibrium analysis（model）　36, 52, 187, 189, 357, 453

大幅な脱炭素経路の探索計画（DDPP）　Deep Decarbonization Pathways Project　196

小笠原諸島　Ogasawara Islands　226

オークション（有償配分）　auction　88, 187, 205

オスロ議定書（硫黄排出の更なる削減に関する議定書）　Protocol to the 1979 Convention on Long-Range Transboundary Air Pollution on Further Reduction of Sulphur Emissions　544

汚染者負担（支払）原則（PPP）　Polluter Pays Principle　2, 6, 26, **42**, 291, 336, 468, 490, 511, 555, 646

汚染集約型産業　pollution intensive industry　56

汚染集約的な財　pollution-intensive goods　82

汚染逃避地仮説　pollution haven hypothesis　84, 129, **588**

汚染逃避地効果　pollution haven effect　589

汚染被害　pollution damage　628

汚染負荷量賦課金　pollution load levy　484

汚染物質排出移動登録制度（PRTR）　Pollutant Release and Transfer Register　486, 497

汚染防止　pollution control　628

オゾン（O₃）　ozone　142

オゾン層破壊　ozone depletion　136, 212

オゾンホール　ozone hole　136, 540, 550

オニヒトデ　crown-of-thorng starfish　269

オーバーユース（過剰利用 , ⇔アンダーユース）　overuse（⇔ underuse）　218, 234, 248

オプション価格（OP）　Option Price　37

オーフス条約（環境に関する，情報へのアクセス，意思決定における市民参加，司法へのアクセスに関する条約）　Aarhus Convention（convention on access to information, public participation in decision-making and Access to Justice in Environmental Matters）　9, 121, 125, 531, 537, 568

汚物掃除法　306

オープンアクセス　open access　4, 76, 244, 280, 293

——資源　open access resources　56, 582

オランダ病　Dutch disease　304

オールボー憲章　Aalborg Charter（Charter of European Sustainable Cities and Towns towards Sustainability）　507

温室効果　greenhouse effect　158

温室効果ガス（GHG）　GreenHouse Gas　73, 158, 164, 168, 172, 180, 184, 186, 190, 194, 196, 210, 350, 464, 493, 548, 602

温暖化対策（気候変動の緩和策）　climate change mitigation　162, 182, 196, 202, 204, 206, 208, 340, 342, 360, 370, 484, 489, 574, 618

■か

外因性内分泌攪乱物質　endocrine disruptor　150

海外直接投資（FDI）　Foreign Direct Investment　449

回帰不連続(RD)　Regression Discontinuity　613

外国直接投資　foreign direct investment　588

回収率　collection rate　316

外生性　exogeneity　593

外生的技術変化　exogenous technological change　450

外為法（外国為替及び外国貿易法）　236

害虫抵抗性　insect-resistance　275

開発協力大綱(DCC) Development Cooperation Charter 542

開発プロジェクト development project 534

外部環境会計 external environmental accounting 428

外部経済 external economy 68, 484, 636

外部効果 external effect 2

外部性 externality 21, 22, 58, 68, 82, 248, 320, 344, 376, 382, 394, 396, 432, 448, 450, 484, 592, 594, 618, 636, 642, 649, 654, 670

外部費用(コスト) external costs 2, 45, 90, 248, 321, 383, 602, 607

外部不経済 external diseconomy 2, 6, 42, 68, 90, 122, 286, 423, 484, 595, 637, 646, 670

外部便益 external benefits 248

改変された生物(LMO) Living Modified Organism 230

開放定常系 open steady-state system 349, 668

海面上昇 sea-level rise 162, 214

海洋汚染防止法(海洋汚染等及び海上災害の防止に関する法律) 193

海洋環境保護委員会(MEPC) Maritime Environment Protection Committee 199

海洋管理協議会(MSC) Marine Stewardship Council 258

海洋酸性化 Ocean acidification 214, 550

海洋島 oceanic islands 226

海洋投棄 sea-dumping 264, 303, 404, 549

海洋保護区(MPA) Marine Protected Areas 269, 551

外来種(外来生物) alien species 151, 218, **226**, 498

――の意図的導入(⇔非意図的導入) intentional introduction (⇔unintentional introduction) 227

――の非意図的導入(⇔意図的導入) unintentional introduction (⇔ intentional introduction) 227

外来生物法(特定外来生物による生態系等に係る被害の防止に関する法律) 226, 234, 499

加害構造(⇔被害構造) structure of victimization (⇔ structure of suffering) 15

改革開放 reform and opening-up 142

科学技術委員会(CST) Committee on Science and Technology 563

価格効果 price effect 592

価格政策 price policy 366

化学的酸素要求量(COD) Chemical Oxygen Demand 290, 481

化学物質安全性データシート(SDS) Safety Data Sheets 487, 497

化学物質管理法 / 化管法(特定化学物質の環境への排出量の把握等及び管理の改善の促進に関する法律) 486, 497

化学物質排出移動量届出制度(PRTR 制度) Pollutant Release and Transfer Register 8, 481, 497

価格プレミアム price premium 259

確実等価な割引率 certainty equivalent discount rate 575

学習効果 learning effect 395

革新自治体 leftist local governments 505, 512

拡大生産者責任(EPR) Extended Producer Responsibility 43, 121, 307, 311, 312, **322**, 460, 468, 493

拡大責任ルール extended liability 617

核燃料税 nuclear fuel tax 403

核燃料デブリ nuclear fuel debris 334

核不拡散 nuclear non-proliferation 404

確率フロンティア分析(SFA) Stochastic Frontier Analysis 444

過耕作 over-cultivation 562

過失 negligence 106

過剰利用(オーバーユース) overuse 140, 219, 222, 234, 248, 298

化審法(化学物質の審査及び製造等の規制に関する法律) 487, 496

カスケード利用　cascading use　384

化石燃料　fossil fuel　54, 74, 165, 184, 188, 192, 211, 300, 341, 350, 358, 598, 604, 652

仮説的補償原理　Kaldor–Hicks criterion/ compensation principle　23, 321, 648

河川管理　river management　508

河川整備計画　River Improvement Plan　509

河川法　509

仮想バイアス　hypothetical bias　415

仮想評価法（CVM）　Contingent Valuation Method　46, 148, 321, 409, 412, 414, 419, 425, 584, 612

家畜伝染病予防法　151

価値誘発理論　induced value theory　418

渇水バンク　drought water bank　289

褐虫藻　zooxantella　268

家庭エネルギー・マネジメント・システム（HEMS）　Home Energy Management System　381

家庭ごみ有料化　charge for municipal waste **318**

家電リサイクル法（特定家庭用機器再商品化法）　213, 307, 311, 314

カドミウム　cadmium　95, 104, 336, 464, 566

カドミウム腎症　kidney damage by cadmium　104

「ガブチコボ・ナジュマロス計画事件」国際司法裁判所判決　*Judgment of the International Court of Justice, Gabčíkovo-Nagymaros Case*（Hungary v. Slovakia 25 September 1997）　554

過放牧　overgrazing　562

カーボンオフセット　carbon offset　261

カーボンニュートラル　carbon neutral　383

カーボンバジェット　carbon budget　165

カーボンフットプリント（CFP）　Carbon Footprint of Products　200

カーボンプライシング　carbon pricing　9

カーボンリーケージ　carbon leakage　84, 187, 188, **188**, 205

神岡鉱山　Kamioka Mine　104

火力発電　thermal power generation　360

カルタヘナ議定書（生物の多様性に関する条約のバイオセーフティに関するカルタヘナ議定書）　The Cartagena Protocol on Biosafety to the Convention on Biological Diversity　230, 237, 274, 537

カルタヘナ法（遺伝子組換え生物等の使用等の規制による生物の多様性の確保に関する法律）　231, 234, 274, 511

カルドアの補償基準　Kador compensating criterion　30

環境NGO（ENGO）　Environmental Non-Governmental Organization　60, 512, 538, 540, 568

環境アカウンタビリティ　environmental accountability　428

環境アセスメント　environmental assessment　383, 500, 532

環境影響指標　environmental impact index　433

環境影響評価法　107, 124, 127, 241, 500

環境影響評価（EIA）　Environmental Impact Assessment　404, **405**, 554

環境影響評価条例　500

環境会計　environmental accounting　**428**, 486, 612

環境外部性　environmental externalities　395

環境拡張産業連関表（EEIO表）　Environmentally Extended Input-Output table　326

環境ガバナンス　environmental governance **60**, 506, 508, 657

環境監査　environmental auditing　438

環境勘定を含む国民会計行列（NAMEA）　National Accounting Matrix including Environmental Accounts　47

環境管理会計　environmental management accounting　427, 428

環境管理監査制度（EMAS）　Eco-Management Audit Scheme　438

環境基準　environmental standard　64, 122, 127, 290, 462, 464, 481, 492, 494, 588

環境規制 environmental regulation 20, 68, 83, 128, 330, 359, 432, 440, 442, 480, 588, 592, 612

環境基本計画 Basic Environment Plan 8, 43, 347, 465, 466, 470, 478, 486, 502

環境基本法 7, 43, 290, 347, 459, **462**, 464, 466, 479, 490, 493, 494, 498, 500, 543

環境教育 environmental education 260, 262, 452, 490, 528

環境保全活動・環境教育推進法（環境の保全のための意欲の増進及び環境教育の推進に関する法律） 490, 529

環境教育等促進法（環境教育等による環境保全の取組の促進に関する法律） 490

環境共存の社会学 sociology of environmental co-existence 15

環境クズネッツ仮説 Environmental Kuznets Curve 141

環境クズネッツ曲線（EKC, 逆 U 字型曲線） Environmental Kuznets Curve (inverted U-shaped curve) 55, 590

環境経営 environmental management 324, **426**

環境経済統合勘定（SEEA） System of integrated Environmental and Economic Accounting: 46, 48

環境権（環境に対する権利） environmental rights 6, 22, 186, 530, 568, 649, 651, 670

環境公正 environmental fairness 129

環境効率性 environmental efficiency/eco-efficiency **432**, 467, 590

環境コミュニケーション environmental communication 438

環境支払 payment for environmental serrices 286

環境十全性 environmental integrity 361

環境収容力 carrying capacity 292

環境省 Ministry of the Environment 193, 346, 460, 470

環境省設置法 346

環境人種差別 environmental racism 660

環境税 environmental tax 2, 73, 74, 184, 189, 366, 422, 440, 484, 505, 604, 637, 647

環境正義 environmental justice 15, 129, **660**

環境政策史 environmental policy history 461

環境政策統合（EPI） Environmental Policy Integration 502, 504

環境税制改革（ETR） Environmental / Ecological Tax Reform **74**, 185, 211, 605

環境損害責任指令（環境損害の未然防止及び修復についての環境責任に関する欧州議会及び理事会指令） Environmental Liability Directive 42, 511

「環境措置と国際貿易」作業部会（EMIT） Group on Environmental Measures and International Trade 86

環境ダンピング environmental dumping 588

環境庁 Environmental Agency 346, 460, 470, 478, 500, 512

環境的公正論（環境正義論） environmental justice theory 15

環境と開発に関する世界委員会（ブルントラント委員会） World Commission on Environment and Development 44, 50, 507

環境に対する権利（環境権） right to the environment 6, 22, 186, 530, 568, 649, 651, 670

環境に配慮する消費者（グリーン・コンシューマー） green consumers 610

環境認証 environmental (green) certification 221, **258**, 287

環境のための最良の慣行（BEP） Best Environmental Practices 566

環境配慮製品 environmentally friendly product 324

環境配慮設計（DfE） Design for Environment 307, 312, 322, **324**

環境配慮促進法（環境情報の提供の促進等による特定事業者等の環境に配慮した事業活動の促進に関する法律） 486

『環境白書』 *Quality of Environment of Japan/ Environmental White Paper* 478

環境パフォーマンス評価 Environmental Performance Evaluation 438

環境評価 environmental valuation 3, 33, 35, 321, 409, 412, 416, 419, 422

——手法 environmental valuation methods 412, 416, 584, 612

環境負荷（環境への負荷） environmental burden 80, 154

環境負荷物質 substance of concern 80

環境物品協定 Environmental Goods Agreement 87

環境便益指数（EBI） Environmental Benefit Index 256

環境報告書 environmental report 428, 486

環境方針 environmental policy 426

環境保全型農業 environmentally-friendly agriculture **286**

環境ホルモン（内分泌かく乱物質） endocrine disruptor 150

環境マネジメントシステム（制度）（EMS） Environmental Management System 426, **438**, 493

環境問題の社会学 sociology of environmental issues 15

環境ラベル, 環境ラベリング（エコラベル） environmental labeling 67, 258, 438, **610**

環境リスク environmental risk 38, 111, 466, 576, 638

カンクン合意 Cancun Agreements 164, 169, 171, 178, 180, 344

韓国原子力安全委員会（NSSC） Nuclear Safety and Security Commission 477

韓国政府環境部(ME) Ministry of Environnment 477

監視費用 monitoring cost 316

関税及び貿易に関する一般協定（GATT） General Agreement on Tariffs and Trade 86

感染症法（感染症の予防及び感染症の患者に対する医療に関する法律） 151

乾燥指数 aridity index 562

環太平洋パートナーシップ協定（TPP協定） Trans-Pacific Partnership agreement 87

環日本海環境協力センター（NPEC） Northwest Pacific Region Environmental Cooperation Center 542

感応性 saliency 418

ガンの村（癌症村） cancer village 144

間伐 thinning 282

干ばつ drought 563

ガンマ割引率 gamma discount rate 575

緩和（⇔適応） mitigation（⇔ adaptation） 161, 162, 370

キアン・シー号 Khian Sea waste disposal incident 132

ギガトン・ギャップ giga-ton gap 165

幾何ブラウン運動 geometric Brownian motion 575

キガリ改正 Kigali Amendment to the Montreal Protocol on Substances that Deplete the Ozone Layer 202, 213, 547

危機遺産リスト The List of World Heritage in Danger 559

企業の社会的責任（CSR） Corporate Social Responsibility 148, 263, 428, 432, **434**, 513, 526, 529, 609, 635

CSR報告書 Corporate Social Responsibility Report 428, 527

危険→リスク

——回避 risk aversion 41

——中立的 risk neutral 41

危険有害物 hazardous materials 317

気候感度 climate sensitivity 159

気候工学 climate engineering **190**

気候行動計画 Climate Action Plan 203

気候行動ネットワーク（CAN） Climate Action Network 538, 541

気候難民 climate refugees 13, 519

気候安全保障 climate security 518

気候変動 climate change 9, 10, 27, 89, 91, 160, 163, 166, 170, 176, 178, 182, 192, 194, 203, 204, 206, 212, 214, 346, 355, 376, 493, 506, 514, 518, 522, 538, 544, 547, 581

気候変動政策 climate change policy 27, 73, 347

気候変動に関する政府間パネル（IPCC）Intergovernmental Panel on Climate Change 9, 52, 138, 159, 163, **166**, 168, 172, 180, 192, 194, 246, 350, 356, 522, 539, 614

——インベントリータスクフォース（TFI）Task Force on National Greenhouse Gas Inventories 166

——第 3 次評価報告書（TAR）IPCC 3rd Assessment Report: Climate Change 2001 167

——第 4 次評価報告書（AR4）IPCC 4rh Assessment Report: Climate Change 2007 167

——第 5 次評価報告書（AR5）IPCC 5th Assessment Report 163, 165, 167, 214

——評価報告書 IPCC Assessment Report Climate change 214

気候変動の影響への適応計画 National Plan for Adaptation to the Impacts of Climate Change 215

気候変動の緩和策→温暖化対策

気候変動への適応策 adaptation to climate change/climate change adaptation **163**, 182

気候変動枠組条約締約国会議（COP）Conference of the Parties to the UNFCCC

——第 1 回締約国会議（COP1）The 1st Conference of the Parties to the UNFCCC 169, 170

——第 3 回締約国会議（COP3, 京都会議）The 3rd Conference of the Parties to the UNFCCC 73, 139, 170, 356, 547

——第 7 回締約国会議（COP7）The 7th Conference of the Parties to the UNFCCC 171

——第 11 回締約国会議（COP11）The 11th Conference of the Parties to the UNFCCC 171, 180

——第 13 回締約国会議（COP13）The 13th Conference of the Parties to the UNFCCC 169, 180

——第 15 回締約国会議（COP15, コペンハーゲン会議）The 15th Conference of the Parties to the UNFCCC 164, 169, 171, 178, 540

——第 16 回締約国会議（COP16, カンクン会議）The 16th Conference of the Parties to the UNFCCC 164, 169, 171, 179, 180

——第 17 回締約国会議（COP17）The 17th Conference of the Parties to the UNFCCC 165, 169, 171

——第 18 回締約国会議（COP18）The 18th Conference of the Parties to the UNFCCC 171

——第 19 回締約国会議（COP19）The 19th Conference of the Parties to the UNFCCC 173, 180

——第 20 回締約国会議（COP20）The 20th Conference of the Parties to the UNFCCC 539

——第 21 回締約国会議（COP21, パリ会議）The 21th Conference of the Parties to the UNFCCC 164, 169, 171, 176, 179, 180, 198, 465, 531, 539, 547

疑似実験（QE）Quasi Experiment 420

擬似実験アプローチ quasi-experimental approach 411

疑似験手法 quasi-experimental methods 593

技術移転 technology transfer 395

技術革新 technological innovation 440, 449, 592, 627, 658

技術協力 technical (technological) cooperation 534

技術効果　technique effect　54, 84, 588

技術集約型産業　technology intensive industry　56

技術報告書（TR）　Technical Report　430

基数的効用　cardinal utility　23

規制改革　regulatory reform　376

規制的手法（コマンド・アンド・コントロール，直接規制）　command and control/ regulatory measures/approach　8, 21, 64, 91, 206, 283, 362, 366, 462, 480, 486, 492, 494, 496, 608

規制引き下げ競争　regulatory race to the bottom　588

規制評価　regulatory review　613

期待効用理論　expected utility theory　28, 580

期待消費者余剰（ECS）　Expected Consumer Surplus　37

期待費用　expected cost　616

北九州国際技術協力協会（KITA）　Kitakyushu International Techno-cooperative Association　542

揮発性有機化合物（VOC）　Volatile Organic Compounds　110, 488, 495, 544

揮発性有機化合物（VOC）の排出またはその越境移動の規制に関する議定書　Protocol concerning the Control of Emissions of Volatile Organic Compounds or their Transboundary Fluxes　544

揮発油税　Gasoline tax　81

規模効果　scale effect　84, 588

規模の経済性　economy of scale　376

逆オークション　reverse auction　256, 499

逆選択　adverse selection　379

逆 U 字型曲線→環境クズネッツ曲線

逆有償取引　reversely onerous transaction　310

キャップ・アンド・トレード　cap and trade　74, 186, 291, 371, 481

吸収源 CDM　Afforestation and Reforestation Projects under the Clean Development Mechanism　557

供給関数均衡　supply function equilibrium　374

供給・使用表　supply and use tables　327

供給信頼度　reliability　390

競合性　rivalry　244, 655

行政指導　administrative guidance　481

匡正的正義（矯正的正義）　corrective justice　26

強制デポジット制度　mandatory deposit-refund system　**316**

行政命令　administrative order　481

強制保険　mandatory insurance　617

競争均衡　competitive equilibrium　20

競争市場　competitive market　4, 302, 374

競争力チャンネル　competitiveness channel　188

協治　collaborative governance　61

共通社会経済シナリオ（SSPs）　Shared Socio-economic Pathways　195

共通だが差異ある責任（CBDR 原則）　Common but Differentiated Responsibilities　43, 139, 169, 177, 178, 208

共通の安全保障　common security　518

共通農業政策（CAP）　Common Agricultural Policy　287

共同実施　Joint Implementation　174

共同所有　common ownership　244

共同不法行為　joint tort　107

京都議定書　Kyoto Protocol　43, 73, 138, 168, **170**, 172, 174, 176, 178, 182, 186, 198, 202, 206, 208, 212, 343, 356, 464, 493, 515, 537, 547, 557, 614

京都議定書締約国会合（CMP）　Conference of the Parties Serving as the meeting of the Parties to the Kyoto Protocol

　　——第 1 回締約国会合（CMP1）　The 1st Conference of the Parties serving the meeting of the Parties to the Kyoto Protocol　170

　　——第 5 回締約国会合（CMP5）　The 5th Conference of the Parties serving the meeting of the Parties to the Kyoto Protocol 171

——第 8 回締約国会合（CMP8） The 8th Conference of the Parties serving the meeting of the Parties to the Kyoto Protocol 171

京都議定書の下での附属書 I 国の更なる約束に関する特別作業部会（AWG-KP） Ad Hoc Working Group on Further Commitments for Annex I Parties under the Kyoto Protocol 171

京都議定書目標達成計画 Kyoto Protocol Target Achievement Plan 343

京都メカニズム Kyoto mechanisms 73, 138, 170, **174**

共有価値の創造（CSV） Creating Shared Value 435

共有区域での在来資源管理プログラム （CAMPFIRE） Zimbabwe's Communal Areas Management Program For Indigenous Resources 77

共有資源（CPR） Common Pool Resource 4, 89, 244, 281, 293, 419, 582, 656

共有制 common property regime 656

共有地の悲劇 tragedy of the commons 4, 58, 244, 281, 293, **582**, 656

協力解 cooperative solution 583

漁獲可能量(TAC) Total Allowable Catch 293, 294

漁獲割当て（個別漁獲割当）(IQ) Individual Quota 294

極海コード Polar Code 551

均衡価格決定モデル equilibrium price model 78

均衡生産量決定モデル equilibrium output model 78

空間ヘドニック法 spatial hedonic approach 411

空気浄化税 fresh air rate 634

グッズ（⇔バッズ） goods (⇔ bads) **308**, 326

国別フットプリント勘定（NFA） National Footprint Accounts 453

クボタショック Kubota-Shock 113, 114

クライメート・ジャスティス climate justice 165

グランドファザリング(無償割当) grandfathering 72, 187

グリーン GDP Green GDP **48**, 51

繰り返しゲーム repeated game 84, 281

クリティカル・ピーク・プライシング（CPP） Critical Peak Pricing 379, 380

クリティカル・ピーク・リベート（CPR） Critical Peak Rebate 380

クリーナープロダクション cleaner production 324

グリーン NNP Green Net National Product 48

クリーン・エア・アクト→大気浄化法

クリーンエネルギー Clean Energy 202

クリーン開発と気候のためのアジア太平洋パートナーシップ（APP） Asia-Pacific Partnership on Clean Development and Climate 202

クリーン開発メカニズム（CDM） Clean Development Mechanism 139, 170, 172, 174, 177, 182, 186, 212, 344, 557

グリーン化税制 Green Tax System 365

グリーン・グッズ green goods 610

グリーン経済 green economy 502

グリーン・コンシューマー （環境に配慮する消費者） green consumers 610

グリーン証書（TGC） Tradable Green Certificate 386

グリーンパラドックス green paradox **598**

クリーン・パワー・プラン（CPP） Clean Power Plan 203

グリーンピース Greenpeace 538

グリーンビルディング green building 273

グローバルアクションプログラム（GAP） Global Action Program 529

グローバルメタンイニシアティブ（GMI）
Global Methane Initiative　203

グローバル・ガバナンス　Global Governance
40, 540

グローバルグリーンズ　Global Greens　539

グローバル・コンパクト　Global Compact
435, 526

グローバル・ストラテジー（世界遺産リスト
における不均衡の是正及び代表性・信頼
性確保のためのグローバル・ストラテジ
ー）　The Global Strategy for a
Representative, Balanced, and Credible
World Heritage List　559

グローバル・フットプリント・ネットワーク
（GNF）　Global Footprint Network　453

グローバル・ヘクタール　global hectare,
gha　452

グローバルメカニズム（GM）　Global
Mechanism　563

グローバル・レポーティング・イニシアチブ
（GRI）　Global Reporting Initiative　148,
427, 428, 435

クロロ・フルオロカーボン（フロン）（CFC）
chlorofluorocarbon　136, 546

景観　landscape　560

景観計画　landscape planning　560

景観マネジメント　landscape management
561

景観法　488, 561

経済開発協力機構（OECD）　Organization
for Economic Cooperation and Development
2, 42, 46, 51, 121, 322, 328, 330, 344, 350,
382, 404, 447, 449, 460, 467, 468, 503, 544,
564, 602, 608

『経済学および課税の原理』　*On the Principles
of Political Economy and Taxation*　625

経済厚生尺度（MEW）　Measures of Economic
Welfare　48

経済財（⇔自由財）　economic good（⇔ free
good）　655

経済産業省　Ministry of Economy, Trade and
Industry　193

経済成長　economic growth　44, 48, 50, **54**,
141, 304, 450, 592, 627, 639, 648, 654, 658,
671

経済的，社会的および文化的権利に関する国
際規約（社会権規約，ICESCR）
International Covenant on Economic,
Social and Cultural Rights　531

経済的手段（経済的措置）　economic
instrument/economic measures　64,
163, 362, 366, 486, 608

経済的損失　economic loss　623

経済（的）評価　economic valuation　167,
408, 422, 623

経済的福祉　economic welfare　23, 648

経済連携協定（EPA）　Economic Partnership
Agreement　87

傾斜生産方式　priority production system
342

系統学的多様度　index of phylogenetic
diversity　586

系統連系　grid integration　391

軽油引取税　light oil delivery tax　81

ゲーム理論　game theory　**88**

権威主義体制　authoritarian regime　141

原因者負担原則（PPP）　Polluter Pays
Principle　6, 43

限界受入意思額（MWTA）　Marginal Willingness
To Accept　18

限界外部費用（MEC）　Marginal External
Cost　65, 606

限界削減費用（MAC）　Marginal Abatement
Cost　19, 30, 186, 196, 397

――曲線　Marginal Abatement Cost curve
196

限界支払意思額（MWTP）　Marginal Willingness
to Pay　18, 417

限界内部性　marginal internalities　595

限界費用（MC）　marginal cost　391, 616

限界便益（MB）　marginal benefit　65, 606,

616

『限界を超えて』 *Beyond the Limits: Global Collapse or a Sustainable Future* 639

厳格責任ルール strict liability 616

研究開発（R&D） Research and Development 57, 363, 440, 451

健康リスク health risk 638

減災 disaster risk reduction 153

顕示性バイアス salience bias 594

顕示選好法 revealed preference method 3, 47, 409, 414

原子放射線の影響に関する国連科学委員会（UNSCEAR） United Nations Scientific Committee on the Effects of Atomic Radiation 146

原子力安全に関するウィーン宣言 Vienna Declaration on Nuclear Safety 405

原子力機関（NEA） Nuclear Energy Agency 404

原子力規制委員会 Nuclear Regulatory Authority 343

原子力規制局（ONR） Office for Nuclear Regulation 474

原子力事故の早期通報に関する条約 Convention on Early Notification of a Nuclear Accident 404

原子力事故の損害賠償 civil liability for nuclear damage 404

原子力事故又は放射線緊急事態の場合における援助に関する条約 Convention on Assistance in the case of a Nuclear Accident or Radiological Emergency 404

原子力セキュリティ nuclear security 404

原子力損害の補完的な補償に関する条約（CSC） Convention on Supplementary Compensation for Nuclear Damage 405, 510

原子力損害賠償・廃炉等支援機構法 Nuclear Damage Compensation Facilitation Corporation Act 400

原子力損害賠償制度 compensation system for nuclear damage 400

原子力損害賠償紛争審査会 Dispute Reconciliation Committee for Nuclear Damage Compensation 401

原子力の安全 nuclear safety 404

原子力の安全に関する条約（CNS） Convention on Nuclear Safety 404

原子力発電所 nuclear power station 334, 400, 404

言説分析 discourse analysis 13

建設リサイクル法（建設工事に係る資材の再資源化等に関する法律） 314

建築基準法 488

建築物省エネ法（建築物のエネルギー消費性能の向上に関する法律） 206, 369

顕著な普遍的価値（OUV） Outstanding Universal Value 559

原賠法（原子力損害の賠償に関する法律） 400

権利の分配・再分配 distribution/redistribution of right 651

源流対策 source reduction 467

公益的法人等への一般職の地方公務員の派遣等に関する法律 543

公害 kogai/environmental pollution 3, 14, 43, 90, 94, 112, 128, 140, 336, 342, 346, 460, 480, 492, 494, 504, 506, 512, 630, 641, 642, 650, 670

公害（・環境問題）の社会学 sociology of pollution (and environmental) problem 15

公海漁業協定（分布範囲が排他的経済水域の内外に存在する魚類資源（ストラドリング魚類資源）及び高度回遊性魚類資源の保存及び管理に関する1982年12月10日の海洋法に関する国際連合条約の規定の実施のための協定） United Nations Fish Stocks Agreement 264

公害健康被害補償法（公害健康被害の補償等に関する法律） 100, 107, 122, 468

公害国会 Japan's Pollution Diet of 1970 512

公害対策基本法　458, 460, **462**, 464, 471, 478

公害被害　pollution damage　622, 628

公害防止協定　pollution control agreement　4, 64, 105, 358, 484, 488, 492

公害防止計画　Regional Environmental Pollution Control Program　478

公害防止事業費事業者負担法　42, 105, 336, 468

鉱害問題　mine pollution problem　666

公害輸出　pollution export　115, **128**, 337, 660

交換価値　value in exchange　629

公共事業による環境破壊　environmental degradation by public works　60, **124**

公共の福祉　public good　626

合計特殊出生率　total fertility rate　58

耕作可能湿地プログラム（FWP）　Farmable Wetland Program　257

工場残材　industrial process residues　301

『厚生経済学』　*welfare economics*　636

厚生経済学　welfare economics　22, 30, 636, **648**

厚生経済学の基本定理　fundamental theorem of welfare economics　20, 303, 372

厚生主義　welfarism　26

構造規制　structural regulation　375

構造効果　composition effect　84, 588

構造推定　structural estimation　600

構造調整プログラム（SAP）　Structural Adjustment Program　242

交通渋滞の基本法則　Fundamental Law of Road Congestion　618

公的所有　public property　244

後発発展途上国基金（LDCF）　Least Developed Country Fund　178

鉱物資源　mineral resources　551

衡平　equity　**22**, 26, 30, 649

衡平利用　equitable use　554

合法取引　legal trade　229

公有水面埋立法　500

効用　utility　20, 23, 26, 28, 30, 418, 580, 584

——価値　utility value　629

——可能性フロンティア　utility possibility frontier　30

——変化に対する符号保存性　sign-preserving of change in utility　37

功利主義　utilitarianism　26, 573

効率性　efficiency　18, 22, 24, 30, 444, 590, 648

高レベル放射性廃棄物　high-level radioactive waste　334

港湾法　500

国外外来種　foreign alien species　226

国際アグリバイオ事業団（ISAAA）　International Service for the Acquisition of Agri-biotech Applications　275

国際エコロジー経済学会　International Society for Ecological Economics　654

国際エネルギー機関（IEA）　International Energy Agency　344, 350, 354, 390

国際海事機関（IMO）　International Maritime Organization　198, 551

国際化学物質管理会議（ICCM）　International Conference on Chemicals Management　565

国際環境技術移転センター（ICETT）　International Center for Environmental Technology Transfer　542

国際慣習法　customary international law　404, 554

国際希少野生動植物種　internationally endangered species of wild fauna and flora　229

国際協力機構（JICA）　Japan International Cooperation Agency　534, 542

国際協力銀行（JBIC）　Japan Bank for International Cooperation　534

国際原子力・放射線事象評価尺度（INES）　International Nuclear and Radiological Event Scale　146

国際原子力機関（IAEA）　International

Atomic Energy Agency 146, 354, 404

国際湖沼環境委員会（ILEC） International Lake Environment Committee Foundation 542

国際再生可能エネルギー機関（IRENA） International Renewable Energy Agency 354, 383

国際資源パネル（IRP） International Resource Panel 307, 523

国際自然保護連合（IUCN） International Union for Conservation of Nature 219, 224, 226, 238, 538, 540

国際省エネルギー協力パートナーシップ（IPEEC） International Partnership for Energy Efficiency Cooperation 354

国際人権法 international human rights law 554

国際水路 international watercourses 554

国際水路の非航行的利用の法に関する条約 Convention on the Law of the Non-Navigational Uses of International Watercourses 555

国際水路法 law of international watercourses 554

国際地球観測年 International Geophysical Year 136

国際通貨基金（IMF） International Monetary Fund 47, 242, 523

国際的な化学物質管理のための戦略的アプローチ（SAICM） Strategic Approach to International Chemicals Management 565

国際電気通信連合（ITU） International Telecommunication Union 553

国際熱帯木材機関（ITTO） International Tropical Timber Organization 557

国際熱帯木材協定（ITTA） International Tropical Timber Agreement 232

国際農業開発基金（IFAD） International Fund for Agricultural Development 563

国際バンカー油 international bunker fuels 198

国際標準化機構（ISO） International Organization for Standardization 66, 85, 427, 430, 435, 438, 487, 553, 610

国際捕鯨取締条約 International Convention for the Regulation of Whaling 232

国際民間航空機関（ICAO） International Civil Aviation Organization 198, 365

国際林業資源制度機関（IFRI） International Forestry Resources and Institutions 657

国際連合（国連 , UN） United Nations 254

国際労働機関（ILO） International Labour Organization 526

国際科学会議（ICSU） International Council for Science 552

国土強靭化基本法（強くしなやかな国民生活の実現を図るための防災・減災等に資する国土強靭化基本法） 125

国土形成計画法 124

国内外来種 domestic alien species 226

国内総生産（GDP） Gross Domestic Product 18, 45, 46, 48, 51, 54, 78, 196, 204, 208, 211, 286, 304, 340, 357, 423, 591, 604

『国富論』 An Inquiry into the Nature and Causes of the Wealth of Nations 625

国民経済計算（SNA） System of National Accounts 46, 78

国民純生産（NNP） Net National Product 48

国民総生産（GNP） Gross National Product 279

宇宙航空研究開発機構（JAXA） Japan Aerospace Exploration Agency 553

国立公園（NP） National Park 238, 260, 298

国連宇宙空間平和利用委員会（COPUOS） Committee On the Peaceful Uses Of Outer Space 552

国連欧州経済委員会（UNECE） United Nations Economic Commission for Europe 554, 568

事項索引　745

国連開発計画（UNDP）United Nations Development Programme　246, 329, 523, 663

国連海洋法条約（UNCLOS, 海洋法に関する国際連合条約）United Nations Convention on the Law Of the Sea　264, 551, 548

国連環境開発会議（UNCED, 地球サミット，リオ・サミット）United Nations Conference on Environment and Development（Earth Summit）　13, 44, 121, 124, 139, 168, 260, 448, 454, 458, 462, 502, 504, 507, 520, 528, 536, 540, 556, 562, 663

国連環境計画（UNEP）United Nations Environment Program　137, 166, 169, 246, 307, 329, 330, 460, 520, 522, 536, 566, 569

国連気候変動枠組条約（UNFCCC, 気候変動に関する国連枠組条約）United Nations Framework Convention on Climate Change　43, 73, 138, 164, 166, **168**, 170, 176, 178, 180, 182, 198, 202, 208, 212, 267, 355, 460, 523, 547, 556, 563

国連教育科学文化機関（ユネスコ, UNESCO）United Nations Educational, Scientific and Cultural Organization　246, 529, 558

国連グローバル・コンパクト（UNGC）United Nations Global Compact　**552**

国連公海漁業協定（分布範囲が排他的経済水域の内外に存在する魚類資源〈ストラドリング魚類資源〉及び高度回遊性魚類資源の保存及び管理に関する千九百八十二年十二月十日の海洋法に関する国際連合条約の規定の実施のための協定）Agreement Relating to the Conservation and Management of Straddling Fish Stocks and Highly Migratory Fish Stocks　232

国連持続可能な開発会議（UNCSD, リオ＋20）United Nations Conference on Sustainable Development　502, 524, 663

国連持続可能な開発のための教育の10年 UN Decade of Education for Sustainable Development　528

国連食糧農業機関（FAO）Food Agriculture Organization　246, 264, 280, 284, 292, 556

国連人権委員会（UNCHR）United Nations Commission on Human Rights　531

国連人権高等弁務官事務所（OHCHR）Office of the United Nations High Commissioner for Human Rights　531

国連人権理事会（UNHRC）United Nations Human Rights Council　531

国連森林フォーラム（UNFF）United Nations Forum on Forests　556

国連人間環境会議 United Nations Conference on the Human Environment　137, 536, 540, 558

小坂鉱山　Kosaka Mine　94

コジェネレーション（熱電併給）combined heat and power　370, 383, 390

個人合理性　individual rationality　378

コースの定理　Coase theorem　3, 72, 77, 90, 186, 642, 645, 649, 650

互性　reciprocity　665

国家環境政策法（NEPA）National Environmental Policy Act　475, 500

国家行政組織法　474

国家持続可能な開発戦略　National Strategy for Sustainable Development　503

国家責任条文（国際違法行為の国家責任条文）Responsibility of States for Internationally Wrongful Acts　536

国家戦略会議　National Strategy Council　357

国境調整措置　border adjustment　85, 189

固定価格買取制度（FIT）Feed-In-Tariff　210, 377, 385, 386, 388

固定発生源　stationary-source　143, 358

古典派経済学　classical economics　622

個別漁獲割当（漁獲割当て）（IQ）Individual Quota　293, 294

個別生産者責任（IPR）Individual Producer Responsibility　322

コペンハーゲン合意（アコード）Copenhagen Accord　169, 171, 206

コマンド・アンド・コントロール（規制的手法，直接規制）command-and-control　8, 21, 64, 91, 206, 283, 362, 366, 462, 480, 486, 492, 494, 496, 608

ゴーマンパラドックス　Gorman paradox　31

コミュニティ・地方自治省（DCLG）Department for Communities and Local Government　474

コミュニティ・ベースド・マネジメント　community based management　297

コモンズ　commons　13, 58, 244, 289, 624, 626, 656, 673

――の悲劇（共有地の悲劇）tragedy of the commons　4, 58, 244, 281, 293, **582**, 656

保存協会　Commons Preservation Society　627

コモンズ論　theory of the commons　16, 673

コモン・プール資源（CPRs）Common-Pool Resources　61, 656

固有価値　intrinsic value　629

孤立系　isolated system　348

混合相補問題（MCP）Mixed Complementarity Problem　53

混合ロジットモデル　mixed logit model　585

混雑課税　congestion pricing　618

混雑現象　congestion　672

混雑費用　congestion cost　373

コンジョイント分析　conjoint analysis　321, 416

コンパクトシティ　compact city　155

■さ

最安価費用回避者　cheapest cost avoider　91

災害環境　disaster risk environment　152

災害弱者　vulnerable people　153

再現性　replicability　421

財産権（所有権）property right　4, 21, 22, 56, 70, 76, 186, 244, 626, 649, 651

再資源化　recycling　314, 316, 326

最終エネルギー消費　final energy consumption　340

最終需要　final demand　78

最小資産規制　minimum asset requirements　617

再生可能エネルギー（RE）Renewable Energy　207, 210, 340, 343, 349, 351, 354, 370, 377, 380, 382, 384, 386, 388, 390, 394, 598

再生可能エネルギー利用割合基準（RPS）制度　renewable portfolio standard　343, 386, 389, 211

再生可能資源（⇔非再生資源）renewable resource（⇔non-renewable resources）4, 56, 58, 278, 280, 292, 350

再造林放棄　reforestation abandonment　285

最速枯渇均衡　most rapid extinction equilibrium　583

最大経済生産量（MEY）Maximum Economic Yield　292

最大削減費用法　maximum abatement cost method　433

最大持続（可能）収穫量（MSY）Maximum Sustainable Yield　264, 279, 292

最低エネルギー消費効率基準（MEPS）Minimum Energy Performance Standards　369

最適資本蓄積論　dynamic optimum capital accumulation theory　672

最適伐期齢　optimal rotation age / optimal harvest age　282

債務・環境スワップ　Debt-for-Nature Swap　243

在来種　native species　226

作業指針（世界遺産条約履行のための作業指針）Operational Guidelines for the

Implementation of the World Heritage Convention 558

削減ポテンシャル reduction potentials 363

差止め injunction 106

座礁資産 stranded asset 165, 179

サステイナブルツーリズム sustainable tourism 260

サステナビリティ報告 sustainability reporting 427

里海 satoumi 295

里地 satochi, satoyama landscape **262**

里地里山法（地域における多様な主体の連携による生物の多様性の保全のための活動の促進等に関する法律） 263

里山 satoyama **262**

砂漠化 desertification 540, 562

砂漠化対処条約（深刻な干ばつ又は砂漠化に直面する国（特にアフリカの国）において砂漠化に対処するための国際連合条約）（UNCCD） United Nations Convention to Combat Desertification in Those Countries Experiencing Serious Drought and/or Desertification, Particularly in Africa 523, 540, 563

砂漠化・土地荒廃・干ばつ（DLDD） Desertification, Land Degradation and Drought 562

サブサハラ・アフリカ Sub-Saharan Africa 58

差分の差分法 difference-in-differences 411, 612

参加型管理 participatory management 232

参加権 participation right 568

産業エコロジー（IE） Industrial Ecology 328

産業系非政府組織（BINGO） Business and Industry NGO 538

産業廃棄物 industrial waste 116, 132, 306, 310, 322, 484, 549

産業廃棄物課税（産廃税） industrial waste tax 485, 505

産業メタボリズム論 industrial metabolism 16

産業連関表（IOT） Input-Output Table 47, 78, 326, 431

産業連関分析 input output analysis **78**, 201, 326, 431

サンゴの移植 coral transplantation 269

サン・サルバドル議定書 Additional Protocol to the American Convention on Human Rights in the area of Economic, Social, and Cultural Rights / Protocol of San Salvador 530

酸性雨 acid rain 38, 73, 136, 186, 358, 462, 544

酸性雨プログラム acid rain program 359

酸性化 acidification 136

酸性化・富栄養化・地上レベルオゾンの包括的な低減に関するゴーテベルグ議定書 1999 Protocol to Abate Acidification, Eutrophication and Ground-level Ozone to the Convention on Long-range Transboundary Air Pollution 544

酸性降下物法 The Acid Precipitation Act 544

残余供給指数 residual supply index 375

三陸復興国立公園 Sanriku Fukko National Park 499

残留性有機汚染物質（POPs） Persistent Organic Pollutants 523, 550, 565, 566

ジェヴォンズの逆説 Jevons paradox 632

ジェニュイン・インベストメント genuine investment 279

ジェニュイン・セイビング genuine saving 49, 305, 303

シェールオイル（タイトオイル） shale oil (tight oil) 352

シェール革命 shale revolution **352**

シェールガス shale gas 352

ジェンダー gender 533, **662**

『ジェンダー』 *gender* 669

支援的手法　supportive measures　**490**

ジオエンジニアリング　geoengineering　190

市街地土壌汚染　soil contamination in urban area　110

時間選好率　rate of time preference　25, 575

時間帯別料金（TOU）　Time‐of‐Use Pricing　380

時間非整合性　time inconsistency　37, 575

直訴　direct appeal　666

事業評価　project evaluation　613

シグナリング　signaling　611

時系列分析　time series analysis　**590**

資源効率性（RE）　Resource Efficiency　307, 329

資源主義　resourcism　26

資源生産性（RP）　Resource Productivity　307, 329, 465

資源の希少性　scarcity of resources　278

資源有効利用促進法（資源の有効な利用の促進に関する法律）　311, 325

事故回避努力　care level　616

自国が決定する貢献（NDC）　Nationally Determined Contribution　173

自国が決定する貢献案（約束草案）（INDC）　Intended Nationally Determined Contribution　173, 465

自国の削減目標　naionally determined contribution　176

自己選択バイアス　selection bias　421

資産制約　asset constraint　66

自主的手法→ボランタリーアプローチ

自主的取組み（行動）　voluntary actions/voluntary measures　8, 64, 175, 206, 363, 369, 384, 435, 462, 488, 495

市場規模効果　market size effect　593

市場均衡条件　market clearing condition　53

市場支配力　market power　374

市場の失敗　market failure　18, 20, 68, 293, 372, 448, 636

市場メカニズム　market mechanism　21, 68, 176, 186, 220, 289, 608

私生活および家族生活が尊重される権利　right to respect for private and family life　530

自然環境保全法　233, **458**, 462, 559

自然共生社会　society in harmony with nature　270, 498

自然公園（法）　natural park　233, 298, 488, 559

自然災害　natural disaster　152

自然再生　nature restoration　491

自然再生推進法　233, 488, 491

自然資源　Natural resources　4, 56, **76**, 88, 134, 140, 148, 242, 244, 258, 261, 280, 498, 672

自然資源損害評価　natural resource damage assessment　148

自然実験（NE）　Natural Experiment　420

自然資本　natural capital　45, 49, 58, 423, 672

自然資本プロトコル　natural capital protocol　423

自然生態系と人間社会系の相互作用　interactions amongst the social-ecological systems　294

事前通報・協議（義務）　an obligation of prior notification and consultation　404, 554

自然独占　natural monopoly　372

事前の情報に基づく同意（PIC）　Prior Informed Consent　230, 253, 564

次善（セカンドベスト）の理論　theory of the second best　82

自然フィールド実験（NFE）　Natural Field Experiment　**420**

自然への影響　impacts on natural systems　160

自然環境保全法　458

持続可能性　sustainability　5, 45, 48, **50**, 135, 279, 305, 383, 452, 528, 655, 673

——基準　sustainability criteria　385

——評価指標　Sustainability Indicator　452

持続可能性を目指す自治体協議会

（ICLEI/LGS） International Council for Local Environmental Initiatives/Local Governments for Sustainability 371, 539, 542

持続可能な開発（発展）（SD） Sustainable Development 4, 6, 44, 48, 50, 135, 139, 168, 208, 346, 448, 458, 463, 479, 502, 507, 525, 528, 530, 551, 654, 658

持続可能な開発に関する世界首脳会議（ヨハネスブルグサミット） World Summit on Sustainable Development 183, 525, 528, 562

持続可能な開発のための教育（ESD） Education for Sustainable Development 490, **528**

――活動支援センター ESD Resource Center of Japan 529

――に関する世界会議 World Conference on ESD 528

――に関する地域の拠点（RCE） Regional Centre of Expertise on ESD 529

持続可能な開発のための教育の 10 年推進会議（ESD-J） Japan Council to Promote UN Decade of Education for Sustainable Development 529

持続可能な開発のための経済人会議（BCSD ; WBCSD） （World）Business Council for Sustainable Development 432, 538

持続可能な開発（発展）目標（SDGs） Sustainable Development Goals 45, 50, 139, 154, 182, 251, 271, 345, 454, 502, 520, 524, 527, 529, 563, 663

持続可能な社会 sustainable society 61, 445, 463, 506, 508, 526, 528, 638, 662

持続可能な森林経営（SFM） Sustainable Forest Management 556

持続可能な生産と消費（SCP） Sustainable Consumption and Production 454

持続可能な都市 sustainable city 507

持続可能な発展（開発）（SD） Sustainable Development 4, 6, **44**, 48, 50, 135, 139,

168, 208, 346, 448, 454, 458, 463, 479, **502**, 507, 525, 528, 530, 551, 654, 658

持続可能なパーム油のための円卓会議（RSPO） Roundtable on Sustainable Palm Oil 258

持続可能な水資源の利用・流域開発 sustainable use of water resources and basin development 555

持続的利用 sustainable use 76, 296, 498

自治体 local government 318, 320, 358, 364, 370, 402, 492, 500, 504, 539, 543

自治体環境政策 local environmental policy 504

実験経済学 experimental economics 88, 415, 601

実験操作 manipulation 420

実験的生態系勘定（SEEA-EEA） System of Environmental-Economic Accounting - Experimental Ecosystem Accounting 48

実質的な炭素税（ECR） Effective Carbon Rate 602

私的財（⇔純粋公共財） private goods （⇔ pure public goods） 655

私的所有 private property 244

私的費用（⇔社会的費用） private costs （⇔ social costs） 21, 58, 602

自動車 NOx・PM 法（自動車から排出される窒素酸化物及び粒子状物質の特定地域における総量の削減等に関する特別措置法） 123, 359, 364

自動車公害 pollution by automobile **122**, 630

自動車排ガス汚染 automobile exhaust pollution 143

自動車排出ガス規制 vehicle emission control 122

自動車リサイクル法（使用済自動車の再資源化等に関する法律） 213, 307, 311, 314

自動デマンドレスポンス（ADR） Automated Demand Response 381

児童の権利に関する条約 United Nations

Convention on the Rights of the Child
531

シトフスキー・パラドックス Scitovsky paradox 24, 31

『自然真栄道』 *Jinennsinneidou* 665

支払意思額（WTP） Willingness To Pay 24, 32, 34, 291, 409, 414, 419, 424, 648

司法アクセス権 access to justice 568

死亡リスク mortality risk 424

資本アプローチ capital approach 49, 51

資本蓄積 capital accumulation 57

市民運動 civil citizens' movement 512

仕向地条項 destination clause 353

社会関係資本 social capital 17, 509, 657

社会厚生関数 social welfare function 24, 31

社会構築主義 social constructionism 514

社会資本整備重点計画法 124

社会生態系 social-ecological system 222

社会生態レジリエンス social-ecological resilience 222

社会生態生産ランドスケープ（SEPLS） Social-Ecological Production Landscape 262

社会生態モデル（SES） Social Ecological System 657

社会的インフラストラクチャー social infrastructure 672

社会的共通資本 social common capital 643, 651, **672**

社会的出費 social expense 643

社会的ジレンマ論 social dilemma theory 15

社会的責任投資（SRI） Socially Responsible Investment **436**, 609

社会的選択理論 social choice theory 31, 572

社会的費用（⇔私的費用） social costs （⇔private costs） 21, 58, 90, 321, 396, 602, 616, 642, 644, 651

社会的費用便益分析（SCBA） Social Cost Benefit Analysis **34**

弱分離可能性 weak separability 597

弱補完性 weak complementarity 413

シャドウ・プライス shadow price 49, 303

シャノン指数 Shannon diversity index 586

収穫逓減 diminishing returns 450

重金属議定書 the 1998 Protocol on Heavy Metals and its 2012 Amended Version 544

集合行為 collective action 61, 508

自由財（無償財）（⇔経済財） free good （⇔ economic good） 655

重債務貧困国（HIPC） Heavily Indebted Poor Countries 243

囚人のジレンマ prisoner's dilemma 89, 245, 293

重層的環境ガバナンス multi-level environmental governance 61

自由貿易協定（FTA） Free Trade Agreement 87

住民運動 local residents' movement 320, 512

収量係数 yield factor 452

受益圏・受苦圏論 theory of benefit-suffering structrare 15

受益者負担原則（BPP） beneficiary pay principle 221, 391

主観的期待効用理論 subjective expected utility theory 28

受託者責任 fiduciary duties 673

受動的利用価値（非利用価値） passive-use value（non-use value） 148

種の感受性分布（SSD） Species Sensitivity Distribution 150

種の保存委員会（SSC） Species Survival Commission 225

種の保存法（絶滅のおそれのある野生動植物の種の保存に関する法律） 124, 228, 233, 234, 499

狩猟法 234

準オプション価値 quasi option value 41, 577

循環型社会形成推進基本計画（FPSMCS）
Fundamental Plan for Establishing a
Sound Material Cycle Society 307, 329

循環型社会形成推進基本法 213, 307, 310,
314, 323, 467

循環経済 circular economy 307

循環利用率 resource circulation rate 307

純現在価値（NPV） Net Present Value 34

遵守 compliance 177

純粋公共財（⇔私的財） pure public goods
（⇔ private goods） 672

順応管理 adaptive management 499

順応的ガバナンス adaptive governance 61

順応的管理 adaptive management 294, 297

純便益 net benefit 34

省エネ法（エネルギーの使用の合理化等に関
する法律） 206, 343, 363, 365, 369, 481,
489

省エネルギー energy conservation 343,
344, 362, 364, 366, 368, 370, 446, 594

松花江 Songhua River 144

小規模分散型エネルギーシステム
distributed /small scale renewable energy
systems 505

条件付きロジットモデル conditional logit
model 585

使用済燃料管理及び放射性廃棄物管理の安全
に関する条約（JC） Joint Convention on
the Safety of Spent Fuel Management and
on the safety of Radioactive Waste
Management 404

譲渡可能個別漁獲割当（ITQ） Individual
Transferable Quota 281, 293, 294

譲渡不可能な財 non-transferable goods
634

消費基準 consumption-based 201

消費者教育推進法（消費者教育の推進に関す
る法律） 529

消費者余剰 consumer surplus 33, 372, 412

消費ベース排出量 consumption-based
emission 615

情報アクセス権 access to information 568

情報公開法（行政機関の保有する情報の公開
に関する法律） 124, 513

情報的手法 informative measures 8, 366,
486, 492

情報の非対称性 asymmetry of information
66, **606**, 610

静脈産業 venous industry 80

条約実施検討委員会（CRIC） The
Committee for the Review of the
Implementation of the Convention 563

条約法に関するウィーン条約 Vienna
Convention on the Law of Treaties 536

職業病 occupational disease **112**

食の安全 food safety 259

食品衛生法 150, 274

食品公害 food pollution 630

食品リサイクル法（食品循環資源の再生利用
等の促進に関する法律） 314

植物遺伝資源条約（食料農業植物遺伝資源国
際条約）（ITPGR） International Treaty
on Plant Genetic Resources for Food and
Agriculture 232

植物防疫法 151

食料安全保障 food security 161, 288

序数的効用 ordinal utility 23

女性による環境と開発機構（WEDO）
Weman's Environment Development
Organization 663

女性のアクション・アジェンダ21 Women's
Action Agenda 21 662

女性のエンパワーメント原則（WEPs）
Women's Empowerment Principles
527

除染 decontamination 334, 398, 401

所得効果 income effect 446

所得再分配政策 income redistribution policy
34

所有権（財産権） property right 4, 21, 22,
56, 70, 76, 186, 244, 626, 649, 651

飼料安全法（飼料の安全性の確保及び品質の

改善に関する法律）274

人権　human rights　526, 530, 634

新厚生経済学　new welfare economics　32, 648

『人口論』　*An Essay on the Principle of Population*　624

神社合祀政策　shrine merger policy　667

伸縮型関数形　flexible functional form　596

神通川　Jinzu River　104

真の不確実性　true uncertainty　41

じん肺　pneumoconiosis　336

シンプソン指数　Simpson's diversity index　586

森林環境税（水源保全税）　environmental forest tax　505

森林管理評議会（FSC）　Forest Stewardship Couneil　258, 267, 285, 557

森林減少・劣化からの排出の削減および森林保全，持続可能な森林経営，森林炭素蓄積の増強（REDD+）　Reducing Emissions from Deforestation and forest Degradation and the role of conservation, sustainable management of forests and enhancement of forest carbon stocks in developing countries　169, 172, **180**, 182, 267, 557

森林原則声明　The Declaration of Forest Principle　557

森林蓄積量　growing stock　300

森林認証制度　forest certification　283, 267, 285

人類世　the Anthropocene　518

水圧破砕　fracking (hydraulic fracturing)　352

水銀　mercury　98, 102, 497, 566

水銀汚染防止法（水銀による環境の汚染の防止に関する法律）　497

水銀に関する水俣条約　Minamata Convention on Mercury　101, 495, 497, 522, 537, 564, 566

水質汚染（水汚染）　water pollution　54, 144, 295, 336, 628, 646

水質汚濁防止法　8, 91, 110, 290, 467, 494

水質取引　water quality trading　291

水質保全法（公共用水域の水質の保全に関する法律）　475

垂直分離　vertical separation　375

水力発電　hydropower　342, 382, 393

スコープテスト　scope test　415

スターンレビュー　Stern Review　3, 164

ストック汚染　stock pollution　110

ストックホルム条約（POPs 条約，残留性有機汚染物質に関するストックホルム条約）　Stockholm Convention on Persistent Organic Pollutants　43, 150, 564, 566

ストックホルム人間環境宣言　Declaration of the United Nations Conference on the Human Environment / Stockholm Declaration　530

スーパーファンド法　Superfund　67, 148, 333, 511

スピルオーバー　spillover　450

スペースデブリ　space debris　552

スループット　throughput　654

生活環境主義　life environmentalism　16

正義　justice　12, 22, 26

政策決定者用要約（SPM）　Summary for Policymaker　167

政策統合　policy integration　351, 492, 502

生産可能性フロンティア（PPF）　Production-Possibility Frontier　283

生産者余剰　producer's surplus　372

生産性　productivity　58, 444, 450, 590, 592

生産性指数　productivity index　**444**

生産ベース排出量　production-based emission　614

生産要素　factors of production　592

脆弱性　vulnerability　153, 162

成層圏　stratosphere　136, 190, 546

清掃法　Public Cleaning Act　306, 314

生息・生育地サービス habitat service 220

生態系 ecosystem 160, 178, 190, 214, 218, 220, 222, 226, 232, 234, 249, 250, 258, 270, 272, 274, 294, 296, 349, 422, 452, 498, 518, 551, 578, 638, 654, 668

生態系サービス ecosystem services 214, 220, 222, 248, 250, 263, 267, 268, 272, 294, 422, 484

生態系サービスへの支払い（PES） Payment for Ecosystem Services **220**, 376, 423, 484, 499

生態系と生物多様性の経済学（TEEB） The Economics of Ecosystems and Biodiversity 240, 423

生態系被害防止外来生物 Invasive Alien Species threatening biodiversity,human health and /or economic development 226

生態系を活用した防災・減災（Eco-DRR） Ecosystem-based Disaster Risk Reduction 233, 270, 273

生態リスク ecological risk 638

『成長の限界』 *The Limits to Growth* 5, 44, 49, 55

成長モデル growth model 450

性的マイノリティー sexual minority 533

制度学派 institutional school 2, 641, 642, **650**

制度資本 institutional capital 672

制度派経済学 institutional economics 640

製品アセスメント product assessment 325

製品フロー分析（PFA） Product Flow Analysis 328

製品ライフサイクル product life cycle 610

政府開発援助（ODA） Official Development Assistance 344, 534, 542

生物化学的酸素要求量（BOD） Biochemical Oxygen Demand 290, 464

生化学的変換 biochemical conversion 301

生物経済学 bioeconomics 652

生物経済モデル bioeconomic model 292

生物多様性 biodiversity 77, 173, 180, 214, **218**, 220, 226, 230, 234, 240, 246, 250, 258, 266, 268, 270, 274, 282, 422, 464, 498, 511, 586

生物多様性オフセット biodiversity offset 240, 499

生物多様性及び生態系サービスに関する政府間プラットフォーム（IPBES） Intergovernmental science-policy Platform on Biodiversity and Ecosystem Services 214, **246**

生物多様性基本法 234, 263, 465, 498

生物多様性国家戦略 National Biodiversity Strategy and Action Plan 214, 219, 230, 251, 270, 465, 498

生物多様性条約（CBD, 生物の多様性に関する条約） Convention on Biological Diversity 125, 214, 225, **230**, 232, 234, 251, 252, 254, 263, 267, 270, 498, 522, 551, 554, 556, 563

——第4回締約国会議（COP4） The 4th Conference of the Parties to the Convention on Biological Diversity 253

——第6回締約国会議（COP6） The 6th Conference of the Parties to the Convention on Biological Diversity 253

——第10回締約国会議（COP10） The 10th Conference of the Parties to the Convention on Biological Diversity 214, 238, 246, 250, 253, 263, 267, 269, 465

——第12回締約国会議（COP12） The 12th Conference of the Parties to the Convention on Biological Diversity 251

生物多様性地域連携促進法（地域における多様な主体の連携による生物の多様性の保全のための活動の促進等に関する法律） 491

生物多様性バンキング biodiversity banking 240

生物多様性保全プログラム biodiversity conservation program 419

生物農薬　biopesticide　639

生物兵器　biological weapon, bio-weapon, biological warfare, biological warfare agent, biological threat agent, bio-agent, bioterrorism agent　151

生命系　living system　668

世界遺産条約（世界の文化遺産及び自然遺産の保護に関する条約）Convention Concerning the Protection of the World Cultural and Natural Heritage　232, **558**, 559

世界遺産リスト　The World Heritage List　559

世界気象機関（WMO）　World Meteorological Organization　136, 166, 168, 522

世界銀行　World Bank　46, 48, 51, 178, 242, 523, **532**

世界自然保護基金（WWF）　World Wildlife Fund for Nature　243, 453, 538, 540

世界首長誓約　Global Covenant of Mayors for Climate and Energy　371

世界森林資源評価（FRA）　Global Forest Resources Assessment　280, 284

世界大都市気候先導グループ（C40）　The Large Cities Climate Leadership Group　539, 542

世界知的所有権機関（WIPO）　World Intellectual Property Organization　254

世界貿易機関（WTO）　World Trade Organization　39, 82, 86, 611

世界保健機関（WHO）　World Health Organization　122, 151

世界自然保護基金（WWF）　World Wide Fund for Nature　540

『石炭問題』 *Coal Question*　632

赤道原則　Equator Principles　241

責任投資原則（PRI）　Principles for Responsible Investment　436, 527

石油危機（オイルショック）　oil crisis　50, 54, 278, 340, 343, 354, 518

石油石炭税　petroleum and coal tax　184

石油代替エネルギー　petroleum alternative energy　343

石油輸出国機構　Organization of the Petroleum Exporting Countries（OPEC）　352

世代間衡平　intergenerational equity　27, 555, **572**

世代間正義（倫理）　intergenerational justice（ethics）　27, 639

世代間分配　intergenerational distribution　25

設計原理　design principles　656

設置補助制度　installation subsidies　386

絶滅危惧種　endangered species　219, 224, 236, 240, 250, 271

絶滅危惧種保護法　475

絶滅のおそれのある野生動植物の譲渡の規制等に関する法律　236

絶滅リスク　extinction risk　219

セーフガード政策　safeguard policy　533

セーフティバルブ　safety valve　73

セベソ事件　Seveso disaster　330

セリーズ（ＣＥＲＥＳ）　Coalition for Environmentally Responsible Economies　148

──原則　CERES principles　148

ゼロオプション　Zero option　501

ゼロ利潤条件　Zero Profit Condition　53

選好統制　controlled preference　418

全国酸性降下物調査計画（NAPAP）　National Acid Precipitation Assessment Program　544

潜在能力アプローチ　capability approach　26

潜在的責任当事者（PRPs）　Potential Responsible Parties　333

潜在的パレート改善　potential Pareto improvement　23, 30, 34, 35

先住民（族）　indigenous people(s)　254, 266, 531, 533, 550, 660

先住民族・地域住民の知識体系（ILK）　Indigenous and Local Knowledge　247,

254

先住民族の権利に関する国連宣言 United Nations Declaration on the Rights of Indigenous Peoples 531

先住民・地域社会（ILCs） indigenous and local communities 255

選択型実験 choice experiment 416, 584

選択集合 choice set 584

船舶解体 shipbreaking 133

全要素生産性（TFP） Total Factor Productivity 443, 444, 590

戦略的環境アセスメント（SEA） Strategic Environmental Assessment 500, 503, 534

総一次エネルギー供給（TPES） Total Primary Energy Supply 301

総合エネルギー調査会 Advisory Committee for Energy 342

総合資源エネルギー調査会 Advisory Committee for Natural Resources and Energy 342

総合的安全保障 comprehensive security 518

総合的環境指標 comprehensive environmental indicators 465

総合的規制評価サービス（IRRS） Integrated Regulatory Review Service 405

総合的生物多様性管理（IBM） Integrated Biodiversity Management 639

総合的病害虫管理（IPM） Integrated Pest Management 639

総合判断説 comprehensive judgment theory 309

総合評価 comprehensive evaluation 613

税相互作用効果 tax-interaction effect 605

相互に合意する条件（MAT） Mutually Agreed Terms 253

造礁サンゴ reef-building coral/hermatypic coral 268

送電系統運用者（TSO） Transmission

System Operator 391

送電権 transmission rights 374

送電の限界損失 marginal loss of transmission 373

総量規制 mass regulation of pollutants 358, 481

組織犯罪処罰法（組織的な犯罪の処罰及び犯罪収益の規制等に関する法律） 8

ソーシャル・キャピタル social capital 672

ゾーニング zoning 281, 283, 635

ソフィア議定書（窒素酸化物排出規制とその越境移動に関するソフィア議定書） Protocol Concerning the Control of Nitrogen Oxides or their Transboundary Fluxes 137, 544

ソフトロー soft low 311, 51

損害賠償 compensation for damages 90, 106, 400, 405, 536, 616

損害評価 damage assessment 149, 613

損害防止義務 an obligation to prevent transboundary harm 554

存在価値 existence value 422

損失と被害 loss and damage 163, 169

■た

第1世代バイオマスエネルギー First generation biomass energy 351

第1約束期間 The First Commitment Period 170, 172, 174, 206, 356

対衛星攻撃（ASAT） Anti-satellite 553

ダイオキシン dioxin 110, 131, 330, 494, 497

ダイオキシン類対策特別措置法 111, 486, 494, 497

大気安定化国際基金 The International Fund for Atmospheric Stabilization 673

大気汚染 air pollution 54, 72, 106, 122, 132, 140, 142, 154, 336, 364, 350, 358, 364, 464, 484, 494, 544, 622, 628

大気汚染の半球移送に関するタスクフォース

（TF-HTAP）2010 年 報 告 書　Report on the Task Force on Hemispheric Transport of Air Pollution 2010　545

大 気 汚 染 防 止 法　8, 90, 115, 122, 358, 364, 467, 494

大規模標本研究　large-N study　657

太湖　Tai-hu Lake　145

第5共和制憲法　Constitution de la Cinquième République　476

第三者認証　Third-Party Certification　438

胎児性水俣病　Fetal Minamata Disease　99

対称均衡　symmetric equilibrium　583

対称ゲーム　symmetric game　583

対数正規分布　log-normal distribution　575

代替効果　substitution effect　419, 446, 507

代 替 弾 力 性　elasticity of substitution　593, 596

ダイナミックゲーム（動学ゲーム）　dynamic game　89, 281, 582

ダイナミックプライシング（DP）　Dynamic Pricing　378, 380

第 2 世代 バイオマスエネルギー　second generation biomass energy　351

第 2 約束期間　the Second Commitment Period　169, 171, 356

代表的効用　representative utility　584

太陽光発電　photovoltaic　350, 383, 389, 390, 392

太陽放射管理(SRM)　Solar Radiation Management　190

大量絶滅　mass extinction　219

多項選択　multinomial choice　585

多国間開発銀行　multilateral development bank　178

多 国 間 環 境 協 定（MEA）　Multilateral Environmental Agreement　86

多数国間基金　Multilateral Fund　523

タスクフォース会合　the Taskforce Meeting　356

多地域（国際）産業連関表（MRIO）　Multi Reginal Input-Output Tables　431, 614

立入検査　on-site inspection　482

脱成長　degrowth　653

脱炭素化　decarbonization　343, 360

ダーバン合意　Durban Agreement　165

ダ ブ ル・ス タ ン ダ ー ド　double standard　127, 128

多面的機能　multifunction　286, 556

多様性関数　diversity function　586

多様度指数　index of diversity　586

単位根検定　unit root test　596

段階的アプローチ　tiered approach　423

炭化水素　hydrocarbon（HC）　300, 364

炭酸イオン（CO_3^{2-}）　carbonate　269

炭酸カルシウム（$CaCO_3$）　calcium carbonate　214, 268

短寿命気候汚染物質（SLCPs）　Short-Lived Climate Pollutants　545, 550

短寿命気候汚染物質削減のための気候と大気浄化の国際パートナーシップ（CCAC）　Climate and Clean Air Coalition to Reduce Short-Lived Climate Pollutants　202

炭素汚染基準　Carbon Pollution Standards for New, Modified and Reconstructed Power Plants　203

炭素回収・貯留（CCS）　Carbon Capture and Storage　190, **192**, 203, 361

炭 素 価 格 メ カ ニ ズ ム　carbon pricing mechanism　75

炭素クレジット　carbon credit　173

炭素市場　carbon market　170

炭素税　carbon tax　**74**, 81, 91, **184**, 196, 209, 210, 376, 493, 602, 673

炭素排出枠取引　emissions trading scheme　209

単体規制　emission standards regulation　364

地域温室効果ガス削減イニシアティブ（RGGI）　Regional Greenhouse Gas Initiative　75, 203

地域漁業管理機関（RFMO）　Regional

Fisheries Management Organization 264

地域自然資産法（地域自然資産区域における自然環境の保全及び持続可能な利用の推進に関する法律） 299

地域主義 regionalism 669

地域熱供給 district heating 385

地域貿易協定 regional trade agreement 82

チェルノブイリ原発事故 Chernobyl nuclear disaster 146, 405, 660

地球一個分の経済 one planet economy 453

地球温暖化 global warming 136, 158, 160, 168, 176, 200, 208, 214, 550, 574, 598

地球温暖化係数（GWP） Global Warming Potential 431

地球温暖化対策計画 the plan for global warming countermeasures 206, 465

地球温暖化対策推進法（地球温暖化対策の推進に関する法律） 206, 343, 464

地球温暖化対策税 Tax for Climate Change Mitigation（carbon tax） 81, 484

地球温暖化問題に関する閣僚委員会 the Ministerial Council on the Global Warming Issue 356

地球温暖化問題に関する懇談会 the Council on the Global Warming Issue 356

地球環境ガバナンス global environmental governance 63

地球環境基金 Japan Fund for Global Environment 491

地球環境国際議員連盟（GLOBE） Global Legislators Organization for a Balanced Environment 512, 539

地球環境センター（GEC） Global Environment Centre Foundation 542

地球環境戦略研究機関（IGES） Institute for Global Environmental Strategies 542

地球環境ファシリティ（GEF） Global Environment Facility 178, 522, 563, 458, 462, 502, 504

地球環境問題 global environmental issues

42, **136**, 462, 478, 522

地球サミット（UNCED, 国際環境開発会議） Earth Summit（United Nations Conferense On Environment and Development） 13, 44, 121, 124, 139, 168, 260, 448, 454, 458, 462, 479, 502, 504, 507, 520, 528, 536, 540, 556, 562, 663

地球の友（FoE） Friends of the Earth 538, 540

筑豊じん肺訴訟 Chikuho pneumoconiosis suit 337

知識外部性 knowledge externalities 395

チッソ株式会社 Chisso Corporation 98

窒素酸化物（NOx） nitrogen oxides 73, 122, 142, 364, 449, 544

知的財産権（IPRs） intellectual property rights 254

地熱発電 geothermal 382

チープトーク Cheap Talk 611

地方環境税 local environmental tax 505

地方分権一括法（地方分権の推進を図るための関係法律の整備等に関する法律） 485, 505

中央環境審議会 Central Environment Council 163, 479

中華人民共和国環境保護部 Ministry of Environmental Protection of the People's Republic of China 476

中間需要 intermediate demand 78

中間フロー intermediate flow 326

中期目標検討委員会 the Committee on Medium Target 356

中国の大気汚染 air pollution in China **142**

中皮腫 Mesothelioma 114

長距離越境大気汚染条約 Convention on Long-Range Transboundary Air Pollution 137, 544

鳥獣被害防止特措法（鳥獣による農林水産業等に係る被害の防止のための特別措置に関する法律） 235

鳥獣保護管理法（鳥獣の保護及び管理並びに

狩猟の適正化に関する法律）　233, 234, 296, 499

調整サービス　regulating service　220

直接間接投入行列　direct and indirect input matrix　615

直接規制（規制の手法，コマンド・アンド・コントロール）　command and control/regulatory measures/approach　21, 64, 206, 283, 362, 440, 462, 480, 486, 492, 494, 608

直接空気回収（DAC）　Direct Air Capture　191

直接支払　direct payments　286

直接燃焼　direct combustion　301

直接リバウンド効果　direct rebound effect　446

直罰　direct punishment　482

『沈黙の春』　*Silent Spring*　150, 638

通行権　right of way　626

付け値関数　bid function　410

強い持続可能性　strong sustainability　51, 45

天恵物　natural riches　626

低下する割引率（DDR）　Declining Discount Rate　**574**

ディカプリング　decoupling　307

定常経済　steady-state economy　5, 654

定常状態　stationary state　627, 654, 673

ディーゼル車 NO 作戦　"say No to diesel vehicles" campaign　123

低炭素化　low carbonization　206, 208, 361

低炭素グリーン成長　low carbon green growth　210

低炭素システム　low carbon system　209

定着　establishment　226

停電コスト　outage cost　379

低投入型持続的農業（LISA）　Low-Input Sustainable Agriculture　287

底辺への競争　race to the bottom　86

デイリーの3原則　Daily's three principles　5

デカップリング　decoupling　340, 523

適応（⇔緩和）　adaptation（⇔ mitigation）　162, 169

——基金　adaptation fund　178

——計画　adaptation plan　162, 215

——策　adaptation　161, 162, 176, 182, 214, 370

デザイン・フォー・エックス（DfX）　Design for X　324

テサロニキ宣言　Thessaloniki Declaration　528

豊島事件　Teshima Case　116

手続的権利　procedural rights　531

鉄のトライアングル　iron triangle　124

デポジット制度（デポジット / リファンドシステム）　deposit-refund system　316

——運営機関　deposit-refund system management organization　67, 316, 312

デマンドサイドマネジメント　demand side management　393

デマンドレスポンス（DR）　Demand Response　378, **380**

田園都市　garden city　635

電気自動車　Electric Vehicle（EV）　365

点源　point source　290

電源開発促進税法　343, 402

電源開発促進対策特別会計法　343, 402

電源三法（交付金）　343, 402

伝統的バイオマス　traditional biomass　344, 383, 384

天然記念物　natural monument　234, 238

天然物創薬　drug discovery from natural products　252, 254

電力システム改革　electricity systems reform　343, 377

電力自由化　electricity liberalization　343, 374, 376

ドイツ環境・自然保護・建設・原子炉安全省（BMUB）　Bundesministerium für

Umwelt, Naturschutz, Bam und Reaktorsicherheit（独）475

ドイツ環境審議会(SRU) Sochverständigenrat für Umweltfrangen（独）476

ドイツ環境法典草案 Der Umweltgesetzbuch-Entwurf（独）42

ドイツ連邦環境庁(UBA) Federal Environment Agency；Umweltbundesamt 475

ドイツ連邦共和国基本法 Grundgesetz für die Bundesrepublik Deutschland（独）475

ドイツ連邦政府地球気候変動諮問委員会（WBGU) German Advisory Council on Global Change 476

動学ゲーム（ダイナミックゲーム） dynamic game 89, 281, 582

等価係数 equivalence factor 452

等価変分（EV) Equivalent Variation 32, 35, 357, 413, 414

道義的責任 moral responsibility 639

東京ゴミ戦争 Tokyo Garbage War **120**, 306, 320

東京電力福島第一原子力発電所事故 Fukushima Daiichi nuclear power Plants 146, 206, 334, 341, 343, 377, 398, 400, 402, 405, 470, 506, 651

統計的生命の価値（VSL) Value of Statistical Life **424**

統合型一般均衡モデル integrated general equilibrium model 52

統合的汚染回避管理 integrated pollution prevention and control 467

統合的管理 integrated management 233

統合評価 integrated assessment **194**, 433

投資回収年数 payback period 196

『道徳感情論』 The Theory of Moral Sentiments 624

投入係数 input coefficient 79

投入係数行列 input coefficient matrix 79, 615

動脈産業 arterial industry 80

登録湿地 registered wetland, Ramsar Site 232

トキシコゲノミクス toxicogenomics 151

特殊鳥類の譲渡等の規制に関する法律 236

特定外来生物 invasive alien species 226

特定外来生物被害防止法（特定外来生物による生態系等に係る被害の防止に関する法律）151, 226

特定有害物質使用制限指令（RoHS指令） Restriction of the Use of Certain Hazardous Substances Directive 85

特別気候変動基金（SCCF) Special Climate Change Fund 178

都市公園法 233

都市再生特別措置法 155

土壌汚染 soil pollution 110, 494, 628

土壌汚染対策法（土対法）110, 333, 494

途上国による適切な緩和行動（NAMA) Nationally Appropriate Mitigation Action 181

土壌浸食 soil erosion 275

土壌復元 restoration of polluted soil 105

土壌劣化 soil degradation 562

都市緑地法 233, 488

土地収用法 120

土地保有改革連盟 Land Tenure Reform Association 627

土地利用・土地利用変化及び林業部門（LULUFC) land use, land-use change and forestry 172

土地倫理 land ethics 626

トップダウン型経済モデル top down economic model 52

トップランナー制度（規制） Top runner program 325, 365, 366, 369

ドーハラウンド Doha Round 86

トラベルコスト法 travel cost method 3, **412**, 584, 612

取引可能許可証 tradable permits 21, 70

再生可能エネルギー証書（REC) Renewable Energy Certificate 389

取引可能排出許可証 tradable emission permits 2, 70

取引規制 trade regulation 228, 236

取引費用 transaction cost 3, 22, 90, 186, 644, 649, 650

トリプルボトムライン triple bottom lines 50

■な

内生性 endogeneity 593

内部化 internalization 2, 68, 82, 221, 484, 645

内部収益率（IRR） Internal Rate of Return 36

内部性 internalities 594

内包 CO_2 embodied CO_2 80

内包エネルギー embodied energy 200

内務省 Department of the Interior 475

名古屋議定書（生物の多様性に関する条約の遺伝資源の取得の機会及びその利用から生ずる利益の公正かつ衡平な配分に関する名古屋議定書） Nagoya Protocol on Access to Genetic Resources and the Fair and Equitable Sharing of Benefits Arising from their Utilization to the Convention on Biological Diversity 230, 250, 253, 255, 537

名古屋・クアラルンプール補足議定書（バイオセーフティに関するカルタヘナ議定書の責任及び救済についての名古屋・クアラルンプール議定書） Nagoya – Kuala Lumpur Supplementary Protocol on Liability and Redress to the Cartagena Protocol on Biosafety 231, 511

ナショナル・トラスト National Trust 627

ナチュラル・ステップ The Natural Step 337

ナッシュ均衡 Nash equilibrium 88, 582

南極海洋生物資源保存条約（南極の海洋生物資源の保存に関する条約） Convention on Conservation of Antarctic Marine Living Resources 551

南極環境責任附属書（環境保護に関する南極条約議定書の附属書VI：環境に関する緊急事態から生じる責任） Antarctic Environmental Liability Annex VI to the Protocol on Environmental Protection to the Antarctic Treaty: Liability arising from Environmental Emergencies 510, 551

南極環境保護議定書（環境保護に関する南極条約議定書） Protocol on Environmental Protection to the Antarctic Treaty 550

南極条約 Antarctic Treaty 550

新潟水俣病 Niigata Minamata Disease **102**

二国間メカニズム（JCM） Joint Crediting Mechanism 177, 181

二酸化硫黄（SO_2） sulfur dioxide 73, 142, 186, 346, 359, 449

二酸化炭素（CO_2） carbon dioxide 54, 74, 79, 91, 136, 165, 172, 184, 188, 190, 192, 198, 200, 202, 206, 208, 211, 243, 266, 269, 291, 300, 340, 346, 353, 356, 360, 376, 383, 396, 358, 427, 484, 489, 549, 591, 601, 604, 614

2次エネルギー secondary energy 340, 360

二重の配当 double dividend 3, 74, **604**

ニッソー事件 Nisso Incident 119, 132

2部門成長モデル two-sector model of economic growth 672

日本工業規格（JIS） Japanese Industrial Standards 430

日本の絶滅のおそれのある野生生物の種のリスト（IUCNレッドリスト） The IUCN Red List of Threatened Species 124, **224**, 237

日本貿易振興機構（JETRO） Japan External Trade Organization 534

入札制度 auction mechanism/ tendering system 387, 389

人間環境宣言（ストックホルム宣言） Declaration of the United Nations Conference on the Human Environment 510

人間と自然のあいだの物質代謝　metabolism between man and nature　630

人間の安全保障　human security　160, 518

人間の福利　human well-being　220

認識共同体　epistemic community　521

認知バイアス　cognitive bias　514, 580

認定基準　certification standards　102

ニンビー（NIMBY）　not in my backyard　320

ネオニコチノイド系農薬　neonicotinoids　638

ネガティブエミッション技術　negative emissions technologies　193

熱化学的変換　thermochemical conversion　301

熱的な死　heat death　348

ネット・インベストメント　net investment　303

ネット・ゼロ・エネルギー住宅（ZEH）　Zero Energy Housing　370

ネット・ゼロ・エネルギー・ビル（ZEB）　Zero Energy Building　370

熱力学第四法則　fourth law of thermodynamics　653

粘菌　slime mould　667

年金積立金管理運用独立行政法人（GPIF）　Government Pension Investment Fund　436

燃料税　Fuel tax　81

燃料電池自動車（FCV）　Fuel Cell Vehicle　365

農家サービス局（FSA）　Farm Service Agency　256

農業，林業，その他の土地利用（AFOLU）　Agriculture, Forestry, and Other Land Use　172

農漁業食料省（MAFF）　Ministry of Agriculture, Fisheries and Food　474

農薬取締法　150, 487, 496

農用地土壌汚染防止法（農用地の土壌の汚染防止等に関する法律）　105, 110, 336

■は

バイオセーフティ　biosafety　151, 230, 274

バイオパイラシー（生物海賊行為）　biopiracy, bio-piracy　253

バイオプロスペクティング　bioprospecting　252, 254, 551

バイオマス　biomass　200, 300, 307, 344, 354, 382, 384

——エネルギーCCS（BECCS）　Bio-Energy with Carbon Capture and Storage　190, 193

——資源　biomass resources　**300**, 351

排ガス規制（NLEV規制）　National Low Emission Vehicle Program　364

廃棄物　waste　6, 43, 54, 80, 116, 127, 154, 306, 308, 310, 314, 320, 323, 326, 328, 330, 332, 384, 464, 466, 472, 474, 492, 549, 612, 630

——産業連関表（WIOT）　Waste Input Output Table　80

——産業連関分析（WIO）　Waste Input-Output analysis　**326**

——処理　waste disposal　80, 306, 312, 320, 326, 332

——処理施設　waste disposal facility　320

——処理法（廃棄物の処理及び清掃に関する法律）　8, 43, 110, 116, 151, 306, 309, 310, 314, 332, 482

——評価ガイドライン（WAG）　Waste Assessment Guidelines　549

——評価フレームワーク（WAF）　Waste Assessment Framework　549

排出基準　effluent standard　481

排出（権）量取引　emissions trading　65, 70, 88, 170, 174, 177, 186, 197, 291, 358, 371, 376, 485, 600

排出シナリオに関する特別報告書（SRES）　Special Report on Emissions Scenarios

195

排出税 emission tax 64, 83

排出枠 emission quota（allowance） 70, 74, 82, 186, 199, 205

排除可能性 excludability 655

排水課徴金 effluent charge 290

排他的経済水域（EEZ） Exclusive Economic Zone 199, 264

廃電気・電子製品（e-waste；WEEE） Waste Electrical and Electronic Equipment 133

ハイドロクロロフルオロカーボン類（HCFC） hydrochlorofluorocarbon 212, 546

ハイドロフルオロカーボン（HFC） hydrofluorocarbons 63, 202, 212, 546,

ハイブリッド型勘定 hybrid accounts 47

配分的正義 distributive justice 26

バーゼル条約（有害廃棄物の国境を越える移動及びその処分の規制に関するバーゼル条約） Basel Convention on the Control of Transboundary Movements of Hazardous Wastes and their Disposal 129, 132, 330, 522, 565

バーチャルウォーター virtual water 135

白化（現象） coral bleaching 268

バックキャスト backcast 195

伐採権（コンセッション） concession 284

バッズ（⇔グッズ） bads（⇔goods） **308**, 310, 326

発送電分離 unbundling of electricity generation and transmission 343

発電用施設周辺地域整備法 343, 402

ハートウィック・ルール Hartwick's rule 5, 303

ハーフィンダール・ハーシュマン指数（HHI） Herfindahl–Hirschman Index 375

パーフルオロカーボン類（PFCs） perfluorinated chemicals 212

バマコ条約 Bamako Convention 331

バリガイドライン Bali Guidelines 569

パリ協定 Paris Agreement 74, 139, 164, 168, 171, 172, **176**, 178, 180, 182, 190, 192, 198, 202, 206, 209, 212, 350, 377, 465, 503, 531, 537, 547

――締約国会合（CMA） Conference of the Parties serving as the Meeting of the parties to the Paris Agreement 173

――のための特別作業部会（APA） Ad Hoc Working Group on the Paris Agreement 173

パリ条約（原子力分野における第三者責任に関する条約） Convention on Third Party Liability in the Field of Nuclear Energy of 29th July 1960 405

パリ条約改正議定書 Protocol to amend the Convention on Third Party Liability in the Field of Nuclear Energy of 29 July 1960, as amended by the additional Protocol of 28 January 1964 and by the Protocol of 16 November 1982. 405

パレート改善 Pareto improvement 18, 23, 30, 34

パレート基準 Pareto criterion 18, 30

パレート効率 Pareto efficiency 89

パレート最適 Pareto optimality 22, 53, 598, 649

万人のための持続可能なエネルギー（SE4All） Sustainable Energy for All 345

非営利組織（NPO） Non Prafit Organization 115, 461, 512

被害構造（⇔加害構造） structure of suffering（⇔ suffering of victimization） 15

被害者支払原則（VPP） Victim Pays Principle 4

被害・便益ベース評価法 Damage-and benefit-based pricing techniques 47

比較優位 comparative advantage 135, 618, 588

東アジアの奇跡 East Asian Miracle 140

東日本大震災 the Great East Japan

Earthquake Disaster　152, 270, 356, 380, 499, 506

ピグー税　Pigovian tax　2, **68**, 73, 90, 184, 595, **602**, 637, 646

ピグー補助金　Pigovian subsidy　68, 602

ピークロード・プライシング　peak load pricing　379

非国家主体気候行動ゾーン（NAZCA）Non-state Actor Zone for Climate Action,　539

非再生資源（⇔再生可能資源）non-renewable resources（⇔renewable resource）　2, 45, 54, 278, 302, 304, 350, 383, 599

ビジネスと生物多様性オフセットプログラム　Business and Biodiversity offsets program　**240**, 241

非自発的住民移転　involuntary resettlement　533, 535

非政府組織（NGO）Non-Governmental Organization　11, 252, 263, 267, 233, 295, 449, 461, 512, 515, 520, 526, 528, 532, 538, 540, 568

日立鉱山　Hitachi Mine　94

ヒックスの需要関数　Hicksian demand function　33

ヒックスの補償基準　Hicks compensating criterion　30

ヒートアイランド　heat island　154, 273

非凸性　non-convexity　**578**

非排除性　non-excludability　21, 244

微分ゲーム　differential game　582

費用効率的　cost-efficient　72

平等主義　egalitarianism　27

費用便益比　cost-benefit ratio　391

費用便益分析（CBA）Cost-Benefit Analysis　3, 24, 30, 34, 40, 315, 574, 577, 613

表明選好アプローチ（法）stated preference approach（method）　409, **414**, **416**

非利用価値　non-use value　408, 413, 414, 422

ビルエネルギーマネジメントシステム

（BEMS）Building Energy Management System　369

貧困と環境破壊の悪循環　poverty-environmental trap　140

貧困の罠　poverty trap　56, 59

フィード・イン・プレミアム（FIP）Feed-In Premium　388

フェアトレード　fair trade　455

フォーラム・ショッピング　forum shopping　63

付加価値　value added　78

不可逆性　irreversibility　6, 576, 579

不確実性　uncertainty　6, 28, 37, 41, 88, 164, 194, 466, 576, 580

不確実性回避　uncertainty aversion　41

福祉　welfare　22, 48, 50, 648

副次的便益　ancillary benefit　197

福島第一原子力発電所事故→東京電力福島第一原子力発電所事故

負効用　disutility　632

不遵守　non-compliance　62

附属書Ⅱ国　Annex Ⅱ country　178

物質循環　material cycle　349

負の外部性　negative externality　84, 376, 468, 618

負の財貨　discommodity　632

部分均衡分析　partial equilibrium analysis　19

不法投棄　illegal dumping　116, 306, 312, 316, 319, 330, **332**

浮遊粒子状物質（SPM）suspended Particulate Matter　350, 464

プライベート・レジーム　private regime　539

プラグインハイブリッド自動車（PHV）Plug-in Hybrid Vehicle　365

ブラックカーボン　black carbon　550

ブラッセル補足条約　Convention of 31st January 1963 Supplementary to the Paris Convention of 29th July 1960, as amended by the additional Protocol of 28the January 1964 and by the Protocol of 16th November 1962　405

ブラッセル補足条約改正議定書　Protocol to Amend the Convention of 31st January 1963 Supplementary to the Paris Convention of 29th July 1960 on Third Party Liability in the Field of Nuclear Energy, as amended by the additional Protocol of 28 January 1964 and by the Protocol of 16 November 1982　405

フランス環境・エネルギー・海洋省（MEEM）　Ministère de l'Environnement, de l'Énergie et de la Mer（仏）　477

フランス環境憲章　La Charte de l'environnement（仏）　42

フランス環境法典　Code de l'environnement（仏）　42

フリーライダー効果　Free-rider effect　603

古河鉱業　Furukawa co. ltd.　666

ふるさとの喪失　loss of hometown　398

プルトニウム　plutonium　146, 334

ブルントラント委員会　Brundtland Commission（The World Commission on Environment and Development）　673

フレーミング　framing　513, 514, 514

フレームドフィールド実験（FFE）　Framed Field Experiment　**420**

不連続回帰デザイン（RDD）　Regression Discontinuity Design　411

プロスペクト理論　prospect theory　581

プロダクトチェーン　product chain　323

プロビットモデル　probit model　585, 597

フロン（フロン類，クロロ・フルオロカーボン）（CFCs）　chlorofluorocarbon(s)　136, 546

フロン排出抑制法（フロン類の使用の合理化及び管理の適正化に関する法律）　213

文化財保護法　233, 234, 559

文化的景観　cultural landscape　559

分配基準　distribution criterion　24

分配の公平性　fairness　22

米加大気質協定　US-Canada Air Quality Agreemen　545

米韓自由貿易協定（KORUS）　United States-Korea Free Trade Agreement　87

平均トリートメント効果（ATE）　Average Treatment Effect　421

平均燃費規制（CAFE規制）　Corporate Average Fuel Economy Program　365

米州人権条約　American Convention on Human Rights　530

平準化発電単価（LCOE）　levelized cost of electricity　396

ヘクシャー＝オリーン定理　Heckscher-Ohlin theorem　588

ベースライン・クレジット　baseline and credit　186

別子銅山　Besshi Copper Mine　94, 336

ヘドニック法　hedonic approach　3, **410**, 612

ヘルシンキ議定書（硫黄排出または越境移流の最低30パーセント削減に関する議定書　Protocol on the Reduction of Sulphur Emissions or their Transboundary Fluxes by at least 30 per cent　544

ベルリン・マンデート　Berlin Mandate　169, 170

変動性再生可能エネルギー（VRE）　Variable Renewable Energy　390, 392

保安林　protection forests　283

貿易と環境委員会（CTE）　Committee on Trade and Environment　86

貿易の技術的障害に関する協定（TBT協定）　Agreement on Technical Barriers to Trade（TBT agreement）　85, 86

包括的および先進的なTPP協定（CPTTP協定，TPP11）　Comprehensive and Progressive TPP agreement　87

包括的富　inclusive wealth　45, 49, 51, 279,

305

蜂群崩壊症候群（CCD）　Colony Collapse Disorder　638

方向付けられた技術進歩（DTC）　Directed Technical Change　**592**

放射管理（RM）　Radiation Management　190

放射性廃棄物　radioactive waste　27, **334**, 404, 661

放射性物質　radioactive material　146, 391, 404

放射線緊急事態　radiological emergency　405

放射線被ばく　radiation exposure　113

放射性物質汚染対処特措法（平成二十三年三月十一日に発生した東北地方太平洋沖地震に伴う原子力発電所の事故により放出された放射性物質による環境の汚染への対処に関する特別措置法）　111

放射能汚染　radioactive pollution, radioactive contamination　113, **146**

法と経済学　Law and Economics　**90**

包絡分析法（DEA）　Data Envelopment Analysis　444

北米環境協力協定　North American Agreement On Environmental Cooperation　87

北米自由貿易協定　North American Free Trade Agreement　87

保険価値　insurance value　223

保護区　protected area　215, 238, 250, 267, 499

ポジティブリスト制度　positive list system　150

補償原理（仮説的補償原理）　compensation principle/Kardor-Hicks criterion　23, 321, 648

補償需要　compensated demand　413

補償制度　compensation system　492, 533

補償変分（CV）　Compensation Variational　32, 34, 413, 414

保全休耕向上プログラム　conservation reserve enhancement program　257

保全休耕プログラム　conservation reserve program　**256**, 499

ポーター仮説　Porter hypothesis　122, 441, **442**

北極海油濁対応協力協定（北極における海洋油濁汚染への準備及び対応に関する協力協定）　Agreement on Cooperation on Marine Oil Pollution Preparedness and Response in the Arctic　551

北極環境保護戦略（AEPS）　Arctic Environmental Protection Strategy　551

ホッキョクグマ保全協定（ホッキョクグマの保護に関する国際協定）　International Agreement on the Conservation of Polar Bears　551

北極評議会　Arctic Council　551

ホテリング・ルール　Hotelling rule　4, 278, 302, 305, 598

ボトムアップ型技術選択モデル　Bottom Up Technological Choice Model　52

ボパール事件　Bhopal Case　128, **130**, 660

ボランタリーアプローチ（VA, 自主的手法）　Voluntary Approach　362, **608**

ポリ塩化ビフェニル（PCB）　polychlorinated biphenyl　331, 564

ポリシー・ミックス　policy mix　8, 207, 483

ボン・ガイドライン（遺伝資源へのアクセスとその利用から生じる利益の公正・衡平な配分に関するボン・ガイドライン）　Bonn Guidelines, Bonn Guidelines on Access to Genetic Resources and Fair and Equitable Sharing of the Benefits Arising out of their Utilization　253

ボン宣言　Bonn Declaration　528

ボンディング　bonding　17

■ま

マイクロプラスチック　microplastics　317

前払い処分料金（ADF）　Advanced Disposal Fee　322

前払いリサイクル料金（ARF） advance recycling fee 322

マキシミン期待効用 maxmin expected utility 29

マキシミン原理 max-min principle 303

マーシャルの需要関数 Marshallian demand function 33

マテリアルフローコスト会計（勘定）（MFCA） Material Flow Cost Accounting 329, 429, 438

マテリアルフロー分析（MFA） Material Flow Analysis **328**

まなざしの社会学 sociology of "Gaze" 16

マニフェスト制度 manifest system 332

マラケシュ合意 Marrakesh Accord 171, 172, 179

マルクス経済学 Marxian economics 5

マルコフ完全ナッシュ均衡（MPNE） Markov Perfect Nash Equilibrium 583

マルコフ戦略 Markov strategy 582

マルチレベル・ガバナンス Multi-level governance 63

マルムキスト指数 Malmquist index 444

見えざる手 invisible hand 582

見える化 visualization 197

水汚染（水質汚染） water pollution 54, 144, 295, 336, 628, 646

水資源 water resources 160, 280, **288**, 382, 555, 646

水循環基本法 509

水に対する権利 the right to water 531, 554

未然防止原則 prevention principle 466

三井三池炭鉱炭じん爆発 Mitsui Miike Coal Mine disaster 342

ミッドポイント midpoint 431

密猟 poaching 229

緑の気候基金（GCF） Green Climate Fund 178, 182, 345

緑の多元主義 green pluralism 525

緑の党 Green Party 11

ミドル・パワー middle power 520

水俣病 Minamata Disease 10, 14, 98, 102, 112, 567, 661

水俣病特措法（水俣病被害者の救済及び水俣病問題の解決に関する特別措置法） 103

南アジアの大気汚染とその越境影響に関するマレ宣言 Malé Declaration on Control and Prevention of Air Pollution and Its Likely Transboundary Effects for South Asia 545

みなみまぐろ保存委員会（CCSBT） Commission for the Conservation of Southern Bluefin Tuna 265

見舞金契約 Sympathy Money Contract 99

ミレニアム開発目標（MDGs） Millennium Development Goals 182, 502, 524, 663

ミレニアム生態系評価（MA） millennium ecosystem assessment 214, 220, 247

無過失賠償責任 no-fault liability for damages 492

無関係な選択肢からの独立性（IIA） Independence of Irrelevant Alternatives 585

無作為比較対象法（RCT） Randomized Controlled Trial 381

無償財（自由財） free goods 634

無償資金協力 grant aid 534

無償割当（グランドファザリング） grandfathering 72, 187

無羨望分配 envy-free distribution 25

無料処分 free disposal 309

命令＝管理方式→規制的手法

メソコスム mesocosm 150

メタアナリシス meta analysis 319

メリットオーダー効果 merit order effect 392

面源汚染 non-point source pollution 145

木質バイオマス woody biomass 300

目標ベースのガバナンス　governance through goals　525
モータリゼーション　motorization　**122**
モーダルシフト　modal shift　365
森嶋の代替弾力性　Morishima elasticity of substitution　596
モントリオール議定書（オゾン層を破壊する物質に関するモントリオール議定書）Montreal Protocol on Substances that Deplete the Ozone Layer　63, 138, 212, 460, 537, 546
モントルーレコード　Montreux Record　232

■や

薬害　phytotoxicity　630
約束草案→自国が決定する貢献案

誘因両立性　incentive compatibility　378
有害廃棄物　hazardous waste　117, 128, 132, 510
有害廃棄物の越境移動　transboundary movements of the hazardous wastes　129, **132**
有価物（有償物）　valuables　308
有機塩素系殺虫剤（DDT）　Dichloro-Diphenyl-Trichloroethane　638
有機水銀（メチル水銀化合物）　organic mercury（methlm mercury compound）98, 102, 661
有機農業　organic farming　258, 286
有機農業認証（オーガニック認証）　organic certification　258
有償資金協力　loan aid　534
有償配分（オークション）　auction　88, 187, 205
優良産廃処理業者認定制度　Accreditation Program for Leading Industrial Waste Treatment Companies　333
輸出許可書　export permit　228
油濁事故対策協力条約（1990年の油による

汚染に係る準備，対応及び協力に関する国際条約，OPRC）　International Convention on Oil Pollution Preparedness, Response and Co-operation　43
油濁法（OPA）　United States Oil Pollution Act　148, 511
ユネスコスクール　UNESCO ASPnet　529
夢の島　Yumenoshima, "Dream Island"　120, 306

容器包装リサイクル法（容器包装に係る分別収集及び再商品化の促進等に関する法律）306, 311, 314
要素賦存仮説　factor endowment hypothesis　588
ヨハネスブルグサミット　→持続可能な開発に関する世界首脳会議
予防原則（予防的アプローチ，予防的方策）precautionary principle　7, **38**, 115, 151, 164, 231, 460, 466, 499, 549, 555, 576, 638
弱い持続可能性　weak sustainability　49, 51, 45
四大公害訴訟　Four Major Pollution Lawsuits　103
4大公害病　Four Major Pollution Related Disease　506

■ら

ライト・レール・トランジット（LRT）Light Rail Transit　513
ライフサイクルアセスメント（LCA）　Life Cycle Assessment　200, 325, 326, 427, **430**, 438
ライフサイクルインベントリ分析　Life Cycle Inventory Analysis　430
ライフサイクル環境影響　Life Cycle Environmental Impact　432
ラテンアメリカ・カリブ経済委員会（ECLAC）　United Nations Economic Commission for Latin America and the

Caribbean 569

ラーナー指数 Lerner index 375

「ラヌー湖事件」仲裁判決 *Arbitral Award, Lake Lanoux Case*（Spain v. France）16 December, 1957 554

ラボ実験 laboratory experiment 245, **418**, 420

ラムサール条約（特に水鳥の生息地として国際的に重要な湿地に関する条約）Convention on Wetlands of International Importance Especially as Waterfowl Habitat **232**, 536, 554

ランク割引功利主義 rank-discounted utilitarianism 573

ランダム化比較実験（RCT）Randomized Controlled Trial 420, 447, 612

ランダム効用 random utility 417, **584**

リアルタイム・プライシング real time pricing 379, 380

リオ・サミット→国連環境開発会議 Rio Earth Summit

リオ宣言（環境と開発に関するリオ宣言）Rio Declaration on Environment and Development 7, 38, 43, 121, 139, 459, 466, 510, 530, 557, 569

陸域リモートセンシング商業化法 Land Remote Sensing Commercialization Act of 1984 552

リサイクル recycling 2, 43, 115, 121, 132, 213, 289, 306, 308, 310, **312, 314**, 316, 322, 324, 326, 329, 330, 442, 464, 492

離散選択 discrete choice 417, **584**

離散・連続モデル discrete–continuous model 597

リスク（危険）risk 6, 28, 38, 111, 150, 152, 160, 162, 396, 424, 466, 483, 496, 514, 564, 576, 580, 608, 616, 638

——回避的 risk averse 28, 580

——管理 risk management 496, 576

——コミュニケーション risk communication 111

——選好 risk preference 577

——の社会学 sociology of risk 16

——評価 risk assessment 466, 496

リゾート法（総合保養地域整備法）505

利他意識 altruism 37

リターナブル容器 returnable container 316

立証責任の転換 reversal of the onus of proof 39

リデュース reduce 314

リバウンド効果 rebound effect 367, **446**, 454, 603

リバースリスト方式 reverse list approach 39

リバタリアニズム libertarianism 645

流域 watershed 508

流域ガバナンス（管理）watershed governance **508**

流域連携 watershed partnership 509

粒子状物質（PM）Particulate Matter 123, 142, 358, 364, 544, 602

リユース reuse 314

利用価値 use value 408, 414, 422

利用可能な最良の技術（BAT）Best Available Techniques 467, 481, 566

利用調整地区制度 regulated utilization areas system 299

履歴効果 hysteresis 579

リンキング linking 17

林地残材 forest residues 301

倫理的合意 ethical consensus 649

倫理的消費（エシカル消費）ethical consumption 455

ルーズベルト・ドクトリン Roosevelt Doctrine 297

ループ潮流 loop flow 374

レイシー法 Lacey Act 285

レオンチェフ逆行列 Leontief inverse matrix

79, 615

歴史的・伝統的建造物　historical and traditional building　629

レキシミン　leximin　573

レギュラトリーサイエンス　regulatory science　151

レジームシフト　regime shift　177, **222**, 578

レジリエンス　resilience　**222**

レッドリスト指数　red list index　219

連邦大気浄化法　→大気浄化法

ロアの恒等式　Roy's identity　597

労災保険　work-related accident compensation insurance　112

労働安全衛生法　112

労働価値論　theory of labor value　623

労働災害　occupatione accident　**112**

労働者災害補償保険法　112

ローカルアジェンダ21　Local Agenda 21　507

ローカル・ナレッジ論　local-knowledge theory　17

六フッ化硫黄（SF6）　sulfur hexafluoride　212

ロジットモデル　logit model　585, 597

六価クロム事件　Hexavalent Chromium Soil Pollution　110, 117

ロックイン効果　lock-in effect　192

ロッテルダム条約（国際貿易の対象となる特定の有害な化学物質及び駆除剤についての事前の情報に基づく同意の手続に関するロッテルダム条約）　Rotterdam Convention on the Prior Informed Consent Procedure for Certain Hazardous Chemicals and Pesticides in International Trade　564

ロードマップ　road map　195

ローマクラブ　Club of Rome　5, 44

ロンドン条約（1972年の廃棄物その他の物の投棄による海洋汚染の防止に関する条約）　Convention on the Prevention of Marine Pollution by Dumping of Wastes and Other Matter 1972　330, 404, 540, 549

── 1993年議定書　1993 Protocol to the Convention on the Prevention of Marine Pollution by Dumping of Wastes and Other Matter 1972　404

── 1996年議定書　1996 Protocol to the Convention on the Prevention of Marine Pollution by Dumping of Wastes and Other Matter 1972　193, 303, 404, 549

■わ

淮河　Huai River　144

惑星検疫パネル（PPP）　Panel on Planetary Protection　552

ワシントン条約（CITES, 絶滅のおそれのある野生動植物の種の国際取引に関する条約）　Washington Convention（Convention on International Trade in Endangered Species of Wild Fauna and Flora）　87, 124, 225, **228**, 232, 236, 522, 536, 540

ワックスマン・マーキー法案（ACES）　American Clean Energy and Security Act of 2009　202

割当量単位（AAUs）　Assigned Amount Units　174

割引因子　discount factor　34, 575, 576

割引率　discount rate　3, 25, 36, 396, 574, 619

「我ら共有の未来」　*Our common future*　459

ワンウェイ容器　one-way container　316

■略語・欧文 A〜Z

1992 年 CLC 条約（1969 年の油による汚染損害についての民事責任に関する国際条約を改正する 1992 年の議定書）　Protocol of 1992 to amend the International Convention on Civil Liability for Oil Pollution Damage of 1969　510

2009 年の船舶の安全かつ環境上適正な再生利用のための香港国際条約　Hong Kong International Convention for the Safe and Environmentally Sound Recycling of Ships, 2009　133

2030アジェンダ　2030 Agenda for Sustainable Development　524

3R　3R　6

■A〜Z

ABS（遺伝資源へのアクセスと利益配分）　Access and Benefit Sharing　230, **252**, 255

ABS 指針（遺伝資源の取得の機会及びその利用から生ずる利益の公正かつ衡平な配分に関する指針）　Guidelines on Access to Genetic Resources and Fair and Equitable Sharing of the Benefits Arising out of their Utilization　253

ACES（ワックスマン・マーキー法案）　American Clean Energy and Security Act of 2009　202

ADF（前払い処分料金）　Advanced Disposal Fee　322

AFOLU（農業，林業，その他の土地利用）　Agriculture, Forestry, and Other Land Use　172

AIM/Enduse モデル　Asia Pacific Integrated Model & Enduse Model　52

APP（クリーン開発と気候のためのアジア太平洋パートナーシップ）　Asia-Pacific Partnership on Clean Development and Climate　202

ARD（自動デマンドレスポンス）　Automated Demand Response　381

BAU排出量　Business-as-Usual Emission　71

BCSD；WBCSD（持続可能な開発のための経済人会議）　(World) Business Council for Sustainable Development　432, 538

BMUB（ドイツ環境・自然保護・建設・原子炉安全省）　Federal Ministry for the Environment, Nature Conservation and Nuclear Safety　475

BOD（生物化学的酸素要求量）　Biochemical Oxygen Demand　290, 464

BRICS　Brazil, Russia, India, China, and South Africa　362

C40（世界大都市気候先導グループ）　Large Cities Climate Leadership Group　539, 542

CAMPFIRE（共有区域での在来資源管理プログラム）　Zimbabwe's Communal Areas Management Program for Indigenous Resources　77

CAN（気候行動ネットワーク）　Climate Action Network　538, 541

CBA（費用便益分析）　Cost-Benefit Analysis　3, 24, 34, 40, 315, 574, 577, 613

CBD（生物多様性条約，生物の多様性に関する条約）　Convention on Biological Diversity　125, 214, 225, **230**, 232, 234, 251, 252, 254, 263, 267, 270, 522, 551, 554, 556, 563

CBDR原則（共通だが差異ある責任）　Common but Differentiated Responsibilities　43, 139, 169, 177, 178, 208

CCS（炭素回収・貯留）　Carbon Capture and

Storage 190, **192**, 203, 361

CCS付きバイオマス Bio-Energy with Carbon Capture and Storage 191

CCSBT（みなみまぐろ保存委員会）Commission for the Conservation of Southern Bluefin Tuna 265

CDM（クリーン開発メカニズム）Clean Development Mechanism 170, 172, 174, 177, 182, 212, 344, 557

CERES（セリーズ）Coalition for Environmentally Responsible Economies 148

CFC（クロロ・フルオロカーボン）chlorofluorocarbon 546

CGE（モデル）（応用一般的衡分析〈モデル〉）Computable General Equilibrium analysis（model）36, 52, 187, 198, 357, 453

CNS（原子力の安全に関する条約）Convention on Nuclear Safety 404

COD（化学的酸素要求量）Chemical Oxygen Demand 290, 481

COP1〜21（気候変動枠組条約締約国会議）Conference of the Parties to the UNFCCC 73, 139, 164, 165, 169, 170, 171, 176, 178, 179, 180, 198, 356, 465, 531, 539, 547

COP4〜12（生物多様性条約締約国会議）Conference of the Parties to the Convention on Biological Diversity 214, 238, 246, 250, 251, 253, 263, 269, 267, 269, 465

COPUOS（国連宇宙空間平和利用委員会）Committee on the Peaceful Uses of Outer Space 552

CPR（共有資源）Common Pool Resource 4, 89, 244, 281, 293, 293, 419, 582, 656

CPTTP協定（包括的および先進的なTPP協定；TPP11）Comprehensive and Progressive TTP Agreement 87

CRIC（条約実施検討委員会）Committee for the Review of the Implementation of the Convention 563

CSC（原子力損害の補完的な補償に関する条約）Convention on Supplementary Compensation for Nuclear Damage 405, 510

CSR（企業の社会的責任）Corporate Social Responsibility 263, 428, 432, **434**, 513, 526, 529, 609

CTE（貿易と環境委員会）Committee on Trade and Environment 86

CV（補償変分）Compensation Variational 32, 34, 413, 414

CVM（仮想評価法）Contingent Valuation Method 148, 419, 321, 412, 414, 425, 612

DDR（低下する割引率）Declining Discount Rate **574**

DDT（有機塩素系殺虫剤）Dichloro-Diphenyl-Trichloroethane 638

DECC（イギリスエネルギー・気候変動省）Department of Energy and Climate Change 474

Defra（イギリス環境・食糧・農村地域省）Department for Environment, Food & Rural Affairs 474

DETR（イギリス環境運輸地域省）Department of the Environment, Transport and the Regions 474

DfE（環境配慮設計）Design for Environment 307, 312, 322, **324**

DLDD（砂漠化・土地荒廃・干ばつ）Land Desertification, Land Degradation and Drought 562

DTC（方向付けられた技術進歩）Directed Technical Change **592**

EC（欧州共同体）European Community 39

ECHR（欧州人権条約；人権と基本的自由の保護のための条約）European Convention on Human Rights（Convention for the Protection of Human

Rights and Fundamental Freedoms） 530

ECLAC（ラテンアメリカ・カリブ経済委員会） United Nations Economic Commission for Latin America and the Caribbean 569

Eco-DRR（生態系を活用した防災・減災） Ecosystem-based Disaster Risk Reduction 233, 270, 273

ECS（期待消費者余剰） Expected Consumer Surplus 37

ECtHR（欧州人権裁判所） European Court of Human Rights 530

EEA（欧州環境庁） European Environment Agency 661

EEC（欧州経済共同体） European Economic Community 86

EEZ（排他的経済水域） Exclusive Economic Zone 199, 264

EF（エコロジカル・フットプリント） Ecological Footprint 51, **452**

EIA（環境影響評価） Environmental Impact Assessment 404, **500**, 554

EKC（環境クズネッツ曲線, 逆U字型曲線） Environmental Kuznets Curve（inverted U-shaped curve） 55, 590

EMAS（環境管理監査制度） Eco-Management Audit Scheme 438

EMEP（欧州における大気汚染物質の広域移流の監視・評価プログラム） European Monitoring Evaluation Program 544

EMEP 議定書（欧州大気汚染物質長距離移動監視評価共同プロフラムの長期的財政措置に関する議定書） 1984 Geneva Protocol on Long-term Financing of the Cooperative Programme for Monitoring and Evaluation 544

EMIT（「環境措置と国際貿易」作業部会） Group on Environmental Measures and International Trade 86

EMS（環境マネジメントシステム） Environmental Management System 426, **438**, 493

EPA（アメリカ環境保護庁） Environmental Protection Agency 203, 352, 475

EPI（環境政策統合） Environmental Policy Integration 502, 504

EPR（拡大生産者責任） Extended Producer Responsibility 43, 121, 307, 311, 312, **322**, 460, 468, 493

ESD（持続可能な開発のための教育） Education for Sustainable Development 490, **528**

EU（欧州連合） European Union 39, 74, 85, 86, 170, 174, 204, 213, 272, 284, 287, 307, 325, 329, 340, 371, 385, 388, 467, 493, 497, 511, 521, 569

EURATOM（欧州原子力共同体） European Atomic Community 404

EU 域内排出量取引制度（EU ETS） European Union Emissions Trading System 73, 74, 175, 187, 189, 198, 205

EU 運営条約（欧州連合基本条約） Treaties of the European Union 42

EU 水枠組指令 EU Water Framework Directive 509

EU 木材法 EU Timber Regulation 285

EV（等価変分） Equivalent Variation 32, 35, 357, 413, 414

FAO（国際連合食糧農業機関） Food and Agriculture Organization 246, 264, 280, 284, 292, 556

FIT（固定価格買取制度） Feed-in-Tariff 210, 377, 385, 386, 388

FSC（森林管理協議会） Forest Stewardship Council 258, 267, 285, 557

FTA（自由貿易協定） Free Trade Agreement 87

GATT（関税及び貿易に関する一般協定） General Agreement on Tariffs and Trade 86

GCF（緑の気候基金） Green Climate Fund

178, 181, 345

GDP（国内総生産） Gross Domestic Product 18, 45, 46, 48, 51, 54, 78, 196, 204, 208, 211, 286, 304, 340, 357, 423, 591, 604

GEF（地球環境ファシリティ） Global Environment Facility 178, 442, 502, 504, 522, 563

GHG（温室効果ガス） GreenHouse Gas 74, 158, 164, 168, 172, 180, 184, 186, 190, 194, 196, 210, 350, 464, 493, 548, 602

GLOBE（地球環境国際議員連盟） Global Legislators Organization for a Balanced Environment 512, 539

GMO（遺伝子組み換え） Genetically Modified Organisms **274**, 511

GNP（国民総生産） Gross National Product 279

GRI（グローバル・レポーティング・イニシアチブ） Global Reporting Initiative 148, 427, 428, 435

GWP（地球温暖化係数） Global Warming Potential 431

HIPC（重債務貧困国） Heavily Indebted Poor Countries 243

IAEA（国際原子力機関） International Atomic Energy Agency 146, 354, 404

ICAO（国際民間航空機関） International Civil Aviation Organization 198, 365

ICCM（国際化学物質管理会議） International Conference on Chemicals Management 565

ICLEI/LGS（持続可能性を目指す自治体協議会） International Council for Local Environmental Initiatives／Local Governments for Sustainability 371, 539, 542

ICOMOS（イコモス，国際記念物遺跡会議） International Council on Monument and Site 559

ICSU（国際科学会議） International Council for Science 552

IE（産業エコロジー） Industrial Ecology 328

IEA（国際エネルギー機関） International Energy Agency 344, 350, 354, 390

IFRI（国際林業資源制度機関） International Forestry Resources and Institutions 657

IGES（地球環境戦略研究機関） Institute for Global Environmental Strategies 542

ILEC（国際湖沼環境委員会） International Lake Environment Committee Foundation 542

ILO（国際労働機関） International Labour Organization 526

IMF（国際通貨基金） International Monetary Fund 47, 242, 523

IMO（国際海事機関） International Maritime Organization 198, 551

INES（国際原子力・放射線事象評価尺度） International Nuclear and Radiological Event Scale 146

IPBES（生物多様性及び生態系サービスに関する政府間プラットフォーム） Intergovernmental Science-Policy Platform on Biodiversity and Ecosystem Services 214, **246**

IPCC（気候変動に関する政府間パネル） Intergovernmental Panel on Climate Change 9, 52, 138, 159, 163, **166**, 168, 172, 180, 192, 194, 246, 350, 356, 522, 539, 614

IPR（個別生産者責任） Individual Producer Responsibility 322

IQ（個別漁獲割当） Individual Quota 293, 294

IRENA（国際再生可能エネルギー機関） International Renewable Energy Agency 354, 383

IRR（内部収益率） Internal Rate of Return 36

ISO（国際標準化機構）International Organization for Standardization 66, 85, 427, 430, 435, 438, 487, 553, 610

ITTA（国際熱帯木材協定）International Tropical Timber Agreement 232

ITTO（国際熱帯木材機関）International Tropical Timber Organization 557

ITU（国際電気通信連合）International Telecommunication Union 553

IUCN（国際自然保護連合）International Union for Conservation of Nature 219, 224, 226, 238, 538, 540

JAS法（農林物資の規格化等に関する法律）275

JAXA（宇宙航空研究開発機構）Japan Aerospace Exploration Agency 553

JBIC（国際協力銀行）Japan Bank for International Cooperation 534

JCM（二国間メカニズム）Joint Crediting Mechanism 177

JETRO（日本貿易振興機構）Japan External Trade Organization 534

JICA（国際協力機構）Japan International Cooperation Agency 534, 542

JIS規格 Japanese Industrial Standards 438

LCA（ライフサイクルアセスメント）Life Cycle Assessment 200, 325, 326, 427, 430, 438

LDCF（後発発展途上国基金）Least Developed Country Fund 178

LMO（改変された生物）Living Modified Organism 230

LRT（ライト・レール・トランジット）Light Rail Transit 513

MA（ミレニアム生態系評価）Millennium Ecosystem Assessment 214, 220, 247

MAC（限界削減費用）marginal abastement cast 19, 186, 196, 397

MAFF（農漁業食料省）Ministry of Agriculture, Fisheries and Food 474

MARKAL / TIMESモデル Integrated Market and Allocation Model & Energy Flow Optimization Model System 52

MARPOL条約（MARPOL 73/78, 1973年の船舶による汚染の防止のための国際条約に関する1978年の議定書）International Convention for the Prevention of Pollution from Ships, 1973, as modified by the Protocol of 1978 relating thereto 133, 199, 548

MARPOL条約（1973年条約, 船舶による汚染の防止のための国際条約）International Convention for the Prevention of Pollution from Ships, 1973 365, 548

MB（限界便益）Marginal Benefit 65, 606, 616

MC（限界費用）Marginal Cost 391, 616

MDGs（ミレニアム開発目標）Millennium Development Goals 182, 502, 524, 663

MEA（多国間環境協定）Multilateral Environmental Agreement 86

MEC（限界外部費用）Marginal External Cost 65, 606

MEPC（海洋環境保護委員会）Maritime Environment Protection Committee 199

MEW（経済厚生尺度）Measures of Economic Welfare 48

MEY（最大経済生産量）maximum economic yield 292

MFA（マテリアルフロー分析）Material Flow Analysis 328

MPA（海洋保護区）Marine protected areas 269, 551

MSC（海洋管理協議会）Marine Stewardship Council 258

MSY（最大持続生産量）Maximum Sustainable Yield 264, 292

MSY（最大持続可能収穫量）Maximum

Sustainable Yield　264, 279, 292

MWTA（限界受入意思額）　Marginal Willingness to Accept　18

MWTP（限界支払意思額）　Marginal Willingness to Pay　18, 417

NAPAP（全国酸性降下物調査計画）　National Acid Precipitation Assessment Program　544

NASA（アメリカ航空宇宙局）　National Aeronautics and Space Administration　552

NEPA（国家環境政策法）　National Environmental Policy Act　475, 500

NFA（国別フットプリント勘定）　National Footprint Accounts　453

NNP（国民純生産）　Net National Product　48

NOAA（アメリカ海洋大気庁）　National Oceanic and Atmospheric Administration　149, 414

NPO法（特定非営利活動促進法）　512

NPV（純現在価値）　Net Present Value　34

NRC（アメリカ原子力規制委員会）　Nuclear Regulatory Commission　475

OAU（アフリカ統一機構）　Organization of African Unity　331

ODA（政府開発援助）　Official Development Assistance　344, 534, 542

OECD（経済開発協力機構）　Organization for Economic Cooperation and Development　2, 42, 46, 51, 121, 322, 328, 330, 344, 350, 382, 404, 447, 449, 460, 467, 468, 503, 544, 564, 602, 608

OHCHR（国連人権高等弁務官事務所）　Office of the United Nations High Commissioner for Human Rights　531

OILPOL条約（1954年の油による海水の汚濁の防止に関する国際条約）　International Convention for the Prevention of Pollution of the Sea by Oil　548

ONR（原子力規制局）　Office for Nuclear Regulation　474

OP（オプション価格）　Option Price　37

PDCAサイクル　Plan-Do-Check-Act Cycle　369, 427, 438

PEFC（森林認証プログラム）　Programme for the Endorsement of Forest Certification Schemes　285

PES（生態系サービスへの支払い）　Payment for Ecosystem Services　**220**, 376, 423, 483, 499

PHV（プラグインハイブリッド自動車）　Plug-in Hybrid Vehicle　365

PIC（事前の情報に基づく同意）　Prior Informed Consent　230, 253, 564

PM（粒子状物質）　Particulate Matter　123, 142, 358, 364, 364, 544, 602

PPF（生産可能性フロンティア）　Production-Possibility Frontier　283

PPP（原因者負担原則）　Polluter Pays Principle　6, 43

PRI（責任投資原則）　Principles for Responsible Investment　436, 527

PRPs（潜在的責任当事者）　Potential Responsible Parties　333

PRTR（汚染物質排出移動登録制度）　Pollutant Release and Transfer Register　486, 497

REDD+（森林減少・劣化からの排出の削減および森林保全, 持続可能な森林経営, 森林炭素蓄積の増強）　Reducing Emissions from Deforestation and Forest Degradation and the Role of Conservation, Sustainable Management of Forests and Enhancement of Forest Carbon Stocks in Developing Countries　169, 172, **180**, 182, 267, 557

RCT（ランダム化比較実験）　Randomized

Controlled Trial 420, 447, 612

RE（再生可能エネルギー） Renewable
energy 207, 210, 337, 340, 343, 349, 351,
354, 370, 380, **382**, 384, 386, 390, 394, 598

RFMO（地域漁業管理機関） Regional
Fisheries Management Organization
264

RGGI（地域温室効果ガス削減イニシアティ
ブ） Regional Greenhouse Gas Initiative
75, 203

RoHS 指令（特定有害物質使用制限指令）
Restriction of the Use of Certain
Hazardous Substances Directive 85

RSPO（持続可能なパーム油のための円卓会
議） Roundtable on Sustainable Palm Oil
258

SAICM（国際的な化学物質管理のための戦
略的アプローチ） Strategic Approach to
International Chemicals Management
565

SATOYAMA イニシアティブ
Satoyama Initiative 263

SCBA（社会的費用便益分析） Social Cost
Benefit Analysis **34**

SCCF（特別気候変動基金） Special Climate
Change Fund 178

SCP（持続可能な生産と消費） Sustainable
consumption and production 454

SD（持続可能な発展） sustainable
development 4, 6, **44**, 48, 50, 135, 168,
208, 346, 454, 458, 468, 479, **502**, 507, 525,
528, 530, 551, 654, 658

SDGs（持続可能な開発目標） Sustainable
Development Goals 45, 50, 139, 154,
182, 251, 271, 345, 454, 502, 520, 524, 527,
529, 563, 663

SEA（戦略的環境アセスメント） Strategic
Environmental Assessment 500, 503,
534

SEEA（環境経済統合勘定） System of

Integrated Environmental and Economic
Accounting: **46**, 48

SFM（持続可能な森林経営） Sustainable
Forest Management 556

SNA（国民経済計算） System of National
Accounts: 46, 78

SPM（浮遊粒子状物質） Suspended
Particulate Matter 350, 464

SPS 協定（衛生植物検疫措置の適用に関する
協定） Agreement on the Application of
Sanitary and Phytosanitary Measures
85, 86

SRI（社会的責任投資） Socially Responsible
Investment **436**, 609

SSC（種の保存委員会） Species Survival
Commission 225

TAC（漁獲可能量） Total Allowable Catch
293, 294

TBT（協定貿易の技術的障害に関する協定）
Agreement on Technical Barriers to
Trade 85, 86

TEEB（生態系と生物多様性の経済学） The
Economics of Ecosystems and
Biodiversity 240, 423

TPP 協定（環太平洋パートナーシップ協定）
Trans-Pacific Partnership Agreement 87

UN（国際連合，国連） United Nations 254

UNCCD（砂漠化対処条約，深刻な干ばつ又
は砂漠化に直面する国〈特にアフリカの
国〉において砂漠化に対処するための国
際連合条約） United Nations Convention
to Combat Desertification in Those
Countries Experiencing Serious Drought
and/or Desertification, Particularly in
Africa 523, 563, 540

UNCED（国連環境開発会議，地球サミット）
United Nations Conference on
Environment and Development 13, 44,
121, 124, 139, 168, 260, 448, 454, 458, 462,

502, 528, 536, 540, 556, 562, 663

UNCHR（国連人権委員会） United Nations Commission on Human Rights 531

UNCLOS（国連海洋法条約，海洋法に関する国際連合条約） United Nations Convention on the Law of the Sea 264, 551, 548

UNDP（国連開発計画） United Nations Development Programme 246, 329, 523, 663

UNECE（国際連合欧州経済委員会） United Nations Economic Commission for Europe 554, 568

UNEP（国連環境計画） United Nations Environment Program 137, 166, 169, 246, 307, 330, 520, 522, 536, 566

UNESCO（ユネスコ，国連教育科学文化機関） United Nations Educational, Scientific and Cultural Organization 246, 529, 558

UNFCCC（国連気候変動枠組条約，気候変動に関する国連枠組条約） United Nations Framework Convention on Climate Change 43, 73, 138, 164, 166, **168**, 170, 176, 178, 180, 182, 198, 202, 208, 212, 267, 355, 460, 556, 563, 547

UNFF（国連森林フォーラム） United Nations Forum on Forests 556

UNGC（国連グローバル・コンパクト） United Nations Global Compact **526**

UNHRC（国連人権理事会） United Nations Human Rights Council 531

UNSCEAR（原子放射線の影響に関する国連科学委員会） United Nations Scientific Committee on the Effects of Atomic Radiation 146

USDA（アメリカ農務省） United States Department of Agriculture 256

VA（ボランタリーアプローチ） Voluntary Approach 362, **608**

VOC（揮発性有機化合物） Volatile Organic Compounds 488, 544

VPP（被害者支払原則） Victim Pays Principle 4

VRE（変動性再生可能エネルギー） Variable Renewable Energy 390, 392

VSL（統計的生命の価値） Value of Statistical Life 424

WEDO（女性による環境と開発機構） Weman's Environment Development Organization 663

WEPs（女性のエンパワーメント原則） Women's Empowerment Principles 527

WHO（世界保健機関） World Health Organization 122

WIO（廃棄物産業連関分析） Waste Input-Output Analysis **326**

WIO物質フロー分析（WIO-MFA） Waste Input-Output material flow analysis 327

WIPO（世界知的所有権機関） World Intellectual Property Organization 254

WMO（世界気象機関） World Meteorological Organization 136, 166, 168, 522

WTO（世界貿易機関） World Trade Organization 39, 82, 86, 611

WTP（支払意思額） Willingness to Pay 24, 32, 34, 291, 409, 414, 419, 424, 648

WWF（世界自然保護基金） World Wildlife Fund for Nature 243, 453, 538, 540

人名索引

■あ

アインホルン，H. J.　Einhorn, H. J.　576
アギオン，P.　Aghion, P.　57
秋道智彌　Akimichi Tomoya　249
アシェイム，G. B.　Asheim, G. B.　573
アセモグル，D.　Acemoglu, D.　57, 592
アナン，K. A.　Annan, K. A.　435, 436, 526
アリストテレス　Aristotelēs　26
アルコット，H.　Allcott, H.　594, 619
アルコット，B.　Alcott, B.　632
アルバース，R.　Aalbers, R.　316
アレ，M.　Allais, M.　580
アレン，R. G. D.　Allen, R. G. D.　596
アロー，K. J.　Arrow, K. J.　24, 149, 451, 574, 576, 644
アントウェイラー，W.　Antweiler, W.　589
安藤昌益　Ando Shoeki　**665**
アンベック，S.　Ambec, S.　442

飯島伸子　Iijima Nobuko　14, 112
イェニケ，M.　Jänicke, M.　658
伊藤蓮雄　Ito Hasuo　98
イリイチ，I.　Illich, I.　669

宇井　純　Ui Jun　11
ウィリアムソン，O. E.　Williamson, O. E.　644
ウィルソン，E. O.　Wilson, E. O.　218
ウェイ，B.　Wei, B.　614
ウェーバー，C. L.　Weber, C. L.　614
ヴェブレン，T. B.　Veblen, T. B.　641, 650, 672
ウォズニー，N.　Wozny, N.　619
宇沢弘文　Uzawa Hirofumi　596, 643, 650,

672
ウンダーダル，A.　Underdal, A.　63

エイヤーズ，R.　Ayres, R.　328
エッカースレイ，R.　Eckersley, R.　12
エリオット，R. J. R.　Elliot, R. J. R.　589
エルスバーグ，D.　Ellsberg, D.　29, 580
エントマン，R.　Entman, R.　515

王陽明　Wang Yangming　664
オストロム，E.　Ostrom, E.　4, 76, 244, 281, 289, 644, **656**
オーツ，W. E.　Oates, W. E.　2, 184
オライリー，P.　O'Reilly, P.　323
オルソン，M.　Olson, M.　656

■か

カーソン，R. T.　Carson, R. T.　149, 414
カーソン，R. L.　Carson, R. L.　150, **638**
カーター，N.　Carter, N.　10
カップ，K. W.　Kapp, K. W.　5, 623, **642**, 647, 650
カーネマン，D.　Kahneman, D.　514, 580
カフィン，D.　Kaffine, D.　323
カラブレイジ，G.　Calabreisi, G.　90
カリアー，T.　Karier, T.　644
カリス - スズキ，S.　Cullis-Suzuki, S.　265
カールソン，C.　Carlson, C.　600
カルドア，N.　Kaldor, N.　23, 30, 648
ガルブレイス，J. K.　Galbraith, J. K.　**640**
カンルーザー，H.　Kunreuther, H.　321

紀伊國屋文左衛門　Kinokuniya Bunzaemon 97

キャレル，R.　Calel, R.　593

ギルマン，E.　Gilman, E.　265

クネーゼ，A. V.　Kneese, A. V.　**646**

久原房之助　Kuhara Husanosuke　97

クマー，S.　Kumer, S.　600

熊沢蕃山　Kumazawa Banzan　**664**

クラウジウス，R. J. E.　Clausius, R. J. E.　348

グラハム，D. A.　Graham, D. A.　37

グラント，J　Graunt, J.　**622**

グリーン，R.　Green, R.　374

グリーンストーン，M.　Greenstone, M.　443

クルッツェン，P. G.　Crutzen, P. G.　190

グレイ，L. C.　Gray, L. C.　4

グレイダス，R.　Gradus, R.　319

クロッカー，T. D.　Crocker, T. D.　73

ケアンズ，R.　Cairns, R.　599

ケイソン，T. N.　Cason, T. N.　601

ケインズ，J. M.　Keynes, J. M.　625

コース，R. H.　Coase, R. H.　2, 90, 72, 186, 484, 642, **644**, 647, 649, 650

コスタンザ，R.　Costanza, R.　423, 654

ゴードン，H. S.　Gordon, H. S.　4

コモンズ，J.　Commons, J. R.　650

ゴリア，C.　Gollier, C.　41, 575, 576

コール，M. A.　Cole, M. A.　589

ゴールダー，L. H.　Goulder, L. H.　451, 605

コルボーン，T.　Colborn, T.　150

コールマン，J. S.　Coleman, J. S.　17

■さ

サイム，G. J.　Syme, G. J.　415

サミュエルズ，W. J.　Samuels, W. J.　650

サミュエルソン，P.　Samuelson, P.　24, 652

サルコジ，N.　Sarközy, N.　50

サンズ，P.　Sands, P.　63

サンスティーン，C. R.　Sunstein, C. R.　40

サンドモ，A.　Sandmo, A.　66

シヴァ，V.　Shiva, V.　661

ジェイコブス，M.　Jacobs, M.　11

ジェヴォンズ，W. S.　Jevons, W. S.　**632**, 653

シェーファー，M. B.　Schaefer, M. B.　4

シジウィック，H.　Sidgwick, H.　626

四手井綱英　Shidei Tsunahide　262

シトフスキー，T.　Scitovsky, T.　24, 31

ジャコブソン，H. K.　Jacobson, H. K.　63

シェンクマン，J. A.　Scheinkman, J. A.　576

朱子　Zhu Xi　664

シュマイドラー，D.　Schmeidler, D.　25, 29, 41

シュミッド，A. A.　Suhmid, A. A.　650

シュラーズ，M. A.　Schreurs, M. A.　12

シュラッガー，E.　Schlager, E.　76

シュレーダー，G. F. K.　Schröder, G. F. K.　347

シュレーディンガー，E.　Schrödinger, E.　668

シュンペーター，J. A.　Schumpeter, J. A.　394, 440, 652

ジョージ，S.　George, S.　134, 242

ジョージェスク＝レーゲン，N.　Georgescu-Roegen, N.　349, **652**, 668

ジョルゲンセン，B. S.　Jorgensen, B. S.　415

シン，H.　Sinn, H.　598

スウィージー，P.　Sweezy, P.　652

スクデフ，P.　Sukhdev, P.　423

ステイヴィンス，R. N.　Stavins, R. N.　441

スティグラー，G. J.　Stigler, G. J.　645

ストロング，M.　Strong, M.　432, 521

スペンス，M.　Spence, M.　73, 607

スマイルズ，S.　Smiles, S.　666

スミス，A.　Smith, A.　582, 622, 624, 626, 629, 669

スミス，D. L.　Smith, D. L.　628

スミス，V. L.　Smith, V. L.　418

スワロー，S. K.　Swallow, S. K.　321

人名索引　　　　781

セン, A.　Sen, A.　629, 649

ソーガー, G.　Sorger, G.　583
ソロー, R. M.　Solow, R. M.　149, 444

■た

ダウィ, M.　Dowie, M.　660
ダスグプタ, P.　Dasgupta, P.　45, 49, 606
ターナー, M. A.　Turner, M. A.　618
田中正造　Tanaka Shouzou　94, **666**
玉野井芳郎　Tamanoi Yoshirou　653, **668**

チェース, A.　Chayes, A.　63
チチルニスキー, G.　Chichilnisky, G.　573
チャヤーノフ, A.　Chayanov, A.　652
チャン, H. S.　Chan, H. S.　187

槌田　敦　Tsuchida Atsushi　349, 668
都留重人　Tsuru Shigeto　641, 650, **670**

デアンジェリス, 風砂子　de Angelis, Fusako
　660
ディヴィス, R. K.　Davis, R. K.　414
ディキシット, A.　Dixit, A.　278
デイリー, H. E.　Daly, H. E.　5, 45, 626, **654**
デイルズ, J. H.　Dales, J. H.　2, 73
デシュズレプレッテル, A.　Dechezleprêtr, A.
　593
デュービン, J.　Dubin, J.　597
デュボンヌ, F.　d'Eaubonne, F.　662
デュラントン, G.　Duranton, G.　618
寺西俊一　Teranishi Shun'ichi　642, 650

ドックナー, E. J.　Dockner, E. J.　583
ドブソン, A.　Dobson, A.　12
トベルスキー, A.　Tversky, A.　514, 580
ドライゼク, J. S.　Dryzek, J. S.　12
鳥越皓之　Torigoe Hiroyuki　14
トル, R. S. J.　Tol, R. S. J.　602

■な

ナイト, F. H.　Knight, F. H.　576, 580
内藤湖南　Naitou Konan　96
中江藤樹　Nakae Tohjyu　664

ニューウェル, R. G.　Newell, R. G.　593
ニューベリー, D.　Newbery, D.　374

ネーリング, K.　Nehring, K.　587

ノース, D. C.　North, D. C.　650
ノーマン, E. H.　Norman, E. H.　665

■は

ハイヤー, M.　Hajer, M.　13
ハウィット, P.　Howitt, P.　57
萩野茂次郎　Hagino Shigejirou　104
萩野　昇　Hagino Noboru　104
バーグソン, A.　Bergson, A.　24
パズナ, E. A.　Pazner, E. A.　25
バータレイ, M.　Bhattarai, M.　57
パットナム, R.　Putnam, R.　17, 672
パッペ, C.　Puppe, C.　587
ハーディン, G.　Hardin, G.　4, 244, 281, 582,
　656
ハートウィック, J. M.　Hartwick, J. M.　5, 49,
　303
ハートマン, R.　Hartman, R.　282
華山　謙　Hanayama Yuzuru　60
ハーバーマス, J.　Habermas, J.　17
バービア, E.　Barbier, E.　59
バーマン, E.　Berman, E.　443
ハミング, M.　Hammig, M.　57
原田正純　Harada Masazumi　99, 101, 661
バリアン, H.　Varian, H.　25
パレート, V.　Pareto, V.　18
ハワード, E.　Howard, E.　635
ハンロン, W.　Hanlon, W.　593
ピアス, D. W.　Pearce, D. W.　45, 49
ピグー, A. C.　Pigou, A. C.　2, 22, 68, 73, 184,

484, 632, **636**, 645, 646
ピータース, G.P.　Peters, G. P.　614
ヒックス, J. R.　Hicks, J. R.　23, 31, 648
ビュイ, L. T. M.　Bui, L. T. M.　443
ビロル, F.　Birol, F.　355

ファウストマン, M.　Faustmann, M.　282
ファンデルプレーグ, F.　van der Ploeg, F.　304
ファンデルリンデ, C.　van der Linde, C.　442
フィッシャー, A. C.　Fisher, A. C.　576
フェイス, D. P.　Faith, D. P.　586
フォウリー, M.　Fowlie, M.　600
フォーセット, H.　Fawcett, H.　626
フォン・ノイマン, J.　von Neumann, J.　28, 580
福沢諭吉　Fukuzawa Yukichi　666
ブッセ, M. R.　Busse, M. R.　619
フーバー, J.　Huber, J.　658
ブラウン, J. W.　Brown, J. W.　13
ブラード, R. D.　Bullard, R. D.　660
フリードマン, M.　Friedman, M.　434, 645
プリンス, R.　Prince, R.　440
古河市兵衛　Furukawa Ichibei　94
ブルデュー, P.　Bourdieu, P.　17
ブロムリー, D. W.　Bromley, D. W.　651

ベッカー, G. S.　Becker, G. S.　644
ヘッケル, E.　Haeckel, E.　667
ペティ, W.　Petty, W.　**622**
ベーリンガー, C.　Böhringer, C.　52, 188
ベル, G.　Bel, G.　319
ベンサム, J.　Bentham, J.　31, 637
ベンマンス, F.　Venmans, F.　187

ボーヴェンベルグ, A. L.　Bovenberg, A. L.　605
ホガース, A. C.　Hogarth, A. C.　576
ポズナー, R.　Posner, R.　90
ポーター, G.　Porter, G.　13, 522
ポーター, M. E.　Porter, M. E.　435, 442, 592
ホテリング, H.　Hotelling, H.　2, 279, 302, 412

ポップ, D.　Popp, D.　593
ホーマー＝ディクソン, T. F.　Homer-Dixon, T. F.　519
ボーモル, W. J.　Baumol, W. J.　2, 25
ポランニー, K.　Polanyi, K.　668
ポーリー, D.　Pauly, D.　265
ボルバー, H.　Vollebergh, H.　316

■ま

マクファーデン, D.　McFadden, D.　597
マーシャル, A.　Marshall, A.　33, **634**
マッキーン, M.　McKean, M.　656
マルクス, K.　Marx, K.　624, **630**, 668, 670
マルサス, T. R.　Malthus, T. R.　**624**

ミシャン, E. J.　Mishan, E. J.　22, 633, **648**, 651
ミッチェル, R. C.　Mitchell, R. C.　414
南方熊楠　Minakata Kumagusu　**666**
美濃部亮吉　Minobe Ryokichi　120, 320
宮本憲一　Miyamoto Ken' ichi　5, 101, 460, 631, 642, 650, 660, **670**
三好　学　Miyoshi Manabu　667
ミリマン, S. R.　Milliman, S. R.　440
ミル, J. S.　Mill, J. S.　624, **626**, 654, 673

メドウズ, D.　Meadows, D.　639
メトリック, A.　Metrick, A.　586
メルケル, A. D.　Merkel, A. D.　347
メンガー, C.　Menger, C.　669

森嶋通夫　Morishima Michio　596
モルゲンシュテルン, O.　Morgenstern, O.　28, 580
モンゴメリー, W. D.　Montgomery, W. D.　2, 73
モンテロ, J-P.　Montero, J-P.　607

■ら

ラザフォード, T. F.　Rutherford, T. F.　52
ラスキン, J.　Ruskin, J.　**628**

ランゲ, O.　Lange, O.　652

リヴィングストン, J. A.　Livingston, J. A.　248
リカード, D.　Ricardo, D.　588, **624**, 668
李高　Li Gao　614
リース, W. E.　Rees, W. E.　51, 452
リトル, I. M. D.　Little, I. M. D.　24
リバーノイズ, J.　Livernois, J.　302
リン, J.　Linn, J.　593
リンドクヴィスト, T.　Lindhqvist, T.　322
リンネ, C. von　Linné, C. von　218

レオンチェフ, W.　Leontief, W.　431, 652

ロイド, W. F.　Lloyd, W. F.　244
ローゼン, W.　Rosen, W.　218
ローゼン, S.　Rosen, S.　410
ロバーツ, M. J.　Roberts, M. J.　73, 607
ロビンズ, L.　Robins, L.　23
ローマー, P. M.　Romer, P. M.　450
ロールズ, J.　Rawls, J.　26, 31, 303, 573, 643
ロング, N.　Van Long, N.　583

■わ

ワイズ, E. B.　Weiss, E. B.　63
ワイツマン, M. L.　Weitzman, M. L.　41, 49, 67, 73, 575, 586, 606
ワケナゲル, M.　Wackernagel, M.　51, 452

環境経済・政策学事典

平成 30 年 5 月 31 日　発　行

編　者　　環境経済・政策学会

発行者　　池　田　和　博

発行所　　丸善出版株式会社
〒101-0051　東京都千代田区神田神保町二丁目17番
編集：電話（03）3512-3264／FAX（03）3512-3272
営業：電話（03）3512-3256／FAX（03）3512-3270
https://www.maruzen-publishing.co.jp

© Society for Environmental Economics and Policy Studies, 2018

組版・株式会社 明昌堂／印刷・株式会社 日本制作センター
製本・株式会社 星共社

ISBN 978-4-621-30292-7　C3530　　　　　　Printed in Japan

JCOPY　〈（社）出版者著作権管理機構 委託出版物〉
本書の無断複写は著作権法上での例外を除き禁じられています．複
写される場合は，そのつど事前に，（社）出版者著作権管理機構（電話
03-3513-6969，FAX 03-3513-6979，e-mail：info@jcopy.or.jp）の許諾
を得てください．